分析化学手册

第三版

7B

碳-13核磁共振波谱分析

杨峻山　　马国需　　编著

化学工业出版社
·北京·

《分析化学手册》第三版在第二版的基础上作了较大幅度的增补和删减，保持原手册 10 分册的基础上，拆分了其中 3 个分册成 6 册，最终形成 13 册。

原第七分册被拆分为 7A《氢-1 核磁共振波谱分析》和 7B《碳-13 核磁共振波谱分析》两册，内容方面除了数据检索功能外，更加强化了特征规律的总结。本册对大多数天然化合物及其化学位移数据进行了更新与归类，分析总结出了各类化合物的 ^{13}C 化学位移数据及各类物质的谱图特征，方便读者参考。

图书在版编目（CIP）数据

分析化学手册.7B. 碳-13 核磁共振波谱分析/杨峻山，
马国需编著. —3 版. —北京：化学工业出版社，
2016.6（2021.1 重印）
ISBN 978-7-122-26366-7

Ⅰ.①分⋯　Ⅱ.①杨⋯　②马⋯　Ⅲ.①分析化学－手
册②核磁共振谱法－波谱分析－手册　Ⅳ.①O65-62

中国版本图书馆 CIP 数据核字（2016）第 036877 号

责任编辑：李晓红　傅聪智　任惠敏　　　　　　　　文字编辑：王　琳
责任校对：宋　夏　　　　　　　　　　　　　　　　装帧设计：王晓宇

出版发行：化学工业出版社（北京市东城区青年湖南街 13 号　邮政编码 100011）
印　　装：北京虎彩文化传播有限公司
787mm×1092mm　1/16　印张 60¼　字数 1587 千字　2021 年 1 月北京第 3 版第 2 次印刷

购书咨询：010-64518888　　售后服务：010-64518899
网　　址：http://www.cip.com.cn
凡购买本书，如有缺损质量问题，本社销售中心负责调换。

定　　价：298.00 元　　　　　　　　　　　　　　　　版权所有　违者必究

序

分析化学是人们获得物质组成、结构及相关信息的科学，即测量与表征的科学。其主要任务是鉴定物质的化学组成及含量测定、确定物质的结构形态及其与物质性质之间的关系。分析化学是一门社会和科技发展迫切需要的、多学科交叉结合的综合性科学。现代分析化学必须回答当代科学技术和社会需求对现存的方法和技术的挑战，因此实际上已发展成为"分析科学"。

《分析化学手册》是一套全面反映现代分析技术，供化学工作者使用的专业工具书。《分析化学手册》第一版于1979年出版，有6个分册；第二版扩充为10个分册，于1996年至2000年陆续出版。手册出版后，受到广大读者的欢迎，成为国内很多分析化验室和化学实验室的必备图书，对我国科技进步和社会发展都产生了重要作用。

进入21世纪，随着科技进步和社会发展对分析化学提出的种种要求，各种新的分析手段、仪器设备、信息技术的出现，极大地丰富了分析化学学科的内涵、促进了学科的发展。为更好总结这些进展，为广大读者服务，化学工业出版社自2010年起开始启动《分析化学手册》（第三版）的修订工作，成立了由分析化学界30余位专家组成的编委会，这些专家包括了10位中国科学院院士、中国工程院院士和发展中国家科学院院士，多位长江学者特聘教授和国家杰出青年基金获得者，以及各领域经验丰富的专家。在编委会的领导下，作者、编辑、编委通力合作，历时六年完成了这套1800余万字的大型工具书。

本次修订保持了第二版10分册的基本架构，将其中的3个分册进行拆分，扩充为6册，最终形成10分册13册的格局：

1	基础知识与安全知识	7A	氢-1核磁共振波谱分析
2	化学分析	7B	碳-13核磁共振波谱分析
3A	原子光谱分析	8	热分析与量热学
3B	分子光谱分析	9A	有机质谱分析
4	电分析化学	9B	无机质谱分析
5	气相色谱分析	10	化学计量学
6	液相色谱分析		

其中，原《光谱分析》拆分为《原子光谱分析》和《分子光谱分析》；《核磁共振波谱分析》拆分为《氢-1 核磁共振波谱分析》和《碳-13 核磁共振波谱分析》；《质谱分析》新增加了无机质谱分析的内容，拆分为《有机质谱分析》和《无机质谱分析》，并对仪器结构及方法原理进行了全面的更新。另外，《热分析》增加了量热学方面的内容，分册名变更为《热分析与量热学》。

本版修订秉承的宗旨：一、保持手册一贯的权威性和典型性，体现预见性和前瞻性，突出新颖性和实用性；二、继承手册的数据查阅功能，同时注重对分析方法和技术的介绍；三、着重收录了基础性理论和发展较成熟的方法与技术，删除已废弃的或过时的内容，更新有关数据，增补各领域近十年来的新方法、新成果，特别是计算机的应用、多种分析技术联用、分析技术在生命科学中的应用等方面的内容；四、在编排方式上，突出手册的可查阅性，各分册均编排主题词索引，与目录相互补充，对于数据表格、图谱比较多的分册，增加表索引和谱图索引，部分分册增设了符号与缩略语对照。

手册第三版获得了国家出版基金项目的支持，编写与修订工作得到了我国分析化学界同仁的大力支持，全套书的修订出版凝聚了他们大量的心血和期望，在此谨向他们，以及在编写过程中曾给予我们热情支持与帮助的有关院校、科研院所及厂矿企业的专家和同行，致以诚挚的谢意。同时我们也真诚期待广大读者的热情关注和批评指正。

《分析化学手册》（第三版）编委会
2016 年 4 月

前　言

碳-13 核磁共振波谱（简称碳谱）是 20 世纪 70 年代得到广泛应用的一项核磁共振新技术，80 年代后又产生出二维核磁共振新技术，并得到迅速发展和广泛应用。在有机化合物的化学结构研究中，碳谱和氢谱相互补充、相互印证，相得益彰，特别是在化合物的鉴别、化学结构的测定、异构体的识别、化学结构中的构型与构象分析、合成化学的反应机理研究以及生物化学和生物合成中都发挥出巨大的作用，目前已成为天然有机化学研究领域非常重要的有力工具。近年来化合物的数量剧增，积累了大量的 ^{13}C 波谱数据，有必要对其规律进行归纳总结。

本次修订在第二版第七分册《核磁共振波谱分析》的基础上，将"核磁共振波谱分析"分为了 7A《氢-1 核磁共振波谱分析》和 7B《碳-13 核磁共振波谱分析》两册。本书只是在收集文献数据的基础上对化合物进行分类整理，选择部分有代表性的化合物，分析各类化合物的碳-13 谱化学位移数据的特征，方便读者在遇到这类化合物时参考。而有关核磁共振波谱的基本原理、重要谱学方法与相关参数，以及氢-1 核磁共振波谱数据与偶合常数等内容，将集中在《氢-1 核磁共振波谱分析》中介绍。

本书中对一般有机化合物仅以大分类法分成烃类（包括链烷烃、环烷烃、并合环烷烃、链烯烃、环烯烃、炔烃、芳烃等）、醇酚醚类、醛酮类、有机酸、酸酐、酯、杂环化合物、有机含氮化合物、含卤素化合物、含硫化合物、含磷化合物、有机金属化合物、离子化合物等。天然化合物分成脂肪族类、芳香族类、黄酮类、色原酮类、木脂素类、香豆素类、醌类、甾烷类、生物碱类、萜类、糖类、多元醇类、氨基酸类等。所引述化合物的数据是和该类化合物的碳-13 核磁共振的化学位移谱特征分析相对应，尽可能做到全面反映，但一些类型的化合物由于数量有限，规律性不强，我们仅将其数据列出来以供参考。

众所周知，化合物化学位移数据越多，分析的准确度就会越高。然而由于时间有限、篇幅所限，不可能引述更多的实例，只能是选择一部分化合物进行归类分析，还望同道们谅解。

在编著本书的过程中，得到杨秀伟教授、赵毅民教授、林文翰教授、邹忠梅教授和索茂荣博士、朱寅荻博士、丁刚博士、吴海峰博士、吴丽真博士、郑庆霞博士的大力协助，积极帮助查找文献，在此对他们的帮助表示衷心的感谢。

杨峻山

2016 年 5 月

目 录

绪　　论

碳-13 核磁共振波谱（carbon-13 nuclear magnetic resonance spectrum，^{13}C NMR）简称碳谱，是有机化合物结构研究的重要手段之一。碳谱包括有机化合物的质子宽带去偶谱、偶合谱、偏共振质子去偶谱等。具体应用方法主要包括 INEPT 谱、DEPT 谱、APT 谱、特定氢去偶谱或选择性去偶谱、门控去偶谱和反转门控去偶谱等。

众所周知，原子核存在自旋运动，碳-13 核也同氢-1 核一样，在外磁场作用下碳-13 核存在基态和激发态两种能态。当用某一频率的射频波照射碳核体系，此射频波正好等于碳核从基态跃迁至激发态所需能量时，碳-13 核体系吸收这一射频波的能量而使一些碳-13 核从基态跃迁到激发态，这就是核磁共振现象。

在发现核磁共振现象后，又发现化合物分子中同一种碳-13 核由于所处化学环境不同，其发生共振所需频率稍有不同，这就是化学位移效应，对于研究化合物分子的结构有着重要作用。

碳和氢都是构成有机化合物分子的主要元素，但是碳谱比氢谱发展晚了十多年，这主要是由于碳-13 在自然界中存在丰度较低，大约占碳-12 核的 1.1%，自然丰度较高的碳-12 核因其自旋量子数是零，不发生能级分裂，因而不产生核磁共振。再加上碳-13 的磁旋比小，不足氢-1 核的磁旋比的 1/4，其信号相对强度只有质子的 1/64，在天然丰度的相对灵敏度只有氢的 1/6000。这样不难看出，在核磁共振发展初期，想要测定这种微弱的信号是非常困难的。直到 20 世纪 70 年代脉冲傅里叶变换技术的应用以及电子技术和计算机的应用，碳谱才得到迅速发展和广泛应用，逐步成为有机化合物结构研究的不可或缺的重要工具。目前碳谱几乎普及到绝大多数从事有机化合物研究的高等院校和专门的科研机构。

碳谱的化学位移与氢谱的化学位移一样，是以适当的基准物的拉莫尔频率作基准，碳原子核信号的相对化学位置用 δ_C 表示。在碳谱发展的初期，多以二硫化碳、苯等作基准，现在几乎全以四甲基硅烷（tetramethylsilane，简写为 TMS）为基准。这是因为 TMS 去偶后表现出一个单峰信号，而且由于屏蔽作用强，一般有机化合物碳大部分信号都出现在它的左边。一般情况下氢谱的谱宽在 δ 0~20，而碳谱的谱宽在 δ 0~400，这主要是由于碳-13 的外层有 2p 电子，有较大的各向异性，而且易受磁场和化学键影响，同时对化学环境的变化也比较敏感，因此碳-13 的化学位移值变化范围宽，信号比较分散。

影响碳谱化学位移的因素如下：

① 化学键的杂化类型　化合物各碳的化学位移与碳原子的杂化状态有关，通常 sp^3 碳的化学位移在最高场，sp 碳次之，sp^2 碳在最低场。

② 碳核上电子的多少 缺电子的碳因电子云密度低，有显著的去屏蔽效应，如阳碳离子的化学位移可以达到 400。

③ 取代基的诱导效应 与电负性取代基、杂原子和烃基靠近的碳，其化学位移移向低场，位移大小是随间隔的键数增多而减少。取代基使 α-碳向低场位移。取代基的电负性越强，降低碳原子 2p 轨道上的电子密度的作用越大，碳的化学位移越向低场位移。不同的取代基对 β-碳影响相差不大，但是 γ-碳却向高场位移。

④ 空间效应 取代基的构型与构象对各种碳的化学位移都有显著的影响。例如甲基环己烷的 e 键甲基对 γ-碳没有影响，但是 a 键甲基却对 γ-碳有较大影响，向高场位移 6.40，而甲基也向高场位移 4。这主要是空间上靠近的碳上的氢之间的斥力作用使相连接的碳上的电子云密度有所增加，从而增加了屏蔽作用，使它们都向高场位移。这种影响称为 γ-邻位交叉效应（γ-gauche effect）。取代的环己烷还存在 δ-效应。

⑤ 电场效应 含氮化合物中由于质子化作用生成—NH_3^+，此正离子的电场使化学键上的电子移向 α-碳或 β-碳，使之电子云密度增加，屏蔽作用增大，其化学位移向高场位移。

⑥ 共轭效应 羰基与双键共轭，由于电子云向氧原子移动，羰基碳的电子云密度增加，化学位移移向高场，羰基的邻位如果引入含有孤对电子的杂原子如氧、氮、氟或氯等，也同样会使羰基碳移向高场，因此不饱和羰基碳如酸、酯、酰胺、酰氯的碳的化学位移比饱和羰基碳在高场。

⑦ 取代基的数目 一般情况下，取代基的数目越多，它的化学位移越向低场位移。

⑧ 磁不等价效应 异丙基与手性碳原子相连，由于受到的磁不等价效应的影响较大，两个甲基碳的化学位移相差较大；而当异丙基与非手性碳相连时，两个甲基受到的影响较小，其化学位移差别很小。

⑨ 影响化学位移的外部因素 影响化学位移的外部因素主要是测定时所使用的溶剂（即测试溶剂），所用溶剂的不同会有较大的差异，因此在测定样品时要特别注意，尤其是当把测定的谱图同文献中的数据进行比较时，首先需看看测试溶剂是否不同。

稀释效应对容易解离的化合物影响较大，而对不发生解离的化合物影响不大。对于含有羰基、巯基、氨基及亚氨基的化合物，在不同 pH 值的溶液中，因解离的情况不同，明显影响解离基团的电子云密度，从而影响周围的碳的化学位移。调节测量温度可改善谱图的质量，使之便于解析图谱。

在测定碳谱时，可以根据不同的目的和要求，采用不同的技术，测定各种不同的谱图，这些不同的谱图可以提供不同的结构信息，从而方便解析有机化合物的结构。全去偶碳谱也叫作质子完全去偶（^{1}H complete decoupling）谱，这是测定碳谱中应用最多、最普遍的方法。具体就是用无线电射频 ^{1}H 照射各个碳核共振的同时附加一个去偶场照射分子中的质子，这个去偶场频率宽度覆盖了全部质子拉莫尔频率范围，使所有的碳氢偶合全部消失，每一个磁不等价的碳都出现一个单峰信号。本书所述的谱图数据均为全去偶碳谱数据。

在测定有机化合物的碳谱时，为了正确分析图谱，选择合适的测试溶剂是很重要的。测试溶剂的选择大体上可以遵循这样的原则：

（1）所选溶剂对所测样品有很好的溶解度；

（2）所选溶剂在图谱中出现的化学位移能同所测样品显示的化学位移尽可能分开；

（3）溶剂的价格比较便宜；

（4）所选溶剂不和待测样品发生化学反应；

（5）所用溶剂易于去除，便于所测样品的回收。

因此，在文献中大多数情况下，生物碱类化合物选用氘代氯仿、氘代甲醇、氘代二甲基亚砜等，因为生物碱的类型比较多，所使用的溶剂也比较多样；黄酮类化合物则多用氘代二甲基亚砜，但是由于天然产物含量较低，得到不易，往往测定后的样品还要加以回收，但用氘代二甲基亚砜时回收就比较困难，有时采用氘代甲醇等；在测定萜类化合物时，由于萜类化合物的碳谱化学位移大多数情况下在高场出现，大多数情况下选用氘代吡啶。同一化合物用不同的溶剂测定时会产生一定的差别，称为溶剂效应。本书在分析各类化合物时较少考虑溶剂效应，读者如果需要可以查阅相关文献。

随着科学技术的进步，碳谱也和其他波谱一样越来越进步，越来越普及，成为有机化合物鉴定工作不可或缺的有力工具。文献中对各种类型的化合物都积累了大量的数据，查看分析这些数据不难看出，同类化合物尽管结构不同，数据存在一定的差别，然而还是有一定的相似性，或者说有一定共同的特征，可以根据其特征来推测相关化合物的结构。本书就是据此总结了一些类型化合物的波谱特征，提供给读者，供同仁们在解析波谱时参考。

第一章　一般有机化合物的 $^{13}C\,NMR$ 化学位移

　　一般有机化合物都是由碳、氢、氧、氮组成的，也有含有卤族元素氟、氯、溴、碘的，也有含有硫、磷、砷、硼等非金属类元素或金属类元素的化合物。它们可以是烃类，包括烷烃、烯烃、炔烃、芳烃等，也可以是醇类、醚类、醛类、酮类、羧酸类、羧酸酯类、有机胺类、酰胺类、脲类、腈类、腙类和硝基化合物等类型。

　　有机化合物常见的各种官能团碳的化学位移出现的范围是一定的，可以根据出现的信号来推测其结构中的各种官能团，下面将部分官能团碳化学位移范围列表加以说明，供在分析碳谱数据时参考。

表 1-0-1　常见连碳官能团的 $^{13}C\,NMR$ 化学位移范围

官能团	化学位移	官能团	化学位移
▷CH$_2$	$-6\sim6$	=C≡*CH—	$81\sim93$
▷CH—	$2\sim14$	=C≡*C<	$85\sim96$
—CH$_3$	$7\sim32$	=*C<	$130\sim152$
—CH$_2$—	$16\sim53$	=CH$_2$	$103\sim122$
>CH—	$25\sim60$	=CH—	$114\sim144$
>C—	$30\sim53$	⬡	$92\sim134$
≡C—H	$65\sim76$	⬡—*C<	$120\sim150$
≡*C—C<	$72\sim87$	=C=	$200\sim215$
=C=*CH$_2$	$74\sim90$		

注：表中官能团存在多个碳时所给化学位移为*所在碳（C）的化学位移值。下面各表中与此相同。

表 1-0-2　常见连氧官能团的 $^{13}C\,NMR$ 化学位移范围

官能团	化学位移	官能团	化学位移
H$_3$*C—C(=O)	$19\sim30$	—*C≡C—O—	$20\sim35$
—H$_2$*C—C(=O)	$24\sim49$	H$_3$C—O—	$50\sim65$
>*CH—C(=O)	$33\sim50$	—H$_2$C—O—	$40\sim70$
>*C—C(=O)	$36\sim46$	≡C—O—	$84\sim93$

官能团	化学位移	官能团	化学位移
>CH—O—	52～81	—O,—O>C=O	151～162
≥C—O—	67～85	[苯环]*—O—	135～165
[环氧]O	37～60	⟋⟋—COOR	158～170
H₂C<O—,O—	100～110	⟋⟋—COOH	165～176
—CH<O—,O—	88～100	—COOH	175～185
>C<O—,O—	94～108	—COOR	167～178
HC<O—,O—,O—	109～116	≡C=O	175～192
—O>C=*CH₂	80～96	⟋⟋>C=O	188～210
—O>C=C*<	95～109	>C—*CHO	180～194
>C=C<O—	140～160	>C=O (甲基酮)	199～211
[呋喃]*	104～117	—CHO	196～205
[呋喃O]*	140～152	—COO—	174～186

表 1-0-3 常见连氮官能团的 ^{13}C NMR 化学位移范围

官能团	化学位移	官能团	化学位移
H₃C—N<	29～47	⟋⟋>C=N—	111～121
—CH₂—N<	37～60	[吡啶]* N (β)	115～127
>CH—N<	47～65	[吡啶]* N (γ)	129～140
>C—N<	50～70	[吡啶]* N (α)	145～160
[氮杂环]N—	29～40	[苯环]*—N<	140～156
N>C=*CH₂	89～100	>C=N—	142～166
N>C=C*<	98～112	—⁺N≡C⁻	153～163
=CH—N<	117～133	—N=C=O	119～133
—C≡N	114～124	O=C—NH—C=O	160～180

续表

官能团	化学位移	官能团	化学位移
>N—C<O	156～181	—NH—C(O)—NH—	150～170

表 1-0-4 常见连硫官能团的 ^{13}C NMR 化学位移范围

官能团	化学位移	官能团	化学位移
H_3C—S—	10～20	—N=C=S	126～138
—CH_2—S—	23～30	>C=S	181～207

表 1-0-5 常见连氟官能团的 ^{13}C NMR 化学位移范围

官能团	化学位移	官能团	化学位移
—CH_2—F	73～86	—CF_3	115～127
>CH—F	89～107	⬡*—F	145～166
F_3C—*COO⁻	153～161		

表 1-0-6 常见连氯官能团的 ^{13}C NMR 化学位移范围

官能团	化学位移	官能团	化学位移
—CH_2—Cl	36～52	>CH—Cl	44～60
>C—Cl	67～80	—CCl_3	89～105
=C<Cl	114～127	⬡*—Cl	128～145
—C(O)Cl	165～174	Cl_3C—*COO⁻	157～166

表 1-0-7 常见连溴官能团的 ^{13}C NMR 化学位移范围

官能团	化学位移	官能团	化学位移
—CH_2—Br	24～44	>CH—Br	39～54
>C—Br	56～66	=C<Br	104～126
⬡*—Br	104～126	—C(O)Br	160～169

表 1-0-8 常见连碘官能团的 ^{13}C NMR 化学位移范围

官能团	化学位移	官能团	化学位移
—CH_2—I	−7～10	>CH—I	12～23
>C—I	32～43	=C<I	74～111
⬡*—I	74～111	—C(O)I	154～163

第一节　烃类化合物的 ^{13}C NMR 化学位移

【化学位移特征】

1．烷烃的 ^{13}C NMR 中化学位移具有加和性，饱和烃类各碳的化学位移可以根据规则计算。

2．取代基直接结合的碳的化学位移移向低场，位移的大小与取代基的电负性有关，一般情况下 $H<CH_3<SH<NH_2<OH<Br<Cl<F$；取代基使 β-碳化学位移移向低场，使 γ-碳化学位移移向高场。

3．取代环己烷的 ^{13}C NMR 化学位移，如果取代基为 a 键，则使 γ-碳移向高场。

4．烯烃碳的化学位移比相应烷烃碳低 $80\sim160$；末端烯碳比连接有烷基的烯碳处于高场，相差大约 $10\sim40$；与双键连接的 β-, γ-, δ-碳与相应的烷基比较化学位移很接近。

5．芳香烃的化学位移随取代基不同而异。取代基对 C-1 的化学位移影响最大，为 ±35 左右；对于邻位及对位碳的影响为 ±15；对间位碳影响较小。

一、链烷烃的 ^{13}C NMR 化学位移及计算

（1）链烷烃的 ^{13}C NMR 化学位移

1-1-1 $n=0$ 　**1-1-4** $n=3$
1-1-2 $n=1$ 　**1-1-5** $n=4$
1-1-3 $n=2$

1-1-6 $n=0$ 　**1-1-9** $n=3$
1-1-7 $n=1$ 　**1-1-10** $n=4$
1-1-8 $n=2$

1-1-11 $n=0$ 　**1-1-13** $n=2$
1-1-12 $n=1$ 　**1-1-14** $n=3$

表 1-1-1　链烷烃化合物 1-1-1~1-1-14 的 ^{13}C NMR 化学位移数据（测试溶剂：二噁烷）[1]

C	1-1-1	1-1-2	1-1-3	1-1-4	1-1-5	1-1-6	1-1-7	1-1-8	1-1-9	1-1-10	1-1-11	1-1-12	1-1-13	1-1-14
1	13.5	13.7	13.7	13.6	13.8	21.9	22.7	22.4	22.4	22.3	31.6	28.7	27.0	25.6
2	22.2	22.7	22.6	22.7	22.7	29.9	27.9	28.1	28.1	28.0	28.0	30.3	32.7	35.0
3	34.1	31.7	32.0	32.1	32.0	31.6	41.9	38.9	39.3	39.2		36.5	37.9	

续表

C	1-1-1	1-1-2	1-1-3	1-1-4	1-1-5	1-1-6	1-1-7	1-1-8	1-1-9	1-1-10	1-1-11	1-1-12	1-1-13	1-1-14
4			29.0	29.4	29.4	11.5	20.8	29.7	27.2	27.4		8.5	17.7	
5					29.6		14.3	23.0	32.4	29.7				
6								13.6	22.8	32.0				
7									13.8	22.7				
8										13.6				

（2）取代正辛烷的 ^{13}C NMR 化学位移

表 1-1-2 取代正辛烷的 ^{13}C NMR 化学位移数据

取代基 X	X—CH$_2$	—CH$_2$	—CH$_2$	—CH$_2$	—CH$_2$	—CH$_2$	—CH$_2$	—CH$_3$
—H	14.1	22.8	32.1	29.5	29.5	32.1	22.8	14.1
—CH=CH$_2$	34.5	约29.6	约29.6	约29.6	约29.6	32.2	23.0	13.9
—C$_6$H$_5$	36.2	31.7	约29.6	约29.6	约29.6	32.1	22.8	14.1
—F	84.2	30.6	25.3	29.3	29.3	31.9	22.7	14.1
—Cl	45.1	32.8	27.0	29.0	29.2	31.9	22.8	14.1
—Br	33.8	33.0	28.3	28.8	29.2	31.8	22.7	14.1
—I	6.9	33.7	30.6	28.6	29.1	31.8	22.6	14.1
—OH	63.1	32.9	25.9	29.5	29.4	31.9	22.8	14.1
—OC$_8$H$_{17}$	71.0	30.0	26.3	29.6	29.4	32.0	22.8	14.1
—ONO	68.3	29.2	26.0	29.3	29.3	31.9	22.7	14.0
—NH$_2$	42.2	34.1	27.0	29.5	29.4	31.9	22.7	14.1
—NO$_2$	75.8	26.2	27.9	约29.6	约29.6	31.4	22.6	14.0
—SH	24.7	34.2	28.5	29.2	29.1	31.9	22.7	14.1
—SCH$_3$	34.5	29.0	29.4	29.4	29.4	31.0	22.8	14.1
—SOC$_8$H$_{17}$	52.6	约29.1	约29.1	约29.1	约29.1	31.8	22.7	14.1
—CHO	44.0	22.2	约29.3	约29.3	约29.3	31.9	22.7	14.1
—COCH$_3$	43.7	24.1	约29.5	约29.5	约29.5	32.0	22.8	14.1
—COOH	34.2	24.8	约29.3	约29.3	约29.3	31.9	22.7	14.1
—COOCH$_3$	34.2	25.1	29.3	29.3	29.3	31.9	22.8	14.1
—COCl	47.2	25.1	28.5	29.1	29.1	31.8	22.7	14.1
—CN	17.2	25.5	约29.9	约29.9	约29.9	31.8	22.7	14.0

（3）烷烃的 ^{13}C NMR 化学位移的计算经验式

$$\delta = -2.3 + \sum_i Z_i + S + \sum_j k_j \tag{1-1-1}$$

式中，δ 为以 TMS 为内准的化学位移值，Z 为取代基增值（见表 1-1-3），S 为邻位碳的位阻增值（见表 1-1-4），k 为 γ-取代基的构象角度增值（见表 1-1-5）。

表 1-1-3 取代基增值

取代基	α 位	β 位	γ 位	δ 位
—H	0.0	0.0	0.0	0.0

续表

取代基	α 位	β 位	γ 位	δ 位
—C⩽ （*）	9.1	9.4	−2.5	0.3
▷O （*）	21.4	2.8	−2.5	0.3
⟩C═C⟨ （*）	19.5	6.9	−2.1	0.4
—C≡C—	4.4	5.6	−3.4	−0.6
—Ph	22.1	9.3	−2.6	0.3
—F	70.1	7.8	−6.8	0.0
—Cl	31.0	10.0	−5.1	−0.5
—Br	18.9	11.0	−3.8	−0.7
—I	−7.2	10.9	−1.5	−0.9
—O— （*）	49.0	10.1	−6.2	0.0
—O—CO—	56.6	6.5	−6.0	0.0
—O—NO	54.3	6.1	−6.5	−0.5
—N⟨ （*）	28.3	11.3	−5.1	0.0
—N⁺⟨ （*）	30.7	5.4	−7.2	−1.4
—NH₃⁺	26.0	7.5	−4.6	0.0
—NO₂	61.6	3.1	−4.6	−1.0
—NC	31.5	7.6	−3.0	0.0
—S— （*）	10.6	11.4	−3.6	−0.4
—S—CO—	17.0	6.5	−3.1	0.0
—SO— （*）	31.1	9.0	−3.5	0.0
—SO₂Cl	54.5	3.4	−3.0	0.0
—SCN	23.0	9.7	−3.0	0.0
—CHO	29.9	−0.6	−2.7	0.0
—CO—	22.5	3.0	−3.0	0.0
—COOH	20.1	2.0	−2.8	0.0
—COO⁻	24.5	3.5	−2.5	0.0
—COO—	22.6	2.0	−2.8	0.0
—CON⟨	22.0	2.6	−3.2	−0.4
—COCl	33.1	2.3	−3.6	0.0
—CS—N⟨	33.1	7.7	−2.5	0.6
—C═NOH	11.7	0.6	−1.8	0.0
—CN	3.1	2.4	−3.3	−0.5
—Sn⟨	−5.2	4.0	−0.3	0.0

注：（*）表示取代基的位阻不计。

表 1-1-4 邻位碳的位阻增值（S）

计算的碳原子	S				计算的碳原子	S			
	伯	仲	叔	季		伯	仲	叔	季
伯碳	0.0	0.0	−1.1	−3.4	叔碳	0.0	−3.7	−9.5	−15.0
仲碳	0.0	0.0	−2.5	−7.5	季碳	−1.5	−8.4	−15.0	−25.0

表 1-1-5 γ取代基的构象角度增值

构　象	k	构　象	k
重叠式	−4.0	反折式	0.0
顺折式	−1.0	反　式	2.0
		不定形	0.0

以式（1-1-1）算出的烷烃的化学位移计算值与实测值相差在 5 以内，但是有的情况下却相差甚大，因此不能用此式计算。

举例：

(a)	基本值	−2.3	(b)	基本值	−2.3
	1αC	9.1		1αC	9.1
	1αCOOH	20.1		1βCOOH	2.0
	1αNH	28.3		1βNH	11.3
	1βCOO	2.0		1γCOO	−2.8
	1δC	0.3		S(p,3)	−1.1
	S(t,2)	−3.7		计算值	16.2
	计算值	53.8		实测值	17.3
	实测值	49.0			
(c)	基本值	−2.3	(d)	基本值	−2.3
	3αC	27.3		1αC	9.1
	1αOCO	56.5		2βC	18.8
	1γNH	−5.1		1βOCO	6.5
	1δC	0.3		1δNH	0.0
	S(q,1)	−1.5		S(p,4)	−3.4
	计算值	75.2		计算值	28.7
	实测值	78.1		实测值	28.1

（4）各种甲基的 ^{13}C NMR 化学位移

表 1-1-6 甲基的 ^{13}C NMR 化学位移数据

取代基 X	δCH$_3$-X	取代基 X	δCH$_3$-X
—H	−2.3	—CH$_3$	8.4
—CH$_2$CH$_3$	15.4	—CH(CH$_3$)$_2$	24.1
—C(CH$_3$)$_3$	31.3	—(CH$_2$)$_6$CH$_3$	14.1
—CH$_2$C$_6$H$_5$	15.7	—CH$_2$F	14.4
—CH$_2$Cl	17.7	—CH$_2$Br	20.2
—CH$_2$I	23.0	—CH$_2$OH	18.8
—CH$_2$OCOC$_8$H$_{17}$	14.3	—CH$_2$OCH$_3$	15.9
—CH$_2$CHO	5.2	—CH$_2$COCH$_3$	7.3
—CH$_2$COOH	9.0	环戊烷基	20.5
环己烷基	23.1	苯基	21.4
α-萘基	19.1	β-萘基	21.5
2-吡啶基	24.2	3-吡啶基	18.0
4-吡啶基	20.6	2-联呋喃甲酰基	13.7
1-吡咯基	35.0	2-吡咯基	11.8
1-吡唑基	38.4	—SC$_8$H$_{17}$	15.5
—SC$_6$H$_5$	15.6	—SOCH$_3$	43.3
—CHO	31.2	—COCH$_3$	28.1
—CO—⟨六元环⟩	27.6	1-吲哚基	32.1
2-吲哚基	13.4	3-吲哚基	9.8
4-吲哚基	21.6	5-吲哚基	21.5
6-吲哚基	21.7	7-吲哚基	16.6
—F	75.2	—Cl	24.9
—Br	10.0	—I	−20.7
—OH	50.2	—OCH$_3$	60.9
—OCH$_2$CH$_3$	58.8	—OCH(CH$_3$)$_2$	56.1
—O—⟨六元环⟩	55.1	—OC$_6$H$_5$	54.0
—OCOC$_8$H$_{17}$	51.4	—OCO—⟨六元环⟩	51.0
—OCOCH＝CH$_2$	50.9	—NH$_2$	26.9
—N(CH$_3$)$_2$	47.5	—NH—⟨六元环⟩	33.5
—NHC$_6$H$_5$	30.2	—N(CH$_3$)C$_6$H$_5$	39.9
—N(CH$_3$)CHO	36.2; 31.1	—NO$_2$	57.1
—NC	26.8	—SCH$_3$	19.3
—COC$_6$H$_5$	24.9	—COOH	21.1
—COOCH$_3$	20.0	—COSC$_4$H$_9$	30.1
—CON(C$_4$H$_9$)$_2$	21.4	—CN	1.3

二、环烷烃的 ^{13}C NMR 化学位移

（1）环烷烃的 ^{13}C NMR 化学位移

表 1-1-7 环烷烃的 ^{13}C NMR 化学位移数据

	n	δ	n	δ	n	δ	n	δ
	3	−2.8	8	26.8	13	26.2	20	28.0
	4	22.9	9	26.0	14	25.2	30	29.3
(CH₂)ₙ	5	25.6	10	25.1	15	27.0	40	29.4
	6	27.1	11	26.3	16	26.9	72	29.7
	7	28.8	12	23.8	18	27.5		

（2）取代的三元环烷烃的 ^{13}C NMR 化学位移

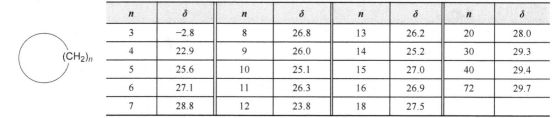

1-1-15　**1-1-16**　**1-1-17** R=H　**1-1-19** R=H　**1-1-21** R=NH₂　**1-1-24** R=CH₃
　　　　　　　　　　1-1-18 R=Br　**1-1-20** R=CH₃　**1-1-22** R=COOH　**1-1-25** R=OCH₃
　　　　　　　　　　　　　　　　　　　　　　　　1-1-23 R=CH₂OH　**1-1-26** R=Br
　　　　　　　　　　　　　　　　　　　　　　　　　　　　　　　　　　1-1-27 R=COOCH₃

表 1-1-8 取代的三元环烷烃的 ^{13}C NMR 化学位移数据（测试溶剂：C_6D_6）[2~4]

C	1-1-15	1-1-16	1-1-17	1-1-18	1-1-19	1-1-20	1-1-21	1-1-22	1-1-23	1-1-24	1-1-25	1-1-26	1-1-27
1	9.8	14.2	11.5	17.2	−0.5	6.7	8.0	9.3	4.0	17.87	62.13	15.17	22.45
2	9.8	14.2	14.1	29.8	8.1	16.1	24.4	13.2	14.4	17.05	15.72	18.87	15.35
3	13.8	14.6	14.1	23.3	8.1	16.1		182.0	67.5	21.30	20.87	23.78	22.15
4	13.0	19.0	25.7	22.7	87.5	90.2				174.32	172.49	171.46	171.69
5				24.8	64.0	64.0				60.19	60.49	61.10	61.10
6						24.0				14.26	14.26	14.20	14.20

（3）单取代环己烷的 ^{13}C NMR 化学位移

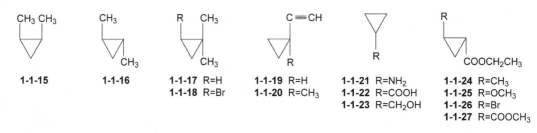

表 1-1-9 单取代环己烷的 ^{13}C NMR 化学位移数据

C 位置 取代基 X	α	β	γ	δ
—H	27.6	27.6	27.6	27.6
—CH₃	33.4	36.0	27.1	27.0
—CH₂CH₃	40.2	33.7	27.1	27.4
—CH₂CH₂CH₂CH₃	38.4	34.1	27.1	27.3
—C(CH₃)₃	48.8	28.1	27.7	27.1
环己基	44.3	30.8	27.4	27.4
—C₆H₅	45.1	34.9	27.4	26.7
—F	90.5	33.1	23.5	26.0
—Cl	59.8	37.2	25.2	25.6
—Br	52.6	37.9	26.1	25.6
—I	31.8	39.8	27.4	25.5

续表

C 位置 取代基 X	α	β	γ	δ
—OH	70.0	36.0	25.0	26.4
—OCH$_3$	78.6	32.3	24.3	26.7
—OCOCH$_3$	72.3	32.2	24.4	26.1
—NH$_2$	51.1	37.7	25.8	26.5
—NH$_3^+$Cl$^-$	51.5	33.4	25.6	26.0
—N=C=N—	55.7	35.0	24.7	25.5
—NO$_2$	84.6	31.4	24.7	25.5
—SH	38.5	38.5	26.8	25.9
—COCH$_3$	51.5	29.0	26.6	26.3
—COOH	43.7	29.6	26.2	26.6
—COO$^-$	47.2	30.9	26.9	26.9
—COOCH$_3$	43.4	29.6	26.0	26.4
—COCl	55.4	29.7	25.5	25.9
—CN	28.3	30.1	24.6	25.8

（4）取代环己烷的化学位移计算

① 甲基取代的环己烷中取代甲基的加和值

基本值

甲基取代位置

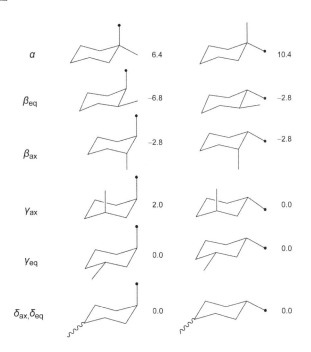

② 甲基取代的环己烷环碳的 ^{13}C NMR 化学位移计算中的加和值

基本值　　　　　　　27.1

取代位置

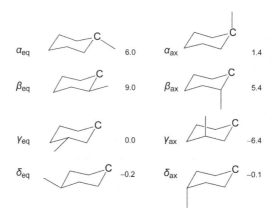

α_{eq}	6.0	α_{ax}	1.4
β_{eq}	9.0	β_{ax}	5.4
γ_{eq}	0.0	γ_{ax}	−6.4
δ_{eq}	−0.2	δ_{ax}	−0.1

③ 二取代修正值

基本值　　　　　　27.1

同碳二取代

α_{ax}, α_{eq} 　　−3.8　　　β_{ax}, β_{eq} 　　−1.3　　　γ_{ax}, γ_{eq} 　　2.0

邻碳二取代

α_{eq}, β_{eq} 　−2.5　　　β_{eq}, γ_{ax} 　−0.8

α_{eq}, β_{ax} 　−2.9　　　β_{ax}, γ_{eq} 　1.6

α_{ax}, β_{eq} 　−3.4

④ 举例

(a) 基本值	27.1	(b) 基本值	27.1	(c) 基本值	27.1
$1\alpha_{ax}$	1.4	$1\alpha_{eq}$	6.0	$2\beta_{eq}$	18.0
$1\beta_{eq}$	9.0	$1\beta_{ax}$	5.4	$1\gamma_{ax}$	−6.4
$1\delta_{eq}$	−0.2	$1\gamma_{eq}$	0.0	$1\beta_{eq}, \gamma_{ax}$	−0.8
$1\alpha_{ax}, \beta_{eq}$	−3.4	$1\alpha_{eq}, \beta_{ax}$	−2.9	计算值	37.9
计算值	33.9	计算值	35.6	实测值	38.0
实测值	33.7 (34.1)	实测值	35.5		

(d) 基本值	27.1	(e) 基本值	27.1	(f) 基本值	27.1
$1\alpha_{eq}$	6.0	$1\beta_{eq}$	9.0	$1\beta_{ax}$	5.4
$1\gamma_{eq}$	0.0	$1\gamma_{ax}$	-6.4	$1\gamma_{eq}$	0.0
$1\delta_{ax}$	-0.1	$1\delta_{eq}$	-0.2	$1\beta_{ax},\gamma_{eq}$	1.6
计算值	33.0	计算值	29.5	计算值	34.1
实测值	32.9	实测值	29.3	实测值	33.7(34.1)

(g) 基本值	18.8	(h) 基本值	23.1	(i) 基本值	23.1
$1CH_3\beta_{eq}$	-6.8	$1CH_3\beta_{ax}$	-2.8	$1CH_3\gamma_{eq}$	0.0
$1CH_3\delta_{eq}$	0.0	$1CH_3\gamma_{eq}$	0.0	$1CH_3\delta_{ax}$	0.0
计算值	12.0	计算值	20.3	计算值	23.1
实测值	11.7	实测值	20.3	实测值	23.0

（5）几个取代环己烷的 ^{13}C NMR 化学位移

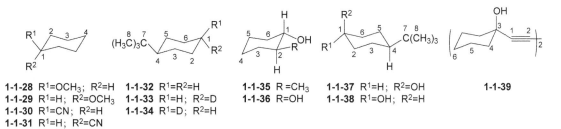

1-1-28 R^1=OCH$_3$; R^2=H **1-1-32** R^1=R^2=H **1-1-35** R=CH$_3$ **1-1-37** R^1=H; R^2=OH **1-1-39**
1-1-29 R^1=H; R^2=OCH$_3$ **1-1-33** R^1=H; R^2=D **1-1-36** R=OH **1-1-38** R^1=OH; R^2=H
1-1-30 R^1=CN; R^2=H **1-1-34** R^1=D; R^2=H
1-1-31 R^1=H; R^2=CN

表 1-1-10 取代环己烷 **1-1-28~1-1-39** 的 ^{13}C NMR 化学位移数据[5~9]

C	1-1-28	1-1-29	1-1-30	1-1-31	1-1-32	1-1-33	1-1-34	1-1-35	1-1-36	1-1-37	1-1-38	1-1-39
1	79.46	74.71	29.04	27.73	26.61	26.18	26.16	76.4	75.7	65.0	70.4	83.1
2	32.15	29.41	30.47	26.73	27.09	27.00	26.93	40.3	75.7	33.3	35.7	68.2
3	24.86	20.43	25.73	23.13	27.44	27.44	27.32	33.8	33.0	21.0	25.7	68.4
4	25.90	26.29	25.73	26.25	48.01	48.01	47.94	25.8	24.5	48.2	47.3	39.8
5								25.3	24.5			23.4
6								35.6	33.0			25.4
7					32.26	32.26	32.24			32.4	32.1	
8					27.30	27.30	27.27			27.4	27.5	
R	55.05	55.05						18.7				

三、并合的环烷烃的 ^{13}C NMR 化学位移

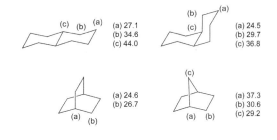

(a) 27.1
(b) 34.6
(c) 44.0

(a) 24.5
(b) 29.7
(c) 36.8

(a) 24.6
(b) 26.7

(a) 37.3
(b) 30.6
(c) 29.2

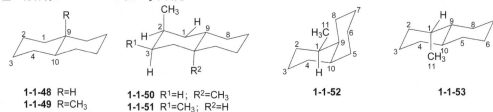

1-1-40 2-CH₃ **1-1-43** R=Cl **1-1-45** R=H
1-1-41 3-CH₃ **1-1-44** R=COOH **1-1-46** R=OH
1-1-42 4-CH₃ **1-1-47** R=SCH₃

表 1-1-11 并环烷烃 1-1-40~1-1-47 的 ^{13}C NMR 化学位移数据[10~12]

C	1-1-40	1-1-41	1-1-42	1-1-43	1-1-44	1-1-45	1-1-46	1-1-47
1	35.9	32.7	33.6	71.72	47.45	43.3	90.0	60.9
2	43.5	51.7	40.9	79.70	34.43	34.3	42.2	41.1
3	32.7	29.8	32.3	43.23	80.34	26.4	26.1	26.0
4	30.0	39.7	37.2	62.18	69.41		33.7	34.1
5	30.7	30.4	40.3	37.21	26.76		52.0	50.9
6	23.1	23.8	22.8	26.46	20.23			
7	44.2	42.8	42.9	56.60	56.51			
R					176.03			

注：化合物 1-1-40~1-1-42 在 CS₂ 中测定。

1-1-48 R=H **1-1-50** R¹=H; R²=CH₃ **1-1-52** **1-1-53**
1-1-49 R=CH₃ **1-1-51** R¹=CH₃; R²=H

表 1-1-12 并环烷烃 1-1-48~1-1-53 的 ^{13}C NMR 化学位移数据[13]

C	1-1-48	1-1-49	1-1-50	1-1-51	1-1-52	1-1-53	C	1-1-48	1-1-49	1-1-50	1-1-51	1-1-52	1-1-53
1	34.7	42.4	44.3	44.2	37.2	38.4	7					27.4	
2	27.2	22.2	39.3	39.8	29.5	37.1	8			31.0		20.0	31.0
3	27.2	27.4	35.8		27.4		9	44.2	34.8	49.4		43.0	50.6
4		29.4			25.8		10		46.2			38.7	
5					33.6		11			20.9	20.3	19.7	19.7
6					21.9		R		15.8	16.1	20.3		

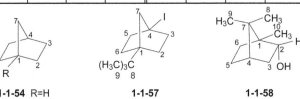

1-1-54 R=H **1-1-57** **1-1-58**
1-1-55 R=Cl
1-1-56 R=OH

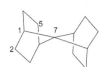

1-1-59　　　　　　1-1-60　　　　　　1-1-61

表 1-1-13 并环烷烃 1-1-54~1-1-61 的 ^{13}C NMR 化学位移数据[14~18]

C	1-1-54	1-1-55	1-1-56	1-1-57	1-1-58	1-1-59	1-1-60	1-1-61
1	36.4	69.9	82.8	38.4	49.5	38.7	35.7	36.6
2	29.8	38.4	35.4	32.4	76.8	27.7	14.7	23.1
3	29.8	30.9	30.3	44.2	39.0	30.6	1.0	17.7
4	36.4	34.8	34.8	52.2	45.4			
5					28.4			
6					26.1		29.8	26.8
7	38.4	46.8	43.9	50.7	48.0	47.5		
8				31.3	18.8		26.8	53.5
9				26.6	20.3			
10					13.4			

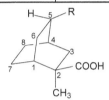
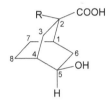

1-1-62 R=H
1-1-63 R=OH

1-1-64 R¹=Br; R²=H
1-1-65 R¹=H; R²=C₆H₅
1-1-66 R¹=OH; R²=C₆H₅

1-1-67 R=OCH₃
1-1-68 R=F
1-1-69 R=OH
1-1-70 R=CH₂OH
1-1-71 R=COOH

1-1-72 R=H
1-1-73 R=OH

1-1-74 R=H
1-1-75 R=CH₃

表 1-1-14 并环烷烃 1-1-62~1-1-75 的 ^{13}C NMR 化学位移数据[19~23]

C	1-1-62	1-1-63	1-1-64	1-1-65	1-1-66	1-1-67	1-1-68	1-1-69	1-1-70	1-1-71	1-1-72	1-1-73	1-1-74	1-1-75
1	23.99	31.64	92.47	24.58	69.57	72.85	92.97	69.09	32.44	38.17	32.07	33.43	28.55	32.54
2		69.41	31.30	26.59	34.26	29.86	31.80	33.91	27.78	27.94	44.01	43.44	41.47	43.44
3		37.47	27.38	32.18	33.48	27.50	27.88	27.20	25.77	25.35	36.55	30.01	21.28	30.01
4	23.99	24.87	24.26	34.13	34.26	24.81	30.24	24.41	24.68	23.73	25.17	32.53	31.16	33.43
5	26.11	24.59									24.31	68.29	68.46	68.29
6	26.11	23.82									24.31	35.80	33.68	35.80
7		18.70									21.57	20.07	25.01	20.07
8		25.70									25.31	22.76	22.80	22.76
9													180.4	182.78
R								71.92	185.2					26.28

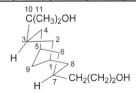

1-1-76 R=H
1-1-77 R=COOCH₃

1-1-78

1-1-79

1-1-80 R¹=R²=H
1-1-81 R¹=R²=CH₃

表 1-1-15 并环烷烃 1-1-76~1-1-81 的 ^{13}C NMR 化学位移数据[24,25]

C	1-1-76	1-1-77	1-1-78	1-1-79	1-1-80	1-1-81
1	27.9	27.5	25.0	24.5	34.24	34.52
2	31.6	34.0	29.1	32.0	31.81	31.99
3	22.5	39.1	36.0	41.4	23.03	28.10
6	31.6	30.9	33.1	32.0	34.56	39.98
7	22.5	22.1	16.0	41.4	28.83	28.83
9	35.1	34.1	29.1	23.7	26.79	
10		177.1	177.2	72.7	18.84	19.11
11		51.4	51.4	27.0		
R						38.65

1-1-82 X=F
1-1-83 X=Cl

1-1-84

1-1-85

1-1-86 R=H
1-1-87 R=CH₃
1-1-88 R=Cl
1-1-89 R=OH

1-1-90

表 1-1-16 并环烷烃 1-1-82~1-1-90 的 ^{13}C NMR 化学位移数据[22,26~28]

C	1-1-82	1-1-83	1-1-84	1-1-85	1-1-86	1-1-87	1-1-88	1-1-89	1-1-90
1	12.91	18.95	128.10	129.02	26.3	28.8	27.5	29.8	37.9
2			49.19	28.38	20.6	20.3	19.3	19.2	61.3
3	49.19	58.20	12.91	25.22	31.3	38.2	39.3	36.1	93.1
4	128.20	91.59	25.61	25.16	41.8	43.3	69.5	79.9	76.3
5			31.77						
6	33.68	40.62	33.81	23.56					
7	31.77	34.38			43.1	44.2	45.8	43.1	41.9
8	25.61	30.65			19.4	17.7	17.6	17.3	37.9
10					9.4	11.5	12.1	12.2	
R						12.2			

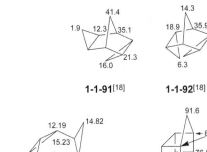

1-1-91[18]

1-1-92[18]

1-1-93[17]

1-1-94[29]

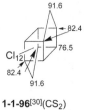

1-1-95[29]

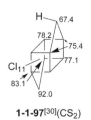

1-1-96[30](CS₂)

1-1-97[30](CS₂)

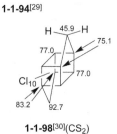

1-1-98[30](CS₂)

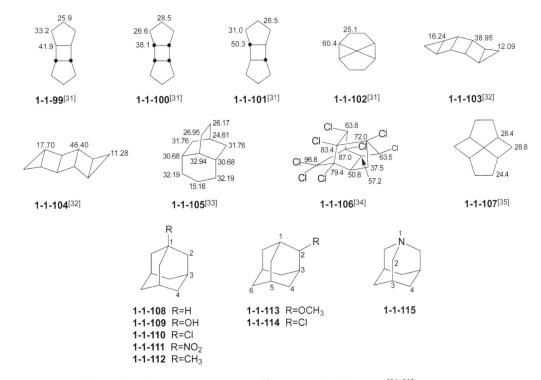

C	1-1-108	1-1-109	1-1-110	1-1-111	1-1-112	1-1-113	1-1-114	1-1-115
1	28.5	67.9	58.2	84.3	29.9	33.1	44.8	
2	37.8	45.3	47.7	40.8	44.6	102.2	100.6	59.1
3	28.5	30.8	31.7	29.8	28.9			31.3
4	37.8	36.1	35.6	35.8	36.9	33.9	34.8	36.6
5						27.3	26.4	
6						37.5	38.2	
R						31.1	46.5	

表 1-1-17 金刚烷类化合物 1-1-108~1-1-115 的 ¹³C NMR 化学位移数据[36~39]

注：化合物 1-1-111 和 1-1-112 在 CCl₄ 中测定。

四、链烯烃的 ¹³C NMR 化学位移

（一）链烯烃的 ¹³C NMR 化学位移计算

基本值   123.3

碳取代基位置 α 10.6 α' −7.9

           β 4.9 β' −1.8

           γ −1.5 γ' −1.5

立体校正值

对于每对顺式 α,α' 取代   −1.1   对于一对同碳 α',α' 取代   2.5

对于一对同碳 α,α 取代   −4.8   如果一个或多个 β 取代   2.3

举例：

（a）基本值	123.3	（b）基本值	123.3
$1\alpha C$	10.3	$1\alpha C$	10.3
$1\alpha' C$	-7.9	$2\beta C$	9.8
$2\beta C$	-3.6	$1\alpha' C$	-7.9
顺式 α,α'	-1.1	顺式 α,α'	-1.1
计算值	121.0	1β 取代	2.3
实测值	121.6	计算值	136.7
		实测值	138.8

（二）单取代基乙烯的 ^{13}C NMR 化学位移数据的加和值

$$X—\overset{1}{CH}=\overset{2}{CH_2}$$

$$\delta_{C_i} = 123.3 + Z_i$$

取代基 X	Z_1	Z_2	取代基 X	Z_1	Z_2
—H	0.0	0.0	—OCH$_3$	29.4	-38.9
—CH$_3$	10.6	-7.9	—OCH$_2$CH$_3$	28.5	-39.8
—CH$_2$CH$_3$	15.5	-9.7	—OCH$_2$CH$_2$CH$_2$CH$_3$	28.1	-40.4
—CH$_2$CH$_2$CH$_3$	14.0	-8.2	—OCOCH$_3$	18.4	-26.7
—CH(CH$_3$)$_2$	20.4	-11.5	—N(CH$_3$)$_2$	19.8	-10.6
—CH$_2$CH$_2$CH$_2$CH$_3$	14.6	-8.9	=N(吡咯烷基)	6.5	-29.2
—C(CH$_3$)$_3$	25.3	-13.3	—NO$_2$	22.3	-0.9
—CH$_2$Cl	10.2	-6.0	—NC	-3.9	-2.7
—CH$_2$Br	10.9	-4.5	—SCH$_2$C$_6$H$_5$	18.5	-16.4
—CH$_2$I	14.2	-4.0	—SO$_2$CH=CH$_2$	14.3	7.9
—CH$_2$OH	14.2	-8.4	—CHO	13.1	12.7
—CH$_2$OCH$_2$CH$_3$	12.3	-8.8	—COCH$_3$	15.0	5.8
—CH=CH$_2$	13.6	-7.0	—COOH	4.2	8.9
—C$_6$H$_5$	12.5	-11.0	—COOCH$_2$CH$_3$	6.3	7.0
—F	24.9	-34.3	—COCl	8.1	14.0
—Cl	2.6	-6.1	—CN	-15.1	14.2
—Br	-7.9	-1.4	—Si(CH$_3$)$_3$	16.9	6.7
—I	-38.1	7.0	—SiCl$_3$	8.7	16.1

举例：

(a)　　基本值　　　　123.3　　　　　　(b)　　基本值　　　　123.3
　　　Z_1(Br)　　　　-7.9　　　　　　　　　Z_2(Br)　　　　-1.4
　　　Z_2(CH$_3$)　　　-7.9　　　　　　　　　Z_1(CH$_3$)　　　10.6
　　　────────────────　　　　　　　────────────────
　　　计算值　　　　　107.5　　　　　　　　计算值　　　　　132.5
　　　实测值　　　　　108.9(顺式)　　　　　实测值　　　　　129.4(顺式)
　　　　　　　　　　　104.7(反式)　　　　　　　　　　　　　132.7(反式)

（三）单烯烃的 ^{13}C NMR 化学位移

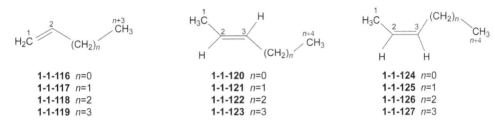

1-1-116 $n=0$　　　　**1-1-120** $n=0$　　　　**1-1-124** $n=0$
1-1-117 $n=1$　　　　**1-1-121** $n=1$　　　　**1-1-125** $n=1$
1-1-118 $n=2$　　　　**1-1-122** $n=2$　　　　**1-1-126** $n=2$
1-1-119 $n=3$　　　　**1-1-123** $n=3$　　　　**1-1-127** $n=3$

表 1-1-18　单烯烃 **1-1-116** ～ **1-1-127** 的 ^{13}C NMR 化学位移数据[40,41]

C	1-1-116	1-1-117	1-1-118	1-1-119	1-1-120	1-1-121	1-1-122	1-1-123	1-1-124	1-1-125	1-1-126	1-1-127
1	115.95	113.49	114.66	114.17	16.80	17.34	17.51	17.69	11.42	12.01	12.29	12.45
2	133.61	140.49	138.91	138.83	125.42	123.55	124.74	124.60	124.22	122.84	123.73	123.61
3	19.41	27.39	36.68	33.86		133.21	131.54	131.82		132.43	130.64	130.97
4		13.43	22.81	31.64		25.81	35.10	32.76		20.33	29.26	26.95
5			13.75	22.49		13.62	23.07	32.44		13.79	23.04	32.33
6				13.73			13.43	22.65			13.49	22.75
7								13.90				13.89

注：化合物 **1-1-116** ～ **1-1-119** 在 C$_6$H$_{14}$ 中测定，**1-1-120** ～ **1-1-127** 以纯物质测定。

1-1-128 R=OCH$_3$　　　**1-1-132** R=NH$_2$　　　**1-1-136** R=H
1-1-129 R=Br　　　　　**1-1-133** R=Cl　　　　　**1-1-137** R=COOH
1-1-130 R=COCH$_3$　　　**1-1-134** R=OH　　　　　**1-1-138** R=CONH$_2$
1-1-131 R=COOH　　　　**1-1-135** R=COOH　　　　**1-1-139** R=CH$_3$

表 1-1-19　单烯烃 **1-1-128** ～ **1-1-139** 的 ^{13}C NMR 化学位移数据[42~44]

C	1-1-128	1-1-129	1-1-130	1-1-131	1-1-132	1-1-133	1-1-134	1-1-135	1-1-136	1-1-137	1-1-138	1-1-139
1	83.7	121.5	128.6	132.1	112.7	118.5	114.6	118.0	113.4	126.4	120.2	110.7
2	152.9	113.4	136.8	127.5	140.8	134.2	137.7	129.5	132.7	136.4	140.3	141.7
3					44.4	44.6	62.6	37.4	18.5	17.3	18.5	23.6

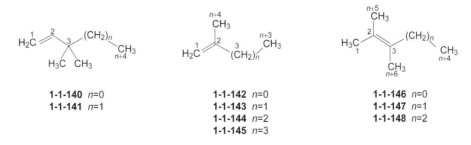

1-1-140 $n=0$　　　　**1-1-142** $n=0$　　　　**1-1-146** $n=0$
1-1-141 $n=1$　　　　**1-1-143** $n=1$　　　　**1-1-147** $n=1$
　　　　　　　　　　　1-1-144 $n=2$　　　　**1-1-148** $n=2$
　　　　　　　　　　　1-1-145 $n=3$

表 1-1-20 单烯烃 1-1-140～1-1-148 的 ^{13}C NMR 化学位移数据[40,45]

C	1-1-140	1-1-141	1-1-142	1-1-143	1-1-144	1-1-145	1-1-146	1-1-147	1-1-148
1	108.50	110.68	111.26	109.06	110.16	110.07	20.38	20.55	20.56
2	149.27	148.31	141.79	146.98	145.25	145.43	123.49	123.13	123.93
3	33.78	36.90	24.20	31.09	40.46	38.01		129.58	127.97
4	29.41	35.56		12.55	21.19	30.43		27.67	36.80
5		8.96		22.55	13.63	22.83		12.75	21.63
6					22.08	13.96		19.87	14.10
7						22.26		17.86	20.19
8									18.35

注：化合物 **1-1-140**～**1-1-145** 在 C_6H_{14} 中测定。

（四）多烯烃的 ^{13}C NMR 化学位移

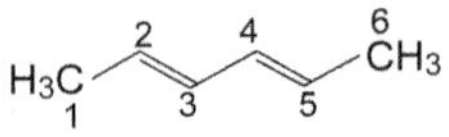

化合物	1	2	3	4	5	6	文献
1-1-149(2E,4E)	17.60	125.82	132.31				[46]
1-1-150(2E,4Z)	18.00	128.31	130.21	127.41	123.12	13.01	[46]
1-1-151(2Z,4Z)	12.90	124.92	125.32				[46]

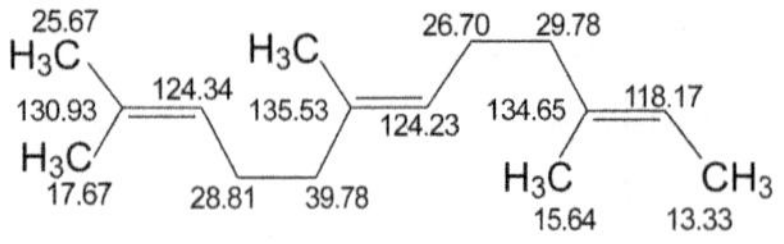

1-1-152[47]

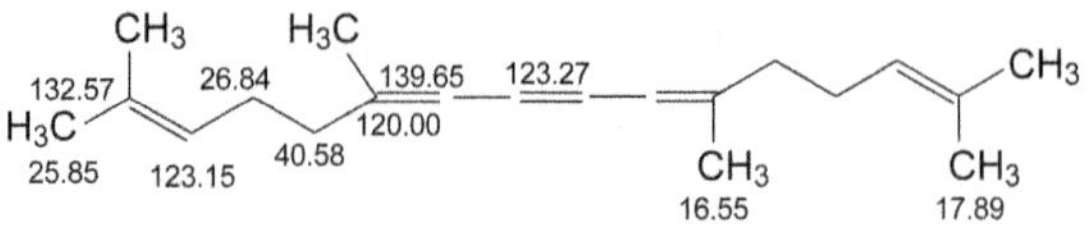

1-1-153[48]

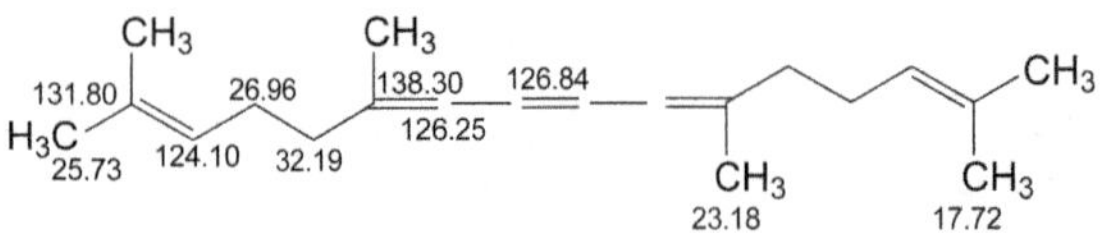

1-1-154[48]

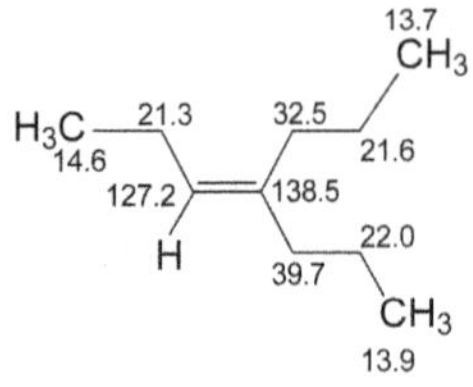

1-1-155[49]

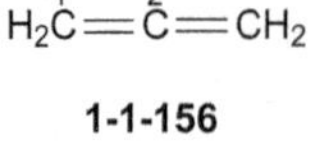

1-1-156

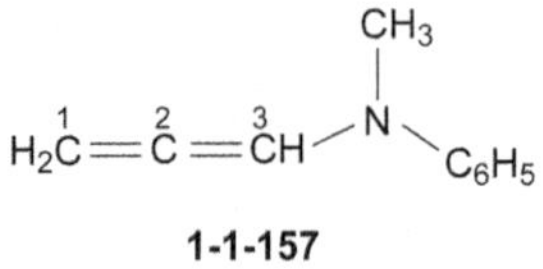

1-1-157

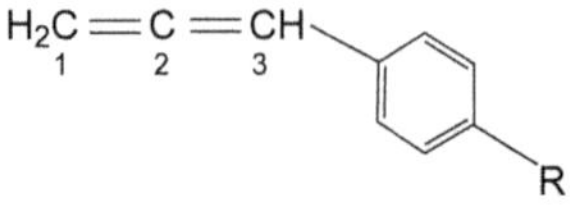

1-1-158 R=H
1-1-159 R=CH₃
1-1-160 R=Cl

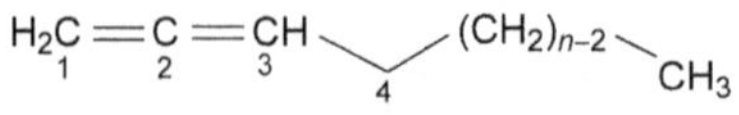

1-1-161 n=1
1-1-162 n=2
1-1-163 n=3

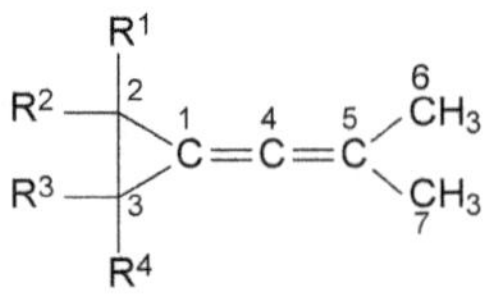

1-1-164 R¹=C₆H₅; R²=R³=H; R⁴=CH₃
1-1-165 R¹=R⁴=CH₃; R²=R³=H
1-1-166 R¹=R²=R³=R⁴=CH₃

表 1-1-21 联烯烃 **1-1-156～1-1-166** 的 ^{13}C NMR 化学位移数据[50~53]

C	1-1-156	1-1-157	1-1-158	1-1-159	1-1-160	1-1-161	1-1-162	1-1-163	1-1-164	1-1-165	1-1-166
1	72.6	87	79.8	79.9	80.2	72.5	73.8	73.8	88.0	88.6	98.0
2	211.7	204	210.2	210.7	210.2	208.5	207.9	208.6	26.0	22.5	28.4
3		106	95.4	95.7	94.5	83.3	90.7	89.0	32.1	22.5	28.4
4						12.3	20.7	29.6	187.1	186.3	184.5
5							12.3	18.4	99.2	97.7	97.4
6								12.8	21.4	21.7	22.6
7									21.5	21.7	22.8

注：化合物 **1-1-157** 在 C_6D_6-C_6H_6 中测定。

五、环烯烃的 ^{13}C NMR 化学位移

（一）环烯烃的 ^{13}C NMR 化学位移数据

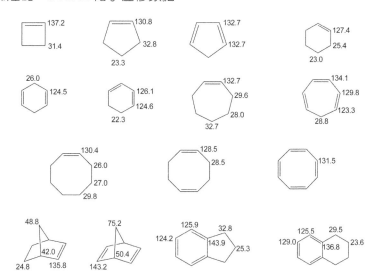

（二）三元环烯烃的 ^{13}C NMR 化学位移

表 1-1-22 三元环烯烃 **1-1-167~1-1-173** 的 ^{13}C NMR 化学位移数据[54,55]

C	1-1-167	1-1-168	1-1-169	1-1-170	1-1-171	1-1-172	1-1-173
1	108.7	131.0	150.2	153.0	149.8	116.5	117.6
2	2.3	3.0	32.3	33.3	35.7	98.8	10.1
3		103.5	105.4	104.9	106.8	6.2	23.6
4						12.5	

（三）四元环烯烃和五元环烯烃的 ¹³C NMR 化学位移

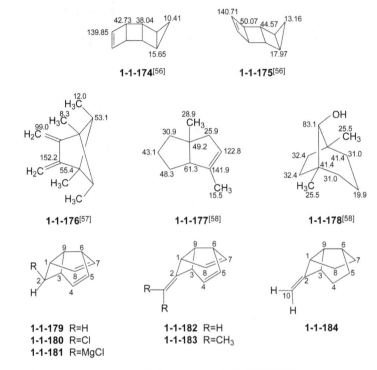

1-1-174[56]

1-1-175[56]

1-1-176[57]

1-1-177[58]

1-1-178[58]

1-1-179 R=H
1-1-180 R=Cl
1-1-181 R=MgCl

1-1-182 R=H
1-1-183 R=CH₃

1-1-184

表 1-1-23 五元环烯烃 1-1-179~1-1-184 的 ¹³C NMR 化学位移数据[59]

C	1-1-179	1-1-180	1-1-181	1-1-182	1-1-183	1-1-184
1	46.57	54.83	47.11	52.77	50.84	45.56
2	28.50	57.96	48.30	149.02	131.59	161.78
4	134.03	130.20	133.06	130.78	130.89	33.40
5	138.46	140.10	139.54	137.69	137.10	32.91
6	58.71	58.28	58.66	58.05	57.57	47.53
10				106.67	123.61	106.67
R					18.07	

（四）六元环烯烃的 ¹³C NMR 化学位移

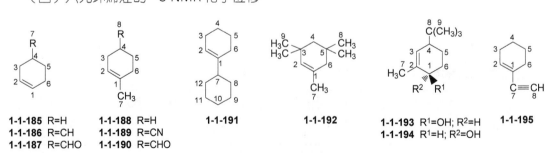

1-1-185 R=H
1-1-186 R=CH
1-1-187 R=CHO

1-1-188 R=H
1-1-189 R=CN
1-1-190 R=CHO

1-1-191

1-1-192

1-1-193 R¹=OH; R²=H
1-1-194 R¹=H; R²=OH

1-1-195

表 1-1-24 六元环单烯烃 1-1-185~1-1-195 的 ¹³C NMR 化学位移数据[60~64]

C	1-1-185	1-1-186	1-1-187	1-1-188	1-1-189	1-1-190	1-1-191	1-1-192	1-1-193	1-1-194	1-1-195
1	127.2	127.2	127.1	134.2	134.2	134.2	143.1	129.0	71.5	68.8	120.2

续表

C	1-1-185	1-1-186	1-1-187	1-1-188	1-1-189	1-1-190	1-1-191	1-1-192	1-1-193	1-1-194	1-1-195
2	127.2	123.9	124.9	122.3	117.8	118.9	119.2	130.3	136.7	134.4	136.3
3	25.5	28.6	24.4	26.7	28.6	24.6	25.8	30.6	124.1	124.8	25.7
4	23.1	24.8	46.0	24.4	25.9	45.9	23.4	49.7	35.0	33.1	22.4
5	23.1	25.7	22.1	24.4	27.8	22.6	23.7	32.5	43.7	37.6	21.6
6	25.5	23.2	23.8	31.5	27.8	28.6	27.0	43.9	27.1	27.3	29.2
7		122.5	208.7	23.8	23.4	23.5	46.6	24.1	18.9	20.9	85.5
8					122.5	204.0	32.5	30.2	32.1	31.7	74.5
9							27.3	31.7	27.1	27.3	
10											

（五）并环烯烃的 ¹³C NMR 化学位移

  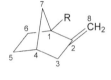 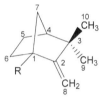

1-1-196　　　　**1-1-197**　　　　**1-1-198** R=H　　**1-1-200** R=H　　**1-1-203** R¹=CH₃; R²=H

1-1-199 R=CH₃　**1-1-201** R=Cl　**1-1-204** R¹=H; R²=CH₃

1-1-202 R=NH₂

表 1-1-25 并环烯烃 1-1-196~1-1-204 的 ¹³C NMR 化学位移数据[65~69]

C	1-1-196	1-1-197	1-1-198	1-1-199	1-1-200	1-1-201	1-1-202	1-1-203	1-1-204
1	41.8	51.1	45.7	48.7	48.2	73.4	66.5	42.6	41.1
2	135.2	151.2	155.3	158.3	165.9	163.0	168.2	43.3	42.6
3	135.2	42.2	39.1	39.6	41.7	42.7	42.4	161.3	161.3
4	41.8	50.2	37.0	35.9	47.0	44.9	45.5	45.8	46.3
5	24.6	136.6	28.5	30.2	23.8	25.7	25.3	28.8	30.4
6	24.6	134.4	29.9	36.7	28.9	37.9	35.3	28.8	21.2
7	48.5	33.6	38.4	46.0	37.4	46.3	45.5	35.3	39.2
8			101.8	99.8	99.1	101.3	97.2	101.6	100.9
9					29.4	29.8	29.6	19.7	
10					25.8	26.3	26.3		14.6

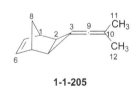 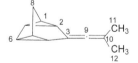

1-1-205　　　　　　　　　　　**1-1-206**

1-1-207　　　**1-1-208**　　　**1-1-209**　　　**1-1-213**[72]　　　**1-1-214**[72]

1-1-210 Δ⁶

1-1-211 Δ³

1-1-212 Δ³,Δ⁶

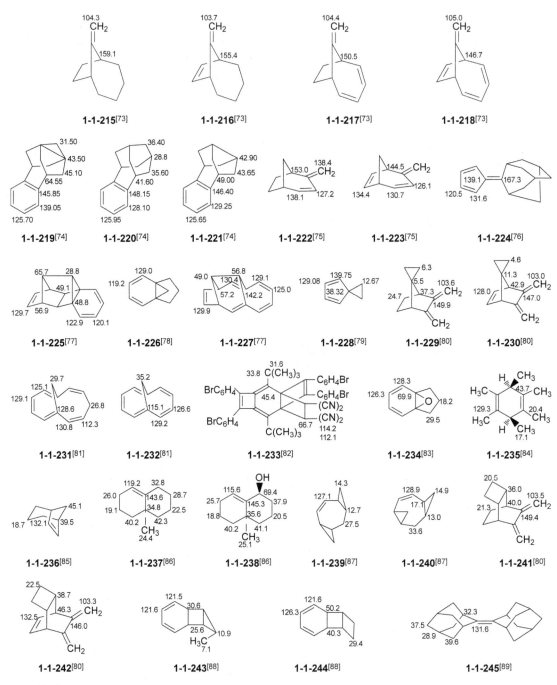

表 1-1-26 并环烯烃 1-1-205~1-1-212 的 ^{13}C NMR 化学位移数据[70,71]

C	1-1-205	1-1-206	1-1-207	1-1-208	1-1-209	1-1-210	1-1-211	1-1-212
1	43.8	27.9	43.9		35.2	39.5	33.6	38.7
2	29.3	29.4	26.4	33.4	32.8	25.2	37.5	28.7
3	92.7	100.4	132.8	142.2	19.1	18.7	123.8	123.8
4					32.8	25.2	134.7	134.1
5					35.2	39.5	35.6	38.3
6	138.7	24.8	138.9		28.9	132.1	35.5	139.7

续表

C	1-1-205	1-1-206	1-1-207	1-1-208	1-1-209	1-1-210	1-1-211	1-1-212
7					28.9	132.1	30.6	130.2
8	42.3	25.8	42.0	26.0	39.7	45.1	35.5	40.7
9	186.3	196.8	119.6	122.3				
10	97.4	96.4	21.5	142.5				
11	21.3	21.7	21.2	113.0				
12				22.9				

（六）大环烯烃的 ^{13}C NMR 化学位移

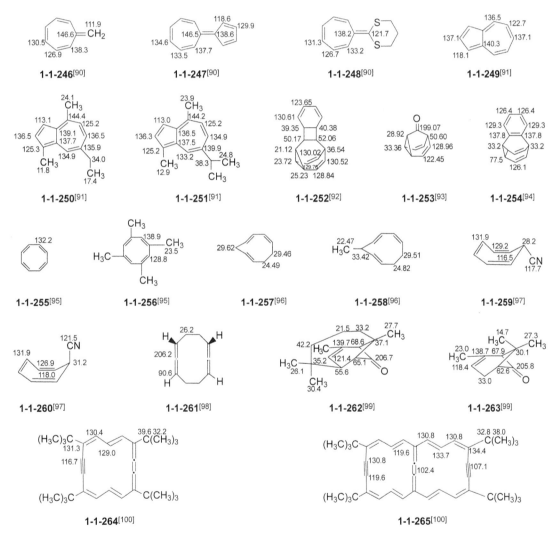

六、炔烃的 ^{13}C NMR 化学位移

（一）取代炔烃的 ^{13}C NMR 化学位移

$$H-\overset{(a)}{C}\equiv\overset{(b)}{C}-X$$

X	(a)	(b)	X	(a)	(b)
—H	71.9	71.9	—C$_6$H$_5$	78.3	84.6
—CH$_3$	66.9	79.2	—OCH$_2$CH$_3$	23.2	89.4
—CH$_2$CH$_2$CH$_2$CH$_3$	66.0	83.0	—SCH$_2$CH$_3$	81.4	72.6
—CH$_2$OH	73.8	83.0			

（二）直链炔烃的 ^{13}C NMR 化学位移

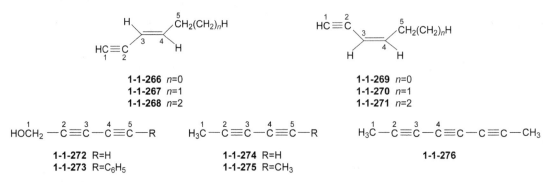

1-1-266 n=0
1-1-267 n=1
1-1-268 n=2

1-1-269 n=0
1-1-270 n=1
1-1-271 n=2

1-1-272 R=H
1-1-273 R=C$_6$H$_5$

1-1-274 R=H
1-1-275 R=CH$_3$

1-1-276

表 1-1-27 直链炔烃 **1-1-266~1-1-276** 的 ^{13}C NMR 化学位移数据[9,101~105]

C	1-1-266	1-1-267	1-1-268	1-1-269	1-1-270	1-1-271	1-1-272	1-1-273	1-1-274	1-1-275	1-1-276
1	75.8	75.7	75.7	82.1	81.2	81.3	50.8	51.1	3.9	4.0	4.4
2	82.5	82.5	82.6	80.3	80.4	80.5	74.7	78.3	74.4	72.2	74.8
3	110.1	107.6	108.8	109.4	107.3	108.3	69.7	73.5	65.4	64.8	65.0
4	141.3	148.1	146.5	140.3	147.6	145.8	67.5	70.2	68.8		60.0
5	18.6	26.1	35.2	15.9	23.7	32.4	68.6	80.8	64.7		
6		12.7	21.9		13.3	22.2					
7			13.9			13.8					

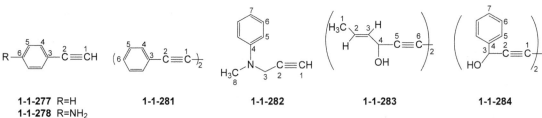

1-1-277 R=H
1-1-278 R=NH$_2$
1-1-279 R=F
1-1-280 R=C$_6$H$_5$

1-1-281

1-1-282

1-1-283

1-1-284

表 1-1-28 芳基炔烃 **1-1-277~1-1-284** 的 ^{13}C NMR 化学位移数据[9,106,107]

C	1-1-277	1-1-278	1-1-279	1-1-280	1-1-281	1-1-282	1-1-283	1-1-284
1	77.06	74.77	76.82	77.62	74.0	71.9	17.7	79.7
2	83.52	84.20	82.43	83.43	81.7	79.4	129.2	69.9
3	122.52	111.94	118.42	121.14	121.3	42.3	129.2	64.2
4	131.96	133.21	133.79		132.5	149.0	62.7	139.8
5	127.94	114.09	115.36		128.7	114.2	79.3	126.6
6	128.24	146.38	162.60		129.5	128.9	69.3	128.4
7						118.1		128.4
8						38.3		

注：化合物 **1-1-277~1-1-280** 在 CCl$_4$ 中测定，**1-1-282** 在 CD$_2$Cl$_2$ 中测定。

七、芳香化合物的 ^{13}C NMR 化学位移

（一）各种芳香化合物的 ^{13}C NMR 化学位移数据

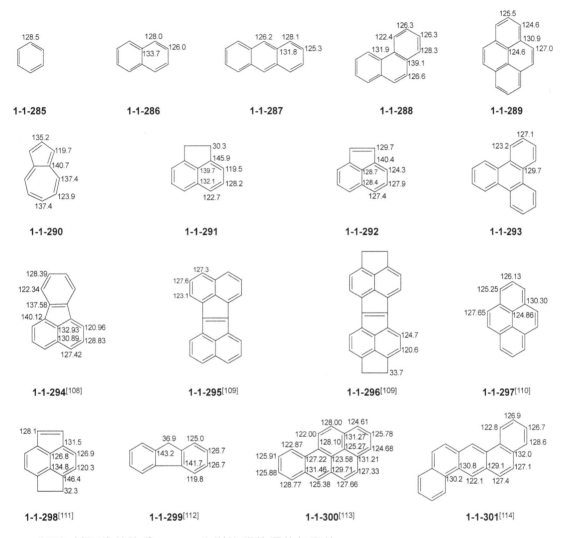

<table>
<tr><td>1-1-285</td><td>1-1-286</td><td>1-1-287</td><td>1-1-288</td><td>1-1-289</td></tr>
<tr><td>1-1-290</td><td>1-1-291</td><td>1-1-292</td><td>1-1-293</td><td></td></tr>
<tr><td>1-1-294[108]</td><td>1-1-295[109]</td><td>1-1-296[109]</td><td>1-1-297[110]</td><td></td></tr>
<tr><td>1-1-298[111]</td><td>1-1-299[112]</td><td>1-1-300[113]</td><td>1-1-301[114]</td><td></td></tr>
</table>

（二）单取代苯的 ^{13}C NMR 化学位移数据的加和值

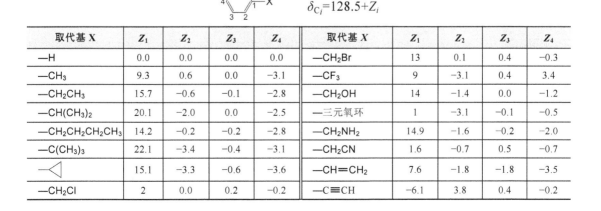

$$\delta_{C_i}=128.5+Z_i$$

取代基 X	Z_1	Z_2	Z_3	Z_4	取代基 X	Z_1	Z_2	Z_3	Z_4
—H	0.0	0.0	0.0	0.0	—CH$_2$Br	13	0.1	0.4	-0.3
—CH$_3$	9.3	0.6	0.0	-3.1	—CF$_3$	9	-3.1	0.4	3.4
—CH$_2$CH$_3$	15.7	-0.6	-0.1	-2.8	—CH$_2$OH	14	-1.4	0.0	-1.2
—CH(CH$_3$)$_2$	20.1	-2.0	0.0	-2.5	—三元氧环	1	-3.1	-0.1	-0.5
—CH$_2$CH$_2$CH$_2$CH$_3$	14.2	-0.2	-0.2	-2.8	—CH$_2$NH$_2$	14.9	-1.6	-0.2	-2.0
—C(CH$_3$)$_3$	22.1	-3.4	-0.4	-3.1	—CH$_2$CN	1.6	-0.7	0.5	-0.7
—◁	15.1	-3.3	-0.6	-3.6	—CH=CH$_2$	7.6	-1.8	-1.8	-3.5
—CH$_2$Cl	2	0.0	0.2	-0.2	—C≡CH	-6.1	3.8	0.4	-0.2

取代基 X	Z_1	Z_2	Z_3	Z_4	取代基 X	Z_1	Z_2	Z_3	Z_4
—C_6H_5	13.0	−1.1	0.5	−1.0	—NC	−1.8	−2.2	1.4	0.9
—F	35.1	−14.3	0.9	−4.4	—NCO	5.7	−3.6	1.2	−2.8
—Cl	6.4	0.2	1.0	−2.0	—NO	37.4	−7.7	0.8	7.0
—Br	−5.4	3.3	2.2	−1.0	—NO_2	19.6	−5.3	0.8	6.0
—I	−32.3	9.9	2.6	−0.4	—SH	2.2	0.7	0.4	−3.1
—OH	26.9	−12.7	1.4	−7.3	—SCH_3	9.9	−2.0	0.1	−3.7
—O^-	39.6	−8.2	1.9	−13.6	—$SC(CH_3)_3$	4.5	9.0	−0.3	0.0
—OCH_3	30.2	−14.7	0.9	−8.1	—SO_2Cl	15.6	−1.7	1.2	6.8
—OC_6H_5	29.1	−9.5	0.3	−5.3	—SO_3H	15.0	−2.2	1.3	3.8
—$OCOCH_3$	23.0	−6.4	1.3	−2.3	—CHO	9.0	1.2	1.2	6.0
—NH_2	19.2	12.4	1.3	−9.5	—$COCH_3$	9.3	0.2	0.2	4.2
—$NHCH_3$	21.7	−16.2	0.7	−11.8	—COOH	2.4	1.6	−0.1	4.8
—$N(CH_3)_2$	22.4	−15.7	0.8	−11.8	—COO^-	7.6	0.8	0.0	2.8
—$N(CH_2CH_3)_2$	19.3	−16.5	0.6	−13.0	—$COOCH_3$	2.1	1.2	0.0	4.4
—$N(C_6H_5)_2$	19.3	−4.1	0.6	−5.9	—$CONH_2$	5.4	−0.3	−0.9	5.0
—$NHCOCH_3$	11.1	−9.9	0.2	−5.6	—COCl	4.6	2.9	0.6	7.0
—$NHNH_2$	22.8	−16.5	0.5	−9.6	—CN	−16.0	3.5	0.7	4.3
—$N═NC_6H_5$	24.0	−5.8	0.3	2.2	—$P(CH_3)_2$	8.7	5.1	−0.1	0.0
—$\overset{+}{N}≡N$	−12.7	6.0	5.7	16.0	—$Si(CH_3)_3$	13.4	4.4	−1.1	−1.1

举例：

(a)	基本值	128.5		(b)	基本值	128.5
	$Z_1(NO_2)$	19.6			$Z_2(NO_2)$	−5.3
	$2Z_3(CH_3)$	0.0			$Z_2(CH_3)$	0.6
	计算值	148.1			$Z_4(CH_3)$	−3.1
	实测值	148.5			计算值	120.7
					实测值	121.7

(c)	基本值	128.5		(d)	基本值	128.5
	$Z_1(CH_3)$	9.3			$2Z_2(CH_3)$	1.2
	$Z_3(CH_3)$	0.0			$Z_4(NO_2)$	6.0
	$Z_3(NO_2)$	0.8			计算值	135.7
	计算值	138.6			实测值	136.2
	实测值	139.6				

（三）多取代苯的 ^{13}C NMR 化学位移

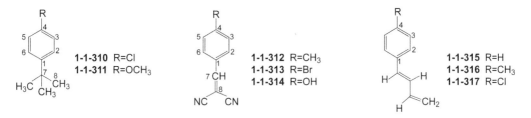

1-1-302 R=o-CH₃
1-1-303 R=p-CH₃
1-1-304 R=m-CHO
1-1-305 R=m-NH₂

1-1-306 R=CH₃
1-1-307 R=Cl

1-1-308 R¹=Br；R²=OCH₃
1-1-309 R¹=OH；R²=NO₂

表 1-1-29 双取代苯 **1-1-302~1-1-309** 的 ^{13}C NMR 化学位移数据[115~117]

C	1-1-302	1-1-303	1-1-304	1-1-305	1-1-306	1-1-307	1-1-308	1-1-309
1	136.4	134.5	138.9	139.1	109.6	111.0	130.3	149.8
2	136.4	129.1	129.9	116.0	132.9	133.4	129.9	127.2
3	129.9	129.1	136.8	146.5	130.0	129.7	114.7	123.6
4	126.1	134.5	127.1	112.3	143.7	139.4	159.7	147.2
5			128.8	129.2				
6			135.1	119.5				
7	19.6	20.9	21.1	21.4			33.9	63.5

1-1-310 R=Cl
1-1-311 R=OCH₃

1-1-312 R=CH₃
1-1-313 R=Br
1-1-314 R=OH

1-1-315 R=H
1-1-316 R=CH₃
1-1-317 R=Cl

表 1-1-30 双取代苯 **1-1-310~1-1-317** 的 ^{13}C NMR 化学位移数据[118,119]

C	1-1-310	1-1-311	1-1-312	1-1-313	1-1-314	1-1-315	1-1-316	1-1-317
1	149.6	143.3	129.1	130.7	123.8	134.0	133.0	131.4
2	126.8	126.2	130.1	132.7	133.9	128.5	129.3	130.0
3	128.3	113.5	130.7	132.1	116.0	137.4	137.3	136.9
4	131.3	157.5	146.0	118.2	163.6	116.2	117.3	118.2
7	34.5	34.0	80.9	83.2	77.0			
8	31.3	31.6	160.3	159.4	159.8			
CN			119.2	128.5	127.7			
R		55.0	25.9					

注：化合物 **1-1-315~1-1-317** 在 CCl₄ 中测定。

1-1-318 R=CH₃
1-1-319 R=Cl
1-1-320 R=NO₂

1-1-321 R=CH₃
1-1-322 R=Cl
1-1-323 R=NO₂

表 1-1-31 双取代苯 **1-1-318~1-1-323** 的 ^{13}C NMR 化学位移数据[120]

C	1-1-318	1-1-319	1-1-320	1-1-321	1-1-322	1-1-323
1	137.4	138.7	137.6	137.7	137.5	144.8
2	128.4	126.8	121.8	128.9	129.0	127.2

续表

C	1-1-318	1-1-319	1-1-320	1-1-321	1-1-322	1-1-323
3	137.4	134.6	148.4	128.9	129.0	124.3
4	128.4	126.8	121.8	137.7	134.4	147.7
5	128.4	129.2	129.6			
6	123.7	124.6	134.9			
7	137.3	134.6	134.9	137.5	136.7	135.9
8	112.6	115.0	116.6	114.0	114.8	119.0
R	21.2			21.3		

1-1-324 R=*o*-CH₃   **1-1-327** R=*o*-CHO   **1-1-330** R=*o*-NH₂
1-1-325 R=*m*-OCH₃   **1-1-328** R=*m*-CHO   **1-1-331** R=*m*-NH₂
1-1-326 R=*p*-OCH₃   **1-1-329** R=*p*-CHO   **1-1-332** R=*p*-NH₂

表 1-1-32 双取代苯 **1-1-324~1-1-332** 的 ¹³C NMR 化学位移数据[121]

C	1-1-324	1-1-325	1-1-326	1-1-327	1-1-328	1-1-329	1-1-330	1-1-331	1-1-332
1	148.9	160.1	157.4	163.2	162.6	165.6	150.5	162.3	154.2
2	144.8	100.6	115.8	120.5	114.6	116.0	136.3	99.2	114.5
3	119.9	159.8	114.9	132.4	138.2	132.1	115.8	149.5	114.2
4	113.0	109.6	156.0	126.4	125.5	132.3	123.9	109.3	144.8
5	123.8	130.0		135.1	131.0		115.8	129.3	114.2
6	113.6	106.4		112.0	120.9		114.8	100.9	114.5

注：化合物 **1-1-327~1-1-332** 在 DMSO-*d*₆ 中测定。

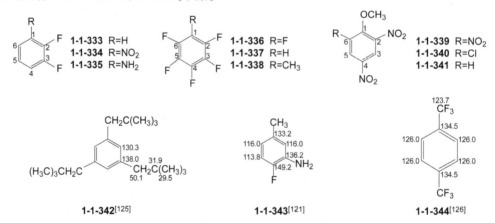

1-1-342[125]   **1-1-343**[121]   **1-1-344**[126]

表 1-1-33 多取代苯 **1-1-333~1-1-341** 的 ¹³C NMR 化学位移数据[122~124]

C	1-1-333	1-1-334	1-1-335	1-1-336	1-1-337	1-1-338	1-1-339	1-1-340	1-1-341
1	118.5	140.1	138.6	138.3	100.0	110.9	153.1	155.8	158.5
2	152.2	146.4	141.7		146.5	145.4	145.6	145.4	139.5
3	152.2	152.9	152.4		137.7	137.5	125.3	120.3	122.6
4	118.5	124.3	107.3		141.9	139.6	142.5	143.4	141.7
5	125.9	125.8	125.5				125.3	130.2	130.4
6	125.9	122.4	113.8				145.6	132.6	115.2
CH₃						4.6			
OCH₃							66.4	54.2	58.7

（四）联苯类化合物的 ^{13}C NMR 化学位移

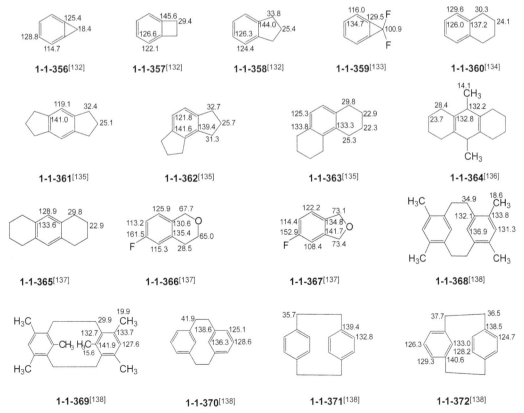

1-1-345 R=H
1-1-346 R=2,2'-CH₃
1-1-347 R=3,3'-CH₃
1-1-348 R=4,4'-CH₃

1-1-349 R=Cl
1-1-350 R=Br
1-1-351 R=I

1-1-352 R=H
1-1-353 R=Cl
1-1-354 R=CH₃

1-1-355

表 1-1-34 联苯类化合物 **1-1-345~1-1-355** 的 ^{13}C NMR 化学位移数据[127~131]

C	1-1-345	1-1-346	1-1-347	1-1-348	1-1-349	1-1-350	1-1-351	1-1-352	1-1-353	1-1-354	1-1-355
1	141.8	141.9	141.7	138.7	140.0	140.5	141.1				134.4
2	127.8	135.9	128.3	127.1	128.9	129.6	129.2	127.8	128.4	127.2	134,3
3	129.0	130.4	138.3	129.8	129.4	132.6	138.3	128.9	129.1	129.7	127.4
4	127.8	129.9	129.1	136.7	134.1	122.0	93.2				129.8
5		126.4	129.1								
6		127.8	124.7								
1'					140.2	140.9	140.4				
2'					127.3	128.4	127.1	127.5	127.3	127.0	
3'					129.4	129.5	129.2	130.4	130.5	130.3	
4'					127.6	127.5	128.0				
CH₃		20.4	21.9	21.1						21.1	

（五）脂环并苯类化合物的 ^{13}C NMR 化学位移

1-1-356[132]

1-1-357[132]

1-1-358[132]

1-1-359[133]

1-1-360[134]

1-1-361[135]

1-1-362[135]

1-1-363[135]

1-1-364[136]

1-1-365[137]

1-1-366[137]

1-1-367[137]

1-1-368[138]

1-1-369[138]

1-1-370[138]

1-1-371[138]

1-1-372[138]

（六）萘及其衍生物的 ^{13}C NMR 化学位移

1-1-373	1-CH₃	1-1-381	1-NH₂	1-1-389	2-CH₂Br, 6-CH₃
1-1-374	2-CH₃	1-1-382	1-F	1-1-390	1-Br
1-1-375	1-C(CH₃)₃	1-1-383	2-F	1-1-391	1-Br, 4-CH₃
1-1-376	2-C(CH₃)₃	1-1-384	1-CN	1-1-392	1-Br, 4-OCH₃
1-1-377	1-OH	1-1-385	1-CHO	1-1-393	1-NO₂, 6-CH₃
1-1-378	2-OH	1-1-386	1-NO₂	1-1-394	2-NO₂, 6-CH₃
1-1-379	1-OCH₃	1-1-387	1-CH₃, 4-CH₃	1-1-395	2-CH₃, 3-CH₃
1-1-380	2-OCH₃	1-1-388	1-CH₃, 8-CH₃		

表 1-1-35　萘及其衍生物 **1-1-373~1-1-384** 的 ^{13}C NMR 化学位移数据[62,108,114,139~145]

C	1-1-373	1-1-374	1-1-375	1-1-376	1-1-377	1-1-378	1-1-379	1-1-380	1-1-381	1-1-382	1-1-383	1-1-384
1	134.2	126.7	145.9	122.9	151.2	109.6	155.5	118.7	117.7	159.5	117.4	110.4
2	126.6	134.7	123.1	148.4	108.8	153.4	103.8	156.6	127.3	109.8	161.7	128.9
3	125.8	127.7	125.0	124.7	125.8	117.8	126.4	105.7	109.2	126.0	112.2	125.3
4	124.2	127.4	127.4	127.6	120.8	129.9	120.2	129.3	144.7	124.2	131.6	133.6
4a	133.9	131.6	135.8	132.3	134.8	129.1	134.5	129.0	124.3	135.7	126.4	132.5
5	128.7	127.4	129.6	128.0	127.7	127.8	127.4	127.6	122.4	126.6	129.2	129.1
6	125.6	124.8	124.5	125.2	126.5	123.7	125.9	123.5	124.8	127.3	128.7	125.3
7	125.6	125.2	124.5	125.7	125.3	126.6	125.1	126.3	126.2	128.1	128.4	127.9
8	126.7	126.9	126.8	127.4	121.5	126.4	122.0	126.7	128.9	120.9	128.1	132.9
8a	132.9	133.2	132.0	134.0	124.4	134.6	127.5	134.6	135.4	124.3	135.5	133.2
CH₃		21.4										

注：化合物 **1-1-381** 在 (CD₃)₂CO 中测定。

表 1-1-36　萘及其衍生物 **1-1-385~1-1-395** 的 ^{13}C NMR 化学位移数据[144,146~149]

C	1-1-385	1-1-386	1-1-387	1-1-388	1-1-389	1-1-390	1-1-391	1-1-392	1-1-393	1-1-394	1-1-395
1	131.9		132.1	134.4	126.7	122.8	120.7	113.4	124.6	146.9	127.3
2	136.6	123.6	126.0	128.8	134.2	129.7	129.4	129.9	145.4	122.1	135.2
3	125.3	123.8		124.3	127.7	125.7	126.7	104.3	119.5	124.2	
4	135.1	134.3		127.5	127.6	127.7	134.1	155.4	128.9	134.2	
4a	134.1	134.0	132.5	135.2	133.4	134.6	133.7	127.2	136.5	135.1	132.3
5	128.7	128.3	124.4		126.7	128.1	124.3	122.9	127.3	127.7	126.7
6	126.0	127.0	125.1		136.2	126.4	126.1	126.0	140.7	137.6	124.8
7	129.0	129.1			128.6	126.9	126.7	128.0	130.5	131.8	
8	125.2	122.7			128.0	126.9	127.5	127.2	130.0	122.1	
8a	130.7	124.8		132.8	131.4	132.0	131.8	133.0	130.5	123.6	
CH₃			19.3	25.6	21.6 34.0						20.1

注：化合物 **1-1-385** 在 CS₂-(CD₃)₂CO 中测定；化合物 **1-1-388** 在 CCl₄ 中测定。

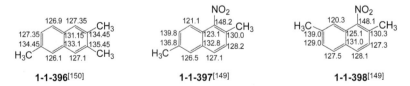

1-1-396[150]　　　　**1-1-397**[149]　　　　**1-1-398**[149]

47.31
141.57
146.27 117.08
125.44
130.57
121.29

1-1-399[151]

30.70
146.66
140.01 119.86
132.59 128.54
122.85

1-1-400[108][(CD$_3$)$_2$CO]

22.9
31.1
135.3
129.8 123.3
133.5 124.8
125.6

1-1-401[147](CCl$_4$)

29.62
143.85
136.52 120.03
142.85 127.94
135.83
125.91
138.41

1-1-402[152]

125.1
134.6
130.5

1-1-403

126.14
138.16
127.19 125.80
126.60 127.39
125.84
138.16

1-1-404[152]

120.3 144.6
133.9 29.4
124.5
128.0

1-1-405

113.5
122.8
140.1 19.9

1-1-406

112.7 122.1
29.3 136.2 19.2
144.3
121.5

1-1-407

（七）其他芳香化合物的 ^{13}C NMR 化学位移

128.4
127.4 129.1
137.5
H 130.5 H

1-1-408[153]

128.9
127.8 126.8
137.6 H
H 129.0

1-1-409[153]

128.40 128.53
125.98 141.69
38.11

1-1-410[154](CS$_2$-C$_2$D$_6$O)

H$_3$C
37.6 128.1
141.4 127.6
138.9
15.6 CH$_3$
28.4

1-1-411[155]

22.9
CH$_3$
41.5 127.5
37.5 148.4 128.9
CH$_3$ 126.5

1-1-412[156]

35.1 52.4
145.7
128.5
129.0
126.7

1-1-413[156]

H$_3$CO
132.0 113.2
OCH$_3$
130.3 162.6
O
O

1-1-414[157]

H$_3$CO
124.4 109.5
OCH$_3$
152.4
H$_3$CO
130.6 148.6
O 112.1 OCH$_3$
O

1-1-415[157]

O
193.7 121.9
144.5 128.5
135.9 138.8
132.7
CH$_3$ CH$_3$

1-1-416[158]

126.2 128.1
125.3
131.8

1-1-417[163]

OCH$_3$
124.7 152.8 122.3
125.4
132.8 125.6
122.4 128.7

1-1-418[159]

1-1-419[160]   **1-1-420**[158]   **1-1-421**[160]   **1-1-422**[127]

参 考 文 献

[1] Lindemen L P, et al. Anal Chem, 1971, 43: 1245.

[2] Monti J P, et al. Org Magn Reson, 1976, 8: 611.

[3] Subbotin O A, et al. Org Magn Reson, 1972, 4: 53.

[4] Kusuyama Y, et al. Bull Chem Soc Jpn, 1977, 50: 1784.

[5] Schneider H J, Hoppen V. Tetrahedron Lett, 1974, 579.

[6] Doddrell D, Kitching W, Adcock W, et al. J Org Chem, 1976, 41: 3036.

[7] Ziffer H, Seeman J I, Highet R J, et al. J Org Chem, 1974, 39: 3698.

[8] Miljkovic M, Gligorijevic M, Satoh T, et al. J Org Chem, 1974, 39: 1379.

[9] Hearn M T W, et al. Org Magn Reson, 1977, 9: 141.

[10] Christl M, Roberts J D. J Org Chem, 1972, 37: 3443.

[11] McDonald R N, Curi C A. Tetrahedron Lett, 1976, 1423.

[12] Kramer G W, Brown H C. J Org Chem, 1977, 42: 2832.

[13] Beierbeck H, Saunders J K. Can J Chem, 1975, 53: 1307.

[14] Poindexter G S, Kropp P S. J Org Chem, 1976, 41: 1215.

[15] Wiberg K B, Pratt W E, Bailey W F. J Am Chem Soc, 1977, 99: 2297.

[16] Briggs J, et al. J Chem Soc Chem Commun, 1971, 364.

[17] Liaa E, et al. Org Magn Reson, 1976, 8: 74.

[18] Cheng A K, et al. Org Magn Reson, 1977, 9: 355.

[19] Kitching W, Adcock W, Khor T C, et al. J Org Chem, 1976, 41: 2055.

[20] Garratt P J Riguera R. J Org Chem, 1976, 41: 465.

[21] Maciel G E, Dorn H C. J Am Chem Soc, 1971, 93: 1268.

[22] Morris D G, Murray A M. J Chem Soc, Perkin Trans Ⅱ, 1975: 734.

[23] Davalian D, Grratt P J, Riguera R. J Org Chem, 1977, 42: 368.

[24] Peters J A, Toom J M Van Der, Bekkum H V. Tetrahedron, 1977, 33: 349.

[25] Nelsen S F, Weiman G R, Clennan E L, et al. J Am Chem Soc, 1976, 98: 6893.

[26] Jefford C W, Heros V, Burger U. Tetrahedron Lett, 1976, 703.

[27] Jefford C W, Mareda J, Gehret J C E, et al. J Am Chem Soc, 1976, 98: 2585.

[28] Hawkes G E, Smith R A, Roberts J D. J Org Chem, 1974, 39: 1276.

[29] Detty M R, Paquette L A. J Am Chem Soc, 1977, 99: 821.

[30] Alley E G, Layton B R, Minyard J P, et al. J Org Chem, 1976, 41: 462.

[31] Fu P P, Harvey R G, Paschal J W, et al. J Am Chem Soc, 1975, 97: 1145.

[32] Paquette L A, Garmody M J. J Am Chem Soc, 1976, 98: 8175.

[33] Fujikura Y, et al. Chem Lett, 1976: 507.

[34] Knox J R, Khalifa S, Ivie G W, et al. Tetrahedron, 1973, 29: 3869.

[35] Beierbeck H, Saunders J K. Can J Chem, 1977, 55: 3161.

[36] Duddeck H, Klein H. Tetrahedron, 1977, 33: 1971.

[37] Farminer A R, et al. Org Magn Reson, 1976, 8: 102.

[38] Duddeck H, et al. Org Magn Reson, 1976, 8: 593.

[39] DeKkers A W J D, Verhoeven J W, Speckamp W N. Tetrahedron, 1973, 29: 1691.

[40] Haan J W, et al. Org Magn Reson, 1976, 8: 471.

[41] Evelyn L, et al. Org Magn Reson, 1973, 5: 141.

[42] Miyajima G, et al. Org Magn Reson, 1974, 6: 413.

[43] Yonemoto T, et al. J Magn Reson, 1973, 13: 153.

[44] Bartuska V J, et al. J Magn Reson, 1972, 7: 36.

[45] Couperus P A, et al. Org Magn Reson, 1976, 8: 426.

[46] DeHaan J W, et al. Org Magn Reson, 1973, 5: 147.

[47] Nishino C, Bowers W S. Tetrahedron, 1976, 32: 2875.

[48] Barlow L, Pattenden G. J Chem Soc, Perkin Trans Ⅰ, 1976: 1029.

[49] Marshall J L, et al. Org Magn Reson, 1974, 6: 395.

[50] Crandall J K, Sojka S A. J Am Chen Soc, 1972, 94: 5084.

[51] Bottin-Strzalk T, et al. Org Magn Reson, 1976, 8: 120.

[52] Okuyama T, et al. Bull Chem Soc Jpn, 1974, 47: 410.

[53] Pasto D J, Borchardt J K. J Org Chem, 1976, 41: 1061.

[54] Gunther H, et al. Org Magn Reson, 1976, 8: 299.

[55] Gunther H, et al. Chem Ber, 1973, 106: 3938.

[56] Paquette L A, Carmody M J. J Am Chem Soc, 1976, 98: 8175.

[57] Capozzi G, Hogeveen H. J Am Chem Soc, 1975, 97: 1479.

[58] Whitesell J K, Motthews R S, Solomon P A, et al. Tetrahedron Lett, 1976: 1549.

[59] Paquette L A, Beck H C, Degenhardt C R, et al. J Am Chem Soc, 1977, 99: 4764.

[60] Nakagawa K, et al. Bull Chem Soc Jpn,1977,50:2487.

[61] Tourwe D, et al. Org Magn Reson,1975,7:433.

[62] Gunther H, et al. J Magn Reson,1973, 11: 344.

[63] Almog J, Bergmann E D. Tetrahedron, 1974, 30: 549.

[64] Almog J, et al. J Magn Resoc, 1976, 22: 521.

[65] Stothers J B ,Tan C T, Teo K C. Can J Chem, 1973, 51: 2893.

[66] Weissberger E, Page G. J Am Chem Soc, 1977, 99: 147.

[67] Grover S H, Stothers J B. Can J Chem,1975,53:589.

[68] Morris D G, et al. J Chem Soc, Perkin Trans Ⅰ, 1975: 539.

[69] Liaa E, et al. Org Magn Reson, 1970, 2: 581.

[70] Stothers J B, Swenson J R,Tan C T. Can J Chem, 1975, 53: 581.

[71] Aue D H, Meshishnek M J. J Am Chem Soc, 1977, 99: 223.

[72] Liaa E, et al. Org Magn Reson, 1976, 8: 74.

[73] Hoffmann R W, et al. Chem Ber, 1975, 108: 119.

[74] Duddeck H, Klein H. Tetrahedron Lett,1976:1917.

[75] Russell R K,Wingar Jr R E, Paquette L A. J Am Chem Soc, 1974, 96: 7483.

[76] Olah G A,Surya Prakash J K,Liang G. J Org Chem, 1977, 42: 661.

[77] Trost B M, Herdle W B. J Am Chem Soc, 1976, 98: 1988.

[78] Gunther H, et al. J Magn Reson, 1973, 11: 344.

[79] Van de Ven L J M, et al. J Magn Reson, 1975, 19: 31.

[80] Pfefler H U, et al. Org Magn Reson, 1977, 9: 121.

[81] Kemp-Jones A V, Jones A J, Sakai J M, et al. Can J Chem, 1973, 51: 767.

[82] Toda F, et al. Chem Lett, 1977: 561.

[83] Gunther H, et al. Chem Ber, 1973, 106: 1863.

[84] Capozzi G, Hogeveen H. J Am Chem Soc, 1975, 97: 1479.

[85] Stothers J B, Tan C T. Can J Chem, 1977, 55: 841.

[86] Birnbaum G I, Stessl A, Grover S H, et al. Can J Chem, 1974, 52: 993.

[87] Detty M R, Paquette L A. J Am Chem Soc, 1977, 99: 821.

[88] Graham C R, Scholes G, Brockhart M. J Am Chem Soc, 1977, 99: 1180.

[89] Olah G A, Paquette L A. J Am Chem Soc, 1974, 96: 3581.

[90] Rapp K M, Daub J. Tetrahedron Lett, 1976: 2011.

[91] Linas J R, Derbesy R M,Vincent E J. Can J Chem, 1975, 53:2911.

[92] Nakanishi H, et al. Chem Lett, 1973: 1273.

[93] Nakanishi H, et al. Chem Lett, 1975: 513.

[94] Carlsen R O, Grutzner J B. J Org Chem, 1977, 42: 2183.

[95] Olah G A, Staral J S, Paquette L A. J Am Chem Soc, 1976, 98: 1267.

[96] Paquette L A, Ley S V, Traynor S G, et al. J Am Chem Soc, 1976, 98: 8162.

[97] Wehner R, Guenther H. J Am Chem Soc, 1975, 97: 923.

[98] Anet F A L, Yaxvari I. J Am Chem Soc,1977, 99: 7640.

[99] Uchio Y, Matsuo A, Nakayama M, et al. Tetrahedron Lett, 1976: 2963.

[100] Fukui K, et al. Bull Chem Soc Jpn,1977,50:2758.

[101] Nakanishi H et al. Chem Lett,1977: 1515.

[102] Heam M T, W et al. J Magn Reson, 1976, 22: 521.

[103] Heam M T W, et al. Org Magn Reson, 1977, 9: 141.

[104] Heam M T W, Turner J L. J Chem Soc, Perkin Trans Ⅱ, 1976: 1027.

[105] Heam M T W, et al. J Magn Reson, 1975, 19: 401.

[106] Dawson D A, Reynolds W F. Can J Chem, 1975, 53: 373.

[107] Bottin-Strzalko T, et al. Org Magn Reson, 1976, 8: 120.

[108] Emst L. Org Magn Reson, 1976, 8:161.

[109] Mitchell R H, Fyles T, Ralph L M. Can J Chem, 1977, 55: 1480.

[110] Hanson P E, et al. Org Magn Reson, 1975, 7: 475.

[111] Trost B M, Herdle W B. J Am Chem Soc, 1976, 98: 4080.

[112] Stothers J B, et al. Org Magn Reson, 1977, 9: 408.

[113] Buchanan G W, Ozubko R S. Can J Chem, 1975, 53: 1829.

[114] Ozubko R S, Buchanan G W, Sith C P. Can J Chem, 1974, 52: 2493.

[115] Buchanan G W, Montaudo G, Finocchiaro P. Can J Chem, 1974, 52: 3196.

[116] Inamoto N, Masuda S, Tokumaru K, et al. Tetrahedron Lett, 1976: 3707.

[117] Shapiro M J. J Org Chem, 1977, 42: 762.

[118] Posner T B, Hall C D. J Chem Soc, Perkin Trans Ⅱ, 1976: 729.

[119] Okuyama T, et al. Bull Chem Soc Jpn, 1974, 47: 410.

[120] Dhami K S, Stothers J B. Can J Chem, 1965, 43: 510.

[121] Sterk H, et al. Org Magn Reson, 1975, 7: 274.

[122] Abraham R J,Wileman D F, Bedford G R, et al. J Chem Soc, Perkin Trans Ⅱ, 1972: 1733.

[123] Briggs J M, Randall E W. J Chem Soc, Perkin Trans Ⅱ, 1973: 1789.

[124] Olah G A, Mayr H. J Org Chem, 1976, 41: 3448.

[125] Nilsson B, et al. Org Magn Reson,1974, 6: 155.

[126] Doddrell D, et al. J Chem Soc, Perkin Trans Ⅱ,1976: 402.

[127] Gobert F, et al. Org Magn Reson, 1976, 8: 293.

[128] Hasegawa H, et al. Bull Chem Soc Jpn, 1972, 45: 1153.

[129] Imanari M, et al. Bull Chem Soc Jpn, 1974, 47: 708.

[130] Naae D G. J Org Chem, 1977, 42: 1780.

[131] Wilson N K. J Am Chem Soc, 1975, 97: 3573.

[132] Adcock W, Gupta B D, Khor T C, et al. J Org Chem, 1976, 41: 751.

[133] Halton B, et al. J Chem Soc, Perkin Trans Ⅱ, 1976: 258.

[134] Hughes D W, Holland H L, MacLean D B. Can J Chem,1976, 54: 2252.

[135] Buchanan G W, Wightman R H. Can J Chem,1973, 51: 2357.

[136] Singleton D M.Tetrahedron Lett,1973: 1245.

[137] Adcock W, Gupta B D, Kitching W. J Org Chem, 1976, 41: 1498.

[138] Takemura T, Sato T. Can J Chem, 1976, 54: 3412.

[139] Kitching W, Bullpitt M, Gartshore D, et al. J Org Chem, 1977, 42: 2411.

[140] Emst L, et al. Chem Ber, 1975, 108: 2030.

[141] Highet R J, et al. J Magn Reson, 1975, 17: 336.

[142] Emsley J W, et al. J Magn Reson, 1973, 10:100.

[143] Hansen P E, et al. Org Magn Reson, 1977, 9:649.

[144] Kitching W, et al. Org Magn Reson, 1974, 6:289.

[145] Roberts J D, Weigert F J. J Am Chem Soc, 1971, 93: 2361.

[146] Wilson N K, et al. J Magn Reson, 1974, 15: 31.

[147] Hunter D H, et al. Can J Chem, 1973, 51: 2884.

[148] Bullpitt M, Kitching W, Doddrell D, et al. J Org Chem, 1976, 41: 760.

[149] Wells P R,Arnold D P, Doddrell D. J Chem Soc, Perkin Trans Ⅱ, 1974: 1745.

[150] Doddrell D,Wells P R. J Chem Soc, Perkin Trans Ⅱ, 1973: 1333.

[151] Bailey R J, Shechter H. J Am Chem Soc,1974, 96: 8116.

[152] Jones A J, Gardner P D, Grant D M, et al. J Am Chem Soc, 1970, 92: 2395.

[153] Proulx T W, et al. J Magn Reson, 1976, 23: 477.

[154] Hansen P E, et al. Org Magn Reson, 1976, 8: 632.

[155] Takemura T, Sato T. Can J Chem, 1976, 54: 3412.

[156] Takahashi K, et al. Org Magn Reson, 1974, 6: 62.

[157] Vajda M, et al. Org Magn Reson,1976, 8: 324.

[158] Stothers J B, et al. Org Magn Reson, 1977, 9: 408.

[159] Caspar J L, et al. J Magn Reson,1974,14: 439.

[160] Caspar M L, Btothers J B, Wilson N K. Can J Chem, 1975, 53:1958.

第二节　醇、酚及醚类化合物的 ^{13}C NMR 化学位移

【化学位移特征】

1. 醇类化合物各碳的化学位移与相应的烷烃化合物的化学位移进行比较，发现羟基使 α-碳向低场位移 35～52，β-碳向低场位移 5～12，γ-碳向高场位移约 6，离羟基更远的碳受影响小于 1。

2. 在脂环醇中，由于立体效应使 γ-碳向高场位移，当羟基为 a 键构型时尤其明显。

3. 由醇到相应的醚中，伯醇和仲醇的 α-碳向低场位移 8～11。而叔醇成醚后，化学位移由于拐折构象（staggered conformation）的 γ-效应，向低场移动较小。

一、醇类化合物的 ^{13}C NMR 化学位移

（一）饱和醇类化合物的 ^{13}C NMR 化学位移

$$\overset{1}{CH_3}\overset{2}{CH_2}\overset{3}{CH_2}(CH_2)_{n-2}OH$$

1-2-1 $n=0$　1-2-4 $n=3$
1-2-2 $n=1$　1-2-5 $n=4$
1-2-3 $n=2$　1-2-6 $n=5$

$$\overset{1}{CH_3}\overset{2}{CH}\overset{3}{CH_2}(CH_2)_{n-1}\overset{n+3}{CH_3}$$
$$\underset{OH}{|}$$

1-2-7 $n=0$　1-2-9 $n=2$
1-2-8 $n=1$　1-2-10 $n=3$

1-2-11 $R^1=R^2=H$
1-2-12 $R^1=CH_3$; $R^2=H$
1-2-13 $R^1=R^2=CH_3$

表 1-2-1　开链脂肪醇 1-2-1~1-2-13 的 ^{13}C NMR 化学位移数据[1]

C	1-2-1	1-2-2	1-2-3	1-2-4	1-2-5	1-2-6	1-2-7	1-2-8	1-2-9	1-2-10	1-2-11	1-2-12	1-2-13
1	50.2	58.2	64.8	62.6	63.0	63.1	26.3	23.8	24.5	24.5	20.9	27.5	26.6
2		18.8	27.0	36.2	33.7	34.0	64.6	69.9	68.4	68.4	73.2	73.4	75.3
3			11.2	20.3	29.4	27.0	26.3	33.2	42.4	40.4	36.3	40.0	38.7
4				14.8	23.8	33.2		11.1	20.3	29.5	19.3	18.7	26.8
5					13.0	24.0			15.2	24.1			
6						15.4				15.1			

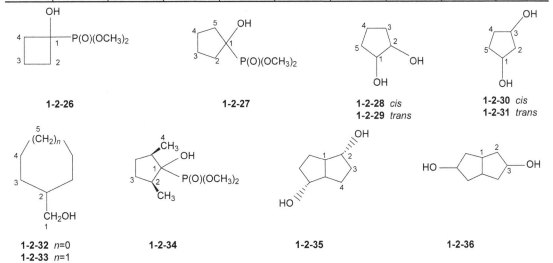

表 1-2-2 脂肪醇 **1-2-14~1-2-22** 的 ^{13}C NMR 化学位移数据[2~4]

C	1-2-14	1-2-15	1-2-16	1-2-17	1-2-18	1-2-19	1-2-20	1-2-21	1-2-22
1	64.4	58.2	63.0	63.1	73.3	85.6	84.9	19.2	20.2
2		18.8	30.3	33.7	32.7	37.4	44.8	70.7	70.4
3				23.5	26.2	28.8	32.4	41.8	41.8
4								25.6	25.6
5								11.9	12.1
R								14.1	14.0

表 1-2-3 环醇 **1-2-26~1-2-36** 的 ^{13}C NMR 化学位移数据[8~11]

C	1-2-26	1-2-27	1-2-28	1-2-29	1-2-30	1-2-31	1-2-32	1-2-33	1-2-34	1-2-35	1-2-36
1	71.9	79.0	74.8	79.7	73.4	73.2	66.7	68.1	80.8	49.0	43.4
2	33.0	36.7	74.8	79.7	44.6	44.9	42.5	41.0	41.6	72.6	41.2
3	13.4	24.1	31.2	32.4	73.4	72.2	29.6	30.3	30.9	38.6	76.1
4			20.3	21.3	34.0	33.7	25.9	26.5	13.8	20.3	
5			31.2	32.4	34.0	33.7		27.3			
OCH$_3$	53.7	53.5							53.8		

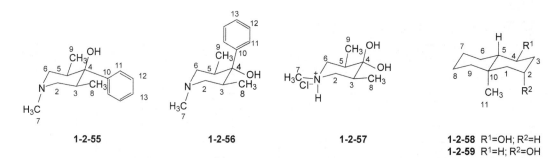

1-2-37   **1-2-38**   **1-2-39** R¹=OH; R²=H   **1-2-41** R¹=OH; R²=H
                           1-2-40 R¹=H; R²=OH   **1-2-42** R¹=OH; R²=OH

表 1-2-4 环醇 1-2-37~1-2-42 的 ¹³C NMR 化学位移数据[12~14]

C	1-2-37	1-2-38	1-2-39	1-2-40	1-2-41	1-2-42
1	64.9	69.7	66.7	72.2	70.9	68.9
2	32.6	35.6	35.0	37.5	33.7	31.1
3	20.6	25.5	22.6	27.5	33.7	31.1
4		26.1	49.8	49.0	79.9	68.9
5			34.0	33.7		
6			29.4	29.4		

注：化合物 **1-2-37** 和 **1-2-38** 在 CS₂ 中测定。

1-2-43 1,2-cis   **1-2-46** 1,3-trans
1-2-44 1,2-trans   **1-2-47** 1,4-cis
1-2-45 1,3-cis   **1-2-48** 1,4-trans

1-2-49 R=H
1-2-50 R=2-trans-CH₃
1-2-51 R=3-cis-CH₃
1-2-52 R=4-trans-CH₃

1-2-53 R¹=H; R²=OH
1-2-54 R¹=OH; R²=H

表 1-2-5 环醇 1-2-43~1-2-54 的 ¹³C NMR 化学位移数据[8,13,15]

C	1-2-43	1-2-44	1-2-45	1-2-46	1-2-47	1-2-48	1-2-49	1-2-50	1-2-51	1-2-52	1-2-53	1-2-54
1	72.3	76.6	70.3	68.2	68.9	70.9	71.6	74.6	72.0	71.9	74.8	69.8
2	72.3	76.6	45.8	43.1	31.1	33.7	31.7	36.2	39.8	30.6	79.2	74.1
3	32.1	34.5	70.3	68.2	31.1	33.7	20.1	29.9	26.0	28.7	50.2	42.4
4	32.0	26.0	36.0	35.1	68.9	70.9	25.4	25.8	34.3	28.1	32.9	24.1
5	23.0	26.0	22.4	20.8	31.1	33.7	20.1	20.0	20.0	28.7	23.7	19.8
6	32.1	34.5	36.0	35.1	31.1	33.7	31.7	33.4	31.0	30.6	33.1	27.5
7							53.5	53.4	53.0	53.3		
R								17.2	22.5	19.4		

注：化合物 **1-2-43**~**1-2-48** 在 H₂O 中测定。

1-2-55   **1-2-56**   **1-2-57**   **1-2-58** R¹=OH; R²=H
                                          1-2-59 R¹=H; R²=OH

表 1-2-6　环醇 1-2-55~1-2-59 的 ^{13}C NMR 化学位移数据[16,17]

C	1-2-55	1-2-56	1-2-57	1-2-58	1-2-59	C	1-2-55	1-2-56	1-2-57	1-2-58	1-2-59
1				41.2	43.7	8	12.2	13.3	11.4	21.7	21.9
2	58.9	60.3	64.4	29.4	16.9	9				41.9	41.7
3	40.8	44.0	43.7	36.6	34.1	10	145.6	141.6		34.8	33.7
4	76.0	76.7	210.7	70.0	71.8	11	128.1	127.7		16.8	19.1
5				52.4	48.5	12	126.3	127.3			
6				23.0	26.0	13	125.2	126.5			
7	76.1	45.7	45.0	26.7	27.3						

1-2-60 R=H
1-2-61 R=CH₃
1-2-62 R=CH₂CH₃

1-2-63 R¹=H; R²=OH
1-2-64 R¹=OH; R²=H

1-2-65 R¹=OH; R²=H
1-2-66 R¹=H; R²=OH

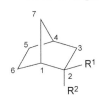

1-2-67 R¹=OH; R²=CH₃
1-2-68 R¹=CH₃; R²=OH

1-2-69 R¹=OH; R²=H
1-2-70 R¹=H; R²=OH

1-2-71 R¹=OH; R²=H
1-2-72 R¹=H; R²=OH

表 1-2-7　环醇 1-2-60~1-2-72 的 ^{13}C NMR 化学位移数据[18~21]

C	1-2-60	1-2-61	1-2-62	1-2-63	1-2-64	1-2-65	1-2-66	1-2-67	1-2-68	1-2-69	1-2-70	1-2-71	1-2-72
1	40.4	44.3	41.8	42.5	44.2	45.5	43.7	49.1	48.5	46.3	44.1	49.7	49.0
2	27.1	28.3	28.2	72.9	74.7	74.6	73.3	77.8	77.1	83.9	80.5	77.0	79.6
3				39.4	42.4	34.8	31.5	48.6	46.8	42.8	38.0	39.2	40.9
4				37.2	35.4	40.7	42.7	37.0	37.4	48.0	48.4	45.6	45.5
5	27.1	29.2	29.4	29.9	28.1	32.4	34.4	28.0	28.4	25.1	24.7	28.6	27.6
6				20.0	24.4	33.3	27.6	24.0	22.2	23.9	18.3	26.3	34.3
7	79.0	84.0	86.3	37.6	34.4	36.2	39.5	37.4	38.7	35.2	33.9	48.3	46.5
8						16.9	16.5			23.2	30.6	18.8	20.4
9			26.2							26.2	20.2	20.3	20.7
R		20.8	9.1					25.8	30.5			13.5	11.5

注：化合物 **1-2-71** 和 **1-2-72** 在 C₆D₆ 中测定。

1-2-73

1-2-74 R=H
1-2-75 R=OH

1-2-76 R¹=OH; R²=COOCH₃
1-2-77 R¹=COOCH₃; R²=OH

1-2-78 R=H
1-2-79 R=CH₃

1-2-80

1-2-81 R¹=OH; R²=H
1-2-82 R¹=H; R²=OH

表 1-2-8 环醇 **1-2-73~1-2-82** 的 ¹³C NMR 化学位移数据[22~26]

C	1-2-73	1-2-74	1-2-75	1-2-76	1-2-77	1-2-78	1-2-79	1-2-80	1-2-81	1-2-82
1	29.8	39.7	46.2	25.2	26.7	13.2	13.0	32.2	41.7	42.7
2	27.4	26.4	72.0	36.8	35.6	15.9	21.5	26.2	71.3	72.5
3	78.6	26.4	39.2	80.8	82.2	77.0	81.6		26.9	28.3
4	38.4	39.7	38.8	49.4	49.1	35.6	40.6	43.7	26.5	30.7
5	52.2	29.1	34.9	26.0	29.1	29.4	31.9		34.3	33.7
6	21.4	39.1	38.2	34.8	32.1	10.7	13.0	48.3	28.4	28.5
7	21.5			33.6	30.0	30.6	31.9	28.0	26.8	23.3
8	27.3								32.1	37.3
9	44.8							73.4		
10	33.8									
11	19.0									
12	27.4									
13	14.9									
OCH₃				51.4	51.3					
				52.6	52.3					
CO				172.9	171.5					
R							22.0			

1-2-83 R¹=OH; R²=R³=H
1-2-84 R¹=R³=H; R²=OH
1-2-85 R¹=R²=H; R³=OH

1-2-86 R¹=R²=H
1-2-87 R¹=H; R²=OH
1-2-88 R¹=OH; R²=H

1-2-89 R¹=H; R²=OH
1-2-90 R¹=OH; R²=H

1-2-91 R=H
1-2-92 R=OH

1-2-93 n=1
1-2-94 n=5

1-2-95

表 1-2-9 环醇 **1-2-83~1-2-95** 的 ¹³C NMR 化学位移数据[27~31]

C	1-2-83	1-2-84	1-2-85	1-2-86	1-2-87	1-2-88	1-2-89	1-2-90	1-2-91	1-2-92	1-2-93	1-2-94	1-2-95
1	72.4	26.0	26.7	72.2	77.6	73.5	42.7	41.7	29.0	30.2	71.6	68.1	34.5
2	37.9	27.1	22.0	38.0	42.0	38.7	72.5	71.3	35.7	36.7	34.7	32.3	31.9
3	30.2	35.0	37.4	23.6	32.0	29.7	28.3	26.5	22.4	21.8	23.2	20.9	21.7

续表

C	1-2-83	1-2-84	1-2-85	1-2-86	1-2-87	1-2-88	1-2-89	1-2-90	1-2-91	1-2-92	1-2-93	1-2-94	1-2-95
4	24.0	71.2	68.8	28.9	26.0	25.8	30.7	26.9		26.6	28.0	24.3	
5	21.9	36.2	35.4		28.1	28.0	33.7	34.3		36.8	25.7	23.3	
6	37.5	28.8	29.1		22.1	22.2	28.5	28.4		70.0		23.3	24.6
7	29.8	29.0	28.4		36.3	34.6	23.3	26.8	25.9	38.3		23.9	21.0
8	28.6	24.6	28.2				37.3	32.1	25.9	24.4			
9	26.6	24.2	24.2							23.7			73.0
10	33.7	25.3	24.6										

注：化合物 **1-2-86**～**1-2-88** 在 CS$_2$ 中测定。

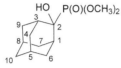

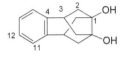

1-2-96 R=OH
1-2-97 R=OCH$_3$
1-2-98 R=OCOCH$_3$

1-2-99 R=OH
1-2-100 R=Br

1-2-101

1-2-102

1-2-103

表 1-2-10 环醇 **1-2-96**～**1-2-103** 的 ^{13}C NMR 化学位移数据[27,32~35]

C	1-2-96	1-2-97	1-2-98	1-2-99	1-2-100	1-2-101	1-2-102	1-2-103
1	74.7	83.3	77.0	39.0	42.2	34.0	79.6	83.4
2	34.7	31.5	32.0	73.7	69.7	77.3	48.7	50.0
3	31.2	31.5	31.9	39.0	42.1	34.0	28.2	42.3
4	27.8	27.6	27.4	32.9	34.6	32.2	27.9	144.2
5	37.8	37.7	37.5	27.5	27.5	27.2	27.2	
6	27.3	27.6	27.2	38.3	39.5	32.2	37.0	
7	36.7	36.6	36.5	27.1	27.4	33.8	49.7	
8				34.4	36.0	26.7		
9				34.4	36.0	33.8		
10				32.9	34.6	38.2		
11				34.4	32.8	53.6		126.7
12								129.5
R		55.3	170.2/21.4					

（二）不饱和醇类化合物的 ^{13}C NMR 化学位移

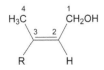

1-2-104 R=H
1-2-105 R=Cl

1-2-106 R=H
1-2-107 R=Cl

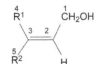

1-2-108 R^1=R^2=H
1-2-109 R^1=R^2=CH$_3$

1-2-110 R=H
1-2-111 R=CH$_3$

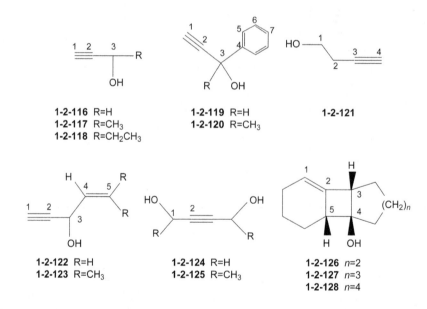

1-2-112

1-2-113 *cis*
1-2-114 *trans*

1-2-115

表 1-2-11 不饱和醇类化合物 **1-2-104~1-2-115** 的 ^{13}C NMR 化学位移数据[36~38]

C	1-2-104	1-2-105	1-2-106	1-2-107	1-2-108	1-2-109	1-2-110	1-2-111	1-2-112	1-2-113	1-2-114	1-2-115
1	57.9	56.6	62.9	60.1	63.3	58.8	66.3	67.0	58.3	62.2	62.2	51.4
2	131.4	128.3	132.1	127.0	139.1	125.7	36.9	43.7	124.2	32.0	36.1	23.2
3	125.3	132.5	126.0	130.7	113.7	133.7	134.7	134.9	137.4	132.7	133.4	76.4
4	12.7	20.7	17.3	25.6		17.6	117.2	118.0	39.4	125.4	126.2	82.3
5						25.4		22.7	26.4	27.2	32.5	18.5
6									124.2	31.0	31.8	31.2
7									130.9	22.5	22.4	22.0
8									15.6	14.0	14.0	13.6
9									17.1			
10									25.1			

注：化合物 **1-2-104~1-2-109** 在二噁烷中测定。

1-2-116 R=H
1-2-117 R=CH₃
1-2-118 R=CH₂CH₃

1-2-119 R=H
1-2-120 R=CH₃

1-2-121

1-2-122 R=H
1-2-123 R=CH₃

1-2-124 R=H
1-2-125 R=CH₃

1-2-126 n=2
1-2-127 n=3
1-2-128 n=4

表 1-2-12 不饱和醇类化合物 **1-2-116~1-2-128** 的 ^{13}C NMR 化学位移数据[39,40]

C	1-2-116	1-2-117	1-2-118	1-2-119	1-2-120	1-2-121	1-2-122	1-2-123	1-2-124	1-2-125	1-2-126	1-2-127	1-2-128
1	73.8	72.0	72.9	74.9	73.1	60.7	74.6	74.0	50.3	57.8	113.5	114.1	113.4
2	82.0	85.8	84.9	83.6	87.2	22.9	82.8	83.6	83.7	85.6	136.0	139.7	139.1
3	50.4	57.7	63.3	63.6	69.7	80.7	62.6	62.6			53.9	58.4	57.9

续表

C	1-2-116	1-2-117	1-2-118	1-2-119	1-2-120	1-2-121	1-2-122	1-2-123	1-2-124	1-2-125	1-2-126	1-2-127	1-2-128
4				139.9	144.9	70.5	136.6	129.9			72.9	77.0	76.5
5				126.6	124.9		116.7	128.6			51.7	52.6	54.9
6				128.3	128.2								
7				128.3	127.6								
R		24.0	30.6 9.4		33.1			17.4		24.1			

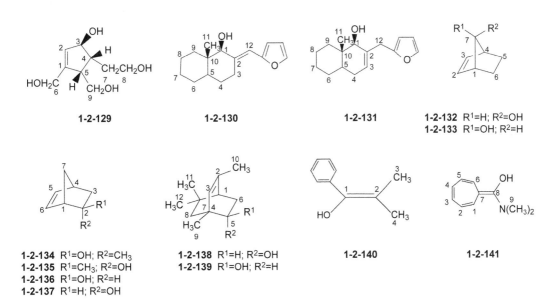

1-2-129 1-2-130 1-2-131 1-2-132 R¹=H; R²=OH 1-2-133 R¹=OH; R²=H

1-2-134 R¹=OH; R²=CH₃ 1-2-138 R¹=H; R²=OH 1-2-140 1-2-141
1-2-135 R¹=CH₃; R²=OH 1-2-139 R¹=OH; R²=H
1-2-136 R¹=OH; R²=H
1-2-137 R¹=H; R²=OH

表 1-2-13 不饱和醇类化合物 1-2-129~1-2-141 的 ^{13}C NMR 化学位移数据[19,20,23,41~44]

C	1-2-129	1-2-130	1-2-131	1-2-132	1-2-133	1-2-134	1-2-135	1-2-136	1-2-137	1-2-138	1-2-139	1-2-140	1-2-141
1	147.3	81.6	79.2	45.6	47.4	54.2	53.8	50.1	48.2	48.2	48.3	155.1	144.6
2	130.8	141.2	136.2	134.3	131.9	78.6	78.2	72.3	72.3	145.3	145.6	96.1	116.3
3	81.8	29.2	124.8			43.1	49.3	36.9	37.6	127.6	124.6	21.3	131.9
4	48.6	27.9	30.3			42.0	42.9	40.7	42.9	40.3	41.0	19.3	131.9
5	48.7	44.2	39.6	21.4	22.2	138.1	139.1	140.2	140.0	73.3	74.6		115.7
6	62.0	28.4	28.4			134.3	133.8	133.5	131.1	32.2	35.7		144.0
7	31.1	26.4	26.3	82.0	86.9	48.2	44.5	45.6	48.2	34.5	34.3		98.8
8	60.2	21.7	21.9							41.2	47.9		65.3
9	60.4	37.3	37.6							21.8	21.6		40.0
10		41.3	37.6							21.9	21.9		
11		10.2	10.3							28.3	29.3		
12		108.3	32.2							31.5	30.9		
R						27.5	28.6						

二、酚类化合物的 ^{13}C NMR 化学位移

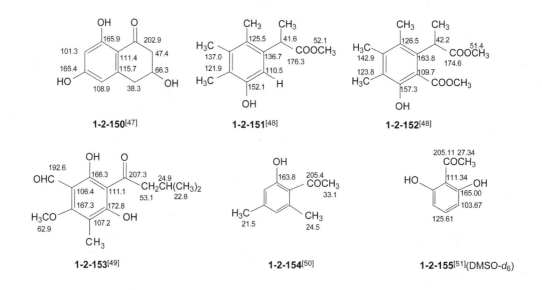

1-2-142　　**1-2-143**

1-2-144 R=CN
1-2-145 R=OCH₃

1-2-146 R=CH(CH₃)₂
1-2-147 R=C(CH₃)₃

1-2-148　　**1-2-149**

表 1-2-14　酚类化合物 **1-2-142~1-2-149** 的 ^{13}C NMR 化学位移数据[45,46]

C	1-2-142	1-2-143	1-2-144	1-2-145	1-2-146	1-2-147	1-2-148	1-2-149
1	162.5	150.1	157.8	152.6	149.9	153.8	155.7	155.6
2	115.8	123.1	137.4	137.3	133.7	135.8	116.8	115.9
3	132.2	129.3	129.5	110.6	123.4	124.8	131.1	129.6
4	122.3	129.5	103.3	147.8	120.6	119.6	128.7	130.2
5	167.0	15.9	34.6	34.6			30.2	32.6
6	51.6	20.4	30.0	30.3			50.5	61.6
7							43.8	44.9
R			120.2	55.5				

注：化合物 **1-2-148** 在 D₂O 中测定。

1-2-150[47]　　**1-2-151**[48]　　**1-2-152**[48]

1-2-153[49]　　**1-2-154**[50]　　**1-2-155**[51](DMSO-d_6)

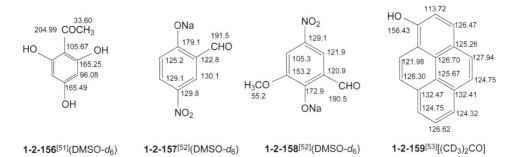

1-2-156[51](DMSO-d_6) **1-2-157**[52](DMSO-d_6) **1-2-158**[52](DMSO-d_6) **1-2-159**[53][(CD₃)₂CO]

三、醚类化合物的 ¹³C NMR 化学位移

（一）脂肪醚类化合物的 ¹³C NMR 化学位移

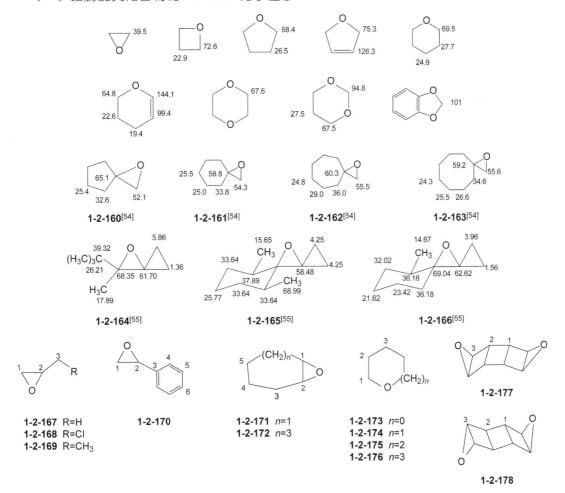

1-2-167 R=H
1-2-168 R=Cl
1-2-169 R=CH₃

1-2-170

1-2-171 n=1
1-2-172 n=3

1-2-173 n=0
1-2-174 n=1
1-2-175 n=2
1-2-176 n=3

表 1-2-15 环醚 1-2-167~1-2-178 的 ¹³C NMR 化学位移数据[56,57]

C	1-2-167	1-2-168	1-2-169	1-2-170	1-2-171	1-2-172	1-2-173	1-2-174	1-2-175	1-2-176	1-2-177	1-2-178
1	47.7	47.0	48.7	51.0	52.2	55.9	39.7	72.8	68.6	69.7	41.7	47.3
2	48.1	51.6	52.0	52.4				23.1	26.7	27.9	54.8	55.7
3	18.0	45.5	33.0	138.5	24.7	26.8				25.1		
4				126.0	19.6	26.6						

续表

C	1-2-167	1-2-168	1-2-169	1-2-170	1-2-171	1-2-172	1-2-173	1-2-174	1-2-175	1-2-176	1-2-177	1-2-178
5				129.0		25.8						
6				128.7								

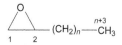

1-2-179 $n=0$
1-2-180 $n=2$
1-2-181 $n=3$

1-2-182 $R^1=CH_3$; $R^2=H$
1-2-183 $R^1=H$; $R^2=CH_3$
1-2-184 $R^1=R^2=CH_3$

1-2-185 $n=1$
1-2-186 $n=2$
1-2-187 $n=3$

1-2-188 氧桥向内
1-2-189 氧桥向外

1-2-190

1-2-191

表 1-2-16 三元环醚 **1-2-179~1-2-191** 的 ^{13}C NMR 化学位移数据[54]

C	1-2-179	1-2-180	1-2-181	1-2-182	1-2-183	1-2-184	1-2-185	1-2-186	1-2-187	1-2-188	1-2-189	1-2-190	1-2-191
1	47.8	46.8	46.8	12.9	17.6	14.6	57.0	51.9	55.9	37.7	36.8	55.6	59.5
2	48.0	52.0	52.2	52.4	55.2	59.9				62.0	51.0		
3	18.1	34.9	32.5			58.1	27.3	24.7	29.2			26.7	32.7
4		19.6	28.4			18.5	18.4	19.7	24.6			26.5	28.6
5		14.0	22.8			24.8			31.2	25.5	25.3	25.8	28.6
6			14.1										
7										50.4	26.3		

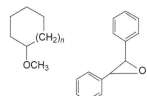

1-2-192

1-2-193 $R^1=OCH_3$; $R^2=H$
1-2-194 $R^1=H$; $R^2=OCH_3$

1-2-195 $n=1$
1-2-196 $n=4$
1-2-197 $n=6$

1-2-198

1-2-199 $R^1=R^2=H$
1-2-200 $R^1=OH$; $R^2=H$
1-2-201 $R^1=H$; $R^2=OH$

表 1-2-17 环醚 **1-2-192~1-2-201** 的 ^{13}C NMR 化学位移数据[6,30,58,59]

C	1-2-192	1-2-193	1-2-194	1-2-195	1-2-196	1-2-197	1-2-198	1-2-199	1-2-200	1-2-201
1	134.9	149.3	147.3	83.2	81.1	78.8		77.7	78.2	77.4
2	121.0	81.6	80.8	32.4	31.3	28.6	58.8	36.2	34.5	34.7
3	75.5	35.2	33.3	24.1	23.3	20.9	137.2	24.4	24.7	24.6
4	41.1	25.1	20.4		28.0	25.4	125.5		24.0	24.1

续表

C	1-2-192	1-2-193	1-2-194	1-2-195	1-2-196	1-2-197	1-2-198	1-2-199	1-2-200	1-2-201
5	30.9	27.9	27.6		25.9	23.5	128.6		33.2	27.9
6	44.4	34.9	30.3			23.5	128.3		85.1	79.2
7	23.7	104.2	111.8			25.0		31.6	79.6	73.2
8	26.5								39.5	37.0
9	31.2									
OCH$_3$	55.5	57.1	55.2	56.0	55.6	55.8				

注：化合物 **1-2-192** 在 CF$_2$Br$_2$-CD$_2$Cl$_2$ 中测定。

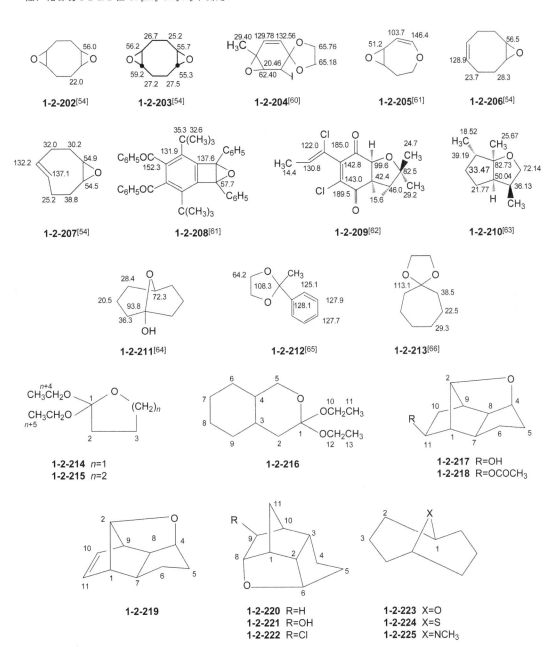

表 1-2-18 环醚 1-2-214~1-2-225 的 ^{13}C NMR 化学位移数据[67~69]

C	1-2-214	1-2-215	1-2-216	1-2-217	1-2-218	1-2-219	1-2-220	1-2-221	1-2-222	1-2-223	1-2-224	1-2-225
1	118.4	111.8	112.4	58.5	55.7	56.8	53.2	52.2	51.4	66.5	33.2	52.3
2	30.9	31.6	38.4	84.4	84.4	86.9	49.1	47.5	47.6	29.3	32.1	26.4
3	28.1	20.8	37.4				46.8	44.9	46.8	18.8	21.6	20.4
4	63.6	25.1	41.2	81.8	81.7	93.6	24.0	22.9	22.4			
5	57.0	64.1	68.7	33.0	31.7	34.4	36.4	37.3	36.7			
6	15.2	56.3	32.8	28.6	28.7	26.8	83.5	84.8	84.6			
7		15.3	26.0	37.8	37.9	44.1						
8			26.0	43.8	43.9	47.8	79.8	88.0	88.4			
9			27.4	51.3	51.4	51.4	37.7	76.8	64.5			
10			57.2	32.0	30.7	134.0	38.8	45.6	46.5			
11			15.3	72.5	75.1	128.3	41.3	37.2	38.1			
12			55.2									
13			15.3									
R						21.0						

注：化合物 **1-2-220**～**1-2-222** 在丙酮中测定。

1-2-226 R=H　　1-2-229 R=OCH$_3$　　1-2-232 R=N(CH$_3$)$_2$
1-2-227 R=CH$_3$　　1-2-230 R=C(CH$_3$)$_3$　　1-2-233 R=SCH(CH$_3$)$_2$
1-2-228 R=OH　　1-2-231 R=OC$_6$H$_5$　　1-2-234 R=COCH$_3$

表 1-2-19 环醚 1-2-226~1-2-238 的 ^{13}C NMR 化学位移数据[70,71]

C	1-2-226	1-2-227	1-2-228	1-2-229	1-2-230	1-2-231	1-2-232	1-2-233	1-2-234	1-2-235	1-2-236	1-2-237	1-2-238
1												79.1	80.2
2	68.8	74.0	94.2	99.9	94.1	96.5	94.1	81.4	92.6	96.9	101.0	33.1	28.5
3	27.4	34.4	32.6	31.2	30.8	30.8	30.4	31.9	29.6	39.5	40.8	32.6	33.7
4	24.3	24.3	20.7	19.8	19.6	19.3	24.4	21.9	19.2	24.8	30.0	33.6	35.9
5		26.6	26.1	26.3	25.8	25.7	26.7	26.4	25.6	35.0	34.6	111.6	110.7
6		68.4	63.3	61.6	62.4	61.9	67.4	63.6	63.2	59.6	65.2		
7												70.1	64.5
10												16.4	16.7
11												27.4	27.4
12												7.0	7.0
R		22.5								22.6	22.2	17.9	16.9

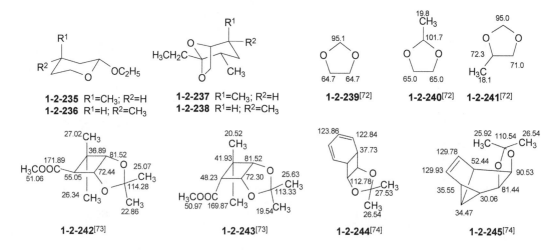

1-2-235 R^1=CH$_3$; R^2=H
1-2-236 R^1=H; R^2=CH$_3$

1-2-237 R^1=CH$_3$; R^2=H
1-2-238 R^1=H; R^2=CH$_3$

1-2-239[72]　　1-2-240[72]　　1-2-241[72]

1-2-242[73]　　1-2-243[73]　　1-2-244[74]　　1-2-245[74]

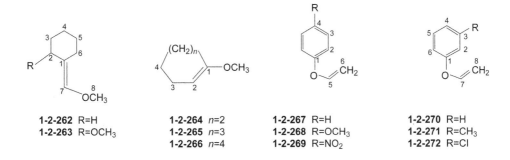

1-2-246[75]   **1-2-247**[76]   **1-2-248**[77]   **1-2-249**[78][(CD₃)₂CO,−34]

1-2-250 R¹=CH₂OH; R²=H
1-2-251 R¹=H; R²=CH₂OH

1-2-252 R¹=H; R²=CH₃
1-2-253 R¹=CH₃; R²=H

1-2-254 R¹=R²=H
1-2-255 R¹=H; R²=CH₃
1-2-256 R¹=CH₃; R²=H

1-2-257 R=H
1-2-258 R=CH₃

1-2-259 R=H
1-2-260 R=CH₃

1-2-261

表 **1-2-20** 环醚 **1-2-250~1-2-261** 的 ^{13}C NMR 化学位移数据[78~83]

C	1-2-250	1-2-251	1-2-252	1-2-253	1-2-254	1-2-255	1-2-256	1-2-257	1-2-258	1-2-259	1-2-260	1-2-261
2	106.0	105.8	108.1	197.7	93.7	99.1	99.4	94.7	94.7	95.7	95.1	70.1
3												31.0
4	67.3	69.3	72.0	73.6	68.5	68.6	67.3	67.2	72.4	69.0	65.7	27.0
5	36.7	37.1	29.7	29.7	44.4	44.6	43.6	30.1	35.0	30.4	42.7	
6									38.4	23.2	32.9	
7	32.7	32.6	35.3	35.3	30.7	30.5	32.6		64.8			
8	16.7	17.1	27.7	24.9	27.6	27.7	29.7					
R	61.4	60.7	15.9	12.4		21.2	21.4		17.3		29.3	

1-2-262 R=H
1-2-263 R=OCH₃

1-2-264 *n*=2
1-2-265 *n*=3
1-2-266 *n*=4

1-2-267 R=H
1-2-268 R=OCH₃
1-2-269 R=NO₂

1-2-270 R=H
1-2-271 R=CH₃
1-2-272 R=Cl

表 1-2-21 烯醚 **1-2-262~1-2-272** 的 ^{13}C NMR 化学位移数据[84~87]

C	1-2-262	1-2-263	1-2-264	1-2-265	1-2-266	1-2-267	1-2-268	1-2-269	1-2-270	1-2-271	1-2-272
1	118.4	116.6	161.1	155.5	158.3	156.7	150.3	161.0	157.2	159.1	157.9
2	30.6	77.8	92.3	92.0	93.5	117.0	118.5	116.1	117.6	118.5	118.2
3	28.9	33.6	28.6	22.7	24.3	129.2	114.3	125.5	130.3	140.0	135.7
4	27.1	21.4	21.1	23.3	31.0	122.7	155.5	148.0	123.8	124.6	124.0
5	27.1	26.4	31.4	22.7	25.8	148.0	149.3	145.8	130.3	130.0	131.1
6	25.6	21.4		27.2	25.8	94.6	93.1	98.6	117.6	114.7	115.9
7	138.8	141.0			29.5				148.5	148.7	147.7
8	59.1	58.7			28.3				95.9	95.5	97.4
CH$_3$		54.3	55.6	54.0	53.3					22.4	

注：化合物 **1-2-264**~**1-2-266** 在 CCl$_4$ 中测定。

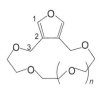

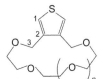

1-2-273 $n=1$
1-2-274 $n=2$

1-2-275 $n=1$
1-2-276 $n=2$
1-2-277 $n=3$

1-2-278 $n=0$
1-2-279 $n=1$
1-2-280 $n=2$

表 1-2-22 环多醚 **1-2-273~1-2-280** 的 ^{13}C NMR 化学位移数据[88]

C	1-2-273	1-2-274	1-2-275	1-2-276	1-2-277	1-2-278	1-2-279	1-2-280
1	141.5	141.3	134.5	134.3	134.3	128.2	137.1	136.9
2	122.5	122.3	134.1	134.0	133.9	130.6	129.0	128.4
3	63.6	64.0	65.1	65.0	64.8	128.3	127.8	127.5
4						71.9	71.6	71.2
OCH$_2$CH$_2$O	71.3	71.1	71.8	71.1	70.8	71.7	71.2	71.0
	70.2	71.0	70.2	70.6	69.1	70.0	70.1	70.6
	69.2	70.6	69.3	69.5			69.3	69.7
		69.6						136.9

（二）芳香醚类化合物的 ^{13}C NMR 化学位移

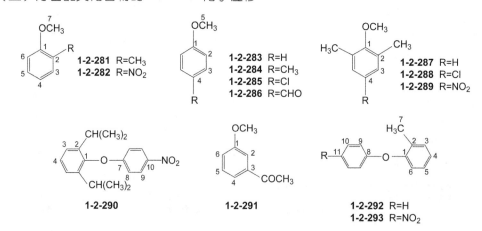

1-2-281 R=CH$_3$
1-2-282 R=NO$_2$

1-2-283 R=H
1-2-284 R=CH$_3$
1-2-285 R=Cl
1-2-286 R=CHO

1-2-287 R=H
1-2-288 R=Cl
1-2-289 R=NO$_2$

1-2-290

1-2-291

1-2-292 R=H
1-2-293 R=NO$_2$

1-2-294[91]
68.3, 116.8, 133.2, 158.8, 114.2, 129.2, 120.5

1-2-295[91]
68.8, 117.6, 131.6, 163.1, 114.5, 125.1, 140.9, NO₂

1-2-296[92](DMSO-d_6)
23.4, 123.2, 127.9, 126.7, 129.0, 122.6, 110.2, 131.8, 147.5, 127.2, 116.2, O

1-2-297[93]
H₃CO, 105.37, OCH₃ 55.41, 132.52, 164.68, 121.02, 98.19, 161.20, COCH₃ 202.26, 26.10

1-2-298[94]
147.8, 100.7, 121.8, 108.8

1-2-299[94]
H₃CO 55.7, 149.4, 121.0, H₃CO, 111.7

1-2-300[95]
127.5, 125.4, 28.9, 118.6, 129.0, 138.7, CH₃ 15.6, 156.3, 132.1, 128.9, H₃CO 55.3, 105.7, 126.7

1-2-301[95]
128.5, 117.3, 29.4, 15.6, 119.1, 130.3, 139.5, CH₃, 156.9, 124.9, 105.7, H₃CO 55.4, 100.5, 154.6, OCH₃

1-2-302[92](DMSO-d_6)
27.91, 128.9, 120.8, 123.0, 152.1, 127.7, O, 116.6

1-2-303[96]
124.1, 120.4, 122.5, 156.0, 126.9, O, 111.5

1-2-304[96]
H₃C, 124.2, 120.4, CH₃, 154.8, 131.8, O, 111.0, 127.9

1-2-305[97]
Cl, 120.1, 129.8, O, Cl, 155.1, 128.7

表 1-2-23 芳香醚类化合物 1-2-281~1-2-293 的 ^{13}C NMR 化学位移数据[89,90]

C	1-2-281	1-2-282	1-2-283	1-2-284	1-2-285	1-2-286	1-2-287	1-2-288	1-2-289	1-2-290	1-2-291	1-2-292	1-2-293
1	157.6	153.0	159.8	138.4	158.8	164.7	157.1	156.6	162.8	148.1	159.7	154.5	151.7
2	130.5	139.9	114.1	114.2	115.8	114.5	130.2	133.6	133.2	141.8	112.6	131.7	130.1
3	126.5	125.8	129.6	130.4	129.9	130.5	128.5	129.2	125.2	125.3	138.6	126.8	127.3
4	120.3	120.9	120.7	129.6	125.4	130.2	123.5	129.2	144.2	127.1	119.7	121.8	124.5
5	126.5	134.5	54.7	55.2	54.6	56.1					129.6	129.7	131.5
6	110.2	114.3									119.7	119.6	120.7
7	55.3	57.4								164.4		16.0	15.8
8										115.6		157.8	162.4
9										126.3		117.4	115.8
10										142.8		129.3	125.5
11												122.1	141.8
R	16.0												

（三）过氧化合物的 ^{13}C NMR 化学位移

1-2-306 *cis*
1-2-307 *trans*

1-2-308 *cis*
1-2-309 *trans*

1-2-310
[(H₃C)₃CO]₂

1-2-311 R=H
1-2-312 R=CH₃
[CF₃COOHgCH₂CR₂O]₂

CF₃COOHgCH₂CR₂OOH → $CF_3COOHgCH_2CR_2OOH$

1-2-313 R=H
1-2-314 R=CH₃

1-2-315

1-2-316

表 1-2-24 过氧化合物 1-2-306~1-2-316 的 ^{13}C NMR 化学位移数据[79,88,98,99]

C	1-2-306	1-2-307	1-2-308	1-2-309	1-2-310	1-2-311	1-2-312	1-2-313	1-2-314	1-2-315	1-2-316
1	77.30	77.04	76.30	77.08	26.8	72.8	82.5	74.8	83.5	138.5	162.7
2	19.25	18.40	18.18	18.79	78.1	23.9	38.2	23.7	37.6	134.3	133.9
3	49.34	48.61	27.04	31.58						142.7	129.5
4											128.6
5											125.5
7										112.5	
9										37.6	
10										32.9	
R							28.1		27.6		

参 考 文 献

[1] Poberts J D, Grutzner J B, Jautelat M, et al. J Am Chem Soc,1970, 92: 1338.

[2] Konno C, Hikino H. Tetrahedron,1976, 32: 325.

[3] Ejchaet A, et al. Org Magn Reson,1977, 9: 351.

[4] Williamson K L. J Am Chem Soc,1974, 96: 147.

[5] Lapper R D, Mantsch H H, Smith I C P. Can J Chem,1975, 53:2406.

[6] Hansen P E, et al. Org Magn Reson,1976,8:632.

[7] Hill R E, Miura I, Spenseral I D. J Am Chem Soc,1977, 99: 4179.

[8] Buchanan G W, Morin F G. Can J Chem,1977, 55: 2885.

[9] Ritchie E C S, Cyr N, Korsch B, et al. Can J Chem, 1975, 53: 1424.

[10] Marshall J L, et al. Org Magn Reson,1977, 9: 404.

[11] Whitesell J L, Matthews R S. J Org Chem, 1977, 42: 3878.

[12] Pehk T, et al. Org Magn Reson, 1976, 8: 5.

[13] Perlin A S, Koch H J. Can J Chem,1970, 48: 2639.

[14] Perlin A S. Can J Chem, 1970, 48: 1742.

[15] Kabuto K, Shindo H, Ziffer H. J Org Chem,1977, 42: 1742.

[16] Hanisch P, Jones A J. Can J Chem,1976,54: 2432.

[17] Bimbaum G I, Stoessl A, Grover S H, et al. Can J Chem, 1974, 52: 993.

[18] Liann E, et al. Org Magn Reson,1976,8:74.

[19] Stothers J B, Tan C T, Teo K C. Can J Chem, 1976, 54: 1211.

[20] Paasivirta J, et al. Org Magn Reson, 1975, 7: 596.

[21] Levy G C, Komoroski R A. J Am Chem Soc, 1974, 96: 678.

[22] Alewood P F, Benn M, Wong M, et al. Can J Chem, 1977, 55: 2510.

[23] Stthers J B, Tan C T. Can J Chem, 1977, 55: 841.

[24] McCulloch A W, McInnes A G, Smith D G, et al. Can J Chem, 1976, 54: 2013.

[25] Liaa E, et al. Org Magn Reson, 1973, 5: 277.

[26] Kleinpeter, et al. Org Magn Reson, 1976, 8: 279.

[27] Beierbeck H, Saunders J K. Can J Chem, 1977, 55: 3161.

[28] Christl M, Roberts J D. J Org Chem, 1972, 37: 3443.

[29] Cheng A K, Stothers J B. Can J Chem, 1977, 55: 50.

[30] Levy G C, et al. Org Magn Reson, 1975, 7: 172.

[31] Schneider H J, et al. Org Magn Reson, 1976, 8: 363.

[32] Duddeck, et al. Org Magn Reson, 1977, 9: 528.

[33] Buchanan G W, Benezra C. Can J Chem, 1976, 54: 231.

[34] Caubere P. Tetrahedron Lett, 1973: 2221.

[35] Greenbouse R, Solouki B, Bert G, et al. J Am Chem Soc, 1977, 99: 1664.

[36] Brouwer H, Stothers J B. Can J Chem, 1972, 50: 1361.

[37] Wenkert E, et al. Org Magn Reson, 1975, 7: 51.

[38] Disselnkotter H, Eiter K, Karl W, et al. Tetrahedron,1976, 32: 1591.

[39] Hearn M T W. Tetrahedron,1976, 32: 115.

[40] Brunet J J, Fixari B, Caubere P. Tetrahedron,1974, 30: 1237.

[41] Bianoo A, Guiso M, Iavarone C, et al. Tetrahedron, 1977, 33: 851.

[42] Stoessl A, Stothers J B. Can J Chem,1975, 53: 3359.

[43] Stothers J B, Tan C T. Can J Chem, 1976, 54: 917.

[44] Rapp K M, Burgemeister T, Daub J. Tetrahedron Lett, 1978: 2685.

[45] Kalinowski H O, et al. Org Magn Reson, 1975, 7: 128.

[46] Srinivasan P R, et al. Org Magn Reson, 1976, 8: 198.

[47] Sankawa U, Shimada H, Sato T, et al.Tetrahedron Lett, 1977: 483.

[48] Cox R E, Holker G S E. J Chem Soc, Perkin Trans Ⅰ, 1976: 2077.

[49] Crow W D, Osawa T, Willing P R R. Tetrahedron Lett, 1977: 1073.

[50] Clark J H, Miller J M. Tetrahedron Lett, 1977: 139.

[51] Ternai B, Markham K R. Tetrahedron, 1976, 32: 565.

[52] Samat A M, et al. Org Magn Reson, 1976, 8: 62.

[53] Hansen P E, et al. Org Magn Reson, 1975, 7: 475.

[54] Davies S G, Whitham G H. J Chem Soc, Perkin Trans Ⅱ, 1975: 861.

[55] Trost B M, Scudder P H. J Am Chem Soc, 1977, 99: 7601.

[56] Easton N R, Anet F A L, Burns P A, et al. J Am Chem Soc, 1974, 96: 3945.

[57] Paquette L A, Carmody M J. J Am Chem Soc, 1976, 98: 8175.

[58] Lessard J, Tan P Y M, Martino R, et al. Can J Chem, 1977, 55: 1015.

[59] Barrelle M, Apparu M, Gey C. Tetrahedron Lett, 1976: 4725.

[60] Goosen A, McCleland C W. J Chem Soc, Perkin Trans Ⅰ, 1978: 646.

[61] Toda F, Dunn J B R, Loehr T M. J Am Chem Soc, 1977, 99: 4529.

[62] Trofast J, Wickberg B. Tetrahedron, 1977, 33: 875.

[63] Banthorpe D V, Boullier P A, Fordham W D. J Chem Soc, Perkin Trans Ⅰ, 1974: 1637.

[64] Duddeck H, et al. Org Magn Reson, 1976, 8: 593.

[65] Jacques D, Haslam E, Bedford G R, et al. J Chem Soc, Perkin Trans Ⅰ, 1974: 2663.

[66] Rice K C, et al. Org Magn Reson, 1976, 8: 449.

[67] Deslongchamps P, Chênevert R, Taillefer R J, et al. Can J Chem, 1975, 53: 1601.

[68] Kleinpeter E, et al. Org Magn Reson, 1977, 9: 90.

[69] Wiseman J R, Krabbenhoft H O. J Org Chem, 1977, 42: 2240.

[70] De Hoog A J, et al. Org Magn Reson, 1974, 6: 233.

[71] Pearce G T, et al. J Magn Reson, 1977, 27: 497.

[72] Senda Y, Ishiyama J, Imaizumi S. Bull Chem Soc Jpn, 1977, 50: 2813.

[73] Scharf H D, Mattay J. Tetrahedron Lett, 1976: 3509.

[74] Negishi E, Shudo K, Okamoto T. Tetrahedron Lett, 1977: 101.

[75] Magnusson G, Thoren S. Tetrahedron, 1974, 30: 1431.

[76] ShahabY A, et al. Org Magn Reson,1977, 9: 580.

[77] Apsimon J W, Yamasaki K, Fruchier A, et al. Tetrahedron Lett, 1977: 3677.

[78] Anastassion A G, Reichmanis E. J Am Chem Soc, 1976, 98: 8266.

[79] Poranski C F, Moniz W B, Sojka S A. J Am Chem Soc, 1975, 97: 4275.

[80] Jones A J, Eliel E L, Grant D M, et al. J Am Chem Soc, 1971, 93: 4772.

[81] Gianni M H, Saavedra J, Savoy J, et al. J Org Chem, 1974, 39: 804.

[82] Anet F A L, Degen P J, Krane J. J Am Chem Soc, 1976, 98: 2059.

[83] Rice K C, et al. Org Magn Reson, 1976, 8: 449.

[84] Lessard J, Tan P V M, Martino R, et al. Can J Chem, 1977, 55: 1015.

[85] Rojas A C, Crandall J K. J Org Chem, 1975, 40: 2225.

[86] Reynolds W F, McClelland R A. Can J Chem, 1977, 55: 536.

[87] Kusunnoki I. Bull Chem Soc Jpn, 1973, 46: 1432.

[88] Bloodworth A J, Loveitt M E. J Chem Soc, Perkin Trans Ⅰ, 1977: 1031.

[89] Buchanan G W, Montaudo G, Finocchiaro P. Can J Chem, 1974, 52: 767.

[90] Dhami K S, Stothers J B. Can J Chem, 1966, 44: 2855.

[91] Wenkert E, et al. Org Magn Reson, 1975, 7: 51.

[92] Dradi E, Gatti G. J Am Chem Soc, 1975, 97: 5472.

[93] Pelter A, Ward R S, Bass R J. J Chem Soc, Perkin Trans Ⅰ, 1978: 666.

[94] Hughes D W, Rao B. Can J Chem, 1976,54:2252.

[95] Granger P, et al. Org Magn Reson, 1975,7:598.

[96] Shiotani A, Itatani H. J Chem Soc, Perkin Trans Ⅰ, 1976: 1236.

[97] Edlund U, et al. Org Magn Reson, 1977, 9: 196.

[98] Bloodworth A J, Loveitt M E. J Chem Soc, Perkin Trans Ⅰ, 1978: 522.

[99] Davies A G, Muggleton B. J Chem Soc, Perkin Trans Ⅱ, 1976: 502.

第三节 醛类和酮类化合物的 ^{13}C NMR 化学位移

【化学位移特征】

1. 酮羰基在最低场。如果 α-碳的氢原子被烷基取代，羰基碳的化学位移随烷基数目的增加移向低场；当酮类化合物的 α 位有卤素取代时，羰基碳的化学位移移向高场。

2. α,β-不饱和酮的羰基碳的化学位移比饱和酮在高场。如果 α-烯碳上的氢被烷基取代，羰基碳信号移向低场；β-烯碳上的氢被烷基取代，羰基碳信号移向高场。若双键上有 3 个烷基取代，羰基碳移向低场。

3．芳香环与羰基共轭，使羰基受到屏蔽。芳环的间位和对位有取代基时，对酮羰基影响较小；若在邻位上有取代基，则影响较大。

4．环酮的羰基碳的化学位移受环的大小影响明显，环戊酮的羰基碳的化学位移在最低场，环丁酮和环己酮的羰基碳的化学位移在较高场。当 α-碳上有取代基时，羰基碳的化学位移出现在较低场；β 位上的取代基影响不大。

5．醛和酮的羰基碳的化学位移相似，一般情况下醛比酮向高场位移 5～10。

一、醛类化合物的 ^{13}C NMR 化学位移

表 1-3-1 醛类化合物 1-3-1~1-3-11 的 ^{13}C NMR 化学位移数据[1~4]

C	1-3-1	1-3-2	1-3-3	1-3-4	1-3-5	1-3-6	1-3-7	1-3-8	1-3-9	1-3-10	1-3-11
1	199.8	202.8	202.5	191.0	193.5	190.9	194.5	69.1	83.1	192.4	194.9
2	30.9	37.3	45.9	—	—	16.4	8.8	81.0	81.8		13.9
3		6.0	15.8	—	—	12.8	14.8	8.7	176.8		
4			13.8	13.9	16.4			27.7			
5								200.7			
6								14.4			

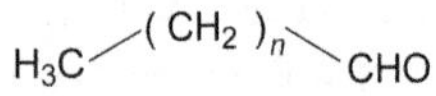

H_3C—$(CH_2)_n$—CHO

1-3-1 $n=0$
1-3-2 $n=1$
1-3-3 $n=2$

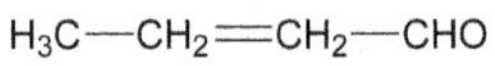

H_3C—CH_2—CH=CH_2—CHO

1-3-4 cis
1-3-5 trans

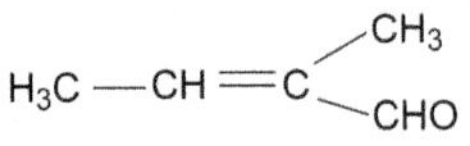

1-3-6(Z)
1-3-7(E)

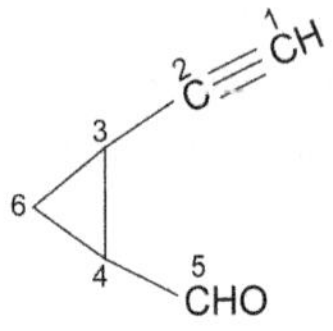

1-3-8

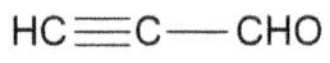

1-3-9

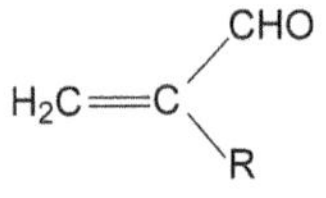

HC≡C—CHO

1-3-10 R=H
1-3-11 R=CH$_3$

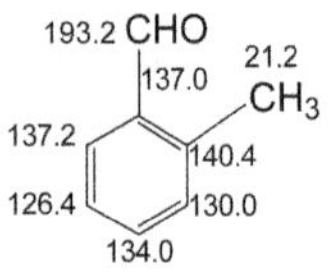

1-3-12[5]

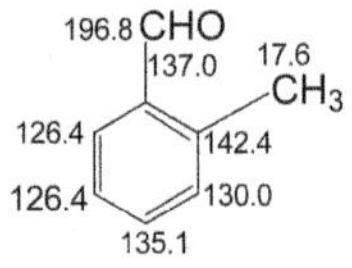

1-3-13[5]

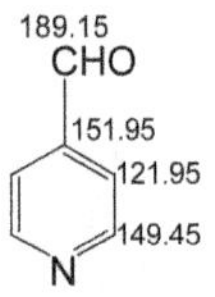

1-3-14[6](D_2O)

二、酮类化合物的 ^{13}C NMR 化学位移

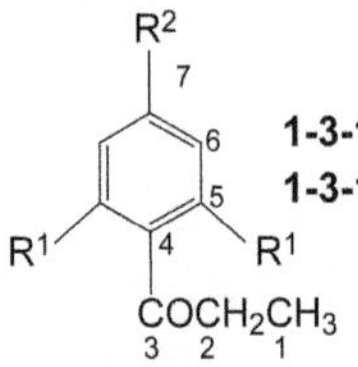

1-3-15 R^1=R^2=H
1-3-16 R^1=R^2=CH$_3$

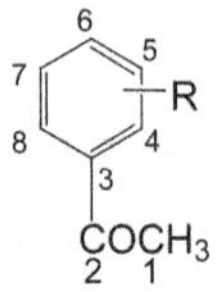

1-3-17 4-CH$_3$
1-3-18 5-CH$_3$
1-3-19 6-CH$_3$

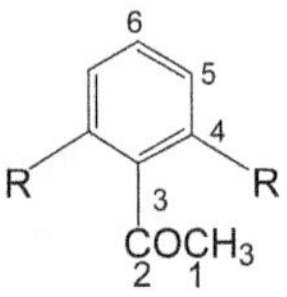

1-3-20 R=H
1-3-21 R=CH$_3$
1-3-22 R=Cl
1-3-23 R=OH

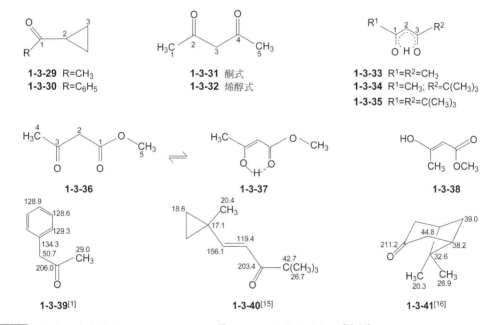

表 **1-3-2** 芳酮类化合物 **1-3-15~1-3-28** 的 ¹³C NMR 化学位移数据[7~11]

C	1-3-15	1-3-16	1-3-17	1-3-18	1-3-19	1-3-20	1-3-21	1-3-22	1-3-23	1-3-24	1-3-25	1-3-26	1-3-27	1-3-28
1	8.3	7.7	50.7	50.7	50.5	25.8	31.7	31.1	33.1	194.6	191.1	196.3	195.4	194.7
2	31.7	38.0	166.3	165.6	165.3	196.9	206.6	198.9	205.7	118.4	126.9	137.6	130.4	142.9
3	199.9	211.0	129.0	130.1	126.7	137.5	142.9	140.6	109.2	142.2	138.4	129.9	132.6	130.6
4	132.8	138.2	136.0	127.2	128.4	129.3	132.7	130.3	162.6			128.2	113.6	123.6
5	128.0	128.6	130.8	137.2	128.4	129.3	128.1	129.2	107.7			132.3	163.3	149.9
6	128.7	132.5	124.3	130.8	142.2	132.5	128.1	131.0	135.7			137.6	138.3	136.4
7	137.3	140.1	134.2	127.2								129.9	129.7	130.1
8			130.8	125.6								128.2	128.2	128.7
9												132.2	131.9	133.4
R¹		19.1												
R²		21.2												

表 **1-3-3** 脂肪酮类化合物 **1-3-29~1-3-38** 的 ¹³C NMR 化学位移数据[12~14]

C	1-3-29	1-3-30	1-3-31	1-3-32	1-3-33	1-3-34	1-3-35	1-3-36	1-3-37	1-3-38
1	199.1	207.2	29.7	23.7	191.5	191.9	200.9	167.9	173.2	168.1
2	17.0	21.0	202.3	191.7	100.6	95.5	90.4	49.7	89.7	91.0
3	11.3	10.4	57.8	100.2	191.5	200.2	200.9	200.3	176.3	173.5
4			202.3	191.7				29.7	20. 9	18.8
5			29.7	23.7				51.9	55.3	50.5

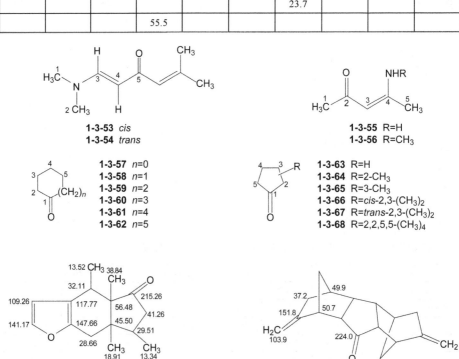

1-3-42 R=H
1-3-43 R=CH₃

1-3-44 R=N(CH₃)₂
1-3-45 R=N⁺(CH₃)₃Cl⁻

1-3-46 R=H
1-3-47 R=Br

1-3-48

1-3-49 *cis*
1-3-50 *trans*

1-3-51 *cis* (CHFCl₂, −71℃)
1-3-52 *trans* (CHFCl₂, −71℃)

表 1-3-4 *α,β*-不饱和酮 **1-3-42~1-3-52** 的 ¹³C NMR 化学位移数据[17~22]

C	1-3-42	1-3-43	1-3-44	1-3-45	1-3-46	1-3-47	1-3-48	1-3-49	1-3-50	1-3-51	1-3-52
1	198.1	198.5		28.9	90.9	96.7	113.7	28.8	27.2	10.2	10.6
2	137.5	144.5	193.8	100.3	121.8	119.5	143.4	197.5	196.4	36.0	29.5
3	128.6	125.2	97.6	126.9	196.8	189.2	50.3	94.0	97.0	200.2	200.3
4			153.4	148.9	40.5	50.2	220.7	155.5	152.2	94.2	98.6
5					30.9	32.7	120.7	35.3	29.9	152.9	154.9
6					23.0	29.1	166.6			37.3	36.9
7					22.1	22.0	20.8			45.2	45.0
8							27.8				
9							23.7				
R				55.5							

1-3-53 *cis*
1-3-54 *trans*

1-3-55 R=H
1-3-56 R=CH₃

1-3-57 *n*=0
1-3-58 *n*=1
1-3-59 *n*=2
1-3-60 *n*=3
1-3-61 *n*=4
1-3-62 *n*=5

1-3-63 R=H
1-3-64 R=2-CH₃
1-3-65 R=3-CH₃
1-3-66 R=*cis*-2,3-(CH₃)₂
1-3-67 R=*trans*-2,3-(CH₃)₂
1-3-68 R=2,2,5,5-(CH₃)₄

1-3-69[27]

1-3-70[28]

表 1-3-5 α,β-不饱和酮和环酮类化合物 1-3-53～1-3-68 的 ^{13}C NMR 化学位移数据[23～26]

C	1-3-53	1-3-54	1-3-55	1-3-56	1-3-57	1-3-58	1-3-59	1-3-60	1-3-61	1-3-62	1-3-63	1-3-64	1-3-65	1-3-66	1-3-67	1-3-68
1	37.4	37.0	28.8	28.6	209.1	220.5	212.0	215.2	218.1	218.1	219.4	220.9	218.7	220.9	220.3	226.4
2	45.3	45.3	196.0	194.3	47.7	38.3	42.0	43.9	42.0	43.6	38.1	43.9	46.7	48.0	51.8	45.2
3	154.0	157.0	95.4	95.1	9.7	23.3	27.1	30.5	27.3	27.0	23.2	31.9	31.8	34.4	39.8	34.9
4	97.5	99.2	163.0	164.1		25.1	24.4	25.7	25.1		20.7	31.4	28.1	29.6	34.9
5	189.0	131.9	21.9	18.6			24.8	24.4			37.5	38.5	35.2	37.5	45.2
R				29.6											

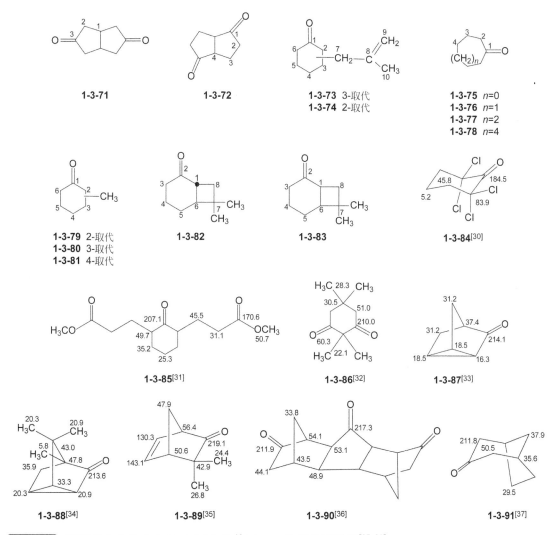

1-3-71	**1-3-72**	**1-3-73** 3-取代 **1-3-74** 2-取代	**1-3-75** n=0 **1-3-76** n=1 **1-3-77** n=2 **1-3-78** n=4

1-3-79 2-取代
1-3-80 3-取代
1-3-81 4-取代

1-3-82

1-3-83

1-3-84[30]

1-3-85[31]

1-3-86[32]

1-3-87[33]

1-3-88[34]

1-3-89[35]

1-3-90[36]

1-3-91[37]

表 1-3-6 环酮类化合物 1-3-71～1-3-83 的 ^{13}C NMR 化学位移数据[27～29]

C	1-3-71	1-3-72	1-3-73	1-3-74	1-3-75	1-3-76	1-3-77	1-3-78	1-3-79	1-3-80	1-3-81	1-3-82	1-3-83
1	36.5	49.5	211.7	212.3	209.7	212.6	216.8	213.3	211.2	209.3	209.9	48.1	39.6
2	43.7	220.3	47.8	48.3	41.6	43.6	42.1	42.2	45.2	50.0	40.7	209.3	215.6
3	218.0	37.6	36.7	33.2	27.7	30.6	27.7	25.5	36.4	33.9	35.0	40.5	39.6
4		23.1	31.1	24.7	25.0	24.4	26.0	25.4	25.4	33.4	31.3	29.1	22.7

续表

C	1-3-71	1-3-72	1-3-73	1-3-74	1-3-75	1-3-76	1-3-77	1-3-78	1-3-79	1-3-80	1-3-81	1-3-82	1-3-83
5			25.1	27.8			25.2	23.8	28.2	25.4		25.8	23.1
6			41.4	41.8				25.6	41.8	41.0		57.4	45.2
7			45.1	37.3					14.7	22.0	21.1	39.2	36.5
8			142.8	143.1								35.5	37.5
9			112.3	111.6									
10			22.0	22.1									

1-3-92 内消旋型
1-3-93 外消旋型

1-3-94 酮式
1-3-95 烯醇式

1-3-96 R=H
1-3-97 R=CH₃

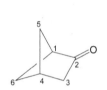

1-3-98

1-3-99

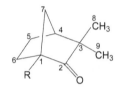

1-3-100 R=H
1-3-101 R=CH₃
1-3-102 R=NH₂

表 1-3-7 环酮类化合物 1-3-92~1-3-102 的 ^{13}C NMR 化学位移数据[13,25,38~40]

C	1-3-92	1-3-93	1-3-94	1-3-95	1-3-96	1-3-97	1-3-98	1-3-99	1-3-100	1-3-101	1-3-102
1	211.5	210.6	204.6	191.4	50.3	53.7	56.0	25.7	50.0	53.8	69.0
2	49.4	50.4	58.2	103.7	217.7	219.3	214.0	208.7	222.0	222.6	221.7
3	30.3	29.2			45.6	46.9	40.8	36.6	46.8	43.1	46.6
4	25.7	25.1	54.9	47.2	36.2	45.5	35.8	17.9	46.1	45.3	42.0
5	28.2	26.7	33.6	31.6	27.8	25.1	40.9	21.3	23.3	24.9	24.9
6	42.4	41.9			24.9	31.8	40.9	17.4	24.5	31.8	32.0
7			29.1	29.1	38.1	41.6		10.2	34.7	41.5	43.4
8									21.4	21.6	21.7
9									23.2	23.3	23.5
R										14.6	

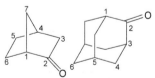

1-3-103

1-3-104

1-3-105 R=H
1-3-106 R=3-CH₃
1-3-107 R=3,3-(CH₃)₂

1-3-108 n=1
1-3-109 n=2

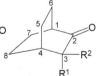

1-3-110 R¹=R²=H
1-3-111 R¹=H; R²=CH₃
1-3-112 R¹=R²=CH₃

1-3-113 R¹=R²=H
1-3-114 R¹=CH₃; R²=H
1-3-115 R¹=R²=CH₃

表 1-3-8 环酮类化合物 1-3-103~1-3-115 的 ^{13}C NMR 化学位移数据[1,25,41~43]

C	1-3-103	1-3-104	1-3-105	1-3-106	1-3-107	1-3-108	1-3-109	1-3-110	1-3-111	1-3-112	1-3-113	1-3-114	1-3-115
1	49.3	47.1	57.9	57.1	58.5	36.2	28.6	42.3	42.3	42.7	47.4	48.5	52.8
2	216.8	217.9	214.3	219.9	219.9	45.6	45.0	216.7	220.1	221.9	213.7	217.9	220.0
3	44.7		32.7	37.1	43.0	217.7	217.4	44.6	47.2	45.9	36.4	44.8	45.6
4	34.8	39.4	21.4	30.9	37.6	50.3	42.9	27.9	33.9	38.5	47.4	60.2	60.0
5	26.7	27.6	40.4	41.1	42.1	24.9	23.7	24.8	20.2	22.4	213.7	213.6	213.3
6	23.7	36.4	41.0	41.2	40.9	27.8	25.4	23.4	24.2	23.5	36.4	38.6	45.1
7	37.1		25.2	25.4	25.9	38.1	25.4	23.4	22.7	23.5	33.8	32.6	39.1
8			22.1	21.9	22.7			24.8	26.1	22.4			
9			25.8	26.3	26.4								
R^1				14.1	27.6						23.7	21.6	21.6
R^2					33.8			13.5		23.7			14.4

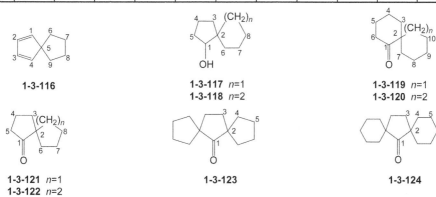

1-3-116

1-3-117 $n=1$
1-3-118 $n=2$

1-3-119 $n=1$
1-3-120 $n=2$

1-3-121 $n=1$
1-3-122 $n=2$

1-3-123

1-3-124

表 1-3-9 环酮类化合物 1-3-116~1-3-124 的 ^{13}C NMR 化学位移数据[44,45]

C	1-3-116	1-3-117	1-3-118	1-3-119	1-3-120	1-3-121	1-3-122	1-3-123	1-3-124
1	143.9	79.7	80.2	212.1	214.0	221.3	221.0	225.8	223.9
2	128.6	55.4	46.5	57.4	49.2	56.7	49.7	59.1	50.5
3		38.7	35.3	40.5	39.5	38.7	35.3	36.2	31.2
4		20.2	20.0	23.5	21.2	20.2	20.0	37.9	33.6
5	64.6	37.3	38.0	27.9	28.0	37.3	38.0	26.6	22.8
6	33.0	36.9	33.3	39.6	38.7	36.9	33.3		26.5
7	26.7	26.4	23.5	35.9	34.4	26.4	23.5		
8		26.4	27.1	25.7	22.6		27.1		
9		36.9	23.5	25.7	26.9				
10			33.3	35.9	22.6				
11			34.4						

注：化合物 1-3-117～1-3-124 在二噁烷/六氟苯中测定。

1-3-125 R^1=CH$_3$; R^2=H
1-3-126 R^1=H; R^2=CH$_3$

1-3-127 R^1=Cl; R^2=H
1-3-128 R^1=H; R^2=Cl

1-3-129 —
1-3-130 Δ^3
1-3-131 Δ^7, Δ^9
1-3-132 Δ^3, Δ^7, Δ^9

1-3-133 R^1=R^2=H
1-3-134 R^1=OH; R^2=H
1-3-135 R^1=H; R^2=OH

表 1-3-10 环酮类化合物 1-3-125~1-3-135 的 ^{13}C NMR 化学位移数据[45~48]

C	1-3-125	1-3-126	1-3-127	1-3-128	1-3-129	1-3-130	1-3-131	1-3-132	1-3-133	1-3-134	1-3-135
1	40.7	42.7	53.9	54.6	57.3	52.8	62.1	57.9	46.9	46.2	45.0
2	45.2	52.0	61.7	65.5	42.2	45.1	45.2	48.7	216.6	215.9	214.0
3	214.0	217.7	31.5	28.4	29.2	137.0	30.0	135.4	46.9	53.8	53.7
4	45.8	41.8	29.8	29.9	29.2	137.0	30.0	135.4	39.2	77.2	72.2
5	34.5	33.9	44.9	45.5	42.2	45.1	45.2	48.7	27.6	33.3	33.2
6			34.0	34.7	57.3	52.8	62.1	57.9	36.3	34.9	29.4
7			20.4	19.6	28.4	28.9	127.3	128.3	27.6	26.2	26.6
8			28.8	32.7	26.9	27.1	126.3	126.8	39.2	38.7	38.6
9			215.8	216.1	26.9	27.1	126.3	126.8	39.2	32.9	32.8
10					28.4	28.9	127.3	128.3	39.2	37.4	32.7
11					216.5	213.2	210.9	208.0			
12	14.6	19.1			30.2	33.9	29.4	33.3			

1-3-136 R=H
1-3-137 R=CH₃
1-3-138 R=CH₂CH₂CH₃
1-3-139 R=C(CH₃)₃

1-3-140 n=2
1-3-141 n=3

1-3-142 R=H
1-3-143 R=CH₃

1-3-144

1-3-145

1-3-146 R=Cl
1-3-147 R=OCH₂CH₃

表 1-3-11 环酮类化合物 1-3-136~1-3-147 的 ^{13}C NMR 化学位移数据[49,50]

C	1-3-136	1-3-137	1-3-138	1-3-139	1-3-140	1-3-141	1-3-142	1-3-143	1-3-144	1-3-145	1-3-146	1-3-147
1	155.1	159.6	159.9	159.4	146.7	154.6	154.8	156.0	155.7	156.6	189.5	189.4
2	150.3	157.9	160.9	164.6	169.0	164.2	157.1	158.9	148.4	151.9	188.0	184.3
3							7.3	14.4		154.8		
4							9.9	17.7	124.0	123.8		
5									131.5	131.0		
6									129.4	129.3		
7									132.8	132.5		
8										11.5		
R							22.0					70.6
												15.6

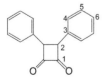

1-3-148

1-3-149 R¹=R²=H
1-3-150 R¹=CH₃; R²=H
1-3-151 R¹=H; R²=CH₃
1-3-152 R¹=R²=CH₃

1-3-153

1-3-154

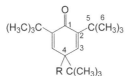

1-3-155 R^1=CH$_3$; R^2=H
1-3-156 R^1=H; R^2=CH$_3$
1-3-157 R^1=R^2=CH$_3$

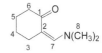

1-3-158 R=H
1-3-159 R=C$_6$H$_5$
1-3-160 R=OCH$_2$CH$_3$

表 1-3-12 环酮类化合物 **1-3-148~1-3-160** 的 ^{13}C NMR 化学位移数据[17,49,51~53]

C	1-3-148	1-3-149	1-3-150	1-3-151	1-3-152	1-3-153	1-3-154	1-3-155	1-3-156	1-3-157	1-3-158	1-3-159	1-3-160
1	196.1	209.0	208.6	208.8	207.2	5.5	205.0	198.4	197.4	197.3	198.9	199.3	197.1
2	187.4	133.8	141.8	130.1	135.6	54.4	140.9	135.8	126.5	130.9	129.9	129.9	102.7
3	128.5	165.1	158.3	179.4	168.9	29.8	168.8	145.5	162.2	154.6	150.3	159.5	176.8
4	128.2					128.5	71.6						
5	129.4					47.3	44.3						
6	133.4					49.6	13.7						
7							20.9						
8							125.2						
9							125.8						
10							12.8						

1-3-161

1-3-162 R=OCH$_3$
1-3-163 R=Cl
1-3-164 R=NO$_2$

1-3-165

1-3-166

1-3-167 R=OCH$_3$
1-3-168 R=H

1-3-169

1-3-170

表 1-3-13 环酮类化合物 **1-3-161~1-3-170** 的 ^{13}C NMR 化学位移数据[21,54~56]

C	1-3-161	1-3-162	1-3-163	1-3-164	1-3-165	1-3-166	1-3-167	1-3-168	1-3-169	1-3-170
1	201.8	186.2	185.1	184.6	195.7	195.8	189.5	195.1	32.1	35.5
2	126.4	150.8	146.3	149.5	99.0	104.6	134.3	134.7	34.2	34.0
3	147.8	141.4	139.3	133.4	166.5	26.6	142.4	140.6	199.2	199.4
4	124.2	79.5	73.6	92.7	23.2	23.9	94.3	95.4	126.0	123.9
5	144.4	35.5	35.0	35.5	27.5	25.1	98.0	66.1	170.0	171.0
6	47.7	30.0	29.5	29.3	36.7	39.3	54.6	54.5	31.8	33.3
7		40.2	40.6	41.9	40.4	150.7	53.6	53.7	20.8	26.5
8		26.0	26.0	26.2		43.5	66.9	67.1	28.6	30.5
9							56.6	56.6	39.5	43.1

续表

C	1-3-161	1-3-162	1-3-163	1-3-164	1-3-165	1-3-166	1-3-167	1-3-168	1-3-169	1-3-170
10									39.4	39.0
11									16.4	15.3
12									23.8	16.2
R							55.9			

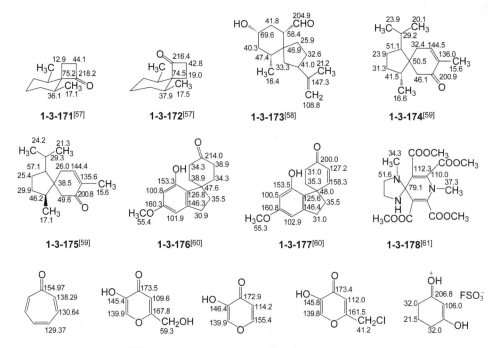

1-3-171[57] 1-3-172[57] 1-3-173[58] 1-3-174[59]

1-3-175[59] 1-3-176[60] 1-3-177[60] 1-3-178[61]

1-3-179[62] (CCl₄) 1-3-180[63] (DMSO-d₆) 1-3-181[63] (DMSO-d₆) 1-3-182[63] (DMSO-d₆) 1-3-183[64]

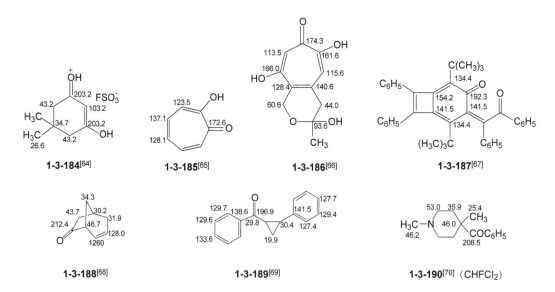

1-3-184[64] 1-3-185[65] 1-3-186[66] 1-3-187[67]

1-3-188[68] 1-3-189[69] 1-3-190[70] (CHFCl₂)

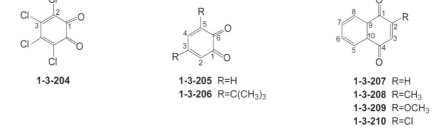

1-3-191 R=H
1-3-192 R=CH$_3$
1-3-193 R=C(CH$_3$)$_3$

1-3-194 R=CH$_3$
1-3-195 R=Cl

1-3-196 R=C(CH$_3$)$_3$
1-3-197 R=C$_6$H$_5$

1-3-198 R=C$_6$H$_5$
1-3-199 R=Cl

1-3-200

1-3-201

1-3-202 5-CH$_3$
1-3-203 6-CH$_3$

表 1-3-14 苯醌类化合物 **1-3-191~1-3-203** 的 ^{13}C NMR 化学位移数据[71]

C	1-3-191	1-3-192	1-3-193	1-3-194	1-3-195	1-3-196	1-3-197	1-3-198	1-3-199	1-3-200	1-3-201	1-3-202	1-3-203
1	187.0	187.6	187.7	187.5	179.2	188.2	187.0	185.9	169.4	170.1	182.5	182.1	182.3
2	136.4	145.8	157.7	145.9	144.1	154.2	145.7	143.3	139.4	142.1	142.7	158.8	158.8
3		133.8	130.1	133.3	133.7	133.5	132.6			142.1	139.9	107.6	107.3
4		188.3	188.6	187.7	184.9					170.1	172.3	187.6	187.3
5				136.6	136.8					132.9		146.9	133.8
6				136.5	136.0							131.3	143.6
7											13.4		
R				15.8									

1-3-204

1-3-205 R=H
1-3-206 R=C(CH$_3$)$_3$

1-3-207 R=H
1-3-208 R=CH$_3$
1-3-209 R=OCH$_3$
1-3-210 R=Cl

表 1-3-15 苯醌类化合物 **1-3-204~1-3-210** 的 ^{13}C NMR 化学位移数据[72~75]

C	1-3-204	1-3-205	1-3-206	1-3-207	1-3-208	1-3-209	1-3-210
1	168.7	180.2	180.4	184.6	184.9	180.0	177.7
2	131.9	140.0	121.6	138.5	147.8	160.4	146.2
3		130.4	149.4		135.4	109.9	135.8
4			133.1		184.3	184.7	182.4
5		162.8		126.2	125.8	126.1	126.7
6		179.6		133.6	133.3	134.3	134.4
7					133.3	133.3	134.0
8					126.2	126.6	127.4
9				131.7	131.9	131.1	131.3
10					131.9	132.0	131.7
R					16.3	56.4	

1-3-211[76] 1-3-212[77] 1-3-213[78] 1-3-214[79]

1-3-215[79] 1-3-216[80] 1-3-217[81]

1-3-218[81] 1-3-219[82] 1-3-220[82] (DMSO-d_6) 1-3-221[83]

1-3-222[83] 1-3-223[84] 1-3-224[84] 1-3-225[85]

1-3-226[86] 1-3-227[87] 1-3-228[88] 1-3-229[72]

参 考 文 献

[1] Hawkes G E, Herwig K, Roberts J D. J Org Chem, 1974, 39: 1017.

[2] Vogeli U, et al. Org Magn Reson, 1975, 7: 617.

[3] Manisse N, Chuche J. J Am Chem Soc, 1977, 99: 1272.

[4] Hearn M T W, Turner J L. J Chem Soc, Perkin Trans Ⅱ, 1976: 1027.

[5] Drakenberg T, Jost R, Sommer J M. J Chem Soc, Perkin Trans II, 1975: 1682.

[6] Lapper R D, Mantsch H H, Smith I C P. Can J Chem, 1975, 53: 2406.

[7] Leibfritz D. ,Chem Ber, 1975, 108: 3014.

[8] Dhami K S, Stothers J B. Can J Chem, 1967, 45: 233.

[9] Dhami K S, Stothers J B. Can J Chem, 1965, 43: 479.

[10] Pelter A, Ward R S, Gray T I. J Chem Soc, Perkin Trans Ⅰ, 1976: 2475.

[11] Shapiro M J. Tetrahedron, 1977, 33: 1091.

[12] House H O, Prabhu A V, Wilkins J M, et al. J Org Chem, 1976, 41: 3067.

[13] Billman J H, Lowe G, Parker J. J Chem Soc, Perkin Trans Ⅱ, 1972: 2034.

[14] Shapetko N N, et al. Org Magn Reson, 1975, 7: 237.

[15] House H O, Weeks P D. J Am Chem Soc, 1975, 97: 2778.

[16] Reisse J, et al. Org Magn Reson,1977,9: 512.

[17] Marr D H, Stothers J B. Can J Chem,1965,43:596.

[18] Dabrow J, et al. Org Magn Reson,1974,6:43.

[19] Rose A F, Jr J A P, Sims J J. Tetrahedron Lett, 1977: 1847.

[20] Gosselin P, Masson S, Thuillier A. Tetrahedron Lett, 1978: 2717.

[21] Kozerski L, et al. Org Magn Reson ,1973,5:459.

[22] Dabrow J, et al. Org Magn Reson,1974,6:499.

[23] Filleux-Blanchard M L, Mabon F, Martin G J. Tetrahedron Lett, 1974: 3907.

[24] Senda Y, Kasahara A, Suzuki A, et al. Bull Chem Soc Jpn, 1976, 49: 3337.

[25] Grover S H, Marr D H, Stothers D H, et al. Can J Chem, 1975, 53: 1351.

[26] Stothers J B, Tan C T. Can J Chem, 1974, 52: 308.

[27] Corbella A, Gariboldi P, Jommi G, et al. J Chem Soc, Perkin Trans Ⅰ, 1974: 1875.

[28] Weissberger E, Page G. J Am Chem Soc, 1977, 99: 147.

[29] Whitesell J K, Matthews R S. J Org Chem, 1977, 42: 3878.

[30] Grenier-Lonstalot M F, et al. Org Magn Reson, 1976, 8: 544.

[31] Matsumoto N, Kumanotani J. Tetrahedron Lett, 1975: 3643.

[32] Mahajan J R, Pedersen C T, Ebel M, et al. J Chem Soc, Perkin Trans Ⅰ, 1978: 1434.

[33] Werstiuk N H, Taillefer R, Bell R A, et al. Can J Chem, 1973, 51: 3010.

[34] Liaa E, et al. Org Magn Reson, 1973, 5: 277.

[35] Stothers J B, Tan C T, Teo K C. Can J Chem, 1973, 51: 2893.

[36] Grandjean J, Ellenberger M. J Am Chem Soc, 1974, 96: 1622.

[37] Reisse J, et al. Org Magn Reson, 1977, 9: 512.

[38] Hawkins E G E, Large R. J Chem Soc, Perkin Trans Ⅰ, 1974: 280.

[39] Liaa E, et al. Org Magn Reson, 1970, 2: 581.

[40] Brown F C, Morris D G. J Chem Soc, Perkin Trans Ⅱ, 1977: 125.

[41] Binste G Van, et al. Org Magn Reson, 1972, 4: 625.

[42] Stothers J B, Tan C T. Can J Chem, 1976, 54: 917.

[43] Werstiuk N H, Taillefer R, Bell R A, et al. Can J Chem, 1972, 50: 2146.

[44] Van de Ven L J M, et al. J Magn Reson, 1975, 19: 31.

[45] Enders D, Eichenauer H. Tetrahedron Lett, 1977: 191.

[46] Heumann A, Kolshorn H. Tetrahedron, 1975, 31: 1571.

[47] Stothers J B, Swenson J R, Tan C T. Can J Chem, 1975, 53: 581.

[48] Duddeck H, et al. Org Magn Reson, 1975, 7: 151.

[49] Dehmlow E V, et al. Org Magn Reson, 1975, 7: 418.

[50] Hearn M T W, Potts K T. J Chem Soc, Perkin Trans Ⅱ, 1974: 1918.

[51] McBee E T, Wesseler E P, Hurnaus R et al. J Org Chem, 1972, 37: 1100.

[52] Crombie L, Pattenden G, Simmonds D J. J Chem Soc, Perkin Trans Ⅰ, 1975: 1500.

[53] Bedford G R, et al. Org Magn Reson, 1977, 9: 49.

[54] Rieker A, et al. Org Magn Reson, 1972, 4: 857.

[55] Torii S, Tanaka H, Takao H. Bull Chem Soc Jpn, 1977, 50: 2823.

[56] Birnbaum G I, Stoessl A, Grover S H, et al. Can J Chem, 1974, 52: 993.

[57] Trost B M, Scudder P H. J Am Chem Soc, 1977, 99: 7601.

[58] Stoessl A, Stothers J B, Ward E W B. Can J Chem, 1975, 53: 3351.

[59] Kutschan R, Schiebel H M, Schröder N, et al. Chem Ber, 1977, 110: 1615.

[60] Bercht C A L, Dongen J P C M V, Ch R J J, et al. Tetrahedron, 1976, 32: 2939.

[61] Quast H, Spiegel E, et al. Tetrahedron Lett, 1977: 2705.

[62] Machignchi T, et al. Chem Lett, 1974: 497.

[63] Kingsbury C A, Cliffton M, Looker J H. J Org Chem, 1976, 41: 2777.

[64] Olah G A, Grant J L, Westerman, P W. J Org Chem, 1975, 40: 2102.

[65] Weiler L. Can J Chem, 1972, 50: 1975.

[66] McInnes A G, Smith D G, Vinning L C, et al. J Chem Soc, Chem Commun, 1971: 325.

[67] Toda T, Dan N, Tanaka K, et al. J Am Chem Soc, 1977, 99: 4529.

[68] Hudyma D M, et al. Org Magn Reson, 1974, 6: 614.

[69] Yanovskaya L A, Dombrovsky V A, Chizhov O S, et al. Tetrahedron, 1972, 28: 1565.

[70] Wagner P J, Scheve B J. J Am Chem Soc, 1977, 99: 1858.

[71] Albright T A, et al. Org Magn Reson, 1977, 9: 75.

[72] Berger St, Rieker A. Tetrahedron, 1972, 28: 3123.

[73] Prins I, et al. Org Magn Reson, 1977, 9: 543.

[74] Kobayashi M, Terui Y, Tori K, et al. Tetrahedron Lett, 1976: 619.

[75] Hofle G. Tetrahedron, 1977, 33: 1963.

[76] Joseph-Nathan P, et al. Org Magn Reson, 1971, 3: 23.

[77] Stipanovic R D, Bell A A, O'Brien D H, et al. Tetrahedron Lett, 1977: 567.

[78] Solaniova E, et al. Org Magn Reson, 1976, 8: 439.

[79] Hearn M T W, et al. J Magn Reson, 1975, 19: 401.

[80] House H O, Chu C Y. J Org Chem, 1976, 41: 3083.

[81] Bartle K D, et al. Org Magn Reson, 1975, 7: 154.

[82] Sterk H, et al. Org Magn Reson, 1975, 7: 274.

[83] Senda Y, Kasahara A, Izumi T, et al. Bull Chem Soc Jpn, 1977, 50: 2789.

[84] Jackman L M, Trewella J C. J Am Chem Soc, 1976, 98: 5712.

[85] Jones A J, Gardner P D, Grant D M, et al. J Am Chem Soc, 1970, 92: 2395.

[86] Galasso V, et al. Org Magn Reson, 1977, 9: 401.

[87] Highet R J, et al. J Magn Reson, 1975, 17: 336.

[88] Berger S, Rieker A. Chem Ber, 1976, 109: 3252.

第四节 有机酸、酸酐及酯类化合物的 ^{13}C NMR 化学位移

【化学位移特征】

1. 羧基中的羰基比醛和酮在较高场出现，其化学位移的范围为 $\delta\,155\sim186$，对应的阴离子向低场位移 $3\sim5$。

2. 羧酸中烷基部分的 α、β 及 δ 位碳的化学位移向低场位移，γ 位碳的化学位移向高场位移。

3. α,β-不饱和酸的羰基碳比饱和的羰基碳向高场位移 $8\sim10$。

4. 酯羰基碳的化学位移范围为 $\delta\,160\sim180$。

5. 酸酐中的羰基碳的化学位移范围为 $\delta\,162.8\sim174.3$。

一、有机酸类化合物的 ^{13}C NMR 化学位移

1-4-1 $n=1$
1-4-2 $n=3$

1-4-3 $n=1$
1-4-4 $n=2$
1-4-5 $n=3$

1-4-6 $R^1=CH_3$; $R^2=H$
1-4-7 $R^1=H$; $R^2=CH_3$

1-4-8 $R=H$
1-4-9 $R=CH_3$

1-4-10 $R=H$
1-4-11 $R=F$

1-4-12 $n=1$
1-4-13 $n=2$
1-4-14 $n=3$

1-4-15 $n=0$
1-4-16 $n=1$
1-4-17 $n=2$

表 **1-4-1** 脂肪族有机酸 **1-4-1~1-4-17** 的 ^{13}C NMR 化学位移数据[1~3]

C	1-4-1	1-4-2	1-4-3	1-4-4	1-4-5	1-4-6	1-4-7	1-4-8	1-4-9	1-4-10	1-4-11	1-4-12	1-4-13	1-4-14	1-4-15	1-4-16	1-4-17
1	179.6	180.8	185.5	185.6	185.3	39.8	41.9	11.7	9.5	176.4	164.3	158.9	160.0	162.5	160.8	155.9	159.5
2	36.3	34.4	42.7	41.9	42.3	36.3	32.5	27.2	33.7	30.0	114.5	115.8	107.0	108.8	109.1	109.1	108.9
3	18.5	24.8	33.5	42.8	40.6	20.7	29.6	41.6	43.0		39.6		118.8	109.2		111.0	111.4
4	13.4	31.8	9.3	18.1	27.4	14.2	11.4	16.8	24.9		168.0			118.3			
5		22.8	24.6	14.5	25.1	17.2	19.3										
6		14.1		24.9	14.1												
7					23.5												

注：化合物 **1-4-6~1-4-9** 在 D_2O 中测定；**1-4-10~1-4-17** 在二噁烷中测定。

1-4-18 R=H
1-4-19 R=OH

1-4-20

1-4-21

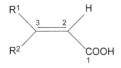

1-4-22 Δ^1
1-4-23 Δ^3

1-4-24 R^1=COOH; R^2=H
1-4-25 R^1=H; R^2=COOH

1-4-26 X=CH$_2$Br
1-4-27 X=OH
1-4-28 X=Br

表 1-4-2 脂肪族有机酸 1-4-18~1-4-28 的 ^{13}C NMR 化学位移数据[4~9]

C	1-4-18	1-4-19	1-4-20	1-4-21	1-4-22	1-4-23	1-4-24	1-4-25	1-4-26	1-4-27	1-4-28
1	56.7	56.2	179.4	119.7	129.8	39.2	46.8	45.7	34.3	68.5	60.9
2	33.2	32.2	34.6	126.1	141.7	27.2	43.3	43.4	45.6	50.0	53.9
3	23.1	22.6	29.8	131.8	32.3	120.8	30.4	29.2	33.2	35.8	37.3
4	53.0	52.8	33.6		34.5	137.1	41.7	42.6	41.4	41.4	40.6
5	46.6	46.9	120.8		23.7	27.5	138.2	137.9	28.7	30.8	32.9
6	22.0	21.6	135.8		27.9	25.3	135.8	132.5	40.1	44.3	49.0
7	21.5	21.1	25.6	45.0	42.4	44.1	46.5	49.7	35.9	35.8	35.1
8	23.1	22.6	22.3	180.9	140.3	140.3					
9	175.7	180.2	20.4		129.1	128.9					
10	177.6	182.3	18.5		128.3	128.3					
11					126.0	126.0					
12					172.9	182.6					
R							183.1	181.3			

注：化合物 **1-4-26~1-4-28** 在 CCl$_4$ 中测定。

1-4-29 R^1=R^2=H
1-4-30 R^1=H; R^2=Br
1-4-31 R^1=CH$_3$; R^2=H
1-4-32 R^1=CH$_3$; R^2=Cl

1-4-33 R^1=R^2=H
1-4-34 R^1=H; R^2=CH$_3$
1-4-35 R^1=CH$_3$; R^2=H

1-4-36 R^1=CH$_3$; R^2=Cl
1-4-37 R^1=H; R^2=CH$_3$

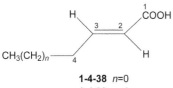

1-4-38 n=0
1-4-39 n=1

1-4-40 n=0
1-4-41 n=1

表 1-4-3 烯酸 1-4-29~1-4-41 的 ^{13}C NMR 化学位移数据[10,11]

C	1-4-29	1-4-30	1-4-31	1-4-32	1-4-33	1-4-34	1-4-35	1-4-36	1-4-37	1-4-38	1-4-39	1-4-40	1-4-41
1	168.9	166.5	169.3	166.2	170.8	171.3	170.9	162.8	162.8	172.2	172.1	171.8	171.8
2	129.2	124.7	122.8	17.1	136.3	127.4	128.2	121.3	119.5	119.8	120.8	118.8	119.0
3	130.8	122.0	146.0	146.4	126.2	136.6	137.9	144.6	133.5	152.8	151.6	154.3	152.3
4					17.5	15.2	11.1			24.9	34.2	22.6	30.7

续表

C	1-4-29	1-4-30	1-4-31	1-4-32	1-4-33	1-4-34	1-4-35	1-4-36	1-4-37	1-4-38	1-4-39	1-4-40	1-4-41
5										11.4	21.1	13.0	21.8
6											13.3		12.9
R			17.3	27.3		19.9	13.5	24.1	24.9				

注：化合物 **1-4-36** 和 **1-4-37** 在 DMSO-d₆ 中测定。

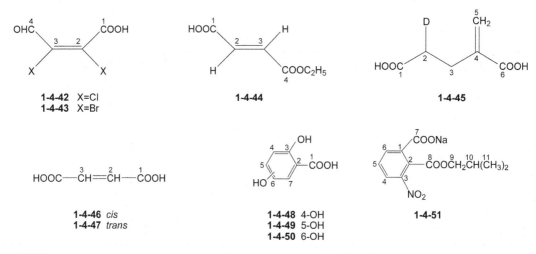

1-4-42 X=Cl
1-4-43 X=Br

1-4-44

1-4-45

1-4-46 cis
1-4-47 trans

1-4-48 4-OH
1-4-49 5-OH
1-4-50 6-OH

1-4-51

表 1-4-4 烯酸和芳香酸 **1-4-42～1-4-51** 的 ¹³C NMR 化学位移数据[11~15]

C	1-4-42	1-4-43	1-4-44	1-4-45	1-4-46	1-4-47	1-4-48	1-4-49	1-4-50	1-4-51
1	163.6	164.9	170.2	180.2	167.4	166.9	172.9	172.0	172.2	141.0
2	122.5	117.3	132.7	35.4	130.8	134.5	113.2	105.2	112.7	130.0
3	150.0	147.3	135.9	29.2			151.1	164.9	156.2	146.4
4	97.4	100.0	164.8	141.1			146.6	103.3	118.7	124.5
5				129.9			121.4	164.8	124.9	129.4
6				173.3			119.6	108.7	149.9	136.3
7							121.4	133.0	115.6	167.4
8										168.3
9										71.8
10										68.6
11										31.0

注：化合物 **1-4-42**、**1-4-43** 和 **1-4-51** 在 DMSO-d₆ 中测定；**1-4-48**～**1-4-50** 在 (CH₃)₂CO 中测定。

二、酸酐类化合物的 ¹³C NMR 化学位移

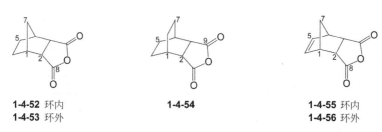

1-4-52 环内
1-4-53 环外

1-4-54

1-4-55 环内
1-4-56 环外

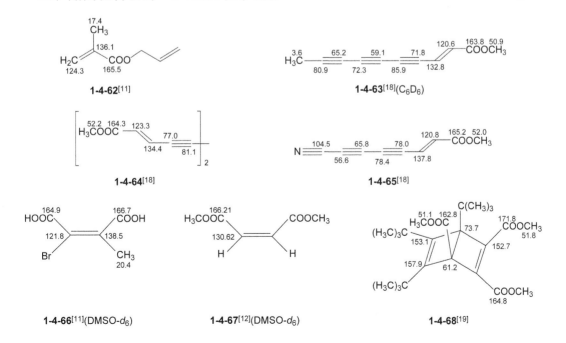

表 1-4-5 酸酐类化合物 **1-4-52~1-4-61** 的 ^{13}C NMR 化学位移数据[8,11,16,17]

C	1-4-52	1-4-53	1-4-54	1-4-55	1-4-56	1-4-57	1-4-58	1-4-59	1-4-60	1-4-61
1	40.2	41.0	26.1	47.2	48.8	164.0	162.0	189.9	167.6	
2	50.0	49.1	44.3	46.1	46.9	146.0	131.1	138.6	132.5	166.9
3						126.2	125.6	123.6	123.5	159.4
4						161.1	136.0	134.9	134.1	124.8
5	25.0	27.4	21.5	135.6	138.0	11.4				148.6
6										125.2
7	42.3	34.3	24.2	52.8	44.1					39.3
8	172.6	173.5		171.5	171.6					169.4
9			174.1							102.0
10										
11										12.5
12										18.1
13										15.1
14										22.9

注：化合物 **1-4-57** 在 DMSO-d_6 中测定。

三、酯类化合物的 ^{13}C NMR 化学位移

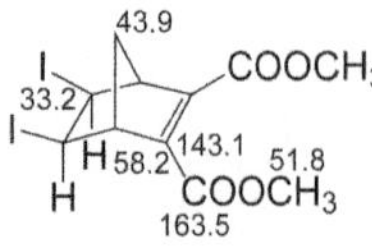

1-4-69[20](C_6D_6) 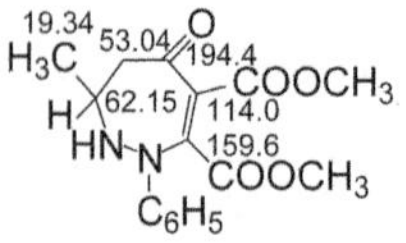　　　**1-4-70**[21] 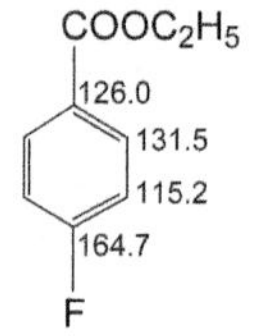　　　**1-4-71**[22] 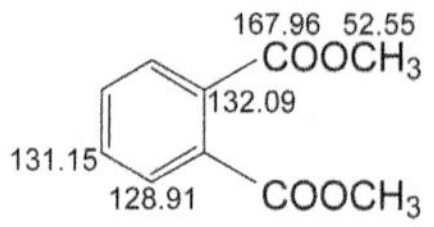　　　**1-4-72**[23]

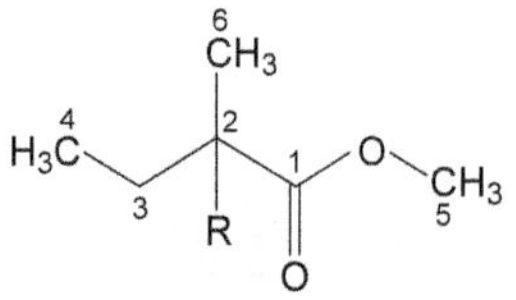

1-4-73 R=H
1-4-74 R=CH_3

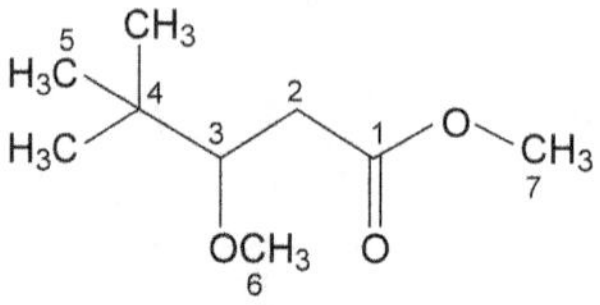

1-4-75

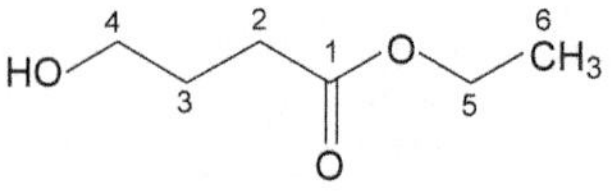

1-4-76

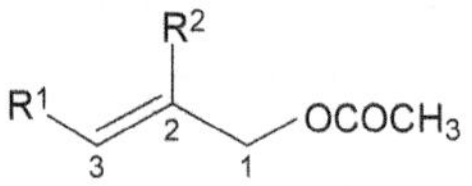

1-4-77 R^1=R^2=H
1-4-78 R^1=CH_3; R^2=H
1-4-79 R^1=R^2=CH_3

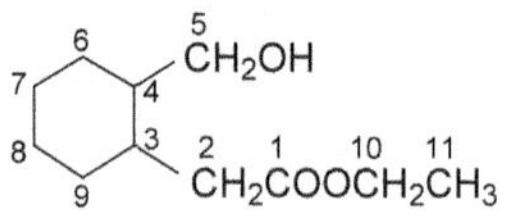

1-4-80

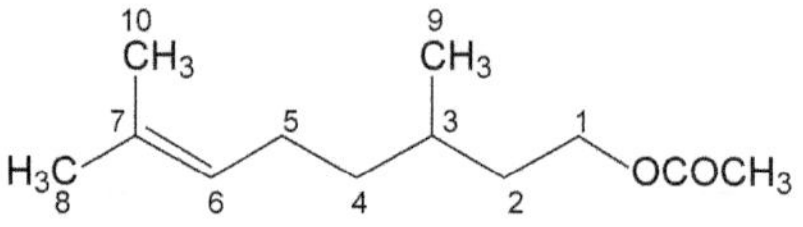

1-4-81

表 1-4-6　有机酸酯类化合物 1-4-73~1-4-81 的 ^{13}C NMR 化学位移数据[1,24~26]

C	1-4-73	1-4-74	1-4-75	1-4-76	1-4-77	1-4-78	1-4-79	1-4-80	1-4-81
1	176.2	177.3	173.5	174.5	64.3	64.2	69.7	174.2	61.9
2	41.4	43.0	36.2	31.1	131.7	124.7	130.4	32.9	35.2
3	27.6	33.9	86.3	27.9	117.1	130.0	123.1	39.6	29.2
4	11.4	9.4	35.7	61.8				44.9	36.8
5	51.1	51.3	25.9	60.6				65.2	25.4
6	16.8	24.9	60.2	14.2				29.7	124.4
7			51.6					26.0	130.4
8								26.0	25.1
9								27.2	19.2
10								60.3	17.3
11								14.2	
R^1						16.9	12.7		
R^2							12.3		

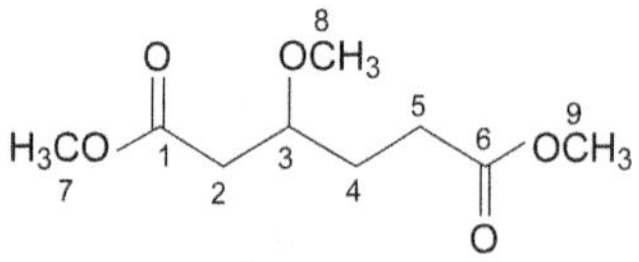

1-4-82

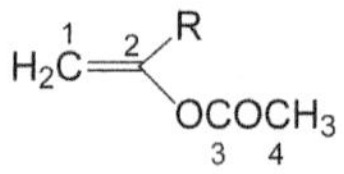

1-4-83 R=H
1-4-84 R=CH_3

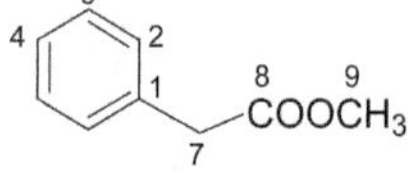

1-4-85

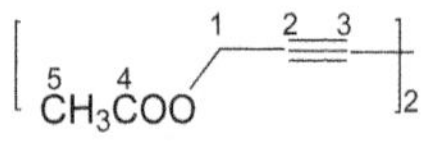

1-4-86

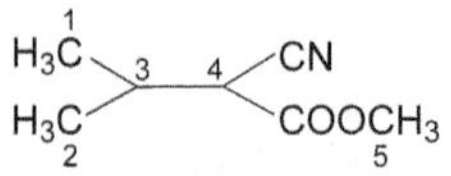

1-4-87

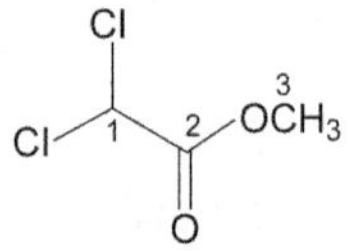

1-4-88

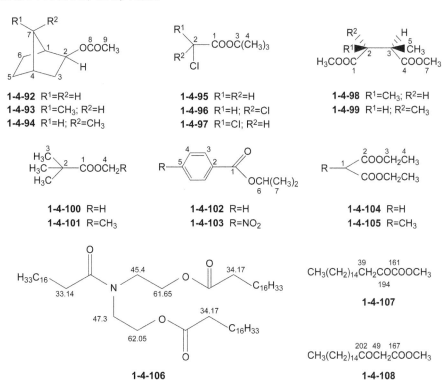

表 1-4-7 有机酸酯类化合物 1-4-82~1-4-91 的 ¹³C NMR 化学位移数据^[27~33]

C	1-4-82	1-4-83	1-4-84	1-4-85	1-4-86	1-4-87	1-4-88	1-4-89	1-4-90	1-4-91
1	173.7	96.6	101.2	136.1	51.9	18.9	63.7	89.5	38.6	150.9
2	29.7	141.2	152.8	128.5	73.9	20.6	164.4	161.9	50.3	121.4
3	76.6	166.1	128.5	128.5	69.8	30.0	53.5	52.3	88.3	129.0
4	38.9	20.1	128.1	128.1	1696	45.2			52.2	125.3
5	29.1				20.2	53.2			51.7	
6	171.5								168.9	
7	51.5			20.7					53.1	
8	57.1			170.6						
9	51.5			66.1						
R			19.3							

注：化合物 **1-4-91** 在 CCl₄+CDCl₃ 中测定。

1-4-92 R¹=R²=H
1-4-93 R¹=CH₃; R²=H
1-4-94 R¹=H; R²=CH₃

1-4-95 R¹=R²=H
1-4-96 R¹=H; R²=Cl
1-4-97 R¹=Cl; R²=H

1-4-98 R¹=CH₃; R²=H
1-4-99 R¹=H; R²=CH₃

1-4-100 R=H
1-4-101 R=CH₃

1-4-102 R=H
1-4-103 R=NO₂

1-4-104 R=H
1-4-105 R=CH₃

1-4-106

1-4-107

1-4-108

表 1-4-8 有机酸酯类化合物 1-4-92~1-4-105 的 ¹³C NMR 化学位移数据^[34~37]

C	1-4-92	1-4-93	1-4-94	1-4-95	1-4-96	1-4-97	1-4-98	1-4-99	1-4-100	1-4-101	1-4-102	1-4-103	1-4-104	1-4-105
1	41.6	45.6	45.5	166.2	163.3	160.2	175.0	175.5	178.8	178.4	164.0	164.0	41.5	45.6
2	77.5	78.2	78.5	41.9	65.4	90.9	42.6	42.6	38.7	38.7	136.3	136.3	168.2	171.3

续表

C	1-4-92	1-4-93	1-4-94	1-4-95	1-4-96	1-4-97	1-4-98	1-4-99	1-4-100	1-4-101	1-4-102	1-4-103	1-4-104	1-4-105
3	39.7	40.7	37.3	82.9	84.9	86.7			27.3	27.2	130.5	130.5	61.3	61.2
4	35.5	39.5	40.7	27.9	27.6	27.4			51.5	60.2	132.5	123.4	13.7	13.6
5	28.3	25.3	28.6				14.9	13.6			128.2	150.4		
6	24.2	22.0	26.2								68.2	69.7		
7	35.3	40.4	43.9				51.7	51.6			21.9	21.8		
8	170.5	170.5	170.9											
9	21.2	21.3	21.4											
R		11.7	13.0							14.2				

注：化合物 **1-4-104** 和 **1-4-105** 在 DMSO-d_6 中测定。

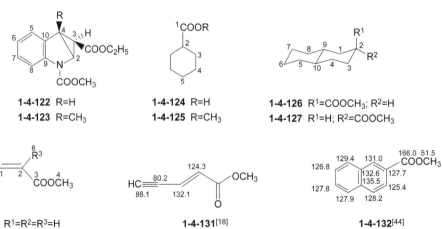

1-4-109 n=0
1-4-110 n=1
1-4-111 n=2

1-4-112 n=0
1-4-113 n=1

1-4-114 n=1
1-4-115 n=2
1-4-116 n=3
1-4-117 n=4

1-4-118 n=1
1-4-119 n=2
1-4-120 n=3
1-4-121 n=4

表 1-4-9 有机酸酯类化合物 **1-4-109~1-4-121** 的 ^{13}C NMR 化学位移数据[25,38~41]

C	1-4-109	1-4-110	1-4-111	1-4-112	1-4-113	1-4-114	1-4-115	1-4-116	1-4-117	1-4-118	1-4-119	1-4-120	1-4-121
1	51.5	51.4	51.4	61.4	61.6	47.4	42.7	46.1	44.2	33.8	31.3	33.7	30.5
2	175.2	175.7	177.0	72.2	72.9	29.1	26.4	28.3	26.4	44.2	42.6	44.3	43.6
3	12.7	37.9	43.7	71.2	71.2	24.3	24.0	26.5	26.4	29.5	28.6	31.6	29.6
4	8.3	25.2	30.0	68.3	68.8			28.7	27.1		25.0	26.2	24.1
5		18.4	25.8	226.6	229.1	174.1	173.9	174.5	175.0				26.8
6				48.8	55.7	51.4	51.5	51.4	51.6	175.9	175.3	176.0	176.8
7				28.3	33.8					51.5	51.6	51.4	51.6
8				18.1	26.0								

1-4-122 R=H
1-4-123 R=CH₃

1-4-124 R=H
1-4-125 R=CH₃

1-4-126 R¹=COOCH₃; R²=H
1-4-127 R¹=H; R²=COOCH₃

1-4-128 R¹=R²=R³=H
1-4-129 R¹=H; R²=R³=CH₃
1-4-130 R¹=CN; R²=CH₃; R³=H

1-4-131[18]

1-4-132[44]

表 1-4-10 有机酸酯类化合物 1-4-122~1-4-130 的 ¹³C NMR 化学位移数据[10,40,42,43]

C	1-4-122	1-4-123	1-4-124	1-4-125	1-4-126	1-4-127	1-4-128	1-4-129	1-4-130
1			182.1	175.3	34.6	36.3	166.0	167.1	164.4
2	45.0	49.3	43.7	43.4	39.1	42.6	128.7	128.3	132.4
3	24.1	28.8	29.6	29.6	27.3	29.1	129.9	37.9	126.8
4	28.2	33.7	26.2	26.0	30.2	33.1	50.9	50.3	52.0
5	124.1	122.6	26.6	26.4	33.8	33.8			119.1
6	122.4	122.4			26.5	26.6		20.5	17.0
7	127.4	127.4			26.4	26.6		20.5	
8	115.1	115.0			33.6	33.7			
9	140.8	140.1			39.5	42.4			
10	130.0	134.8			43.1	43.4			

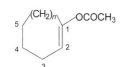

1-4-133 n=1
1-4-134 n=3

1-4-135 —
1-4-136 Δ²
1-4-137 Δ³

1-4-138 R=H
1-4-139 R=OH

1-4-140 R=H
1-4-141 R=NO₂

表 1-4-11 有机酸酯类化合物 1-4-133~1-4-141 的 ¹³C NMR 化学位移数据[14,28,35,45]

C	1-4-133	1-4-134	1-4-135	1-4-136	1-4-137	1-4-138	1-4-139	1-4-140	1-4-141
1	148.4	150.3	57.2	146.1	52.9	167.0	171.0	165.9	164.0
2	113.0	115.3	46.3	93.4	128.9	131.0	113.4	130.9	136.3
3	21.5	24.5	23.7	19.3	136.2	30.0	162.4	129.4	130.5
4	23.5	29.3	26.1	20.8	26.2	129.0	118.4	132.5	123.4
5	22.5	25.5	55.5	47.3	50.5	133.4	136.3	128.2	150.4
6	27.0	27.5	41.2	42.3	45.3		120.0	68.2	69.7
7		26.0	173.3	168.4	164.6		68.2	21.9	21.8
8		29.3	50.9	49.8	50.5		21.9		

注：化合物 **1-4-138** 和 **1-4-139** 在(CD₃)₂CO 中测定。

四、内酯类化合物的 ¹³C NMR 化学位移

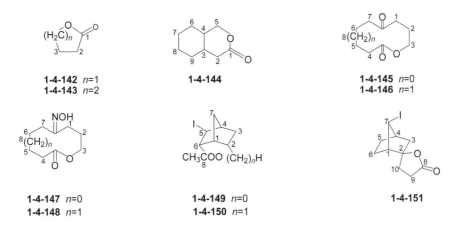

1-4-142 n=1
1-4-143 n=2

1-4-144

1-4-145 n=0
1-4-146 n=1

1-4-147 n=0
1-4-148 n=1

1-4-149 n=0
1-4-150 n=1

1-4-151

表 1-4-12 内酯类化合物 1-4-142~1-4-151 的 ^{13}C NMR 化学位移数据[26,46,47]

C	1-4-142	1-4-143	1-4-144	1-4-145	1-4-146	1-4-147	1-4-148	1-4-149	1-4-150	1-4-151
1	178.1	171.2	171.4	41.7	41.3	28.8	26.9	46.2	39.1	53.8
2	27.8	29.8	37.4	20.9	22.1	20.1	2.9	36.7	30.2	87.7
3	22.3	19.1	36.5	64.2	64.1	65.1	64.6	34.0	35.8	43.2
4	68.8	22.7	38.2	24.5	34.9	34.9	34.0	46.4	46.9	44.6
5		69.4	74.7	26.7	24.4	25.3	24.8	30.8	33.2	29.1
6			32.5	22.8	22.3	24.5	23.1	88.1	91.4	21.3
7			25.3	39.0	40.2	31.9	29.9	37.0	38.3	30.3
8			25.3		26.2		26.5	178.3	168.0	176.0
9			27.2						33.1	26.8
10										36.4

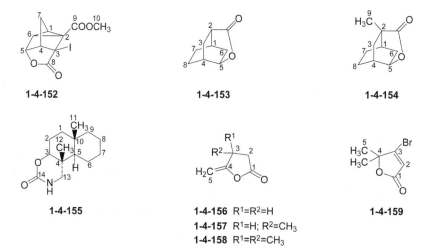

1-4-152   1-4-153   1-4-154

1-4-155   1-4-156 R^1=R^2=H
                 1-4-157 R^1=H; R^2=CH$_3$ 1-4-159
                 1-4-158 R^1=R^2=CH$_3$

表 1-4-13 内酯类化合物 1-4-152~1-4-159 的 ^{13}C NMR 化学位移数据[20,48~50]

C	1-4-152	1-4-153	1-4-154	1-4-155	1-4-156	1-4-157	1-4-158	1-4-159
1	31.6	23.8	27.0	39.0	174.8	173.6	172.3	169.2
2	36.7	78.0	76.7	23.1				120.9
3	36.9	35.3	35.4	81.9				156.6
4	55.5	26.4	30.7	34.0	155.8	161.9	166.0	88.6
5	82.5	40.9	43.0	50.5	89.0	87.5	85.7	24.9
6	33.2	28.1	35.0	21.3				
7	29.1	21.5	20.5	21.5				
8	168.5	21.9	21.6	26.7				
9	170.3		18.1	44.4				
10	51.8			33.7				
11				19.5				
12				11.9				
13				53.8				
14				153.3				

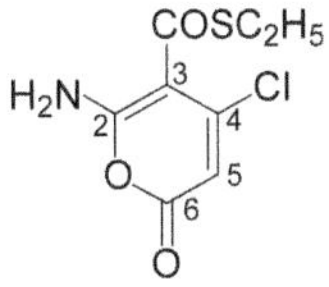

1-4-160

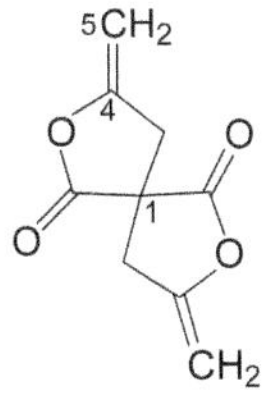

1-4-161

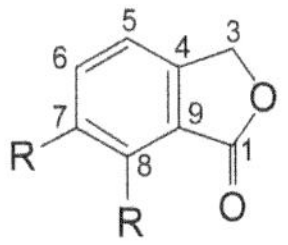

1-4-162 R=H
1-4-163 R=OCH₃

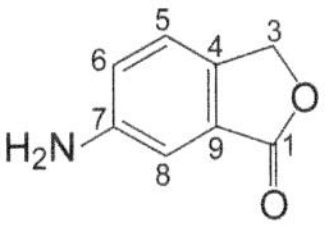

1-4-164

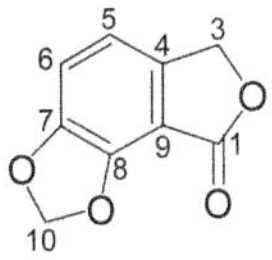

1-4-165

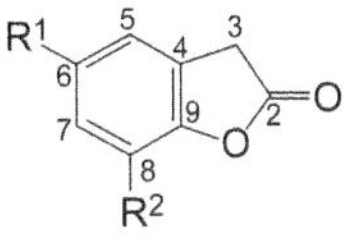

1-4-166 R¹=CH₃; R²=C(CH₃)₃
1-4-167 R¹=R²=C(CH₃)₃

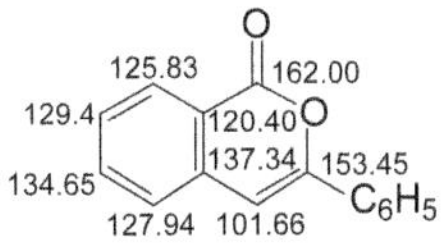

1-4-168[54]

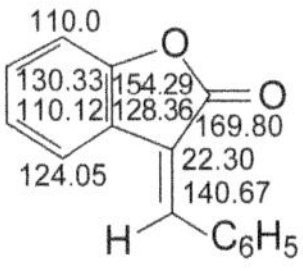

1-4-169[54]

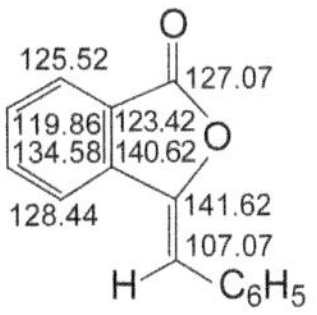

1-4-170[54]

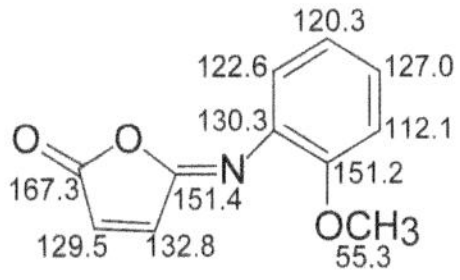

1-4-171[55](DMSO-d_6)

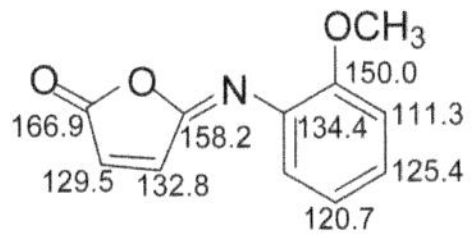

1-4-172[55](DMSO-d_6)

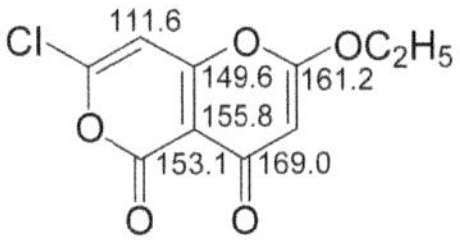

1-4-173[51]

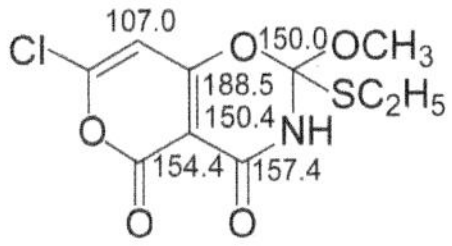

1-4-174[51]

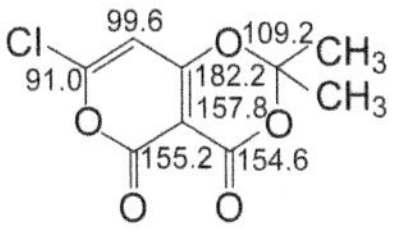

1-4-175[51]

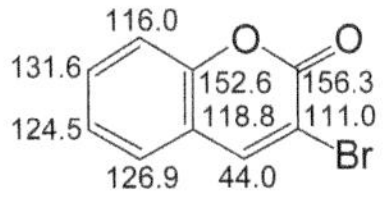

1-4-176[56]

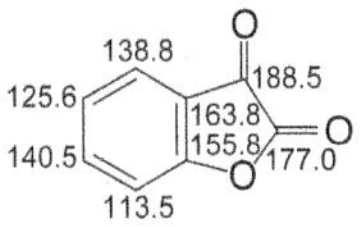

1-4-177[57]

表 1-4-14 内酯类化合物 **1-4-160~1-4-167** 的 ^{13}C NMR 化学位移数据[51~53]

C	1-4-160	1-4-161	1-4-162	1-4-163	1-4-164	1-4-165	1-4-166	1-4-167
1		171.1	170.4	168.7	171.4	171.7		
2	153.7						174.0	174.1
3	97.6		69.5	68.5	69.6	71.8	32.5	32.7
4	148.4	151.7	146.3	139.6	134.4	139.4	123.3	122.9
5	161.9	90.8	122.0	116.7	123.0	115.1	122.4	118.9
6	158.6		133.6	119.9	121.0	114.7	133.7	146.8
7			128.5	152.6	149.8	149.5	126.2	122.7
8			124.9	148.9	107.3	145.6	133.1	133.3
9			125.2	118.1	125.9	108.0	150.5	150.4
10						103.8		

参 考 文 献

[1] Terenter A B, et al. Org Magn Reson,1977, 9: 301.

[2] Batchelor J G, et al. J Magn Reson,1977, 28: 123.

[3] Ovenal D W, et al. J Magn Reson,1977, 25: 361.

[4] Pirkle W H, Rinaldi P L. J Org Chem, 1977, 42: 2080.

[5] Crombie L, Pattenden G, Simmonds D J. J Chem Soc, Perkin Trans Ⅰ, 1975: 1500.

[6] Wehner R, Guenther H. J Am Chem Soc, 1975, 97: 923.

[7] Cheng A K, Stothers J B. Can J Chem, 1977, 55: 4184.

[8] Brouwer H, et al. Org Magn Reson, 1977, 9: 360.

[9] Pehk T, et al. Org Magn Reson, 1971, 3: 783.

[10] Brouwer H, Stothers J B. Can J Chem, 1972, 50: 601.

[11] Liaa E, et al. Org Magn Reson, 1970, 2: 109.

[12] Fritz H, et al. J Magn Reson, 1975, 18: 527.

[13] Dowd P, Trivedi B K, Shapiro M, et al. J Am Chem Soc, 1976, 98: 7875.

[14] Scott K N. J Am Chem Soc, 1972, 94: 8564.

[15] Relles H M, Johnson D S, Manello J S. J Am Chem Soc, 1977, 99: 6677.

[16] Galasso V, et al. Org Magn Reson, 1976, 8: 457.

[17] Komo K, Hayano K, Shirahama H, et al. Tetrahedron Lett, 1977: 481.

[18] Hearn M T W, Turner J L. J Chem Soc, Perkin Trans Ⅱ, 1976: 1027.

[19] Masamune S, Nakamura N, Suda M, et al. J Am Chem Soc, 1973, 95: 8481.

[20] MeCulloch A W, McInnes A G, Smith D G, et al. Can J Chem, 1976, 54: 2013.

[21] Ege S N, Carter M L C, Spencer R L, et al. J Chem Soc, Perkin Trans I, 1976: 868.

[22] Sterk H, et al. Org Magn Reson, 1975, 7: 274.

[23] Hansen P E, et al. Org Magn Reson, 1976, 8: 591.

[24] Wenkert E, et al. Org Magn Reson, 1975, 7: 51.

[25] James D E, Stille J K. J Org Chem, 1976, 41: 1504.

[26] Deslongchamps P, Chênevert R, Taillefer R J, et al. Can J Chem, 1975, 53: 1601.

[27] Akhtar M N, Boyd D R. J Chem Soc, Perkin Trans Ⅰ, 1976: 676.

[28] Rojas A C, Durandetta J L, Munavu R. J Org Chem, 1975, 40: 2225.

[29] Hearn M T W, et al. Org Magn Reson, 1977, 9: 141.

[30] Schwarz M, et al. Org Magn Reson, 1974, 6: 625.

[31] Velichko F K, et al. Org Magn Reson, 1975, 7: 46.

[32] Velichko F K, et al. Org Magn Reson, 1975, 7: 361.

[33] Gunther H, et al. Org Magn Reson, 1975, 7: 339.

[34] Stothers J B, Teo K C. Can J Chem, 1976, 54: 1222.

[35] Pelletier S W, Djarmati Z, Page C. Tetrahedron, 1976, 32: 995.

[36] James D E, Hines L F, Stille J K. J Am Chem Soc, 1976, 98: 1806.

[37] Kiyooka S, et al. Chem Lett, 1975: 793.

[38] Butler R N, O'Regan C B, Moynihan P. J Chem Soc, Perkin Trans Ⅰ, 1978: 373.

[39] Tulloch A P. Can J Chem, 1977, 55: 1135.

[40] Gordon M, Grover S H, Stothers J B, et al. Can J Chem, 1973, 51: 2092.

[41] Buhl H, Seitz B, Meier H. Tetrahedron, 1977, 33: 449.

[42] Wenkert E, Alonso M E, Gottlieb H E, et al. J Org Chem, 1977, 42: 3945.

[43] Pehk T, et al. Org Magn Reson, 1971, 3, 679.

[44] Hansen P E, et al. Org Magn Reson, 1977, 9: 649.

[45] Wenkert E, Cochran D W, Hagaman E W, et al. J Am Chem Soc, 1973, 95: 4990.

[46] Mahajan J R, Araújo H C. Can J Chem, 1977, 55: 3261.

[47] Davies D I. J Chem Soc, Perkin Trans Ⅰ, 1976: 267.

[48] Alewood P F, Benn M, Wong J, et al. Can J Chem, 1977, 55: 2510.

[49] Davalian D, Garratt P J, Riguera R. J Org Chem, 1977, 42: 368.

[50] Brrerman S, Reisman D. Tetrahedron Lett, 1977: 1753.

[51] Al-Rawi J M A, Elvidge J A. J Chem Soc, Perkin Trans Ⅰ, 1977: 2536.

[52] Hughes D W, Holland H L, MacLean D B. Can J Chem, 1976, 54: 2252.

[53] Becker H D, Gustafsson K. J Org Chem, 1977, 42: 2966.

[54] Pelter A, Ward R S, Gray T I. J Chem Soc, Perkin Trans Ⅰ, 1976: 2475.

[55] Sauers C K, Relles H M. J Am Chem Soc, 1973, 95: 7731.

[56] Cussans N J, Huckerby T N. Tetrahedron, 1975, 31: 2591.

[57] Galasso V, et al. Org Magn Reson, 1977, 9: 401.

第五节　杂环化合物的 ^{13}C NMR 化学位移

一、三元杂环化合物的 ^{13}C NMR 化学位移

1-5-1 R=H
1-5-2 R=CH$_3$
1-5-3 R=C(CH$_3$)$_3$
1-5-4 R=C$_6$H$_5$

1-5-5 R=CH$_3$
1-5-6 R=C$_6$H$_5$

1-5-7 R^1=R^2=CH$_3$
1-5-8 R^1=C$_6$H$_5$; R^2=CH$_3$
1-5-9 R^1=R^2=C$_6$H$_5$

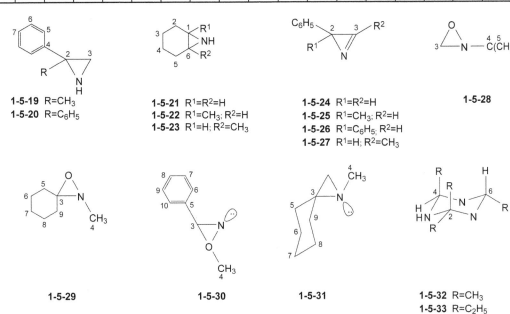

1-5-10 R¹=R²=CH₃
1-5-11 R¹=C₆H₅; R²=CH₃
1-5-12 R¹=R²=C₆H₅

1-5-13 R¹=R²=CH₃
1-5-14 R¹=C₆H₅; R²=CH₃
1-5-15 R¹=R²=C₆H₅

1-5-16 R¹=R²=CH₃
1-5-17 R¹=C₆H₅; R²=CH₃
1-5-18 R¹=R²=C₆H₅

表 1-5-1 三元氮杂环化合物 **1-5-1~1-5-18** 的 ¹³C NMR 化学位移数据[1]

C	1-5-1	1-5-2	1-5-3	1-5-4	1-5-5	1-5-6	1-5-7	1-5-8	1-5-9	1-5-10	1-5-11	1-5-12	1-5-13	1-5-14	1-5-15	1-5-16	1-5-17	1-5-18
2	18.2	25.1	39.7	31.6	30.2	43.9	29.2	37.1	39.9	33.5	40.4	43.7	35.1	41.0	48.7	40.3	47.0	54.8
3		25.8	21.4	29.2	32.5	5.3		32.1		37.0			37.8	39.0	38.7		40.8	42.2
4																2.4	23.5	23.8

1-5-19 R=CH₃
1-5-20 R=C₆H₅

1-5-21 R¹=R²=H
1-5-22 R¹=CH₃; R²=H
1-5-23 R¹=H; R²=CH₃

1-5-24 R¹=R²=H
1-5-25 R¹=CH₃; R²=H
1-5-26 R¹=C₆H₅; R²=H
1-5-27 R¹=H; R²=CH₃

1-5-28

1-5-29

1-5-30

1-5-31

1-5-32 R=CH₃
1-5-33 R=C₂H₅

表 1-5-2 三元氮杂环化合物 **1-5-19~1-5-33** 的 ¹³C NMR 化学位移数据[2~6]

C	1-5-19	1-5-20	1-5-21	1-5-22	1-5-23	1-5-24	1-5-25	1-5-26	1-5-27	1-5-28	1-5-29	1-5-30	1-5-31	1-5-32	1-5-33
1			28.8	34.9	39.9										
2	36.3	44.0	25.1	0.6	32.0	28.7	31.9	39.3	33.3					75.3	81.1
3			20.5	20.5	21.3	160.6	165.9	163.2	164.2	66.5	84.3	81.6	84.3		
4	143.9	143.2		20.6						58.1	40.7	48.5	40.7	72.4	78.2
5	126.0	128.0		24.9						25.1	27.6	135.5	27.6		
6	128.2	128.5		37.8								128.4	24.5	46.2	52.1
7	126.5	127.2										127.9	25.7		
8												130.0	25.2		
9											36.5		36.5		
R	24.8			27.1	22.7		21.7		12.5						

注：化合物 **1-5-19** 和 **1-5-20** 在 CD₂Cl₂ 中测定；**1-5-28** 和 **1-5-29** 在 CH₂Cl₂ 中测定。

二、四元杂环化合物的 ^{13}C NMR 化学位移

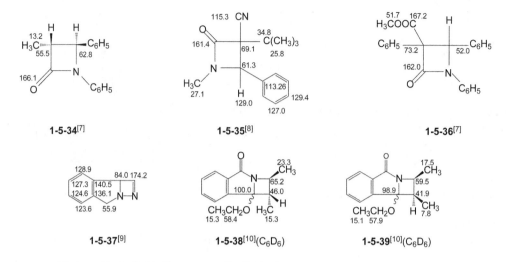

1-5-34[7]   **1-5-35**[8]   **1-5-36**[7]

1-5-37[9]   **1-5-38**[10](C_6D_6)   **1-5-39**[10](C_6D_6)

三、五元杂环化合物的 ^{13}C NMR 化学位移

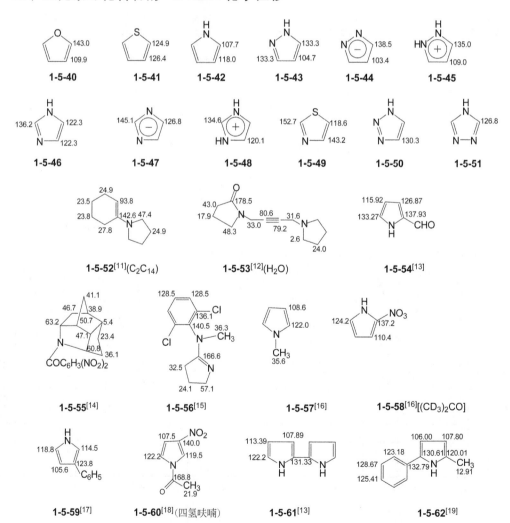

1-5-40   **1-5-41**   **1-5-42**   **1-5-43**   **1-5-44**   **1-5-45**

1-5-46   **1-5-47**   **1-5-48**   **1-5-49**   **1-5-50**   **1-5-51**

1-5-52[11](C_2C_{14})   **1-5-53**[12](H_2O)   **1-5-54**[13]

1-5-55[14]   **1-5-56**[15]   **1-5-57**[16]   **1-5-58**[16][($CD_3)_2CO$]

1-5-59[17]   **1-5-60**[18]（四氢呋喃）   **1-5-61**[13]   **1-5-62**[19]

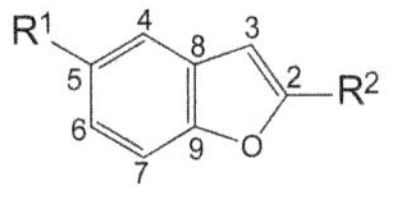

1-5-63 R¹=R²=H
1-5-64 R¹=H; R²=CH₃
1-5-65 R¹=CH₃; R²=H

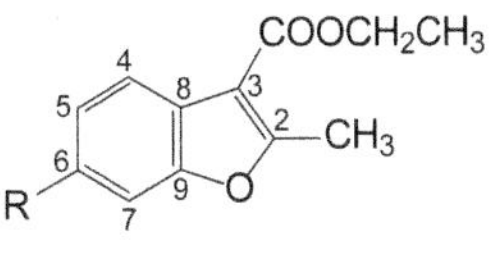

1-5-66 R=H
1-5-67 R=CN
1-5-68 R=Cl

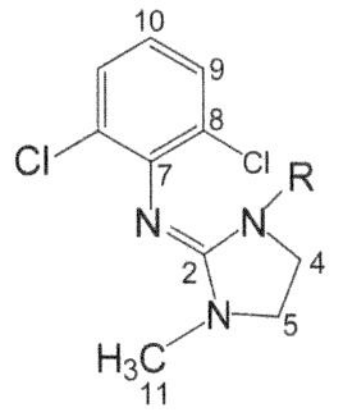

1-5-69 R=H
1-5-70 R=CH₃

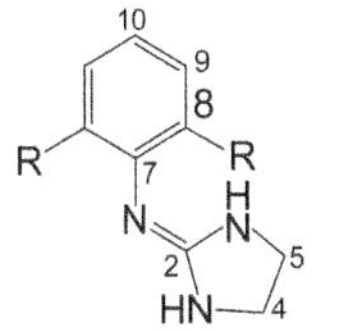

1-5-71 R=H
1-5-72 R=CH₃

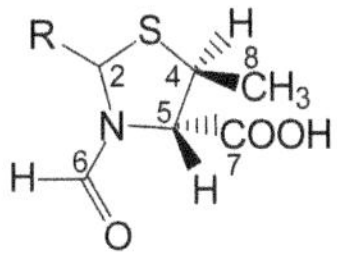

1-5-73 R=H
1-5-74 R=CH₃

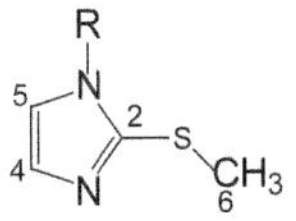

1-5-75 R=H
1-5-76 R=CH₃

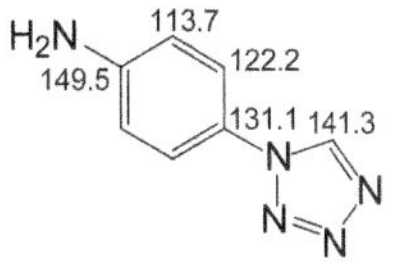

1-5-77[24](DMSO-d₆)

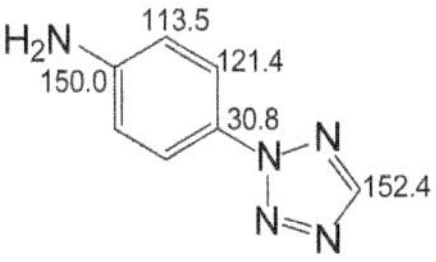

1-5-78[24](DMSO-d₆)

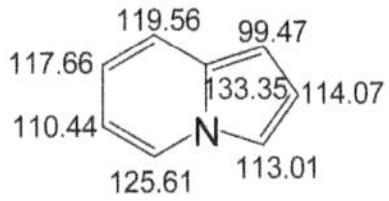

1-5-79[25]

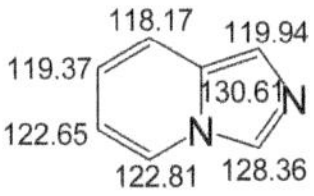

1-5-80[25]

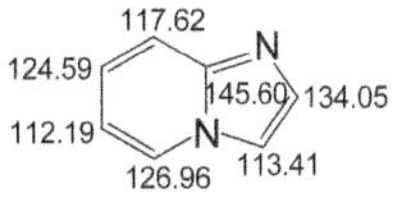

1-5-81[25]

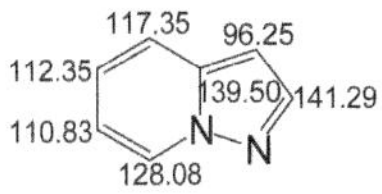

1-5-82[25]

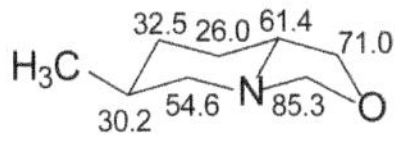

1-5-83[26]

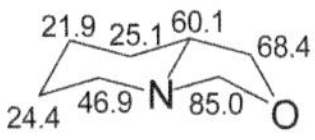

1-5-84[26]

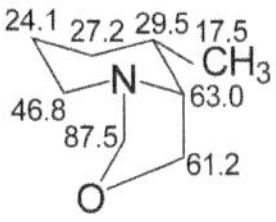

1-5-85[26]

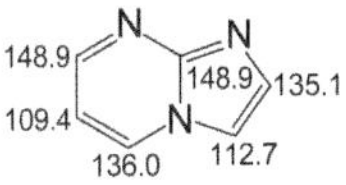

1-5-86[27]

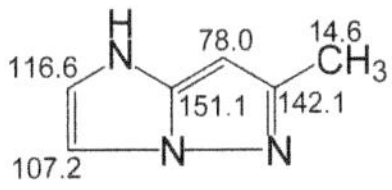

1-5-87[27]

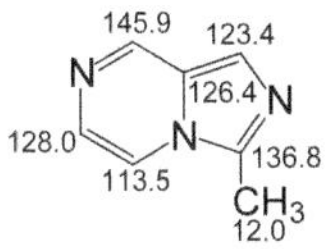

1-5-88[28]

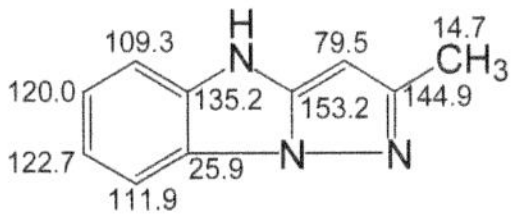

1-5-89[27](DMSO-d₆)

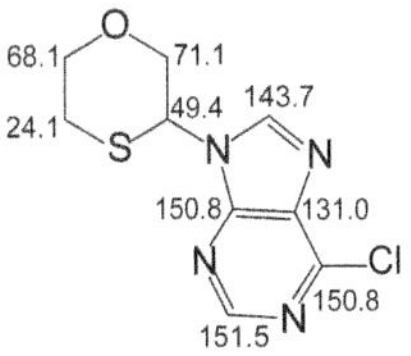

1-5-90[29]

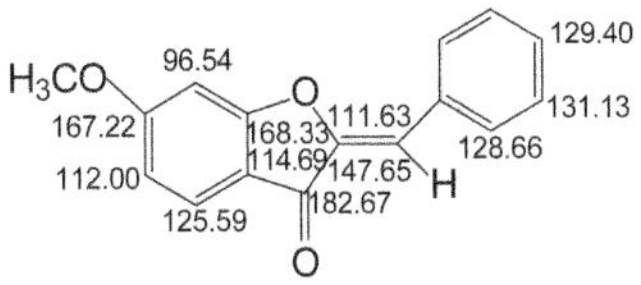

1-5-91[30]

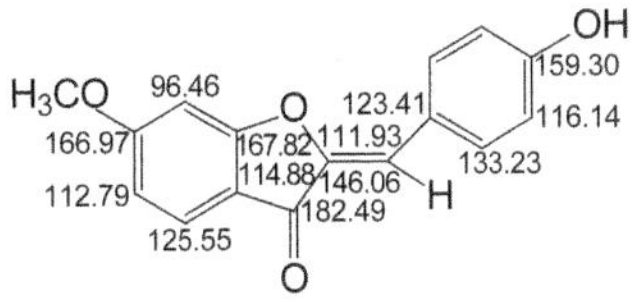

1-5-92[30]

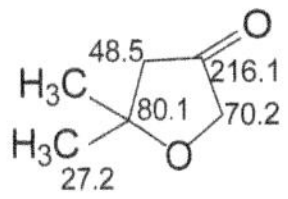

1-5-93[31]

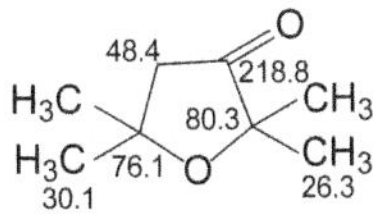

1-5-94[31]

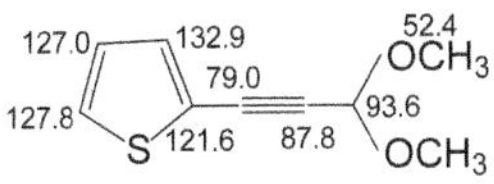

1-5-95[32]

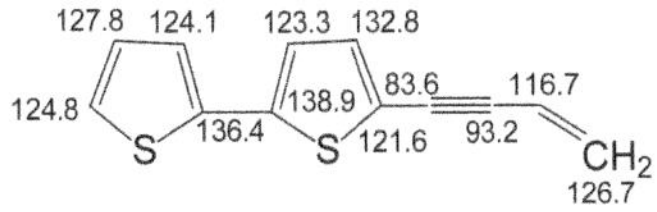

1-5-96[32]

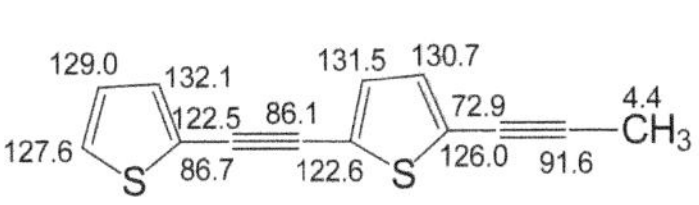

1-5-97[32]

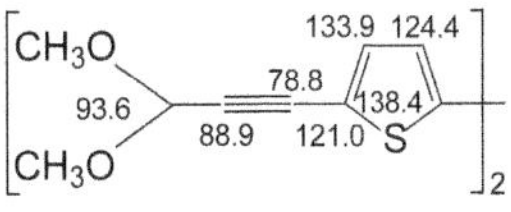

1-5-98[32]

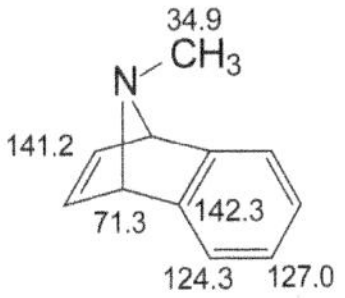

1-5-99[33]

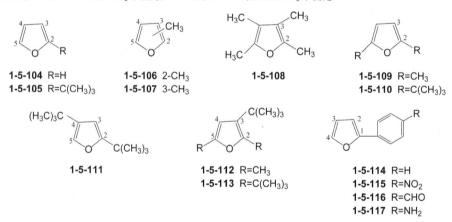

1-5-100[33] 1-5-101[34](DMSO-d_6) 1-5-102[35] 1-5-103[35]

表 1-5-3 五元杂环和氮杂环化合物 1-5-63~1-5-76 的 ^{13}C NMR 化学位移数据[15,20~23]

C	1-5-63	1-5-64	1-5-65	1-5-66	1-5-67	1-5-68	1-5-69	1-5-70	1-5-71	1-5-72	1-5-73	1-5-74	1-5-75	1-5-76
2	145.1	155.9	145.4	165.8	169.0	166.1	155.9	155.1	158.3	56.2	49.0	70.7	140.5	141.7
3	106.9	104.0	107.1	108.6	108.6	109.7								
4	121.6	121.2	121.9	139.5	139.6	139.7	40.3	48.3	42.6	42.4	65.2	69.2	123.6	128.3
5	123.2	123.5	123.5	146.8	147.2	144.6	49.4	48.3			45.0	41.7	123.6	122.5
6	124.6	124.2	126.4	101.2	88.8	107.8					161.6	160.4	15.9	15.7
7	111.8	111.7	111.7	132.4	143.8	140.4	145.2	45.6	150.0	147.6	171.0	171.2		
8	127.9	130.2	128.4	117.8	122.8	115.8	129.2	128.2	122.7	130.7	21.1	20.0		
9	155.5	155.7	154.0	137.4	137.0	138.6	128.1	127.5	28.9	127.7				
10							122.3	120.6	121.3	127.7				
11							32.6	33.9						
12														
R		14.7	22.0								18.2		31.0	33.0

注：化合物 1-5-63~1-5-65 在 CS$_2$ 中测定；1-5-75 和 1-5-76 在 DMSO-d_6 中测定。

1-5-104 R=H
1-5-105 R=C(CH$_3$)$_3$

1-5-106 2-CH$_3$
1-5-107 3-CH$_3$

1-5-108

1-5-109 R=CH$_3$
1-5-110 R=C(CH$_3$)$_3$

1-5-111

1-5-112 R=CH$_3$
1-5-113 R=C(CH$_3$)$_3$

1-5-114 R=H
1-5-115 R=NO$_2$
1-5-116 R=CHO
1-5-117 R=NH$_2$

表 1-5-4 五元氧杂环化合物 1-5-104~1-5-117 的 ^{13}C NMR 化学位移数据[19,36,37]

C	1-5-104	1-5-105	1-5-106	1-5-107	1-5-108	1-5-109	1-5-110	1-5-111	1-5-112	1-5-113	1-5-114	1-5-115	1-5-116	1-5-117
1											154.0	151.0	152.3	154.4
2	141.5	162.7	150.6	138.3	142.6	148.8	160.4	133.6	142.0	152.2	105.0	108.9	108.0	102.2
3	108.6	101.1	104.7	118.6	113.5	105.3	101.2	135.0	127.3	126.4	111.6	112.3	112.1	111.3
4		108.9	109.4	111.3				100.4	105.7	103.4	142.0	144.0	143.4	140.7
5		139.5	139.6	141.6				162.9	146.4	156.6				
CH$_3$			13.0	9.2	10.9 8.0									

注：化合物 1-5-104~1-5-110、1-5-112 和 1-5-113 在 CCl$_4$ 中测定。

1-5-118 R=H
1-5-119 R=2-CH_3
1-5-120 R=3-CH_3

1-5-121 X=NH
1-5-122 X=O

1-5-123 1-C_6H_5
1-5-124 2-C_6H_5
1-5-125 3-C_6H_5

1-5-126

1-5-127

1-5-128

1-5-129

1-5-130 R^1=COOCH$_3$; R^2=H
1-5-131 R^1=H; R^2=COOCH$_3$

表 1-5-5 吲哚类化合物 **1-5-118~1-5-131** 的 ^{13}C NMR 化学位移数据[38~42]

C	1-5-118	1-5-119	1-5-120	1-5-121	1-5-122	1-5-123	1-5-124	1-5-125	1-5-126	1-5-127	1-5-128	1-5-129	1-5-130	1-5-131
1											183.1		29.3	29.0
2	125.2	135.7	122.7	126.4	145.9	123.7	137.4	121.3	42.7	44.8	153.0	95.4	24.3	29.0
3	102.6	100.4	111.4	103.8	107.3	103.1	98.5	117.5	28.0	27.4	147.5	126.8	83.6	80.7
4	121.3	120.0	119.4	122.5	123.6	120.5	119.7	119.2	133.0	132.4	120.8	126.7		
5	120.3	119.9	119.6	123.5	125.1	121.8	121.2	121.8	125.4	126.3	125.7	28.3		
6	122.3	121.1	122.3	121.5	122.0	119.9	119.1	119.8	124.4	124.1	127.7	28.3		
7	111.8	110.9	111.7	113.0	112.1	110.0	110.9	111.1	127.5	127.8	120.8	29.5		
8				130.0	128.5	135.2	136.8		116.4	110.0		15.5		
9				137.3	155.9	128.8	128.2	125.1	142.2	142.0		25.2		
10									159.9	157.8		25.2		
11												28.8		

注：化合物 **1-5-121** 和 **1-5-122** 在二噁烷中测定；**1-5-126** 和 **1-5-127** 在(CD$_3$)$_2$CO 中测定。

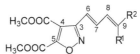

1-5-132 R=H
1-5-133 R=Cl
1-5-134 R=NH$_2$

1-5-135 R=H
1-5-136 R=3-CH$_3$
1-5-137 R=5-CH$_3$

1-5-138 R=H
1-5-139 R=CH$_3$

1-5-140 R^1=CN; R^2=H
1-5-141 R^1=H; R^2=CN

1-5-142 R=Br
1-5-143 R=NO$_2$

1-5-144 R=3-CH$_3$
1-5-145 R=5-CH$_3$

表 1-5-6 含两个杂原子的五元杂环化合物 **1-5-132~1-5-145** 的 ^{13}C NMR 化学位移数据[43~49]

C	1-5-132	1-5-133	1-5-134	1-5-135	1-5-136	1-5-137	1-5-138	1-5-139	1-5-140	1-5-141	1-5-142	1-5-143	1-5-144	1-5-145
3	133.4	132.2	149.0	149.1	159.2	151.0	169.0	164.2	157.1	157.0	157.9	152.8	166.7	157.6
4	120.4	119.4	120.1	103.7	105.6	101.5	102.3	109.0	16.0	117.5	107.0	146.8	123.9	123.3
5	120.1	121.3	117.2	157.9	159.2	169.3	159.9	159.9	158.8	158.6	147.0	151.9	148.1	163.0
6	125.8	127.3	125.9				12.1	10.7	125.3	124.6				
7	110.0	110.9	109.2				13.3	10.0	132.6	134.1				
8	139.9	141.1	141.4						147.6	148.6				
9	122.8	118.5	113.9						102.5	104.0				
R								6.6	113.9	113.9			18.5	12.6

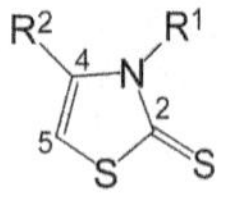

1-5-146 R¹=CH₃; R²=H
1-5-147 R¹=R²=C₆H₅

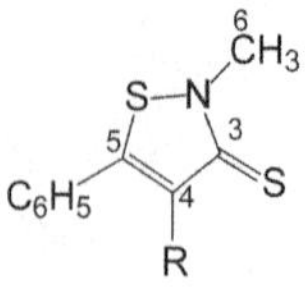

1-5-148 R=H
1-5-149 R=C₆H₅

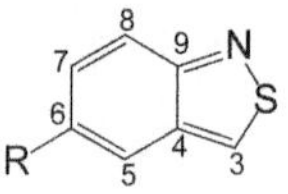

1-5-150 R=H
1-5-151 R=NO₂

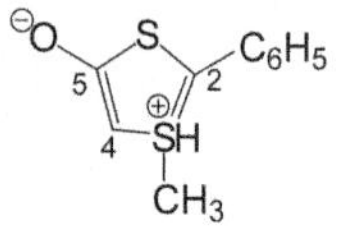

1-5-152

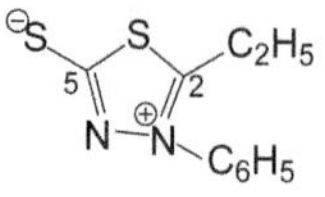

1-5-153

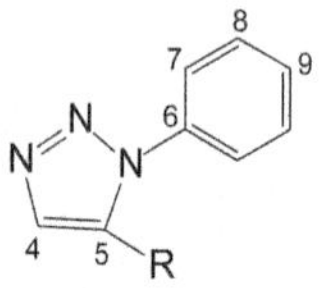

1-5-154 R=H
1-5-155 R=CH₂NHCH(CH₃)₂

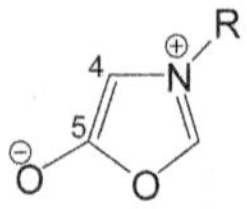

1-5-156 R=CH₃
1-5-157 R=C₆H₅

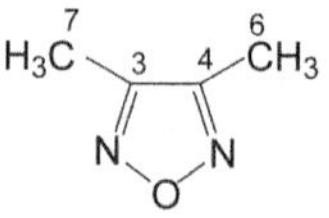

1-5-158

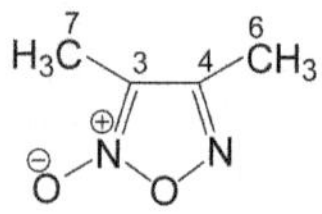

1-5-159

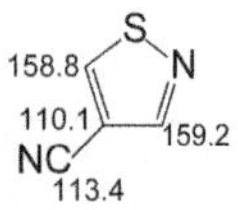

1-5-160[54][(CD₃)₂CO]

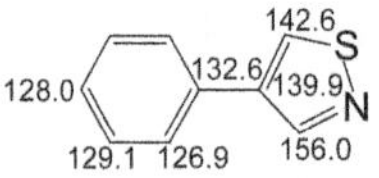

1-5-161[49]

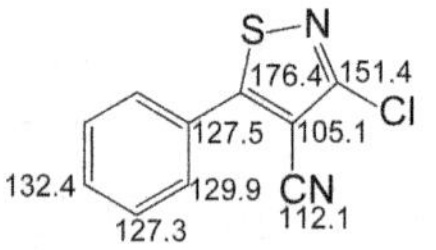

1-5-162[49]

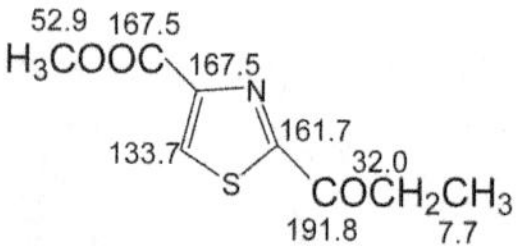

1-5-163[55]

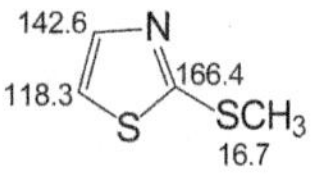

1-5-164[50]

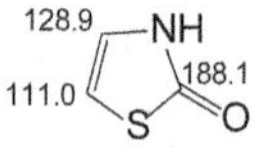

1-5-165[50]

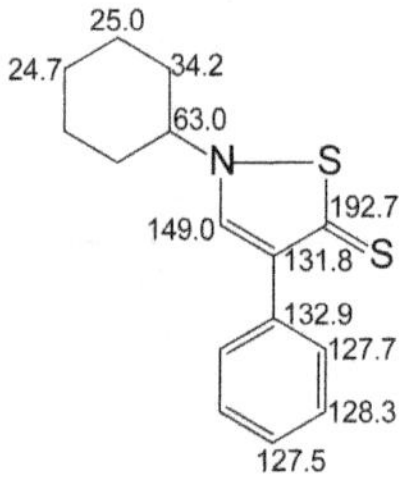

1-5-166[49]

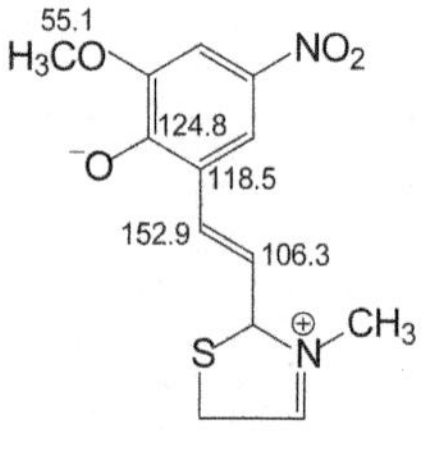

1-5-167[56]

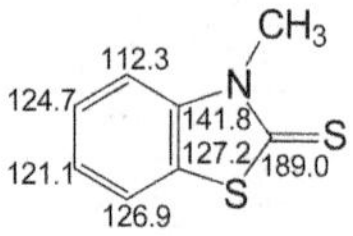

1-5-168[50]

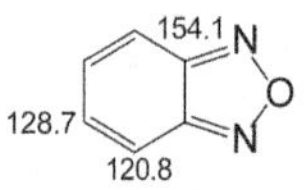

1-5-169[53]

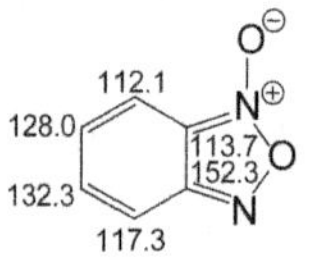

1-5-170[53]

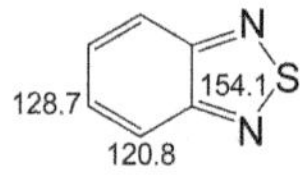

1-5-171[53]

表 1-5-7 含两个或三个杂原子的五元杂环化合物 1-5-146~1-5-159 的 ^{13}C NMR 化学位移数据[49~53]

C	1-5-146	1-5-147	1-5-148	1-5-149	1-5-150	1-5-151	1-5-152	1-5-153	1-5-154	1-5-155	1-5-156	1-5-157	1-5-158	1-5-159
2	187.1	190.1					141.3	173.8						
3			186.7	187.3	144.5	150.9							152.2	113.8
4	132.6	144.8	125.3	134.4	134.5	138.0	108.1		134.0	133.3	96.8	94.2		156.1
5	110.9	109.0	155.4	151.7	122.1	120.0	172.8	183.2	121.7	136.3	169.2	169.7		
6			31.6	36.1	124.2	145.1			136.6	136.6			7.9	7.4
7					128.6	122.8			120.2	124.7				10.9
8					121.6	122.2			129.4	129.3				
9					161.5	161.9			128.4	129.3				

四、六元杂环化合物的 ^{13}C NMR 化学位移

1. 单取代吡啶的 ^{13}C NMR 化学位移数据的加和值

$\delta_{\text{C-2}}=149.8+Z_{i2}$　　$\delta_{\text{C-5}}=123.6+Z_{i5}$
$\delta_{\text{C-3}}=123.6+Z_{i3}$　　$\delta_{\text{C-6}}=149.8+Z_{i6}$
$\delta_{\text{C-4}}=135.7+Z_{i4}$

1-取代或 6-取代(i=1 或 6)	$Z_{22}=Z_{66}$	$Z_{23}=Z_{65}$	$Z_{24}=Z_{64}$	$Z_{25}=Z_{63}$	$Z_{26}=Z_{62}$
—CH$_3$	8.8	−0.6	0.2	−3.0	−0.4
—CH$_2$CH$_3$	13.6	−1.8	0.4	−2.9	−0.7
—F	14.4	−13.1	6.1	−1.5	−1.5
—Cl	2.3	0.7	3.3	−1.2	0.6
—Br	−6.6	4.8	3.3	−0.5	1.4
—OH	15.5	−3.5	−0.9	−16.9	−8.2
—OCH$_3$	15.3	−7.5	2.1	−13.1	−2.2
—NH$_2$	11.3	−14.7	2.3	−10.6	−0.9
—NO$_2$	8.0	−5.1	5.5	6.6	0.4
—CHO	3.5	−2.6	1.3	4.1	0.7
—COCH$_3$	4.3	−2.8	0.7	3.0	−0.2
—CN	−15.9	5.0	1.6	3.6	1.4
3-取代或 5-取代(i=3 或 5)	$Z_{32}=Z_{56}$	$Z_{33}=Z_{55}$	$Z_{34}=Z_{54}$	$Z_{35}=Z_{53}$	$Z_{36}=Z_{52}$
—CH$_3$	1.3	9.0	0.2	−0.8	−2.3
—CH$_2$CH$_3$	0.4	15.5	−0.6	−0.4	−2.7
—F	−11.5	36.2	−13.0	0.9	−3.9
—Cl	−0.3	8.2	−0.2	0.7	−1.4
—Br	2.1	−2.6	2.9	1.2	−0.9
—I	7.1	−28.4	9.1	2.4	0.3
—OH	−10.7	31.4	−12.2	1.3	−8.6
—NH$_2$	−11.9	21.5	−14.2	0.9	−10.8
—CHO	2.4	7.9	0	0.6	5.4
—COCH$_3$	3.5	8.6	−0.5	−0.1	0
—CONH$_2$	2.7	6.0	1.3	1.3	−1.5
—CN	3.6	−13.7	4.4	0.6	4.2

4-取代（i=4）	$Z_{42}=Z_{46}$		$Z_{43}=Z_{45}$		Z_{44}
—CH$_3$	0.5		0.8		10.8
—CH$_2$CH$_3$	−0.1		−0.4		17.0
—CH(CH$_3$)$_2$	0.4		−1.8		21.4
—C(CH$_3$)$_3$	0.1		−3.4		23.4
—CH=CH$_2$	0.3		−2.9		8.6
—F	2.7		−11.8		33.0
—Br	3.0		3.4		−3.0
—NH$_2$	0.9		−13.8		19.6
—CHO	1.7		−0.6		5.5
—COCH$_3$	1.6		−2.6		6.8
—CN	2.1		2.2		15.7

举例：

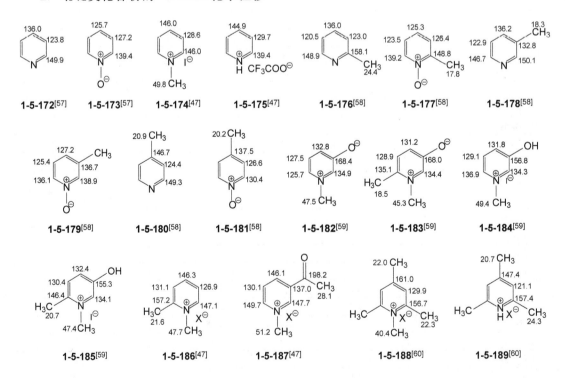

（C-2）基本值	149.8		（C-3）基本值	123.6
Z_{22}（CH$_3$）	8.8		Z_{23}（CH$_3$）	−0.6
Z_{52}（CH$_3$）	−2.3		Z_{53}（CH$_3$）	−0.8
计算值	156.3		计算值	122.2
实测值	155.2		实测值	122.5

（C-4）基本值	135.7		（C-5）基本值	123.6
Z_{24}（CH$_3$）	0.2		Z_{55}（CH$_3$）	9.0
Z_{54}（CH$_3$）	0.2		Z_{25}（CH$_3$）	−3.0
计算值	136.1		计算值	129.6
实测值	136.7		实测值	129.6

（C-6）基本值	149.8
Z_{56}（CH$_3$）	1.3
Z_{26}（CH$_3$）	−0.4
计算值	150.7
实测值	149.4

2. 吡啶类化合物的 ^{13}C NMR 化学位移

1-5-190[61] **1-5-191**[61] **1-5-192**[61] **1-5-193**[61] **1-5-194**[47]

1-5-195[47] **1-5-196**[62] **1-5-197**[62] **1-5-198**[62] **1-5-199**[61](DMSO-d_6) **1-5-200**[61](DMSO-d_6)

1-5-201[61](DMSO-d_6) **1-5-202**[61](DMSO-d_6) **1-5-203**[63] **1-5-204**[63] **1-5-205**[63]

1-5-206[63] **1-5-207**[63] **1-5-208**[63]($\bigcirc$ O+CH$_2$Cl$_2$) **1-5-209**[64]

1-5-210[64] **1-5-211**[64] **1-5-212**[65] **1-5-213**[65]

1-5-214[66] **1-5-215**[66] **1-5-216**[66]

3. 哌啶及其衍生物的 ^{13}C NMR 化学位移

1-5-217[67] 1-5-218[67] 1-5-219[67] 1-5-220[67] 1-5-221[68](C$_6$D$_6$) 1-5-222[68](C$_6$D$_6$) 1-5-223[68](C$_6$D$_6$)

1-5-224[68](C$_6$D$_6$) 1-5-225[68](C$_6$D$_6$) 1-5-226[68](C$_6$D$_6$) 1-5-227[68](C$_6$D$_6$) 1-5-228[69]

1-5-229[70] 1-5-230[70] 1-5-231[70] 1-5-232[70] 1-5-233[70] 1-5-234[70]

1-5-235[71] 1-5-236[71] 1-5-237[71] 1-5-238[68] 1-5-239[68] 1-5-240[68]

1-5-241[68] 1-5-242[72] 1-5-243[72] 1-5-244[73] 1-5-245[73]

1-5-246[73] 1-5-247[73] 1-5-248[73]

1-5-249[73] 1-5-250[74] 1-5-251[74] 1-5-252[75] 1-5-253[75] 1-5-254[72]

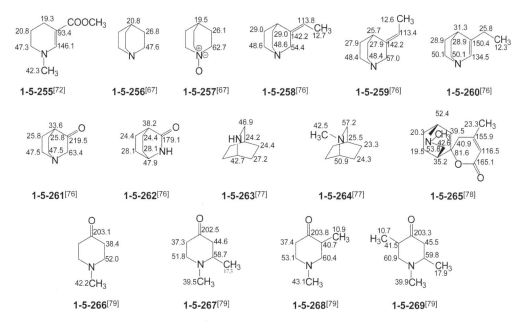

4. 其他杂环化合物的 ^{13}C NMR 化学位移

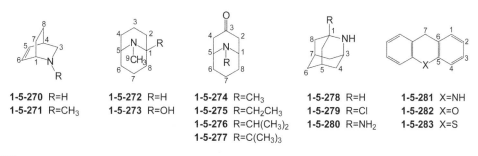

1-5-270 R=H
1-5-271 R=CH₃

1-5-272 R=H
1-5-273 R=OH

1-5-274 R=CH₃
1-5-275 R=CH₂CH₃
1-5-276 R=CH(CH₃)₂
1-5-277 R=C(CH₃)₃

1-5-278 R=H
1-5-279 R=Cl
1-5-280 R=NH₂

1-5-281 X=NH
1-5-282 X=O
1-5-283 X=S

表 1-5-8 其他杂环化合物 **1-5-270~1-5-283** 的 ^{13}C NMR 化学位移数据[80~86]

C	1-5-270	1-5-271	1-5-272	1-5-273	1-5-274	1-5-275	1-5-276	1-5-277	1-5-278	1-5-279	1-5-280	1-5-281	1-5-282	1-5-283
1	46.6	55.2	52.3	82.5	55.8	53.6	50.6	48.4	47.2	82.7	62.2	127.9	128.8	127.8
2			26.4	33.8	41.8	42.4	42.7	47.0				119.6	122.9	126.5
3	46.6	57.7	20.4	22.0	210.0	210.1	211.3	212.7	47.2	51.7	49.3	126.4	127.5	126.5
4	30.6	32.3	26.4	25.6					37.6	35.4	26.0	113.0	116.4	126.7
5	133.1	134.3	52.3	57.6					27.6	31.1	29.0	140.5	152.0	133.8
6	134.8	132.9			29.7	30.3	30.3	32.3	37.0	34.9	35.6	119.2	120.5	136.1
7	27.1	28.1			16.0	16.8	16.6	17.2				29.1	27.9	39.1
8	23.9	22.8												
9			46.2	40.9	34.2									

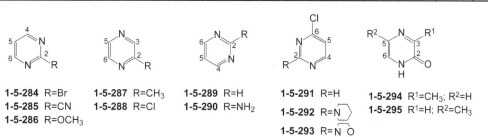

1-5-284 R=Br
1-5-285 R=CN
1-5-286 R=OCH₃

1-5-287 R=CH₃
1-5-288 R=Cl

1-5-289 R=H
1-5-290 R=NH₂

1-5-291 R=H
1-5-292 R=N◯
1-5-293 R=N◯O

1-5-294 R¹=CH₃; R²=H
1-5-295 R¹=H; R²=CH₃

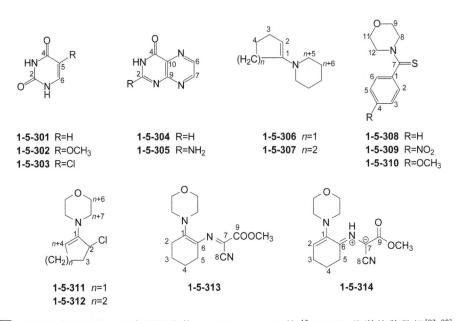

1-5-296 R=H
1-5-297 R=CH₃

1-5-298[91]

1-5-299[92]

1-5-300[92]

表 1-5-9 含两个氮原子的六元杂环化合物 1-5-284~1-5-297 的 ¹³C NMR 化学位移数据[85~90]

C	1-5-284	1-5-285	1-5-286	1-5-287	1-5-288	1-5-289	1-5-290	1-5-291	1-5-292	1-5-293	1-5-294	1-5-295	1-5-296	1-5-297
2	153.4	45.5	166.4	154.6	150.1	158.4	163.4	159.1	161.6	161.7	157.9	157.1		
3				145.4	145.7						157.7	147.0	154.2	153.5
4	160.5	159.6	160.0			156.9	157.9	161.4	161.2	161.4			128.9	127.7
5	121.5	125.2	115.8	142.6	143.0	121.9	110.0	122.3	108.3	109.6	124.0	134.1	133.9	133.5
6				144.6	144.7	156.9	157.9	158.3	158.8	158.9	123.5	123.3	160.4	159.0
R		116.6	54.8	24.0							29.2	19.3		

注：化合物 **1-5-284**～**1-5-286** 在氘代丙酮中测定；**1-5-296** 和 **1-5-297** 在氘代二甲基甲酰胺中测定。

1-5-301 R=H
1-5-302 R=OCH₃
1-5-303 R=Cl

1-5-304 R=H
1-5-305 R=NH₂

1-5-306 n=1
1-5-307 n=2

1-5-308 R=H
1-5-309 R=NO₂
1-5-310 R=OCH₃

1-5-311 n=1
1-5-312 n=2

1-5-313

1-5-314

表 1-5-10 含两个杂原子的六元杂环化合物 1-5-301~1-5-314 的 ¹³C NMR 化学位移数据[93~98]

C	1-5-301	1-5-302	1-5-303	1-5-304	1-5-305	1-5-306	1-5-307	1-5-308	1-5-309	1-5-310	1-5-311	1-5-312	1-5-313	1-5-314
1						151.7	145.8	142.7	148.2	135.0	150.8	144.6	163.1	143.4
2	151.5	150.7	150.1	161.1	165.0	97.8	100.1	125.9	126.8	128.1	62.6	54.7	31.4	126.9
3						30.6	24.8	128.5	124.2	113.8	28.0	32.9	22.4	24.2
4	164.3	160.8	159.8	173.6	173.9	22.8	23.3	147.7	147.7	160.3	34.6	17.0	22.0	20.2
5	100.3	135.9	06.0			31.6	23.7				104.2	24.3	28.3	25.3
6	142.1	122.6	139.6	144.2	139.1	49.3	27.2					105.2	124.3	140.6
7				150.2	149.1	66.6	48.9	201.1	197.7	201.2	48.3		96.4	70.7
8						67.0	49.6	49.4	50.2	66.3	48.3	118.2	119.2	

续表

C	1-5-301	1-5-302	1-5-303	1-5-304	1-5-305	1-5-306	1-5-307	1-5-308	1-5-309	1-5-310	1-5-311	1-5-312	1-5-313	1-5-314
9				55.0	157.2			66.7	66.6	66.6		66.7	165.2	167.6
10				132.8	130.7									
11								66.7	66.6	66.6				
12								52.6	52.7	52.6				

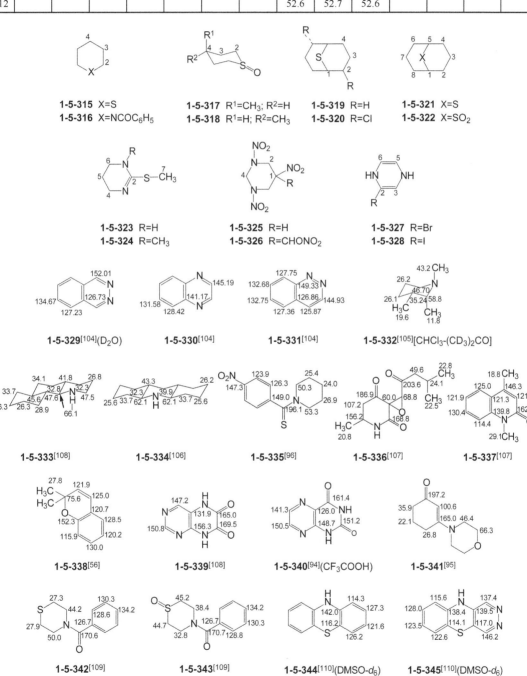

1-5-315 X=S
1-5-316 X=NCOC$_6$H$_5$

1-5-317 R^1=CH$_3$; R^2=H
1-5-318 R^1=H; R^2=CH$_3$

1-5-319 R=H
1-5-320 R=Cl

1-5-321 X=S
1-5-322 X=SO$_2$

1-5-323 R=H
1-5-324 R=CH$_3$

1-5-325 R=H
1-5-326 R=CHONO$_2$

1-5-327 R=Br
1-5-328 R=I

1-5-329[104](D$_2$O)

1-5-330[104]

1-5-331[104]

1-5-332[105][CHCl$_3$-(CD$_3$)$_2$CO]

1-5-333[108]

1-5-334[106]

1-5-335[96]

1-5-336[107]

1-5-337[107]

1-5-338[56]

1-5-339[108]

1-5-340[94](CF$_3$COOH)

1-5-341[95]

1-5-342[109]

1-5-343[109]

1-5-344[110](DMSO-d_6)

1-5-345[110](DMSO-d_6)

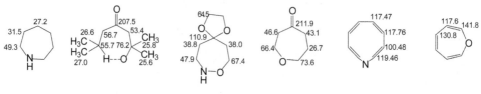

表 1-5-11 六元杂环化合物 1-5-315~1-5-328 的 ^{13}C NMR 化学位移数据[23,99~103]

C	1-5-315	1-5-316	1-5-317	1-5-318	1-5-319	1-5-320	1-5-321	1-5-322	1-5-323	1-5-324	1-5-325	1-5-326	1-5-327	1-5-328
1					33.2	37.3	33.6	54.2			75.6	82.6		
2	29.1	45.8	45.7	50.7	32.1	62.4	130.3	121.8	153.2	154.1	47.2	48.3	141.0	118.3
3	27.9	26.1	23.7	30.0	21.6	32.5	129.0	129.8					147.7	152.5
4	26.6	24.5	30.9	30. 5	32.1	28.3	35.3	32.6	42.5	45.0	60.0	59.4		
5							32.8	52.5	21.5	22.1			143.1	142.3
6							30.6	28.2	42.5	48.7			142.9	145.2
7							18.0	14.7	12.0	2.7				
R			22.4	20.7						37.6				

注：化合物 1-5-323 和 1-5-324 在 DMSO-d_6 中测定。

五、七元杂环化合物的 ^{13}C NMR 化学位移

1-5-369[120]　　　　**1-5-370**[120]　　　　**1-5-371**[121](CS$_2$)　　　　**1-5-372**[121](CS$_2$)

参 考 文 献

[1] Mison P, et al. Org Magn Reson, 1976, 8: 79.

[2] Martino R, et al. Org Magn Reson, 1975, 7: 175.

[3] Mison P, et al. Org Magn Reson, 1976, 8: 90.

[4] Isomura K, et al. Org Magn Reson, 1977, 9: 559.

[5] Jordan G J, et al. Org Magn Reson, 1977, 9: 322.

[6] Nielsen A T, Moore D W, Atkins R L, et al. J Org Chem, 1976, 41: 3221.

[7] Bos A K, et al. J Magn Reson, 1974, 15: 592.

[8] Quast H, Spiegel E. Tetrahedron Lett, 1977: 2705.

[9] Reid A A, et al. J Chem Soc, Perkin Trans Ⅰ, 1976, 362.

[10] Howard K A, Koch T H. J Am Chem Soc, 1975, 97: 7288.

[11] Tourwe D, et al. Org Magn Reson,1975, 7: 433.

[12] Simeral L, et al. Org Magn Reson, 1974, 6: 226.

[13] Cushley R J, Sykes R J, Shaw C K, et al. Can J Chem, 1975, 53: 148.

[14] Kleinpeter E, et al. Org Magn Reson, 1977, 9: 90.

[15] Jackman L M, Jen T. J Am Chem Soc, 1975, 97: 2811.

[16] Lian E, et al. Org Magn Reson, 1972, 4: 153.

[17] Martin L L, Chang L L, Floss H G, et al. J Am Chem Soc, 1972, 94: 8942.

[18] Combrisson S, Roques B P. Tetrahedron, 1976, 32: 1507.

[19] Dana G, Conrent O, Giault J P, et al. Can J Chem, 1976, 54: 1827.

[20] Okuyama T, et al. Bull Chem Soc Jpn, 1974, 47: 1263.

[21] Bell R P, et al. J Chem Soc, Perkin Trans Ⅱ, 1972: 1232.

[22] Toppet S, et al. Org Magn Reson, 1974, 6: 48.

[23] Faure R, et al. Org Magn Reson, 1977, 9: 688.

[24] Konnecke A, Liann E, Kleinpeter E. Tetrahedron, 1976, 32: 499.

[25] Grant D M, Pugmire R J, Robins M S et al. J Am Chem Soc, 1971, 93: 1887.

[26] Takauchi Y, Chivers P J, Crabb T A. J Chem Soc, Perkin Trans Ⅱ, 1975: 51.

[27] Faure R, et al. Org Magn Reson, 1977, 9: 508.

[28] Abushanab E, BIndra A P,Lee D Y, et al. J Org Chem, 1975, 40: 3373.

[29] Szarek W A, Vyan D M, Sepulchre A M, et al. Can J Chem, 1974, 52: 2041.

[30] Pelter A, Ward R S, Gray T I. J Chem Soc, Perkin Trans Ⅰ, 1976: 2475.

[31] Burke P M, et al. Can J Chem, 1976, 54: 1449.

[32] Zeislerg R, et al. Chem Ber, 1975, 108: 1040.

[33] Yoshikawa K, Bekki K, Karatsu M, et al. J Am Chem Soc, 1976, 98: 3272.

[34] Galasso V, et al. Org Magn Reson, 1977, 9: 401.

[35] Christl M, Warren J, PHawkins B L, et al. J Am Chem Soc, 1973, 95: 4392.

[36] Kiewiet A, et al. Org Magn Reson, 1974, 6: 461.

[37] Runsink J, de Wit, Weringa W D. Tetrahedron Lett, 1974: 55.

[38] AXelson D E, Holloway C E. Can J Chem,1976, 54: 2820.

[39] Abraham R J, Wileman D F, Bedford G R, et al. J Chem Soc, Perkin Trans Ⅱ, 1972: 1733.

[40] Gilchrist T L, Rees C W,Thomas C. J Chem Soc, Perkin Trans Ⅰ, 1975: 8.

[41] Yoshida M, et al. Chem Lett, 1976: 1097.

[42] Hubsohwerlen C, et al. Tetrahedron, 1976, 32: 3149.

[43] Bouchet P, et al. Org Magn Reson, 1977, 9: 716.

[44] Gainer J, et al. Org Magn Reson, 1976, 8: 226.

[45] Arnone A, Camarda L, Merlini L, et al. J Chem Soc, Perkin Trans Ⅰ, 1977: 2116.

[46] Yovari I, Esfandiari S, Mostashari A J, et al. J Org Chem,1975, 40: 2880.

[47] Kozerski L,et al. Org Magn Reson,1977, 9: 395.

[48] Wasylishen R E, Clem T R, Becker E D. Can J Chem, 1975, 53: 596.

[49] Plavac N, Still W J, Chauhan M S, et al. Can J Chem, 1975, 53: 836.

[50] Still I W J, Plavac N, McKinnon D M, et al. Can J Chem, 1976, 54: 1660.

[51] Hearn M T W, Potts K T. J Chem Soc, Perkin Trans Ⅱ,1974, 875.

[52] Crandall J K , Crawley L C, Komin J B. J Org Chem, 1975, 40: 2045.

[53] Anet F A L, et al. Org Magn Reson, 1976, 8: 158.

[54] Faure R, Llinas J R,Vincent E J, et al. Can J Chem, 1975, 53: 1677.

[55] Depaire H, Thomas J P, Brun A, et al. Tetrahedron Lett, 1977: 1395.

[56] Samat A M, et al. Org Magn Reson, 1976, 8: 2.

[57] Anet F A L, et al. J Org Chem, 1976, 41: 3689.

[58] Cushley R J, Naugler D, Ortiz C. Can J Chem, 1975, 53: 3419.

[59] Takeuchi Y, et al.Org Magn Reson, 1976, 8: 21.

[60] Balaban A T, et al. Org Magn Reson, 1977, 9: 16.

[61] Vogeli U, et al. Org Magn Reson, 1973, 5: 551.

[62] Galasso V, et al. Mol Phys, 1973, 26: 81.

[63] Thummel R P, Kohli D K. J Org Chem, 1977, 42: 2742.

[64] Coletta F, et al. Spectrosc Lett, 1976, 9: 469.

[65] Litchman W M, et al. J Magn Reson, 1975, 17: 241.

[66] Sattler H J, et al. Arch Pharmz, 1976, 309: 222.

[67] Wenkert E, et al. Acc Chem Res, 1974, 7: 46.

[68] Ansell G B. J Chem Soc, Perkin Trans II, 1972, 841.

[69] Bach N J, Boaz H E, Kornfeld E C, et al. J Org Chem, 1974, 39: 1272.

[70] Wenkert E, Cockran D W,Hagaman E W, et al. J Am Chem Soc,1973, 95: 4990.

[71] Bohlmann F, et al. Chen Ber, 1975, 108: 1043.

[72] Wenkert E, et al. Helv Chim Acta, 1975, 58: 1560.

[73] Jones A J, Casy A F, McEririane K M J. Can J Chem, 1973, 51: 1782.

[74] Leete E, et al. Bioorg Chem, 1977, 6: 273.

[75] Wenkert E, Chauncy B, Dave K G, et al. J Am Chem Soc, 1973, 95: 8427.

[76] Van Binste G, et al. Org Magn Reson, 1972, 4: 625.

[77] Wenkert E, et al. Helv Chim Acta, 1976, 59: 2437.

[78] Leete E. Phyochemistry, 1977, 16: 1705.

[79] Jones A J ,Hassan M M A. J Org Chem, 1972, 37: 2332.

[80] Morishima I, Koshikawa K. J Am Chem Soc, 1975, 97: 2950.

[81] Weseman J R, Krabbenhoft H O. J Org Chem, 1975, 40: 3222.

[82] Weseman J R, Krabbenhoft H O, Lee R E. J Org Chem, 1977, 42: 629.

[83] Duddeck H, et al. Org Magn Reson, 1976, 8: 593.

[84] Isbrandt L R, et al. J Magn Reson, 1973,12:143.

[85] Turner C J, et al. Org Magn Reson, 1976, 8: 357.

[86] Knight S A. Org Magn Reson, 1974, 6: 603.

[87] Riand J, Chenon M T,Lumbroso-Bader N. Tetrahedron Lett, 1974: 3123.

[88] Geert J P, et al. Org Magn Reson,1975, 7: 86.

[89] MacDonald J C, Bishop G G, Mazurek M. Tetrahedron, 1976, 32: 655.

[90] Fritz H P, et al. Chem Ber, 1973, 106: 2918.

[91] Braun S, et al. Org Magn Reson, 1976, 8: 273.

[92] Nelsen S F, Weisman G R. J Am Chem Soc, 1976, 98: 1842.

[93] Ellis P D, Dunlap R B, Pollard A L, et al. J Am Chem Soc, 1973, 95: 4398.

[94] Eweres U, et al. Chem Ber,1974, 107: 3275.

[95] Tourwe D, et al. Org Magn Reson, 1975, 7: 433.

[96] Piccinini-Leopardi C, et al. Org Magn Reson, 1976, 8: 536.

[97] Laskovics F M, Schulman E M. J Am Chem Soc, 1977, 99: 6672.

[98] Fritz H, et al. Org Magn Reson, 1976, 8: 269.

[99] Hirsch J A, Havinga E. J Org Chem, 1976, 41: 455.

[100] Claus P J, Rieder W, Vierhapper F W, et al. Tetrahedron Lett, 1976: 119.

[101] Weseman J R, Krabbenhoft H O, Anderson B R. J Org Chem, 1976, 41: 1518.

[102] Farminer A F, Webb G A. J Chem Soc, Perkin Trans I, 1976: 940.

[103] Tuener C J, et al. Org Magn Reson,1974,6:663.

[104] Van de Weijer P, et al. Org Magn Reson,1977,9:281.

[105] Eliel E L, Kandasamy D, Kenan Jr W R. Tetrahedron Lett,1976: 3765.

[106] Eliel E L, Vierhapper F W. J Org Chem, 1976, 41: 199.

[107] Findlay J A, Krepinsky J, Shum A. Can J Chem, 1977, 55: 600.

[108] Ewers U, et al. Chem Ber, 1974, 107: 876.

[109] Pinto B M, Vyas D M, Szarek W A. Can J Chem, 1977, 55:937.

[110] Fronza G, et al. J Magn Reson,1976, 23: 437.

[111] Frieze D M, Hughes P F, MerrillR L, et al. J Org Chem, 1977, 42: 2206.

[112] Katritzky A R, Patel R C, Read D M. Tetrahedron Lett, 1977: 3803.

[113] Braun S, et al. Org Magn Reson, 1975, 7: 194.

[114] Braun S, et al. Org Magn Reson, 1975, 7: 199.

[115] Radel R J, Keen B T, Wong C, et al. J Org Chem, 1977, 42: 546.

[116] Baker V J, Katritzky AR, Majoral J P, et al. J Am Chem Soc, 1976, 98: 5748.

[117] Nadzan A M, Rinehart Jr K L. J Am Chem Soc, 1977, 99: 4647.

[118] Rice K C, et al. Org Magn Reson,1976, 8: 449.

[119] Anastassion A G, Reichmanis E. J Am Chem Soc,1976, 98: 8266.

[120] Nehner R, et al. Chem Ber, 1974, 107: 3149.

[121] Berger S T, et al. Org Magn Reson, 1974, 6: 78.

第六节 有机含氮化合物的 ^{13}C NMR 化学位移

【化学位移特征】

1. 酰胺类化合物的羰基一般在 δ 155～172;

2. 内酰胺类化合物的羰基在 δ 174～179;

3. 脲类化合物的羰基在 $\delta\,153\sim162$；

4. 腈和异腈的碳分别在 $\delta\,112\sim125$ 和 $165\sim168$；

5. 硝基化合物中硝基连接的芳碳通常在 $\delta\,140\pm8$。

一、酰胺和脲类化合物的 ^{13}C NMR 化学位移

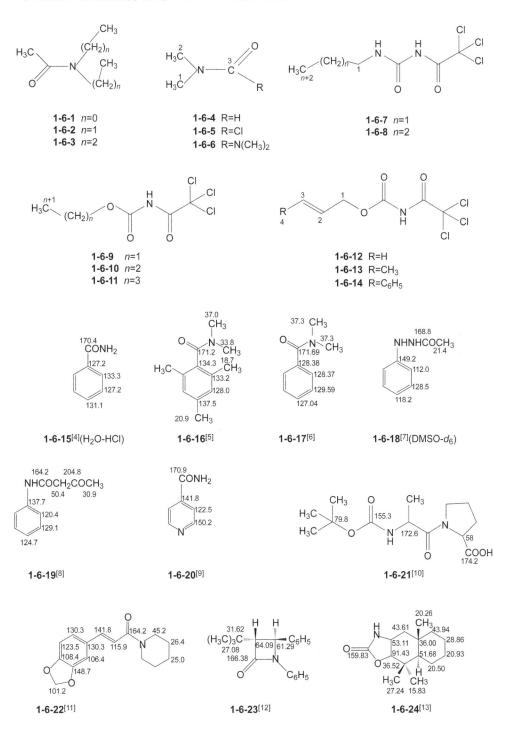

表 1-6-1 酰胺类化合物 **1-6-1~1-6-14** 的 ^{13}C NMR 化学位移数据[1~3]

C	1-6-1	1-6-2	1-6-3	1-6-4	1-6-5	1-6-6	1-6-7	1-6-8	1-6-9	1-6-10	1-6-11	1-6-12	1-6-13	1-6-14
1	169.3	168.6	169.0	31.1	38.3	38.6	42.1	40.0	63.4	68.6	67.1	67.7	67.8	67.9
2	21.3	21.2	21.4	36.2	40.2	38.6	22.7	31.4	14.1	22.1	30.5	130.8	124.0	121.4
3	37.1	42.6	50.3	162.4	149.3	165.7	11.5	20.0		10.5	18.9	119.9	133.3	135.7
4		14.2	22.4					13.7			13.6		17.8	
5			11.1											
6	34.6	40.0	47.4											
7		13.4	21.4											
8			11.6											

注：化合物 **1-6-1~1-6-3** 在 C_6D_6 中测定。

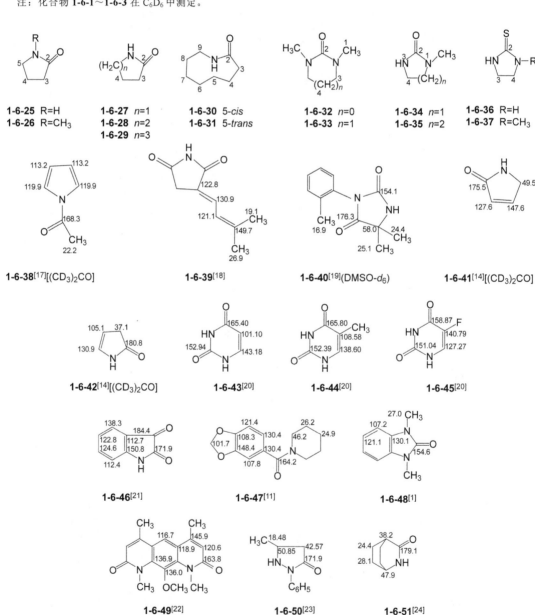

1-6-25 R=H
1-6-26 R=CH₃

1-6-27 n=1
1-6-28 n=2
1-6-29 n=3

1-6-30 5-cis
1-6-31 5-trans

1-6-32 n=0
1-6-33 n=1

1-6-34 n=1
1-6-35 n=2

1-6-36 R=H
1-6-37 R=CH₃

1-6-38[17][(CD₃)₂CO]

1-6-39[18]

1-6-40[19](DMSO-d₆)

1-6-41[14][(CD₃)₂CO]

1-6-42[14][(CD₃)₂CO]

1-6-43[20]

1-6-44[20]

1-6-45[20]

1-6-46[21]

1-6-47[11]

1-6-48[1]

1-6-49[22]

1-6-50[23]

1-6-51[24]

C_2H_5OOC N $COOC_2H_5$
117.31 50.45 146.96
60.12
125.52 132.20
N
$COOC_2H_5$

1-6-52[25]

HN O 32.9 9.9
CH_2CH_3
O 57.80
161.0 CH_2CH_3
HN O 183.0 CH_3

1-6-53[26](D_2O)

HN O 171.0
CH_2CH_3
149.3 63.3
O C_6H_5
HN 171.0

1-6-54[26]$[(CD_3)_2CO]$

表 1-6-2 内酰胺及脲类化合物 **1-6-25~1-6-37** 的 ^{13}C NMR 化学位移数据[1,14~16]

C	1-6-25	1-6-26	1-6-27	1-6-28	1-6-29	1-6-30	1-6-31	1-6-32	1-6-33	1-6-34	1-6-35	1-6-36	1-6-37
1								31.3	35.6				
2	179.4	174.3	179.8	173.1	179.9	177.5	175.9	161.3	156.7	162.9	156.7	183.8	183.2
3	30.6	30.8	30.4	31.5	36.9	33.2	37.4	45.0	48.1			44.4	40.7
4	21.3	18.2	20.8	20.9	23.4	22.4	23.2		22.5	37.3	40.1	44.4	50.4
5	42.7	49.4	42.5	22.3	30.7	29.1	28.6			47.0	22.3		
6				42.0	30.7	27.1	28.2				47.4		
7					42.7	24.5	25.3						
8						24.7	24.3						
9						39.3	39.3						
R		29.3											

注：化合物 **1-6-34~1-6-37** 在 DMSO-d_6 中测定。**1-6-25** 和 **1-6-27** 系同一化合物不同测定结果。

二、腈、异腈及其衍生物的 ^{13}C NMR 化学位移

1. 腈及其衍生物的 ^{13}C NMR 化学位移

13.5 30.6 16.4
H_3C
21.8 25.1 CN
119.2

1-6-55[27]

Cl Cl
Cl 96.6 14.3
Cl CN
4.93 116.7

1-6-56[28]

112.9
CN
10.9 24.1 26.9
H_3C
43.1 CN
H_3C 112.9

1-6-57[29]

49.1 42.3 117.6
Cl CN
38.4 89.4 12.9
Cl

1-6-58[30]

49.5 52.6 116.0
Cl CN
38.2 86.7 37.7
Cl Cl

1-6-59[30]

17.7 21.3 13.7
H_3C 132.0 CH_2CH_3 122.7
127.6 42.0
H 42.5 129.1 CH_2
NC CN
114.7

1-6-60[29]

11.6
H_3C 32.2
46.6 39.9
H_3C H
43.0 117.6 137.0
NC 128.0
114.6 CN 128.9 114.2
160.0
OCH_3
55.2

1-6-61[29]

124.8 CN
30.1 39.9
27.1
35.7

1-6-62[31]

1-6-63[31]（DMSO）　**1-6-64**　**1-6-65[32]**　**1-6-66[32]**　**1-6-67[9]**

1-6-68 R=H
1-6-69 R=OCH$_3$
1-6-70 R=NO$_2$

1-6-71 R=H
1-6-72 R=OCH$_3$
1-6-73 R=Cl

表 1-6-3　氰酸酯和氰胺类化合物 1-6-68~1-6-73 的 ^{13}C NMR 化学位移数据[33]

C	1-6-68	1-6-69	1-6-70	1-6-71	1-6-72	1-6-73
1	153.5	147.5	156.9	141.4	134.7	140.4
2	115.8	116.8	117.1	115.3	115.4	117.4
3	131.2	116.0	126.9	130.3	116.8	130.3
4	27.5	158.8	146.5	123.7	156.6	128.9
5	109.2	109.9	107.9	114.5	115.2	114.4
6				37.3	37.6	37.8
R		56.4			56.2	

2. 异腈化合物的 ^{13}C NMR 化学位移

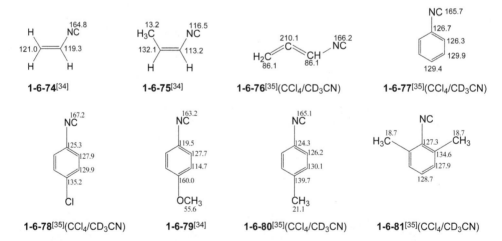

1-6-74[34]　**1-6-75[34]**　**1-6-76[35]（CCl$_4$/CD$_3$CN）**　**1-6-77[35]（CCl$_4$/CD$_3$CN）**

1-6-78[35]（CCl$_4$/CD$_3$CN）　**1-6-79[34]**　**1-6-80[35]（CCl$_4$/CD$_3$CN）**　**1-6-81[35]（CCl$_4$/CD$_3$CN）**

3. 杂叠烯类化合物的 ^{13}C NMR 化学位移

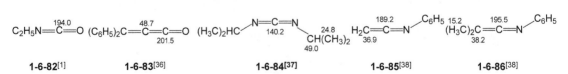

1-6-82[1]　**1-6-83[36]**　**1-6-84[37]**　**1-6-85[38]**　**1-6-86[38]**

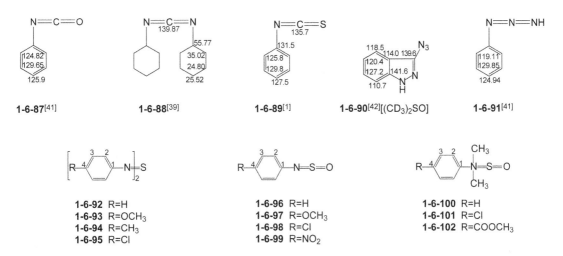

表 1-6-4 化合物 **1-6-92~1-6-102** 的 ¹³C NMR 化学位移数据[41]

C	1-6-92	1-6-93	1-6-94	1-6-95	1-6-96	1-6-97	1-6-98	1-6-99	1-6-100	1-6-101	1-6-102
1	145.5	140.1	143.7	144.0	142.7	137.4	141.2	146.9	145.4	144.2	151.0
2	123.2	124.8	123.2	124.5	127.1	129.5	128.4	127.9	123.2	124.3	122.2
3	128.8	114.1	129.3	129.0	129.1	114.2	129.5	125.5	129.1	128.9	131.0
4	126.6	158.4	136.6	132.5	130.4	161.0	136.2	148.0	121.8	126.5	123.0
R		55.1	21.1								166.9(CO)
											51.7(CH₃)

三、硝基和亚硝基类化合物的 ¹³C NMR 化学位移

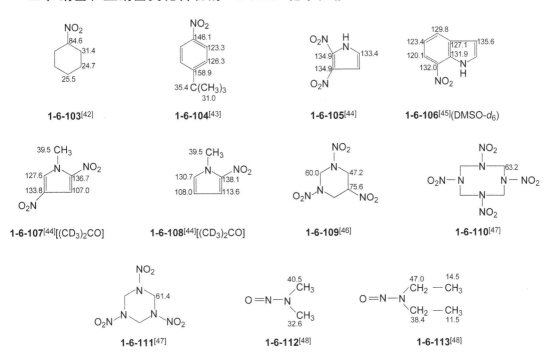

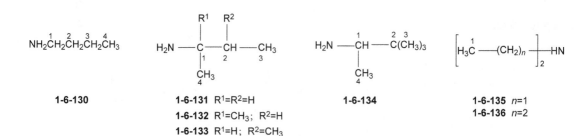

1-6-114[48]   **1-6-115[49]**   **1-6-116[50]**

1-6-117 2-F   **1-6-120** 2-CH₃   **1-6-122**   **1-6-123** 2-F   **1-6-126** 2-NO₂   **1-6-128** 2-NO₂
1-6-118 3-F   **1-6-121** 3-CH₃   **1-6-124** 3-F   **1-6-127** 4-NO₂   **1-6-129** 4-NO₂
1-6-119 4-F   **1-6-125** 4-F

表 1-6-5 硝基化合物 1-6-117~1-6-129 的 ¹³C NMR 化学位移数据[51,52]

C	1-6-117	1-6-118	1-6-119	1-6-120	1-6-121	1-6-122	1-6-123	1-6-124	1-6-125	1-6-126	1-6-127	1-6-128	1-6-129
1	134.8	146.8	143.4	144.9	141.3	145.5	131.2	132.6	126.4	153.0	163.8	149.7	162.0
2	153.6	111.2	126.2	136.5	124.8	107.9	158.6	114.9	132.4	139.9	113.6	140.8	116.0
3	118.2	163.2	116.4	118.6	124.8	136.6	121.5	161.8	120.5	125.8	125.1	124.9	125.1
4	136.0	122.4	164.5	164.0	161.3	145.5	134.4	119.1	163.8	120.9	141.0	123.9	141.8
5	125.8	131.9	116.4	113.5	114.7	117.9	119.5	126.2	112.0	134.5	125.1	133.4	
6	125.1	119.7	126.2	127.0	121.5	120.0	146.8	143.2	150.2	114.3	113.6	120.1	
1'												154.9	153.7
2'												118.6	119.9
3'												129.3	129.5
4'												122.7	124.7
OCH₃										57.4	55.9		

注：化合物 1-6-117~1-6-125 在 DMSO-d_6 中测定。

四、胺、亚胺以及羟胺类化合物的 ¹³C NMR 化学位移

1. 胺类化合物的 ¹³C NMR 化学位移

NH₂CH₂CH₂CH₂CH₃   H₂N—C—CH—CH₃   H₂N—CH—C(CH₃)₃   [H₃C—(CH₂)ₙ—HN]₂

1-6-130   **1-6-131** R¹=R²=H   **1-6-134**   **1-6-135** n=1
         1-6-132 R¹=CH₃; R²=H   **1-6-136** n=2
         1-6-133 R¹=H; R²=CH₃

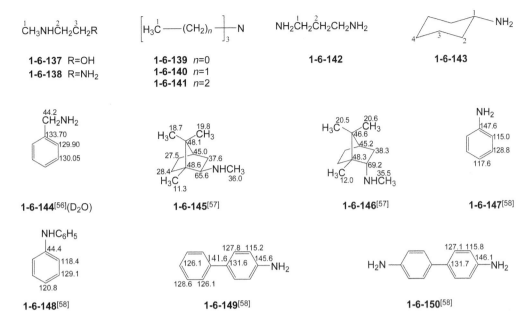

表 1-6-6 胺类化合物 1-6-130~1-6-143 的 ^{13}C NMR 化学位移数据[53~55]

C	1-6-130	1-6-131	1-6-132	1-6-133	1-6-134	1-6-135	1-6-136	1-6-137	1-6-138	1-6-139	1-6-140	1-6-141	1-6-142	1-6-143
1	42.1	50.0	55.8	53.8	57.4	15.7	10.3	36.5	36.9	47.6	12.6	14.2	40.1	50.9
2	36.2	28.0	33.4	31.8	33.2	44.4	29.6	54.2	55.1		46.9	21.0	36.7	37.0
3	21.1	10.0	8.2	18.7	25.8		55.6	61.1	41.9			30.3		26.3
4	14.8	18.2	25.0	15.4	14.5							54.3		26.9
R				7.5										

注：化合物 1-6-130~1-6-134，1-6-137，1-6-138，1-6-142 和 1-6-143 均在 D_2O 中测定。

2. 亚胺类化合物的 ^{13}C NMR 化学位移

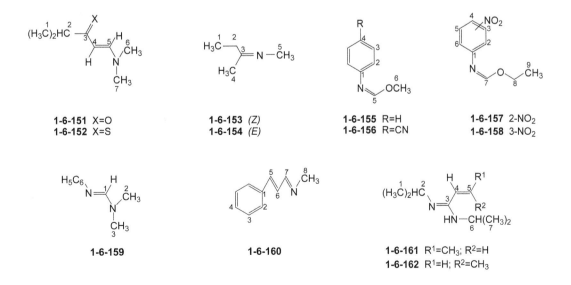

表 1-6-7 亚胺类化合物 1-6-151~1-6-162 的 ^{13}C NMR 化学位移数据[59,60]

C	1-6-151	1-6-152	1-6-153	1-6-154	1-6-155	1-6-156	1-6-157	1-6-158	1-6-159	1-6-160	1-6-161	1-6-162
1	19.9	24.4	7.8	10.7	147.4	151.5	143.0	148.9	153.0	135.2	24.5	24.5
2	40.7	48.3	35.4	36.9	120.9	121.8	142.0	115.8	34.1	126.6	77.6	77.6
3	204.5	233.3	175.0	172.5	128.5	132.6	123.6	148.2	39.8	127.8	152.2	152.2
4	93.3	110.8	10.7	16.5	123.7	107.2	124.0	118.3		128.4	124.6	124.1
5	153.5	156.9	38.3	35.5	154.6	155.8	133.0	129.2		140.3	130.8	129.6
6	37.3	38.7			53.1	53.8	122.6	127.2		127.2	45.3	44.8
7	45.6	46.3					155.0	155.8		163.1	24.5	24.5
8							63.0	62.7		47.8		
9							14.1	14.1				
R											17.9	14.8

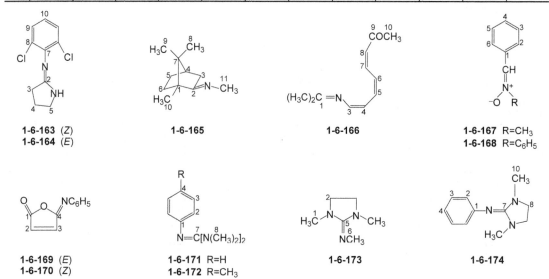

1-6-163 (Z)
1-6-164 (E)

1-6-165

1-6-166

1-6-167 R=CH$_3$
1-6-168 R=C$_6$H$_5$

1-6-169 (E)
1-6-170 (Z)

1-6-171 R=H
1-6-172 R=CH$_3$

1-6-173

1-6-174

表 1-6-8 亚胺类化合物 1-6-163~1-6-174 的 ^{13}C NMR 化学位移数据[1,21,57,61~64]

C	1-6-163	1-6-164	1-6-165	1-6-166	1-6-167	1-6-168	1-6-169	1-6-170	1-6-171	1-6-172	1-6-173	1-6-174
1			53.6			134.3	167.8	167.8	152.0	149.3	36.0	150.8
2	168.5	163.4	183.5		130.8	30.7	131.2	129.2	121.5	121.5	49.2	122.3
3	28.7	30.7	35.2	121.4	128.3	129.0	34.1	143.9	128.4	129.2		128.2
4	21.6	21.6	43.9	135.7	135.0	129.0	151.7	151.7	119.6	128.6		119.6
5	44.5	44.5	27.5	137.5	128.3	130.8					157.8	
6			32.1	139.7	130.3						34.8	
7	145.9	144.6	47.1	139.8					159.0	159.2		154.8
8	128.6	127.7	19.6	130.8					39.4	39.5		48.4
9	127.9	127.9	19.1	198.1								
10	122.7	122.7	11.3	27.7								35.0
11			3.3									
R										20.7		

注：化合物 **1-6-163** 和 **1-6-164** 在-60℃下测定；**1-6-165** 在 CDCl$_3$/CF$_3$COOH 中测定；**1-6-169** 和 **1-6-170** 在(CD$_3$)$_2$CO 中测定。

3．羟胺类化合物的 ^{13}C NMR 化学位移

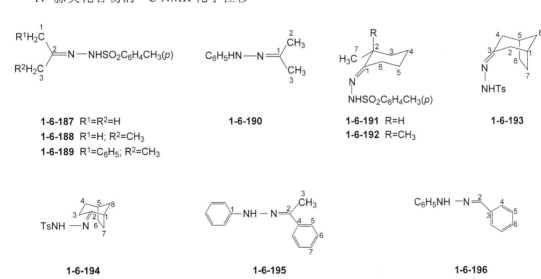

1-6-175 (Z)
1-6-176 (E)

1-6-177 R=H
1-6-178 R=CH$_3$

1-6-179 n=1
1-6-180 n=2
1-6-181 n=3

1-6-182 (E)
1-6-183 (Z)

1-6-184 (E)
1-6-185 (Z)

1-6-186

表 1-6-9 羟胺类化合物 **1-6-175~1-6-186** 的 ^{13}C NMR 化学位移数据[65]

C	1-6-175	1-6-176	1-6-177	1-6-178	1-6-179	1-6-180	1-6-181	1-6-182	1-6-183	1-6-184	1-6-185	1-6-186
1	153.7	153.1	15.0	13.0	159.7	167.1	160.4	42.0	38.5	29.0	33.4	29.1
2	18.6	23.1	155.4	159.1	30.7	27.1	25.7	167.4	166.3	167.6	167.1	167.4
3	10.4	10.9	21.7	28.9	14.6	25.1	25.4	34.9	37.2	13.8	11.4	36.2
4					31.6	24.4	24.4	35.5	35.6	6.7	17.1	37.7
5						30.6	26.7	27.1	26.0	33.3	33.6	27.9
6							31.9	27.8	27.4			36.6
7								39.1	38.3			
9												39.0
R				10.7								

五、脒类、重氮类及偶氮类化合物的 ^{13}C NMR 化学位移

1．脒类化合物的 ^{13}C NMR 化学位移

1-6-187 R^1=R^2=H
1-6-188 R^1=H; R^2=CH$_3$
1-6-189 R^1=C$_6$H$_5$; R^2=CH$_3$

1-6-190

1-6-191 R=H
1-6-192 R=CH$_3$

1-6-193

1-6-194

1-6-195

1-6-196

表 1-6-10 腙类化合物 **1-6-187~1-6-196** 的 ^{13}C NMR 化学位移数据[60,66]

C	1-6-187	1-6-188	1-6-189	1-6-190	1-6-191	1-6-192	1-6-193	1-6-194	1-6-195	1-6-196
1	25.2	22.5	42.9	145.7	164.7	166.8	34.4	4.6	140.7	
2	149.8	160.7	161.2	15.1	39.2	39.2	35.2	167.1	146.2	45.8
3	17.2	23.6	22.0	24.8	35.5	40.9	160.4	29.5	12.5	137.0
4					24.5	21.4	42.6	31.3	139.8	126.1
5					26.2	26.2	34.9	34.1	125.5	128.7
6					26.5	23.3	29.4	28.2	128.2	128.0
7					16.9	26.9	28.3	27.6	127.4	
8							38.1	38.2		
R		9.5	9.5			26.9				

注：化合物 **1-6-195** 和 **1-6-196** 在$(CD_3)_2CO$ 中测定。

2. 重氮类化合物的 ^{13}C NMR 化学位移

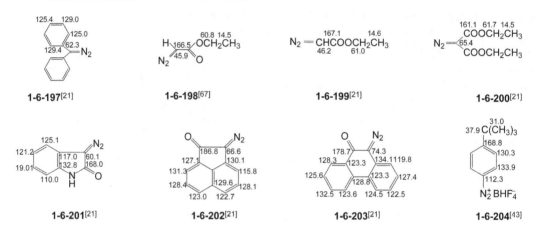

1-6-197[21] **1-6-198**[67] **1-6-199**[21] **1-6-200**[21]

1-6-201[21] **1-6-202**[21] **1-6-203**[21] **1-6-204**[43]

3. 偶氮类化合物的 ^{13}C NMR 化学位移

1-6-205[68] **1-6-206**[58]

1-6-207[43] **1-6-208**[43]

参 考 文 献

[1] Kahinowski H O, et al. Org Magn Reson, 1974, 6: 305.

[2] Frits H, et al. Org Magn Reson, 1977, 9: 108.

[3] Bose A K, Srinivasan P R. Tetrahedron, 1975, 31: 3025.

[4] Long K R, et al. J Magn Reson,1972, 8: 207.

[5] Leibfritz D. Chem Ber, 1975, 108: 3014.

[6] Eepoivre J A, et al. Org Magn Reson, 1975, 7: 422.

[7] Florea S, et al. Org Magn Reson, 1977, 9: 133.

[8] Sayer J M, Jencks W P. J Am Chem Soc, 1977, 99: 464.

[9] Figard J E, Paukstelis J V, Byrne E F, et al. J Am Chem Soc, 1977, 99: 8417.

[10] Voelter W, et al. Org Magn Reson, 1973, 5: 547.

[11] Wenkert E, Cochran D W, Hagaman E W, et al. J Am Chem Soc, 1971, 93: 6271.

[12] Bose A K, et al. J Magn Reson, 1974, 15: 592.

[13] Alewood P F, Benn M, Wong J, et al. Can J Chem, 1977, 55: 2510.

[14] Banks R E, Barlow M G, Noakes T J, et al. J Chem Soc, Perkin Trans Ⅰ, 1977: 1746.

[15] Williamson K L, Roberts J D. J Am Chem Soc, 1976, 98: 5082.

[16] Fanre R, et al. Org Magn Reson, 1977,9:688.

[17] Combrisson S, Roques B P. Tetrahedron, 1976, 32: 1507.

[18] Stelle J K, Retting T A, Kuemmerle E W. J Org Chem, 1976, 41: 2950.

[19] Colebrook L D, Icli S, Hund F H. Can J Chem, 1975, 53: 1556.

[20] Goldstein J H, Tarpley Jr A R. J Am Chem Soc, 1971, 93: 3573.

[21] Albright T A , et al. Org Magn Reson, 1977, 9: 75.

[22] Nadzan A M,Rinehart Jr K L. J Am Chem Soc,1977, 99:4647.

[23] Ege S N, Carter M L C, Spencer R L, et al. J Chem Soc, Perkin Trans Ⅰ, 1976: 868.

[24] Binst G Van, et al. Org Magn Reson, 1972, 4: 625.

[25] Murphy W S, Raman K P. J Chem Soc, Perkin Trans Ⅰ, 1977: 1824.

[26] Fratiello A, et al. J Magn Reson, 1973, 12: 221.

[27] Terentev A B, et al. Org Magn Reson, 1977, 9: 301.

[28] Velichko F K, et al. Org Magn Reson, 1975, 7: 46.

[29] Wigfield D C, Taymaz K. Can J Chem, 1975, 53: 3591.

[30] Velichko F K, et al. Org Magn Reson, 1975, 7: 361.

[31] Ajisaka K, Kainosho M. J Am Chem Soc, 1975, 97: 330.

[32] Christl M, Warren J P, Hawkins B L, et al. J Am Chem Soc, 1973, 95: 4392.

[33] Radeglia R, et al. Org Magn Reson, 1973, 5: 419.

[34] Knol D, et al. Org Magn Reson, 1976, 8: 213.

[35] Stephany R W, et al. Org Magn Reson, 1974, 6: 45.

[36] Olah G A, Germain A, Lin H C, et al. J Am Chem Soc, 1975, 97: 5477.

[37] Anet F A L, et al. Org Magn Reson, 1976, 8: 327.

[38] Firl J, et al. Chem Lett, 1975: 51.

[39] Coulson D R. J Am Chem Soc, 1976, 98: 3111.

[40] Fruchier A, et al. Org Magn Reson, 1977, 9: 235.

[41] Kresze G, et al. Org Magn Reson, 1976, 8: 170.

[42] Pehk T, et al. Org Magn Reson, 1971, 3: 679.

[43] Liaa E et al. Org Magn Reson, 1973, 5: 441.

[44] Liaa E, et al. Org Magn Reson, 1972, 4: 153.

[45] Bouchet P, et al. Org Magn Reson, 1977, 9: 16.

[46] Farminer A F, Webb G A. J Chem Soc, Perkin Trans Ⅰ, 1976: 940.

[47] Farminer A R, Webb G A. Tetrahedron, 1975, 31: 1521.

[48] PregosinP S, et al. J Chem Soc, Chem Commun, 1971: 399.

[49] MeCarney C C, et al. J Chem Soc, Perkin Trans Ⅱ, 1974: 1381.

[50] Fraser R R, Grindley T B. Can J Chem, 1975, 53: 2465.

[51] Sterk H, et al. Org Magn Reson, 1975, 7: 274.

[52] Buchanan G W, Montaudo G, Finocckiaro P. Can J Chem, 1974, 52: 767.

[53] Sarneski J E, et al. Anal Chem, 1975, 47: 2116.

[54] Batchelor J G, et al. J Magn Reson, 1977, 28: 123.

[55] Eggert H, Djerassi C. J Am Chem Soc, 1973, 95: 3710.

[56] Lapper R D, Mantsch H H, Smith L C P. Can J Chem,1975, 53: 2406.

[57] Kiyooko S, et al. Bull Chem Soc Jpn, 1974, 47: 2081.

[58] Liaa E, et al. Org Magn Reson, 1973, 5: 429.

[59] Dabrowski J, et al. Org Magn Reson, 1974, 6: 499.

[60] Naulet N, et al. Org Magn Reson, 1975, 7: 326.

[61] Jackman L M, Jen T. J Am Chem Soc, 1975, 97: 2811.

[62] Molyneux R J, Wong R Y. Tetrahedron, 1977, 33: 1931.

[63] Sauers C K, et al. J Am Chem Soc, 1975, 97: 7731.

[64] Leibfritz D. Chem Ber, 1975, 108: 3014.

[65] Hawkes G E, Herwig K, Roberts D. J Org Chem, 1974, 39: 1017.

[66] Casanova J, Zahra J P. Tetrahedron Lett, 1977: 1773.

[67] Lichter R L, et al. J Chem Soc, Chem Commun, 1977: 366.

[68] Kaba R A, Lunazzi L, Lindsay D, et al. J Am Chem Soc, 1975, 97: 6762.

第七节 含卤素、硫和磷化合物的 ^{13}C NMR 化学位移

一、卤代化合物的 ^{13}C NMR 化学位移

1. 脂肪卤族化合物的 ^{13}C NMR 化学位移

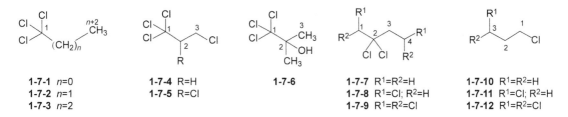

1-7-1 n=0
1-7-2 n=1
1-7-3 n=2

1-7-4 R=H
1-7-5 R=Cl

1-7-6

1-7-7 R^1=R^2=H
1-7-8 R^1=Cl; R^2=H
1-7-9 R^1=R^2=Cl

1-7-10 R^1=R^2=H
1-7-11 R^1=Cl; R^2=H
1-7-12 R^1=R^2=Cl

表 1-7-1 脂肪卤族化合物 **1-7-1~1-7-12** 的 ^{13}C NMR 化学位移数据[1,2]

C	1-7-1	1-7-2	1-7-3	1-7-4	1-7-5	1-7-6	1-7-7	1-7-8	1-7-9	1-7-10	1-7-11	1-7-12
1	95.3	101.2	99.6	96.3	98.2	109.1	36.7	54.0	77.5	46.7	42.2	40.1
2	45.5	49.0	56.8	56.8	73.4	81.1	91.1	87.7	89.4	26.5	35.6	45.3
3		10.8	19.6	38.5	45.3	24.1	42.7	46.2	54.1	11.5	42.2	70.1
4			12.5				9.8	38.6	67.4			

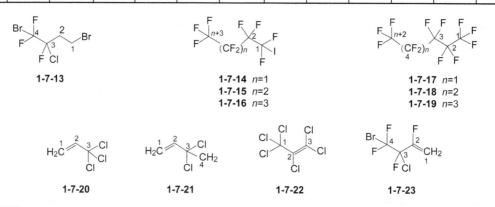

1-7-13

1-7-14 *n*=1
1-7-15 *n*=2
1-7-16 *n*=3

1-7-17 *n*=1
1-7-18 *n*=2
1-7-19 *n*=3

1-7-20   **1-7-21**   **1-7-22**   **1-7-23**

表 1-7-2 脂肪卤族化合物 **1-7-13~1-7-23** 的 ^{13}C NMR 化学位移数据[1,3~6]

C	1-7-13	1-7-14	1-7-15	1-7-16	1-7-17	1-7-18	1-7-19	1-7-20	1-7-21	1-7-22	1-7-23
1	22.3	93.6	93.9	94.0	118.5	118.5	118.5	115.6	113.8	92.8	122.5
2	40.4	109.5	109.9	109.9	109.8	109.9	109.9	141.2	141.6	127.1	130.4
3	110.3	108.9	111.1	111.2	111.1	111.6	111.7	94.5	85.5	132.1	107.7
4	119.7	118.4	109.9	111.7			112.1		36.4		119.4
5			118.5	109.9							
6				118 7							

注：化合物 **1-7-14**～**1-7-19** 在 C_6F_6 中测定。

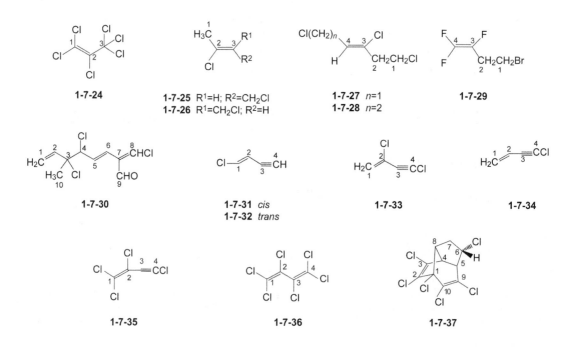

1-7-24

1-7-25 R1=H; R2=CH2Cl
1-7-26 R1=CH2Cl; R2=H

1-7-27 *n*=1
1-7-28 *n*=2

1-7-29

1-7-30

1-7-31 *cis*
1-7-32 *trans*

1-7-33

1-7-34

1-7-35   **1-7-36**   **1-7-37**

表 1-7-3　脂肪卤族化合物 **1-7-24~1-7-37** 的 ^{13}C NMR 化学位移数据[5,7~11]

C	1-7-24	1-7-25	1-7-26	1-7-27	1-7-28	1-7-29	1-7-30	1-7-31	1-7-32	1-7-33	1-7-34	1-7-35	1-7-36	1-7-37
1	128.1	25.8	20.5	41.0	41.1	26.9	116.3	130.9	133.0	124.5	129.4	129.5	127.0	81.2
2	132.5	135.2	136.0	41.6	41.9	30.4	122.5	112.4	114.0	120.1	116.8	112.9	124.2	127.7
3	93.3	121.6	123.2	134.6	130.7	127.7	71.5	87.5	82.1	81.2	69.2	63.9		138.1
4				124.3	126.7	155.2	69.5	78.1	79.2	80.3	68.6	79.8		53.6
5				39.3	30.9		134.0							55.7
6					25.5		139.5							63.4
7					43.7		137.3							33.9
8							143.9							59.8
9							189.3							134.1
10							24.6							126.6
R		39.9	39.4											

注：化合物 **1-7-31**～**1-7-34** 在 $(CD_3)_2CO$ 中测定。

2. 芳香卤族化合物的 ^{13}C NMR 化学位移

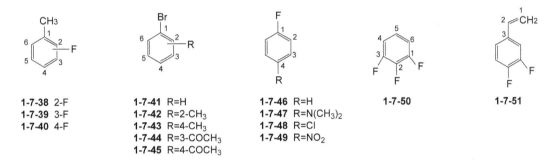

1-7-38 2-F	**1-7-41** R=H	**1-7-46** R=H	**1-7-50**	**1-7-51**
1-7-39 3-F	**1-7-42** R=2-CH₃	**1-7-47** R=N(CH₃)₂		
1-7-40 4-F	**1-7-43** R=4-CH₃	**1-7-48** R=Cl		
	1-7-44 R=3-COCH₃	**1-7-49** R=NO₂		
	1-7-45 R=4-COCH₃			

表 1-7-4　芳香卤族化合物 **1-7-38~1-7-51** 的 ^{13}C NMR 化学位移数据[12~16]

C	1-7-38	1-7-39	1-7-40	1-7-41	1-7-42	1-7-43	1-7-44	1-7-45	1-7-46	1-7-47	1-7-48	1-7-49	1-7-50	1-7-51
1	122.8	138.5	132.2	118.7	121.3	115.3	118.9	124.7	163.6	156.2	161.9	166.3	153.31	115.7
2	159.9	113.9	129.3	128.1	134.6	127.7	127.2	128.5	115.5	114.2	116.9	116.6	141.31	132.6
3	113.8	159.9	114.0	126.5	127.3	127.3	135.2	126.6	130.4	115.6	130.2	126.5	113.58	137.8
4	126.6	110.3	159.6	123.2	123.6	133.3	123.3	132.7	124.5	148.3	129.7	144.9	124.77	
5	122.8	128.4			123.6		126.9							
6	130.6	123.8			129.0		132.2							

注：化合物 **1-7-38**～**1-7-40** 在 $(CH_3)_2SO$ 中测定；**1-7-41**～**1-7-45** 在 C_2H_5OH 中测定；**1-7-50** 在 $(CD_3)_2CO$ 中测定；**1-7-51** 在 CS_2 中测定。

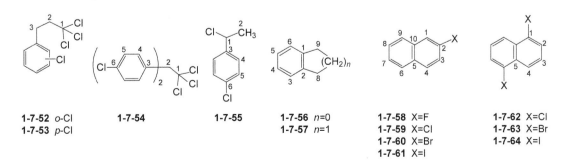

1-7-52 o-Cl	**1-7-54**	**1-7-55**	**1-7-56** n=0	**1-7-62** X=Cl
1-7-53 p-Cl			**1-7-57** n=1	**1-7-63** X=Br
			1-7-58 X=F	**1-7-64** X=I
			1-7-59 X=Cl	
			1-7-60 X=Br	
			1-7-61 X=I	

表 1-7-5 芳香卤族化合物 1-7-52~1-7-64 的 ^{13}C NMR 化学位移数据[1,2,17,18]

C	1-7-52	1-7-53	1-7-54	1-7-55	1-7-56	1-7-57	1-7-58	1-7-59	1-7-60	1-7-61	1-7-62	1-7-63	1-7-64
1	99.0	99.0	100.9	73.9	148.9	148.1	111.4	127.2	130.6	137.2	132.7	123.3	100.0
2	54.5	56.4	69.8	60.8	129.6	130.1	161.4	131.9	120.1	91.8	128.2	132.1	139.9
3	30.9	32.1	134.0	133.5	156.5	160.0	116.7	127.2	129.8	134.9	128.2	128.9	129.7
4			129.0	128.8	113.8	112.8	131.4	130.5	130.7	130.3	124.4	128.0	134.3
5			131.0	129.7	129.2	128.2	131.5	132.6	132.8	132.8	132.6	133.8	135.5
6			136.0	137.5	119.1	120.0	128.7	128.5	128.6	128.5			
7					27.1	28.8	126.0	127.0	127.2	127.2			
8					30.0	33.3	127.8	127.8	127.8	127.4			
9						25.5	128.1	127.8	127.8	127.4			
10							135.1	134.9	135.4	135.7			

注：化合物 1-7-58～1-7-64 在 $(CD_3)_2CO$ 中测定。

二、含硫化合物的 ^{13}C NMR 化学位移

1. 硫醇和硫醚化合物的 ^{13}C NMR 化学位移

1-7-65 n=1
1-7-66 n=2

1-7-67 n=0
1-7-68 n=1

1-7-69 R^1=SCH$_3$; R^2=H
1-7-70 R^1=H; R^2=SCH$_3$

1-7-71

1-7-72

1-7-73 n=1
1-7-74 n=2
1-7-75 n=3

1-7-76 n=1
1-7-77 n=2

表 1-7-6 硫醇和硫醚化合物 1-7-65~1-7-77 的 ^{13}C NMR 化学位移数据[19~21]

C	1-7-65	1-7-66	1-7-67	1-7-68	1-7-69	1-7-70	1-7-71	1-7-72	1-7-73	1-7-74	1-7-75	1-7-76	1-7-77
1	26.4	24.6	28.6	22.8			24.7	24.8	19.3	25.5	34.3	29.6	29.2
2	27.6	37.1		37.5	106.7	105.4	38.8	36.0		14.8	23.2	30.8	30.8
3	12.6	22.3					22.5	30.5			13.7	35.0	32.2
4		13.9			70.1	70.6	13.6	29.4				61.1	28.6
5					42.2	39.6							61.1
7					32.6	32.5							
8					17.0	17.0							

注：化合物 1-7-65、1-7-66 和 1-7-71 在 CD_3OD 中测定；化合物 1-7-67、1-7-68、1-7-72、1-7-76 和 1-7-77 在 C_6D_6 中测定。

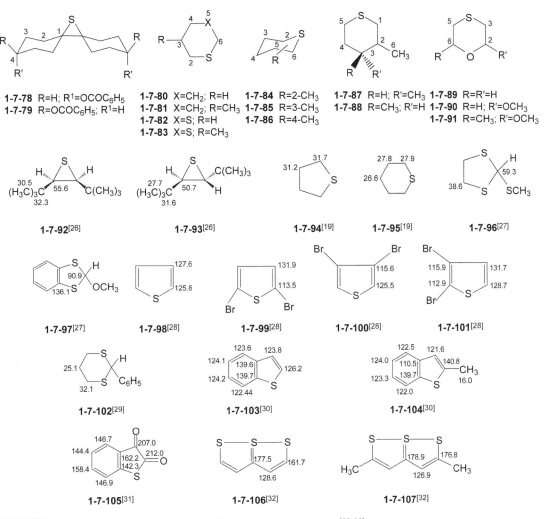

1-7-78 R=H; R¹=OCOC₆H₅
1-7-79 R=OCOC₆H₅; R¹=H

1-7-80 X=CH₂; R=H
1-7-81 X=CH₂; R=CH₃
1-7-82 X=S; R=H
1-7-83 X=S; R=CH₃

1-7-84 R=2-CH₃
1-7-85 R=3-CH₃
1-7-86 R=4-CH₃

1-7-87 R=H; R'=CH₃
1-7-88 R=CH₃; R'=H

1-7-89 R=R'=H
1-7-90 R=H; R'=OCH₃
1-7-91 R=CH₃; R'=OCH₃

1-7-92[26]   **1-7-93**[26]   **1-7-94**[19]   **1-7-95**[19]   **1-7-96**[27]

1-7-97[27]   **1-7-98**[28]   **1-7-99**[28]   **1-7-100**[28]   **1-7-101**[28]

1-7-102[29]   **1-7-103**[30]   **1-7-104**[30]

1-7-105[31]   **1-7-106**[32]   **1-7-107**[32]

表 1-7-7 硫醚化合物 **1-7-78~1-7-91** 的 ^{13}C NMR 化学位移数据[22-25]

C	1-7-78	1-7-79	1-7-80	1-7-81	1-7-82	1-7-83	1-7-84	1-7-85	1-7-86	1-7-87	1-7-88	1-7-89	1-7-90	1-7-91
1	59.8	58.6									34.2	35.9			
2	28.9	31.0	29.1	41.1	28.9	41.9	37.3	35.8	28.8	34.0	39.9	68.5	98.9	95.1
3	30.3	31.5	27.8	29.7	26.2	26.8	36.6	33.2	36.0	24.1	38.7	27.0	30.2	29.3
4	70.0	72.1	26.5	39.3			26.4	34.9	32.3	31.2	36.7			
5				33.8			29.4	27.8		26.8	28.8		26.0	31.9
6			28.7	30.9	31.5	21.9	28.5		14.3	20.1		65.1	64.3
R				28.3		27.5	21.9	22.7	23.0		20.6			21.5
R'										17.5			55.3	54.6

注：化合物 **1-7-80** 和 **1-7-81** 在 DMSO-d_6 中测定。

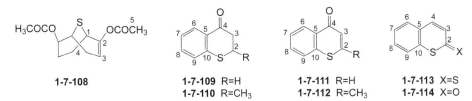

1-7-108

1-7-109 R=H
1-7-110 R=CH₃

1-7-111 R=H
1-7-112 R=CH₃

1-7-113 X=S
1-7-114 X=O

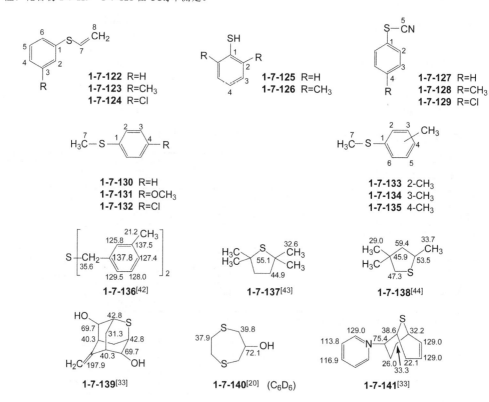

1-7-115 5-取代
1-7-116 4-取代

1-7-117 R=H
1-7-118 R=OCH₃

1-7-119 R=H
1-7-120 R=NH₂
1-7-121 R=Cl

表 1-7-8 硫醚化合物 **1-7-108~1-7-121** 的 ¹³C NMR 化学位移数据[33~37]

C	1-7-108	1-7-109	1-7-110	1-7-111	1-7-112	1-7-113	1-7-114	1-7-115	1-7-116	1-7-117	1-7-118	1-7-119	1-7-120	1-7-121
1	33.1											114.6	110.6	115.5
2		26.6	36.2	137.9	151.0	209.0	185.4					132.2	134.7	131.7
3	113.1	39.5	47.6	126.6	124.6	136.0	126.0	193.9	193.3	215.6	214.8	134.3	119.2	132.7
4	31.5	193.8	193.9	179.4	179.9	131.4	143.7	117.7	131.8	136.0	134.4	130.5	134.7	131.7
5	20.9	130.9	130.2	132.2	130.5	128.0	126.2	170.2	150.1	172.8	173.0	128.7	115.2	129.0
6		129.1	128.8	128.5	128.2	130.3	130.0	132.4	133.9	131.7	124.0	126.7	146.3	133.3
7		124.9	124.6	125.7	125.9	123.4	124.2	126.4	127.5	126.9	128.5			
8		133.1	133.1	131.4	131.2	134.4	131.6	129.4	128.7	129.6	114.9			
9		127.5	127.3	127.7	127.3	127.7	126.5	131.8	128.7	132.2	162.9			
10		142.1	141.6	137.5	137.4	140.3	137.7							
R											55.6			

注：化合物 **1-7-119~1-7-121** 在 CCl₄ 中测定。

1-7-122 R=H
1-7-123 R=CH₃
1-7-124 R=Cl

1-7-125 R=H
1-7-126 R=CH₃

1-7-127 R=H
1-7-128 R=CH₃
1-7-129 R=Cl

1-7-130 R=H
1-7-131 R=OCH₃
1-7-132 R=Cl

1-7-133 2-CH₃
1-7-134 3-CH₃
1-7-135 4-CH₃

1-7-136[42]

1-7-137[43]

1-7-138[44]

1-7-139[33]

1-7-140[20] (C₆D₆)

1-7-141[33]

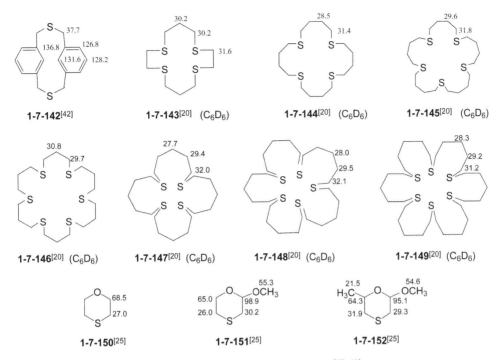

表 1-7-9 硫醚化合物 1-7-122~1-7-135 的 ¹³C NMR 化学位移数据[38~41]

C	1-7-122	1-7-123	1-7-124	1-7-125	1-7-126	1-7-127	1-7-128	1-7-129	1-7-130	1-7-131	1-7-132	1-7-133	1-7-134	1-7-135
1	135.2	135.1	138.0	130.7	127.0	124.8	121.4	123.9	138.6	129.2	137.3	137.8	138.6	135.1
2	131.3	131.9	130.1	128.9	134.3	131.0	131.7	132.7	126.8	130.3	128.2	136.0	127.9	127.8
3	129.9	139.5	135.8	129.2	128.8	130.7	131.1	131.2	128.8	114.8	128.9	129.9	138.5	129.6
4	127.7	128.4	127.8	125.4	134.5	130.7	140.8	136.5	125.0	158.5	131.1	124.8	126.1	134.9
5		129.9	131.0			111.9	111.6	110.9				125.4	128.8	
6		128.8	128.4									126.6	124.3	
7	132.5	133.2	131.5						15.9	16.1	16.1	19.9	21.2	20.8
8	116.3	115.8	118.4											
R		22.5					21.9					16.0	16.1	16.5

2. 亚砜类和砜类化合物的 ¹³C NMR 化学位移

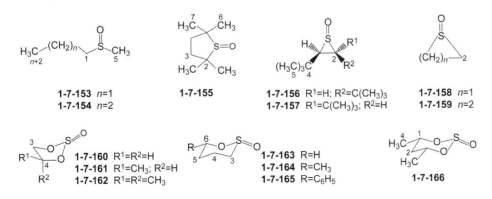

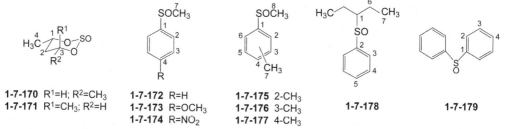

1-7-167[48]   1-7-168[49]   1-7-169[49]

表 1-7-10 亚砜类化合物 1-7-153~1-7-166 的 ^{13}C NMR 化学位移数据[19,26,43,45~47]

C	1-7-153	1-7-154	1-7-155	1-7-156	1-7-157	1-7-158	1-7-159	1-7-160	1-7-161	1-7-162	1-7-163	1-7-164	1-7-165	1-7-166
1	58.5	54.5												73.7
2	16.1	24.5	63.2	71.4	53.8	54.3	48.2							38.7
3	13.3	22.0	39.4			25.4	18.2	67.6	80.2	89.2	49.5	48.7	48.8	
4		13.7		31.8	33.2		24.5		70.9	70.9	13.6	14.3	14.8	21.3
5	38.6	38.6		30.8	30.8						24.5	32.0	31.9	
6			26.0								58.3	65.2	69.9	
7			21.8											
R									18.7	26.4				

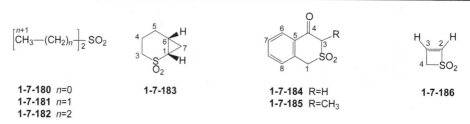

1-7-170 R^1=H; R^2=CH$_3$ 1-7-172 R=H   1-7-175 2-CH$_3$ 1-7-178   1-7-179
1-7-171 R^1=CH$_3$; R^2=H   1-7-173 R=OCH$_3$ 1-7-176 3-CH$_3$
                                 1-7-174 R=NO$_2$ 1-7-177 4-CH$_3$

表 1-7-11 亚砜类化合物 1-7-170~1-7-179 的 ^{13}C NMR 化学位移数据[34,41,47,50]

C	1-7-170	1-7-171	1-7-172	1-7-173	1-7-174	1-7-175	1-7-176	1-7-177	1-7-178	1-7-179
1	64.6	62.2	146.3	137.4	154.0	144.2	145.9	143.4	89.5	145.7
2	40.7	37.9	123.6	125.5	124.9	134.0	123.7	123.7	141.6	124.7
3	64.6	71.5	129.4	115.0	124.6	130.7	139.4	130.1	123.2	129.2
4	21.1	21.0	131.0	162.2	150.1	130.6	131.6	141.5	128.8	131.0
5						127.5	129.2		125.9	
6						123.1	120.6		33.4	
7			44.0	44.0	42.2	18.4	21.3	21.3	23.6	
8						42.2	43.9	44.1		
R	21.1	22.4		55.6						

$\left[\begin{smallmatrix}n+1\\ CH_3\end{smallmatrix}-(CH_2)_n-\right]_2 SO_2$

1-7-180 n=0   1-7-183   1-7-184 R=H   1-7-186
1-7-181 n=1   1-7-185 R=CH$_3$
1-7-182 n=2

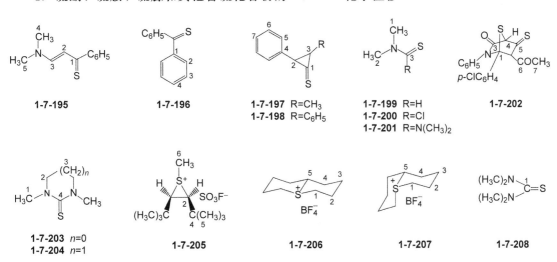

表 1-7-12 砜类化合物 1-7-180~1-7-193 的 ${}^{13}C$ NMR 化学位移数据[19,34,41,50]

C	1-7-180	1-7-181	1-7-182	1-7-183	1-7-184	1-7-185	1-7-186	1-7-187	1-7-188	1-7-189	1-7-190	1-7-191	1-7-192	1-7-193
1	42.6	46.2	54.5	34.9	55.5	50.1		141.0	132.5	146.9	139.6	141.1	138.5	141.6
2		6.6	15.5				148.2	127.2	129.5	128.9	137.8	127.7	127.5	127.6
3			13.2	51.7	62.4	68.2	138.6	129.3	114.6	124.6	132.4	139.7	130.0	129.3
4				21.2	186.5	192.5	72.8	133.5	163.8	151.3	133.6	134.4	144.6	133.2
5				18.1	130.9	129.5					126.9	129.3		
6				17.5							129.3	124.5		
7				10.2	135.6	134.6		44.3	44.8	44.3	20.0	21.2	21.5	
8					132.7	131.1					43.7	44.5	44.6	
R									55.7					

3. 硫酮、硫胺、硫脲和其他含硫化合物的 ${}^{13}C$ NMR 化学位移

表 1-7-13 硫酮等化合物 1-7-195~1-7-208 的 ${}^{13}C$ NMR 化学位移数据[34,36,52~57]

C	1-7-195	1-7-196	1-7-197	1-7-198	1-7-199	1-7-200	1-7-201	1-7-202	1-7-203	1-7-204	1-7-205	1-7-206	1-7-207	1-7-208
1	211.0	147.2	181.4	177.6	37.2	45.0	43.2	125.8	34.9	43.3		38.3	30.7	180.8
2	111.0	129.5	160.4	153.4	45.4	45.6	43.2		49.3	48.9	76.2	23.9	20.0	
3	157.5	127.9	159.3	153.4	188.1	175.1	194.0	156.8		21.3		23.5	19.9	
4	38.5	131.9	122.4	122.4				110.3	182.9	179.6	34.2	30.7	26.1	
5	46.4		131.9	132.1				184.5			30.8	53.3	42.6	

续表

C	1-7-195	1-7-196	1-7-197	1-7-198	1-7-199	1-7-200	1-7-201	1-7-202	1-7-203	1-7-204	1-7-205	1-7-206	1-7-207	1-7-208
6			129.5	129.5				169.4			27.6			
7			133.9	133.9				25.9						
8														
R			11.6											

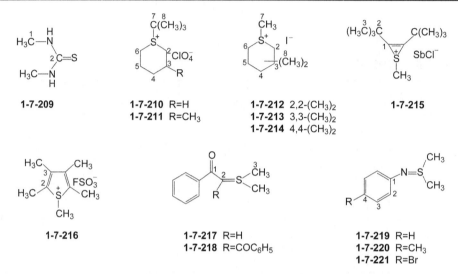

1-7-209　**1-7-210** R=H　**1-7-211** R=CH₃　**1-7-212** 2,2-(CH₃)₂　**1-7-213** 3,3-(CH₃)₂　**1-7-214** 4,4-(CH₃)₂　**1-7-215**

1-7-216　**1-7-217** R=H　**1-7-218** R=COC₆H₅　**1-7-219** R=H　**1-7-220** R=CH₃　**1-7-221** R=Br

表 1-7-14　硫胺及硫脲化合物 1-7-209~1-7-221 的 ¹³C NMR 化学位移数据[53,58~62]

C	1-7-209	1-7-210	1-7-211	1-7-212	1-7-213	1-7-214	1-7-215	1-7-216	1-7-217	1-7-218	1-7-219	1-7-220	1-7-221
1	30.9						115.1		182.3	190.9	154.9	152.0	154.4
2	182.7	33.6	38.1	50.6	51.1	33.9	34.0	28.4	53.2	88.2	117.8	118.3	119.3
3		23.7	30.7	35.3	32.2	32.1	30.6	148.5	28.7	26.9	128.8	129.5	131.3
4		23.7	31.9	19.9	36.6	28.4					116.4	125.8	197.4
5		23.7	23.4	19.6	20.1	32.1							
6		33.6	32.4	35.1	40.4	33.9							
7		56.0	55.9	17.8	25.8	20.8							
8		25.3	25.1	25.9	33.3	28.0							
				23.1	25.7	26.8							
R			25.1										

注：化合物 **1-7-210**～**1-7-214** 在 D₂O 中测定；**1-7-215** 在 CH₂Cl₂ 中测定；**1-7-216** 在 FSO₃H 中测定。

三、含磷化合物的 ¹³C NMR 化学位移

1. 膦化合物的 ¹³C NMR 化学位移

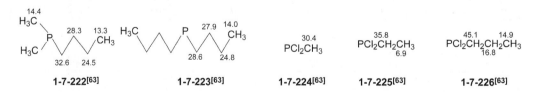

1-7-222[63]　**1-7-223**[63]　**1-7-224**[63]　**1-7-225**[63]　**1-7-226**[63]

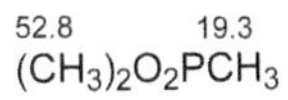

$$\underset{52.8}{(CH_3)_2}O_2P\underset{19.3}{CH_3}$$

1-7-227[63]

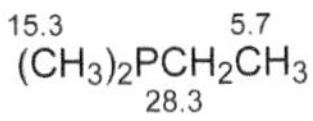

$$\underset{15.3}{(CH_3)_2}PCH_2\underset{28.3}{CH_3}\ ^{5.7}$$

1-7-228[63]

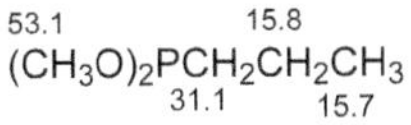

$$\underset{53.1}{(CH_3O)_2}PCH_2\underset{31.1}{CH_2}CH_3\ ^{15.8}_{15.7}$$

1-7-229[63]

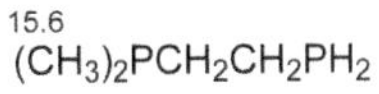

$$\underset{15.6}{(CH_3)_2}PCH_2CH_2PH_2$$

1-7-230[64]

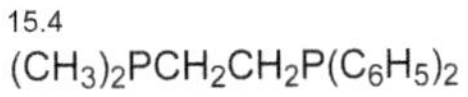

$$\underset{15.4}{(CH_3)_2}PCH_2CH_2P(C_6H_5)_2$$

1-7-231[64]

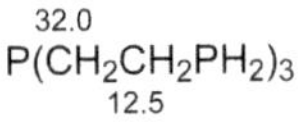

$$\underset{32.0}{P}(CH_2CH_2PH_2)_3\ _{12.5}$$

1-7-232[64]

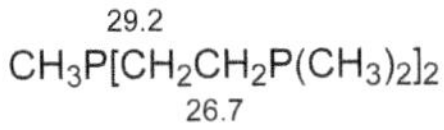

$$CH_3P[CH_2CH_2P(CH_3)_2]_2\ \underset{26.7}{}^{29.2}$$

1-7-233[64]

$$C_6H_5P[CH_2CH_2P(CH_3)_2]_2\ \underset{25.3}{}^{29.2}$$

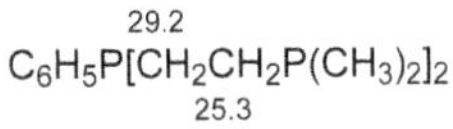

1-7-234[64]

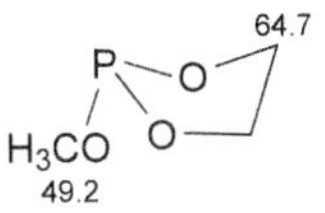

1-7-235[65](D₂O) **1-7-236[65](D₂O)** **1-7-237[65](D₂O)** **1-7-238** 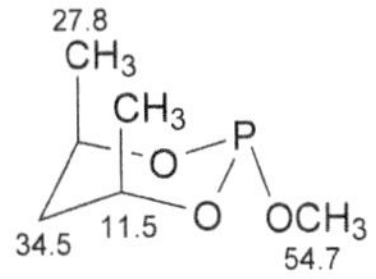 **1-7-239**

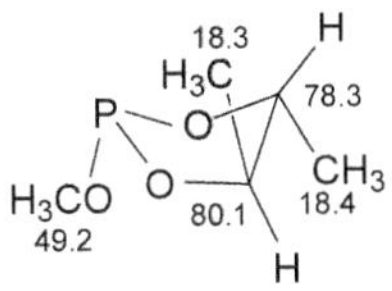

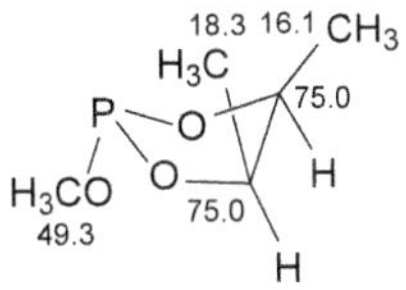

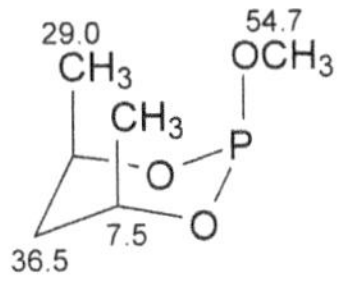

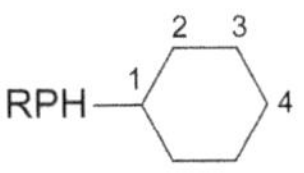

1-7-240 R=H
1-7-241 R=CH₃
1-7-242 R=Cl

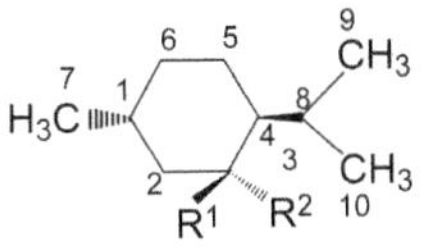

1-7-243 R¹=H,R²=P(C₆H₅)₂
1-7-244 R¹=P(C₆H₅)₂,R²=H

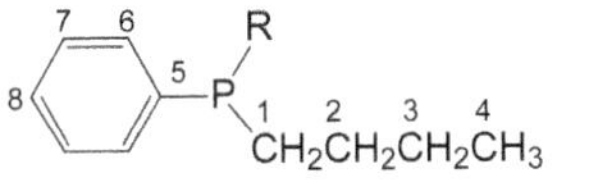

1-7-245 R=CH₂CH₂CH₂CH₃
1-7-246 R=C₆H₅

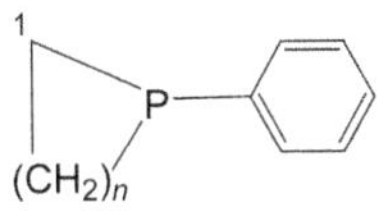

1-7-247 *n*=1
1-7-248 *n*=2
1-7-249 *n*=3
1-7-250 *n*=4

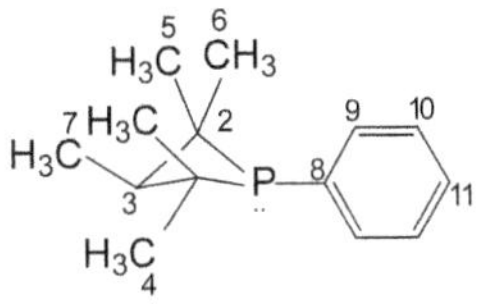

1-7-251

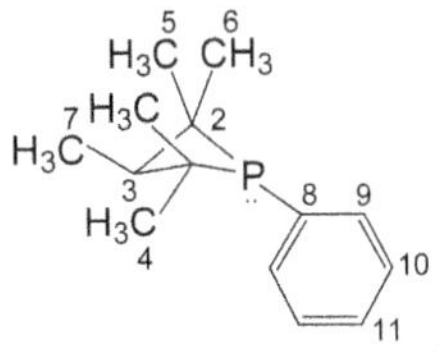

1-7-252

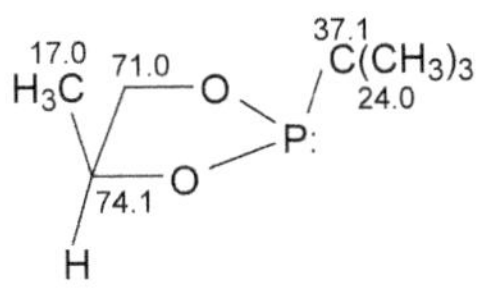

1-7-253[68] 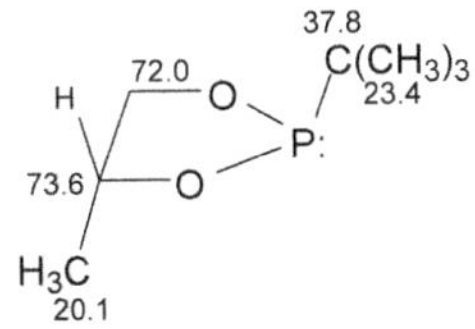 **1-7-254[68]** 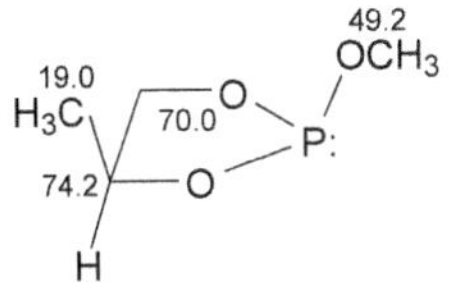 **1-7-255[68]** 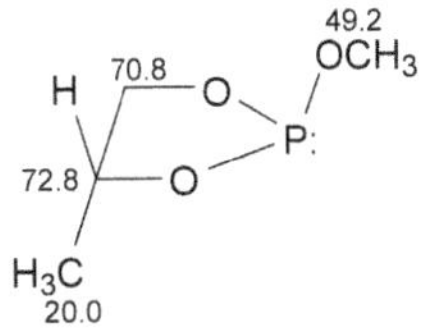 **1-7-256[68]**

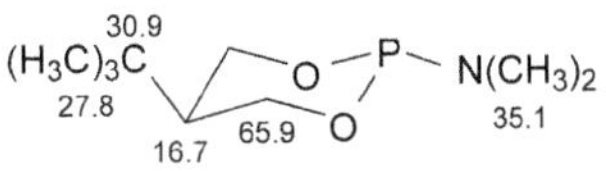

1-7-257

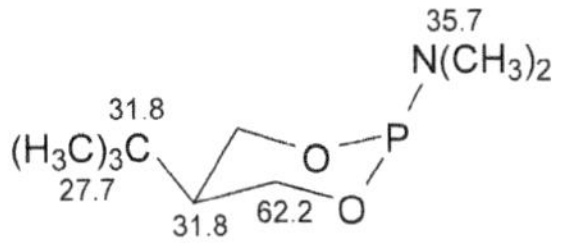

1-7-258

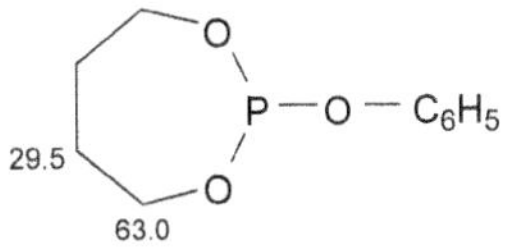

1-7-259[69]

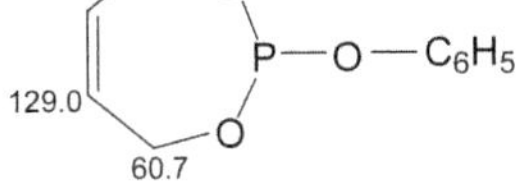

1-7-260[69]

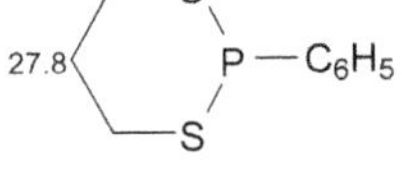

1-7-261[29]

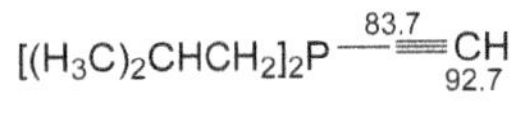

$$[(H_3C)_2CHCH_2]_2P\underset{92.7}{\overset{83.7}{\equiv\!\!=}}CH$$

1-7-262[70]

(C6H5)2P—≡—CH 82.0 / 96.3
1-7-263[71]

(C2H5O)2P—≡—CH 85.0 / 91.8
1-7-264[71]

(C6H5)2P—≡—CH3 75.5 / 105.7 4.8
1-7-265[71]

(C2H5O)2P—≡—CH3 80.8 / 101.6 4.3
1-7-266[71]

1-7-267[71]

1-7-268[72]

1-7-269[73]

1-7-270[73]

1-7-271[73]

1-7-272[72]

1-7-273[74] (CS2)

表 1-7-15 膦化合物 1-7-240~1-7-252 的 ^{13}C NMR 化学位移数据[66,67]

C	1-7-240	1-7-241	1-7-242	1-7-243	1-7-244	1-7-245	1-7-246	1-7-247	1-7-248	1-7-249	1-7-250	1-7-251	1-7-252
1	27.2	39.3	48.5	34.0	27.7	28.5	27.9	11.0	27.2	24.8	29.9		
2	36.0	28.9	25.6	37.9	39.5	28.4	28.1		27.7	23.7	25.2	34.5	30.2
3	27.4	27.0	26.0	38.2	35.8	24.5	24.1			28.0	28.3	49.7	54.0
4	25.9	26.0	25.8	45.7	50.3	13.8	13.7						
5				25.9	26.4	139.8	139.4					20.9	26.2
6				35.3	36.3	132.4	132.6					32.7	26.5
7				22.6	22.7	128.2	128.2					8.1	10.0
8				28.5	30.1	128.4	128.1					140.1	137.7
9				15.5	22.4							129.5	135.1
10				21.7	21.2							127.6	127.6
11												126.2	128.2
R		11.3											

2. 氧化膦类化合物的 ^{13}C NMR 化学位移

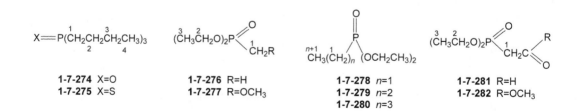

X=P(CH2CH2CH2CH3)3
1-7-274 X=O
1-7-275 X=S

(CH3CH2O)2P(=O)CH2R
1-7-276 R=H
1-7-277 R=OCH3

CH3(CH2)n P(=O)(OCH2CH3)2
1-7-278 n=1
1-7-279 n=2
1-7-280 n=3

(CH3CH2O)2P(=O)CH2C(=O)R
1-7-281 R=H
1-7-282 R=OCH3

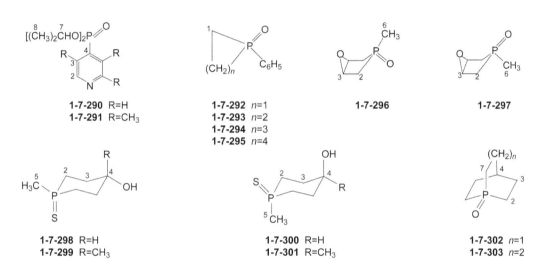

1-7-283 R=CH$_3$
1-7-284 R=Cl
1-7-285
1-7-286 X=O
1-7-287 X=S
1-7-288[81]
1-7-289[82]

表 1-7-16 氧化膦类化合物 **1-7-274~1-7-287** 的 ^{13}C NMR 化学位移数据[63,75~80]

C	1-7-274	1-7-275	1-7-276	1-7-277	1-7-278	1-7-279	1-7-280	1-7-281	1-7-282	1-7-283	1-7-284	1-7-285	1-7-286	1-7-287
1	27.8	30.9	11.6	67.6	19.1	28.2	25.8	43.4	34.3	135.0	134.2	62.4	26.1	30.0
2	24.0	24.6	61.6	62.5	6.8	16.7	25.2	63.0	62.3	129.0	130.1	16.3	35.2	35.1
3	24.4	24.0	17.0	17.0		15.4	24.0	16.7	16.6	128.6	129.7	29.6	95.7	95.8
4	13.6	13.6					13.8			131.5	134.7		14.4	18.9
R										18.0				

注：化合物 **1-7-278~1-7-280** 在丙酮中测定；**1-7-286** 和 **1-7-287** 在 H$_2$O 中测定。

1-7-290 R=H
1-7-291 R=CH$_3$
1-7-292 n=1
1-7-293 n=2
1-7-294 n=3
1-7-295 n=4
1-7-296
1-7-297
1-7-298 R=H
1-7-299 R=CH$_3$
1-7-300 R=H
1-7-301 R=CH$_3$
1-7-302 n=1
1-7-303 n=2

表 1-7-17 氧化膦类及硫化膦类化合物 **1-7-290~1-7-303** 的 ^{13}C NMR 化学位移数据[67,78,81,83,84]

C	1-7-290	1-7-291	1-7-292	1-7-293	1-7-294	1-7-295	1-7-296	1-7-297	1-7-298	1-7-299	1-7-300	1-7-301	1-7-302	1-7-303
1			30.3	28.7	31.8	29.3								
2	150.0	151.7	25.7	22.5	21.7	20.2	30.1	30.8	28.0	29.2	26.9	30.5	18.8	20.9
3	125.2	137.1		27.0	29.6	27.2	53.5	55.0	29.3	35.4	28.8	37.3	28.6	22.3
4	137.8	136.4				23.4			66.1	70.6	65.5	70.1	27.4	27.4
5									17.3	21.6	19.0	17.4		
6							20.4	17.5						
7	71.6	71.5											28.5	
8	24.1	24.5												
R		19.9												

1-7-304 R¹=C₆H₅; R²=O
1-7-305 R¹=O; R²=C₆H₅

1-7-306 R¹=C₆H₅; R²=O
1-7-307 R¹=O; R²=C₆H₅

1-7-308 X=H₂
1-7-309 X=O

1-7-310 R=H
1-7-311 R=CH₃

1-7-312 R=H
1-7-313 R=Cl

1-7-314 R¹=O; R²=CH₃
1-7-315 R¹=CH₃; R²=O

1-7-316 R¹=O; R²=CH₃
1-7-317 R¹=CH₃; R²=O

表 1-7-18 氧化膦类化合物 **1-7-304～1-7-317** 的 ^{13}C NMR 化学位移数据[71,85～89]

C	1-7-304	1-7-305	1-7-306	1-7-307	1-7-308	1-7-309	1-7-310	1-7-311	1-7-312	1-7-313	1-7-314	1-7-315	1-7-316	1-7-317
1			43.4	45.2	28.5	30.8	77.9	74.3						
2	39.9	38.6			26.3	42.8	95.3	105.3	127.9	123.4	37.5	36.1	31.4	30.1
3	26.0	24.8	40.0	40.0	21.6	208.3	131.4	133.2	147.3	150.0	132.7	132.2	112.9	113.8
4	25.0	26.3	43.8	43.8			130.7	130.5	31.6	36.8			144.6	143.5
5	19.3	19.6	37.5	36.9			128.6	128.3	30.3	31.9				
6			31.5	31.1	29.7	29.7	132.5	131.8	22.8	23.7	14.5	12.8		
7			50.1	50.4	20.9	17.1								
8			14.9	13.9										
9			24.1	23.5									39.9	40.8
R								4.7			15.2	6.1	13.6	9.6

注：化合物 **1-7-312** 和 **1-7-313** 在 C₆F₆ 中测定。

3. 磷叶立德、磷盐、膦酯和其他含磷化合物的 ^{13}C NMR 化学位移

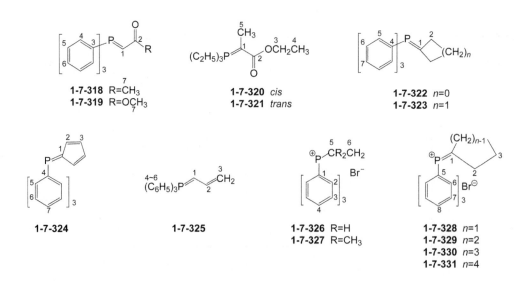

1-7-318 R=CH₃
1-7-319 R=OCH₃

1-7-320 cis
1-7-321 trans

1-7-322 n=0
1-7-323 n=1

1-7-324

1-7-325

1-7-326 R=H
1-7-327 R=CH₃

1-7-328 n=1
1-7-329 n=2
1-7-330 n=3
1-7-331 n=4

表 1-7-19 磷盐等化合物 1-7-318~1-7-331 的 ^{13}C NMR 化学位移数据[90~92]

C	1-7-318	1-7-319	1-7-320	1-7-321	1-7-322	1-7-323	1-7-324	1-7-325	1-7-326	1-7-327	1-7-328	1-7-329	1-7-330	1-7-331
1	51.3	29.8	33.0	31.7	4.3	14.6	78.3	28.7	117.9	117.1	0.4	25.4	29.5	29.8
2	190.5	172.0		175.1	7.7	28.6	117.2	137.9	133.6	134.4	4.9	23.1	28.0	26.4
3	127.4	128.2	37.9	57.4	7.7	22.8	114.6	90.7	130.5	130.9	4.9	20.3	26.4	25.1
4	133.0	133.2	15.5	14.2		131.8	126.6	131.2	135.0	135.3				25.4
5	128.7	129.0	12.2	13.0	132.8	132.5	134.0	133.1	17.0	35.3	118.3	118.0	118.5	117.3
6	131.8	130.1			128.8	128.6	129.2	128.7	6.9	28.2	133.7	133.8	133.7	134.4
7	28.4	49.7			130.8	130.7	133.1	131.3			130.4	130.7	130.3	130.6
8											135.2	135.2	134.8	134.9

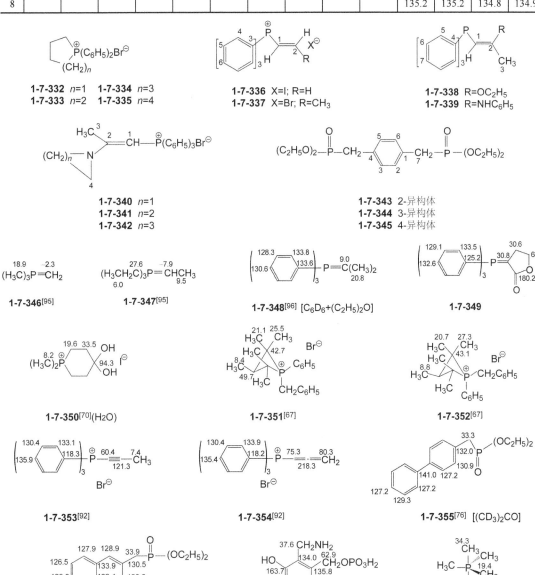

1-7-332 n=1 **1-7-334** n=3
1-7-333 n=2 **1-7-335** n=4

1-7-336 X=I; R=H
1-7-337 X=Br; R=CH$_3$

1-7-338 R=OC$_2$H$_5$
1-7-339 R=NHC$_6$H$_5$

1-7-340 n=1
1-7-341 n=2
1-7-342 n=3

1-7-343 2-异构体
1-7-344 3-异构体
1-7-345 4-异构体

1-7-346[95] **1-7-347**[95] **1-7-348**[96] [C$_6$D$_6$+(C$_2$H$_5$)$_2$O] **1-7-349**

1-7-350[70](H$_2$O) **1-7-351**[67] **1-7-352**[67]

1-7-353[92] **1-7-354**[92] **1-7-355**[76] [(CD$_3$)$_2$CO]

1-7-356[76] [(CD$_3$)$_2$CO] **1-7-357**[97] **1-7-358**

结构式 **1-7-359**[98]（OCH₃ 54.2，OCH₃；60.1，62.7，120.4 CH₂，CH₃ 157.8，101.7，140.4 CH₂）

结构式 **1-7-360**[98]（OCH₃ 54.5；10.6 CH₃；60.4；129.9；CH₃）

结构式 **1-7-361**[96]（138.5，123.4，117.3，151.0，131.2，131.5，132.4，128.4）

结构式 **1-7-362**[99]（(H₃C)₂Si—N=P—；132.6，128.7，136.4，131.3）

结构式 **1-7-363**[96]（H₂C=N—N=P—；137.7，133.2，128.6，129.4，132.0）

表 1-7-20 膦盐等化合物 1-7-332~1-7-345 的 ^{13}C NMR 化学位移数据[19,76,93,94]

C	1-7-332	1-7-333	1-7-334	1-7-335	1-7-336	1-7-337	1-7-338	1-7-339	1-7-340	1-7-341	1-7-342	1-7-343	1-7-344	1-7-345
1	25.4	20.4	22.9	19.9	119.2	110.1	76.5	60.8	80.7	54.3	57.2	131.9	133.1	131.6
2	26.2	21.8	22.1	20.2	145.2	159.5	178.9	163.2	175.8	164.1	162.7		131.9	130.6
3		24.1	27.7	26.6	117.2	118.0	20.6	21.4	22.2	17.5	22.1	131.9		
4				22.7	133.9	133.7	120.9	122.6	28.6	51.5	52.2	127.3	128.7	
5					130.7	130.5	133.0	133.0		49.5	25.5		128.7	
6					135.5	135.2	130.0	130.1			24.9			
7							134.0	134.0				31.3	33.6	33.5
R						21.7								

注：化合物 **1-7-343**～**1-7-345** 在(CD₃)₂CO 中测定。

参 考 文 献

[1] Velichko F K, et al. Org Magn Reson, 1975, 7: 46.

[2] Velichko F K, et al. Org Magn Reson, 1975, 7: 361.

[3] Hinton J F, et al. J Magn Reson,1975, 17: 95.

[4] Ovenall D W, et al. J Magn Reson, 1977, 25: 361.

[5] Chukovskaya E C, et al. Org Magn Reson, 1976, 8: 229.

[6] Hinton J F, et al. J Magn Reson,1974,15: 564.

[7] Buchner W, et al. Org Magn Reson, 1975, 7: 615.

[8] Wilson N K, et al. Org Magn Reson, 1977, 9: 536.

[9] Hinton J F, et al. J Magn Reson, 1973,11: 229.

[10] Kowalewski J, et al. J Magn Reson, 1976, 21: 331.

[11] Crews P. J Org Chem, 1977, 42: 2634.

[12] Sterk H, et al. Org Magn Reson, 1975, 7: 274.

[13] Hinton J F, et al. Org Magn Reson, 1972, 4: 353.

[14] Miyajima G, et al. Org Magn Reson, 1972, 4: 811.

[15] Erust L, et al. J Magn Reson, 1977, 28: 373.

[16] Dhami K S, Stothers J B. Can J Chem, 1965,43: 510.

[17] Adcock W, Gupta B D, Khor T C, et al. J Org Chem, 1976, 41: 751.

[18] Erust L. J Magn Reson, 1975, 20: 544.

[19] Babarella G, et al. Org Magn Reson, 1976, 8:108.

[20] Desimone R E, et al. Org Magn Reson, 1974, 6:583.

[21] Eliel E L, Kandasamy D, Sechrest R C. J Org Chem,1977, 42:1533.

[22] Humphreys D J, Newall C E. J Chem Soc, Perkin Trans Ⅰ, 1978: 45.

[23] DeMember J R, Greenwald R B, Evans D H. J Org Chem, 1977, 42: 3518.

[24] Willer R L, Eliel E L. J Am Chem Soc, 1977, 99: 1925.

[25] Szarek W A, Vyas D M, Sepulchre A M, et al. Can J Chem, 1974, 52: 2041.

[26] Raynolds P, Zonnebelt S, Bakker S. J Am Chem Soc, 1974, 96: 3146.

[27] Sakamoto K, et al. Chem Lett, 1977:1133.

[28] Sone T, et al. Org Magn Reson, 1975, 7: 572.

[29] Martin J, et al. Org Magn Reson, 1975, 7: 76.

[30] Clark P D, et al. Org Magn Reson, 1976, 8: 252.

[31] GalassoV, et al. Org Magn Reson, 1977, 9: 401.

[32] Pedersen C Th, et al. Org Magn Reson, 1974, 6: 586.

[33] McCabe P H, et al. J Magn Reson, 1976, 22: 183.

[34] Chauhan M S, Still I W J. Can J Chem, 1975, 53: 2880.

[35] Still I W J, Plavac N, McKinnon D M, et al. Can J Chem, 1976, 54: 280.

[36] Plavac N, Still I W J, Caunan M S, et al. Can J Chem, 1975, 53: 836.

[37] Reynowski W F, McClelland R A. Can J Chem, 1977, 55:536.

[38] Kajimoto O, et al. Bull Chem Soc Jpn,1973, 46: 1422.

[39] Kalinowski H O, et al. Org Magn Reson, 1975, 7: 128.

[40] Radeeglia R, et al. Org Magn Reson, 1973, 5: 419.

[41] Buchanan G W, Reyes-Zamora C, Clarke D E. Can J Chem, 1974, 52: 3895.

[42] Takemura T, Sato T. Can J Chem, 1976, 54: 3412.

[43] LaLonde R T,Wong C F,Tsai A I-M,et al. Can J Chem, 1976, 54: 3860.

[44] LaLonde R T, Donvito T N, Tsai A I-M. Can J Chem, 1975, 53: 1714.

[45] Buchanan G W, Lellier D G. Can J Chem, 1976, 54: 1428.

[46] Buchanan G W, Sharma N K, Reinach-Hirtzbach F D, et al. Can J Chem, 1977, 55: 44.

[47] Buchanan G W, Stothers J B,Wood G. Can J Chem,1973, 51: 3746.

[48] Tamura Y, Taniguchi H, Miyamoto T, et al. J Org Chem, 1974, 39: 3519.

[49] Chang L L, Denney D B, Denneey D Z, et al. J Am Chem Soc, 1977, 99: 2293.

[50] Levy G C, et al. Org Magn Reson, 1972, 4: 107.

[51] Peterson P E, Brockington R, Dunham M. J Am Chem Soc, 1975, 97: 3517.

[52] Filleux-Blanchard M L, Mabon F,Martin G J. Tetrahedron Lett, 1974: 3907.

[53] Dehmlow E V, et al. Org Magn Reson, 1975, 7: 418.

[54] Kalinowski H O, et al. Org Magn Reson, 1974, 6: 305.

[55] Potts K T, Baum J, Datta S K, et al. J Org Chem,1976, 41:813.

[56] Roush D M, Heathcock C H. J Am Chem Soc,1977, 99: 2337.

[57] Arduengo A J, Burgesss E M. J Am Chem Soc,1976, 98: 5021.

[58] Barbarell G, et al. Org Magn Reson, 1976, 8: 469.

[59] Capozzi G, Lucchini V, Modena G, et al. Tetrahedron Lett,1977:911.

[60] Hogeveen H, Kellogg R M, Kuindersma K A. Tetrahedron Lett, 1973: 3929.

[61] Matsuyama H, et al. Bull Chem Soc Jpn, 1977, 50: 3393.

[62] Kresze G, et al. Org Magn Reson,1976, 8: 170.

[63] Quin L D, et al. Org Magn Reson, 1974, 6: 503.

[64] King R B, et al. J Chem Soc, Perkin Trans Ⅱ, 1976: 938.

[65] Pouchoulin G, et al. Org Magn Reson,1976, 8: 518.

[66] Gordon M D, Quin L D. J Org Chem,1976, 41: 1690.

[67] Gray G A, Cremer S E, Marsi K L. J Am Chem Soc, 1976, 98: 2109.

[68] Bentrude W G, Tan H W. J Am Chem Soc,1976, 98: 1850.

[69] Guimaraes A C, Robert J B. Tetrahedron Lett, 1976: 473.

[70] Wrackmeyer B, et al. Chem Ber, 1977, 110: 1086.

[71] Lequan R-M, et al. Org Magn Reson,1975, 7: 392.

[72] Jongsma C, De Kok J J, Weustink R J M, et al. Tetrahedron, 1977, 33: 205.

[73] Bundgaard T, Jakobsen H J, Dimroth K, et al. Tetrahedron Lett,1974: 3179.

[74] Sorensen S, et al. Org Magn Reson, 1977, 9: 101.

[75] Gray G A. J Am Chem Soc, 1971, 93: 2132.

[76] Ernst L, et al. Org Magn Reson, 1977, 9: 35.

[77] Albright T A, Freeman W J, Schweizer E E. J Org Chem,1975, 40: 3437.

[78] Redmore D. J Org Chem, 1976, 41: 2148.

[79] Colvin E W, Hamill B J. J Chem Soc, Perkin Trans Ⅰ, 1977: 869.

[80] Breen J J, Lee S O, Quin L D. J Org Chem, 1975, 40: 2245.

[81] Symmes C, Quin L D. Tetrahedron Lett, 1976:1853.

[82] Gray G A, Cremer S E. J Org Chem, 1972, 37: 3458.

[83] Quin L D, McPhail A T, Lee S O, et al. Tetrahedron Lett, 1974: 3473.

[84] Wetzel R B, Kenyon G L. J Am Chem Soc, 1974, 96: 5189.

[85] Kashman Y, et al. Tetrahedron Lett, 1976: 2919.

[86] Wiseman J R, Krabbenhoft H O. J Org Chem,1976, 41:589.

[87] Symmes C, Quin L D. J Org Chem, 1976, 41:1548.

[88] Scott G, Hammond P J, Hall C D, et al. J Chem Soc, Perkin Trans Ⅱ, 1977: 882.

[89] Symmes Jr C, Quin L D. J Org Chem, 1976, 41: 239.

[90] Albright T A, Gerdn M D, Freeman W J, et al. J Am Chem Soc,1976, 98: 6249.

[91] Gray G A. J Am Chem Soc, 1973, 95: 7736.

[92] Albright T A, Freeman W J, Schweizer E E. J Am Chem Soc,1977, 95: 2942.

[93] Albright T A, De Voe S V, Freeman W J, et al. J Org Chem, 1975, 40: 1650.

[94] Sohweizer E E, Calcagno M A. J Org Chem, 1977, 42: 2641.

[95] Schmidbaur H, et al. Chem Ber, 1975, 108: 2649.

[96] Albright T A, Freeman T J, Schweizer E E. J Am Chem Soc, 1995, 97: 940.

[97] Lapper R D, Mantsch H H, Smith L C P. Can J Chem, 1975, 53: 2406.

[98] Buono G, Llinas J R. Tetrahedron Lett, 1976: 749.

[99] Albright T A, et al. J Magn Reson, 1975, 41: 2716.

第八节　有机金属化合物与离子化合物的 ^{13}C NMR 化学位移

一、有机金属化合物的 ^{13}C NMR 化学位移

1. 砷和硼化合物的 ^{13}C NMR 化学位移

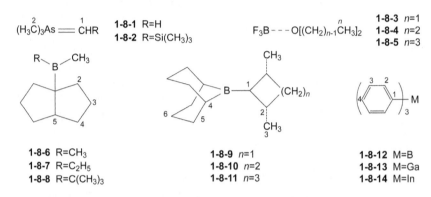

1-8-1 R=H
1-8-2 R=Si(CH$_3$)$_3$

1-8-3 n=1
1-8-4 n=2
1-8-5 n=3

1-8-6 R=CH$_3$
1-8-7 R=C$_2$H$_5$
1-8-8 R=C(CH$_3$)$_3$

1-8-9 n=1
1-8-10 n=2
1-8-11 n=3

1-8-12 M=B
1-8-13 M=Ga
1-8-14 M=In

表 1-8-1 砷和硼化合物 **1-8-1~1-8-14** 的 ^{13}C NMR 化学位移数据[1~5]

C	1-8-1	1-8-2	1-8-3	1-8-4	1-8-5	1-8-6	1-8-7	1-8-8	1-8-9	1-8-10	1-8-11	1-8-12	1-8-13	1-8-14
1	7.6	8.0	60.0	66.1	72.1				52.0	55.1	54.0	143.2	147.3	
2	15.6	17.1		15.5	22.8	36.9	36.8	36.8	29.1	35.8	33.1	138.5	137.9	138.4
3					10.4	26.4	26.3	26.3	23.5	22.3	24.6	127.4	128.2	128.5
4						35.0	35.1	35.0	30.0	31.5	31.7	131.3	129.8	129.2
5						45.9	45.5	46.7	33.2	33.1	34.1			
6									23.4	23.3	23.8			
R		5.0												

2. 钴、铬和铜化合物的 ^{13}C NMR 化学位移

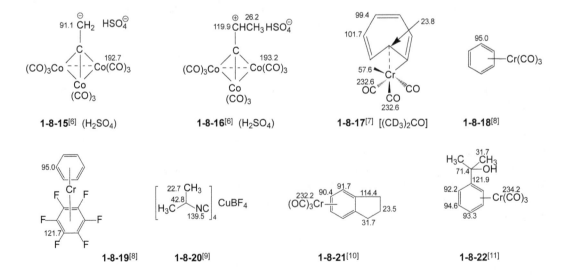

1-8-15[6] (H$_2$SO$_4$)

1-8-16[6] (H$_2$SO$_4$)

1-8-17[7] [(CD$_3$)$_2$CO]

1-8-18[8]

1-8-19[8]

1-8-20[9]

1-8-21[10]

1-8-22[11]

3. 铁化合物的 ¹³C NMR 化学位移

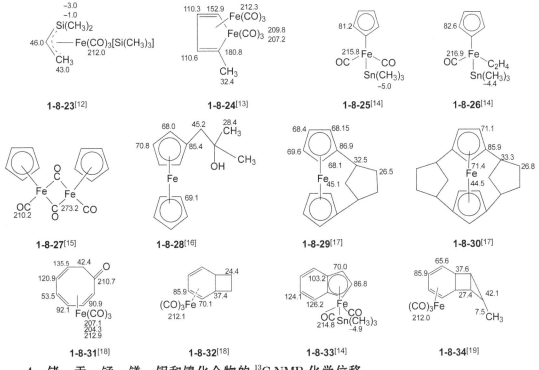

4. 锗、汞、锰、镁、钼和镍化合物的 ¹³C NMR 化学位移

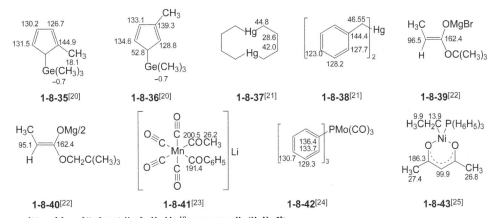

5. 钯、铂、铅和硒化合物的 ¹³C NMR 化学位移

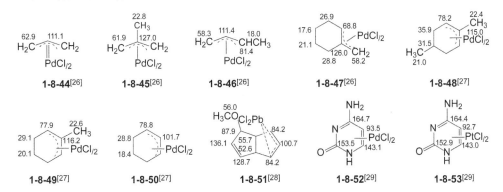

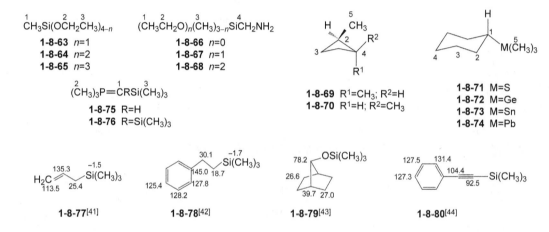

{CH₃Pt[As(CH₃)₂]CH₃NC}⁺PF₆⁻ — $\{CH_3Pt[As(CH_3)_2]CH_3NC\}^{\oplus}PF_6^{\ominus}$

−14.0   9.7   29.5

1-8-55[31]

$\{C_6H_5Pt[As(CH_3)_2]CO\}^{\oplus}PF_6^{\ominus}$
129.0   10.0

1-8-56[32]

$Ru(CO)_{12}(PbC\equiv CPb)$
190.4
197.4

1-8-57[33]

$CH_3SeCl_2CH_2CHClCH_3$
40.8   70.0   53.5   24.5

1-8-58[34]

1-8-59[35]   **1-8-60**[35]   **1-8-61**[35]

$CH_3SeCl_2CH_2CH(CH_3)CH_2Cl$
44.8   70.5   51.8
       14.8

1-8-62[34]

6. 硅化合物的 ¹³C NMR 化学位移

$CH_3Si(OCH_2CH_3)_{4-n}$

1-8-63 $n=1$
1-8-64 $n=2$
1-8-65 $n=3$

$(CH_3CH_2O)_n(CH_3)_{3-n}SiCH_2NH_2$

1-8-66 $n=0$
1-8-67 $n=1$
1-8-68 $n=2$

1-8-69 R¹=CH₃; R²=H
1-8-70 R¹=H; R²=CH₃

1-8-71 M=S
1-8-72 M=Ge
1-8-73 M=Sn
1-8-74 M=Pb

$(CH_3)_3P=CRSi(CH_3)_3$

1-8-75 R=H
1-8-76 R=Si(CH₃)₃

1-8-77[41]   **1-8-78**[42]   **1-8-79**[43]   **1-8-80**[44]

表 1-8-2 硅化合物 **1-8-63~1-8-76** 的 ¹³C NMR 化学位移数据[36~40]

C	1-8-63	1-8-64	1-8-65	1-8-66	1-8-67	1-8-68	1-8-69	1-8-70	1-8-71	1-8-72	1-8-73	1-8-74	1-8-75	1-8-76
1	−6.9	−3.1	−0.5		18.9	18.5			26.4	27.9	24.8	35.0	0.7	0.3
2	58.3	58.0	57.8		58.6	58.3	23.1	20.4	27.5	28.8	30.9	33.7	20.0	21.4
3	18.5	18.6	18.7	−3.0	−3.2	−6.0	28.4	29.6	28.4	28.3	29.0	30.1	4.8	6.7
4				31.6	31.3	28.7	9.0	9.0	27.1	27.1	26.9	26.8		
5							17.3	15.6	−3.6	−4.5	−11.9	−5.3		
R							−2.3							

注：化合物 **1-8-63~1-8-65** 在 C₆D₆ 中测定。

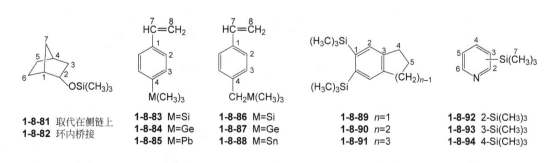

1-8-81 取代在侧链上
1-8-82 环内桥接

1-8-83 M=Si
1-8-84 M=Ge
1-8-85 M=Pb

1-8-86 M=Si
1-8-87 M=Ge
1-8-88 M=Sn

1-8-89 $n=1$
1-8-90 $n=2$
1-8-91 $n=3$

1-8-92 2-Si(CH₃)₃
1-8-93 3-Si(CH₃)₃
1-8-94 4-Si(CH₃)₃

表 1-8-3 硅化合物 **1-8-81~1-8-94** 的 ^{13}C NMR 化学位移数据[43,45~47]

C	1-8-81	1-8-82	1-8-83	1-8-84	1-8-85	1-8-86	1-8-87	1-8-88	1-8-89	1-8-90	1-8-91	1-8-92	1-8-93	1-8-94
1	43.8	42.1	137.9	137.3	136.7	133.4	133.4	132.7	144.3	143.4	142.4			
2	73.4	71.2	125.4	125.6	126.1	126.0	126.0	126.2	129.1	131.6	136.8	168.2	152.5	147.0
3	41.2	38.4	133.2	132.7	135.3	127.8	127.4	126.5	145.9	143.9	136.9	128.3	132.8	126.1
4	35.5	37.7	139.3	141.4	148.1	139.5	140.4	142.2	30.2	32.9	29.3	133.5	138.9	147.8
5	28.6	29.9							2.4	24.9	23.3	122.5	121.4	
6	24.7	20.1							2.2	2.0	150.1	148.6		
7	35.5	40.1	137.0	137.0	137.1	136.8	136.8	136.8				−1.8	−3.0	−3.8
8			113.4	113.2	113.0	111.6	111.5	111.2						

注：化合物 **1-8-81** 和 **1-8-82** 在 CCl$_4$ 中测定。

7. 锡和铊化合物的 ^{13}C NMR 化学位移

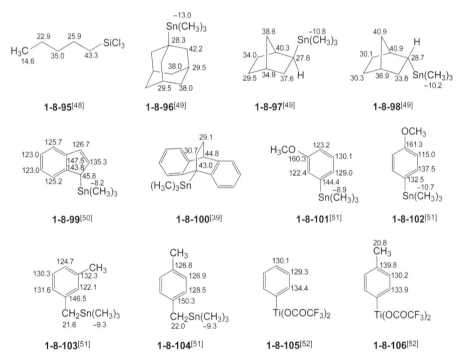

1-8-95[48]　　**1-8-96**[49]　　**1-8-97**[49]　　**1-8-98**[49]

1-8-99[50]　　**1-8-100**[39]　　**1-8-101**[51]　　**1-8-102**[51]

1-8-103[51]　　**1-8-104**[51]　　**1-8-105**[52]　　**1-8-106**[52]

二、离子化合物的 ^{13}C NMR 化学位移

1. 碳正离子化合物的 ^{13}C NMR 化学位移

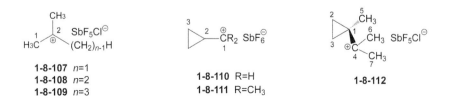

1-8-107 *n*=1
1-8-108 *n*=2
1-8-109 *n*=3

1-8-110 R=H
1-8-111 R=CH$_3$

1-8-112

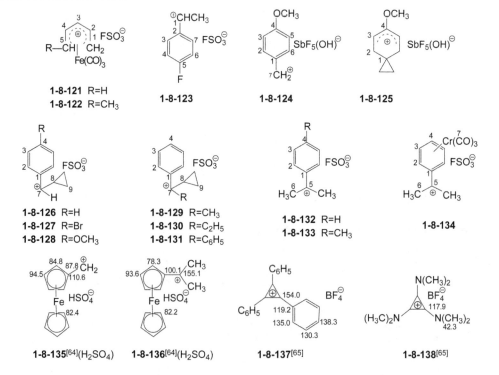

1-8-113 R¹=OH; R²=CH₃
1-8-114 R¹=CH₃; R²=OH

1-8-115

1-8-116

1-8-117

1-8-118

1-8-119 R=H
1-8-120 R=CH₃

表 1-8-4 碳正离子化合物 1-8-107~1-8-120 的 ¹³C NMR 化学位移数据[53~59]

C	1-8-107	1-8-108	1-8-109	1-8-110	1-8-111	1-8-112	1-8-113	1-8-114	1-8-115	1-8-116	1-8-117	1-8-118	1-8-119	1-8-120
1	51.5	47.5	44.6	57.6	281.7	64.7	36.2	33.5	231.3	268.2	43.7	30.7	234.7	212.5
2	320.6	335.2	335.4	108.2	56.4	61.7	32.5	38.9	147.0	146.7	269.0	231.0	142.4	152.4
3			57.5	57.6	53.4					174.0	110.6	144.9		
4			9.3			726.6	236.2	241.9			219.1	236.2		
5						20.4	16.0	17.4			14.0			
6						36.2								
7						31.4								
R					28.8		21.7	28.7						
					38.7									

注：化合物 **1-8-107**～**1-8-109** 在 SbF₅-SO₂ClF-SO₂F₃ 中测定；**1-8-110**～**1-8-116** 在 SbF₅-SO₂ClF 中测定；**1-8-113**、**1-8-114** 和 **1-8-118** 在 SO₂ClF-FSO₃ 中测定；**1-8-115** 和 **1-8-116** 在 FSO₃H-SO₂ 中测定；**1-8-117** 在 FSO₃SbF₅-SO₂ClF 中测定；**1-8-119** 和 **1-8-120** 在 SbF₅-SO₂ClF 中测定。

1-8-121 R=H
1-8-122 R=CH₃

1-8-123

1-8-124

1-8-125

1-8-126 R=H
1-8-127 R=Br
1-8-128 R=OCH₃

1-8-129 R=CH₃
1-8-130 R=C₂H₅
1-8-131 R=C₆H₅

1-8-132 R=H
1-8-133 R=CH₃

1-8-134

1-8-135[64](H₂SO₄)

1-8-136[64](H₂SO₄)

1-8-137[65]

1-8-138[65]

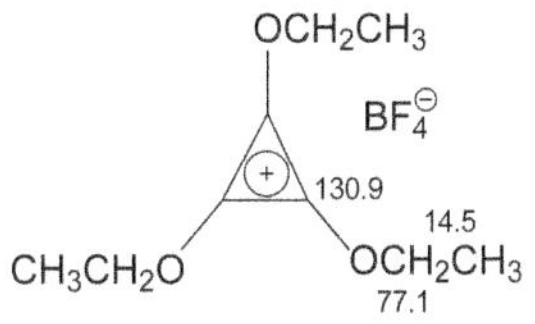

1-8-139[65]

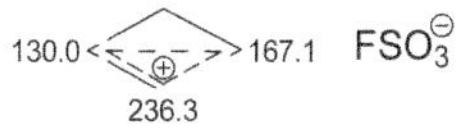

1-8-140[66] (SbF_5–SO_2ClF)

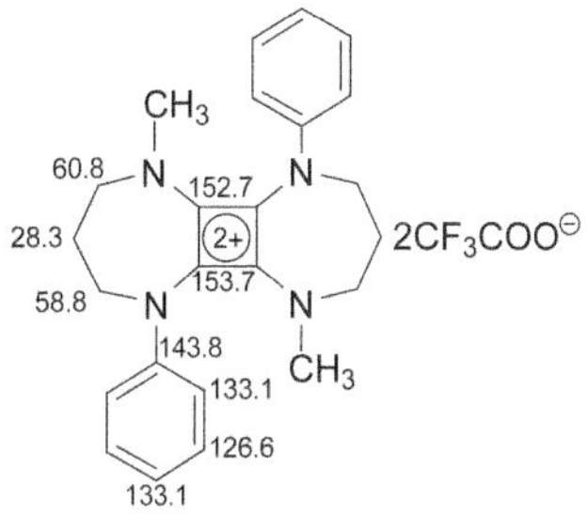

1-8-141[67] (CF_3COOH)

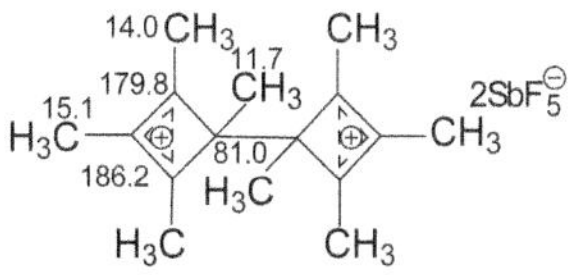

1-8-142[68] (SbF_5–SO_2ClF)

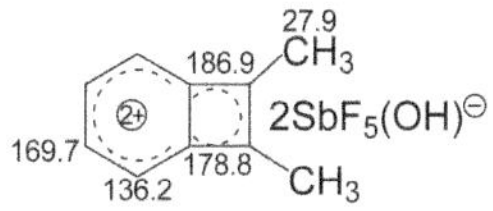

1-8-143[69] (SbF_5–SO_2ClF)

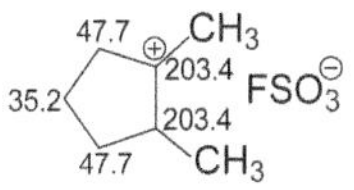

1-8-144[70] (SO_2ClF–FSO_3H)

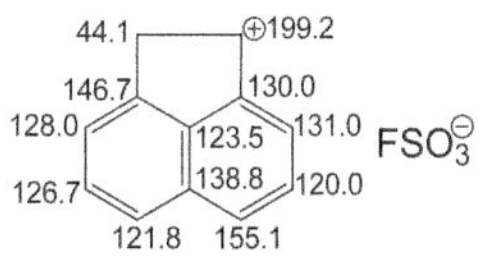

1-8-145[71] (SbF_5–SO_2ClF)

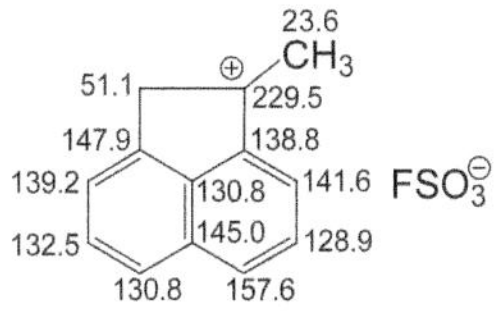

1-8-146[71] (SbF_5–SO_2ClF)

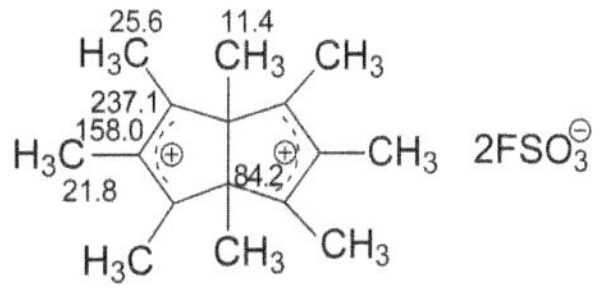

1-8-147[72] (SbF_5–SO_2ClF)

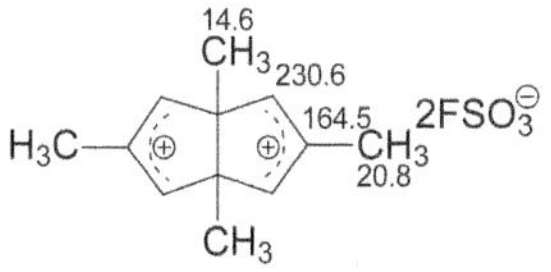

1-8-148[73] (SbF_5–SO_2ClF)

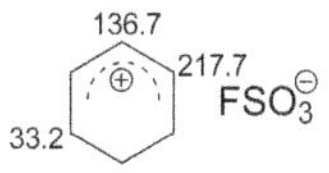

1-8-149[66]

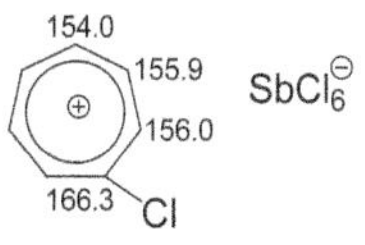

1-8-150[74] (CD_3CN)

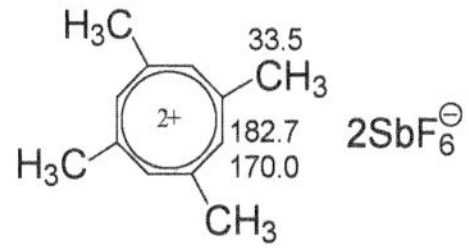

1-8-151[73] (SbF_5–SO_2ClF)

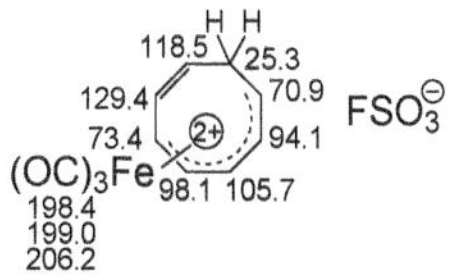

1-8-152[75] (FSO_3H–SO_2ClF)

表 1-8-5 碳正离子化合物 **1-8-121~1-8-134** 的 ^{13}C NMR 化学位移数据[11,60~63]

C	1-8-121	1-8-122	1-8-123	1-8-124	1-8-125	1-8-126	1-8-127	1-8-128	1-8-129	1-8-130	1-8-131	1-8-132	1-8-133	1-8-134
1	65.4	62.2	223.4	140.2	48.7	137.8	135.9	132.8	139.8	135.3	141.9 137.3	140.0	137.7	101.7
2	104.6	103.5	138.6	157.0	173.7	145.2	144.9 136.7	150.4 141.4	134.8	129.6	139.0 134.7	142.4	141.5	99.5
3	98.6	94.8	148.6	126.4	122.7	132.2	135.9 135.3	120.6 117.0	131.2	128.0	131.4 129.9	133.3	133.5	120.7
4		104.1	123.1	188.6	169.7	149.0	144.4	179.1	145.5	136.5	150.2 145.2	155.9	174.4	96.7
5		91.3	183.6	119.0								254.3	242.8	170.9
6	197.3 206.0	198.5 207.5	122.1	151.6								34.9	30.9	24.7

续表

C	1-8-121	1-8-122	1-8-123	1-8-124	1-8-125	1-8-126	1-8-127	1-8-128	1-8-129	1-8-130	1-8-131	1-8-132	1-8-133	1-8-134
7			159.3	168.5		226.3	223.6	208.6	246.2	261.0	235.0			228.4
8						45.1	45.7	30.7	45.8	42.7	40.9			
9						45.1	45.3	29.1	45.0	37.0	35.9			

注：化合物 **1-8-121** 和 **1-8-122** 在 FSO_3H-SO_2 中测定；**1-8-123** 在 FSO_3H-SO_2ClF 中测定；**1-8-126**～**1-8-131** 在 $FSO_3H-SbF_5-SO_2ClF$ 中测定；**1-8-132**～**1-8-134** 在 FSO_3H-SO_2 中测定。

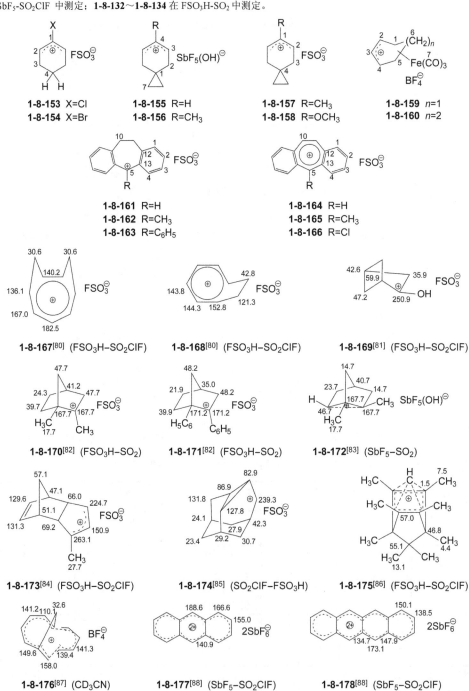

1-8-153 X=Cl
1-8-154 X=Br

1-8-155 R=H
1-8-156 R=CH₃

1-8-157 R=CH₃
1-8-158 R=OCH₃

1-8-159 n=1
1-8-160 n=2

1-8-161 R=H
1-8-162 R=CH₃
1-8-163 R=C₆H₅

1-8-164 R=H
1-8-165 R=CH₃
1-8-166 R=Cl

1-8-167[80] (FSO_3H-SO_2ClF)

1-8-168[80] (FSO_3H-SO_2ClF)

1-8-169[81] (FSO_3H-SO_2ClF)

1-8-170[82] (FSO_3H-SO_2)

1-8-171[82] (FSO_3H-SO_2)

1-8-172[83] (SbF_5-SO_2)

1-8-173[84] (FSO_3H-SO_2ClF)

1-8-174[85] ($SO_2ClF-FSO_3H$)

1-8-175[86] (FSO_3H-SO_2ClF)

1-8-176[87] (CD_3CN)

1-8-177[88] (SbF_5-SO_2ClF)

1-8-178[88] (SbF_5-SO_2ClF)

表 1-8-6　碳正离子化合物 **1-8-153~1-8-166** 的 ^{13}C NMR 化学位移数据[60,76~79]

C	1-8-153	1-8-154	1-8-155	1-8-156	1-8-157	1-8-158	1-8-159	1-8-160	1-8-161	1-8-162	1-8-163	1-8-164	1-8-165	1-8-166
1	48.2	48.6	70.7	63.7	183	170	63.7	92.6	132.5	132.5	131.7	136.2	133.3	137.4
2	181.1	179.1	170.7	173.7	138	123	101.4	102.6	150.6	148.1	148.4	144.9	143.0	146.0
3	137.5	141.2	137.7	137.7	174	174	89.0	99.4	130.5	129.8	128.8	135.0	133.3	136.8
4	192.0	188.5	159.4	188.7	64	49			150.6	141.2	148.4	143.6	140.9	143.3
5									195.1	218.4	205.2	170.7	190.3	195.3
6							23.1	31.1						
7			59.7	53.7			198.4 208.1	198.2 207.9						
10									31.7	35.8	35.4	138.3	134.4	137.8
12									156.6	157.5	158.0	147.1	144.6	146.3
13									137.3	140.0	140.1	142.5	139.5	139.3

注：化合物 **1-8-153** 和 **1-8-154** 在 SbF$_5$-FSO$_3$H-SO$_2$ClF 中测定；**1-8-155** 和 **1-8-156** 在 SbF$_5$-SO$_2$ 中测定；**1-8-157** 和 **1-8-158** 在 FSO$_3$H-SO$_2$ 中测定；**1-8-159** 和 **1-8-160** 在 CH$_2$Cl$_2$ 中测定；**1-8-161**～**1-8-166** 在 FSO$_3$H-SO$_2$Cl 中测定。

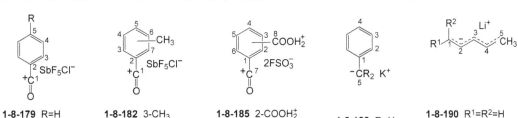

1-8-179 R=H
1-8-180 R=OCH$_3$
1-8-181 R=Cl

1-8-182 3-CH$_3$
1-8-183 4-CH$_3$
1-8-184 5-CH$_3$

1-8-185 2-COOH$_2^+$
1-8-186 3-COOH$_2^+$
1-8-187 4-COOH$_2^+$

1-8-188 R=H
1-8-189 R=C$_6$H$_5$

1-8-190 R^1=R^2=H
1-8-191 R^1=CH$_3$; R^2=H
1-8-192 R^1=H; R^2=CH$_3$

表 1-8-7　碳正离子化合物 **1-8-179~1-8-192** 的 ^{13}C NMR 化学位移数据[89~92]

C	1-8-179	1-8-180	1-8-181	1-8-182	1-8-183	1-8-184	1-8-185	1-8-186	1-8-187	1-8-188	1-8-189	1-8-190	1-8-191	1-8-192
1	154.8	161.4	156.1	156.7	157.3	156.5	118.6	92.8	99.4	152.7	148.6	66.2	89.2	85.7
2	87.7	77.1	87.1	88.3	88.0	82.8	134.5	148.2	146.3	110.7	123.5	143.8	139.6	137.3
3	141.3	144.8	145.9	141.2	158.8	140.3		123.7	133.9	130.6	128.8	86.9	83.8	81.4
4	132.9	119.2	138.0	145.9	144.9	133.5		143.4	140.8	95.7	114.2		142.9	143.6
5	149.4	176.4	160.9	152.0	149.9	166.3	140.7	133.2		52.7	88.3		51.1	56.7
6				132.9	131.0			147.4						
7				140.2	141.3		184.7	158.5	147.2					
8								176.0	178.1					
R		59.8												

注：化合物 **1-8-179**～**1-8-186** 在 SbF$_5$-SO$_2$ 中测定；**1-8-188** 和 **1-8-189** 在四氢呋喃中测定；**1-8-190**～**1-8-196** 在 (CD$_3$)$_2$CO 中测定。

1-8-193 n=1
1-8-194 n=2
1-8-195 n=3

1-8-196 R=CH$_3$
1-8-197 R=C$_6$H$_5$

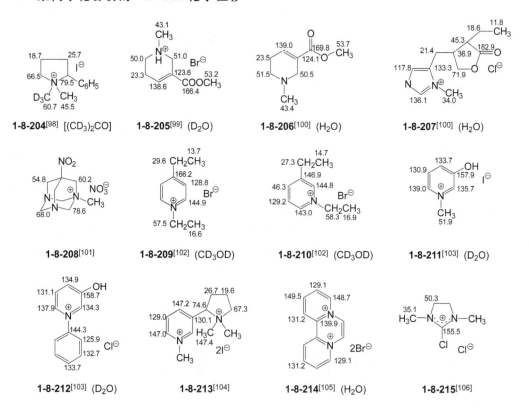

1-8-198 R=NO₂
1-8-199 R=F
1-8-200 R=CH₃

1-8-201 R=CN
1-8-202 R=COOCH₃

1-8-203

表 1-8-8 碳正离子化合物 **1-8-193~1-8-203** 的 ^{13}C NMR 化学位移数据[93~97]

C	1-8-193	1-8-194	1-8-195	1-8-196	1-8-197	1-8-198	1-8-199	1-8-200	1-8-201	1-8-202	1-8-203
1	52.8	79.1	88.2	137.5	145.8	104.3	103.7	106.0	124.5	138.4	91.8
2	153.2	145.9	148.9	103.3	117.5	129.2	121.2	120.7	24.8	72.7	114.5
3	111.0	117.0	123.9	129.6	129.3	131.2	128.8	130.9			
4	130.8	129.4	128.9	88.0	108.1	119.3	118.4	122.6			120.6
5	95.6	108.2	114.4	78.4	86.9	131.2	107.8	123.9			116.4
6				33.7	30.5	129.2	148.3	125.4			
7											
8											127.5
R					19.2				121.0	169.3 49.3	

注：化合物 **1-8-193~1-8-197** 在四氢呋喃中测定；**1-8-198~1-8-200** 在 DMSO-d_6 中测定；**1-8-201** 和 **1-8-202** 在 CH₃OCH₂CH₂OCH₃ 中测定；**1-8-203** 在(C₂H₅)₂O 中测定。

2. 杂离子化合物的 ^{13}C NMR 化学位移

1-8-204[98] [(CD₃)₂CO]   **1-8-205**[99] (D₂O)   **1-8-206**[100] (H₂O)   **1-8-207**[100] (H₂O)

1-8-208[101]   **1-8-209**[102] (CD₃OD)   **1-8-210**[102] (CD₃OD)   **1-8-211**[103] (D₂O)

1-8-212[103] (D₂O)   **1-8-213**[104]   **1-8-214**[105] (H₂O)   **1-8-215**[106]

1-8-216[107]

1-8-217[107]

1-8-218[107]

1-8-219[107]

1-8-220[107]

1-8-221[108]

1-8-222[109] (CH$_3$COOH–CDCl$_3$)

1-8-223[109] (CH$_3$COOH–CDCl$_3$)

1-8-224[110] (DCOOD)

1-8-225[100] (DCOOD)

1-8-226[111]

1-8-227 R=H
1-8-228 R=CH$_3$

1-8-229 R^1=R^2=H
1-8-230 R^1=H; R^2=OH
1-8-231 R^1=OH; R^2=H

1-8-232 R=H; X=HSO$_4$
1-8-233 R=CH$_3$; X=FSO$_3$

1-8-234 R=D
1-8-235 R=OH

1-8-236 R=H
1-8-237 R=CONH$_2$

1-8-238 R=H
1-8-239 R=CH$_3$

表 1-8-9 杂离子化合物 **1-8-227~1-8-239** 的 ^{13}C NMR 化学位移数据[112~117]

C	1-8-227	1-8-228	1-8-229	1-8-230	1-8-231	1-8-232	1-8-233	1-8-234	1-8-235	1-8-236	1-8-237	1-8-238	1-8-239
1			65.0	63.9	66.3			167.7	154.3				
2	44.9	45.6	27.2	35.3	36.6	142.5	146.5			145.8	146.0	163.7	156.7
3	22.5	22.2	18.4	59.4	63.2	128.7	129.2	42.9	54.1	128.9	134.2	126.7	129.9
4	30.1	30.7				148.4	146.5	25.0	27.1	146.2	148.2	162.2	161.0
5	32.1	32.9				138.6	134.9			129.0	19.5	22.3
6	24.9	19.1		26.9	26.8	123.6	129.5			144.6	22.1	22.0
7	24.8	31.9		13.0	18.2	139.7	138.0					
8	29.9	30.2				130.0	129.5					
9	61.3	64.3		52.8	52.6	135.5	133.6					
10	39.1	32.5		53.4	53.5	124.7	123.8					
R												

注：化合物 **1-8-229~1-8-231**、**1-8-236** 和 **1-8-237** 在 D$_2$O 中测定；**1-8-234** 和 **1-8-235** 在 D$_2$O-DCl 中测定；**1-8-238** 和 **1-8-239** 在 CF$_3$COOH-CD$_2$Cl$_2$ 中测定。

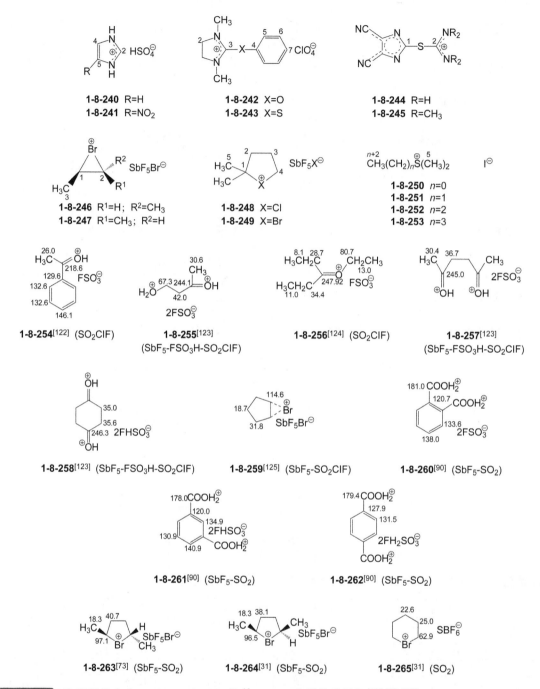

1-8-240 R=H
1-8-241 R=NO₂

1-8-242 X=O
1-8-243 X=S

1-8-244 R=H
1-8-245 R=CH₃

1-8-246 R¹=H；R²=CH₃
1-8-247 R¹=CH₃；R²=H

1-8-248 X=Cl
1-8-249 X=Br

1-8-250 n=0
1-8-251 n=1
1-8-252 n=2
1-8-253 n=3

1-8-254[122] (SO₂ClF)

1-8-255[123]
(SbF₅-FSO₃H-SO₂ClF)

1-8-256[124] (SO₂ClF)

1-8-257[123]
(SbF₅-FSO₃H-SO₂ClF)

1-8-258[123] (SbF₅-FSO₃H-SO₂ClF)

1-8-259[125] (SbF₅-SO₂ClF)

1-8-260[90] (SbF₅-SO₂)

1-8-261[90] (SbF₅-SO₂)

1-8-262[90] (SbF₅-SO₂)

1-8-263[73] (SbF₅-SO₂)

1-8-264[31] (SbF₅-SO₂)

1-8-265[31] (SO₂)

表 1-8-10 杂离子化合物 1-8-240~1-8-253 的 ¹³C NMR 化学位移数据[107,118~121]

C	1-8-240	1-8-241	1-8-242	1-8-243	1-8-244	1-8-245	1-8-246	1-8-247	1-8-248	1-8-249	1-8-250	1-8-251	1-8-252	1-8-253
1			33.1	35.4	142.2	144.6	110.2	107.8	195.1	151.0	27.5	38.2	45.4	43.2
2	134.1	136.4	48.0	50.9	168.3	172.2			48.9	50.1		8.3	17.7	25.7
3			158.9	164.3			21.4	16.4	37.0	37.7			12.7	21.4
4	119.7	139.3	152.2	124.7					66.2	66.1				13.7
5	119.7	121.0	118.6	131.9					35.2	33.8		24.3	24.8	25.3

续表

C	1-8-240	1-8-241	1-8-242	1-8-243	1-8-244	1-8-245	1-8-246	1-8-247	1-8-248	1-8-249	1-8-250	1-8-251	1-8-252	1-8-253
6			130.6	130.2										
7			126.8	129.7										

注：化合物 **1-8-244** 和 **1-8-245** 在 DMSO-d_6 中测定；**1-8-246**～**1-8-249** 在 SbF$_5$-SO$_2$ 中测定；**1-8-250**～**1-8-253** 在 D$_2$O 中测定。

参 考 文 献

[1] McFarlane W, et al. Chem Ber, 1975, 108: 3831.

[2] Fratiello A, Kubo R, Liu D, et al. J Chem Soc, Perkin Trans Ⅱ, 1975: 1415.

[3] Kramer G W. J Org Chem, 1977, 42: 2832.

[4] Brener L, Brown H C. J Org Chem, 1977, 42: 2702.

[5] Freeman W J, et al. J Magn Reson, 1975, 20: 378.

[6] Seyferth D, Williams G H, Traficante D D. J Am Chem Soc, 1974, 96: 604.

[7] Lreiter C G, et al.Chem Ber,1975,108:1502.

[8] McGlinchey M, Tan T S J. J Am Chem Soc,1976, 98: 2271.

[9] Knol D, et al. Org Magn Reson, 1976, 8: 213.

[10] Thoennes D J, et al. J Magn Reson, 1974, 13: 18.

[11] Olah G A, Yu S H. J Org Chem, 1976, 41: 1694.

[12] Sakurai H, Kamiyama Y, Nakadaira Y. J Am Chem Soc, 1976, 98: 7453.

[13] Chivers T, Timms P L. Can J Chem, 1977, 55: 3509.

[14] Faller J W, Johnson B V, Jr C D S. J Am Chem Soc, 1976, 98: 1395.

[15] Gansow O A, Burke A R, Vernon W D. J Am Chem Soc,1976, 98: 5817.

[16] Lee C C, Chen S C, Pannekoek W J, et al. Can J Chem, 1977, 55: 1024.

[17] Astruc D, Dabard R, Martin M, et al. Tetrahedron Lett, 1976: 829.

[18] Brookhart M S, Koszalka G W, Nelson G O, et al. J Am Chem Soc, 1976, 98: 8155.

[19] Graham C R, Scholes G, Brookhart M. J Am Chem Soc, 1977, 99: 1180.

[20] Grishin Yu K, et al. Org Magn Reson, 1972, 4: 377.

[21] Casanova J, et al. Org Nagn Resoc, 1975, 7: 57.

[22] Fellmann P, Dubois J E. Tetrahedron Lett, 1977: 247.

[23] Casey C P, Bunnell C A. J Am Chem Soc, 1976, 98: 436.

[24] Dean P A W, Ibbott D G. Can J Chem, 1976, 54: 177.

[25] Cotton F A, Frenz B A, Hunter D L. J Am Chem Soc, 1974, 96: 4820.

[26] Senda Y, Suda H, Ishiyama J, et al. Bull Chem Soc Jpn, 1977, 50: 1608.

[27] Senda Y, Ishiyama S J, Imaizumi S. Tetrahedron Lett, 1976: 1983.

[28] Moeiarty R M, Rocek J. J Am Chem Soc, 1973, 95: 4756.

[29] Coletta F, et al. J Magn Reson,1976, 22: 453.

[30] Fu E W, Dymerski P P, Dunbar R C. J Am Chem Soc,1976, 98: 337.

[31] Peterson P E, Bonazza B R, Henrichs P M. J Am Chem Soc,1973, 95: 2222.

[32] Clark H C, Ward J E H. J Am Chem Soc, 1974, 96: 1741.

[33] Ohto N, Niki E, Kamiya Y. J Chem Soc, Perkin Trans Ⅱ, 1977: 1416.

[34] Garratt D G, Schmid G H. J Org Chem, 1977, 42: 1776.

[35] Reynolds W F, McClelland R A. Can J Chem, 1977, 55: 536.

[36] Harris R K, et al. Org Magn Reson, 1975, 7: 460.

[37] Schraml J, et al. Org Magn Reson, 1975, 7: 379.

[38] McKinnie B G, Bhacca N S, Cartledge F K, et al. J Am Chem Soc,1974, 96: 2637.

[39] Kiteching W, Marriott M, Adcock W, et al. J Org Chem,1976, 41: 1671.

[40] Schmidbaur H, et al. Chem Ber, 1975, 108: 2649.

[41] Grishin Yu K, et al. Org Magn Reson, 1972, 4: 377.

[42] Shapiro B L, et al. Org Magn Reson, 1976, 8: 40.

[43] Schneider H J. J Am Chem Soc, 1972, 94: 3636.

[44] Levy G C, et al. J Magn Reson, 1972, 8: 280.

[45] Reynolds W F, Hamer H K, Bassindale A R. J Chem Soc, Perkin Trans Ⅱ,1977:971.

[46] Hillard Ⅲ R L, Bryan R F, Grimes R N. J Am Chem Soc, 1977, 99: 4058.

[47] Mitchell T N. Org Magn Reson, 1975, 7: 610.

[48] Mitchell T N, et al.Org Magn Reson, 1976, 8: 34.

[49] Doddrell D. J Am Chem Soc, 1976, 98: 1640.

[50] Taylor G A, et al. Org Magn Reson,1974, 6: 644.

[51] Doddrell D. Tetrahedron Lett, 1973: 665.

[52] Ernst L, et al. Org Magn Reson, 1974, 6: 540.

[53] Olah G Ae, Donovan D J. J Am Chem Soc, 1977, 99: 5026.

[54] Kelly D P, Brown H C. J Am Chem Soc,1975, 97: 3897.

[55] Olah G A, Spear R J, Hiberty P C, et al. J Am Chem Soc, 1976, 98: 7470.

[56] Olah G A, Spear R J,J Am Chem Soc, 1975, 97: 1539.

[57] Olah G A, Spear R J, Westerman P W, et al. J Am Chem Soc, 1974, 96: 5855.

[58] Olah G A, Kilgour J A. J Am Chem Soc, 1976, 98: 7333.

[59] Olah G A, Clifford P R, Halpern Y, et al. J Am Chem Soc, 1971, 93: 4219.

[60] Olah G A. J Org Chem, 1976, 41: 2393.

[61] Spear R J, Forsyth D A, Olah G A. J Am Chem Soc, 1976, 98: 2493.

[62] Olah G A, Porter R D, Jeuell C L, et al. J Am Chem Soc, 1972, 94: 2044.

[63] Olah G A, Prakash G K S, Liang G. J Org Chem, 1977, 42: 2666.

[64] Olah G A, Liang G. J Org Chem, 1975, 40: 1849.

[65] Dehmlow E V, et al. Org Magn Reson, 1975, 7: 418.

[66] Olah G A, Caruso J A. J Am Chem Soc, 1974, 96: 6233.

[67] Ehrhardt H, Hünig S. Tetrahedron Lett, 1976: 3515.

[68] Olah G A, Liang G, Paquette L A, et al. J Am Chem Soc, 1976, 98: 4327.

[69] Olah G A, Liang G. J Am Chem Soc, 1976, 98: 3033.

[70] Olah G A, Liang G. J Am Chem Soc, 1974, 96: 189.

[71] Olah G A, Liang G, Westerman P. J Am Chem Soc, 1973, 95: 3698.

[72] Olah G A, Westerman P W, Melby E G, et al. J Am Chem Soc, 1974, 96: 3565.

[73] Olah G A, Staral J S, Paquette L A. J Am Chem Soc, 1976, 98: 1267.

[74] Feigel M, Kessler H. Terahedron, 1976, 32: 1575.

[75] Olah G A, Allard M, Faye M, et al. J Org Chem, 1977, 42: 4262.

[76] Olah G A, Yamada Y, Spear R J. J Am Chem Soc, 1975, 97: 680.

[77] Olah G A, Porter R D. J Am Chem Soc, 1971, 93: 6877.

[78] Olah G A, Yu S H, Parker D G. J Org Chem, 1976, 41: 1983.

[79] Olah G A, Liang G. J Org Chem, 1975, 40: 2108.

[80] Paquette L A, Broadhurst M J, Warner P, et al. J Am Chem Soc, 1973, 95: 3386.

[81] Olah G A, Liang G. J Am Chem Soc, 1977, 99: 2508.

[82] Olah G A, Liang G. J Am Chem Soc, 1974, 96: 195.

[83] Olah G A, DeMember J R, Lui C Y, et al. J Am Chem Soc, 1971, 93: 1442.

[84] Olah G A, Prakash G K S, Liang G. J Org Chem, 1976, 41: 2820.

[85] Olah G A, Liang G, Babiak K A, et al. J Am Chem Soc, 1976, 98: 576.

[86] Hart H. J Am Chem Soc, 1974, 96: 8436.

[87] Kemp-Jones A, Jones A J, Sakai M, et al. Can J Chem, 1973, 51: 767.

[88] Forsyth D A, Olah G A. J Am Chem Soc,1976, 98: 4086.

[89] Olah G A, Westerman P W. J Am Chem Soc, 1973, 95: 3706.

[90] Bruck D, Rabionvitz M. J Am Chem Soc, 1977, 99: 240.

[91] O'Brien D H, Hart A J, Russell C R. J Am Chem Soc, 1975, 97: 4410.

[92] Ford W T, Newcomb M. J Am Chem Soc, 1974, 96: 309.

[93] Takahashi K, et al. Org Magn Reson, 1974, 6: 580.

[94] Takahashi K, et al. Org Magn Reson,1974, 6: 62.

[95] Olah G A, Mayr H. J Org Chem, 1976, 41: 3448.

[96] Fukunaga T. J Am Chem Soc, 1976, 98: 610.

[97] EDlund U. Org Magn Reson, 1977, 9: 593.

[98] Solladie-Cavallo A, et al. Org Magn Reson, 1975, 7: 18.

[99] Srinivasan P R, et al. Org Magn Reson,1976, 8: 198.

[100] Simeral L, et al. Org Magn Reson,1974, 6: 226.

[101] Frminer A F, Webb G A. J Chem Soc, Perkin Trans Ⅰ, 1976: 940.

[102] Ghesquiere D, et al. Org Magn Reson, 1977, 9: 392.

[103] Takeuchi Y, et al. Org Magn Reson, 1976, 8: 21.

[104] Crain Jr W O, Wildman W C. J Am Chem Soc, 1971, 93: 990.

[105] Long K R, et al. J Magn Reson, 1972, 8: 207.

[106] Kalinowski H-O, et al. Org Magn Reson, 1974, 6: 305.

[107] Kalinowski H-O, et al. Org Magn Reson,1975, 7: 128.

[108] Holm A, Schaumburg K, Dahlberg N. J Org Chem,1975, 40: 431.

[109] Balaban A T, et al. Org Magn Reson,1977, 9: 16.

[110] Vajda Mm, et al. Org Magn Reson,1976, 8: 324.

[111] Dehmlow E Vm, et al. Org Magn Reson, 1975, 7: 418.

[112] Eleil E L, Vierhapper F Wm. J Org Chem, 1976, 41: 199.

[113] Wiseman J R, Krabbenhoft H Om. J Org Chem, 1975, 40: 3222.

[114] Pvan de Weijerm, et al. Org Magn Reson, 1977, 9: 53.

[115] Lpoivre J A, et al. Org Magn Reson, 1975, 7: 349.

[116] Lepoivre J A, et al. Org Magn Reson, 1975, 7: 422.

[117] Balaban A T, et al. Org Magn Reson,1977, 9: 16.

[118] Novilov S S, et al. Org Magn Reson, 1972, 4: 197.

[119] Gronski P, Hartke K. Tetrahedron Lett, 1976: 4139.

[120] Olah G A, Westerman P W, Melby E G, et al. J Am Chem Soc, 1974, 96: 3565.

[121] Barbarella G, et al. Org Magn Reson,1976,8:108.

[122] Olah G A, Westerman P W, Nishimura J. J Am Chem Soc, 1974, 96: 3548.

[123] Olah G A, Yoneda N, Ohnishi R. J Am Chem Soc, 1976, 98: 7341.

[124] Olah G A, Parker D G, Yoneda N, et al. J Am Chem Soc, 1976, 98: 2245.

[125] Olah G A. J Am Chem Soc, 1976, 98: 8113.

第二章 天然脂肪族化合物的 ^{13}C NMR 化学位移

第一节 脂肪酸和脂肪醇类及其酯类化合物的 ^{13}C NMR 化学位移

【结构特点】在其结构中存在羧基、羟基或酯羰基。

【化学位移特征】

1．羧基多出现在 δ 179.1～180.5。

2．酯羰基多出现在 δ 171.3～174.5，有时由于受到附近其他基团的影响而移向更高场，如化合物 **2-1-10**、**2-1-11** 和 **2-1-15**。

3．对于醇类化合物连接羟基的碳，伯醇出现在高场，仲醇出现在较低场。

4．天然出现的脂肪酸和脂肪醇还存在一个长链脂肪族碳，它们的化学位移均与长链脂肪碳类同。脂肪酰基部分如果是饱和的或含有的双键距离酰基较远情况下，2 位碳的化学位移大约在 δ 33.9～34.2，3 位碳的化学位移在 δ 24.6～24.9，而倒数第 1 位碳在 δ 14.0 左右，倒数第 2 位碳在 δ 22.7，倒数第 3 位碳在 δ 31.7 左右，其他各碳在 δ 29.0～29.7 处出现。

5．在碳链中有时会含有双键，这些双键碳多出现在 δ 127.0～131.9，而短链的双键碳则随位置而变化。

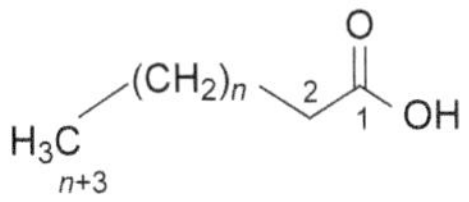

2-1-1 n=13
2-1-2 n=27

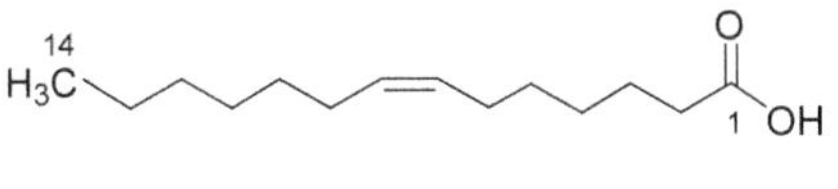

2-1-3

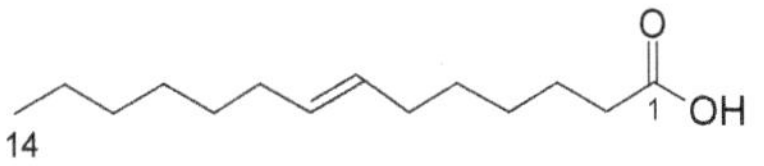

2-1-4

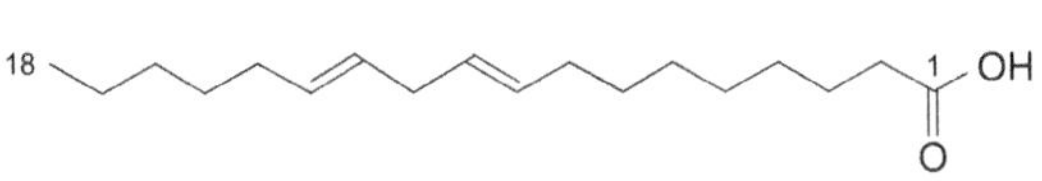

2-1-5

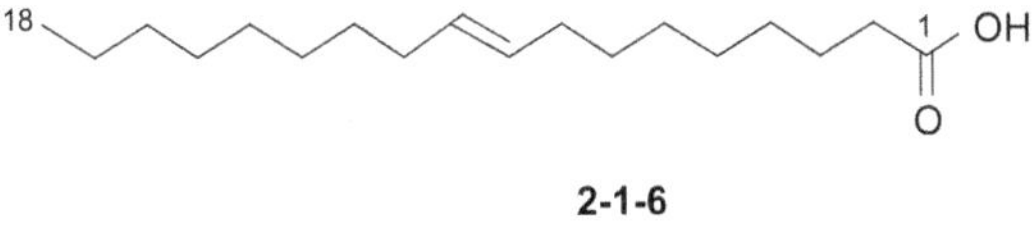

2-1-6

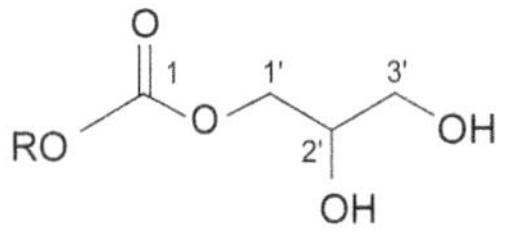

2-1-7 R=$(CH_2)_{14}CH_3$
2-1-8 R=$(CH_2)_{20}CH_3$
2-1-9 R=$(CH_2)_{22}CH_3$

表 2-1-1 化合物 2-1-1~2-1-9 的 ^{13}C NMR 化学位移数据

C	2-1-1[1]	2-1-2[1]	2-1-3[2]	2-1-4[2]	2-1-5[3]	2-1-6[1]	2-1-7[3]	2-1-8[3]	2-1-9[1]
1	179.5	179.1	180.3	179.2	180.5	179.8	174.3	174.4	174.3
2	33.9	33.9	22.7	22.7	34.3	34.0	34.2	34.2	34.2
3	24.7	24.7	24.6	24.6	24.7	24.7	24.9	24.8	24.9
4	29.0~29.5	29.0~29.5	27.0	28.5	29.1	29.1	29.1~29.7	29.1~29.7	29.1~29.7
5	29.0~29.5	29.0~29.5	29.0	29.2	29.5	29.6	29.1~29.7	29.1~29.7	29.1~29.7
6	29.0~29.5	29.0~29.5	129.4	129.9	29.6	29.7	29.1~29.7	29.1~29.7	29.1~29.7
7	29.0~29.5	29.0~29.5	129.4	130.8	29.7	29.5	29.1~29.7	29.1~29.7	29.1~29.7
8	29.0~29.5	29.0~29.5	29.0	29.6	27.2	27.2	29.1~29.7	29.1~29.7	29.1~29.7
9	29.0~29.5	29.0~29.5	29.9	31.8	127.3	129.7	29.1~29.7	29.1~29.7	29.1~29.7
10	29.0~29.5	29.0~29.5	29.7	32.3	131.9	130.0	29.1~29.7	29.1~29.7	29.1~29.7
11	29.0~29.5	29.0~29.5	31.8	32.6	25.6	27.2	29.1~29.7	29.1~29.7	29.1~29.7
12	29.0~29.5	29.0~29.5	34.1	33.8	129.7	29.1	29.1~29.7	29.1~29.7	29.1~29.7
13	29.0~29.5	29.0~29.5	14.0	14.1	128.2	29.6	29.1~29.7	29.1~29.7	29.1~29.7
14	31.9	29.0~29.5			27.2	29.7	31.9	29.1~29.7	29.1~29.7
15	22.7	29.0~29.5			25.1	27.2	22.7	29.1~29.7	29.1~29.7
16	14.1	29.0~29.5			31.9	31.9	14.1	29.1~29.7	29.1~29.7
17		29.0~29.5			22.6	22.6		29.1~29.7	29.1~29.7
18		29.0~29.5			14.0	14.0		29.1~29.7	29.1~29.7
19		29.0~29.5						31.9	29.1~29.7
20		29.0~29.5						22.7	29.1~29.7
21		29.0~29.5						14.1	29.1~29.7
22		29.0~29.5							31.9
23		29.0~29.5							22.7
24		29.0~29.5							14.1
27		29.0~29.5							
28		31.9							
29		22.7							
30		14.1							
1'							65.2	65.2	65.2
2'							70.3	70.3	70.3
3'							63.4	63.3	63.4

2-1-10

2-1-11

2-1-12

2-1-13

2-1-14

2-1-15 R=H
2-1-16 R=CH$_3$

2-1-17

表 2-1-2 化合物 **2-1-10~2-1-17** 的 ^{13}C NMR 化学位移数据

C	2-1-10[4]	2-1-11[4]	2-1-12[5]	2-1-13[6]	2-1-14[6]	2-1-15[7]	2-1-16[7]	2-1-17[8]
1	161.0	167.0	173.7	180.3	173.6	41.5	45.6	173.7
2	194.0	49.0	34.4	21.6	22.7	168.2	171.3	29.7
3	39.0	202.0	27.9	24.0	25.0			76.6
4			129.5	26.0	28.6			38.9
5			131.7	26.2	28.9			29.1
6			32.2	27.8	29.1			171.5
7			31.7	129.4	129.9			51.5
8			22.1	128.4	130.7			
9			13.9	27.8	29.3			
10				28.0	29.6			
11				28.4	31.8			
12				28.7	32.4			
13				30.8	32.6			
14				8.7	9.7			
1′			60.1	70.9	71.9			
2′			13.9	34.7	34.7			
3′				19.5	19.5			
4′				13.0	14.1			
R							13.1	
OMe	51.2	49.8						51.5/57.1
OEt						61.3/13.7	61.2/13.6	

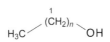

2-1-18 n=0 **2-1-22** n=3
2-1-19 n=1 **2-1-24** n=4
2-1-20 n=2 **2-1-26** n=5

2-1-21 n=0 **2-1-25** n=2
2-1-23 n=1 **2-1-27** n=3

表 2-1-3 化合物 **2-1-18~2-1-27** 的 ^{13}C NMR 化学位移数据

C	2-1-18	2-1-19	2-1-20	2-1-21	2-1-22	2-1-23	2-1-24	2-1-25	2-1-26	2-1-27
1	50.2	58.2	60.8	26.3	62.6	23.8	63.0	24.5	63.1	24.5
2		18.8	27.0	64.6	36.2	69.9	33.7	68.4	34.0	68.4
3			11.2	26.3	20.3	33.2	29.4	42.4	27.0	40.4
4					14.8	11.1	23.8	20.3	33.2	29.5
5							15.0	15.2	24.0	24.1
6									15.4	12.1

HO—CH₂ **2-1-28**

HO—CH₃ **2-1-29**

HO—CH₃ **2-1-30**

HO—CH₂ **2-1-31**

HO—CH₃ **2-1-32**

HO—CH₃ **2-1-33**

HO—CH₃ **2-1-34**

H₃C—OH **2-1-35**

H₃C—OH **2-1-36**

表 2-1-4 化合物 2-1-28~2-1-36 的 ^{13}C NMR 化学位移数据

C	2-1-28[9]	2-1-29[9]	2-1-30[9]	2-1-31[9]	2-1-32[10]	2-1-33[9]	2-1-34[9]	2-1-35[2]	2-1-36[2]
1	63.3	57.9	62.9	66.3	70.6	62.2	62.2	63.0	63.1
2	139.1	131.4	132.1	36.9	28.8	32.0	36.1	22.7	22.7
3	113.7	125.7	126.0	137.4	125.9	132.7	133.4	25.7	25.6
4		12.4	17.3	117.2	134.5	125.4	126.2	27.2	28.9
5					21.5	27.2	32.5	27.3	28.9
6					14.6	30.9	31.8	29.0	29.6
7						22.5	22.4	129.7	130.2
8						13.9	13.9	130.1	130.1
9								29.1	29.6
10								29.7	31.8
11								29.8	32.5
12								31.8	32.6
13								32.8	32.8
14								14.0	14.1

参 考 文 献

[1] Zheng R X, Xu X D, Tian Z, et al. Nat Prod Res, 2009, 23: 1451.

[2] Tao W W, Yang N Y, Liu L, et al. Fitoterapia, 2010, 81: 196.

[3] 罗丹, 张朝凤, 林萍, 等. 中草药, 2006, 37: 36.

[4] Tian R X, Tang H F, Li Y S, et al. J Nat Prod, 2009, 11: 1005.

[5] Jia A Q, Yang X, Wang W X, et al. Fitoterapia, 2010, 81: 540.

[6] Valenciano J, Cuadro A M, Vaquero J J. Tetrahedron Lett,

1999. 40: 763.

[7] 侯雪, 王红, 李娟, 等. 天然产物研究与开发, 2009, 21: 913.

[8] Zhang W D, Li T Z, Liu R H, et al. Fitoterapia, 2006, 77: 336.

[9] Naveen M, Kiran I, Itrat A, er al. Phytochemistry, 2002, 61: 1005.

[10] Naveen M, Kiran I, Abdul M. Chem Pharm Bull, 2002, 50: 1558.

第二节 脑苷脂类化合物的 ^{13}C NMR 化学位移

【结构特点】这类化合物的结构大体上是由两部分组成的，一部分是长链脂肪酰基，另一部分是长链脂肪醇，中间通过氮连接起来，前者形成酰胺，后者是一个 2-氨基脂肪醇。

基本结构骨架

【化学位移特征】

1. 氨基醇部分 1 位碳大约在 $\delta\,62.0\sim62.3$。如果 1 位醇羟基和糖形成苷，由于苷化效应，1 位碳向低场位移，大约出现在 $\delta\,66.5\sim73.0$。2 位碳由于和氮元素相连，常常在 $\delta\,48.2\sim55.2$ 出现。3 位碳多数情况下连接有羟基，出现在 $\delta\,69.5\sim76.8$。有时 4 位碳也连接有羟基，出现在 $\delta\,69.9\sim74.0$。如果 3、4 位同时连接有羟基，则 3 位碳出现在低场，4 位碳出现在高场。

2. 对于酰胺部分，1′位羰基出现在最低场，大约在 $\delta\,171.7\sim177.4$；2′位碳常常连接有羟基，多出现在 $\delta\,70.3\sim76.7$。有时 2′、3′位同时连接羟基，则 2′位碳在低场，3′位碳在高场。

3. 两部分的脂肪链碳，随所处环境并遵循脂肪族碳的基本值变化。

2-2-5   2-2-6

表 2-2-1 化合物 **2-2-1~2-2-4** 的 ^{13}C NMR 化学位移数据

C	2-2-1[1]	2-2-2[2]	2-2-3[3]	2-2-4[4]	C	2-2-1[1]	2-2-2[2]	2-2-3[3]	2-2-4[4]
1	68.5	70.5	70.4	70.2	20~25			28.3~32.1	25.8~31.5
2	50.5	51.7	51.7	52.5	26			19.4	18.5
3	74.4	75.9	75.9	76.8	27			14.3	14.8
4	71.9	72.4	35.6	35.9	1′	174.8	175.9	175.8	176.8
5	25.4~34.5	33.8	72.4	73.1	2′	71.9	72.4	30.1	34.1
6	25.4~34.5	130.8	33.0	132.3	3′	32.0	22.9~35.6	21.0~30.0	33.4
7	25.4~34.5	130.7	32.9	135.1	4′~14′	29~32	22.9~35.6	21.0~30.0	20.1~29.9
8	25.4~34.5	29.5~33.3	33.8	35.1	15′	13.0	14.3	13.9	14.0
9	25.4~34.5	29.5~33.3	130.9	130.5	1″	103.5	105.6	105.5	105.7
10	25.4~34.5	29.5~33.3	130.7	130.7	2″	73.8	75.2	75.1	75.2
11~16	25.4~34.5	29.5~33.3	28.3~32.1	25.8~31.5	3″	77.0	78.6	78.1	77.9
17	30.5	22.9	28.3~32.1	25.8~31.5	4″	70.5	71.4	71.5	71.8
18	21.5	14.3	28.3~32.1	25.8~31.5	5″	77.0	78.4	78.5	78.1
19			28.3~32.1	25.8~31.5	6″	61.5	62.6	62.6	62.6

2-2-7 R= $\overset{OH}{\underset{4}{\diagup}}\underset{12}{\diagdown}^{17}$; R'=OH

2-2-8 R= （结构式）; R'=H

2-2-9 R= （结构式）; R'=H

2-2-10 R= （结构式）; R'=H

2-2-11 R= （结构式）; R'=H

表 2-2-2 化合物 **2-2-7~2-2-11** 的 ^{13}C NMR 化学位移数据

C	2-2-7[5]	2-2-8[6]	2-2-9[7]	2-2-10[8]	2-2-11[9]
1	62.3	62.0	62.0	62.2	62.1
2	53.5	53.0	54.6	53.1	54.5
3	77.2	76.8	73.8	76.9	74.3
4	73.4	72.9	133.3	73.1	128.7
5	22.6~32.6	33.8	131.2		134.0
6	22.6~32.6	26.7	32.5		32.5
7	22.6~32.6	130.7	32.3		27.5
8	22.6~32.6	130.8	129.0		123.0
9	22.6~32.6	28.6~33.3	129.0		136.4
10	22.6~32.6	28.6~33.3	32.1		39.7
11	22.6~32.6	28.6~33.3			28.0
12	22.6~32.6	28.6~33.3			
13	22.6~32.6	28.6~33.3		130.0	
14	22.6~32.6	28.6~33.3		130.0	
15	22.6~32.6	28.6~33.3			
16	22.6~32.6	28.6~33.3	31.8		
17	14.7	28.6~33.3	22.6		
18		28.6~33.3	14.0		31.9
19		28.6~33.3			22.7
20		28.6~33.3			14.1
21		28.6~33.3			16.0
22		28.6~33.3		14.4	
23		22.9			
24		14.3			
1'	174.3	175.2	174.4	175.0	173.0
2'	76.7	72.4	36.7	72.6	73.2
3'	74.1	22.9~35.7	25.7~31.8		127.1
4'	26.6~32.1	22.9~35.7	25.7~31.8		136.3
5'~14'	26.6~32.1	22.9~35.7	25.7~31.8		28.9~32.3
15'	26.6~32.1	22.1	22.6		22.7
16'	14.7	14.3	14.0	14.4	14.1

2-2-12 R= [structure] ; R'=H **2-2-16** R= [structure] ; R'=H

2-2-13 R= [structure] ; R'=OH **2-2-17** R= [structure] ; R'=OH

2-2-14 R= [structure] ; R'=OH **2-2-18** R= [structure] ; R'=OH

2-2-15 R= [structure] ; R'=OH **2-2-19** R= [structure] ; R'=OH

表 2-2-3 化合物 2-2-12~2-2-19 的 ^{13}C NMR 化学位移数据

C	2-2-12[10]	2-2-13[11]	2-2-14[12]	2-2-15[13]	2-2-16[10]	2-2-17[14]	2-2-18[15]	2-2-19[14]
1	70.9	70.3	69.0	69.8	69.7	69.8	70.6	69.0
2	55.1	54.6	52.7	54.7	54.0	54.7	55.2	53.9
3	71.7	72.6	69.5	72.9	72.8	72.9	73.1	72.4
4	35.0	35.7	33.4	129.5	128.9	129.5	132.7	129.8
5				136.2	134.9	136.2	131.1	134.2
6					32.6	33.2	32.6	33.1
7							27.9	32.5
8		130.7					130.7	131.6
9		130.7	130.0				130.0	130.0
10			129.8					
17	22.9	22.9		23.8				23.2
18	14.3	14.3	13.8	14.3			14.8	14.3
19					22.8	23.8		
20					14.2	14.3		
1'	173.3	175.6	173.6	177.3	173.5	177.3	176.2	177.2
2'	36.9	71.8	70.9	73.2	37.0	73.2	73.0	72.6
3'~14'	26.4~32.1	29.5~34.8	24.6~34.4	29.8~35.9	26.0~32.1	23.8~35.9	30.0~36.2	23.2~35.2
15'	22.9	22.9	22.1	23.8	22.8	23.8		23.2
16'	14.3	14.3	13.8	14.3	14.2	14.3	14.8	14.3
1″	106.1	105.6	103.4	104.8	103.8	104.8	106.1	103.8
2″	75.3	75.1	73.4	75.2	73.7	75.2	75.6	74.2
3″	78.6	78.5	76.8	78.1	76.8	78.1	79.1	77.1
4″	71.3	71.5	69.5	71.7	70.8	71.7	72.1	70.8
5″	78.6	78.5	76.5	78.1	76.3	78.1	79.0	77.1
6″	62.8	62.9	61.1	62.8	62.0	62.8	63.2	62.1

2-2-20　R= （结构式，见图）

2-2-21　R= （结构式，见图）

2-2-22　R= （结构式，见图）

2-2-25　R= （结构式，见图）

2-2-23　R= （结构式，见图）

2-2-26　R= （结构式，见图）

2-2-24　R= （结构式，见图）

2-2-27　R= （结构式，见图）

表 2-2-4　化合物 2-2-20~2-2-27 的 ^{13}C NMR 化学位移数据

C	2-2-20[16]	2-2-21[17]	2-2-22[11]	2-2-23[18]	2-2-24[11]	2-2-25[19]	2-2-26[6]	2-2-27[20]
1	69.5	70.4	70.1	73.0	66.6	70.1	71.2	69.9
2	49.8	51.8	54.8	53.3	48.2	51.4	50.6	51.5
3	76.8	75.9	73.0	76.7	74.0	75.5	74.7	76.8
4	69.9	72.6	72.0	74.0	72.7	72.1	71.2	71.1
5	73.4		26.7~35.9	24.6~34.6	31.7~32.5		24.7~32.7	
6	31.9		26.7~35.9	24.6~34.6	31.7~32.5		24.7~32.7	
7			26.7~35.9	24.6~34.6	31.7~32.5		24.7~32.7	
8			132.8	24.6~34.6	131.1		129.7	130.2
9			131.4	24.6~34.6	129.2		129.5	129.9
10				24.6~34.6	22.6~32.2		28.4~32.8	29.2~32.7
11			132.4	22.6~32.2	130.5		28.4~32.8	29.2~32.7
12			132.2	22.6~32.2	130.3		28.4~32.8	29.2~32.7
13~15				31.2~34.9	22.6~32.2	32.6	28.4~32.8	29.2~32.7
16			23.2	31.2~34.9	22.6~32.2		28.4~32.8	29.2~32.7
17			14.5	31.2~34.9	22.6~32.2		28.4~32.8	29.2~32.7
18		14.2		15.9	14.0		28.4~32.8	14.5
19		11.5				14.3	28.4~32.8	
20		19.3					28.4~32.8	
21							28.4~32.8	
22							28.4~32.8	
23							21.8	
24	13.9						13.1	
25	—							
26~28								
29	13.9							
1'	173.6	175.7	176.3	177.3	175.6	175.3	174.5	174.3
2'	70.9	72.5	72.7	74.0	72.4	72.1	70.3	71.5
3'~14'			23.2~33.1 / 23.2~33.1	31.1~37.2 / 31.1~37.2			24.7~34.4 / 24.7~34.4	29.2~34.9 / 29.2~34.9
15'			23.2				21.8	22.7
16'			14.5		14.3	13.9	13.1	14.5
1''	103.4	105.5	105.3	107.2	105.6	105.2	104.4	104.1

续表

C	2-2-20[16]	2-2-21[17]	2-2-22[11]	2-2-23[18]	2-2-24[11]	2-2-25[19]	2-2-26[6]	2-2-27[20]
2″	73.4	75.1	75.2	76.7	75.1	74.8	74.0	74.0
3″	76.4	78.4	78.5	80.2	78.4	78.1	77.3	78.1
4″	70.0	71.6	71.8	72.0	71.4	71.1	69.3	70.5
5″	76.8	78.4	78.5	80.0	78.6	78.2	77.4	76.9
6″	61.0	62.9	63.0	64.2	62.6	62.3	61.4	62.0

2-2-28 R= (chain with) 4,5,6,7,8,9,10,15,4,16,17 ; R'=H

2-2-29 R= 4,5,6,7,8,9,10,16,5,17,18 ; R'=OH

2-2-30 R= 4,5,6,7,8,9,10,16,5,17,18 ; R'=H

2-2-31 R= 4,5,6,7,8,9,10,17,6,18,19 ; R'=OH; $\Delta^{3'(4')}$

2-2-32 R= 4,5,6,7,8,9,10,18,7,19,20 ; R'=OH; $\Delta^{3'(4')}$ CH$_3$

2-2-33 R= 4,5,6,7,8,9,10,22,11,23 ; R'=OH; $\Delta^{3'(4')}$

2-2-34 R= 4,5,6,7,8,9,10,11,6,18,19 ; R'=OH

2-2-35 R= 4,5,6,7,8,9,10,11,6,18,19 ; R'=H

表 2-2-5　化合物 2-2-28~2-2-35 的 ^{13}C NMR 化学位移数据

C	2-2-28[21]	2-2-29[22]	2-2-30[21]	2-2-31[22]	2-2-32[9]	2-2-33[23]	2-2-34[24]	2-2-35[25]
1	66.7	69.7	66.7	69.7	69.7	69.7	70.1	66.7
2	53.3	54.6	53.3	54.6	54.6	54.7	54.6	53.3
3	70.5	72.9	70.5	72.9	72.9	72.9	72.3	70.5
4	132.5	131.1	131.2	131.0	131.0	130.9	132.2	131.4
5	130.2	134.7	130.8	134.6	134.5	134.4	132.0	130.6
6	35.6	33.1	36.0	33.0	33.8	34.0	32.8	32.0
7	32.0	29.1	32.1	29.1	28.6	28.9	28.3	35.6
8	127.2	124.8	123.4	124.9	124.9	124.8	130.1	129.4
9	134.5	136.8	134.8	136.8	136.7	136.6	134.3	133.1
10		40.8	39.5	40.8	40.8	41.0	135.4	134.5
11	22.1~32.0	30.4~33.8	22.0~31.2	30.2~33.8	29.0~33.1	29.3~30.9	128.0	127.2
12	22.1~32.0	30.4~33.8	22.0~31.2	30.2~33.8	29.0~33.1	29.3~30.9	33.2	22.1~32.3
13	22.1~32.0	30.4~33.8	22.0~31.2	30.2~33.8	29.0~33.1	29.3~30.9		22.1~32.3
14	22.1~32.0	30.4~33.8	22.0~31.2	30.2~33.8	29.0~33.1	29.3~30.9		22.1~32.3
15	22.1~32.0	30.4~33.8	22.0~31.2	30.2~33.8	29.0~33.1	29.3~30.9		22.1~32.3
16	13.9	23.8	22.0~31.2	30.2~33.8	29.0~33.1	29.3~30.9		22.1~32.3
17	15.6	14.5	13.9	23.7	29.0~33.1	29.3~30.9		22.1~32.3
18		16.2	15.7	14.3	23.8	29.3~30.9	14.3	13.9
19			16.2	14.5	29.3~30.9	29.3~30.9	12.8	12.9

续表

C	2-2-28[21]	2-2-29[22]	2-2-30[21]	2-2-31[22]	2-2-32[9]	2-2-33[23]	2-2-34[24]	2-2-35[25]
20					16.2	29.3~30.9		
21						24.0		
22						14.8		
23						16.4		
1'	171.7	177.2	171.7	175.5	175.4	175.2	175.7	171.7
2'		73.1		74.1	74.1	75.0	72.5	29.0
3'	32.0	35.9	32.1	129.0	129.0	128.9	35.7	34.6
4'	22.1	29.1	22.1	134.8	134.7	134.6	32.2	23.9
5'~14'	22.1~32.0	9.1~35.9	22.1~31.2	30.2~33.1	30.2~33.4	29.4~33.3	22.9~32.2	22.1~32.0
15'	22.9	23.7	22.1	23.7	23.8	24.0	22.2	23.6
16'	13.9	14.5	22.1	14.5	14.5	14.8	14.3	13.9
1''	99.4	104.7	99.4	104.7	104.7	104.6	105.7	99.4
2''	72.2	75.0	72.1	75.0	75.0	74.1	75.2	72.2
3''	72.7	77.9	72.7	77.9	77.9	77.9	78.5	72.7
4''	70.1	71.6	70.1	71.7	71.6	71.6	71.6	70.1
5''	73.4	78.0	73.4	78.0	78.0	77.8	78.6	73.4
6''	60.8	62.7	60.8	62.7	62.7	62.7	62.7	60.8

2-2-36 R= ; R'=OH; △ 3'(4')

2-2-37 R= ; R'=H

2-2-38 R= ; R'=OH

2-2-39 R= ; R'=H; △ 3'(4')

2-2-40 R= ; R'=OH

2-2-41 R= ; R'=OH

2-2-42 R= ; R'=OH

2-2-43 R= ; R'=OH; △ 3'(4')

表 2-2-6 化合物 2-2-36~2-2-43 的 ^{13}C NMR 化学位移数据

C	2-2-36[26]	2-2-37[10]	2-2-38[27]	2-2-39[28]	2-2-40[29]	2-2-41[29]	2-2-42[30]	2-2-43[31]
1	70.0	70.6	69.9	68.6	69.9	70.1	69.9	68.6
2	51.6	55.1	54.8	52.9	51.5	54.7	54.5	54.6
3	75.5	72.7	73.0	70.5	76.8	72.3	72.3	72.9
4	72.8	132.2	130.1	131.0	71.1	132.1	132.2	131.0
5		132.6	134.6	130.7	27.2~22.1	132.0	131.7	134.5
6		32.7	33.9	32.0		32.8	32.9	32.1
7			28.1	28.6		32.1	28.2	27.4
8			131.6	129.5	130.2	130.0	124.0	123.5

续表

C	2-2-36[26]	2-2-37[10]	2-2-38[27]	2-2-39[28]	2-2-40[29]	2-2-41[29]	2-2-42[30]	2-2-43[31]
9			131.6	130.2	129.9	131.1	135.6	134.9
10				28.7~31.9	29.2~24.9	29.5~32.9	39.8	39.5
11					29.2~24.9	29.5~32.9	22.7~31.9	27.3~37.1
12					29.2~24.9	29.5~32.9	22.7~31.9	27.3~37.1
13~15					29.2~24.9	29.5~32.9	22.7~31.9	27.3~37.1
16					29.2~24.9	29.5~32.9	22.7~31.9	27.3~37.1
17		22.9		22.1	29.2~24.9	29.5~32.9	14.0	27.3~37.1
18	14.5	14.3	14.7	13.9	27.2	22.9	15.9	22.1
19						14.3		13.9
20								15.7
1'	177.1	173.4	177.4	172.0	174.3	175.6	175.5	
2'	35.7	36.9	73.2	71.9	71.5	72.5	72.4	71.9
3'	131.4	22.9~32.1	36.1	129.0		35.7	22.7~35.5	129.1
4'	131.5	22.9~32.1	24.0~33.3	130.9	29.2~34.9	22.9~30.0	22.7~35.5	130.9
5'~16'	23.7~33.1	22.9~32.1	24.0~33.3	22.1~31.7	29.2~34.9	22.9~30.0	22.7~35.5	22.1~31.7
17'	14.5	14.3	14.7	13.9	14.5	14.3	14.0	13.9
1"	104.7	105.9	104.9	103.5	104.1	105.7	105.4	103.5
2"	75.0	75.3	75.2	73.4	74.0	75.1	74.9	73.4
3"	77.8	78.6	78.2	76.5	77.4	78.5	78.3	76.9
4"	71.5	71.6	71.7	70.0	70.5	71.6	71.5	70.0
5"	78.0	78.6	78.1	76.9	77.1	78.6	78.3	76.5
6"	62.6	62.7	62.8	61.0	62.0	62.7	62.6	61.1

2-2-44　R=

2-2-45　R=

2-2-46　R=

2-2-47　R=

2-2-48　R=

2-2-49　R=

2-2-50　R=

2-2-51　R=

2-2-52　R=

表 2-2-7 化合物 **2-2-44~2-2-52** 的 ^{13}C NMR 化学位移数据

C	2-2-44[32]	2-2-45[33]	2-2-46[33]	2-2-47[28]	2-2-48[33]	2-2-49[24]	2-2-50[34]	2-2-51[34]	2-2-52[28]
1	70.9	68.8	69.0	68.6	68.8	70.2	70.7	69.9	68.5
2	52.1	53.2	53.1	52.9	53.2	54.6	54.5	54.5	52.9
3	76.3	70.8	70.8	70.5	70.8	72.3	72.3	72.2	70.5
4	71.9	131.2	131.3	130.9	131.2	132.2	131.7	132.4	131.3
5	23.4~34.3	131.4	131.5	130.9	131.4	132.0	132.7	131.0	130.0
6	23.4~34.3	32.4	32.4	32.1	32.5	32.8	29.5	35.5	26.6
7	23.4~34.3	27.6	27.6	27.4	27.6	28.3	36.0	124.9	36.7
8	23.4~34.3	123.8	123.8	123.5	123.8	130.1	74.3	140.2	200.7
9	23.4~34.3	135.3	135.3	134.9	135.3	134.3	153.9	71.8	147.9
10	23.4~34.3	39.1	39.2	39.1	39.1	135.4	31.7	43.7	
11	23.4~34.3	27.6~29.4	22.4~29.3	27.3~29.1	27.6~29.4	128.0	28.4		
12	23.4~34.3	27.6~29.4	22.4~29.3	27.3~29.1	27.6~29.4	33.2			
13~15	23.4~34.3	27.6~29.4	22.4~29.3	27.3~29.1	27.6~29.4				
16	23.4~34.3	27.6~29.4	22.4~29.3	27.3~29.1	27.6~29.4				
17	23.4~34.3	27.6~29.4	22.4~29.3	22.1	27.6~29.4				
18	23.4~34.3	22.4	14.2	13.9	22.4	14.3	14.2	14.2	22.1
19	23.4~34.3	14.2	16.1	15.7	14.2	12.7	108.6	28.5	13.9
20	23.4~34.3				16.0				
21~22	22.3								
23	23.4~34.3								
24	14.7								
1′		172.4	174.1	172.0	172.4	175.7	175.6	175.6	172.0
2′	72.9	72.2	71.3	71.9	72.2	72.5	72.4	72.4	71.9
3′	35.9	129.3	22.4~34.7	129.0	129.3	35.7	35.5	35.5	129.0
4′	130.6	131.4	22.4~34.7	130.9	131.4	22.9~32.1	25.9	25.8	131.0
5′	130.8	22.4~31.9	22.4~34.7	22.1~31.6	29.4~31.9	22.9~32.1			22.1~31.7
6′~17′	23.4~33.4	22.4~31.9	22.4~34.7	22.1~31.6	29.4~31.9	22.9~32.1			22.1~31.7
18′	14.7	14.2	14.2	13.9	14.2	14.3	14.2	14.2	13.9
1″	106.0	104.4	103.8	103.5	103.8	105.7	105.5	105.5	103.5
2″	75.6	70.8	73.6	73.4	73.6	75.2	75.0	75.0	73.4
3″	78.8	73.5	76.7	76.5	76.7	78.5	78.3	78.4	76.6
4″	72.8	68.4	70.3	70.0	70.3	71.6	71.4	71.5	70.0
5″	78.9	75.6	77.2	76.9	77.2	78.6	78.5	78.5	76.9
6″	63.0	60.6	61.3	61.0	61.3	62.7	62.5	62.6	61.1

参 考 文 献

[1] Taeseong P, Tayyab Ahmad M, Pramod Bapurao S, et al. Chem Pharm Bull, 2009, 57: 106.

[2] Zheng R X, Xu X D, Tian Z, et al. Nat Prod Res, 2009, 23: 1451.

[3] Naveen M, Kiran I, Itrat A, et al. Phytochemistry, 2002, 61: 1005.

[4] Naveen M, Kiran I, Abdul M. Chem Pharm Bull, 2002, 50: 1558.

[5] 罗丹, 张朝凤, 林萍, 等. 中草药, 2006, 37: 36.

[6] Kang J, Chang H H, Zhe L, et al. Chinese Chem Lett, 2007, 18: 181.

[7] 张淑瑜, 易杨华, 汤海峰, 等. 中药及天然药物, 2003, 18: 8.

[8] Sang S, Kikuzaki H, Lapsley K, et al. J Agric Food Chem, 2002, 50: 4709.

[9] Zang Y, Wang S, Li X M, et al. Lipids, 2007, 42: 759.

[10] Tian R X, Tang H F, Li Y S, et al. J Nat Prod, 2009, 11:

1005.

[11] Jia A Q, Yang X, Wang W X, et al. Fitoterapia, 2010, 81: 540.

[12] 王瑞. 三叶鬼针草和中药豨莶草的化学成分及生物活性研究[D]. 兰州：兰州大学, 2010.

[13] Kim K H, Choi S U, Park K M, et al. Arch Pharm Res, 2008, 31: 579.

[14] Qian C S, Chen H Y. Flora of China, 1978: 36.

[15] 侯雪, 王红, 李娟, 等. 天然产物研究与开发, 2009, 21: 913.

[16] Kamga J, Sandjo L P, Poumale H M. Arkivoc, 2010, ii: 323.

[17] Masanori I, Satoshi K, Kazufumi N, et al. Chem Pharm Bull, 2002, 50: 1091.

[18] 吴剑锋. 沈阳药科大学, 博士学位论文, 2007.

[19] Zhang W D, Li T Z, Liu R H, et al. Fitoterapia, 2006,77: 336.

[20] Darwish F M M, Reinecke M G. Phytochemistry, 2003, 62: 1179.

[21] Valenciano J, Cuadro A M, Vaquero J J. Tetrahedron Lett, 1999, 40: 763.

[22] 张永刚, 袁文鹏, 夏雪奎, 等. 农学院学报, 2010, 12: 225.

[23] Wang Z J, Ou M A, Sun R K, et al. Chinese J Chem, 2008,26: 759.

[24] Duran R, Zubnia, E, Ortega M, et al. Tetrahedron, 1998, 54: 14597.

[25] 王金萍, 王宏英, 杜力军. 中国中药杂志, 2007, 32: 401.

[26] Kong L D, Abliz Z, Zhou C X, et al. Phytochemistry, 2001, 58: 645.

[27] 吴刚, 朱小珊, 杨光忠, 等. 中南民族大学学报, 2008, 27: 40.

[28] Wang W, Wang Y, Tao H, et al. J Nat Prod, 2009, 72: 1695.

[29] Zhou X F, Tang L, Liu Y H. Lipids, 2009, 44: 759.

[30] Gao J M, Lin H, Ze J D, et al. Lipids, 36: 521.

[31] 吴彤, 孔德云, 李惠庭. 药学学报, 2004, 39: 525.

[32] Tantangmo F, Lenta B N, Kamdem L M, et al. Helv Chim Acta, 2010, 93: 2210.

[33] Toledo M S, Levery S B, Straus A H, et al. Biochemistry, 1999, 38: 7294.

[34] Qi T, Ojika M, Sakagami M. Tetrahedron, 2000, 56: 5835.

第三章 天然芳香族类化合物的 ^{13}C NMR 化学位移

第一节 简单天然酚酸类化合物的 ^{13}C NMR 化学位移

【化学位移特征】

1. 天然酚类化合物通常遵循芳香化合物的规律，连接酚羟基的碳一般出现在 δ 144.2～157.8。如果邻位没有取代，其邻位碳出现在 δ 107.9～116.5。如果 3 个相邻的碳同时连接羟基，则两边的碳处于低场，中间的碳处于高场。

2. 对于天然芳香酸类，羧基碳多出现在 δ 166.8～174.3。如果连接羧基碳的邻位为酚羟基，此碳向低场位移，出现在 δ 161.4～163.4 左右。

3. 对于甲基酮的邻位羟基碳，受羰基的去屏蔽作用，其邻位羟基碳也向低场位移，出现在 δ 165.0 左右。

	3-1-1	R^1=R^2=OH; R^3=H		3-1-5	R^1=R^2=C(CH$_3$)$_3$; R^3=OCH$_3$
	3-1-2	R^1=OH; R^2=R^3=H		3-1-6	R^1=R^2=CH(CH$_3$)$_2$; R^3=H
	3-1-3	R^1=R^2=R^3=CH$_3$		3-1-7	R^1=R^2=C(CH$_3$)$_3$; R^3=H
	3-1-4	R^1=R^2=C(CH$_3$)$_3$; R^3=CN		3-1-8	R^1=R^2=H; R^3=CH$_2$CH$_2$N(CH$_3$)$_2$

表 3-1-1 化合物 3-1-1～3-1-8 的 ^{13}C NMR 化学位移数据

C	3-1-1[1]	3-1-2[2]	3-1-3[3]	3-1-4[3]	3-1-5[3]	3-1-6[3]	3-1-7[3]	3-1-8[3]
1	133.8	146.4	155.1	157.8	152.6	149.9	153.8	155.6
2	146.6	146.4	123.1	137.4	137.3	133.7	135.8	115.9
3	107.9	116.5	129.3	129.5	110.6	123.4	124.8	129.6
4	119.7	120.4	129.5	103.3	147.8	120.6	119.6	130.2
5	107.9	120.4	129.3	129.5	110.6			129.6
6	146.6	116.5	123.1	137.4	137.3			115.9
2-CH$_3$			15.9					
4-CH$_3$			20.4					
<u>C</u>(CH$_3$)$_3$			34.6	34.6	34.6	27.3	34.6	
C(<u>C</u>H$_3$)$_3$			30.0	30.3	23.6	30.3		
OCH$_3$				55.5				
CN				120.2				
<u>C</u>H$_2$CH$_2$N(CH$_3$)$_2$								32.6
CH$_2$<u>C</u>H$_2$N(CH$_3$)$_2$								51.6
CH$_2$CH$_2$N(<u>C</u>H$_3$)$_2$								44.9

	3-1-9	R^1=R^2=R^3=H		3-1-14	R^1=CH$_3$; R^2=R^3=H
	3-1-10	R^1=OCH$_3$; R^2=R^3=H		3-1-15	R^1=NH$_2$; R^2=R^3=H
	3-1-11	R^1=OC$_2$H$_5$; R^2=R^3=H		3-1-16	R^1=Cl; R^2=R^3=H
	3-1-12	R^1=OH; R^2=H; R^3=CH$_3$		3-1-17	R^1=Br; R^2=R^3=H
	3-1-13	R^1=OCH$_3$; R^2=CH$_3$; R^3=H		3-1-18	R^1=NO$_2$; R^2=R^3=H

表 3-1-2　化合物 **3-1-9~3-1-18** 的 ^{13}C NMR 化学位移数据[4]

C	3-1-9	3-1-10	3-1-11	3-1-12	3-1-13	3-1-14	3-1-15	3-1-16	3-1-17	3-1-18
1	157.3	146.8	146.9	145.1	144.2	155.9	144.0	153.3	154.1	152.2
2	115.2	147.8	147.0	143.0	147.4	124.7	136.4	120.1	109.4	136.6
3	129.2	112.4	113.7	115.7	113.1	131.2	114.5	131.3	132.8	125.0
4	118.8	119.4	119.3	119.8	128.0	119.6	119.6	120.0	120.4	119.3
5	129.2	121.1	121.0	128.3	120.0	127.2	116.7	128.0	128.5	135.3
6	115.2	115.8	115.7	116.6	115.3	115.3	114.6	116.9	116.5	119.1
2-CH₃						14.1				
2-OCH₃		56.2			56.2					
2-OCH₂CH₃			65.0							
2-OCH₂CH₃			14.8							
5-CH₃				24.6	24.6					

3-1-20 3-OCH₃; 4-OH **3-1-25** 3-OH; 4-OCH₃
3-1-21 4-OH **3-1-26** 3-OH; 4-OH; 5-OH
3-1-22 2-OH **3-1-27** 3-OH; 5-OH; 4-OCH₃
3-1-23 3-OH; 4-OH **3-1-28** 2-OH; 3-CH₃; 4-OH; 6-CH₃
3-1-24 2-OH; 5-OH

3-1-19

表 3-1-3　化合物 **3-1-19~3-1-28** 的 ^{13}C NMR 化学位移数据

C	3-1-19[1]	3-1-20[1]	3-1-21[5]	3-1-22[6]	3-1-23[1]	3-1-24[7]	3-1-25[7]	3-1-26[1]	3-1-27[2]	3-1-28[8]
1	129.3	125.2	123.1	117.9	124.3	121.9	121.8	121.2	120.2	112.1
2	130.2	115.8	133.0	162.9	116.0	150.2	115.7	109.2	109.3	161.4
3	128.5	152.6	116.0	112.9	143.3	115.4	147.4	145.1	146.5	105.8
4		148.6	163.2	131.1	148.4	122.1	151.3	137.8	140.1	163.4
5		113.8	116.0	119.8	115.3	145.1	112.9	145.1	146.5	100.2
6		123.2	133.0	136.6	123.2	116.8	123.6	109.2	109.3	116.6
7	172.1	170.2	170.4	172.5	172.0	167.5	167.3	166.8	167.4	174.3
OCH₃		56.4					55.7		52.7	
CH₃										11.6 18.8

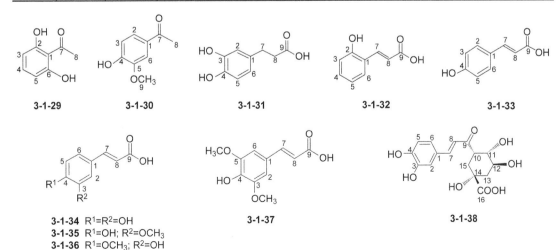

3-1-29　　　**3-1-30**　　　**3-1-31**　　　**3-1-32**　　　**3-1-33**

3-1-34 R¹=R²=OH
3-1-35 R¹=OH; R²=OCH₃
3-1-36 R¹=OCH₃; R²=OH

3-1-37

3-1-38

表 3-1-4 化合物 3-1-29~3-1-38 的 ^{13}C NMR 化学位移数据

C	3-1-29[3]	3-1-30[3]	3-1-31[9]	3-1-32[10]	3-1-33[5]	3-1-34[6]	3-1-35[6]	3-1-36[11]	3-1-37[12]	3-1-38[13]
1	114.3	130.2	131.3	120.9	127.3	127.4	125.6	125.6	124.5	126.7
2	165.0	124.0	115.5	156.6	131.1	116.2	115.7	115.7	106.0	116.9
3	103.7	113.7	145.0	116.1	116.8	145.3	148.2	148.2	147.9	146.1
4	165.6	150.4	143.5	131.4	161.1	146.1	149.3	149.3	137.9	149.3
5	103.7	146.6	115.6	119.4	116.8	115.4	111.0	111.0	147.7	115.8
6	165.0	109.6	118.8	128.7	131.1	115.0	122.7	122.7	106.0	121.4
7	205.1	196.9	35.4	139.6	146.4	148.5	144.1	144.1	144.6	145.3
8	27.3	26.2	29.7	118.3	115.9	122.4	116.4	116.4	116.0	115.8
9		56.1	167.7	168.0	171.2	168.7	168.2	168.2	167.7	167.1
10										68.7
11										69.8
12										72.0
13										37.8
14										73.7
15										37.8
16										183.1
OCH₃								56.0	56.0	

3-1-39 R=CH₃
3-1-40 R=H

3-1-41

3-1-42

3-1-43 R¹= H; R²=CH₃
3-1-44 R¹= R²=H
3-1-45 R¹=CH₃; R²=OH

3-1-46

表 3-1-5 化合物 3-1-39~3-1-46 的 ^{13}C NMR 化学位移数据[14]

C	3-1-39	3-1-40	3-1-41	3-1-42	3-1-43	3-1-44	3-1-45	3-1-46[15]
1	109.0	93.7						
2	158.6	162.3	80.2	73.7	75.2	75.3	75.0	75.2
3	93.5	106.0	124.7	91.0	31.4	31.4	31.3	32.9
4	164.2	162.3	116.4	26.7	22.3	22.5	20.6	21.8
4a					118.2	121.3	117.3	121.3
5	91.6	96.0	102.1	105.1	112.2	112.6	115.2	146.3
6	160.8	162.3	161.0	167.1	121.7	127.4	12.2	116.3

续表

C	3-1-39	3-1-40	3-1-41	3-1-42	3-1-43	3-1-44	3-1-45	3-1-46[15]
7	21.5	21.6	93.4	93.0	125.8	115.7	144.7	157.4
8	122.5	121.7	161.0	167.1	146.3	147.8	126.9	124.4
8a			96.5	90.8	145.7	146.0	145.9	148.2
9	134.8	138.7	161.0	167.1	39.8	39.7	39.8	40.2
10	39.8	39.7	41.7	36.7	22.2	22.2	22.2	23.2
11	26.8	26.4	22.6	21.9	124.4	124.3	142.2	125.9
12	124.5	123.8	123.9	124.0	135.1	135.1	135.2	135.9
13	131.4	132.0	131.8	132.2	39.8	39.7	39.7	40.7
14	17.7	17.7	17.6	17.7	26.6	26.6	26.8	25.7
15	25.7	25.6	25.7	25.7	124.4	124.4	124.2	125.5
16	16.0	16.2	27.1	22.7	135.0	135.0	135.0	135.8
17	170.0	170.0	169.8	169.8	39.7	39.7	39.7	27.5
18	52.4	52.4	52.5	52.4	26.8	26.8	26.7	27.8
19	55.6				124.2	125.3	124.4	125.4
20					131.3	131.3	131.2	132.0
21					17.7	17.7	17.7	17.8
22					25.7	25.7	25.7	25.9
23					16.0	15.9	15.9	11.2
24					15.9	16.0	16.0	15.9
25					24.0	24.3	23.8	24.2
26					11.8	16.0	12.3	16.1
27					11.9			
28								12.0

参 考 文 献

[1] 冯卫生, 王彦志, 郑晓珂. 中药化学成分解析. 北京: 科学出版社, 2008: 101.

[2] 张丽娟, 廖尚高, 詹哲浩, 等. 时珍国医国药, 2010, 21(8): 1946.

[3] 于德泉, 杨峻山. 分析化学手册. 第七分册: 核磁共振波谱分析. 第 2 版. 北京: 化学工业出版社, 2005: 568.

[4] Fujita M, Nagai M, Inoue T. Chem Pharm Bull, 1982, 30(4): 1151.

[5] 杨序娟, 黄文秀, 王乃利, 等. 中草药, 2005, 36(11): 1604.

[6] 贾陆, 郭海波, 敬林林, 等. 中国医药工业杂志, 2009, 40(10): 746.

[7] 解军波, 李萍. 中国药科大学学报, 2002, 33(1): 76.

[8] 毕韵梅, 毕旭滨, 赵黔榕, 等. 中药材, 2004, 27: 20.

[9] Francisco A M S, Fernanda B, Carla G, et al. J Agric Food Chem, 2000, 48: 211.

[10] Yang C H, Tang Q F, Liu J H, et al. Sep. Purif Technol, 2008, 61: 474.

[11] 杨嘉永, 万春鹏, 邱彦. 中药材, 2010, 33(4): 542.

[12] 段礼新, 余正江, 冯宝民, 等. 沈阳药科大学学报, 2007, 24(11): 679.

[13] 何忠梅, 宗颖, 孙佳明, 等. 应用化学, 2010, 27(12): 1486.

[14] Rukachaisirikul V, Naklue W, Phongpaichit S, et al. Tetrahedron, 2006, 62: 8578.

[15] Gao X M, Yu T, Lai F S F, et al. Bioorg Med Chem, 2010, 18: 4957.

第二节　缩酚酸酯的 ^{13}C NMR 化学位移

【结构特点】两分子连有酚羟基的芳香酸, 其中一分子的羧基和另外一分子的酚羟基脱水缩合形成的酯类化合物, 两个连有酚羟基的芳香酸可能是结构相同的, 也有结构不相同的。

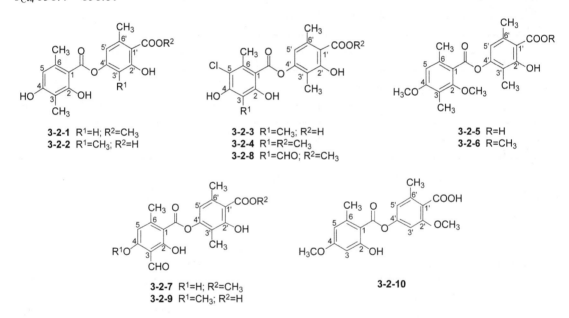

基本结构骨架

【化学位移特征】

1. 两个苯环基本上遵循放缓的规律，它们各碳的化学位移的范围约在 δ 95～167。

2. 由于 1 位和 1′位上引入一个羰基，它与苯环形成新的共轭体系，羰基的拉电子作用使相邻的 1 位碳和 1′位碳的电子云密度增加，屏蔽作用增大，所以它的化学位移出现在较高场，δ_{C-1}103.0～119.6，$\delta_{C-1'}$105.9～123.9。对于 2 和 2′位碳以及 6 和 6′位碳，它们的电子云密度减小，化学位移向低场位移，δ_{C-2}150.7～166.7，$\delta_{C-2'}$149.1～164.9，δ_{C-6}132.6～149.0，$\delta_{C-6'}$137.0～149.3。

3. 4 和 4′位碳处于羰基的对位，并连接羟基,所以它们的化学位移出现在 δ_{C-4}154.2～165.7，$\delta_{C-4'}$151.4～158.8。

3-2-1 R¹=H; R²=CH₃
3-2-2 R¹=CH₃; R²=H

3-2-3 R¹=CH₃; R²=H
3-2-4 R¹=R²=CH₃
3-2-8 R¹=CHO; R²=CH₃

3-2-5 R=H
3-2-6 R=CH₃

3-2-7 R¹=H; R²=CH₃
3-2-9 R¹=CH₃; R²=H

3-2-10

表 3-2-1 化合物 3-2-1~3-2-10 的 ¹³C NMR 化学位移数据[1]

C	3-2-1	3-2-2	3-2-3	3-2-4	3-2-5	3-2-6	3-2-7	3-2-8	3-2-9	3-2-10
1	104.7	103.2	110.7	116.1	119.4	119.6	103.0	108.9	112.2	107.8
2	162.8	162.5	155.7	155.0	159.5	159.9	169.0	166.2	160.8	161.0
3	111.4	108.7	111.1	111.8	116.1	117.0	108.7	112.9	108.2	100.8
4	162.3	161.0	154.5	154.2	156.4	157.0	167.5	163.4	162.9	161.7
5	106.5	111.2	114.5	114.0	108.4	108.0	112.8	115.9	104.3	110.5
6	140.5	139.5	133.0	132.6	134.8	135.2	152.3	149.0	148.8	141.0
1′	110.4	115.9	115.5	116.3	116.5	117.3	116.8	116.9	115.9	116.3
2′	164.3	161.8	161.5	158.2	161.7	162.8	162.8	162.9	161.5	159.5
3′	108.7	111.2	111.8	114.2	111.0	109.8	110.4	110.6	113.2	107.8
4′	154.2	151.9	152.1	151.5	152.4	153.2	152.1	152.0	152.2	152.7

续表

C	3-2-1	3-2-2	3-2-3	3-2-4	3-2-5	3-2-6	3-2-7	3-2-8	3-2-9	3-2-10
5'	116.5	116.2	115.9	115.8	115.8	116.2	116.0	115.8	115.7	115.3
6'	143.3	139.2	139.1	137.0	139.3	139.2	139.8	139.9	139.0	142.0

3-2-11 R^1=R^2=R^3=R^4=H
3-2-12 R^1=R^2=R^3=R^4=CH$_3$

3-2-13

3-2-14

3-2-15 R^1=R^2=R^3=H
3-2-16 R^1=R^3=H; R^2=CH$_3$
3-2-17 R^1=R^2=R^3=CH$_3$

3-2-18 R=H
3-2-19 R=CH$_3$

表 3-2-2 化合物 **3-2-11~3-2-19** 的 ^{13}C NMR 化学位移数据[1]

C	3-2-11	3-2-12	3-2-13	3-2-14	3-2-15	3-2-16	3-2-17	3-2-18	3-2-19
1	109.9	114.8	110.2	105.1	105.0	103.6	115.0	105.6	105.6
2	162.0	161.8	150.7	160.2	166.4	166.3	161.8	166.6	166.7
3	99.2	96.1	108.6	107.6	99.7	99.6	96.1	100.5	100.5
4	162.6	157.3	151.4	159.5	165.5	164.7	158.4	165.7	165.5
5	108.7	106.8	114.1	106.4	111.5	111.1	106.0	113.6	113.7
6	140.4	138.8	132.8	146.8	148.8	148.3	143.5	140.8	140.9
1'	116.1	121.1	118.3	110.0	110.9	120.1	120.9	111.2	123.5
2'	159.6	158.7	156.3	164.1	165.0	157.7	157.2	164.9	158.0
3'	107.7	102.7	106.8	108.4	109.2	102.8	102.6	109.3	104.1
4'	152.6	152.3	151.4	153.4	154.9	151.6	152.4	154.6	151.8
5'	115.1	115.2	115.2	115.5	116.5	114.6	114.2	116.4	115.2
6'	140.2	137.6	137.6	148.1	149.3	143.3	142.5	149.2	142.8

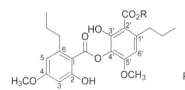

3-2-20 R=H
3-2-21 R=Me

3-2-22 R^1=R^3=Me; R^2=H
3-2-23 R^1=H; R^2=R^3=Me
3-2-24 R^1=R^2=R^3=H

3-2-25 R^1=H; R^2=OH
3-2-26 R^1=Ac; R^2=OH
3-2-27 R^1=Ac; R^2=OMe

表 3-2-3 化合物 **3-2-20~3-2-27** 的 ^{13}C NMR 化学位移数据[1]

C	3-2-20	3-2-21	3-2-22	3-2-23	3-2-24[2]	3-2-25[3]	3-2-26[3]	3-2-27[3]
1	105.2	104.3	108.0	105.5	108.3	106.2	116.6	116.8
2	165.9	164.4	162.1	162.2	160.2	164.4	151.0	150.9
3	99.7	98.7	99.0	100.8	100.5	99.0	106.5	106.5
4	165.3	165.3	162.9	162.7	161.2	164.6	162.0	162.0
5	111.4	110.7	110.3	111.8	109.9	110.2	113.9	113.8
6	149.0	148.5	140.9	141.7	140.4	147.4	145.8	145.8
7						164.6	163.9	163.9
OCH₃						54.9	55.6	55.6
6-丙基						38.5 25.5 13.6	36.5 24.7 14.0	36.4 24.7 14.0
1'	106.3	105.9	115.9	116.2	116.6	115.8	122.7	123.9
2'	157.3	155.8	152.1	152.0	158.8	152.4	149.8	149.1
3'	125.6	124.7	109.2	111.0	107.5	107.3	114.4	114.1
4'	156.4	155.2	161.7	159.9	152.3	163.5	152.3	151.7
5'	106.9	105.9	115.9	116.9	114.8	114.3	120.3	119.9
6'	146.8	145.3	139.4	137.9	139.6	148.5	145.0	144.1
7'						169.5	171.0	166.5
6'-丙基						37.4 25.1 13.6	36.0 24.3 14.0	35.8 24.1 13.9
Ac							169.4/20.9	169.2/21.0
OMe								52.3

参 考 文 献

[1] 沈晓羽, 孙汉董. 云南植物研究, 1992, 14(4): 445.

[2] Thiago I B L, Roberta G C, Nidia C Y, et al. Chem Pharm Bull, 2008, 56(11): 1151.

[3] Guillermo S H, Alejandro T, Beatriz L, et al. Phytother Res, 2008, 24: 349.

第三节　缩酚酮酸及其酯类化合物的 ^{13}C NMR 化学位移

【结构特点】缩酚酮酸及其酯类化合物是指具有邻羟基苯甲酸或其衍生物与邻苯二酚或其衍生物脱去两分子水生成的新的化合物，一边成酯，另一边成醚。

基本结构骨架

【化学位移特征】

1. A 环和 B 环都是芳环，它们除缩合的 4 个碳以外的其他各碳可以连接各种各样的基团，如羟基、甲氧基、羧基、醛基、甲基、羟甲基、烷基等，也有的化合物形成新的环，它们各碳的化学位移根据取代基的变化而变化。

2. C 环是新形成的环，各碳的化学位移出现在 $\delta_{C\text{-}4a}$ 152.5～165.2，$\delta_{C\text{-}5a}$ 140.0～154.7，$\delta_{C\text{-}9a}$ 135.0～153.4，$\delta_{C\text{-}11}$ 160.0～173.8，$\delta_{C\text{-}11a}$ 109.5～114.7。如果 1 位上还连接有羟基时 11a 位碳的化学位移向高场位移，出现在 $\delta_{C\text{-}11a}$ 93.0～99.2。

3-3-1 R^1=CHO; R^2=H
3-3-2 R^1=CHO; R^2=CH$_3$
3-3-3 R^1=CH$_2$OH; R^2=CH$_3$
3-3-4 R^1=CH$_2$OH; R^2=H

3-3-5 R^1=R^2=R^3=R^4=H
3-3-6 R^1=R^3=H; R^2=R^4=Me
3-3-7 R^1=OH; R^3=COOH; R^2=R^4=H
3-3-8 R^1=OMe; R^3=COOMe; R^2=R^4=Me

表 3-3-1 化合物 **3-3-1~3-3-8** 的 ^{13}C NMR 化学位移数据[1]

C	3-3-1	3-3-2	3-3-3	3-3-4	3-3-5[3]	3-3-6[3]	3-3-7[3]	3-3-8[3]
1	152.0	155.6	145.9	146.1	145.1	145.5	128.1	136.5
2	116.9	118.1	116.2	116.2	115.5	114.0	141.6	145.2
3	163.8	165.4	163.0	162.8	162.4	163.0	149.3	156.8
4	112.3	112.1	117.0	117.0	104.7	103.5	104.1	101.7
4a	161.8	163.4	162.5	162.5	161.5	163.1	155.0	158.7
5a	141.2	144.0	144.1	145.8	142.1	142.8	142.8	142.9
6	131.2	128.3	128.6	132.8	131.3	131.3	133.5	129.2
7	114.2	114.3	114.1	115.2	113.5	112.7	110.0	120.9
8	155.1	155.0	153.9	155.9	154.4	156.5	160.3	153.7
9	105.3	116.1	115.3	105.9	104.9	103.7	106.4	102.0
9a	144.0	145.3	144.7	143.7	144.9	144.8	149.4	145.6
11	164.5	166.4	166.0	165.7	163.3	163.3	161.6	162.3
11a	111.5	114.0	113.6	113.7	112.8	109.5	112.9	113.7
1′	21.4	22.3	21.4	21.4	20.2	21.5	12.5	13.3
2′	16.7	17.1	16.9	17.2	15.1	16.2	14.1	13.6
3′	191.9	194.6	54.8	54.7				60.3
4′		9.2	9.2			55.6		56.0
5′							172.0	167.3
6′						55.7		56.3
5′-OCH$_3$								52.4

3-3-9 R=H
3-3-10 R=CH$_3$

3-3-11 R=H
3-3-12 R=Cl

3-3-13 R^1=H; R^2=CHO
3-3-14 R^1=Cl; R^2=CHO
3-3-15 R^1=H; R^2=CH$_2$OH
3-3-16 R^1=Cl; R^2=CH$_2$OH

表 3-3-2 化合物 **3-3-9~3-3-16** 的 ^{13}C NMR 化学位移数据[2]

C	3-3-9	3-3-10	3-3-11	3-3-12	3-3-13	3-3-14	3-3-15	3-3-16
1	153.4	154.3	153.1	149.8	151.9	149.5	143.1	139.7
2	117.8	118.2	117.7	121.3	117.4	120.2	115.6	119.6
3	165.3	165.7	165.2	161.2	164.0	161.7	160.5	158.0
4	110.7	11.2	110.9	110.8	111.9	111.0	117.3	115.8
4a	161.6	162.3	161.4	160.9	152.5	160.3	161.7	156.2
5a	153.5	151.0	140.2	140.0	148.6	148.6	149.0	149.0
6	106.8	101.6	134.0	134.2	105.0	104.4	105.7	105.2
7	158.3	153.8	117.5	117.4	152.6	152.1	152.3	151.9
8	122.3	129.4	141.2	141.2	125.6	126.0	124.8	125.3
9	131.1	131.8	139.2	139.3	129.5	129.9	128.9	129.3
9a	135.8	137.1	138.7	138.8	135.2	153.4	135.7	135.8
11	163.7	165.2	164.5	162.2	162.7	162.7	163.9	162.8
11a	112.5	113.3	112.7	114.2	113.4	114.9	112.3	114.8
1'	22.8	22.8	22.1	19.5	21.8	18.7	21.1	17.5
2'	192.6	193.3	193.4	193.3	191.7	193.7	52.3	56.5
3'	196.0	194.6	195.4	195.2	25.3	25.0	25.3	25.0
4'	126.0	126.0	125.2	125.1	122.4	121.9	122.6	122.1
5'	158.6	158.1	159.1	159.3	131.4	131.3	131.2	131.1
6'	21.5	21.6	21.1	21.2	25.9	24.9	25.9	24.9
7'	28.1	28.5	28.0	28.0	18.2	17.1	18.2	17.1
8'	16.3	13.5	12.1	12.1	12.8	11.8	12.7	11.8
7-OMe		56.8						
8-OMe			63.1	63.1				

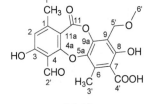

3-3-17 R=Cl
3-3-18 R=H

3-3-19 R=H
3-3-20 R=Cl

3-3-21 R^1=CHO; R^2=OCH$_2$CH$_3$
3-3-22 R^1=CH$_2$OH; R^2=H

3-3-23

3-3-24

3-3-25

表 3-3-3 化合物 **3-3-17~3-3-25** 的 ¹³C NMR 化学位移数据[2]

C	3-3-17	3-3-18	3-3-19	3-3-20	3-3-21[3]	3-3-22[4]	3-3-23[5]	3-3-24[6]	3-3-25[7]
1	150.3	153.6	153.2	149.8	153.4	144.9	152.8	154.2	151.7
2	121.1	117.9	117.9	121.1	118.1	115.9	117.5	117.8	117.0
3	161.0	165.2	165.3	161.0	164.5	159.9	164.9	165.5	164.1
4	110.6	110.7	111.0	110.9	111.4	115.3	110.3	111.0	111.9
4a	161.2	161.5	163.7	161.3	164.0	162.1	163.9		163.8
5a	154.7	154.7	137.5	137.3	138.0	138.8	137.6	145.9	141.7
6	107.5	107.5	122.6	122.6	134.0	147.2	137.5	126.6	131.1
7	158.6	158.6	115.8	115.9	109.4	109.4	109.6	125.5	115.9
8	117.2	117.0	146.2	146.2	153.0	144.8	153.0	152.6	156.1
9	134.4	134.3	142.0	142.0	122.4	113.9	122.5	123.3	115.5
9a	136.5	136.7	135.4	135.4	149.0	148.2	147.9	141.8	145.4
11	161.3	163.5	161.5	161.4	160.9	161.2	160.0		161.1
11a	114.0	112.5	112.6	114.1	112.4	110.9	111.9	112.6	112.0
1'	19.7	22.2	22.1	19.5	22.2	21.2	21.9	22.5	21.2
2'	192.5	192.6	195.4	195.1	193.1	52.3	193.5	195.0	191.5
3'	192.5	192.5	192.0	191.9	166.6	168.2	166.3	14.1	14.5
4'	50.1	50.1	50.4	50.0	99.2	68.0	95.2	60.5	170.4
5'	79.5	79.3	80.9	81.1	10.4	11.0	54.2	10.4	62.3
6'	26.3	14.2	26.4	26.4	64.5/15.1				57.3
7'	26.3	14.2	26.4	26.4					
8'	14.2	26.3	13.1	13.0					

3-3-26   3-3-27   3-3-28

3-3-29   3-3-30   3-3-31

3-3-32 R¹=H; R²=CH₃
3-3-33 R¹=CH₃; R²=CH₃
3-3-34 R¹=H; R²=H

表 3-3-4 化合物 3-3-26~3-3-34 的 ^{13}C NMR 化学位移数据[8]

C	3-3-26	3-3-27	3-3-28	3-3-29	3-3-30	3-3-31[9]	3-3-32[10]	3-3-33[10]	3-3-34[11]
1	163.3	159.7	157.8	162.0	160.3	166.6	161.1	160.0	167.7
2	101.4	106.5	106.4	113.8	111.6	101.1	112.2	120.2	117.4
3	162.7	160.9	158.1	158.2	160.8	166.7	164.1	161.9	167.5
4	111.5	100.9	113.6	105.8	111.2	101.5	99.6	98.7	104.4
4a	158.0	160.4	158.6	153.7	156.6	163.5	159.1	161.4	165.2
5a	143.5	146.9	143.2	143.2	143.4	143.0	145.6	147.0	147.5
6	138.5	105.4	106.9	106.4	106.6	138.4	105.7	103.5	109.4
7	147.6	146.6	142.1	142.1	142.0	1475	148.1	149.9	147.4
8	111.7	142.6	136.4	136.4	136.3	129.0	142.9	143.9	146.0
9	116.4	128.1	113.5	113.8	113.6	126.0	127.5	127.1	126.2
9a	138.4	136.0	132.9	133.0	133.0	137.3	134.4	135.1	140.8
11	167.8	168.1	168.4	168.4	168.6	169.2	167.2	160.9	173.8
11a	99.2	98.5	98.4	98.3	98.8	99.0	93.0	105.9	98.5
1′	22.5	115.5	116.0	21.7	22.6	26.2	21.4	22.1	26.6
2′	121.5	127.5	127.3	121.7	121.8	124.0	122.3	121.9	127.1
3′	135.7	78.4	77.6	131.7	134.9	132.2	130.5	131.2	136.0
4′	25.8	28.6	29.7	25.8	25.8	25.8	25.4	25.3	30.0
5′	18.0			17.9	18.1	17.1	17.7	17.6	22.1
1″		24.1	22.1	115.8	22.1	26.5	23.5	23.2	28.3
2″		121.2	122.6	128.6	121.1	123.6	121.8	121.5	126.8
3″		133.2	131.5	78.0	134.9	132.9	131.6	132.1	136.8
4″		25.7	25.6	28.4	25.8	25.9	25.5	25.4	30.1
5″		18.0	18.1		17.9	17.5	17.8	17.7	22.3
1‴			116.2	116.2	116.2				
2‴			132.0	132.0	130.0				
3‴			78.2	77.6	77.6				
4‴			28.3	27.9	27.7				
OMe	62.7	61.8				62.9	60.1	62.1 56.4 56.1 60.6	

3-3-35 R1=CH2OH; R2=H
3-3-36 R1=CHO; R2=H
3-3-37 R1=CH2OH; R2=CH3

3-3-38 R=CHO
3-3-39 R=CH2OH
3-3-40 R=CH2OCH3

表 3-3-5 化合物 **3-3-35~3-3-40** 的 ^{13}C NMR 化学位移数据

C	3-3-35[12]	3-3-36[12]	3-3-37[12]	3-3-38[13]	3-3-39[13]	3-3-40[13]
1	148.2	153.2	148.4	158.7	150.5	151.3
2	112.8	114.9	108.8	115.0	113.4	114.4
3	161.0	163.7	161.4	165.2	160.6	160.4
4	118.7	111.9	120.5	110.5	115.2	111.0
4a	161.8	165.0	161.0	162.8	160.9	160.4
5a	142.3	141.3	142.1	142.3	142.4	143.2
6	135.8	135.9	135.9	136.4	136.2	136.1
7	107.7	107.9	107.7	112.0	111.2	111.8
8	154.2	154.4	154.2	151.5	152.6	150.9
9	116.3	116.8	116.3	115.7	115.3	115.4
9a	142.8	142.3	142.6	143.4	143.8	143.7
11	162.9	161.5	162.7	166.0	163.2	164.0
11a	110.1	110.8	112.1	112.0	112.4	112.4
1'	133.2	132.2	133.1	136.6	133.6	133.5
2'	125.7	126.2	125.8	126.7	125.7	126.0
3'	17.6	17.9	17.6	13.8	13.2	14.2
4'	13.7	13.5	13.8	18.1	17.1	17.9
1″	154.7	154.6	155.9	135.5	135.9	135.6
2″	119.5	120.4	118.5	127.3	124.3	125.4
3″	166.8	166.4	165.7	14.4	13.4	14.4
4″	19.9	19.4	20.3	17.1	16.8	17.5
4-CH$_2$O	52.3		51.4		56.5	68.9
4-CHO		191.6		194.1		
4-OMe						58.8
3-OMe			56.4			
3″-OMe			51.1			
8-OMe	56.0	56.0	55.9			
9-Me	8.2	8.8	8.2	9.1	9.1	9.2

参 考 文 献

[1] Randa A, Kirstin S, Dahse H M, et al. Phytochemistry, 2010, 71: 110.

[2] Porntep C, Suthep W, NonGluksna S, et al. Phytochemistry, 2009, 70: 407.

[3] Qi H Y, Jin Y P, Shi Y P. Chin Chem Lett, 2009, 20: 187.

[4] Lima V L E, Sperry A, Sinbandhit S, et al. Magn Reson Chem, 2000, 38: 472.

[5] Xu Y J, Chiang P Y, Lai Y H, et al. J Nat Prod, 2000, 63: 1361.

[6] Gerhard L, Anthony L J Cole, John W Blunt, et al. J Nat Prod, 2007, 70: 310.

[7] Papadopoulou P, Tzakou O, Vagias C, et al. Molecules, 2007,

12: 997.

[8] Ito C, Itoigawa M, Mishina Y, et al. J Nat Prod, 2001, 64: 147.

[9] Bezivin C, Tomasi S, Rouaud I, et al. Planta Med, 2004, 70: 874.

[10] Permana D, Lajis N H, Mackeen M M, et al. J Nat Prod, 2001, 64: 976.

[11] Ito C, Miyamoto Y, Nakayama M, et al. Chem Pharm Bull, 1997, 45(9): 1403.

[12] Pattama P, Aibrohim D, Siribhorm M, et al. J Nat Prod, 2006, 69: 1361.

[13] Tomas R, Irene A G. J Nat Prod, 1999, 62: 1675.

第四节　二苯乙基类及其聚合体类化合物的 ^{13}C NMR 化学位移

【结构特点】二苯乙基类化合物也称联苄类化合物，是两个独立的苯环之间通过乙基或乙烯基连接而成的。

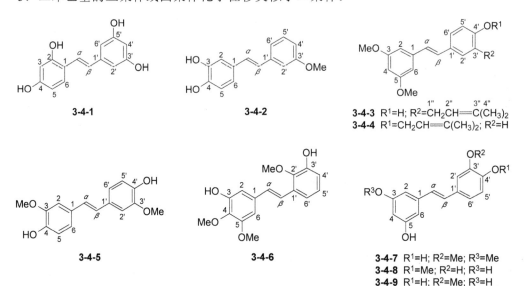

基本结构骨架

【化学位移特征】

1．两个苯环之间的连接基团如果是乙基，其化学位移为 δ 37.0～37.8；如果是乙烯基，其化学位移为 δ 122.2～131.8。两个苯环上可以连接羟基、甲氧基、乙酰氧基、甲基或其他烷基等基团，苯环各碳的化学位移随取代基的不同和取代位置的不同而变化，遵循芳环的规律。

2．二苯乙基的二聚体由 28 个碳构成。其中，有 24 个碳为芳环碳，化学位移出现在 δ 96.0～160.5；4 个为脂肪族碳，化学位移出现在 δ 45.7～95.2。如果为双键，则化学位移出现在 δ 122.1～132.0。双键上连氧，向低场位移到 δ 149.5。两个二苯乙基之间是通过氧或直接碳碳键连接，并形成新的环系，如呋喃环、环戊烷环或二氧六环等。可以是一分子的乙基的两个碳与另一分子的苯环上的两个碳连接，也可以是一分子的乙基的两个碳与另一分子的苯环上的两个碳以及乙基上的一个碳连接成环戊烷环。

3．二苯乙基的三聚体或四聚体化学位移类似于二聚体。

3-4-1

3-4-2

3-4-3 R^1=H；R^2=CH$_2$CH=C(CH$_3$)$_2$
3-4-4 R^1=CH$_2$CH=C(CH$_3$)$_2$；R^2=H

3-4-5

3-4-6

3-4-7 R^1=H；R^2=Me；R^3=Me
3-4-8 R^1=Me；R^2=H；R^3=H
3-4-9 R^1=H；R^2=Me；R^3=H

表 3-4-1　化合物 3-4-1~3-4-9 的 ^{13}C NMR 化学位移数据

C	3-4-1[1]	3-4-2[2]	3-4-3[3]	3-4-4[3]	3-4-5[4]	3-4-6[5]	3-4-7[6]	3-4-8[6]	3-4-9[6]
1	115.4	131.3	140.9	139.7	130.6	133.6	140.8	140.3	140.6
2	156.1	114.1	104.8	104.3	108.5	106.0	105.8	106.1	105.7
3	102.7	146.6	162.0	160.9	146.8	149.4	159.4	161.5	159.4
4	158.2	146.5	100.0	99.5	145.4	135.5	102.8	100.8	102.8

续表

C	3-4-1[1]	3-4-2[2]	3-4-3[3]	3-4-4[3]	3-4-5[4]	3-4-6[5]	3-4-7[6]	3-4-8[6]	3-4-9[6]
5	107.4	116.5	162.0	160.9	114.8	152.4	159.4	159.1	159.4
6	127.3	120.3	104.8	104.3	130.6	103.1	105.8	103.2	105.7
α		128.8	126.2	126.4			130.2	127.0	126.3	127.5
β		130.2	130.0	128.8			129.4	129.2	129.1
1'	140.1	140.8	129.8	129.8	130.6		130.4	129.7	130.4
2'	104.2	112.5	128.9	127.7	108.5	144.8	110.1	109.5	112.4
3'	158.5	161.5	129.0	114.8	146.8	149.1	148.5	147.1	147.3
4'	101.5	113.7	155.9	158.6	145.4	114.6	147.4	148.0	148.3
5'	158.5	130.5	115.9	114.8	114.8	124.9	116.0	115.4	113.3
6'	104.2	119.9	126.1	127.7	130.6	118.0	121.1	120.7	119.9
1''			29.0	64.7					
2''			123.7	119.5					
3''			132.4	138.3					
Me-4''			25.8,17.8	25.8,18.2					
3-OMe			55.5	55.3	56.1		56.2		
4-OMe					61.0				
5-OMe			55.5	55.3	55.9				
2'-OMe					61.7				
3'-OMe		55.7			56.1		56.2		
4'-OMe								56.2	56.2

3-4-10 R^1=R^3=OH; R^2=OMe
3-4-11 R^1=R^3=H; R^2=OH

3-4-12 R^1=Me; R^2=R^3=H; *trans*
3-4-13 R^1=R^2=R^3=H; *trans*
3-4-14 R^1=Me; R^2=Me; R^3=H; *trans*
3-4-15 R^1=H=H; R^3=OMe; *trans*
3-4-16 R^1=Me; R^2=R^3=H; *cis*
3-4-17 R^1=R^2=R^3=H; *cis*

表 3-4-2 化合物 3-4-10~3-4-17 的 ^{13}C NMR 化学位移数据[7]

C	3-4-10[8]	3-4-11[8]	3-4-12	3-4-13	3-4-14	3-4-15	3-4-16	3-4-17
1	140.4	140.9	138.6	140.0	139.4	140.0	139.5	139.7
2	105.6	105.7	114.0	106.2	104.6	104.4	108.4	108.3
3	159.0	159.4	157.3	156.9	161.0	161.0	156.0	156.7
4	103.0	103.1	101.2	102.4	100.0	99.6	100.8	101.8
5	159.0	159.4	160.9	156.9	161.0	161.0	160.5	156.7
6	105.6	105.7	106.3	102.2	104.6	104.4	106.7	108.3
α	128.4	127.8	128.4	128.0	128.7	126.6	129.8	129.6
β	129.0	129.3	129.2	129.5	129.2	128.7	130.8	130.9
1'	134.3	130.5	137.1	136.9	137.1	130.2	136.5	137.0

C	3-4-10[8]	3-4-11[8]	3-4-12	3-4-13	3-4-14	3-4-15	3-4-16	3-4-17
2'	106.6	128.9	126.6	126.6	126.6	128.0	129.0	129.0
3'	151.2	116.5	128.6	128.7	128.7	115.6	128.2	128.2
4'	106.6	158.5	127.7	127.8	127.7	154.1	127.2	127.2
5'	151.2	116.5	128.6	128.7	128.7	115.6	128.2	128.2
6'	106.6	128.9	126.6	126.6	126.6	128.0	129.0	129.0
3-OMe			55.3		55.4		55.2	
5-OMe						55.4		
4'-OMe	60.5					55.4		

3-4-18 R=H; *cis*
3-4-19 R=H; *trans*
3-4-20 R=CH₃; *cis*
3-4-21 R=(CH₂)₃OAc; *trans*

3-4-22

3-4-23

表 3-4-3 化合物 3-4-18~3-4-23 的 ^{13}C NMR 化学位移数据[9]

C	3-4-18	3-4-19	3-4-20	3-4-21	3-4-22	3-4-23
1	135.3	136.4	137.5	130.8	140.8	135.5
2	113.2	110.7	113.5	110.8	113.3	112.4
3	151.7	151.3	150.9	151.4	150.8	151.7
4	139.1	139.7	139.3	139.7	138.1	144.3
5	122.4	123.0	122.6	125.3	122.4	123.0
6	122.4	119.3	118.6	119.3	120.9	122.0
α	131.8	130.9	127.5	128.3	37.0	196.1
β	131.8	130.9	127.5	129.1	37.8	45.2
1'	132.3	131.2	122.6	122.6	129.2	133.3
2'	139.1	137.8	139.3	139.7	137.2	113.7
3'	151.7	151.6	143.0	151.4	153.4	151.4
4'	113.2	111.8	113.5	111.7	115.6	139.2
5'	124.8	122.5	137.5	123.0	142.9	123.0
6'	122.4	118.1	121.6	119.3	125.2	121.8
4-OAc	168.6/20.4	168.7/20.5	169.1/20.7	168.8/20.5	168.8/20.6	168.3/20.5
2'-OAc (4'-OAc)	168.8/20.6	168.9/20.9	169.1/20.7	169.0/20.6	169.1/20.6	168.8/20.5
3-OMe	56.0	56.0	56.0	56.0	56.0	56.1
3'-OMe	56.0	56.0	56.0	56.0	56.0	56.1
5'-CH₃		17.8				
5'-OAc					198.7/29.2	
5'-(CH₂)₃OAc				32.5/30.2/63.9		
5'-(CH₂)₃OAc				171.1/20.9		

3-4-24　　　　　　　　　3-4-25　　　　　　　　　3-4-26

3-4-27　　　　　　　　　3-4-28　　　　　　　　　3-4-29

表 3-4-4　化合物 3-4-24~3-4-29 的 ¹³C NMR 化学位移数据[10]

C	3-4-24	3-4-25	3-4-26	3-4-27	3-4-28	3-4-29
1	128.9	129.2	134.4	131.2	130.8	131.6
2	127.8	127.8	129.1	129.6	129.2	127.6
3	115.5	115.4	113.7	115.4	115.4	115.3
4	158.1	157.0	155.3	158.0	157.3	157.6
5	115.5	115.4	114.3	115.4	115.4	115.3
6	127.8	127.8	129.2	129.6	129.2	127.6
7	129.2	132.0	45.7	83.4	78.2	93.1
8	122.7	122.1	54.8	50.4	48.3	57.0
9	135.4	131.8	147.0	143.7	145.1	144.1
10	119.5	120.2	125.8	123.4	121.8	106.4
11	161.7	155.4	155.9	154.5	154.3	158.9
12	96.0	96.6	100.6	102.8	103.0	106.4
13	158.6	157.2	156.4	157.2	156.8	158.9
14	103.1	106.2	105.6	103.0	104.4	101.5
1'	119.5	115.4	120.7	117.7	115.8	130.9
2'	155.5	155.4	151.9	155.7	155.4	122.9
3'	102.6	103.0	102.1	101.8	102.0	131.3
4'	157.4	158.7	156.8	157.6	157.5	159.5
5'	106.2	106.8	105.7	106.8	108.0	109.3
6'	127.0	128.1	127.9	125.7	130.1	127.8
7'	88.5	149.5	52.7	52.8	49.3	128.0
8'	54.7	118.6	47.9	51.3	56.7	126.4
9'	147.2	136.6	144.5	146.1	146.7	139.7
10'	106.2	109.3	113.5	106.8	106.8	104.6

续表

C	3-4-24	3-4-25	3-4-26	3-4-27	3-4-28	3-4-29
11′	158.6	158.7	156.1	159.0	158.6	158.7
12′	100.9	101.7	100.8	101.3	100.9	101.9
13′	158.6	158.7	156.4	159.0	158.6	158.7
14′	106.2	109.3	105.2	106.8	106.8	104.6

3-4-30 R=H (7″*R*,8″*R*)
3-4-31 R=H (7″*S*,8″*S*)
3-4-32 R=CH₃ (7″*R*,8″*R*)
3-4-33 R=CH₃ (7″*S*,8″*S*)

3-4-34 R=CH₃ (7″*R*,8″*R*)
3-4-35 R=CH₃ (7″*S*,8″*S*)
3-4-36 R=H (7″*R*,8″*R*)
3-4-37 R=H (7″*S*,8″*S*)

表 3-4-5　化合物 3-4-30~3-4-37 的 ¹³C NMR 化学位移数据[11]

C	3-4-30	3-4-31	3-4-32	3-4-33	3-4-34	3-4-35	3-4-36	3-4-37
1	133.1	133.1	133.1	133.2	132.7	132.6	132.6	132.5
2	115.2	115.1	115.3	115.2	116.0	116.0	115.8	115.8
3	142.5	142.5	142.5	142.5	145.5	145.5	145.4	145.4
4	148.7	148.7	148.7	148.7	145.0	145.1	145.9	145.0
5	133.1	133.0	133.2	133.2	118.3	118.2	118.2	118.0
6	115.9	116.0	116.0	115.9	121.3	121.3	121.2	121.2
7	130.2	130.2	130.2	130.2	129.6	129.6	129.6	129.6
8	127.2	127.2	127.3	127.3	128.2	128.2	128.1	128.1
9	141.3	141.3	141.3	141.3	141.2	141.2	141.1	141.1
10	107.1	107.1	107.1	107.2	107.2	107.2	107.2	107.2
11	160.5	160.0	160.5	160.5	160.5	160.5	160.4	160.4
12	104.2	104.2	104.3	104.3	104.4	104.4	104.4	104.4
13	159.6	159.6	159.6	159.6	159.7	159.7	159.6	159.6
14	108.4	108.4	108.4	108.4	108.6	108.6	108.5	108.5
1′	133.6	133.5	133.3	133.3	129.3	129.2	129.4	129.3
2′	114.2	114.3	110.8	110.9	112.5	112.5	115.9	115.9
3′	146.5	146.5	149.2	149.2	148.7	148.7	146.1	146.1
4′	146.6	146.6	147.9	147.9	147.9	147.9	146.7	146.6
5′	116.3	116.3	116.2	116.2	115.9	115.9	116.0	116.0
6′	119.0	119.2	120.3	120.4	121.9	121.8	121.1	120.8
7′	95.1	95.1	95.2	95.2	82.0	81.7	82.0	81.6
8′	59.4	59.4	59.4	59.4	82.2	82.2	82.0	81.9
9′	145.7	145.5	145.5	145.3	140.1	140.3	140.1	140.2
10′	109.0	108.7	109.1	108.9	108.4	109.1	108.5	109.0
11′	160.5	160.4	160.6	160.5	159.9	160.1	159.8	159.2

续表

C	3-4-30	3-4-31	3-4-32	3-4-33	3-4-34	3-4-35	3-4-36	3-4-37
12′	103.9	103.6	104.0	103.7	105.3	105.6	105.2	105.3
13′	159.9	159.9	159.9	159.9	159.3	159.4	159.2	159.3
14′	110.2	110.3	110.4	110.5	109.7	110.5	109.4	110.4
11-Glu								
1	102.4	102.4	102.3	102.4	102.4	102.1	102.3	102.3
2	75.0	75.0	74.9	75.0	75.0	75.0	74.9	74.9
3	78.0	78.0	78.0	78.1	78.1	78.1	78.0	78.0
4	71.5	71.5	71.1	71.5	71.5	71.5	71.4	71.4
5	78.2	78.2	78.1	78.2	78.3	78.3	78.2	78.2
6	62.6	62.6	62.3	62.6	62.6	62.6	62.5	62.5
11′-Glu								
1	102.3	101.8	101.8	101.9	102.6	102.7	102.6	102.5
2	74.8	74.8	74.8	74.8	74.9	74.8	74.8	74.8
3	77.9	78.0	78.0	78.0	77.9	77.8	77.7	77.8
4	71.2	71.0	71.0	71.2	71.4	71.2	71.2	71.3
5	78.0	77.0	77.0	78.0	78.0	78.0	77.9	77.9
6	62.2	62.3	62.3	62.4	62.5	62.4	62.4	62.4
OCH₃			56.5	56.5	56.5	56.5		

3-4-38

3-4-39

3-4-40

3-4-41

3-4-42

3-4-43

表 3-4-6 化合物 3-4-38~3-4-43 的 ^{13}C NMR 化学位移数据[12]

C	3-4-38[13]	3-4-39[13]	3-4-40[14]	3-4-41	3-4-42	3-4-43
1	133.4	131.1	134.4	128.9	137.7	137.6
2	127.7	128.4	128.0	127.8	110.9	111.1
3	115.4	115.0	116.0	115.5	147.3	147.3
4	157.5	157.2	157.9	157.4	144.8	144.8
5	115.4	115.0	116.0	115.5	114.8	114.8
6	127.7	128.4	128.0	127.8	119.1	118.9
7	93.6	87.2	86.5	129.0	57.1	57.1
8	57.7	55.6	50.3	122.6	60.0	60.1
9	146.7	140.6	144.7	135.3	148.1	148.1
10	108.0	107.2	119.3	119.6	105.4	105.4
11	158.4	158.3	157.7	161.6	158.8	158.9
12	101.6	101.5	101.3	96.0	100.6	100.6
13	158.4	158.3	156.3	158.6	158.8	158.9
14	108.0	107.2	103.3	103.0	105.4	105.4
1′	136.0	132.2	138.7	113.9	131.4	131.4
2′	128.4	129.0	129.2	159.4	110.9	111.4
3′	114.7	114.5	115.4	115.5	144.2	144.2
4′	156.6	156.6	155.7	154.9	147.1	146.8
5′	156.6	156.6	115.4	108.4	119.2	119.2
6′	114.7	114.5	129.2	127.8	119.2	118.7
7′	77.8	81.9	36.0	89.1	122.2	122.2
8′	57.5	51.6	48.6	54.7	142.2	142.5
9′	150.5	137.5	144.9	146.1	146.2	146.3
10′	119.9	107.8	118.6	106.2	123.5	123.4
11′	161.4	158.4	159.9	158.2	155.1	155.2
12′	96.0	95.0	95.3	100.8	102.9	102.9
13′	154.2	161.1	155.4	158.2	158.8	158.9
14′	122.7	119.5	122.2	106.2	97.3	97.3
1″	145.0	133.4	135.8	119.7	131.7	131.9
2″	128.8	127.6	129.6	155.1	109.9	110.0
3″	115.0	115.5	114.9	102.5	147.6	147.7
4″	155.7	157.6	156.4	157.7	144.9	144.0
5″	155.7	157.6	114.9	105.6	114.8	114.9
6″	115.0	115.5	129.6	126.5	119.2	119.2
7″	55.8	93.3	64.3	88.9	93.3	93.0
8″	58.2	57.7	57.5	53.8	57.4	57.2
9″	145.0	145.6	147.5	146.4	144.1	144.0
10″	105.5	107.0	106.7	106.4	106.5	106.5
11″	158.2	158.8	159.2	158.8	158.9	158.9
12″	100.5	102.3	101.3	101.2	101.4	101.4
13″	158.2	158.8	159.2	158.8	158.9	158.9
14″	105.5	107.0	106.7	106.4	106.5	106.5
3-OMe					55.4	55.5
3′-OMe					55.1	55.3
3″-OMe					55.4	55.5

参 考 文 献

[1] Kittisak L, Boonchoo S. J Nat Prod, 2001, 64: 1457.

[2] Anireas S, Ralph S. Phytochemistry, 1997, 45: 1613.

[3] Lívia L, Geilson S, et al. J Braz Chem Soc, 2010, 21: 1838.

[4] Zsuzsanna H, Erzsebet V, et al. J Nat Prod, 1998, 61: 1298.

[5] Wang Y Q, Tan J J, et al. Planta Med, 2003,69:779.

[6] Alfonse S, Bonaventure T N, et al. Phytochemistry, 1999, 52: 947.

[7] Koon N, Geoffrey B. Phytochemistry, 1998, 47: 1117.

[8] Wieslaw O, Magdalena S, et al. J Agric Food Chem, 2001, 49: 747.

[9] Josef G, Otto L. Acta Chem Scand B, 1980, 34: 161

[10] Huang K S, Wan Y H, et al. Phytochemistry, 2000, 63: 86.

[11] Huang K S, Mao L, et al. Phytochemistry, 2001, 58: 357.

[12] Huang K S, Li R L, et al. Panta Med, 2001, 67: 61.

[13] Masashi Y, Ken H, et al. Phytochemistry, 2006, 67: 307.

[14] Tanakaa T, Ito T, et al. Phytochemistry, 2000, 54: 63.

第五节　苯丙素类化合物的 ¹³C NMR 化学位移

【结构特点】苯丙素是指一个苯环与一个 3 个碳的丙基连接的化合物，丙基部分可以是丙烷基、丙烯基、烯丙基、丙醇基、丙酸基、丙酮以及丙醛等。

【化学位移特征】

1. 苯环各碳基本上遵循芳环化学位移谱的规律。对于 1 位碳，如果连接烷基碳，它的化学位移出现在 δ_{C-1} 126.0～138.0。如果在苯环邻位上同时连接两个连氧基团，它们的化学位移出现在 δ 140.0～150.0。如果在苯环上连接一个连氧基团或不相邻的碳连接连氧基团，它们的化学位移出现在 δ 150.0～160.0，甚至更低场。如果是 3 个相邻的碳同时连接连氧基团，则两边的碳在低场，中间碳在高场。

2. 丙基部分的 3 个碳，如果是丙烯基，3 个碳的化学位移为 δ_{C-7} 121.2～137.6、δ_{C-8} 115.6～128.2、δ_{C-9} 20.2～34.4，如果 9 位上还有连氧基团则 δ_{C-7} 130.7～144.1、δ_{C-8} 121.4～126.3、δ_{C-9} 63.9～67.7。如果是烯丙基，则 δ_{C-7} 33.7～41.6、δ_{C-8} 133.6～137.3、δ_{C-9} 114.2～115.5。如果是烯丙基且在 7 位上又连接有羟基，则 δ_{C-7} 75.2～75.5、δ_{C-8} 136.5～140.0、δ_{C-9} 115.2～116.5。如果是丙基且在 8 位上又连接有羟基，则 δ_{C-7} 39.9、δ_{C-8} 70.7、δ_{C-9} 23.2。仅是 9 位上有连氧基团，3 个碳的化学位移为 δ_{C-7} 31.5、δ_{C-8} 30.4、δ_{C-9} 63.6。如果是丙基且在 7、8 位上连接有羟基，则 δ_{C-7} 77.5～81.4、δ_{C-8} 69.7～73.0、δ_{C-9} 17.5。如果是丙基且在 7、8、9 位上同时连接有羟基，则 δ_{C-7} 72.5～80.7、δ_{C-8} 82.0～87.6、δ_{C-9} 61.3～62.1。

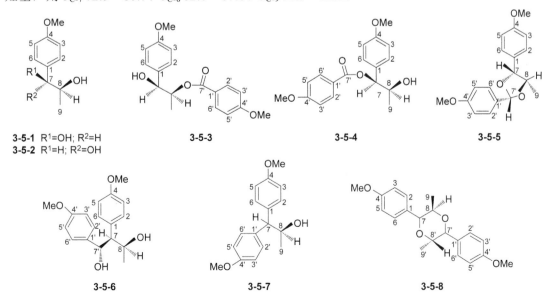

3-5-1 R¹=OH; R²=H
3-5-2 R¹=H; R²=OH

3-5-3

3-5-4

3-5-5

3-5-6

3-5-7

3-5-8

表 3-5-1 化合物 3-5-1~3-5-8 的 ^{13}C NMR 化学位移数据[1]

C	3-5-1	3-5-2	3-5-3	3-5-4	3-5-5	3-5-6	3-5-7	3-5-8
1	133.3	132.5	132.3	129.9	130.7	131.7	133.8	131.3
2	128.1	128.0	128.3	128.5	127.8	129.7	129.6	128.3
3	113.9	113.8	114.0	114.0	114.1	113.7	114.3	113.9
4	159.4	159.4	159.6	159.7	159.6	158.0	158.5	159.6
5	113.9	113.8	114.0	114.0	114.1	113.7	114.3	113.9
6	128.1	128.0	128.3	128.5	127.8	129.7	129.6	128.3
7	79.2	77.3	77.0	80.7	84.6	59.5	58.9	84.2
8	72.3	71.3	75.1	70.4	81.3	72.8	70.3	76.9
9	18.8	17.5	16.6	18.8	16.4	22.6	21.4	17.3
1′			122.7	122.5	130.7	135.3	135.1	131.3
2′			131.7	131.8	128.0	128.0	129.0	128.3
3′			113.7	113.7	113.8	113.4	114.0	113.9
4′			163.5	163.6	160.4	158.0	158.2	159.6
5′			113.7	113.7	113.8	113.4	114.0	113.9
6′			131.7	131.8	128.0	128.0	129.0	128.3
7′			166.2	165.7	104.0	80.4		84.2
8′								76.9
9′								17.3
OMe	55.3	55.3	55.3 55.5	55.3 55.5	55.3 55.4	55.0 55.1	55.3 55.2	55.3 55.3

3-5-9 **3-5-10** **3-5-11**

3-5-12 R¹=H; R²=H
3-5-13 R¹=β-D-Glu; R²=H
3-5-14 R¹=H; R²=β-D-Glu
3-5-15 R¹=CH₃; R²=β-D-Glu
3-5-16 R¹=CH₃; R²=H

表 3-5-2 化合物 3-5-9~3-5-16 的 ^{13}C NMR 化学位移数据[2]

C	3-5-9	3-5-10	3-5-11	3-5-12	3-5-13	3-5-14	3-5-15	3-5-16
1	131.9	131.4	134.9	135.4	168.5	135.0	136.9	137.3
2	127.9	130.6	111.9	111.7	112.1	111.8	111.9	111.8
3	117.1	116.7	149.9	148.5	149.8	148.6	149.7	148.8
4	158.0	157.4	149.5	147.3	147.0	147.2	149.0	149.1
5	117.1	116.7	112.1	116.1	115.8	116.0	112.3	112.3
6	127.9	130.6	120.3	120.5	119.9	120.3	129.7	119.8
7	129.0	129.0	74.2	74.9	74.6	74.4	74.2	74.7
8	129.8	133.2	88.1	77.9	77.6	76.1	76.0	77.8
9	63.0	59.4	62.3	64.3	64.3	72.3	72.3	64.4
3-OMe			55.8	55.8	55.8	55.8	55.8	55.8
4-OMe			56.0				56.0	56.0

续表

C	3-5-9	3-5-10	3-5-11	3-5-12	3-5-13	3-5-14	3-5-15	3-5-16
Glu-1	102.1	102.1	105.4		102.4	105.4	106.5	
Glu-2	75.0	75.0	75.6		74.9	75.0	75.3	
Glu-3	78.5	78.5	78.5		78.5	78.4	78.5	
Glu-4	71.3	71.3	71.6		71.2	71.5	71.6	
Glu-5	79.0	79.0	78.8		78.7	78.4	78.5	
Glu-6	62.4	62.4	62.6		62.3	62.5	62.6	

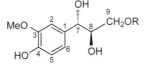

3-5-17 R=Me
3-5-18 R=H

3-5-19 R=β-D-Glu
3-5-20 R=H

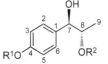

3-5-21 R^1=Me; R^2=H
3-5-22 R^1=Me; R^2=β-D-Glu
3-5-23 R^1=β-D-Glu; R^2=H
3-5-24 R^1=H; R^2=β-D-Glu
3-5-25 R^1=H; R^2=H

表 3-5-3 化合物 **3-5-17~3-5-25** 的 ^{13}C NMR 化学位移数据[2]

C	3-5-17	3-5-18	3-5-19	3-5-20	3-5-21	3-5-22	3-5-23	3-5-24	3-5-25
1	135.4	133.7	135.4	135.5	131.6	134.9	138.0	133.2	135.0
2	128.5	128.7	111.9	111.8	128.8	128.6	128.8	128.8	129.0
3	113.8	115.7	148.4	148.5	113.8	113.9	116.4	115.8	115.8
4	159.1	157.9	147.3	147.3	159.2	159.2	157.3	158.0	158.0
5	113.8	115.7	116.0	116.0	113.8	113.9	116.4	115.8	115.8
6	128.5	128.7	120.8	120.7	128.8	128.6	128.8	128.8	129.0
7	75.7	75.9	75.4	76.2	78.9	74.8	78.0	75.0	78.3
8	80.4	80.5	75.8	76.5	72.1	80.6	72.1	80.9	72.2
9	14.2	14.2	73.3	64.3	19.0	16.2	19.0	16.3	19.0
OMe	55.1	103.7	55.8	55.8	55.1	55.1			
Glu-1	103.8	75.1	105.9			104.2	102.4	102.4	
Glu-2	75.1	78.6	75.5			75.8	75.0	75.0	
Glu-3	78.6	71.9	78.6			78.8	78.8	78.8	
Glu-4	71.9	71.5	71.6			71.6	71.2	71.2	
Glu-5	78.5	62.8	78.6			78.6	78.5	78.5	
Glu-6	62.9		62.7			62.8	62.3	62.3	

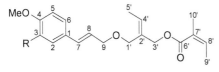

3-5-26 R=OMe
3-5-27 R=H

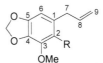

3-5-28 R=OMe
3-5-29 R=H

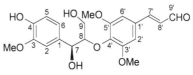

3-5-30

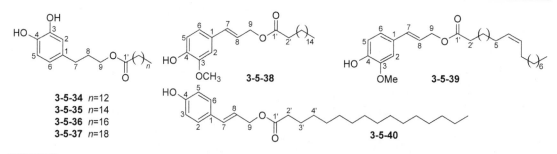

3-5-31 **3-5-32** **3-5-33**

表 3-5-4 化合物 **3-5-26~3-5-33** 的 ¹³C NMR 化学位移数据

C	3-5-26[3]	3-5-27[3]	3-5-28[4]	3-5-29[4]	3-5-30[5]	3-5-31[6]	3-5-32[7]	3-5-33[7]
1	129.9	129.6	126.0	126.0	133.9	130.1	126.7	125.6
2	109.4	128.5	135.1	104.9	111.6	112.5	108.1	105.1
3	149.8	114.6	137.6	137.6	148.7	149.0	146.7	146.1
4	149.6	129.6	144.6	144.5	147.0	148.0	148.2	137.2
5	111.6	154.7	144.3	144.3	115.7	116.1	15.2	146.1
6	120.6	128.5	102.7	102.7	120.9	121.9	123.6	105.1
7	143.8	144.1	33.7	33.8	74.3	80.2	146.7	147.1
8	121.6	121.4	137.4	137.3	87.6	82.7	113.8	13.2
9	67.7	65.9	115.9	115.5	61.9	62.1	165.0	165.7
1′	168.2	168.0			131.4	99.8	169.5	169.5
2′	128.4	128.5			107.4	80.8	67.9	68.1
3′	67.7	65.9			154.9	75.1	35.9	36.0
4′	144.4	144.6			140.0	71.9	169.5	169.5
5′	16.5	16.5			154.9	79.8		
6′	160.4	166.5			107.4	62.6		
7′	128.3	129.0			155.2			
8′	138.7	138.8			129.1			
9′	16.5	16.5			196.0			
10′	21.2	21.1						
OCH₃	56.5 56.5	56.0	61.3 50.9	51.0	56.4	56.5	55.9 52.0 52.5	56.3 51.9 52.6
OCH₂O			101.1	101.0				

3-5-34 *n*=12
3-5-35 *n*=14
3-5-36 *n*=16
3-5-37 *n*=18

3-5-38

3-5-39

3-5-40

表 3-5-5 化合物 **3-5-34~3-5-40** 的 ¹³C NMR 化学位移数据

C	3-5-34[8]	3-5-35[8]	3-5-36[8]	3-5-37[8]	3-5-38[9]	3-5-39[19]	3-5-40[10]
1	134.4	134.4	134.4	134.4	114.7	114.7	129.4
2	115.5	115.5	115.5	115.5	146.1	146.1	130.2

续表

C	3-5-34[8]	3-5-35[8]	3-5-36[8]	3-5-37[8]	3-5-38[9]	3-5-39[19]	3-5-40[10]
3	141.8	141.8	141.8	141.8	146.9	146.9	115.9
4	143.7	143.7	143.7	143.7	120.9	120.9	156.4
5	115.5	115.5	115.5	115.5	129.1	129.1	115.9
6	120.8	120.8	120.8	120.8	134.6	134.6	130.2
7	31.5	31.5	31.5	31.5	121.2	121.2	133.9
8	30.4	30.4	30.4	30.4	108.6	108.6	130.0
9	63.6	63.6	63.6	63.6	65.3	65.3	65.6
OCH₃					56.2	56.2	
1′	174.2	174.2	174.2	174.2	173.9	174.0	173.2
2′	34.4	34.4	34.4	34.4	34.6	34.1	34.1
3′	25.1	25.1	25.1	25.1	25.2	25.1	24.9
4′	29.2~29.7	29.2~29.7	29.2~29.7	29.2~29.7	29.3~30.0	29.3~30.0	29.1~29.9
5′	29.2~29.7	29.2~29.7	29.2~29.7	29.2~29.7	29.3~30.0	29.3~30.0	29.1~29.9
6′	29.2~29.7	29.2~29.7	29.2~29.7	29.2~29.7	29.3~30.0	29.3~30.0	29.1~29.9
7′	29.2~29.7	29.2~29.7	29.2~29.7	29.2~29.7	29.3~30.0	29.3~30.0	29.1~29.9
8′	29.2~29.7	29.2~29.7	29.2~29.7	29.2~29.7	29.3~30.0	27.5	29.1~29.9
9′	29.2~29.7	29.2~29.7	29.2~29.7	29.2~29.7	29.3~30.0	130.3	29.1~29.9
10′	29.2~29.7	29.2~29.7	29.2~29.7	29.2~29.7	29.3~30.0	127.0	29.1~29.9
11′	32.0	29.2~29.7	29.2~29.7	29.2~29.7	29.3~30.0	27.4	29.1~29.9
12′	22.7	29.2~29.7	29.2~29.7	29.2~29.7	29.3~30.0	29.3~30.0	29.1~29.9
13′	14.1	32.0	29.2~29.7	29.2~29.7	29.3~30.0	29.3~30.0	29.1~29.9
14′		22.7	29.2~29.7	29.2~29.7	32.1	29.3~30.0	30.9
15′		14.1	32.0	29.2~29.7	22.9	29.3~30.0	22.5
16′			22.7	29.2~29.7	14.3	32.2	14.3
17′			14.1	32.0		22.9	
18′				22.7		14.4	
19′				14.1			

参 考 文 献

[1] Sy L K, Geoffrey D B, et al. J Nat Prod, 1998, 61: 987.

[2] Ishikawa T, Fujimatu E, Kiajima J. Chem Pharm Bull, 2002, 50: 1460.

[3] Luisa P, Anina R B, Alessandra B, et al. J Nat Prod, 1995, 58: 112.

[4] Benevides P J C, Sartorelli P, Kato M J. Phytochemistry, 1999, 52: 339.

[5] Liang S, Shen Y H, Tian J M, et al. J Nat Prod, 2008, 71: 1902.

[6] Comti G, Vercauteren J, Chulia A J, et al. Phytochemistry, 1997, 45: 1679.

[7] Pedras M S C, Zheng Q A, Gadagi R S, et al. Phytochemistry, 2008, 69: 894.

[8] Alejandro B, Pilar A, Jose Q, et al. J Nat Prod, 1997, 60: 1026.

[9] Lee J, Yoon J, Kim C, et al. Phytochemistry, 2004, 65: 3033.

[10] Antonio F, Brigida D, Claudio M, et al. J Agric Food Chem, 2008, 56: 2660.

第四章　黄酮类及色原酮类化合物的 ^{13}C NMR 化学位移

第一节　黄酮类化合物的 ^{13}C NMR 化学位移

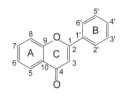

基本结构骨架

【化学位移特征】

1. 黄酮（flavone）类化合物骨架碳的 ^{13}C NMR 化学位移范围出现在 $\delta\,90\sim185$（参见表 4-1-1～表 4-1-8）。

2. C 环的 2、3 位化学位移出现在：$\delta_{C\text{-}2}\,160\sim165.5$，$\delta_{C\text{-}3}\,104\sim112$。

3. 羰基的化学位移是区别黄酮类化合物类别的重要信息。5 位无羟基取代时，羰基碳化学位移大约在 $\delta_{C\text{-}4}\,175\sim177.5$；5 位有羟基取代时，由于羟基和羰基形成氢键而向低场位移，出现在 $\delta_{C\text{-}4}\,181\pm(1\sim2)$。

4. $\delta\,90\sim110$ 区域为：A 环的 C-5 位和 C-7 位被羟基或甲氧基取代的 C-6 位和 C-8 位的化学位移，或者是 C-7 位被羟基或甲氧基取代的 C-8 位的化学位移，以及三氧取代的 B 环的 C-2 位和 C-6 位的化学位移，以及黄酮类化合物的 C-3 位的化学位移。

5. $\delta\,110\sim140$ 区域为：A 环中除与 C-3 位形成氧杂环外没有其他含氧取代基，也可能具有烷基取代基的化合物的 C-5 位、C-6 位、C-7 位、C-8 位以及 C-10 位的化学位移都出现在这个区域；在 A 环上仅有 1 个含氧取代基，这个取代基的间位或对位的碳也出现在这个区域；B 环的单取代或双取代的没有取代的碳的化学位移也出现在这个区域。

6. $\delta\,133\sim168$ 区域为：A 环和 B 环的连氧碳。A 环和 B 环中如果有 3 个连氧碳彼此相邻，处于中间的碳的化学位移应该在高场，即 C-5 位、C-6 位和 C-7 位，或 C-6 位、C-7 位和 C-8 位，或 C-7 位、C-8 位和 C-9 位（此碳为吡酮环连氧碳），或者是 B 环中 C-3' 位、C-4' 位和 C-5' 位均为连氧碳，其中的 C-6 位、C-7 位和 C-8 位以及 C-4' 位的化学位移就有可能出现在 $\delta\,133\sim138$。

4-1-1 —	4-1-3 5-OCH$_3$	4-1-5 7-OH	4-1-7 8-OCH$_3$	4-1-9 2'-OCH$_3$
4-1-2 5-OH	4-1-4 6-OCH$_3$	4-1-6 7-OCH$_3$	4-1-8 2'-OH	4-1-10 3'-OH

表 4-1-1 化合物 **4-1-1~4-1-10** 的 ^{13}C NMR 化学位移数据

C	4-1-1[1]	4-1-2[1]	4-1-3[2]	4-1-4[2]	4-1-5[3]	4-1-6[2]	4-1-7[2]	4-1-8[4]	4-1-9[2]	4-1-10[2]
2	163.2	164.0	160.6		162.6	162.6	162.6	160.8	160.6	162.8
3	107.6	105.6	108.7	106.7	106.5	107.2	107.1	111.1	112.5	107.5
4	178.4	182.9	177.8		176.1	177.4	178.0	177.3	178.7	178.0
5	125.7	155.8	159.4	104.8	126.3	126.7	114.2	125.2	125.4	125.4
6	125.2	107.2	109.8		114.9	114.1	124.6	124.8	124.6	124.9
7	133.7	135.6	133.4	123.6	161.7	163.7	116.1	134.1	133.3	133.2
8	118.1	110.8	106.2	119.4	102.4	100.2	148.8	118.5	117.8	117.9
9	156.3	159.8	157.9		157.3	157.7	146.0	155.9	156.2	155.9
10	124.0	110.3	114.0		116.0	117.6	124.0	123.2		123.7
1′	131.8	130.5	131.9		131.1	131.6	131.6	117.8	132.8	
2′	126.3	126.3	125.6	126.1	126.0	125.8	126.1	156.7	157.8	111.5
3′	129.0	128.9	128.6	128.9	128.9	128.7	128.7	117.1	111.6	159.7
4′	131.6	131.9	131.0	131.3	131.3	131.1	131.2	132.6	132.2	116.9
5′	129.0	128.9	128.6	128.9	128.9	128.7	128.7	119.5	120.5	129.8
6′	126.3	126.3	125.6	129.1	126.0	125.8	126.1	128.6	129.1	118.5

4-1-11 4'-OH **4-1-13** 5-OH; 7-OH **4-1-15** 5-OH; 4'-OH **4-1-17** 7-OH; 4'-OH **4-1-19** 7-OCH₃; 4'-OCH₃

4-1-12 4'-OCH₃ **4-1-14** 5-OH; 7-OCH₃ **4-1-16** 5-OH; 4'-OCH₃ **4-1-18** 7-OH; 4'-OCH₃ **4-1-20** 3'-OH; 4'-OH

表 4-1-2 化合物 **4-1-11~4-1-20** 的 ^{13}C NMR 化学位移数据

C	4-1-11[4]	4-1-12[2]	4-1-13[4]	4-1-14[4]	4-1-15[1]	4-1-16[1]	4-1-17[4]	4-1-18[4]	4-1-19[4]	1-1-20[3]
2	163.1	163.0	163.4	163.5	165.4	164.1	162.7	161.9	162.4	164.1
3	104.9	105.9	103.6	105.4	103.9	104.0	104.7	105.2	105.3	105.3
4	178.9	177.9	181.1	182.1	183.4	182.5	176.6	176.4	176.4	177.9
5	125.3	125.3	161.7	161.3	156.4	155.7	126.6	126.5	126.2	125.1
6	124.8	124.7	99.1	98.2	108.0	106.9	115.0	114.6	114.6	125.0
7	133.9	133.0	164.4	165.4	136.1	135.1	162.7	162.7	163.9	134.4
8	118.3	117.7	94.2	92.8	111.4	110.5	102.7	102.6	101.0	118.4
9	155.6	155.8	157.5	157.4	160.1	159.7	157.6	157.5	157.5	156.1
10	123.4	123.7	104.0	105.0	110.4	109.9	116.3	116.2	117.2	123.5
1′	121.7	131.9	122.9	130.6	121.9	119.2	122.0	123.5	123.4	122.8
2′	128.4	127.7	128.2	126.5	129.1	128.1	128.3	127.9	128.1	113.1
3′	116.0	114.2	114.6	129.2	116.7	114.5	116.1	114.5	114.6	145.8
4′	161.0	162.1	162.4	132.1	161.6	163.3	160.9	162.1	162.1	149.5
5′	115.0	114.2	114.6	129.2	116.7	114.5	116.1	114.5	114.6	116.2
6′	128.4	127.7	128.2	126.5	129.1	128.1	128.3	127.9	128.1	119.4

4-1-21 5,6,2',6'-(OCH₃)₄
4-1-22 5,6,7-(OH)₃
4-1-23 5,6-(OH)₂; 7-OGluA
4-1-24 5,7-(OH)₂; 6-OCH₃

4-1-25 5,6,7-(OCH₃)₃
4-1-26 5,7-(OH)₂; 8-OCH₃
4-1-27 5-OH; 7-OGluA; 8=OCH₃
4-1-28 5-OH; 7-OCH₃; 6,8-(CH₃)₂

表 4-1-3 化合物 4-1-21~4-1-28 的 ¹³C NMR 化学位移数据

C	4-1-21[5]	4-1-22[6]	4-1-23[7]	4-1-24[8]	4-1-25[9]	4-1-26[10]	4-1-27[11]	4-1-28[12]
2	158.9	163.5	163.0	163.2	161.1	163.0	163.7	161.9
3	115.2	105.1	105.6	104.6	108.4	105.1	105.4	104.5
4	178.2	182.6	182.0	182.3	177.2	181.9	182.5	182.4
5	148.0	147.3	146.2	152.7	152.5	156.0	156.1	152.2
6	149.6	129.6	128.6	130.7	140.4	99.3	98.8	108.2
7	119.1	153.9	151.2	157.6	157.8	156.3	156.1	156.3
8	113.7	94.5	93.9	94.4	96.3	128.0	129.4	113.3
9	152.7	150.4	148.6	152.5	154.5	149.7	149.4	163.0
10	119.4	104.8	104.2	104.3	108.4	103.5	105.4	106.5
1'	111.4	131.5	130.3	131.5	131.6	130.9	130.8	130.2
2'	158.6	126.8	125.5	126.4	126.0	126.3	126.5	125.4
3'	104.0	129.6	128.6	129.1	128.9	129.3	129.4	128.4
4'	132.0	132.3	131.4	132.0	131.2	132.0	132.4	131.2
5'	104.0	129.6	128.6	129.1	128.9	129.3	129.4	128.4
6'	158.6	126.8	125.8	126.4	126.0	126.3	126.5	125.4
OCH₃	61.8, 57.3, 56.0, 6.0			60.0	62.1, 61.5, 56.3	61.1	61.5	59.7
CH₃								7.5, 7.8
GluA-1			100.4					
GluA-2			72.5					
GluA-3			73.9					
GluA-4			71.4					
GluA-5			75.3					
GluA-6			170.4					

4-1-29 5-OH; 6,7-(OCH₃)₂
4-1-30 5-OH; 6,7,8-(OCH₃)₃
4-1-31 5,7,4'-(OH)₃
4-1-32 5,7-(OH)₂; 4'-OCH₃

4-1-33 5-OH; 7,4'-(OCH₃)₂
4-1-34 5,7,5'-(OH)₃; 3',4'-(OCH₃)₂
4-1-35 5-OCH₃; 6,7,3',4'-(OH)₄
4-1-36 5,7,4'-(OH)₃; 3'-OCH₃

表 4-1-4 化合物 **4-1-29~4-1-36** 的 ^{13}C NMR 化学位移数据

C	4-1-29[9]	4-1-30[13]	4-1-31[14]	4-1-32[14]	4-1-33[15]	4-1-34[16]	4-1-35[17]	4-1-36[18]
2	163.9	164.1	164.2	164.0	163.6	162.7	162.1	164.0
3	105.6	105.3	102.8	103.0	103.7	104.5	106.6	103.5
4	182.7	183.2	181.8	181.9	182.0	181.4	176.9	182.0
5	153.0	145.9	161.9	161.3	157.3	157.4	145.9	157.6
6	131.8	136.7	98.2	97.9	98.0	99.5	137.3	99.3
7	158.9	149.6	164.9	165.1	165.2	166.6	152.2	164.5
8	90.6	133.1	94.0	92.6	92.7	94.3	100.3	94.6
9	153.3	153.2	158.7	157.2	161.2	161.4	152.7	161.6
10	106.3	107.2	103.9	104.6	104.7	105.0	112.6	104.0
1'	131.3	131.3	121.3	121.0	122.7	126.0	124.5	121.9
2'	126.2	126.3	128.6	128.5	128.4	102.0	113.9	110.3
3'	129.1	129.2	115.9	115.9	114.6	153.5	146.4	150.9
4'	132.7	132.1	160.0	161.1	162.4	139.5	149.4	148.3
5'	129.1	129.2	115.9	115.9	114.6	151.0	116.6	116.2
6'	126.2	126.3	128.6	128.5	128.4	107.6	119.5	120.8
OCH₃	60.8, 56.3	61.2, 62.2, 61.7		56.0	56.1, 56.0	56.1, 60.0	62.3	56.4

4-1-37 5,4'-(OH)₂; 6,7,3'-(OCH₃)₃
4-1-38 5,3',4'-(OH)₃; 6,7-(OCH₃)₂
4-1-39 5,4'-(OH)₂; 6,7-(OCH₃)₂
4-1-40 5,8-(OH)₂; 7,4'-(OCH₃)₂
4-1-41 5,7,8,6'-(OCH₃)₄; 6,2'-(OH)₂
4-1-42 7,3',4'-(OCH₃)₃; 8,5'-(OH)₂
4-1-43 5,7,3'-(OH)₃; 4'-OCH₃
4-1-44 5,3'-(OH)₂; 6,7,4'-(OCH₃)₃

表 4-1-5 化合物 **4-1-37~4-1-44** 的 ^{13}C NMR 化学位移数据

C	4-1-37[19]	4-1-38[20]	4-1-39[20]	4-1-40[21]	4-1-41[22]	4-1-42[23]	4-1-43[24]	4-1-44[25]
2	165.1	165.8	164.4	162.5	158.4	164.9	163.6	165.1
3	104.1	103.6	101.9	104.3	114.3	106.0	103.9	104.5
4	183.5	183.5	181.9	176.2	175.9	180.3	181.8	183.5
5	153.9	152.8	152.6	150.0	141.2	116.1	157.4	154.4
6	133.5	133.0	131.9	107.0	140.8	110.2	99.0	133.5
7	160.0	159.7	158.4	155.1	146.4	152.4	164.3	160.1
8	91.9	92.7	91.4	123.7	137.8	135.6	94.0	92.0
9	154.0	154.0	151.8	147.6	144.8	146.7	161.6	153.9
10	106.4	105.9	104.9	111.2	114.3	118.6	103.6	106.5
1'	121.3	122.7	121.0	123.7	109.4	127.7	118.8	124.8
2'	110.5	114.4	128.4	127.8	156.6	102.9	113.1	113.6
3'	148.8	146.8	116.4	114.6	108.8	154.2	146.9	147.9
4'	151.5	150.7	161.4	162.0	132.0	140.4	151.3	151.8

续表

C	4-1-37[19]	4-1-38[20]	4-1-39[20]	4-1-40[21]	4-1-41[22]	4-1-42[23]	4-1-43[24]	4-1-44[25]
5′	123.5	117.4	116.4	114.6	102.3	151.4	112.3	112.5
6′	116.3	120.5	128.4	127.8	158.4	108.6	123.1	119.8
OCH₃	60.5 56.7 56.5	61.4 57.5	60.0 56.4	56.6 55.5	61.7 61.0 61.5 55.9	56.8 56.5 61.0	56.0	60.5 56.8 56.4

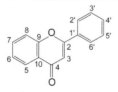

4-1-45 5,7-(OH)₂; 6,3′,4′-(OCH₃)₃ **4-1-49** 5-OH; 7,2′,4′,5′-(OCH₃)₄
4-1-46 5-OH; 6,7,8,4′-(OCH₃)₄ **4-1-50** 7,8,3′,4′-(OCH₃)₄; 5′-OH
4-1-47 5,4′-(OH)₂; 7-OCH₃ **4-1-51** 5,6-(OH)₂; 7,4′-(OCH₃)₂
4-1-48 5,6,7,3′,4′-(OH)₅ **4-1-52** 5,5′-(OH)₂; 7,3′,4′-(OCH₃)₃

表 4-1-6 化合物 **4-1-45~4-1-52** 的 ^{13}C NMR 化学位移数据

C	4-1-45[26]	4-1-46[27]	4-1-47[28]	4-1-48[29]	4-1-49[30]	4-1-50[31]	4-1-51[32]	4-1-52[32]
2	163.4	164.1	164.0	166.0	161.0	163.4	163.3	163.8
3	103.4	107.0	102.7	103.1	109.7	105.6	103.2	105.6
4	182.2	183.0	181.6	183.9	182.8	178.7	182.2	182.4
5	152.8	145.8	157.2	147.5	157.7	120.7	149.0	162.1
6	131.3	136.5	97.3	130.3	97.8	110.0	130.3	98.2
7	152.4	152.9	164.8	151.7	165.3	156.7	154.4	165.6
8	94.4	133.0	91.8	94.6	92.4	136.5	91.3	92.7
9	157.3	149.5	161.0	154.3	162.1	150.3	146.5	157.7
10	104.2	114.6	103.9	105.2	105.5	117.9	105.1	105.6
1′	122.9	123.5	121.1	123.5	111.4	126.6	123.0	126.9
2′	109.3	128.1	128.3	113.8	152.8	101.8	128.3	102.4
3′	148.8	114.6	115.8	146.7	97.1	153.1	114.6	152.5
4′	152.1	162.7	161.3	150.5	143.1	139.4	162.3	138.9
5′	111.6	114.6	115.8	116.5	154.0	150.4	114.6	149.6
6′	120.0	128.1	128.3	119.9	111.9	107.4	128.3	106.7
OCH₃	60.0 55.8 55.7	62.1 61.7 61.1 55.5	55.8		56.8 56.8 56.8 56.8	56.2 61.3 55.7 60.5	56.3 55.6	55.8 56.1 61.2

4-1-53 5,7,3′,4′-(OH)₄ **4-1-57** 5,7-(OCH₃)₂; 3′,4′-OCH₂O
4-1-54 5,4′-(OH)₂; 7,3′-(OCH₃)₂ **4-1-58** 5,6,7,8,3′,4′-(OCH₃)₆
4-1-55 5,7-(OH)₂; 6,8,4′-(OCH₃)₃ **4-1-59** 5,6,2′,5′,6′-(OCH₃)₅; 3′,4′-OCH₂O
4-1-56 5,3′,4′-(OH)₃; 7-OCH₃ **4-1-60** 5-OH; 6,7,4′-(OCH₃)₃

表 4-1-7 化合物 **4-1-53~4-1-60** 的 ^{13}C NMR 化学位移数据

C	4-1-53[33]	4-1-54[34]	4-1-55[35]	4-1-56[15]	4-1-57[36]	4-1-58[37]	4-1-59[38]	4-1-60[39]
2	164.0	164.5	163.1	164.3	160.2	164.5	158.2	163.9
3	102.9	103.8	103.0	103.1	108.7	104.2	114.8	103.9
4	181.8	182.4	182.3	181.8	176.7	177.6	177.9	182.6
5	161.5	161.5	145.4	161.2	161.3	149.3	148.0	153.1
6	98.9	98.0	131.6	97.9	96.8	137.6	149.8	123.4
7	164.2	165.4	150.9	165.1	164.4	148.3	119.1	158.6
8	93.9	92.9	128.0	92.6	93.7	145.3	113.5	90.5
9	157.4	157.6	148.4	157.2	160.1	147.8	152.4	152.9
10	103.8	105.2	103.1	104.7	109.7	112.3	119.0	106.0
1'	121.5	122.5	123.0	121.5	126.0	122.5	113.6	123.3
2'	113.4	108.9	128.2	113.6	106.6	108.9	136.4	127.9
3'	145.8	147.5	114.7	145.8	148.9	153.3	134.4	114.4
4'	149.8	150.0	162.4	149.8	150.6	153.5	141.6	162.5
5'	116.1	115.3	114.7	116.0	108.9	111.6	133.2	114.4
6'	119.1	120.6	128.2	119.1	121.3	121.8	146.3	127.9
OCH$_3$		56.6 56.6	61.2 60.2 56.6	56.5	56.2	62.5 62.2 61.8 61.6 56.2 56.0	61.9 57.3 60.4 60.6 62.1	60.8 56.2 55.5
OCH$_2$O					102.5		101.9	

4-1-61 5,7,4',5'-(OH)$_4$; 3'-OCH$_3$
4-1-62 5,3',4'-(OH)$_3$; 6,7,8'-(OCH$_3$)$_3$
4-1-63 5,2'-(OH)$_2$; 7,8-(OCH$_3$)$_2$
4-1-64 5,6'-(OH)$_2$; 6,7,8,2'-(OCH$_3$)$_4$
4-1-65 5,6,7,8,4'-(OCH$_3$)$_5$
4-1-66 5,7,2',3'-(OH)$_4$
4-1-67 5,7,2',6'-(OH)$_4$
4-1-68 5,6,7,4'-(OH)$_4$

表 4-1-8 化合物 **4-1-61~4-1-68** 的 ^{13}C NMR 化学位移数据

C	4-1-61[16]	4-1-62[40]	4-1-63[8]	4-1-64[8]	4-1-65[37]	4-1-66[41]	4-1-67[41]	4-1-68[42]
2	163.9	164.4	162.0	162.4	162.6	161.9	162.5	164.2
3	103.3	102.7	108.6	108.8	105.9	109.1	112.1	102.9
4	181.7	182.5	182.5	182.5	177.4	182.1	182.0	182.7
5	161.5	150.1	156.7	148.6	144.3	161.6	161.8	154.0
6	98.8	135.8	95.9	135.8	144.2	98.8	98.8	129.9
7	164.1	145.9	158.5	152.6	148.3	164.5	164.3	147.7
8	93.9	132.7	128.5	132.6	137.9	93.9	94.0	94.6
9	157.3	152.4	149.0	146.3	147.7	157.7	158.4	150.4
10	103.7	106.2	104.0	106.3	106.1	103.9	104.2	104.7
1'	120.5	121.4	117.2	111.9	123.4	117.9	108.7	122.2
2'	102.4	113.4	158.2	156.7	127.9	145.7	156.8	129.1

续表

C	4-1-61[16]	4-1-62[40]	4-1-63[8]	4-1-64[8]	4-1-65[37]	4-1-66[41]	4-1-67[41]	4-1-68[42]
3'	148.6	145.2	117.7	108.9	114.6	146.1	106.9	116.6
4'	138.6	148.6	133.2	132.6	161.1	117.9	131.9	161.7
5'	145.9	116.2	119.1	102.3	114.6	119.3	106.9	116.6
6'	107.5	119.2	128.3	158.3	127.9	118.6	156.8	129.1
OCH$_3$	56.3	62.0 60.6 61.5	56.6 61.2	61.7 60.6 61.5 55.9	62.3 62.1 61.8 61.7 55.5			

参 考 文 献

[1] Ternei B, et al. Tetrahedron, 1976, 32: 565.

[2] Kingsbury C A, et al. J Org Chem, 1975, 40: 1120.

[3] Wenkert E, et al. Phytochemistry, 1977,16: 1811.

[4] Gaydou E M, er al. Bull Soc Chim (France) Part II, 1978: 43.

[5] Budzianowski J, Morozowska M, Wesolowska M. Phytochemistry, 2005, 66: 1033.

[6] 王红燕, 肖丽和, 刘丽, 等. 沈阳药科大学学报, 2003, 20(5): 339.

[7] 张中朋, 杨中林, 唐登峰, 等. 中成药, 2004, 26(12): 1051.

[8] 马兆堂, 杨秀伟, 钟国跃. 中国中药杂志, 2008, 33(18): 2080.

[9] Tomas-Barberán F A, Msonthi J D, Hostettmann K. Phytochemistry, 1988, 27: 753.

[10] He Q, Zhu E Y, Wang Z T, et al. J Chin Pharm Sci, 2004, 13(3): 212.

[11] Leslie J H, Sia G L, Sim K Y. Planta Med, 1994, 60(5): 493.

[12] Wu J H, Liao S X, Liang H Q, et al. Chin Chem Lett, 1994, 5: 211.

[13] Leong Y W, Harrison L J, Bennett G J, et al. Phytochemistry, 1998, 47: 891.

[14] 丁兰, 刘国安, 何荔, 等. 中国中药杂志, 2005, 30(2): 126.

[15] 赵东保, 杨玉霞, 张卫, 等. 中国中药杂志, 2005, 30(18): 1430.

[16] 傅德贤, 邹磊, 杨秀伟. 天然产物研究与开发, 2008, 20(2): 265.

[17] Takemura O S, Iinuma M, Tosa H, et al. Phytochemistry, 1995, 38: 1299.

[18] 徐燕, 邹忠梅, 梁敬钰, 等. 中国天然药物, 2008, 6(3): 237.

[19] 张启伟, 张永欣, 张颖, 等. 中国中药杂志, 2002, 27(3): 202.

[20] 王延年, 郭亦然, 艾路, 等. 中国中药杂志, 2004, 29(6): 595.

[21] 张卫, 赵东保, 李明静, 等. 中国中药杂志, 2006, 31(23): 1959.

[22] Ramesh P, Yuvarajan C R. J Nat Prod, 1995, 58: 1242.

[23] Wang H Y, Xu S X, Chen Y J, et al. Chin Chem Lett, 2002, 13: 428.

[24] 尹锋, 成亮, 楼凤昌. 中国天然药物, 2004, 2(3): 149.

[25] 柏健, 肖慧, 何结炜, 等. 中国中药杂志, 2007, 32(3): 271.

[26] 邓雁如, 何荔, 李维琪, 等. 中草药, 2004, 35(6): 622.

[27] 李春, 卜鹏滨, 岳党昆, 等. 中国中药杂志, 2006, 31(2): 131.

[28] 张广文, 马祥全, 苏镜娱, 等. 中草药, 2001, 32(6): 871.

[29] Zhao F P, Strack D, Baumert A, et al. Phytochemistry, 2003, 62: 219.

[30] Rosalba E D, Ochoa A N, Anthoni U, et al. J Nat Prod, 1994, 57: 1307.

[31] Kaneda N, Pezzuto J M, Soejarto D D, et al. J Nat Prod, 1991, 54: 196.

[32] Zahir A, Jossang A, Bodo B, et al. J Nat Prod, 1999, 62: 241.

[33] 李勇军, 何迅, 刘丽娜, 等. 中国中药杂志, 2005, 30(6): 444.

[34] Abdellatif Z, Jossang A, Bodo B, et al. J Nat Prod, 1996, 59: 701.

[35] Liu Y, Wagner H, Bauer R. Phytochemistry, 1996, 42: 1203.

[36] Tomazela D M, Pupo M T, Passador E A, et al. Phytochemistry, 2000, 55: 643.

[37] 郅景梅, 张天歌. 黑龙江医药, 2008, 21(4): 30.

[38] Ayers S, Zink D L, Mohn K, et al. Phytochemistry, 2008, 69: 541.

[39] 张占军, 杨小生, 朱文适, 等. 中草药, 2005, 36(8): 1144.

[40] 左海军, 李丹, 吴斌, 等. 沈阳药科大学学报, 2005, 22(4): 258.

[41] Sonoda M, Nishiyama T, Matsukawa Y, et al. J Ethnopharmacol, 2004, 91: 65.

[42] Tian G L, Zhang U, Zhang T, et al. J Chromatogr R, 2004, 1049: 219.

第二节 黄酮醇类化合物的 ^{13}C NMR 化学位移

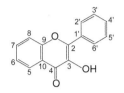

基本结构骨架

【化学位移特征】

1. 黄酮醇（flavonol）类化合物与黄酮类化合物相比较主要是在 C 环的 3 位碳上有一羟基取代，它的 ^{13}C NMR 化学位移的特征由此产生。黄酮醇类化合物骨架碳的 ^{13}C NMR 化学位移范围出现在 $\delta\,90\sim179$（参见表 4-2-1～表 4-2-8）。

2. C 环的 C-2 位和 C-3 位的特点：$\delta_{C-2}146\sim150$，$\delta_{C-3}135\sim138$。

3. 5 位无羟基取代时，黄酮醇的羰基碳化学位移 $\delta_{C-4}\,175\sim177.5$；5 位有羟基取代时，$\delta_{C-4}$ $175\sim179$。

4. A 环碳和 B 环碳几乎与黄酮类化合物一致。

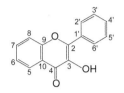

4-2-1	3,5,7-(OH)$_3$	4-2-5	5,6,7,8-(OH)$_4$; 3-OCH$_3$
4-2-2	5,7-(OH)$_2$; 3-OCH$_3$	4-2-6	5,8-(OH)$_2$; 6,7,3-(OCH$_3$)$_3$
4-2-3	5-OH; 3,7-(OCH$_3$)$_2$	4-2-7	3,5,7,4'-(OH)$_4$
4-2-4	3,7-(OCH$_3$)$_2$	4-2-8	3,5,7-(OH)$_3$; 4'-OCH$_3$

表 4-2-1 化合物 4-2-1~4-2-8 的 ^{13}C NMR 化学位移数据

C	4-2-1[1]	4-2-2[2]	4-2-3[3]	4-2-4[4]	4-2-5[5]	4-2-6[6]	4-2-7[7]	4-2-8[8]
2	146.1	161.2	156.4	154.9	150.8	155.7	146.6	156.8
3	136.9	138.7	133.6	141.0	141.5	137.7	135.8	139.1
4	176.1	178.0	178.1	174.5	177.3	178.8	175.7	179.4
5	160.7	155.1	161.1	126.9	148.5	140.7	160.6	157.8
6	98.5	93.7	97.8	114.3	130.3	135.8	98.4	99.3
7	164.2	164.3	165.3	128.2	145.3	147.8	163.8	163.1
8	93.8	98.6	92.3	99.8	127.1	130.5	93.4	94.4
9	156.5	156.5	156.5	156.9	152.0	144.2	156.6	160.9
10	103.3	104.4	105.4	117.9	96.3	106.9	103.1	105.7
1'	131.0	129.5	130.8	130.9	132.2	131.2	121.2	122.4
2'	127.6	128.0	128.8	128.2	128.5	127.1	129.5	131.1
3'	128.3	128.6	128.2	128.4	128.9	128.5	115.5	116.3
4'	129.8	130.9	130.7	130.4	130.8	129.4	159.3	164.9
5'	128.3	128.6	128.2	128.4	128.9	128.5	115.5	116.3
6'	127.6	128.0	128.8	128.2	128.5	127.1	129.5	131.1
OCH$_3$		58.9	56.1 55.4	60.0 55.7	59.9	61.8 61.0		55.2

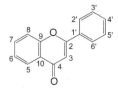

4-2-9 3,5-(OH)$_2$; 7,4'-(OCH$_3$)$_2$ **4-2-13** 5,7-(OH)$_2$; 3,4'-(OCH$_3$)$_2$
4-2-10 5,7-(OH)$_2$; 3,6,4'-(OCH$_3$)$_3$ **4-2-14** 5,4'-(OH)$_2$; 3,7-(OCH$_3$)$_2$
4-2-11 5,7-(OH)$_2$; 3,4'-(OCH$_3$)$_2$; 6,8-(CH$_3$)$_2$ **4-2-15** 5,7,4'-(OH)$_3$; 3,6-(OCH$_3$)$_2$
4-2-12 5,7,4'-(OH)$_3$; 3-OCH$_3$; 6,8-(CH$_3$)$_2$ **4-2-16** 5,7,4'-(OH)$_3$; 3,8-(OCH$_3$)$_2$

表 4-2-2 化合物 **4-2-9~4-2-16** 的 ^{13}C NMR 化学位移数据

C	4-2-9[9]	4-2-10[10]	4-2-11[11]	4-2-12[12]	4-2-13[13]	4-2-14[14]	4-2-15[15]	4-2-16[16]
2	146.9	155.2	155.4	155.1	149.3	156.0	161.8	155.8
3	136.3	137.5	138.6	137.4	131.6	137.9	139.2	137.5
4	176.1	178.2	179.0	178.0	178.3	178.1	180.4	178.0
5	156.1	152.3	156.8	155.6	163.0	156.4	158.7	155.4
6	97.4	131.1	105.6	106.7	99.8	97.8	132.6	98.7
7	164.9	157.4	157.9	159.7	167.9	165.2	158.2	157.0
8	92.0	94.0	100.7	101.6	94.0	92.4	95.1	127.5
9	160.6	151.5	152.2	151.5	158.9	160.9	153.8	148.5
10	104.0	104.6	105.5	104.0	106.2	105.3	106.4	103.9
1'	120.2	122.1	123.3	120.9	138.2	120.6	122.7	120.7
2'	129.3	129.9	130.0	129.9	124.5	130.3	131.5	129.9
3'	114.0	114.2	114.1	115.7	117.4	115.8	116.6	115.7
4'	160.4	161.3	161.6	160.0	161.5	160.3	153.7	160.1
5'	114.0	114.2	114.1	115.7	117.4	115.8	116.6	115.7
6'	129.3	129.9	130.0	129.9	124.5	130.3	131.5	129.9
OCH$_3$	56.0 55.0	59.7 59.9 55.4	60.1 55.4	59.6	57.5 57.5	59.8 56.1	60.9 60.6	59.6 60.9
CH$_3$			7.2 7.7	8.0 8.2				

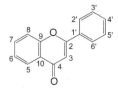

4-2-17 5,7,8,4'-(OH)$_4$; 3-OCH$_3$ **4-2-21** 5,4'-(OH)$_2$; 3,7,8-(OCH$_3$)$_3$
4-2-18 5,4'-(OH)$_2$; 3,6,7,8-(OCH$_3$)$_4$ **4-2-22** 5,7,4'-(OH)$_3$; 3-OCH$_3$
4-2-19 5-OH; 3,6,7,8,4'-(OCH$_3$)$_5$ **4-2-23** 5,4'-(OH)$_2$; 3,7,3'-(OCH$_3$)$_3$;6,8-(CH$_3$)$_2$
4-2-20 3,5-(OAc)$_2$; 7,8,4'-(OCH$_3$)$_3$ **4-2-24** 5,7,3',4'-(OH)$_4$; 3-OCH$_3$

表 4-2-3 化合物 **4-2-17~4-2-24** 的 ^{13}C NMR 化学位移数据

C	4-2-17[17]	4-2-18[18]	4-2-19[10]	4-2-20[19]	4-2-21[20]	4-2-22[21]	4-2-23[22]	4-2-24[23]
2	155.3	156.2	155.7	150.5	149.3	155.1	155.3	155.5
3	137.3	137.5	137.8	132.6	139.1	137.1	137.5	137.5
4	178.1	178.5	178.6	170.5	179.9	177.4	178.8	177.7
5	152.7	148.0	148.1	145.3	156.9	159.6	155.3	161.1

续表

C	4-2-17[17]	4-2-18[18]	4-2-19[10]	4-2-20[19]	4-2-21[20]	4-2-22[21]	4-2-23[22]	4-2-24[23]
6	98.4	135.4	135.4	104.7	96.3	98.0	106.6	93.4
7	153.1	152.3	152.3	134.9	158.7	163.6	162.4	163.9
8	124.8	132.4	132.5	156.2	129.8	93.2	101.5	98.4
9	144.8	144.3	144.4	154.8	158.2	155.8	151.4	156.2
10	103.9	106.7	106.7	111.2	105.9	103.7	103.9	104.1
1'	120.8	120.4	122.1	122.1	122.8	120.0	121.6	120.7
2'	130.2	130.1	129.9	129.9	131.3	129.6	115.3	115.6
3'	115.5	115.8	114.4	114.3	116.5	115.1	147.2	145.1
4'	160.1	160.5	161.5	161.9	161.0	160.7	148.5	148.5
5'	115.5	115.8	114.4	114.3	116.5	115.1	115.8	115.3
6'	130.2	130.1	129.9	129.9	131.3	129.6	120.6	120.4
OCH$_3$	59.6	59.6 60.5 61.8 61.4	59.7 60.5 61.8 61.4 55.4	56.7 61.6 55.4	60.2 56.9 61.6	59.2	59.5 60.2 56.5	59.5
CH$_3$							8.1 8.5	
COCH$_3$				168.0 169.8 20.7 21.1				

4-2-25 5,7,3',4'-(OH)$_4$; 6-CH$_3$; 3-OCH$_3$
4-2-26 5,4'-(OH)$_2$; 3,7,3'-(OCH$_3$)$_3$; 6-CH$_3$
4-2-27 3,5-(OH)$_2$; 7,3',4'-(OCH$_3$)$_3$
4-2-28 3',4'-(OH)$_2$; 3,5,7-(OCH$_3$)$_3$

4-2-29 3,5,3',4'-(OH)$_4$; 7-OCH$_3$
4-2-30 5,7,4'-(OH)$_3$; 3,3'-(OCH$_3$)$_2$
4-2-31 3,7,4'-(OH)$_3$; 3'-OCH$_3$
4-2-32 3,5,3'-(OH)$_3$; 4'-OCH$_3$; 6,7-OCH$_2$O

表 4-2-4 化合物 4-2-25~4-2-32 的 ^{13}C NMR 化学位移数据

C	4-2-25[12]	4-2-26[12]	4-2-27[14]	4-2-28[24]	4-2-29[25]	4-2-30[17]	4-2-31[26]	4-2-32[27]
2	155.3	155.3	146.5	146.7	146.7	155.4	145.0	140.0
3	137.6	137.9	136.5	135.7	135.6	137.7	137.3	136.5
4	177.7	177.8	176.0	175.8	175.7	177.9	172.1	176.6
5	158.1	157.0	156.0	156.1	156.3	161.2	126.5	147.2
6	106.4	107.0	97.5	98.1	98.1	98.6	114.8	129.0
7	162.2	162.9	164.9	163.8	163.8	164.1	162.3	151.8
8	92.6	90.0	92.1	93.3	93.4	93.8	102.1	89.6
9	153.9	154.3	160.3	160.7	160.5	156.3	156.4	154.1
10	103.7	104.7	104.0	102.9	102.9	104.2	114.3	106.1
1'	120.8	120.7	123.1	121.9	121.8	120.8	122.6	123.5
2'	115.2	111.9	111.4	115.0	115.0	112.0	111.7	114.9
3'	145.2	147.4	148.4	145.0	144.8	147.4	147.4	146.4

续表

C	4-2-25[12]	4-2-26[12]	4-2-27[14]	4-2-28[24]	4-2-29[25]	4-2-30[17]	4-2-31[26]	4-2-32[27]
4′	148.6	149.7	150.5	147.6	147.5	149.7	148.4	149.7
5′	115.7	115.5	110.9	115.5	115.6	115.5	115.6	111.9
6′	120.5	122.1	121.5	120.5	120.8	130.0	121.5	120.0
CH_3	7.3	7.1						
OCH_3		59.5 56.2 55.7	55.6 55.9 55.6	59.5 56.0 56.0	56.0	59.5 55.7	55.8	55.8
OCH_2O								102.9

4-2-33 5,4′-(OH)$_2$; 6,8,3′-(CH$_3$)$_3$; 3,7-(OCH$_3$)$_2$
4-2-34 5,3′-(OH)$_2$; 3,7,4′-(OCH$_3$)$_3$
4-2-35 5-OH; 3,6,7,3′,4′-(OCH$_3$)$_5$
4-2-36 5,7,4′-(OH)$_3$; 6,8,-(CH$_3$)$_2$; 3,3′-(OCH$_3$)$_2$

4-2-37 5,3′-(OH)$_2$; 3,6,7,4′-(OCH$_3$)$_4$
4-2-38 5,7,3′-(OH)$_3$; 3,6,4′-(OCH$_3$)$_3$
4-2-39 5,3′,4′-(OH)$_3$; 3,6,7-(OCH$_3$)$_3$
4-2-40 3,7-(OCH$_3$)$_2$; 3′,4′-OCH$_2$O

表 4-2-5 化合物 4-2-33~4-2-40 的 ^{13}C NMR 化学位移数据

C	4-2-33[22]	4-2-34[17]	4-2-35[28]	4-2-36[22]	4-2-37[17]	4-2-38[29]	4-2-39[30]	4-2-40[31]
2	155.8	155.6	155.9	155.2	151.7	156.2	156.4	154.7
3	137.2	138.2	138.9	137.3	138.0	138.2	138.6	140.8
4	178.4	178.1	178.9	177.9	178.2	178.8	178.9	174.4
5	155.9	160.9	152.9	157.1	151.6	152.5	152.6	127.1
6	112.6	97.7	132.4	107.3	131.6	131.4	132.7	114.3
7	162.5	165.1	158.8	162.1	158.6	158.2	158.8	156.8
8	108.4	92.2	90.4	101.9	91.3	94.1	90.4	99.9
9	151.3	156.3	152.4	154.4	155.6	152.2	152.4	164.0
10	107.1	105.2	106.7	104.8	105.6	104.9	106.5	118.0
1′	120.5	122.1	123.0	120.4	122.2	121.4	123.1	124.8
2′	115.5	115.0	111.5	115.4	115.1	114.8	115.6	123.4
3′	135.6	146.3	148.9	147.6	146.3	146.1	144.1	108.4
4′	148.8	150.3	151.5	148.5	150.3	150.2	147.5	149.5
5′	115.6	111.8	111.0	115.4	111.8	110.9	115.4	147.9
6′	120.2	120.4	122.2	120.8	120.3	120.9	121.8	108.6
OCH_3	59.4 60.3	59.7 56.0 55.6	60.2 60.9 56.4 56.0 56.2	59.2 55.9	60.0 59.7 55.6 55.6	59.6 59.9 55.7	60.1 60.9 56.3	60.0 55.8
CH_3	8.0 8.2 8.7			7.2 8.3				
OCH_2O								101.6

4-2-41 3,5,3'-(OH)₃; 6,7,4'-(OCH₃)₃

4-2-42 3,7,3',4'-(OH)₄

4-2-43 3,5,7,8,3',4'-(OCH₃)₆

4-2-44 5,8-(OH)₂; 3,7,3',4'-(OCH₃)₄

4-2-45 4'-OH; 3,5,6,7,3'-(OCH₃)₅

4-2-46 3,5,7,4'-(OH)₄; 3'-OCH₃

4-2-47 3,5,6,7-(OCH₃)₄; 3',4'-OCH₂O

4-2-48 3,5-(OCH₃)₂; 6,7,3',4'-(OCH₂O)₂

表 **4-2-6** 化合物 **4-2-41~4-2-48** 的 ^{13}C NMR 化学位移数据

C	4-2-41[32]	4-2-42[33]	4-2-43[34]	4-2-44[35]	4-2-45[36]	4-2-46[37]	4-2-47[38]	4-2-48[38]
2	154.6	145.1	150.8	150.8	151.2	146.6	151.9	152.5
3	137.6	137.2	140.8	140.8	140.8	135.8	140.4	140.8
4	178.1	172.0	174.2	174.2	173.9	177.7	173.2	175.5
5	148.8	126.5	152.2	152.2	143.9	161.1	152.5	152.9
6	129.6	114.7	92.4	92.4	137.8	98.2	139.8	134.7
7	155.6	162.3	156.4	156.4	151.3	163.9	153.1	152.9
8	91.0	101.9	130.4	130.4	93.4	93.5	95.7	92.9
9	149.7	156.3	156.3	156.3	148.2	156.1	157.4	153.6
10	105.5	114.3	109.4	109.4	115.1	103.0	112.4	113.2
1'	112.0	122.6	123.6	123.6	123.5	121.7	124.1	124.4
2'	115.6	115.0	110.9	110.9	110.9	111.6	108.0	108.3
3'	145.6	147.3	148.7	148.7	148.8	147.3	147.5	147.8
4'	147.5	147.3	150.9	150.9	153.0	148.7	149.1	149.3
5'	121.0	115.6	111.0	111.0	111.0	115.5	108.0	108.3
6'	122.2	119.7	121.8	121.8	121.9	121.9	122.7	123.0
OCH₃	59.7 56.4 55.8 59.7		61.4 56.5 56.4 59.9 56.0 55.9	61.4 56.4 56.0 55.9	62.3 61.9 61.8 61.7 56.0	55.7	59.5 61.8 61.1 56.0	59.8 61.2
OCH₂O							101.4	102.1 101.6

4-2-49 3,7,3'-(OH)₃; 4'-OCH₃

4-2-50 5,7,8,3',4'-(OH)₅; 3-OCH₃

4-2-51 3,5,6,7,3',4'-(OH)₆

4-2-52 5,7,3',4'-(OH)₄; 3-OSO₃H

4-2-53 3,5,7,4'-(OH)₄; 3'-OSO₃H

4-2-54 3,5,7,3',4',5'-(OH)₆

4-2-55 3,5,7,8,3',4',5'-(OCH₃)₇

4-2-56 3,7,4'-(OH)₃; 3',5'-(OCH₃)₂

表 4-2-7 化合物 4-2-49~4-2-56 的 ^{13}C NMR 化学位移数据

C	4-2-49[39]	4-2-50[18]	4-2-51[40]	4-2-52[41]	4-2-53[42]	4-2-54[43]	4-2-55[44]	4-2-56[45]
2	146.5	155.5	155.2	156.6	146.7	157.3	156.1	144.7
3	138.3	137.5	133.4	132.3	136.3	135.4	139.2	138.9
4	173.6	178.2	177.4	177.7	176.2	177.1	174.0	172.0
5	127.6	152.8	164.3	161.3	161.1	162.3	151.6	126.4
6	116.2	98.4	164.6	98.4	98.6	99.1	91.9	114.7
7	163.2	153.1	164.5	163.9	164.5	165.4	156.2	162.3
8	103.0	125.0	93.4	93.3	93.8	94.2	130.0	102.2
9	157.4	144.9	155.5	156.1	156.3	157.3	150.5	156.3
10	115.0	104.0	104.2	104.1	103.4	104.3	108.8	114.2
1'	124.6	121.2	120.8	121.6	122.9	120.9	125.9	121.4
2'	115.4	115.7	116.4	115.1	122.6	116.5	105.2	105.6
3'	146.6	145.2	144.6	144.7	141.1	146.8	152.8	147.8
4'	150.2	148.7	148.7	148.3	151.5	137.7	141.0	137.5
5'	112.7	115.7	115.8	115.9	117.6	146.8	152.8	147.8
6'	121.2	120.9	120.8	121.6	125.3	116.5	105.2	105.6
OCH$_3$	56.6	59.7					62.0	56.2
							55.8	56.2
							55.8	
							62.4	
							56.2	
							59.7	
							56.1	

4-2-57 3-OH; 7,3',4',5'-(OCH$_3$)$_4$
4-2-58 3-OAc; 7,3',4',5'-(OCH$_3$)$_4$
4-2-59 5,7-(OH)$_2$; 3,3',4',5'-(OCH$_3$)$_4$
4-2-60 3,5,7,3',4',5'-(OCH$_3$)$_6$

4-2-61 5,4',5'-(OH)$_3$; 3,7,3'-(OCH$_3$)$_3$
4-2-62 3,5,7,3',4',5'-(OH)$_6$
4-2-63 5,4',5'-(OAc)$_3$; 3,7,3'-(OCH$_3$)$_3$
4-2-64 5,7,4'-(OH)$_3$; 3,6,8,3',5'-(OCH$_3$)$_5$

表 4-2-8 化合物 4-2-57~4-2-64 的 ^{13}C NMR 化学位移数据

C	4-2-57[46]	4-2-58[46]	4-2-59[47]	4-2-60[48]	4-2-61[49]	4-2-62[49]	4-2-63[18]	4-2-64[18]
2	153.3	155.6	154.9	150.6	155.8	152.2	155.9	154.9
3	137.9	133.2	138.6	140.1	138.0	141.7	138.5	137.6
4	172.6	177.9	178.1	171.6	177.9	172.9	178.1	178.3
5	126.4	127.3	161.3	159.5	160.9	150.0	154.3	147.9
6	114.7	114.7	98.7	95.0	97.6	108.3	98.9	131.3
7	164.4	164.3	164.4	162.9	165.1	163.4	157.3	150.8
8	100.0	100.1	94.1	92.9	92.2	98.5	127.5	127.7
9	157.2	157.2	156.5	157.4	156.2	157.6	148.6	144.5
10	114.7	117.3	104.4	107.9	104.5	111.2	104.1	103.4
1'	126.7	125.0	125.2	124.7	119.6	128.6	125.2	119.7
2'	105.6	105.7	106.0	104.9	105.1	109.8	105.6	105.8

续表

C	4-2-57[46]	4-2-58[46]	4-2-59[47]	4-2-60[48]	4-2-61[49]	4-2-62[49]	4-2-63[18]	4-2-64[18]
3′	153.3	153.2	152.8	152.0	148.1	152.1	152.7	147.8
4′	140.1	140.6	140.0	138.2	138.1	133.7	139.9	139.0
5′	153.3	153.2	152.8	152.0	145.6	143.3	152.7	147.8
6′	105.6	105.7	106.0	104.9	109.8	115.3	105.6	105.8
OCH$_3$				59.6	59.6	60.2	60.2	60.1
				55.4	56.0	56.0	59.9	61.1
				55.2	56.0	56.2	55.9	59.6
				55.2			60.8	56.0
				59.6			55.9	56.0
				55.2				

参 考 文 献

[1] 迟家平, 薛秉文, 陈海生. 中国药学杂志, 1996, 31(5): 264.

[2] Norbedo C, Ferraro G, Coussio J D. Phytochemistry, 1984, 23: 2698.

[3] 纳智, 李朝明, 郑惠兰, 等. 云南植物研究, 2001, 23(3): 400.

[4] Tanaka T, Iinuma M, Yuki K, et al. Phytochemistry, 1992, 31: 993.

[5] Ponce M A, Scervino J M, Erra-Balsells R, et al. Phytochemistry, 2004, 65: 1925.

[6] Guerreiro E, Kavka J, Giordano O S. Phytochemistry, 1982, 21: 2601.

[7] 杨秀伟, 张建业, 徐嵬, 等. 药学学报, 2005, 40(8): 717.

[8] 何自伟, 吕长平, 吴王锁, 等. 西北植物学报, 2007, 27(9): 1884.

[9] 羊晓东, 赵静峰, 任海英, 等. 云南大学学报(自然科学版), 2003, 25(2): 141.

[10] Horie T, Ohtsuru Y, Shibata K, et al. Phytochemistry, 1998, 47: 865.

[11] Benyahia S, Benayache S, Benayache F, et al. J Nat Prod, 2004, 67: 527.

[12] Ibewuike J C, Ogundaini A O, Ogungbamila F O, et al. Phytochemistry, 1996, 43: 687.

[13] Nakatani N, Jitoe A, Masuda T, et al. Agric Biol Chem, 1991, 55: 455.

[14] Dong H, Gou Y L, Cao S G, et al. Phytochemistry, 1999, 50: 899.

[15] Heerden F R, Viljoen A M, van Wyk B E. Fitoterapia, 2000, 71: 602.

[16] Tuchinda P, Pompimon W, Reutrakul V, et al. Tetrahedron, 2002, 58: 8073.

[17] Wang Y, Hamburger M, Gueho J, et al. Phytochemistry, 1989, 28: 2323.

[18] Roitman J N, James L F. Phytochemistry, 1985, 24: 835.

[19] El-Ansari M A, Barron D, Abdalla M F, et al. Phytochemistry, 1991, 30: 1169.

[20] Chen I S, Chen T L, Chang Y L, et al. J Nat Prod, 1999, 62: 833.

[21] Su B N, Park E J, Vigo J S, et al. Phytochemistry, 2003, 63: 335.

[22] Babajide O J, Babajide O O, Daramola A O, et al. Phytochemistry, 2008, 69: 2245.

[23] 傅芃, 李廷钊, 柳润辉, 等. 中国天然药物, 2004, 2(5): 283.

[24] Farkas L, Nogradi M. Tetrahedron Lett, 1966, 31: 3759.

[25] Kurkin V A, Zapesochnaya G G, Braslavskii V B. Khim Prir Soedin, 1990, (2): 272.

[26] Shirataki Y, Yoshida S, Sugita Y, et al. Phytochemistry, 1997, 44: 715.

[27] Ferreira E O, Dias D A. Phytochemistry, 2000, 53: 145.

[28] Sy L K, Brown G D. Phytochemistry, 1998, 48: 1207.

[29] Long C, Sauleau P, David B, et al. Phytochemistry, 2003, 64: 567.

[30] Brown G D, Liang G Y, Sy L K. Phytochemistry, 2003, 64: 303.

[31] Das B, Chakravarty A K, Masuda K, et al. Phytochemistry, 1994, 37: 1363.

[32] 史高峰, 鲁润华, 杨云裳. 中草药, 2003, 34(增刊): 98.

[33] 徐哲, 赵晓顿, 王漪檬, 等. 沈阳药科大学学报, 2008, 25(2): 108.

[34] Machida K, Osawa K. Chem Pharm Bull, 1989, 37: 1092.

[35] Beutler J A, Hamel E, Vlietinck A J, et al. J Med Chem, 1998, 41: 2333.

[36] Ahmed A A, Ali A A, Mabry T J. Phytochemistry, 1989, 28: 665.

[37] Harborne J B, Mabry T J, Editors. The Flavonoids: Advances in Research. London: Chapman and Hall, 1982: 72.

[38] 陈祖兴, 黄锦霞, 李焰, 等. 湖北大学学报(自然科学版), 1997, 62(3): 1121.

[39] 檀爱民, 杨虹, 李云森, 等. 中国药学杂志, 2004, 39(7): 496.

[40] Hammoda H M. J Pharm Sci, 2004, 18(2): 93.

[41] Barron D, Colebrook L D, Ibrahim, R K. Phytochemistry,

1986, 25: 1719.

[42] Seabra R, Alves A C. Phytochemistry, 1991, 30: 1344.

[43] Tian Y, Wu J, Zhang S. J Chin Pharm Sci, 2004, 13: 214.

[44] Ferracin R J, da Silva M F, Das G F, Fernandes J B, et al. Phytochemistry, 1998, 47: 393.

[45] Kamnaing P, Free S N Y F, Nkengfack A E, et al. Phytochemistry, 1999, 51: 829.

[46] Pomilio A, Ellmann B, Kunstler K, et al. Leibigs Ann Chem, 1977: 588.

[47] Gaydou E M, Bianchini J P. Ann Chim, 1977, 2: 303.

[48] Rao M M, Gupta P S, Krishna E M, et al. Indian J Chem, 1979, 17B: 178.

[49] Kumari G N, Rao L J M, Rao N S P. Proc Indian Acad Sciences, 1986, 97: 171.

第三节　二氢黄酮类化合物的 ^{13}C NMR 化学位移

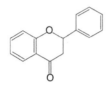

基本结构骨架

【化学位移特征】

1．二氢黄酮（flavanone）类化合物与黄酮类化合物的结构的差别也是在 C 环，2、3 位键变为单键，其特点由此产生，它的骨架碳的 ^{13}C NMR 化学位移范围出现在 δ 40～199（参见表 4-3-1～表 4-3-7）。

2．C 环中，δ_{C-2} 大约在 77.2±3.7，δ_{C-3} 大约在 44.8±3.7。如果 5 位没有羟基取代，4 位的羰基不能形成氢键，则羰基碳 δ_{C-4} 190.4±3.2；如果 5 位被羟基取代，则 δ_{C-4} 197.5±1.8。

3．A 环和 B 环的芳环碳的化学位移类似黄酮类化合物的芳环碳。

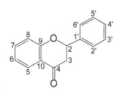

4-3-1 5-OCH₃; 7-OH

4-3-2 5,7,4'-(OH)₃; 6-CH₃; 8-CHO

4-3-3 5,7,4'-(OCH₃)₃; 6-OH

4-3-4 7,4'-(OH)₂

4-3-5 7-OCH₃; 4'-OH

4-3-6 5,7,4'-(OH)₃

4-3-7 5,7-(OH)₂

4-3-8 5-OH; 7-OCH₃

表 **4-3-1** 化合物 4-3-1~4-3-8 的 ^{13}C NMR 化学位移数据

C	4-3-1[1]	4-3-2[2]	4-3-3[3]	4-3-4[4]	4-3-5[5]	4-3-6[6]	4-3-7[7]	4-3-8[7]
2	77.9	79.8	79.2	80.3	77.3	78.5	79.3	79.1
3	44.8	44.7	45.3	44.4	44.1	42.1	43.3	43.2
4	187.2	188.3	189.7	190.4	191.4	196.4	195.8	195.6
5	163.9	167.4	145.9	129.5	128.8	163.6	164.5	164.0
6	95.6	110.5	133.8	111.5	110.3	95.9	95.8	95.0
7	164.3	166.5	153.9	166.5	166.4	166.7	164.6	167.9
8	93.3	110.8	96.3	103.7	101.0	95.0	95.5	94.1
9	162.1	160.4	157.3	164.5	163.8	163.0	163.3	162.7
10	104.5	108.1	108.4	114.9	114.7	101.9	103.4	103.0
1'	139.1	128.1	130.7	130.2	130.0	129.0	138.1	138.3

续表

C	4-3-1[1]	4-3-2[2]	4-3-3[3]	4-3-4[4]	4-3-5[5]	4-3-6[6]	4-3-7[7]	4-3-8[7]
2'	126.3	127.0	127.7	128.7	127.9	128.3	126.1	126.0
3'	128.4	114.8	114.2	116.5	115.7	115.2	128.9	128.7
4'	128.2	159.2	159.9	159.3	156.4	157.8	128.9	128.7
5'	128.4	114.8	114.2	116.5	115.7	115.2	128.9	128.7
6'	126.3	127.0	127.7	128.7	127.9	128.3	126.1	126.0
OCH$_3$	55.6		61.8 56.3 55.4		55.7			55.5
CH$_3$		10.1						
CHO		192.0						

4-3-9　5,4'-(OH)$_2$; 7-OCH$_3$
4-3-10　5,7,2'-(OH)$_3$; 6,8-(CH$_3$)$_2$; 4'-OCH$_3$
4-3-11　5-OH; 7-OCH$_3$; 6-CHO; 8-CH$_3$
4-3-12　5-OH; 7-OCH$_3$; 6-CHO; 8-CH$_3$

4-3-13　5,7-(OH)$_2$; 6,8-(CH$_3$)$_2$
4-3-14　5-OH; 7,4'-(OCH$_3$)$_2$
4-3-15　5,7,4'-(OH)$_3$; 8-CH$_3$
4-3-16　7,3',4'-(OH)$_3$

表 4-3-2　化合物 4-3-9~4-3-16 的 ^{13}C NMR 化学位移数据

C	4-3-9[5]	4-3-10[8]	4-3-11[9]	4-3-12[9]	4-3-13[9]	4-3-14[10]	4-3-15[11]	4-3-16[12]
2	77.3	73.7	80.8	80.0	79.9	78.9	79.8	80.9
3	43.2	41.3	42.8	45.0	44.1	43.2	43.3	44.8
4	196.0	196.8	196.5	187.4	197.8	196.0	197.5	193.6
5	164.2	158.4	167.3	166.3	160.3	164.1	161.1	129.8
6	95.2	103.3	105.3	107.6	105.0	95.0	96.7	111.7
7	168.1	162.4	168.5	167.9	164.2	167.9	165.2	166.7
8	94.3	102.6	104.5	106.6	104.2	94.2	103.1	103.8
9	162.9	157.5	165.2	165.1	159.0	162.9	162.7	165.5
10	103.2	101.6	101.9	114.0	103.3	103.1	103.8	114.9
1'	130.7	126.0	138.5	137.7	140.7	130.3	131.0	131.9
2'	128.0	147.7	127.0	126.0	127.2	127.7	128.9	114.7
3'	115.7	112.1	129.5	129.0	129.7	114.2	116.1	146.7
4'	156.0	152.2	129.6	129.0	129.5	160.0	158.5	146.4
5'	115.7	114.0	129.5	129.0	129.7	114.2	116.1	116.2
6'	128.0	116.1	129.6	126.0	127.2	127.7	128.9	119.2
OCH$_3$	55.7	55.3		61.8		55.4 55.7		
CH$_3$		8.19	6.4	7.1	8.3 7.6		7.7	
CHO		7.54	192.5	192.7				

4-3-17 5,7,3',4'-(OH)$_4$
4-3-18 5,6,7-(OCH$_3$)$_3$; 3',4'-(OH)$_2$
4-3-19 5,7,3'-(OH)$_3$; 4'-OCH$_3$
4-3-20 5,7,4'-(OH)$_3$; 3'-OCH$_3$

4-3-21 7,4'-(OCH$_3$)$_2$
4-3-22 5,7-(OCH$_3$)$_2$; 3',4'-OCH$_2$O
4-3-23 7,4'-(OCH$_3$)$_2$; 3',5'-(OH)$_2$
4-3-24 7,3',4'-(OCH$_3$)$_3$; 5'-OH

表 4-3-3 化合物 4-3-17~4-3-24 的 ^{13}C NMR 化学位移数据

C	4-3-17[13]	4-3-18[3]	4-3-19[14]	4-3-20[15]	4-3-21[5]	4-3-22[16]	4-3-23[5]	4-3-24[5]
2	80.5	79.1	78.1	80.9	81.1	79.1	80.9	80.0
3	44.1	45.1	42.1	44.3	45.0	45.5	48.5	44.4
4	197.8	191.0	197.3	197.9	193.4	189.2	193.1	190.5
5	165.4	154.0	165.7	166.0	129.5	162.3	129.5	128.8
6	97.1	137.3	96.9	97.5	111.2	93.2	110.0	110.3
7	168.3	160.2	162.8	168.0	168.2	164.8	168.2	166.3
8	96.2	96.5	95.8	96.6	102.1	93.5	102.1	102.1
9	164.8	160.0	162.1	165.1	165.5	165.9	165.3	163.5
10	103.4	108.8	103.2	103.9	115.9	105.9	115.9	114.9
1'	131.8	130.6	129.3	132.0	133.4	132.6	136.4	134.9
2'	114.7	113.4	112.0	111.9	114.7	106.8	106.8	102.3
3'	146.8	144.7	148.4	149.2	147.9	148.0	152.0	149.6
4'	146.5	144.2	145.7	148.7	149.4	147.9	137.0	135.8
5'	116.3	115.4	115.0	116.4	112.8	108.4	152.0	152.7
6'	119.3	119.0	118.4	121.2	119.0	120.0	106.8	106.3
OCH$_3$		61.7 61.4 56.2	56.2	57.1	56.3	56.1 55.9	56.3 60.8	55.7 56.0 61.0
OCH$_2$O						101.3		

prenyl=

4-3-25 5-OCH$_3$; 7,4'-(OH)$_2$; 8-prenyl
4-3-26 5,7,2'-(OH)$_3$; 8-prenyl
4-3-27 5,7,2'-(OH)$_3$; 6-prenyl; 5'-OCH$_3$
4-3-28 5,7,2',4'-(OH)$_4$; 8-prenyl; 5'-OCH$_3$

4-3-29 7-OH; 8-prenyl; 4'-OCH$_3$
4-3-30 5-OCH$_3$; 7,4'-(OH)$_2$; 8-prenyl
4-3-31 5,7-(OH)$_2$; 4'-OCH$_3$; 3'-prenyl
4-3-32 5,7,4'-(OH)$_3$; 6-prenyl

表 4-3-4 化合物 4-3-25~4-3-32 的 ^{13}C NMR 化学位移数据

C	4-3-25[17]	4-3-26[18]	4-3-27[18]	4-3-28[18]	4-3-29[19]	4-3-30[20]	4-3-31[21]	4-3-32[22]
2	79.5	75.3	75.8	74.7	79.4	77.8	79.5	78.3
3	46.3	41.9	42.3	42.4	44.0	44.6	43.3	42.0
4	192.8	197.1	196.7	197.2	191.3	188.1	196.5	196.4
5	158.2	160.2	161.5	161.4	126.5	159.6	163.6	160.5
6	93.8	95.9	108.2	95.7	110.6	92.7	96.8	107.5

续表

C	4-3-25[17]	4-3-26[18]	4-3-27[18]	4-3-28[18]	4-3-29[19]	4-3-30[20]	4-3-31[21]	4-3-32[22]
7	161.0	161.6	163.9	164.5	161.3	161.5	164.5	164.2
8	106.2	106.1	95.3	108.0	114.5	107.4	95.6	94.3
9	161.0	164.5	160.9	160.4	160.7	161.3	164.6	160.5
10	93.8	102.6	102.8	102.5	115.1	104.5	103.5	101.6
1'	128.7	125.6	115.1	116.5	131.5	129.9	130.1	129.0
2'	131.0	153.5	148.3	148.1	127.5	127.7	127.8	128.2
3'	116.1	115.6	103.7	103.1	114.1	115.0	131.0	115.1
4'	158.2	129.2	146.7	146.3	159.9	157.3	158.1	157.7
5'	116.1	120.1	140.8	140.6	114.1	115.0	110.5	115.1
6'	131.0	126.5	109.7	110.0	127.5	127.7	125.3	128.2
OCH$_3$	55.9		56.8	56.7	55.4	55.3	55.7	
prenyl								
1″	22.5	21.6	21.2	21.6	22.3	21.5	28.7	20.6
2″	123.9	122.4	121.9	122.6	121.0	122.8	122.1	122.6
3″	128.7	131.9	134.0	131.5	135.4	129.6	133.3	130.2
4″	25.5	25.7	25.8	25.6	25.8	25.4	26.0	25.4
5″	17.9	17.7	17.9	17.6	17.9	17.8	18.0	17.6

4-3-33　5,7,2',6'-(OH)$_4$
4-3-34　5,2',6'-(OH)$_3$; 7-OCH$_3$
4-3-35　5-OCH$_3$; 7,2'-(OH)$_2$
4-3-36　5-OCH$_3$; 7,4'-(OH)$_2$
4-3-37　5-OCH$_3$; 7,2',4'-(OH)$_3$
4-3-38　5,7,2',4'-(OH)$_4$
4-3-39　5,7-(OH)$_2$
4-3-40　5-OCH$_3$; 7,2',4'-(OH)$_3$

表 4-3-5　化合物 4-3-33~4-3-40 的 ^{13}C NMR 化学位移数据

C	4-3-33[23]	4-3-34[23]	4-3-35[18]	4-3-36[18]	4-3-37[24]	4-3-38[24]	4-3-39[25]	4-3-40[26]
2	74.3	74.3	75.9	74.0	73.5	75.7	75.5	75.1
3	41.2	41.1	44.1	42.4	44.3	43.2	42.7	45.7
4	199.2	199.3	192.8	191.4	188.9	198.7	197.7	189.8
5	163.7	163.9	160.7	160.3	162.4	162.9	163.1	161.2
6	96.8	93.2	93.4	93.0	92.4	96.1	96.6	93.5
7	165.7	166.8	162.7	162.7	162.4	166.3	165.3	162.6
8	108.4	108.3	108.5	108.5	106.2	108.5	108.0	106.1
9	162.8	161.1	162.9	164.1	159.6	162.4	161.8	163.9
10	103.8	103.8	105.3	104.5	102.3	103.2	103.3	108.5
1'	112.4	111.9	125.4	130.1	116.4	118.2	126.8	118.3
2'	158.2	157.7	153.3	127.4	155.2	156.4	154.7	155.9
3'	108.9	108.7	116.1	110.4	106.9	96.2	116.3	103.3
4'	131.3	131.0	129.3	156.8	158.1	159.3	130.0	159.1
5'	108.9	108.7	120.3	110.4	104.3	107.5	120.7	107.7
6'	158.2	157.7	126.3	127.4	127.2	128.5	127.4	128.4
1″	28.3	27.6	27.5	27.2	26.9	28.0	27.8	28.1

续表

C	4-3-33[23]	4-3-34[23]	4-3-35[18]	4-3-36[18]	4-3-37[24]	4-3-38[24]	4-3-39[25]	4-3-40[26]
2″	48.4	48.3	45.9	46.8	46.3	48.1	47.8	47.8
3″	32.5	32.2	31.6	31.0	30.7	32.3	32.0	31.9
4″	125.0	124.6	123.1	123.4	123.4	124.6	124.5	124.6
5″	132.1	132.0	132.5	131.3	130.6	131.9	131.6	131.6
6″	18.3	18.2	17.9	17.6	17.6	17.9	25.7	25.8
7″	26.3	26.2	25.7	25.5	25.5	25.9	17.8	17.9
8″	148.7	149.1	148.9	148.6	147.9	149.5	149.2	149.3
9″	19.6	19.2	19.7	18.8	18.6	19.2	19.3	19.2
10″	111.6	111.9	110.9	110.4	110.7	111.1	111.1	111.2
OCH₃		56.5	55.6	55.4	55.2			55.8

4-3-41 R¹=R²=OH; R³=R⁴=R⁵=H
4-3-42 R¹=OH; R⁴=OCH₃; R²=R³=R⁵=H
4-3-43 R¹=R²=OH; R⁴=OCH₃; R³=R⁵=H
4-3-44 R¹=R²=R⁴=OH; R³=R⁵=H

4-3-45 R¹=OH; R²=R⁴=OAc; R³=R⁵=H
4-3-46 R¹=R²=R⁴=OH; R³=R⁵=H
4-3-47 R¹=R²=R⁴=OAc; R³=R⁵=H
4-3-48 R¹=R³=R⁴=OH; R²=R⁵=H

表 4-3-6　化合物 4-3-41~4-3-48 的 ¹³C NMR 化学位移数据

C	4-3-41[27]	4-3-42[28]	4-3-43[28]	4-3-44[29]	4-3-45[29]	4-3-46[29]	4-3-47[29]	4-3-48[29]
2	76.8	78.6	77.7	76.7	74.1	74.0	73.9	76.1
3	41.9	43.3	41.9	41.4	42.2	44.1	44.2	41.5
4	196.4	196.4	196.4	197.1	197.1	189.1	190.4	197.1
5	124.5	156.6	156.8	159.1	159.4	151.4	155.2	156.6
6	108.9	102.7	103.3	103.1	103.1	109.6	111.2	103.1
7	158.8	159.3	159.8	157.0	157.7	157.8	157.1	159.0
8	103.4	108.6	108.8	108.9	108.9	115.2	113.0	108.9
9	159.8	159.8	158.6	160.0	160.1	160.6	160.4	160.1
10	102.7	102.8	102.7	102.6	102.6	107.6	109.2	102.6
1′	124.5	130.9	116.6	117.0	128.1	128.1	120.2	125.9
2′	153.7	127.5	155.4	154.8	148.8	147.5	157.0	116.2
3′	116.9	114.1	102.9	103.9	116.2	116.1	98.1	146.9
4′	129.9	159.8	161.2	156.5	152.1	151.4	160.4	113.4
5′	120.9	114.1	106.4	107.7	119.3	119.8	104.1	149.4
6′	126.2	127.5	127.9	127.8	127.4	127.5	127.1	117.3
1″	115.7	115.7	115.6	115.4	115.5	115.2	116.4	115.5
2″	126.9	125.9	126.3	126.2	126.3	129.3	128.0	126.2
3″	78.3	78.1	78.3	78.3	78.1	78.1	77.8	78.3
4″	28.4	28.3	28.3	28.3	28.1	28.2	28.1	28.4
5″	28.5	28.4	28.4	28.3	28.2	28.2	28.2	28.5
1‴	25.5	21.5	21.4	21.2	21.5	21.7	22.2	21.5

续表

C	4-3-41[27]	4-3-42[28]	4-3-43[28]	4-3-44[29]	4-3-45[29]	4-3-46[29]	4-3-47[29]	4-3-48[29]
2'''	122.4	122.6	122.3	122.2	122.1	122.6	122.1	122.3
3'''	131.7	131.0	131.8	131.7	131.6	131.2	131.0	131.7
4'''	17.8	17.8	17.8	17.8	17.9	17.8	17.9	17.8
5'''	25.5	25.8	25.7	25.7	25.7	25.8	25.8	25.8
OCH₃		55.3					62.1 55.2 55.1	
OAc					163.8 168.5 20.1 21.0	169.1 168.4 168.5 21.6 21.5 21.5		

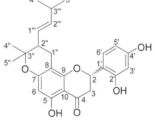

4-3-49 R¹=OH; R²=R⁴=H; R³=R⁵=OAc
4-3-50 R¹=R³=R⁵=OAc; R²=R⁴=H
4-3-51 R¹=OH; R³=R⁵=OCH₃; R²=R⁴=H
4-3-52 R¹=R³=R⁵=OCH₃; R²=R⁴=H

4-3-53 R¹=R³=H; R²=R⁴=OCH₃
4-3-54 R¹=R³=OCH₃; R²=R⁴=H

4-3-55　　　　**4-3-56**

表 4-3-7 化合物 **4-3-49~4-3-56** 的 ¹³C NMR 化学位移数据

C	4-3-49[29]	4-3-50[29]	4-3-51[29]	4-3-52[29]	4-3-53[29]	4-3-54[29]	4-3-55[30]	4-3-56[31]
2	73.9	74.0	74.2	74.1	74.1	73.8	76.4	75.7
3	42.5	44.3	42.5	44.3	44.5	44.2	42.0	42.6
4	195.6	188.9	197.0	190.2	190.2	190.1	196.5	197.9
5	156.6	148.4	156.7	150.1	155.1	157.2	159.9	162.4
6	103.1	109.6	102.8	111.9	157.5	157.9	110.3	97.1
7	158.8	157.3	159.6	160.5	116.5	117.2	157.1	163.1
8	108.8	115.3	108.6	115.4	108.9	108.5	102.6	103.5
9	159.9	160.5	159.7	160.7	161.4	159.5	161.3	161.4
10	102.4	107.2	102.7	107.2	109.4	105.9	101.9	103.3
1'	132.1	132.2	128.7	128.4	128.8	120.1	116.9	117.6

续表

C	4-3-49[29]	4-3-50[29]	4-3-51[29]	4-3-52[29]	4-3-53[29]	4-3-54[29]	4-3-55[30]	4-3-56[31]
2′	122.5	122.4	113.5	113.4	111.2	157.1	154.4	156.3
3′	144.5	144.5	149.8	149.9	149.5	98.3	104.0	101.9
4′	120.1	120.0	111.3	111.4	113.1	160.8	155.1	159.5
5′	148.5	148.4	153.9	153.9	153.6	104.2	107.9	107.9
6′	123.6	123.6	112.5	112.3	112.3	127.2	128.0	128.6
1″	115.5	115.4	115.8	116.2	128.9	127.1	126.6	22.5
2″	126.1	129.9	126.0	128.1	116.5	116.1	115.6	41.7
3″	78.2	78.0	78.1	77.8	77.9	77.8	78.1	80.1
4″	28.2	28.3	28.3	28.2	28.3	27.9	28.3	25.9
5″	28.3	28.4	28.4	28.3	28.4	28.2	28.5	21.2
1‴	21.4	21.9	21.5	21.9	22.1	21.8	21.0	133.5
2‴	122.4	121.6	122.7	121.9	122.3	122.5	122.2	123.3
3‴	131.1	131.6	131.1	131.2	131.4	131.2	131.5	30.0
4‴	17.8	17.8	17.9	17.8	17.9	17.8	17.9	17.9
5‴	25.7	25.7	25.8	25.5	25.9	25.5	25.8	17.9
OCH₃			55.8 55.8	55.7 55.7 62.2	62.3 56.1 55.8	62.1 55.2 55.1		
OAc	168.8 169.1 21.0	169.4 168.8 169.0 21.0						

参 考 文 献

[1] 郭丽冰, 王蕾. 中草药, 2008, 39(8):1147.

[2] Min B S, Thu C V, Nguyen T D, et al. Chem Pharm Bull, 2008, 56: 1725.

[3] Huang L, Wall M E, Wani M C, et al. J Nat Prod, 1998, 61: 446.

[4] 来国防, 赵沛基, 倪志伟, 等. 云南植物研究, 2008, 30(1): 115.

[5] Ogawa Y, Oku H, Iwaoka E, et al. Chem Pharm Bull, 2007, 55: 675.

[6] 杨志云, 钱士辉, 秦民坚. 药学学报, 2008, 43(4): 388.

[7] 杨欢, 王栋, 童丽, 等. 中国药学杂志, 2008, 43(5): 338.

[8] Basnet P, Oku H, Iwaoka E, et al. Chem Pharm Bull, 1993, 41: 1790.

[9] 郝小燕, 商立坚, 郝小江. 云南植物研究, 1993, 15(3): 295.

[10] Rossi M H, Yoshida M, Maia J G S. Phytochemistry, 1997, 45: 1263.

[11] 杨郁,黄胜雄,赵毅民,等. 天然产物研究与开发,2005, 17(5): 539.

[12] Lee M H, Lin Y P, Hsu F L, et al. Phytochemistry, 2006, 67: 1262.

[13] Pan J Y, Zhang S, Yan L S, et al. J Chromatogr A, 2008, 1185: 117.

[14] 何桂霞, 裴刚, 杜方麓, 等. 中国现代中药, 2007,

[15] 王健伟, 梁敬钰, 李丽. 中国天然药物, 2006, 4(6): 432.

[16] Srinivas K V N S, Koteswara R Y, Mahender I, et al. Phytochemistry, 2003, 63: 789.

[17] Gerhauser C, Alt A, Heiss E, et al. Molecular Cancer Therapeutics, 2002, 1: 959.

[18] Kuroyanagi M, Arakawa T, Hirayama Y, et al. J Nat Prod, 1999, 62: 1595.

[19] Mori-Hongo M, Takimoto H, Katagiri T, et al. J Nat Prod, 2009, 72: 194.

[20] Kang S S, Kim J S, Son K H, et al. Fitoterapia, 2000, 71: 511.

[21] Jang J P, Na M K, Thuong P T, et al. Chem Pharm Bull, 2008, 56: 85.

[22] Stevens J F, Vancic M, Hsu V L, et al. Phytochemistry, 1997, 44: 1575.

[23] Ruangrungsi N, Iinuma M, Tanaka T, et al. Phytochemistry, 1992, 31: 999.

[24] 郑永权, 姚建仁, 邵向东, 等. 农药学学报, 1999, 1(3): 91.

[25] Wu L J, Miyase T, Ueno A, et al. Chem Pharm Bull, 1985, 33: 3231.

[26] 李巍, 梁鸿, 尹婷, 等. 药学学报, 2008, 43(8): 833.

[27] Mahmoud E H N, Waterman P G. J Nat Prod, 1985, 48: 648.

9(12): 11.

[28] Sutthivaiyakit S, Thongnak O, Lhinhatrakool T, et al. JNat Prod, 2009, 72: 1092.

[29] Ma W G, Fuzzati N, Li Q S, et al. Phytochemistry, 1995, 39: 1049.

[30] Iinuma M, Ohyama M, Tanaka T, J Nat Prod, 1993, 56: 2212.

[31] Iinuma M, Ohyama M, Tanaka T, et al. Phytochemistry, 1992, 31: 665.

第四节 二氢黄酮醇类化合物的 ^{13}C NMR 化学位移

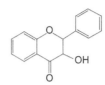

基本结构骨架

【化学位移特征】

1. 二氢黄酮醇（flavanonol）类化合物与黄酮醇类化合物结构上的区别在 C 环，也就是 2、3 位的双键变成单键，其骨架碳的化学位移范围在 δ 71～199（见表 4-4-1～表 4-4-6）。

2. C 环各碳化学位移特征：2 位碳由于受到 3 位羟基的影响出现在 δ 80~90；3 位连接羟基，则 $\delta_{\text{C-3}}$ 71～77.8；4 位羰基 $\delta_{\text{C-4}}$ 184.6～198.5。

3. A 环和 B 环的芳环碳的化学位移类似黄酮类化合物的芳环碳。

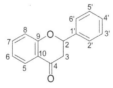

4-4-1 3,5,7,4'-(OH)$_4$
4-4-2 3β,5-(OH)$_2$; 7,4'-(OCH$_3$)$_2$
4-4-3 3β,5,7-(OH)$_3$
4-4-4 3β,5,7-(OH)$_3$; 4'-OCH$_3$

4-4-5 3β,5,4'-(OH)$_3$; 7-OCH$_3$
4-4-6 3β-OAc; 5,7,4'-(OH)$_3$
4-4-7 3β-OAc; 5,4'-(OH)$_2$; 7-OCH$_3$
4-4-8 3β-OH; 5-OCH$_3$; 6,7-OCH$_2$O

表 4-4-1 化合物 4-4-1~4-4-8 的 ^{13}C NMR 化学位移数据

C	4-4-1[1]	4-4-2[2]	4-4-3[3]	4-4-4[4]	4-4-5[5]	4-4-6[4]	4-4-7[4]	4-4-8[3]
2	84.3	83.0	83.5	82.7	83.1	80.2	81.7	83.5
3	73.1	71.7	72.5	71.6	71.1	72.0	72.9	72.8
4	198.2	198.6	196.0	198.3	198.5	191.5	192.6	191.2
5	164.7	163.2	163.6	163.0	163.1	163.4	164.2	142.7
6	97.0	95.1	96.9	94.9	95.0	96.6	95.9	136.3
7	167.8	167.7	167.5	167.6	167.7	167.4	169.1	160.3
8	96.0	94.1	96.0	93.8	93.9	95.5	96.0	93.1
9	164.2	162.0	163.0	162.4	162.6	162.4	162.9	155.6
10	101.4	101.6	100.5	101.3	101.4	100.7	102.2	105.3
1'	129.1	129.6	130.5	129.2	127.5	125.8	126.5	131.3
2'	130.3	129.3	127.6	129.4	129.6	129.2	129.3	127.4
3'	115.9	113.8	128.6	113.6	115.0	115.3	115.9	129.1
4'	158.8	159.7	129.2	159.6	157.9	158.2	158.5	128.6

续表

C	4-4-1[1]	4-4-2[2]	4-4-3[3]	4-4-4[4]	4-4-5[5]	4-4-6[4]	4-4-7[4]	4-4-8[3]
5′	115.9	113.8	128.6	113.6	115.0	115.3	115.9	129.1
6′	130.3	129.3	127.6	129.4	129.5	129.2	129.3	127.4
OCH₃		55.3 56.1		55.2	55.3		55.3	60.4
OCH₂O								101.7

4-4-9 3β,5,7,3′,4′-(OH)₅
4-4-10 3α,5,7,3′,4′-(OH)₅
4-4-11 3,5,7,3′,4′-(OH)₅
4-4-12 3β,5,3′-(OH)₃; 7,4′-(OCH₃)₂

4-4-13 3α,5,3′-(OH)₃; 7,4′-(OCH₃)₂
4-4-14 3β,5,7,3′-(OH)₄; 4′-OCH₃
4-4-15 3β,7,4′-(OH)₃; 3′-OCH₃
4-4-16 3β,5,7,3′,4′,5′-(OH)₆

表 4-4-2 化合物 4-4-9~4-4-16 的 ¹³C NMR 化学位移数据

C	4-4-9[6]	4-4-10[6]	4-4-11[7]	4-4-12[8]	4-4-13[8]	4-4-14[8]	4-4-15[10]	4-4-16[11]
2	84.3	82.0	83.2	84.5	82.2	84.2	85.2	83.2
3	73.0	72.5	71.9	73.2	77.8	73.2	73.9	71.6
4	198.0	196.1	197.4	198.6	191.6	198.2	193.2	197.5
5	164.8	165.4	163.4	164.0	163.3	164.1	129.8	162.5
6	97.0	96.7	96.3	95.8	95.8	97.1	111.8	94.9
7	167.8	167.4	166.8	169.3	170.3	167.8	166.0	166.8
8	96.0	96.7	95.2	94.7	95.0	96.1	103.7	95.9
9	164.0	163.8	162.6	164.7	165.4	165.7	164.5	163.3
10	101.4	101.4	100.5	102.1	103.6	101.6	113.0	100.4
1′	129.6	128.4	129.0	112.0	129.3	112.0	129.9	127.1
2′	115.7	115.4	115.4	120.5	119.4	120.5	112.4	106.6
3′	145.6	145.4	144.8	147.3	147.8	147.3	148.2	145.7
4′	146.4	145.8	145.7	148.9	149.3	148.9	148.1	133.4
5′	115.7	115.6	115.3	115.5	112.7	115.5	115.5	106.6
6′	120.8	119.9	119.4	131.0	114.8	131.1	122.2	106.6
OCH₃				56.4 56.3	56.9 57.0	56.3	56.4	

4-4-17 3β,5-(OH)₂; 7-OCH₃
4-4-18 3,7,8,3′,4′-(OH)₅
4-4-19 3β-OAc; 5,7,3′,4′-(OH)₄
4-4-20 3β,5,7,2′,4′-(OH)₅

4-4-21 3β,5,7,2′,4′-(OH)₅; 5′-OCH₃
4-4-22 3β,7,3′,4′-(OH)₄; 5-OCH₃
4-4-23 3β,5,3′,4′-(OH)₄; 7-OCH₃
4-4-24 3β-OH; 5,7,3′,4′-(OCH₃)₄

表 4-4-3 化合物 **4-4-17~4-4-24** 的 ^{13}C NMR 化学位移数据

C	4-4-17[2]	4-4-18[12]	4-4-19[13]	4-4-20[14]	4-4-21[15]	4-4-22[12]	4-4-23[13]	4-4-24[16]
2	83.4	82.7	81.7	78.3	82.7	82.6	84.3	83.6
3	72.4	73.5	72.9	70.9	71.5	72.9	72.9	72.5
4	195.8	191.4	192.6	198.4	197.4	190.0	196.3	189.7
5	163.6	120.2	164.9	163.7	163.2	162.3	164.4	163.7
6	95.5	110.7	97.1	96.5	96.0	95.6	95.4	93.8
7	168.9	152.6	163.5	167.1	166.8	164.9	169.0	165.7
8	94.7	133.4	96.0	95.5	94.9	93.4	94.4	93.1
9	—	151.4	159.4	163.3	162.3	162.8	163.2	161.7
10	100.8	114.0	110.3	100.9	100.3	102.6	102.2	103.7
1'	136.1	128.7	128.1	114.2	129.6	128.5	129.4	129.9
2'	127.5	115.4	115.7	159.0	147.8	115.3	115.7	112.5
3'	128.7	145.8	146.6	103.0	119.1	145.8	145.5	148.9
4'	129.4	145.3	146.7	157.5	146.1	145.0	146.5	149.5
5'	128.7	115.9	115.2	107.1	115.0	115.3	115.5	112.3
6'	127.5	119.1	120.2	130.3	111.6	119.4	120.3	120.6

4-4-25 3β-OAc; 5,3',4'-(OH)$_3$; 7-OCH$_3$
4-4-26 3β-OAc; 5,7,3',4'-(OH)$_4$
4-4-27 3β-OH; 7,3',4',5'-(OCH$_3$)$_4$
4-4-28 3β-OAc; 7,3',4',5'-(OCH$_3$)$_4$

4-4-29 3β,5,7,3',4'-(OH)$_5$
4-4-30 3β-OH; 5,7,3',4'-(OCH$_3$)$_4$; 6-CH$_3$
4-4-31 3β-OH; 5,7,3',4',5'-(OCH$_3$)$_5$
4-4-32 3β-OAc; 5,7,3',4',5'-(OCH$_3$)$_5$

表 4-4-4 化合物 **4-4-25~4-4-32** 的 ^{13}C NMR 化学位移数据

C	4-4-25[13]	4-4-26[17]	4-4-27[17]	4-4-28[17]	4-4-29[16]	4-4-30[16]	4-4-31[18]	4-4-32[18]
2	81.4	81.1	84.3	82.1	84.3	83.4	82.4	90.1
3	72.7	73.5	73.0	73.3	73.1	72.9	72.0	71.0
4	191.9	184.8	192.2	186.7	197.7	190.8	189.3	194.9
5	164.4	162.4	128.9	129.1	161.8	162.5	163.1	165.1
6	95.9	93.6	110.9	110.9	104.8	106.1	93.0	96.4
7	169.9	166.4	166.7	166.4	165.2	165.2	165.1	166.3
8	94.9	93.6	101.0	100.9	95.1	95.6	92.4	96.2
9	162.5	164.2	163.6	162.7	161.3	159.1	161.0	163.1
10	102.2	104.3	112.0	113.3	101.0	104.5	102.8	105.9
1'	128.1	128.1	131.7	130.8	129.7	128.9	132.9	130.9
2'	115.6	110.3	104.7	104.7	115.6	110.1	104.8	107.4
3'	144.2	149.1	153.4	153.3	145.4	149.2	152.0	156.1
4'	145.3	149.8	138.8	138.8	146.2	149.7	137.5	133.8
5'	114.5	110.0	153.4	153.3	115.5	111.1	152.0	156.3
6'	120.8	120.4	104.7	104.7	120.6	120.4	104.8	107.4

4-4-34 6,8-prenyl$_2$; 7-OH; 4'-OCH$_3$
4-4-35 7-OH; 6,8-prenyl$_2$; 4'-OCH$_3$

prenyl= (1", 2", 3", 4", 5")

4-4-33 5,7-(OH)$_2$; 8-prenyl
4-4-36 6,3'-prenyl$_2$; 7,4'-(OH)$_2$
4-4-37 6,8-prenyl$_2$; 7,4'-(OH)$_2$
4-4-38 6,8,3'-prenyl$_3$; 7,4'-(OH)$_2$
4-4-39 5,7,4'-(OH)$_3$; 6,8,3'-prenyl$_3$
4-4-40 7,4'-(OH)$_2$; 8,3'-prenyl$_2$

表 4-4-5 化合物 **4-4-33~4-4-40** 的 ^{13}C NMR 化学位移数据[19]

C	4-4-33[20]	4-4-34	4-4-35	4-4-36	4-4-37	4-4-38	4-4-39	4-4-40[21]
2	72.5	79.3	79.4	84.0	83.6	83.8	83.8	84.4
3	83.3	44.2	44.0	73.2	73.3	73.2	73.2	73 4
4	196.0	191.5	191.3	192.9	193.2	193.4	193.4	193.2
5	164.6	125.7	126.5	128.6	125.8	125.7	125.7	126.1
6	107.5	121.8	110.6	122.5	122.8	122.6	122.6	110.5
7	161.2	159.3	161.3	162.3	160.8	160.7	160.7	162.4
8	96.0	114.5	114.5	103.9	114.9	114.9	114.9	116.7
9	161.0	159.8	160.7	162.5	159.6	159.7	159.7	161.6
10	100.8	114.8	115.1	112.2	111.7	111.7	111.7	112.1
1'	136.0	131.5	131.3	129.0	129.0	128.8	128.8	128.9
2'	128.7	127.5	127.5	129.5	129.0	129.2	129.2	126.9
3'	127.5	114.1	114.1	127.2	115.5	127.1	127.1	127.8
4'	129.3	159.9	159.8	155.3	156.3	155.0	155.0	155.6
5'	127.5	114.1	114.1	116.0	115.5	115.7	115.7	114.8
6'	128.7	127.5	127.5	127.0	129.0	126.7	126.7	129.7
6-prenyl								
1"		29.1		28.9	29.0	28.9	21.7	
2"		121.6		120.9	121.2	121.1	121.5	
3"		134.8		135.8	135.2	135.1	134.8	
4"		25.8		25.8	25.8	25.7	25.8	
5"		17.9		17.9	17.9	17.8	17.3	
8-prenyl								
1"	25.8	22.5	22.3		22.3	22.3	21.3	22.1
2"	121.0	121.3	121.0		120.9	120.9	121.5	122.3
3"	136.1	134.7	135.4		135.2	134.7	134.3	131.4
4"	21.0	25.8	25.8		25.8	25.7	25.8	25.3
5"	18.0	17.9	17.9		17.9	17.8	17.3	17.4
3'-prenyl								
1"				29.9		29.7	29.9	28.6
2"				121.5		121.6	121.7	123.2
3"				135.1		135.0	135.1	135.7
4"				25.8		25.7	25.8	25.3
5"				17.9		17.8	17.3	17.4

4-4-41 5-OH; 4'-OCH$_3$　　　　　　　**4-4-45** 5,4'-(OH)$_2$
4-4-42 5,2'-(OH)$_2$; 4'-OCH$_3$　　　　**4-4-46** 5,4'-(OAc)$_2$
4-4-43 5-OH; 3',4'-(OCH$_3$)$_2$　　　　**4-4-47** 5,2'-(OH)$_2$
4-4-44 5-OCH$_3$; 4'-OH　　　　　　　**4-4-48** 5-OH

表 4-4-6　化合物 4-4-41~4-4-48 的 ^{13}C NMR 化学位移数据

C	4-4-41[22]	4-4-42[22]	4-4-43[22]	4-4-44[23]	4-4-45[24]	4-4-46[24]	4-4-47[25]	4-4-48[24]
2	82.9	79.0	83.1	82.7	85.6	79.9	78.5	82.7
3	72.6	73.1	72.6	73.1	72.0	72.9	73.2	72.0
4	196.4	195.3	196.1	191.3	195.7	184.7	195.4	196.3
5	156.1	156.1	156.0	161.0	155.6	143.8	161.0	155.8
6	103.2	103.5	103.2	113.8	108.8	114.8	103.5	108.1
7	160.7	160.9	160.7	160.0	159.2	157.4	156.1	159.1
8	109.3	109.6	109.3	105.4	102.6	109.7	109.6	102.8
9	159.5	159.0	159.3	159.0	160.5	159.6	159.1	160.3
10	100.4	100.2	100.3	103.0	100.0	105.9	100.3	100.0
1'	128.8	116.3	129.0	128.7	130.7	132.8	124.2	136.4
2'	128.8	155.3	110.1	128.9	128.7	128.0	154.0	127.2
3'	114.0	103.5	149.1	115.5	115.4	121.2	118.0	128.2
4'	160.3	161.2	149.7	156.4	156.3	150.9	129.9	128.7
5'	114.0	107.3	111.0	115.5	115.4	121.2	121.2	128.2
6'	128.8	127.9	120.2	128.9	128.7	128.0	126.9	127.2
1"	78.5	78.7	78.5	77.9			78.6	
2"	126.2	126.5	126.3	128.7			126.5	
3"	115.4	115.3	115.4	116.1			115.3	
4"	28.4	28.4	28.3	28.3			28.4	
5"	28.4	28.4	28.3	28.3			28.4	
1'''	21.4	21.3	21.3	21.8			21.3	
2'''	122.3	122.0	122.2	121.8			122.1	
3'''	131.3	131.7	131.3	131.6			131.6	
4'''	25.7	25.8	25.7	25.8			25.7	
5'''	17.8	17.9	17.8	17.8			17.8	

参 考 文 献

[1]　Shen Z, Theander O. Phytochemistry, 1985, 24: 155.

[2]　Rossi M H, Yoshida M, Maia J G S. Phytochemistry, 1997, 45: 1263.

[3]　Kuroyanagi M, Yamamoto Y, Fukushima S, et al. Chem Pharm Bull, 1982, 30: 1602.

[4]　Ayafor J F, Connolly J D. J Chem Soc, Perkin Trans I, 1981: 2563.

[5]　Chiappini I, Fardella G, Menghini A, et al. Planta Med, 1982, 44:159.

[6]　Kiehlmann E, Li E P M. J Nat Prod, 1995, 58: 450.

[7]　殷志琦, 巢剑非, 张雷红, 等. 天然产物研究与开发, 2006, 18(3): 420.

[8]　Tofazzal Islam M, Tahara S. Phytochemistry, 2000, 54: 901.

[9]　Baderschneider B, Winterhalter P. J Agric Food Chem, 2001, 49: 2788.

[10] Morikawa T, Xu F, Matsuda H, et al. Chem Pharm Bull, 2006, 54: 1530.

[11] 周天达, 周雪仙. 中国药学杂志, 1996, 31(8): 458.

[12] Foo L Y. Phytochemistry, 1987, 26: 813.

[13] Grande M, Piera F, Cuenca A, et al. Planta Med, 1985, 51: 414.

[14] Wenkert E, Gottlieb H E. Phytochemistry, 1977, 16: 1811.

[15] Baruah N C, Sharma R P, Thyagarajan G, et al. Phytochemistry, 1979, 18: 2003.

[16] Agrawal P K, Agarwai S K, Rastogi R P, et al. Planta Med, 1981, 43: 82.

[17] Pomilio A, Ellmann B, Kuenstler K, et al. Liebigs Ann Chem, 1977: 588.

[18] Rao M M, Gupta P S, Krishna E M, et al. Indian J Chem, 1979, 17B: 178.

[19] Mori-Hongo M, Takimoto H, Katagiri T, et al. J Nat Prod, 2009, 72: 194.

[20] Manfredi K P, Vallurupalli V, Demidova M, et al. Phytochemistry, 2001, 58:153.

[21] Mitscher L A, Park Y H, Clark D, et al. J Nat Prod, 1980, 43:259.

[22] Sutthivaiyakit S, Thongnak O, Lhinhatrakool T, et al. J Nat Prod, 2009, 72:1092.

[23] Venkata Rao E, Sridhar P, Narasimha Rao B V L, et al. Phytochemistry, 1999, 50:1417.

[24] Van Zyl J J, Rall G J H, Roux D G. J Chem Res, 1979: 97.

[25] Alavez-Solano D, Reyes-Chilpa R, Jimenez-Estrada M, et al. Phytochemistry, 2000, 55: 953.

第五节 异黄酮类化合物的 ^{13}C NMR 化学位移

基本结构骨架

【化学位移特征】

1. 异黄酮（isoflavone）类化合物的基本骨架结构与黄酮类化合物比较，区别在于 B 环连接在 C 环的 3 位碳上，而 2、3 位也是双键。它的骨架各碳类似黄酮类化合物，出现在 δ 90～184（见表 4-5-1～表 4-5-4）。

2. 异黄酮类化合物 C 环的 C-2 位和 C-3 位的特点：C-2 位没有芳环取代，δ_{C-2} 149.6～156.3；C-3 位连接芳环，δ_{C-3} 111.7～125.0。

3. 4 位的羰基也与黄酮类化合物类似。5 位没有羟基存在时，4 位羰基 δ_{C-4} 174.6～178.9；5 位存在羟基时，δ_{C-4} 180.1～183.8。

4. 异黄酮类化合物的 A 环和 B 环各碳的化学位移类似黄酮类化合物。

4-5-1 7,4'-(OH)$_2$
4-5-2 5,7-(OH)$_2$; 4'-OCH$_3$
4-5-3 5,2',4'-(OH)$_3$; 7-OCH$_3$
4-5-4 7,3'-(OH)$_2$; 4'-OCH$_3$
4-5-5 5,7,5'-(OH)$_3$; 2',4'-(OCH$_3$)$_2$
4-5-6 7-OH; 4'-OCH$_3$
4-5-7 5,7,4'-(OH)$_3$
4-5-8 6-OCH$_3$; 7,4'-(OH)$_2$

表 4-5-1 化合物 4-5-1~4-5-8 的 ^{13}C NMR 化学位移数据

C	4-5-1[1]	4-5-2[2]	4-5-3[3]	4-5-4[4]	4-5-5[5]	4-5-6[6]	4-5-7[6]	4-5-8[7]
2	152.7	154.3	155.6	153.4	154.5	153.2	153.6	152.1
3	123.4	121.9	120.6	125.0	111.7	123.1	121.4	123.4
4	174.6	180.1	180.6	175.5	180.6	174.6	180.2	174.7
5	127.2	162.0	161.6	128.5	162.0	127.3	157.6	104.8

续表

C	4-5-1[1]	4-5-2[2]	4-5-3[3]	4-5-4[4]	4-5-5[5]	4-5-6[6]	4-5-7[6]	4-5-8[7]
6	115.1	99.0	97.9	115.7	94.2	115.2	98.6	146.9
7	162.5	164.3	165.1	163.2	164.0	162.6	164.3	153.0
8	102.2	93.7	92.3	103.1	97.7	102.1	93.7	102.9
9	157.1	157.6	158.6	158.7	158.1	157.4	157.6	152.1
10	116.5	104.5	105.4	118.5	105.3	116.6	104.6	116.6
1′	122.4	122.9	108.4	126.3	120.4	124.2	122.4	122.9
2′	130.0	130.2	156.4	116.8	151.3	130.1	130.0	130.0
3′	114.8	113.7	102.6	147.0	117.5	113.6	115.2	115.1
4′	157.1	159.2	157.5	148.2	147.7	158.9	162.1	157.3
5′	114.8	113.7	106.2	112.0	139.5	113.6	115.2	115.1
6′	130.0	130.2	132.2	121.0	99.3	130.1	130.0	130.0
OCH₃		55.6	56.1	56.3	56.8 56.1	55.1		55.9

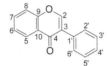

4-5-9 5,7-(OH)₂; 6,4'-(OCH₃)₂
4-5-10 5,4'-(OH)₂; 7-OCH₃
4-5-11 5,7,3',4'-(OH)₄
4-5-12 5,7,4'-(OH)₃; 6-OCH₃

4-5-13 5,2',3'-(OH)₃; 6,7-OCH₂O
4-5-14 7-OGlu; 4'-OCH₃
4-5-15 7,4'-(OH)₂; 8-Glu
4-5-16 5,4'-(OH)₂; 6-OCH₃; 7-OGlu

表 4-5-2 化合物 4-5-9~4-5-16 的 ^{13}C NMR 化学位移数据

C	4-5-9[8]	4-5-10[6]	4-5-11[9]	4-5-12[10]	4-5-13[11]	4-5-14[12]	4-5-15[13]	4-5-16[14]
2	154.8	154.5	154.3	154.1	155.2	153.8	152.4	154.0
3	122.0	121.0	123.4	121.2	121.8	123.5	123.4	123.1
4	181.0	180.4	181.5	180.5	181.7	174.8	174.7	181.8
5	153.0	161.7	163.4	152.7	141.4	127.1	126.4	154.6
6	131.8	98.1	99.7	131.4	130.4	114.1	115.1	133.9
7	159.8	165.2	165.2	157.4	154.6	161.6	161.0	157.8
8	94.6	92.4	94.5	93.9	89.4	103.5	112.5	95.0
9	153.6	157.5	159.0	153.2	153.5	157.2	156.1	153.5
10	105.4	105.4	105.7	104.8	107.8	115.7	117.0	107.9
1′	123.4	122.5	124.1	121.8	118.7	124.2	122.6	122.2
2′	130.6	130.2	117.0	130.1	142.7	130.2	130.0	131.1
3′	114.4	115.1	145.6	115.0	146.2	118.6	115.1	116.5
4′	157.8	157.5	146.4	157.6	115.5	159.2	157.2	159.5
5′	114.4	115.1	115.9	115.0	120.9	118.6	115.1	116.5
6′	130.6	130.2	121.4	130.1	121.0	130.2	130.0	131.1
OCH₃	64.0 55.6	56.1		59.9		55.3		60.9
OCH₂O					102.8			
Glu-1						100.2	73.8	102.2
Glu-2						73.2	71.3	79.6

续表

C	4-5-9[8]	4-5-10[6]	4-5-11[9]	4-5-12[10]	4-5-13[11]	4-5-14[12]	4-5-15[13]	4-5-16[14]
Glu-3						76.6	78.8	78.8
Glu-4						69.8	70.4	71.4
Glu-5						77.3	81.5	74.9
Glu-6						60.8	62.0	62.6

4-5-17 5,4'-(OH)$_2$; 7-OCH$_3$
4-5-18 7-OGlu; 4'-OH
4-5-19 5-OH; 7-OGlu; 4'-OCH$_3$
4-5-20 7,4'-(OH)$_2$; 8-Glu; 3'-OCH$_3$

4-5-21 7,3',4'-(OH)$_3$; 8-Glu
4-5-22 7-OGlu; 3'-OCH$_3$; 4'-OH
4-5-23 5,7'-(OH)$_2$; 4'-OGlu

表 4-5-3 化合物 4-5-17~4-5-23 的 ^{13}C NMR 化学位移数据

C	4-5-17[15]	4-5-18[16]	4-5-19[17]	4-5-20[17]	4-5-21[17]	4-5-22[17]	4-5-23[18]
2	153.2	153.0	154.9	152.9	152.6	153.5	154.8
3	122.5	124.4	122.7	122.9	123.0	123.7	124.7
4	180.4	175.8	180.4	174.8	174.9	174.7	180.6
5	161.6	127.9	161.6	126.2	126.2	127.0	162.8
6	99.8	116.1	99.6	115.1	115.3	115.6	100.0
7	163.0	162.4	163.0	161.0	161.0	161.4	164.2
8	94.5	104.3	94.6	112.6	112.6	103.4	94.7
9	157.3	159.2	157.2	157.1	157.1	157.0	157.7
10	106.0	119.3	106.1	116.8	116.8	118.5	106.8
1'	120.9	125.2	122.2	123.0	123.0	122.8	122.1
2'	130.1	131.1	130.2	113.0	115.3	113.3	130.6
3'	114.9	116.4	113.7	147.2	144.7	147.2	116.2
4'	157.0	157.9	159.2	146.4	145.2	146.6	157.4
5'	114.9	116.4	113.7	115.2	116.8	115.3	116.2
6'	130.1	131.1	130.2	121.5	119.7	121.6	130.6
OCH$_3$			55.2	55.6		55.7	
Glu-1	99.8	101.9	99.8	73.4	73.4	100.0	100.7
Glu-2	73.0	74.9	73.1	70.8	70.7	73.2	73.7
Glu-3	76.3	79.3	76.4	78.7	78.7	76.5	77.5
Glu-4	69.5	71.3	69.6	70.1	70.5	69.7	70.0
Glu-5	77.1	78.5	77.2	81.8	81.8	77.2	76.9
Glu-6	60.5	62.5	60.6	61.1	61.4	60.7	61.8

4-5-24

4-5-25

4-5-26

4-5-27

4-5-28

4-5-29

4-5-30

4-5-31

表 4-5-4 化合物 4-5-24~4-5-31 的 ^{13}C NMR 化学位移数据

C	4-5-24[19]	4-5-25[20]	4-5-26[20]	4-5-27[20]	4-5-28[21]	4-5-29[22]	4-5-30[23]	4-5-31[24]
2	156.3	154.4	154.4	155.2	149.6	152.7	153.7	151.9
3	124.8	123.8	123.8	123.0	117.4	123.2	118.5	124.4
4	178.9	181.8	182.2	183.8	177.5	181.4	175.8	175.3
5	128.7	160.8	155.8	154.3	157.0	156.2	123.5	104.9
6	116.9	105.1	107.9	113.8	105.5	102.2	119.7	148.0
7	164.6	160.6	157.7	158.2	161.9	164.1	157.4	153.6
8	103.1	95.1	106.0	104.6	93.9	108.6	103.9	100.6
9	159.0	156.8	155.6	151.9	159.9	154.9	157.9	152.1
10	117.2	105.7	106.5	107.4	107.4	106.7	117.0	117.7
1'	112.7	123.1	123.1	123.1	122.5	122.7	121.5	125.9
2'	157.0	131.1	131.2	131.3	130.8	130.2	154.3	109.8
3'	102.2	116.0	116.0	116.0	120.5	115.6	114.6	147.6
4'	160.0	158.5	158.5	158.5	154.9	155.6	154.1	147.5
5'	122.5	116.0	116.0	116.0	116.9	115.6	112.3	108.3
6'	131.5	131.1	131.2	131.3	128.2	130.2	131.6	122.3
OCH$_3$	55.9			51.1			61.8	56.3
OCH$_2$O								101.1
11	28.6	26.1	21.9	22.7	17.2	22.0	121.2	66.4
12	124.2	68.8	123.0	122.0	31.4	121.5	131.6	118.4
13	132.1	79.8	132.1	133.3	75.3	132.4	77.8	142.1
14	26.0	21.2	18.0	17.9	26.6	17.8	27.9	39.5
15	17.9	25.8	25.9	25.9	26.6	25.7	28.4	26.2
16			117.8	102.0	22.5	27.1	117.1	123.6
17			126.3	161.6	32.8	91.2	130.2	131.9
18			81.8	73.9	74.3	72.3	75.9	16.9
19			68.7	25.5	26.9	24.0	27.9	17.7
20			23.6	25.5	26.9	25.6	28.4	25.6

参 考 文 献

[1] 杨薇. 中国新药杂志, 2001, 10(12): 892.

[2] Agrawal P K. Carbon-13 NMR of Flavonoids. New York: Elsevier Science Publishing Company Inc, 1989: 195.

[3] Waffoa A K, Azebaze G A, Nkengfack A E, et al. Phytochemistry, 2000, 53: 981.

[4] 杨光忠, 陈玉, 王晓琼. 中南民族大学学报(自然科学版), 2006, 25(3): 36.

[5] Songsiang U, Wanich S, Pitchuanchom S, et al. Fitoterapia, 2009, 80: 427.

[6] 黄胜阳, 屠鹏飞. 北京大学学报(自然科学版), 2004, 40(4): 544.

[7] Agrawal P K. Carbon-13 NMR of Flavonoids. New York: Elsevier Science Publishing Company Inc, 1989: 39,192.

[8] 张淑萍, 张尊听. 天然产物研究与开发, 2005, 17(5):595.

[9] Zheng Z P, Liang J Y, Hu L H. J Integrat Plant Biol, 2006, 48:996.

[10] 邱鹰昆, 高玉白, 徐碧霞, 等. 中国药学杂志, 2006, 41(15): 1133.

[11] Choudhary M I, Hareem S, Siddiqui H, et al. Phytochemistry, 2008, 69: 1880.

[12] 马磊, 楼凤昌. 中国天然药物, 2006, 4(2): 151.

[13] Yasuda T, Kano Y, Saito K I, et al. Biol Pharm Bull, 1995, 18: 300.

[14] 毛士龙, 桑圣民, 劳爱娜, 等. 天然产物研究与开发, 2000, 12(2): 1.

[15] 桑已曙, 史海明, 闵知大. 中草药, 2002, 33(9): 776.

[16] 来国防, 赵沛基, 倪志伟, 等. 云南植物研究, 2008, 30(1): 115.

[17] 王付荣. 中国实验方剂学杂志, 2001, 17(20): 61.

[18] 李华, 杨美华, 斯建勇, 等. 中草药, 2009, 40(4): 512.

[19] Jang J P, Na M K, Thuong P T, et al. Chem Pharm Bull, 2008, 56: 85.

[20] Li X L, Wang N, Sau W M, et al. Chem Pharm Bull, 2006, 54: 570.

[21] Deachathai S, Mahabusarakam W, Phongpaichit S, et al. Phytochemistry, 2005, 66: 2368.

[22] El-Masry S, Amer M E, Abdel-Kader M S, et al. Phytochemistry, 2002, 60: 783.

[23] Lee S K, Luyengi L, Gerhauser C, et al. Cancer Lett, 1999, 136: 59.

[24] Tchinda A T, Khan S N, Fuendjiep V, et al. Chem Pharm Bull, 2007, 55: 1402.

第六节　二氢异黄酮类化合物的 ^{13}C NMR 化学位移

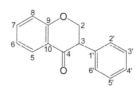

基本结构骨架

【化学位移特征】

1. 二氢异黄酮（isoflavanone）类化合物与异黄酮类化合物的区别在于前者 2、3 位是单键，后者为双键。它的各碳的化学位移范围是 δ 46.0～200.2（见表 4-6-1～表 4-6-4）。

2. 主要特点也体现在 C 环：2 位是连氧的脂肪碳，通常出现 $\delta_{C\text{-}2}$ 70.3～72.2；3 位在不连氧的情况下 $\delta_{C\text{-}3}$ 46.0～51.2，如果 3 位连氧 $\delta_{C\text{-}3}$ 73.7～75.2；4 位羰基碳的化学位移，5 位没有羟基取代时 $\delta_{C\text{-}4}$ 189.9～194.8，5 位有羟基取代时 $\delta_{C\text{-}4}$ 195.4～200.2，出现在低场。

3. A 环和 B 环的各碳化学位移类似前面各类黄酮化合物的 A 环和 B 环。

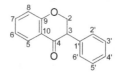

4-6-1 5,7,5'-(OH)$_3$; 2',4'-(OCH$_3$)$_2$
4-6-2 7,2'-(OH)$_2$; 3',4'-(OCH$_3$)$_2$
4-6-3 3,7,2'-(OH)$_3$; 3',4'-(OCH$_3$)$_2$
4-6-4 5,7,4'-(OH)$_3$; 2',3'-(OCH$_3$)$_2$

4-6-5 7,3'-(OH)$_2$; 2',4'-(OCH$_3$)$_2$
4-6-6 5,7,3'-(OH)$_3$; 4'-OCH$_3$
4-6-7 5,7-(OH)$_2$; 2'-OCH$_3$; 3',4'-OCH$_2$O

表 4-6-1 化合物 **4-6-1~4-6-7** 的 ^{13}C NMR 化学位移数据

C	4-6-1[1]	4-6-2[1]	4-6-3[1]	4-6-4[2]	4-6-5[3]	4-6-6[4]	4-6-7[2]
2	71.3	71.5	74.7	71.8	72.1	72.2	71.3
3	47.3	48.0	75.2	48.1	48.9	51.2	48.7
4	198.2	190.9	189.8	198.2	191.3	197.8	197.9
5	165.7	129.9	130.6	166.1	130.0	164.4	166.1
6	97.0	111.1	111.5	97.9	111.2	97.1	97.9
7	167.2	164.8	165.1	169.2	164.9	165.9	169.0
8	95.7	103.3	103.4	96.2	103.5	95.8	96.6
9	164.6	164.5	164.0	164.2	164.7	161.8	164.7
10	103.7	115.7	114.1	103.6	115.8	103.2	103.5
1'	116.6	116.4	119.8	120.0	123.1	129.7	121.6
2'	152.0	149.3	148.9	153.3	149.1	116.5	142.7
3'	99.5	137.1	137.5	142.6	140.3	147.7	138.0
4'	148.3	153.1	154.0	153.3	146.9	153.1	150.0
5'	141.4	104.3	104.1	111.3	107.4	112.7	103.8
6'	117.5	125.0	122.8	125.9	120.4	120.7	125.3
OCH$_3$	57.0 56.2	60.2 56.0	60.7 56.2	61.1 60.7	61.1 56.5	56.4	59.8
OCH$_2$O							102.2

prenyl=

4-6-8 3,5,7,5'-(OH)$_4$; 2',4'-(OCH$_3$)$_2$; 3'-prenyl
4-6-9 3,5,7-(OH)$_3$; 2',4'-(OCH$_3$)$_2$; 8,3'-prenyl$_2$
4-6-10 3,5,4'-(OH)$_3$;7,2'-(OCH$_3$)$_2$; 8,3'-prenyl$_2$
4-6-11 3,7,2',4'-(OH)$_4$; 6,8-prenyl$_2$

表 4-6-2 化合物 **4-6-8~4-6-11** 的 ^{13}C NMR 化学位移数据

C	4-6-8[5]	4-6-9[5]	4-6-10[5]	4-6-11[6]
2	74.3	74.3	74.2	74.5
3	74.5	73.8	73.7	74.6
4	195.4	196.6	196.7	191.5
5	164.9	162.6	163.0	126.2
6	96.1	97.1	92.7	123.6
7	166.2	164.0	165.9	160.2
8	97.5	106.4	109.2	116.3
9	162.9	159.6	158.6	159.8
10	101.3	101.6	101.4	113.3
1'	129.2	123.7	123.6	116.6
2'	149.2	159.5	156.8	159.6
3'	127.0	123.5	120.7	104.5
4'	146.8	160.0	156.8	158.0
5'	145.2	106.0	111.7	107.4
6'	113.0	125.6	126.1	128.5

续表

C	4-6-8[5]	4-6-9[5]	4-6-10[5]	4-6-11[6]
prenyl	3'-prenyl	3'-prenyl	3'-prenyl	6-prenyl
1″	24.5	23.7	23.9	28.6
2″	122.6	121.6	121.4	122.5
3″	132.5	131.8	135.6	133.8
4″	25.8	25.8	25.7	17.8
5″	18.1	17.8	17.9	25.9
prenyl		8-prenyl	8-prenyl	8-prenyl
1″		21.5	21.3	22.7
2″		122.7	122.3	122.8
3″		135.0	131.5	132.4
4″		25.6	25.7	17.9
5″		17.8	17.6	25.9
OCH$_3$		55.7 62.2	55.9 62.2	

4-6-12 5,2',4'-(OH)$_3$; 6-CH$_3$,7-OCH$_3$; 8-prenyl
4-6-13 5,7,4'-(OH)$_3$; 2'-OCH$_3$; 3'-prenyl
4-6-14 5,2',4'-(OH)$_3$; 6-prenyl; 7-OCH$_3$
4-6-15 7,2',4'-(OH)$_3$; 6,8-prenyl$_2$

4-6-16 5,7,2',4'-(OH)$_4$; 8,3'-prenyl$_2$
4-6-17 5,7,4'-(OH)$_3$; 6,8-prenyl$_2$; 2'-OCH$_3$
4-6-18 7,4'-(OH)$_2$; 8,3'-prenyl$_2$; 2'-OCH$_3$
4-6-19 5,7,2',4'-(OH)$_4$; 6,8-prenyl$_2$

表 4-6-3 化合物 **4-6-12~4-6-19** 的 ^{13}C NMR 化学位移数据

C	4-6-12[7]	4-6-13[8]	4-6-14[9]	4-6-15[10]	4-6-16[11]	4-6-17[11]	4-6-18[12]	4-6-19[6]
2	70.9	72.1	71.3	70.3	71.0	72.0	71.9	71.1
3	47.9	46.0	47.4	46.5	46.5	47.9	46.5	47.3
4	200.2	197.8	199.2	194.8	193.9	191.8	192.8	199.1
5	160.6	165.9	162.9	126.5	127.4	125.9	127.1	160.6
6	111.3	97.8	109.9	114.7	111.0	122.9	110.5	108.7
7	165.5	170.7	166.0	160.6	163.1	159.6	161.1	162.1
8	114.1	96.6	91.5	114.1	116.4	116.4	114.4	107.7
9	159.1	164.5	161.3	160.0	162.2	160.4	161.1	159.1
10	106.1	103.0	104.1	122.0	113.6	116.0	127.1	103.7
1'	113.8	124.6	113.4	113.5	115.8	116.3	120.9	114.1
2'	158.9	157.1	159.3	155.8	155.3	159.5	157.5	157.0
3'	103.7	121.0	103.9	104.4	117.2	100.2	120.7	103.7
4'	156.9	159.0	157.4	156.6	156.4	158.9	155.6	158.9
5'	107.7	112.3	107.6	108.0	108.3	107.9	112.4	107.8
6'	131.9	128.2	131.5	129.0	125.6	131.5	127.8	131.7
prenyl		3'-prenyl	6-prenyl	6-prenyl	3'-prenyl	6-prenyl	3'-prenyl	6-prenyl
1″		24.3	21.6	29.0	23.3	28.8	22.1	21.8
2″		122.6	123.5	121.3	124.1	122.8	121.1	123.4
3″		131.3	131.3	134.9	131.1	133.6	135.2	132.1

续表

C	4-6-12[7]	4-6-13[8]	4-6-14[9]	4-6-15[10]	4-6-16[11]	4-6-17[11]	4-6-18[12]	4-6-19[6]
4		26.0	25.9	25.7	25.9	25.8	25.8	17.9
5		18.2	17.8	17.7	17.9	17.8	17.9	25.8
prenyl	8-prenyl			8-prenyl	8-prenyl	8-prenyl	8-prenyl	8-prenyl
1″	22.9			22.1	22.5	22.8	23.7	22.2
2″	124.2			121.2	123.0	123.1	121.8	123.6
3″	131.3				131.9	132.3	135.1	132.0
4″	25.8			25.7	25.9	25.9	25.7	17.9
5″	17.8			17.8	17.9	17.9	17.9	25.8
OCH₃	61.0	62.5				55.8	62.2	
CH₃	8.3							

4-6-20   4-6-21   4-6-22

4-6-23   4-6-24

4-6-25   4-6-26

表 4-6-4 化合物 **4-6-20~4-6-26** 的 ^{13}C NMR 化学位移数据

C	4-6-20[6]	4-6-21[13]	4-6-22[14]	4-6-23[7]	4-6-24[2]	4-6-25[5]	4-6-26[15]
2	71.9	70.6	70.4	70.7	71.8	74.3	71.3
3	47.7	46.6	46.7	47.1	48.1	73.7	47.6
4	191.8	197.4	198.1	197.9	198.3	196.1	198.7
5	128.0	164.5	157.0	162.5	166.1	161.9	165.8
6	124.1	94.9	102.8	104.5	97.9	97.8	97.0
7	157.3	167.6	159.6	164.6	168.9	163.2	167.2
8	109.9	94.0	108.4	94.7	96.6	101.1	95.7
9	157.2	163.2	159.8	161.7	164.7	159.6	164.9
10	115.6	103.5	103.0	103.1	103.6	101.1	103.8
1′	114.6	114.3	115.1	114.6	120.3	121.8	113.7

续表

C	4-6-20[6]	4-6-21[13]	4-6-22[14]	4-6-23[7]	4-6-24[2]	4-6-25[5]	4-6-26[15]
2′	157.5	158.1	158.6	154.5	153.3	156.5	154.9
3′	103.8	100.2	99.7	103.9	142.6	114.9	103.8
4′	158.7	154.0	156.8	156.7	153.3	155.8	156.1
5′	107.8	114.6	107.5	114.3	113.3	112.8	120.1
6′	131.3	127.9	130.9	128.6	125.9	125.7	131.9
11	28.2	121.6	115.8	122.9	157.1	16.0	26.0
12	123.3	127.8	125.9	126.9	111.7	31.8	124.1
13	132.6	76.7	78.0	79.0	182.6	76.2	136.1
14	17.9	28.2	28.4	26.7	163.7	26.6	16.3
15	25.9	28.2	28.4	41.8	100.7	26.1	40.6
16	116.6		21.3	23.2	166.6	18.3	28.2
17	129.7		122.6	124.8	95.4	32.1	125.3
18	78.1		131.1	131.6	159.3	74.0	131.9
19	28.3		17.8	17.4	106.4	27.4	17.9
20	28.4		25.8	25.5		26.8	27.6
OCH₃		55.6 55.7	55.5		61.1 60.7	60.6	
CH₃				6.9			

参 考 文 献

[1] Umehara K, Nemoto K, Kimijima K, et al. Phytochemistry, 2008, 69: 546.

[2] Rahman M M G S, Gray A I. Phytochemistry, 2007, 68: 1692.

[3] Deesamer S, Kokpol U, Chavasiri W, et al. Tetrahedron, 2007, 63: 12986.

[4] Iinuma M, Ohyama M, Tanaka T, et al. Phytochemistry, 1993, 33: 1241.

[5] Zhang G P, Xiao Z Y, Rafique J, et al. J Nat Prod, 2009, 72: 1265.

[6] Tanaka H, Tanaka T, Hosoya A, et al. Phytochemistry, 1998, 48: 355.

[7] Delle Monache G, Botta B, Vinciguerra V, et al. Phytocheraistry, 1996, 41: 537.

[8] Iinuma M, Ohyama M, Tanaka T, et al. Phytochemistry,

1992, 31: 665.

[9] Zeng L, Fukai T, Nomura T, et al. Heterocycles, 1992, 34: 575.

[10] Nkengfack A E, Vardamides J C, Fomum Z T, et al. Phytochemistry, 1995, 40: 1803.

[11] Tanaka H, Oh-Uchi T, Etoh H, et al. Phytochemistry, 2003, 64: 753.

[12] Mori-Hongo M, Takimoto H, Katagiri T, et al. J Nat Prod, 2009, 72: 194.

[13] Tanaka H, Oh-Uchi T, Etoh H, et al. Phytochemistry, 2003, 63: 597.

[14] Li X L, Wang N, Sau W M, et al. Chem Pharm Bull, 2006, 54: 570.

[15] Iinuma M, Ohyama M, Tanaka T, et al. Phytochemistry, 1991, 30: 3153.

第七节 黄烷类化合物的 ¹³C NMR 化学位移

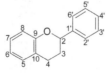

黄烷   花青素

基本骨架结构

【化学位移特征】

1. 黄烷（flavan）类化合物也是由 A 环、B 环与中间的 3 个碳并和而成的骨架，但是它缺少 4 位的羰基，不是酮类化合物，各碳的化学位移在 δ 19.2～162.0。

2. C 环是该类化合物的特点，它的各碳的化学位移分别出现在：2 位如果是连氧碳，δ_{C-2} 72.9～83.1；3、4 位如果没有任何取代基，δ_{C-3} 28.9～31.7，δ_{C-4} 19.2～28.7；如果仅 3 位有羟基取代，δ_{C-3} 66.2～82.3，δ_{C-4} 27.9～40.3；如果仅 4 位取代有羟基，δ_{C-3} 为 35.7 和 40.1，δ_{C-4} 为 67.5 和 65.8，如果 3、4 位均有羟基取代，3、4 位碳的化学位移为 δ 61.6～73.9。

3. A 环和 B 环各碳的化学位移类似其他各类黄酮化合物。

4. 花青素(anthocyanidin)类可以看作是黄烷 C 环完全芳香化了的，它的各碳的化学位移出现在 δ 94.3～172.0。其中，δ_{C-2} 160.0～169.0；3 位通常情况下具有连氧基团，δ_{C-3} 144.0～147.0；δ_{C-4} 133.1～138.2。

4-7-1 6,7,4'-(OH)$_3$
4-7-2 3β,5,7,3',4'-(OH)$_5$
4-7-3 3α,5,7,3',4'-(OH)$_5$
4-7-4 3α,5,6,7,8,3',4'-(OH)$_7$
4-7-5 5,7,4'-(OCH$_3$)$_3$; 2'-OH
4-7-6 5,7,2',4'-(OCH$_3$)$_4$
4-7-7 5-OCH$_3$; 7-OH
4-7-8 5,7-(OCH$_3$)$_2$; 4'-OH

表 4-7-1 化合物 **4-7-1~4-7-8** 的 ^{13}C NMR 化学位移数据

C	4-7-1[1]	4-7-2[2]	4-7-3[3]	4-7-4[2]	4-7-5[3]	4-7-6[4]	4-7-7[5]	4-7-8[5]
2	77.5	82.6	79.1	78.5	73.5	72.9	77.7	77.5
3	30.1	68.3	66.6	66.2	28.9	29.1	29.5	29.3
4	24.4	28.7	28.5	27.9	20.1	20.1	19.2	19.3
5	115.0	157.1	157.0	155.9	158.4	159.5	155.2	155.2
6	138.8	96.2	96.1	130.7	91.7	91.7	91.5	91.4
7	148.3	157.6	157.2	155.8	160.4	160.5	156.3	159.2
8	103.4	95.5	95.4	156.4	94.4	94.4	96.1	93.4
9	144.1	156.8	156.6	144.5	157.7	157.7	158.7	158.5
10	112.2	100.6	99.6	98.8	104.0	104.0	103.4	103.3
1'	133.1	132.1	131.7	130.7	121.6	123.3	141.6	133.9
2'	127.1	115.2	115.1	113.9	155.8	158.1	128.5	127.6
3'	114.7	145.6	144.9	144.4	102.3	99.0	126.0	115.2
4'	156.8	145.6	145.1	144.5	161.1	161.5	127.8	156.3
5'	114.7	115.3	115.5	114.8	105.7	105.5	126.0	115.2
6'	127.1	120.0	119.1	118.2	128.3	128.0	128.5	127.0
OCH$_3$					55.8	55.8		
					55.5	55.5		
					55.4	55.9		
						55.6		

4-7-9 5,7,3',4'-(OCH$_3$)$_4$
4-7-10 7,4'-(OH)$_2$; 3'-OCH$_3$
4-7-11 3α,5,7,3',4',5'-(OH)$_6$
4-7-12 7,3',5'-(OH)$_3$; 5'-OCH$_3$
4-7-13 7,3'-(OH)$_2$; 8-CH$_3$; 4'-OCH$_3$
4-7-14 7,4'-(OH)$_2$; 8-CH$_3$
4-7-15 7-OCH$_3$; 4'-OH
4-7-16 7,3'-(OH)$_2$; 4'-OCH$_3$

表 4-7-2 化合物 **4-7-9~4-7-16** 的 ^{13}C NMR 化学位移数据

C	4-7-9[6]	4-7-10[7]	4-7-11[8]	4-7-12[9]	4-7-13[10]	4-7-14[10]	4-7-15[10]	4-7-16[10]
2	77.7	77.9	78.7	78.7	77.3	77.4	77.6	78.7
3	29.5	30.1	67.4	31.3	30.0	30.0	29.9	31.3
4	19.4	24.6	29.2	25.1	24.8	24.8	24.5	25.3
5	156.3	130.0	157.4	130.9	126.5	126.5	129.9	130.9
6	91.3	107.8	96.2	109.1	107.4	107.3	107.4	109.1
7	159.2	154.7	157.1	156.9	152.8	152.7	159.1	157.6
8	93.3	103.4	95.7	104.0	111.5	111.6	101.6	104.1
9	158.5	155.7	156.0	157.5	153.7	153.7	155.8	157.6
10	103.2	119.1	99.9	114.3	114.0	113.9	113.9	114.3
1′	134.2	133.5	131.2	136.1	135.7	134.2	133.9	136.4
2′	109.3	108.6	106.8	106.6	110.7	127.2	127.6	112.7
3′	145.0	146.3	146.3	151.6	146.1	115.3	115.3	147.5
4′	148.6	145.1	133.2	139.4	145.8	155.2	155.3	148.6
5′	111.0	114.1	146.3	151.6	112.4	115.3	115.3	114.2
6′	118.5	119.1	106.8	106.6	117.4	127.2	127.6	118.5
OCH$_3$	55.9 55.8 55.3 55.2	55.6		56.1	56.1		55.3	56.5
CH$_3$					8.0	8.2		

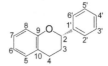

4-7-17 7,4′-(OH)$_2$
4-7-18 6,4′-(OH)$_2$; 7-OCH$_3$; 8-CH$_3$
4-7-19 5,4′-(OH)$_2$; 6-CH$_3$; 7-OCH$_3$
4-7-20 3β-OH; 5,7,3′,4′-(OCH$_3$)$_4$
4-7-21 3β-OAc; 5,7,3′,4′-(OCH$_3$)$_4$
4-7-22 3β,5,3′-(OH)$_3$; 7,4′-(OCH$_3$)$_2$
4-7-23 3β,5,7,3′-(OH)$_4$; 4′-OCH$_3$
4-7-24 3α,5,7,3′,4′-(OAc)$_5$

表 4-7-3 化合物 **4-7-17~4-7-24** 的 ^{13}C NMR 化学位移数据

C	4-7-17[10]	4-7-18[11]	4-7-19[11]	4-7-20[12]	4-7-21[12]	4-7-22[13]	4-7-23[13]	4-7-24[14]
2	78.2	78.9	78.5	82.0	78.7	81.9	82.1	76.7
3	30.9	31.7	30.7	68.5	69.5	67.8	68.0	66.7
4	25.1	26.6	20.5	27.6	24.5	27.6	28.1	26.0
5	130.8	114.6	155.0	159.0	158.9	157.0	157.0	149.8
6	108.8	146.5	104.9	93.6	93.6	95.4	96.1	108.8
7	156.9	148.2	157.1	160.1	160.3	160.4	156.3	149.8
8	103.9	118.7	92.0	92.2	91.1	93.0	95.2	108.0
9	157.5	144.5	155.5	155.6	155.1	156.9	157.4	155.0
10	113.7	120.6	103.3	102.1	101.2	102.8	100.4	109.7
1′	133.9	135.1	134.7	131.2	131.0	133.2	133.0	135.9
2′	128.3	128.6	128.2	110.9	110.7	115.0	115.0	122.1
3′	115.9	116.5	116.0	149.8	149.6	145.2	146.7	142.0
4′	157.8	158.3	157.8	149.8	149.6	147.7	148.1	142.1

续表

C	4-7-17[10]	4-7-18[11]	4-7-19[11]	4-7-20[12]	4-7-21[12]	4-7-22[13]	4-7-23[13]	4-7-24[14]
5'	115.9	116.5	116.0	112.0	111.9	113.2	112.0	123.2
6'	128.3	128.6	128.2	120.1	119.5	118.9	119.6	124.4
OCH₃		61.1	55.6			55.3 56.0	56.3	
CH₃		9.7	8.1					

4-7-25 3β-OH; 7,3',4',5'-(OCH₃)₄　　**4-7-29** 3β,4α,7,3',4'-(OH)₅
4-7-26 3β-OAc; 7,3',4',5'-(OCH₃)₄　　**4-7-30** 3β,4α,5,7,3',4'-(OH)₆
4-7-27 4α-OH　　　　　　　　　　　**4-7-31** 3α,4α,7,8,3',4'-(OH)₆
4-7-28 4β-OH　　　　　　　　　　　**4-7-32** 3α,4β,7,8,3',4'-(OH)₆

表 4-7-4　化合物 4-7-25~4-7-32 的 ^{13}C NMR 化学位移数据

C	4-7-25[12]	4-7-26[12]	4-7-27[15]	4-7-28[16]	4-7-29[17]	4-7-30[18]	4-7-31[19]	4-7-32[19]
2	82.3	78.7	76.9	76.4	81.9	81.7	79.5	75.4
3	68.2	69.4	40.1	35.7	72.2	73.9	68.2	68.2
4	32.6	28.5	65.8	67.5	73.9	71.6	70.1	71.8
5	103.2	130.1	129.1	129.5	129.7	158.7	119.0	123.0
6	108.1	108.1	120.9	120.9	110.1	97.6	109.8	110.2
7	150.3	159.5	128.1	128.2	158.0	158.4	145.2	144.5
8	101.2	101.3	116.7	117.1	103.0	95.8	132.7	132.4
9	154.5	154.3	154.6	155.3	155.6	156.0	145.3	145.8
10	112.1	111.0	126.1	121.3	117.3	103.8	116.9	115.4
1'	133.4	133.5	140.6	140.4	130.5	130.1	131.3	131.1
2'	104.2	103.8	127.0	127.4	116.3	116.2	115.5	115.5
3'	153.4	153.3	128.6	128.6	145.3	145.4	145.2	145.1
4'	138.0	138.1	125.8	126.0	146.0	145.9	145.2	145.1
5'	153.4	153.3	128.6	128.6	116.6	116.5	116.4	116.7
6'	104.2	103.8	127.0	127.4	121.3	121.1	119.8	119.8

4-7-33 3β,4α-(OH)₂; 5,7,3',4'-(OCH₃)₄　　**4-7-37** 3α,4α,5,7,3',4',5'-(OH)₇
4-7-34 3β-OAc; 4α-OH; 5,7,3',4'-(OCH₃)₄　**4-7-38** 3β,4β-(OH)₂; 5,7,3',4'-(OCH₃)₄
4-7-35 3β,4β,5,7,3',4'-(OH)₆　　　　　　**4-7-39** 3α,4β-(OH)₂; 5,7,3',4'-(OCH₃)₄
4-7-36 3α,4α,5,7,3',4'-(OH)₆　　　　　　**4-7-40** 3β,4α-(OH)₂; 7,3',4',6'-(OCH₃)₄

表 4-7-5　化合物 4-7-33~4-7-40 的 ^{13}C NMR 化学位移数据

C	4-7-33[12]	4-7-34[12]	4-7-35[20]	4-7-36[20]	4-7-37[20]	4-7-38[19]	4-7-39[19]	4-7-40[12]
2	80.7	78.5	77.7	75.8	75.7	76.9	74.9	81.1
3	73.7	71.9	71.4	72.3	72.3	70.6	70.7	74.0

续表

C	4-7-33[12]	4-7-34[12]	4-7-35[20]	4-7-36[20]	4-7-37[20]	4-7-38[19]	4-7-39[19]	4-7-40[12]
4	70.4	66.2	62.8	64.6	64.5	61.6	63.5	71.3
5	159.3	159.7	158.9	159.2	159.2	159.8	160.1	128.0
6	93.8	93.2	96.4	96.3	96.3	93.4	93.2	108.4
7	160.9	162.0	159.8	159.3	159.2	162.0	161.4	160.4
8	92.8	92.8	95.2	95.4	95.4	92.4	92.5	100.9
9	155.8	156.6	157.1	157.6	157.5	156.2	155.6	154.4
10	105.9	101.2	103.9	103.6	103.6	104.7	103.6	115.8
1′	129.4	129.0	131.8	131.9	131.1	130.4	130.0	132.5
2′	110.4	109.8	115.7	115.5	106.9	110.9	109.6	104.6
3′	149.3	149.1	145.8	145.4	146.2	149.4	148.8	153.3
4′	149.3	149.1	145.6	145.5	132.9	149.6	149.7	138.5
5′	111.2	111.0	115.7	115.6	146.2	111.4	111.1	153.3
6′	120.5	119.5	120.5	119.4	106.9	120.8	118.7	104.6

4-7-41   4-7-42   4-7-43

4-7-44   4-7-45 (7″R)   4-7-47 R=H
           4-7-46 (7″S)   4-7-48 R=Me

表 4-7-6 化合物 4-7-41~4-7-48 的 ^{13}C NMR 化学位移数据

C	4-7-41[12]	4-7-42[12]	4-7-43[21]	4-7-44[21]	4-7-45[22]	4-7-46[22]	4-7-47[23]	4-7-48[23]
2	79.1	82.4	81.1	83.1	79.8	80.3	76.5	77.2
3	71.5	67.7	66.4	68.2	66.6	67.1	71.1	71.4
4	40.3	28.6	25.5	28.3	29.5	29.3	62.1	70.7
5	129.2	156.4	150.5	156.9	157.3	157.3	155.6	156.2
6	109.2	92.3	105.8	96.4	96.3	96.5	109.8	108.3
7	161.0	159.5	153.4	152.1	152.1	152.1	157.4	155.9
8	101.2	94.0	98.3	105.8	106.1	106.2	100.7	100.9
9	155.3	160.5	154.1	152.9	153.5	153.6	156.5	155.9
10	112.1	102.6	98.9	106.0	105.3	105.3	106.8	107.2

续表

C	4-7-41[12]	4-7-42[12]	4-7-43[21]	4-7-44[21]	4-7-45[22]	4-7-46[22]	4-7-47[23]	4-7-48[23]
1'	131.5	133.1	134.9	136.1	132.0	131.8	138.4	138.7
2'	104.7	114.9	105.5	107.4	115.1	115.1	128.1	128.1
3'	153.2	148.2	150.3	151.5	145.1	145.2	128.7	128.7
4'	138.5	148.2	134.9	136.5	145.8	145.9	129.0	128.8
5'	153.2	112.2	150.3	151.5	115.1	115.4	128.7	128.7
6'	104.7	119.5	105.5	107.4	119.2	119.4	128.1	128.1
1"			133.4	135.3	135.4	135.3	128.0	128.3
2"			110.3	111.9	116.1	116.0	116.8	117.3
3"			147.6	149.0	146.0	146.0	76.5	76.5
4"			145.0	146.3	146.3	146.4	28.0	28.1
5"			114.8	116.3	116.5	116.6	28.4	28.2
6"			118.6	119.9	119.3	119.5		
7"			33.9	35.5	35.4	35.2		
8"			36.7	38.3	38.6	38.4		
9"			168.9	170.8	170.8	170.8		

4-7-49 R¹=R²=OH; R³=R⁴=R⁵=R⁶=H

4-7-49 $R^1=R^2=OH$; $R^3=R^4=R^5=R^6=H$
4-7-50 $R^1=H$; $R^2=R^5=R^6=OH$; $R^3=R^4=CH_3$
4-7-51 $R^1=OGlu(6-1)Rha$; $R^2=OH$; $R^3=R^4=R^5=R^6=H$
4-7-52 $R^1=R^2=OGlu$; $R^3=R^4=H$; $R^5=R^6=OMe$
4-7-53 $R^1=OGal$; $R^2=R^5=OH$; $R^3=R^4=R^6=H$
4-7-54 $R^1=OGlu$; $R^2=R^5=OH$; $R^3=R^4=R^6=H$
4-7-55 $R^1=OGlu(6-1)Rha$; $R^2=R^5=OH$; $R^3=R^4=R^6=H$
4-7-56 $R^1=OGlu(6-1)Xyl$; $R^2=R^5=OH$; $R^3=R^4=R^6=H$
4-7-57 $R^1=OGal$; $R^2=R^5=R^6=OH$; $R^3=R^4=H$

表 4-7-7 花青素类化合物 4-7-49~4-7-57 的 13C NMR 化学位移数据

C	4-7-49[24]	4-7-50[25]	4-7-51[26]	4-7-52[27]	4-7-53[28]	4-7-54[29]	4-7-55[30]	4-7-56[31]	4-7-57[32]
2	162.5	157.2	165.0	164.3	168.9	164.4	162.1	163.9	164.5
3	146.6	100.4	146.3	146.8	145.7	145.6	144.5	145.2	146.0
4	134.2	131.9	136.5	136.0	133.3	137.0	134.5	136.0	136.6
5	158.2	157.2	159.6	156.6	159.3	159.6	157.0	159.1	159.0
6	103.2	115.1	103.2	106.1	106.1	103.5	102.5	103.3	103.3
7	169.4	182.1	172.1	169.7	170.5	170.6	168.4	170.2	170.4
8	94.9	105.7	96.5	97.5	95.3	95.2	94.3	95.1	95.0
9	157.6	152.2	157.6	157.2	155.8	157.8	156.0	157.4	157.7
10	113.7	116.9	112.3	113.5	113.6	113.5	112.2	113.1	113.3
1'	122.0	123.3	121.1	119.6	121.3	121.3	119.9	121.1	120.1
2'	118.1	127.2	135.1	111.0	118.6	118.6	117.7	119.3	112.6
3'	147.5	114.6	118.5	149.8	147.4	147.4	146.3	147.0	147.6
4'	155.3	161.6	166.5	147.2	154.1	155.8	154.5	155.8	144.7
5'	117.4	114.6	118.5	149.8	117.6	117.5	117.0	117.3	147.6
6'	127.3	127.2	135.1	111.0	128.4	128.2	127.2	128.8	112.6
6-CH₃	9.5								
8-CH₃	7.7								
3'-OCH₃				57.3					

续表

C	4-7-49[24]	4-7-50[25]	4-7-51[26]	4-7-52[27]	4-7-53[28]	4-7-54[29]	4-7-55[30]	4-7-56[31]	4-7-57[32]
5'-OCH₃				57.3					
Glu/Gal			3-Glu	3-Glu	3-Gal	3-Glu	3-Glu	3-Glu	3-Gal
1			103.8	104.1	98.2	103.8	102.0	101.4	104.6
2			74.5	74.9	71.6	74.8	73.2	81.6	72.2
3			77.9	78.5	74.8	78.1	76.2	79.7	74.9
4			70.9	71.5	70.0	71.1	69.9	70.7	70.1
5			77.0	79.1	77.9	78.8	76.4	77.9	77.8
6			67.7	62.6	62.7	62.4	66.5	62.4	62.4
Rha/Glu/Xyl			6″-Rha	5-Glu			6″-Rha	2″-Xyl	
1			102.0	102.3			100.9	105.6	
2			71.7	74.4			70.5	75.7	
3			72.4	77.6			70.9	79.2	
4			73.7	71.4			72.2	70.8	
5			69.7	75.9			68.7	67.2	
6			17.7	64.6			18.0		
AcCO				172.7					
AcCH₃				20.7					

4-7-58 R^1=OGlu; $R^2=R^3=R^4$=OH
4-7-59 R^1=OGlu(6-1)Rha; $R^2=R^3=R^4$=OH
4-7-60 $R^1=R^2$=OGlu; $R^3=R^4$=H
4-7-61 R^1=OGal; R^2=OH; $R^3=R^4$=H
4-7-62 R^1=OGlu; R^2=OH; $R^3=R^4$=H
4-7-63 R^1=OGlu; R^2=OH; R^3=OCH₃; R^4=H
4-7-64 R^1=OGlu; $R^2=R^4$=OH; R^3=OCH₃

表 4-7-8 花青素类化合物 4-7-58~4-7-64 的 ¹³C NMR 化学位移数据

C	4-7-58[33]	4-7-59[34]	4-7-60[35]	4-7-61[28]	4-7-62[24]	4-7-63[36]	4-7-64[24]
2	163.7	160.0	165.5	166.5	165.0	161.8	162.6
3	145.8	144.1	146.5	145.5	145.8	144.3	145.1
4	135.9	133.9	137.1	137.6	138.2	135.9	135.3
5	159.1	157.3	157.0	159.3	159.7	157.8	158.8
6	103.3	103.1	105.9	103.6	103.8	102.5	103.3
7	170.3	168.9	169.9	170.7	171.1	168.8	170.3
8	95.1	95.5	97.5	95.4	95.6	94.6	95.4
9	157.5	155.7	157.5	157.8	158.2	156.1	157.2
10	113.2	112.3	113.7	113.6	114.0	112.3	113.1
1'	120.0	118.4	120.7	120.9	121.3	119.7	119.5
2'	112.6	111.7	136.3	117.9	136.1	114.5	109.2
3'	147.4	145.8	118.1	135.8	118.2	148.3	149.5
4'	144.7	143.3	167.3	153.1	166.9	155.1	145.6
5'	147.4	145.8	118.1	135.8	118.2	116.8	147.2
6'	112.6	111.7	136.3	117.9	136.1	127.9	113.4
3'-OCH₃						56.2	57.2
Glu/Gal	3-Glu	3-Glu	3-Glu	3-Gal	3-Glu	3-Glu	3-Glu

续表

C	4-7-58[33]	4-7-59[34]	4-7-60[35]	4-7-61[28]	4-7-62[24]	4-7-63[36]	4-7-64[24]
1″	103.6	101.9	104.2	104.4	104.3	102.6	103.5
2″	74.8	73.4	74.7	72.1	75.2	73.4	74.8
3″	78.1	76.6	78.4	75.0	78.5	76.7	78.6
4″	71.1	70.0	71.4	70.1	71.5	69.8	71.2
5″	78.8	76.4	79.0	77.8	79.2	77.9	78.2
6″	62.3	67.1	62.7	62.4	62.8	61.0	62.5
Rha/Glu		6″-Rha	5-Glu				
1‴		101.2	102.8				
2‴		70.7	74.5				
3‴		71.1	77.7				
4‴		72.7	71.1				
5‴		69.4	78.7				
6‴		17.2	62.4				

参 考 文 献

[1] An R B, Jeong G S, Kim Y C. Chem Pharm Bull, 2008, 56: 1722.

[2] Lu Y R, Foo L Y. Food Chem, 1999: 65: 1.

[3] Deachathai S, Mahabusarakam W, Phongpaichit S, et al. Phytochemistry, 2005, 66: 2368.

[4] Morikawa T, Xu F, Matsuda H, et al. Chem Pharm Bull, 2006, 54: 1530.

[5] Okamoto A, Ozawa T, Imagawa H, et al. Agric Biol Chem, 1986, 50: 1655.

[6] Kozikowski A, Tueckmantel W, George C. J Org Chem, 2000, 65: 5371.

[7] Diaz P P D, De Diaz A M P. Phytochemistry, 1986, 25: 1395.

[8] Savitri Kumar N, Rajapaksha M. J Chromatogr A, 2005, 1083: 223.

[9] Sahai R, Agarwal S K, Rastogi R P. Phytochemistry, 1980, 19: 1560.

[10] 杨郁, 黄胜雄, 赵毅民, 等. 天然产物研究与开发, 2005, 17(5): 539.

[11] Zheng Q A, Li H Z, Zhang Y J, et al. Helv Chim Acta, 2004, 87: 1167.

[12] Pomilio A, Ellman B, Kunstler K, et al. Justus Liebigs, Ann Chem, 1977: 588.

[13] Morimoto S, Nonaka G, Nishioka I, et al. Chem Pharm Bull, 1985, 33: 2281.

[14] Foo L Y, Porter L J. J Chem Soc, Perkin Trans I, 1983: 1535.

[15] Senda Y, Ishiyama J, Imaizymi S, et al. J Chem Soc, Perkin Trans Ⅰ, 1977: 217.

[16] Tanaka N, Sada T, Murakami T, et al. Chem Pharm Bull, 1984, 32: 490.

[17] Steynberg P, Steynberg J P, Brandt E V, et al. J Chem Soc, Perkin Trans Ⅰ, 1997: 1943.

[18] Porter L J, Foo L Y. Phytochemistry, 1982, 21: 2947.

[19] Agrawal P K. Carbon-13 NMR of Flavonoids. New York: Elsevier Science Publishing Company Inc, 1989: 448.

[20] Agusta A, Maehara S, Ohashi K, et al. Chem Pharm Bull, 2005, 53: 1565.

[21] Schmidt C A, Murillo R, Bruhn T, et al. J Nat Prod, 2010, 73: 2035.

[22] Hong Y P, Qiao Y C, Lin S Q, et al. Scientia Horticulturae, 2008, 118: 288.

[23] Borges-Argaez R, Pena-Rodriguez L M, Waterman P G. Phytochemistry, 2002, 60: 533.

[24] Lee J H, Kang N S, Shin S O, et al. Food Chem, 2009, 112: 226.

[25] Tanaka N, Sada T, Murakami T, et al. Chem Pharm Bull, 1984, 32: 490.

[26] Byamukama R, Jordheim M, Kiremire B, et al. Scientia Horticulturae, 2006, 109: 262.

[27] Markham K R, Mitchell K A, Boase M R. Phytochemistry, 1997, 45: 417.

[28] Seeram N P, Schutzki R, Chandra A, et al. J Agric Food Chem, 2002, 50: 2519.

[29] Slimestad R, Andersen O M. Phytochemistry, 1998, 49: 2163.

[30] Terasawa N, Saotome A, Tachimura Y, et al. J Agric Food Chem, 2007, 55: 4154.

[31] Kim M Y, Iwai K, Onodera A, et al. J Agric Food Chem, 2003, 51: 6173.

[32] Fossen T, Andersen O M. Phytochemistry, 1997, 46: 353.

[33] Tsuda T, Osawa T, Ohshima K, et al. J Agric Food Chem, 1994, 42: 248.

[34] Matsumoto H, Hanamura S, Kawakami T, et al. J Agric Food Chem, 2001, 49: 1541.

[35] Hosokawa K, Fukunaga Y, Fukushi E, et al. Phytochemistry, 1995, 39:1437.

[36] Yawadio R, Tanimori S, Morita N. Food Chem, 2007, 101: 1616.

第八节 异黄烷类化合物的 ^{13}C NMR 化学位移

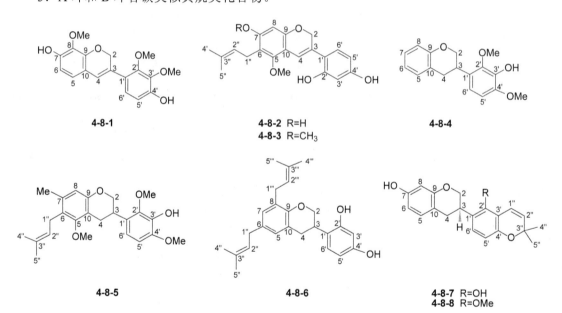

基本结构骨架

【化学位移特征】

1．异黄烷（isoflavan）类化合物与黄烷类化合物骨架的区别在于 B 环连接在 3 位上，它的各碳的化学位移范围在 δ 26.0～160.1（见表 4-8-1～表 4-8-3）。

2．C 环上的各碳的化学位移：如果 2、3、4 位没有其他任何取代基，2 位是连氧碳，通常 $\delta_{C\text{-}2}$ 69.9～71.2，$\delta_{C\text{-}3}$ 31.1～32.9，$\delta_{C\text{-}4}$ 26.0～32.3；如果 3、4 位成双键，$\delta_{C\text{-}2}$ 67.9～69.1，$\delta_{C\text{-}3}$ 128.4～129.5，$\delta_{C\text{-}4}$ 114.7～121.9；如果 4 位连接有羟基，$\delta_{C\text{-}2}$ 66.7，$\delta_{C\text{-}3}$ 40.3，$\delta_{C\text{-}4}$ 79.0。

3．A 环和 B 环各碳类似黄烷类化合物。

表 4-8-1 化合物 **4-8-1~4-8-8** 的 ^{13}C NMR 化学位移数据

C	4-8-1[1]	4-8-2[2]	4-8-3[3]	4-8-4[4]	4-8-5[5]	4-8-6[6]	4-8-7[7]	4-8-8[7]
2	68.3	68.6	67.9	71.2	70.5	69.9	70.5	70.6
3	128.4	128.9	128.8	33.0	32.2	31.7	32.3	31.2
4	121.9	116.4	114.7	32.3	26.5	30.8	31.4	31.7
5	121.9	156.8	154.9	131.2	157.9	127.6	131.0	130.4
6	107.7	115.2	115.6	109.1	115.6	119.6	108.7	107.9
7	149.3	156.8	158.0	157.8	158.0	151.6	157.5	154.9
8	134.8	99.6	95.8	103.9	96.4	114.8	103.6	103.2

C	4-8-1[1]	4-8-2[2]	4-8-3[3]	4-8-4[4]	4-8-5[5]	4-8-6[6]	4-8-7[7]	4-8-8[7]
9	145.5	154.1	153.2	156.3	154.8	150.7	155.9	155.0
10	124.9	110.6	110.4	114.5	109.1	113.9	114.2	114.7
1'	117.8	118.8	116.8	128.4	119.7	120.3	121.7	126.0
2'	150.7	156.9	156.7	148.7	156.8	154.5	151.0	154.3
3'	139.9	103.9	103.3	140.6	103.6	103.1	111.1	114.9
4'	149.6	159.1	158.7	147.0	158.1	155.1	153.3	152.8
5'	110.8	108.2	107.4	108.2	107.7	107.8	109.4	112.7
6'	123.5	130.0	129.2	117.6	128.7	128.3	127.7	126.9
1"		23.2	22.6		23.2	22.5	130.1	130.7
2"		125.0	124.1		125.2	122.4	117.7	117.2
3"		130.6	130.4		130.4	133.7	75.8	75.8
4"		25.8	26.0		25.9	25.8	27.8	27.8
5"		17.9	18.1		17.9	17.8	27.8	27.8
1‴						29.0		
2‴						122.7		
3‴						133.5		
4‴						25.8		
5‴						17.8		

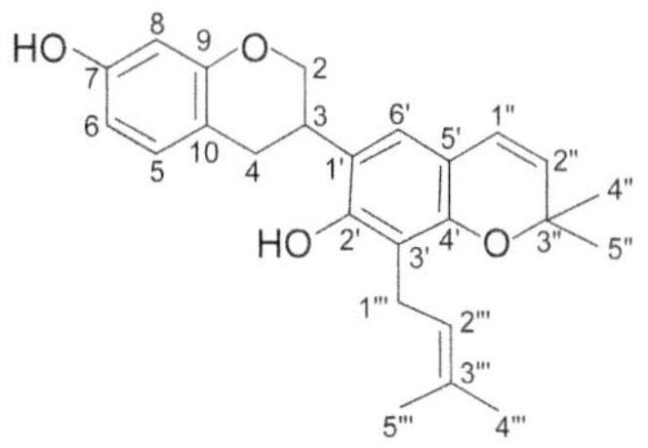

4-8-9

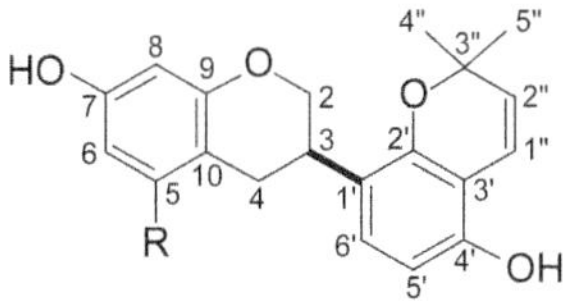

4-8-10 R=OCH₃
4-8-11 R=H

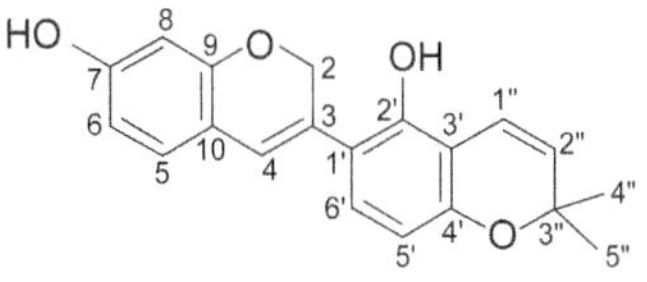

4-8-12

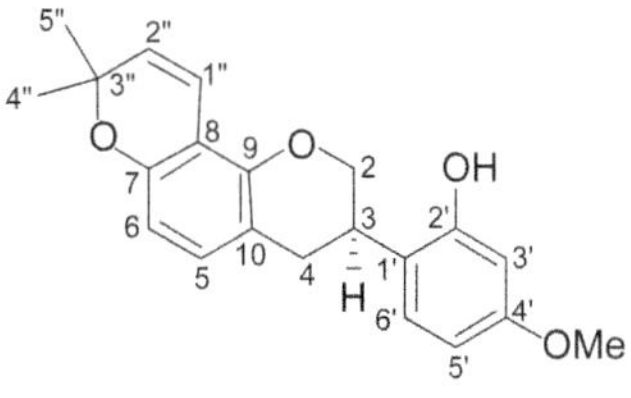

4-8-13

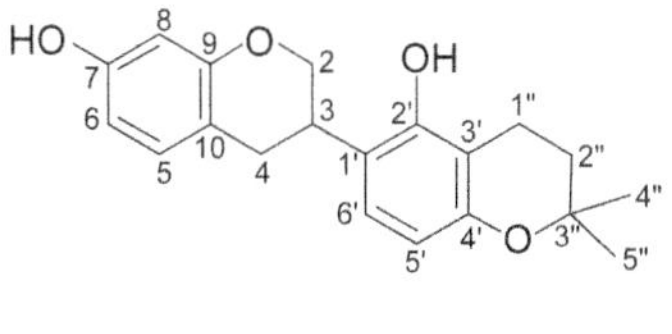

4-8-14

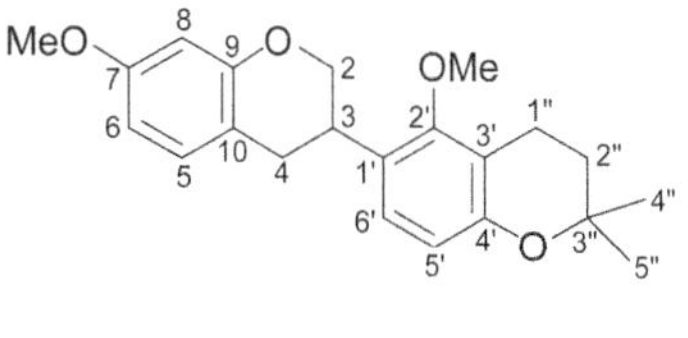

4-8-15

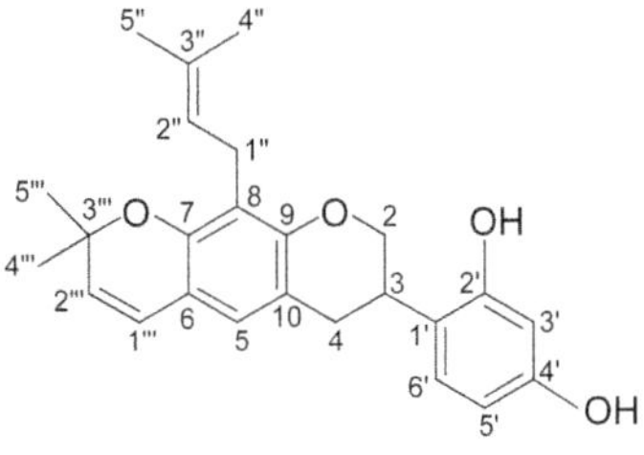

4-8-16

表 4-8-2 化合物 **4-8-9~4-8-16** 的 ^{13}C NMR 化学位移数据

C	4-8-9[8]	4-8-10[9]	4-8-11[7]	4-8-12[10]	4-8-13[11]	4-8-14[10]	4-8-15[10]	4-8-16[6]
2	70.1	70.3	70.5	69.1	70.0	71.0	70.2	69.9
3	31.1	32.0	32.5	129.5	31.8	32.9	32.6	31.7
4	31.9	26.0	31.1	121.2	30.6	31.3	30.9	30.9
5	128.6	159.6	131.0	119.9	129.1	131.2	125.6	124.2
6	108.1	92.2	108.7	128.5	102.9	108.9	107.5	114.5
7	155.3	157.8	157.7	159.1	150.3	157.7	160.1	149.6
8	103.3	96.4	103.7	109.5	109.9	103.9	102.0	116.9
9	154.6	156.6	156.0	155.8	154.2	156.4	157.6	152.6
10	114.1	103.3	114.3	103.5	114.4	114.7	115.5	113.9
1'	120.5	121.2	120.8	117.2	119.9	121.0	122.1	120.2
2'	152.8	152.1	152.1	152.2	149.6	153.4	152.8	154.4
3'	117.1	110.3	110.3	110.4	105.6	109.7	110.5	103.1
4'	149.9	152.7	152.7	154.0	151.6	155.4	156.2	155.2
5'	114.8	108.4	108.3	109.0	108.7	106.7	102.0	107.9
6'	124.4	127.9	127.8	128.9	128.9	125.7	131.0	128.4
1"	122.6	118.1	118.0	117.9	116.9	18.3	18.0	22.1
2"	128.4	129.2	129.2	129.4	128.0	32.9	32.6	123.0
3"	76.0	76.4	76.4	77.0	75.7	74.7	74.5	130.7
4"	28.1	27.8	27.8	28.0	27.8	27.1	26.8	25.8
5"	28.1	27.9	27.9	28.0	27.6	27.2	26.9	17.9
1'''	22.3							122.4
2'''	123.2							128.1
3'''	130.9							75.7
4'''	26.1							27.8
5'''	18.1							27.9

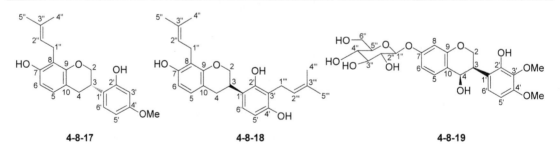

4-8-17   4-8-18   4-8-19

表 4-8-3 化合物 **4-8-17~4-8-19** 的 ^{13}C NMR 化学位移数据

C	4-8-17[11]	4-8-18[10]	4-8-19[12]	C	4-8-17[11]	4-8-18[10]	4-8-19[12]
2	70.1	71.0	66.7	5'	108.1	108.3	105.7
3	31.8	32.4	40.3	6'	127.5	125.2	119.0
4	31.1	32.3	79.0	1"	22.5	23.0	102.1
5	128.0	127.7	132.7	2"	122.1	124.3	74.9
6	102.1	108.3	111.2	3"	134.2	130.6	79.3
7	159.2	154.1	159.9	4"	25.9	25.9	71.1

续表

C	4-8-17[11]	4-8-18[10]	4-8-19[12]	C	4-8-17[11]	4-8-18[10]	4-8-19[12]
8	114.3	116.0	105.1	5″	18.1	17.9	78.5
9	154.1	154.7	157.2	6″			62.2
10	114.3	114.4	114.5	1‴		23.3	
1′	120.0	120.8	122.3	2‴		123.9	
2′	152.2	153.7	152.2	3‴		131.8	
3′	106.0	116.3	133.4	4‴		25.9	
4′	153.5	155.3	153.9	5‴		17.9	

参 考 文 献

[1] Mori-Hongo M, Takimoto H, Katagiri T, et al. J Nat Prod, 2009, 72: 194.

[2] Shibano M, Henmi A, Matsumoto Y, et al. Heterocycles, 1997, 45: 2053.

[3] Kuroda M, Mimaki Y, Sashida Y, et al. Bioorg Med Chem Lett, 2003, 13: 4267.

[4] Deesamer S, Kokpol U, Chavasiri W, et al. Tetrahedron, 2007, 63: 12986.

[5] Zeng L, Fukai T, Nomura T, et al. Heterocycles, 1992, 34: 575.

[6] Tanaka H, Oh-Uchi T, Etoh H, et al. Phytochemistry, 2003, 64: 753.

[7] Tanaka H, Tanaka T, Hosoya A, et al. Phytochemistry, 1998, 47: 1397.

[8] Jang J P, Na M K, Thuong P T, et al. Chem Pharm Bull, 2008, 56: 85.

[9] Fukai T, Marumo A, Kaitou K, et al. Life Sci, 2002, 71: 1449.

[10] Fukai T, Sheng C A, Horikoshi T, et al. Phytochemistry, 1996, 43: 1119.

[11] Castro O, Lopez J, Vergara A, et al. J Nat Prod, 1986, 49: 680.

[12] Liu W, Chen J, Zuo W J, et al. Chin Chem Lett, 2007, 18: 1092.

第九节　查耳酮类化合物的 ¹³C NMR 化学位移

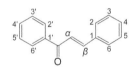

基本结构骨架

【化学位移特征】

1. 查耳酮（chalcone）基本骨架也是两个苯环中间由羰基和一个双键 3 个碳连接而成，它们的化学位移范围在 δ 90～195（见表 4-9-1～表 4-9-7）。

2. 其羰基的化学位移在 δ 188～195。而 α-碳和 β-碳与羰基形成共轭体系，受羰基影响，α-碳在高场，β-碳在低场，这两个双键的化学位移分别在 δ 117.7～129.9 和 δ 136.9～144.5。

3. 两个芳环与一般的芳环大体相似。各碳的化学位移遵循芳环规律。

4-9-1 —
4-9-2 4,2′,4′-(OH)₃
4-9-3 4,2′-(OH)₂; 4-OCH₃
4-9-4 3,4,2′,4′-(OH)₄

4-9-5 2,3,2′,4′-(OCH₃)₄; 6-OH
4-9-6 3,5,2′-(OH)₃; 4,4′-(OCH₃)₂
4-9-7 4,2′,5′-(OH)₃; 4′-OCH₃
4-9-8 3,4,4′-(OCH₃)₃; 5,2′-(OH)₂

表 4-9-1 化合物 **4-9-1~4-9-8** 的 ^{13}C NMR 化学位移数据

C	4-9-1[1]	4-9-2[2]	4-9-3[3]	4-9-4[4]	4-9-5[5]	4-9-6[3]	4-9-7[6]	4-9-8[3]
1	134.9	127.5	127.9	128.1	148.8	131.2	126.5	130.8
2	128.7	131.8	130.6	115.9	168.4	108.5	130.5	107.8
3	128.7	116.7	116.0	149.2	153.2	149.1	115.6	152.4
4	128.4	161.0	157.9	146.3	124.1	136.7	160.3	137.9
5	128.7	116.7	116.0	116.4	129.7	149.1	115.6	149.6
6	128.7	131.8	130.6	118.3	128.9	108.5	130.5	105.5
1′	138.1	114.4	114.2	114.5	106.4	114.2	112.4	114.2
2′	130.3	167.6	166.2	165.5	137.2	166.3	159.8	166.3
3′	130.3	103.7	101.2	103.7	113.7	101.2	99.7	101.2
4′	132.6	165.7	166.7	167.0	162.5	166.8	155.6	166.8
5′	130.3	108.7	107.6	108.6	119.7	107.7	138.8	107.7
6′	130.3	133.2	131.1	133.2	166.1	131.6	113.7	131.2
C=O	190.1	192.8	191.9	192.7	192.9	191.8	192.2	191.8
α	121.9	118.2	118.2	123.4	91.2	120.4	117.0	119.4
β	144.5	145.1	144.1	145.5	93.7	143.7	144.5	144.3
OCH₃					61.3 55.9 55.6 55.8	61.3 55.6	55.2	56.1 61.1 55.6

4-9-9 4,4',6'-(OH)₃; 2'-OCH₃; 3'-CHO; 5'-CH₃ 　　**4-9-13** 2'-OAc
4-9-10 3,4,6'-(OH)₃; 2',3',4'-(OCH₃)₃ 　　**4-9-14** 3-OCH₃
4-9-11 2',6'-(OH)₂; 3'-CHO; 4'-OCH₃; 5'-CH₃ 　　**4-9-15** 4-OCH₃
4-9-12 2'-OH 　　**4-9-16** 4-CH₃

表 4-9-2 化合物 **4-9-9~4-9-16** 的 ^{13}C NMR 化学位移数据

C	4-9-9[7]	4-9-10[8]	4-9-11[9]	4-9-12[10]	4-9-13[10]	4-9-14[11]	4-9-15[11]	4-9-16[11]
1	128.3	127.3	133.6	134.5	134.3	136.2	127.6	132.1
2	130.2	114.3	127.0	128.9	128.8	116.3	130.2	128.5
3	118.3	144.8	128.7	128.6	128.2	160.0	114.4	129.6
4	160.7	147.0	132.3	130.8	130.4	113.4	161.5	140.9
5	118.3	115.2	128.7	128.6	128.2	129.9	114.4	129.6
6	130.2	122.2	127.0	128.9	128.8	121.0	130.2	128.5
1′	108.5	108.5	107.3	119.9	132.0	138.1	138.5	138.3
2′	165.7	154.7	177.6	163.6	148.7	128.5	128.4	128.5
3′	108.7	135.0	111.3	118.8	125.8	128.5	128.4	128.5
4′	166.9	159.5	172.2	136.3	132.3	132.7	132.5	132.5
5′	110.2	96.1	105.0	119.9	125.0	128.5	128.4	128.5
6′	169.8	161.6	166.1	129.6	129.6	128.5	128.4	128.5
C=O	193.8		193.4	193.6	190.6	190.3	190.1	190.3
α	125.8		98.1	118.5	123.4	122.3	119.6	121.0
β	145.3		165.9	145.3	144.7	144.6	144.6	144.7

续表

C	4-9-9[7]	4-9-10[8]	4-9-11[9]	4-9-12[10]	4-9-13[10]	4-9-14[11]	4-9-15[11]	4-9-16[11]
OCH₃	68.5	61.5 60.9 55.7	62.9			55.2	55.2	
CHO	191.7		192.6					
CH₃	10.6		8.0					

4-9-17　2',4'-(OH)₂　　　　　4-9-21　2'-OH; 5'-OCH₃
4-9-18　2'-OH; 4'-OCH₃　　　4-9-22　2-OH
4-9-19　2'-OAc; 4'-OCH₃　　　4-9-23　2,2'-(OAc)₂
4-9-20　2'-OCH₃　　　　　　　4-9-24　2-OCH₃

表 4-9-3　化合物 4-9-17~4-9-24 的 ^{13}C NMR 化学位移数据

C	4-9-17[10]	4-9-18[10]	4-9-19[10]	4-9-20[12]	4-9-21[13]	4-9-22[10]	4-9-23[10]	4-9-24[13]
1	134.9	134.6	134.6	135.0	134.5	121.8	127.1	123.6
2	129.2	128.8	128.8	128.8	128.6	157.9	149.6	159.6
3	129.2	128.4	128.4	128.1	128.9	116.7	126.2	113.3
4	131.0	130.5	130.2	129.9	130.9	132.1	131.3	132.2
5	129.2	128.4	128.4	128.1	128.9	120.2	123.1	120.8
6	129.2	128.8	128.8	128.8	128.6	130.1	127.4	129.6
1'	113.5	114.0	124.6	119.8	119.5	119.8	131.9	120.2
2'	165.7	166.5	150.9	160.6	157.9	163.5	148.6	163.6
3'	103.2	101.0	109.1	99.2	119.2	118.8	125.8	118.5
4'	166.3	166.0	163.1	162.9	123.8	136.0	132.4	136.0
5'	108.8	107.6	111.4	108.0	151.6	120.3	123.3	118.8
6'	133.3	131.1	131.7	132.3	112.8	129.9	129.7	129.6
C=O	191.9	191.6	188.9	188.7	188.9	194.6	191.1	194.2
α	121.5	120.2	128.1	127.3	119.9	118.3	126.9	120.8
β	144.0	144.2	143.8	140.5	145.4	142.2	138.4	141.1
OCH₃		55.2	55.5	55.6	55.9			55.4

4-9-25　2-OCH₃; 2'-OAc　　　4-9-29　2'-OH; 4',5'-OCH₂O
4-9-26　3-OCH₃; 2'-OH　　　　4-9-30　2',4'-(OH)₂; 5'-OCH₃
4-9-27　4-OCH₃; 2'-OH　　　　4-9-31　2',4'-(OH)₂; 6'-OCH₃
4-9-28　4-OCH₃; 2'-OAc　　　　4-9-32　2'-OH; 4',6'-(OCH₃)₂

表 4-9-4　化合物 4-9-25~4-9-32 的 ^{13}C NMR 化学位移数据

C	4-9-25[10]	4-9-26[13]	4-9-27[10]	4-9-28[10]	4-9-29[14]	4-9-30[15]	4-9-31[16]	4-9-32[16]
1	123.1	136.0	127.4	126.9	134.6	134.8	136.5	135.5
2	158.6	113.9	130.6	130.0	128.8	129.1	129.0	128.3
3	111.2	160.0	114.6	114.3	129.2	129.0	129.7	128.7

C	4-9-25[10]	4-9-26[13]	4-9-27[10]	4-9-28[10]	4-9-29[14]	4-9-30[15]	4-9-31[16]	4-9-32[16]
4	132.2	116.6	162.1	161.6	130.7	130.7	130.7	130.0
5	120.3	130.0	114.6	114.3	129.2	129.0	129.7	128.7
6	129.1	121.3	130.6	130.0	128.8	129.1	129.0	128.3
1′	132.4	120.0	120.2	132.3	112.1	111.6	106.4	106.3
2′	148.7	163.6	163.6	148.5	163.0	160.9	165.8	166.1
3′	125.8	118.5	118.8	125.8	98.2	103.6	92.3	91.2
4′	131.9	136.4	136.2	132.0	154.6	156.4	168.3	168.3
5′	125.5	118.8	117.7	123.2	140.6	141.5	97.0	93.8
6′	129.7	129.7	129.6	129.6	107.4	113.4	164.3	162.4
C=O	191.1	193.6	193.7	191.1	191.3	191.1	193.0	192.5
α	123.3	120.4	118.6	122.8	121.3	121.8	128.6	127.5
β	140.3	145.3	145.4	145.0	144.2	143.7	142.4	142.2
OCH$_3$	55.3	55.3	55.4	55.2		57.0	56.3	55.5 55.5

4-9-33 2,2′,4′-(OCH$_3$)$_3$
4-9-34 2,2′,4′-(OH)$_3$; 6′-OCH$_3$
4-9-35 2,2′-(OAc)$_2$; 4′-OCH$_3$
4-9-36 3,2′-(OH)$_2$; 4′-OCH$_3$
4-9-37 3,4′-(OCH$_3$)$_2$; 2′-OH
4-9-38 4,2′,4′-(OCH$_3$)$_3$
4-9-39 4-OH; 2′,4′-(OCH$_3$)$_2$
4-9-40 4,4′-(OCH$_3$)$_2$; 2′-OH

表 4-9-5 化合物 4-9-33~4-9-40 的 ^{13}C NMR 化学位移数据[10]

C	4-9-33	4-9-34	4-9-35	4-9-36	4-9-37	4-9-38	4-9-39	4-9-40
1	122.7	122.0	127.3	135.8	135.9	128.4	126.0	127.2
2	158.7	157.7	149.5	115.1	113.5	130.3	130.5	130.1
3	111.3	116.7	126.2	157.7	159.7	114.6	116.1	114.2
4	131.2	131.8	131.1	118.2	116.1	160.7	160.1	161.5
5	120.7	120.4	123.1	129.8	129.7	114.6	116.1	114.2
6	128.7	130.0	127.3	120.0	120.9	130.3	130.5	130.1
1′	124.6	114.3	124.1	113.9	113.9	122.7	114.0	114.0
2′	160.4	166.5	151.0	166.3	166.4	161.7	165.7	166.3
3′	98.8	101.1	109.2	101.0	100.9	98.9	101.0	101.0
4′	164.1	166.0	163.2	165.9	165.9	164.5	166.2	165.7
5′	105.3	107.4	111.4	107.3	107.4	105.5	107.3	107.2
6′	132.8	131.5	131.8	131.3	131.1	133.0	131.0	131.0
C=O	191.1	192.8	188.6	191.7	191.4	190.9	191.8	191.4
α	127.9	119.8	126.5	119.8	120.2	125.3	116.6	117.4
β	137.6	141.1	136.9	144.5	143.9	142.3	144.7	143.9
OCH$_3$	55.5 55.5 55.6	55.5	55.6	55.4	55.1 55.3	55.5 55.6 55.9	55.4 55.4	55.1 55.2

4-9-41 4,2'-(OAc)$_2$; 4'-OCH$_3$
4-9-42 3,5'-(OCH$_3$)$_2$; 2'-OH
4-9-43 4,5'-(OCH$_3$)$_2$; 2'-OH
4-9-44 3,2',5'-(OCH$_3$)$_3$

4-9-45 2-OCH$_3$; 4,4'-(OH)$_2$
4-9-46 2',4'-(OH)$_2$; 3',6'-(OCH$_3$)$_2$
4-9-47 2-OH; 3',4',6'-(OCH$_3$)$_3$
4-9-48 2',3',4',6'-(OCH$_3$)$_4$

表 4-9-6 化合物 **4-9-41~4-9-48** 的 ^{13}C NMR 化学位移数据

C	4-9-41[10]	4-9-42[13]	4-9-43[17]	4-9-44[17]	4-9-45[18]	4-9-46[19]	4-9-47[20]	4-9-48[20]
1	132.3	135.9	126.9	127.4	114.8	136.2	135.4	134.8
2	129.3	113.8	130.2	129.7	160.3	130.2	128.9	128.8
3	122.1	160.0	114.1	114.0	99.3	129.6	128.3	128.4
4	150.9	116.5	161.7	161.1	161.8	131.2	130.1	130.3
5	122.1	130.0	114.1	114.0	108.4	129.6	128.3	128.4
6	129.3	121.7	130.2	129.7	130.0	130.2	128.9	128.8
1'	124.3	119.7	119.4	118.9	129.9	106.6	106.8	116.6
2'	152.1	157.9	157.5	153.2	131.0	160.0	158.6	153.3
3'	109.1	119.2	118.8	118.2	115.5	130.2	130.8	136.2
4'	163.1	123.8	123.2	124.4	162.0	159.2	159.4	155.0
5'	111.6	151.7	151.3	152.0	115.5	92.8	87.1	92.7
6'	131.7	112.9	112.6	113.0	131.0	158.5	158.5	151.8
C=O	189.0	193.2	192.8	191.9	187.6	193.4	193.2	193.5
α	124.9	120.6	117.1	118.2	118.4	128.7	127.4	128.8
β	142.8	145.4	145.0	142.9	138.2	143.1	142.6	144.6
OCH$_3$	55.6	55.7 56.0	55.0 55.7	55.3 54.9 56.1	55.6	61.1 57.2	60.7 56.0 56.0	61.8 61.0 56.0 56.0

4-9-49 2,6'-(OH)$_2$; 3',4'-(OCH$_3$)$_2$
4-9-50 2',3',4'-(OCH$_3$)$_3$
4-9-51 4',6'-(OCH$_3$)$_2$; 2'-OH; 3'-CH$_3$
4-9-52 4,4',6'-(OCH$_3$)$_3$; 2'-OH

4-9-53 4,2',4',6'-(OCH$_3$)$_4$
4-9-54 3,4-OCH$_2$O; 2',4'-(OH)$_2$; 3'-DME
4-9-55 2,4-(OCH$_3$)$_2$; 2',4'-(OH)$_2$
4-9-56 2,4,4'-(OCH$_3$)$_3$; 2'-OH

DME=1,1-二甲基乙基

表 4-9-7 化合物 **4-9-49~4-9-56** 的 ^{13}C NMR 化学位移数据

C	4-9-49[15]	4-9-50[17]	4-9-51[21]	4-9-52[22]	4-9-53[22]	4-9-54[14]	4-9-55[23]	4-9-56[23]
1	135.1	135.0	135.5	128.5	127.7	128.9	118.8	118.4
2	129.1	128.1	126.5	130.1	130.0	108.4	160.3	160.2
3	128.4	128.7	128.7	114.4	114.4	149.9	99.9	98.4
4	130.4	130.0	127.8	161.5	161.5	148.0	166.1	162.8
5	128.4	128.7	128.8	114.4	114.4	101.7	106.2	106.0
6	129.1	128.1	126.5	130.1	130.0	118.9	126.2	126.8
1'	105.3	108.4	106.0	106.5	112.2	119.4	115.2	114.2
2'	154.9	154.7	164.2	162.6	158.8	162.3	166.9	165.4

续表

C	4-9-49[15]	4-9-50[17]	4-9-51[21]	4-9-52[22]	4-9-53[22]	4-9-54[14]	4-9-55[23]	4-9-56[23]
3′	135.1	135.1	105.6	93.9	91.0	137.4	101.9	101.2
4′	160.1	162.4	163.5	168.5	162.4	133.3	164.5	164.1
5′	91.8	96.3	86.0	91.3	91.0	118.1	106.2	106.2
6′	159.2	159.9	161.0	166.1	158.8	128.8	130.9	132.0
C=O	192.7	192.9	192.8	192.6	193.8	194.4	190.5	191.8
α	127.6	126.3	129.9	125.3	127.1	126.5	118.2	117.8
β	142.1	142.8	141.6	142.4	143.8	145.2	140.2	141.1
OCH₃	60.4 55.9	61.6 60.9 55.8	55.4 55.5	55.2 55.8	55.2 55.2 55.8 55.8		55.8 55.9	55.1 55.5 55.6

参 考 文 献

[1] Musumarra S, Wold S, Gronowitz S. Org Magn Reson, 1981, 17: 118.

[2] 尹婷, 刘桦, 王邠, 等. 药学学报, 2008, 43(1): 67.

[3] Ogawa Y, Oku H, Iwaoka E, et al. Chem Pharm Bull, 2007, 55: 675.

[4] Chen Y P, Liu L, Zhou Y H, et al. J Chin Pharm Sci, 2008, 17: 82.

[5] Srinivas K V N S, Koteswara R Y, Mahender I, et al. Phytochemistry, 2003, 63: 789.

[6] An R B, Jeong G S, Kim Y C. Chem Pharm Bull, 2008, 56: 1722.

[7] Min B S, Thu C V, Nguyen T D, et al. Chem Pharm Bull, 2008, 56: 1725.

[8] Huang L, Wall M E, Wani M C, et al. J Nat Prod, 1998, 61: 446.

[9] 吴久鸿, 史宁, 潘敏翔, 等. 中国药学杂志, 2005, 40(7): 495.

[10] Pelter A, Ward R S, Gray J. J Chem Soc, Perkin Trans Ⅰ, 1976: 2475.

[11] Salcaniova E, Toma S S, Gronowitz S. Org Magn Reson, 1976, 8: 439.

[12] Wollenweber E, Siegler D S. Phytochemistry, 1983, 21: 1063.

[13] Freeman P W, Murphy S T, Neomorin J E, et al. Aust J Chem, 1981, 34: 1779.

[14] Bigi F, Casiraghi G, Casnati G, et al. Tetrahedron, 1985, 40: 4081.

[15] Patra A, Mitra A, Bhattacharya G, et al. Org Magn Reson, 1982, 18: 241.

[16] Itokawa H, Morita M, Mihashi S. Phytochemistry, 1981, 20: 2503.

[17] Patra A, Ghosh G, Sen Gupta P K, et al. Org Magn Reson, 1987, 25: 734.

[18] Ayabe S, Furuya T. J Chem Soc, Perkin Trans Ⅰ, 1982: 2725.

[19] Maradufu A, Ouma J H. Phytochemistry, 1978, 17: 823.

[20] Panichpol K, Waterman. Phytochemistry, 1978, 17: 1363.

[21] Malterud K E, Anthonsen T. Acta Chem Scand, 1987, B41: 6.

[22] Duddeck H, Snatzke G, Yemul S S. Phytochemistry, 1978, 17: 1639.

[23] Agrawal P K. Carbon-13 NMR of Flavonoids. New York: Elsevier Science Publishers B V, 1989: 380.

第十节　二氢查耳酮类化合物的 ^{13}C NMR 化学位移

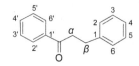

基本结构骨架

【化学位移特征】

1. 二氢查耳酮（dihydrochalcone）的基本骨架与查耳酮的不同点就是 α、β 之间的双键变成单键，相应的化学位移范围也发生了改变，在 δ 25～207（见表 4-10-1～表 4-10-5）。

2．羰基的化学位移在 δ 196.5～207.0。α-碳在高场，β-碳在低场，分别为 δ 25.3～30.8 和 δ 36.7～47.0。但是，如果 α 位或 β 位有取代基，其化学位移也将发生相应的改变。

3．两个芳环的化学位移与其他化合物一样，随取代的基团和取代的位置发生变化。

4-10-1 4,2',6'-(OH)$_3$
4-10-2 4,6'-(OH)$_2$; 2'-OGlu
4-10-3 4-OCH$_3$; 2'-OH; 3'-prenyl
4-10-4 2'-OH; 3'-prenyl

4-10-5 2',3',4',5',6'-(OCH$_3$)$_5$
4-10-6 2',4',6'-(OCH$_3$)$_3$; 3',5'-(OH)$_2$
4-10-7 2,4-(OH)$_2$
4-10-8 2-OH; 4-OCH$_3$

表 4-10-1　化合物 4-10-1~4-10-8 的 ^{13}C NMR 化学位移数据

C	4-10-1[1]	4-10-2[2]	4-10-3[3]	4-10-4[3]	4-10-5[4]	4-10-6[4]	4-10-7[5]	4-10-8[6]
1	131.6	133.9	132.9	140.9	141.2	132.1	119.7	121.0
2	129.2	130.4	129.3	128.5	128.5	128.5	157.8	156.8
3	115.1	116.1	114.0	128.3	128.4	128.4	104.2	102.5
4	155.4	156.3	158.1	126.2	126.0	126.0	158.7	160.2
5	115.1	116.1	114.0	128.3	128.4	128.4	107.0	105.6
6	129.2	130.4	129.3	128.5	128.5	128.5	131.4	131.5
1'	103.7	106.8	113.4	113.3	125.8	105.1	129.6	129.6
2'	164.2	165.9	162.7	162.6	145.5	151.0	131.3	131.4
3'	94.6	98.3	114.0	114.0	143.0	141.4	116.1	116.0
4'	164.6	167.5	161.3	161.4	148.7	152.1	163.5	162.7
5'	94.6	95.4	107.7	107.7	143.0	141.4		116.0
6'	164.2	162.3	129.4	128.3	145.5	151.0		131.4
C=O	204.2	206.6	203.9	203.7	202.5		198.8	199.0
α	45.5	47.0	39.9	39.6	46.5		36.7	39.5
β	29.4	30.8	29.6	30.4	29.6		26.1	25.3
1''			21.6	21.6				
2''			121.0	121.0				
3''			135.8	135.9				
4''			25.7	25.7				
5''			17.9	17.9				
1'''		10.2.1						
2'''		74.7						
3'''		78.4						
4'''		71.1						
5'''		78.5						
6'''		62.4						
OCH$_3$			55.2		61.2 62.1 61.4 62.1 62.2	61.4 61.0 61.4		56.3

4-10-9 R¹=R²=R³=H
4-10-10 R¹=R²=H; R³=CH₃
4-10-11 R¹=CH₃; R²=R³=H
4-10-12 R¹=R³=CH₃; R²=H
4-10-13 R¹=R³=H; R²=CH₃
4-10-14 R¹=R³=H; R²=prenyl

表 4-10-2 化合物 4-10-9~4-10-14 的 ¹³C NMR 化学位移数据[7]

C	4-10-9	4-10-10	4-10-11	4-10-12	4-10-13	4-10-14
1	129.3	128.5	129.8	130.1	128.4	128.7
2	131.3	130.4	130.5	130.4	130.5	130.5
3	115.9	114.0	115.1	113.7	115.3	115.5
4	157.0	158.6	154.3	158.3	154.6	155.9
5	115.9	114.0	115.1	113.7	115.3	115.5
6	131.3	130.4	130.5	130.4	130.5	130.5
1′	111.5	110.8	116.6	116.8	110.0	110.0
2′	165.0	164.1	159.9	159.9	162.1	161.5
3′	103.5	104.0	99.6	99.6	112.0	114.4
4′	163.9	162.3	161.1	161.0	160.3	160.9
5′	121.6	119.7	119.9	119.6	118.4	119.8
6′	132.1	130.7	133.6	133.7	127.7	128.0
C=O	205.0	202.9	200.2	200.3	202.9	203.0
α	74.2	72.9	77.2	77.2	72.7	72.9
β	42.5	42.4	40.2	40.3	42.4	42.5
1″	25.9	25.8	25.8	25.8	25.8	25.8
2″	121.6	121.0	121.2	121.2	121.0	121.2
3″	133.5	135.7	135.9	136.1	136.4	135.7
4″	28.1	28.5	29.1	29.2	29.5	28.4
5″	17.9	17.9	17.9	17.9	17.9	17.9
1‴						21.9
2‴						121.0
3‴						135.3
4‴						25.8
5‴						17.9
OCH₃			55.7	55.7 55.2		

4-10-15 R¹=OH; R²=CH₃; R³=H
4-10-16 R¹=OH; R²=R³=H
4-10-17 R¹=OCH₃; R²=H; R³=OH

表 4-10-3 化合物 **4-10-15~4-10-17** 的 ^{13}C NMR 化学位移数据

C	4-10-15[8]	4-10-16[9]	4-10-17[10]	C	4-10-15[8]	4-10-16[9]	4-10-17[10]
1	106.4	106.2	106.8	1″	147.2	148.3	139.2
2	163.2	164.8	167.5	2″	127.3	128.0	128.1
3	94.6	95.9	96.7	3″	128.0	128.9	115.2
4	165.3	164.8	162.1	4″	125.7	126.2	153.3
5	94.6	95.9	90.8	5″	128.0	128.9	115.2
6	163.2	164.8	162.8	6″	127.3	128.0	128.1
1′	54.1	54.5	54.4	1‴	28.9	29.5	28.9
2′	42.8	43.4	42.5	2‴	124.4	125.4	124.2
3′	137.3	137.9	137.2	3‴	132.0	131.7	131.8
4′	121.3	121.7	121.0	4‴	25.7	25.9	25.6
5′	35.9	36.8	35.8	5‴	17.9	18.0	17.9
6′	37.2	37.8	36.3	OCH₃	55.5		55.8
C═O	206.6	207.0	206.5	CH₃	22.8	23.0	22.9

4-10-18 R¹=CH₃; R²=H
4-10-19 R¹=H; R²=CH₃

表 4-10-4 化合物 **4-10-18** 和 **4-10-19** 的 ^{13}C NMR 化学位移数据[11]

C	4-10-18	4-10-19	C	4-10-18	4-10-19	C	4-10-18	4-10-19
1	121.3	120.6	C=O	198.1	198.2	1‴	137.3	138.7
2	156.9	156.6	α	39.1	39.2	2‴	129.4	129.4
3	96.2	99.3	β	25.8	25.9	3‴	115.3	113.8
4	157.0	154.3	1″	122.0	122.0	4‴	155.7	158.2
5	125.8	123.7	2″	158.9	158.9	5‴	115.3	113.8
6	129.2	129.4	3″	99.3	99.3	6‴	129.4	129.4
1′	130.0	130.0	4″	157.3	157.3	2-OCH₃	55.5	55.1
2′	130.9	130.9	5″	107.0	107.0	4-OCH₃	55.8	
3′	115.7	115.6	6″	130.5	130.4	2″-OCH₃	55.1	55.0
4′	162.2	162.2	α′	36.5	36.4	4‴-OCH₃		55.2
5′	115.7	115.6	β′	28.9	28.8			
6′	130.9	130.9	γ′	42.3	42.4			

4-10-22[7]

4-10-23[11]

4-10-24[13]

4-10-20 R=OH
4-10-21 R=H

表 4-10-5 化合物 **4-10-20** 和 **4-10-21** 的 ^{13}C NMR 化学位移数据[12]

C	4-10-20	4-10-21	C	4-10-20	4-10-21	C	4-10-20	4-10-21
2	156.4	155.6	6′	104.8	104.6	13″	108.1	108.2
3	101.9	101.8	1″	133.8	134.7	14″	128.6	130.7
3a	122.5	122.5	2″	123.1	123.2	15″	121.9	136.4
4	121.9	121.7	3″	33.1	33.4	16″	156.6	129.0
5	113.1	113.0	4″	47.7	50.0	17″	103.5	115.9
6	155.4	155.3	5″	36.4	40.8	18″	157.7	156.6
7	98.4	98.3	6″	32.4	34.8	19″	107.4	115.9
7a	156.4	155.6	7″	23.8	23.8	20″	132.1	129.0
1′	130.9	131.1	8″	209.2	207.9	21″	22.1	22.2
2′	104.8	104.6	9″	113.3	113.8	22″	124.4	124.1
3′	157.7	157.8	10″	164.6	164.0	23″	131.4	131.3
4′	116.5	115.9	11″	115.8	115.6	24″	25.8	25.8
5′	157.7	157.8	12″	163.3	162.9	25″	17.8	17.8

参 考 文 献

[1] 张力勤. 北京：北京大学硕士研究生论文，2011.

[2] 王素娟，杨永春，石建功，等. 中草药，2005, 36(1): 21.

[3] Awouafack M D, Kouam S F, Hussain H, et al. Planta Med, 2008, 74: 50.

[4] Leong Y W, Harrison L J, Bennett G J, et al. Phytochemistry, 1998, 47: 891.

[5] Gonzalez A G, Leon F, Sanchez-Pinto L, et al. J Nat Prod, 2000, 63: 1297.

[6] 杨郁，黄胜雄，赵毅民，等. 天然产物研究与开发，2005, 17(5): 539.

[7] Mori-Hongo M, Takimoto H, Katagiri T, et al. J Nat Prod, 2009, 72: 194.

[8] Tuntiwachwuttikul P, White A H. Aust J Chem, 1984, 37: 449.

[9] Tuchinda P, Reutrakul V, Claeson P, et al. Phytochemistry, 2002, 59: 169.

[10] Cheenpracha S, Karalai C, Ponglimanont C, et al. Bioorg Med Chem, 2006, 14: 1710.

[11] Zhu Y D, Zhang P, Yu H P, et al. J Nat Prod, 2007, 70: 1570.

[12] Ueda S, Matsumoto J, Nomura T, et al. Chem Pharm Bull, 1984, 32: 350.

[13] Nozaki H, Hayashi K I, Kido M, et al. Tetrahedron Lett, 2007, 48: 8290.

第十一节　橙酮和异橙酮类化合物的 ^{13}C NMR 化学位移

Ⅰ（橙酮，Z型）　　　　Ⅱ（橙酮，E型）　　　　Ⅲ（异橙酮）

基本结构骨架

【化学位移特征】

1. 橙酮（aurone）和异橙酮（isoaurone）类化合物的 A 环和 B 环均是芳环,它们各碳的化学位移遵循芳环的规律。

2. C 环是五元环,2、3 位是双键。Z 型橙酮的化学位移出现在 $\delta_{C\text{-}2}$ 104.0～113.6, $\delta_{C\text{-}3}$ 143.1～148.4; E 型橙酮的 2 位碳稍有变化, 化学位移出现在 $\delta_{C\text{-}2}$ 121.3～122.2。

3. C 环的 4 位碳为羰基, $\delta_{C\text{-}4}$ 178.9～185.8。

4. 异橙酮(Ⅲ)的 2、3、4 位化学位移变化较大, $\delta_{C\text{-}2}$ 137.8～140.7, $\delta_{C\text{-}3}$ 122.1～122.3, $\delta_{C\text{-}4}$ 168.6～169.8。

4-11-1 —	**4-11-5** 4'-OCH$_3$
4-11-2 7,3',4'-(OH)$_3$	**4-11-6** 4'-OH
4-11-3 5,6,7-(OCH$_3$)$_3$; 3',4'- (OH)$_2$	**4-11-7** 5,7-(CH$_3$)$_2$
4-11-4 7-OCH$_3$	**4-11-8** 5,7-(OCH$_3$)$_2$

表 4-11-1　化合物 4-11-1~4-11-8 的 ^{13}C NMR 化学位移数据

C	4-11-1[1]	4-11-2[2]	4-11-3[3]	4-11-4[1]	4-11-5[1]	4-11-6[1]	4-11-7[1]	4-11-8[4]
2	112.8	112.6	113.6	111.6	112.7	108.2	111.1	109.2
3	146.8	145.6	146.5	147.6	145.8	147.0	147.4	147.5
4	184.5	180.9	181.6	182.7	184.3	182.7	184.8	178.9
5	124.5	125.3	151.6	125.6	124.4	123.6	130.5	159.0
6	123.3	115.9	136.7	112.0	123.1	123.5	126.1	94.3
7	136.7	167.3	162.0	167.2	136.4	137.1	148.2	168.9
8	112.8	98.2	90.9	96.5	113.2	112.4	110.1	89.1
9	166.0	165.9	164.1	168.3	165.7	165.1	166.8	168.2
10	121.5	113.7	107.6	114.7	121.8	119.9	117.4	104.1
1'	132.2	123.3	124.7	132.3	124.9	137.8	132.6	132.3
2'	131.5	111.5	118.2	128.7	133.3	131.1	131.2	128.7
3'	128.8	145.3	145.2	131.1	114.4	122.9	128.7	130.8
4'	129.8	147.7	147.6	129.4	161.0	147.2	129.3	129.2
5'	128.8	117.9	115.8	131.1	114.4	122.9	128.7	130.8

续表

C	4-11-1[1]	4-11-2[2]	4-11-3[3]	4-11-4[1]	4-11-5[1]	4-11-6[1]	4-11-7[1]	4-11-8[4]
6'	131.4	124.2	125.4	128.7	133.3	131.1	131.2	128.7
OCH$_3$			62.3 61.8 56.8	55.9				56.1 56.3
CH$_3$							17.7 22.7	

4-11-9   5,8-(CH$_3$)$_2$ 4-11-13   7-OCH$_3$; 4'-OAc
4-11-10   7-OCH$_3$; 2'-OH   4-11-14   7,4'-(OAc)$_2$
4-11-11   7-OCH$_3$; 2'-OAc   4-11-15   5,7,8-(OCH$_3$)$_3$
4-11-12   7-OCH$_3$; 4'-OH   4-11-16   5,7,8-(CH$_3$)$_3$

表 4-11-2 化合物 4-11-9~4-11-16 的 ^{13}C NMR 化学位移数据

C	4-11-9[1]	4-11-10[1]	4-11-11[1]	4-11-12[5]	4-11-13[1]	4-11-14[4]	4-11-15[6]	4-11-16[1]
2	111.5	105.9	104.0	111.9	110.9	112.1	110.9	110.7
3	147.0	146.8	148.4	146.1	147.8	147.1	147.8	146.4
4	185.8	181.7	182.4	182.5	182.9	183.2	181.2	185.3
5	137.0	124.9	125.8	125.2	125.9	125.5	158.4	136.0
6	124.5	111.9	112.1	112.7	112.3	117.5	91.1	126.6
7	137.1	166.8	167.4	167.0	167.6	157.3	155.1	147.6
8	119.5	96.5	96.6	96.5	96.7	106.6	130.8	117.7
9	164.8	167.7	168.4	167.8	168.6	166.6	160.8	165.0
10	119.1	114.4	114.6	114.9	114.8	119.1	128.3	117.0
1'	132.7	119.0	125.0	123.4	130.2	129.8	132.6	132.8
2'	131.3	157.5	149.7	133.2	132.5	132.7	131.2	131.1
3'	128.8	115.6	122.7	116.1	122.1	122.1	128.9	128.7
4'	129.4	131.1	130.2	159.3	151.5	151.7	129.5	129.1
5'	128.8	119.3	126.1	116.1	122.1	122.1	128.9	128.7
6'	131.3	130.9	131.5	133.2	132.5	132.7	131.2	131.1
OCH$_3$		56.0	56.0	55.9	56.9		56.5 56.8 56.8	
CH$_3$	17.4 13.9							17.3 20.0 10.5
OAc			169.0 21.0		169.1 21.2	168.2 21.1 168.9 21.2		

4-11-17 5,7-(OCH₃)₂; 2'-OCH₂OCH₃   **4-11-21** 5,8-(CH₃)₂; 4'-OCH₃
4-11-18 5,7-(OCH₃)₂; 3'-OCH₂OCH₃   **4-11-22** 7-OCH₃; 4'-OH
4-11-19 5,7-(CH₃)₂; 4'-OCH₃   **4-11-23** 7,3',4'-(OAc)₃
4-11-20 5,8,4'-(OCH₃)₃   **4-11-24** 5,7,8,2'-(OCH₃)₄

表 4-11-3 化合物 4-11-17~4-11-24 的 ^{13}C NMR 化学位移数据

C	4-11-17[6]	4-11-18[6]	4-11-19[1]	4-11-20[4]	4-11-21[1]	4-11-22[1]	4-11-23[4]	4-11-24[6]
2	104.8	110.5	111.6	110.9	111.6	127.8	111.2	105.0
3	148.1	148.1	146.4	146.7	145.9	143.1	147.4	147.8
4	180.6	180.6	184.7	180.5	185.3	182.4	183.0	180.7
5	159.5	159.6	139.4	160.5	136.5	124.2	125.5	158.7
6	94.1	94.2	125.9	93.8	124.2	110.9	117.7	91.2
7	169.0	169.2	147.8	168.7	136.5	165.7	157.5	155.0
8	89.3	89.4	110.1	89.1	119.3	95.0	106.7	131.3
9	168.9	169.1	166.6	168.7	164.4	165.9	166.6	160.5
10	122.5	129.7	117.7	105.2	119.1	115.6	118.9	121.7
1'	122.5	134.0	125.3	125.3	125.3	128.4	130.7	131.3
2'	156.5	118.9	133.0	132.8	132.9	130.2	126.0	155.0
3'	114.6	157.6	114.3	114.3	114.2	114.6	142.4	110.8
4'	130.7	117.3	160.7	159.2	160.5	157.7	143.3	130.9
5'	122.0	120.8	114.3	114.3	114.2	114.6	123.8	120.9
6'	131.6	125.0	133.0	132.8	132.9	130.2	129.8	131.8
OCH₃	56.1 56.2	56.1 56.3		56.0 56.4 55.2	55.1	55.1		56.6 55.7 61.4 56.8
CH₃					17.3 13.8			
OAc							168.0/20.6 168.0/20.6 168.2/21.1	

4-11-25 5,7,3',4'-(OCH₃)₄   **4-11-29** —
4-11-26 5,7,3'-(OCH₃)₃; 4'-OCH₂OCH₃   **4-11-30** 5,8,-(CH₃)₂
4-11-27 5,7,3',5'-(OCH₃)₄; 4'-OH   **4-11-31** 5,7-(CH₃)₂; 4'-OCH₃
4-11-28 5,8,3',5'-(OCH₃)₄; 4'-OCH₂OCH₃   **4-11-32** 5,8-(CH₃)₂; 4'-OCH₃

表 4-11-4 化合物 4-11-25~4-11-32 的 ^{13}C NMR 化学位移数据

C	4-11-25[4]	4-11-26[6]	4-11-27[6]	4-11-28[6]	4-11-29[1]	4-11-30[1]	4-11-31[1]	4-11-32[1]
2	110.9	111.0	111.6	111.0	122.2	121.3	121.5	121.7
3	146.7	147.9	146.9	147.5	148.5	148.1	147.5	147.0
4	180.3	180.5	180.5	180.5	182.8	184.0	183.0	183.5
5	159.1	159.5	159.5	159.6	124.1	137.0	139.4	136.5
6	93.8	94.1	94.1	94.2	132.4	123.8	125.3	123.5
7	168.7	168.9	168.8	169.0	138.0	137.1	147.8	136.5
8	89.1	89.2	89.3	89.4	112.1	119.5	109.7	119.1
9	168.5	168.9	168.8	169.0	163.8	164.2	165.9	163.7
10	105.2	127.1	127.8	128.5	123.3	120.6	119.3	120.7
1′	125.4	127.1	124.1	128.5	131.9	132.0	125.0	125.0
2′	111.0	116.2	108.6	108.7	130.8	130.7	132.8	132.8
3′	148.8	149.8	147.2	153.5	128.4	128.3	113.8	113.6
4′	150.2	147.2	108.8	108.4	130.2	129.9	161.1	161.1
5′	113.4	114.4	147.2	153.6	128.4	128.3	113.8	113.6
6′	125.2	125.1	108.6	108.7	130.8	130.7	132.8	132.8
OCH₃	56.0 55.8 55.8 55.8	56.1 56.3 56.3	56.1 56.3 56.5 56.5	56.3 56.3 57.2 57.2			55.1	55.1
CH₃						17.7 22.4	17.3 13.7	17.3 13.7

4-11-33   **4-11-34**

表 4-11-5 化合物 4-11-33~4-11-34 的 ^{13}C MR 化学位移数据位移数据[5]

C	4-11-33	4-11-34	C	4-11-33	4-11-34
2	140.7	137.8	10	128.4	114.8
3	122.1	122.3	1′	133.8	134.8
4	168.6	169.8	2′	128.7	129.1
5	123.5	124.1	3′	129.2	129.6
6	122.6	110.1	4′	130.8	130.4
7	130.3	162.6	5′	129.2	129.6
8	111.0	97.6	6′	128.7	129.1
9	154.3	156.5	OCH₃		55.9

参 考 文 献

[1] Pelter A, Ward R S, Heller H G. J Chem Soc, Perkin Trans Ⅰ, 1979: 328.

[2] 赵爱华, 赵勤实, 李蓉涛, 等. 云南植物研究, 2004, 26(1): 121.

[3] Huang L, Wall M E, Wani M C, et al. J Nat Prod, 1998, 61: 446.

[4] Sharma A, Chibber S S. J Heterocyclic Chem, 1981, 18: 275.

[5] Pelter A, Ward R S, Gray T I. J Chem Soc, Perkin Trans Ⅰ, 1976: 2475.

[6] Bellino A, Marino M L, Venturella P. Heterocycles, 1983, 20: 2203.

第十二节　呫酮类化合物的 13C NMR 化学位移

呫酮（xanthone）类化合物是指两个苯环与 4-吡喃酮并合的一类化合物。

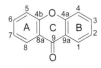

基本结构骨架

【化学位移特征】

1. 呫酮类化合物的特点是 4-吡喃酮的 9 位羰基碳出现在 δ 74.9～186.2。

2. A 环和 B 环都是芳环，它们各碳的化学位移遵循芳环的规律。连氧碳在较低场，连烷基的碳在中间，靠近连氧碳的碳出现在较高场。

4-12-1 R1=R5=R8=OH; R2=R4=R6=R7=H; R3=OCH3
4-12-2 R1=R6=OH;R2=R3=R4=R7=R8=H; R5=OCH3
4-12-3 R1=OH; R2=R4=R5=R6=H; R3=R7=R8=OCH3
4-12-4 R1=R4=OCH3; R2=R5=R6=R7=H; R3=R8=OH
4-12-5 R1=R5=OH; R2=R6=R8=OCH3; R3=R4=R7=H
4-12-6 R1=R5=OH; R2=R3=R4=R6=R7=R8=H
4-12-7 R1=R7=OH; R2=R3=R4=R5=R6=R8=H
4-12-8 R1=OH; R2=R4=R6=R7=R8=H; R3=R5=OCH3

表 4-12-1　化合物 4-12-1~4-12-8 的 13C NMR 化学位移数据

C	4-12-1[1-2]	4-12-2[3]	4-12-3[4]	4-12-4[5]	4-12-5[5]	4-12-6[6-7]	4-12-7[8-9]	4-12-8[10]
1	161.8	161.4	163.7	156.9	150.1	161.0	160.7	163.3
2	97.3	110.8	96.8	95.8	142.2	110.0	109.6	97.5
3	166.8	137.2	166.3	157.5	120.4	137.4	137.2	166.7
4	92.8	107.7	92.0	128.3	104.6	107.3	107.2	92.7
4a	157.1	156.1	157.0	151.5	148.3	155.6	155.8	157.5
4b	143.2	—	149.2	154.6	158.7	145.2	149.3	146.2
5	137.2	134.8	112.7	106.3	154.1	146.4	119.4	148.2
6	123.7	157.7	120.4	136.0	138.6	120.9	125.5	115.7
7	109.4	115.0	149.1	110.3	99.1	124.3	154.0	123.4
8	151.7	121.5	150.9	161.3	153.2	114.6	107.9	116.7
8a	107.4	113.7	115.6	108.0	107.0	121.0	120.4	121.5
9	183.7	181.2	181.9	180.5	181.0	182.1	181.5	180.6
9a	101.9	108.1	103.9	103.7	108.1	108.1	107.8	103.9
OCH3		61.4	57.1 61.7 55.7	60.9 56.0	60.8 56.6 61.6			

4-12-9 R¹=R²=R³=R⁷=OCH₃; R⁴=R⁵=H; R⁶=OH
4-12-10 R¹=OH; R²=R³=H; R⁴=R⁵=R⁶=R⁷=OCH₃
4-12-11 R¹=R⁷=OH; R²=R⁴=R⁵=H; R³=R⁶=OCH₃
4-12-12 R¹=R³=R⁴=R⁷=OH; R²=R⁵=R⁶=H
4-12-13 R¹=R³=R⁶=R⁷=OH; R²=R⁴=R⁵=H
4-12-14 R¹=R²=R⁴=OH; R³=R⁶=H; R⁵=R⁷=OCH₃
4-12-15 R¹=R⁴=R⁷=OH; R²=R⁵=R⁶=H; R³=OCH₃
4-12-16 R¹=R³=R⁴=OH; R²=R⁵=R⁶=R⁷=H

表 4-12-2 化合物 4-12-9~4-12-16 的 ¹³C NMR 化学位移数据

C	4-12-9[11]	4-12-10[12]	4-12-11[13-14]	4-12-12[2,15]	4-12-13[16]	4-12-14[5]	4-12-15[10]	4-12-16[3,17]
1	153.4	162.0	162.9	162.2	162.2	147.9	161.9	162.9
2	139.3	110.7	97.2	98.3	98.2	139.9	97.1	98.1
3	158.4	136.1	167.4	166.4	166.4	122.9	166.9	165.8
4	95.4	106.4	92.9	94.2	94.0	104.9	92.7	94.1
4a	153.8	155.3	158.3	157.3	157.9	147.3	157.2	157.3
4b	149.9	153.2	149.6	143.2	147.9	158.5	143.2	144.9
5	113.2	137.2	105.5	137.1	106.0	154.1	151.8	146.2
6	121.2	147.7	120.4	123.6	123.9	138.5	123.7	120.6
7	145.3	143.1	142.9	109.2	140.0	99.0	109.3	124.1
8	144.0	149.4	150.1	151.8	147.0	153.2	137.2	114.6
8a	116.3	117.0	107.7	107.1	101.7	107.0	107.3	121.0
9	174.9	181.6	184.9	183.8	183.9	180.9	183.9	180.2
9a	110.9	108.8	102.3	101.1	101.7	108.3	101.9	102.2
OCH₃	62.6	61.6	—			60.8	—	
	62.0	61.7	57.1			61.6	56.0	
	56.2	62.0	55.9					
	62.0	62.8						

4-12-17 R¹=H; R²=OCH₃
4-12-18 R¹=OCH₃; R²=H

4-12-19 R¹=R²=OH
4-12-20 R¹=OCH₃; R²=OH

4-12-21

4-12-22 R¹=R³=OH; R²=R⁴=H
4-12-23 R¹=R³=H; R²=R⁴=OH

表 4-12-3 化合物 4-12-17~4-12-23 的 ¹³C NMR 化学位移数据

C	4-12-17[18]	4-12-18[18]	4-12-19[19]	4-12-20[19]	4-12-21[20]	4-12-22[21]	4-12-23[22]
1	159.4	159.8	161.8	162.2	163.1	161.9	151.3
2	111.8	112.3	111.2	110.6	94.8	111.7	123.3
3	163.9	164.1	136.1	136.1	164.8	164.5	124.4
4	89.6	89.8	106.8	106.2	108.6	94.4	135.1
4a	156.2	155.7	154.6	155.2	154.8	157.3	141.0

续表

C	4-12-17[18]	4-12-18[18]	4-12-19[19]	4-12-20[19]	4-12-21[20]	4-12-22[21]	4-12-23[22]
4b	152.5	149.5	144.0	135.9	147.4	151.2	155.7
5	102.5	133.6	132.1	145.4	133.8	120.1	106.8
6	152.4	154.1	144.8	143.3	153.2	125.4	137.4
7	144.3	112.2	143.8	147.3	113.6	155.2	111.1
8	104.6	122.0	128.2	128.4	117.3	109.9	161.7
8a	113.6	115.3	111.5	114.5	114.4	122.4	110.6
9	179.9	180.1	184.1	183.6	181.7	181.7	186.2
9a	104.6	103.2	109.3	109.2	103.2	103.9	107.8
1′	21.4	21.6	25.8	25.4	22.1	22.4	26.8
2′	122.2	122.0	123.7	123.5	123.4	123.8	121.2
3′	131.8	131.9	133.0	131.7	131.7	131.5	133.9
4′	17.8	17.8	26.0	25.9	25.9	26.3	17.8
5′	24.8	25.8	18.1	18.2	17.9	18.4	25.8
3-OCH$_3$	55.9	56.0			56.6		
5-OCH$_3$		62.0		61.1			
7-OCH$_3$	56.5		63.1	61.1			

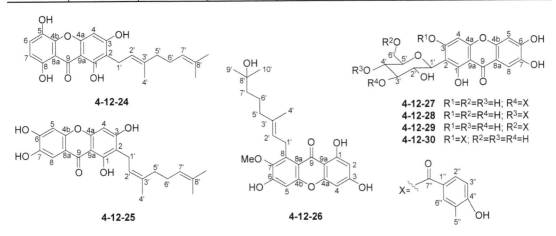

4-12-24

4-12-25

4-12-26

4-12-27 R^1=R^2=R^3=H; R^4=X
4-12-28 R^1=R^2=R^4=H; R^3=X
4-12-29 R^1=R^3=R^4=H; R^2=X
4-12-30 R^1=X; R^2=R^3=R^4=H

表 4-12-4 化合物 4-12-24~4-12-30 的 ^{13}C NMR 化学位移数据

C	4-12-24[23]	4-12-25[24]	4-12-26[25]	4-12-27[26]	4-12-28[26]	4-12-29[26]	4-12-30[26]
1	160.9	161.3	164.8	163.4	163.5	163.3	163.4
2	102.5	111.0	98.8	107.4	107.5	107.3	106.4
3	165.0	163.0	166.0	165.2	165.3	165.2	153.2
4	94.6	93.7	94.0	94.8	94.7	94.8	102.9
4a	156.7	156.1	158.1	158.8	158.8	158.1	158.8
4b	144.5	146.5	156.8	155.5	155.9	155.6	155.6
5	138.0	132.8	102.9	103.2	103.4	103.4	103.4
6	124.2	151.5	158.4	153.1	153.2	153.1	153.1
7	110.2	131.2	144.9	144.9	145.1	144.9	144.9
8	154.1	117.1	138.6	109.1	108.9	109.0	109.0
8a	108.4	114.5	112.1	113.1	113.6	113.6	103.2
9	185.6	180.8	183.0	181.2	181.3	181.2	181.1

续表

C	4-12-24[23]	4-12-25[24]	4-12-26[25]	4-12-27[26]	4-12-28[26]	4-12-29[26]	4-12-30[26]
9a	102.5	102.6	103.9	103.2	103.2	113.6	103.4
1'		21.5	27.0	75.3	75.3	75.6	74.0
2'		122.9	125.2	70.7	72.5	72.5	73.2
3'		134.9	135.6	81.5	78.1	79.7	78.1
4'		17.3	16.5	70.2	73.0	71.8	71.8
5'		40.1	41.2	82.6	80.9	79.9	82.9
6'		27.0	44.2	62.7	62.8	64.8	62.8
7'		124.8	23.5				
8'		131.2	71.4				
9'		25.4	29.1				
10'		15.9	29.1				
7-OCH$_3$			61.4				
1"				122.7	122.1	122.2	122.2
2"/6"				133.0	133.1	132.9	132.8
3"/5"				116.0	116.2	116.1	115.8
4"				163.4	163.7	163.5	163.3
7"				168.3	167.6	168.2	167.4

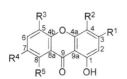

4-12-31 R^1=R^4=OH; R^2=Glu; R^3=R^5=H
4-12-32 R^1=OGlu; R^2=R^3=OCH$_3$; R^4=H;R^5=OH
4-12-34 R^1=OCH$_3$; R^2=R^4=H; R^3=OH; R^5=OGlu

4-12-33 R=Glu
4-12-35 R=Xyl

4-12-36

4-12-37 R=H
4-12-38 R=OH

表 4-12-5 化合物 4-12-31~4-12-38 的 ^{13}C NMR 化学位移数据

C	4-12-31[27]	4-12-32[28]	4-12-33[29,30]	4-12-34[1,2]	4-12-35[31]	4-12-36[32]	4-12-37[20]	4-12-38[33]
1	161.8	156.9	108.2	163.0	108.9	163.1	162.5	161.6
2	97.9	99.2	143.8	97.5	144.6	99.2	100.0	101.0
3	165.4	158.3	154.2	166.6	151.6	167.4	165.0	163.4
4	104.4	129.2	102.8	92.5	103.5	93.5	113.2	111.5
4a	156.2	151.3	150.9	156.7	154.9	159.0	156.6	155.5
4b	148.9	147.2	156.0	145.3	157.1	168.7	145.9	143.0
5	119.1	140.0	93.5	141.3	94.0	67.5	147.0	136.3
6	124.5	121.7	164.0	121.4	164.7	27.4	120.7	123.3
7	153.9	109.1	107.8	112.6	108.5	27.9	124.7	110.2
8	107.8	153.1	162.0	149.7	162.8	71.1	116.0	153.7
8a	120.1	108.5	101.5	112.2	102.1	118.0	121.8	107.2
9	179.9	183.1	179.2	181.4	180.0	183.1	182.0	185.1
9a	101.8	104.0	111.8	103.5	112.6	106.2	104.2	103.4
1'	73.3	99.9	81.6	103.8	74.8	105.2	41.9	152.2
2'	70.8	73.1	73.0	73.8	70.9	75.7	152.5	41.6

续表

C	4-12-31[27]	4-12-32[28]	4-12-33[29,30]	4-12-34[1,2]	4-12-35[31]	4-12-36[32]	4-12-37[20]	4-12-38[33]
3'	78.8	76.6	70.8	76.4	80.1	77.8	107.9	109.6
4'	70.9	69.5	70.5	70.1	70.9	71.5	29.9	28.3
5'	81.6	77.2	78.1	77.7	71.2	78.1	29.9	28.3
6'	61.7	60.5	61.6	61.2		62.8		
3-OCH₃				56.4		56.5		
4-OCH₃		60.9						
5-OCH₃		57.2						

4-12-39　**4-12-40**　**4-12-41**

4-12-42　**4-12-43**　**4-12-44**

4-12-45　**4-12-46**

表 4-12-6　化合物 4-12-39~4-12-46 的 ^{13}C NMR 化学位移数据

C	4-12-39[34]	4-12-40[35]	4-12-41[23]	4-12-42[35]	4-12-43[22]	4-12-44[36]	4-12-45[37]	4-12-46[25]
1	74.9	161.0	162.9	161.9	162.1	161.0	158.6	160.7
2	71.4	110.1	105.4	110.1	99.8	98.5	109.0	108.7
3	141.3	137.1	157.8	135.8	162.9	160.1	161.0	161.6
4	119.7	107.3	95.8	106.3	101.0	104.0	105.7	93.3
4a	159.8	155.7	—	155.7	151.0	152.6	152.5	155.8
4b	154.8	150.9	144.3	151.4	142.7	145.5	144.3	155.1
5	107.3	145.9	138.1	153.4	135.5	147.4	144.5	101.5
6	136.0	141.7	124.8	102.4	123.5	145.4	119.8	154.5
7	111.2	116.6	110.6	137.1	110.3	113.0	123.8	142.6

续表

C	4-12-39[34]	4-12-40[35]	4-12-41[23]	4-12-42[35]	4-12-43[22]	4-12-44[36]	4-12-45[37]	4-12-46[25]
8		111.4	154.1	109.1	154.2	137.1	116.9	137.1
8a	110.2	127.6	108.4	119.5	107.3	111.3	120.9	112.4
9	180.6	181.5	185.7	183.7	184.3	181.4	181.9	182.0
9a	114.6	107.9	103.1	108.6	102.3	103.6	103.3	103.7
1′		121.7				33.4	22.0	25.8
2′		133.6	82.1	79.6	81.1	121.9	122.4	121.7
3′		138.7	128.1	131.7	123.5	132.7	133.1	135.2
4′		118.9	115.9	123.6	114.8	18.3	17.9	17.8
5′	18.3		27.4	25.7	27.1	26.1	25.6	25.8
1″			42.3	40.4	41.6	22.4	21.6	21.5
2″			23.4	22.8	22.6	121.4	121.1	121.5
3″			124.7	121.2	126.8	137.6	140.1	136.5
4″			132.3	132.2	132.1	39.9	39.7	39.7
5″			25.8	25.6	25.6	26.4	26.3	26.6
6″			18.1	17.7	17.6	123.1	123.7	124.3
7″						131.5	132.1	135.6
8″						25.2	25.7	25.9
9″						18.5	17.7	17.7
10″						16.9	16.3	16.5

参 考 文 献

[1] 蔡乐, 王曙, 李涛, 等. 华西药学杂志, 2006, 21(2): 111.

[2] 许旭东, 杨峻山. 中国药学杂志, 2005, 40(9): 657.

[3] Zhang Z, El-Sohly H N, Jacob M R, et al. Planta Med, 2002, 68: 49.

[4] 张媛媛, 管棣, 谢青兰, 等. 中国药学杂志, 2007, 42(17): 1299.

[5] 康文艺, 李彩芳, 宋艳丽. 中国中药杂志, 2008, 33(16): 1982.

[6] Iinuma M, Tosa H, Tanaka T, et al. Phytochemistry, 1994, 35: 527.

[7] Yimdjo M C, Azebaze A G, Nkengfack A E, et al. Phytochemistry, 2004, 65: 2789.

[8] Yang X D, Xu L Z, Yang S L. Phytochemistry, 2001, 58: 1245.

[9] Wang H, Ye G, Ma C H, et al. J Pharm Biomed Anal, 2007, 45: 793.

[10] 邓芹英, 李宣, 杨舜娟, 等. 中山大学学报: 自然科学版, 1997, 36(增刊 2): 64.

[11] Kijjoa A, Jose M, Gonzalez T G, et al. Phytochemistry, 1998, 49: 2159.

[12] Nguemeving J R, Azebaze A G B, Kuete V, et al. Phytochemistry, 2006, 67: 1341.

[13] 谭桂山, 徐康平, 徐平声, 等. 药学学报, 2002, 37(7): 630.

[14] Fukamiya N, Okano M, Kondo K, et al. J Nat Prod, 1990,

[15] 卞庆亚, 侯翠英, 陈建民. 天然产物研究与开发, 1998, 10(1): 1.

[16] 潘莉, 张晓峰, 王明奎, 等. 中草药, 2002, 33(7): 583.

[17] Frahm A W, Chaudhuri R K. Tetrahedron, 1979, 35: 2035.

[18] Mahabusarakam W, Chairerk P, Taylor W C. Phytochemistry, 2005, 66: 1148.

[19] Laphookhieo S, Syers J K, Kiattansakul R, et al. Chem Pharm Bull, 2006, 54: 745.

[20] Ito C, Miyamoto Y, Nakayama M, et al. Chem Pharm Bull, 1997, 45: 1403.

[21] Chang C H, Lin C C, Hattori M, et al. J Ethnopharmacol, 1994, 44: 79.

[22] Lannang A M, Komguem J, Ngninzeko F, et al. Phytochemistry, 2005, 66: 2351.

[23] Komguem J, Meli A L, Manfouo R N, et al. Phytochemistry, 2005, 66: 1713.

[24] Han Q B, Yang N Y, Tian H L, et al. Phytochemistry, 2008, 69: 2187.

[25] Zelefack F, Guilet D, Fabre N, et al. J Nat Prod, 2009, 72: 954.

[26] Chen Y H, Chang F R, Lin Y J, et al. Food Chem, 2008, 107: 684.

[27] 姜勇, 屠鹏飞. 中草药, 2002, 33(10): 875.

[28] Urbain A, Marston A, Grilo L, et al. J Nat Prod, 2008, 71:

53: 1543.

[29] 郑兴, 许云龙, 徐军. 中国中药杂志, 1998, 23(2): 98, 128.

[30] 孔德云, 蒋毅, 姚英, 等. 中草药, 1995, 26(1): 7.

[31] Rancon S, Chaboud A, Darbour N, et al. Phytochemistry, 1999, 52: 1677.

[32] Hase K, Li J, Basnet P, et al. Chem Pharm Bull, 1997, 45: 1823.

[33] Shadid K A, Shaari K, Abas F, et al. Phytochemistry, 2007, 68: 2537.

[34] Kithsiri Wijeratne E M, Turbyville T J, Fritz A, et al. Bioorg Med Chem, 2006, 14: 7917.

[35] Nkengfack E A, Mkounga P, Fomum Z T, et al. J Nat Prod, 2002, 65: 734.

[36] Merza J, Aumond M C, Rondeau D, et al. Phytochemistry, 2004, 65: 2915.

[37] Boonsri S, Karalai C, Ponglimanont C, et al. Phytochemistry, 2006, 67: 723.

第十三节　高异黄酮类化合物的 ¹³C NMR 化学位移

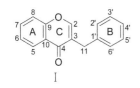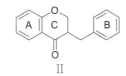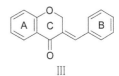

基本结构骨架

【化学位移特征】

1. 高异黄酮类化合物的 A 环和 B 环都是芳环, 它们各碳的化学位移遵循芳环的规律。单一连氧的碳或间位连氧的碳在较低场, 大约在 δ 150～169; 相邻的两个碳同时连氧时, 它们在较高场出现, 大约在 δ 140～150; 如果相邻的 3 个位置同时连氧, 两边的碳在低场, 中间的碳在高场。

2. 高异黄酮类化合物的 C 环各碳及 11 位碳对结构的鉴定具有一定的诊断意义。其中式 I 中各碳的化学位移出现在 $\delta_{C\text{-}2}$ 152.1～152.8, $\delta_{C\text{-}3}$ 124.2～124.9, $\delta_{C\text{-}4}$ 176.5～180.8。式 II 中各碳的化学位移出现在 $\delta_{C\text{-}2}$ 68.9～73.0, $\delta_{C\text{-}3}$ 45.5～48.0, $\delta_{C\text{-}4}$ 195.1～200.1。在式 II 中, 部分化合物的 3 位上也连接羟基, 它们各碳的化学位移出现在 $\delta_{C\text{-}2}$ 72.0～73.0, $\delta_{C\text{-}3}$ 71.6～73.3, $\delta_{C\text{-}4}$ 192.9～199.0。在式 III 中 3 位碳与 11 位碳形成双键, 它们各碳的化学位移出现在 $\delta_{C\text{-}2}$ 67.1～75.5, $\delta_{C\text{-}3}$ 125.4～131.6, $\delta_{C\text{-}4}$ 179.5～186.6, $\delta_{C\text{-}11}$ 133.8～140.5。

3. 无论是式 I 还是式 II, 11 位碳的化学位移均出现在 $\delta_{C\text{-}11}$ 29.9～40.9。

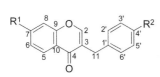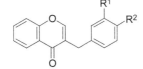

4-13-1 R¹=R²=OH
4-13-3 R¹=OMe, R²=H

4-13-2 R¹=H,R²=OMe
4-13-4 R¹=R²=OMe
4-13-5 R¹+R²=OCH₂O

4-13-6 R¹=H,R²=OMe
4-13-7 R¹,R²=OCH₂O

表 4-13-1　化合物 4-13-1~4-13-7 的 ¹³C NMR 化学位移数据[1]

C	4-13-1[2]	4-13-2	4-13-3	4-13-4	4-13-5	4-13-6[3]	4-13-7[3]
2	152.6	152.8	152.1	152.8	152.8	152.5	152.6
3	124.5	124.7	124.3	124.6	124.4	125.2	124.9
4	175.5	177.3	176.5	176.8	177.0	180.8	180.7

续表

C	4-13-1[2]	4-13-2	4-13-3	4-13-4	4-13-5	4-13-6[3]	4-13-7[3]
5	114.6	124.7	127.2	124.6	124.6	167.3	167.3
6	127.1	125.8	114.2	125.6	125.6	104.4	104.4
7	162.2	133.2	163.7	133.1	133.1	165.7	165.7
8	102.1	117.8	99.9	117.7	117.7	102.3	102.4
9	156.7	156.3	158.0	156.1	156.1	158.2	158.2
10	114.0	123.7	117.7	123.6	123.6	108.4	108.4
11	30.0	30.7	31.5	31.0	31.1	29.9	30.5
1'	130.3	130.4	138.6	130.3	132.1	129.2	131.0
2'	129.8	129.9	128.4	111.2	108.0	130.0	109.3
3'	115.1	113.9	128.4	147.5	145.9	114.3	148.0
4'	155.8	158.1	126.3	148.8	147.9	158.6	146.6
5'	115.1	113.9	128.4	112.2	109.2	114.3	108.5
6'	129.8	129.9	128.4	120.1	121.6	130.0	122.0
7-OMe			56.5				
4'-OMe		56.1					

4-13-8　R¹=R²=H
4-13-9　R¹=R²=Me
4-13-10　R¹=Me; R²=OMe

4-13-11　R¹=H; R²=OMe
4-13-12　R¹=OMe; R²=OH
4-13-13　R¹=R²=OMe

4-13-14　R¹=OMe

表 4-13-2 化合物 4-13-8~4-13-14 的 ^{13}C NMR 化学位移数据

C	4-13-8[4]	4-13-9[5]	4-13-10[5]	4-13-11[4,6]	4-13-12[7]	4-13-13[8]	4-13-14[4]
2	69.3	70.3	70.4	70.2	70.1	70.3	69.6
3	46.2	48.0	47.8	46.7	47.4		48.8
4	197.9	199.6	199.6	198.7	199.8	200.1	190.8
5	164.8	168.2	159.2	165.7	156.7	156.5	147.1
6	95.4	104.2	105.3	96.2	129.7	131.4	135.1
7	168.2	168.3	158.6	169.0	159.9	160.7	154.5
8	95.4	106.4	129.2	96.2	95.3	95.8	96.1
9	163.7	102.0	152.9	164.6	159.5	160.1	156.9
10	101.7	164.3	102.3	102.6	102.9	103.0	108.8
11	31.8	33.5	33.2	32.6	32.3	32.9	32.0
1'	129.3	130.6	130.2	130.3	130.0	131.4	129.9
2'	130.4	131.4	131.2	131.3	131.0	131.2	130.4
3'	115.7	116.7	116.4	115.2	116.2	115.1	115.6
4'	156.4	157.6	157.2	159.8	157.1	160.0	156.4
5'	115.7	116.7	116.4	115.2	116.2	115.1	115.6
6'	130.4	131.4	131.2	131.3	131.0	131.2	130.4
6-OMe					60.8	61.0	
8-OMe			61.8				

C	4-13-8[4]	4-13-9[5]	4-13-10[5]	4-13-11[4,6]	4-13-12[7]	4-13-13[8]	4-13-14[4]
4'-OMe						55.7	
6-Me		7.7	7.5				
8-Me		8.2					

4-13-15 R^1=R^4=H; R^2=R^5=OH; R^3=OCH$_3$
4-13-16 R^1=R^4=H; R^2=OCH$_3$; R^3=OAc; R^5=OH
4-13-17 R^1=R^3=CH$_3$; R^2=OH; R^4=H; R^5=OCH$_3$
4-13-18 R^1=R^3=CH$_3$; R^2=OH; R^4,R^5=OCH$_2$O
4-13-19 R^1=OCH$_3$; R^2=R^4=R^5=OH; R^3=H
4-13-20 R^1=R^4=OCH$_3$; R^2=R^5=OH; R^3=H
4-13-21 R^1=R^5=OCH$_3$; R^2=R^4=OH; R^3=H
4-13-22 R^1=H; R^2=OCH$_3$; R^3=R^4=R^5=OH

表 4-13-3 化合物 **4-13-15~4-13-22** 的 ^{13}C NMR 化学位移数据[9]

C	4-13-15[10]	4-13-16[11]	4-13-17[12]	4-13-18[12]	4-13-19	4-13-20	4-13-21	4-13-22
2	70.5	69.5	68.9	69.0	70.2	70.4	70.3	70.5
3	48.0	45.7	45.6	45.5	—	—	—	—
4	199.3	198.3	198.2	198.2	200.1	199.5	200.0	200.1
5	161.0	159.4	158.8	158.8	156.8	156.7	156.8	158.2
6	97.2	92.9	103.4	103.4	130.5	130.8	129.2	93.5
7	161.6	160.9	162.4	162.4	160.9	160.8	160.9	158.0
8	130.1	119.4	102.3	102.3	95.8	95.8	95.8	127.6
9	157.1	152.0	157.4	157.4	160.1	159.8	160.1	149.3
10	102.8	101.6	101.2	100.8	102.9	103.0	103.0	103.2
11	31.1	30.8	31.2	31.8	33.2	33.5	33.1	33.0
1'	129.8	127.8	130.1	132.0	130.9	130.6	132.3	131.0
2'	131.1	129.9	130.1	109.2	117.1	113.7	117.0	117.2
3'	116.4	115.3	113.8	147.4	146.4	148.9	147.8	146.4
4'	155.6	155.9	159.9	145.9	145.1	146.1	147.8	145.1
5'	116.4	115.3	113.8	108.1	116.5	116.3	112.9	116.5
6'	131.1	129.9	130.1	122.1	121.5	122.7	121.3	121.5

4-13-23 R^1=R^3=OH; R^2=H
4-13-28 R^1=H; R^2=R^3=OH
4-13-29 R^1=OH; R^2=H; R^3=OMe

4-13-24 R^1=R^2=R^3=H
4-13-25 R^1=OMe; R^2=R^3=H
4-13-26 R^1=R^2=H; R^3=OMe
4-13-27 R^1=H; R^2=R^3=OMe

4-13-30 R=H
4-13-31 R=OMe

表 4-13-4 化合物 **4-13-23~4-13-31** 的 ^{13}C NMR 化学位移数据[1,6]

C	4-13-23[13]	4-13-24	4-13-25	4-13-26	4-13-27	4-13-28[14]	4-13-29[15]	4-13-30	4-13-31
2	72.5	72.2	73.0	72.0	72.1	72.0	71.8	70.3	70.1
3	73.0	73.0	73.3	73.0	73.0	72.1	71.6	47.7	45.9
4	199.0	195.0	195.0	196.0	195.9	192.9	198.0	195.1	199.0

续表

C	4-13-23[13]	4-13-24	4-13-25	4-13-26	4-13-27	4-13-28[14]	4-13-29[15]	4-13-30	4-13-31
5	165.1	127.6	127.3	127.5	127.3	129.1	164.0	160.2	165.6
6	95.7	122.0	121.5	121.9	121.8	110.9	96.3	96.8	96.8
7	167.5	136.7	135.9	136.6	136.5	164.5	166.8	165.4	167.1
8	97.0	118.0	117.8	117.9	117.9	102.3	95.0	94.0	95.0
9	163.7	161.5	161.1	161.3	161.2	162.7	162.5	160.8	162.9
10	100.9	118.0	119.2	118.6	118.4	111.8	100.1	101.2	101.9
11	40.5	40.9	35.3	40.0	40.4	30.6	38.7	32.5	32.4
1'	126.3	134.4	122.6	121.0	126.6	126.6	127.0	130.5	129.0
2'	132.2	130.6	157.4	131.4	110.7	115.0	131.4	130.6	132.4
3'	115.6	128.2	110.1	113.6	148.4	144.5	113.3	115.7	116.1
4'	156.9	127.1	128.5	158.7	148.0	143.3	158.2	155.0	159.2
5'	115.6	128.2	120.4	113.6	113.5	118.0	113.3	115.7	116.1
6'	132.2	130.6	132.5	131.4	122.5	121.4	131.4	130.6	132.4
4'-OMe									60.9
1''								100.2	99.6
2''								77.0	76.4
3''								73.5	73.1
4''								70.5	69.7
5''								76.2	75.6
6''								66.8	66.2
1'''								101.4	100.8
2'''								71.2	70.4
3'''								71.5	70.8
4'''								72.6	72.2
5'''								69.2	68.5
6'''								18.2	18.0

4-13-32 R=H
4-13-33 R=OH

4-13-34 R¹=R²=R³=R⁴=R⁵=H
4-13-35 R¹=R²=R⁴=R⁵=H; R³=OMe
4-13-36 R¹=R²=R³=R⁴=H; R⁵=OMe
4-13-37 R¹=R²=R³=H; R⁴=R⁵=OMe
4-13-38 R¹=R²=R⁴=R⁵=OH; R³=H
4-13-39 R¹=R²=OH; R³=R⁴=H; R⁵=OMe

表 4-13-5 化合物 4-13-32~4-13-39 的 ^{13}C NMR 化学位移数据

C	4-13-32[16]	4-13-33[15]	4-13-34[17]	4-13-35[1]	4-13-36[1]	4-13-37[1]	4-13-38[14]	4-13-39[15]
2	75.5	74.1	67.5	68.0	67.6	67.5	67.5	67.1
3	127.7	125.5	131.6	130.8	128.7	128.7	125.4	127.1

续表

C	4-13-32[16]	4-13-33[15]	4-13-34[17]	4-13-35[1]	4-13-36[1]	4-13-37[1]	4-13-38[14]	4-13-39[15]
4	181.7	186.6	181.7	182.4	181.9	181.7	179.5	184.1
5	129.6	164.8	127.9	127.9	127.7	127.6	129.3	164.5
6	110.5	96.2	122.0	121.7	121.6	121.6	111.0	96.2
7	164.2	166.7	135.8	135.6	135.5	135.4	164.4	166.9
8	102.3	94.7	117.9	117.8	117.6	117.5	102.3	94.9
9	163.1	162.5	161.1	161.3	160.8	160.7	162.3	161.9
10	116.4	103.2	122.0	121.9	121.9	121.9	114.3	101.6
11	138.9	140.5	135.8	133.8	137.1	137.1	136.0	136.0
1'	127.3	126.6	133.3	123.4	126.8	127.0	127.7	126.2
2'	133.1	133.1	132.0	158.2	131.9	110.8	115.8	132.4
3'	113.2	113.4	131.3	110.9	114.1	148.7	145.3	114.3
4'	160.9	160.6	123.8	130.4	160.6	150.1	147.4	160.6
5'	113.2	113.4	131.3	122.2	114.1	113.1	117.5	114.2
6'	133.1	133.1	132.0	131.1	131.9	123.4	123.0	132.4
4'-OMe	54.7							

参 考 文 献

[1] Kirkiacharian B S, Gomis M, Tongo H G, et al. Org Magn Reson, 1984, 20: 106.

[2] Gonzalez A G, Leon F, Sanchez-Pinto L, et al. J Nat Prod, 2000, 63: 1297.

[3] Zhu Y, Yan K, Tu G. Phytochemistry, 1987, 26: 2873.

[4] Mutanyatta J, Matapa B G, Shushu D D, et al. Phytochemistry, 2003, 62: 797.

[5] Rafi M M, Vastano B C. Food Chem, 2007, 104: 332.

[6] Calvo M I. Fitoterapia, 2009, 80: 96.

[7] Silayo A, Ngadjui B T, Abegaz B M. Phytochemistry, 1999, 52: 947.

[8] Crouch N R, Bangani V, Mulholland D A. Phytochemistry, 1999, 51: 943.

[9] Adinolfi M, Corsaro M M, Lanzetta R, et al. Phytochemistry, 1987, 26: 285.

[10] Adinolfi M, Lanzetta R, Laonigro G, et al. Magn Reson

Chem, 1986, 24: 663.

[11] Adinolfi M, Barone G, Belardini M, et al. Phytochemistry, 1985, 24: 2423.

[12] Tada A, Kasai R, Saitoh T, et al. Chem Pharm Bull, 1980, 28: 1477.

[13] Likhitwitayawuid K, Sawasdee K, Kirtikara K. Planta Med, 2002, 68: 841.

[14] Saitoh T, Sakashita S, Nakata H, et al. Chem Pharm Bull, 1986, 34(6): 2506.

[15] Heller W, Tamm C. Prog Chem Org Nat Prod, 1981, 40: 121.

[16] Srinivas K V N S, Koteswara Rao Y, Mahender I, et al. Phytochemistry, 2003, 63: 789.

[17] Szollosy A, Toth G, Levai A, et al. Acta Chim Acad Sci Hung Tomus, 1981,108: 357.

第十四节 紫檀烷类化合物的 ^{13}C NMR 化学位移

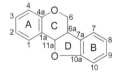

基本结构骨架

【化学位移特征】

1. 紫檀烷类化合物的 A 环和 B 环都属于芳环,它们的化学位移基本上遵循芳环的规律。

在这两个环上常常有各种基团取代，如羟基、甲氧基、甲基、异戊烯基等基团。4a 位和 10a 位与氧相连，它们的化学位移出现在 $\delta_{C\text{-}4a}$ 143.0～157.8，$\delta_{C\text{-}10a}$ 148.0～161.8。如果有连氧基团取代，其碳的化学位移出现在低场，靠近连氧碳的碳在高场，连接烷基的碳在中间。

2. 在 C 环和 D 环上的 6 位和 11a 位是连氧的脂肪碳，它们的化学位移出现在 $\delta_{C\text{-}6}$ 66.0～67.4，$\delta_{C\text{-}11a}$ 75.0～80.4。如果 6a 位也连有羟基，它们的化学位移出现在 $\delta_{C\text{-}6}$ 69.5～70.4，$\delta_{C\text{-}6a}$ 76.8～77.0，$\delta_{C\text{-}11a}$ 84.7～85.8。

3. 有的化合物 6a 位和 11a 位之间为双键，它们的化学位移出现在 $\delta_{C\text{-}6a}$ 102.0～107.5，$\delta_{C\text{-}11a}$ 146.2～157.8。

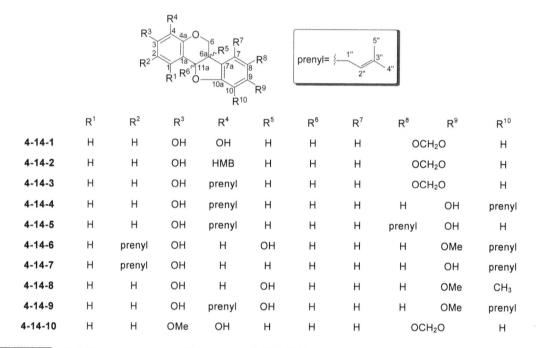

	R¹	R²	R³	R⁴	R⁵	R⁶	R⁷	R⁸	R⁹	R¹⁰
4-14-1	H	H	OH	OH	H	H	H	OCH₂O		H
4-14-2	H	H	OH	HMB	H	H	H	OCH₂O		H
4-14-3	H	H	OH	prenyl	H	H	H	OCH₂O		H
4-14-4	H	H	OH	prenyl	H	H	H	H	OH	prenyl
4-14-5	H	H	OH	prenyl	H	H	prenyl	H	OH	H
4-14-6	H	prenyl	OH	H	OH	H	H	H	OMe	prenyl
4-14-7	H	prenyl	OH	H	H	H	H	H	OH	prenyl
4-14-8	H	H	OH	H	OH	H	H	H	OMe	CH₃
4-14-9	H	H	OH	prenyl	OH	H	H	H	OMe	prenyl
4-14-10	H	H	OMe	OH	H	H	H	OCH₂O		H

表 4-14-1 化合物 4-14-1~4-14-10 的 ¹³C NMR 化学位移数据

C	4-14-1[1]	4-14-2[2]	4-14-3[3]	4-14-4[4]	4-14-5[4]	4-14-6[5]	4-14-7[6]	4-14-8[7]	4-14-9[8]	4-14-10[1]
1	121.7	129.2	104.7	129.3	129.2	132.5	132.0	132.3	129.5	121.0
1a	112.5	115.0	112.4	112.6	112.5	113.1	112.4	112.7	112.8	113.9
2	109.5	109.6	109.7	109.7	109.7	123.0	121.0	110.2	110.4	105.3
3	144.4	155.1	155.5	158.4	158.9	156.9	155.0	157.1	155.8	143.2
4	131.5	112.6	115.5	110.3	110.5	103.4	103.9	103.6	114.8	133.9
4a	143.0	154.2	154.0	155.7	155.5	154.9	155.7	155.7	153.1	147.3
6	66.9	66.7	66.6	66.8	66.8	70.4	66.7	69.5	70.0	66.8
6a	40.3	40.1	40.0	39.8	39.6	77.0	40.1	76.9	76.8	40.2
7a	117.4	118.0	118.0	118.8	119.0	123.1	118.8	120.4	120.6	117.7
7	104.7	104.7	104.7	122.3	125.3	122.0	122.4	122.2	120.7	104.8
8	141.8	141.7	141.5	108.0	114.9	104.3	108.2	103.7	103.8	141.7
9	148.2	148.1	147.9	153.9	153.9	160.2	155.9	159.9	159.8	148.1
10	93.9	93.8	93.7	114.9	98.5	113.3	110.2	107.4	113.6	93.8

续表

C	4-14-1[1]	4-14-2[2]	4-14-3[3]	4-14-4[4]	4-14-5[4]	4-14-6[5]	4-14-7[6]	4-14-8[7]	4-14-9[8]	4-14-10[1]
10a	154.2	154.2	153.9	155.5	155.1	159.5	158.2	159.1	158.6	154.2
11a	78.3	79.1	79.1	78.8	79.0	85.8	78.2	84.7	84.8	78.3
		4-HMB	4-prenyl	4-prenyl	4-prenyl	2-prenyl	2-prenyl		4-prenyl	
1′		21.8	22.3	23.1	22.1	28.5	29.2		22.4	
2′		123.3	121.7	121.4	122.4	123.9	121.4		121.6	
3′		136.1	134.7	134.9	134.5	132.3	134.8		134.9	
4′		68.7	25.7	25.3	25.9	25.9	25.8		25.8	
5′		13.8	17.8	17.8	17.9	17.8	17.9		17.8	
				10-prenyl	8-prenyl	10-prenyl	10-prenyl	10-prenyl	10-prenyl	
1″				22.0	29.4	23.1	23.2	35.6	22.5	
2″				121.7	121.7	123.2	121.9	212.5	121.9	
3″				134.3	134.5	131.5	135.2	40.2	131.7	
4″				25.0	25.8	25.9	25.8	18.3	25.8	
5″				17.8	17.8	17.8	17.9	18.3	17.7	
OMe								55.9	56.0	56.3
OCH₂O	101.3	101.3	101.0							101.3

	R¹	R²	R³	R⁴	R⁵	R⁶	R⁷	R⁸	R⁹	R¹⁰
4-14-11	H	H	OH	prenyl	H	H	H	OMe	OH	H
4-14-12	H	prenyl	OH	H	H	H	H	OH	OMe	prenyl
4-14-13	OMe	prenyl	OH	H	H	H	H	OH	OMe	prenyl
4-14-14	H	prenyl	OH	H	H	H	H	Me	OH	prenyl
4-14-15	H	H	OH	prenyl	H	H	H	Me	OH	prenyl
4-14-16	H	H	OH	H	H	H	H	OH	OMe	prenyl
4-14-17	H	H	OH	H	H	H	H	OMe	OH	prenyl
4-14-18	H	H	OMe	H	H	H	H	OH	OMe	prenyl
4-14-19	H	H	OMe	H	H	H	H	OMe	OH	prenyl

表 4-14-2 化合物 4-14-11~4-14-19 的 ^{13}C NMR 化学位移数据[9]

C	4-14-11	4-14-12	4-14-13	4-14-14	4-14-15	4-14-16	4-14-17	4-14-18	4-14-19
1	129.3	132.0	159.7	132.0	129.4	132.3	132.4	132.0	132.0
1a	112.6	112.8	103.3	112.6	112.9	113.0	113.4	112.9	113.1
2	109.9	120.9	114.2	120.9	109.7	109.6	109.6	109.1	109.0
3	155.7	155.5	157.1	155.6	155.6	156.9	156.8	161.0	160.9

续表

C	4-14-11	4-14-12	4-14-13	4-14-14	4-14-15	4-14-16	4-14-17	4-14-18	4-14-19
4	115.0	103.9	100.4	103.9	114.9	103.5	103.8	101.6	101.6
4a	153.9	155.0	155.3	155.1	154.0	156.5	156.7	156.6	156.6
6	66.9	66.2	66.0	66.7	67.0	66.2	66.6	66.2	66.6
6a	40.3	40.8	40.1	40.3	40.3	40.6	40.7	40.8	40.8
7a	117.1	122.0	122.2	118.0	118.0	122.0	115.7	122.1	115.8
7	108.0	108.8	108.9	123.6	123.6	108.8	105.1	108.7	105.1
8	141.1	143.2	143.1	116.4	116.3	143.1	141.1	143.2	141.1
9	146.7	145.3	145.3	153.6	153.6	145.3	144.4	145.4	144.4
10	98.1	117.9	117.8	109.6	109.5	118.0	111.8	118.0	111.8
10a	154.1	151.7	151.7	156.5	156.5	151.6	152.5	151.7	152.5
11a	78.8	77.5	75.0	77.9	78.5	77.4	77.2	77.2	77.5
	4-prenyl	2-prenyl	2-prenyl	2-prenyl	4-prenyl				
1′	22.4	22.9	22.9	29.1	22.4				
2′	121.7	122.2	122.2	122.0	121.8				
3′	134.5	134.9	134.9	134.7	134.5				
4′	25.7	25.7	25.7	25.8	25.8				
5′	17.8	17.8	17.8	17.9	17.8				
10-prenyl									
1″		23.9	23.9	23.5	23.5	23.7	23.2	23.8	23.2
2″		122.2	122.2	121.6	121.6	122.0	121.8	122.1	121.8
3″		131.7	131.7	135.4	135.3	132.0	132.0	131.9	132.0
4″		25.7	25.7	25.9	25.7	25.7	25.7	25.7	25.7
5″		17.8	17.8	17.8	17.8	17.8	17.8	17.8	17.8
1-OMe			63.3						
3-OMe								55.4	55.0
8-OMe	57.3						57.0		57.0
9-OMe		61.4	61.4			61.5		61.4	
8-Me				15.7	15.7				

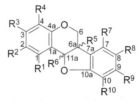

	R¹	R²	R³	R⁴	R⁵	R⁶	R⁷	R⁸	R⁹	R¹⁰
4-14-20	H	H	OH	H	H	H	H	Me	OH	prenyl
4-14-21	OMe	prenyl	OH	H	H	H	H	H	OH	prenyl
4-14-22	H	prenyl	OMe	H	H	H	H	H	OH	H
4-14-23	H	H	OH	H	H	H	H	OMe	OH	H
4-14-24	H	H	OH	H	H	H	H	OCH₂O		H

4-14-25	H	H	OH	H	H	H	H	H	OMe	H
4-14-26	H	H	OMe	prenyl	H	H	H	H	OMe	H
4-14-27	H	H	OH	H	H	H	H	H	OMe	OMe
4-14-28	H	H	OGlu	H	H	H	H	H	OMe	OMe

表 4-14-3 化合物 4-14-20~4-14-28 的 ^{13}C NMR 化学位移数据

C	4-14-20[9]	4-14-21[10]	4-14-22[6]	4-14-23[11]	4-14-24[1]	4-14-25[12]	4-14-26[13]	4-14-27[14]	4-14-28[15]
1	132.4	159.6	130.9	133.0	132.1	132.6	129.4	133.0	132.5
1a	113.1	107.1	111.2	113.2	112.5	113.0	113.7	112.2	114.5
2	109.6	114.0	124.2	110.6	109.8	102.2	105.0	110.5	110.9
3	156.9	157.2	158.7	159.7	157.1	157.5	159.0	156.7	159.0
4	103.8	100.3	99.3	104.0	103.6	104.1	118.1	103.9	104.5
4a	156.7	155.3	154.8	157.8	156.6	157.1	154.7	157.6	156.6
6	66.7		66.6	67.2	66.4	67.0	67.4	67.0	66.2
6a	40.3	39.4	39.6	41.3	40.1	39.9	40.3	40.8	40.0
7a	117.8	118.7	119.3	118.0	117.9	119.5	120.1	119.5	119.2
7	123.6	122.3	124.9	110.5	104.7	125.2	125.4	123.0	122.1
8	116.4	108.0	107.6	142.8	141.7	106.8	106.9	105.8	105.6
9	153.4	155.7	157.1	148.8	148.1	161.1	161.5	152.1	153.2
10	109.6	110.1	98.4	98.8	93.8	97.3	97.5	134.7	133.8
10a	156.4	158.5	160.8	155.2	154.2	161.5	161.8	153.9	151.5
11a	77.9	75.6	78.9	79.0	78.5	79.0	80.0	80.4	78.7
		2-prenyl	2-prenyl						3-Glu
1'		22.9	27.9						100.8
2'		122.1	122.5						73.6
3'		135.2	132.4						77.0
4'		25.76	25.9						70.1
5'		17.9	17.8						77.5 / 61.1
	10-prenyl	10-prenyl					4-prenyl		
1″	23.4	23.3					23.2		
2″	121.5	121.4					123.3		
3″	135.4	135.0					132.0		
4″	25.8	25.8					26.5		
5″	18.1	17.8					18.4		
1-OMe		66.2							
3-OMe							56.2		
7-OMe			55.4						
8-OMe				57.7					
9-OMe						55.9	56.5	56.7	56.6
10-OMe								60.9	60.3

续表

C	4-14-20[9]	4-14-21[10]	4-14-22[6]	4-14-23[11]	4-14-24[1]	4-14-25[12]	4-14-26[13]	4-14-27[14]	4-14-28[15]
8-Me	15.7								
OCH_2O					101.3				

	R¹	R²	R³	R⁴	R⁵	X
4-14-29	H	OMe	OH	OH	prenyl	CH_2
4-14-30	prenyl	OH	H	OH	prenyl	CH_2
4-14-31	H	OH	H	OH	prenyl	CH_2
4-14-32	prenyl	OH	OH	OH	H	CO
4-14-33	prenyl	OH	OH	OH	prenyl	CO
4-14-34	H	OMe	OH	OH	prenyl	CO

表 4-14-4 化合物 4-14-29~4-14-34 的 ^{13}C NMR 化学位移数据

C	4-14-29[9]	4-14-30[16]	4-14-31[7]	4-14-32[9]	4-14-33[9]	4-14-34[9]
1	121.3	120.9	121.0	120.7	120.3	121.9
1a	111.1	103.4	110.0	104.0	104.1	105.6
2	107.9	108.0	108.4	126.3	126.0	112.8
3	161.8	156.0	156.9	158.6	158.5	161.9
4	103.3	105.6	103.9	102.3	102.3	101.4
4a	155.9	154.5	155.1	152.5	152.5	154.1
6	66.2	64.9	65.6	159.0	158.8	158.2
6a	107.5	105.6	106.1	102.0	102.2	103.0
7a	117.7	120.1	119.1	114.1	113.5	113.2
7	101.7	117.7	116.0	104.8	102.0	102.0
8	143.1	114.4	112.5	144.3	143.9	144.0
9	142.5	152.5	151.9	145.5	142.8	143.1
10	113.1	112.2	111.3	98.9	112.3	112.4
10a	149.8	152.4	154.5	148.8	148.0	148.1
11a	147.0	146.2	147.0	157.8	157.8	157.6
2-prenyl						
1′		25.6		27.4	27.2	
2′		122.2		121.7	121.0	
3′		130.9		131.3	132.7	
4′		27.1		25.5	25.5	
5′		17.6		17.6	17.5	
10-prenyl						
1″	23.8	25.6	23.1		22.7	22.7
2″	122.9	122.8	121.2		121.0	121.5
3″	132.1	131.7	135.1		131.2	131.4
4″	25.9	27.1	25.8		25.4	25.3
5″	17.9	17.5	17.9		17.4	17.6
3-OMe	55.7					

参 考 文 献

[1] Chaudhuri S K, Li H, Fullas F, et al. J Nat Prod, 1995, 58: 1966.

[2] Tokes A L, Litkei G, Gulacsi K, et al. Tetrahedron, 1999, 55: 9283.

[3] Da Silva G L, de Abreu Matos F J, Silveirat E R. Phytochemistry, 1997, 46: 1059.

[4] Nkengfack A E, Vardamides J C, Tanee Fomijm Z, et al. Phytochemistry, 1995, 40: 1803.

[5] Tanaka H, Tanaka T, Etoh H. Phytochemistry, 1997, 45: 835.

[6] Tanaka H, Tanaka T, Etoh H. Phytochemistry, 1998, 47: 475.

[7] Tanaka H, Oh-Uchi T, Etoh H, et al. Phytochemistry, 2003, 63: 597.

[8] Tanaka H, Oh-Uchi T, Etoh H, et al. Phytochemistry, 2003, 64: 753.

[9] Mori-Hongo M, Takimoto H, Katagiri T, et al. J Nat Prod, 2009, 72: 194.

[10] Rukachaisirikul T, Innok P, Suksamrarn A. J Nat Prod, 2008, 71: 156.

[11] Wu L J, Miyase T, Ueno A, et al. Chem Pharm Bull, 1985, 33: 3231.

[12] Herath H M T B, Dassanayake R S, Priyadarshani A M A, et al. Phytochemistry, 1998, 47: 117.

[13] Pistelli L, Noccioli C, Appendino G, et al. Phytochemistry, 2003, 64: 595.

[14] Ohkawara S, Okuma Y, Uehara T, et al. Eur J Pharmacol, 2005, 525: 41.

[15] 温宇寒. 蒙古黄芪的化学成分研究（博士论文）.沈阳：中国医科大学，2008.

[16] Mitscher L A, Ward J A, Drake S, et al. Heterocycles, 1984, 22: 1673.

第十五节　鱼藤酮类化合物的 ¹³C NMR 化学位移

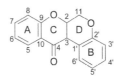

基本结构骨架

【化学位移特征】

1. 鱼藤酮（rotenone）类化合物的 A 环和 B 环都是芳环，它们各碳的化学位移遵循芳环的规律。它们各碳空值的位置往往带有各种取代基，如 A 环 7 位常与 8 位的烷基形成新的呋喃环或吡喃环，或者 7 位与 6 位的烷基形成新的呋喃环或吡喃环，9 位也是连氧碳，它们的化学位移出现在较低场，δ_{C-7} 158.3～168.9，δ_{C-9} 155.2～166.3。B 环往往 4′位和 5′位被甲氧基取代，2′位也是连氧碳，它们的化学位移出现在较高场，$\delta_{C-2'}$ 145.2～150.9，$\delta_{C-4'}$ 147.1～151.4，$\delta_{C-5'}$ 141.7～145.2。

2. C 环中的 2 位除连接 D 环的 11 位碳外还连氧，3 位靠近 4 位羰基，还连接芳环 B，4 位为羰基，它们的化学位移出现在 δ_{C-2} 66.5～72.7，δ_{C-3} 43.5～45.4，δ_{C-4} 186.6～195.6。有的化合物 2、3 位为双键，δ_{C-2} 156.0～156.8，δ_{C-3} 110.8～118.5。4 位羰基移向高场，δ_{C-4} 174.2～179.3。

3. D 环中的 11 位碳为连氧碳，它的化学位移出现在 δ_{C-11} 62.4～72.7。

4-15-1 R=C(CH₃)＝CH₂
4-15-2 R=C(CH₃)₃
4-15-3 R=C(CH₂OH)＝CH₂
4-15-4 R=H

4-15-5 R¹=OAc; R²=H
4-15-6 R¹=H; R²=OH

表 4-15-1 化合物 4-15-1~4-15-6 的 ¹³C NMR 化学位移数据

C	4-15-1[1]	4-15-1[2]	4-15-2[3]	4-15-3[3]	4-15-4[3]	4-15-5[3]	4-15-6[4]
2	72.0	72.5	72.2	73.1	72.3	71.6	76.2
3	44.4	45.0	44.6	45.3	44.6	45.4	67.7
4	188.7	188.6	188.9	189.3	188.9	187.5	191.4
5	129.8	129.7	129.9	130.5	129.8	160.0	130.3
6	104.7	105.0	104.7	105.2	104.8	99.9	105.5
7	167.1	167.4	167.7	167.6	167.9	166.2	168.3
8	112.8	113.3	112.5	113.5	113.3	110.9	113.4
9	157.7	158.2	157.9	158.6	158.0	157.7	157.9
10	113.1	114.0	113.3	114.6	113.3	105.6	111.9
11	66.1	66.2	66.2	66.8	66.3	65.9	63.9
1'	104.6	105.4	104.7	105.2	104.8	104.4	108.9
2'	147.2	148.1	147.2	148.3	147.4	147.0	148.6
3'	100.7	102.0	100.8	101.6	100.9	100.8	101.2
4'	149.2	150.9	149.3	150.4	149.5	149.5	151.4
5'	143.6	145.2	143.9	145.2	143.9	143.8	143.1
6'	110.1	111.9	110.2	111.7	110.4	110.3	109.5
2"	31.1	31.6	29.3	32.5	26.3	31.2	31.2
3"	87.7	87.7	90.8	86.2	73.0	88.2	88.1
4"	142.8	143.5	33.2	147.6		142.6	143.1
5"	112.4	111.9	17.6	112.7		112.7	112.9
6"	17.0	17.1	17.9	63.5		17.1	17.1
4'-OMe	55.7	55.4	55.8	56.9	55.8	56.0	56.5
5'OMe	56.1	56.2	56.3	56.1	56.3	56.0	56.0

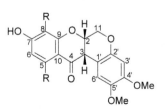

4-15-7 R¹=OH; R²=β-H
4-15-8 R¹=H; R²= β-H
4-15-9 R¹=H; R²=β-OH

4-15-10 R=H
4-15-11 R=OH

4-15-12

4-15-13

4-15-14 R=CH₂CH=C(CH₃)₂
4-15-15 R=CH₂CH₂CH(CH₃)₂

表 4-15-2 化合物 **4-15-7~4-15-15** 的 ^{13}C NMR 化学位移数据[3]

C	4-15-7[5]	4-15-8[6]	4-15-9[5]	4-15-10[5]	4-15-11[5]	4-15-12	4-15-13	4-15-14	4-15-15
2	75.9	66.5	71.9	156.2	156.8	71.8	71.8	72.1	72.0
3	67.7	44.7	43.5	111.8	110.8	43.5	43.7	44.2	44.3
4	191.3	189.4	194.3	174.4	179.3	194.1	194.3	188.9	190.5
5	128.4	128.8	164.5	130.6	162.3	159.0	159.1	127.0	126.6
6	111.7	111.7	97.8	114.7	100.6	97.7	103.2	110.8	110.5
7	160.6	160.3	162.8	157.2	159.3	163.5	162.6	160.1	160.6
8	109.0	109.4	101.8	110.5	101.1	100.7	96.2	112.6	112.6
9	156.5	158.0	155.9	151.1	150.9	162.2	161.5	162.2	161.4
10	111.0	113.0	101.2	118.5	106.0	100.7	101.0	114.7	118.7
11	66.7	72.7	66.0	64.8	64.7	66.1	66.0	66.3	66.3
1'	108.5	105.0	104.4	109.2	109.9	104.7	104.5	104.7	104.8
2'	150.9	147.7	147.3	146.3	146.3	147.3	147.3	147.6	147.7
3'	100.9	101.2	101.0	100.4	100.5	100.7	101.0	100.8	100.9
4'	148.3	149.8	149.6	149.0	149.2	149.5	149.6	148.3	149.2
5'	143.8	144.1	143.9	144.1	144.2	143.8	143.9	143.6	143.7
6'	109.3	110.7	110.3	110.0	109.7	110.3	110.3	110.4	110.5
2"	77.9	77.9	78.3	77.8	78.1	76.3	78.4		28.0
3"	128.7	128.9	126.4	126.5	127.7	16.1			22.6
4"	115.3	116.0	115.4	115.4	114.4	31.8			38.0
5"	28.2					26.4	58.5		20.6
6"	28.2					27.1	28.5		20.6
4'-OMe	56.1					55.8	55.8	55.8	55.8
5'-OMe	56.1					56.3	56.3	56.2	56.3

4-15-16 R¹=R²=H
4-15-17 R¹=OH; R²=H
4-15-18 R¹=H; R²=CH(CH₃)₂

4-15-19 R=C(CH₃)═CH₂
4-15-20 R=CH(CH₃)₂

表 4-15-3 化合物 **4-15-16~4-15-20** 的 ^{13}C NMR 化学位移数据[3]

C	4-15-16	4-15-17	4-15-18	4-15-19	4-15-20
2	71.8	72.5	72.7	156.1	156.0
3	44.0	44.1	44.7	118.1	118.5
4	186.6	195.6	190.0	174.2	174.2
5	121.9	160.8	122.9	127.7	127.5
6	104.9	93.0	106.2	108.6	108.6

续表

C	4-15-16	4-15-17	4-15-18	4-15-19	4-15-20
7	159.0	160.8	160.0	164.7	165.0
8	111.7	102.6	113.3		
9	157.6	161.9	155.2	152.2	152.2
10	115.0	101.1	108.2		
11	65.1	65.8	66.2	64.8	64.8
1′	103.0	104.3	104.6	110.5	110.6
2′	145.2	147.4	147.4	146.2	146.1
3′	99.6	101.1	100.9	100.3	100.3
4′	147.1	149.8	149.5	148.8	148.8
5′	141.7	143.9	143.8	143.9	143.9
6′	109.1	110.1	110.3	109.9	109.9
2″	103.0	104.3		87.9	90.8
3″	142.5	143.9		31.7	29.5
4″				142.8	33.2
5″				17.1	18.0
6″				112.9	17.6
4′-OMe	54.9	56.3	56.1	56.3	56.2
5′-OMe	55.5	55.8	55.8	55.8	55.8

4-15-21 R=H
4-15-22 R=OH

4-15-23

4-15-24

表 4-15-4 化合物 4-15-21~4-15-24 的 ^{13}C NMR 化学位移数据

C	4-15-21[7]	4-15-22[7]	4-15-23[8]	4-15-24[9]	C	4-15-21[7]	4-15-22[7]	4-15-23[8]	4-15-24[9]
2	72.1	75.9	77.1	76.2	2′	148.5	149.6	146.5	148.0
3	45.3	68.3	67.0	61.9	3′	98.9	99.9	143.8	101.0
4	190.6	192.9	194.9	190.6	4′	147.9	149.5	121.6	150.8
5	121.0	121.0	162.8	129.1	5′	143.2	142.3	122.8	143.0
6	123.1	123.3	94.4	105.1	6′	106.9	106.8	116.8	111.3
7	158.6	158.3	168.9	166.0	2″	106.9	106.9		
8	99.8	100.0	96.2	112.6	3″	146.2	146.2		
9	159.8	160.3	166.3	156.7	4′-OMe				55.7
10	116.1	114.3	103.0	112.7	5′-OMe				55.1
11	66.4	63.9	62.4	67.9	7-OMe			56.4	
1′	103.5	109.2	121.5	109.5	OCH$_2$O	101.2	101.3		

注: Glu:104.9(C-1), 74.1 (C-2), 78.7(C-3), 70.6(C-4), 77.5(C-5), 61.9(C-6)。

参 考 文 献

[1] Caboni P, Sherer T B, Zhang N, et al. Chem Res Toxicol, 2004, 17: 1540.

[2] Blaskó G , Shieh H L, Pezzuto J M, et al. J Nat Prod, 1989, 52: 1363.

[3] Crombie L, Kilbee G W, Whiting D A. J Chem Soc, Perkin Trans I , 1975: 1749.

[4] Magalhaes A F, Azevedo Tozzi A M G, Noronha Sales B H L,et al. Phytochemistry, 1996, 42: 1459.

[5] Andrei C C, Vieira P C, Fernandes J B, et al. Phytochemistry,

1997, 46: 1081.

[6] Fang N B, Casida J E. J Agric Food Chem, 1999, 47(5): 2130.

[7] Puyvelde L V, De Kimpe N, Mudaheranwa J P, et al. J Nat Prod, 1987, 50: 349.

[8] Messana I, Ferrari F, Goulart S A. Phytochemistry, 1986, 25: 2688.

[9] van Heerden F R, Brant E V, Roux D G. J Chem Soc, Perkin Trans 1, 1980: 2463.

第十六节　双黄酮类化合物的 ^{13}C NMR 化学位移

双黄酮（biflavone）类化合物是指两个黄酮化合物(可以是各种类型)通过碳碳连接或碳氧碳连接形成的化合物。它们的化学位移特征可参照单一的各种类型黄酮的化学位移谱。

4-16-1 R=OH
4-16-2 R=H

4-16-3 R^1=R^2=H; R^3=OH
4-16-4 R^1=OH; R^2=Me; R^3=OH
4-16-5 R^1=R^2=R^3=H

4-16-6

表 4-16-1 化合物 **4-16-1~4-16~6** 的 ^{13}C NMR 化学位移数据

C	4-16-1[1]	4-16-2[2]	4-16-3[3]	4-16-4[4]	4-16-5[2]	4-16-6[4]
2	80.9	80.9	81.5	81.6	81.4	81.0
3	47.7	47.6	47.4	47.6	47.7	48.4
4	195.5	195.3	196.2	196.2	195.2	196.3
5	163.3	163.2	160.2	160.2	163.4	161.8
6	95.9	95.9	94.9	94.9	96.0	95.4
7	166.1	166.1	161.9	161.9	165.9	163.6
8	94.8	94.7	95.7	95.7	95.0	96.3
9	162.4	162.3	162.6	162.6	162.3	166.6
10		102.5	101.1	101.3	101.3	101.6
1'	128.8	127.7	128.0	128.7	127.9	128.2
2'	127.6	127.4/128.5	128.6	112.3	128.5	128.6
3'	114.2	114.4	114.7	146.0	114.5	114.5
4'	156.9	156.8	157.4	147.8	157.1	157.4
5'	114.2	114.4	114.7	114.7	114.5	114.5
6'	127.6	127.4/128.5	128.6	118.2	128.5	128.6
2"	146.5	146.6	82.9	82.7	78.3	163.8
3"	134.7	134.6	72.0	72.1	43.0	102.3

续表

C	4-16-1[1]	4-16-2[2]	4-16-3[3]	4-16-4[4]	4-16-5[2]	4-16-6[4]
4″	175.2	175.2	197.0	197.0	196.1	181.7
5″	159.1	159.1	163.4	163.6	162.3	160.6
6″	97.6	97.6	96.0	96.0	94.9	98.7
7″	163.3	161.2	164.7	164.4	164.3	162.9
8″	101.3	99.7	100.0	100.1	101.3	100.6
9″	153.6	153.5	166.1	166.2	162.0	155.3
10″		101.3	101.3	101.3	101.0	103.2
1‴	121.5	121.1	128.1	129.7	128.9	121.1
2‴	114.7	128.5	115.1	115.0	127.3	113.4
3‴	144.5	114.8	144.6	144.6	114.9	145.7
4‴	147.1	158.5	145.5	145.5	157.1	149.8
5‴	115.0	114.8	115.3	115.1	114.9	116.2
6‴	115.1	128.5	118.4	118.6	127.3	119.4
4′-OMe				55.8		

	R¹	R²	R³	R⁴
4-16-7	H	H	H	H
4-16-8	H	Me	H	H
4-16-9	Me	Me	H	H
4-16-10	H	Me	Me	H
4-16-11	H	Me	H	Me
4-16-12	Me	Me	Me	Me
4-16-13	Me	Me	Me	H
4-16-14	H	H	H	Me
4-16-15	Me	H	H	Me

表 4-16-2 化合物 4-16-7~4-16-15 的 ¹³C NMR 化学位移数据

C	4-16-7[5,6]	4-16-8[5,7]	4-16-9[8]	4-16-10[9]	4-16-11[9]	4-16-12[7]	4-16-13[10]	4-16-14[5,11]	4-16-15[12]
2	164.8	166.4	165.2	163.3	164.0	162.5	164.3	163.8	164.3
3	104.3	103.9	103.6	103.8	104.4	103.1	104.4	104.1	103.5
4	182.4	182.3	183.1	181.7	182.8	181.9	182.3	182.9	182.3
5	161.7	162.1	163.6	161.4	162.5	161.4	162.5	161.5	161.1
6	99.5	99.9	96.0	98.8	99.6	98.0	98.2	99.7	98.3
7	164.4	163.7	166.0	164.1	163.8	165.1	165.4	166.7	165.3
8	94.7	94.9	94.9	94.1	94.8	92.7	92.4	94.8	93.0
9	158.1	158.2	158.5	157.3	158.1	157.3	157.7	158.5	157.6
10	103.7	104.5	106.4	103.5	104.6	104.7	105.5	103.9	104.9
1′	121.7	123.2	122.3	122.4	123.2	122.4	121.8	121.6	121.2
2′	132.1	128.4	128.9	130.2	128.5	128.2	127.9	127.8	131.6
3′	120.7	121.9	122.1	122.1	122.3	121.2	123.2	121.3	120.2
4′	160.2	162.1	162.9	160.5	161.1	161.1	160.6	159.4	159.8
5′	116.8	112.2	117.1	111.7	112.4	111.7	111.2	116.3	116.4
6′	128.5	131.7	132.4	128.0	131.6	130.8	130.9	131.3	128.2

续表

C	4-16-7[5,6]	4-16-8[5,7]	4-16-9[8]	4-16-10[9]	4-16-11[9]	4-16-12[7]	4-16-13[10]	4-16-14[5,11]	4-16-15[12]
2″	164.5	163.9	165.8	164.0	164.9	163.4	164.1	164.5	163.4
3″	103.3	103.2		103.1	104.3	103.1	103.5	103.2	103.5
4″	182.8	182.2	183.3	181.9	182.5	182.2	182.8	182.6	182.1
5″	161.2	161.3	161.3	157.9	161.3	160.4	162.3	162.8	160.5
6″	99.3	99.9		90.8	99.3	95.5	95.2	99.7	98.8
7″	162.5	161.9	165.0	162.7	162.9	161.1	162.0	165.7	162.1
8″	104.6	102.9	105.9	103.5	103.3	103.9	102.8	104.9	104.3
9″	155.2	155.1	154.9	156.9	155.0	153.5	154.2	156.7	154.8
10″	104.4	104.1	103.9	104.6	104.4	104.0	104.6	104.1	104.0
1‴	122.1	121.9	121.2	121.1	122.3	122.6	122.0	121.6	123.2
2‴	128.9	128.6	128.8	128.6	128.9	127.8	127.8	127.9	128.2
3‴	116.5	116.5	116.9	116.0	115.2	114.5	116.1	114.5	114.8
4‴	162.1	161.1	163.1	161.3	162.1	162.2	161.0	162.3	162.5
5‴	116.5	116.5	116.9	116.0	115.2	114.5	116.1	114.5	114.8
6‴	128.9	128.6	128.8	128.6	128.9	127.8	127.8	127.9	128.2
7-OMe			55.9			55.9	55.8		56.3
4'-OMe		56.4	56.4		56.2	56.1	56.2		
7″-OMe						55.2	55.7		
4‴-OMe					56.6	56.1		55.7	55.8

4-16-16

4-16-17 R¹=R³=Me; R²=R⁴=H
4-16-18 R¹=R³=H; R²=R⁴=Me

4-16-19

4-16-20 R=H
4-16-21 R=Me

表 4-16-3 化合物 4-16-16~4-16-21 的 ^{13}C NMR 化学位移数据

C	4-16-16[12]	4-16-17[13]	4-16-18[14]	4-16-19[15]	4-16-20[16]	4-16-21[7]
2	163.6	79.3/79.2	79.4	167.6	163.0	163.0
3	103.8	42.8/42.5	43.2	102.8	103.7	104.0
4	182.0	197.5/197.4	196.5	182.0	181.7	181.7
5	161.1	163.7	163.9	163.4	161.3	160.5
6	98.1	95.1	96.4	99.5	98.8	98.9
7	165.2	167.9	167.1	165.3	164.1	161.4
8	92.7	94.2	95.5	95.9	93.9	94.0
9	157.3	159.4	163.1	158.0	157.3	157.3
10	104.8	103.5	102.6	104.3	104.0	103.8
1′	122.4	128.3	131.6	122.2	124.1	124.9
2′	130.9	129.4	131.9	128.9	128.2	128.4
3′	121.7	120.5	121.4	119.4	115.1	115.1
4′	160.6		158.7	159.8	160.5	162.2
5′	111.7	115.5	111.7	117.7	115.1	115.1
6′	128.3	127.5	128.4	131.9	128.2	128.4
2″	163.0	78.3	164.6	167.6	164.0	164.4
3″	103.2	42.1/41.8	103.5	102.4	102.5	102.8
4″	182.1	198.0/197.9	182.9	182.3	181.9	182.1
5″	160.6	163.5	162.0	161.6	152.9	152.3
6″	98.7	92.8	99.1	103.1	124.5	124.4
7″	161.9	165.8	161.6	164.8	153.6	158.1
8″	103.7	107.1	104.8	94.6	94.5	92.0
9″	154.3	156.7	155.2	157.3	157.0	154.1
10″	103.6	103.2	105.2	104.3	103.8	105.2
1‴	122.8	128.6	123.8	123.5	120.9	121.0
2‴	127.8	131.9	128.4	129.3	128.5	128.6
3‴	114.5	115.6	114.8	116.7	115.8	116.0
4‴	162.2	158.0	114.8		161.2	161.4
5‴	114.5	115.6	114.8	116.7	115.8	116.0
6‴	127.8		128.4	129.3	128.5	128.6
7-OMe	56.1	56.3	163.9			
4′-OMe	55.9		55.5			
7″-OMe		56.6				
4‴-OMe	55.2		55.6			

4-16-22

4-16-23

4-16-24

4-16-25

4-16-26

4-16-27

4-16-28

4-16-29

4-16-30

表 4-16-4 化合物 4-16-22~4-16-30 的 ^{13}C NMR 化学位移数据

C	4-16-22[7]	4-16-23[9]	4-16-24[17]	4-16-25[18]	4-16-26[18]	4-16-27[19]	4-16-28[20]	4-16-29[21]	4-16-30[21]
2	78.1	163.1	79.6	83.9	164.7	163.3	78.5	78.7	78.5
3	42.0	103.9	43.4	73.1	105.2	104.0	47.7	30.9	30.5
4	196.0	181.8	197.0	197.9	182.9	182.2	196.9	20.5	20.0
5	163.4	161.4	165.2	164.7	163.7	161.9	161.4	167.0	166.1
6	95.9	98.9	96.9	97.0	99.7	99.4	103.9	96.2	96.0
7	166.6	164.3	167.3	167.7	165.1	164.7	165.3	165.0	164.6
8	95.0	94.0	95.9	96.0	94.8	94.6	94.9	101.1	100.7
9	162.8	157.3	164.2	164.0	158.8	157.8	160.8	163.3	163.3
10	101.7	103.8	103.2	101.4	105.0	104.2	102.1	103.1	103.0
1′	131.9	124.2	133.2	132.1	130.5	122.7	131.1	134.5	134.4
2′	128.2	128.4	128.8	130.3	129.1	121.5	121.9	128.1	128.1
3′	114.6	115.0	116.2	116.9	117.4	142.8	141.7	115.8	115.8
4′	157.9	160.8	158.5	159.4	162.1	154.0	150.3	160.7	160.9

续表

C	4-16-22[7]	4-16-23[9]	4-16-24[17]	4-16-25[18]	4-16-26[18]	4-16-27[19]	4-16-28[20]	4-16-29[21]	4-16-30[21]
5'	114.6	115.0	116.2	116.9	117.4	118.3	117.9	115.8	115.8
6'	128.2	128.4	128.8	130.3	129.1	125.3	125.7	128.1	128.1
2″	164.1	79.0	80.2	83.8	83.7	78.5	163.5	159.5	159.5
3″	102.6	42.0	43.5	73.0	73.0	42.5	104.6	114.2	114.2
4″	182.0	197.7	198.1	197.6	197.6	196.5	182.4	183.6	183.7
5″	153.2	157.8	156.7	164.7	164.7	164.0	159.1	157.7	157.7
6″	125.1	122.5	124.0	97.2	97.2	96.4	107.6	100.2	99.8
7″	157.4	160.1	160.1	167.7	168.2	167.2	162.9	157.6	157.4
8″	94.5	92.5	96.2	96.0	96.0	95.5	93.7	94.9	94.6
9″	153.6	153.9	160.8	164.0	164.0	163.3	155.6	155.8	155.9
10″	104.1	102.6	103.4	101.4	101.5	102.2	104.1	104.8	105.0
1‴	121.1	128.6	130.6	130.4	130.4	132.8	124.9	126.1	125.9
2‴	128.5	128.5	129.6	122.3	122.4	128.8	129.0	131.3	131.5
3‴	116.0	115.2	116.2	143.2	142.3	116.2	116.8	115.6	115.7
4‴	161.2	160.2	158.7	150.6	150.6	158.5	161.5	155.6	155.4
5‴	116.0	115.2	116.2	117.8	118.0	116.2	116.8	115.6	115.7
6‴	128.5	128.5	129.6	126.3	126.9	128.8	129.0	131.3	131.5
7″-OMe		56.7							
6-Me								7.6	
6″-Me								8.0	

参 考 文 献

[1] Ito C, Itoigawa M, Miyamoto Y, et al. J Nat Prod, 1999, 62: 1668.

[2] Terashima K, Aqil M, Niwa M. Heterocycles, 1995, 41: 2245.

[3] Kabangu K, Galeffi C, Aonzo E, et al. Planta Med, 1987, 53: 275.

[4] Li X C, Joshi A S, Tan B, et al. Tetrahedron, 2002, 58: 8709.

[5] 熊英, 邓可众, 郭远强, 等. 中草药, 2008, 39(10): 1449.

[6] 董建勇, 贾忠建. 中国药学杂志, 2005, 40(12): 897.

[7] Markham K, Sheppard C, Geiger Hans. Phytochemistry, 1987, 26: 3335.

[8] 刘海青, 林瑞超, 马双成, 等. 中草药, 2003, 34(4): 298.

[9] Silva G L, Chai H, Gupta M P, et al. Phytochemistry, 1995, 40: 129.

[10] Fonseca F N, Ferreira A J S, Sartorelli P, et al. Phytochemistry, 2000, 55: 575.

[11] Suarez A I, Diaz M. B, Delle Monache F, et al. Fitoterapia, 2003, 74: 473.

[12] 张嫚丽, 霍长虹, 董玫, 等. 中国中药杂志, 2007, 32(14): 1421.

[13] Ahmed M S, Galal A M, Ross S A, et al. Phytochemistry, 2001, 58: 599.

[14] Cheng K T, Hsu F L, Chen S H, et al. Chem Pharm Bull, 2007, 55: 757.

[15] 范晓磊, 徐嘉成, 林幸华, 等. 中国药学杂志, 2009, 44(1): 15.

[16] 冯卫生, 陈辉, 郑晓珂. 中草药, 2008, 39(5): 654.

[17] Sobha Rani M, Rao C V, Gunasekar D, et al. Phytochemistry, 1998, 47: 319.

[18] Pegnyemb D E, Mbing J N, De Theodore Atchade A, et al. Phytochemistry, 2005, 66: 1922.

[19] Likhitwitayawuid K, Rungserichai R, Ruangrungsi N, et al. Phytochemistry, 2001, 56: 353.

[20] Xu J C, Liu X Q, Chen K L. Chin Chem Lett, 2009, 20: 939.

[21] 张薇, 张卫东, 李廷钊, 等. 天然产物研究与开发, 2005, 17(1): 26.

第十七节　2-苯乙基色酮类化合物的 ^{13}C NMR 化学位移

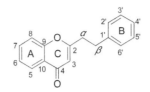

基本结构骨架

【化学位移特征】

1. 2-苯乙基色酮的 A 环和 B 环都是芳环，它们各碳的化学位移遵循芳环的规律。

2. C 环的 2、3 位为双键，2 位连氧，4 位为羰基，δ_{C-2} 162.6～171.8，δ_{C-3} 108.3～114.1，δ_{C-4} 176.4～184.7。

3. 2-苯乙基色酮的乙基部分，α 碳在低场，β 碳在高场。它们的化学位移 $\delta_{C-\alpha}$ 33.9～37.3，$\delta_{C-\beta}$ 28.2～33.8。

4. 部分化合物的 A 环四氢化，并在 5、6、7、8 位连接两个以上的羟基或乙酰氧基，连接羟基或乙酰氧基的碳的化学位移出现在 δ 63.8～75.1。

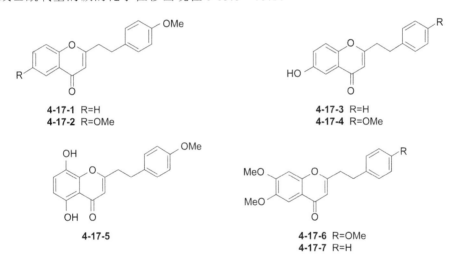

4-17-1 R=H
4-17-2 R=OMe

4-17-3 R=H
4-17-4 R=OMe

4-17-5

4-17-6 R=OMe
4-17-7 R=H

表 4-17-1　化合物 4-17-1~4-17-7 的 ^{13}C NMR 化学位移数据

C	4-17-1[1]	4-17-2[1]	4-17-3[2]	4-17-4[2]	4-17-5[3]	4-17-6[3]	4-17-7[3]
2	168.5	168.3	168.3	168.0	171.8	167.8	167.8
3	110.3	109.6	108.6	108.3	109.7	109.5	109.5
4	178.2	178.2	176.7	176.4	184.7	177.5	177.5
5	125.7	104.9	107.5	107.6	153.4	104.3	104.3
6	125.0	151.3	154.6	154.6	111.8	147.5	147.5
7	133.5	123.5	122.7	122.3	122.9	154.4	154.4
8	117.8	119.2	119.4	118.4	138.8	99.5	99.5
9	156.5	156.8	149.6	149.5	146.1	152.6	152.6
10	123.8	124.3	124.0	123.8	112.9	116.8	116.8
1′	131.8	131.8	140.1	131.6	133.3	131.8	139.7
2′	129.2	129.2	128.3	128.9	130.6	129.2	128.6

续表

C	4-17-1[1]	4-17-2[1]	4-17-3[2]	4-17-4[2]	4-17-5[3]	4-17-6[3]	4-17-7[3]
3'	114.1	114.1	128.3	113.6	115.1	114.0	128.2
4'	158.3	158.3	126.2	157.7	159.6	158.3	126.5
5'	114.1	114.1	128.3	113.6	115.1	114.0	128.2
6'	129.2	129.2	128.3	128.9	130.6	129.2	128.6
α	36.4	36.4	34.8	34.8	37.0	36.3	36.0
β	32.1	32.2	32.1	31.1	32.8	32.2	33.1
OMe	55.3	55.3 55.9		54.7	55.8	56.4 56.3 55.2	56.4 56.3

4-17-8

4-17-9

4-17-10

4-17-11

4-17-12

4-17-13

4-17-14

表 4-17-2 化合物 4-17-8~4-17-14 的 ^{13}C NMR 化学位移数据[4]

C	4-17-8[3]	4-17-9	4-17-10	4-17-11	4-17-12	4-17-13	4-17-14
2	168.5	168.6	168.4	167.8	168.6	169.2	167.5
3	110.3	109.6	109.5	109.4	109.4	109.3	109.7
4	178.3	178.2	178.2	178.0	177.8	177.8	177.2
5	125.7	127.4	104.8	99.1	109.0	108.9	109.1
6	125.0	114.9	156.8	156.5	156.2	156.1	146.7
7	133.5	161.8	123.6	109.5	123.5	123.3	154.2
8	117.8	102.9	119.2	149.4	119.8	119.6	100.5
9	156.5	158.4	151.3	140.6	150.6	150.7	151.8
10	123.8	115.0	124.2	126.4	125.4	127.5	118.3
1'	131.8	139.7	131.6	141.6	130.9	128.8	140.8
2'	129.2	128.6	114.5	128.8	129.9	156.8	129.0
3'	114.1	128.3	144.2	128.6	116.4	115.7	128.8

续表

C	4-17-8[3]	4-17-9	4-17-10	4-17-11	4-17-12	4-17-13	4-17-14
4′	158.3	126.6	146.5	126.7	157.5	128.1	126.8
5′	114.1	128.3	110.8	128.6	116.4	119.8	128.8
6′	129.2	128.6	120.9	128.8	129.9	130.6	129.0
α	36.4	36.0	36.5	35.9	36.5	36.5	35.9
β	32.1	33.0	32.8	32.4	32.4	32.4	33.1
OMe	55.3		55.8 55.9				55.3

4-17-15　R¹=R³=OH; R²=R⁴=OMe
4-17-16　R¹=R²=R⁴=OMe; R³=OH
4-17-17　R¹=R⁴=OMe; R²=R³=OH
4-17-18　R¹=R²=R³=OMe; R⁴=OH
4-17-19　R¹=R²=OH;R³=H; R⁴=OMe
4-17-20　R¹=R⁴=OH;R²=OMe;R³=H

4-17-21

4-17-22

表 4-17-3　化合物 4-17-15~4-17-22 的 ¹³C NMR 化学位移数据[5]

C	4-17-15	4-17-16	4-17-17	4-17-18	4-17-19	4-17-20	4-17-21	4-17-22
2	170.4	167.7	167.8	170.9	170.0	167.9	170.3	162.6
3	109.7	109.8	109.7	110.0	109.4	109.7	109.7	109.2
4	179.9	177.5	177.2	179.8	180.0	177.3	179.9	177.9
5	108.4	104.4	105.3	104.8	108.3	109.1	99.2	109.2
6	146.4	147.4	147.6	149.3	145.6	146.6	156.2	156.2
7	155.3	154.3	154.4	156.6	153.8	154.2	109.4	123.7
8	100.6	99.5	104.2	101.0	103.5	100.5	148.9	119.8
9	153.4	152.5	153.4	154.4	153.5	151.9	141.9	150.0
10	117.7	116.9	116.8	117.3	116.8	118.3	126.0	125.9
1′	134.0	133.0	133.8	132.7	132.9	131.0	134.3	127.6
2′	116.3	114.4	116.9	113.1	130.1	129.9	116.8	111.2
3′	147.3	145.6	148.3	148.9	114.7	116.4	147.4	149.1
4′	147.4	145.2	147.3	146.1	159.3	157.5	147.7	150.7
5′	112.7	110.7	112.6	116.2	114.7	116.4	112.8	117.0
6′	120.4	119.6	119.3	121.8	130.1	129.9	120.4	123.1
α	37.1	36.1	36.2	37.3	37.0	36.4	36.9	117.8
β	33.4	32.4	32.6	33.8	33.0	32.5	33.2	137.4
OMe	56.9 56.4	56.3 56.4 56.0	55.9 56.0	56.6 57.0 56.3	55.6	56.2	56.4	55.9

4-17-23 R=Ac; R¹=H
4-17-24 R=Ac; R¹=OMe

4-17-25 R=R²=H; R¹=OMe
4-17-26 R=R¹=H; R²=OH

4-17-27

4-17-28

表 4-17-4 化合物 **4-17-23~4-17-28** 的 ^{13}C NMR 化学位移数据

C	4-17-23[6]	4-17-24[6]	4-17-25[6]	4-17-26[6]	4-17-27[7]	4-17-28[7]
2	168.3	168.4	169.3	170.1	169.1	167.3
3	114.0	114.1	113.6	113.3	113.6	112.5
4	176.6	176.7	180.9	181.1	180.9	179.0
5	66.4	66.5	71.8	71.8	71.9	27.5
6	68.2	68.2	74.7	74.8	74.8	68.8
7	69.1	69.1	75.1	75.1	75.2	68.6
8	63.8	63.8	70.8	70.9	70.9	34.0
9	159.0	158.9	162.5	162.5	162.5	161.0
10	119.1	119.2	121.4	121.3	121.6	119.6
1'	139.3	131.2	132.3	127.2	140.4	140.7
2'	128.8	129.2	129.7	156.7	128.7	128.7
3'	128.2	114.2	114.4	115.8	128.9	128.9
4'	126.7	158.5	158.7	128.2	126.8	126.7
5'	128.2	114.2	114.4	119.7	128.9	128.9
6'	128.8	129.2	129.7	130.5	128.7	128.7
α	35.1	35.5	35.5	33.9	35.2	35.1
β	32.5	31.7	31.9	28.2	32.8	33.0
OMe		55.2	55.2	55.2		
Ac	169.0/20.6 169.7/20.6	169.1/20.6 169.8/20.6				

参 考 文 献

[1] Nakanishi T, Inada A, Nishi M, et al. J Nat Prod, 1986, 49(6): 1106.

[2] 杨峻山，王玉兰，苏亚伦. 药学学报，1989，24(9): 678.

[3] 杨峻山，王玉兰，苏亚伦. 药学学报，1990，25(3): 186.

[4] Konishi T, Konoshima T, Shimada Y, et al. Chem Pharm Bull, 2002, 50(3): 419.

[5] Yang L, Qiao L R, Xie D, et al. Phytochemistry, 2012, 76: 92.

[6] Shimada Y, Konishi T, Kiyosawa S. Chem Pharm Bull, 1986, 34(7): 3033.

[7] Yagura T, Ito M, Kiuchi F et al. Chem Pharm Bull, 2003, 51(5): 560.

第五章 木脂素类化合物的 ^{13}C NMR 化学位移

木脂素类（lignanoid）化合物的结构特征大体上是两分子苯丙素类化合物通过 C—C 键或 C—O—C 键连接的一类芳香化合物，基本骨架是由具有两个芳环的 18 个碳组成的，由于连接位置或方式的区别可把它分为几个不同类型，以便于讨论它们的碳谱特征。

第一节 丁烷衍生物类木脂素的 ^{13}C NMR 化学位移

【结构特点】

正丁烷两边连接两个苯环，中间两个碳或者分别连接甲基、或者连接羟甲基或羧基或者形成一个新的丁内酯环。

【化学位移特征】

1. 在它的 18 个碳中，一定具有两个苯环。苯环上至少是单取代的，多数情况下苯环上还有其他取代基，如羟基、甲氧基或烷基等，一般情况下它的 ^{13}C NMR 谱遵循取代芳环的规律。

2. 其余 6 个碳中，如果在 6 个碳上再没有其他取代基，7 位和 7′位的碳连接有芳环，受芳环影响，7、7′位的碳化学位移大体上出现在 δ 40.5～41.5，8、8′位的碳出现在 δ 37.2～38.1，9、9′位的碳出现在 δ 13.8～13.9。

3. 如果 8、9 位和 8′、9′位形成双键，7、7′位的碳化学位移出现在 δ 43.5～51.0，8、8′位的碳出现在 δ 145.1～147.8，9、9′位的碳出现在 δ 113.6～115.4。

4. 如果 7 位和 7′位连接形成一个四元环，7、7′位的碳化学位移出现在 δ 32.2～41.5，8、8′位的碳出现在 δ 33.3～44.4，9、9′位的碳出现在 δ 15.0～15.5。

5. 如果 8、9 位和 8′、9′位形成半缩醛，则碳化学位移为 $\delta_{C\text{-}7}$ 33.6～39.2，$\delta_{C\text{-}8}$ 51.5～53.2，$\delta_{C\text{-}9}$ 98.2～107.9，$\delta_{C\text{-}7'}$ 38.5～39.3，$\delta_{C\text{-}8'}$ 42.8～46.5，$\delta_{9'}$ 71.9～73.0。

6. 如果 8、9 位和 8′、9′位形成内酯环，则 $\delta_{C\text{-}7}$ 33.3～35.3，$\delta_{C\text{-}8}$ 45.4～47.3，$\delta_{C\text{-}9}$ 178.3～179.5，$\delta_{C\text{-}7'}$ 36.8～38.9，$\delta_{C\text{-}8'}$ 40.6～42.2，$\delta_{C\text{-}9'}$ 70.6～71.9。

7. 如果 8、9 位和 8′、9′位形成内酯环，同时在 8 位上还连接有羟基，这种情况下碳化学位移为 $\delta_{C\text{-}7}$ 37.1～42.2，$\delta_{C\text{-}8}$ 75.2～81.2，7′位的碳的出现在较高场，$\delta_{C\text{-}7'}$ 29.7～32.2，8′位的碳出现在较低场，$\delta_{C\text{-}8'}$ 42.6～44.6；9 位和 9′位的碳影响不大。

8. 如果 7、8 位和 7′、8′位形成四元环，7、7′位的碳出现在 δ 43.4～51.0，8、8′位的碳出现在 δ 33.3～44.4；9、9′位的碳出现在 δ 15.0～15.5。

5-1-1 R^1=R^2=OH; R^3,R^4=OCH$_2$O; R^5=H
5-1-2 R^2=R^3=OH; R^1=R^4=R^5=H
5-1-3 R^2=R^5=OH; R^3=OMe; R^1=R^4=H

5-1-4 R^1,R^2=R^5, R^6=OCH$_2$O; R^3=R^4=H; R^7=R^8=CH$_3$
5-1-5 R^1=R^2=R^4=R^5=OH; R^3=R^6=OMe; R^7=R^8=CH$_3$
5-1-6 R^1=R^3=R^6=OMe; R^2=R^4=R^5=OH; R^7=R^8=CH$_3$
5-1-7 R^1,R^2=OCH$_2$O; R^4=OMe; R^5=H;R^3=R^6=H; R^7=R^8=CH$_2$OAc
5-1-8 R^1,R^2=OCH$_2$O; R^4=R^5=R^6=OMe;R^3=H; R^7=R^8=CH$_2$OAc
5-1-9 R^1,R^2=OCH$_2$O; R^4=R^6=OMe; R^5=OH; R^3=H; R^7=R^8=CH$_2$OAc

表 5-1-1 化合物 5-1-1~5-1-9 的 ^{13}C-NMR 化学位移数据

C	5-1-1[1]	5-1-2[1]	5-1-3[2]	5-1-4[3]	5-1-5[4]	5-1-6[4]	5-1-7[5]	5-1-8[5]	5-1-9[5]
1	118.6	132.0	130.6	135.4	133.5	132.5	131.4	133.3	133.0
2	156.5	130.7	129.1	109.2	109.1	105.4	110.8	109.1	109.1
3	103.2	115.9	114.6	147.3	143.5	147.0	143.9	145.9	145.8
4	157.3	156.4	154.4	145.4	130.0	132.8	145.8	147.7	147.6
5	107.4	115.9	114.6	107.9	146.5	147.0	111.1	108.1	108.0
6	131.5	130.7	129.1	121.7	103.7	105.4	121.6	121.8	121.8
7	34.1	40.9	38.7	41.1	41.3	41.5	34.9	34.9	35.4
8	147.2	147.8	145.1	38.1	37.2	37.2	39.8	39.8	39.7
9	114.9	115.4	113.6	13.8	13.9	13.8	64.3	64.3	64.3
1′	135.2	132.0	117.6	135.4	133.5	133.5	133.4	135.3	130.5
2′	110.0	130.7	158.5	109.2	109.1	103.6	121.8	105.7	105.4
3′	148.8	115.9	100.5	147.3	143.5	146.5	114.2	153.1	146.9
4′	147.0	156.4	154.5	145.4	130.0	130.0	147.6	135.4	133.3
5′	108.7	115.9	104.5	107.9	146.5	143.5	146.4	153.1	146.9
6′	122.6	130.7	130.1	121.7	103.7	109.1	109.1	105.7	105.4
7′	41.3	40.9	32.2	41.1	41.3	41.3	34.9	35.7	35.0
8′	147.5	147.8	146.0	38.1	37.2	37.2	39.8	39.5	39.6
9′	115.3	115.4	113.6	13.8	13.9	13.9	64.2	64.3	64.1
OCH$_2$O	101.9	—	—	100.6			100.8	100.9	100.8
OMe	—	—	54.2		56.0 56.0	56.2 56.2 56.0	55.8	56.0 56.0 56.0	56.1 56.2
OAc							171.0/21.0	170.9/21.0	170.9/20.9

5-1-10 R^1=R^2=R^4=R^6=OMe; R^5=OH; R^3=H; R^7=R^8=CH$_2$OAc
5-1-11 R^1=R^2=R^4=R^5=OMe; R^3=R^6=H; R^7=R^8=CH$_2$OAc
5-1-12 R^1=R^2=R^4=R^5=R^6=OMe; R^3=H; R^7=R^8=CH$_2$OAc
5-1-13 R^1=R^2=R^5=R^6=OMe; R^3=R^4=H; R^7=CH$_2$OMe; R^8=CH$_2$OH
5-1-14 R^1=R^2=R^5=R^6=OMe; R^3=R^4=H; R^7=R^8=CH$_2$OMe
5-1-15 R^1,R^2=R^5,R^6=OCH$_2$O; R^3=R^4=OMe; R^7=R^8=CH$_2$OH
5-1-16 R^1=R^6=OMe;R^3=R^4=H; R^2=R^5=OAc; R^7=R^8=CH$_2$OAc
5-1-17 R^1=R^2=R^3=R^4=R^5=R^6=OMe; R^7=R^8=CH$_2$OAc
5-1-18 R^4,R^5=OCH$_2$O; R^2=OH; R^1=R^3=R^6=H; R^7=R^8=CH$_3$

表 5-1-2 化合物 5-1-10~5-1-18 的 ^{13}C NMR 化学位移数据

C	5-1-10[5]	5-1-11[5]	5-1-12[5]	5-1-13[6]	5-1-14[6]	5-1-15[7]	5-1-16[8]	5-1-17[9]	5-1-18[10]
1	132.1	132.1	132.0	133.2	133.7	134.9	137.9	135.3	133.8
2	111.9	111.9	112.0	111.3	111.3	102.9	112.7	105.7	114.9
3	147.3	147.3	147.3	147.4	147.4	148.8	150.8	153.1	130.0
4	148.8	148.8	148.8	148.9	148.8	133.4	138.4	135.3	153.5
5	111.0	111.0	111.1	112.4	112.4	143.4	122.4	153.1	130.0
6	120.9	120.8	120.8	121.1	121.3	108.1	120.8	105.7	114.9
7	34.9	34.8	35.7	35.8	35.0	36.3	35.2	35.7	41.1
8	39.5	39.6	39.6	42.5	40.8	43.9	39.5	39.5	38.1
9	64.3	64.2	64.2	60.9	72.7	60.3	64.1	64.2	13.8
1′	130.6	132.1	135.3	133.5	133.7	134.9	137.9	135.3	135.5
2′	105.3	120.8	105.7	111.3	111.3	102.9	112.7	105.7	121.7
3′	146.8	111.0	153.0	147.4	147.4	148.8	150.8	153.1	107.9
4′	132.9	148.8	136.2	148.9	148.8	133.4	138.4	135.3	145.4
5′	146.8	147.3	153.0	112.4	112.4	143.4	122.4	153.1	147.4
6′	105.3	111.9	105.7	121.1	121.3	108.1	120.8	105.7	109.3
7′	35.5	34.8	34.8	36.2	35.0	36.3	35.2	35.7	40.5
8′	39.4	39.6	39.5	44.6	40.8	43.9	39.5	39.5	38.1
9′	64.3	64.2	64.2	71.1	72.7	60.3	64.1	64.2	13.8
OMe	55.7	55.6	55.8	55.8	55.8	56.5	55.7	56.0	
	55.7	55.6	55.8	55.8	55.8	56.5	55.7	60.8	
	56.1	55.8	56.9	55.9	55.9			56.0	
	56.1	55.8	60.7	55.9	55.9			56.0	
			56.9	55.9	55.9			60.8	
				58.9	58.7			56.0	
					58.7				
OCH$_2$O									100.6
OAc	21.0/170.9	20.9/170.9	20.9/170.9				20.6/168.8 20.8/170.7	21.0/170.9	

5-1-19 R^1,R^2=R^5,R^6=OCH$_2$O; R^3=R^4=H; R^7=α-OH
5-1-20 R^1,R^2=R^5,R^6=OCH$_2$O; R^3=R^4=H; R^7=β-OH
5-1-21 R^1=R^2=R^3=OMe; R^4=H; R^5,R^6=OCH$_2$O; R^7=β-OMe
5-1-22 R^1=R^2=R^3=OMe; R^4=H; R^5,R^6=OCH$_2$O; R^7=α-OMe
5-1-23 R^1,R^2=OCH$_2$O; R^3=R^4=H; R^5=R^6=OMe; R^7=α-OH
5-1-24 R^1,R^2=OCH$_2$O; R^3=R^4=H; R^5=R^6=OMe; R^7=β-OH
5-1-25 R^1=R^2=R^3=R^4=R^5=OMe; R^6=H; R^7=α-OH
5-1-26 R^1=R^2=R^3=R^4=R^5=OMe; R^6=H; R^7=β-OH

表 5-1-3 化合物 **5-1-19~5-1-26** 的 ^{13}C NMR 化学位移数据

C	5-1-19[11]	5-1-20[11]	5-1-21[12]	5-1-22[12]	5-1-23[13]	5-1-24[13]	5-1-25[13]	5-1-26[13]
1	133.3	133.8	130.7	131.0	133.4	134.7	132.3	135.4
2	108.9	108.9	105.9	105.8	108.1	108.2	105.8	105.8
3	147.6	147.7	153.1	154.0	147.8	147.5	153.1	153.1
4	145.7	145.7	139.8	139.1	146.0	145.8	135.4	136.4
5	108.0	108.2	153.1	154.0	109.3	109.4	153.1	153.1
6	121.4	121.3	105.9	105.8	120.6	121.7	105.8	105.8
7	38.4	33.6	33.8	38.5	39.2	33.7	39.1	34.2
8	53.0	51.9	51.5	52.4	53.2	52.2	53.0	51.8
9	103.3	98.8	105.1	107.9	103.5	98.9	103.3	98.2
1'	134.1	134.5	133.9	133.5	133.0	132.8	132.9	132.6
2'	109.1	109.3	108.1	108.4	121.8	120.6	120.4	120.5
3'	147.5	147.5	148.3	147.8	111.8	111.9	111.9	111.8
4'	145.9	145.9	145.5	145.7	147.5	147.6	147.4	147.5
5'	108.0	108.1	108.8	109.1	148.9	149.0	148.8	148.9
6'	121.7	121.6	121.1	121.7	111.2	111.3	111.2	111.2
7'	39.2	38.8	38.7	39.3	38.5	38.9	38.7	39.1
8'	45.8	42.9	43.2	45.7	46.5	42.9	46.2	42.8
9'	72.1	72.5	73.0	71.9	72.4	72.8	72.3	72.8
OCH$_2$O	100.8,100.8	100.8,100.8	101.1	100.9	101.0	100.9		
OMe			56.3	56.8	55.8	55.9	55.8	56.0
			60.8	61.2	55.9	56.0	60.9	60.9
			56.3	56.8			55.8	56.0
			54.6	53.9			55.8	55.9
							55.9	56.0

5-1-27 R^1=R^6=OMe; R^2=R^4=OH; R^3=R^5=R^7=H
5-1-28 R^1=R^5=R^6=OMe; R^2=OH; R^3=R^4=R^7=H
5-1-29 R^1=R^5=R^6=OMe; R^2=OGlu; R^3=R^4=R^7=H
5-1-30 R^1=R^6=OMe; R^5=OH; R^2=OGlu; R^3=R^4=R^7=H
5-1-31 R^2=R^6=OMe; R^1=OH; R^5=OGlu; R^3=R^4=R^7=H
5-1-32 R^1=R^4=R^6=OMe; R^5=OH; R^2,R^3=OCH$_2$O; R^7=H
5-1-33 R^1=R^6=OMe; R^2=OH; R^5=OGlu; R^3=R^4=R^7=H
5-1-34 R^1=R^2=R^6=OMe; R^5=OGlu; R^3=R^4=R^7=H

表 5-1-4 化合物 **5-1-27~5-1-34** 的 ^{13}C NMR 化学位移数据

C	5-1-27[14]	5-1-28[14]	5-1-29[14]	5-1-30[14]	5-1-31[15]	5-1-32[16]	5-1-33[15]	5-1-34[15]
1	128.8	128.8	131.6	131.7	132.2	132.1	130.2	130.5
2	113.4	113.4	113.7	113.6	118.4	103.2	114.3	113.2
3	147.4	147.3	148.5	148.4	148.7	149.0	149.3	148.5
4	145.0	145.1	145.2	145.0	148.1	134.1	147.6	147.4
5	115.3	115.2	114.9	114.9	113.1	143.6	117.2	111.8
6	121.5	121.5	121.2	121.2	121.0	108.7	123.3	121.2
7	33.6	33.7	33.4	33.3	35.1	35.0	35.3	33.6
8	45.6	45.6	45.4	45.4	47.0	46.5	47.3	45.5
9	178.4	178.3	178.3	178.5	179.4	178.4	179.5	178.3
1'	129.5	131.2	131.1	129.5	133.5	129.0	133.5	132.5

续表

C	5-1-27[14]	5-1-28[14]	5-1-29[14]	5-1-30[14]	5-1-31[15]	5-1-32[16]	5-1-33[15]	5-1-34[15]
2′	112.6	112.3	112.2	112.5	114.1	105.2	114.1	113.0
3′	147.3	148.6	148.5	147.3	150.7	147.1	150.7	148.8
4′	144.9	147.3	147.2	144.7	147.2	133.6	147.3	145.2
5′	115.2	111.8	111.7	115.1	117.1	147.1	117.1	115.4
6′	120.6	120.3	120.3	120.6	121.8	105.2	121.9	120.5
7′	36.8	36.8	36.7	36.7	38.4	38.9	38.4	36.8
8′	40.8	40.7	40.6	40.7	42.2	41.3	42.1	40.7
9′	70.6	70.6	70.6	70.6	71.8	71.3	71.9	70.6
OMe	55.5	55.3	55.3	55.4	56.5	56.3	56.5	55.4
	55.5	55.4	55.3	55.5	56.5	56.3	56.5	55.6
		55.5	55.5			56.7		56.4
OCH$_2$O						101.4		
Glu-1			100.0	100.0	103.0		103.0	100.3
Glu-2			73.1	72.9	75.4		75.4	76.8
Glu-3			76.9	76.4	79.1		79.1	73.2
Glu-4			69.5	69.4	71.9		71.8	69.7
Glu-5			76.9	76.7	79.4		79.4	76.9
Glu-6			60.5	60.4	63.0		63.0	60.7

5-1-35 R^1,R^2=R^5,R^6=OCH$_2$O; R^3=R^4=OMe
5-1-36 R^5,R^6=OCH$_2$O; R^1=R^2=R^3=R^4=OMe
5-1-37 R^5,R^6=OCH$_2$O; R^1=R^4=OMe; R^2=OH; R^3=H
5-1-38 R^5,R^6=OCH$_2$O; R^1=R^3=R^4=OMe; R^2=OH
5-1-39 R^5,R^6=OCH$_2$O; R^1=R^3=OMe; R^2=OH; R^4=H
5-1-40 R^1,R^2=R^5,R^6=OCH$_2$O; R^4=OMe; R^3=H
5-1-41 R^1,R^2=R^5,R^6=OCH$_2$O; R^3=OMe; R^4=H
5-1-42 R^5,R^6=OCH$_2$O; R^1=R^2=OH; R^3=R^4=OMe

表 5-1-5 化合物 5-1-35~5-1-42 的 ^{13}C NMR 化学位移数据

C	5-1-35[17]	5-1-36[17]	5-1-37[17]	5-1-38[17]	5-1-39[17]	5-1-40[7]	5-1-41[7]	5-1-42[7]
1	132.0	133.3	129.4	128.6	128.6	131.3	132.0	129.5
2	103.2	106.3	111.5	105.9	105.9	109.4	103.2	109.6
3	149.0	153.3	146.7	147.1	147.0	147.9	149.0	143.7
4	134.1	137.0	144.5	133.6	133.6	146.5	134.1	131.2
5	143.6	153.3	114.2	147.1	147.0	108.2	143.6	147.1
6	108.5	106.3	122.0	105.9	105.9	122.2	108.3	103.9
7	35.2	35.3	34.6	35.1	35.1	34.9	35.1	35.0
8	46.5	46.5	46.6	46.6	46.6	46.4	46.5	46.4
9	178.4	178.5	178.6	178.6	178.6	178.4	178.4	178.6
1′	132.3	132.3	132.4	132.3	131.6	132.3	131.5	132.4
2′	102.5	102.4	102.5	102.4	108.7	102.5	108.8	102.5
3′	149.1	149.2	149.0	149.1	147.9	149.0	147.9	149.0
4′	134.0	134.0	134.0	134.0	146.4	133.9	146.4	133.9
5′	143.5	143.5	143.5	143.5	108.3	143.5	108.3	143.6
6′	108.1	108.3	108.1	108.2	121.5	108.0	121.6	108.0
7′	38.8	38.7	38.7	38.7	38.4	38.7	38.4	38.7

续表

C	5-1-35[17]	5-1-36[17]	5-1-37[17]	5-1-38[17]	5-1-39[17]	5-1-40[7]	5-1-41[7]	5-1-42[7]
8′	41.2	41.1	41.0	40.9	40.9	41.3	41.1	41.2
9′	71.2	71.2	71.2	71.2	71.2	71.1	71.2	71.2
OCH₂O	101.4	101.5	101.4	101.4	101.1	101.4 101.0	101.4 101.0	101.4
OMe	56.6 56.6	56.1 60.9 56.1 56.7	55.9 56.6	56.3 56.7 56.3	56.3 56.3	56.6	56.5	56.6 56.1

5-1-43 R¹,R²=OCH₂O; R⁵=OH; R⁶=OMe; R³=R⁴=R⁷=R⁸=H
5-1-44 R¹,R²=OCH₂O; R⁵=R⁶=OMe; R³=R⁴=R⁷=R⁸=H
5-1-45 R⁵,R⁶=OCH₂O; R¹=R³=R⁴=OMe; R²=OH; R⁷=R⁸=H
5-1-46 R⁴,R⁵=OCH₂O; R¹=R²=R³=OMe; R⁶=R⁷=R⁸=H
5-1-47 R⁴,R⁵=OCH₂O; R¹=R²=OMe; R³=R⁶=R⁷=R⁸=H
5-1-48 R¹,R²=R⁵,R⁶=OCH₂O; R³=R⁴=R⁷=R⁸=H
5-1-49 R¹=R⁴=R⁵=OMe; R²=OH; R³=R⁶=R⁷=R⁸=H
5-1-50 R⁵,R⁶=OCH₂O; R¹=R²=OMe; R³=R⁴=R⁷=R⁸=H

表 5-1-6 化合物 5-1-43~5-1-50 的 ¹³C NMR 化学位移数据

C	5-1-43[18]	5-1-44[18]	5-1-45[7]	5-1-46[19]	5-1-47[20]	5-1-48[20]	5-1-49[20]	5-1-50[21]
1	130.3	130.3	125.4	129.5	126.7	128.9	126.5	126.8
2	108.6	108.7	107.2	107.8	113.8	108.9	112.7	112.9
3	148.9	149.0	147.2	153.7	151.5	148.6	146.7	150.7
4	149.0	149.1	136.9	140.3	151.0	149.1	147.6	149.1
5	112.0	112.0	147.2	153.5	111.8	108.8	114.9	111.3
6	125.9	125.9	107.2	107.8	123.7	126.2	123.9	123.5
7	137.0	137.1	138.0	137.7	136.9	136.4	137.4	137.4
8	126.1	126.3	125.5	127.3	127.5	127.2	125.6	125.6
9	172.4	172.5	172.5	172.2	171.9	171.6	172.7	172.6
1′	127.9	128.1	132.1	131.4	132.1	132.1	130.4	131.4
2′	108.3	108.4	102.5	121.9	109.3	109.5	112.3	108.9
3′	146.5	147.9	149.2	108.5	146.9	148.4	149.1	147.9
4′	143.2	148.3	134.2	146.7	148.4	146.9	148.1	146.5
5′	111.3	111.3	143.6	148.1	108.5	108.6	111.5	108.4
6′	120.7	122.0	108.8	109.1	122.2	122.3	120.8	121.9
7′	37.4	37.6	38.0	37.9	37.3	37.4	37.3	37.5
8′	39.8	40.0	39.6	39.5	39.6	39.8	39.7	39.6
9′	69.6	69.7	69.7	69.8	69.0	68.9	69.7	69.5
OCH₂O	101.6	100.7	101.5	101.1	101.0	101.0 101.5		101.0
OMe	55.7	55.8 56.0	56.4 56.4 56.8	56.4 56.4 60.9	55.4 55.6		55.9 55.9 56.0	55.9 55.9

5-1-51 $R^5=R^6=OMe$; $R^1=R^2=R^7=OH$; $R^3=R^4=R^8=H$
5-1-52 $R^5=R^6=OMe$; $R^1=R^7=OH$; $R^2=OGlu$; $R^3=R^4=R^8=H$
5-1-53 $R^3=R^5=R^6=OMe$; $R^2=OGlu6-Glu1$; $R^1=R^4=R^8=H$; $R^7=OH$
5-1-54 $R^5,R^6=OCH_2O$; $R^1=OMe$; $R^2=R^7=OH$; $R^3=R^4=R^8=H$
5-1-55 $R^5,R^6=OCH_2O$; $R^1=OMe$; $R^2=R^3=R^7=OH$; $R^4=R^8=H$
5-1-56 $R^1=R^6=OMe$; $R^2=R^5=OH$; $R^3=R^4=R^8=H$; $R^7=OGlu$
5-1-57 $R^1=R^6=OMe$; $R^2=R^5=R^7=OH$; $R^3=Glu$; $R^4=R^8=H$

表 5-1-7 化合物 5-1-51~5-1-57 的 ^{13}C NMR 化学位移数据

C	5-1-51[22]	5-1-52[22]	5-1-53[23]	5-1-54[24]	5-1-55[24]	5-1-56[25]	5-1-57[25]
1	128.2	132.7	130.6	126.3	125.8	126.2	129.0
2	114.9	115.9	123.9	112.9	105.1	114.5	111.3
3	146.7	147.2	116.8	146.6	147.0	145.2	147.3
4	148.7	147.2	150.1	144.8	131.8	147.2	142.9
5	116.1	117.8	147.2	114.6	143.8	115.2	126.4
6	124.1	124.1	115.3	123.0	110.7	122.7	119.8
7	41.9	41.8	41.7	41.6	42.2	37.1	40.1
8	77.4	77.3	76.7	76.5	76.4	81.2	75.2
9	180.6	180.4	179.3	178.8	178.5	174.4	177.8
1′	133.4	133.4	132.5	132.3	132.1	129.7	126.4
2′	113.2	113.2	113.6	109.1	109.2	112.6	114.5
3′	149.1	149.1	147.2	147.7	147.8	147.4	145.2
4′	150.1	150.6	148.6	146.1	146.2	144.8	147.2
5′	113.8	114.0	112.9	108.3	108.4	115.3	115.2
6′	122.2	122.2	121.3	121.7	121.8	120.5	122.7
7′	32.2	32.2	31.8	31.5	31.6	29.7	30.8
8′	44.6	44.6	44.1	43.5	43.8	44.0	42.6
9′	71.8	71.8	70.9	70.3	70.1	70.0	69.8
OMe	56.4 56.5	56.4 56.5	56.0 56.0 56.1	55.8	56.2	55.4 55.3	55.6 55.7
OCH$_2$O				100.9	100.9		
Glu-1		101.9	102.6			98.2	75.3
Glu-2		74.0	74.7			73.4	73.9
Glu-3		78.1	78.4			77.2	78.5
Glu-4		71.0	71.0			70.1	70.4
Glu-5		78.3	77.5			76.4	81.2
Glu-6		62.1	69.7			61.1	61.4
Glu-1′			105.4				
Glu-2′			75.2				
Glu-3′			78.4				
Glu-4′			71.7				
Glu-5′			78.4				
Glu-6′			62.3				

5-1-58 R=H
5-1-59 R=OMe

5-1-60

5-1-61

表 5-1-8 化合物 **5-1-58~5-1-61** 的 ^{13}C NMR 化学位移数据

C	5-1-58[26]	5-1-59[26]	5-1-60[27]	5-1-61[28]
2	121.7	122.3	119.6	133.3
2	152.9	153.0	110.1	120.7
3	98.7	99.1	141.1	113.4
4	149.3	149.2	145.8	143.5
5	143.8	143.8	92.8	146.0
6	114.7	114.7	147.8	111.4
7	44.4	43.6	35.4	49.9
8	33.3	34.7	37.2	34.4
9	15.3	15.4	14.3	15.0
1′	137.7	128.5	119.6	133.3
2′	108.5	137.4	110.1	120.7
3′	143.8	139.2	141.1	113.4
4′	133.7	135.6	145.8	143.5
5′	149.1	139.4	92.8	146.0
6′	102.6	107.8	147.8	111.4
7′	51.0	43.5	35.4	49.9
8′	44.4	43.6	37.2	34.4
9′	15.5	15.4	14.3	15.0
2-OMe	56.2	56.4		
4-OMe	56.4	56.4		
5-OMe	57.4	57.2		55.8
2′-OMe		59.9		
5′-OMe	56.5	57.0		55.8
OCH$_2$O	101.5	101.9	100.8/100.8	

参 考 文 献

[1] Rimando A M, Pezzuto J M, Farnsworth N R. J Nat Prod, 1994, 57: 896.

[2] Valsaraj R, Pushpangadan P, Smitt U W, et al. J Nat Prod, 1997, 60: 739.

[3] Bandera Herath H M T, Anoma Priyadarshin A M. Phytochemistry, 1997, 44: 699.

[4] Kubanek J, Fenical W, Hay M E, et al. Phytochemistry, 2000, 54: 281.

[5] Chen C C, Hsin W C, Huang Y L. J Nat Prod, 1998, 61: 227.

[6] Satyanarayana P, Subrahmanyam P, Viswanatham K N. J Nat Prod, 1988, 51: 44.

[7] Li N, Wu J L, Hasegawa T, et al. J Nat Prod, 2006, 69: 234.

[8] Barrero A F, Haidour A, Dorado M M. Phytochemistry, 1996, 41: 605.

[9] Fuzzati N, Dyatmiko W, Rahman A, et al. Phytochemistry, 1996, 42: 1395.

[10] Mesa-Siverio D, Machín R P, Estévez-Braun A, et al. Bioorg Med Chem, 2008, 16: 3387.

[11] Pascoli I C D, Nascimento I R, Lopes L M X, et al. Phytochemistry, 2006, 67: 735.

[12] Borsato M L C, Grael C F F, Souza G E P, et al. Phytochemistry, 2000, 55: 809.

[13] Matsuda H, Kawaguchi Y, Yamazaki M, et al. Biol Pharm Bull, 2004, 27: 1611.

[14] Rahman M M A, Dewick P M, Jackson D E, et al. Phytochemistry, 1990, 29: 1971.

[15] Min B S, Na M K, Oh S R, et al. J Nat Prod, 2004, 67: 1980.

[16] Usia T, Watabe T, Kadota S, et al. J Nat Prod, 2005, 68: 64.

[17] Li N, Wu J L, Sakai J, et al. J Nat Prod, 2003, 66: 1421.

[18] Das B, Rao S P, Srinivas K V N S, et al. Phytochemistry, 1995, 38: 715.

[19] Feliciano A S, Medarde M, Lopez J L, et al. Phytochemistry, 1989, 28: 2863.

[20] Silva R D, Pedersoli S, Junior V L, et al. Magn Reson Chem, 2005, 43: 966.

[21] Chang W L, Chiu L W, Lai J H, et al. Phytochemistry, 2003, 64: 1375.

[22] Rastrelli L, Simone F D, More G, et al. J Nat Prod, 2001, 64: 79.

[23] Abe F, Yamauchi T. Chem Pharm Bull, 1986, 34: 4340.

[24] Lin W H, Fang J M, Cheng Y S, et al. Phytochemistry, 1999, 50: 653.

[25] Tan X Q, Chen H S, Liu R H, et al. Planta Med, 2005, 71: 93.

[26] Wang Q, Terreaux C, Marston A, et al. Phytochemistry, 2000, 54: 909.

[27] Lee J S, Huh M S, Kim Y C, et al. Antiviral Research, 2010, 85: 425.

[28] Davis R A, Barnes E C, Longden J, et al. Bioorg Med Chem Lett, 2009, 17: 1387.

第二节　四氢呋喃类木脂素的 ^{13}C NMR 化学位移

【结构特点】

两个苯丙素分子由两个丙基的 4 个碳并合成四氢呋喃环形成的，也是 18 个碳。大体上可以分为 3 种类型：第一种是 8、9 位和 8′、9′位形成四氢呋喃环(Ⅰ)（如化合物 **5-2-1～5-2-14** 和 **5-2-17、5-2-18**）；第二种是 8、9 位和 7′、8′位形成四氢呋喃环(Ⅱ)（如化合物 **5-2-19～5-2-30**）；第三种是 7、8 位和 7′、8′位形成四氢呋喃环(Ⅲ)（如化合物 **5-2-31～5-2-44**）。

I　　　　　　　　　　Ⅱ　　　　　　　　　　Ⅲ

基本结构骨架

【化学位移特征】

1. 两个苯环 1 位和 1′位是连接烷基的碳，大约出现在 δ 130～140，其他各碳遵循芳环的规律。

2. 对于结构类型Ⅰ，一般情况下，7、7′位的碳化学位移出现在 δ 33.3～40.3，8、8′位的碳出现在 δ 42.1～49.9，9、9′位的碳出现在 δ 72.2～73.6。如果 7 位或 7′位连接羟基，7、7′位的碳出现在 δ 82.7～83.9，8、8′位的碳出现在 δ 48.9～53.9，9、9′位的碳出现在 δ 61.0～64.4；如果 9 位连接羟基，则 $\delta_{\text{C-9}}$ 98.9～103.5，$\delta_{\text{C-8}}$ 51.8～53.2（向低场位移），7 位的碳影响不大；如果 7 位连接羟基、7′位为羰基，由于受到羟基和羰基的共同影响，$\delta_{\text{C-7}}$ 75.8，$\delta_{\text{C-8}}$ 50.2，$\delta_{\text{C-9}}$ 70.8，$\delta_{\text{C-7′}}$ 198.2，$\delta_{\text{C-8′}}$ 49.5，$\delta_{\text{C-9′}}$ 72.2。

3. 对于结构类型Ⅱ，如果 8、9 位和 7′、8′位形成呋喃环，7 位为羰基，9′位形成羟甲基，则 $\delta_{\text{C-7}}$ 197.8～200.3，$\delta_{\text{C-8}}$ 49.6～55.1，$\delta_{\text{C-9}}$ 70.6～70.9，$\delta_{\text{C-7′}}$ 83.7～83.9，$\delta_{\text{C-8′}}$ 52.1～52.7，$\delta_{\text{C-9′}}$ 61.2～62.2；如果 7 位和 9′位都有羟基取代，则 $\delta_{\text{C-7}}$ 82.1，$\delta_{\text{C-9′}}$ 87.6；如果 7′位再没有取代，则 $\delta_{\text{C-7′}}$ 32.1，$\delta_{\text{C-8′}}$ 41.8，$\delta_{\text{C-9′}}$ 71.9。

4. 对于结构类型Ⅲ，7、7′位的碳出现在 δ 82.6～91.8，8、8′位的碳出现在 δ 43.4～52.0，9、9′位的碳出现在 δ 9.5～17.5。

5-2-1[1]

5-2-2 R¹=H; R²=R⁴=R⁵=OH; R³=OMe
5-2-3 R¹=OEt; R²=R⁴=R⁵=OH; R³=H
5-2-4 R¹=H; R²=R⁴=R⁵=OH; R³=H
5-2-5 R¹=H; R²=R⁴=R⁵=OAc; R³=OMe
5-2-6 R¹=OEt; R²=R⁴=R⁵=OAc; R³=H

表 5-2-1 化合物 **5-2-1**～**5-2-6** 的 ¹³C NMR 化学位移数据

C	5-2-1[1]	5-2-2[2]	5-2-3[2]	5-2-4[2]	5-2-5[2]	5-2-6[2]
1	136.3	132.2	131.5	133.5	138.2	139.1
2	105.8	111.1	109.0	113.1	112.7	110.0
3	153.3	146.5	146.4	148.4	151.0	151.1
4	136.6	144.0	145.2	145.8	138.8	139.2
5	153.3	114.4	114.1	116.3	122.8	122.7
6	105.8	121.1	121.0	121.9	120.5	119.5
7	39.5	33.3	83.0	34.5	33.5	82.7
8	46.7	42.3	49.9	43.6	42.1	48.9
9	73.6	73.0	64.0	73.8	72.8	64.4
1′	134.3	134.0	133.5	136.7	141.1	140.5
2′	121.7	102.4	109.6	110.4	102.0	110.5
3′	108.3	147.0	146.8	148.2	152.1	151.3
4′	146.1	144.0	145.4	146.6	138.8	139.4
5′	147.8	147.0	114.1	114.9	152.1	122.7
6′	109.2	102.4	119.3	119.4	102.0	118.1
7′	40.3	83.0	83.9	83.7	83.0	83.4
8′	47.0	53.0	51.6	53.9	49.0	49.6
9′	73.6	61.0	63.0	61.1	62.7	63.7
OMe	56.4(×3)	56.3(×2)	56.0	57.5(×2)	56.2(×2)	55.9(×2)
		55.8	55.9		55.8	
OAc					20.5/168.8	20.7/168.9
					20.7/169.0	20.7/168.9
					20.9/171.0	20.7/170.8
OCH₂CH₃			70.7/15.1			70.5/15.2
OCH₂O	101.1					

5-2-7 R¹,R²=R⁴,R⁵=OCH₂O; R³=R⁶=H
5-2-8 R¹,R²=R⁴,R⁵=OCH₂O; R³=R⁶=H; 9-epi
5-2-9 R⁴,R⁵=OCH₂O; R¹=R²=OMe; R³=R⁶=H; 9-epi

5-2-10 R⁴,R⁵=OCH₂O; R¹=R²=OMe; R³=R⁶=H
5-2-11 R¹=R²=R⁴=R⁵=R⁶=OMe; R³=H; 9-epi
5-2-12 R¹=R²=R⁴=R⁵=R⁶=OMe; R³=H

表 5-2-2 化合物 **5-2-7~5-2-12** 的 ^{13}C NMR 化学位移数据[3]

C	5-2-7	5-2-8	5-2-9	5-2-10	5-2-11	5-2-12
1	134.5	133.3	133.4	134.7	132.3	135.4
2	108.1	108.2	108.1	108.2	105.8	105.8
3	147.5	147.5	147.8	147.5	153.1	153.1
4	145.8	145.9	146.0	145.8	135.4	136.4
5	109.2	109.3	109.3	109.4	153.1	153.1
6	121.6	121.7	120.6	121.7	105.8	105.8
7	33.6	39.2	39.2	33.7	39.1	34.2
8	52.0	53.1	53.2	52.2	53.0	51.8
9	98.9	103.4	103.5	98.9	103.3	98.9
1′	133.9	134.1	133.0	132.8	132.9	132.6
2′	108.1	108.1	111.2	111.3	111.2	111.2
3′	147.6	147.5	148.9	149.0	148.8	148.9
4′	145.7	145.9	147.5	147.6	147.4	147.5
5′	109.2	108.9	111.8	111.9	111.9	111.8
6′	121.4	121.5	121.8	120.6	120.4	120.5
7′	38.9	38.4	38.5	38.9	38.7	39.1
8′	42.9	45.9	46.5	42.9	46.2	42.8
9′	72.6	72.2	72.4	72.8	72.3	72.8
OCH$_2$O	100.8	100.8	101.0	100.9		
OMe			55.8	55.8	55.8	55.8
			55.9	55.9	55.9	55.9
			56.0	56.0	56.0	56.0
					56.1	56.1
4′-OMe					60.9	60.9

5-2-13 R^1=R^2=OH
5-2-14 R^1=R^2=OAc

5-2-15

5-2-16

5-2-17

5-2-18

表 **5-2-3** 化合物 **5-2-13~5-2-18** 的 ^{13}C NMR 化学位移数据

C	5-2-13[4]	5-2-14[4]	5-2-15[4]	5-2-16[5]	5-2-17[6]	5-2-18[7]
1	132.2	138.1	132.4	134.9	137.8	133.0
2	111.1	112.8	111.7	102.5	103.1	112.0
3	146.4	150.9	146.6	149.2	153.3	149.0
4	143.9	139.2	143.7	135.2	138.1	148.5
5	114.1	122.6	114.3	143.8	153.3	111.1
6	121.2	120.7	121.5	108.8	103.1	111.8
7	39.1	39.4	35.8	39.2	75.8	33.3
8	46.4	46.4	43.7	46.1	50.2	42.4
9	73.2	73.1	60.5	72.3	70.8	73.0
OMe	55.7	55.8	55.7	56.1(×2) 56.6 60.9	56.1(×2) 60.9	55.9(×2)
OAc		28.6/169.1				
1′	132.2	138.1	132.4	133.7	131.9	133.0
2′	111.1	112.8	111.7	105.8	105.8	112.0
3′	146.4	150.9	146.6	153.1	153.1	152.0
4′	143.9	139.2	143.7	136.4	143.0	147.4
5′	114.1	122.6	114.3	153.1	153.1	111.4
6′	121.2	120.7	121.5	105.8	105.8	120.5
7′	39.1	39.4	35.8	34.2	198.2	82.8
8′	46.4	46.4	43.7	53.0	49.5	52.6
9′	73.2	73.1	60.5	103.4	72.2	61.0
OMe					56.3 60.7 56.1	55.9(×2)
OCH$_2$O				101.3		

5-2-19 R^1=R^2=R^3=R^4=R^5=OMe; R^6=H
5-2-20 R^1=R^2=R^4=R^5=OMe; R^3=R^6=H
5-2-21 R^1, R^2=OCH$_2$O; R^4=R^5=R^6=OMe; R^3=H
5-2-22 R^1=R^2=R^4=R^5=R^6=OMe; R^3=H
5-2-23 R^1,R^2=R^5,R^6=OCH$_2$O; R^4=OMe; R^3=H

5-2-24

表 **5-2-4** 化合物 **5-2-19~5-2-24** 的 ^{13}C NMR 化学位移数据

C	5-2-19[8]	5-2-20[8]	5-2-21[9]	5-2-22[9]	5-2-23[10]	5-2-24[11]
1	129.6	129.7	131.7	131.7	125.3	135.0
2	110.5	110.6	106.2	106.2	143.0	119.6
3	149.2	149.2	153.2	153.2	136.6	108.2
4	153.6	153.6	143.0	143.1	152.9	148.0

续表

C	5-2-19[8]	5-2-20[8]	5-2-21[9]	5-2-22[9]	5-2-23[10]	5-2-24[11]
5	110.0	110.1	153.2	153.2	103.3	147.2
6	123.1	123.1	106.2	106.2	125.6	106.5
7	197.8	198.0	198.0	198.0	200.3	82.1
8	49.6	49.7	49.7	49.7	55.1	50.1
9	70.9	70.8	70.6	70.7	70.8	71.0
1′	136.2	132.9	132.9	134.4	134.7	134.1
2′	103.6	109.5	109.6	107.1	107.2	102.4
3′	153.3	148.9	149.3	148.0	147.3	153.2
4′	137.6	149.2	149.0	147.5	147.8	136.8
5′	153.3	110.8	110.9	108.1	108.0	153.2
6′	103.6	119.3	119.3	120.3	120.3	102.4
7′	83.9	83.8	83.7	83.7	83.9	87.6
8′	52.1	52.1	52.4	52.5	52.7	54.5
9′	61.4	61.4	61.3	61.2	62.2	69.7
OMe	56.0 56.1 60.8	55.9 56.0 60.1	55.9(×2) 56.4(×2) 60.9	56.4(×2) 61.0	60.1	56.1(×2) 60.9
OCH₂O			101.0		101.0 101.8	101.1

5-2-25 R=H
5-2-26 R=OMe

5-2-27

5-2-28

5-2-29 R=OH
5-2-30 R=H

表 5-2-5　化合物 **5-2-25~5-2-30** 的 ^{13}C NMR 化学位移数据

C	5-2-25[12]	5-2-26[12]	5-2-27[13]	5-2-28[14]	5-2-29[15]	5-2-30[15]
1	137.6	133.5	134.4	130.8	128.7	129.6
2	110.1	103.9	107.1	111.9	112.8	112.7
3	148.8	152.5	147.5	150.3	149.7	148.7
4	145.5	139.8	148.0	154.7	146.7	149.1
5	115.1	152.5	108.3	118.6	116.5	116.0

续表

C	5-2-25[12]	5-2-26[12]	5-2-27[13]	5-2-28[14]	5-2-29[15]	5-2-30[15]
6	117.7	103.9	119.1	123.9	121.9	121.6
7	81.6	81.8	83.7	198.4	86.4	85.7
8	52.4	52.2	52.3	50.0	82.0	83.2
9	68.6	58.7	61.3	71.4	64.5	64.5
1'	134.6	134.7	131.1	137.0	134.0	136.9
2'	113.1	113.1	108.1	107.8	116.4	114.5
3'	148.8	148.8	148.4	147.9	150.4	150.9
4'	144.8	144.8	152.2	148.7	146.7	46.4
5'	115.3	115.3	107.9	108.5	117.8	118.4
6'	120.4	120.4	124.9	120.9	124.2	122.3
7'	32.1	32.1	197.3	84.2	40.3	35.1
8'	41.8	41.8	50.0	54.3	82.3	51.7
9'	71.9	71.9	70.8	61.0	74.8	71.8
OMe	55.7(×2)	56.4(×2) 55.7		56.1 56.2	56.3	56.3 56.8
OCH₂O			102.1 101.1	101.9		
Glu-1'	100.3	100.2			103.0	103.1
Glu-2'	73.2	73.2			75.0	75.0
Glu-3'	76.8	76.5			77.8	77.8
Glu-4'	66.9	69.7			71.4	71.4
Glu-5'	77.0	76.4			78.2	78.2
Glu-6'	60.6	60.7			62.5	62.5
Glu-1″	100.2	102.8				
Glu-2″	73.2	74.2				
Glu-3″	76.8	76.8				
Glu-4″	69.7	69.9				
Glu-5″	77.0	77.1				
Glu-6″	60.7	60.9				

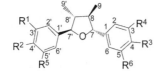

5-2-31 R¹=R⁴=H; R²=R³=OH; R⁵=R⁶=H
5-2-32 R²=R³=R⁴=OH; R¹=R⁵=R⁶=H
5-2-33 R¹=R⁴=H; R²=R³=OH; R⁵=R⁶=H; 8'-epi
5-2-34 R²=R³=OH; R¹=R⁴=OMe; R⁵=R⁶=H; 8'-epi

5-2-35

5-2-36

5-2-37

表 5-2-6 化合物 5-2-31~5-2-37 的 ^{13}C NMR 化学位移数据

C	5-2-31[16]	5-2-32[16]	5-2-33[16]	5-2-34[16]	5-2-35[17]	5-2-36[16]	5-2-37[16]
1	134.0	135.8	132.8	133.0	138.0	132.5	134.4
2	128.3	114.2	127.9	108.9	103.0	128.3	129.1
3	115.8	145.8	115.5	146.9	153.2	114.1	115.8
4	157.6	145.1	157.6	145.2	137.3	159.9	157.8
5	115.8	115.7	115.5	114.5	153.2	114.1	115.8
6	128.3	118.7	127.9	119.1	103.0	128.3	129.1
7	88.7	88.8	86.1	85.9	88.5	82.6	91.8
8	51.9	51.9	48.4	47.9	51.0	159.7	131.7
9	13.9	14.1	12.1	11.9	13.9	106.8	10.4
1′	134.0	134.8	135.5	135.5	138.0	133.1	134.4
2′	128.3	128.4	128.3	109.1	103.0	129.8	129.1
3′	115.8	115.8	115.8	147.1	153.2	115.9	115.8
4′	157.6	157.6	157.6	145.9	137.3	158.0	157.8
5′	115.8	115.8	115.8	114.7	153.2	115,9	115.8
6′	128.3	128.4	128.3	119.6	103.0	129.8	129.1
7′	88.7	88.8	85.2	84.7	88.5	84.0	91.8
8′	51.9	52.0	44.0	43.6	51.0	43.7	131.7
9′	13.9	14.0	9.7	9.5	13.9	17.5	10.4
OMe					60.7 56.0	55.9	

5-2-38

5-2-39

5-2-40

5-2-41 R^1=R^2=R^3=R^4=OMe; R^5=OH; 9'-epi
5-2-42 R^1=R^2=R^4=OMe; R^5=H; R^3=OH; 7'-epi
5-2-43 R^1=R^3=R^4=OH; R^2=OMe; R^5=H; 7,9'-epi
5-2-44 R^1=R^2=R^3=R^4=OH; R^5=H; 7,7'-epi

表 5-2-7 化合物 5-2-38~5-2-44 的 ^{13}C NMR 化学位移数据

C	5-2-38[18]	5-2-39[18]	5-2-40[18]	5-2-41[19]	5-2-42[19]	5-2-43[20]	5-2-44[20]
1	134.2	133.2	133.2	114.2	138.1	135.7	133.9
2	108.5	108.5	109.7	111.2	109.7	113.9	114.0
3	146.5	146.4	146.5	142.1	148.4	146.8	145.3
4	145.1	144.9	145.2	148.4	151.5	147.4	144.8
5	109.7	109.4	114.2	101.7	110.9	112.3	115.6
6	119.9	119.3	119.9	150.1	118.4	117.6	117.7

续表

C	5-2-38[18]	5-2-39[18]	5-2-40[18]	5-2-41[19]	5-2-42[19]	5-2-43[20]	5-2-44[20]
7	88.3	87.3	87.3	87.8	85.7	87.6	87.8
8	47.7	45.9	47.8	46.9	43.4	50.8	51.0
9	14.9	13.8	15.0	15.6	15.6	14.0	14.4
1′	134.2	132.7	132.8	131.8	132.6	133.9	133.9
2′	108.5	108.5	109.4	110.1	108.7	114.1	114.0
3′	146.5	146.1	146.2	148.8	147.0	145.5	145.3
4′	145.1	144.5	144.6	149.7	144.3	145.0	144.8
5′	109.7	109.1	113.9	110.8	113.9	115.7	115.6
6′	119.9	119.2	119.3	119.3	118.8	117.9	117.7
7′	88.3	83.1	83.1	84.4	84.8	87.9	87.8
8′	47.7	44.3	46.0	45.2	47.5	50.9	51.0
9′	14.9	12.9	15.0	14.9	10.3	14.0	14.4
OMe	55.8	55.8	55.8	55.8(×2) 55.9(×2)	55.9(×3)	56.1	

参 考 文 献

[1] Enders D, Lausberg V, Signore G D, et al. Synthesis, 2002, 22: 515.

[2] Estevez-Braun A, Gonzalez A G, Estevez-Reyes R, et al. J Nat Prod, 1995, 58: 887.

[3] Matsuda H, Yamazaki M, Hirata N, et al. Biol Pharm Bull, 2004, 27: 1611.

[4] Fang J M, Hsu K C, Cheng Y S, et al. Phytochemistry, 1989, 28: 3553.

[5] Usia T, Watabe T, Kadota S, et al. J Nat Prod, 2005, 68: 64.

[6] Wang B G, Ebel R, Wang C Y, et al. J Nat Prod, 2004, 67: 682.

[7] Wu T S, Tsai Y L, Damu A G, et al. J Nat Prod, 2002, 65: 1522.

[8] Jung K Y, Kim D S, Lee H K, et al. J Nat Prod, 1998, 61: 808.

[9] Chen I-S, Chen J-J, Duht C-Y, et al. Phytochemistry, 1997, 45: 991.

[10] Sridhar C, Rao K V, Subbaraju G V, et al. Phytochemistry, 2005, 66: 1707.

[11] Tan R X, Tang H Q, Hu J, et al. Phytochemistry, 1998, 49: 157.

[12] Saad H E A, Gamal A A E, Takeya K, et al. Phytochemistry, 1997, 45: 597.

[13] Marchand P A, Lewis N G, Kato M J, et al. J Nat Prod, 1997, 60: 1189.

[14] Yu H J, Chen C C, Shieh B J. J Nat Prod, 1998, 61: 1017.

[15] Schumacher B, Khudeii N, Scholle S, et al. J Nat Prod, 2002, 65: 1479.

[16] Konno C, Lu Z Z, Xue H Z, et al. J Nat Prod, 1990, 53: 396.

[17] Barbosa-Filho J M, da-Cunha E V L, da Silva M S. Magn Reson Chem, 1998, 36: 929.

[18] Herath H M T B, Priyadarshani A M A. Phytochemistry, 1997, 44: 699.

[19] Filho A A, Albuquerque S, Silva M L A, et al. J Nat Prod, 2004, 67: 42.

[20] Abou-Gazar H, Bedir E, Takamatsu S, et al. Phytochemistry, 2004, 65: 2499.

第三节　二苯基四氢呋喃并四氢呋喃类木脂素的 ^{13}C NMR 化学位移

【结构特点】

　　基本骨架由 18 个碳组成，两个苯丙素的 8 位和 8′位碳碳连接，7、9′位以及 9、7′位通过氧连接，成为两个四氢呋喃环，在四氢呋喃环上各有一个苯环。

基本结构骨架

【化学位移特征】

1．二苯基四氢呋喃并四氢呋喃类木脂素类中的两个芳环，一般情况下遵循芳环的规律。

2．剩余 6 个碳的化学位移：δ_{C-7} 77.5～87.7，δ_{C-8} 49.5～55.8，δ_{C-9} 69.6～75.2；$\delta_{C-7'}$、$\delta_{C-8'}$ 和 $\delta_{C-9'}$ 类似于 δ_{C-7}、δ_{C-8} 和 δ_{C-9}。

3．如果 9 位的碳上连接羟基，δ_{C-9} 101.5～102.1；由于羟基效应，邻近的两个碳向低场位移，δ_{C-8} 61.2～61.7，$\delta_{C-7'}$ 89.0～89.3；当 9、9'位都有连氧基团时，9、9'位碳的化学位移为 δ 100.4～107.5；邻近的 8、8'位的碳也向低场位移，δ 58.2～60.9。

4．如果 7 位上有连氧基团，则 δ_{C-7} 113.0，δ_{C-8} 59.4，δ_{C-9} 90.3。

5．如果 8 位上有连氧基团，δ_{C-8} 92.8～92.9；相邻的 3 个碳向低场位移，δ_{C-7} 88.9～89.4，δ_{C-9} 76.0～76.3，$\delta_{C-8'}$ 62.3～62.5；如果 8 位和 8'位上都有连氧基团，7 位和 7'位、8 位和 8'位、9 位和 9'位的化学位移分别为 δ 87.3、87.8、76.0[1]。

6．如果 9 位和 9'位变成羧基，它们的化学位移为 δ 175.1～175.4；而邻近的 8 位和 8'位向高场位移，δ 47.9～48.1。

5-3-1　$R^1=R^2=R^3=$OMe; $R^4,R^5=$OCH$_2$O; $R^6=R^7=R^8=$H
5-3-2　$R^1=R^2=R^3=$OMe; $R^4,R^5=$OCH$_2$O; $R^6=R^7=R^8=$H; 2-epi
5-3-3　$R^1,R^2=R^5,R^6=$OCH$_2$O; $R^3=$H; $R^4=R^7=R^8=$OMe
5-3-4　$R^1=R^2=R^3=R^5=R^6=$OMe; $R^4=R^7=R^8=$H
5-3-5　$R^1,R^2=$OCH$_2$O; $R^3=R^4=R^7=R^8=$H;$R^5=R^6=$OMe
5-3-6　$R^1=$OMe; $R^2=$OOCH$_3$; $R^5,R^6=$OCH$_2$O; $R^3=R^4=R^7=R^8=$H
5-3-7　$R^1=$OMe; $R^2=$OOCH$_3$; $R^5,R^6=$OCH$_2$O; $R^3=R^4=R^7=$H; $R^8=$CH$_3$
5-3-8　$R^1=R^2=R^6=$OMe; $R^5=$OH; $R^3=R^4=R^7=R^8=$H; 6-epi

表 5-3-1　化合物 5-3-1～5-3-8 的 ^{13}C NMR 化学位移数据

C	5-3-1[2]	5-3-2[3]	5-3-3[4]	5-3-4[5]	5-3-5[6]	5-3-6[7]	5-3-7[7]	5-3-8[8]
1	136.7	135.2	134.8	136.8	135.7	133.0	133.6	130.9
2	102.5	106.6	106.4	102.8	106.4	108.6	109.2	108.5
3	153.3	108.2	146.0	153.4	147.8	146.6	149.2	148.8
4	137.3	147.3	147.8	137.5	148.8	145.2	148.6	148.0
5	153.3	148.0	108.0	153.4	109.3	114.2	111.0	111.0
6	102.5	119.6	119.2	102.8	119.3	118.3	118.3	117.7
7		87.7	84.9	86.0	86.6	85.5	85.4	82.0
8	54.3/54.2	54.6	52.1	54.4	54.9	54.0	54.0	50.1
9	71.9/71.6	71.1	72.1	71.8	71.9	71.2	71.3	69.6
1'	134.9	134.1	135.4	133.5	135.7	127.2	127.2	133.0
2'	108.1	102.8	133.2	109.2	119.3	119.1	118.3	119.1
3'	147.9	153.3	101.3	148.7	109.3	102.1	102.1	114.2
4'	147.0	137.1	137.1	149.2	148.8	148.8	148.8	145.3
5'	119.3	153.3	136.9	111.1	147.8	136.2	136.3	146.7

续表

C	5-3-1[2]	5-3-2[3]	5-3-3[4]	5-3-4[5]	5-3-5[6]	5-3-6[7]	5-3-7[7]	5-3-8[8]
6'	109.0	102.8	119.2	118.2	106.4	140.6	140.6	109.0
7'		82.2	79.6	85.7	86.6	82.3	82.4	87.7
8'	54.3/54.2	50.2	55.5	54.1	54.9	54.5	54.5	54.4
9'	71.9/71.6	69.8	72.2	71.9	71.9	73.1	73.2	71.0
OMe	56.1	60.9	60.1		56.1	59.4	59.4	55.9
	60.8	56.2	60.2		56.1	56.0	55.9	55.9
	56.1	56.0	61.9				55.9	55.9
OCH₂O		101.1	100.9		101.2	100.1	101.0	
			101.3					

5-3-9 R¹=R³=R⁴=H; R²=R⁵=OH; R³=R⁶=OMe
5-3-11 R¹=R⁶=H; R²,R³=OCH₂O; R⁴=R⁵=OH
5-3-12 R¹,R²=R⁴,R⁵=OCH₂O; R³=R⁶=H
5-3-13 R¹=R²=R³=R⁶=OMe; R⁴,R⁵=OCH₂O

5-3-14 R¹=R³=R⁴=R⁶=OMe; R²=OH; R⁵=

5-3-15 R¹=R⁴=OMe; R²=R³=R⁶=OH; R⁵=OGlu

5-3-16 R¹=R³=R⁴=R⁶=OMe; R²=OH; R⁵=OGlu; 2-epi

表 5-3-2 化合物 5-3-9~5-3-16 的 ¹³C NMR 化学位移数据

C	5-3-9[9]	5-3-10[10]	5-3-11[11]	5-3-12[3]	5-3-13[2]	5-3-14[12]	5-3-15[13]	5-3-16[13]
1	132.9	133.8	135.1	135.0	136.7	133.2	135.4	131.7
2	108.6	110.5	108.2	106.4	102.8	104.7	109.4	103.4
3	146.7	148.1	119.4	147.9	153.4	149.4	150.6	147.7
4	145.2	148.9	147.1	147.0	137.4	136.4	137.3	133.8
5	114.3	118.6	148.0	119.3	153.4	149.4	141.3	147.7
6	118.9		106.5	108.1	102.8	104.7	109.5	103.4
7	86.0	84.8	85.7	85.7		87.7	85.5	85.4
8	54.4	53.5	54.2	54.2	54.3	55.8	54.6	53.1
9	71.8	71.0	71.7	71.6	85.9/85.7	73.0	75.2	71.4
1'	132.9	135.2	131.5	135.0	135.7	139.6	136.1	133.1
2'	118.9	109.9	113.3	106.4	105.6	105.0	106.5	103.4
3'	114.3	145.8	143.8	147.9	149.1	154.5	155.4	152.5
4'	145.2	148.7	143.4	147.0	134.6	135.7	136.7	137.9
5'	146.7	111.6	115.1	119.3	143.6	154.5	142.9	152.5
6'	108.6	118.6	118.8	108.1	100.0	105.0	106.6	103.4
7'	85.7	84.8	85.6	85.7		87.3	85.6	85.6

续表

C	5-3-9[9]	5-3-10[10]	5-3-11[11]	5-3-12[3]	5-3-13[2]	5-3-14[12]	5-3-15[13]	5-3-16[13]
8'	54.1	53.5	54.0	54.2	54.3	55.6	54.7	53.3
9'	71.9	71.0	71.6	71.6	85.9/85.7	72.9	74.9	71.3
OMe	55.9(×2)	55.4 55.6			56.1(×2) 60.8	56.9(×2) 57.2(×2)	59.1(×2)	56.1(×4)
OCH₂O			101.1	101.0(×2)	101.4			
Glu-1		100.1					106.0	103.1
Glu-2		73.1					76.6	73.6
Glu-3		76.8					79.2	76.1
Glu-4		69.6					72.1	69.1
Glu-5		76.8					78.6	75.6
Glu-6		60.6					63.4	60.4

5-3-17　R¹=R³=R⁴=R⁶=OMe; R²=R⁵=OH; R⁷=H; 2,6-epi

5-3-18　R¹=R²=OMe; R³=R⁴=R⁷=H; R⁵=R⁶=OH

5-3-19　R¹=R²=R³=R⁴=R⁵=R⁶=OMe; R⁷=H

5-3-20　R¹=R⁶=H; R²=R³=R⁴=R⁵=OMe; R⁷=

5-3-21　R¹=R⁶=R⁷=H; R²=R⁵=OGlu; R³=R⁴=OMe

5-3-22　R¹=R⁶=H; R²=R³=R⁴=R⁵=OMe; R⁷=OAc

表 5-3-3　化合物 5-3-17~5-3-22 的 ^{13}C NMR 化学位移数据

C	5-3-17[14]	5-3-18[15]	5-3-19[16]	5-3-20[17]	5-3-21[18]	5-3-22[19]
1	130.0	133.7	137.3	134.2	137.5	133.6
2	103.1	113.6	102.4	118.0	119.8	117.8
3	147.0	148.9	153.3	111.4	118.1	111.0
4	133.9	149.9	148.5	149.2	147.5	148.8
5	147.0	115.6	153.3	149.6	151.0	149.3
6	103.1	118.9	102.4	109.1	111.7	108.7
7	84.2	86.0	77.5	83.5	87.1	83.2
8	49.5	54.2	54.4	61.7	55.5	61.2
9	68.8	92.0	71.9	102.1	72.8	101.5
1'	130.0	133.5	137.3	134.5	137.5	134.1
2'	103.1	118.6	102.4	109.9	111.7	109.4
3'	147.0	111.3	153.3	149.5	151.0	149.1
4'	133.9	144.1	148.5	149.0	147.5	148.7
5'	147.0	143.7	153.3	111.5	118.1	111.1
6'	103.1	109.5	102.4	118.9	119.8	118.5
7'	84.2	86.1	77.5	89.3	87.1	89.0
8'	49.5	54.2	54.4	52.7	55.5	52.4
9'	68.8	71.8	71.9	72.9	72.8	72.7
R¹	56.3	56.16/56.18	56.1			
R²		56.16/56.18	60.8	56.3		56.0
R³	56.3		56.1	56.4	56.8	56.0
R⁴	56.3		56.1	56.3	56.8	56.0

续表

C	5-3-17[14]	5-3-18[15]	5-3-19[16]	5-3-20[17]	5-3-21[18]	5-3-22[19]
R^5			60.8	56.2		55.8
R^6	56.3		56.1			
Ac						170.0/21.3
Glu-1					102.9	
Glu-2					74.9	
Glu-3					77.8	
Glu-4					71.3	
Glu-5					78.2	
Glu-6					62.5	

5-3-23 $R^1=R^6=OMe$; $R^2=R^5=OH$; $R^3=R^4=H$; 2-epi
5-3-24 $R^1=R^6=OMe$; $R^2=OH$; $R^3=R^4=H$; $R^5=OGlu$; 2-epi
5-3-25 $R^1=R^6=OMe$; $R^2=R^5=Ac$; $R^3=R^4=H$; 2-epi
5-3-26 $R^1=R^5=R^6=OMe$; $R^2=OGlu$; $R^3=R^4=H$; 2-epi
5-3-27 $R^1,R^2=R^4,R^5=OCH_2O$; $R^3=R^6=H$; 6-epi
5-3-28 $R^1=R^6=H$; $R^2=OCH(CH_3)_2$; $R^3=R^4=OMe$; $R^5=$

表 **5-3-4** 化合物 **5-3-23~5-3-28** 的 ^{13}C NMR 化学位移数据

C	5-3-23[19]	5-3-24[19]	5-3-25[19]	5-3-26[19]	5-3-27[20]	5-3-28[20]
1	132.3	132.2	138.6	135.2	135.6	133.6
2	110.2	110.2	109.9	110.3	106.6	118.1
3	147.4	147.4	151.0	148.8	146.8	113.0
4	145.9	145.9	140.2	145.8	147.9	149.7
5	115.1	114.8	118.1	115.1	108.2	147.8
6	118.5	118.6	112.7	118.0	118.8	109.5
7	86.9	86.9	87.3	86.5	82.1	85.8
8	53.8	53.8	54.6	53.9	50.2	54.1
9	70.2	70.3	71.1	70.2	71.0	71.7
1'	129.5	132.3	137.3	131.1	132.6	133.6
2'	117.8	117.5	122.6	117.4	119.6	109.5
3'	115.1	115.1	117.7	111.4	108.2	147.8
4'	145.2	145.4	139.2	147.5	148.2	149.7
5'	147.2	148.5	151.2	148.3	147.4	113.0
6'	109.8	109.9	109.9	109.3	106.7	118.1
7'	81.3	81.1	81.9	81.1	87.7	85.8
8'	49.3	49.2	49.9	49.2	54.2	54.1

续表

C	5-3-23[19]	5-3-24[19]	5-3-25[19]	5-3-26[19]	5-3-27[20]	5-3-28[20]
9′	68.7	68.8	69.7	68.8	69.7	71.7
R^1	55.5	55.5	55.9	55.4	101.4	
R^3						55.9
R^4					101.4	55.9
R^5				55.4	101.4	
R^6	55.5	55.6	55.9	55.6		
Ac			20.7/169.1 20.7/169.2			
Glu-1		100.0		100.0		
Glu-2		73.2		73.1		
Glu-3		76.8		76.7		
Glu-4		69.6		69.6		
Glu-5		76.9		76.9		
Glu-6		60.6		60.6		

5-3-29　R^1,R^2=R^4,R^5=OCH$_2$O; R^6=OMe; R^3=R^7=R^8=R^9=H
5-3-30　R^1=R^3=R^4=R^6=OMe; R^2=R^5=OAc; R^7=R^8=R^9=H
5-3-31　R^1=R^6=R^7=R^8=H; R^2=R^5=OH; R^3=R^4=R^9=OMe

5-3-32　R^1=R^5=H; R^2=OH; R^3=β-D-Glu; R^4=R^6=OMe
5-3-33　R^1=R^3=R^5=R^6=H; R^2=OH; R^4=OMe
5-3-34　R^1=R^3=R^6=H; R^2=OH; R^4=OMe; R^5=O-β-D-Glu
5-3-35　R^1=R^5=R^6=H; R^2=OH; R^3=O-β-D-Glu; R^4=OMe

表 5-3-5　化合物 5-3-29~5-3-35 的 ^{13}C NMR 化学位移数据

C	5-3-29[21]	5-3-30[18]	5-3-31[22]	5-3-32[16]	5-3-33[21]	5-3-34[18]	5-3-35[18]
1	135.0	127.8	131.4	128.2	134.6	131.7	127.3
2	105.4	102.1	113.3	106.2	111.1	121.3	121.7
3	134.7	152.1	150.5	149.1	148.8	117.7	116.4
4	143.7	139.5	150.2	136.7	147.3	150.0	147.7
5	149.1	152.1	118.3	149.1	116.0	150.5	149.5
6	100.1	102.1	122.7	106.2	120.1	113.5	112.7
7	85.9	85.5	113.0	89.3	87.1	88.9	89.4
8	54.4	54.2	59.4	92.8	55.7	92.9	92.7
9	71.8	71.9	71.8	76.1	72.7	76.0	76.3
1′	135.8	127.8	135.1	137.2	134.6	133.0	137.4
2′	106.5	102.1	121.8	111.9	120.1	111.3	112.0
3′	147.2	152.1	118.4	151.1	116.0	149.9	151.0
4′	148.0	139.5	149.9	147.9	147.3	149.5	147.6
5′	108.2	152.1	150.8	117.8	148.8	116.8	118.1
6′	119.4	102.1	112.8	120.1	111.1	120.7	120.2

续表

C	5-3-29[21]	5-3-30[18]	5-3-31[22]	5-3-32[16]	5-3-33[21]	5-3-34[18]	5-3-35[18]
7′	85.8	85.5	90.3	87.1	87.1	88.1	87.4
8′	54.3	54.2	55.8	62.5	55.7	62.3	62.4
9′	71.8	71.9	72.8	72.1	72.3	72.2	72.0
R^1	101.1/101.6	55.9	57.9				
R^2		20.1/168.4					
R^3		55.9					
R^4	101.1/101.6	55.9	57.9	56.8	56.7	56.7	56.3
R^5		20.1/168.4					
R^6	56.7	55.9		56.8			
R^9			50.5				
Ac							
3′-OCH$_3$				56.8	56.7	56.3	56.7
Glu-1″				102.9		103.0	102.9
Glu-2″				74.9		74.9	74.9
Glu-3″				77.9		77.8	77.8
Glu-4″				71.2		71.4	71.4
Glu-5″				78.2		78.2	78.2
Glu-6″				62.5		62.5	62.5

注：化合物 **5-3-29** 的取代基 R^1 和 R^2，R^4 和 R^5 两组数据各自之间不好完全区分。

5-3-36 R=H
5-3-37 R=CH$_3$
5-3-38 R=Ac

5-3-39 R^1=R^2=H
5-3-40 R^1=R^2=Ac
5-3-41 R^1=H; R^2=CH$_3$
5-3-42 R^1=Ac; R^2=CH$_3$
5-3-43 R^1=CH$_3$; R^2=H
5-3-44 R^1=CH$_3$; R^2=Ac
5-3-45 R^1=R^2=CH$_3$

表 5-3-6 化合物 **5-3-36~5-3-45** 的 ^{13}C NMR 化学位移数据[23]

C	5-3-36	5-3-37	5-3-38	5-3-39	5-3-40	5-3-41	5-3-42	5-3-43	5-3-44	5-3-45
1	129.0	130.5	137.2	134.2	139.3	133.4	139.1	135.9	133.8	135.0
2	110.6	110.0	110.8	110.8	110.9	110.5	111.1	110.4	109.7	110.1
3	147.4	146.3	151.3	145.8	151.4	146.3	151.1	148.2	148.5	148.5
4	147.9	149.4	139.8	147.5	141.1	147.8	141.5	148.9	148.9	149.1
5	115.5	111.7	123.3	114.9	122.8	115.2	122.8	111.5	111.6	111.6
6	119.1	118.8	118.3	118.9	118.3	119.3	118.5	118.6	118.5	118.9
7	82.1	81.7	81.2	84.2	85.0	84.8	84.2	84.2	85.1	84.7
8	48.1	48.1	47.9	60.9	58.5	59.2	59.1	60.9	58.2	59.2
9	175.4	175.3	175.1	100.2	101.1	107.1	107.5	100.4	100.4	107.1
1′	129.0	130.5	137.2	134.2	139.3	133.4	139.1	135.9	133.8	135.0

续表

C	5-3-36	5-3-37	5-3-38	5-3-39	5-3-40	5-3-41	5-3-42	5-3-43	5-3-44	5-3-45
2'	110.6	110.0	110.8	110.8	110.9	110.5	111.1	110.4	109.7	110.1
3'	147.4	146.3	151.3	145.8	151.4	146.3	151.1	148.2	148.5	148.5
4'	147.9	149.4	139.8	147.5	141.1	147.8	141.5	148.9	148.9	149.1
5'	115.5	111.7	123.3	114.9	122.8	115.2	122.8	111.5	111.6	111.6
6'	119.1	118.8	118.3	118.9	118.3	119.3	118.5	118.6	118.5	118.9
7'	82.1	81.7	81.2	84.2	85.0	84.8	84.2	84.2	85.1	84.7
8'	48.1	48.1	47.9	60.9	58.5	59.2	59.1	60.9	58.2	59.2
9'	175.4	175.3	175.1	100.2	101.1	107.1	107.5	100.4	100.4	107.1
ArO<u>Me</u>[①]	55.8	55.6 55.7	56.0	55.5	55.8	55.4	55.9	55.4 55.6	55.3 55.6	55.3 55.6
RO<u>Me</u>[①]						54.3	54.5			54.3
ArO<u>Ac</u>[①]			20.3/168.4		20.3/169.1		20.3/168.4			
RO<u>Ac</u>[①]					20.9/170.1				21.0/169.4	

此处，R 表示烷基，Ar 表示芳基。

5-3-46 R¹=Ac; R²=Glu; R³=H
5-3-47 R¹=Ac; R²=Glu; R³=Me
5-3-48 R¹=R³=H; R²=Glu
5-3-49 R¹=H; R²=Glu; R³=Me
5-3-50 R¹=H; R²=Glu(Ac)₄; R³=Me
5-3-51 R¹=Ac; R²=Glu(Ac)₄; R³=Me
5-3-52 R¹=R³=Ac; R²=Glu(Ac)₄

5-3-53

表 5-3-7 化合物 5-3-46～5-3-53 的 ^{13}C NMR 化学位移数据[10]

C	5-3-46	5-3-47	5-3-48	5-3-49	5-3-50	5-3-51	5-3-52	5-3-53
1	131.2	131.7	132.3	133.9	132.2	132.4	139.1	132.1
2	113.0	111.6	112.5	111.6	111.2	111.0	113.7	115.1
3	147.5	148.1	147.4	148.3	149.3	148.9	151.3	148.9
4		148.7			148.9		139.4	
5	115.3	114.6	115.1	114.6	119.0	118.6	119.7	118.6
6	121.1	121.0	119.7	119.7		120.5	122.9	
7	84.5	84.3	85.4	85.1	85.8	85.6	85.4	85.1
8	58.2	58.2	60.8	60.8	60.3	58.7	58.9	53.5
9	73.8	73.7	74.7	74.7	74.9	74.9	74.9	70.9
1'	130.3	130.2	131.1	131.1	133.1	133.1	133.1	135.2
2'	110.7	110.1	110.7	110.2	109.9	109.6	110.1	110.4
3'	146.3	146.2	145.9	145.9	146.2	146.0	146.1	145.9
4'	148.2	148.3	148.3	148.7	151.1	150.3	150.3	148.7
5'	114.6	112.9	114.6	112.5	111.4	113.8	118.2	118.1
6'	119.0	118.5	118.8	118.4	120.3	119.7	120.6	118.6

续表

C	5-3-46	5-3-47	5-3-48	5-3-49	5-3-50	5-3-51	5-3-52	5-3-53
7'	86.1	86.0	86.9	86.8	87.5	86.8	86.7	84.8
8'	97.0	96.9	91.2	91.2	91.9	97.2	97.1	53.5
9'	73.8	73.7	74.7	74.7	74.9	74.9	74.9	70.9
$\underline{C}H_3CO$	20.6	20.5			20.6	20.5, 20.7	20.5	
$CH_3\underline{C}O$	168.8	168.7			169.4 170.3 170.6	169.3 170.1 170.4	169.0 169.3 170.2 170.5	
CH_3O	55.6 55.8	55.4 55.7	55.6	55.7 55.9	55.9 56.2	55.9 56.1	55.9 56.1	55.6
Glu-1	99.9	99.7	100.3	100.3				100.1
Glu-2	73.2	73.2	73.2	73.2				73.1
Glu-3	76.9	79.8	76.9	76.9				76.9
Glu-4	69.7	69.7	69.7	69.7				69.6
Glu-5	76.9	76.8	76.9	76.9				76.9
Glu-6	60.7	60.6	60.8	60.8				60.8

参 考 文 献

[1] Anjaneyulu ASR, Ramaiah PA, Row LR, et al. Tetrahedron, 1981, 37: 3641.

[2] Christov R, Bankova V, Tsvetkova I, et al. Fitoterapia, 1999, 70: 89.

[3] Pelter A, Ward RS. Tetrahedron Lett, 1977, 47: 4137.

[4] Venkataraman R, Gopalakrishnan S. Phytochemistry, 2004, 67: 1135.

[5] Miyazawa M, Kasahara H, Kameoka H. Phytochemistry, 1992, 31: 3666.

[6] Piccinelli A L, Arana S, Caceres A, et al. J Nat Prod, 2002, 61: 963.

[7] Rojas S, Acevedo L, Macias M, et al. J Nat Prod, 2003, 66: 221.

[8] Banerji A, Pal S. J Nat Prod, 1982, 45: 672.

[9] Ito C, Itoigawa M, Otsuka T, et al. J Nat Prod, 2000, 63, 1344.

[10] Chiba M, Okabe K, Hisada S, et al. Chem Pharm Bull, 1979, 27: 2868.

[11] Perez C, Almonacid L N, Trujillo J M, et al. Phytochemistry, 1995, 40: 1511.

[12] Shahat A A, Abdel-Azim N S, Pieters L, et al. Fitoterapia, 2004, 75: 771.

[13] Wang C Z, Jia ZJ. Phytochemistry, 1997, 45: 159.

[14] Chang F R, Chao Y C, Teng C M, et al. J Nat Prod, 1998, 61: 863.

[15] Latip J, Hartley T G, Waterman P G. Phytochemistry, 1999, 51: 107.

[16] Piccinelli A L, Arana S, Caceres A, et al. J Nat Prod, 2004, 67: 1135.

[17] Tene M, Tane P, Sondengam B L, et al. Phytochemistry, 2004, 65: 2101.

[18] Schumacher B, Scholle S, Holzl J, et al. J Nat Prod, 2002, 65: 1479.

[19] Kitagawa S, Nishibe S, Benecke R, et al. Phytochemistry, 1990, 29: 1971.

[20] Chen I S, Chen T L, Chang Y L, et al. J Nat Prod, 1999, 62: 833.

[21] Tan R X, Tang H Q, Hu J, et al. Phytochemistry, 1998, 49: 157.

[22] Liu L H, Pu J X, Zhao J F, et al. Chin Chem Lett, 2004, 15: 43.

[23] Pelter A, Ward R S, Watson D J, et al. J Chem Soc, Perkin Trans Ⅰ, 1982: 175.

第四节 4-苯基四氢萘类木脂素的 ^{13}C NMR 化学位移

【结构特点】

4-苯基四氢萘类木脂素也是由两个苯丙素分子并合而成的化合物，是由 8 位和 8'位连接，7'位又与另一个苯环连接，形成四氢萘，所在的苯环正好位于四氢萘的 4 位上，所以称为 4-苯基四氢萘类木脂素。

基本结构骨架

【化学位移特征】

1．两个芳环也和其他木脂素的芳环一样，遵循芳环碳的化学位移规律。

2．四氢萘的氢化部分以及 9 位和 9′位没有任何取代基团时，非苯环部分 6 个碳的化学位移为：δ_{C-7} 33.4～35.4，δ_{C-8} 25.9～29.8，δ_{C-9} 15.4～18.8，$\delta_{C-7'}$ 46.9～51.2，$\delta_{C-8'}$ 40.7～41.5，$\delta_{C-9'}$ 13.7～16.4。

3．如果 9 位和 9′位的碳连接有含氧基团，受含氧基团影响，9 位和 9′位的碳的化学位移进入连氧脂肪碳区外，8 位和 8′位的碳由于 β-效应也向低场位移，而 7 位和 7′位的碳略向高场位移。非苯环部分的 6 个碳的化学位移为：δ_{C-7} 32.4～34.1，δ_{C-8} 35.2～41.2，δ_{C-9} 65.0～75.2，$\delta_{C-7'}$ 42.7～48.8，$\delta_{C-8'}$ 43.4～48.2，$\delta_{C-9'}$ 61.3～71.5。

4．如果 7、8 位为双键，而 9 位和 9′位为羧基或羧酸酯，则它们的化学位移也向低场位移，δ_{C-7} 130.7～141.1，δ_{C-8} 120.9～135.6，δ_{C-9} 167.4～172.1，$\delta_{C-9'}$ 172.6～177.9。

5．如果 7 位的碳为羧基，则 δ_{C-7} 198.8～200.0，δ_{C-8} 42.7～48.5，δ_{C-9} 11.7～12.6。

6．如果 7、8 位为双键，9 位和 9′位为羟甲基，6 个非苯环碳的化学位移为：δ_{C-7} 124.5，δ_{C-8} 138.2，δ_{C-9} 66.2，$\delta_{C-7'}$ 38.8，$\delta_{C-8'}$ 47.0，$\delta_{C-9'}$ 65.2。

5-4-1 $R^1=R^5=Me$; $R^2=R^4=H$; $R^3=OMe$
5-4-2 $R^1=R^2=R^3=R^4=R^5=H$
5-4-3 $R^1=R^3=R^4=H$; $R^2=R^5=Me$
5-4-4 $R^1,R^2=R^4,R^5=CH_2$; $R^3=H$
5-4-5 $R^1=R^2=Me$; $R^3=H$; $R^4,R^5=CH_2$

表 5-4-1 化合物 5-4-1~5-4-5 的 ^{13}C NMR 化学位移数据

C	5-4-1[1]	5-4-2[2]	5-4-3[3]	5-4-4[4]	5-4-5[4]
1	123.5	128.0	129.3	129.3	128.4
2	105.9	115.5	114.1	108.3	111.2
3	146.2	143.7	143.8	145.8	147.4
4	136.7	143.7	144.9	145.7	147.1
5	145.6	117.6	112.6	110.1	113.2
6	128.0	140.1	129.2	130.7	129.3
7	33.4	35.4	34.5	35.4	34.6
8	25.9	29.8	28.5	28.8	28.4
9	18.8	16.0	15.4	16.0	16.6
1′	140.0	130.3	139.5	141.1	141.3
2′	111.2	116.8	122.1	109.3	109.4
3′	146.1	145.2	146.4	147.4	147.3
4′	143.4	144.0	144.0	145.6	145.5
5′	113.4	115.7	113.7	107.6	107.6
6′	121.2	121.2	111.4	122.2	122.1

续表

C	5-4-1[1]	5-4-2[2]	5-4-3[3]	5-4-4[4]	5-4-5[4]
7′	46.9	50.8	51.1	51.2	51.0
8′	40.7	41.5	40.9	40.7	40.9
9′	13.7	16.2	16.4	15.5	15.3
R^1	56.0			100.5	55.7
R^2			55.9		55.8
R^3	59.8			100.5	
R^4					
R^5	55.9		55.92	100.8	100.8

5-4-6 R^1=R^2=Ac; R^3=R^4=R^6=H; R^5=OMe
5-4-7 R^1=R^2=Ac; R^3=R^6=H; R^4=R^5=OMe
5-4-8 R^1=R^3=R^4=R^5=R^6=H; R^2=α-L-Rha
5-4-9 R^1=R^3=R^4=R^5=R^6=H; R^2=a
5-4-10 R^1=R^2=R^3=R^4=R^5=R^6=H
5-4-11 R^1=R^2=R^3=R^4=R^6=H; R^5=OMe

表 5-4-2 化合物 5-4-6~5-4-11 的 ^{13}C NMR 化学位移数据

C	5-4-6[5]	5-4-7[5]	5-4-8[6]	5-4-9[7]	5-4-10[8]	5-4-11[8]
1	127.4	128.5	128.9s	133.9	129.0s	129.0s
2	112.1	107.1	112.4d	112.6	112.4d	112.4d
3	146.8	148.0	149.2s	147.4	147.2s	147.3s
4	145.6	137.9	146.1s	145.4	145.3s	145.3s
5	116.5	146.9	117.1d	117.2	117.3d	117.3d
6	133.1	125.3	138.1s	129.0	134.2s	134.0s
7	33.3	33.2	33.6t	33.5	33.6t	33.6t
8	36.7	37.1	40.0d	39.8	40.0d	40.0d
9	67.1	67.5	65.3t	65.2	65.9t	65.8t
10	56.2	56.4	56.3q	56.5	56.4q	56.4q
1′	135.9	138.7	133.9d	137.8	138.6s	137.8s
2′	107.8	107.0	113.4d	113.9	113.8d	107.7d
3′	148.8	148.4	147.2s	149.1	149.0s	149.2s
4′	135.6	135.2	145.2s	146.2	145.9s	135.0s
5′	148.8	148.4	116.1d	116.2	115.9d	149.2s
6′	107.8	107.0	123.2d	123.1	123.2d	107.7d
7′	48.5	42.7	48.3d	48.8	48.1d	48.5d
8′	44.3	45.4	45.5d	44.8	48.0d	47.8d
9′	64.0	65.8	67.9t	64.9	62.2t	62.1t
10′	56.7	56.8	56.3q	56.4	56.3q	56.7q
1″			102.3d	127.1		
2″			72.3d	131.2		
3″			72.5d	116.9		
4″			73.8d	161.4		
5″			70.1d	116.9		
6″			17.9q	131.2		

续表

C	5-4-6[5]	5-4-7[5]	5-4-8[6]	5-4-9[7]	5-4-10[8]	5-4-11[8]
7″				146.6		
8″				115.1		
9″				169.4		
R^1	170.9/20.7	171.0/20.7				
R^2	171.1/20.8	171.2/20.8				
R^4		59.4				
R^5	56.7	56.8				56.7
R^6						

5-4-12　R^1=R^2=R^4=R^5=H; R^3=R^6=Me
5-4-13　R^1=R^2=Ac; R^3=R^6=Me; R^4=R^5=H
5-4-14　R^1=R^2=R^3=R^4=R^5=H; R^6=Me
5-4-15　R^1=R^2=R^3=Ac; R^4=R^5=H; R^6=Me
5-4-16　R^1=R^2=R^4=R^5=R^6=H; R^3=Me
5-4-17　R^1=R^2=R^6=Me; R^3=R^5=H; R^4=R^5=H
5-4-18　R^1=R^2=R^3=R^6=Ac; R^4=R^5=H
5-4-19　R^1=R^3=R^6=H; R^2=b; R^4=R^5=OMe

表 5-4-3　化合物 **5-4-12~5-4-19** 的 ^{13}C NMR 化学位移数据[9]

C	5-4-12	5-4-13	5-4-14	5-4-15	5-4-16	5-4-17	5-4-18	5-4-19[10]
1	128.1	127.5	127.7	133.8	128.3	127.7	134.0	129.6
2	110.7	110.7	111.0	111.7	1110.6	110.8	111.7	108.9
3	147.3	147.6	147.6	149.1	147.0	147.4	149.2	148.1
4	147.0	147.1	144.0	137.8	146.5	147.3	137.9	138.8
5	111.9	111.9	116.3	123.5	111.8	112.6	123.6	148.4
6	137.6	136.6	138.4	135.9	136.5	130.4	131.0	126.6
7	33.2	32.7	33.2	33.1	32.4	32.7	33.1	33.9
8	39.9	35.4	39.9	35.3	38.9	35.5	35.2	40.9
9	66.2	66.4	66.0	66.3	65.0	66.4	66.2	65.7
10	55.7	55.8	56.0	56.4	55.1	55.9	55.9	56.2
1′	131.7	131.0	132.8	131.7	131.9	138.4	138.4	139.6
2′	112.8	112.5	112.5	111.9	112.6	113.1	113.1	107.6
3′	148.9	148.9	149.1	149.1	145.4	150.9	151.0	149.3
4′	146.9	147.1	145.8	147.8	144.1	143.4	142.7	135.7
5′	110.8	111.0	111.5	111.1	114.3	122.7	122.7	149.3
6′	121.7	121.6	122.1	121.7	121.6	121.5	121.5	107.6
7′	48.0	47.3	47.7	47.0	47.0	47.6	47.2	42.7
8′	48.2	43.7	48.0	43.4	47.0	43.8	43.5	46.3
9′	62.6	63.4	62.4	63.1	61.3	63.4	63.0	71.1
10′	55.7	55.8	56.0	56.4	55.1	55.9	55.9	56.6
1″								105.6
2″								75.0
3″								78.7
4″								71.3
5″								67.5

续表

C	5-4-12	5-4-13	5-4-14	5-4-15	5-4-16	5-4-17	5-4-18	5-4-19[10]
R^1		170.8/20.9		171.4/21.4		170.9/20.9	170.8/20.8	
R^2		170.7/20.9		171.2/21.4		170.7/20.9	170.6/20.8	
R^3				169.5/21.1			169.0/20.8	
R^4								59.8
R^5								56.6
R^6						168.4/20.9	168.8/20.8	

5-4-20   5-4-21   5-4-22   5-4-23

5-4-24   5-4-25

表 5-4-4 化合物 5-4-20~5-4-25 的 ^{13}C NMR 化学位移数据

C	5-4-20[11]	5-4-21[11]	5-4-22[12]	5-4-23[12]	5-4-24[12]	5-4-25[12]
1	136.4	137.6	136.4	137.6	124.9	128.8
2	116.9	117.9	116.0	111.0	122.6	122.7
3	145.9	146.8	144.8	148.0	114.6	121.8
4	149.1	150.1	149.1	150.1	144.3	144.1
5	117.9	118.3	116.3	117.0	149.1	139.3
6	125.6	125.9	125.6	125.9	126.2	125.5
7	140.4	140.8	140.4	137.5	141.1	130.7
8	130.6	131.9	130.6	130.3	135.6	126.5
9	168.4	169.3	168.4	169.3	168.4	167.5
1′	122.1	123.7	122.1	123.7	121.7	111.8
2′	116.0	115.6	116.9	117.9	115.9	113.2
3′	144.8	145.8	145.9	146.8	144.6	144.0
4′	146.1	147.0	146.1	147.0	145.9	148.9
5′	116.3	117.0	117.9	118.3	116.3	106.0
6′	119.8	120.4	119.8	120.4	119.9	150.5
7′	47.1	47.4	47.1	47.4	*	126.5
8′	49.9	50.5	49.9	47.3	47.0	122.9
9′	174.7	174.4	174.7	174.4	174.7	174.0
三萜部分						

续表

C	5-4-20[11]	5-4-21[11]	5-4-22[12]	5-4-23[12]	5-4-24[12]	5-4-25[12]
1	39.4	40.6	39.4	40.6	39.4	40.6
	40.1	41.2	40.1	41.2	40.1	40.6
2	27.8	28.5	27.8	28.5	27.9	28.5
	27.8	28.7	27.8	28.7	27.9	29.0
3	79.7	80.4	79.7	80.4	79.7	79.6
	79.7	80.4	79.7	80.4	79.7	80.1
4	39.9	40.6	39.9	40.6	39.9	39.9
	39.9	40.8	39.9	40.8	39.9	40.3
5	56.9	57.4	56.9	57.4	56.9	56.5
	57.1	57.9	57.1	57.9	57.2	57.5
6	19.4	20.3	19.4	20.3	19.4	20.1
	19.4	20.3	19.4	20.3	19.5	20.2
7	34.9	35.7	34.3	35.0	34.3	34.9
	35.0	35.7	34.9	35.7	34.9	35.3
8	41.1	41.9	41.1	41.9	41.1	42.0
	41.1	41.9	41.1	41.9	41.2	42.1
9	50.1	50.9	50.1	50.9	50.1	50.9
	50.4	50.9	50.4	50.9	50.4	50.9
10	38.3	39.1	38.3	39.1	38.4	39.1
	38.3	39.3	38.3	39.3	38.4	39.2
11	24.7	25.9	23.7	24.5	23.9	24.7
	24.7	25.9	23.8	24.7	23.9	24.7
12	128.2	128.9	128.2	128.9	128.2	128.8
	128.7	129.1	128.7	129.1	128.8	129.2
13	137.5	138.9	137.5	138.9	137.4	140.1
	137.9	139.6	137.9	139.6	137.9	141.6
14	45.7	47.4	46.7	47.4	46.7	47.4
	45.9	47.7	46.9	47.7	47.0	47.6
15	25.1	25.9	25.1	25.9	25.2	25.7
	25.5	26.1	25.5	26.1	25.5	26
16	23.7	24.5	24.7	25.9	24.7	24.9
	23.8	24.7	24.7	25.9	24.7	25.1
17	47.2	48.1	47.2	48.1	47.2	48.1
	47.4	48.3	47.4	48.3	47.5	48.2
18	42.1	43.3	42.1	43.3	42.1	42.8
	42.4	43.5	42.4	43.5	42.5	43.3
19	45.1	46.1	45.1	46.1	45.1	47.1
	45.4	46.3	45.4	46.3	45.5	47.1
20	31.3	32.1	31.3	32.1	31.3	32.4
	31.6	32.3	31.6	32.3	31.5	32.5
21	34.3	35.0	34.9	35.7	35	35.6
	34.9	35.7	35.0	35.7	35.1	35.8
22	33.7	34.5	33.7	34.5	33.7	34.3
	33.7	34.5	33.7	34.5	33.8	34.5
23	28.9	29.5	28.9	29.5	28.9	28.7
	29.1	29.8	29.1	29.8	29.1	28.7

续表

C	5-4-20[11]	5-4-21[11]	5-4-22[12]	5-4-23[12]	5-4-24[12]	5-4-25[12]
24	16.3	17.1	16.3	17.2	16.3	17.1
	16.3	17.2	16.5	17.3	16.5	17.2
25	16.3	17.2	16.3	17.1	16.3	16.8
	16.5	17.3	16.3	17.2	16.3	17
26	18.8	19.6	18.8	19.6	18.8	19.7
	18.9	19.6	18.9	19.6	18.9	19.7
27	67.2	67.1	67.2	67.1	66.3	68.6
	67.4	67.6	67.4	67.6	67.3	68.6
28	181.7	182.4	181.7	182.4	181.7	182.3
	181.7	182.5	181.7	182.5	181.7	182.6
29	33.2	33.9	33.2	33.9	33.2	34.4
	33.5	34.2	33.5	34.2	33.5	34.4
30	23.6	24.4	23.6	24.4	23.7	24.9
	23.8	24.9	23.8	24.9	23.9	24.9

5-4-26 R1=R2=Me; R3,R4=CH2; R5=R6=H; R7,R8=CH2O
5-4-27 R1=R4=R5=R7=R8=H; R2=β-Api-(1→2)-O-β-Glu; R3=Me; R6=OMe
5-4-28 R1=R2=R5=R6=R7=H; R3=R4=Me; R8=OMe
5-4-29 R1=R4=R7=H; R2=β-D-Glu; R3=Me; R5=R6=R8=OMe
5-4-30 R1=β-D-Glu; R2=R4=R7=H; R3=Me; R5=R6=R8=OMe
5-4-31 R1=R4=R5=R7=H; R2=β-D-Glu; R3=Me; R6=R8=OMe

表 5-4-5 化合物 5-4-26~5-4-31 的 ^{13}C NMR 化学位移数据

C	5-4-26[13]	5-4-27[14]	5-4-28[15]	5-4-29[16]	5-4-30[16]	5-4-31[16]
1	129.8	129.2	130.0	130.2	130.1	129.2
2	108.0	112.4	114.6	107.7	107.7	112.4
3	145.5	147.1	148.3	147.5	148.6	147.4
4	145.6	145.8	148.2	138.9	138.9	145.3
5	109.5	117.4	112.8	148.7	147.7	117.3
6	133.1	133.8	134.0	126.2	126.5	133.5
7	33.5	33.6	33.5	33.8	34.1	33.6
8	36.2	40.8	40.0	41.2	38.2	41.1
9	75.2	65.8	65.9	66.2	74.9	65.5
1'	139.4	138.7	138.5	139.4	139.6	137.9
2'	109.2	113.0	113.8	107.1	107.0	108.0
3'	147.8	148.9	148.4	149.0	149.0	149.3
4'	146.0	145.9	146.0	134.6	134.6	135.1
5'	107.8	116.0	116.0	149.0	149.0	149.3
6'	122.7	123.4	123.2	107.1	107.0	108.0
7'	47.5	48.3	46.0	43.2	42.7	
8'	44.8	45.7	47.0	46.5		45.3
9'	71.2	70.6	62.1	71.5	63.3	70.8
R1	59.0				Glu 104.6	

续表

C	5-4-26[13]	5-4-27[14]		5-4-28[15]	5-4-29[16]	5-4-30[16]	5-4-31[16]
						75.2	
						78.0	
						71.7	
						78.1	
						62.8	
R²	59.1	Glu	Api		Glu		Glu
		103.1	111.0		104.2		103.9
		80.2	77.9		75.0		75.0
		77.6	80.4		78.0		78.0
		71.6	75.1		71.5		71.5
		78.2	65.7		78.2		78.2
		62.6			62.7		62.5
R³	100.5	56.4		56.4	56.6	56.6	56.4
R⁴				56.4			
R⁵					60.1	60.0	
R⁶		56.6			56.9	56.8	56.9
R⁷	100.8						
R⁸				56.5	56.8	56.8	56.9

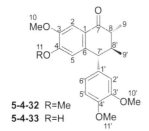

5-4-32　R=Me
5-4-33　R=H

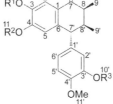

5-4-34　R¹=R²=R³=Me
5-4-35　R¹=R³=Me; R²=H
5-4-36　R¹,R²=CH₂; R³=Me

表 5-4-6　化合物 5-4-32~5-4-36 的 ¹³C NMR 化学位移数据[17]

C	5-4-32	5-4-33	5-4-34	5-4-35	5-4-36
1	125.7s	125.5s	125.6s	125.2s	127.0s
2	108.1d	108.0d	108.2s	108.0d	105.8d
3	148.0s	145.6s	148.0s	145.8s	147.2s
4	153.2s	150.3s	153.7s	150.7s	152.2s
5	111.2d	114.7d	111.7d	115.4d	109.5d
6	141.5s	142.4s	138.7s	140.0s	141.0s
7	198.8s	198.8s	200.0s	200.0s	199.5s
8	48.5d	48.6d	42.7d	43.2d	43.0d
9	12.6q	12.6q	11.9q	11.7q	11.7q
10	56.0q	56.1q	56.0q	56.1q	101.6t
11	55.9q		55.8q		101.6t
1′	136.1s	136.0s	136.2s	136.2s	136.0s
2′	111.8d	111.8d	111.9d	112.0d	111.9d
3′	149.3s	149.3s	149.1s	149.1s	149.2s
4′	147.9s	148.0s	147.9s	147.8s	147.9s
5′	111.0d	111.1d	111.0d	115.4d	111.1d
6′	122.2d	122.0d	121.1d	121.2d	121.1d
7′	53.3d	53.1d	50.3d	49.7d	50.6d

续表

C	5-4-32	5-4-33	5-4-34	5-4-35	5-4-36
8′	43.8d	43.5d	42.5d	41.9d	42.0d
9′	18.0q	18.0q	15.9q	16.0q	15.9q
10′	55.8q	55.9q	55.9q	55.9q	55.9q
11′	56.0q	56.0q	56.0q	56.0q	56.0q

5-4-37 R^1=R^2=CH$_2$OH; R^3=R^4=R^7=Me; R^5=R^8=OMe; R^6=H
5-4-38 R^1=a; R^2=b; R^3=Me; R^4=R^7=H; R^5=R^6=R^8=OMe
5-4-39 R^1=a; R^2=b; R^3=Me; R^4=R^6=R^7=R^8=H; R^5=OMe
5-4-40 R^1=R^2=COOH; R^3=R^4=R^7=Me; R^5=R^6=H; R^8=OMe
5-4-41 R^1=R^2=COOMe; R^3=R^4=R^5=R^6=R^7=H; R^8=OH
5-4-42 R^1=R^2=COOMe; R^3=R^4=R^7=Me; R^5=R^6=H; R^8=OMe

表 5-4-7 化合物 5-4-37~5-4-42 的 ^{13}C NMR 化学位移数据

C	5-4-37[18]	5-4-38[19]	5-4-39[19]	5-4-40[20]	5-4-41[20]	5-4-42[20]
1	128.8	124.3	124.3	123.8	124.7	125.2
2	106.3	109.1	109.2	112.0	116.8	113.3
3	152.3	149.2	149.1	148.9	144.6	149.3
4	142.0	143.1	143.1	151.4	145.1	149.6
5	151.6	146.9	146.9	112.2	117.0	113.4
6	121.6	125.2	125.5	130.5	130.8	131.3
7	124.5	135.1	135.2	140.0	138.4	138.2
8	138.2	127.1	126.9	120.9	122.9	123.4
9	66.2	170.0	170.0	172.1	167.5	167.4
1′	136.5	135.3	136.3	130.5	136.0	136.5
2′	111.0	106.0	116.2	110.7	115.4	112.6
3′	147.3	149.0	144.8	147.9	145.6	150.2
4′	148.6	135.3	145.9	148.3	148.3	152.2
5′	110.8	149.0	115.9	111.1	116.0	112.7
6′	119.4	106.0	119.9	119.3	119.7	120.3
7′	38.5	41.6	41.0	45.1	46.1	46.2
8′	47.0	49.2	49.0	46.7	48.3	47.9
9′	65.2	174.0	174.0	177.8	173.2	172.9
R^2/R^1					52.3/51.8	52.4/51.9
1″/1‴		131.1/131.3	131.1/131.4			
2″/2‴		130.7/130.8	130.7/130.8			
3″/3‴		116.2/116.2	116.2/116.2			
4″/4‴		156.8/156.8	156.7/156.8			
5″/5‴		116.2/116.2	116.2/116.2			
6″/6‴		130.8/130.8	130.7/130.8			
7″/7‴		42.4/42.8	42.4/42.8			
8″/8‴		35.4/35.6	35.5/35.6			
R^3	56.0	56.8	56.8	55.8		56.0
R^4	60.8			55.8		56.1

续表

C	5-4-37[18]	5-4-38[19]	5-4-39[19]	5-4-40[20]	5-4-41[20]	5-4-42[20]
R^5	55.7	60.8	60.8			
R^6		56.7				
R^7	55.8			55.9		56.2
R^8	55.8	56.7		56.0		56.2

5-4-43 R^1=Glu; R^2=OH; R^3=OCH$_3$
5-4-44 R^1=Glu; R^2=OH; R^3=a
5-4-45 R^1=Glu; R^2=b; R^3=a
5-4-46 R^1=OH; R^2=R^3=a

表 5-4-8 化合物 5-4-43~5-4-46 的 ^{13}C NMR 化学位移数据[21]

C	5-4-43	5-4-44	5-4-45	5-4-46
木脂素部分				
1	128.3s	126.0s	128.0s	125.0s
2	117.5d	117.5d	117.7d	117.8d
3	147.5s	147.5s	147.3s	144.9s
4	148.3s	148.3s	148.5s	148.9s
5	118.9d	118.7d	118.6d	116.4d
6	131.1s	131.0s	131.1s	132.2s
7	138.6d	138.7d	139.3s	140.8d
8	126.1s	128.3s	125.1s	124.3s
9	170.2s	170.1s	168.5s	167.9s
1'	135.6s	135.2s	135.1s	132.5s
2'	115.9d	116.0d	116.0d	117.7d
3'	146.2s	146.2s	146.1s	146.3s
4'	145.2s	145.3s	145.2s	145.7s
5'	116.3d	116.4d	116.5d	116.5d
6'	120.1d	120.3d	120.3d	122.0d
7'	47.2d	47.4d	47.2d	48.1d
8'	48.8d	49.4d	49.3d	49.5d
9'	175.2s	173.8s	173.8s	172.6s
OMe	52.7q			
Glu				
1''	103.7d	103.6d	103.4d	
2''	74.8d	74.8d	74.7d	
3''	77.6d	77.5d	77.4d	

续表

C	5-4-43	5-4-44	5-4-45	5-4-46
4''	71.0d	71.0d	70.9d	
5''	78.1d	78.0d	77.9d	
6''	62.1t	62.1t	62.0d	
莽草酸部分				
1'''/1'''''		129.4s	129.5s	130.3s /129.1s
2'''/2'''''		139.3d	139.3d	138.8d /139.7d
3'''/3'''''		67.1d	67.1d	67.3d /67.0d
4'''/4'''''		68.6d	68.6d	70.1d /68.1d
5'''/5'''''		72.2d	72.4d	71.8d /72.1d
6'''/6'''''		27.4t	27.6d	29.2t /26.9t
7'''/7'''''		169.5s	169.9s	169.7s /169.7s
庚糖醇				
1'''''			67.4t	
2'''''			72.3d	
3'''''			73.2d	
4'''''			74.1d	
5'''''			71.1d	
6'''''			74.9d	
7'''''			64.1t	

参 考 文 献

[1] Cheng W, Zhu C G, Xu W D, et al. J Nat Prod, 2009, 72: 2145.

[2] Chohachi K, Xue H Z, Lu Z Z, et al. J Nat Prod, 1989, 52: 1113.

[3] Joshua D L, Sang S M, Ann D, et al. Phytochemistry, 2005, 66: 811.

[4] Letícia F L B, Andersson B, Marcos J S, et al. J Nat Prod, 2009, 72: 1529.

[5] Zhang Z Z, Dean G, Li C L, et al. Phytochemistry, 1999, 51: 469.

[6] Hyoun J K, Woo E R, Hokoonpa R. J Nat Prod, 1994, 57: 581.

[7] Yang B H, Zhang W D, Liu R H, et al. J Nat Prod 2005, 68: 1175.

[8] Aranya J, Zhang H J, Ghee T T, et al. Phytochemistry, 2005, 66: 2745.

[9] Sebastiao F F, Jayr D P C, Lauro E S, et al. Phytochemistry, 1978, 17: 499.

[10] Paolom A, Giovannas P. J Nat Prod, 1989, 52: 1327.

[11] Jiang Z H. Tetrahedron Lett, 1994, 35: 2031.

[12] Jiang Z H, Takashi T, Isao K. Chem Pharm Bull, 1996, 44: 1669.

[13] Chang C C, Lien Y C, Karin C S, et al. Phytochemistry, 2003, 63: 825.

[14] Tripetch K, Phannipha C, Ryoji K, et al. Phytochemistry, 2003, 63: 985.

[15] Vardamides J C, Azebaze A G B, Nkengfack A E, et al. Phytochemistry, 2003, 62: 647.

[16] Hans A, Monika B, Ruben T. Phytochemistry, 1997, 45: 325-335.

[17] Da Silva T, Lopes L M X. Phytochemistry, 2004, 65: 751.

[18] Mitsuo M, Hiroyuki K, Hiromu K. Phytochemistry, 1996, 42: 531.

[19] Mariana H C, Nidia F R. Phytochemistry, 1997, 46: 879.

[20] Isao A, Tsuttomu H, Sansei N, et al. Phytochemistry, 1987, 28: 2447.

[21] Cullmann F, Becker H. Phytochemistry, 1999, 52: 1651.

第五节　4-苯基四氢萘并丁内酯类木脂素的 ^{13}C NMR 化学位移

【结构特点】

4-苯基四氢萘并丁内酯类木脂素是由4-苯基四氢萘基本骨架中的8、9位和8′、9′位形成一个五元内酯环，也是由18个碳的两个苯丙素分子组成的。

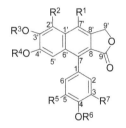

基本结构骨架

【化学位移特征】

1．对于两个芳环（A 环和 D 环），一个是邻位双烷基取代，一个是单烷基取代，芳环上剩余的各碳可能还会有羟基、甲氧基、烷氧基或烷基取代，它们基本上遵循芳环各碳的规律。

2．在 B 环和 C 环上再没有其他取代基时，$\delta_{C\text{-}7}$ 40.1～46.1，$\delta_{C\text{-}8}$ 46.3～49.3，$\delta_{C\text{-}9}$ 174.5～178.8，$\delta_{C\text{-}7'}$ 32.2～33.3，$\delta_{C\text{-}8'}$ 33.0～46.7，$\delta_{C\text{-}9'}$ 70.0～73.6。如果 7′位上有连氧基团取代，则 $\delta_{C\text{-}7'}$ 64.0～73.7，其他各碳变化不大。如果 7′位变为羰基，则 $\delta_{C\text{-}7'}$ 193.0～193.4。如果 8 位上连有连氧基团，则 $\delta_{C\text{-}8}$ 76.7～81.9。

3．B 环完全芳香化，并且 7′位带有连氧基团时，$\delta_{C\text{-}7}$ 132.0～137.4，$\delta_{C\text{-}8}$ 119.1～120.2，$\delta_{C\text{-}9}$ 168.9～170.7，$\delta_{C\text{-}7'}$ 144.2～147.7，$\delta_{C\text{-}8'}$ 122.9～125.2，$\delta_{C\text{-}9'}$ 66.2～68.4。如果 7′位不带有连氧基团，$\delta_{C\text{-}7'}$ 114.2～118.2，$\delta_{C\text{-}8'}$ 138.6～139.0。如果 C 环的 9′位又连有羟基，$\delta_{C\text{-}9'}$ 101.5～101.9，$\delta_{C\text{-}8'}$ 137.2～138.1。

4．在骨架结构 II 中，B 环完全芳香化，C 环的 9 位羰基转移到 9′位，9 位为连氧碳，它们的化学位移也随之改变：$\delta_{C\text{-}7}$ 131.8～133.1，$\delta_{C\text{-}8}$ 137.9～139.2，$\delta_{C\text{-}9}$ 69.4～70.0，$\delta_{C\text{-}7'}$ 118.2～124.4，$\delta_{C\text{-}8'}$ 120.8～139.5，$\delta_{C\text{-}9'}$ 171.5～172.2。

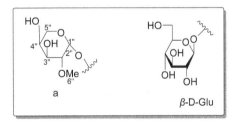

5-5-1 $R^2=R^5=R^7$=OMe；R^1=OH；R^3,R^4=CH$_2$；R^6=Me
5-5-2 $R^2=R^5=R^7$=OMe；R^1=H；R^3,R^4=CH$_2$；R^6=Me
5-5-3 R^1=OMe；$R^2=R^5=R^6$=H；R^3,R^4=CH$_2$；R^7=β-D-Glu
5-5-4 R^1=a；$R^2=R^7$=H；R^3,R^4=Me；R^5,R^6=OCH$_2$
5-5-5 R^1=OH；R^2=H；R^3,R^4=CH$_2$；$R^5=R^7$=OMe；R^6=Me

表 5-5-1 化合物 5-5-1～5-5-5 的 ^{13}C NMR 化学位移数据

C	5-5-1[1]	5-5-2[1]	5-5-3[2]	5-5-4[3]	5-5-5[4]
1	130.3	130.4	125.6(125.8)	129.2	132.1
2	107.2	107.2	118.6	111.6(111.5)	107.7
3	152.8	152.8	144.8(144.9)	148.5	153.1
4	136.3	137.6	146.5(146.9)	148.5	133.4
5	152.8	152.8	115.5(115.6)	109.1	153.1
6	107.2	107.2	124.9(125.1)	124.5(124.4)	107.9
7	132.0	140.0	133.6(133.7)	137.4	130.2

续表

C	5-5-1[1]	5-5-2[1]	5-5-3[2]	5-5-4[3]	5-5-5[4]
8	120.4	119.2	125.2(125.3)	120.2	122.9
9	169.6	169.6	168.9	170.7	170.0
1'	116.0	128.9	126.5(126.6)	127.8	124.9
2'	130.6	135.6	98.0	101.3	97.5
3'	136.3	136.0	149.6	152.9	149.7
4'	149.1	149.6	148.6	151.1	148.9
5'	100.1	98.3	102.9	107.3	102.0
6'	132.8	130.5	131.1(131.2)	131.8	130.6
7'	147.6	114.0	147.6	145.1	144.2
8'	123.0	139.0	119.3(119.4)	132.1(132.0)	119.2
9'	66.6	68.3	66.5	68.4	66.2
1''			102.8	106.1	
2''			73.3(73.4)	82.5	
3''			75.8	73.9	
4''			69.6(69.7)	69.1	
5''			77.0	67.0	
6''			60.6	62.6	
R1			59.4		
R2	61.0	60.9			101.9
R3	101.8	101.6	102.2	57.0	
R4				56.8	
R5	56.1	56.1		102.1	56.4
R6	60.9	60.1			61.1
R7	56.1	56.1			56.3

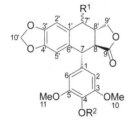

5-5-6 R1=H; R2=Me
5-5-7 R1=β-OH; R2=H

5-5-8 R=β-H
5-5-9 R=α-H
5-5-10 R=β-OH

5-5-11 R1=β-H; R2=R3=α-H
5-5-12 R1=R2=R3=β-H

表 5-5-2 化合物 5-5-6~5-5-10 的 13C NMR 化学位移数据

C	5-5-6[1]	5-5-7[5]	5-5-8[6]	5-5-9[6]	5-5-10[6]
1	138.6	134.0	132.0	133.8	130.5
2	106.5	106.7	108.2	105.0	108.4
3	153.1	147.7	146.6	147.4	146.7
4	136.6	134.5	132.1	133.7	134.4
5	153.1	147.7	146.6	147.4	146.7
6	106.5	106.7	108.2	105.0	108.4
7	40.1	43.1	43.8	45.4	52.9

续表

C	5-5-6[1]	5-5-7[5]	5-5-8[6]	5-5-9[6]	5-5-10[6]
8	48.7	44.2	47.8	46.7	76.7
9	175.3	177.2	175.2	178.7	175.0
10	56.2	56.0	56.6	56.7	56.7
11	56.2	56.0	56.6	56.7	56.7
1'	127.7	133.1	128.5	128.6	128.6
2'	108.4	104.4	108.6	109.0	108.6
3'	146.4	145.6	147.2	147.0	147.2
4'	146.6	145.6	147.9	147.1	147.3
5'	110.0	107.3	110.7	110.1	111.4
6'	132.2	131	131.0	131.0	127.9
7'	33.0	67.1	33.3	32.3	27.2
8'	46.7	42.6	32.9	33.3	35.9
9'	70.9	68.9	72.2	73.0	71.0
10'	101.1	100.3	101.4	101.2	101.4
R^2	60.8				

表 5-5-3 化合物 5-5-11 和 5-5-12 的 ^{13}C NMR 化学位移数据

C	5-5-11[7]	5-5-12[7]	C	5-5-11[7]	5-5-12[7]	C	5-5-11[7]	5-5-12[7]
1	137.0	133.8	10/12	56.3	56.2	5'	109.4	106.1
2/6	104.9	106.7	11	60.8	60.8	6'	139.5	
3/5	153.8	153.3	1'	127.3	128.8	7'	193.4	193.0
4	137.9	139.0	2'	106.0	108.5	8'	43.5	44.7
7	43.4	44.2	3'	148.4	148.3	9'	70.5	69.4
8	46.7	45.0	4'	153.8	153.4	10'	102.2	102.2
9	175.5	175.2						

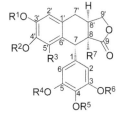

5-5-13 R^1,R^2=CH$_2$; R^3=R^7=H; R^4=R^5=R^6=Me
5-5-14 R^1=R^2=Me; R^3=OMe; R^4=H; R^5,R^6=CH$_2$; R^7=OAc
5-5-15 R^1,R^2=CH$_2$; R^3=H; R^4=R^5=R^6=Me; R^7=OAc

表 5-5-4 化合物 5-5-13~5-5-15 的 ^{13}C NMR 化学位移数据

C	5-5-13[8]	5-5-14[9]	5-5-15[9]	C	5-5-13[8]	5-5-14[9]	5-5-15[9]
1	138.3	130.9	131.3	2'	108.8	108.1	108.7
2	105.6	110.8	108.1	3'	147.0	153.2	147.2
3	153.5	146.3	152.6	4'	146.9	141.9	147.3
4	137.4	147.3	137.4	5'	109.8	151.4	109.6
5	153.5	107.6	152.6	6'	130.7	130.4	128.3
6	105.6	123.1	108.1	7'	32.1	34.1	33.2
7	45.4	43.6	50.8	8'	33.1	39.4	39.7
8	46.3	81.5	81.9	9'	72.8	72.9	72.5
9	178.2	175.9	174.6	R^1	101.0	56.1	101.1
1'	128.4	121.8	128.7	R^2		60.9	

续表

C	5-5-13[8]	5-5-14[9]	5-5-15[9]	C	5-5-13[8]	5-5-14[9]	5-5-15[9]
R³		61.2		R⁶	56.4	101.0	56.1
R⁴	56.4		56.1	R⁷		170.2	169.7
R⁵	60.8		60.8			20.9	20.8

5-5-16 R=OMe
5-5-17 R=H

5-5-18 R¹=R²=H
5-5-19 R¹=OH; R²=H
5-5-20 R¹=OAc; R²=H
5-5-21 R¹=H; R²=OH

表 5-5-5 化合物 **5-5-16~5-5-21** 的 ^{13}C NMR 化学位移数据

C	5-5-16[10]	5-5-17[10]	5-5-18[11]	5-5-19[11]	5-5-20[11]	5-5-21[11]
1	141.2	140.2	137.9	137.6	137.0	137.5
2/6	104.9	105.5	108.1	106.6	106.7	105.6
3/5	152.9	153.5	154.0	153.7	153.8	153.7
4	135.6	137.2	139.0	134.9	135.2	135.2
7	37.8	44.3	45.9	43.8	44.0	44.3
8	45.5	45.5	46.8	44.1	44.2	46.3
9	177.5	177.5	178.8	178.1	178.3	177.0
10	56.1	56.2	56.8	56.5	56.4	56.4
11	60.8	60.9	61.6	61.0	60.9	60.9
12	56.1	56.2	56.8	56.5	56.4	56.4
1'	125.9	126.7	120.7	122.5	119.5	122.2
2'	104.9	108.4	141.5	140.5	140.0	141.3
3'	148.8	148.4	136.0	139.6	139.3	139.7
4'	147.1	147.2	148.5	149.4	149.9	149.8
5'	141.2	109.8	104.8	104.1	103.6	104.2
6'	123.9	131.5	132.0	133.8	130.8	130.6
7'	73.7	72.5	24.8	64.0	65.6	67.1
8'	39.1	39.7	33.0	39.6	39.7	40.4
9'	71.6	70.9	73.6	69.4	69.2	73.0
10'	101.4	101.4	101.4	101.2	101.2	101.2
11'			60.2	60.2	60.1	60.0
R	59.9					
Ac	170.4 / 21.0	170.9 / 21.0			170.4 / 20.0	

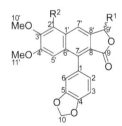

5-5-22 R=H
5-5-23 R=Ac

5-5-24 R¹,R²=CH₂; R³,R⁴=CH₂
5-5-25 R¹=R²=CH₃; R³,R⁴=CH₂
5-5-26 R¹=R²=R³=R⁴=CH₃

表 5-5-6 化合物 **5-5-22** 和 **5-5-23** 的 ¹³C NMR 化学位移数据

C	5-5-22[11]	5-5-23[11]	C	5-5-22[11]	5-5-23[11]	C	5-5-22[11]	5-5-23[11]
1	135.0	135.9	3/5	152.7	152.8	7	44.6	44.3
2/6	108.5	108.3	4	134.7	134.6	8	45.1	46.0
9	174.3	173.8	3'	137.5	137.5	9'	71.8	71.9
10	56.2	56.3	4'	149.5	150.2	10'	101.3	101.5
11	60.6	60.8	5'	104.3	104.1	11'	59.8	59.6
12	56.2	56.3	6'	132.9	134.3	R		170.9 / 20.9
1'	125.1	120.8	7'	70.5	70.3			
2'	141.7	142.5	8'	39.1	39.4			

表 5-5-7 化合物 **5-5-24~5-5-26** 的 ¹³C NMR 化学位移数据

C	5-5-24[12]	5-5-25[12]	5-5-26[12]	C	5-5-24[12]	5-5-25[12]	5-5-26[12]
1	135.9	134.6	135.9	3'	145.5	146.3	148.0
2	107.5	110.5	113.3	4'	145.5	145.7	148.2
3	146.8	146.5	148.3	5'	109.0	108.2	113.3
4	145.7	148.2	149.2	6'	131.7	132.0	131.7
5	107.2	111.3	111.3	7'	32.5	32.3	32.9
6	122.1	121.6	122.2	8'	39.0	39.4	40.5
7	45.1	45.3	46.1	9'	70.0	70.7	71.4
8	47.8	47.6	49.3	R¹	100.0	76.0	56.2
9	174.5	174.5	176.0	R²	100.0	76.5	56.2
1'	126.8	127.0	127.2	R³	100.1	100.2	56.3
2'	108.1	107.3	111.7	R⁴	100.1		56.3

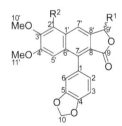

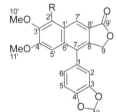

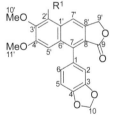

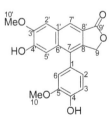

5-5-27 R¹=R²=OMe
5-5-28 R¹=OMe; R²=H

5-5-29 R=OMe
5-5-30 R=H

5-5-31 R¹=OMe
5-5-32 R¹=H

5-5-33

表 5-5-8 化合物 **5-5-27~5-5-33** 的 ¹³C NMR 化学位移数据

C	5-5-27[13]	5-5-28[13]	5-5-29[14]	5-5-30[14]	5-5-31[14]	5-5-32[14]	5-5-33[15]
1	128.2	128.2	129.6	129.7	128.3	128.3	127.9
2	123.4	123.4	109.4	109.5	110.5	110.6	123.0
3	108.3	108.2	148.3	148.2	147.5	147.5	117.1
4	147.7	147.7	147.6	147.6	147.5	147.5	148.4

续表

C	5-5-27[13]	5-5-28[13]	5-5-29[14]	5-5-30[14]	5-5-31[14]	5-5-32[14]	5-5-33[15]
5	147.7	147.7	109.0	109.0	108.2	108.2	149.2
6	110.5	110.4	122.6	122.7	123.4	123.4	123.7
7	139.6	139.6	131.8	131.8	139.7	133.1	132.4
8	131.4	119.3	139.2	137.9	130.3	118.4	138.3
9	167.6	167.7	69.4	69.4	68.3	69.4	70.0
10	101.3	101.3	101.4	101.4	101.2	101.4	56.2
1′	128.2	133.1	125.5	129.8	128.2	139.5	130.1
2′	147.9	106.6	149.0	107.6	147.3	106.0	108.7
3′	141.3	151.9	141.1	150.1	143.0	151.7	150.9
4′	154.0	150.6	155.6	152.0	153.4	150.0	151.9
5′	102.4	106.3	100.1	103.9	102.1	105.8	109.2
6′	120.8	130.2	132.9	131.6	119.9	128.8	133.2
7′	116.4	120.5	120.6	124.1	114.0	118.2	124.4
8′	137.2	138.1	120.8	121.3	138.6	139.5	121.3
9′	101.9	101.5	171.6	171.5	169.9	171.5	172.2
10′	61.2	56.1	61.1	56.0	61.2	56.0	56.0
11′	55.9	55.8	55.8	55.9	55.8	55.8	
R¹	56.6	56.4			61.5		
R²	61.6		61.7				

5-5-34   5-5-35   5-5-36

5-5-37 R¹=R²=R³=R⁴=OMe; R⁵=OH
5-5-38 R¹=R²=R³=R⁴=R⁵=OMe
5-5-39 R¹=R²=R³=OMe; R⁴,R⁵=OCH₂O

表 5-5-9 化合物 5-5-34~5-5-39 的 ¹³C NMR 化学位移数据

C	5-5-34[16]	5-5-35[16]	5-5-36[16]	5-5-37[17]	5-5-38[17]	5-5-39[17]
1	138.1	136.1	138.3	126.7	127.3	128.5
2	104.9	108.3	105.6	114.2	113.6	110.8
3	153.3	147.7	153.2	147.7	148.7	147.4
4	136.7	128.8	137.0	146.2	148.5	147.4
5	153.3	147.7	153.2	113.3	110.8	108.1
6	104.9	108.3	105.6	123.3	122.7	123.6
7	33.0	32.4	42.7	135.0	134.7	134.4
8	46.4	46.9	123.7	119.1	119.1	119.3
9				169.6	169.5	169.5

续表

C	5-5-34[16]	5-5-35[16]	5-5-36[16]	5-5-37[17]	5-5-38[17]	5-5-39[17]
10	56.2	56.1	56.1			
11	60.8		60.8			
12	56.2	56.1	56.1			
1′	130.4	131.2	129.6	130.7	130.6	130.6
2′	108.8	109.4	109.5	100.5	100.5	100.6
3′	146.8	146.8	147.2	151.6	151.6	151.6
4′	146.7	146.5	147.0	150.3	150.3	150.3
5′	109.8	110.3	107.7	106.4	106.3	106.2
6′	128.2	131.2	128.1	126.1	126.0	126.0
7′	32.0	32.3	29.2	145.5	147.7	147.5
8′	45.3	43.5	157.3	124.8	124.7	124.5
9′	72.7	71.3	71.0	66.5	66.5	66.6
10′	110.0	100.8	101.3			
R^1				59.7	59.7	59.6
R^2				56.1	56.1	56.1
R^3				55.8	55.8	55.8
R^4				56.1	55.8	101.2
R^5				55.9		

参 考 文 献

[1] Miriam N, Gose G C, Lourdes H, et al. J Nat Prod, 1993, 56: 1728.

[2] Jakka K, Kovuru G, Dodda R, et al. J Nat Prod, 2003, 66: 1113.

[3] Patoomratana T, Jittra K, Manat P, et al. J Nat Prod, 2008, 71: 655.

[4] Michaelal K, Horst R, Michael H. Phytochemistry, 1994, 36: 485.

[5] Yu P Z, Wang L P, Chen Z N. J Nat Prod, 1991, 54: 1422.

[6] Shaari K, Waterman P G. J Nat Prod, 1994, 57: 720.

[7] Atta-Ur-Rahman, Ashraf M, Choudhary M I, et al. Phytochemistry, 1995, 40: 427.

[8] Kuo Y H, Yu M T. Heterocycles, 1993, 36: 529.

[9] Aman D, Martin L, Kurt P, et al. J Nat Prod, 2002, 65: 1252.

[10] Gu J Q, Eun J P, Stephen T, et al. J Nat Prod, 2002, 65: 1065.

[11] Feliciano A S, Del Corral J M M, Gorina M, et al. Phytochemistry, 1990, 29: 1335.

[12] Silva da R, Heleno V C G, Albuquerque de S, et al. Magn Reson Chem, 2004, 42: 985.

[13] Lee S S, Lin M T, Liu C L, et al. J Nat Prod, 1996, 59: 1061.

[14] Lin M T, Lee S S, Liu K C S C. J Nat Prod, 1995, 58: 244.

[15] Yutani A, Tamemoto K, Yuasa S, et al. J Nat Prod, 2001, 64: 588.

[16] Miriam N, Gose G C, Lourdes H, et al. J Nat Prod, 1993, 56: 1728.

[17] Day S H, Chiu N Y, Won S J, et al. J Nat Prod, 1999, 62: 1056.

第六节　苯并呋喃类木脂素的 ^{13}C NMR 化学位移

【结构特点】

由两个苯丙素分子构成的，其中一个苯丙素的丙基的 7 位与另一个苯丙素的苯环的 4′位通过氧连接，而 8 位与 5′位以碳碳键连接形成一个五元含氧的呋喃环。

基本结构骨架

【化学位移特征】

1. 苯并呋喃类木脂素有两个苯环，一个是单取代，另一个是 1′、4′ 和 5′ 位三取代，剩余的 8 个碳都有可能与羟基、甲氧基、氧烷基和烷基等基团取代，这 12 个芳环碳的化学位移基本上遵循芳环的规律。

2. C 环 7、8 和 9 位由于受到周围化学环境的影响，它们的化学位移是这类化合物的特点，如果 7、8 和 9 位没有其他取代基，则 δ_{C-7} 93.0～93.3，δ_{C-8} 45.2～45.5，δ_{C-9} 17.2～17.6。而往往是 9 位的甲基变成为羟甲基，这时 δ_{C-7} 81.8～89.6，δ_{C-8} 50.1～56.5，δ_{C-9} 60.9～68.2。如果 9 位的羟基被苷化，则 δ_{C-9} 69.6～73.7。

3. 对于另一个苯丙素的丙基的 3 个碳来说，多数情况下 9′ 位上有羟基相连，此时 $\delta_{C-7'}$ 31.5～35.6，$\delta_{C-8'}$ 28.9～36.7，$\delta_{C-9'}$ 59.8～71.8。一些情况下 7′、8′ 位为双键，9′ 位连接羟基，这时 $\delta_{C-7'}$ 128.9～131.9，$\delta_{C-8'}$ 127.3～128.0，$\delta_{C-9'}$ 61.6～63.9。如果 9′ 位羟基发生苷化，则 $\delta_{C-9'}$ 70.9～71.2。如果 9′ 位仅仅是甲基，则 $\delta_{C-7'}$ 130.5～130.6，$\delta_{C-8'}$ 122.8～122.9，$\delta_{C-9'}$ 18.0～18.1。如果 9′ 位是羧基，则 $\delta_{C-7'}$ 145.3，$\delta_{C-8'}$ 114.3，$\delta_{C-9'}$ 168.2。如果 9′ 位是醛基，则 $\delta_{C-7'}$ 152.9～155.9，$\delta_{C-8'}$ 126.0～127.2，$\delta_{C-9'}$ 193.2～196.1。

4. 在式 II 型化合物中，δ_{C-7} 60.3～60.4，δ_{C-8} 88.4～88.7，δ_{C-9} 19.7～19.8。

5-6-1 $R^1=R^5=Me$; $R^2=R^3=OMe$; $R^4=OH$
5-6-2 $R^1=R^5=Me$; $R^2=OMe$; $R^3,R^4=OCH_2O$
5-6-3 $R^1=COOCH_3$; $R^2=R^4=OMe$; $R^3=OH$; $R^5=CH_2OH$
5-6-4 $R^1=R^5=CH_2OH$; $R^2=R^3=OMe$; $R^4=OH$
5-6-5 $R^1=R^5=CH_2OH$; $R^2=R^3=OMe$; $R^4=OGlu$
5-6-6 $R^1=CHO$; $R^2=R^3=OMe$; $R^4=OH$; $R^5=CH_2OH$
5-6-7 $R^1=CHO$; $R^2=R^3=OMe$; $R^4=OGlu$; $R^5=CH_2OH$

表 5-6-1 化合物 5-6-1～5-6-7 的 ^{13}C NMR 化学位移数据

C	5-6-1[1]	5-6-2[1]	5-6-3[2]	5-6-4[3]	5-6-5[3]	5-6-6[4]	5-6-7[5]
1	131.6	134.0	132.2	134.3	137.5	129.1	137.5
2	108.6	106.3	109.1	110.7	110.9	108.6	111.4
3	146.1	147.5	147.3	148.6	150.4	146.5	151.1
4	146.3	147.2	145.9	147.3	147.1	145.6	147.9
5	113.8	107.7	114.7	115.8	117.5	114.3	118.3
6	119.3	119.7	118.7	119.5	119.5	119.1	119.5
7	93.3	93.0	88.6	88.3	88.4	88.8	89.6
8	45.2	45.5	53.0	54.6	54.7	52.9	54.9
9	17.2	17.6	63.2	64.5	64.5	63.7	67.7
1′	131.7	131.8	127.9	130.4	129.7	127.8	129.8
2′	112.9	113.0	111.7	111.8	111.7	112.3	114.5
3′	132.8	132.7	144.2	145.1	145.0	144.4	146.1

续表

C	5-6-1[1]	5-6-2[1]	5-6-3[2]	5-6-4[3]	5-6-5[3]	5-6-6[4]	5-6-7[5]
4'	146.6	146.2	150.3	148.9	148.7	151.2	152.9
5'	143.6	143.7	129.2	132.0	132.2	132.0	131.1
6'	109.0	109.2	117.6	116.2	116.1	118.0	120.0
7'	130.5	130.6	145.3	130.9	131.6	152.9	155.9
8'	122.8	122.9	114.3	128.0	127.3	126.0	127.2
9'	18.0	18.1	168.2	63.3	63.5	193.2	196.1
OMe	55.5	55.7	55.6/55.4		56.4	55.9/56.0	56.8/56.9
OCH$_2$O		100.7					
OMe-9'			51.2				
Glu-1					103.4		102.8
Glu-2					73.3		74.9
Glu-3					76.9		78.2
Glu-4					71.3		71.4
Glu-5					76.8		77.9
Glu-6					60.7		62.6

5-6-8 R^1=R^2=R^3=H
5-6-9 R^1=R^3=H; R^3=Me
5-6-10 R^1=R^2=R^3=Ac
5-6-11 R^1=R^3=COCH$_3$; R^2=Me
5-6-12 R^1=Glu; R^2=R^3=H
5-6-13 R^1=Glu(OAc)$_4$; R^2=R^3=Ac
5-6-14 R^1=Glu(OAc)$_4$; R^2=Me; R^3=Ac

表 5-6-2　化合物 5-6-8~5-6-14 的 ^{13}C NMR 化学位移数据[6]

C	5-6-8	5-6-9	5-6-10	5-6-11	5-6-12	5-6-13	5-6-14
1	134.6	132.5	139.6	139.5	137.9	137.4	137.3
2	110.5	109.8	109.4	109.4	111.5	109.8	110.2
3	148.2	148.3	151.1	151.1	146.8	150.7	150.7
4	147.0	146.9	139.2	139.2	150.1	145.5	145.8
5	116.3	115.5	122.7	122.6	116.8	120.1	120.1
6	119.5	119.4	117.3	118.0	118.9	117.4	118.5
7	88.3	87.0	87.8	87.6	87.6	87.8	87.8
8	55.1	55.9	51.1	50.7	56.5	51.1	50.7
9	64.7	68.2	65.5	65.4	64.6	65.5	65.4
1'	129.7	128.9	127.8	126.8	129.1	127.9	126.8
2'	115.7	114.6	122.2	112.5	117.2	121.9	112.4
3'	141.5	143.8	134.7	143.9	141.2	134.7	143.9
4'	146.0	145.1	148.7	145.9	145.9	148.8	145.9
5'	136.2	137.9	133.6	134.9	136.5	133.6	134.9
6'	116.9	114.8	121.9	16.1	116.8	122.3	116.1
7'	35.6	34.9	31.5	32.0	35.1	31.5	32.1
8'	31.9	30.9	30.3	30.5	32.2	30.3	30.6
9'	61.9	68.2	63.6	63.1	62.1	63.6	63.7
OMe	56.3	55.9	55.9	55.8 56.0	56.5	56.1	55.1 56.0

续表

C	5-6-8	5-6-9	5-6-10	5-6-11	5-6-12	5-6-13	5-6-14
OAc			168.1	168.6		168.2	
			168.7	170.4		169.1	
			170.8(×2)	170.8		169.9	
				20.6		170.3	
			20.7	20.8		170.4	
			20.8	20.9		170.9	
			20.9(×2)			20.7	
						20.9	
						21.0(×4)	

5-6-15 R= （erythro）

5-6-16 R= （erythro）

5-6-17 R= （threo）

5-6-18 R= （threo）

5-6-19 R,R=CH₂
5-6-20 R=Me

表 5-6-3 化合物 5-6-15~5-6-20 的 ¹³C NMR 化学位移数据[7]

C	5-6-15	5-6-16	5-6-17	5-6-18	5-6-19[8]	5-6-20[8]
1	133.8	133.5	133.8	133.5	136.1	136.8
2	111.5	111.7	111.5	111.7	102.0	104.9
3	148.7	148.8	148.7	148.8	149.1	153.1
4	146.9	147.2	146.9	147.2	136.1	136.7
5	115.7	115.9	115.7	115.9	143.5	153.1
6	120.7	120.9	120.7	120.9	107.8	104.9
7	131.9	32.9	131.9	32.9	60.4	60.3
8	127.9	35.8	127.9	35.8	88.7	88.4
9	61.7	61.9	61.7	61.7	19.8	19.7
1'	136.4	136.9	136.3	136.8	125.0	125.0
2'	104.1	104.0	104.2	104.1	145.0	145.3
3'	154.6	154.4	154.6	154.3	140.6	140.6
4'	139.5	139.7	139.7	139.9	138.2	138.2
5'	154.6	154.4	154.6	154.3	148.1	147.9
6'	104.1	104.0	104.2	104.1	103.5	103.3
7'	89.1	89.1	88.8	88.8	74.3	74.0
8'	53.3	53.4	53.6	53.7	134.4	134.2
9'	72.5	72.5	72.7	72.6	117.2	116.9
1''	132.9	132.9	137.2	137.3		

续表

C	5-6-15	5-6-16	5-6-17	5-6-18	5-6-19[8]	5-6-20[8]
2″	112.4	112.4	114.4	114.4		
3″	145.6	145.6	145.3	145.3		
4″	149.2	149.2	147.5	147.5		
5″	129.7	129.6	129.2	129.2		
6″	116.8	116.8	118.2	118.2		
7″	74.1	74.1	74.5	74.5		
8″	87.4	87.4	88.9	89.0		
9″	63.9	63.9	62.8	62.3		
Glu-1	104.6	104.6	104.6	104.6		
Glu-2	75.3	75.3	75.3	75.3		
Glu-3	78.4	78.4	78.4	78.4		
Glu-4	71.7	71.7	71.7	71.7		
Glu-5	78.1	78.1	78.1	78.2		
Glu-6	62.9	62.9	62.9	62.9		
OMe	56.4	56.4	56.4	56.4	56.6	56.5
	56.8	56.8	56.8	56.8	56.8	55.7
	56.8	56.8	56.8	56.8	57.1	57.1
	56.9	56.9	56.9	56.9		60.1
OCH$_2$O					101.3	

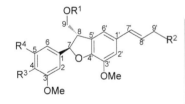

5-6-21 R^1=H; R^2=Glu; R^3=R^4=OMe
5-6-22 R^1=Ac; R^2=Glu; R^3=R^4=OMe
5-6-23 R^1=H; R^2=Glu^6-A; R^3=R^4=OMe
5-6-24 R^1=Ac; R^2=Glu^6-A; R^3=R^4=OMe
5-6-25 R^1=H; R^2=Glu^6-A; R^3=OH; R^4=H

Api(1″~6‴)OGlu

5-6-26

表 5-6-4　化合物 **5-6-21~5-6-26** 的 ^{13}C NMR 化学位移数据

C	5-6-21[9]	5-6-22[9]	5-6-23[9]	5-6-24[9]	5-6-25[9]	5-6-26[10]
1	139.1	138.2	139.2	138.3	135.9	137.1
2	103.9	104.2	103.9	104.2	110.7	110.0
3	154.6	154.6	154.6	154.7	150.3	150.0
4	138.6	138.8	138.5	138.9	150.4	147.8
5	154.6	154.6	154.6	154.7	112.9	117.1
6	103.9	104.2	103.9	104.2	119.5	119.4
7	89.1	89.5	89.0	89.5	89.1	88.0
8	55.3	51.7	55.2	51.8	55.2	55.2
9	64.9	66.6	64.9	66.7	64.9	64.4
1′	132.4	132.6	132.4	132.7	132.3	136.3

续表

C	5-6-21[9]	5-6-22[9]	5-6-23[9]	5-6-24[9]	5-6-25[9]	5-6-26[10]
2'	111.2	112.3	112.1	112.4	112.2	113.8
3'	145.4	145.6	145.4	145.6	145.5	144.7
4'	149.2	149.2	149.3	149.2	149.4	147.4
5'	130.0	129.0	130.0	129.1	130.2	130.1
6'	116.6	116.3	116.7	116.4	116.7	117.6
7'	134.0	133.8	134.2	134.0	134.3	32.7
8'	124.4	124.7	124.3	124.7	124.3	36.7
9'	71.0	70.9	71.1	71.1	71.2	61.5
1''			168.2	168.3	168.3	111.3
2''			138.6	138.7	138.7	77.9
3''			36.3	36.4	36.4	80.0
4''			61.6	61.7	61.7	75.1
5''			128.0	128.0	128.0	65.6
1'''	103.2	103.2	103.3	103.4	103.2	102.8
2'''	75.1	75.1	75.0	75.1	75.1	74.8
3'''	77.8	77.9	77.9	77.9	77.8	78.6
4'''	71.6	71.6	71.7	71.7	71.6	71.5
5'''	78.0	78.1	75.2	75.3	78.0	77.4
6'''	62.8	62.8	64.9	65.0	62.8	68.9
Ac		20.8/172.5		20.8/172.6		
OMe	56.6	56.7	56.6	56.7	56.4	55.9
	61.0	61.1	61.2	61.2	56.5	56.4
	56.6	56.7	56.6	56.7	—	
	56.8	56.7	56.8	56.8	56.8	

5-6-27 R1=CH2OH; R3=OH; R2=a
5-6-28 R1=CHO; R3=OH; R2=CH2OGlu
5-6-29 R1=R2=CH2OH; R3=OGlu

5-6-30 R1=OGlu; R2=R4=OH; R3=OMe
5-6-31 R1=R2=OH; R3=H; R4=ORha
5-6-32 R1=R2=OH; R3=H; R4=OGlu
5-6-33 R1=R4=OH; R2=OGlu; R3=H

表 5-6-5 化合物 5-6-27~5-6-33 的 13C NMR 数据[11]

C	5-6-27	5-6-28	5-6-29	5-6-30	5-6-31	5-6-32	5-6-33
1	135.5	131.6	138.1	131.6	137.0	136.3	133.8
2	110.5	110.5	111.6	105.4	111.5	110.6	111.4
3	149.0	146.1	150.4	147.5	146.0	147.8	148.0
4	146.2	147.0	149.3	139.6	152.6	152.7	149.2
5	114.9	115.4	116.6	147.5	119.2	118.6	116.2
6	117.7	119.5	119.4	105.4	119.2	118.6	122.1

续表

C	5-6-27	5-6-28	5-6-29	5-6-30	5-6-31	5-6-32	5-6-33
7	86.8	87.9	88.9	81.8	86.3	85.1	83.8
8	53.2	50.1	53.2	52.2	53.5	53.5	54.1
9	69.6	70.1	65.0	60.9	61.3	61.3	73.7
1′	130.6	127.9	129.9	128.4	132.3	132.2	130.1
2′	110.5	112.8	112.2	112.7	111.5	110.6	113.4
3′	143.6	144.2	145.6	144.6	144.7	145.5	142.3
4′	147.0	150.7	148.5	152.4	147.8	148.5	147.5
5′	129.2	129.6	132.8	130.1	136.4	136.3	136.5
6′	115.5	118.6	118.1	120.6	119.2	119.2	119.6
7′	128.9	154.2	131.9	32.0	34.6	34.6	33.6
8′	128.0	126.3	127.7	28.9	36.4	36.4	36.4
9′	61.6	194.3	63.9	71.8	59.8	60.4	60.5
OMe	55.7	55.9	56.7	55.4	56.0	56.0	56.7
	55.8	55.7	55.4	55.6	55.7	55.7	56.4
1″	100.2	102.9	102.8	103.6	100.4	103.4	102.9
2″	73.1	73.6	74.9	74.1	71.9	73.3	74.9
3″	76.9	77.0	78.2	77.1	71.0	76.9	78.2
4″	86.8	70.0	71.4	69.9	73.3	71.3	71.4
5″	76.7	76.8	77.9	76.5	69.8	76.8	77.9
6″	60.6	61.1	62.5	61.4	18.4	60.7	62.5
4″-OMe	62.9						

参 考 文 献

[1] Wenkert E, Gottlieb H E, Gottlieb O R, et al. Phytochemistry, 1976, 15: 1547.

[2] Wahl, A, Roblot F, Cave A. J Nat Prod, 1995, 58: 786.

[3] Salama O, Chaudhuri R K, Sticher O. Phytochemistry, 1981, 20: 2603.

[4] Haruna M, Koube T, Ito K. Chem Pharm Bull, 1982, 30: 1525.

[5] Warashina, T, Nagatani Y, Noro T. Phytochemistry, 2005, 66: 589.

[6] Agrawal P K, Rastogi R P, Osterdahl B G. Org Mage Reson, 1983, 21: 119.

[7] Otsuka H, Ide T, Ogimi C, et al. Phytochemistry, 1998, 48: 669.

[8] Lopes M, Silva M D, Barbosa F J M, et al. Phytochemistry, 1986, 25: 260.

[9] Yoshikawa K, Kinoshita H, Kan Y, et al. Chem Pharm Bull, 1995, 43: 578.

[10] Jiang J S, Feng Z M, Wang Y H, et al. Chem Pharm Bull, 2005, 53: 110.

[11] Wang C Z, Jia Z G. Phytochemistry, 1997, 45: 159.

第七节　苯环辛烯类木脂素的 ^{13}C NMR 化学位移

【结构特点】

联苯环辛烯类木脂素是指结构中除具有典型的 β-β 碳连接外，两个苯环的 2 位和 2′位碳通过碳碳连接环合形成联苯并环辛烯基本骨架的一类化合物。两个苯环受到并合的环辛烯限制，转动受到阻碍，因此存在阻转异构现象和轴手性，手性轴有 aS 和 aR 两种。

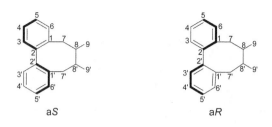

基本结构骨架

【化学位移特征】

1. 两个苯环的各碳的化学位移大约在 $\delta\,100.9\sim152.8$。如果两个连氧碳处于间位，中间碳又没有取代基，没有取代基的碳会在更高场出现，如化合物 **5-7-48** 中 5′位的碳化学位移达到 $\delta\,95.1$。也有个别化合物连氧碳出现在更低场，如化合物 **5-7-36** 中 3 位和 5′位的碳出现在 $\delta\,157.1$。芳环上的甲氧基通常出现在 $\delta\,55.7\sim61.4$。亚甲二氧基出现在 $\delta\,100.6\sim102.9$。

2. 两个苯丙素的丙基部分（6 个碳）中，除形成八元环外再没有其他取代时，各碳的化学位移：$\delta_{C\text{-}7}\,35.1\sim39.3$，$\delta_{C\text{-}8}\,33.3\sim40.9$，$\delta_{C\text{-}9}\,12.8\sim21.9$，$\delta_{C\text{-}7'}\,35.4\sim39.0$，$\delta_{C\text{-}8'}\,33.9\sim43.7$，$\delta_{C\text{-}9'}\,12.3\sim21.8$；基本上不受苯环取代基影响。

3. 在丙基部分中仅有 7 位具有连氧基团时，$\delta_{C\text{-}7}\,76.1\sim82.8$，$\delta_{C\text{-}8}\,40.8\sim40.9$，$\delta_{C\text{-}9}\,9.7\sim21.8$；对 7′、8′、9′位化学位移影响较小。

4. 如果仅有 7′位具有连氧基团，$\delta_{C\text{-}7'}\,80.9\sim83.4$，$\delta_{C\text{-}8'}\,37.4\sim41.8$，$\delta_{C\text{-}9'}\,13.8\sim19.7$，对 7、8、9 位的碳影响较小。

5. 如果 7 位和 7′位均具有连氧基团，丙基部分各碳的化学位移为：$\delta_{C\text{-}7}\,78.1\sim80.7$，$\delta_{C\text{-}8}\,38.7\sim42.4$，$\delta_{C\text{-}9}\,10.0\sim19.9$，$\delta_{C\text{-}7'}\,80.7\sim81.7$，$\delta_{C\text{-}8'}\,38.4\sim38.7$，$\delta_{C\text{-}9'}\,15.6\sim20.4$。

6. 如果 7′位和 8′位同时具有连氧基团，则 $\delta_{C\text{-}7}\,36.7$，$\delta_{C\text{-}8}\,46.6\sim46.7$，$\delta_{C\text{-}9}\,18.8$，$\delta_{C\text{-}7'}\,77.3\sim78.3$，$\delta_{C\text{-}8'}\,75.2$，$\delta_{C\text{-}9'}\,17.5\sim17.7$。

7. 如果 7 位、7′位和 8′位同时具有连氧基团，除 9 位的碳外，其他各碳均移向低场：$\delta_{C\text{-}7}\,82.6\sim84.4$，$\delta_{C\text{-}8}\,44.7\sim45.0$，$\delta_{C\text{-}7'}\,81.3\sim81.7$，$\delta_{C\text{-}8'}\,75.5$，$\delta_{C\text{-}9'}\,28.5\sim28.7$。

8. 如果 9 位的碳羟基化并与甲基形成醚，而 9′位的碳被氧化成羧基并与甲基成酯，则 $\delta_{C\text{-}7}\,23.2\sim29.3$，$\delta_{C\text{-}8}\,34.9\sim36.8$，$\delta_{C\text{-}9}\,73.8\sim74.2$，$\delta_{C\text{-}7'}\,30.5\sim31.8$，$\delta_{C\text{-}8'}\,41.5\sim43.1$，$\delta_{C\text{-}9'}\,174.7\sim175.7$。

9. 9 位和 9′位形成内酯时，$\delta_{C\text{-}7}\,33.9$，$\delta_{C\text{-}8}\,39.7$，$\delta_{C\text{-}9}\,70.5$，$\delta_{C\text{-}7'}\,31.9$，$\delta_{C\text{-}8'}\,43.6$，$\delta_{C\text{-}9'}\,177.6$。如果这种情况下 7 位的碳被氧化成羧基，$\delta_{C\text{-}7}\,195.2$，$\delta_{C\text{-}8}\,49.8$，$\delta_{C\text{-}9}\,66.9$，$\delta_{C\text{-}7'}\,30.2$，$\delta_{C\text{-}8'}\,44.7$，$\delta_{C\text{-}9'}\,175.9$。如果 7 位的碳连有羟基，其非芳环各碳的化学位移为：$\delta_{C\text{-}7}\,70.6$，$\delta_{C\text{-}8}\,45.2$，$\delta_{C\text{-}9}\,65.7$，$\delta_{C\text{-}7'}\,33.9$，$\delta_{C\text{-}8'}\,43.1$，$\delta_{C\text{-}9'}\,177.5$。

10. 9 位的碳和 7′位的碳形成醚的化合物（如 **5-7-31**～**5-7-38**），其非芳环的各碳的化学位移为：$\delta_{C\text{-}7}\,37.5\sim39.1$，$\delta_{C\text{-}8}\,46.5\sim51.4$，$\delta_{C\text{-}9}\,70.6\sim74.3$，$\delta_{C\text{-}7'}\,87.7\sim89.2$，$\delta_{C\text{-}8'}\,35.1\sim42.0$，$\delta_{C\text{-}9'}\,19.4\sim20.6$。

11. 有时芳环中之一变为 1′,6′位和 3′,4′位双键，而 5′位成为羰基时，其羰基的化学位移为 $\delta_{C\text{-}5'}\,182.5\sim182.9$。有时 1′,6′位和 4′,5′位为双键，而 3′位为羰基时，$\delta_{C\text{-}3'}\,195.0\sim196.3$。有时 1′,7′位和 5′,6′位为双键，而 3′,4′位为双羰基时，$\delta_{C\text{-}3'}\,189.2$，$\delta_{C\text{-}4'}\,175.8$。在这些变化中，往往在 2 位连接另外一个碳，这个碳又与另一个芳环的 3 位形成一个新醚环，这个新加的碳的化学位移为 $\delta\,76.1\sim84.4$。

5-7-1　R^1=OC ; R^2=COCH$_3$；R^3,R^4=R^5,R^6=CH$_2$

5-7-2　R^1=COCH$_3$；R^2= ；R^3,R^4=R^5,R^6=CH$_2$

5-7-3　R^1=R^2= ；R^3,R^4=R^5,R^6=CH$_2$

5-7-4　R=COCH$_2$CH$_2$CH$_3$
5-7-5　R=COCH$_2$CH$_3$
5-7-6　R=COCH(CH$_3$)CH$_2$CH$_3$

5-7-7　R^1,R^2=CH$_2$

5-7-8　R^1= ；R^2,R^3=CH$_2$

5-7-9　R^1= ；R^2,R^3=CH$_2$

5-7-10　R^1= CO ；R^2,R^3=CH$_2$

表 5-7-1　化合物 5-7-1~5-7-10 的 ^{13}C NMR 化学位移数据

C	5-7-1[1]	5-7-2[1]	5-7-3[1]	5-7-4[2]	5-7-5[2]	5-7-6[2]	5-7-7[3]	5-7-8[4]	5-7-9[4]	5-7-10[5]
1	130.0	130.2	130.4	128.4	128.7	130.0	135.8	136.7	136.7	136.7
2	120.2	119.9	119.3	122.8	122.8	124.3	114.4	122.9	122.9	123.0
3	144.1	144.6	144.4	147.6	147.6	148.7	141.0	141.5	141.5	141.7
4	130.0	129.9	130.1	130.1	130.3	131.1	139.3	135.6	135.7	135.7
5	150.4	150.5	150.4	150.1	150.3	151.1	148.5	149.5	149.5	149.5
6	100.4	100.4	100.5	101.1	101.1	101.7	102.5	103.0	103.0	103.1
7	84.4	82.6	83.8	76.5	77.0	77.9	76.1	36.7	36.7	36.7
8	44.7	45.0	44.5	42.7	43.0	43.7	40.8	46.6	46.7	46.6
9	17.6	17.6	18.0	21.4	21.1	21.6	21.8	18.8	18.8	18.8
1'	134.0	134.7	134.0	144.2	144.5	145.6	134.0	133.1	132.9	132.8
2'	55.9	56.2	56.1	64.6	64.9	65.9	120.4	119.6	119.6	119.6
3'	165.4	166.1	166.1	195.7	195.7	196.3	147.0	151.1	151.1	151.2
4'	148.4	149.6	149.0	132.0	132.8	133.4	132.0	141.1	141.1	141.1
5'	182.5	182.9	182.8	157.0	157.1	158.3	152.4	152.4	152.4	152.4
6'	131.4	131.3	131.8	120.8	120.9	121.8	104.4	106.2	106.5	106.2
7'	81.3	81.7	81.5	40.2	40.1	40.6	35.0	77.6	77.3	78.3
8'	75.5	75.5	75.5	31.7	31.9	32.7	39.1	75.2	75.2	75.2
9'	28.7	28.5	28.5	8.7	9.0	9.7	8.4	17.5	17.5	17.7

续表

C	5-7-1[1]	5-7-2[1]	5-7-3[1]	5-7-4[2]	5-7-5[2]	5-7-6[2]	5-7-7[3]	5-7-8[4]	5-7-9[4]	5-7-10[5]
OCH₂O	102.0	101.9	101.9	101.9	101.9	102.9	101.0	101.0	101.0	101.1
3-OCH₂-2′	84.6	83.9	84.4	78.0	78.1	78.9				
MeO	60.9	61.3	61.4	—	—	—	60.9	60.6	60.6	60.6
	58.7	60.3	59.9	59.3	59.2	59.4	55.9	60.9	60.9	60.9
				58.6	58.5	58.9	—	55.9	55.9	56.0
							59.6	59.9	59.9	60.6
1″	128.7	166.1	166.0	172.8	173.6	176.8	169.3	166.6	166.4	130.3
2″	129.6	126.3	125.2	35.6	26.9	41.2	21.2	128.8	127.6	129.5
3″	129.2	141.0	143.1	18.3	9.0	27.8		137.5	138.7	128.5
4″	133.8	15.4	16.0	13.6		11.7		14.4	20.8	133.1
5″	129.2	19.0	20.9		16.2			12.2	15.8	128.5
6″	129.6									129.5
7″	166.0									165.2
1‴	169.5	169.1								
2‴	20.2	20.9								

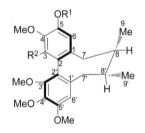

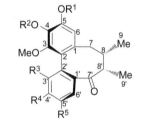

5-7-11 R¹=H; R²=OMe
5-7-12 R¹=Me; R²=OH

5-7-13 R¹,R²=CH₂; R³=R⁴=OMe; R⁵=OH
5-7-14 R¹=R²=Me; R³=OH; R⁴,R⁵=OCH₂O

5-7-15 R¹,R²=R³,R⁴=CH₂
5-7-16 R¹=R²=Me; R³,R⁴=CH₂

表 5-7-2 化合物 5-7-11~5-7-16 的 ¹³C NMR 化学位移数据

C	5-7-11[6]	5-7-12[6]	5-7-13[7]	5-7-14[7]	5-7-15[8]	5-7-16[8]
1	134.7	134.3	135.1	136.1	135.7	133.5
2	122.6	117.0	121.2	118.3	120.4	120.7
3	150.4	146.9	141.7	141.2	141.6	141.5
4	137.7	134.0	135.3	136.7	134.5	134.6
5	147.6	150.6	149.4	133.6	149.3	149.2
6	113.1	107.9	102.1	102.8	102.7	102.5
7	38.8	39.2	40.1	40.1	37.9	38.1
8	33.8	33.8	40.9	41.2	37.1	37.2
9	12.6	12.8	15.1	11.1	16.5	16.6
1′	139.4	139.8	134.4	124.9	136.0	137.0
2′	122.3	121.3	124.3	121.3	121.5	122.2
3′	151.5	151.3	150.3	147.5	141.6	151.9
4′	139.9	139.9	143.6	148.9	136.4	141.7
5′	152.9	153.2	148.4	141.1	148.2	152.1
6′	107.4	107.3	111.4	104.1	105.6	110.2
7′	35.6	35.8	200.9	200.3	81.1	81.4

续表

C	5-7-11[6]	5-7-12[6]	5-7-13[7]	5-7-14[7]	5-7-15[8]	5-7-16[8]
8′	40.9	40.9	44.8	44.6	40.1	40.1
9′	21.8	21.7	15.2	29.7	17.5	17.5
OCH₂O			101.0	101.1	101.2	100.7
					100.8	
OMe	60.5	61.0	60.1	60.5	59.6	60.3
	61.0	61.1	60.9	60.9	59.5	56.0
	55.9	56.0	59.7	59.4		60.8
	60.9	55.9				59.5
	60.1	61.0				

5-7-17 R¹,R²=CH₂; R³=COCH(CH₃)CH₂CH₃

5-7-18 R¹,R²=CH₂; R³=

5-7-19 R¹,R²=CH₂; R³=

5-7-20 R¹=H; R²,R³=R⁴,R⁵=CH₂
5-7-21 R¹=OH; R²,R³=R⁴,R⁵=CH₂

表 5-7-3　化合物 **5-7-17~5-7-21** 的 ¹³C NMR 化学位移数据[9]

C	5-7-17	5-7-18	5-7-19	5-7-20	5-7-21
1	135.1	134.9	135.0	132.5	133.1
2	120.9	120.5	120.5	122.2	121.6
3	141.2	141.1	141.3	129.1	128.5
4	135.9	135.9	136.0	130.1	130.2
5	148.6	148.3	148.5	144.2	144.5
6	102.6	102.6	102.6	101.2	100.9
7	82.2	82.2	82.0	78.3	78.1
8	41.9	41.6	41.8	42.6	42.4
9	15.1	14.5	14.7	9.7	10.0
1′	133.1	132.8	132.8	146.8	145.9
2′	123.1	123.7	123.1	64.6	63.7
3′	151.0	151.0	151.1	195.0	195.0
4′	139.6	139.7	140.0	150.3	150.2
5′	151.6	151.5	151.5	156.2	155.1
6′	110.3	110.4	110.3	120.8	124.0
7′	38.9	38.5	38.7	40.3	81.7
8′	34.7	34.4	34.5	31.6	38.4
9′	19.4	19.3	19.4	21.6	20.4

续表

C	5-7-17	5-7-18	5-7-19	5-7-20	5-7-21
OCH$_2$O	101.1	100.9	101.0	102.0	101.9
3-OCH$_2$-2'				78.1	79.6
OMe	59.5	59.3	59.5	59.1	58.9
	60.5	60.1	60.5	58.4	68.6
	56.0	55.8	56.0		
	59.3	59.5	59.5		
1''	175.9	166.4	167.0	168.3	168.3
2''	40.0	126.9	127.5	127.9	127.9
3''	26.4	140.2	135.9	135.4	135.3
4''	11.1	15.3	11.6	15.5	15.5
5''	15.1	20.2	13.9	20.4	20.4

5-7-22 R^1= —O—C(=O)—C$_6$H$_4$(6'',5'',4'',3'',2'')-7''; R^2=R^3=H; R^4=Me

5-7-23 R^1= OH; R^2=R^3=H; R^4=Me

5-7-24 R^1= —O—C(=O)-1''—C(=2'')3''—4''—5''; R^2=H; R^3,R^4=CH$_2$

5-7-25 R^1,R^2=CH$_2$; R^3=OH; R^4= —C(=O)-1''—CH(=2'')3''—C$_6$H$_4$(2''',3''',6''',7''',8''')-9'''

5-7-26 R^1,R^2=CH$_2$; R^3=OH; R^4= —C(=O)-1''—CH$_2$CH$_3$-Et

5-7-27 R^1=R^2=R^3=OMe; R^4= —O—C(=O)-2''—C$_6$H$_4$(3'',4'',5'',6'',7'')-1''

5-7-28 R^1=CH$_3$CH$_2$CHCO— (1'',5''-CH$_3$); R^2,R^3=CH$_2$

5-7-29 R^1=CH$_3$CH$_2$CH$_2$CH$_2$COO— (6'',4'',1''); R^2,R^3=CH$_2$

5-7-30 R^1= —C$_6$H$_4$(4'',7'')—CO—1''; R^2,R^3=CH$_2$

表 5-7-4 化合物 5-7-22~5-7-30 的 ^{13}C NMR 化学位移数据

C	5-7-22[10]	5-7-23[10]	5-7-24[10]	5-7-25[11]	5-7-26[11]	5-7-27[7]	5-7-28[12]	5-7-29[12]	5-7-30[12]
1	137.6	137.7	135.5	135.5	135.9	135.9	133.5	133.6	133.6
2	122.2	122.0	121.9	119.2	119.0	121.5	116.9	116.9	117.0
3	150.3	150.6	141.4	141.2	141.3	151.1	141.2	141.2	141.3
4	137.5	137.7	134.5	136.0	136.1	152.7	133.4	133.3	133.6
5	148.9	149.4	148.6	148.9	148.9	141.2	150.2	150.3	150.5
6	109.6	109.8	102.4	102.7	102.8	106.8	107.2	107.1	107.0

续表

C	5-7-22[10]	5-7-23[10]	5-7-24[10]	5-7-25[11]	5-7-26[11]	5-7-27[7]	5-7-28[12]	5-7-29[12]	5-7-30[12]
7	36.8	37.3	36.9	82.8	82.7	82.8	38.6	38.6	38.7
8	36.4	36.8	36.5	41.7	41.6	42.3	34.8	34.9	34.7
9	20.3	18.3	19.2	15.1	14.8	19.6	14.9	19.7	15.3
1′	132.1	136.4	132.6	133.4	133.7	132.8	135.7	15.8	135.5
2′	123.2	120.8	123.2	117.1	117.0	120.4	119.3	119.1	119.4
3′	152.0	152.0	152.0	146.8	146.6	151.8	146.5	146.6	146.9
4′	142.0	141.6	141.8	133.3	133.4	140.3	148.9	148.9	148.9
5′	151.8	151.9	151.7	150.2	150.3	151.9	136.1	136.0	136.1
6′	111.0	110.1	110.8	106.9	107.2	110.4	102.9	102.8	102.8
7′	81.4	81.4	80.9	38.6	38.6	38.9	82.3	82.4	83.4
8′	37.6	40.0	37.4	34.8	35.0	34.8	41.7	41.6	41.8
9′	14.2	15.7	14.2	19.7	19.8	15.0	19.7	13.8	19.6
OCH₂O			100.6	101.2	101.2		101.2	101.2	101.2
OMe	60.5	60.4	60.5	60.5	60.8	60.8	55.8	55.8	55.9
	60.9	60.9	60.9	55.7	55.8	60.4	60.8	60.8	60.3
	56.0	56.0	56.0	59.8	59.8	56.2	59.7	59.7	59.7
	60.6	60.9	59.2			60.7			
	59.7	60.2				55.9			
						59.7			
1″	130.3		166.9	166.0	173.6	165.9	175.9	172.9	165.9
2″	129.7		128.4	117.8	27.0	129.5	40.4	33.7	129.7
3″	128.1		137.1	144.2	8.6	128.0	26.7	24.1	127.9
4″	132.8		14.2	134.4		129.7	11.4	22.2	129.5
5″	128.1		11.7	128.0		132.7	15.6	31.2	132.5
6″	129.7			128.7		129.7		14.8	129.5
7″	165.5			130.0		128.0			127.9
8″				128.7					
9″				128.0					

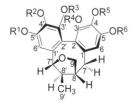

5-7-31 R¹=R²=R³=R⁴=R⁵=R⁶=Me
5-7-32 R¹=R²=R³=R⁵=R⁶=Me; R⁴=H
5-7-33 R¹=R²=R⁴=R⁵=R⁶=Me; R³=H
5-7-34 R³=R⁴=Me; R¹,R²=R⁵,R⁶=CH₂

5-7-35 R¹=R²=R³=R⁵=R⁶=Me; R⁴=H
5-7-36 R¹=R²=R³=R⁴=R⁵=Me; R⁶=H
5-7-37 R¹=R²=R⁴=Me; R³=H; R⁵,R⁶=CH₂
5-7-38 R¹=R²=R³=R⁴=Me; R⁵,R⁶=CH₂

表 5-7-5 化合物 **5-7-31~5-7-38** 的 ¹³C NMR 化学位移数据[13]

C	5-7-31	5-7-32	5-7-33	5-7-34	5-7-35	5-7-36	5-7-37	5-7-38
1	133.0	133.4	133.6	131.7	134.3	133.7	132.0	131.4
2	123.9	117.2	122.8	122.9	116.5	122.8	122.1	122.9

续表

C	5-7-31	5-7-32	5-7-33	5-7-34	5-7-35	5-7-36	5-7-37	5-7-38
3	152.8	146.8	151.6	141.4	147.4	157.1	141.5	141.3
4	140.4	134.1	140.7	135.6	134.3	137.9	135.6	135.4
5	151.3	150.2	151.6	147.2	151.8	147.2	147.5	147.2
6	109.2	106.0	110.0	105.1	102.8	111.7	105.4	104.6
7	39.0	39.0	39.1	38.7	37.5	38.6	38.9	38.7
8	51.2	51.4	51.4	51.2	46.5	51.3	51.3	51.1
9	70.7	70.6	70.7	70.6	74.3	70.7	70.7	70.6
1'	138.2	138.8	138.7	137.4	137.2	138.3	139.1	138.5
2'	119.2	118.2	112.9	118.3	118.9	119.2	112.6	119.2
3'	151.6	152.8	148.0	142.2	151.6	150.5	148.0	152.9
4'	140.5	140.5	134.2	135.4	141.3	140.6	133.8	140.5
5'	152.6	152.8	151.4	148.6	152.6	157.1	151.3	152.5
6'	104.3	104.9	101.1	100.5	110.2	104.5	101.1	104.8
7'	89.1	89.1	89.2	88.9	87.7	89.1	89.1	88.9
8'	42.0	41.9	42.0	41.8	35.1	42.0	42.0	41.9
9'	20.6	20.6	20.6	20.4	19.4	20.6	20.5	20.4
OMe	55.8	55.8	55.8	59.7	55.6	55.9	55.7	55.8
	55.9	55.9	56.0	59.1	55.7	60.0	59.8	60.5
	60.3	60.3	60.8		60.8	60.6	60.9	60.9
	60.7	61.0	61.2		61.1	60.8		61.1
	60.8	61.0	61.0		61.1	61.2		
	61.1							
OCH₂O				100.8			100.9	100.7
				101.0				

5-7-39 R¹=H; R²=R⁵=Me; R³,R⁴=CH₂
5-7-40 R¹=R⁵=Me; R²=H; R³,R⁴=CH₂
5-7-41 R¹=Me; R²,R⁵=R³,R⁴=CH₂
5-7-42 R¹=R²=R³=R⁴=R⁵=Me

5-7-43 R¹,R²=CH₂; R³=H; R⁴=Me (dl-构型)
5-7-44 R¹,R²=CH₂; R³=Me; R⁴=H

表 5-7-6 化合物 5-7-39~5-7-44 的 ¹³C NMR 化学位移数据

C	5-7-39[14]	5-7-40[14]	5-7-41[8]	5-7-42[8]	5-7-43[14]	5-7-44[14]
1	133.9	140.3	132.6	133.5	134.5	135.6
2	115.8	122.5	122.3	123.3	116.8	118.6
3	146.8	150.4	141.3	151.3	147.0	150.4
4	133.3	137.5	134.8	140.0	133.7	140.4
5	151.7	148.8	147.7	151.3	150.5	152.1
6	103.9	110.4	106.1	110.3	107.3	112.4
7	35.4	35.1	38.9	39.1	39.3	39.0

C	5-7-39[14]	5-7-40[14]	5-7-41[8]	5-7-42[8]	5-7-43[14]	5-7-44[14]
8	40.8	40.9	33.7	33.7	33.6	33.3
9	21.9	21.8	21.7	21.8	13.0	12.8
1′	133.1	132.7	138.2	138.8	138.4	137.8
2′	121.4	121.5	121.1	122.2	120.3	121.6
3′	141.2	141.3	141.1	151.5	141.1	136.9
4′	135.0	135.1	134.4	139.6	134.7	133.3
5′	147.8	140.7	148.7	152.7	148.9	148.5
6′	106.4	106.1	103.1	107.0	103.5	102.1
7′	39.0	39.0	35.4	35.5	35.7	35.6
8′	33.9	33.9	40.8	40.7	40.8	40.7
9′	12.3	12.4	12.7	12.7	21.5	21.5
OMe	59.7	59.6	59.6	60.4	59.7	61.3
	61.0	60.1	59.6	60.4	61.0	61.3
	55.7	61.0		60.8	55.7	61.4
				60.8		56.4
				55.7		
				55.7		
OCH$_2$O	100.8	100.8	100.7		100.8	101.3
			100.7			

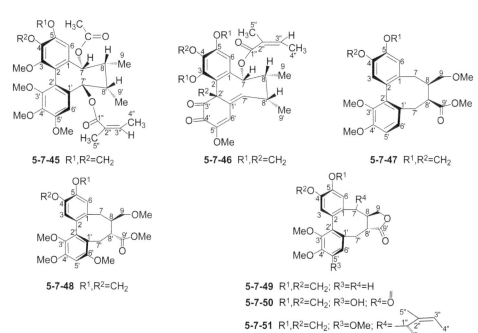

5-7-45 R^1,R^2=CH$_2$

5-7-46 R^1,R^2=CH$_2$

5-7-47 R^1,R^2=CH$_2$

5-7-48 R^1,R^2=CH$_2$

5-7-49 R^1,R^2=CH$_2$; R^3=R^4=H

5-7-50 R^1,R^2=CH$_2$; R^3=OH; R^4=O

5-7-51 R^1,R^2=CH$_2$; R^3=OMe; R^4=

表 5-7-7　化合物 5-7-45~5-7-51 的 ^{13}C NMR 化学位移数据

C	5-7-45[15]	5-7-46[15]	5-7-47[16]	5-7-48[16]	5-7-49[17]	5-7-50[17]	5-7-51[16]
1	133.1	130.6	130.7	129.4	131.0	131.5	129.4
2	121.1	118.8	135.0	131.2	130.7	133.4	127.9
3	141.7	142.8	110.0	110.6	111.6	112.6	109.8

续表

C	5-7-45[15]	5-7-46[15]	5-7-47[16]	5-7-48[16]	5-7-49[17]	5-7-50[17]	5-7-51[16]
4	135.9	132.9	145.2	145.2	147.5	147.9	147.7
5	148.6	129.5	145.3	146.6	146.6	151.4	146.9
6	102.2	101.9	110.3	110.1	110.7	108.6	112.0
7	80.7	79.2	29.3	23.2	33.9	195.2	70.6
8	38.7	43.9	34.9	36.8	39.7	49.8	45.2
9	19.9	11.0	73.8	74.2	70.5	66.9	65.7
1′	131.3	150.6	129.2	118.5	131.8	132.1	133.0
2′	121.1	66.7	130.7	135.3	136.3	126.7	125.3
3′	151.5	189.2	146.6	139.5	147.4	151.8	151.6
4′	141.2	175.8	151.3	151.4	152.3	141.3	141.5
5′	151.8	151.0	110.7	95.1	112.1	154.0	152.8
6′	110.4	126.1	124.7	153.8	125.0	107.9	104.2
7′	80.7	140.7	30.8	30.5	31.9	30.2	33.9
8′	38.7	30.5	43.1	41.5	43.6	44.7	43.1
9′	15.6	19.5	174.7	175.7	177.6	175.9	177.5
OCH$_2$O	101.0	102.3	100.8	100.8	101.1	102.2	101.4
3-OCH$_2$-2′		79.9					
OMe	56.0 59.3 60.6 60.2	55.7	55.6 60.0 59.1 50.9	55.4 55.6 58.5 60.2 51.1	55.3 60.1	61.0 61.1	60.8 60.9 55.9
1″	166.7	167.1					168.8
2″	127.8	127.7					126.7
3″	138.6	137.5					140.5
4″	15.6	15.6					15.9
5″	20.7	20.3					20.6
Ac	170.0/20.7						

参 考 文 献

[1] Liu J S, Huang M F. Phytochemistry, 1992, 31: 957.

[2] Liu J S, Zhou H X, LI L. Phytochemistry, 1992, 31: 1379.

[3] Liu J S, Zhou H X, LI L. Phytochemistry, 1993, 32: 1293.

[4] Ikeya Y, Taguchi H, Yosioka I, et al. Chem Pharm Bull, 1980, 28: 3357.

[5] Ikeya Y, Chai J G, Miki E, et al. Chem Pharm Bull, 1990, 38: 1408.

[6] Ikeya Y, Taguchi H, Yosioka I. Chem Pharm Bull, 1980, 28: 2422.

[7] Kuo Y H, Wu M D, Huang R L, et al. Planta Med, 2005, 71: 646.

[8] Ikeya Y, Taguchi H, Yosioka I. Chem Pharm Bull, 1982, 30: 3207.

[9] Chen D F, Xu G J, Yang X W, et al. Phytochemistry, 1992, 31: 629.

[10] Ikeya Y, Sugama K, Okada M, et al. Phytochemistry, 1991, 30: 975.

[11] Sun O Z, Chen D F, Ding P L, et al. Chem Pharm Bull, 2006, 54: 129.

[12] Kuo Y H, Li S Y, Huang R L, et al. J Nat Prod, 2001, 64: 487.

[13] Song Q, Fronczek F R, Fischer N H. Phytochemistry, 2000, 55: 653.

[14] Yosioka I, Taguchi H, Ikeya Y, et al. Chem Pharm Bull, 1982, 30: 132.

[15] Chen D F, Zhang S X, Kozuka M, et al. J Nat Prod, 2002, 65: 1242.

[16] Wickramaratne D B M, Pengsuparp T, Mar W, et al. J Nat Prod, 1993, 56: 2083.

[17] Meragelman K M, Mckee T C, Boyd M R. J Nat Prod, 2001, 64: 1480.

第八节　氢化苯并呋喃类木脂素的 ^{13}C NMR 化学位移

【结构特点】

氢化苯并呋喃类木脂素是指苯并呋喃的苯环不同程度地氢化了，并且苯环连接丙基可以在 1′位上，也有的在 5′位上，其基本骨架有以下 4 种形式。

基本结构骨架

【化学位移特征】

1. 无论是 I 型结构还是 II 型结构，对于 A 环说来都是芳环，它们的化学位移基本上遵循芳环的规律，δ_{C-1} 124.8～138.2。在多数情况下 3、4 位双取代或 3、4、5 位三取代，取代基可以是羟基、甲氧基或亚甲二氧基，因此 δ_{C-2} 99.1～109.6。如果是二取代，δ_{C-5} 107.6～114.1，δ_{C-6} 117.8～121.0。如果是三取代，δ_{C-6} 99.8～109.1。连氧芳碳通常出现在 δ 143.4～153.9。3、4、5 位三连氧取代时，中间芳碳的化学位移处于高场，为 δ_{C-4} 130.2～138.8。

2. 在 I 型结构中，7、8、9 位的碳的化学位移是 δ_{C-7} 85.3～94.3，δ_{C-8} 42.6～50.0，δ_{C-9} 6.7～16.3。在 IIa 型结构中，7、8、9 位的碳的化学位移是 δ_{C-7} 81.0～92.7，δ_{C-8} 42.5～50.4，δ_{C-9} 8.3～17.5。在 IIb 型结构中，7、8、9 位的碳的化学位移是 δ_{C-7} 59.0～62.1，δ_{C-8} 82.2～89.9，δ_{C-9} 18.7～19.2。

3. 在 Ia 型结构中，B 环由于氢化程度不同可以分为 3 种情况：第一种是 1′,6′位和 3′,4′位为双键，2′位为羰基，5′位为连氧的季碳，则 $\delta_{C-1'}$ 142.5～143.3，$\delta_{C-2'}$ 186.8～187.3，$\delta_{C-3'}$ 102.7～104.6，$\delta_{C-4'}$ 172.6～174.6，$\delta_{C-5'}$ 77.6～82.2，$\delta_{C-6'}$ 130.6～135.1；第二种是 1,6 位为双键，2′位为羰基，3,4 位为单键，4,5 位为连氧碳，则 $\delta_{C-1'}$ 143.0，$\delta_{C-2'}$ 194.1，$\delta_{C-3'}$ 43.1，$\delta_{C-4'}$ 101.9，$\delta_{C-5'}$ 81.7，$\delta_{C-6'}$ 138.5；第三种是 1′位为连氧季碳，2′位为羰基，3′,4′位和 5′,6′位为双键，则 $\delta_{C-1'}$ 75.4～80.8，$\delta_{C-2'}$ 194.0～199.3，$\delta_{C-3'}$ 94.3～99.6，$\delta_{C-4'}$ 160.9～172.0，$\delta_{C-5'}$ 135.1～140.2，$\delta_{C-6'}$ 125.7～134.1。

4. 在 Ib 型结构中，B 环 1′位是连氧和连烯丙基的季碳，2′位是羰基，3′,4′位和 5′,6′位是两个双键，各碳的化学位移是 $\delta_{C-1'}$ 81.9～82.6，$\delta_{C-2'}$ 195.1～195.7，$\delta_{C-3'}$ 130.9～131.6，$\delta_{C-4'}$ 158.4～158.8，$\delta_{C-5'}$ 137.1～139.1，$\delta_{C-6'}$ 131.6～132.6。

5. 在 IIa 型结构中，第一种情况，B 环完全氢化，1′位和 2′位是连氧碳，4′位是连双氧碳，5′位是连接烯丙基的季碳，则 $\delta_{C-1'}$ 77.4～82.1，$\delta_{C-2'}$ 66.0～71.2，$\delta_{C-3'}$ 32.4～39.7，$\delta_{C-4'}$ 104.9～106.9，$\delta_{C-5'}$ 49.4～50.3，$\delta_{C-6'}$ 27.6～30.5。第二种情况，1′位连接甲氧基，2′位是羰基，3′,4′位是双键，5′位是连接烯丙基的季碳，则 $\delta_{C-1'}$ 76.8～76.9，$\delta_{C-2'}$ 196.6～197.2，$\delta_{C-3'}$ 100.1～100.9，$\delta_{C-4'}$ 183.4～184.4，$\delta_{C-5'}$ 48.9～53.0，$\delta_{C-6'}$ 31.9～38.9；如果在双键的 3′位上连有甲氧基，则 $\delta_{C-3'}$ 166.6，2′位和 4′位向高场位移，$\delta_{C-2'}$ 192.3，$\delta_{C-4'}$ 167.0。第三种情况，1′,6′位和 3′,4′位是两个双键，2′位是共轭的羰基，1′位连接甲氧基，5′位连接烯丙基，则 $\delta_{C-1'}$ 152.6～153.3，$\delta_{C-2'}$ 182.3～182.8，$\delta_{C-3'}$ 101.8～102.0，$\delta_{C-4'}$ 181.1～181.4，$\delta_{C-5'}$ 50.9～53.9，$\delta_{C-6'}$ 107.8～109.0；如果在双键的 3 位上连有甲氧基，则 $\delta_{C-3'}$ 166.0，$\delta_{C-2'}$ 189.7，$\delta_{C-4'}$ 183.9。第四种情况，1′,2′位是双

键，3'位是羰基，4'位是连接羟基的季碳，5'位是连接烯丙基的季碳，则 $\delta_{C-1'}$150.8～151.4，$\delta_{C-2'}$ 125.2～125.7，$\delta_{C-3'}$ 192.6～193.0，$\delta_{C-4'}$99.6～100.1，$\delta_{C-5'}$ 52.3～53.5，$\delta_{C-6'}$ 29.5～31.1；如果 3 位的羰基变成羟基，则 $\delta_{C-1'}$ 127.1，$\delta_{C-2'}$ 127.3，$\delta_{C-3'}$ 72.5，$\delta_{C-4'}$ 100.4，$\delta_{C-5'}$ 49.5，$\delta_{C-6'}$ 28.5。

6．在 IIb 型结构中，1',6'位和 3',4'位为双键，2'位为羰基，5'位为连接烯丙基的季碳，并且 1'位和3'位又连接甲氧基，则 $\delta_{C-1'}$ 152.6～152.7，$\delta_{C-2'}$ 177.8～178.4，$\delta_{C-3'}$ 126.0～127.3，$\delta_{C-4'}$ 165.5～166.0，$\delta_{C-5'}$ 50.1～50.5，$\delta_{C-6'}$ 106.8～107.1。如果 1,6 位变为单键，则 $\delta_{C-1'}$ 77.2，$\delta_{C-2'}$ 192.7，$\delta_{C-3'}$ 127.4，$\delta_{C-4'}$ 169.6，$\delta_{C-5'}$ 48.3，$\delta_{C-6'}$ 37.8。

7. 无论哪种情况 B 环连接的都是烯丙基，各碳的化学位移出现在 $\delta_{C-7'}$ 36.6～43.9，$\delta_{C-8'}$ 129.1～136.2，$\delta_{C-9'}$ 113.7～120.1。

表 5-8-1 化合物 **5-8-1~5-8-6** 的 ^{13}C NMR 化学位移数据

C	5-8-1[1]	5-8-2[1]	5-8-3[2]	5-8-4[2]	5-8-5[3]	5-8-6[4]
1	135.5	132.7	131.2	129.7	129.0	133.8
2	102.6	103.5	106.7	109.6	108.8	107.8
3	152.8	153.3	148.3	149.8	148.8	147.9
4	137.2	138.4	148.2	149.8	149.0	147.5
5	152.8	153.3	108.2	111.1	111.1	107.8
6	102.6	103.5	120.9	120.0	118.0	121.0
7	94.3	91.2	91.3	91.4	88.0	85.3
8	46.9	49.8	50.0	49.8	47.3	48.8
9	16.1	6.9	6.7	6.8	9.7	9.1
1'	142.5	142.8	143.0	142.9	143.3	143.0
2'	186.8	186.8	187.0	187.0	187.3	194.1
3'	104.6	102.7	102.8	102.7	104.1	43.1
4'	172.6	174.3	174.5	174.6	173.0	101.9
5'	80.9	77.6	77.7	77.8	82.2	81.7
6'	131.6	130.9	131.1	131.1	135.1	138.5
7'	33.2	33.5	33.5	33.5	33.3	33.3
8'	134.8	134.8	135.1	135.1	132.0	134.6
9'	116.9	117.1	117.2	117.2	117.0	117.3
OMe	56.1(×2)	56.1(×2)	51.1	51.1	51.3	48.9
	60.7	60.7		55.9	55.8	52.3
	50.3	51.1		55.9	55.9	
OCH₂O			101.3			100.9

5-8-7

5-8-8　R=H
5-8-9　R=Me

5-8-10　$R^1=R^2=Me$; $R^3=H$
5-8-11　$R^1,R^2=CH_2$; $R^3=OMe$

5-8-12

5-8-13

5-8-14　$R^1,R^2=CH_2$; $R^3=Me$
5-8-15　$R^1=R^2=R^3=Me$

表 5-8-2　化合物 **5-8-7~5-8-15** 的 ^{13}C NMR 化学位移数据

C	5-8-7[5]	5-8-8[5]	5-8-9[5]	5-8-10[6]	5-8-11[7]	5-8-12[6]	5-8-13[6]	5-8-14[8]	5-8-15[8]
1	136.0	136.1	138.2	128.3	129.8	133.0	134.8	134.7	131.7
2	104.6	104.9	104.9	108.6	106.2	103.6	101.9	105.0	102.4
3	153.8	153.8	153.9	148.2	147.8	153.6	149.6	143.6	153.4
4	136.1	137.9	135.8	148.5	147.8	136.2	132.4	130.5	137.5
5	153.8	153.8	153.9	110.9	108.2	153.6	143.8	149.0	153.4
6	104.6	104.9	104.9	117.8	118.7	103.6	104.6	99.8	102.4
7	81.0	81.9	81.9	87.2	87.4	91.0	92.7	87.2	87.3
8	44.5	44.4	44.5	42.5	42.8	48.8	44.3	42.6	42.6
9	12.2	12.2	12.3	11.6	11.6	11.9	17.5	11.5	11.6
1′	82.1	77.5	77.4	76.8	77.3	76.8	76.9	76.8	76.7
2′	71.2	66.4	66.0	196.6	192.3	197.2	196.7	196.6	196.7
3′	39.7	37.8	32.4	100.1	166.6	100.8	100.9	100.3	100.5
4′	105.6	104.9	106.9	183.4	167.0	183.6	184.4	183.2	183.3
5′	49.4	49.5	50.3	50.2	48.7	53.0	48.9	50.2	50.2
6′	30.5	27.6	27.6	32.0	32.2	38.9	31.9	32.0	32.1
7′	40.3	39.3	39.1	39.0	39.8	37.3	41.2	39.0	39.1
8′	136.0	136.1	136.2	132.5	132.7	133.8	135.3	132.6	132.6
9′	117.4	117.3	117.2	119.7	119.8	119.6	119.9	119.9	120.0
OMe	56.6	56.0	55.9	55.9		59.1	58.8	58.8	59.0
	60.6	60.6	47.9	58.7		61.0	57.0	56.7	60.9
	55.8(×2)	55.9(×2)	60.6	55.9		56.5(×2)			56.2(×2)
			56.0(×2)						
OCH₂O					101.1		101.7	101.6	

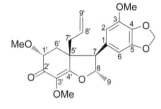

5-8-16 R¹,R²=CH₂; R³=H
5-8-17 R¹= R²=Me; R³=OMe

5-8-18

5-8-19 R¹,R²=OCH₂O
5-8-20 R¹=R²=OMe

5-8-21 R¹,R²=OCH₂O
5-8-22 R¹=R²=OMe

5-8-23

表 5-8-3 化合物 **5-8-16~5-8-23** 的 ¹³C NMR 化学位移数据

C	5-8-16[1]	5-8-17[1]	5-8-18[9]	5-8-19[10]	5-8-20[10]	5-8-21[10]	5-8-22[10]	5-8-23[11]
1	131.4	133.2	124.8	133.2	132.5	131.8	131.1	136.1
2	106.1	103.0	103.4	103.0	105.8	101.9	104.8	102.3
3	148.1	153.4	144.5	149.3	151.8	149.3	152.9	149.7
4	148.1	138.5	144.1	135.1	137.3	134.7	138.8	130.2
5	108.2	153.4	105.9	143.5	151.8	143.5	152.9	143.4
6	120.0	103.0		110.0	105.8	108.4	104.8	109.1
7	93.7	93.7	88.6	60.2	59.0	59.8	59.9	62.1
8	42.6	42.6	39.6	83.0	82.4	89.8	89.9	82.2
9	16.1	16.3	10.7	19.2	18.7	19.1	18.7	18.9
1'	80.8	80.6	75.4	152.6	152.7	82.6	81.9	77.2
2'	199.3	199.2	194.0	178.4	177.8	195.7	195.1	192.7
3'	99.5	99.6	94.3	126.0	127.3	131.6	130.9	127.4
4'	172.0	171.0	166.9	166.0	165.5	158.8	158.4	169.6
5'	140.2	140.0	135.1	50.5	50.1	139.1	137.1	48.3
6'	134.1	134.1	125.7	107.1	106.8	131.6	132.6	37.8
7'	45.0	44.8	37.1	37.5	36.8	45.1	44.5	39.1
8'	130.7	130.8	129.1	131.0	130.3	130.6	130.3	133.7
9'	119.0	118.8	113.7	120.0	118.9	119.0	118.2	118.8
OMe	53.5	60.7	48.1	55.2	54.5	53.4	53.0	57.1
		53.4	50.7	56.9	55.6	53.8	53.6	59.3
		56.1(×2)	50.6	59.5	59.4	56.6	55.5	60.3
					59.9		59.2	
OCH₂O	101.3			101.4		101.3		101.7

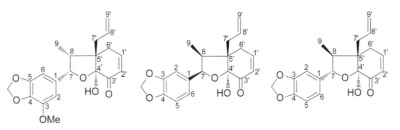

5-8-24 R¹,R²=CH₂; R³=H
5-8-25 R¹=R²=Me; R³=H
5-8-26 R¹=R²=Me; R³=OMe

5-8-27 R¹,R²=OCH₂O; R³=H
5-8-28 R¹=OMe; R²,R³ =OCH₂O
5-8-29 R¹=R²=R³=OMe

表 5-8-4 化合物 **5-8-24~5-8-29** 的 ¹³C NMR 化学位移数据

C	5-8-24[1]	5-8-25[1]	5-8-26[1]	5-8-27[1]	5-8-28[1]	5-8-29[1]
1	131.5	129.8	130.1	130.2	134.6	130.7
2	106.5	109.1	109.2	106.0	99.1	102.4
3	148.1	149.6	149.5	147.7	148.9	153.2
4	148.1	149.2	149.2	147.1	131.0	132.1
5	107.8	110.9	110.9	108.1	143.4	153.2
6	120.0	119.3	119.2	118.7	105.0	102.4
7	90.9	91.0	91.5	81.2	87.1	87.2
8	49.5	49.3	49.6	44.6	44.5	44.5
9	8.3	8.5	8.5	12.0	11.9	12.0
1'	153.3	153.3	152.7	152.7	152.6	152.6
2'	182.8	182.6	189.7	182.4	182.3	182.4
3'	101.8	101.9	166.0	101.8	101.8	102.0
4'	181.4	181.3	183.9	181.2	181.0	181.1
5'	50.9	51.0	49.8	53.9	53.8	53.9
6'	107.8	107.8	107.2	109.0	108.9	108.9
7'	36.6	36.7	36.7	43.9	43.8	43.9
8'	130.9	130.7	130.7	131.5	131.5	131.5
9'	120.0	119.9	119.8	120.0	120.0	120.1
OMe	55.8	55.2	55.3	55.2	55.1	55.2
		55.9	55.9		56.7	56.1(×2)
			60.4			60.7
OCH₂O	101.2			101.0	101.4	

5-8-30

5-8-31

5-8-32

5-8-33 5-8-34 5-8-35 R¹,R²=CH₂O
5-8-36 R¹=R²=H

表 5-8-5 化合物 **5-8-30~5-8-36** 的 ^{13}C NMR 化学位移数据

C	5-8-30[7]	5-8-31[12]	5-8-32[12]	5-8-33[12]	5-8-34[13]	5-8-35[13]	5-8-36[13]
1	133.9	133.2	135.2	135.4	134.1	135.8	132.9
2	100.2	106.3	107.7	107.8	108.8	101.4	109.6
3	148.6	147.3	148.0	147.8	146.3	148.8	146.8
4	133.9	146.3	147.4	147.2	144.8	135.8	145.5
5	143.1	107.6	107.7	107.6	114.1	143.4	113.8
6	105.5	119.0	120.8	121.0	119.1	107.0	120.5
7	81.8	81.7	88.7	85.9	82.0	88.7	88.8
8	44.5	44.3	50.3	49.7	44.6	50.4	50.3
9	10.8	10.6	9.4	9.5	10.8	8.5	9.4
1'	150.9	150.8	151.3	127.1	150.8	151.4	151.4
2'	125.7	125.4	125.3	127.3	125.7	125.3	125.2
3'	192.6	192.7	192.7	72.5	193.0	192.7	192.9
4'	99.7	99.6	100.1	100.4	99.9	100.0	100.0
5'	52.5	52.3	53.5	49.5	52.7	53.4	53.4
6'	31.0	30.7	29.6	28.5	31.1	29.5	29.6
7'	40.4	40.1	39.0	39.4	40.5	39.5	39.5
8'	133.9	133.9	134.2	134.5	131.4	134.0	134.1
9'	117.6	117.3	117.6	117.5	117.7	117.7	117.6
OMe	56.4				55.9	56.6	55.8
OCH₂O	101.2	100.6	101.0	101.0		101.4	

参 考 文 献

[1] Wenkert E, Gottlieb H E, Gottlieb O R, et al. Phytochemistry, 1976, 15: 1547.

[2] Iida T, Ichino K, Ito K. Phytochemistry, 1982, 21: 2939.

[3] Prasad A K, Tyagi O D, Wengel J, et al. Phytochemistry, 1995, 39: 655.

[4] Tyagi O D, Jensen S, Boll P M, et al. Phytochemistry, 1993, 32: 445.

[5] Ma W W, Anderson J E, Mclaughlin J L. Heterocycles, 1992, 34: 5.

[6] Trevisan L M V, Yoshida M, Gottlieb O R. Phytochemistry, 1984, 23: 661.

[7] Andrade C H S, Filho R B, Gottlieb O R. Phytochemistry, 1980, 19: 1191.

[8] Ma W W, Kozlowski J F, Mclaughlin J J. J Nat Prod, 1991, 54: 1153.

[9] Jensen S, Olsen C E, Tyagi O D, et al. Phytochemistry, 1994, 36: 789.

[10] Lopes M N, Da Silva M S, Barbosa Fo J M, et al. Phytochemistry, 1986, 25: 2609.

[11] Ferreira Z S, Roque N C, Gottlieb O R, et al. Phytochemistry, 1982, 21: 2756.

[12] Romoff P, Yoshida M, Gottlieb O R. Phytochemistry, 1984, 23: 2101.

[13] Rodrigues D C, Yoshida M, Gottlieb O R. Phytochemistry, 1992, 31: 271.

第九节 苯并二噁烷类木脂素的 ^{13}C NMR 化学位移

【结构特点】

由两个苯丙素分子组成，通过一个苯丙素分子的 7、8 位的碳与另外一个苯丙素分子苯环上的两个芳环碳用两个氧连接起来，形成一个新的二噁烷（二氧六环）结构。

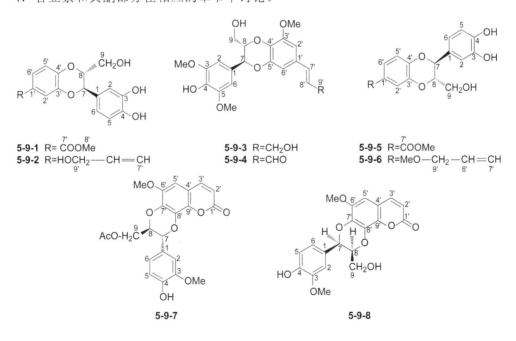

基本结构骨架

【化学位移特征】

1. A 环是单取代的芳环，它的空置碳都可以与羟基、甲氧基、烷基等基团连接，它的各碳的化学位移遵循芳环的规律，出现在 δ 103.2～157.6。

2. 第一个苯丙素分子的丙基的 7、8 位是形成二噁烷的两个连氧碳，9 位上多数情况下是羟甲基或其酯类，δ_{C-7} 75.4～78.2，δ_{C-8} 74.3～80.5，δ_{C-9} 59.1～62.8。如果 9 位的碳上是甲基，则 δ_{C-7} 71.1～81.0，δ_{C-8} 773.2～774.1，δ_{C-9} 12.6～17.3。

3. 对于第二个苯丙素分子，B 环可以是三取代、四取代或五取代的芳环，可以是独立的苯丙素，也可以是香豆素，还可以是黄酮化合物，芳环遵循芳环的化学位移规律。丙基部分可以是丙烯基，此时 $\delta_{C-7'}$ 128.2～130.0，$\delta_{C-8'}$ 128.8～130.5，$\delta_{C-9'}$ 61.6～63.6；也可以 9′ 位上是羟甲基或羟甲基的甲基醚，此时 $\delta_{C-7'}$ 124.5，$\delta_{C-8'}$ 131.3，$\delta_{C-9'}$ 72.3。9′ 位上为醛基时，$\delta_{C-7'}$ 152.6～153.3，$\delta_{C-8'}$ 126.8～127.7，$\delta_{C-9'}$ 193.6～194.0。丙基部分也可以是烯丙基，此时 $\delta_{C-7'}$ 39.9～40.1，$\delta_{C-8'}$ 137.1～137.5，$\delta_{C-9'}$ 115.6～115.9。

4. 香豆素和黄酮部分在相应的章节中讨论。

表 5-9-1 化合物 5-9-1~5-9-8 的 ^{13}C NMR 化学位移数据

C	5-9-1[1]	5-9-2[1]	5-9-3[2]	5-9-4[2]	5-9-5[1]	5-9-6[1]	5-9-7[3]	5-9-8[4]
1	129.1	127.6	128.7	127.0	128.7	127.5	126.5	127.2
2	115.6	114.9	106.6	106.2	115.4	115.1	109.6	113.0
3	146.7	145.2	149.8	149.4	147.1	145.4	147.0	149.3
4	147.3	145.8	138.7	138.4	146.5	146.0	146.8	148.1
5	116.4	115.5	149.8	149.4	116.2	115.6	114.7	117.3
6	120.5	118.8	106.6	106.2	120.3	118.8	121.1	122.1
7	77.5	75.6	77.8	77.3	78.0	75.7	76.3	77.5
8	80.5	78.3	80.4	80.3	79.9	78.2	76.0	80.5
9	61.9	60.2	61.8	61.2	61.9	60.2	62.8	61.5
1′	124.3	130.3	130.9	127.0	124.1	130.0	160.6	161.5
2′	119.5	114.2	103.7	104.9	119.3	114.4	114.4	114.1
3′	145.1	142.7	149.8	150.5	144.4	143.3	143.6	144.5
4′	149.4	143.6	134.5	137.4	149.6	143.3	111.8	112.5
5′	117.9	116.7	145.9	145.5	117.8	116.9	100.6	101.5
6′	124.4	119.4	109.1	111.7	124.2	119.4	145.8	146.5
7′	168.3	128.2	130.0	153.3	168.0	124.5	136.6	139.0
8′		128.8	130.5	127.7		131.3	132.6	132.7
9′		61.6	63.6	193.6		72.3	139.0	139.6
Ome	52.5		56.9	56.4	52.5	57.3	56.5	56.0
			56.4	56.0			56.1	56.1
Ac							20.7/170.4	

5-9-9

5-9-10 R^1=R^2=H
5-9-11 R^1=H; R^2=OH
5-9-12 R^1=R^2=OH

5-9-13 R^1=R^2=H
5-9-14 R^1=H; R^2=OH
5-9-15 R^1=R^2=OH

表 5-9-2 化合物 **5-9-9~5-9-15** 的 ^{13}C NMR 化学位移数据

C	5-9-9[5]	5-9-10[6]	5-9-11[6]	5-9-12[6]	5-9-13[6]	5-9-14[6]	5-9-15[6]
1	126.5	126.6	126.6	126.8	126.6	126.7	126.8
2	129.2	111.8	111.8	111.9	111.7	111.8	111.8
3	115.4	147.5	147.5	147.7	147.6	147.5	147.6
4	157.6	147.2	147.1	147.3	147.2	147.1	147.2
5	115.4	115.3	115.3	115.4	115.3	115.3	115.4
6	129.2	120.5	120.5	120.7	120.5	120.5	120.6
7	78.2	76.9	76.9	77.1	77.1	77.0	77.0
8	76.2	77.4	77.3	77.5	77.6	77.6	77.6
9	60.1	59.8	59.8	60.0	60.0	60.0	60.1
1′	123.9	130.6	121.1	121.5	130.5	121.0	121.4
2′	114.7	126.3	128.4	113.4	126.4	128.4	113.6
3′	143.7	129.0	115.8	145.8	129.2	115.9	145.7
4′	147.0	132.0	161.1	149.8	132.2	161.2	150.0
5′	117.5	129.0	115.8	116.0	129.2	115.9	116.0
6′	119.8	126.3	128.4	119.1	126.4	128.4	119.2
7′	166.8	163.5	164.0	164.4	163.1	163.6	163.9
8′	103.8	104.4	102.1	102.3	105.3	102.9	103.1
9′	181.4	182.5	182.3	182.3	182.2	181.8	181.9
1″	102.9	104.9	104.6	104.8	104.9	104.6	104.8
2″	158.1	147.8	147.8	148.0	153.0	152.9	153.1
3″	99.6	128.0	127.9	128.0	99.0	98.6	98.8
4″	162.5	150.1	149.8	149.9	149.6	149.3	149.4
5″	94.5	94.7	94.4	94.5	124.6	124.4	124.5
6″	161.4	149.7	149.5	149.7	144.5	144.3	144.5
3″-OMe		55.6	55.6	55.6	55.7	55.7	55.7

5-9-16 R^1=R^2=R^3=OMe
5-9-17 R^1,R^2=OCH$_2$O; R^3=H

5-9-18 R^1=R^2=R^3=OMe
5-9-19 R^1=R^2=OMe; R^3=H

5-9-20 R^1=H; R^2=R^3=OH
5-9-21 R^1=Ac; R^2=R^3=OAc

表 5-9-3 化合物 **5-9-16~5-9-21** 的 ^{13}C NMR 化学位移数据

C	5-9-16[7]	5-9-17[7]	5-9-18[8]	5-9-19[8]	5-9-20[9]	5-9-21[9]
1	132.4	130.7	129.6	129.5	127.2	134.2
2	104.4	107.1	103.2	111.2	115.0	123.0
3	153.4	147.9	153.5	149.1	145.3	142.5
4	138.3	147.9	137.8	148.9	145.9	142.1
5	153.4	108.2	153.5	109.5	115.5	123.9
6	104.4	121.3	103.2	118.7	118.9	126.0
7	81.0	80.6	77.1	77.1	76.1	75.4
8	74.0	74.1	73.2	73.2	78.1	74.3

续表

C	5-9-16[7]	5-9-17[7]	5-9-18[8]	5-9-19[8]	5-9-20[9]	5-9-21[9]
9	17.3	17.2	12.6	12.7	60.1	62.0
1′	132.2	132.2	132.5	132.5	127.6	128.1
2′	104.5	104.5	105.1	104.9	122.6	123.0
3′	148.4	148.4	148.1	149.2	117.3	117.5
4′	131.1	131.1	132.3	132.3	146.5	145.8
5′	143.8	144.2	143.4	143.5	143.5	142.7
6′	109.4	109.4	109.8	109.8	116.8	116.9
7′	39.9	40.0	40.0	40.1	153.0	152.6
8′	137.1	137.2	137.5	137.5	126.8	127.2
9′	115.6	115.6	115.9	115.9	194.0	193.9
OMe	56.3 60.7	56.1	56.2 60.9 56.1	56.0 56.1		
OCH₂O		101.1				
OCOCH₃					20.2/168.0 20.2/169.8	

参 考 文 献

[1] Takshasi H, Yangi K, Ueda M, et al. Chem Pharm Bull, 2003, 51: 1377.

[2] Ma C, Zhang H J, Tan G T, et al. J Nat Prod, 2006, 69: 346.

[3] Sajeli B, Sahai M, Asai T, et al. Chem Pharm Bull, 2006, 54: 538.

[4] Ullah F, Hussain J, Farooq U, et al. Chem Pharm Bull, 2004, 52: 1458.

[5] Afifi M S A, Ahmed M M, Pezzuto J M, et al. Phytochemistry, 1993, 34: 839.

[6] Kikuchi Y, Miyaichi Y, Tomimori T. Chem Pharm Bull, 1991, 39: 1466.

[7] Carvalho M G, Gottlieb O R, Silva M L, et al. Phytochemistry, 1981, 20: 2049.

[8] Femandes J B, et al. Phytochemistry, 1980, 19: 1191.

[9] Woo W S, Kang S S. Tetrahedron Lett, 1978, 35: 3239.

第十节　环辛烷类木脂素的 ¹³C NMR 化学位移

【结构特点】

环辛烷类木脂素是由一分子苯丙素与一分子氢化苯丙素通过碳碳键连接而成。

基本结构骨架

【化学位移特征】

1. 无论是 I 型结构还是 II 型结构，其中的 A 环都是芳环，它的各碳的化学位移基本上遵循芳环的规律。与 A 环相连接的 7、8、9 位碳的化学位移出现在 $\delta_{\text{C-7}}$ 45.7～57.5，$\delta_{\text{C-8}}$ 44.8～

49.5，$\delta_{\text{C-9}}$ 11.9～18.1。

2．在 I 型结构中，变化主要在 B 环。如化合物 **5-10-7** 中 2′位和 4′位为羰基，5′,6′位为双键，5′位上还连接烯氧基，它的各碳化学位移出现在 $\delta_{\text{C-1'}}$ 55.0，$\delta_{\text{C-2'}}$ 201.4，$\delta_{\text{C-3'}}$ 69.0，$\delta_{\text{C-4'}}$ 189.9，$\delta_{\text{C-5'}}$ 137.0，$\delta_{\text{C-6'}}$ 121.9。如果 1′位上连接烯丙基，2 位上是羟基，3 位上连接甲氧基，4 位是羰基，5′,6′位是双键，5′位上还连接甲氧基，则 $\delta_{\text{C-1'}}$ 55.0，$\delta_{\text{C-2'}}$ 201.4，$\delta_{\text{C-3'}}$ 69.0，$\delta_{\text{C-4'}}$ 189.9，$\delta_{\text{C-5'}}$ 137.0，$\delta_{\text{C-6'}}$ 121.9。

3．在 II 型结构中，1′位上连接甲氧基，2′位和 4′位是羰基，5′,6′位是双键，而且 5′位上还连接烯丙基，此时 $\delta_{\text{C-1'}}$ 89.3～89.4，$\delta_{\text{C-2'}}$ 202.0～202.2，$\delta_{\text{C-3'}}$ 69.8～69.9，$\delta_{\text{C-4'}}$ 194.2～194.4，$\delta_{\text{C-5'}}$ 140.1～140.5，$\delta_{\text{C-6'}}$ 147.2～147.3。化合物 **5-10-13** 中 4′位的羰基变为羟基。

4．在化合物 **5-10-1**～**5-10-4** 中，1′位上除连接一个甲氧基外还与 2′位形成一个内酯环，4′位为羰基，5′,6′位为双键，5′位上还连接烯丙基，这样的情况下 $\delta_{\text{C-1'}}$ 106.6～106.7，$\delta_{\text{C-2'}}$ 166.0～166.3，$\delta_{\text{C-3'}}$ 65.4～66.5，$\delta_{\text{C-4'}}$ 189.3～189.4，$\delta_{\text{C-5'}}$ 140.7～140.9，$\delta_{\text{C-6'}}$ 143.5～143.6。

5．无论是 I 型结构还是 II 型结构，它们所连接的烯丙基的化学位移出现在：$\delta_{\text{C-7'}}$ 32.6～38.1，$\delta_{\text{C-8'}}$ 132.4～143.6，$\delta_{\text{C-9'}}$ 117.3～119.6。

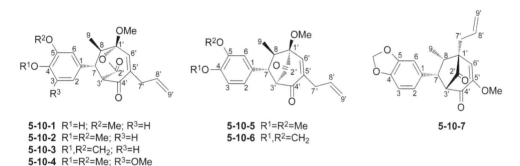

5-10-1 R^1=H; R^2=Me; R^3=H
5-10-2 R^1=R^2=Me; R^3=H
5-10-3 R^1,R^2=CH$_2$; R^3=H
5-10-4 R^1=R^2=Me; R^3=OMe

5-10-5 R^1=R^2=Me
5-10-6 R^1,R^2=CH$_2$

5-10-7

表 5-10-1　化合物 **5-10-1**~**5-10-7** 的 ^{13}C NMR 化学位移数据[1]

C	5-10-1	5-10-2	5-10-3	5-10-4	5-10-5	5-10-6	5-10-7
1	132.8	133.5	134.6	137.7	133.9	135.0	131.6
2	120.4	119.6	120.7	104.3	119.3	120.5	121.7
3	114.8	111.7	108.7	153.8	111.5	108.5	108.6
4	147.2	149.7	148.5	136.7	149.4	147.0	148.1
5	145.3	148.7	147.3	153.8	148.5	148.3	147.1
6	109.2	110.1	107.4	104.3	110.1	107.3	108.5
7	46.0	45.9	46.0	46.5	48.8	48.9	49.5
8	45.4	45.3	45.3	45.3	45.3	45.2	44.8
9	15.4	15.4	15.3	15.6	13.7	13.5	18.1
1′	106.7	106.7	106.6	106.6	89.4	89.3	55.0
2′	166.3	166.1	166.0	166.2	202.2	202.0	201.4
3′	65.6	66.5	65.4	66.3	69.9	69.8	69.0
4′	189.4	189.4	189.3	189.3	194.4	194.3	189.9
5′	140.8	140.8	140.7	140.9	140.5	140.4	13.7
6′	143.5	143.5	143.6	143.6	147.2	147.2	121.9
7′	34.2	34.2	34.1	34.2	32.7	32.7	32.6
8′	133.7	143.5	133.7	143.6	133.8	133.8	133.3
9′	118.5	118.5	118.5	118.6	118.1	118.1	119.6

续表

C	5-10-1	5-10-2	5-10-3	5-10-4	5-10-5	5-10-6	5-10-7
OMe	50.9	50.9	50.9	51.0	54.0	53.9	55.7
	56.0	56.0	56.0	56.3	56.0		
		56.0	56.3	56.1			
				60.9			
OCH$_2$O			101.4			101.3	

5-10-8 R=OH
5-10-9 R=OAc

5-10-10

5-10-11

5-10-12

5-10-13

5-10-14

表 **5-10-2** 化合物 **5-10-8~5-10-14** 的 ^{13}C NMR 化学位移数据

C	5-10-8[2]	5-10-9[2]	5-10-10[2]	5-10-11[2]	5-10-12[3]	5-10-13[4]	5-10-14[4]
1	131.4	131.0	132.2	133.3	137.2	140.3	136.7
2	107.6	107.7	107.9	108.2	104.6	104.7	140.5
3	147.4	147.5	147.5	148.0	153.8	153.7	153.9
4	146.3	146.5	146.4	147.8	137.2		136.7
5	110.8	110.6	109.6	108.7	153.8	153.7	153.9
6	120.3	119.5	119.4	121.4	104.6	104.7	104.5
7	57.0	57.5	55.6	53.1	45.4	45.4	45.3
8	48.6	49.4	46.3	47.4	49.5	46.0	46.6
9	13.9	13.9	13.4	17.4	13.9	11.9	15.6
1′	51.4	50.8	48.1	51.8	89.4	85.5	94.5
2′	78.2	77.6	84.5	80.9	202.2	76.3	189.3
3′	90.8	90.2	90.2	64.9	69.9	58.9	66.4
4′	194.6	193.6	195.8	185.8	194.2		
5′	151.4	152.1	151.2	153.0	140.6	140.3	140.1
6′	123.8	124.1	123.0	126.8	147.3	126.6	143.6
7′	36.6	37.1	38.1	36.4	32.8	36.4	34.1
8′	134.4	133.9	132.4	134.3	134.1	135.1	133.8
9′	117.9	118.6	117.9	118.2	118.0	117.3	118.5
OMe	54.5	54.8	53.5	55.3	54.0	56.3	56.3
	55.4	55.5	55.4		56.3	60.8	60.9
					60.8	52.9	51.0
OCH$_2$O	100.8	100.9	100.8	100.9			
Ac		21.0/169.1					

参 考 文 献

[1] Kuroyanagi M, Yoshida K,Yamamoto A, et al. Chem Pharm Bull, 2000, 48: 832.

[2] Alegrio L V, Gottlieb O R, Maia J G S, et al. phytochemistry, 1981, 20: 1963.

[3] Filho R B, Figliuolo R, Gottlieb O R. Phytochemistry, 1980, 19: 659.

[4] Alegrio L V,et al. Phytochemistry, 1980, 19:1963.

第十一节　联苯类木脂素的 ^{13}C NMR 化学位移

【结构特点】

两个苯丙素分子的芳环部分的 3 位与 3′位通过碳碳键连接形成的新木脂素。

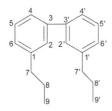

基本结构骨架

【化学位移特征】

1．在芳环上常常有连氧基团存在。如果是单连氧基团，则 δ 出现在 150.8～160.9；如果是邻位双连氧基团，则 δ 出现在 140.5～153.1。

2．两个苯丙素分子的烯丙基的化学位移通常出现在：$\delta_{\text{C-7}(7')}$ 34.6～40.0，$\delta_{\text{C-8}(8')}$ 137.3～139.1，$\delta_{\text{C-9}(9')}$ 115.3～115.7。

3．在烯丙基部分往往变成丙基并带有连氧基团时，$\delta_{\text{C-7}(7')}$ 74.9～87.5，$\delta_{\text{C-8}(8')}$ 74.0～89.0，$\delta_{\text{C-9}(9')}$ 63.2～70.2。有的化合物丙基的末端碳被氧化成羧基，$\delta_{\text{C-7}(7')}$ 30.0～31.8，$\delta_{\text{C-8}(8')}$ 34.8～37.2，$\delta_{\text{C-9}(9')}$ 171.9～176.7。

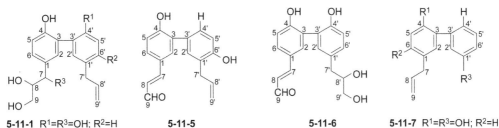

5-11-1 R^1=R^3=OH; R^2=H
5-11-2 R^1=OH; R^2=R^3=H
5-11-3 R^1=H; R^2=OH; R^3=OMe
5-11-4 R^1=R^3=H; R^2=OH

5-11-5

5-11-6

5-11-7 R^1=R^3=OH; R^2=H
5-11-8 R^1=H; R^2=R^3=OH

表 5-11-1　化合物 5-11-1~5-11-8 的 ^{13}C NMR 化学位移数据[1]

C	5-11-1	5-11-2	5-11-3	5-11-4	5-11-5	5-11-6	5-11-7	5-11-8
1	132.6	131.9	130.9	130.8	126.8	127.0	132.6	126.7
2	128.1	132.4	130.3	131.9	131.6	130.1	132.2	128.8
3	126.7	131.0	129.0	128.8	126.8	128.0	127.2	129.9
4	153.0	154.3	154.8	153.0	158.2	158.5	152.7	131.5
5	117.1	117.2	115.4	115.3	117.7	117.8	116.2	115.4
6	132.5	133.3	131.7	131.6	132.3	133.2	129.7	154.6

续表

C	5-11-1	5-11-2	5-11-3	5-11-4	5-11-5	5-11-6	5-11-7	5-11-8
7	77.2	40.0	85.1	39.7	155.0	155.0	39.8	34.6
8	74.5	74.1	76.7	74.0	126.2	126.5	138.8	137.9
9	63.9	66.5	63.5	66.1	195.1	195.3	115.7	115.4
1'	135.2	133.2	126.8	126.5	129.6	131.2	151.6	151.2
2'	130.9	130.5	129.0	128.8	128.9	130.8	118.2	117.5
3'	127.2	131.9	130.8	130.9	130.1	125.4	127.9	130.9
4'	154.0	153.0	127.8	129.3	129.5	153.2	147.3	147.6
5'	117.4	117.4	116.8	116.5	115.4	115.8	117.4	117.4
6'	129.6	129.8	154.6	154.5	155.0	133.8	118.1	115.0
7'	40.0	40.0	35.0	34.9	34.9	39.5		
8'	139.1	139.1	138.1	138.0	137.9	73.9	73.8	
9'	115.5	115.5	115.5	115.3	115.5	66.0	62.7	
OMe			56.7					

5-11-9　R¹=OH; R²=H; R³=CHO
5-11-10　R¹=H; R²=OH; R³=CHO

5-11-11　R¹=R²=H; R³=Glu
5-11-12　R¹=n-Bu; R²=H; R³=Glu
5-11-13　R¹=H; R²=n-Bu; R³=Glu
5-11-14　R¹=R²=n-Bu; R³=Glu

表 5-11-2　化合物 5-11-9~5-11-14 的 ¹³C NMR 化学位移数据

C	5-11-9[1]	5-11-10[1]	5-11-11[2]	5-11-12[2]	5-11-13[2]	5-11-14[2]
1	132.5	130.0	132.6	132.6	132.4	129.7
2	131.1	128.9	124.2	124.2	124.2	123.1
3	125.3	129.3	127.4	127.3	127.4	125.5
4	153.4	130.9	142.7	142.7	142.6	141.3
5	117.1	115.5	149.0	149.0	149.1	147.1
6	130.1	155.1	111.6	111.6	111.6	110.4
7	39.9	34.8	31.6	31.8	31.7	30.0
8	139.0	137.8	37.0	37.1	37.2	34.8
9	115.6	115.5	176.5	176.7	176.6	171.9
1'	130.7	130.5	138.1	134.4	138.2	134.8
2'	134.9	133.2	124.5	124.5	124.5	123.2
3'	127.8	127.0	134.4	134.5	134.4	132.1
4'	160.9	160.5	142.4	142.4	142.4	140.5
5'	117.8	117.2	153.1	153.1	153.1	151.3
6'	132.5	131.6	113.1	113.1	113.2	112.2
7'	191.2	191.3	31.7	31.8	31.7	30.0
8'			36.6	36.7	36.8	34.8

C	5-11-9[1]	5-11-10[1]	5-11-11[2]	5-11-12[2]	5-11-13[2]	5-11-14[2]
9'			176.7	174.5	176.6	171.9
5-OMe			56.5	56.5	56.5	55.6
5'-OMe			56.7	56.7	56.7	56.0
9-n-Bu					65.3/31.8/ 20.2/14.1	63.2/30.1/ 18.5/13.3
9'-n-Bu				65.3/31.7/ 20.1/14.0		63.3/30.1/ 18.5/13.4
Glu-1''			104.2	104.2	104.3	101.6
Glu-2''			75.4	75.4	75.5	73.7
Glu-3''			77.6	77.7	77.7	76.7
Glu-4''			71.1	71.2	71.2	69.7
Glu-5''			77.4	77.4	77.5	76.0
Glu-6''			62.5	62.5	62.5	60.8

5-11-15

5-11-16

5-11-17

5-11-18

表 5-11-3 化合物 **5-11-15~5-11-18** 的 ^{13}C NMR 化学位移数据[1]

C	5-11-15	5-11-16	5-11-17	5-11-18
1	132.3	131.8	126.7	132.0
2	129.3	127.1	114.7	129.0
3	127.1	125.3	144.6	125.0
4	153.0	152.6	134.3	148.9
5	117.0	117.1	149.1	132.0
6	132.5	131.5	127.9	129.0
7	39.3	39.7	36.7	39.3
8	138.8	138.7	137.1	137.1
9	115.5	115.6	115.7	115.3

续表

C	5-11-15	5-11-16	5-11-17	5-11-18
1′	133.2	150.3	132.4	132.4
2′	129.3	116.6	130.1	131.1
3′	126.8	129.5	117.2	125.0
4′	155.0	154.3	152.8	150.8
5′	112.8	121.2	117.2	116.4
6′	132.5	112.0	130.1	129.8
7′	39.3		39.7	39.3
8′	139.0		138.6	137.3
9′	115.5		115.7	115.3
1″	129.5	132.4	126.7	30.1
2″	127.9	127.1	129.5	21.6
3″	128.8	127.1	127.5	41.0
4″	154.1	153.0	153.6	44.8
5″	117.4	117.2	117.2	124.3
6″	130.8	129.8	129.5	136.8
7″	74.9	87.5	48.9	23.5
8″	74.1	54.5	89.0	27.0
9″	70.2	64.2	63.2	21.6
10″				16.8
1‴	134.7	134.6	134.3	
2‴	129.5	129.5	132.6	
3‴	127.5	126.6	130.9	
4‴	153.5	151.9	157.6	
5‴	117.6	117.5	117.2	
6‴	132.5	132.2	132.3	
7‴	39.3	39.7	39.7	
8‴	139.0	138.7	138.6	
9‴	115.7	115.6	115.7	

参 考 文 献

[1] Yahara S, Nishiyori T, Kohda A, et al. Chem Pharm Bull, 1991, 39: 2024.

[2] Morikawa T, Sun B, Matsuda H, et al. Chem Pharm Bull, 2004, 52: 1194.

第十二节　氧新木脂素的 ^{13}C NMR 化学位移

【结构特点】

氧新木脂素（oxyneolignane）是指两个苯丙素单元之间不存在碳碳键连接，而仅仅通过碳氧碳键相互连接，也可以说是苯丙素的醚类化合物，从自然界中发现的氧新木脂素的连接方式有十余种。

常见的基本结构骨架

【化学位移特征】

1．Ⅰ型结构是 8,4′-氧新木脂素，Ⅱ型结构是 4,4′-氧新木脂素，它们的两个苯环的化学位移遵循芳环的规律。

2．在Ⅰ型结构中，变化大的主要表现在两个丙基部分，它们中有的 3 个碳每个都连接氧基团，则 $\delta_{C\text{-}7}$ 73.9～74.1，$\delta_{C\text{-}8}$ 86.4～90.1，$\delta_{C\text{-}9}$ 61.1～62.0。有的化合物 7 位和 8 位的碳连氧，9 位上是甲基，则 $\delta_{C\text{-}7}$ 82.4～93.8，$\delta_{C\text{-}8}$ 72.9～78.5，$\delta_{C\text{-}9}$ 12.7～17.1。有的化合物只有 8 位与氧相连，此时 $\delta_{C\text{-}7}$ 43.5～43.6，$\delta_{C\text{-}8}$ 79.5～80.0，$\delta_{C\text{-}9}$ 19.6～19.7。而另一个丙基部分只有 9 位上连接羟基的化合物，$\delta_{C\text{-}7'}$ 31.8～33.0，$\delta_{C\text{-}8'}$ 31.8～35.7，$\delta_{C\text{-}9'}$ 61.6～67.1。有的化合物的另一个丙基部分是丙烯醇，它们出现在 $\delta_{C\text{-}7'}$ 130.7～131.6，$\delta_{C\text{-}8'}$ 127.1～129.8，$\delta_{C\text{-}9'}$ 63.0～63.8。有的化合物是丙烯基，$\delta_{C\text{-}7'}$ 130.5，$\delta_{C\text{-}8'}$ 124.9～125.0，$\delta_{C\text{-}9'}$ 18.3～18.4。有的化合物是烯丙基，$\delta_{C\text{-}7'}$ 40.5，$\delta_{C\text{-}8'}$ 137.2，$\delta_{C\text{-}9'}$ 115.8。有的化合物是丙烯醛，$\delta_{C\text{-}7'}$ 152.5，$\delta_{C\text{-}8'}$ 127.8，$\delta_{C\text{-}9'}$ 193.1。

3．在Ⅱ型结构中，两个苯丙素单元几乎是对称的，9 位和 9′位上都是羧基或羧酸甲酯，丙基部分化学位移：$\delta_{C\text{-}7（7'）}$ 30.2～35.7，$\delta_{C\text{-}8（8'）}$ 35.7～42.9，$\delta_{C\text{-}9（9'）}$ 173.8～180.6。

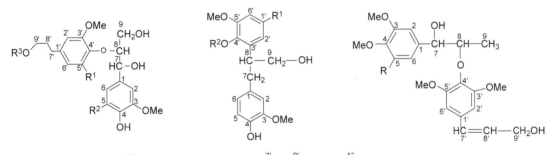

5-12-1 R^1=OH; R^2=H; R^3=Rh̄am (erythro)
5-12-2 R^1=OH; R^2=H; R^3=Rh̄am (threo)
5-12-3 R^1=H; R^2=OMe; R^3=Rh̄am (threo)

5-12-4 R^1= ⟋ 7′ 9′ CH$_2$OH; R^2=Glu
5-12-5 R^1= ⟋ 7′ 8′ CH$_2$OH; R^2=Glu

5-12-6 R=OMe
5-12-7 R=H

表 5-12-1　化合物 5-12-1～5-12-7 的 ^{13}C NMR 化学位移数据

C	5-12-1[1]	5-12-2[1]	5-12-3[2]	5-12-4[3]	5-12-5[4]	5-12-6[5]	5-12-7[5]
1	133.5	133.4	136.1	132.3	132.5	132.8	132.8
2	111.8	112.0	106.0		120.0	103.6	109.5
3	147.5	148.0	148.9	116.1	116.1	153.0	148.9
4			136.9	146.1	146.1	153.0	148.0
5	116.3	116.4	148.9	148.3	148.3	153.0	110.9
6	120.6	121.0	106.0	113.6	111.4	103.6	118.1
7	73.9	74.1	74.1	39.2	39.2	82.5	82.6
8	90.1	91.6	86.4	42.3	42.4	73.2	72.9
9	61.1	62.0	61.8	66.6	67.0	12.7	12.7
1′		135.4	133.6	134.7	139.1	135.5	134.9
2′	110.7	110.0	113.7	108.9	113.5	153.6	153.7
3′	152.6	152.5	147.2	152.9	152.6	103.2	103.7
4′	139.0	139.1		144.7	143.3	134.7	132.6
5′	154.1	153.9	118.4	139.6	139.7	103.2	103.7
6′	104.6	104.4	121.1	118.8	122.3	153.6	153.7
7′	31.8	31.8	32.3	131.0	33.0	130.7	130.8

C	5-12-1[1]	5-12-2[1]	5-12-3[2]	5-12-4[3]	5-12-5[4]	5-12-6[5]	5-12-7[5]
8′	33.0	33.1	31.8	129.8	35.7	128.5	128.4
9′	67.1	67.1	66.9	63.0	61.6	63.3	63.4
1″	101.8	101.8	101.6	105.9	105.8		
2″	73.0	73.0	72.9	76.2	76.2		
3″	72.4	72.5	72.9	78.5	78.5		
4″	74.1	74.3	74.1	71.3	71.2		
5″	69.9	69.9	69.7	78.3	78.3		
6″	18.7	18.7	18.6	62.5	62.5		
OMe	56.1(×2)	56.2	56.0	55.9	55.9	56.1(×4)	55.8(×2)
		56.3	56.4(×2)	56.1	56.1	60.7	56.1(×2)

5-12-8   R¹=Me; R²=OMe; R³=R⁴=OH (erythro)
5-12-9   R¹=Me,R²=OMe; R³=R⁴=OH (threo)
5-12-10 R¹=CH₂OH; R²,R³=OCH₂O; R⁴=OAc (erythro)

5-12-11 R=CH₂CH=CH₂
5-12-12 R=CH=CHCH₂OH
5-12-13 R=CH=CHCHO

表 5-12-2 化合物 5-12-8~5-12-13 的 ^{13}C NMR 化学位移数据

C	5-12-8[6]	5-12-9[6]	5-12-10[6]	5-12-11[7]	5-12-12[7]	5-12-13[7]
1	133.7	132.0	131.6	134.8	132.1	
2	108.9	109.3	107.9	106.6	106.6	106.7
3	146.5	146.6	148.0	153.6	153.7	154.0
4	144.8	145.5	148.5	136.5	134.6	
5	113.9	114.1	110.3	153.6	153.7	154.0
6	119.9	120.8	119.5	106.6	106.6	106.6
7	82.4	84.2	93.8	43.6	43.5	43.6
8	73.6	78.5	78.2	79.5	79.6	80.0
9	13.4	17.1	15.4	19.6	19.6	19.7
1′	131.9	130.5	130.1	134.5	131.0	
2′	109.4	109.4	108.6	105.7	103.7	105.9
3′	145.6	146.8	147.1	152.8	152.7	152.9
4′	151.5	150.8	151.1	135.3	136.0	
5′	119.1	118.8	118.0	152.8	152.7	152.9
6′	119.0	119.1	121.1	105.7	103.7	105.9
7′	130.5	130.5	131.1	40.5	131.0	152.5
8′	125.0	124.9	127.1	137.2	127.8	127.8
9′	18.3	18.4	63.8	115.8	63.4	193.1
OCH₂O			101.1			

C	5-12-8[6]	5-12-9[6]	5-12-10[6]	5-12-11[7]	5-12-12[7]	5-12-13[7]
OMe	56.0(×2)	56.0(×2)	55.9	56.0(×3) 56.6 60.6	56.0(×4) 60.6	56.0(×4) 60.9
OAc			170.1/21.1			

5-12-14 R¹=R²=R³=R⁴=R⁵=R⁶=H
5-12-15 R¹=H; R²=R³=R⁴=R⁵=R⁶=H
5-12-16 R¹=OMe; R²=R³=R⁴=H; R⁵=R⁶=Me
5-12-17 R¹=R²=R³=OMe; R⁴=R⁵=R⁶=H
5-12-18 R¹=R²=R³=R⁴=OMe; R⁵=R⁶=H

表 5-12-3　化合物 5-12-14~5-12-18 的 ¹³C NMR 化学位移数据[8]

C	5-12-14	5-12-15	5-12-16	5-12-17	5-12-18
1	129.6	132.1	132.7	133.1	132.0
2	130.7	111.0	110.2	104.8	104.9
3	116.6	146.4	146.7	146.9	147.0
4	157.4	144.0	144.2	131.9	145.2
5	116.6	114.4	114.6	146.9	147.0
6	130.7	120.8	121.0	104.8	104.9
7	35.7	30.3	30.9	30.7	31.2
8	42.9	35.9	36.3	35.7	36.1
9	180.6	178.9	173.8	177.8	178.4
1′	129.6	132.1	130.0	131.2	132.0
2′	130.7	129.4	129.6	110.8	104.9
3′	116.6	115.4	115.5	146.9	147.0
4′	157.4	154.1	154.4	144.0	145.2
5′	116.6	115.4	115.5	114.3	147.0
6′	130.7	129.4	129.6	120.7	104.9
7′	35.7	30.3	30.9	30.2	31.2
8′	42.9	35.8	36.3	35.7	36.1
9′	180.6	178.9	173.8	177.8	178.4
OMe		55.8	56.1 51.9(×2)	56.1(×2) 55.7	56.3(×4)

参　考　文　献

[1] Miyase T, Ueno A, Oguchi H, et al. Chem Pharm Bull, 1987, 35: 3713.

[2] Matsushita H, Miyase T, Ueno A. Phytochemistry, 1991, 30: 2025.

[3] Miyase T, Ueno A, Takizawa N, et al. Phytochemistry, 1989, 28: 3483.

[4] Miyase T, Ueno A, Takizawa N, et al. Chem Pharm Bull, 1988, 36:2475.

[5] Hattori M, Yang X W, Shu Y Z. Chem Pharm Bull, 1988, 36: 648.

[6] Shimomura H, Sashida Y, Oohara M. Phytochemistry, 1987, 26: 1513.

[7] Silva M S D A, Gottlieb O R, Yoshida M, et al. Phytochemistry, 1989, 28: 3477.

[8] DellaGreca M, Marino C D, Previtera L, et al. Tetrahedron, 2005, 61: 11924.

第六章　香豆素化合物的 ^{13}C NMR 化学位移

第一节　简单香豆素化合物的 ^{13}C NMR 化学位移

【结构特点】所谓简单香豆素是指香豆素(coumarin)的 3、4、5、6、7、8 位上可以连接简单的烷基、羟甲基、羟基、甲氧基、烷氧基或其他简单基团，可以是一个基团，也可能是多个基团。

基本结构骨架

【化学位移特征】

1. 香豆素化合物是六元内酯，它们的内酯羰基的化学位移通常出现在 δ_{C-2} 156.7～163.6。

2. 多数情况下，在芳环的 7 位上连接有连氧基团，因此 δ_{C-7} 158.7～163.7。如果 6 位连氧、8 位连烷基、7 位不连氧，则 δ_{C-7} 116.7～120.9。如果 5、6、7、8 位同时有连氧基团，则 δ_{C-5} 140.9，δ_{C-6} 142.6，δ_{C-7} 145.2，δ_{C-8} 134.5。如果 6、7、8 位同时连氧，则 δ_{C-6} 144.6，δ_{C-7} 134.5，δ_{C-8} 143.1。如果仅仅是 6、7 位连氧，则 δ_{C-6} 146.2，δ_{C-7} 152.8。

3. 多数情况下在内酯环的 3、4 位都没有连接基团，则 δ_{C-3} 103.2～114.2，δ_{C-4} 138.1～144.5。如果 3 位上连接甲基，则 δ_{C-3} 124.3～124.6，δ_{C-4} 136.7～137.1。如果 3 位上连接甲基、4 位又连接甲氧基，则 δ_{C-3} 111.5～111.6，δ_{C-4} 166.0～166.1。

6-1-1 R=OCH₃
6-1-2 R=OH

表 6-1-1　化合物 6-1-1 和 6-1-2 的 ^{13}C NMR 化学位移数据[1]

C	6-1-1	6-1-2	C	6-1-1	6-1-2	C	6-1-1	6-1-2
2	162.1	162.6	6	153.7	150.0	10	17.6	21.9
3	124.6	124.3	7	116.7	120.9	11	21.4	17.6
4	136.7	137.1	8	123.8	124.1	12	15.7	15.3
4a	117.8	117.9	8a	146.6	147.6	13	56.2	—
5	129.6	126.7	9	26.6	26.6			

6-1-3 R=H
6-1-4 R=β-Glu

表 6-1-2　化合物 6-1-3 和 6-1-4 的 ¹³C NMR 化学位移数据[2]

C	6-1-3	6-1-4	C	6-1-3	6-1-4	C	6-1-3	6-1-4
2	163.7	163.7	8a	155.7	155.7	4-OMe	60.3	60.3
3	111.5	111.6	1′	125.2	126.7	7-OMe	55.8	55.8
4	166.1	166.0	2′	132.4	131.7	1‴		102.1
4a	108.8	108.9	1″	129.4	131.8	2‴		74.9
5	138.4	138.0	2″,6″	128.9	128.4	3‴		78.6
6	111.6	117.7	3′,5″	116.9	117.4	4‴		71.3
7	163.7	161.9	4″	159.5	158.7	5‴		79.1
8	100.3	100.5	3-Me	10.4	10.4	6‴		62.4

6-1-5 R=a
6-1-6 R=b
6-1-7 R=c
6-1-8 R=d
6-1-9 R=e
6-1-10 R=f

表 6-1-3　化合物 6-1-5~6-1-10 的 ¹³C NMR 化学位移数据

C	6-1-5[3]	6-1-6[3]	6-1-7[3]	6-1-8[4]	6-1-9[4]	6-1-10[4]
2	162.0	162.5	162.7	161.3	161.1	161.2
3	112.4	114.0	112.9	113.0	113.2	113.3
4	144.0	144.0	143.3	143.5	143.3	143.5
4a	156.0	156.0	156.4	112.5	112.7	112.9
5	128.9	129.9	128.8	128.8	128.8	128.9
6	113.0	114.0	113.0	113.2	113.0	113.0
7	161.3	162.0	161.9	162.0	161.6	161.5
8	101.5	101.9	101.3	101.5	101.6	101.7
8a	112.5	112.8	112.8	155.8	155.8	155.7
1′			33.2	65.2	64.8	67.1
2′	118.3	118.8	37.9	122.1	122.9	61.2

续表

C	6-1-5[3]	6-1-6[3]	6-1-7[3]	6-1-8[4]	6-1-9[4]	6-1-10[4]
3′	144.0	143.6	214.1	138.5	138.2	58.1
4′	36.7	36.3	48.4	47.5	75.7	42.3
5′	30.0	32.0	44.9	65.9	81.4	78.9
6′	124.1	84.4	37.7	127.1	145.6	149.1
7′	135.6	86.5	72.1	137.9	131.6	133.9
8′	39.2	30.0	34.3	67.7	173.7	172.1
9′	26.2	27.5	37.7	14.0	10.8	56.8
10′	78.0	76.1	40.2	17.0	13.7	17.0
11′	73.0	72.1	67.9			
12′	23.8	24.0	19.0			
13′	17.0	17.9	18.2			
14′	16.3	26.0	8.8			
15′	26.1	28.0	16.4			

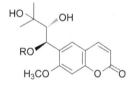

6-1-11 R= 巴豆酰基
6-1-12 R= 甲基丁酰基

6-1-13 R= 巴豆酰基
6-1-14 R= 当归酰基
6-1-15 R= 异戊酰基

6-1-16 R= 当归酰基

表 6-1-4 化合物 6-1-11~6-1-16 的 ¹³C NMR 化学位移数据[5]

C	6-1-11	6-1-12	6-1-13	6-1-14	6-1-15	6-1-16
2	161.4	161.7	161.1	161.0	161.5	161.0
3	112.8	113.0	113.3	112.1	113.6	113.4
4	143.7	143.6	143.6	143.6	143.7	143.5
4a	111.8	111.8	112.1	113.4	111.9	112.2
5	126.8	126.3	126.2	125.3	126.4	128.5
6	127.9	126.4	128.3	126.3	126.3	127.1
7	159.1	159.0	158.7	158.8	158.9	160.1
8	98.4	98.5	99.0	99.0	98.4	99.2
8a	155.1	155.4	155.4	155.4	155.0	155.5
9	67.4	67.6	68.8	68.4	68.1	69.6
10	76.2	75.5	77.2	77.7	77.5	78.7
11	74.4	74.6	73.0	72.9	72.8	72.6
Me	27.6	26.5	26.7	26.7	26.4	27.0
Me	26.7	26.5	25.6	25.5	25.1	24.6
OMe	56.1	56.1	56.2	56.2	56.1	56.3
1′	166.9	171.6	166.3	166.1	171.9	166.3
2′	126.8	41.1	125.1	125.1	42.6	124.1
3′	137.5	25.3	139.0	140.8	26.4	139.7
4′	14.2	22.1	14.6	15.9	22.2	15.8
5′	11.9	27.3	12.2	20.7	22.0	20.6

6-1-17 R=a
6-1-18 R=b
6-1-19 R=c
6-1-20 R=d
6-1-21 R=e
6-1-22 R=f

表 6-1-5 化合物 **6-1-17~6-1-22** 的 ^{13}C NMR 化学位移数据[6]

C	6-1-17	6-1-18	6-1-19	6-1-20	6-1-21	6-1-22
2	160.3	161.1	161.0	160.2	160.9	160.9
3	113.6	113.4	113.5	112.7	113.6	113.8
4	143.8	143.3	143.3	144.3	144.5	144.5
4a	113.7	112.9	113.0	112.6	113.5	113.8
5	118.6	128.9	128.9	129.5	130.1	130.2
6	109.2	112.8	122.7	112.8	113.7	113.6
7	148.6	161.5	161.5	161.3	163.0	162.7
8	133.3	101.8	101.8	101.5	102.2	102.4
8a	142.2	155.8	155.8	155.3	156.9	156.8
1'	66.0	67.3	69.2	67.7	66.1	68.7
2'	122.8	60.9	74.7	60.3	123.2	61.8
3'	136.8	58.1	73.1	58.1	137.7	58.7
4'	17.3	17.0	23.0	16.9	17.1	17.4
5'	45.6	45.1	44.8	43.0	45.7	43.0
6'	75.5	74.3	74.3	74.5	76.4	79.7
7'	33.1	33.9	34.7	43.3	38.9	150.1
8'	134.1	133.7	133.5	72.0	77.2	135.2
9'	170.1	169.8	169.5	177.2	177.0	172.3
10'	122.5	122.7	122.9	23.1	64.7	56.9

6-1-23 R^1=H; R^2=OCH$_3$; R^3=OH; R^4=OCH$_3$
6-1-24 R^1=R^2=R^3=OCH$_3$; R^4=OH
6-1-25 R^1=OCH$_3$; R^2=H; R^3=OCH$_3$; R^4=H
6-1-26 R^1=H; R^2=R^3=OCH$_3$; R^4=H
6-1-27 R^1=R^2=H; R^3=OH; R^4=H

表 6-1-6 化合物 **6-1-23~6-1-27** 的 ^{13}C NMR 化学位移数据

C	6-1-23[7]	6-1-24[8]	6-1-25[9]	6-1-26[10]	6-1-27[11]
2	160.6	159.8	156.7	160.7	160.7
3	103.2	114.0	103.7	108.0	111.5
4	143.8	139.2	138.1	142.8	144.3
4a	111.2	109.1	110.9	111.2	111.5

续表

C	6-1-23[7]	6-1-24[8]	6-1-25[9]	6-1-26[10]	6-1-27[11]
5	113.5	140.9	160.6	113.5	129.6
6	144.6	142.6	94.6	146.2	113.3
7	134.5	145.2	163.5	152.8	161.6
8	143.1	134.5	92.7	99.9	102.5
8a	142.5	139.3	156.7	150.0	155.7
R¹		62.2	61.5		
R²	58.5	61.1		58.5	
R³		61.0	60.5	61.0	
R⁴	61.6				

6-1-28 R¹=R²=CH₃; R³=H
6-1-29 与 **6-1-28** 互为非对映异构体
6-1-30 R¹=R²=R³=CH₃
6-1-31 与 **6-1-31** 互为非对映异构体
6-1-32 R¹=R²=H; R³=CH₃
6-1-33 R¹=H; R²=R³=CH₃

表 6-1-7 化合物 **6-1-28~6-1-33** 的 ¹³C NMR 化学位移数据[12]

C	6-1-28	6-1-29	6-1-30	6-1-31	6-1-32	6-1-33
2	158.3	157.8	157.5	157.7	157.7	158.1
3	113.5	113.0	109.5	109.3	111.4	114.2
4	144.1	143.9	143.4	143.7	141.6	142.4
4a	100.9	100.5	108.5	108.5	108.6	109.5
5	111.4	111.0	109.3	109.1	110.3	112.2
6	146.4	145.9	142.0	142.0	138.4	136.9
7	162.4	162.0	160.3	160.9	161.4	159.8
8	124.3	123.8	123.1	123.3	114.8	122.5
8a	157.3	156.9	153.4	153.5	154.4	153.9
11	164.5	164.0	163.7	164.0	163.6	164.0
13	77.1	76.6	75.4	75.4	75.6	76.7
14	44.5	44.1	42.5	42.6	42.5	44.1
15	192.9	192.4	192.7	192.9	192.8	192.4
16	107.1	106.7	104.6	104.5	105.0	106.9
17	44.8	44.3	42.7	42.6	41.0	38.7
18	72.2	71.7	70.2	70.1	67.3	68.8
19	23.4	22.9	22.5	22.6	23.3	24.2
20	21.2	20.8	20.1	20.1	20.0	20.8
6-Me	12.7	12.2	12.8	12.8		12.8
8-Me			8.58	8.7	7.6	8.4
17-Me	19.4	19.0	18.7	18.7		

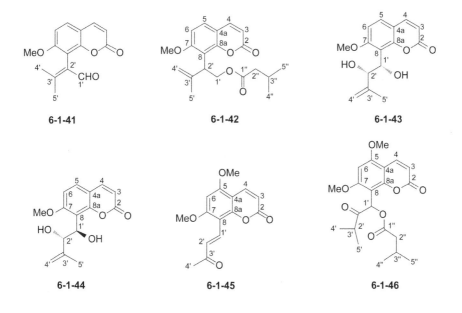

6-1-34 R¹=R³=H; R²=Me
6-1-35 R¹=Me; R²=OH; R³=H
6-1-36 R¹=CH₂OH; R²=R³=H
6-1-37 R¹=H; R²=OH; R³=Me

表 6-1-8 化合物 6-1-34~6-1-40 的 ^{13}C NMR 化学位移数据[13]

C	6-1-34	6-1-35	6-1-36	6-1-37	6-1-38	6-1-39	6-1-40
2	162.0	163.6	160.9	163.3	160.7	161.8	160.2
3	114.0	117.7	116.7	116.8	115.1	113.7	114.2
4	143.9	146.7	130.8	145.7	141.1	144.1	139.6
4a	115.2	115.8	112.9	119.2	113.5	112.2	111.3
5	125.5	123.9	128.7	123.2	122.8	127.5	127.0
6	136.7	133.1	136.0	136.7	128.1	127.0	129.6
7	133.9	134.2	139.2	130.9	133.5	134.0	132.2
8	116.9	113.2	115.7	114.0	115.3	111.3	113.0
8a	155.2	155.7	153.7	154.9	154.3	155.2	153.8
9	139.9	138.1	135.6	136.7	120.0	117.4	103.2
10	132.3	130.4	128.5	118.0	154.6	160.4	153.7
11	135.9	156.0	120.7	154.9	123.0	123.1	125.0
12	128.4	111.3	128.3	133.7	125.9	132.4	130.0
13	139.9	140.3	132.5	141.4	107.6	78.0	
14	116.0	121.8	123.2	122.4	144.8		
R	19.6	14.9	63.1	11.6	15.4	14.5	15.6

表 6-1-9 化合物 6-1-41~6-1-46 的 ^{13}C NMR 化学位移数据[14]

C	6-1-41	6-1-42	6-1-43	6-1-44	6-1-45	6-1-46
2	160.9	160.7	160.2	160.2	160.3	160.0
3	112.7	113.0	113.4	113.5	111.3	111.6
4	143.6	143.9	143.8	143.7	138.5	138.3
4a	112.7	113.1	113.1	113.3	103.8	103.9
5	128.5	127.8	128.6	128.5	158.2	158.0
6	107.5	108.0	107.9	108.0	90.2	90.5
7	159.8	161.1	160.2	160.6	163.1	162.0
8	112.7	116.1	116.1	116.5	104.6	104.6
8a	152.2	153.6	152.9	153.3	154.9	154.6
1'	188.7	64.1	69.4	68.6	131.7	69.4
2'	159.7	40.7	78.4	78.5	129.8	208.1
3'	128.9	142.5	143.9	145.1	199.8	36.2
4'	24.6	111.7	113.7	113.8	27.5	18.1
5'	19.5	22.1	17.4	18.0		19.1
1''		172.8				171.9
2''		43.4				43.2
3'		25.6				25.7
4''		22.2				22.4
5''		22.2				22.4
5-OMe					56.1	56.1
7-OMe	56.0	56.1	56.3	56.4	56.2	56.3

参 考 文 献

[1] Pattara T, Apiruk P, Udom K. Phytochemistry, 2002, 60: 7730.

[2] Chavez D, Chai H, Tangai E. Tetrahedron Lett, 2001, 42: 3685.

[3] Ahmed A A. Phytochemistry, 1999, 50: 109.

[4] Thuy T T, Rippergeer H, Porzel A, et al. Phytochemistry, 1999, 52: 511.

[5] Liu J, Xu S, Yao X. Phytochemistry, 1995, 39: 1099.

[6] Ito C, Maras A, Crochni B, et al. J Nat Prod, 2000, 63: 1218.

[7] Pharkphoom P. Phytochemistry, 1995, 40: 1141.

[8] Yun B, Ali H. J Nat Prod, 2001, 64: 1238.

[9] Joseph-Nathan P, James A, Peter B, et al. Heteocyclic Chem, 1984, 21: 1141.

[10] Josep P, William R, Ivan A, et al. Heteocyclic Chem, 1994, 23: 1146.

[11] Jiang Z. Chem Pharm Bull, 2002, 50: 137.

[12] Hossain C, Dinchev D, Tanya I, et al. Chem Pharm Bull, 1996, 44: 1535.

[13] Giovanna P, Philippe R, Elena F, et al. Phytochemistry, 2003, 63: 471.

[14] Takeshi K, Jin W, Feng H, et al. Phytochemistry, 1996, 43: 125.

第二节 角型呋喃香豆素化合物的 ^{13}C NMR 化学位移

【结构特点】指在香豆素的 7、8 位或 5、6 位或 3、4 位并合呋喃环或氢化呋喃环的化合物。

I II III

基本结构骨架

【化学位移特征】

1．在Ⅰ型结构中，$\delta_{C\text{-}2}$159.8～164.3，$\delta_{C\text{-}3}$108.4～114.6，$\delta_{C\text{-}4}$138.7～146.6。如果 4 位连接芳环，则 $\delta_{C\text{-}2}$158.5～159.4，$\delta_{C\text{-}3}$114.2～115.0，$\delta_{C\text{-}4}$156.7～156.9。如果 7 位连接连氧基团，$\delta_{C\text{-}7}$146.1～166.0。对于呋喃环部分，$\delta_{C\text{-}2'}$143.8～147.1，$\delta_{C\text{-}3'}$104.0～104.9。

2．一些化合物在呋喃环的 2′位连接一个异丙基，或异丙烯基，或苯丙基，或异丙醇基。第一种情况下，$\delta_{C\text{-}2'}$166.3，$\delta_{C\text{-}3'}$97.2，$\delta_{C\text{-}4'}$28.4，$\delta_{C\text{-}5'}$20.8，$\delta_{C\text{-}6'}$20.8。第二种情况下，$\delta_{C\text{-}2'}$158.0，$\delta_{C\text{-}3'}$99.7，$\delta_{C\text{-}4'}$132.3，$\delta_{C\text{-}5'}$19.2，$\delta_{C\text{-}6'}$114.6。第三种情况下，$\delta_{C\text{-}2'}$167.1～167.4，$\delta_{C\text{-}3'}$98.6～98.9，$\delta_{C\text{-}4'}$40.1～40.8，$\delta_{C\text{-}5'}$28.3～28.4，$\delta_{C\text{-}6'}$28.3～28.4。第四种情况下，$\delta_{C\text{-}2'}$159.0～164.7，$\delta_{C\text{-}3'}$98.0～98.6，$\delta_{C\text{-}4'}$69.1～79.4，$\delta_{C\text{-}5'}$28.8～29.2，$\delta_{C\text{-}6'}$28.8～29.2。

3．还有一些化合物呋喃环被氢化，并在 2′位连接异丙醇基或异丙醇酯基，此时 $\delta_{C\text{-}2'}$65.9～91.3，$\delta_{C\text{-}3'}$25.9～27.5，$\delta_{C\text{-}4'}$65.9～82.2，$\delta_{C\text{-}5'}$17.6～23.6，$\delta_{C\text{-}6'}$16.6～22.4。如果 4′、5′位连接连氧基团，$\delta_{C\text{-}2'}$87.4～88.6，$\delta_{C\text{-}3'}$25.9～27.7，$\delta_{C\text{-}4'}$72.1～74.8，$\delta_{C\text{-}5'}$67.0～73.4，$\delta_{C\text{-}6'}$19.9～22.1。如果 3′、4′位连接连氧基团，$\delta_{C\text{-}2'}$91.0～92.1，$\delta_{C\text{-}3'}$69.3～69.5，$\delta_{C\text{-}4'}$71.9～78.4，$\delta_{C\text{-}5'}$25.5～27.0，$\delta_{C\text{-}6'}$23.3～27.5。如果 3′、4′、5′都连接连氧基团，$\delta_{C\text{-}2'}$88.8～89.2，$\delta_{C\text{-}3'}$68.1～69.5，$\delta_{C\text{-}4'}$72.8～73.2，$\delta_{C\text{-}5'}$68.2～74.4，$\delta_{C\text{-}6'}$22.1～22.9。如果 4′、5′位为双键，$\delta_{C\text{-}2'}$88.6～88.7，$\delta_{C\text{-}3'}$31.8～32.4，$\delta_{C\text{-}4'}$139.5～141.9，$\delta_{C\text{-}5'}$113.2～114.4，$\delta_{C\text{-}6'}$16.9～17.1。

4．在Ⅱ型结构中，4 位一般具有取代基团（苯环或烷基），5、7 位都连接连氧基团，因此 $\delta_{C\text{-}2}$158.2～161.4，$\delta_{C\text{-}3}$105.0～114.2，$\delta_{C\text{-}4}$154.2～161.1，$\delta_{C\text{-}5}$161.1～162.4，$\delta_{C\text{-}7}$161.4～164.2。如果 4 位没有取代基，$\delta_{C\text{-}4}$138.6，$\delta_{C\text{-}5}$156.2，$\delta_{C\text{-}7}$153.2，2、3 位变化不大。对于并合的呋喃环，都是 2′、3′位氢化，并在 2′位连接一个异丙醇基，此时 $\delta_{C\text{-}2'}$92.6～93.8，$\delta_{C\text{-}3'}$26.2～27.0，$\delta_{C\text{-}4'}$70.8～71.7，$\delta_{C\text{-}5'}$23.1～23.3，$\delta_{C\text{-}6'}$23.3～24.9。

5．在Ⅲ型结构中，呋喃环与香豆素的 3、4 位并合，并且大部分在 7 位上有连氧基团，因此 $\delta_{C\text{-}2}$159.9～166.8，$\delta_{C\text{-}3}$102.8～108.1，$\delta_{C\text{-}4}$160.0～166.9，$\delta_{C\text{-}7}$159.8～165.1。如果 7 位没有连氧基团存在，则 $\delta_{C\text{-}7}$131.7～131.8。而呋喃环上 2′、3′位各连接一个甲基，同时在 2′位或 3′位又连接一个开链的单萜，则 $\delta_{C\text{-}2'}$89.6～98.0，$\delta_{C\text{-}3'}$42.5～47.9，两个甲基出现在 δ 13.5～26.1。

6-2-1 R=H
6-2-2 R=Ac
6-2-3 R=
6-2-4 R=
6-2-5 R=—OH
6-2-6 R=
6-2-7 R=—OMe

表 6-2-1 化合物 6-2-1～6-2-7 的 ^{13}C NMR 化学位移数据

C	6-2-1[1]	6-2-2[2]	6-2-3[2]	6-2-4[3]	6-2-5[3]	6-2-6[3]	6-2-7[3]
2	160.2	160.1	160.8	160.9	160.9	160.7	160.7
3	114.5	115.0	114.0	113.7	113.8	113.8	113.8
4	144.6	144.1	144.5	144.5	144.5	144.5	144.6
5	123.9	127.6	124.0	122.7	123.4	123.0	122.9
6	108.8	109.5	108.4	108.2	108.6	108.0	106.1
7	157.3	157.5	157.0	157.0	157.0	157.2	157.2
8	116.9	117.0	118.4	118.0	117.7	117.8	117.6
9	148.5	149.7	148.2	147.8	147.9	148.0	147.9
10	113.5	114.1	113.6	113.3	113.4	113.4	113.2
2′	145.9	153.2	158.0	166.3	164.7	167.1	167.4

续表

C	6-2-1[1]	6-2-2[2]	6-2-3[2]	6-2-4[3]	6-2-5[3]	6-2-6[3]	6-2-7[3]
3'	104.0	110.1	99.7	97.2	98.0	98.9	98.6
4'		187.8	132.3	28.4	69.2	40.8	40.1
5'		26.5	19.2	20.8	28.7	28.3	28.4
6'			114.6	20.8	28.7	28.3	28.4
7'						144.2	138.4
8', 12'						126.0	113.8
9', 11'						128.4	137.1
10'						126.6	158.3
OMe							55.1

6-2-8 R¹=H; R²=
6-2-9 R¹=Ac; R²=
6-2-10 R¹=H; R²=Pr
6-2-11 R¹= OH; R²=
6-2-12 R¹= OH; R²=
6-2-13 R¹= OH; R²=i-Pr
6-2-14 R¹= OMe; R²=

表 6-2-2 化合物 6-2-8~6-2-14 的 ^{13}C NMR 化学位移数据

C	6-2-8[4]	6-2-9[4]	6-2-10[5]	6-2-11[6]	6-2-12[6]	6-2-13[6]	6-2-14[6]
2	159.4	158.5	159.3	159.4	159.2	159.4	159.1
3	114.3	115.0	114.3	114.3	114.2	114.3	114.2
4	156.8	156.4	156.8	156.9	156.7	156.8	156.7
5	163.5	165.9	162.7	163.3	163.1	163.7	163.4
6	104.9	119.0	103.7	103.4	104.2	104.9	103.8
7	155.8	147.0	156.0	155.5	155.4	155.4	155.6
8	109.8	110.0	109.7	110.4	109.7	110.4	110.6
9	153.4	156.5	153.3	153.4	153.1	153.2	153.2
10	103.3	103.4	104.7	103.1	—	—	—
2'	143.8	152.3	143.9	162.4	162.3	162.4	159.0
3'	104.7	111.2	104.7	98.6	98.4	98.5	98.2
4'		186.1		69.1	69.2	69.1	79.4
5', 6'		26.4		28.8	28.8	28.8	29.2
OMe							57.8
1"	138.9	138.4	138.9	139.1	139.0	139.0	139.1
2", 6"	127.1	127.2	127.2	127.2	127.2	127.3	127.2
3", 5"	127.7	127.8	127.7	127.8	127.8	127.8	127.7
4"	128.4	128.6	128.4	128.4	128.4	128.5	128.2
C=O	208.6	204.4	204.5	208.6	208.6	208.7	208.6
1'''	45.7	51.8	44.9	45.7	52.3	39.6	45.6
2'''	16.3	25.5	17.5	16.3	25.6	18.8	16.2
3'''	26.5	22.6	13.8	26.5	22.4	18.8	26.4
4'''	11.8	22.6		11.8	22.4		11.6

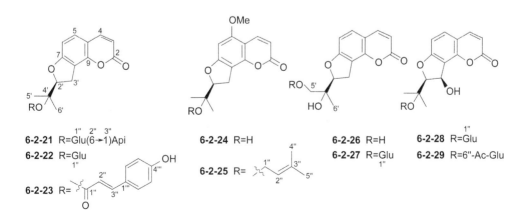

R¹	R²
6-2-15	a	—
6-2-16	b	H
6-2-17	b	Glu
6-2-18	c	—
6-2-19	d	—

表 6-2-3 化合物 **6-2-15~6-2-20** 的 ^{13}C NMR 化学位移数据[7]

C	6-2-15	6-2-16	6-2-17	6-2-18	6-2-19	6-2-20
2	160.8	160.8	163.0	160.4	160.6	160.9
3	114.0	113.9	113.8	114.6	114.3	114.3
4	142.0	142.2	145.6	141.1	141.6	139.9
5	125.9	123.2	126.4	117.4	124.5	112.7
6	140.0	140.4	142.0	140.2	139.6	135.7
7	149.3	148.5	150.3	148.1	148.9	146.1
8	117.0	117.6	118.3	118.4	117.3	118.2
9	144.8	144.5	145.4	144.3	144.8	142.8
10	112.9	113.6	115.4	113.4	112.6	109.7
2′	145.1	145.2	147.1	145.4	145.2	146.2
3′	104.5	104.5	104.9	104.6	104.5	104.8
OMe	61.1	60.9	61.3	60.7	61.2	
1″	24.3	27.7	28.4	32.8	24.0	77.1
2″	122.6	79.3	79.3	211.3	125.3	131.3
3″	132.7	73.1	81.5	76.4	135.7	117.1
4″	18.0	26.0	23.5	26.9	61.7	27.4
5″	25.4	24.0	22.6	26.9	21.7	27.4

6-2-17: 98.4 (1‴), 75.4 (2‴), 78.2 (3‴), 71.7 (4‴), 77.8 (5‴), 62.8 (6‴)

6-2-21 R=Glu(6→1)Api
6-2-22 R=Glu

6-2-23 R=

6-2-24 R=H

6-2-25 R=

6-2-26 R=H
6-2-27 R=Glu

6-2-28 R=Glu
6-2-29 R=6″-Ac-Glu

表 **6-2-4** 化合物 6-2-21~6-2-29 的 ^{13}C NMR 化学位移数据

C	6-2-21[8]	6-2-22[9]	6-2-23[10]	6-2-24[11]	6-2-25[11]	6-2-26[11]	6-2-27[12]	6-2-28[12]	6-2-29[12]
2	164.3	160.1	161.5	161.8	161.6	160.4	160.0	159.9	161.1
3	110.8	114.4	112.0	108.5	111.3	113.8	111.1	112.0	112.5
4	146.6	144.9	144.3	141.5	138.7	145.3	144.8	143.4	144.2
5	129.6	129.6	128.9	154.7	154.8	129.5	128.9	130.0	130.6
6	107.2	112.4	106.9	93.3	93.2	107.1	106.4	107.3	107.9
7	163.5	164.7	164.1	145.6	145.7	164.2	163.7	162.3	163.1
8	114.5	98.3	113.6	131.7	131.6	114.4	113.6	116.3	116.7
9	150.6	152.2	151.1	151.5	151.5	151.2	150.7	151.2	151.9
10	113.6	113.3	113.0	102.5	102.4	113.1	112.4	112.7	113.3
2'	91.3	91.0	89.1	65.9	65.9	88.4	87.4	91.0	91.2
3'	26.9	51.3	27.5	27.1	26.1	27.3	25.9	69.3	69.5
4'	79.3	78.1	82.2	65.9	66.2	73.8	72.1	77.9	78.4
5'	23.3	23.6	22.1	18.2	17.6	67.0	73.4	25.5	26.0
6'	22.4	22.2	21.1	17.6	16.6	22.1	20.7	24.7	23.3
1"	97.6	106.9	166.5		66.2		103.6	97.2	97.2
2"	73.4	74.5	116.1		119.2		73.4	73.2	73.3
3"	75.6	77.7	114.5		145.0		76.4	75.4	76.4
4"	69.0	71.4			25.6		70.0	70.3	69.8
5"	74.1	76.8			25.2		76.8	73.2	73.5
6"	66.2	62.6					60.9	61.8	62.8
1'''	108.7		126.6						171.3(Ac)
2'''	76.6		129.8						20.7(Ac)
3'''	78.5		115.9						
4'''	73.5		158.3						
5'''	63.8		115.9						
6'''			129.8						

6-2-30   6-2-31   6-2-32 R=OAng   6-2-34 R=Me   6-2-36
                    6-2-33 R=H   6-2-35 R=H

表 **6-2-5** 化合物 6-2-30~6-2-36 的 ^{13}C NMR 化学位移数据

C	6-2-30[13]	6-2-31[13]	6-2-32[13]	6-2-33[13]	6-2-34[14]	6-2-35[14]	6-2-36[14]
2	162.1	159.8	160.2	160.0	161.2	161.0	161.0
3	112.7	111.7	108.5	108.4	112.7	113.8	112.8
4	145.6	144.8	144.1	144.1	143.6	144.8	144.9
5	132.5	130.9	132.2	132.1	109.4	112.6	110.9
6	108.6	107.4	114.0	113.9	142.4	144.5	142.6
7	166.0	162.9	164.5	164.5	152.7	152.1	153.8

续表

C	6-2-30[13]	6-2-31[13]	6-2-32[13]	6-2-33[13]	6-2-34[14]	6-2-35[14]	6-2-36[14]
8	114.3	116.5	114.1	114.0	114.8	115.1	116.2
9	152.8	151.1	152.6	152.4	146.1	146.1	146.9
10	114.1	112.7	133.3	113.9	112.5	112.9	113.3
2'	92.0	89.2	69.5	69.6	88.7	88.6	88.6
3'	79.6	68.1	88.8	92.1	31.8	32.4	27.7
4'	80.4	72.8	73.2	71.9	141.9	139.5	74.8
5'	108.8	74.4	68.2	27.0	113.2	114.4	67.8
6'	20.8	22.1	22.9	27.5	16.9	17.1	19.9
1"	102.7	103.8	171.7	172.1			
2"	75.0	73.4	44.1	44.1			
3"	77.9	76.8	26.2	26.2			
4"	70.9	69.9	22.7	23.0			
5"	77.9	76.6	22.8	23.1			
6"	62.2	60.9					

6-2-32: 168.2 (C-1‴), 128.0 (C-2‴), 139.9 (C-3‴), 16.5 (C-4‴), 21.2 (C-5‴); **6-2-34**: 56.4 (OMe); **6-2-36**: 56.6 (OMe)

6-2-37 R=CH(CH$_3$)$_2$
6-2-38 R=CH$_2$CH$_2$CH$_3$
6-2-39 R=CH$_2$CH(CH$_3$)$_2$
6-2-40 R=CH(CH$_3$)CH$_2$CH$_3$
　　　　　2‴ 5‴ 3‴ 4‴

6-2-41 R=OH
6-2-42 R=H

表 6-2-6 化合物 6-2-37~6-2-42 的 ^{13}C NMR 化学位移数据

C	6-2-37[15]	6-2-38[15]	6-2-39[15]	6-2-40[15]	6-2-41[16]	6-2-42[16]
2	160.5	160.8	161.0	160.7	159.1	159.4
3	105.6	105.3	105.0	105.2	109.7	109.5
4	160.5	161.1	161.1	161.0	157.1	157.1
5	161.1	161.2	161.0	161.2	162.4	162.1
6	110.7	110.6	110.7	110.9	112.3	109.9
7	163.5	163.1	163.0	163.3	164.2	163.1
8	104.0	104.8	104.8	104.2	105.1	105.1
9	156.6	156.7	156.3	156.2	157.4	157.5
10	97.1	97.0	96.9	96.9	99.6	99.4
2'	93.5	93.6	93.6	93.8	99.0	92.8
3'	26.4	26.3	26.2	26.2	70.4	26.6
4'	71.1	71.1	71.1	70.8	71.4	71.6
5'	24.7	24.7	24.5	24.7	26.0	26.1
6'	27.0	27.3	27.5	27.3	25.1	24.7

续表

C	6-2-37[15]	6-2-38[15]	6-2-39[15]	6-2-40[15]	6-2-41[16]	6-2-42[16]
1″	71.5	71.2	71.0	71.2	37.3	37.3
2″	30.5	30.6	30.7	30.6	22.7	22.7
3″	10.4	10.5	10.5	10.4	13.9	13.9
1‴	210.3	205.6	205.1	209.7	206.4	206.1
2‴	40.3	46.3	52.9	46.4	53.5	53.4
3‴	19.7	17.6	25.0	27.4	25.6	25.6
4‴	18.5	13.5	25.5	11.1	22.6	22.6
5‴			25.6	14.9	22.6	22.6

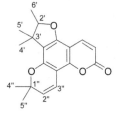

6-2-43 R=Ph
6-2-44 R=CH(CH₃)₂

6-2-45 R=CH₂CH(CH₃)₂
6-2-46 R=CH(CH₃)₂C₂H₅
6-2-47 R=CH₂CH₂CH₃

6-2-48

表 6-2-7 化合物 **6-2-43~6-2-48** 的 ¹³C NMR 化学位移数据

C	6-2-43[17]	6-2-44[6]	6-2-45[4]	6-2-46[4]	6-2-47[4]	6-2-48[18]
2	158.2	159.4	159.1	159.1	159.1	161.4
3	111.9	114.2	111.0	111.0	111.0	110.5
4	154.2	155.0	154.9	154.9	154.9	138.6
5	162.1	161.9	161.9	161.8	161.9	156.2
6	110.0	110.0	110.0	110.1	110.0	117.9
7	161.6	164.2	163.7	163.9	163.6	153.2
8	104.8	161.9	105.0	104.5	104.9	102.9
9	156.4	157.9	157.3	157.1	157.4	149.9
10	98.9	99.2	98.6	98.7	98.6	99.1
2′	92.8	92.7	92.7	92.6	92.7	91.1
3′	26.9	27.0	26.8	26.6	26.8	44.1
4′	71.6	71.7	71.6	71.6	71.6	25.6
5′	23.1	23.3	23.2	23.2	23.2	21.1
6′	24.9	23.3	24.8	24.8	24.8	14.3
1″	137.9	138.2	138.0	138.1	138.0	77.4
2″	127.6	127.4	127.4	127.4	127.4	127.0
3″	128.9	127.8	127.9	127.9	127.9	115.6
4″	127.9	129.0	128.8	128.8	128.8	28.1
5″	128.9	127.8	127.9	127.9	127.9	28.1
6″	127.6	127.4	127.4	127.4	127.4	
1‴	198.9	204.5	206.1	210.4	206.2	
2‴	140.3	40.4	53.4	46.7	46.5	
3‴	128.2	19.4	25.6	16.5	18.0	

续表

C	6-2-43[17]	6-2-44[6]	6-2-45[4]	6-2-46[4]	6-2-47[4]	6-2-48[18]
4'''	128.2	19.4	22.7	27.1	13.8	
5'''	132.4		22.7	11.8		
6'''	128.2					
7'''	128.2					

6-2-49 R¹=a; R²=H
6-2-50 R¹=b; R²=H
6-2-51 R¹=c; R²=H
6-2-52 R¹=d; R²=Me

6-2-53 R¹=b; R²=H
6-2-54 R¹=c; R²=H

6-2-55 R¹=e; R²=H
6-2-56 R¹=e; R²=Me

表 6-2-8 化合物 6-2-49~6-2-56 的 ^{13}C NMR 化学位移数据

C	6-2-49[19]	6-2-50[19]	6-2-51[19]	6-2-52[19]	6-2-53[19]	6-2-54[20]	6-2-55[21]	6-2-56[21]
2	162.8	162.4	162.4	162.3	161.7	160.7	163.6	163.4
3	103.8	103.3	103.6	103.2	102.8	103.5	104.1	104.8
4	166.2	166.0	165.9	166.0	165.1	164.3	167.2	166.9
5	124.5	124.3	124.3	124.3	123.7	123.3	125.3	125.3
6	113.9	113.7	113.7	113.5	112.8	111.8	114.3	113.8
7	161.6	161.3	161.3	161.1	160.3	162.5	163.6	165.1
8	103.8	103.5	103.5	103.4	103.1	100.1	103.5	101.7
9	157.3	156.8	156.8	156.7	156.0	156.3	158.2	158.1
10	106.1	105.7	105.9	105.9	105.4	106.0	106.2	107.1
2'	96.9	97.1	96.6	97.4	96.1	95.8	97.8	98.0
3'	44.9	42.5	44.7	42.4	44.0	44.2	45.3	45.4
4'	14.4	14.7	14.2	14.6	13.5	13.5	13.9	13.8
5'	26.1	21.0	26.0	21.0	25.3	25.3	25.6	25.5
1''	35.6	41.5	35.1	41.9	34.8	34.9	36.2	36.2
2''	23.8	21.9	22.6	22.6	22.7	22.8	23.8	23.8
3''	129.1	41.6	41.9	33.9	33.5	125.3	125.0	124.8
4''	130.7	157.2	157.3	157.0	157.4	132.2	136.6	136.6
5''	55.8	126.3	126.2	126.9	126.2	38.3	40.7	40.7
6''	200.1	191.9	192.0	191.4	190.8	153.5	27.7	27.7
7''	123.3	126.3	126.3	126.4	125.8	108.1	125.1	125.0
8''	157.0	155.5	155.5	155.2	154.6	120.1	132.1	132.1
9''	28.6	28.4	28.4	28.4	27.7	137.3	25.9	25.8
10''	21.7	21.3	21.3	21.3	20.6	9.8	17.8	17.7
11''	17.3	19.6	19.8	26.0	25.4	15.9	16.1	16.0
OMe						55.5		56.4

6-2-57 R¹=Me; R²=H
6-2-58 R¹=H; R²=Me

6-2-59 R¹=a; R²=H
6-2-60 R¹=b; R²=H
6-2-61 R¹=a; R²=Me
6-2-62 R¹=c; R²=Me
6-2-63 R¹=b; R²=Me

6-2-64 R¹=a; R²=H
6-2-65 R¹=b; R²=Me

表 6-2-9 化合物 **6-2-57~6-2-65** 的 ^{13}C NMR 化学位移数据

C	6-2-57[22]	6-2-58[22]	6-2-59[23]	6-2-60[23]	6-2-61[23]	6-2-62[23]	6-2-63[24]	6-2-64[20]	6-2-65[20]
2	166.7	166.8	161.5	161.5	161.2	160.6	165.6	159.9	160.1
3	108.0	108.1	105.9	106.0	105.9	106.2	106.1	105.7	105.7
4	160.2	160.0	166.2	166.4	166.1	165.5	160.6	164.9	165.6
5	136.6	136.7	124.3	124.2	124.1	123.7	123.8	123.2	123.3
6	126.3	126.4	113.2	112.7	113.0	112.2	112.3	111.8	111.8
7	131.7	131.8	160.7	159.8	160.2	163.2	163.3	162.9	162.6
8	114.8	114.8	103.2	103.2	103.2	100.6	100.7	100.2	100.2
9	155.9	155.9	156.7	156.8	156.7	157.0	157.0	156.3	156.4
10	112.1	111.9	106.0	106.3	106.0	106.3	106.2	105.7	106.1
2′	91.1	89.6	89.9	93.2	89.8	89.7	89.7	89.3	92.7
3′	44.8	47.9	46.9	46.7	46.9	47.0	47.1	46.8	46.5
4′	18.1	17.8	19.2	23.5	19.2	19.2	19.3	19.1	23.3
5′	16.2	15.6	15.8	13.9	15.8	15.8	15.8	15.7	13.9
1″	44.0	44.0	38.3	34.8	38.1	38.3	38.0	37.9	34.4
2″	204.3	204.8	23.4	23.4	23.5	23.4	23.7	23.4	23.8
3″	61.5	61.9	123.6	124.0	125.9	123.7	129.6	125.4	125.9
4″	65.2	65.5	135.6	135.2	132.4	135.6	129.0	131.9	131.5
5″	24.6	24.5	39.6	39.6	38.3	39.7	54.4	38.2	38.2
6″	21.4	21.3	26.6	26.7	154.2	26.7	209.4	153.6	153.6
7″			124.1	124.3	108.8	124.3	50.7	108.4	108.4
8″			131.4	131.3	120.5	131.4	24.5	120.0	120.0
9″			25.7	25.7	137.7	25.7	22.6	137.2	137.2
10″			17.7	17.7	9.8	17.7	22.6	9.8	9.8
11″			16.0	16.0	15.9	16.0	16.4	15.9	15.9
OMe						55.7	55.8	55.5	55.5
Me-5′	24.6	19.3							

参 考 文 献

[1] Backhouse C N, Delporte C L, Negrete R E, et al. J Ethnopharm, 2001, 78: 27.

[2] 蔡金娜, 王峥涛, 徐国钧, 等. 药学学报, 1996, 31: 267.

[3] Ajay K B, Fujiwara H. Tetrahedron, 1979, 35: 13.

[4] Guilet D, Helesbeux J J, Seraphin D, et al. J Nat Prod, 2001, 64: 563.

[5] Morel C, Dartiguelongue C, Youhana T, et al. Heterocycles, 1999, 51: 2183.

[6] Chaturvedula V S P, Schilling J K, Kingston D G I. J Nat Prod, 2002, 65: 965.

[7] Franke K, Porzel A, Masaoud M, et al. Phytochemistry, 2001, 56: 61.

[8] Van Wagenen B C, Huddleston J, Cardellina J H 2nd. J Nat Prod, 1988, 51: 136.

[9] 李荣芷, 何云庆, 乔明, 等. 药学学报, 1989, 24: 546.

[10] Awale S, Nakashima E M N, Kalauni S K, et al. Bioorg Med Chem Lett, 2006, 16: 581.

[11] Ulubelen A, Mericlfi H, Mericli F, et al. J Nat Prod, 1993, 56: 1184.

[12] Taniguchi M, Yokota O, Shibano M, et al. Chem Pharm Bull, 2005, 53: 701.

[13] Chang H, Okada Y, Okuyama T, et al. Magn Reson Chem, 2007, 45: 611.

[14] Chen Y H, Chang F R, Wu C C, et al. Planta Med, 2006, 72: 75.

[15] Prachyawarakorn V, Mahidol C, Ruchirawat S. Chem Pharm Bull, 2006, 54: 884.

[16] Yang H, Protiva P, Gil R R, et al. Planta Med, 2005, 71: 852.

[17] Cao S G, Sim K Y, Goh S H, et al. Heterocycles, 1997, 45: 2045.

[18] Ito C, Fujiwara K, Kajita M, et al. Chem Pharm Bull, 1991, 39: 2509.

[19] Motai T, Daikonya A, Kitanaka S. J Nat Prod, 2004, 67: 432.

[20] Motai T, Kitanaka S. Chem Pharm Bull, 2004, 52: 1215.

[21] Choudhary M I, Baig I, Nur-e-Alam M, et al. Helv Chim Acta, 2001, 84: 2409.

[22] Oketch-Rabah H A, Lemmich E, Dossaji S F, et al. J Nat Prod, 1997, 60: 458.

[23] Kojima K, Isaka K, Ondognii P, et al. Chem Pharm Bull, 2000, 48: 353.

[24] Su B N, Takaishi Y, Honda G, et al. J Nat Prod, 2000, 63: 436.

第三节　线型呋喃香豆素的 ^{13}C NMR 化学位移

【结构特点】线型呋喃香豆素是指在香豆素母核的 6、7 位上并合一个呋喃环。

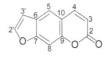

基本结构骨架

【化学位移特征】

1. 3、4 位没有取代基的化合物，δ_{C-2} 160.0～164.5，δ_{C-3} 110.5～115.1，δ_{C-4} 137.2～147.3。

2. 并合的是呋喃环时，δ_{C-7} 156.3～158.5，$\delta_{C-2'}$ 144.8～148.0，$\delta_{C-3'}$ 104.6～106.8。

3. 并合的是二氢呋喃环，并且在 2 位时，δ_{C-7} 160.0～165.9，$\delta_{C-2'}$ 88.9～91.1，$\delta_{C-3'}$ 28.7～29.9，$\delta_{C-4'}$ 70.0～82.9。两个甲基的化学位移为 δ 20.6～26.0。如果 3'、4' 位都有连氧基团，$\delta_{C-2'}$ 88.2～98.2，$\delta_{C-3'}$ 69.0～77.5，$\delta_{C-4'}$ 69.8～82.3。如果 4'、5' 位有连氧基团，$\delta_{C-2'}$ 84.0～88.1，$\delta_{C-3'}$ 29.0～29.5，$\delta_{C-4'}$ 72.6～82.0，$\delta_{C-5'}$ 64.3～74.5，$\delta_{C-6'}$ 16.1～19.9。

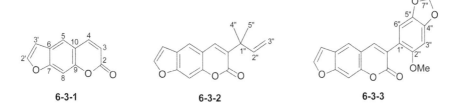

6-3-1　　　　　　6-3-2　　　　　　6-3-3

6-3-4

6-3-5 R=H
6-3-6 R=Ac

表 6-3-1 化合物 6-3-1~6-3-6 的 ^{13}C NMR 化学位移数据

C	6-3-1[1]	6-3-2[2]	6-3-3[3]	6-3-4[4]	6-3-5[5]	6-3-6[5]
2	161.4	159.6	160.7	161.6	162.3	162.7
3	115.1	132.8	123.9	114.6	129.4	127.8
4	145.2	138.1	142.4	144.2	139.2	139.3
5	120.2	119.4	119.6	117.0	123.7	123.4
6	125.3	124.4	124.8	154.3	125.0	124.9
7	156.8	155.6	156.1	122.2	159.8	160.0
8	100.3	98.5	99.4	100.1	95.8	97.1
9	152.5	151.1	151.6	151.9	153.8	154.7
10	115.8	115.7	116.1	115.0	112.5	112.7
2'	147.3	146.4	146.7	152.9	90.7	91.0
3'	106.8	106.1	106.4	136.7	28.8	29.5
4'					70.0	71.6
1"		40.5	116.1	26.8	41.4	40.7
2"		145.4	152.9	21.6	73.4	73.3
3"		112.3	95.4	21.6	62.8	63.5
4"		26.1	148.7			
5"		26.1	141.2			
OMe			56.8	62.4		

6-3-3: 110.3 (6"), 101.5 (7"); 6-3-5: Me: 25.9, 24.8, 23.0, 21.7
6-3-6: Me: 25.9, 24.2, 23.5, 21.9; Ac: 20.8, 20.7, 170.8, 169.9

6-3-7 (2'S, 3'R)
6-3-8 (2'R, 3'R)
6-3-9 (2'R, 3'S)

6-3-10

6-23-11

表 6-3-2 化合物 6-3-7~6-3-11 的 ^{13}C NMR 化学位移数据

C	6-3-7[6]	6-3-8[6]	6-3-9[6]	6-3-10[7]	6-3-11[7]
2	160.6	160.3	160.4	161.1	160.5
3	111.8	111.7	111.8	114.1	111.2
4	144.9	144.8	144.9	144.2	144.6
5	125.7	125.6	125.7	118.8	123.8
6	128.6	128.5	128.6	126.5	125.5
7	162.4	162.2	162.3	156.3	163.3
8	97.3	97.3	97.3	99.1	96.7
9	156.1	156.0	156.0	151.5	155.1
10	112.9	112.7	112.8	115.0	121.1
2'	91.9	91.7	91.8	167.3	91.0
3'	77.5	77.5	77.5	99.5	28.7

续表

C	6-3-7[6]	6-3-8[6]	6-3-9[6]	6-3-10[7]	6-3-11[7]
4′	69.8	69.8	69.8	28.3	70.0
5′	24.6	24.5	24.5	20.7	24.8
6′	22.8	22.8	22.8	20.7	25.8
1″	97.7	97.6	97.7		
2″	73.4	73.4	73.4		
3″	76.9	76.6	76.9		
4″	70.1	70.0	70.0		
5″	76.7	76.8	76.7		
6″	60.8	60.7	60.7		

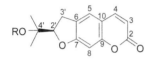

6-3-12 R= H$_{1″}$
6-3-13 R= Glu
6-3-14 R= (2E-丁烯酰氧基)Glu

6-3-15 R=Glu
6-3-16 R=Glu(6→1)Api
6-3-17 R=苯甲酰基
6-3-18 R=(3-甲基)-2-丁烯酰基

表 6-3-3 化合物 **6-3-12~6-3-18** 的 ^{13}C NMR 化学位移数据

C	6-3-12[8]	6-3-13[9]	6-3-14[9]	6-3-15[10]	6-3-16[10]	6-3-17[11]	6-3-18[11]
2	161.5	160.3	161.5	161.2	161.2	161.3	161.4
3	112.1	111.2	112.4	112.1	112.1	112.3	112.3
4	143.7	144.4	145.7	144.3	144.4	143.6	143.6
5	123.4	123.8	124.8	124.1	124.2	123.2	123.2
6	125.1	125.4	126.4	125.9	125.9	124.5	124.5
7	163.2	162.9	164.3	164.0	163.9	163.5	163.4
8	97.8	96.7	97.7	99.1	98.9	98.0	98.0
9	155.5	154.9	156.4	156.1	156.1	155.8	155.8
10	112.7	112.2	113.5	112.9	112.9	112.7	112.7
2′	91.1	89.7	90.9	91.1	91.0	89.1	88.9
3′	29.4	29.0	29.7	29.8	29.9	29.7	29.6
4′	71.6	77.0	78.5	78.8	78.8	82.9	81.3
5′	24.3	20.6	21.3	22.4	22.0	22.1	21.3
6′	26.0	23.2	23.7	23.7	23.7	21.4	22.3
1″		97.1	98.2	97.6	97.5	165.4	165.9
2″		73.4	74.5	75.3	75.1	131.0	116.9
3″		76.6	77.7	78.3	78.1	128.2	156.9
4″		70.3	71.6	71.6	71.8	129.4	20.1
5″		76.6	74.6	77.9	76.8	132.8	27.4
6″		61.2	64.5	62.6	68.8	129.4	

6-3-14: 166.6 (1‴), 123.1 (2‴), 145.7 (3‴), 17.9 (4‴);

6-3-16: 111.1 (1‴), 77.9 (2‴), 80.5 (3‴), 75.2 (4‴), 65.7 (5‴);

6-3-17: 128.2(7″)

	R³	R¹	R²
6-3-19	OSen	H	H
6-3-20	OH	Sen	H
6-3-21	H	H	OSe
6-3-22	OSen	Ac	H
6-3-23	O'Bu	Ac	

表 6-3-4 化合物 6-3-19~6-3-25 的 ¹³C NMR 化学位移数据

C	6-3-19[12]	6-3-20[12]	6-3-21[12]	6-3-22[13]	6-3-23[13]	6-3-24[14]	6-3-25[15]
2	160.8	160.9	161.3	160.6	160.6	160.9	160.0
3	113.0	113.0	112.4	113.0	113.2	113.1	111.0
4	143.6	143.6	143.5	143.6	144.1	144.9	144.0
5	126.6	125.0	123.3	126.6	126.4	126.1	125.0
6	124.1	127.2	124.6	124.1	124.1	128.7	130.0
7	163.2	162.6	162.9	163.2	163.0	164.4	160.0
8	99.1	99.1	98.0	99.1	98.9	98.4	97.0
9	157.1	157.0	155.6	157.1	157.0	157.7	156.0
10	113.4	113.6	112.8	113.4	113.4	114.0	—
2′	91.0	90.9	86.6	88.2	88.2	98.2	98.0
3′	71.4	71.8	29.0	71.4	71.6	72.4	69.0
1″	71.2	82.0	72.8	82.2	81.7	82.3	70.0
2″	26.6	23.5	67.5	24.1	24.7	21.9	27.0
3″	26.5	23.8	19.6	22.3	23.2	22.3	26.0
1‴	165.0	165.0	165.0	164.2	176.6	167.2	
2‴	116.0	116.0	116.0	116.1	34.2	129.8	
3‴	159.0	159.0	159.0	159.2	18.6	137.6	
4‴	27.0	27.0	27.0	27.5	18.6	15.6	
5‴	20.0	20.0	20.0	20.2		20.6	
Ac				170.3/22.6	170.5/22.2		

6-3-26	R¹=R²=H	(1″R)
6-3-27	R¹+R²=C(CH₃)₂	(1″R)
6-3-28	R¹=Ac; R²=H	(1″R)
6-3-29	R¹=Ac; R²=H	(1″S)
6-3-30	R¹=R²=Ac	(1″R)
6-3-31	R¹=R²=Ac	(1″S)

6-3-32 (2′S)
6-3-33 (2′R)

6-3-34

表 6-3-5 化合物 6-3-26~6-3-34 的 ^{13}C NMR 化学位移数据

C	6-3-26[16]	6-3-27[16]	6-3-28[16]	6-3-29[16]	6-3-30[16]	6-3-31[16]	6-3-32[17]	6-3-33[17]	6-3-34[18]
2	164.5	163.3	161.3	161.4	161.1	161.2	163.7	163.6	161.5
3	112.4	112.3	112.5	112.4	112.6	112.5	111.5	111.4	115.1
4	144.9	143.6	143.5	143.6	143.5	143.5	147.3	147.2	145.6
5	124.7	123.3	123.4	123.4	123.3	123.1	125.0	125.0	125.7
6	126.6	124.7	124.6	124.6	124.1	124.0	126.9	126.8	120.2
7	161.2	161.3	162.9	162.9	162.8	163.0	165.9	165.7	175.4
8	97.8	98.0	98.1	98.1	98.1	98.1	98.1	98.0	101.5
9	156.6	155.8	155.7	155.6	155.7	155.7	155.7	155.5	162.0
10	113.4	112.8	113.0	112.9	113.0	112.3	114.0	114.0	116.2
2'	88.1	86.7	86.6	87.7	84.0	86.1	87.9	88.0	92.2
3'	29.4	29.5	29.1	29.0	29.3	29.6	29.4	29.4	201.4
1"	73.8	81.4	72.8	72.6	81.8	82.0	74.52	74.61	32.3
2"	67.9	72.7	68.4	68.4	64.4	64.3	74.45	74.29	16.0
3"	19.9	19.0	19.6	20.2	16.1	17.8	19.4	19.4	18.8
Ac		171.1/20.8	170.9/20.9	170.2/21.9 169.8/20.7	170.1/21.9 170.0/20.7			

6-3-27: 110.1 (C-O$_2$), 27.3, 26.4 (Me-*gem*)
6-3-32: Glu 103.7 (1), 74.1 (2), 76.8 (3), 70.6 (4), 76.5 (5), 61.6 (6)
6-3-33: Glu 103.7 (1), 74.0 (2), 76.7 (3), 70.6 (4), 76.4 (5), 61.6 (6)

6-3-35 R=Me
6-3-36 R=Me; 2', 3'-2H
6-3-37 R=Glu(6→1)Rha
6-3-38 R=A
6-3-39 R=B
6-3-40 R=C
6-3-41 R=D
6-3-42 R=E

表 6-3-6 化合物 6-3-35~6-3-42 的 ^{13}C NMR 化学位移数据

C	6-3-35[7]	6-3-36[7]	6-3-37[19]	6-3-38[20]	6-3-39[21]	6-3-40[21]	6-3-41[21]	6-3-42[21]
2	160.3	161.5	161.9	161.3	161.4	161.3	161.2	161.0
3	112.8	110.5	113.8	112.6	112.6	112.5	112.6	112.6
4	139.4	139.2	146.8	139.8	139.5	139.5	139.5	137.2
5	149.6	152.7	152.1	149.0	148.0	149.0	148.8	148.9
6	113.0	105.9	116.4	114.2	114.1	114.1	114.3	114.3
7	158.5	165.5	158.0	158.1	158.1	158.1	158.1	158.1

续表

C	6-3-35[7]	6-3-36[7]	6-3-37[19]	6-3-38[20]	6-3-39[21]	6-3-40[21]	6-3-41[21]	6-3-42[21]
8	94.0	92.9	96.1	94.2	94.2	94.1	94.3	94.2
9	152.7	156.6	153.0	152.7	152.6	152.7	152.6	152.7
10	106.7	110.4	108.8	107.5	107.4	107.4	107.5	107.6
2'	145.0	72.4	148.0	144.9	144.9	144.8	144.9	144.9
3'	105.3	28.3	105.1	105.1	104.9	105.1	105.0	105.0
1"	60.3	59.4	105.5	69.8	69.5	69.6	69.7	69.8
2"			75.1	119.1	127.4	126.2	123.6	126.5
3"			77.7	139.6	139.5	140.0	141.7	141.7
4"			71.1	18.3	47.6	45.5	42.0	42.3
5"			77.1	25.8	66.4	74.3	140.5	140.0
6"			68.2		122.0	121.0	119.7	119.7
7"					135.5	135.4	70.6	81.3
8"					18.2	18.3	29.8	24.9
9"					25.7	25.8	29.8	24.9
10"					17.0	17.3	16.6	16.6
1'''			102.1			63.1		103.3
2'''			71.7			15.4		18.3
3'''			72.2					64.1
4'''			73.7					15.3
5'''			69.2					
6'''			17.5					

6-3-43 R^1=H; R^2=H
6-3-44 R^1=H; R^2=C$_2$H$_5$
6-3-45 R^1=H; R^2=Cl
6-3-46 R^1=COCH(OH)CH$_3$; R^2=H
6-3-47 R^1=a; R^2=H
6-3-48 R^1=Ang; R^2=H
6-3-49 R^1=H; R^2=CH$_3$

表 6-3-7 化合物 6-3-43~6-3-49 的 ^{13}C NMR 化学位移数据

C	6-3-43[22]	6-3-44[23]	6-3-45[23]	6-3-46[24]	6-3-47[25]	6-3-48[26]	6-3-49[22]
2	162.9	161.0	160.8	163.1	163.5	161.27	161.1
3	112.4	112.8	113.1	113.2	113.6	112.4	112.9
4	141.2	139.2	138.9	141.2	141.7	139.5	139.3
5	150.2	149.0	148.4	150.0	150.4	148.4	148.9
6	114.5	114.1	114.3	114.3	114.8	112.8	114.1
7	159.3	158.2	158.1	159.8	160.2	158.1	158.2
8	94.0	94.4	94.8	94.6	94.8	93.9	94.6
9	153.3	152.7	152.6	153.8	154.3	152.4	152.7
10	107.6	107.0	107.5	107.6	108.1	106.4	107.4
2'	146.3	144.9	145.2	146.9	147.3	145.0	145.0
3'	106.0	104.9	104.6	106.2	106.1	104.9	104.9
1"	75.1	74.5	74.3	72.9	73.2	71.5	74.4
2"	77.7	75.9	76.5	79.5	80.4	77.1	76.2
3"	72.3	76.4	71.3	71.6	72.1	71.3	76.0
4"	24.5	21.3	28.6	26.9	27.5	25.7	20.7

C	6-3-43[22]	6-3-44[23]	6-3-45[23]	6-3-46[24]	6-3-47[25]	6-3-48[26]	6-3-49[22]
5″	27.0	16.1	29.2	25.7	26.0	27.0	20.8
1‴		56.8		176.0	175.4	167.4	49.3
2‴		21.5		68.0	77.5	127.3	
3‴				20.6	38.7	139.4	
4‴					71.8	15.9	
5‴					77.0	20.6	
6‴					68.4		
7‴					42.9		

参 考 文 献

[1] Liu F F, Yang Z S, Zheng X, et al. Journal of Asia-Pacific Entomology, 2011, 14: 79.

[2] Yang Q Y, Tian X Y, Fang W S. J Asian Nat Prod Res, 2007, 9: 59.

[3] Phrutivorapongkul A, Lipipun V, Ruangrungsi N, et al. Chem Pharm Bull, 2002, 50: 534.

[4] Tesso H, Konig W A, Kubeczka K H, et al. Phytochemistry, 2005, 66: 707.

[5] Ngadjui B T, Ayafor J F, Sondengam B L, et al. Phytochemistry, 1989, 28: 585.

[6] 肖永庆, 李丽, 谷口雅颜, 等. 药学学报, 2001, 36: 519.

[7] Elgamal M H A, Elewa N H, Elkhrisy E A M, et al. Phytochemistry, 1979, 18: 139.

[8] Yao N H, Kong L Y, Niwa M. J Asian Nat Prod Res, 2001, 3: 1.

[9] Kong L Y, Yao N H. Chin Chem Lett, 2000, 11: 315.

[10] Kitajima J, Okamura C, Ishikawa T, et al. Chem Pharm Bull, 1998, 46: 1404.

[11] Sibel C, Okada Y, Coskun M. Heterocycles, 2006, 69: 481.

[12] Jimenez B, Grande M C, Anaya J, et al. Phytochemistry, 2000, 53: 1025.

[13] Appendino G, Bianchi F, Bader A, et al. J Nat Prod, 2004, 67: 532.

[14] Okuyama E, Hasegawa T, Matsushita T, et al. Chem Pharm Bull, 2001, 49: 154.

[15] Alami I, Clerivet A, Naji M, et al. Phytochemistry, 1999, 51: 733.

[16] Tovar-Miranda R, Cortes-Garcia R, Santos-Sanchez N F, et al. J Nat Prod, 1998, 61: 1216.

[17] Lemmich J. Phytochemistry, 1995, 38: 427.

[18] Miftakhova A F, Burasheva G S, Abilov Z A, et al. Fitoterapia, 2001, 72: 319.

[19] Caceres A, Rastrelli L, Simone F D, et al. Fitoterapia, 2001, 72: 376.

[20] Masuda T, Takasugi M, Anetai M, et al. Phytochemistry, 1998, 47: 13.

[21] Xiao Y Q, Liiu X H, Sun Y F. Chin Chem Lett, 1994, 5: 593.

[22] Fujioka T, Furumi K, Fujii H, et al. Chem Pharm Bull, 1999, 47: 96.

[23] Harkar S, Razdan T K, Waight E S, et al. Phytochemistry, 1984, 23: 419.

[24] Zhou P, Takaishi Y, Duan H, et al. Phytochemistry, 2000, 53: 689.

[25] Shikishima Y, Takaishi Y, Honda G, et al. Chem Pharm Bull, 2001, 49: 877.

[26] Vuorela H, Erdelmeier C A, Nyiredy S, et al. Planta Med, 1988, 54: 538.

第四节　角型吡喃香豆素的 ^{13}C NMR 化学位移

【结构特点】角型吡喃香豆素是指在香豆素母核的 7、8 位上并合吡喃环而成的化合物。

基本结构骨架

【化学位移特征】

1. 在角型吡喃香豆素中, 如果 3、4 位没有基团取代, $\delta_{C\text{-}2}$ 159.6～162.0, $\delta_{C\text{-}3}$ 112.0～114.6,

$\delta_{\text{C-4}}$ 143.1~144.3。如果 4 位有烷基或苯环取代，$\delta_{\text{C-2}}$、$\delta_{\text{C-3}}$ 变化不大，$\delta_{\text{C-4}}$ 154.6~158.6 向低场位移。如果 3 位连接芳环而 4 位连接羟基，$\delta_{\text{C-2}}$ 无变化，$\delta_{\text{C-3}}$ 101.2~104.1 向高场位移，$\delta_{\text{C-4}}$ 162.3~163.2 向低场位移。在芳环中 5 位连氧、6 位为烷基时，$\delta_{\text{C-5}}$ 152.6~164.5，$\delta_{\text{C-6}}$ 100.8~119.5。

2. 对于吡喃环来说，2′位为连氧碳，3′,4′位为双键时，$\delta_{\text{C-2'}}$ 78.0~80.3，$\delta_{\text{C-3'}}$ 126.2~129.8，$\delta_{\text{C-4'}}$ 115.4~116.2。如果 3′,4′位为单键，$\delta_{\text{C-2'}}$ 75.9~77.8，$\delta_{\text{C-3'}}$ 31.2~31.8，$\delta_{\text{C-4'}}$ 16.4~16.5。如果 3′、4′位为单键，并且分别连接连氧基团，$\delta_{\text{C-2'}}$ 77.2~79.5，$\delta_{\text{C-3'}}$ 59.7~74.8，$\delta_{\text{C-4'}}$ 59.6~71.7。如果仅是 3′位有连氧基团，则 $\delta_{\text{C-2'}}$ 76.7~76.8，$\delta_{\text{C-3'}}$ 69.1，$\delta_{\text{C-4'}}$ 23.0。

表 6-4-1 化合物 6-4-1~6-4-5 的 ^{13}C NMR 化学位移数据

C	6-4-1[1]	6-4-2[1]	6-4-3[2]	6-4-4[2]	6-4-5[2]
2	159.5	159.6	161.3	161.2	161.2
3	112.5	112.6	112.7	112.9	112.8
4	154.6	154.7	144.1	144.1	144.1
5	164.3	164.5	128.0	128.2	128.1
6	106.8	106.9	113.5	113.4	113.5
7	156.3	156.4	156.9	156.7	156.6
8	101.4	101.4	109.3	109.5	109.2
9	157.7	157.8	150.3	150.3	150.4
10	102.1	102.2	112.7	112.8	112.8
2′	79.7	79.8	80.3	79.8	79.9
3′	126.2	126.2	129.9	129.4	129.4
4′	115.4	115.5	115.7	116.1	116.2
1″	139.0	139.2	41.7	44.7	37.5
2″	127.0	127.1	22.9	125.3	25.3
3″	127.5	127.5	123.9	138.2	89.5
4″	128.1	128.1	132.2	82.3	143.4
5″	127.5	127.5	25.8	24.4	114.7
6″	127.0	127.1	17.8	24.3	17.4
1‴	211.3	206.7			
2‴	46.5	53.5			
3‴	26.5	25.0			
4‴	11.7	22.6			
5‴	16.5	22.6			
2′-CH₃	28.0（×2）	28.1（×2）	27.1	29.0	27.0

表 6-4-2 化合物 **6-4-6~6-4-12** 的 ^{13}C NMR 化学位移数据[3]

C	6-4-6	6-4-7	6-4-8	6-4-9[4]	6-4-10[5]	6-4-11[6]	6-4-12[6]
2	160.8	160.9	160.8	160.8	160.4	161.2	160.8
3	104.1	101.2	103.5	111.1	111.2	111.3	112.1
4	163.2	162.3	162.4	158.6	154.6	155.0	156.5
5	154.8	154.1	153.9	152.6	152.8	153.4	158.8
6	115.9	119.0	119.5	109.2	108.9	100.8	107.2
7	156.0	155.1	155.1	154.6	154.6	158.3	163.3
8	106.9	106.8	106.8	102.9	113.8	102.0	100.1
9	147.8	147.3	147.3	150.6	150.2	153.6	101.8
10	101.9	103.4	101.3	103.5	104.0	101.0	157.6
2′	78.7	78.1	78.0	78.8	78.7	75.9	77.8
3′	129.8	129.5	129.5	126.9	126.7	31.8	31.2
4′	115.5	115.4	115.4	115.7	115.6	16.4	16.4
1″	122.7	124.4	124.5			138.0	139.4
2″	131.9	111.2	117.0	75.6	75.2	127.4	127.2
3″	115.4	147.3	145.1	35.1	34.8	128.7	127.5
4″	155.2	146.9	145.9	65.9	64.6	129.1	128.1
5″	115.4	108.1	110.3			128.7	127.5
6″	131.9	124.9	122.6			127.4	127.2
1‴	23.4	22.4	22.4	38.9			16.4
2‴	63.3	121.8	121.8	23.2			38.1
3‴	59.6	132.4	132.4	14.0			8.9
4‴	19.2	17.9	18.0				

续表

C	6-4-6	6-4-7	6-4-8	6-4-9[4]	6-4-10[5]	6-4-11[6]	6-4-12[6]
5'''	24.9	25.7	25.8				
2'-CH₃	28.5	28.1	28.1	28.2	28.2	26.5	26.7
	28.4	28.1	28.1	28.4	27.7	26.5	26.7
2''-CH₃				16.8	16.2		
3''-CH₃				7.2	7.3		
4''-OCH₃			55.9				
5-OCH₃	64.7	63.9	63.9				
OCH₂O		100.9					

6-4-13 R¹=OH; R²= (structure)   6-4-16 R¹= (structure) ; R²= (structure)

6-4-14 R¹=OH; R²= (structure)   6-4-17 R¹= (structure) ; R²= (structure)

6-4-15 R¹= (structure) ; R²= (structure)   6-4-18 R¹= (structure) ; R²=OH

表 6-4-3 化合物 6-4-13~6-4-18 的 ¹³C NMR 化学位移数据[7]

C	6-4-13	6-4-14	6-4-15	6-4-16	6-4-17	6-4-18
2	159.9	160.1	162.0	159.8	159.7	160.5
3	114.5	114.5	114.4	114.4	114.4	114.6
4	143.3	143.3	143.1	143.1	143.1	143.9
5	129.3	129.2	129.3	129.1	129.2	128.8
6	113.0	113.1	113.4	113.4	113.4	112.7
7	157.0	157.1	156.8	156.8	156.9	156.2
8	112.3	112.4	112.6	112.6	112.6	112.5
9	154.3	154.4	154.4	154.2	154.3	154.6
10	107.2	107.4	107.5	107.7	107.7	110.8
2'	78.6	78.8	78.7	77.2	78.2	77.8
3'	63.4	63.1	60.2	59.7	60.3	60.3
4'	71.6	71.7	70.6	70.8	70.3	71.3
1''	169.1	167.6	167.1	165.3	166.4	165.6
2''	138.8	159.6	137.7	159.8	138.3	159.1
3''	127.4	115.1	127.8	115.2	127.2	115.3
4''	15.6	27.5	15.5	20.6	15.5	27.4
5''	20.3	20.5	20.3	20.3	20.2	20.4
1'''			171.0	169.9	166.6	
2'''			20.6	27.3	139.6	
3'''					127.6	
4'''					15.7	
5'''					20.2	
2'-CH₃	25.6	25.5	25.3	25.4	25.3	25.5
	20.8	21.2	22.1	22.2	22.5	25.5

6-4-19 R^1= ; R^2=

6-4-20 R^1= ; R^2=

6-4-21 R^1= ; R^2=

6-4-22 R^1= ; R^2=

6-4-24 R^1=OH; R^2=OH

6-4-23 R^1= ; R^2=

6-4-25 R^1=OH; R^2=

表 6-4-4　化合物 6-4-19~6-4-25 的 ^{13}C NMR 化学位移数据[8]

C	6-4-19	6-4-20	6-4-21	6-4-22	6-4-23	6-4-24	6-4-25
2	159.6	159.8	159.8	159.8	159.7	161.2	160.7
3	113.3	113.2	113.3	113.2	113.3	112.1	112.6
4	143.2	143.2	143.1	143.1	143.3	144.3	143.8
5	129.3	129.0	129.2	129.1	129.4	128.6	128.8
6	114.4	114.4	114.4	114.4	114.5	114.9	114.6
7	156.6	156.8	156.7	156.7	156.6	156.6	156.8
8	107.5	107.6	107.5	107.6	107.4	111.1	109.7
9	154.1	154.1	154.1	154.1	154.0	154.6	154.8
10	112.5	112.5	112.6	112.5	112.5	112.2	112.4
2′	77.3	77.3	77.4	77.5	77.2	79.1	78.8
3′	70.5	69.5	70.8	70.4	70.8	71.2	70.3
4′	60.5	59.8	59.6	59.6	60.4	61.1	69.6
1″	171.8	165.2	165.2	165.1	175.6		68.5
2″	43.3	115.3	115.1	115.2	41.4		15.8
3″	25.4	158.1	158.0	157.9	26.6		
4″	22.5	27.4	27.4	27.4	11.6		
5″	22.5	20.3	20.4	20.4	16.6		
1‴	171.7	165.1	169.9	171.8	169.7		
2‴	43.1	115.4	20.7	43.1	20.7		
3‴	25.6	157.4		25.4			
4‴	22.5	27.4		22.4			
5‴	22.2	20.3		22.4			
2′-CH$_3$	25.4/22.5	25.1/22.6	25.4/22.2	25.3/22.5	25.6/21.8	25.3/21.6	25.1/23.6

6-4-28 R¹= ; R²=H （见图）

6-4-29 R¹= ; R²=H

6-4-30 R¹= ; R²=H

6-4-31 R¹=OH; R²=

6-4-32 R¹= ; R²=OH

6-4-26 R=OH

6-4-27 R=

表 6-4-5 化合物 6-4-26~6-4-32 的 ^{13}C NMR 化学位移数据[9]

C	6-4-26	6-4-27	6-4-28	6-4-29	6-4-30	6-4-31	6-4-32
2	161.5	160.9	161.2	161.2	161.2	160.0	160.7
3	112.0	112.8	112.5	112.5	112.5	113.0	112.6
4	144.4	143.6	143.8	143.9	143.8	143.4	144.0
5	128.4	128.5	126.7	126.7	126.7	129.3	128.8
6	114.8	114.6	114.3	114.3	114.3	114.5	114.6
7	156.4	156.3	156.2	156.2	156.2	156.9	156.0
8	111.8	109.3	106.9	106.9	106.9	106.9	110.7
9	154.3	155.1	153.3	153.3	153.3	154.1	154.1
10	112.5	112.6	112.1	112.1	112.1	112.3	112.3
2′	79.5	78.4	76.8	76.8	76.7	78.6	77.7
3′	74.8	72.7	69.1	69.1	69.1	71.3	72.1
4′	66.4	71.4	23.0	23.0	23.0	63.6	60.0
1″		68.8	173.0	173.1	173.1	175.1	173.2
2″		15.8	34.3	34.3	34.3	34.3	34.2
3″			24.9	24.9	24.9	24.8	24.9
4″			28.9	29.0	29.0	29.1	29.1
5″			29.0	29.2	29.2	29.2	29.2
6″			31.6	29.4	29.2	29.2	29.2
7″			22.6	29.4	29.4	29.4	29.4
8″			14.0	31.8		31.8	31.6
9″				22.6		22.6	22.6
10″				14.1	31.8	14.1	14.1
11″					22.6		
12″					14.1		
2′-CH₃	25.4	24.2	22.9	24.6	22.9	25.4	22.5
	20.3	23.7	24.6	22.9	24.6	21.2	25.4

参 考 文 献

[1] Cruz F G, Silva-Neto J T da, Guedes M L S. J Braz Chem Soc, 2001, 12: 117.

[2] Ahsan M, Gray A I, Leach G, et al. Phytochemistry, 1994, 36: 777.

[3] Magalhaes A F, Tozzi A M G A, Magalhaes E G, et al. Planta Med, 2006, 72: 358.

[4] McKee T C, Cardellina II J H, Dreyer G B, et al. J Nat Prod, 1995, 58: 916.

[5] McKee T C, Fuller R W, Covington C D, et al. J Nat Prod, 1996, 59: 754.

[6] Lopez-Prez J L, Olmedo D A, Olmo E, et al. J Nat Prod, 2005, 68: 369.

[7] Swager T M, Cardellina J H. Phytochemistry, 1985, 24: 805.

[8] Ikeshiro Y, Mase I, Tomita Y. Phytochemistry, 1992, 31: 4303.

[9] Widelski J, Melliou E, Fokialakis N, et al. J Nat Prod, 2005, 68: 1637.

第五节　线型吡喃香豆素的 ^{13}C NMR 化学位移

【结构特点】　线型吡喃香豆素是指在香豆素母核的 7、8 位上并合吡喃环而成的化合物。

基本结构骨架

【化学位移特征】

1. 线型吡喃香豆素的 3、4、5 位没有取代基的情况下，$\delta_{C\text{-}2}$ 160.8～163.5，$\delta_{C\text{-}3}$ 113.0～113.8，$\delta_{C\text{-}4}$ 142.9～146.0，$\delta_{C\text{-}5}$ 128.1～129.7。如果 5 位具有连氧基团，$\delta_{C\text{-}2}$ 160.8～162.3，$\delta_{C\text{-}3}$ 110.2～112.4，$\delta_{C\text{-}4}$ 138.3～139.9，$\delta_{C\text{-}5}$ 146.5～154.7。

2. 对于并合的吡喃环，如果 3'、4' 位为双键，$\delta_{C\text{-}2'}$ 77.1～79.0，$\delta_{C\text{-}3'}$ 127.8～130.6，$\delta_{C\text{-}4'}$ 114.9～116.2。如果 3',4' 位为单键并连接烷基基团，$\delta_{C\text{-}2'}$ 84.6～86.2，$\delta_{C\text{-}3'}$ 37.4～48.1，$\delta_{C\text{-}4'}$ 26.0～36.5。如果 3',4' 位为单键并分别连有连氧基团，$\delta_{C\text{-}2'}$ 68.5～81.7，$\delta_{C\text{-}3'}$ 71.2～76.6，$\delta_{C\text{-}4'}$ 66.7～81.0。如果仅有 3 位连氧，$\delta_{C\text{-}2'}$ 76.4～76.6，$\delta_{C\text{-}3'}$ 69.0～69.1，$\delta_{C\text{-}4'}$ 27.7。

表 6-5-1　化合物 6-5-1~6-5-6 的 ^{13}C NMR 化学位移数据

C	6-5-1[1]	6-5-2[2]	6-5-3[2]	6-5-4[2]	6-5-5[1]	6-5-6[1]
2	161.0	160.5	161.2	160.8	159.6	160.8
3	110.2	111.5	110.5	112.4	129.1	128.5
4	139.2	138.8	139.0	138.4	133.0	134.2
5	150.5	151.2	146.5	152.9	150.1	147.0
6	102.0	111.5	106.1	111.3	103.8	106.4
7	157.4	155.9	155.9	157.6	156.5	155.1
8	113.7	119.0	116.4	100.9	112.9	115.2
9	150.9	153.9	154.3	155.7	150.2	153.2
10	103.9	107.4	103.9	107.4	104.1	104.4
2'	78.0	77.3	77.1	77.5	77.8	79.0
3'	128.1	130.2	130.1	130.6	127.8	129.3
4'	115.7	116.2	114.9	115.8	115.9	115.8

续表

C	6-5-1[1]	6-5-2[2]	6-5-3[2]	6-5-4[2]	6-5-5[1]	6-5-6[1]
1″	43.4	41.0	41.1		40.4	40.2
2″	94.6	149.7	150.1		145.7	145.6
3″	61.7	108.2	108.1		111.8	111.9
4″	20.9	29.3	29.1		26.3	26.2
5″	27.0	29.3	29.1		26.3	26.2
1‴					43.4	40.9
2‴					94.4	150.1
3‴					61.8	107.9
4‴					21.0	29.5
5‴					27.0	29.5
2′-CH$_3$	28.0 28.1	27.4 27.4	27.4 27.4	28.2 28.2	28.0 28.1	27.3 27.3
5-OCH$_3$		63.3		63.6		

6-5-7 R^1= ... ; R^2= ...
6-5-8 R^1= ... ; R^2= ...
6-5-9 R^1=R^2=OH
6-5-10 R= ...
6-5-11 R= ...

表 6-5-2 化合物 6-5-7~6-5-11 的 ^{13}C NMR 化学位移数据

C	6-5-7[3]	6-5-8[3]	6-5-9[3]	6-5-10[4]	6-5-11[4]
2	160.8	160.8	163.5	160.9	160.9
3	113.8	113.8	113.7	113.0	113.1
4	143.1	143.2	146.0	142.9	142.9
5	129.0	129.0	129.7	128.5	128.1
6	117.1	117.0	124.5	115.9	115.8
7	156.2	156.2	157.9	156.3	156.2
8	104.9	104.9	104.8	104.4	104.3
9	155.4	155.4	156.4	154.1	154.1
10	113.3	113.3	114.5	112.6	112.6
2′	77.9	77.8	81.7	76.6	76.4
3′	72.0	71.2	76.6	69.0	69.1
4′	66.7	66.7	69.6	27.7	27.7
1″	167.3	167.3		165.5	171.8
2″	126.9	127.0		115.4	43.2
3″	140.6	140.4		158.0	25.0
4″	16.0	16.0		20.1	22.0

续表

C	6-5-7[3]	6-5-8[3]	6-5-9[3]	6-5-10[4]	6-5-11[4]
5″	20.6	20.6		22.9	22.1
1‴	166.3	164.9			
2‴	126.9	115.0			
3‴	139.9	159.9			
4‴	15.8	20.5			
5‴	20.5	27.5			
2′-CH₃	22.5 25.2	22.7 25.0	20.0 27.3	24.9 27.2	24.9 27.2

表 6-5-3　化合物 6-5-12~6-5-18 的 ^{13}C NMR 化学位移数据[5]

C	6-5-12	6-5-13	6-5-14	6-5-15	6-5-16	6-5-17	6-5-18
2	161.7	162.1	162.1	162.0	162.0	162.1	161.9
3	111.6	111.1	111.1	111.1	111.1	111.1	111.2
4	138.3	138.8	138.8	138.8	138.7	138.7	138.6
5	151.8	152.4	152.5	152.4	152.3	152.5	152.4
6	111.1	111.5	110.8	110.8	110.8	110.4	112.0
7	159.8	159.9	160.6	160.7	160.3	161.0	159.5
8	99.4	99.0	98.2	99.0	99.0	98.9	98.9
9	155.1	155.1	155.2	155.3	155.1	155.2	154.2
10	104.2	104.2	104.3	104.3	104.2	104.2	104.2
2′	85.2	85.1	85.6	85.6	85.5	86.1	84.6
3′	46.9	47.4	47.1	47.1	47.3	47.1	48.1
4′	29.5	30.4	34.3	34.2	28.1	26.0	36.5
5′	53.2	55.9	46.6	46.9	47.4	39.2	56.6
6′	77.4	76.9	78.5	78.5	78.5	79.1	78.6
7′	39.4	39.8	38.6	38.6	39.2	38.7	40.0
8′	22.4	22.6	22.4	22.4	22.3	22.4	22.7
1″	205.5	198.8	124.6	128.7	83.2	30.2	215.7
2″	66.3	124.2	142.0	137.6	75.6	87.0	75.1
3″	62.0	158.4	71.0	82.4	86.6	143.9	44.4
4″	19.2	28.4	30.2	24.5	21.2	114.3	19.3
5″	24.7	21.5	30.1	24.6	28.9	18.0	18.4
2′-CH₃	29.8 24.0	29.9 24.1	29.8 24.1	29.8 24.6	29.9 24.1	29.9 24.1	28.8 23.9
6′-CH₃	26.9	27.1	26.8	26.9	27.1	32.4	26.3

6-5-19 R¹=R²=H
6-5-20 R¹=OH; R²=H
6-5-21 R¹=H; R²=OH

6-5-22

表 6-5-4 化合物 6-5-19~6-5-22 的 ¹³C NMR 化学位移数据[6]

C	6-5-19	6-5-20	6-5-21	6-5-22[3]	C	6-5-19	6-5-20	6-5-21	6-5-22[3]
2	162.3	161.4	161.3	161.4	2'	84.7	85.3	86.2	68.5
3	111.1	110.8	110.7	113.1	3'	37.4	38.3	37.0	75.4
4	139.1	139.9	139.8	144.4	4'	35.7	36.2	36.5	81.0
5	151.5	154.6	154.7	129.0	5'	39.1	38.7	39.8	27.3
6	107.2	110.6	110.6	123.8	6'	46.5	56.8	42.2	20.0
7	157.9	158.4	158.5	156.5	7'	25.7	73.1	34.3	
8	99.1	98.4	98.3	103.6	8'	38.8	48.4	77.1	
9	154.7	155.3	155.2	154.9	2'-CH₃	27.4	29.6	21.8	
10	103.2	104.8	104.7	112.7	5'-CH₃	18.3 34.6	18.7 34.1	18.5 34.0	

参 考 文 献

[1] Ju-ichi M, Takemura Y, Azuma M, et al. Chem Pharm Bull, 1991, 39: 2252.

[2] Ito C, Matsoka M, Oka T, et all. Chem Pharm Bull, 1990, 38: 1230.

[3] Kong L-Y, Yao N-H, Niwa M, Heterocycles, 2000, 53: 2019.

[4] Ceccherelli P, Curini M, Marcotullio M C, et al. J Nat Prod, 1990, 53: 536.

[5] Sarker S D, Armstrong J A, Gray A I, et al. Phytochemistry, 1994, 37: 1287.

[6] Rashid M A, Armstrong J A, Gray A I, et al. Phytochemistry, 1992, 31: 3583.

第六节　多聚香豆素的 ¹³C NMR 化学位移

多聚香豆素就是两个以上的简单香豆素、呋喃香豆素、吡喃香豆素通过氧或通过碳或通过其他基团连接为一个化合物，它们具有香豆素的碳谱特征，这里不一一述及。

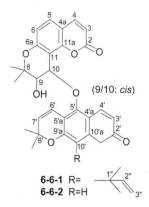

(9/10: cis)

6-6-1 R=
6-6-2 R=H

6-6-3 R=R¹=H
6-6-4 R=CH₃; R¹=H

表 6-6-1 化合物 **6-6-1** 和 **6-6-2** 的 ^{13}C NMR 化学位移数据[1]

C	6-6-1	6-6-2	C	6-6-1	6-6-2	C	6-6-1	6-6-2
2	158.5	158.5	10	73.2	73.6	7'	130.8	131.1
3	112.6	112.8	11	107.1	107.3	8'	77.0	77.0
4	140.8	142.7	11a	153.8	154.0	8'-CH₃	28.2 28.6	28.6 28.6
4a	111.7	111.8	2'	160.7	160.9	9'a	155.9	155.6
5	130.1	130.2	3'	110.7	111.6	10'	119.9	101.8
6	114.5	114.5	4'	138.7	138.2	10'a	153.8	158.0
6a	156.5	156.6	4'a	108.3	108.1	1''	41.3	
8	79.2	79.3	5'	148.7	150.3	1''-CH₃	29.0 29.4	
8-CH₃	21.7 27.3	21.7 27.9	5'a	112.0	111.9	2''	150.1	
9	72.4	72.5	6'	116.1	115.7	3''	107.7	

表 6-6-2 化合物 **6-6-3** 和 **6-6-4** 的 ^{13}C NMR 化学位移数据[2]

C	6-6-3	6-6-4	C	6-6-3	6-6-4	C	6-6-3	6-6-4
2	161.0	160.0	7-OCH₃		56.2	12	33.0	32.0
3	112.7	113.4	8	114.3	117.8	2'	161.4	161.4
4	145.9	143.8	8a	153.0	153.8	3'	113.5	112.3
4a	112.8	113.8	9	69.3	67.1	4'	145.6	144.1
5	129.9	126.3	10	80.4	78.9	4'a	114.0	112.4
6	115.3	113.8	11	33.7	32.3	5'	128.2	128.2
7	163.5	156.0	11-CH₃	23.7	22.6	6'	114.6	108.0
7'	158.7	157.3	9'	43.1	41.1	11'-CH₃	23.7	23.1
8'	114.8	114.0	10'	123.8	123.0	12'	27.4	26.1
8'a	155.3	153.8	11'	134.7	132.6			

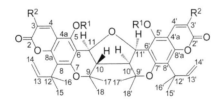

6-6-5 R¹=R²=H
6-6-6 R¹=H; R²=1,1-二甲基烯丙基(DMA)

表 6-6-3 化合物 **6-6-5** 和 **6-6-6** 的 ^{13}C NMR 化学位移数据[3]

C	6-6-5	6-6-6	C	6-6-5	6-6-6	C	6-6-5	6-6-6
2	160.0	158.6	7	155.2	154.0	12	40.5	40.1
3	109.5	127.5	8	113.9	112.8	13	150.1	149.9
4	139.4	132.9	8a	153.5	152.4	14	108.0	107.9
4a	102.7	102.7	9	83.5	83.3	15	29.5	29.4
5	148.6	148.2	10	52.1	52.3	16	29.6	29.5
6	107.4	107.5	11	73.9	74.2	17	31.0	31.0

续表

C	6-6-5	6-6-6	C	6-6-5	6-6-6	C	6-6-6
18	23.1	23.2	9'	77.9	77.6	DMA	38.9
2'	159.8	158.5	10'	45.6	45.9		25.7
3'	110.0	127.9	11'	74.4	74.5		25.6
4'	139.8	133.3	12'	40.5	40.3		145.5
4'a	103.8	103.8	13'	149.7	149.5		111.8
5'	152.1	151.8	14'	107.5	107.6		39.6
6'	106.6	106.8	15'	29.2	29.2		25.8(×2)
7'	155.0	154.3	16'	29.3	29.2		145.5
8'	113.3	113.3	17'	27.7	27.5		111.8
8'a	153.7	152.7	18'	23.3	23.6		

6-6-7 R=
6-6-8 R=

6-6-9 R¹=CH₃; R²=
6-6-10 R¹=; R²=H
6-6-11 R¹=; R²=H

6-6-12 R¹=OCH₃; R²=; R³=OCH₃
6-6-13 R¹=OCH₃; R²=OH; R³=OCH₃
6-6-14 R¹=H; R²=; R³=H

表 6-6-4 化合物 6-6-7~6-6-14 的 ^{13}C NMR 化学位移数据

C	6-6-7[4]	6-6-8[4]	6-6-9[4]	6-6-10[4]	6-6-11[4]	6-6-12[4]	6-6-13[4]	6-6-14[5]
2	117.3	117.4	117.5	117.5	117.5	160.2	160.3	159.6
3	118.9	118.0	117.1	117.3	117.5	112.7	113.0	114.0
4	130.0	124.5	125.2	124.8	146.6	139.2	139.4	145.1
4a	117.2	108.0	107.9	107.5	107.4	107.3	107.5	116.2
5	112.7	144.4	144.5	150.3	147.7	144.3	144.6	113.2
6	122.6	113.3	113.2	113.1	113.0	114.5	114.5	125.7
7	148.2	148.9	152.4	156.7	156.7	150.0	150.4	146.9
8	132.2	127.7	127.9	95.0	95.1	127.2	127.1	131.0
8a	141.8	141.9	141.9	147.7	150.3	143.6	144.1	142.2

续表

C	6-6-7[4]	6-6-8[4]	6-6-9[4]	6-6-10[4]	6-6-11[4]	6-6-12[4]	6-6-13[4]	6-6-14[5]
9	144.8	143.7	143.8	143.8	143.8	145.2	145.2	147.5
10	106.6	105.0	105.0	104.3	104.5	105.0	105.2	106.9
11	69.9	75.5	72.3	72.1	74.4	76.6	75.7	75.2
12	120.4	75.8	61.5	61.3	76.4	75.1	78.0	74.7
13	138.4	71.6	58.2	58.3	71.6	144.8	72.2	145.1
14	18.1	26.6	24.6	24.6	26.6	18.7	26.5	18.7
15	25.8	25.3	18.7	18.9	25.1	113.4	24.7	113.0
5-OCH₃		60.9	60.8			60.7	60.8	
2′	160.1	160.3	160.9	160.9	161.0	160.2	160.2	159.6
3′	112.9	112.9	113.2	113.2	113.1	112.5	112.7	114.0
4′	139.3	139.3	139.0	138.2	139.0	139.1	139.2	145.1
4′a	107.5	107.5	107.2	107.3	107.3	107.2	107.6	116.2
5′	144.7	144.8	148.1	152.5	148.1	144.2	144.4	113.2
6′	114.6	114.5	113.9	114.0	114.1	114.3	114.8	125.7
7′	150.1	150.2	158.0	158.0	158.0	150.3	150.0	146.9
8′	126.6	126.6	94.9	95.0	95.0	127.2	127.0	131.0
8′a	143.8	143.9	152.6	148.0	152.5	143.8	143.8	142.2
9′	145.2	145.2	145.3	145.3	145.4	145.0	145.2	147.5
10′	105.1	105.1	105.0	104.5	104.5	104.9	105.1	106.9
11′	71.6	71.5	71.3	71.3	71.3	75.6	75.8	75.2
12′	80.8	80.8	81.1	81.0	81.0	76.4	76.3	74.7
13′	83.0	83.4	82.2	82.0	82.1	77.9	78.0	145.1
14′	22.6	22.5	22.7	22.7	27.6	21.6	24.3	18.7
15′	27.7	27.1	27.8	27.6	22.7	23.0	22.8	113.0
5′-OCH₃	60.7	60.7				60.5	60.7	

6-6-15

6-6-16

6-6-17

6-6-18

6-6-19

表 6-6-5 化合物 6-6-15~6-6-19 的 ^{13}C NMR 化学位移数据[6]

C	6-6-15	6-6-16	6-6-17	6-6-18	6-6-19	C	6-6-15	6-6-16	6-6-17	6-6-18	6-6-19
2	163.2	118.3	117.5	120.1	118.2	2'	162.6	160.4	160.2	163.0	160.6
3	112.4	119.4	119.1	119.2	118.4	3'	114.9	114.9	114.8	112.9	113.3
4	141.4	129.3	130.0	125.5	125.4	4'	146.7	144.3	144.3	141.3	139.2
4a	107.9	117.1	117.2	109.1	107.8	4'a	117.8	116.5	116.5	108.6	107.4
5	150.4	113.3	113.4	150.6	149.6	5'	114.4	113.6	113.8	149.6	148.7
6	114.9	122.8	122.8	114.1	113.2	6'	128.0	126.1	126.1	114.1	114.3
7	159.5	147.7	147.9	157.7	157.3	7'	148.2	148.0	147.9	159.5	158.4
8	94.1	131.8	132.0	94.6	94.5	8'	132.4	131.6	131.3	95.5	94.7
8a	153.3	141.7	141.7	151.4	151.3	8'a	143.4	143.4	143.2	153.5	153.1
9	146.5	144.9	145.0	145.1	144.1	9'	148.2	146.9	146.8	147.3	146.1
10	106.3	106.9	106.8	105.8	105.7	10'	107.9	106.7	106.8	105.8	105.4
11	75.7	71.8	72.0	75.4	76.1	11'	75.9	72.8	71.3	75.7	71.6
12	77.0	61.3	61.5	78.3	77.8	12'	79.5	83.1	80.9	83.9	82.0
13	79.5	58.2	58.3	72.8	71.9	13'	73.1	83.0	83.2	84.2	82.3
14	23.3	24.5	24.6	27.0	27.6	14'	27.1	28.4	22.6	29.0	22.8
15	24.0	18.6	18.7	25.0	25.6	15'	26.2	22.7	27.9	22.8	27.7

6-6-20 R^1=H; R^2=OH; R^3=H
6-6-21 R^1=OH; R^2=OCH$_3$; R^3=H
6-6-22 R^1=OCH$_3$; R^2=OH; R^3=H
6-6-23 R^1=OCH$_3$; R^2=OH; R^3=OCH$_3$

6-6-24

6-6-25

表 6-6-6 化合物 6-6-20~6-6-25 的 ^{13}C NMR 化学位移数据

C	6-6-20[7]	6-6-21[8]	6-6-22[9]	6-6-23[10]	6-6-24[11]	6-6-25[12]
2	157.3	161.3	159.8	156.6	160.4	162.2
3	135.6	136.3	135.7	137.0	111.8	114.5
4	131.5	130.3	131.0	127.3	144.2	143.9
4a	115.2	110.1	110.3	110.2	110.4	115.0

续表

C	6-6-20[7]	6-6-21[8]	6-6-22[9]	6-6-23[10]	6-6-24[11]	6-6-25[12]
5	129.8	104.4	109.4	109.2	112.4	129.6
6	113.8	145.5	145.8	145.6	150.9	114.2
7	161.0	150.7	150.4	149.8	143.8	158.3
8	102.4	107.7	102.8	102.7	103.6	104.8
8a	153.9	147.7	147.5	146.5	150.4	155.5
OCH$_3$		56.1	56.0	56.3		
2′	160.4	159.7	160.1	160.1	160.3	160.2
3′	114.1	114.1	113.8	114.6	111.9	108.1
4′	144.4	143.6	144.1	144.0	138.6	136.8
4′a	114.6	114.7	114.5	114.6	105.7	110.6
5′	130.2	129.3	129.9	110.8	137.4	130.5
6′	113.6	113.8	113.6	146.8	135.8	146.2
7′	160.1	158.0	157.1	147.9	151.8	150.7
8′	104.1	103.2	104.0	106.1	99.7	103.5
8′a	155.4	155.1	155.1	148.4	147.9	148.1
6′-OCH$_3$				56.0		56.5

参 考 文 献

[1] Ito C, Matsuoka M, Oka T, et al. Chem Pharm Bull, 1990, 38: 1230.

[2] Ito C, O no T, Takemura Y, et al. Chem Pharm Bull, 1993, 41: 1302.

[3] Takemura Y, Juichi M, Hatano K, et al. Chem Pharm Bull, 1994, 42: 2436.

[4] Wang N H, Yoshizake K, Bara K. Chem Pharm Bull, 2001, 49: 1085.

[5] Xiao Y Q, Liu X H, Taniguchi M, et al. Phytochemistry, 1997, 45: 1275.

[6] Zhou P Z, Takaishi Y, Duan H, et al. Phytochemistry, 2000, 53: 689.

[7] Baba K, Tabata Y, Taniguti M, et al. Phytochemistry, 1989, 28: 221.

[8] Kabouche Z, Benkiki N, Bruneau C. Fitoterapia, 2003, 74: 194.

[9] Cordell G A. J Nat Prod, 1984, 47: 84.

[10] Song S, Li Y X, Feng Z M, et al. J Nat Prod, 2010, 73: 177.

[11] Zhou H Y, Hong J L, Shu P, et al. Fitoterapia, 2009, 80: 283.

[12] Zheng W F, Shi F. Acta Pharm Sin, 2004, 39: 990.

第七章 醌类化合物的 ^{13}C NMR 化学位移

第一节 苯醌类化合物的 ^{13}C NMR 化学位移

【结构特点】苯醌类化合物是在同一个六元环上形成两个羰基的化合物，多数情况下是两个羰基在对位（1、4 位）上，称之为对苯醌。个别化合物具有邻位二羰基，称之为邻苯醌。

天然存在的醌类化合物大多是在 2、3、5、6 位或 3、4、5、6 位上连接有甲基、羟基、甲氧基或长链的烷基和烷氧基，或形成其他环系统。

最简单的醌类化合物

【化学位移特征】

1. 在式 Ⅰ 中，对位的两个羰基的化学位移大约在 δ 180～190，个别情况下由于受到邻位取代基的影响而向高场位移。通常 2、3 位和 5、6 位碳都是双键碳，一般出现在 δ 106～162；如果有一位被羟基或甲氧基取代，则移向低场，出现在 δ 155～162；如果有两个或 3 个位置被连氧基团取代，则出现在较高场，δ 135～140。

2. 在式 Ⅱ 中，两个羰基处于邻位。它们的化学位移为 δ 178.3～178.6。1、4 位不连氧，δ_{C-1} 124.0～124.1，δ_{C-4} 115.3～115.4；5、6 位为连氧碳，δ_{C-5} 148.5～148.6，δ_{C-6} 136.3～136.5。

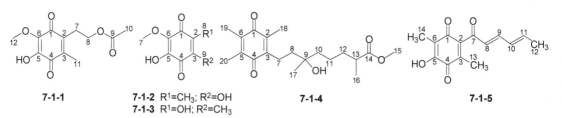

7-1-1   7-1-2 R^1=CH$_3$; R^2=OH   7-1-4   7-1-5
                7-1-3 R^1=OH; R^2=CH$_3$

7-1-6   7-1-7   7-1-8   7-1-9

表 7-1-1 化合物 7-1-1~7-1-9 的 ^{13}C NMR 化学位移数据

C	7-1-1[1]	7-1-2[1]	7-1-3[1]	7-1-4[2]	7-1-5[3]	7-1-6[4]	7-1-7[5]	7-1-8[6]	7-1-9[7]
1	183.0	182.2	181.0	187.7	186.1	188.5	187.6	184.8	183.1
2	140.0	137.8	139.9	140.6	140.3	146.9	154.1	141.2	144.3
3	139.4	140.0	136.3	144.3	136.8	134.1	133.3	141.4	145.7
4	184.6	175.8	183.7	187.2	183.4	187.6	188.0	184.9	183.8
5	138.5	140.3	139.9	140.2	151.9	154.1	152.6	145.1	128.2
6	137.2	137.7	137.6	140.4	117.1	132.3	134.9	144.9	133.8
7	26.2	60.7	60.5	21.3	193.3	26.8	26.5	36.7	124.5
8	62.6	13.1		40.2	127.9	118.0	21.0	49.8	140.5
9	170.8		13.3	72.5	147.5	136.1	20.9	45.2	136.6
10	20.9			41.7	130.1	25.7	43.4	27.1	120.6
11	11.9			21.6	142.8	17.7	36.1	26.9	23.8
12	60.3			34.2	18.8	40.4	23.0	50.8	21.2
13				39.4	7.7	145.2	40.6	23.1	61.2
14				177.2	11.9	112.7	33.9	33.9	61.3
15				51.5		26.8	42.1	19.8	
16				17.1		26.8	42.6	20.1	
17				26.5			200.4	61.7	
18				12.4			19.1	61.6	
19				12.3			20.1		
20				12.0			33.8		

7-1-10　　　7-1-11　　　7-1-12　　　7-1-13

7-1-14　　　7-1-15　　　7-1-16　　　7-1-17　R^1=OMe; R^2=H; R^3=OH
　　　　　　　　　　　　　　　　　　　　　7-1-18　R^1=R^3=H; R^2=OMe

7-1-19[13]

7-1-20 *n*=11[14]
7-1-21 *n*=12
7-1-22 *n*=13
7-1-23 *n*=14
7-1-24 *n*=15
7-1-25 *n*=16
7-1-26 *n*=17

7-1-27 *n*=20[15]
7-1-28 *n*=21
7-1-29 *n*=22

表 7-1-2 化合物 7-1-10~7-1-18 的 ^{13}C NMR 化学位移数据[8~10]

C	7-1-10[11]	7-1-11[12]	7-1-12[12]	7-1-13	7-1-14	7-1-15	7-1-16	7-1-17	7-1-18
1	168.1	183.7	184.1	124.0	124.1	190.9	187.4	187.5	187.3
2	138.7	144.5	144.6	178.3	178.5	158.8	158.9	134.4	134.5
3	138.7	144.6	144.5	178.6	178.6	106.8	106.5	145.3	145.2
4	168.1	184.0	184.4	115.3	115.4	181.1	182.2	187.4	187.0
5	128.5	139.5	139.3	148.5	148.6	144.0	141.3	135.2	135.1
6	128.5	138.8	138.8	136.5	136.3	141.6	143.6	146.1	146.2
7	65.5	34.4	38.6	148.4	134.1	43.2	43.2	31.0	31.6
8	70.4	38.1	34.2	126.1	124.3	41.1	35.6	33.9	33.6
9	66.9	47.5	43.7	143.8	120.4	39.3	65.1	139.4	139.0
10	168.1	183.7	184.1	120.2	144.1	71.6	38.6	130.2	130.2
11	138.7	144.5	144.6	124.3	126.0	16.1	16.6	122.2	122.5
12	138.7	144.6	144.5	134.2	147.8	15.2	15.0	153.2	153.2
13	168.1	184.0	184.4			57.0	56.9	122.8	123.0
14	128.5	139.5	139.3					129.3	129.2
15	128.5	138.8	138.8						
16	65.5	34.4	38.6						
17	70.4	38.1	34.2						
18	66.9	47.5	43.7						
1'				24.3	25.7	123.3	123.6	157.4	156.7
2'				19.9	20.2	113.9	114.2	143.2	143.3
3'				8.4	7.7	143.3	143.9	117.6	113.0
4'				15.5	14.7	148.6	148.5	113.1	112.3
5'				26.0	25.7	98.7	98.9	124.0	124.4
6'				20.5	20.7	151.6	151.4	132.9	132.8
7'				171.3	171.4	56.3	56.9	38.1	38.2
8'				43.1	43.2	56.0	56.3	33.9	34.1
9'				25.7	25.1	56.0	56.1	135.5	132.2
10'				22.4	22.4			108.6	117.5
11'								149.6	121.6
12'								109.6	148.5
13'								151.2	116.5
14'								134.2	147.1
15'								61.3	
16'									56.1

7-1-30 R=H
7-1-31 R=CH₃
7-1-32 R=Ac

7-1-33

7-1-34

7-1-35 R¹=Ac; R²=OCH₃; R³=H
7-1-36 R¹=R³=H; R²=OH
7-1-37 R¹=H; R²=OH; R³=Et

表 7-1-3 化合物 7-1-30~7-1-37 的 ^{13}C NMR 化学位移数据[16,17]

C	7-1-30	7-1-31	7-1-32	7-1-33[18]	7-1-34[18]	7-1-35	7-1-36	7-1-37
1		184.3	179.9	182.4	182.3	182.2	182.2	182.2
2	111.5	126.1	131.8	158.5	158.7	147.2	146.9	146.9
3		155.3	149.0	107.2	107.1	140.1	140.9	140.7
4		183.9	179.7	186.4	186.9	187.0	187.8	187.3
5	116.1	130.6	135.8	138.7	140.8	107.4	107.4	107.5
6		155.3	148.9	146.8	146.7	158.7	158.9	158.8
7	7.4	8.4	9.2	32.0	32.0	28.3	28.1	28.0
8~14				29.0~31.0	29.1~30.2	28.7~29.8	28.2~29.9	28.2~29.9
15				26.9	26.9	28.7~29.8	28.2~29.9	28.2~29.9
16				129.9	129.9	28.7~29.8	28.2~29.9	28.2~29.9
17				129.9	129.9	31.9	31.9	31.9
18				27.2	27.2	22.7	22.7	22.7
19				29.0~31.0	29.1~30.2	14.1	14.1	14.1
20				29.0~31.0	29.1~30.2			
21				14.0	14.1			
1'		23.0	23.7	103.7	107.5	112.0	112.3	112.5
2'	28.0	28.9	28.3	157.5	160.7	134.9	143.2	143.3
3'	29.7~29.1	29.8~29.3	29.7~29.1	107.7	99.3	132.3	108.2	108.4
4'	29.7~29.1	29.8~29.3	29.7~29.1	153.0	153.4	152.0	156.6	156.6
5'	29.7~29.1	29.8~29.3	29.7~29.1	108.7	112.6	98.7	100.8	100.8
6'	29.7~29.1	29.8~29.3	29.7~29.1	146.0	143.1	151.4	153.6	153.4
7'	29.7~29.1	29.8~29.3	29.7~29.1	36.4	33.7	28.7	33.4	33.4
8'	29.7~29.1	29.8~29.3	29.7~29.1	29.0~31.0	29.1~30.2	29.8	29.6	29.6
9'~14'	29.7~29.1	29.8~29.3	29.7~29.1	29.0~31.0	29.1~30.2	28.7~29.8	28.2~29.9	29.2~29.9

续表

C	7-1-30	7-1-31	7-1-32	7-1-33[18]	7-1-34[18]	7-1-35	7-1-36	7-1-37
15′	26.9	26.9	26.9	27.7	27.7	28.7~29.8	28.2~29.9	29.2~29.9
16′	129.9	129.9	129.8	129.9	129.9	28.7~29.8	28.2~29.9	29.2~29.9
17′	129.8	129.8	129.8	129.9	129.9	31.9	31.9	29.2~29.9
18′	27.2	27.2	27.1	28.2	28.2	22.7	22.7	29.2~29.9
19′	31.9	31.9	31.9	29.0~31.0	29.1~30.2	14.1	14.1	31.9
20′	22.3	22.3	22.3	29.0~31.0	29.1~30.2			22.7
21′	14.0	14.1	13.9	22.4	22.4			14.1
OMe		60.9 61.0		56.1 56.1	55.2 55.2	56.3 55.9	56.3	56.3
CH₃C̲O			167.5 167.8			169.0		
C̲H₃CO			20.1 20.2			20.5		

参 考 文 献

[1] Hayashi A, Fujioka S, Nukina M, et al. Biosci Biotechnol Biochem, 2007, 71: 1697.

[2] Li L, Wang C Y, Shao C L, et al. J Asian Nat Prod Res, 2009, 11: 851.

[3] Miller R F, Huang S. Journal of Antibiotics, 1995, 48: 520.

[4] Sansom C E, Larsen L, Perry N B, et al. J Nat Prod, 2007, 70: 2042.

[5] Fujiwara Y, Mangetsu M, Yang P, et al. Biol Pharm Bull, 2008, 31: 722.

[6] Menezes J E S, Lemos T L G , Pessoa O D L, et al. Planta Med, 2005, 71: 54.

[7] Moon J H, Ma S J, Lee H H, et al. Nat Prod Lett, 2000, 14: 311.

[8] Uchida V M, Ruedi P, Eugster C H. Helv Chim Acta, 1980, 63: 225.

[9] Chen N Y, Shi J, Chen T. Planta Med, 2000, 66: 187.

[10] So M L, Chan W H, Xia P F, et al. Nat Prod Lett, 2002, 16: 167.

[11] Nassar M I, Abdel-Razik A F, El-Khrisy E, et al. Phytochemistry, 2002, 60: 385.

[12] Guntern A, Ioset J R, Queiroz E F, et al. Phytochemistry, 2001, 58: 631.

[13] Singh N, Mahmood U, Kaul V K, et al. Nat Prod Res, 2006, 20: 75.

[14] Guntern A, Ioset J R, Queiroz E F, et al. Phytochemistry, 2001, 58: 631.

[15] Qin X D, Liu J K. Helv Chim Acta, 2004, 87: 2022.

[16] Kuruvilla G R, Neeraja M, Srikrishna A, et al. Indian J Chem, 2010, 49B: 1637.

[17] Li C, Yue D K, Bu P B, et al. Acta Pharm Sinica, 2006, 41: 830.

[18] Fukuyama Y, Kiriyama Y, Okino J, et al. Tetrahedron Lett, 1993, 34: 7633.

第二节　萘醌类化合物的 ¹³C NMR 化学位移

【结构特点】萘醌类化合物是苯醌和苯环并合的一类化合物，由于羰基处于对位或邻位的差别，有以下两种基本结构。

基本结构骨架

【化学位移特征】

1. 在 I 型结构中，两个羰基的化学位移出现在 δ175~190，个别化合物由于受到环境的影响可以向高场或向低场稍有位移。对于 2、3 位碳，如果 2、3 位都没有基团连接，则 $\delta_{\text{C-2,3}}$

138.8～139.3；如果 2 位连氢、3 位连氧基团，则 $\delta_{C\text{-}2}$108.0～110.2，$\delta_{C\text{-}3}$160～160.3；如果 2 位连氧基团、3 位连氢，则 $\delta_{C\text{-}2}$158.9～160.9，$\delta_{C\text{-}3}$109.5～111.3；如果 2 位连氧基团、3 位连烷基，则 $\delta_{C\text{-}2}$157.8～159.8，$\delta_{C\text{-}3}$130.3～132.8；如果 2 位连烷基、3 位连氧基团，则 $\delta_{C\text{-}2}$121.5～121.7，$\delta_{C\text{-}3}$153.8～154.2。如果 2 位连接一个长链烷基，并且 1′位羟基又与一羧酸形成酯，3 位上仅仅是氢，$\delta_{C\text{-}2}$148.2～149.0，$\delta_{C\text{-}3}$131.3～131.6。

2．在 II 型结构中，两个羰基的化学位移与 I 型结构相近。3、4 位如果没有取代或仅有一位有甲基取代，$\delta_{C\text{-}3}$136.7～136.8，$\delta_{C\text{-}4}$153.8～154.2。如果 3 位有甲基取代、4 位有连氧基团，$\delta_{C\text{-}3}$109.1～116.6，$\delta_{C\text{-}4}$161.6～169.1。如果 3、4 位与呋喃环并合，则 $\delta_{C\text{-}3}$113.3～124.0，$\delta_{C\text{-}4}$169.2～174.0。如果 3、4 位与吡喃环并合，则 $\delta_{C\text{-}3}$118.6，$\delta_{C\text{-}4}$155.9。

3．无论是 I 型结构还是 II 型结构，并合的苯环各碳的化学位移遵循芳环的规律。它们出现在 δ 103.0～167.5，连氧碳在较低场，靠近连氧碳的碳在较高场，连烷基的碳在中间。

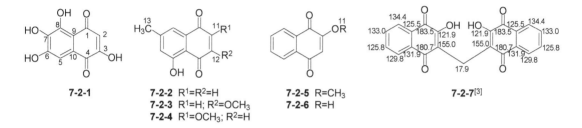

	7-2-1[1]	7-2-2[2]	7-2-3[2]	7-2-4[2]	7-2-5[3]	7-2-6[3]
C						
1	189.6	184.5	184.3	179.7	180.0	182.9
2	108.0	139.3	110.2	160.9	160.5	158.9
3		138.8	160.3	109.5	110.0	111.3
4	181.2	189.7	184.3	190.3	184.9	185.0
5	108.3	161.8	162.3	161.3	132.1	133.2
6	149.1	124.1	123.5	124.9	126.3	126.3
7	140.0	148.5	149.3	147.2	134.4	135.2
8	150.6	120.5	120.4	120.9	133.4	133.6
9	109.3	131.7	131.8	130.8	126.8	126.5
10	122.3	113.1	112.3	112.1	131.1	131.0
11				56.6	56.5	
12			56.5			
13		22.2	22.3	22.0		

表 7-2-1 化合物 7-2-1～7-2-6 的 ^{13}C NMR 化学位移数据

7-2-11 **7-2-12** **7-2-13**

表 7-2-2　化合物 7-2-8~7-2-13 的 13C NMR 化学位移数据[4]

C	7-2-8	7-2-9	7-2-10	7-2-11	7-2-12	7-2-13
1	178.8	180.5	182.5	178.1	180.9	180.5
2	182.6	153.8	152.4	180.5	182.9	181.0
3	136.7	117.7	118.4	109.1	136.8	116.6
4	137.4	186.3	186.4	169.1	138.7	161.6
5	130.8	134.2	126.4	132.6	133.2	126.5
6	165.0	165.6	160.0	158.2	162.6	160.0
7	113.4	116.2	118.6	115.5	120.5	114.6
8	149.6	146.0	138.8	148.7	145.9	146.1
9	122.5	120.7	123.7	117.4	123.5	120.7
10	132.9	131.1	129.9	135.8	135.8	128.1
1'	34.6	37.1	118.3	96.9	27.5	71.7
2'	79.9	80.4	146.4	25.8	21.3	26.1
3'	22.0	19.7	13.5	25.8	21.3	17.4
4'	23.8	23.9	23.9	21.0	23.2	23.5
5'	15.8	8.4	8.6	7.9	15.7	7.9
6'				56.3		55.9

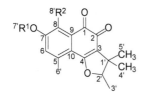

7-2-14 R¹=R²=H
7-2-15 R¹=CH₃; R²=H
7-2-16 R¹=H; R²=OCH₃

7-2-17

7-2-18 R=CH₃
7-2-19 R=H

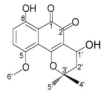

7-2-20

表 7-2-3　化合物 7-2-14~7-2-20 的 13C NMR 化学位移数据[5,6]

C	7-2-14	7-2-15	7-2-16	7-2-17	7-2-18	7-2-19	7-2-20[7]
1	182.6	182.4	188.2	182.8	184.9	184.6	191.4
2	175.9	175.8	179.4	148.0	140.6	140.3	177.9
3	122.3	122.6	124.0	137.7	140.8	142.1	118.6
4	171.6	171.3	174.0	184.4	180.9	182.0	155.9
5	141.4	141.2	135.2	161.7	162.0	162.0	155.1
6	124.4	123.2	121.4	104.1	104.2	104.2	123.1
7	160.9	162.6	157.8	164.4	164.6	164.8	127.9
8	118.5	118.6	154.4	103.0	103.4	103.5	156.6
9	135.4	135.1	121.4	135.7	135.6	135.7	114.1

续表

C	7-2-14	7-2-15	7-2-16	7-2-17	7-2-18	7-2-19	7-2-20[7]
10	115.8	114.1	116.8	113.8	114.7	113.9	117.5
1'	43.7	43.7	44.0	13.6	28.9	29.0	60.0
2'	92.8	92.9	94.2	41.6	62.0	62.8	39.9
3'	26.0	26.0	25.9	203.8	93.7	87.1	80.2
4'	20.5	20.5	20.4	30.2	20.8	21.0	27.3
5'	14.8	14.8	14.8	56.4	56.2	56.0	27.3
6'	22.1	22.1	22.2	55.9	56.1	56.4	56.2
7'		56.2			55.9		
8'			58.8				

7-2-21 R^1=R^3=H; R^2=OH
7-2-22 R^1=OH; R^2=R^3=H
7-2-23 R^1=R^2=OH; R^3=H
7-2-24 R^1=R^3=OH; R^2=OCH$_3$

7-2-25 R^1=CH$_3$; R^2=H
7-2-26 R^1=R^2=H
7-2-27 R^1=CH$_3$; R^2=OH

表 7-2-4 化合物 7-2-21~7-2-27 的 ^{13}C NMR 化学位移数据[8,9]

C	7-2-21	7-2-22	7-2-23	7-2-24	7-2-25	7-2-26	7-2-27
1	178.9	183.3	183.7	182.7	182.8	182.6	184.4
2	159.1	158.4	157.8	159.8	121.7	121.5	121.6
3	130.3	131.8	132.8	131.4	154.0	154.2	153.8
4	182.2	181.5	180.9	181.2	185.4	185.4	185.4
5	128.9	118.9	119.4	109.4	152.2	153.5	152.5
6	121.0	136.9	120.5	157.4	153.4	148.7	153.5
7	162.6	123.8	150.1	139.1	115.2	118.6	115.5
8	112.7	161.8	148.8	157.5	119.8	128.6	120.2
9	134.6	114.6	114.8	109.4	123.8	129.5	123.5
10	126.7	133.6	125.3	130.8	114.2	115.5	114.2
1'	45.8	45.2	45.4	45.7	16.9	16.8	60.1
2'	91.6	91.9	91.8	92.1	31.4	31.3	39.5
3'	14.4	14.2	14.2	14.4	78.2	78.5	77.3
4'	26.1	25.7	25.7	25.9	26.5	26.4	27.1
5'	20.7	20.5	20.5	20.6	26.5	26.4	26.7
6'				60.8	56.3		56.4

7-2-28 R^1=OCH$_3$; R^2=H
7-2-29 R^1=OH; R^2=H
7-2-30 R^1=H; R^2=OH

7-2-31 R^1=OCH$_3$; R^2=R^3=R^4=H
7-2-32 R^1=OCH$_3$; R^2=R^3=H; R^4=OH
7-2-33 R^1=H; R^2=OCH$_3$; R^3=R^4=OH

7-2-34 R^1=OCH$_3$; R^2=H
7-2-35 R^1=H; R^2=OCH$_3$

表 7-2-5 化合物 7-2-28~7-2-35 的 ^{13}C NMR 化学位移数据[10]

C	7-2-28	7-2-29	7-2-30	7-2-31	7-2-32	7-2-33	7-2-34[11]	7-2-35[11]
1	179.9	185.2	181.6	180.1	179.2	178.9	173.9	173.4
2	175.2	174.8	175.5	159.6	160.0	160.1	131.2	130.5
3	114.5	115.2	113.3	128.8	128.5	128.5	153.1	153.5
4	169.2	169.2	170.2	186.4	191.2	191.3	180.2	180.9
5	117.1	117.5	127.2	119.1	155.8	153.6	129.9	111.8
6	135.8	137.6	121.2	134.9	127.0	133.2	119.9	164.7
7	116.8	123.4	161.8	117.3	122.0	153.0	164.7	119.9
8	161.8	164.5	116.9	159.4	154.0	123.6	111.5	129.8
9	117.8	113.4	133.8	119.8	117.1	117.2	135.1	126.1
10	129.1	127.1	119.8	134.0	114.0	114.2	126.9	135.9
1'	31.1	31.0	31.6	30.2	29.6	29.6	109.2	108.9
2'	89.3	89.8	90.2	74.8	74.7	74.6	149.0	148.5
3'	142.0	141.8	143.8	146.9	146.9	146.9	56.4	
4'	16.7	16.8	16.9	18.1	18.0	18.1		56.4
5'	113.5	113.9	113.3	110.5	110.6	110.6		
6'	56.3			61.4	61.5	61.6		
7'				56.5	56.8			
8'						56.8		

7-2-36 R^1=OCH$_3$; R^2=OH
7-2-37 R^1=OH; R^2=OCH$_3$

7-2-38

7-2-39

7-2-40

7-2-41

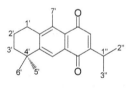

7-2-42

表 7-2-6 化合物 7-2-36~7-2-42 的 ^{13}C NMR 化学位移数据[12]

C	7-2-36	7-2-37	7-2-38	7-2-39	7-2-40[13]	7-2-41[14]	7-2-42[14]
1	183.7	191.0	182.1	182.1	181.0	182.2	182.5
2	154.6	153.8	152.2	152.6	158.9	140.2	140.6
3	133.2	138.3	131.6	131.6	131.6	140.0	138.5
4	190.7	183.8	190.3	190.4	191.0	181.5	182.0
5	154.3	156.9	154.5	154.5	162.2	128.0	126.9
6	123.2	126.5	123.6	123.6	122.3	136.6	153.5
7	126.6	123.6	127.0	127.0	161.9	144.5	144.9

续表

C	7-2-36	7-2-37	7-2-38	7-2-39	7-2-40[13]	7-2-41[14]	7-2-42[14]
8	156.4	148.7	156.6	156.6	108.2	145.6	144.4
9	115.2	118.0	114.8	114.9	131.7	128.2	126.3
10	118.2	115.3	117.7	117.8	109.1	134.8	133.6
1′	30.4	29.1	70.3	70.1	22.7	30.0	19.0
2′	26.8	26.5	33.1	33.2	122.0	26.8	28.5
3′	122.8	122.7	118.2	118.4	132.7	38.3	37.7
4′	133.6	133.7	136.1	135.9	25.9	148.6	34.7
5′	25.9	25.8	25.9	26.0	18.0	22.3	31.2
6′	18.0	18.0	18.2	18.2	61.3	110.0	31.2
7′	57.1		57.1	57.1	8.8	19.7	16.7
8′		57.1					
1″			169.9	166.6		26.8	26.7
2″			21.2	127.5		21.4	21.7
3″				139.7		21.5	21.6
4″				20.7			
5″				16.0			

7-2-43   7-2-44   7-2-45   7-2-46

7-2-47   7-2-48   7-2-49   7-2-50

表 7-2-7 化合物 7-2-43~7-2-50 的 ^{13}C NMR 化学位移数据[15]

C	7-2-43	7-2-44	7-2-45	7-2-46	7-2-47	7-2-48	7-2-49	7-2-50
1	176.6	176.8	177.5	176.7	176.8	176.8	176.8	177.0
2	148.2	148.4	149.0	148.5	148.6	148.6	148.4	148.5
3	131.4	131.3	131.6	131.5	131.4	131.4	131.6	131.6
4	178.2	178.3	179.0	178.2	178.3	178.3	178.3	178.5
5	167.0	166.8	166.2	166.9	166.9	166.9	166.9	166.7
6	132.9	132.8	132.6	132.9	132.8	132.8	132.9	132.8
7	132.7	132.7	132.4	132.7	132.7	132.7	132.7	132.6
8	167.5	167.4	166.8	167.5	167.4	167.4	167.5	167.2
9	111.8	111.8	111.8	111.8	111.8	111.8	111.9	111.9

续表

C	7-2-43	7-2-44	7-2-45	7-2-46	7-2-47	7-2-48	7-2-49	7-2-50
10	111.5	111.6	111.6	111.6	111.6	111.6	111.6	111.6
1′	69.5	69.0	68.6	69.1	69.0	69.0	69.7	69.5
2′	32.8	32.9	32.9	33.0	33.0	33.0	32.9	32.9
3′	117.7	117.8	118.0	117.9	117.8	117.9	117.8	117.8
4′	136.1	136.0	135.8	136.0	136.0	135.9	136.1	136.1
5′	25.7	25.7	25.7	25.7	25.7	25.7	25.8	25.8
6′	17.9	17.9	17.9	17.9	17.9	17.9	18.0	18.0
1″	169.8	175.8	165.2	171.8	175.4	175.4	165.7	165.9
2″	20.9	34.2	115.3	43.3	41.2	41.0	117.3	115.1
3″		18.8	158.9	25.8	26.6	26.7	146.0	145.7
4″		18.9	20.3	22.3	11.6	11.5	134.1	128.6
5″			27.5	22.4	16.6	16.4	128.2	106.6
6″							129.0	148.4
7″							130.6	149.9
8″							129.0	108.6
9″							128.2	124.8
10″								101.6

参 考 文 献

[1] Shintani A, Yamazaki H, Yamamoto Y, et al. Chem Pharm Bull, 2009, 57: 894.

[2] Budzianowski J. Phytochemistry, 1995, 40: 1145.

[3] Panichayupakaranant P, Noguchi H, Eknamkul W D, et al. Phytochemistry, 1995, 40: 1141.

[4] Puckhaber L S, Stipanovic R D. J Nat Prod, 2004, 67: 1571.

[5] Sun L Y, Liu Z L, Zhang T, et al. Chinese Chemi Lett, 2010, 21: 842.

[6] Wang L, Dong J Y, Song H C, et al. Planta Med, 2009, 75: 1339.

[7] Bedir E, Pereira A M S, Khan S I, et al. J. Braz Chem Soc, 2009, 20: 383.

[8] Cai X H, Luo X D, Zhou J, et al. J Nat Prod, 2005, 68: 797.

[9] Lima C S D A, Amorim E L C D, Nascimento S C, et al. Nat Prod Res, 2005, 19: 217.

[10] Hayashi K I, Chang F R, Nakanishi Y, et al. J Nat Prod, 2004, 67: 990.

[11] Santos H S, Costa S M O, Pessoa D L P, et al. Z Naturforsch, 2003, 58c: 517.

[12] Gur C S, Akgun I H, Gurhan I D, et al. J Nat Prod, 2010, 73: 860.

[13] Charan R D, Schlingmann G, Bernan V S, et al. J Antibiot, 2005, 58: 271.

[14] Rustaiyan A, Samadizadeh M, Habibi Z, et al. Phytochemistry, 1995, 39: 163.

[15] Shen C C, Syu W J, Li S Y, et al. J Nat Prod, 2002, 65: 1857.

第三节 蒽醌类化合物的 ^{13}C NMR 化学位移

【结构特点】对苯醌和两个苯环并合而成的化合物。

基本结构骨架

【化学位移特征】

1. 两个羰基的化学位移出现在 δ 179.7～192.5。特别是 1,8 位二羟基取代的化合物，它们的化学位移在最低场。

2. 并合的两个苯环各碳的化学位移基本遵循芳环的规律，出现在 $\delta\,105\sim167$。连氧碳在较低场，靠近连氧碳的碳在较高场，不连取代基的碳或连烷基的碳在中间。

7-3-1 R^1=Me; R^2=H	7-3-5 R^1=COOH; R^2=H
7-3-2 R^1=Me; R^2=OMe	7-3-6 R^1=CH$_2$OH; R^2=OH
7-3-3 R^1=Me; R^2=OH	7-3-7 R^1=COOH; R^2=Me
7-3-4 R^1=CH$_2$OH; R^2=H	7-3-8 R^1=CH$_2$OH; R^2=Me

表 7-3-1 化合物 7-3-1~7-3-8 的 ^{13}C NMR 化学位移数据[1]

C	7-3-1	7-3-2	7-3-3	7-3-4	7-3-5	7-3-6	7-3-7[2]	7-3-8[2]
1	162.4	166.5	161.2	161.1	160.8	161.4	161.6	160.8
2	124.5	124.5	124.1	119.4	124.5	117.0	121.7	119.9
3	149.3	148.4	148.3	153.7	137.8	152.8	136.4	143.7
4	121.3	121.3	120.5	120.6	119.5	120.7	124.0	123.2
5	119.9	108.2	108.6	124.3	118.8	109.0	123.5	124.1
6	136.9	162.5	165.3	137.4	137.6	165.5	138.5	139.6
7	124.3	106.8	107.8	117.1	124.0	107.9	120.8	121.6
8	162.7	165.2	164.2	161.4	161.2	164.4	160.8	159.4
9	192.5	190.8	189.8	191.7	192.0	189.7	187.8	188.2
10	181.8	182.0	181.4	181.5	181.1	181.4	182.2	182.8
11	133.6	135.3	135.1	133.3	133.3	135.1	136.8	140.7
12	115.8	108.2	109.0	115.9	116.3	108.7	121.2	124.6
13	113.7	114.0	113.4	114.4	114.4	114.0	119.5	127.2
14	133.2	133.6	132.8	133.1	133.9	132.9	138.2	141.0
R^1	22.2	22.2	21.5	62.0	165.3	62.0	171.6	70.2
R^2		56.1					21.8	21.4

7-3-9

7-3-11 R^1=OMe; R^2=R^4=H; R^3=Me	7-3-13 R^1=CH$_2$OH; R^2=R^3=H; R^4=OH
7-3-12 R^1=H; R^2=OMe; R^3=OH; R^4=CHO	7-3-14 R^1=R^3=OMe; R^2=R^4=H
	7-3-15 R^1=H; R^2=R^3=OH; R^4=Me
	7-3-16 R^1=H; R^2=OMe; R^3=R^4=OH

7-3-10

表 7-3-2 化合物 7-3-9~7-3-16 的 ^{13}C NMR 化学位移数据

C	7-3-9[3]	7-3-10[3]	7-3-11[4]	7-3-12[5]	7-3-13[6]	7-3-14[7]	7-3-15[8]	7-3-16[9]
1	160.8	160.8	160.6	113.1	159.4	152.7	165.6	164.6
2	120.1	132.2	118.5	166.7	138.4	154.3	108.6	107.3
3	147.5	161.4	146.5	166.6	134.2	115.0	164.8	165.0

续表

C	7-3-9[3]	7-3-10[3]	7-3-11[4]	7-3-12[5]	7-3-13[6]	7-3-14[7]	7-3-15[8]	7-3-16[9]
4	124.6	116.0	120.6	117.7	119.2	121.0	109.6	108.3
5	162.7	118.6	126.5	127.4	130.2	109.8	121.2	109.3
6	118.1	135.7	134.2	133.6	122.6	165.0	163.0	152.8
7	135.5	124.7	133.1	134.8	164.1	120.3	148.3	152.7
8	120.0	161.4	127.2	127.1	112.7	128.9	124.5	112.2
9	188.0	188.6	182.3	181.9	189.7	188.7	190.2	185.8
10	185.0	182.2	183.8	180.1	181.1	181.6	182.7	180.8
11	120.0	134.1	135.1	134.9	126.1	136.4	114.0	135.3
12	132.4	118.0	132.5	132.5	132.2	126.8	133.3	126.6
13	117.2	118.2	119.3	141.7	115.6	115.5	110.0	109.4
14	126.5	136.7	135.5	118.0	135.7	125.5	135.4	127.9
Me	22.0	19.8	22.4				22.1	
OMe			56.5	64.7	67.1	57.1/55.6		56.1
COOMe		167.5/52.2						
CHO				95.4				

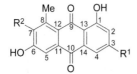

7-3-17 R1=OMe; R2=OH
7-3-19 R1=OH; R2=H
7-3-21 R1=OMe; R2=H

7-3-18 R=OMe
7-3-20 R=H
7-3-22 R=COOH

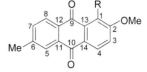

7-3-23 R=OMe
7-3-24 R=OH

表 7-3-3 化合物 7-3-17~7-3-24 的 ^{13}C NMR 化学位移数据[10]

C	7-3-17	7-3-18	7-3-19	7-3-20	7-3-21	7-3-22	7-3-23[11]	7-3-24[11]
1	165.0	163.2	164.9	165.1	165.3	165.6	159.1	154.0
2	105.1	106.8	108.2	104.8	107.7	106.1	149.6	152.7
3	166.1	165.5	163.9	165.5	165.7	165.5	115.9	115.6
4	107.3	107.4	106.9	106.4	106.8	106.7	125.2	121.0
5	110.3	108.8	112.2	110.3	113.1	111.6	126.9	127.8
6	150.6	156.0	161.7	158.2	162.8	160.8	144.6	146.2
7	160.6	154.5	124.5	123.4	125.7	134.4	134.7	134.6
8	120.7	120.2	145.4	136.9	146.0	140.2	127.0	127.1
9	185.8	185.2	188.6	186.0	189.0	185.4	182.7	189.1
10	182.4	183.3	182.4	181.7	183.0	181.8	182.7	181.8
11	131.6	133.3	134.9	137.2	137.6	143.6	132.9	134.0
12	130.8	128.0	123.6	126.7	123.3	116.8	132.9	131.1
13	113.8	113.7	110.7	111.8	111.7	114.4	127.4	116.1
14	136.1	136.3	134.9	137.2	135.0	132.7	127.5	125.5
Me	15.2	15.1	23.2	22.3	24.4	19.4	21.8	22.0
OMe	56.0	56.3 55.6 60.3		55.9 55.3	56.7		56.3 61.3	56.4
COOH						171.8		

7-3-25 R¹=Me; R²=OH
7-3-26 R¹=OH; R²=H
7-3-31 R¹=OMe; R²=OH

7-3-27 R¹=OH; R²=Me; R³=H
7-3-28 R¹=OMe; R²=R³=OH
7-3-32 R¹=CH₂OH; R²=OH; R³=H

7-3-29 R¹=CH₂OH; R²=OH
7-3-30 R¹=OMe; R²=H

表 7-3-4 化合物 7-3-25~7-3-32 的 ^{13}C NMR 化学位移数据[12]

C	7-3-25	7-3-26	7-3-27	7-3-28	7-3-29	7-3-30	7-3-31[13]	7-3-32[13]
1	160.1	146.6	162.8	156.8	126.2	110.5	154.5	163.1
2	134.4	155.6	162.4	139.8	125.0	164.7	146.5	120.3
3	161.5	120.3	133.0	157.7	159.6	121.5	155.7	163.6
4	108.9	125.8	107.3	109.3	111.2	130.1	110.3	107.9
5	126.0	127.1	126.4	119.1	126.5	127.4	125.5	126.8
6	133.7	133.9	134.5	137.0	133.8	133.8	132.9	134.5
7	134.5	133.9	134.4	124.4	134.3	134.3	133.9	134.6
8	126.6	128.9	126.7	161.2	126.5	127.7	126.0	126.4
9	182.5	182.7	186.3	190.7	181.4	183.6	179.7	186.2
10	180.1	182.1	181.8	180.8	182.5	182.3	181.5	181.8
11	133.0	133.0	131.7	133.2	133.2	134.2	131.5	132.9
12	135.0	134.5	132.9	115.8	133.0	134.1	134.1	133.0
13	108.9	125.7	117.3	110.1	125.0	136.3	118.7	109.1
14	133.2	127.5	109.0	129.1	136.3	127.5	129.8	133.3
OMe	60.5	62.3		60.2		56.3	60.7/60.1	
Me	9.5		8.0					
CH₂OH					57.7			51.2

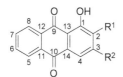

7-3-33 R¹=CH₂OCH₂CH₃; R²=OH
7-3-35 R¹=OCH₂CH₃; R²=H
7-3-40 R¹=OH; R²=H

7-3-34 R¹=R³=R⁴=H; R²=COOH
7-3-38 R¹=R³=OMe; R²=H; R⁴=CH₂OH
7-3-39 R¹=OCOCH₃; R²=R⁴=H; R³=OMe

7-3-36

7-3-37

表 7-3-5 化合物 7-3-33~7-3-40 的 ^{13}C NMR 化学位移数据

C	7-3-33[13]	7-3-34[13]	7-3-35[14]	7-3-36[14]	7-3-37[15]	7-3-38[15]	7-3-39[16]	7-3-40[17]
1	161.8	127.3	162.4	161.3	145.9	162.6	144.0	150.7
2	115.6	135.6	164.7	135.9	154.8	105.4	111.0	152.6

续表

C	7-3-33[13]	7-3-34[13]	7-3-35[14]	7-3-36[14]	7-3-37[15]	7-3-38[15]	7-3-39[16]	7-3-40[17]
3	164.2	134.3	138.6	136.7	120.4	160.8	166.0	120.9
4	109.8	127.3	118.1	119.0	123.4	120.1	124.1	120.6
5	127.3	126.8	127.5	153.0	125.5	126.7	126.2	126.4
6	134.1	134.1	134.9	154.5	133.5	133.2	133.9	134.7
7	134.1	134.1	134.6	115.5	135.8	134.4	134.3	133.7
8	126.7	126.8	127.2	120.9	157.9	127.2	126.8	126.2
9	186.9	182.0	188.4	187.4	181.5	181.1	183.2	188.4
10	182.2	181.8	182.0	188.4	182.5	182.9	182.0	180.1
11	134.0	133.0	133.2	116.1	140.3	134.7	131.3	132.5
12	133.6	133.0	133.1	124.9	125.0	136.4	132.0	133.3
13	109.4	133.2	117.1	115.3	128.8	115.7	130.2	115.9
14	133.6	135.7	136.0	131.2	124.8	132.4	129.7	123.5
OMe				56.4	62.2 62.1	56.4		
R²	67.6 67.0 15.0	165.9	61.7 14.2	16.3				
R³						62.8	52.7	
R⁴						54.7		
R⁶				56.4				

7-3-36: 16.3(Me); **7-3-37**: 69.0/58.8(CH₃OCH₂)

7-3-41 R¹=OH; R²=H; R³=CH₂OH
7-3-42 R¹=R²=OH; R³=CH₂OH
7-3-43 R¹=R²=H; R³=CH₂OH
7-3-44 R¹=R²=H; R₃=CH₃

7-3-45 R¹=OH; R²=H; R³=CH₃
7-3-46 R¹=R²=OH; R³=CH₂OCH₃
7-3-47 R¹=OCH₃; R²=COOH; R³=CH₃
7-3-48 R¹=OCH₃; R²=OH; R³=H

表 7-3-6 化合物 7-3-41~7-3-48 的 ¹³C NMR 化学位移数据[18,19]

C	7-3-41	7-3-42	7-3-43	7-3-44	7-3-45	7-3-46	7-3-47	7-3-48
1	126.9	127.9	127.5	130.6	113.1	108.8	107.6	109.2
2	130.4	132.0		125.8	162.9	151.4	159.5	152.9
3	163.5	162.7	163.5	164.2	125.6	151.5	134.4	152.8
4	130.1	131.1			146.0	143.0	140.2	112.2
5	119.2	119.3	127.5	127.1	165.3	164.3	165.6	164.5
6	137.2	136.7	134.5	133.9	107.7	107.7	106.8	105.8
7	124.4	124.6	134.5	133.9	165.8	164.4	165.5	165.7
8	161.0	161.0	127.5	127.1	106.8	107.2	106.6	107.3
9	187.9	188.1	181.5	182.2	183.0	181.2	181.8	180.5
10	183.5	184.7			189.0	187.9	188.8	186.0

续表

C	7-3-41	7-3-42	7-3-43	7-3-44	7-3-45	7-3-46	7-3-47	7-3-48
11	134.1	134.1		133.5	111.7	110.1	111.4	109.2
12	116.4	116.1		133.5	135.0	127.5	132.7	127.8
13	126.1	126.9			137.6	134.1	137.2	
14	128.9	130.3	130.1	129.0	123.3	125.6	124.8	126.6
1′	31.7	71.9	71.8	32.3				
2′	92.2	98.4	93.0	91.4				
3′	70.8	70.5		72.0				
4′	25.6	24.8	25.0	24.0				
5′	26.2	25.3	26.0	26.0				
OMe					57.0	56.2	55.9/56.2	56.1/56.3
Me				15.7	24.4		19.5	
CH_2OH	57.8	58.2	58.5					
CH_2OCH_3						63.9, 57.8		
COOH							167.3	

参 考 文 献

[1] 郑俊华, 果德安. 大黄的现代研究. 北京: 北京大学医学出版社, 2007: 284.

[2] Singh S S, Pandey S C, Singh R, et al. Indian Journal of Chemistry, 2005, 43B: 1494.

[3] Abd-Alla H I, Shaaban M, Shaaban K A, et al. Natural Product Research, 2009, 23: 1035.

[4] Liu J F, Xu K P, Li F S, et al. Chem Pharm Bull, 2010, 58: 549.

[5] Bouberte M Y, Krohn K, Hussain H, et al. Z Naturforsch, 2006, 61b: 78.

[6] Cai X H, Luo X D, Zhou J, et al. J Nat Prod, 2005, 68: 797.

[7] Wu T S, Lin D M, Shi L S, et al. Chem Pharm Bull, 2003, 51: 948.

[8] Ibafiez-Calero S L, Jullian V, Sauvain M. Revista Boliviana De Quimica, 2009, 26: 49.

[9] Wang D Y, Ye Q, Li B G, et al. Natural Product Research, 2003, 17: 365.

[10] Ngamga D, Awouafack M D, Tane P, et al. Biochemical Systematics and Ecology, 2007, 35: 709.

[11] Osman C P, Ismail N H, Ahmad R, et al. Molecules, 2010, 15: 7218.

[12] Wu Y B, Zheng C J, Qin L P, et al. Molecules, 2009, 14: 573.

[13] Zhang H L, Zhang Q W, Zhang X Q, et al. Chin J Nat Med, 2010, 8: 192.

[14] Ee G C L, Wen Y P, Sukari M A, et al. Natural Product Research, 2009, 23: 1322.

[15] Siddiqui B S, Sattar F A, Begum S, et al. Natural Product Research, 2006, 20: 1136.

[16] Son J K, Jung S J, Jung J H, et al. Chem Pharm Bull, 2008, 56: 213.

[17] Itokawa H, Mihara K, Takeya K. Chem Pharm Bull, 1983, 31: 2353.

[18] Ahmad R, Shaari K, Lajis N H, et al. Phytochemistry, 2005, 66: 1141.

[19] Chen B, Wang D Y, Ye Q, et al. Journal of Asian Natural Products Research, 2005, 7: 197.

第四节 菲醌类化合物的 ^{13}C NMR 化学位移

【结构特点】对苯醌和邻苯醌与两个六元环（可能是芳环）并合形成菲结构。

基本结构骨架

【化学位移特征】

1. 在 I 型结构中，1、4 位为羰基，化学位移出现在 δ_{C-1} 180.1～186.5，δ_{C-2} 181.4～191.7。如果在菲醌的另一侧，又和一个吡喃环并合，δ_{C-1} 194.4～195.1，δ_{C-2} 201.1～202.3，向低场位移。如果仅 2 位连接连氧基团，则 δ_{C-2} 158.1～159.1。如果仅 3 位连接连氧基团，则 δ_{C-3} 158.1～162.7。如果 2、3 位都有连氧基团，则 δ 145.5～147.1。如果 2 位有烷基取代，而 3 位有连氧基团，则 δ_{C-2} 122.7～126.5，δ_{C-3} 153.0～157.3。

2. 在 I 型结构中，9、10 位碳多没有取代基，δ_{C-9} 130.6～137.1，δ_{C-10} 120.2～129.7。如果 B 环中 9,10 位为单键，则 δ_{C-9} 26.8～29.9，δ_{C-10} 19.8～26.1。如果 C 环 5,6 位和 7,8 位都被氢化，则 δ_{C-5} 29.7～29.8，δ_{C-6} 19.0～19.3，δ_{C-7} 37.8～37.9，δ_{C-8} 34.5～34.9。如果仅有 7,8 位被氢化，则 δ_{C-5} 124.7，δ_{C-6} 134.4，δ_{C-7} 38.0，δ_{C-8} 34.0。

3. 在 II 型结构中，两个羰基处于邻位，δ 179.4～181.5。

4. 在 IIa 型结构中，C 环 1,2 位和 3,4 位被氢化，δ_{C-1} 28.3～30.0，δ_{C-2} 19.0～22.2，δ_{C-7} 37.7～38.0，δ_{C-8} 34.5～34.8。

5. 在 IIb 型结构中，并合的苯环处于邻苯醌的两边，苯环上各碳的化学位移遵循芳环化学位移的规律。连氧碳在较低场，靠近连氧碳的碳在较高场，不连取代基的碳或连烷基的碳在中间。

7-4-1 R^1=OCH$_3$; R^2=OH
7-4-2 R^1=OH; R^2=OCH$_3$

7-4-3

7-4-4 R^1=H; R^2=OCH$_3$
7-4-5 R^1=OCH$_3$; R^2=H

7-4-6 R^1=R^3=R^4=OCH$_3$; R^2=OH
7-4-7 R^1=R^3=H; R^2=OCH$_3$; R^4=OH
7-4-8 R^2=OH; R^2=OCH$_3$; R^3=R^4=H

表 **7-4-1** 化合物 7-4-1~7-4-8 的 ^{13}C NMR 化学位移数据

C	7-4-1[1]	7-4-2[1]	7-4-3[1]	7-4-4[2]	7-4-5[2]	7-4-6[2]	7-4-7[3]	7-4-8[4]
1	184.7	184.8	185.7	184.3	188.4	180.5	185.3	180.7
2	107.4	106.4	135.6	107.3	145.5	158.1	135.1	159.1
3	161.7	162.9	137.4	161.2	147.1	107.3	137.3	107.5
4	186.2	181.4	186.2	186.5	181.9	185.3	185.7	187.3
4a	128.3	130.6	141.7	139.9	128.6	141.4	140.9	135.6
4b	118.7	119.8	117.1	117.2	121.1	115.9	143.1	120.2
5	148.3	141.9	147.7	156.3	155.0	138.5	158.8	131.6
6	140.4	140.8	139.7	108.6	117.8	151.7	98.6	114.8
7	155.2	150.2	151.5	160.8	130.6	151.3	158.9	158.2
8	101.4	102.4	106.6	101.8	121.5	109.8	107.5	113.5
8a	135.1	132.0	131.2	128.6	138.7	138.1	112.3	141.2
9	137.1	132.8	28.3	137.4	137.7	28.4	28.5	26.8
10	122.0	120.2	20.9	122.6	121.7	20.1	20.1	19.8
10a	133.0	131.6	140.4	132.4	132.4	137.4	139.8	135.8
2-OCH$_3$					61.3	56.1		
3-OCH$_3$	57.1	56.5		56.9	61.8			
5-OCH$_3$		56.3	60.6			60.6		
6-OCH$_3$	61.0					60.7		
7-OCH$_3$	56.2	60.3	56.1	55.5			55.8	56.3

7-4-9 R¹=OCH₃; R²=H
7-4-10 R¹=OAc; R²=OCH₃

表 7-4-2 化合物 **7-4-9** 和 **7-4-10** 的 ^{13}C NMR 化学位移数据

C	7-4-9[5]	7-4-10[6]	C	7-4-9[5]	7-4-10[6]
1	181.1	180.4	8	122.8	121.1
2	181.5	179.4	9	158.8	159.9
2a	131.3	128.8	10	113.0	113.0
3	105.4	121.1	10a	132.6	132.4
4	159.9	143.6	4-OCH₃	55.7	
5	107.7	152.3	4-OAc		168.4/20.4
6	159.0	153.4	5-OCH₃		61.0
6a	119.1	126.2	6-OCH₃	56.1	60.3
6b	129.4	127.8	9-OCH₃	55.5	55.6
7	130.8	130.5			

7-4-11 R=OH
7-4-12 R=OAc

7-4-13

表 7-4-3 化合物 **7-4-11~7-4-13** 的 ^{13}C NMR 化学位移数据

C	7-4-11[7]	7-4-12[7]	7-4-13[8]	C	7-4-11[7]	7-4-12[7]	7-4-13[8]
1	180.1	180.2	180.2	8	121.1	126.5	109.7
2	111.4	110.4	158.3	8a	138.8	138.3	138.9
3	158.7	158.1	111.1	9	137.1	133.7	132.3
4	191.7	185.7	188.4	10	121.7	121.9	129.7
4a	132.3	132.2	126.8	10a	129.7	131.7	128.3
4b	120.9	122.7	123.3	OCH₃	56.6	56.6	
5	155.0	147.5	121.8	OCH₃			56.4
6	117.1	123.9	122.4	OAc		169.0,21.2	
7	130.7	129.2	157.5				

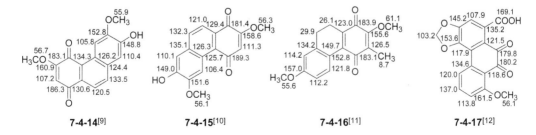

7-4-14[9]　　　**7-4-15**[10]　　　**7-4-16**[11]　　　**7-4-17**[12]

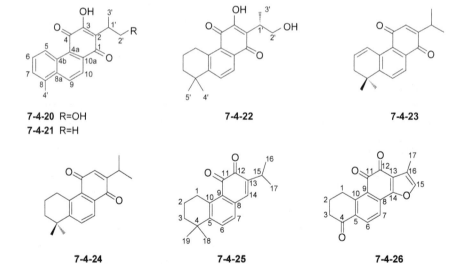

7-4-18 R=H
7-4-19 R=CH₂OH

表 7-4-4 化合物 **7-4-18** 和 **7-4-19** 的 ¹³C NMR 化学位移数据[13]

C	7-4-18	7-4-19	C	7-4-18	7-4-19
1	194.4	195.1	9	125.1	125.7
2	141.2	141.3	10	128.4	128.6
3	170.9	171.5	10a	136.4	135.7
4	201.1	202.3	1'		56.4
4a	136.5	137.1	2'	32.8	34.6
4b	131.2	132.5	3'	78.6	80.5
5	125.1	125.4	4'	17.5	17.6
6	124.0	124.5	5'	78.6	80.5
7	119.2	119.8	6'	19.3	19.5
8	113.0	113.2	7'	19.8	20.1
8a	119.5	120.0			

7-4-20 R=OH
7-4-21 R=H

7-4-22

7-4-23

7-4-24

7-4-25

7-4-26

表 7-4-5 化合物 **7-4-20~7-4-26** 的 ¹³C NMR 化学位移数据

C	7-4-20[14]	7-4-21[14]	7-4-22[14]	7-4-23[15]	7-4-24[15]	C	7-4-25[16]	7-4-26[17]
1	186.5	185.2	185.6	181.5	181.5	1	29.9	28.3
2	122.7	124.0	123.0	144.9	145.0	2	19.0	22.2
3	156.3	153.0	157.3	139.9	139.0	3	37.8	38.0
4	184.4	184.1	184.4	183.2	182.4	4	34.5	197.3
4a	125.4	125.5	128.4	139.5	139.8	5	149.7	134.6
4b	135.6	135.2	152.8	137.2	144.5	6	133.8	134.2

续表

C	7-4-20[14]	7-4-21[14]	7-4-22[14]	7-4-23[15]	7-4-24[15]	C	7-4-25[16]	7-4-26[17]
5	126.0	125.4	29.8	124.7	29.7	7	128.1	120.9
6	130.5	130.3	19.3	134.4	19.0	8	134.4	133.6
7	129.6	129.1	37.9	38.0	37.8	9	128.2	126.4
8	135.8	135.1	34.9	34.0	34.5	10	145.0	150.5
8a	134.0	133.8	140.9	148.0	149.6	11	182.4	182.8
9	132.4	132.3	133.4	130.6	133.7	12	181.5	175.5
10	122.6	122.5	125.0	129.2	127.9	13	144.6	122.0
10a	130.8	130.3	132.9	134.2	133.4	14	139.9	162.7
1'	33.4	24.5	32.7	26.9	26.9	15	26.9	143.2
2'	65.4	20.0	65.4	21.5	21.5	16	21.5	120.9
3'	14.9	20.0	14.7	21.5	21.5	17	21.5	8.7
4'	19.9	19.9	31.8	28.3	31.7	18	31.8	
5'			31.8	28.3	31.7	19	31.8	

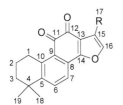

7-4-27 R=CH₃
7-4-28 R=CH₂OH

7-4-29

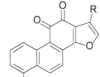

7-4-30 R=CH₃
7-4-31 R=CH₂OH

7-4-32

表 7-4-6 化合物 7-4-27~7-4-32 的 ^{13}C NMR 化学位移数据[18]

C	7-4-27	7-4-28	7-4-29	7-4-30	7-4-31	7-4-32
1	29.9	30.0	29.7	118.7	118.8	120.3
2	19.1	19.0	19.1	130.7	131.0	130.4
3	37.8	37.7	37.8	128.3	128.7	128.9
4	34.6	34.8	34.8	135.2	135.4	135.0
5	144.5	145.0	143.7	123.1	126.4	126.1
6	133.5	133.7	132.6	132.9	133.3	132.0
7	120.2	120.6	122.5	124.8	124.8	125.7
8	127.4	126.8	128.4	132.7	132.8	132.2
9	126.5	126.3	126.2	129.6	129.0	128.3
10	150.1	151.1	152.4	133.6	134.0	134.8
11	183.5	182.6	184.3	183.4	183.0	184.4
12	175.7	175.8	175.7	175.6	174.0	175.8
13	121.1	125.8	118.3	120.5	120.0	118.4
14	161.7	163.1	170.8	161.2	170.0	170.6
15	141.3	140.7	81.5	142.0	141.3	81.7
16	120.2	119.4	34.6	121.7	122.0	34.7
17	8.8	55.2	18.9	8.8	55.2	18.9
18	31.8	31.8	31.9	19.8	19.9	18.9
19	31.8	31.8	31.9			

参 考 文 献

[1] Lee C L, Chang F R, Yen M H, et al. J Nat Prod, 2009, 72: 210.

[2] Tezuka Y, Hirano H, Kikuchi T, et al. Chem Pharm Bull, 1991, 39: 593.

[3] Hu J M, Chen J J, Yu H, et al. Planta Med, 2008, 74: 535.

[4] Bhaskar M U, Rao L J M, Rao N S P, et al. J Nat Prod, 1991, 54: 386.

[5] Ju J H, Yang J S, Li J, et al. Chinese Chemical Letters, 2000, 11: 37.

[6] Majumder P L, Sen R C. Phytochemistry, 1991, 30: 2092.

[7] Barua A K, Ghosh B B, Ray S, et al. Phytochemistry, 1990, 29: 3046.

[8] Fan C Q, Wang W, Wang Y P, et al. Phytochemistry, 2001, 57: 1255.

[9] Zhang Z J, Zhang X Q, Ye W C, et al. Natural Product Research, 2004, 18: 301.

[10] Itharat A, Plubrukam A, Kongsaeree P, et al. Organic Letters, 2003, 5: 2879.

[11] Zhao Y Y, Cui C B, Cai B, et al. Journal of Asian Natural Research, 2005, 7: 835.

[12] Zhang C,Li L, Xiao Y Q, et al. Chinese Chemical Letters, 2010, 21: 816.

[13] Fan T P, Min Z D, Iinuma M. Chem Pharm Bull, 1999, 47: 1797.

[14] Ikeshiro Y, Hashimoto I, Iwamoto Y, et al. Phytochemistry, 1991, 30: 2791.

[15] Gao W Y, Zhang R, Jia W, et al. Chem Pharm Bull, 2004, 52: 136.

[16] Cao C Q, Sun L R, Lou H X, et al. LiShiZhen Medcine and Materia Medica Res, 2009, 20: 636.

[17] Luo H W, Wu B J, Wu M Y, et al. Phytochemistry, 1985, 24: 815.

[18] Yang M H, Blunden G, Xu Y X, et al. Pharmaceutical Sciences, 1996, 2: 69.

第五节　萜醌及其他醌类化合物的 ^{13}C NMR 化学位移

萜醌化合物是醌类（苯醌或萘醌居多）化合物与萜类（多数是单萜或倍半萜）化合物并合或连接而形成的化合物。

它们具有醌类和萜类的结构，因此它们的 ^{13}C NMR 化学位移谱具有醌和萜相应的特征，类型多种多样。

7-5-1

7-5-2　$R^1=H_2$; $R^2=H$
7-5-3　$R^1=O$; $R^2=H$
7-5-4　$R^1=\alpha$-OH, β-H; $R^2=H$
7-5-5　$R^1=H_2$; $R^2=OH$

表 7-5-1 化合物 7-5-1~7-5-5 的 ^{13}C NMR 化学位移数据[1]

C	7-5-1	7-5-2	7-5-3	7-5-4	7-5-5
1	38.4	38.8	37.8	36.8	38.1
2	41.4	19.5	34.8	28.0	18.8
3	18.9	42.0	216.7	78.7	38.0
4	33.5	33.6	39.7	39.2	35.4
5	49.9	55.4	55.0	54.6	48.6
6	18.5	24.5	25.1	24.0	24.2
7	30.9	38.3	37.3	38.1	38.3
8	145.2	148.9	147.3	148.1	148.5
9	153.2	54.4	53.4	54.1	54.3
10	38.2	40.1	47.8	39.8	40.1

续表

C	7-5-1	7-5-2	7-5-3	7-5-4	7-5-5
11	21.6	21.7	21.7	15.4	17.6
12	33.2	33.6	26.1	28.3	72.2
13	24.4	14.1	13.8	14.1	14.6
14	127.5	19.1	19.4	19.2	19.1
15	130.9	106.6	107.9	107.5	106.8
1′	128.6	122.3	121.4	121.9	122.2
2′	178.8	187.6	187.4	187.5	187.5
3′	141.4	133.9	133.9	133.9	133.9
4′	137.3	142.3	142.5	142.3	142.3
5′	181.7	183.1	183.0	183.2	183.1
6′	131.4	151.0	151.0	150.9	151.0
1″	60.4	58.8	58.4	58.8	58.9

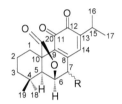

7-5-6 R=β-OCH₃
7-5-7 R=α-OCH₃

表 7-5-2 化合物 7-5-6 和 7-5-7 的 ^{13}C NMR 化学位移数据[2]

C	7-5-6	7-5-7	C	7-5-6	7-5-7
1	25.1	25.1	12	180.2	180.0
2	18.2	18.3	13	149.7	150.1
3	37.8	38.0	14	132.7	133.5
4	31.8	31.1	15	27.5	27.5
5	55.3	50.2	16	21.6	21.3
6	72.7	72.4	17	21.9	21.2
7	78.1	77.6	18	31.6	31.4
8	146.6	145.6	19	21.3	21.9
9	137.9	138.2	20	175.0	175.5
10	46.6	45.8	OMe	57.1	59.5
11	179.5	179.5			

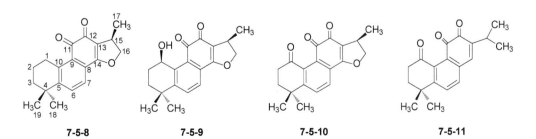

7-5-8　　　　　　**7-5-9**　　　　　　**7-5-10**　　　　　　**7-5-11**

表 7-5-3 化合物 7-5-8~7-5-11 的 ^{13}C NMR 化学位移数据[3]

C	7-5-8	7-5-9	7-5-10	7-5-11
1	29.7	63.4	198.9	198.8
2	19.1	26.9	36.2	36.2
3	37.8	31.9	36.5	36.6
4	34.9	35.1	35.2	34.9
5	152.4	152.1	155.7	153.8
6	132.6	134.1	129.7	130.9
7	122.5	124.5	126.6	131.9
8	126.3	126.9	127.3	132.8
9	128.4	129.8	128.3	135.5
10	143.7	143.1	138.0	138.0
11	184.3	186.3	183.7	183.1
12	175.7	175.4	177.4	183.8
13	118.3	118.5	119.4	146.5
14	170.8	170.7	169.1	137.9
15	34.6	34.6	34.7	27.0
16	81.5	81.8	81.9	21.6
17	18.8	19.1	18.8	21.6
18	31.9	31.2	28.8	28.8
19	31.9	31.6	28.8	28.8

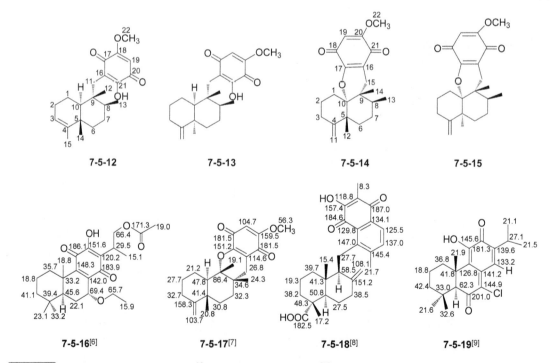

7-5-12 7-5-13 7-5-14 7-5-15

7-5-16[6] 7-5-17[7] 7-5-18[8] 7-5-19[9]

表 7-5-4 化合物 7-5-12~7-5-15 的 ^{13}C NMR 化学位移数据[3]

C	7-5-12[4]	7-5-13[4]	7-5-14[5]	7-5-15[5]
1	20.6	23.2	25.0	29.1
2	27.8	25.6	22.1	23.2

续表

C	7-5-12[4]	7-5-13[4]	7-5-14[5]	7-5-15[5]
3	121.6	32.6	31.4	30.0
4	144.7	154.1	155.0	152.9
5	39.2	40.2	43.8	44.4
6	36.7	38.5	31.0	32.6
7	28.6	28.6	26.8	26.9
8	38.6	40.6	32.6	33.8
9	43.8	46.3	37.4	38.8
10	48.6	49.6	89.1	88.0
11	33.0	33.8	106.0	107.5
12	18.0	19.2	23.9	27.6
13	18.4	19.0	16.2	16.2
14	20.9	33.8	19.1	19.9
15	18.9	106.4	28.4	28.1
16	118.3	121.6	115.4	114.1
17	183.0	188.0	152.3	152.6
18	162.5	109.6	181.0	181.1
19	102.7	156.3	104.9	104.7
20	182.8	179.2	159.3	159.4
21	154.0	152.1	181.3	181.6
22	57.5	57.0	56.3	56.3

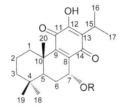

7-5-20 R=H
7-5-21 R=CH₃

表 7-5-5 化合物 7-5-20 和 7-5-21 的 ^{13}C NMR 化学位移数据[10]

C	7-5-20	7-5-21	C	7-5-20	7-5-21
1	35.7	35.7	12	151.1	150.6
2	18.8	18.8	13	124.1	124.7
3	41.0	41.0	14	189.0	186.4
4	39.1	39.2	15	23.9	24.2
5	45.7	45.5	16	19.7	19.7
6	25.7	22.1	17	19.8	19.9
7	63.2	70.7	18	33.1	33.0
8	143.1	141.4	19	21.7	21.9
9	147.8	147.8	20	18.3	18.5
10	33.0	33.0	OMe		57.3
11	183.8	184.1			

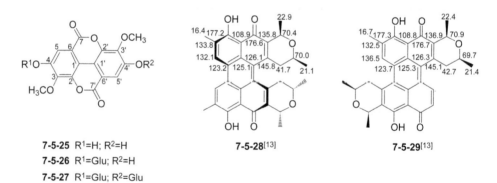

7-5-22　　　　　　**7-5-23**　　　　　　**7-5-24**

表 7-5-6　化合物 7-5-22~7-5-24 的 ^{13}C NMR 数据[11]

C	7-5-22	7-5-23	7-5-24	C	7-5-22	7-5-23	7-5-24
1	132.7	133.0	56.0	8	47.7	52.8	53.6
2	119.5	119.9	53.6	9	202.0	196.6	196.8
3	162.3	163.3	196.8	9a	117.4	114.6	112.3
3a	116.9	113.5	112.3	9b	139.1	138.8	143.0
4	205.0	204.1	159.6	10	162.0	162.6	159.6
5	34.0	32.1	114.5	11	117.5	118.0	114.5
6	34.5	33.3	132.1	12	132.4	132.6	132.1
6a	69.2	68.3	128.8	12a	124.1	124.0	128.8
6b	51.9	45.1	37.5	12b	122.7	122.4	37.5
7	66.1	55.7	56.0	12c	135.5	133.5	143.0

7-5-25　R^1=H; R^2=H
7-5-26　R^1=Glu; R^2=H
7-5-27　R^1=Glu; R^2=Glu

7-5-28[13]　　　　　　**7-5-29**[13]

表 7-5-7　化合物 7-5-25~7-5-27 的 ^{13}C NMR 数据[12]

C	7-5-25	7-5-27	C	7-5-26	C	7-5-26
1(1′)	111.6	115.2	1	114.0	MeO-3	61.5
2(2′)	141.1	142.1	2	140.8	MeO-3′	60.9
3(3′)	140.0	139.7	3	141.7	1″	101.2
4(4′)	152.0	152.1	4	151.4	2″	73.2
5(5′)	111.3	111.0	5	111.8	3″	76.4
6(6′)	112.0	113.5	6	111.8	4″	69.4
7(7′)	158.3	158.8	7	158.2	5″	77.2
MeO-3(3′)	61.0	60.9	1′	111.0	6″	60.5
1″ (1‴)		104.0	2′	141.5		
2″ (2‴)		73.4	3′	140.1		
3″ (3‴)		76.2	4′	152.7		

续表

C	7-5-25	7-5-27	C	7-5-26	C	7-5-26
4″ (4‴)		69.6	5′	111.5		
5″ (5‴)		77.3	6′	112.7		
6″ (6‴)		60.8	7′	158.3		

7-5-30   7-5-31   7-5-32   7-5-33

7-5-34   7-5-35   7-5-36

表 7-5-8 化合物 7-5-30~7-5-36 的 ^{13}C NMR 化学位移数据

C	7-5-30[14]	7-5-31[14]	7-5-32[15]	7-5-33[15]	7-5-34[15]	7-5-35[15]	7-5-36[15]
1	21.1	20.2	30.6	19.9	23.2	30.6	20.1
2	28.0	27.1	22.8	27.1	28.7	22.8	27.0
3	121.9	120.7	41.4	120.8	33.0	41.4	120.7
4	144.9	144.2	36.3	144.1	160.5	36.4	144.0
5	39.6	38.5	146.5	38.5	40.4	146.5	38.4
6	37.4	36.0	114.9	36.0	36.7	114.9	35.9
7	29.2	27.9	31.6	27.9	28.0	31.6	27.9
8	39.0	37.8	36.4	37.7	37.9	36.3	37.6
9	43.6	42.8	40.6	42.7	42.9	40.6	42.6
10	49.9	47.8	41.6	47.6	50.0	41.6	47.5
11	18.4	17.7	29.7	18.1	102.5	29.7	18.1
12	20.7	19.9	28.0	19.9	20.5	28.0	19.8
13	18.4	18.3	16.6	17.7	17.9	16.6	17.7
14	17.8	17.3	15.9	17.3	17.2	16.0	17.2
15	33.3	32.5	32.8	32.4	32.5	32.7	32.4
16	115.9	114.6	114.5	113.8	113.5	114.5	113.8
17	159.6	156.7	156.7	157.2	157.3	156.7	157.2

续表

C	7-5-30[14]	7-5-31[14]	7-5-32[15]	7-5-33[15]	7-5-34[15]	7-5-35[15]	7-5-36[15]
18	180.8	179.2	178.3	178.1	178.1	178.3	178.0
19	93.8	93.0	91.5	91.5	91.6	91.5	91.5
20	151.5	149.6	150.5	150.6	150.5	150.1	150.3
21	184.0	188.6	183.1	182.9	182.9	183.1	182.8
22	44.9	63.0	48.7	48.7	48.7	41.1	41.1
23	171.9	172.3	34.0	34.0	34.0	36.9	36.8
24		30.9	27.2	27.2	27.2	25.9	25.9
25		18.2	11.1	11.1	11.1	22.3	22.3
26		18.8	17.3	17.4	17.4		

7-5-37   7-5-38   7-5-39   7-5-40

7-5-41   7-5-42   7-5-43

表 7-5-9 化合物 7-5-37~7-5-43 的 ^{13}C NMR 化学位移数据

C	7-5-37[15]	7-5-38[15]	7-5-39[15]	7-5-40[15]	7-5-41[16]	7-5-42[16]	7-5-43[16]
1	19.9	30.5	19.9	19.4	19.5	19.5	19.5
2	27.1	22.8	27.0	26.3	26.5	26.5	26.5
3	120.8	41.3	120.8	120.8	120.7	120.8	120.7
4	144.1	36.4	144.1	143.1	143.2	143.3	143.2
5	38.5	146.5	38.5	37.8	37.9	37.9	37.8
6	36.0	114.8	36.0	35.4	35.6	35.6	35.5
7	27.9	31.6	28.0	27.5	27.6	27.6	27.6
8	37.7	36.3	37.7	37.1	37.3	37.4	37.2
9	42.6	40.6	42.7	41.8	42.0	42.0	41.9
10	47.6	41.6	47.6	47.0	47.2	47.2	47.1
11	18.1	29.7	18.2	17.9	18.0	18.0	18.0

C	7-5-37[15]	7-5-38[15]	7-5-39[15]	7-5-40[15]	7-5-41[16]	7-5-42[16]	7-5-43[16]
12	20.1	28.0	20.1	19.9	19.9	19.9	19.9
13	17.7	16.5	17.7	17.8	17.8	17.8	17.8
14	17.3	15.9	17.3	17.2	17.2	17.2	17.2
15	32.4	32.7	32.4	32.0	32.0	32.0	32.0
16	113.9	114.7	113.9	113.6	113.9	113.8	113.8
17	157.1	156.5	156.9	158.8	158.5	158.7	158.5
18	178.1	178.5	178.3	178.0	178.3	177.9	178.0
19	91.6	91.8	91.8	91.6	92.2	91.7	91.9
20	150.5	149.9	150.9		149.7	150.0	149.9
21	182.9	183.0	182.8	182.7	183.0	183.2	183.1
22	50.3	44.0	44.0	39.2	41.0	41.7	41.2
23	27.6	34.2	34.3	48.0	22.9	24.6	20.7
24	20.2	137.4	137.4		130.9	26.1	50.4
25		128.5	128.6		134.0	40.5	38.0
26		128.9	128.9		116.2	156.9	
27		127.0	127.1				
28		128.9	128.9				
29		128.5	128.6				

参 考 文 献

[1] Wijeratne E M K, Paranagama P A, Marron M T, et al. J Nat Prod, 2008, 71: 218.

[2] Mahmoud A A, AL-Shihry S S, Son B W. Phytochemistry, 2005, 66: 1685.

[3] Sairafianpour M, Christensen J, Stark D, et al. J Nat Prod, 2001, 64: 1398.

[4] Salmoun M, Devijver C, Daloze D, et al. J Nat Prod, 2000, 63: 452.

[5] Mitome H, Nagasawa T, Miyaoka H, et al. J Nat Prod, 2001, 64: 1506.

[6] Chen X, Deng F J, Liao R A, et al. Chinese Chem Lett, 2000, 11: 229.

[7] Chu M, Mierzwa R, Xu L, et al. Bioorg Med Chem Lett, 2003, 13: 3827.

[8] Ayers S, Zink D L, Mohn K, et al. J Nat Prod, 2007, 70: 425.

[9] El-Lakany A M. Natural Product Sciences, 2004, 10: 59.

[10] Jonathan L T, Che C T, Pezzuto J M. J Nat Prod, 1989, 52: 571.

[11] Stack M E, Mazzola E P, Page S W, et al. J Nat Prod, 1986, 49: 866.

[12] Pakulski G, Budzianowski J. Phytochemistry, 1996, 41: 775.

[13] Ayers S, Zink D L, Mohn K, et al. J Nat Prod, 2007, 70: 425.

[14] Rustaiyan A, Samadizadeh M, Habibi Z, et al. Phytochemistry, 1995, 39: 163.

[15] Shigemori H, Madono T, Sasaki T, et al. Tetrahedron, 1994, 50: 8347.

[16] Takahashi Y, Ushio M, Kubota T, et al. J Nat Prod, 2010, 23: 467.

第八章 甾烷类化合物的 ^{13}C NMR 化学位移

第一节 雄甾烷类化合物的 ^{13}C NMR 化学位移

【结构特点】雄甾烷类化合物基本骨架是由 19 个碳组成的，由 3 个六元环和 1 个五元环并合而成。

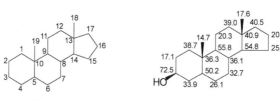

基本结构骨架   3β-羟基甾烷的化学位移

【化学位移特征】

1. 雄甾烷由 19 个碳构成，因此出现 19 个峰信号。甾烷类化合物由于是 3 个六元环和 1 个五元环并合而成，而且存在甲基、羟基、羰基和双键，因此化学位移的范围很宽，大约在 $\delta\,6.0\sim220$（见表 8-1-1～表 8-1-5）。比较简单的化合物为 3β-羟基甾烷。

2. 在其不同位置存在一个或两个羟基取代。1 位的羟基，α-羟基在低场出现，1β-羟基在高场出现；2 位的羟基，无论是 α-羟基还是 β-羟基变化不大；3 位的羟基，3α-羟基在高场，3β-羟基在低场；4 位和 6 位也有羟基，δ 值在 70.5 和 72.5；11 位和 12 位的羟基，α-羟基和 β 羟基正好相反，前者 α-羟基羰在低场，β-羟基碳在高场；15 位和 16 位连接的羟基也是相反的，前者 α-羟基羰在低场，β-羟基碳在高场；17 位的羟基，11α-羟基羰在高场，11β-羟基碳在低场。

3. 在其不同的位置存在羰基，形成六元饱和环酮结构时，其羰基碳的 δ 值在 207～220。

4. 羰基和双键共轭时：

（1）3 位羰基同时与 1,2 位双键和 4,5 位双键共轭，$\delta_{C-3}\,185.9\sim186.5$；

（2）3 位羰基仅与 4,5 位双键共轭，$\delta_{C-3}\,198.9\sim199.4$；

（3）7 位羰基仅与 5,6 位双键共轭，$\delta_{C-7}\,200.4\sim202.0$；

（4）2 位羰基与 3,4 位双键和 5,6 位双键一起与 7 位羰基共轭，$\delta_{C-2}\,197.7$，$\delta_{C-7}\,200.7$。

5. 18 位和 19 位的甲基，一般情况下在 $\delta\,11.0\sim20.0$。

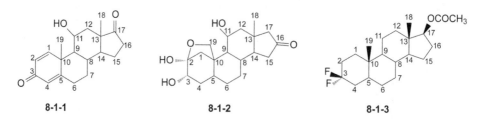

8-1-1   8-1-2   8-1-3

8-1-4　　　　8-1-5　　　　8-1-6　　　　8-1-7

8-1-8　　　　8-1-9　　　　8-1-10

表 8-1-1　化合物 **8-1-1~8-1-10** 的 ^{13}C NMR 化学位移数据[1]

C	8-1-1[2]	8-1-2[3]	8-1-3[4]	8-1-4	8-1-5	8-1-6	8-1-7	8-1-8	8-1-9	8-1-10
1	158.2	39.9	35.0	38.3	215.8	38.7	37.8	38.7	38.4	37.8
2	125.3	107.8	30.5	21.9	38.8	38.1	21.9	22.2	22.1	20.4
3	186.5	73.2	124.0	26.5	28.0	211.0	26.8	26.8	26.8	41.2
4	125.0	37.5	37.0	28.8	28.0	44.6	28.6	28.8	29.6	212.6
5	166.9	39.7	43.0	17.0	49.8	46.7	46.9	47.3	47.0	59.3
6	32.9	29.5	28.1	28.8	28.0	29.0	28.5	28.6	28.8	22.7
7	32.1	32.0	31.5	31.7	31.5	32.1	33.2	30.8	32.4	30.9
8	34.1	36.5	35.3	35.0	36.2	35.7	37.4	32.5	35.0	35.5
9	60.5	46.3	53.9	56.5	47.2	54.1	64.9	55.0	54.7	54.5
10	43.9	48.4	35.5	36.9	52.0	35.7	36.0	36.5	36.5	42.6
11	67.9	20.9	21.0	37.5	22.7	21.5	210.7	20.4	20.4	21.8
12	42.5	37.8	37.0	215.3	38.3	38.8	56.9	39.4	38.4	38.9
13	47.9	38.8	42.8	54.9	41.0	40.8	44.9	39.2	39.2	40.8
14	49.8	51.5	50.8	54.6	54.4	54.3	54.2	53.4	51.9	54.8
15	21.9	39.4	24.8	24.8	25.5	25.5	24.8	216.1	39.3	24.8
16	35.8	217.8	27.7	19.5	20.4	20.5	20.9	35.1	218.3	20.5
17	217.7	55.9	82.9	31.9	40.4	40.3	39.3	35.4	55.9	40.4
18	14.7	17.8	12.3	17.7	17.8	17.5	18.2	18.3	17.5	17.6
19	18.8	66.1	11.5	11.9	12.3	11.4	21.1	12.2	11.4	13.8

8-1-11

8-1-12

8-1-13 R¹=R²=H; R³=β-OH; R⁴=R⁵=R⁶=R⁷=R⁸=R⁹=H
8-1-14 R¹=R²=R³=R⁴=R⁵=H; R⁶=α-OH; R⁷=R⁸=R⁹=H
8-1-15 R¹=R²=R³=R⁴=R⁵=H; R⁶=β-OH; R⁷=R⁸=R⁹=H
8-1-16 R¹=R²=R³=R⁴=R⁵=R⁶=H; R⁷=α-OH; R⁸=R⁹=H
8-1-17 R¹=R²=R³=R⁴=R⁵= R⁶=H; R⁷=β-OH; R⁸=R⁹=H
8-1-18 R¹=R²=R³=R⁴=R⁵=R⁶=R⁷=H; R⁸=α-OH; R⁹=H
8-1-19 R¹=R²=R³=R⁴=R⁵=R⁶=R⁷=H; R⁸=β-OH; R⁹=H
8-1-20 R¹=R²=R³=R⁴=R⁵=R⁶=R⁷=R⁸=H; R⁹=α-OH

表 8-1-2 化合物 **8-1-11~8-1-20** 的 ^{13}C NMR 化学位移数据[5]

C	8-1-11[1]	8-1-12[1]	8-1-13	8-1-14	8-1-15	8-1-16	8-1-17	8-1-18	8-1-19	8-1-20
1	38.3	38.6	38.7	40.8	38.9	38.8	38.7	38.8	38.8	38.7
2	21.5	22.1	17.1	22.6	22.0	22.3	22.2	22.2	22.3	22.2
3	25.3	26.7	72.5	26.7	26.6	26.4	26.8	26.8	26.8	26.8
4	20.4	29.0	33.9	29.7	28.6	29.2	29.0	29.0	29.1	29.1
5	58.3	47.0	50.2	47.0	47.8	47.2	47.1	46.9	47.4	47.2
6	211.7	28.8	26.1	29.7	28.6	29.2	29.0	29.0	29.1	29.1
7	47.1	31.7	32.7	32.8	32.9	32.4	32.2	32.5	31.9	32.5
8	38.3	35.1	36.1	35.4	31.7	36.1	34.9	35.5	31.9	35.5
9	55.1	54.8	55.8	61.2	59.0	48.3	53.3	55.0	55.3	55.1
10	41.8	36.4	36.3	38.4	36.5	36.1	36.3	36.3	36.6	36.2
11	21.2	20.1	20.3	69.2	68.6	28.4	29.9	20.7	20.8	20.5
12	38.5	31.0	39.0	50.5	47.8	72.7	79.7	39.4	40.6	39.0
13	41.2	47.8	40.9	41.2	39.9	45.3	46.3	41.7	40.6	41.9
14	54.8	51.8	54.8	53.7	56.4	46.4	53.3	61.9	59.6	52.3
15	25.3	24.8	25.6	25.6	25.4	25.2	25.2	75.7	72.5	37.2
16	20.5	35.7	20.5	20.6	25.7	20.2	20.7	32.9	34.0	71.7
17	40.2	220.4	40.5	40.2	40.8	33.0	38.4	38.3	40.4	52.5
18	17.5	13.8	17.6	18.4	20.0	18.7	11.8	18.8	20.0	18.8
19	13.1	12.2	14.7	12.8	15.5	12.2	12.2	12.3	12.3	12.3

8-1-21 R¹=R²=R³=R⁴=R⁵=H; R⁶=β-OH; R⁷=H
8-1-22 R¹=R²=R³=R⁴=R⁵=R⁶=H; R⁷=β-OH
8-1-23 R¹=R²=R³=R⁴=R⁵=R⁶=H; R⁷=α-OH
8-1-24 R¹=R²=R³=H; R⁴=α-OH; R⁵=R⁶=R⁷=H
8-1-25 R¹=R²=R³=R⁴=H; R⁵=β-OH; R⁶=R⁷=H
8-1-26 R¹=α-OH; R²=R³=R⁴=R⁵=R⁶=R⁷=H
8-1-27 R¹=β-OH; R²=R³=R⁴=R⁵=R⁶=R⁷=H
8-1-28 R¹=H; R²=α-OH; R³=R⁴=R⁵=R⁶=R⁷=H
8-1-29 R¹=H; R²=β-OH; R³=R⁴=R⁵=R⁶=R⁷=H
8-1-30 R¹=R²=H; R³=α-OH; R⁴=R⁵=R⁶=R⁷=H

表 8-1-3 化合物 **8-1-21~8-1-30** 的 ^{13}C NMR 化学位移数据[5]

C	8-1-21	8-1-22	8-1-23	8-1-24	8-1-25	8-1-26	8-1-27	8-1-28	8-1-29	8-1-30
1	38.8	38.7	38.8	38.1	40.5	71.5	68.7	48.2	45.3	32.7

续表

C	8-1-21	8-1-22	8-1-23	8-1-24	8-1-25	8-1-26	8-1-27	8-1-28	8-1-29	8-1-30
2	22.3	22.2	22.2	20.5	22.2	29.0	33.2	68.0	68.1	29.2
3	26.9	26.8	26.8	36.4	27.1	20.3	24.8	36.3	33.9	66.8
4	29.1	29.0	29.0	70.5	26.1	28.6	28.6	27.7	23.0	36.0
5	47.1	47.1	47.0	54.3	49.8	39.0	46.1	47.4	47.4	39.1
6	29.1	29.1	29.1	22.8	72.5	29.0	28.8	28.2	28.0	28.0
7	32.5	31.8	32.5	32.1	40.0	32.2	32.5	32.4	32.5	32.2
8	35.5	35.8	35.9	35.6	30.7	35.9	36.3	35.3	35.4	36.0
9	55.0	55.0	54.3	55.1	55.0	47.5	55.1	55.0	55.9	54.7
10	36.5	36.4	36.3	37.7	36.1	40.2	42.5	37.3	36.1	36.3
11	20.6	20.5	20.3	21.0	20.7	20.9	24.7	21.1	21.0	29.9
12	39.3	36.9	31.6	39.9	39.0	38.7	39.5	39.6	39.1	39.0
13	40.3	43.1	45.3	40.8	40.8	40.3	40.2	40.9	40.9	40.9
14	51.3	51.3	48.9	54.7	54.4	54.3	54.6	54.6	54.7	54.7
15	37.2	23.2	24.6	25.5	25.5	25.2	25.8	25.6	25.5	25.6
16	71.9	32.6	32.5	20.5	20.5	20.7	20.4	20.5	20.5	20.7
17	54.3	82.1	80.0	40.5	40.5	40.4	40.6	40.5	40.5	40.4
18	19.1	11.2	17.2	17.6	17.6	17.5	17.4	17.6	17.7	17.6
19	12.3	12.2	12.3	13.5	15.8	12.9	6.7	13.4	14.8	11.2

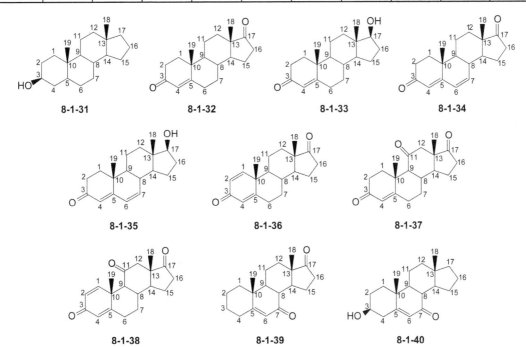

表 8-1-4 化合物 8-1-31~8-1-40 的 ^{13}C NMR 化学位移数据[6]

C	8-1-31[5]	8-1-32	8-1-33	8-1-34	8-1-35	8-1-36	8-1-37	8-1-38	8-1-39	8-1-40
1	37.1	35.5	35.5	33.9	33.9	155.2	34.5	154.8	39.0	39.3
2	31.6	33.7	33.8	33.9	33.7	127.6	33.7	127.6	24.7	23.7
3	71.2	198.9	199.4	199.2	199.1	186.0	199.2	185.9	26.9	26.8
4	38.3	123.9	123.6	123.9	123.7	124.0	124.6	124.7	32.9	32.8

续表

C	8-1-31[5]	8-1-32	8-1-33	8-1-34	8-1-35	8-1-36	8-1-37	8-1-38	8-1-39	8-1-40
5	44.9	170.1	171.0	162.9	163.2	168.2	167.8	165.9	169.1	168.9
6	28.8	32.3	32.7	128.7	128.1	32.3	31.9	32.1	124.3	124.4
7	32.5	31.1	31.5	138.3	139.9	31.1	30.8	31.9	200.8	201.4
8	35.9	34.9	34.9	37.0	37.3	34.9	36.2	35.9	44.9	45.0
9	54.3	53.6	53.9	48.7	48.0	52.6	63.2	60.6	45.6	45.0
10	36.3	38.4	38.6	36.1	36.5	43.4	38.2	42.4	39.4	39.3
11	21.9	20.1	20.6	20.0	20.1	22.1	207.4	207.1	20.1	20.4
12	38.7	30.5	36.4	31.3	36.0	32.5	50.3	50.5	30.5	35.9
13	40.3	47.3	42.7	47.3	43.4	47.3	50.3	50.3	47.3	43.1
14	54.3	50.6	50.4	50.6	50.6	50.4	49.6	49.6	50.6	50.2
15	25.2	21.5	23.2	21.4	23.1	21.8	21.5	21.5	21.5	26.0
16	21.7	35.5	30.1	35.6	27.4	35.5	35.5	35.9	35.5	27.5
17	40.4	220.0	81.0	219.3	82.0	219.6	219.7	216.0	220.0	82.0
18	17.6	13.5	11.0	13.7	12.0	13.8	14.6	14.5	13.7	12.1
19	12.4	17.2	17.3	16.3	16.3	18.7	17.2	18.9	17.4	17.4

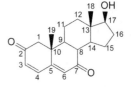

8-1-41

8-1-42 R=H
8-1-43 R=β-OH

8-1-44

8-1-45 R¹=Me; R²=R³=H
8-1-46 R¹=R³=H; R²=Me
8-1-47 R¹=R²=H; R³=Me

8-1-48 R=β-OH
8-1-49 R=β-OAc
8-1-50 R=α-OAc

表 8-1-5 化合物 8-1-41~8-1-50 的 ¹³C NMR 化学位移数据[6,7]

C	8-1-41	8-1-42	8-1-43	8-1-44	8-1-45	8-1-46	8-1-47	8-1-48	8-1-49	8-1-50
1	37.7	32.9	32.8	49.2	38.6	45.0	40.1	36.8	37.0	37.0
2	27.2	23.4	23.4	197.7	132.8	132.4	119.7	27.6	27.7	27.7
3	71.9	136.6	136.9	143.6	123.8	119.6	132.3	73.7	73.8	73.8
4	35.7	127.7	127.6	131.3	31.1	30.5	35.1	37.9	38.1	38.1
5	164.2	161.2	161.3	157.2	34.6	41.4	41.9	139.5	139.7	139.7
6	126.3	124.1	123.9	129.5	28.8	28.5	28.5	122.1	122.1	122.1
7	200.4	202.0	201.5	200.7	31.4	31.5	31.5	31.7	31.7	31.7
8	44.9	46.4	45.5	45.0	35.9	35.4	35.4	31.3	31.3	31.3
9	44.9	48.8	45.5	45.3	47.9	54.0	54.0	50.0	50.0	49.9
10	38.3	36.3	36.3	39.7	36.3	35.0	34.4	36.5	36.5	36.6
11	20.6	20.7	20.7	20.6	20.6	20.5	20.5	20.5	20.5	20.5

续表

C	8-1-41	8-1-42	8-1-43	8-1-44	8-1-45	8-1-46	8-1-47	8-1-48	8-1-49	8-1-50
12	35.9	39.7	36.0	35.6	36.9	36.9	36.9	36.6	36.6	36.6
13	43.0	41.7	43.4	43.4	42.0	42.5	42.5	42.4	42.4	42.4
14	49.7	49.9	49.6	49.2	50.7	50.8	50.8	51.1	51.1	51.0
15	25.8	27.7	26.0	25.7	23.8	23.5	23.5	23.2	23.6	23.
16	27.4	21.2	27.6	27.2	27.4	27.8	27.4	30.1	27.5	27.1
17	81.7	38.0	82.0	81.0	82.7	82.7	82.7	81.4	82.7	82.4
18	12.0	17.4	12.1	12.1	12.0	12.0	12.0	10.9	11.9	11.9
19	17.2	16.6	16.6	19.5	13.8	11.8	12.0	19.2	19.2	19.3
AcO					170.6	170.6	170.6	170.4	170.4	170.4
Me					21.0 15.7	21.0 24.1	21.0 23.0	21.3 15.7	21.4	21.4

参 考 文 献

[1] Eggert H, Djerassi C. J Org Chem, 1973, 38: 3788.

[2] Bina Shaneen Siddiqui, Shahid Bader Usmani, Sabira Begum. Phytochemistry,1993, 33(4): 925.

[3] Monica T Pupo, Paulc C Vieira, Joao B Fernandes. Phyrochemistry, 1997, 45(7). 1495.

[4] Delphine Davis, Fred Omega Garce. Steroids, 1992, 57: 563.

[5] Eggert H, VanAntwerp C L, Bhacca N S, et al. J Org Chem, 1976, 41: 4051.

[6] James R Hanson, Michael Siverns. J Chem Soc Perkin Ⅰ, 1975: 1956.

[7] Tori K, Komeno T, Sangaré M, et al. Tetrahedron Lett, 1974, 1157.

第二节　心甾内酯类化合物的 ^{13}C NMR 化学位移

【结构特点】心甾内酯类化合物基本骨架由 23 个碳组成，在甾烷母核的 17 位连接一个五元 α,β-不饱和内酯环，并在不同的位置上连接羟基或羰基以及氧桥。

基本结构骨架

【化学位移特征】

1. 各碳的化学位移范围在 δ 10～201.5（见表 8-2-1～表 8-2-6）。较为简单的化合物是 **8-2-1**，其各碳的化学位移如下所示。

8-2-1

2．17 位碳上连接的 α, β-不饱和五元内酯环是该类化合物的特点，这 4 个碳的化学位移分别为：$\delta_{C\text{-}20}$ 174.3±4.2，$\delta_{C\text{-}21}$ 74.1±2.6，$\delta_{C\text{-}22}$ 111.4～117.4，$\delta_{C\text{-}23}$ 173.5～177.3。

3．3 位上大多数具有羟基，其碳的化学位移多出现在 δ 70.2～75.9，根据化学环境也有一些出现在 δ 66.6～67.2。如果 5,6 位具有环氧基团，3 位连接羟基，则 $\delta_{C\text{-}3}$ 出现在 88.2。14 位多有羟基取代，这时 $\delta_{C\text{-}14}$ 出现在 83.3～86.5。5、6 位也是多出现羟基的位置，$\delta_{C\text{-}5,6}$ 73.2～76.9。11 位和 12 位有时也存在羟基，出现在 $\delta_{C\text{-}12}$ 67.6～68.3，$\delta_{C\text{-}13}$ 74.8。1 位连接羟基时，其化学位移 δ 71.0、73.7。17 位有时也存在羟基，出现在 δ 81.7～84.3。

4．3 位被氧化成羰基，并与 4,5 位双键共轭时，$\delta_{C\text{-}3}$ 199.1～200.2，$\delta_{C\text{-}4}$ 124.1～126.6，$\delta_{C\text{-}5}$ 170.2～171.0。7 位存在羰基，并与 5,6 位双键共轭时，$\delta_{C\text{-}5}$ 166.9～184.4，$\delta_{C\text{-}6}$ 125.1～126.5，$\delta_{C\text{-}7}$ 200.5～201.4。

8-2-1　$R^1=R^2=R^3=R^4=H$
8-2-2　$R^1=R^2=R^3=H$; $R^4=\beta\text{-OH}$
8-2-3　$R^1=R^2=R^3=H$; $R^4=\beta\text{-OAc}$
8-2-4　$R^1=H$; $R^2=Ac$; $R^3=H$; $R^4=\beta\text{-OAc}$
8-2-5　$R^1=H$; $R^2=Ac$; $R^3=R^4=H$
8-2-6　$R^1=R^2=H$; $R^3=\beta\text{-OH}$; $R^4=H$
8-2-7　$R^1=H$; $R^2=Ac$; $R^3=\beta\text{-OH}$; $R^4=H$
8-2-8　$R^1=\beta\text{-OH}$; $R^2=\beta\text{-D-Glu}$; $R^3=R^4=H$
8-2-9　$R^1=\beta\text{-OH}$; $R^2=\beta\text{-D-Dig}$; $R^3=R^4=H$
8-2-10　$R^1=H$; $R^2=\beta\text{-D-Glc-(1-6)}\text{-}\beta\text{-D-Glu}$; $R^3=R^4=H$

表 8-2-1 化合物 8-2-1~8-2-10 的 ^{13}C NMR 化学位移数据[1]

C	8-2-1	8-2-2	8-2-3	8-2-4	8-2-5	8-2-6	8-2-7	8-2-8[2]	8-2-9[3]	8-2-10[3]
1	30.0	30.0	30.0	30.7	30.8	30.8	30.0	73.7	71.0	31.0
2	28.0	28.0	28.0	25.2	25.4	25.3	27.9	32.5	31.1	27.5
3	66.8	66.8	66.8	71.1	71.4	71.3	66.6	75.9	73.8	75.8
4	33.5	33.5	33.4	30.7	30.8	30.8	33.3	30.3	29.4	31.3
5	35.9	36.4	36.4	37.2	37.4	37.4	36.4	31.6	30.3	37.5
6	27.1	27.0	26.9	26.6	26.8	26.8	26.9	27.1	25.9	27.8
7	21.6	21.4	21.2	20.9	21.6	20.6	21.9	22.3	20.7	22.5
8	41.9	41.8	41.8	41.6	41.8	41.5	41.3	42.6	41.0	42.7
9	35.8	35.8	35.9	35.8	36.1	36.2	32.6	38.4	36.5	36.9
10	35.8	35.8	35.6	35.4	35.8	35.5	35.5	41.0	39.5	36.3
11	21.7	21.9	21.3	21.4	21.6	21.2	30.0	22.0	20.7	22.3
12	40.4	41.2	41.0	40.9	40.3	31.3	74.8	40.9	38.7	41.0
13	50.3	50.4	50.7	50.5	50.3	49.5	56.4	50.9	49.2	51.0
14	85.6	85.2	84.1	83.3	85.6	86.1	85.8	86.2	83.6	86.4
15	33.0	42.6	39.5	39.3	33.0	31.3	33.0	33.6	32.1	33.4
16	27.3	72.8	75.0	74.7	27.3	24.8	27.9	28.1	26.3	28.0
17	51.5	58.8	56.8	56.5	51.5	48.9	46.1	52.1	50.2	52.2
18	16.1	16.9	16.1	16.1	16.0	18.5	9.4	16.9	15.7	16.4
19	23.9	23.9	23.9	23.8	23.9	23.9	23.8	19.7	18.4	24.1
20	177.1	171.8	171.5	171.5	171.1	173.6	177.1	178.3	176.3	178.3
21	74.5	76.7	76.8	76.5	74.7	74.8	74.6	75.4	73.1	75.1
22	117.4	119.6	121.3	121.1	117.4	116.6	117.7	118.1	116.1	117.8
23	176.3	175.3	175.8	175.4	176.3	175.8	176.3	177.5	173.5	177.2

8-2-11 R^1=3-O-Ac-β-D-Dig-(1-4)-β-D-Glu-(1-6)-β-D-Glu; R^2=H
8-2-12 R^1=β-D-Cym-(1-4)-β-D-Dtl-(1-4)-β-D-Glu-(1-6)-β-D-Glu; R^2=H
8-2-13 R^1=β-D-Dtl-(1-4)-β-D-Glu; R^2=β-OH
8-2-14 R^1=β-D-Dig; R^2=β-OH
8-2-15 R^1=β-D-Cym; R^2=β-OH

8-2-16 R^1=β-D-Glu-(1-4)-β-D-Boi; R^2=H; R^3=CH$_2$OH
8-2-17 R^1=β-D-Glu-(1-4)-β-D-Dig; R^2=β-OH; R^3=CH$_3$
8-2-18 R^1=β-D-Glu-(1-6)-β-D-Glu-(1-4)-β-D-Dig; R^2=H; R^3=CH$_3$
8-2-19 R^1=β-D-Glu-(1-4)-β-L-Aco; R^2=H; R^3=CH$_3$
8-2-20 R^1=β-D-Glu-(1-4)-2-Ac-β-L-The; R^2=H; R^3=CH$_3$

表 8-2-2 化合物 **8-2-11~8-2-20** 的 ^{13}C NMR 化学位移数据[3~5]

C	8-2-11	8-2-12	8-2-13	8-2-14	8-2-15	8-2-16	8-2-17	8-2-18	8-2-19	8-2-20
1	30.8	31.2	26.1	25.4	25.4	24.8	26.6	31.5	30.1	29.9
2	27.0	27.5	27.3	26.1	26.1	27.2	26.8	27.6	26.9	27.0
3	75.0	74.7	74.0	75.3	75.3	73.7	77.3	74.6	72.4	72.9
4	30.9	31.4	36.5	34.6	34.6	30.8	35.6	31.1	31.1	31.0
5	37.0	38.0	73.2	74.1	73.6	30.2	75.7	38.0	37.2	37.0
6	27.2	27.9	33.2	34.2	34.1	27.4	35.9	27.9	27.2	27.2
7	21.6	22.6	24.7	23.6	23.6	22.4	24.8	22.6	22.0	21.6
8	41.9	42.9	41.0	40.7	40.8	42.5	41.7	42.8	42.0	42.0
9	35.9	36.9	39.2	39.1	39.2	36.5	40.2	36.9	35.9	35.8
10	35.3	36.3	41.2	40.7	40.7	40.4	41.9	36.4	35.6	35.6
11	22.0	22.3	21.9	21.6	21.6	22.1	22.7	22.4	21.6	22.0
12	39.9	41.0	40.0	40.0	40.1	41.3	41.0	41.0	40.0	39.9
13	50.1	51.0	50.0	49.6	49.4	51.0	51.0	51.1	50.2	50.2
14	84.6	86.4	84.7	85.4	85.5	86.4	86.3	86.5	84.7	84.6
15	33.2	33.4	34.0	32.9	32.9	33.1	33.4	33.5	33.3	33.2
16	27.3	28.0	26.7	26.9	26.8	28.0	28.0	28.1	27.4	27.4
17	51.5	52.1	51.3	50.7	50.7	52.1	52.0	52.2	51.5	51.5
18	16.2	16.4	16.2	15.8	15.7	16.4	16.3	16.4	16.3	16.2
19	24.0	24.3	17.2	16.8	16.7	66.0	17.3	24.3	24.1	24.2

C	8-2-11	8-2-12	8-2-13	8-2-14	8-2-15	8-2-16	8-2-17	8-2-18	8-2-19	8-2-20
20	176.0	178.4	176.0	175.1	174.5	178.3	178.3	178.5	175.9	175.9
21	75.6	75.3	73.6	73.7	73.4	75.3	75.3	75.4	73.8	73.7
22	117.7	117.8	117.7	117.7	117.7	117.7	117.9	117.8	117.7	117.7
23	174.5	177.2	174.5	174.9	174.4	177.2	177.3	177.3	174.5	174.5

8-2-21 R¹=R²=β-OAc
8-2-22 R¹=β-OH; R²=α-OH
8-2-23 R¹=β-OAc; R²=α-OAc
8-2-24 R¹=β-OH; R²=β-OAc
8-2-25 R¹=β-OH; R²=α-OAc
8-2-26 R¹=R²=β-OH

8-2-27 R¹=β-OAc; R²=H; R³=OH
8-2-28 R¹=α-OAc; R²=H; R³=OH
8-2-29 R¹=β-OAc; R²=α-OH; R³=H
8-2-30 R¹=α-OAc; R²=α-OH; R³=H

表 8-2-3 化合物 8-2-21~8-2-30 的 ^{13}C NMR 化学位移数据[6,7]

C	8-2-21	8-2-22	8-2-23	8-2-24	8-2-25	8-2-26	8-2-27	8-2-28	8-2-29	8-2-30
1	32.1	31.5	31.5	32.4	31.5	32.6	32.4	31.9	34.1	32.9
2	26.9	30.4	26.8	30.5	30.4	30.7	30.5	31.9	30.8	30.8
3	71.7	67.2	71.4	67.0	66.8	67.5	67.0	66.6	66.8	66.6
4	36.6	38.1	34.7	40.1	38.2	40.4	40.1	39.5	40.4	38.4
5	74.3	77.1	75.7	74.7	76.0	75.6	74.8	75.5	75.4	76.7
6	76.7	70.5	74.5	76.8	74.7	75.9	76.9	74.9	76.8	74.7
7	31.5	34.6	31.0	31.5	31.3	34.2	31.7	32.2	31.5	31.4
8	31.5	34.3	34.3	31.5	34.4	31.1	31.7	34.8	30.5	33.3
9	45.0	44.7	44.6	45.2	44.8	45.6	45.0	45.0	51.8	51.3
10	38.0	39.4	40.2	38.8	40.1	38.5	38.8	40.5	40.4	41.9
11	21.1	21.3	21.2	21.2	21.3	21.3	21.0	21.3	68.0	68.0
12	38.4	38.4	38.8	38.5	38.4	38.5	30.7	30.7	49.4	49.5
13	45.1	45.0	45.0	45.1	45.1	45.1	49.0	49.0	45.0	45.0
14	56.2	56.2	56.0	56.1	56.0	56.2	49.9	50.4	55.0	55.1
15	24.5	24.5	24.4	24.6	24.4	24.5	23.9	23.8	24.6	24.5
16	26.3	26.2	26.3	26.3	26.2	26.3	37.3	37.4	26.2	26.3
17	51.3	51.1	51.1	51.2	51.1	51.3	82.7	84.3	50.8	50.9
18	13.5	13.5	13.5	13.7	13.5	13.5	16.3	15.9	14.4	14.4
19	16.5	15.7	15.8	16.6	15.9	16.7	16.6	15.9	16.8	16.3
20	173.0	173.0	173.0	173.0	172.6	173.2	175.5	175.2	172.4	172.5
21	74.4	74.3	74.4	74.4	74.3	74.4	73.3	73.0	74.2	74.2
22	115.9	115.6	115.9	116.1	116.0	115.8	115.7	115.9	116.1	116.1
23	175.7	175.6	175.6	175.6	175.7	175.7	175.5	174.2	175.6	175.7
AcO	172.0		172.0	171.4	171.6		171.4	170.6	171.3	171.7
Me	21.5		21.5	21.5	21.1		21.5	20.8	21.5	21.1

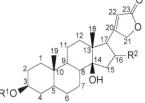

8-2-31 R=β-D-Glu-(1-4)-α-L-Rha
8-2-32 R=β-D-Gen-(1-4)-α-L-Rha

8-2-33 R=β-D-Glu-(1-4)-β-D-Dig

8-2-34 R¹=β-D-Gen-(1-4)-β-D-Cym; R²=H
8-2-35 R¹=β-D-Gen-(1-4)-α-L-Cym; R²=H
8-2-36 R¹=β-D-Gen-(1-4)-β-D-Cym; R²=β-OAc
8-2-37 R¹=β-D-Gen-(1-4)-α-L-Cym; R²=β-OAc
8-2-38 R¹=α-L-Cym; R²=H

8-2-39

8-2-40

表 8-2-4 化合物 **8-2-31~8-2-40** 的 ^{13}C NMR 化学位移数据[8]

C	8-2-31[5]	8-2-32[5]	8-2-33[9]	8-2-34	8-2-35	8-2-36	8-2-37	8-2-38	8-2-39[1]	8-2-40[1]
1	32.4	32.5	31.0	30.8	31.0	30.7	31.0	31.1	30.8	24.8
2	27.0	27.0	27.7	27.3	27.3	27.0	27.2	27.3	25.4	27.4
3	72.4	72.4	72.8	73.2	72.9	73.2	72.9	72.8	71.3	67.2
4	31.0	30.7	31.0	30.6	31.0	30.6	30.9	30.9	30.8	38.1
5	36.8	36.8	36.8	37.0	37.2	37.0	37.1	37.2	37.4	75.3
6	28.2	28.2	28.7	27.2	27.3	26.9	27.1	27.3	26.8	37.0
7	20.9	20.9	38.2	21.5	21.6	21.6	21.7	21.6	20.2	18.1
8	50.4	50.4	216.2	41.9	41.9	41.9	42.0	42.0	41.2	42.2
9	38.7	38.7	52.0	35.9	35.9	35.9	35.6	35.9	36.8	40.2
10	35.4	35.4	42.7	35.5	35.6	35.4	35.5	35.5	35.4	55.8
11	21.9	21.9	18.4	21.9	22.1	21.1	21.2	22.0	21.3	22.8
12	50.6	50.5	35.3	39.9	39.9	38.9	39.0	39.9	40.6	40.2
13	147.7	147.7	51.3	50.0	50.1	50.4	50.5	50.1	52.6	50.1
14	79.9	79.9	79.5	84.6	84.7	83.4	83.4	84.6	85.7	85.3
15	31.9	31.9	27.3	33.1	33.2	41.2	41.2	33.2	38.8	32.2
16	25.4	25.3	30.8	27.0	27.2	74.9	74.9	27.2	133.8	27.5
17	44.5	44.5	46.3	51.5	51.5	56.8	56.8	51.5	161.2	51.4
18	110.5	110.5	17.7	16.1	16.2	16.2	16.3	16.2	16.6	16.2
19	22.9	22.9	23.9	23.9	24.1	23.4	24.1	24.1	24.1	195.7
20	173.4	173.4	172.4	175.9	175.9	170.1	170.2	175.8	172.8	177.2
21	73.1	73.1	74.0	73.7	73.7	76.2	76.2	73.6	72.6	74.8
22	116.1	116.1	116.9	117.6	117.6	121.5	121.6	117.6	111.7	117.8
23	174.3	174.4	174.2	174.5	174.5	174.1	174.0	174.4	176.3	176.6
AcO						169.7	169.7			
Me						20.6	20.6			

续表

C	8-2-31[5]	8-2-32[5]	8-2-33[9]	8-2-34	8-2-35	8-2-36	8-2-37	8-2-38	8-2-39[1]	8-2-40[1]
1'	99.6	99.5	99.1	96.7	95.3	96.7	95.3	95.5		
2'	72.5	72.5	33.2	37.1	32.0	37.2	32.0	32.1		
3'	72.9	72.9	80.1	78.2	72.8	78.2	72.8	76.2		
4'	85.4	84.8	74.1	83.7	78.3	83.7	78.3	73.4		
5'	68.3	68.2	70.9	69.4	65.0	69.4	65.0	66.0		
6'	18.4	18.7	17.9	18.7	18.4	18.7	18.3	18.5		
MeO			56.2	58.7	55.9	58.7	55.9	55.8		
1"	106.9	106.4	105.0	105.6	101.6	105.6	101.6			
2"	76.5	75.3	76.0	75.2	75.2	75.2	75.2			
3"	78.6	78.4	78.4	78.4	78.4	78.4	78.4			
4"	71.6	71.6	72.0	71.9	71.8	71.9	71.9			
5"	78.5	77.4	78.5	77.0	77.7	77.0	77.0			
6"	62.8	70.2	63.2	70.8	70.2	70.8	70.8			
1‴		105.5		106.5	105.4	106.5	106.5			
2‴		76.2		75.2	75.2	75.2	75.2			
3‴		78.5		78.4	78.4	78.4	78.4			
4‴		71.7		71.7	71.7	71.7	71.7			
5‴		78.5		78.2	78.3	78.2	78.2			
6‴		63.8		62.8	62.8	62.8	62.8			

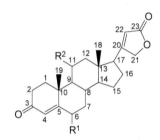

8-2-41 R¹=R²=H
8-2-42 R¹=H; R²=β-OH
8-2-43 R¹=β-OH; R²=α-OH

8-2-44 R¹=β-OH; R²=R³=H
8-2-45 R¹=β-OAc; R²=R³=H
8-2-46 R¹=β-OH; R²=α-OH; R³=H
8-2-47 R¹=β-OH; R²=H; R³=OH

8-2-48

8-2-49

8-2-50

表 8-2-5 化合物 8-2-41~8-2-50 的 ¹³C NMR 化学位移数据[6-7]

C	8-2-41	8-2-42	8-2-43	8-2-44	8-2-45	8-2-46	8-2-47	8-2-48	8-2-49	8-2-50[1]
1	35.8	38.1	39.9	36.9	36.1	39.0	36.9	37.9	35.9	30.7
2	33.9	34.8	35.1	32.1	27.3	31.9	32.1	32.1	27.3	27.9

续表

C	8-2-41	8-2-42	8-2-43	8-2-44	8-2-45	8-2-46	8-2-47	8-2-48	8-2-49	8-2-50[1]
3	199.2	199.1	200.2	70.2	70.2	70.6	70.2	71.3	72.0	66.7
4	124.1	124.7	126.6	42.9	37.8	43.2	42.9	43.4	37.9	33.5
5	170.4	171.0	170.2	166.9	184.4	167.3	167.0	142.2	165.2	36.8
6	32.7	33.7	72.8	125.8	126.5	125.1	125.8	120.9	126.5	26.6
7	31.9	32.0	38.9	200.8	200.8	201.3	201.4	32.9	200.5	24.0
8	35.9	35.5	29.5	45.8	45.5	45.3	46.3	32.6	43.6	36.7
9	53.7	59.4	59.8	50.4	49.9	55.7	50.3	50.9	50.0	45.1
10	38.6	40.4	40.1	38.3	38.5	40.9	38.8	37.0	38.3	36.2
11	20.9	68.1	68.3	21.4	21.2	67.6	21.2	21.3	21.1	21.4
12	37.9	49.7	49.9	37.1	37.0	48.2	30.0	38.1	34.5	37.7
13	44.3	44.6	44.9	45.0	45.0	45.0	49.2	44.4	47.9	54.2
14	55.8	55.3	55.5	50.3	49.8	49.5	45.1	56.7	50.8	146.3
15	24.3	24.4	24.6	27.0	26.4	26.5	26.6	24.7	34.2	108.3
16	25.9	26.1	26.2	26.6	26.6	26.7	38.0	26.2	138.1	135.8
17	50.7	50.6	50.8	49.9	49.7	49.6	81.7	50.6	144.6	158.0
18	13.3	14.3	14.3	13.1	13.1	14.0	15.6	13.0	15.6	20.1
19	17.4	18.4	20.5	17.4	17.3	17.1	17.4	19.6	17.4	24.0
20	170.8	171.5	171.8	172.1	172.1	172.3	175.3	171.9	158.3	173.5
21	73.4	73.6	73.7	73.9	73.9	73.9	73.2	73.8	71.5	72.1
22	116.3	116.3	116.2	116.4	116.4	116.2	116.2	116.1	111.4	119.5
23	173.9	174.1	174.1	175.4	175.4	174.7	174.1	174.0	174.4	176.8
AcO					170.2				170.3	
Me					21.0				21.2	

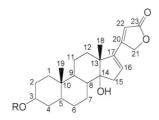

8-2-51 R=β-D-Glu-(1-4)-α-L-Cym
8-2-52 R=β-D-Gen-(1-4)-α-L-Cym

8-2-53 R¹=β-D-Can; R²=α-H
8-2-54 R¹=β-D-Dig; R²=β-H
8-2-55 R¹=β-D-Dig; R²=α-H

8-2-56 R¹=β-OH; R²=H; R³=OH
8-2-57 R¹=β-OH; R²=R³=H
8-2-58 R¹=β-OH; R²=α-OH; R³=H

Glu=葡萄糖基
Gen=龙胆=糖基

Cym=

Can=

8-2-59

8-2-60

表 8-2-6 化合物 8-2-51~8-2-60 的 ^{13}C NMR 化学位移数据[8,10,11]

C	8-2-51	8-2-52	8-2-53	8-2-54	8-2-55	8-2-56[6,7]	8-2-57[6,7]	8-2-58[6,7]	8-2-59	8-2-60
1	31.0	31.0	37.4	30.1	37.4	32.7	32.8	34.6	30.4	30.6
2	27.2	27.2	29.4	26.8	29.4	28.9	28.8	29.7	26.5	26.5
3	73.0	72.9	73.7	73.2	73.3	88.2	88.2	88.2	71.7	73.3
4	31.0	30.9	34.4	30.4	34.5	39.7	39.7	40.1	29.4	30.0
5	37.1	37.2	44.5	35.5	44.5	66.6	66.6	67.3	36.5	36.9
6	27.1	27.3	28.8	27.1	28.8	59.7	59.7	60.2	26.6	26.5
7	21.7	21.8	27.0	21.2	27.1	30.8	30.9	31.2	21.2	21.2
8	41.6	41.7	41.9	42.1	41.9	30.7	30.5	30.3	41.8	41.8
9	35.7	36.7	49.7	35.9	50.1	42.7	43.0	49.8	35.7	35.9
10	35.4	35.4	36.1	35.3	36.1	35.2	35.3	36.8	35.2	35.3
11	20.3	20.3	21.3	21.6	21.4	20.5	20.8	67.4	21.4	21.4
12	41.0	41.0	40.1	40.2	40.1	30.1	38.0	46.7	40.0	40.0
13	502.6	52.6	50.1	49.8	49.8	48.5	44.7	44.6	50.3	50.3
14	84.8	84.8	85.7	85.8	85.7	50.9	57.0	56.0	85.5	85.5
15	38.6	38.6	33.2	33.3	33.3	23.7	24.5	24.5	33.1	33.2
16	133.6	133.6	27.6	29.9	27.6	37.1	26.3	26.3	26.9	26.9
17	144.4	144.4	51.1	51.1	51.1	82.4	50.9	50.6	50.9	50.9
18	16.8	16.8	15.9	15.9	15.9	15.1	13.3	14.1	15.8	15.8
19	24.3	24.3	12.3	23.7	12.3	16.0	16.0	16.7	23.8	23.9
20	159.7	159.7	174.8	174.8	174.8	175.3	173.0	173.0	174.8	174.8
21	71.9	71.9	73.7	73.7	76.3	73.3	74.4	74.2	73.5	73.5
22	111.9	111.6	117.8	117.8	117.9	115.6	116.0	116.1	117.7	117.8
23	174.6	174.6	174.8	174.8	174.7	175.3	175.5	175.5	174.6	174.6
1′	95.3	95.3	97.5	95.6	95.6				97.3	97.2
2′	32.0	32.0	39.8	38.4	38.6				67.4	73.0
3′	72.8	72.8	71.8	68.5	68.5				81.4	84.7
4′	78.3	78.3	77.3	72.9	72.2				71.7	74.7
5′	65.0	65.0	72.1	69.4	69.5				67.7	67.5
6′	18.3	18.3	17.9	18.3	18.3				17.6	17.5
MeO	55.9	55.9							57.0	60.6
1″	101.6	101.6								
2″	75.4	75.2								
3″	78.8	78.4								
4″	71.8	71.9								
5″	78.6	77.7								
6″	62.9	70.3								
1‴		105.4								
2‴		75.2								
3‴		78.4								
4‴		71.7								
5‴		78.4								
6‴		62.8								

参 考 文 献

[1] Eggert H, Djerassi C. Tetrahedron Lett, 1975: 3635.

[2] Zhang X H, Zhu H L, Yu Q, et al. Chemstry & Biodiversity, 2007, 4: 998.

[3] Jun-ya Ueda, Yasuhiro Tezuka, Arjun H, Banskota. J Nat Prod, 2003, 66: 1427.

[4] Takatoshi Nakamura, Yukihiro Goda, Shinobu Sakai. Phytochemistry, 1998, 49(7): 2097.

[5] Hirokatsu Endo, Tsutomu Warashina, Tadataka Noro. Chem Pharm Bull, 1997, 45(9): 1536.

[6] Lang S, et al. J Chem Soc, Perkin Trans I , 1975, 316: 391.

[7] Wray V, Lang S. Tetrahedeon, 1975, 31: 2815.

[8] Tatsuo Yamauchi, Fumiko Abe, Thawatchai Santisuk. Phytochemistry, 1990, 29(6): 1961.

[9] Zhan M, Bai L M, Asami Toki, et al. Chem Pharm Bull, 2011, 59(3): 371.

[10] Juan M Trujilio, Olga Hernandez. J Nat Prod, 1990, 53(1): 167.

[11] Shivanand D Jolad, Joseph J Hoffmann, Jack R Cole. J Org Chem,1981, 46: 1946.

第三节　胆甾烷类化合物的 ¹³C NMR 化学位移

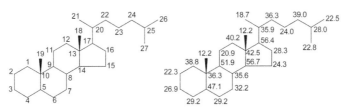

基本结构骨架及化学位移

【化学位移特征】

1. 胆甾烷类化合物由 27 个碳组成，各种环境的碳都存在，因此它们的 ¹³C NMR 化学位移范围比较广，大约在 $\delta\,8.8\sim221.6$（见表 8-3-1～表 8-3-6）。

2. 在本类型化合物中，1、2、3、5、6、7、8、11、12、14、15、16、20、22、23、24、25、26 和 27 位上都可能有羟基取代：

（1）在 1 位上，α-羟基连接的碳处于高场，$\delta_{\text{C-1}}$ 约 74.0；β-羟基连接的碳处于低场，$\delta_{\text{C-1}}$ 约 78.0；

（2）2 位连接羟基时，多数情况下是 α-羟基，它的化学位移大约为 $\delta_{\text{C-2}}\,67.5\sim71.4$；

（3）3 位连接羟基时，$\delta_{\text{C-3}}\,64.9\sim74.4$；

（4）5 位连接羟基时，$\delta_{\text{C-5}}\,74.4\sim77.6$；

（5）6 位连接羟基时，$\delta_{\text{C-6}}\,69.4\sim73.4$；

（6）8 位连接羟基时，$\delta_{\text{C-8}}\,76.7\sim76.9$；

（7）11 位连接羟基时，$\delta_{\text{C-11}}\,68.0\sim70.6$；

（8）12 位连接羟基时，$\delta_{\text{C-12}}\,80.7$；

（9）14 位连接羟基时，$\delta_{\text{C-14}}\,83.2\sim85.2$；

（10）15 位连接羟基时，$\delta_{\text{C-15}}\,80.1\sim85.1$；

（11）16 位连接羟基时，$\delta_{\text{C-16}}\,72.5\sim83.6$；

（12）20 位连接羟基时，$\delta_{\text{C-20}}\,76.7\sim80.8$；

（13）22 位连接羟基时，$\delta_{\text{C-22}}\,71.5\sim78.4$；

（14）23 位连接羟基时，$\delta_{\text{C-23}}\,71.2$；

（15）24 位连接羟基时，$\delta_{\text{C-24}}\,69.4\sim73.4$；

（16）25 位连接羟基时，$\delta_{\text{C-25}}\,71.0\sim73.0$；

（17）26 位和 27 位连接羟基时，$\delta_{\text{C-26,27}}\,62.2\sim70.2$。

3．羰基是胆甾烷中常见的基团，孤立的六元环的羰基的化学位移 $\delta > 200$。3、6、12、16、24 位羰基的化学位移分别是：$\delta_{C\text{-}3}$ 211.5～211.9，$\delta_{C\text{-}6}$ 208.9～214.0，$\delta_{C\text{-}12}$ 218.0，$\delta_{C\text{-}16}$ 221.0～221.6，$\delta_{C\text{-}24}$ 218.0。

4．双键也是常见基团：

（1）5,6 位是双键时，$\delta_{C\text{-}5}$ 137.3～143.0，$\delta_{C\text{-}6}$ 120.7～125.8；

（2）6,7 位是双键时，$\delta_{C\text{-}6}$ 135.4，$\delta_{C\text{-}7}$ 130.7；

（3）7,8 位是双键时，$\delta_{C\text{-}7}$ 119.4～126.5，$\delta_{C\text{-}8}$ 135.6～139.6；

（4）8,9 位是双键时，$\delta_{C\text{-}8}$ 128.3～128.9，$\delta_{C\text{-}9}$ 133.7～135.1；

（5）9,11 位是双键时，$\delta_{C\text{-}9}$ 146.2～148.6，$\delta_{C\text{-}11}$ 113.8～118.5；

（6）22,23 位是双键时，$\delta_{C\text{-}22}$ 133.4～141.9，$\delta_{C\text{-}23}$ 124.8～131.2；

（7）24,25 位是双键时，$\delta_{C\text{-}24}$ 123.0～126.1，$\delta_{C\text{-}25}$ 130.9～131.8；

（8）两个双键共轭的情况，如 4,5 位双键和 6,7 位双键共轭，则 $\delta_{C\text{-}4}$ 118.1，$\delta_{C\text{-}5}$ 140.0，$\delta_{C\text{-}6}$ 132.8，$\delta_{C\text{-}7}$ 136.2。

5．羰基和双键的共轭也是常见的：

（1）1,2 位双键和 3 位羰基共轭时，$\delta_{C\text{-}1}$ 157.4，$\delta_{C\text{-}2}$ 127.7，$\delta_{C\text{-}3}$ 193.5；

（2）3 位羰基和 4,5 位双键共轭时，$\delta_{C\text{-}3}$ 199.2～202.3，$\delta_{C\text{-}4}$ 123.8～124.2，$\delta_{C\text{-}5}$ 170.1～175.2；

（3）4,5 位双键和 6 位羰基共轭时，$\delta_{C\text{-}4}$ 126.0～128.0，$\delta_{C\text{-}5}$ 149.7～150.9，$\delta_{C\text{-}6}$ 200.1～203.1；

（4）6 位羰基和 7,8 位双键共轭时，$\delta_{C\text{-}6}$ 203.3～206.4，$\delta_{C\text{-}7}$ 121.6～122.7，$\delta_{C\text{-}8}$ 165.7～168.0。

8-3-1 R^1=O; R^2=β-OH
8-3-2 R^1=R^2=β-OH

8-3-3

8-3-4 R^1=R^3=R^4=H; R^2=β-OH
8-3-5 R^1=R^4=H; R^2=R^3=β-OH
8-3-6 R^1=R^2=β-OH; R^3=R^4=H
8-3-7 R^1=R^2=R^4=β-OH; R^3=H

8-3-8 R^1=R^3=R^4=H; R^2=α-OH; R^5=R^6=α-OH; R^7=R^8=H; R^9=SO_3H; R^{10}=OH
8-3-9 R^1=R^3=R^4=H; R^2=R^5=R^6=α-OH; R^7=R^8=R^9=H; R^{10}=OH
8-3-10 R^1=R^3=α-OH; R^2=R^4=β-OH; R^5=R^6=R^9=R^{10}; R^7=OH; R^8=Et

表 8-3-1 化合物 8-3-1~8-3-10 的 ^{13}C NMR 化学位移数据[1~4]

C	8-3-1	8-3-2	8-3-3	8-3-4	8-3-5	8-3-6	8-3-7	8-3-8	8-3-9	8-3-10
1	38.2	38.5	157.4	39.7	39.8	41.2	41.4	32.36	33.19	75.9
2	38.0	38.2	127.7	32.0	32.2	31.5	31.6	28.49	29.36	39.1
3	211.5	211.9	193.5	72.3	72.5	72.2	72.4	68.65	68.82	66.8
4	44.5	44.7	40.9	36.2	36.3	36.2	36.3	28.49	29.43	42.5

续表

C	8-3-1	8-3-2	8-3-3	8-3-4	8-3-5	8-3-6	8-3-7	8-3-8	8-3-9	8-3-10
5	46.5	46.7	44.2	48.9	48.9	48.8	49.6	39.93	40.53	79.1
6	28.6	28.8	27.4	72.3	72.6	73.9	74.2	28.49	29.53	76.8
7	31.7	31.5	31.3	40.5	40.6	45.2	45.4	67.14	67.24	39.5
8	33.8	34.4	34.1	31.1	30.7	76.7	76.9	40.38	41.20	32.0
9	53.5	53.9	49.8	55.7	55.8	57.0	57.2	32.36	32.75	50.4
10	35.7	35.7	39.0	36.7	36.6	36.5	36.7	36.20	36.93	37.1
11	21.0	21.1	21.1	21.7	21.8	19.5	19.6	23.74	24.78	21.5
12	39.4	40.5	39.3	41.7	42.1	42.9	42.9	73.63	74.04	40.8
13	42.8	43.1	43.0	44.5	41.2	45.0	45.5	46.95	47.52	43.0
14	50.8	54.3	50.9	61.0	61.7	63.0	63.6	42.57	43.30	56.9
15	39.4	37.4	39.2	84.2	85.1	80.1	80.3	23.48	24.17	25.8
16	221.6	74.1	221.0	83.2	82.9	83.2	83.3	35.31	36.57	29.5
17	71.4	60.3	71.4	60.0	60.1	60.8	60.9	47.52	48.34	56.6
18	14.7	15.1	14.8	15.0	16.9	16.7	16.9	13.19	13.05	12.2
19	11.5	11.5	13.1	16.1	16.3	15.7	15.8	10.62	10.50	19.4
20	74.0		73.9	34.7	77.5	34.4	34.8	36.43	37.22	42.4
21	25.4	26.9	25.4	20.6	28.7	20.4	20.6	17.98	18.09	12.8
22	42.4	44.4	42.4	139.4	141.9	139.3	141.4	36.43	37.51	72.1
23	20.9	22.4	20.7	127.5	125.6	127.5	124.8	36.43	37.73	29.7
24	39.5	39.6	39.5	37.7	37.3	37.7	42.9	28.20	28.80	41.6
25	28.1	27.9	28.1	37.1	37.2	37.1	73.0	40.74	44.47	28.9
26	22.6	22.6	22.7	68.0	68.0	67.9	70.0	69.47	64.02	17.8
27	22.7	22.7	22.7	16.8	16.7	16.8	24.0	62.26	63.81	20.5
28										23.5
29										11.9

8-3-11

8-3-12

8-3-13

8-3-14

8-3-15

8-3-16

8-3-17

8-3-18 R¹=H; R²=OAc
8-3-19 R¹=OAc; R²=H

8-3-20

表 8-3-2　化合物 **8-3-11~8-3-20** 的 ^{13}C NMR 化学位移数据[5~8]

C	8-3-11	8-3-12	8-3-13	8-3-14	8-3-15	8-3-16	8-3-17	8-3-18	8-3-19	8-3-20
1	38.3	38.1	30.8	32.2	30.8	32.2	35.6	35.6	35.6	35.6
2	67.5	37.4	31.4	31.8	31.4	31.8	33.9	33.9	33.8	33.8
3	68.8	211.3	67.9	68.2	67.8	68.2	199.6	199.8	199.2	199.2
4	33.3	36.9	37.6	39.5	37.6	39.5	123.8	123.8	124.2	124.2
5	54.7	57.5	77.5	77.6	77.5	77.6	171.5	171.4	170.1	170.1
6	214.3	208.9	69.4	71.9	69.4	71.8	32.9	32.9	32.7	32.7
7	43.5	46.6	34.8	34.8	34.8	34.8	32.0	32.0	31.2	31.2
8	40.8	37.9	128.9	125.8	128.9	126.0	35.7	35.7	34.3	34.3
9	37.2	53.5	133.7	41.6	133.7	41.5	53.8	53.7	52.1	52.1
10	40.8	41.2	43.0	41.1	43.0	41.1	38.6	38.4	38.1	38.4
11	21.7	21.7	24.2	21.1	24.2	21.0	21.0	21.0	27.2	27.2
12	39.9	39.4	37.9	38.8	37.8	38.8	39.5	39.5	80.7	80.7
13	43.1	43.3	43.1	44.1	43.1	44.1	42.4	42.5	46.2	46.2
14	56.3	56.2	52.5	144.5	52.5	144.5	55.8	56.2	53.9	53.8
15	24.2	24.1	24.7	26.7	24.7	26.7	24.2	24.4	23.7	23.6
16	27.7	27.2	29.8	28.1	29.8	28.0	28.5	28.4	24.4	24.4
17	53.6	53.1	56.1	58.4	56.0	58.4	55.7	55.9	56.6	56.5
18	12.0	12.0	11.6	18.7	11.6	18.6	12.2	11.9	8.9	8.8
19	24.0	12.5	24.0	17.4	24.1	17.3	17.4	17.4	17.2	17.1
20	40.8	42.2	37.5	35.8	37.2	35.4	39.7	32.2	33.3	32.7
21	13.1	12.4	19.3	19.6	19.2	19.5	20.5	18.8	20.9	20.6
22	72.8	73.9	37.7	37.6	37.2	37.0	138.8	38.6	31.4	28.4
23	25.2	27.5	21.9	21.9	25.7	25.7	128.7	71.2	27.1	38.2
24	36.9	36.0	45.3	45.3	126.1	126.1	78.1	65.2	64.7	215.0
25	28.5	28.1	71.4	71.5	131.8	131.8	34.0	58.4	58.1	40.8
26	23.2	22.4	29.2	29.3	25.9	25.9	18.2	24.7	24.9	18.2
27	22.8	22.9	29.2	29.1	17.7	17.6	18.1	19.3	18.7	18.3
AcO								170.5	170.5	170.5
Me								21.1	21.6	21.5

8-3-21 R=H
8-3-22 R=α-OAc

8-3-23 R^1=R^2=R^4=H; R^3=OH
8-3-24 R^1=R^2=R^3=R^4=H
8-3-25 R^1=R^4=H; R^2=β-OH; R^3=OH
8-3-26 R^1=α-OH; R^2=R^4=H; R^3=OH
8-3-27 R^1=R^2=R^3=H; R^4=OH

8-3-28 R^1=α-OH; R^2=R^5=H; R^3=OH; R^4=Et
8-3-29 R^1=R^2=β-OH; R^3=OH; R^4=R^5=H
8-3-30 R^1=R^2=β-OH; R^3=R^5=OH; R^4=H

表 8-3-3 化合物 **8-3-21~8-3-30** 的 ^{13}C NMR 化学位移数据[8~10]

C	8-3-21	8-3-22	8-3-23	8-3-24	8-3-25	8-3-26	8-3-27	8-3-28[4]	8-3-29[11]	8-3-30[12]
1	30.8	31.2	37.36	37.37	37.32	39.09	37.9	75.9	78.2	79.1
2	24.3	24.4	68.70	68.73	68.70	68.94	68.0	39.1	44.0	42.3
3	65.3	64.9	68.52	68.51	68.50	68.57	68.0	65.6	68.2	69.0
4	126.0	128.0	32.86	32.88	32.86	33.28	32.2	42.5	43.6	44.0
5	150.9	149.7	51.79	51.80	51.81	52.78	51.3	140.0	140.4	140.1
6	203.4	200.1	206.45	206.50	206.36	206.66	203.3	124.1	124.5	125.8
7	46.4	46.0	122.13	122.14	122.09	122.74	121.6	39.5	32.3	32.3
8	34.0	32.9	167.97	168.00	167.00	165.74	165.9	32.0	33.3	32.8
9	50.8	53.0	35.09	35.11	34.90	42.94	34.4	50.4	51.6	52.1
10	38.7	39.8	39.26	39.26	39.29	39.91	38.6	37.1	43.6	43.0
11	21.4	70.6	21.50	21.51	21.39	69.51	21.4	21.5	24.2	24.7
12	39.4	46.2	32.51	32.53	32.42	43.79	31.7	40.8	41.3	41.8
13	42.6	42.6					48.1	43.0	42.5	43.2
14	56.6	55.3	85.23	85.25	83.27	84.87	84.1	56.9	55.3	55.9
15	23.9	23.9	31.78	31.77	44.95	31.86	32.0	25.8	37.5	37.6
16	28.0	28.1	21.50	21.51	73.34	21.52	21.6	29.5	75.4	72.5
17	56.0	55.8	50.50	50.48	51.66	50.35	50.0	56.6	58.4	58.7
18	11.9	12.6	18.05	18.02	18.41	18.89	17.8	12.2	15.3	14.3
19	18.6	19.3	24.40	24.39	24.42	24.62	24.4	19.4	13.9	13.6
20	35.7	35.5	77.90	77.86	80.82	77.83	76.7	42.4	36.2	36.6
21	18.3	18.6	21.05	20.98	20.64	21.02	21.1	12.8	13.7	13.7
22	36.3	36.2	78.42	77.99	77.79	78.42	77.2	72.0	71.5	75.8
23	20.7	20.7	27.34	37.66	27.77	27.35	30.1	29.7	32.1	34.0
24	44.3	44.3	42.40	30.48	42.57	42.40	31.7	41.6	36.8	31.4
25	71.1	71.0	71.29	29.23	71.29	71.29	36.4	28.9	28.5	36.9
26	29.4	29.4	29.70	22.74	29.79	29.73	67.3	17.8	22.8	68.5
27	29.2	29.2	28.95	23.41	28.89	28.95	17.0	20.5	23.0	17.3
28								23.5		
29								11.9		
AcO		170.2/21.2								

8-3-31 R¹=β-OH; R²=H
8-3-32 R¹=β-OH; R²=OH

8-3-33

8-3-34

8-3-35

8-3-36

8-3-37

8-3-38

8-3-39

表 8-3-4　化合物 8-3-31~8-3-39 的 ¹³C NMR 化学位移数据[4,12]

C	8-3-31	8-3-32	8-3-33	8-3-34	8-3-35[13]	8-3-36[14]	8-3-37[15]	8-3-38[16]	8-3-39[17]
1	36.7	36.7	74.0	35.7	38.0	36.0	22.5	37.4	35.2
2	34.0	33.9	38.9	38.9	37.3	31.9	32.4	20.7	31.7
3	202.3	202.3	67.9	199.6	211.5	67.2	65.9	28.3	71.2
4	124.1	124.1	118.1	123.7	37.0	41.15	31.1	30.2	38.4
5	175.1	175.2	140.0	171.6	57.5	76.33	74.4	49.5	40.8
6	34.7	34.7	132.8	32.9	209.2	73.41	72.1	71.4	25.5
7	33.3	33.3	136.2	32.1	46.3	126.49	119.4	41.3	27.2
8	36.4	36.6	36.4	36.0	37.6	135.61	139.6	42.3	128.3
9	55.1	55.1	42.5	146.2	53.4	64.01	42.2	148.6	135.1
10	40.0	40.0	40.9	39.5	41.5	39.7	36.6	39.4	35.7
11	21.9	21.9	21.4	118.5		54.1	39.4	113.8	22.8
12	41.3	41.3	41.1	42.1	39.4	40.8	38.9	68.3	37.0
13	43.5	43.5	41.8	42.8	43.2	43.9	42.9	42.1	42.2
14	55.3	55.4	55.5	54.6	54.5	47.2	54.1	53.8	51.8
15	37.2	37.2	25.2	24.8	36.2	24.2	21.3	24.3	23.8
16	72.5	72.6	29.9	28.8	72.1	28.2	27.6	27.0	28.8
17	58.9	58.6	57.6	56.9	61.4	56.8	55.3	55.7	54.8
18	14.4	14.4	12.8	12.9	12.6	13.9	12.0	14.1	11.2
19	17.7	17.7	17.9	19.3	12.8	22.0	17.6	20.2	17.8

续表

C	8-3-31	8-3-32	8-3-33	8-3-34	8-3-35[13]	8-3-36[14]	8-3-37[15]	8-3-38[16]	8-3-39[17]
20	36.6	36.5	43.0	39.9	29.5	36.0	39.9	36.7	36.1
21	13.6	13.6	12.6	12.6	18.1	18.6	20.9	18.2	18.7
22	76.0	75.9	72.1	73.0	36.3	36.20	135.3	33.9	36.0
23	32.6	32.1	29.8	29.5	23.4	24.17	131.3	25.9	24.8
24	37.2	31.5	41.9	42.0	39.2	39.72	40.1	45.5	125.2
25	29.3	36.9	28.9	28.6	28.5	28.2	41.9	29.2	130.9
26	23.0	68.5	18.0	18.0	12.5	22.7	32.4	19.8	17.6
27	23.1	17.1	19.9	19.5	12.5	23.0	19.4	19.0	25.7
28			23.4	22.9			19.7	23.1	
29			11.9	12.2			17.2	11.6	

8-3-40

8-3-41

8-3-42 R¹=R³=R⁵=H; R²=β-OAc; R⁴=OAc
8-3-43 R¹=R³=R⁴=H; R²=β-OAc; R⁵=OH
8-3-44 R¹=α-OAc; R²=R³=β-OAc; R⁴=OAc; R⁵=H

8-3-45

8-3-46

8-3-47 R¹=OH; R²=H
8-3-48 R¹=OAc; R²=H
8-3-49 R¹=OAc; R²=OH

表 8-3-5 化合物 8-3-40~8-3-49 的 ^{13}C NMR 化学位移数据[19~23]

C	8-3-40[18]	8-3-41	8-3-42	8-3-43	8-3-44	8-3-45	8-3-46	8-3-47	8-3-48	8-3-49
1	35.6	35.2	36.6	36.9	43.4	42.3	34.7	31.1	31.1	31.0
2	33.9	21.7	27.4	28.1	71.4	71.4	30.1	26.9	26.9	26.7
3	199.6	28.3	73.6	73.8	74.1	74.4	66.5	73.2	73.2	73.2
4	123.7	46.8	33.3	33.5	29.7	38.0	36.9	36.7	36.7	36.7
5	171.5	50.5	44.5	44.6	45.6	137.3	82.1	140.4	140.4	140.4
6	32.9	40.4	28.4	28.1	72.0	123.2	135.4	121.4	121.4	122.3
7	32.0	50.2	31.7	32.1	36.3	31.9	130.7	32.7	32.7	32.5
8	35.7	40.4	35.0	34.9	29.9	31.7	79.4	43.2	43.2	43.0
9	53.8	40.4	54.1	54.2	53.6	49.8	51.0	217.3	217.3	216.3
10	38.6	34.4	35.5	35.8	37.0	36.3	36.9	48.3	48.3	48.3
11	21.0		21.4	21.4	20.9	20.9	23.4	59.2	59.2	59.0
12	39.5	40.2	38.2	38.4	39.5	39.5	39.3	40.3	40.3	39.9

续表

C	8-3-40[18]	8-3-41	8-3-42	8-3-43	8-3-44	8-3-45	8-3-46	8-3-47	8-3-48	8-3-49
13	42.3	43.1	39.9	40.1	40.6	40.3	44.6	45.7	45.7	45.7
14	55.9	52.7	56.1	56.2	55.4	56.1	51.6	41.5	41.5	41.1
15	24.0		32.1	32.4	31.6	31.9	20.5	24.0	24.0	24.0
16	28.5		80.6	80.6	80.4	80.5	28.6	27.0	27.0	27.0
17	55.7	56.0	61.9	61.9	61.5	61.6	56.3	45.7	45.7	47.5
18	12.1	12.3	16.3	16.4	16.3	16.1	12.8	16.8	16.8	17.1
19	17.3	24.2	12.2	12.3	15.9	20.0	18.2	22.4	22.4	22.9
20	39.4	36.0	40.6	40.6	38.2	38.2	39.2	42.4	42.4	42.3
21	20.4	18.6	14.6	14.8	14.5	14.6	20.6	11.7	11.7	63.0
22	133.2	36.0	120.0	119.9	119.8	119.9	133.4	74.1	74.1	75.7
23	135.5	23.9	33.3	32.5	32.7	32.7	131.2	28.0	28.0	29.8
24		39.4	33.9	34.1	32.8	32.9	22.3	36.2	36.2	36.5
25	70.6	28.0	81.9	83.9	82.3	82.2	14.8	28.1	28.1	28.1
26	29.9	22.7	69.6	69.6	70.2	70.3	14.7	22.9	22.9	22.6
27	29.8	22.7	25.9	25.0	23.8	23.8	18.6	22.9	22.9	22.8
AcO			170.2/21.1	170.2/21.1	170.2/21.1	170.2/21.1			170.4/21.3	170.3/21.1

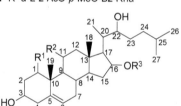

8-3-50 R=α-L-2-AcO-3,4,5-(MeO)₃-Bz-Rha
8-3-51 R=α-L-2-AcO-p-MeO-Bz-Rha

8-3-52

8-3-53 R¹=H; R²=OH; R³=α-L-Rha
8-3-54 R¹=H; R²=OH; R³=α-L-2,3-(AcO)₂-Rha
8-3-55 R¹=OH; R²=H; R³=β-D-Glu

8-3-56 R=α-L-Rha
8-3-57 R=α-L-2,3-(AcO)₂-Rha

表 8-3-6 化合物 8-3-50~8-3-57 的 ¹³C NMR 化学位移数据[24,25]

C	8-3-50	8-3-51	8-3-52	8-3-53	8-3-54	8-3-55[1]	8-3-56	8-3-57
1	40.0	40.0	38.5	40.1	40.0	78.2	40.0	40.0
2	32.2	32.2	32.7	32.3	32.2	44.0	32.3	32.2
3	71.7	71.7	72.4	71.7	71.7	68.2	71.7	71.7
4	44.1	44.2	43.0	44.2	44.1	43.7	44.1	44.1
5	143.0	142.9	142.4	142.9	142.9	140.3	142.9	142.9
6	120.8	120.8	122.6	120.9	120.7	124.6	120.8	120.7
7	32.9	32.9	32.3	32.9	32.9	32.2	32.9	32.9

续表

C	8-3-50	8-3-51	8-3-52	8-3-53	8-3-54	8-3-55[1]	8-3-56	8-3-57
8	31.8	31.7	33.5	31.9	31.7	33.1	31.8	31.8
9	57.1	57.1	56.7	57.2	57.0	51.5	57.2	57.0
10	38.8	38.8	39.0	38.9	38.8	43.5	38.8	38.8
11	68.1	68.1	39.2	68.2	68.1	24.3	68.2	68.1
12	51.8	51.8	218.0	51.9	51.8	40.9	51.9	51.8
13	42.9	42.9	58.6	43.0	42.9	42.2	43.0	42.9
14	54.4	54.4	59.1	54.6	54.4	55.4	54.5	54.4
15	35.4	35.4	38.0	35.6	35.4	37.3	35.6	35.7
16	83.6	83.3	82.3	82.4	83.3	82.7	82.3	83.2
17	57.7	57.7	50.2	57.9	57.7	58.2	57.8	57.7
18	14.3	14.3	13.7	14.4	14.2	13.8	14.4	14.3
19	19.3	19.3	19.7	19.3	19.2	13.9	19.3	19.3
20	36.2	36.2	35.9	36.0	36.1	36.0	35.1	35.4
21	12.0	12.1	12.8	11.9	12.0	12.6	11.8	12.0
22	72.7	72.7	74.5	73.2	72.7	73.2	73.1	72.0
23	34.6	34.6	34.4	34.4	34.5	33.8	35.3	35.4
24	36.6	36.6	37.4	36.8	36.6	36.8	123.0	123.5
25	29.0	29.0	29.9	28.7	29.0	28.9	132.4	132.2
26	22.9	22.9	23.4	22.9	22.8	23.0	25.9	26.0
27	22.9	23.0	23.4	22.8	22.9	23.1	18.1	18.1
1′	101.2	101.3	106.9	104.9	101.2	107.0	104.9	101.2
2′	71.5	71.5	75.7	72.4	71.3	75.7	72.0	71.5
3′	73.8	73.2	78.7	72.7	72.9	78.2	72.6	72.9
4′	71.3	71.2	71.9	74.0	71.0	71.8	74.0	71.0
5′	71.0	71.0	78.0	71.0	70.9	78.8	70.9	71.0
6′	18.2	18.2	63.1	18.4	18.1	63.0	18.4	18.1
AcO	170.0/20.8	170.0/20.7			170.1/20.7 170.4/20.8			170.2/20.8 170.5/20.9
1″	125.9	123.5						
2″	107.7	132.0						
3″	153.6	114.1						
4″	143.0	163.8						
5″	153.6	114.1						
6″	107.7	132.0						
7″	165.9	165.9						
MeO	60.6 56.0	55.4						

参 考 文 献

[1] Leda Garrido, Eva Zubia, Maria J Ortega. Steroids, 2000, 65: 85.

[2] Maria Iorizzi, Simona De Marino, Luigi Minale. Tetrahedron, 1996, 52(33): 10997.

[3] Manabu Asakawa, Tamao Noguchi, Haruo Seto. Toxicon, 1990, 28(9): 1063.

[4] Ejaz Ahmed, Sarfraz A Nawaz, Abdul Malik. Bioorganic & Medicinal Chemistry Letters, 2006, 16: 573.

[5] Young Hae Choi, Jinwoong Kim, Young-Hee Choi. Phytochemistry, 1999, 51: 453.

[6] Abdel-Hamid A Hamdy, Elsayed A Aboutabl, Somayah Sameer. Steroids, 2009, 74: 927.

[7] Pierre Sauleau, Marie-Lise Bourguet-Kondracki. Steroids, 2005, 70: 954.

[8] Gonzalo G Mellado, Eva Zubia, Maria J Ortega. Steroids, 2004, 69: 291.

[9] Karel Vokac, Milos Bundesinsky, Juraj Harmatha. Phytochemistry, 1998, 49(7): 2109.

[10] Hikino H, Mohri K, Hikino Y. Tetrahedron, 1976, 32: 3015.

[11] Toshihiro Inoue, Yoshihiro Mimaki, Yutaka Sashida. Phytochemsitry, 1995, 40(2): 521.

[12] Hans Achenbach, Harald Hubner, Melchior Reiter. Phytochemistry, 1996, 41(3): 907.

[13] Leila Ktari, Alain Blood, Michele Guyot. Bioorg Med Chem Lett, 2000, 10: 2563.

[14] Maktoob Alam, Radhika Sanduja, Alfred J Weinheimer. Steriods, 1988, 52(1-2): 45.

[15] Qin J C, Gao J M, Zhang Y M, Steroids, 2009, 74: 786.

[16] Jiang J Q, Li Y F, Chen Z. Steroids, 2006, 71: 1073.

[17] Robert W Heidepriem, Peter D Livant, Edward J Parish, J Steroid Biochem. Molec Biol, 1992,43: 741.

[18] Aiko Ito, Keiko Yasumoto, Ryoh Kasai. phytochemistry, 1994,36: 1465.

[19] Japp S Sinninghe Damste, Stefan Schouten, Jan W De Leeuw, et al. Geochimica et Cosmochimica Acta, 1999, 63(1): 31.

[20] Brunengo M C, Garraffo H M, Tombesi O L. Phytochemistry, 1985, 24(6): 1388.

[21] Brunengo M C, Tombesi O L, Doller D. Phytochemistry, 1988,27(9): 2943.

[22] Efstathia Ioannou, Ayman F Abdel-Razik, Maria Zervou. Steriods, 2009, 74: 73.

[23] Maria F Rodriguez Brasco, Gabriel N Genzano, Jorge A Palermo. Steriods, 2007, 72: 908.

[24] Minpei Kuroda, Yoshihiro Mimaki, Yutaka Sashida. Phytochemistry, 1999, 52: 445.

[25] Liu X T, Wang Z Z, Xiao W. Phytochemistry,2008, 69: 1411.

第四节　孕甾烷类化合物的 ^{13}C NMR 化学位移

基本结构骨架

【化学位移特征】

1. 孕甾烷类化合物虽然仅有 21 个骨架碳，但是除季碳以外几乎所有的碳都可能有羟基取代，尤其是 2、3、4、11、12、14 和 20 位带有羟基的化合物最多：

（1）1 位有羟基时，$\delta_{\text{C-1}}$ 73.5～77.6；

（2）2 位有羟基时，$\delta_{\text{C-2}}$ 66.4～72.3；

（3）3 位有羟基时，$\delta_{\text{C-3}}$ 66.4～85.0；

（4）4 位有羟基时，$\delta_{\text{C-4}}$ 69.8～79.2；

（5）5 位有羟基时，$\delta_{\text{C-5}}$ 79.9～80.8；

（6）6 位有羟基时，$\delta_{\text{C-6}}$ 68.3；

（7）7 位有羟基时，$\delta_{\text{C-7}}$ 73.1；

（8）8 位有羟基时，$\delta_{\text{C-8}}$ 72.9～74.3；

（9）11 位有羟基时，$\delta_{\text{C-11}}$ 70.6～73.3；

（10）12 位有羟基时，$\delta_{\text{C-12}}$ 69.3～80.6；

（11）14 位有羟基时，$\delta_{\text{C-14}}$ 81.7～87.8；

（12）15 位有羟基时，$\delta_{\text{C-15}}$ 72.1～80.5；

（13）16 位有羟基时，$\delta_{\text{C-16}}$ 72.6～86.3；

（14）17 位有羟基时，$\delta_{C\text{-}17}$ 81.0～88.0；

（15）20 位有羟基时，$\delta_{C\text{-}20}$ 67.0～79.6；

（16）21 位有羟基时，$\delta_{C\text{-}21}$ 75.0～76.5；

（17）18 位和 19 位的甲基有时也会变成羟甲基，它们的化学位移多在 δ 62.0～67.0；

（18）在 3 位上带有两个含氧基团时，$\delta_{C\text{-}3}$ 100.0±0.3。

2．存在羰基是孕甾烷化合物的特点之一。如果六元环上有一个羰基，它的化学位移多在 δ 210 以下，3 位羰基碳的化学位移 $\delta_{C\text{-}3}$ 211.3；6 位羰基碳，$\delta_{C\text{-}6}$ 211.9～215.0；15 位羰基碳，$\delta_{C\text{-}15}$ 218.7；16 位羰基碳，$\delta_{C\text{-}16}$ 218.2～222.3。而在侧链上的 20 位如果是羰基，$\delta_{C\text{-}20}$ 196.9～217.3。

3．双键是孕甾烷结构中又一个特点。5,6 位双键，$\delta_{C\text{-}5}$ 138.1～143.8，$\delta_{C\text{-}6}$ 117.6～128.3；16,17 位双键，$\delta_{C\text{-}16}$ 144.2，$\delta_{C\text{-}17}$ 155.5；17,20 位双键，$\delta_{C\text{-}17}$ 148.7，$\delta_{C\text{-}20}$ 118.4；20,21 位双键，$\delta_{C\text{-}20}$ 137.6～139.0，$\delta_{C\text{-}21}$ 114.0～115.7。还有 3 个双键共轭的情况，如化合物 **8-4-53**，具有 4,5 位、6,7 位和 8,14 位 3 个双键共轭。

4．羰基与双键的共轭：

（1）1 位羰基与 2,3 位双键共轭时，$\delta_{C\text{-}1}$ 202.0，$\delta_{C\text{-}2}$ 132.1，$\delta_{C\text{-}3}$ 141.8；

（2）3 位羰基与 1,2 位和 4,5 位两个双键共轭时，$\delta_{C\text{-}1}$ 155.6，$\delta_{C\text{-}2}$ 127.6，$\delta_{C\text{-}3}$ 186.3，$\delta_{C\text{-}4}$ 124.0，$\delta_{C\text{-}5}$ 168.5；

（3）3 位羰基与 4,5 位双键共轭时，$\delta_{C\text{-}3}$ 198.9～200.5，$\delta_{C\text{-}4}$ 124.0～125.8，$\delta_{C\text{-}5}$ 170.1～172.8；

（4）6 位羰基与 7,8 位双键共轭时，$\delta_{C\text{-}6}$ 199.3～199.7，$\delta_{C\text{-}7}$ 123.1～123.3，$\delta_{C\text{-}8}$ 163.4～163.5；

（5）7 位羰基与 5,6 位双键共轭时，$\delta_{C\text{-}5}$ 170.9，$\delta_{C\text{-}6}$ 123.6，$\delta_{C\text{-}7}$ 198.4；

（6）16 位羰基与 17,20 位双键共轭时，$\delta_{C\text{-}16}$ 206.4～208.7，$\delta_{C\text{-}17}$ 147.8～148.4，$\delta_{C\text{-}20}$ 128.9～130.4；

（7）20 位羰基与 16,17 位双键共轭时，$\delta_{C\text{-}16}$ 144.5，$\delta_{C\text{-}17}$ 155.8，$\delta_{C\text{-}20}$ 196.5。

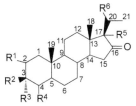

8-4-1 R¹=R⁴=H; R²=R³=OMe; R⁵=R⁶=α-OH
8-4-2 R¹=R⁴=β-OH; R²=OH; R³=R⁵=R⁶=H
8-4-3 R¹=α-OH; R²=R⁵=R⁶=H; R³=OH; R⁴=β-OH
8-4-4 R¹=β-OH; R²=OH; R³=R⁴=R⁵=R⁶=H
8-4-5 R¹=R²=R⁴=R⁵=R⁶=H; R³=OAc
8-4-6 R¹=β-OH; R²=OH; R³=R⁴=R⁵=R⁶=H,5α-H

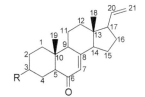

8-4-7 R=β-OH
8-4-8 R=β-OAc

8-4-9 R¹=β-OH; R²=H
8-4-10 R¹=H; R²=α-OH

表 8-4-1 化合物 **8-4-1~8-4-10** 的 ¹³C NMR 化学位移数据[1~3]

C	8-4-1[4]	8-4-2	8-4-3	8-4-4	8-4-5[5]	8-4-6[6]	8-4-7	8-4-8	8-4-9	8-4-10
1	34.7	44.5	41.8	43.7	32.8	42.9	36.9	36.8	37.5	32.8
2	28.3	72.7	66.4	70.0	26.1	70.1	30.4	27.0	31.9	29.0
3	100.3	72.8	74.9	72.6	70.0	72.4	70.6	73.0	70.7	66.2
4	35.5	77.2	77.3	33.6	32.7	32.5	30.2	27.0	38.6	36.3
5	42.3	50.2	44.0	45.9	40.1	45.4	53.4	53.4	44.8	38.7
6	28.2	26.5	25.5	28.7	28.1	28.1	199.7	199.3	29.1	29.2
7	32.0	32.7	32.9	32.5	32.1	32.2	123.1	123.3	32.2	32.3

续表

C	8-4-1[4]	8-4-2	8-4-3	8-4-4	8-4-5[5]	8-4-6[6]	8-4-7	8-4-8	8-4-9	8-4-10
8	34.2	34.0	34.1	34.0	34.5	34.0	163.4	163.5	35.1	35.1
9	53.4	56.7	55.6	55.4	54.3	55.3	50.2	50.4	56.6	56.6
10	35.8	35.6	37.6	36.0	36.0	35.5	38.3	38.6	37.1	37.9
11	20.0	20.4	20.2	21.1	20.3	20.8	21.4	21.7	71.4	71.4
12	29.9	38.1	38.0	38.3	38.3	38.3	36.4	36.7	44.2	44.2
13	44.1	42.1	42.1	42.2	42.1	42.2	45.2	45.5	43.8	43.7
14	45.4	50.5	50.5	50.4	50.7	50.6	54.6	54.9	54.2	54.2
15	37.0	38.5	38.5	38.5	38.5	38.5	23.0	23.2	24.8	24.7
16	222.3	218.4	218.5	218.5	219.5	219.6	26.7	26.6	27.3	27.3
17	81.0	65.1	65.0	65.2	63.4	65.4	55.3	55.6	55.2	55.2
18	13.6	13.5	13.4	13.5	13.4	13.5	13.1	13.4	13.5	13.5
19	11.6	17.4	16.1	14.9	11.4	14.5	13.2	13.4	12.8	11.7
20	68.0	18.0	18.0	18.1	17.6	17.7	138.6	138.9	139.0	139.0
21	16.0	13.6	13.6	13.7	13.5	13.5	115.4	115.7	115.1	115.1
Ac					170.6/21.5			170.8/21.6	170.3/22.0	170.4/22.0

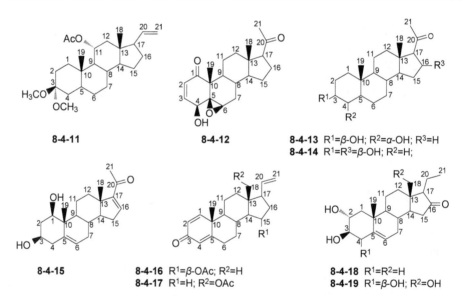

8-4-11　　　　　**8-4-12**　　　　　**8-4-13** R¹=β-OH; R²=α-OH; R³=H
　　　　　　　　　　　　　　　　　　　　8-4-14 R¹=R³=β-OH; R²=H;

8-4-15　　**8-4-16** R¹=β-OAc; R²=H　　**8-4-18** R¹=R²=H
　　　　　　8-4-17 R¹=H; R²=OAc　　　　**8-4-19** R¹=β-OH; R²=OH

表 8-4-2　化合物 8-4-11~8-4-19 的 ¹³C NMR 化学位移数据[3,7~14]

C	8-4-11	8-4-12	8-4-13	8-4-14	8-4-15	8-4-16	8-4-17	8-4-18	8-4-19
1	35.6	202.0	36.2	37.5	77.6	155.6	155.6	44.8	46.6
2	28.9	132.1	28.3	31.4	31.0	127.6	127.6	72.5	68.1
3	99.7	141.8	76.4	71.2	67.9	186.3	186.3	76.2	76.4
4	35.7	69.8	75.4	38.1	42.4	124.0	124.0	39.2	79.2
5	42.2	63.9	50.6	45.5	138.7	168.2	168.5	139.6	143.8
6	28.8	62.6	22.5	29.1	125.0	32.6	32.7	121.8	128.3
7	32.1	31.2	31.4	32.5	31.5	33.7	33.7	31.8	33.2
8	35.1	29.8	34.9	35.5	32.4	31.9	35.6	30.4	31.6
9	56.4	44.1	54.2	54.5	50.7	52.9	52.6	50.0	52.1
10	37.4	47.7	37.2	36.1	45.6	43.6	43.5	38.4	38.9

续表

C	8-4-11	8-4-12	8-4-13	8-4-14	8-4-15	8-4-16	8-4-17	8-4-18	8-4-19
11	71.4	22.3	20.9	21.3	23.6	22.6	22.5	20.6	21.3
12	44.2	38.5	38.9	39.4	41.9	38.2	32.5	38.5	36.1
13	43.7	43.7	44.1	43.7	42.9	43.6	46.3	41.8	47.4
14	54.2	56.6	56.6	55.0	56.3	57.5	54.3	50.6	51.8
15	24.8	24.4	24.3	37.4	34.9	73.7	24.8	37.9	39.8
16	27.3	22.7	22.8	72.6	144.2	38.3	27.1	219.3	221.8
17	55.1	63.5	63.8	67.9	155.5	54.8	54.6	65.1	64.2
18	13.5	13.2	13.4	14.7	15.7	14.8	62.1	13.4	63.0
19	12.1	17.6	13.6	12.6	12.9	18.8	18.8	20.5	22.3
20	139.0	208.9	209.7	213.0	196.9	137.6	138.8	17.6	18.9
21	115.1	31.4	31.5	31.7	27.1	114.1	114.0	13.2	14.2
OAc	170.4/22.0						170.6/21.4	171.2/21.1	
OCH$_3$	47.4 47.5								

8-4-20 R^1=R^3=R^4=R^{10}=R^{11}=H; R^2=R^6=R^7=R^8=β-OH; R^5=α-OH; R^9=OH
8-4-21 R^1=α-OH; R^2=β-OMe; R^3=β-OH; R^4=R^5=R^6=R^7=R^8=R^{11}=H; R^9=OH; R^{10}=OMe
8-4-22 R^1=R^3=R^5=R^{10}=R^{11}=H; R^2=R^4=R^6=R^7=R^8=β-OH; R^9=OH
8-4-23 R^1=R^3=R^8=R^{10}=R^{11}=H; R^2=R^4=R^6=R^7=β-OH; R^5=α-OH; R^9=Tig
8-4-24 R^1=R^3=R^8=R^{10}=H; R^2=R^4=R^6=R^7=β-OH; R^5=α-OH; R^9=R^{11}=OH
8-4-25 R^1=R^3=R^4=R^8=R^{10}=R^{11}=H; R^2=R^6=R^7=β-OH; R^5=α-OH; R^9=OH
8-4-26 R^1=R^2=R^3=R^4=R^5=R^8=R^{10}=R^{11}=H; R^6=R^7=β-OH; R^9=OH

8-4-27 R^1=R^2=β-OH
8-4-28 R^1=H; R^2=β-OH

8-4-29

表 8-4-3　化合物 **8-4-20**~**8-4-29** 的 ^{13}C NMR 化学位移数据[15~18]

C	8-4-20[4]	8-4-21	8-4-22	8-4-23	8-4-24[5]	8-4-25[6]	8-4-26	8-4-27	8-4-28	8-4-29
1	35.3	44.0	38.2	40.0	36.7	40.0	38.0	34.2	29.6	36.8
2	25.6	70.5	30.9	32.9	33.4	32.9	32.6	66.6	24.5	26.8
3	71.2	85.0	70.3	71.7	71.6	70.4	71.3	68.6	67.2	71.7
4	40.2	34.8	42.1	44.1	44.2	44.1	43.4	36.3	34.8	40.4
5	142.0	142.0	139.0	141.8	138.1	141.7	140.8	80.8	79.9	29.7
6	119.0	126.3	118.0	121.4	125.1	121.7	122.0	211.9	213.0	25.6

续表

C	8-4-20[4]	8-4-21	8-4-22	8-4-23	8-4-24[5]	8-4-25[6]	8-4-26	8-4-27	8-4-28	8-4-29
7	29.7	73.1	34.1	28.1	27.8	28.3	28.0	41.1	41.8	26.7
8	30.3	40.1	72.9	38.4	39.0	38.3	37.2	37.3	37.4	30.0
9	49.1	48.4	43.1	49.9	49.9	50.0	44.4	44.0	43.1	50.3
10	38.5	37.9	36.1	39.5	44.3	39.5	37.4	46.7	43.9	38.8
11	73.2	26.4	27.8	71.7	72.4	71.2	30.7	21.1	21.1	70.6
12	73.8	38.3	69.3	80.3	80.5	80.6	73.9	36.6	37.0	73.3
13	39.1	52.2	57.1	53.6	54.2	54.1	54.7	43.7	44.0	37.0
14	85.0	55.4	87.5	85.0	84.7	84.4	84.6	55.6	56.0	85.0
15	31.8	20.8	33.4	33.4	33.2	34.2	34.0	24.1	25.5	31.2
16	23.0	24.8	33.2	25.5	27.2	27.2	18.9	26.6	26.9	25.7
17	87.0	42.2	87.9	51.4	54.7	54.8	51.7	54.6	55.0	52.3
18	14.0	12.8	10.2	10.6	11.6	11.6	9.0	12.5	12.7	15.0
19	18.8	20.2	17.7	19.1	62.6	19.1	19.8	16.4	16.9	17.4
20	78.0	71.1	71.5	74.0	70.4	71.7	65.8	138.5	139.0	78.3
21	22.9	76.5	17.1	19.6	23.5	23.7	22.9	114.9	115.0	24.0
OCH3		56.6 58.9								
1'				167.5						
2'				130.0						
3'				136.9						
4'				14.2						
5'				12.3						

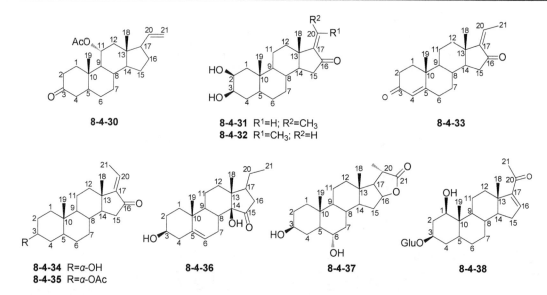

8-4-30

8-4-31 R1=H; R2=CH3
8-4-32 R1=CH3; R2=H

8-4-33

8-4-34 R=α-OH
8-4-35 R=α-OAc

8-4-36

8-4-37

8-4-38

表 8-4-4　化合物 8-4-30~8-4-38 的 ^{13}C NMR 化学位移数据[21~24]

C	8-4-30[3]	8-4-31[6]	8-4-32[6]	8-4-33[14]	8-4-34	8-4-35[5]	8-4-36	8-4-37	8-4-38
1	39.1	42.8	42.9	35.5	31.9	32.9	39.3	38.2	73.5
2	38.3	70.1	70.1	33.8	28.9	26.1	27.4	32.1	37.1
3	211.3	72.3	72.3	199.1	66.4	70.0	71.1	70.8	74.0

续表

C	8-4-30[3]	8-4-31[6]	8-4-32[6]	8-4-33[14]	8-4-34	8-4-35[5]	8-4-36	8-4-37	8-4-38
4	45.0	32.4	32.5	124.1	36.3	32.6	42.1	33.2	35.1
5	47.0	45.3	45.4	170.2	39.0	40.0	139.5	52.5	39.3
6	29.4	28.1	28.1	32.5	28.3	28.1	121.8	68.3	28.6
7	31.8	31.9	31.9	31.8	31.9	31.9	21.0	42.5	32.1
8	35.1	33.6	34.0	34.6	34.2	34.2	36.2	33.9	34.5
9	56.3	55.0	55.2	53.6	54.0	54.0	43.2	54.2	55.6
10	37.3	35.5	35.6	38.7	36.2	36.0	36.6	36.5	42.7
11	71.3	21.1	21.0	20.6	20.5	20.6	23.2	20.8	24.9
12	44.2	36.4	35.8	35.4	35.8	36.4	29.7	37.9	36.0
13	43.6	43.5	43.4	43.0	43.4	43.4	44.6	41.7	46.2
14	54.1	50.0	49.5	44.0	50.1	50.2	81.7	54.4	56.8
15	24.8	37.9	39.5	39.2	37.9	37.9	218.7	33.5	32.5
16	27.3	206.4	208.7	207.2	206.7	206.4	41.9	82.6	144.5
17	55.1	148.0	148.4	147.8	148.0	148.1	45.8	58.9	155.8
18	13.5	17.7	19.7	19.5	17.7	17.7	13.6	13.8	16.3
19	12.0	14.5	14.5	17.3	11.2	11.1	15.6	13.6	6.5
20	138.8	129.0	130.0	130.4	128.9	128.9	23.1	36.2	196.5
21	115.3	13.1	14.1	14.0	13.2	13.1	19.8	17.9	27.1
22								180.9	
Ac	170.2/22.0					170.6/21.5			
1′									102.7
2′									75.3
3′									78.7
4′									71.7
5′									78.3
6′									62.9

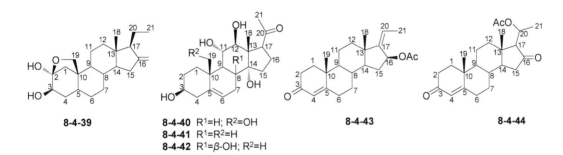

8-4-39

8-4-40 R¹=H; R²=OH
8-4-41 R¹=R²=H
8-4-42 R¹=β-OH; R²=H

8-4-43

8-4-44

8-4-45 R¹=β-D-Glu; R²=R³=R⁴=R⁶=H; R⁵= β-OH
8-4-46 R¹=β-D-Cym; R²=R³=R⁴=R⁶=β-OH; R⁵=H

8-4-47 R¹=2-Me-1-6-去氧-β-D-Ido; R²=α-OH
8-4-48 R¹=2-Me-1-6-去氧-β-D-Ido; R²=α-OMe

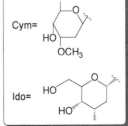

Cym=

Ido=

表 8-4-5 化合物 8-4-39~8-4-48 的 ¹³C NMR 化学位移数据[18, 25]

C	8-4-39[1]	8-4-40	8-4-41	8-4-42	8-4-43[5]	8-4-44[5]	8-4-45[26]	8-4-46[17]	8-4-47	8-4-48
1	43.8	37.0	40.2	41.2	35.7	35.5	37.1	39.0	37.2	37.4
2	105.8	33.3	32.9	32.5	33.9	33.8	30.0	29.1	30.2	30.4
3	74.2	71.6	71.6	71.1	199.3	199.0	78.0	78.0	77.8	78.1
4	38.4	44.3	44.1	44.0	124.0	124.2	37.1	38.9	39.1	39.3
5	42.9	138.5	141.9	142.2	170.7	170.4	140.9	139.8	140.5	140.8
6	29.4	124.9	121.4	117.6	32.7	32.5	121.8	118.4	121.9	122.1
7	31.8	27.4	27.7	35.4	31.4	31.9	31.6	34.6	32.0	32.2
8	36.0	38.9	38.0	74.3	35.0	34.2	31.3	73.8	31.7	32.1
9	46.1	49.7	49.6	50.1	54.0	53.4	50.8	43.8	49.7	49.6
10	47.6	44.3	39.4	39.4	38.7	38.6	36.9	37.0	37.2	37.5
11	20.8	73.3	72.6	72.0	20.7	20.2	21.0	28.6	21.1	20.8
12	37.7	73.9	73.8	76.6	35.8	38.0	38.9	70.9	33.4	33.8
13	41.7	56.8	56.5	57.5	43.1	41.7	41.6	57.8	40.5	41.6
14	50.2	86.3	85.8	86.7	50.8	49.9	54.8	87.8	43.7	43.3
15	38.5	31.5	32.2	34.6	33.2	38.8	35.3	33.5	25.4	25.1
16	218.2	21.6	21.4	22.1	72.9	213.9	73.8	32.5	61.1	62.7
17	65.0	61.9	62.0	62.1	148.7	65.9	62.9	88.0	100.7	102.1
18	13.1	15.1	14.8	16.0	19.0	13.6	15.6	10.1	15.1	17.3
19	67.1	62.7	19.2	17.8	17.4	17.3	19.0	18.4	19.8	19.5
20	17.9	210.1	210.0	210.1	118.4	67.0	67.0	72.4	70.5	70.5
21	13.6	31.9	31.9	32.3	13.4	19.9	23.9	17.0	20.6	20.0
Ac					170.7/21.1	170.7/21.1				
17-OMe										51.1
1′							105.2	95.6	98.0	98.2
2′							75.4	34.1	81.6	81.7
3′							78.4	77.5	69.5	69.5
4′							71.8	72.5	72.8	72.9
5′							78.3	70.8	71.3	71.5
6′							61.8	18.3	17.3	17.5
OMe								57.2	60.0	60.2

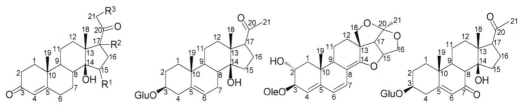

8-4-49 R¹=R²=H; R³=β-D-Glu
8-4-50 R¹=β-D-Glu; R²=α-H; R³=H
8-4-51 R¹=β-D-Glu; R²=β-H; R³=H

8-4-52

8-4-53

8-4-54

8-4-55 R=β-L-Rha-(1→3)-O-α-D-Qui
8-4-56 R=β-D-Xyl-(1→3)-O-β-D-Qui

8-4-57 R=β-D-Glu-(1→6)-β-D-Glu

8-4-58 R¹= β-D-2-Me-6-去氧-Ido
　　　 R²=β-D-Oli

Oli=

Ido=

表 8-4-6 化合物 **8-4-49~8-4-58** 的 ^{13}C NMR 化学位移数据[27~31]

C	8-4-49	8-4-50[23]	8-4-51[23]	8-4-52	8-4-53	8-4-54	8-4-55[21]	8-4-56	8-4-57	8-4-58
1	34.3	39.3	37.8	37.5	41.9	38.9	38.2	38.1	37.1	37.2
2	33.9	36.7	36.3	30.3	69.0	30.2	32.2	32.2	30.1	30.2
3	198.9	200.5	200.5	78.1	84.4	77.7	70.5	70.5	78.4	77.8
4	124.0	125.7	125.8	39.2	122.9	35.8	33.2	33.2	39.0	39.1
5	170.1	172.9	172.8	139.6	144.9	170.9	51.4	51.4	139.4	140.5
6	35.9	29.0	29.4	122.6	124.7	123.6	79.0	79.0	122.3	121.9
7	28.2	32.2	32.3	27.9	123.4	198.4	41.2	41.2	27.6	32.0
8	40.5	40.8	40.9	37.2	107.5	41.5	33.8	33.8	36.8	31.7
9	49.3	51.7	50.2	46.3	44.3	48.4	53.9	53.9	45.9	49.6
10	38.7	40.8	40.8	37.6	37.4	38.9	36.7	36.7	37.3	37.2
11	20.9	21.4	22.4	21.2	20.6	21.1	20.8	20.8	20.8	20.5
12	38.7	40.9	40.8	38.9	30.7	34.3	37.8	37.8	38.5	33.2
13	49.6	50.9	50.2	49.4	54.9	48.2	41.8	41.8	48.1	40.9
14	84.4	85.8	84.1	85.1	155.9	82.1	54.5	54.5	84.8	43.7
15	33.1	80.5	80.4	34.6	72.1	33.5	33.2	33.2	34.3	25.2
16	24.3	35.3	35.5	24.6	86.3	27.0	82.6	82.6	24.2	60.9
17	57.4	62.4	61.6	63.2	62.0	60.5	59.0	59.0	62.8	101.0
18	15.4	19.5	18.5	15.6	77.4	16.5	13.9	13.9	15.3	15.3
19	17.2	20.0	19.6	19.6	18.5	17.7	13.5	13.5	19.3	20.2
20	215.1	214.7	211.2	216.8	118.5	212.6	36.3	36.3	217.3	79.6
21	75.0	33.3	33.7	31.6	22.7	31.2	17.9	17.9	32.3	19.3
22							181.0	181.0		
1'	104.1	104.0	103.7	102.6	102.7	102.1	105.5	105.1	102.7	98.0
2'	75.0	77.2	77.2	75.4	37.3	75.3	76.3	74.9	74.8	81.5
3'	78.7	78.1	79.7	78.7	78.7	78.5	83.5	87.3	78.4	69.4
4'	71.6	73.9	74.1	71.8	71.7	72.2	75.3	74.7	71.4	72.7
5'	78.4	80.2	80.4	78.6	78.3	78.3	72.8	72.3	76.9	71.2
6'	62.7	65.1	64.9	62.9	62.9	63.2	18.8	18.5	69.8	17.2
OMe					56.5					60.0
1"							103.1	106.4	106.9	102.6
2"							72.8	75.3	74.9	40.6
3"							72.6	78.2	78.2	72.1
4"							74.2	70.9	71.2	78.6
5"							69.9	67.3	78.1	72.9
6"							18.6		62.5	18.8

参 考 文 献

[1] Monica T Pupo, Paulc C Vieira, Joao B Fernandes. Phytochemistry, 1997, 45(7): 1495.

[2] Wang X N, Fan C Q, Yue J M. Steroids, 2006, 71: 720.

[3] Ioannou E, Abdel-Razik A F, Alexi X. Tetrahedron, 2008, 64: 11797.

[4] Pointinger S, Promdang S, Vajrodaya S. Phytochemistry, 2008, 69: 2696.

[5] Hung T, Stuppner H, Ellmerer-Muller E P. Photochemistry, 1995, 39(6): 1403.

[6] Inada A, Murata H, Inatomi Y. Phytochemistry, 1997, 45(6): 1225.

[7] Silva G L, Pacciaroni A, Oberti J C. Phytochemistry, 1993, 34(3): 871.

[8] Wang X N, Fan C Q, Yin S. Phytochemistry, 2008, 69: 1319.

[9] Yoshihara T, Nagaka T, Ohra J. Phytochemistry, 1988, 27(12): 3982.

[10] Gao Z L, He H P, Di Y T. Steroids, 2009, 74: 694.

[11] Gamboa-Angulo M M, Reyes-Lopez J, Pena-Rodriguez L M. Phytochemistry, 1996, 43(5): 1079.

[12] Ciavatta M L, Gresa M P L, Manzo E. Tetrahedron Lett, 2004, 45: 7745.

[13] Wu S B, Ji Y P, Zhu J J. Steroids, 2009, 74: 761.

[14] Tan Q G, Li X N, Chen H. J Nat Prod, 2010, 73: 693.

[15] Vijay S Gupta, Alok Kumar, Desh Deepak. Phytochemistry, 2003, 64: 1327.

[16] Chen W L, Tang W D, Lou L G. Phytochemistry, 2006, 67: 1041.

[17] Warashina T, Noro T. Phytochemistry, 1995, 39(1): 199.

[18] Panda N, Mondal N B, Banerjee S. Tetrahedron, 2003, 59: 8399.

[19] Kunert O, Simic N, Ravinder E. Phytochemistry Lett, 2009, 134.

[20] Chiplunkar Y G, Nagasampagi B A, Tavale S S. Phytochemistry, 1993, 33(4): 901.

[21] Mimaki Y, Takaashi Y, Kuroda M. Phytochemistry, 1997, 45(6): 1129.

[22] Qiu S X, Hung V N, Xuan L T. Phytochemistry, 2001, 56: 775.

[23] Hamed A I. Fitoterapia, 2001, 72: 747.

[24] Chakravarty A K, Das B, Pakrashi S C. Phytochemistry, 1982, 21(8): 2083.

[25] Cao J X, Pan Y J, Lu Y. Tetrahedron, 2005, 61: 6630.

[26] Kamel M S, Koskinen A. Phytochemistry, 1995, 40(6): 1773.

[27] Abe F, Yamauchi T. Phytochemistry, 1992, 31(8): 2819.

[28] Lin L J, Lin L Z, Gil R R. Phytochemistry, 1994, 35(6): 1549.

[29] Chen H, Xu N, Zhou Y Z. Steroids, 2008, 73: 629.

[30] Kamel M S, Ohtani K, Hasanain H A. Phytochemistry, 2000, 53: 937.

[31] Lu Y Y, Luo J G, Huang X F. Steroids, 2009, 74: 95.

第五节　雌甾烷类化合物的 ^{13}C NMR 化学位移

【结构特点】雌甾烷由 18 个碳组成，它有一般甾烷化合物的 4 个环系骨架和连接方式，但是 A 环已经完全芳香化了，并且少了 19 位甲基。

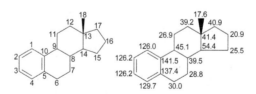

基本结构骨架及 ^{13}C NMR 化学位移数据

【化学位移特征】

1. 环系上取代基团并不多，主要是 3、16、17 位碳上连有羟基，$\delta_{C\text{-}3}$ 149.8～158.7，$\delta_{C\text{-}16}$ 71.3，$\delta_{C\text{-}17}$ 79.7～83.0。

2. 16 位或 17 位有羰基存在时，$\delta_{C\text{-}16}$ 218.9，$\delta_{C\text{-}17}$ 219.3；16、17 位同时存在羰基时，$\delta_{C\text{-}16}$ 204.5，$\delta_{C\text{-}17}$ 204.6。

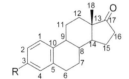

8-5-1	R¹=R²=R³=H	
8-5-2	R¹=R²=H; R³=OH	
8-5-3	R¹=R²=H; R³=β-OH	
8-5-4	R¹=OH; R²=R³=H	
8-5-5	R¹=OH; R²=H; R²=α-OH	

8-5-1　R¹=R²=R³=H
8-5-2　R¹=R²=H; R³=OH
8-5-3　R¹=R²=H; R³=β-OH
8-5-4　R¹=OH; R²=R³=H
8-5-5　R¹=OH; R²=H; R²=α-OH

8-5-6　R¹=OAc; R²=H; R³=α-OAc
8-5-7　R¹=OH; R²=H; R³=β-OH
8-5-8　R¹=OAc; R²=H; R³=β-OAc
8-5-9　R¹=OMe; R²=β-OH; R³=H
8-5-10　R¹=OMe; R²= R³=α-OH

表 8-5-1　化合物 8-5-1~8-5-7 的 ^{13}C NMR 化学位移数据[1]

C	8-5-1	8-5-2	8-5-3	8-5-4	8-5-5	8-5-6	8-5-7
1	126.0	126.3	126.2	126.9	127.2	126.9	126.9
2	126.2	126.7	126.4	113.4	113.7	119.5	113.5
3	126.2	126.7	126.4	155.6	155.7	149.8	155.6
4	129.7	129.9	129.7	115.8	116.1	122.3	115.9
5	137.4	137.5	137.4	138.4	138.7	138.5	138.4
6	30.0	30.0	30.1	30.1	30.4	30.1	30.2
7	28.8	27.3	28.2	28.8	28.9	28.5	28.0
8	39.5	39.1	39.3	39.3	40.1	39.5	39.8
9	45.1	45.4	45.2	44.6	44.6	44.6	44.8
10	141.5	141.1	141.2	132.4	132.5	138.7	132.3
11	26.9	26.3	26.7	27.3	26.9	26.6	27.1
12	39.2	32.6	37.7	41.5	33.2	32.6	37.6
13	41.4	44.1	43.7	41.5	46.2	45.6	43.9
14	54.2	51.4	50.6	54.1	48.4	50.6	50.8
15	25.5	23.9	23.9	25.5	24.9	24.8	23.7
16	20.9	31.3	28.1	20.9	32.4	30.5	31.0
17	40.9	81.9	81.9	39.5	79.7	82.2	81.9
18	17.6	11.6	12.5	17.6	17.5	16.8	11.5
Me			20.8				

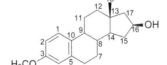

8-5-11　R=H
8-5-12　R=OH

8-5-13

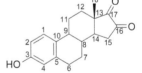

8-5-14

表 8-5-2　化合物 8-5-8~8-5-14 的 ^{13}C NMR 化学位移数据[1]

C	8-5-8	8-5-9	8-5-10	8-5-11	8-5-12	8-5-13	8-5-14
1	127.0	127.0	126.8	126.3	126.9	126.5	126.9
2	119.6	112.3	112.3	126.7	113.5	112.3	113.8
3	149.8	158.7	158.4	126.7	155.8	158.7	156.1
4	122.3	174.6	114.4	129.9	115.9	114.5	116.0
5	138.5	138.8	138.3	137.5	138.2	138.2	138.2
6	30.1	30.3	30.5	30.0	30.2	30.4	30.0
7	27.8	28.7	29.0	27.3	27.4	28.9	27.4
8	39.1	39.8	39.9	39.1	39.3	39.1	38.3
9	44.9	44.7	44.6	45.4	45.0	44.7	44.5
10	138.6	133.7	132.4	141.1	131.9	133.0	131.5

续表

C	8-5-8	8-5-9	8-5-10	8-5-11	8-5-12	8-5-13	8-5-14
11	26.7	27.0	26.5	26.3	26.3	27.1	26.2
12	37.7	41.0	35.9	32.6	32.5	39.1	31.6
13	43.7	39.4	46.3	48.4	48.3	39.9	48.7
14	51.7	53.7	47.1	51.3	51.1	51.3	43.2
15	23.8	37.5	9.7	22.2	22.2	39.1	36.1
16	28.2	71.3		35.9	35.9	71.3	204.5
17	83.0	52.2		218.9	219.3	56.2	204.6
18	12.4	19.3	17.7	13.9	13.9	19.8	13.7
Me			55.2			55.1	

参 考 文 献

[1] Thomas A Wittstruck, Kenneth I H Williams. J Org Chem, 1973, 38: 1542.

第六节 胆酸类化合物的 ^{13}C NMR 化学位移

【结构特点】它由 24 个碳组合而成，具有甾烷的基本骨架，末端碳是羧基。

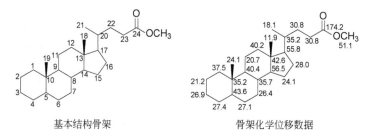

基本结构骨架　　　　　　　骨架化学位移数据

【化学位移特征】

1. 该类化合物末端是羧基甲酯，δ_{C-24} 174.1~174.8。与羧基形成甲酯的甲基，一般为 51.0~51.4。

2. 胆酸类化合物的骨架上具有羟基取代的位置主要是 3 位、7 位和 12 位。3 位有 α-羟基时，其碳在低场，δ_{C-3} 约 70.6~71.7；3 位有 β-羟基时，其碳在高场，δ_{C-3} 约 65.7~67.9。7 位连接羟基时，情况正好相反，α-羟基时其碳在高场，δ_{C-7} 约 66.7~68.7；β-羟基时其碳在低场，δ_{C-7} 约 70.6~71.5。12 位具有羟基取代时，δ_{C-12} 约 72.2~79.4。

3. 18 位、19 位和 21 位甲基，δ_{C-18} 11.9~18.0，δ_{C-19} 22.9~24.1，δ_{C-21} 17.1~21.1。

8-6-1　$R^1=R^2=R^3=H$
8-6-2　$R^1=\alpha$-OH; $R^2=R^3=H$
8-6-3　$R^1=\beta$-OH; $R^2=R^3=H$
8-6-4　$R^1=R^3=H$; $R^2=\alpha$-OH
8-6-5　$R^1=R^3=H$; $R^2=\beta$-OH

8-6-6　$R^1=R^2=H$; $R^3=\alpha$-OH
8-6-7　$R^1=R^2=H$; $R^3=\beta$-OH
8-6-8　$R^1=R^3=H$; $R^2=\alpha$-OAc
8-6-9　$R^1=R^2=H$; $R^3=\alpha$-OAc
8-6-10　$R^1=R^2=\alpha$-OH; $R^3=H$

表 8-6-1　化合物 8-6-1~8-6-10 的 ^{13}C NMR 化学位移数据[1]

C	8-6-1	8-6-2	8-6-3	8-6-4	8-6-5	8-6-6	8-6-7	8-6-8	8-6-9	8-6-10
1	37.5	35.0	29.8	37.4	37.4	37.2	37.2	37.4	37.1	35.2
2	21.2	30.1	27.8	21.1	21.0	21.0	21.0	21.4	21.0	30.5

续表

C	8-6-1	8-6-2	8-6-3	8-6-4	8-6-5	8-6-6	8-6-7	8-6-8	8-6-9	8-6-10
3	26.9	71.0	66.7	27.5	26.7	26.7	26.8	27.5	26.8	71.7
4	27.4	36.0	33.4	30.2	28.4	27.2	27.2	29.5	27.1	39.6
5	43.6	41.8	36.3	43.0	44.0	43.5	43.1	42.9	43.4	41.5
6	27.1	26.9	26.5	35.5	37.1	27.1	26.9	34.1	26.9	34.7
7	26.4	26.2	26.1	68.1	71.2	26.0	25.9	71.5	25.9	68.2
8	35.7	35.5	35.5	39.2	43.6	35.8	34.4	37.8	35.6	39.3
9	40.4	40.1	39.6	32.6	39.1	33.4	39.1	31.6	34.5	32.7
10	35.2	34.2	34.9	35.0	34.7	34.6	35.0	35.4	34.2	35.0
11	20.7	20.5	20.9	20.3	20.9	28.5	29.3	20.5	25.3	20.5
12	40.2	39.9	40.2	39.4	40.1	72.8	79.1	39.5	75.8	39.6
13	42.6	42.4	42.6	42.3	43.6	46.2	47.6	42.6	44.8	42.5
14	56.5	56.2	56.4	50.1	55.7	48.0	54.4	50.3	49.4	50.3
15	24.1	23.9	24.0	23.3	26.9	23.5	23.4	23.5	23.3	23.5
16	28.0	27.8	28.0	27.8	27.9	27.2	23.8	27.9	27.1	28.0
17	55.8	55.6	55.8	55.5	54.8	49.6	57.2	55.6	47.3	55.8
18	11.9	11.7	11.9	11.4	12.0	12.5	7.7	11.6	12.1	11.7
19	24.1	23.1	23.9	23.3	24.1	23.7	23.8	23.5	23.7	22.7
20	35.2	35.1	35.2	35.0	35.1	34.9	32.4	35.1	34.5	35.2
21	18.1	17.9	18.1	17.9	18.2	16.9	20.7	18.1	17.3	18.2
22	30.8	30.7	30.8	30.6	30.8	30.7	31.9	30.8	30.7	30.9
23	30.8	30.7	30.8	30.6	30.8	30.7	30.9	30.8	30.7	30.8
24	174.2	174.2	174.2	174.3	174.3	174.2	174.3	174.3	174.1	174.5
Me	51.1	51.0	51.2	51.2	51.1	51.1	51.1	51.2	51.1	51.3

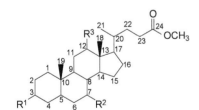

8-6-11 R^1=β-OH; R^2=α-OH; R^3=H
8-6-12 R^1=α-OH; R^2=β-OH; R^3=H
8-6-13 R^1=R^2=β-OH; R^3=H
8-6-14 R^1=R^3=α-OH; R^2=H
8-6-15 R^1=β-OH; R^2=H; R^3=α-OH

8-6-16 R^1=R^3=β-OH; R^2=H
8-6-17 R^1=H; R^2=R^3=α-OH
8-6-18 R^1=H; R^2=β-OH; R^3=α-OH
8-6-19 R^1=H; R^2=α-OH; R^3=β-OH

表 8-6-2　化合物 8-6-11~8-6-20 的 ^{13}C NMR 化学位移数据[1]

C	8-6-11	8-6-12	8-6-13	8-6-14	8-6-15	8-6-16	8-6-17	8-6-18	8-6-19
1	29.8	34.8	29.3	35.1	29.7	29.5	37.5	37.2	37.4
2	27.7	30.1	27.2	30.2	27.6	27.3	21.2	20.7	21.2
3	66.7	70.9	65.7	71.4	67.9	66.1	27.7	26.8	27.5
4	36.6	37.2	34.1	36.2	33.3	33.0	30.4	27.8	30.2
5	35.9	42.4	36.7	42.0	36.4	35.7	43.1	43.9	42.7
6	35.5	37.0	36.5	27.1	26.5	26.3	35.4	36.8	35.1
7	68.5	70.9	70.7	26.0	25.9	25.5	68.7	71.7	68.0
8	39.3	43.4	43.0	35.9	35.7	33.9	39.5	43.7	37.9
9	32.0	39.2	38.2	33.3	32.7	38.3	26.3	31.9	31.9
10	34.2	33.9	34.1	33.9	34.5	34.5	35.6	34.1	35.6
11	20.8	21.1	21.1	28.5	28.8	29.1	28.1	28.7	29.2
12	39.6	40.1	39.8	72.8	72.8	78.9	73.1	72.2	78.8

续表

C	8-6-11	8-6-12	8-6-13	8-6-14	8-6-15	8-6-16	8-6-17	8-6-18	8-6-19
13	42.6	43.6	43.2	46.3	46.3	47.5	46.5	47.1	47.4
14	50.4	55.8	55.6	47.9	48.3	54.2	41.5	47.2	48.4
15	23.6	26.8	26.2	23.6	23.6	23.3	23.2	26.2	22.9
16	28.0	28.4	28.2	27.4	27.4	23.6	27.4	27.6	23.7
17	55.8	54.9	54.5	47.0	47.2	57.0	47.0	45.7	56.9
18	11.9	12.0	11.7	12.5	12.6	17.5	12.5	12.6	17.5
19	23.1	23.3	23.5	22.9	23.5	23.3	23.2	23.8	23.2
20	35.3	35.1	34.8	35.1	35.0	32.1	35.1	34.8	32.4
21	18.2	18.2	18.0	17.1	17.2	20.5	17.2	17.1	20.8
22	30.9	30.9	30.6	31.0	31.0	31.8	31.1	30.8	32.0
23	30.9	30.9	30.9	30.8	30.8	30.8	30.8	30.8	30.8
24	174.5	174.5	174.5	174.5	174.5	174.4	174.5	174.4	174.5
Me	51.3	51.3	51.0	51.2	51.4	51.0	51.2	51.2	51.2

8-6-20 R¹=H; R²=R³=β-OH
8-6-21 R¹=R²=R³=α-OH
8-6-22 R¹=R²=α-OH; R³=β-OH
8-6-23 R¹=R³=α-OH; R²=β-OH
8-6-24 R¹=β-OH; R²=R³=α-OH

8-6-25 R¹=α-OH; R²=R³=β-OH
8-6-26 R¹=R³=β-OH; R²=α-OH
8-6-27 R¹=R²=β-OH; R³=α-OH
8-6-28 R¹=R²=R³=β-OH

表 8-6-3 化合物 8-6-20~8-6-28 的 ^{13}C NMR 化学位移数据[1]

C	8-6-20	8-6-21	8-6-22	8-6-23	8-6-24	8-6-25	8-6-26	8-6-27	8-6-28
1	37.5	35.3	34.8	34.2	29.8	34.8	29.8	29.3	29.0
2	21.1	30.1	30.6	29.1	27.7	30.1	27.7	27.7	27.6
3	26.9	71.7	71.1	71.0	66.9	70.6	66.6	66.2	66.1
4	28.0	39.4	39.3	36.9	36.6	36.9	36.5	34.3	34.4
5	43.8	41.4	41.2	42.6	35.9	42.1	35.7	36.9	36.9
6	37.1	34.7	35.2	36.6	35.2	36.9	35.4	36.6	36.7
7	71.2	68.3	67.7	71.0	68.5	70.6	68.2	71.0	71.0
8	42.3	39.4	38.0	43.5	39.5	42.1	38.0	43.5	42.1
9	37.8	26.2	32.0	31.2	25.9	37.8	31.3	31.2	37.2
10	34.7	34.7	34.8	33.9	34.3	33.8	34.3	33.9	34.4
11	29.0	28.0	29.3	27.7	28.6	29.1	29.3	29.2	29.5
12	79.4	73.0	78.9	72.2	72.8	79.1	79.0	72.2	79.3
13	48.6	46.3	47.5	47.5	46.6	48.6	47.6	47.5	48.6
14	53.9	41.4	48.5	47.2	41.9	54.2	48.6	47.2	53.9
15	26.2	23.1	22.9	26.1	23.2	26.2	23.1	26.1	26.2
16	23.6	27.4	23.7	27.4	27.4	23.8	23.8	27.4	23.6
17	56.5	46.8	57.0	45.7	47.2	56.5	57.1	45.8	56.4
18	18.0	12.3	17.6	12.6	12.5	18.0	17.7	12.6	18.0
19	24.0	22.3	22.5	23.4	22.9	23.1	23.0	23.4	23.6
20	32.3	35.3	32.5	34.8	33.2	32.3	32.6	34.8	32.3
21	21.1	17.4	20.9	17.2	17.4	21.0	21.0	17.2	21.1
22	32.3	31.0	32.1	30.9	31.1	32.1	32.1	30.9	32.3

C	8-6-20	8-6-21	8-6-22	8-6-23	8-6-24	8-6-25	8-6-26	8-6-27	8-6-28
23	31.2	31.0	30.8	30.9	30.9	31.2	31.2	30.8	31.4
24	174.6	174.7	174.7	174.6	174.7	174.8	174.7	174.5	174.7
Me	51.4	51.4	51.3	51.4	51.4	51.4	51.4	51.3	51.4

参 考 文 献

[1] Takashi Lida, Toshitake Tamura, Taro Matsumotol. Org Magn Reson, 1983, 21: 305.

第七节　螺甾烷类化合物的 ¹³C NMR 化学位移

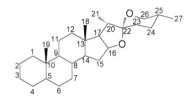

基本结构骨架

【结构特点】它由 27 个碳组成，除了具有一般甾族化合物的基本母核以外，在它的 17 位上连接一个 7 个碳的侧链，这个侧链具有 22 位碳，与 16 位及 26 位两个碳形成两个氧环，在 22 位碳上成为螺环结构。

【化学位移特征】

1. 螺甾烷类化合物的 ¹³C NMR 化学位移的范围在 δ 6.8～213.4（见表 8-7-1～表 8-7-6）。

2. 该类化合物的结构特征中 16 位和 26 位必须连接氧，而 22 位同时连接两个氧的结构，因此 16 位的化学位移在 δ 78.7～82.2，如果相邻的 15 位或 17 位也连接连氧基团，它的化学位移向低场位移，可以到 δ 82.2～90.5；26 位碳为仲碳连氧碳，通常出现在 δ_{C-26} 61.2～69.1；22 位碳是同时连接两个氧的季碳，δ_{C-22} 108.7～111.8。

3. 与其他甾烷类化合物一样，在其母核和侧链上也会有很多羟基相连。1 位连接羟基时，δ_{C-1} 73.4～84.1；2 位连接羟基时，δ_{C-2} 66.0～84.6；3 位连接羟基（最普遍的现象）时，δ_{C-3} 65.7～73.6；2、3 位同时连接羟基时，3 位碳向低场位移，可以达到 δ_{C-3} 85.1；4 位连接羟基时，δ_{C-4} 67.6～69.7；5 位连接羟基时，δ_5 63.7～76.9；6 位连接羟基时，δ_{C-6} 62.2～80.7；12 位连接羟基时，δ_{C-12} 78.9～80.5；15 位连接羟基时，δ_{C-15} 69.6～79.9；17 位连接羟基时，δ_{C-15} 82.6～89.9；个别情况下 23、24 位也可能连接羟基。

4. 羰基和双键也是常见的：3 位羰基，δ_{C-3} 209.8～211.3；6 位羰基，δ_{C-6} 207.3～209.2；12 位羰基，δ_{C-12} 210.6～213.4；5,6 位成双键者，δ_{C-5} 138.2～140.9，δ_{C-6} 121.3～127.3；25,27 位成双键者，δ_{C-25} 143.4～145.6，δ_{C-27} 108.4～108.5。

5. 羰基和双键共轭：1 位羰基和 2,3 位双键共轭时，δ_{C-1} 202.0～203.5，δ_{C-2} 128.8～132.1，δ_{C-3} 139.7～146.3；3 位羰基和 4,5 位双键共轭时，δ_{C-3} 198.6～202.2，δ_{C-4} 124.2～124.6，δ_{C-5} 168.5～174.9；还有一个化合物 **8-7-23** 含有 3,6 位羰基，与 4,5 位双键共轭，δ_{C-3} 189.4，δ_{C-4} 126.8，δ_{C-5} 158.4，δ_{C-6} 200.1。

8-7-1 R[1]=R[2]=R[3]=R[4]=R[5]=R[6]=R[7]=R[8]=R[9]=H
8-7-2 R[1]=R[2]=R[5]=R[6]=R[7]=R[8]=R[9]=H; R[3]=β-OH; R[4]=α-H
8-7-3 R[1]=R[2]=R[3]=R[4]=R[5]=R[6]=R[7]=R[8]=H; R[9]=OH
8-7-4 R[1]=R[2]=R[4]=R[5]=R[6]=R[7]=R[8]=R[9]=H; R[3]=β-OH; 25R
8-7-5 R[1]=R[2]=R[4]=R[5]=R[6]=R[7]=R[8]=R[9]=H; R[3]=β-OH; 25S
8-7-6 R[1]=R[4]=R[6]=R[7]=R[8]=R[9]=H; R[2]=α-OAc; R[3]=R[5]=β-OAc
8-7-7 R[1]=R[3]=β-OH; R[2]=R[4]=R[5]=R[6]=R[7]=R[9]=H; R[8]=α-OH
8-7-8 R[1]=R[3]=β-OH; R[2]=R[4]=R[5]=R[6]=R[7]=R[8]=R[9]=H
8-7-9 R[1]=R[2]=R[4]=R[5]=R[8]=R[9]=H; R[3]=R[6]=β-OH; R[7]=α-OH
8-7-10 R[1]=R[2]=R[4]=R[5]=R[6]=R[7]=R[8]=H; R[3]=β-OAc; R[9]=α-OH

表 8-7-1 化合物 8-7-1~8-7-10 的 ^{13}C NMR 化学位移数据

C	8-7-1[1]	8-7-2[1]	8-7-3[1]	8-7-4[1]	8-7-5[1]	8-7-6[2]	8-7-7[3]	8-7-8[4]	8-7-9[5]	8-7-10[6]
1	38.7	37.0	38.6	29.9	29.9	43.4	73.4	77.9	38.1	36.7
2	22.2	31.5	22.2	27.8	27.8	71.3	32.8	42.3	31.3	27.5
3	26.8	71.2	26.8	67.0	67.0	74.1	68.2	67.9	71.2	73.6
4	29.0	38.2	29.0	33.6	33.6	29.6	34.4	38.0	38.1	34.0
5	47.1	44.9	47.0	36.6	36.5	45.6	31.2	42.3	45.1	44.6
6	29.0	28.6	29.0	26.5	26.6	71.9	26.8	28.4	30.6	28.5
7	32.4	32.3	32.4	26.5	26.6	36.3	26.7	32.0	36.9	32.2
8	35.2	35.2	35.2	35.3	35.3	29.9	35.8	35.6	30.3	35.7
9	54.8	54.4	54.8	40.3	40.3	53.6	42.1	54.9	53.7	54.2
10	36.3	35.6	36.4	35.3	35.3	37.0	40.2	42.3	35.8	35.6
11	20.7	21.1	20.6	20.9	20.9	20.9	21.1	24.3	28.5	21.4
12	40.2	40.1	40.1	39.9	39.9	39.6	40.4	40.0	80.5	39.9
13	40.6	40.6	40.6	40.7	40.6	40.5	40.7	40.0	46.3	40.9
14	56.5	56.3	56.5	56.5	56.4	55.5	56.4	56.4	59.1	56.2
15	31.8	31.8	31.7	31.8	31.7	31.6	32.2	32.0	69.7	31.6
16	80.8	80.7	81.3	80.9	80.9	80.5	81.3	80.8	82.2	81.1
17	62.3	62.2	62.0	62.4	62.1	62.0	63.1	62.2	60.2	62.0
18	16.5	16.5	16.5	16.4	16.5	16.5	16.7	16.4	12.7	16.5
19	12.3	12.4	12.3	23.8	23.9	15.9	19.3	6.8	12.2	12.2
20	41.6	41.6	41.5	41.6	42.1	41.6	42.5	41.5	42.9	41.0
21	14.5	14.5	14.4	14.4	14.3	14.5	14.9	14.3	13.6	14.3
22	109.0	109.0	108.8	109.1	109.5	109.1	109.8	109.8	110.3	108.7
23	31.4	31.4	24.7	31.4	27.1	31.3	26.4	27.1	31.3	23.9
24	28.9	28.8	32.7	28.8	25.8	28.7	26.2	25.8	29.7	34.9
25	30.3	30.3	66.6	30.3	26.0	30.2	27.6	25.8	30.2	67.4
26	66.7	66.7	68.9	66.8	65.0	66.7	65.2	65.1	67.3	69.1
27	17.1	17.1	27.0	17.1	16.1	17.1	16.3	16.0	17.2	29.7
OAc						170.2/21.1				

8-7-11 R[1]=R[6]=R[7]=R[8]=R[9]=H; R[2]=R[4]=R[5]=α-OH; R[3]=β-OH
8-7-12 R[1]=R[2]=H; R[3]=R[6]=β-OH; R[4]=R[5]=R[7]=R[8]=R[9]=H
8-7-13 R[1]=H; R[2]=R[3]=R[6]=β-OH; R[4]=R[5]=R[7]=R[8]=R[9]=H
8-7-14 R[1]=R[2]=R[3]=β-OH; R[5]=α-OH; R[4]=R[6]=R[7]=R[8]=R[9]=H
8-7-15 R[1]=R[5]=R[6]=R[7]=R[8]=R[9]=H; R[2]=R[3]=R[4]=β-OH
8-7-16 R[1]=R[2]=R[4]=R[5]=R[6]=R[7]=R[8]=R[9]=H; R[3]=β-OH

8-7-17 R^1=R^3=H; R^2=β-OH; R^4=α-OH
8-7-18 R^1=H; R^2=β-OH; R^3=R^4=H
8-7-19 R^1=R^2=R^3=R^4=H
8-7-20 R^1=β-H; R^2=H; R^3=R^4=α-OH

表 8-7-2 化合物 **8-7-11~8-7-20** 的 ^{13}C NMR 化学位移数据[7~13]

C	8-7-11	8-7-12	8-7-13	8-7-14	8-7-15	8-7-16	8-7-17	8-7-18	8-7-19[1]	8-7-20
1	41.1	30.7	39.4	38.1	34.9	30.6	37.2	37.2	37.2	77.9
2	73.5	28.5	70.4	32.4	67.1	28.6	31.6	31.6	31.6	43.0
3	73.5	66.0	67.6	71.0	70.9	66.1	71.2	71.6	71.5	68.6
4	38.6	34.4	32.1	33.8	36.3	34.4	42.2	42.1	42.2	42.6
5	76.9	36.8	36.1	52.8	74.6	37.0	139.9	140.8	140.8	140.9
6	70.2	26.7	26.5	68.6	34.0	27.1	121.7	121.3	121.3	126.6
7	36.0	27.2	26.7	42.9	28.7	26.9	31.2	31.4	32.0	30.8
8	33.8	34.7	34.8	34.4	34.4	35.6	30.0	30.4	31.4	39.9
9	45.1	39.2	40.6	54.3	44.6	40.4	49.2	49.7	50.1	54.4
10	41.9	35.6	37.1	36.6	42.7	35.6	36.5	36.7	36.6	44.7
11	21.7	31.5	31.7	21.4	21.5	21.2	30.6	30.4	20.9	30.7
12	40.3	79.5	79.4	40.2	39.9	40.9	78.9	79.6	39.8	28.1
13	41.0	46.7	46.7	40.9	40.4	40.1	45.2	45.7	40.2	59.2
14	56.3	55.4	55.3	56.5	56.3	56.6	58.4	55.1	56.5	79.5
15	32.2	31.9	31.9	32.2	31.7	32.1	78.5	31.8	31.8	79.3
16	81.2	81.3	81.3	81.1	80.8	81.3	89.6	80.7	80.7	90.5
17	63.1	63.0	63.0	63.1	61.9	63.0	58.8	61.9	62.1	59.1
18	16.7	11.2	11.2	16.7	16.4	16.6	11.3	10.4	16.3	23.0
19	17.1	24.2	24.1	13.8	16.9	24.2	19.2	19.3	19.4	12.7
20	42.0	43.0	43.1	42.0	42.2	42.5	41.7	42.1	41.6	42.4
21	15.0	14.4	14.3	15.0	14.3	16.3	13.3	13.9	14.5	18.2
22	109.2	109.5	109.5	109.2	109.8	109.7	109.4	109.5	109.1	109.3
23	31.9	31.9	32.0	31.8	25.9	26.2	31.2	31.3	31.4	29.2
24	29.3	29.3	29.3	29.3	25.8	26.4	28.6	28.8	28.8	28.9
25	30.6	30.6	30.7	30.6	27.1	27.5	30.0	30.3	30.3	30.4
26	66.9	66.9	66.9	66.9	65.2	65.1	66.9	66.9	66.7	67.8
27	17.3	17.3	17.4	17.3	16.0	14.9	17.0	17.1	17.1	17.0

8-7-21

8-7-22

8-7-23

8-7-24

8-7-25

8-7-26

8-7-27

8-7-28

8-7-29 R=H
8-7-30 R=Ac

表 8-7-3 化合物 8-7-21~8-7-30 的 ^{13}C NMR 化学位移数据[13,15~17]

C	8-7-21	8-7-22	8-7-23	8-7-24[9]	8-7-25	8-7-26	8-7-27	8-7-28	8-7-29	8-7-30
1	37.4	77.8	35.2	39.5	202.0	203.5	203.2	203.3	36.7	38.4
2	36.9	43.0	33.7	38.5	132.1	128.8	128.9	129.0	30.2	29.6
3	209.8	68.5	198.4	211.3	141.9	146.3	139.7	139.7	70.6	72.7
4	37.1	42.5	126.8	37.8	69.7	67.6	36.7	36.7	30.8	30.2
5	56.9	140.1	158.4	53.1	63.7	138.6	73.3	73.3	56.7	56.5
6	207.3	125.2	200.1	69.8	62.2	127.3	56.3	56.3	209.2	209.1
7	45.8	34.0	45.9	41.7	30.9	30.5	57.2	57.3	46.9	46.7
8	36.3	41.7	32.7	33.9	29.5	32.1	35.7	35.7	37.4	37.4
9	54.0	53.0	51.7	53.3	43.4	42.4	35.6	35.5	54.2	54.0
10	40.6	44.9	39.3	36.6	47.4	47.9	51.1	51.3	36.5	36.5
11	37.6	27.7	36.7	21.1	21.3	22.1	21.8	21.8	21.4	21.3
12	211.1	34.0	210.6	39.7	31.8	31.9	38.1	38.7	39.6	39.5
13	55.1	159.1	54.8	40.6	48.3	48.7	43.4	43.5	40.8	40.8
14	55.1	57.1	55.1	55.8	48.3	47.8	50.9	51.6	56.9	56.6
15	31.4	79.9	31.4	31.8	33.4	33.2	23.7	23.5	31.6	31.4
16	78.8	89.1	78.7	80.6	78.7	77.9	27.8	27.0	80.4	80.4
17	53.7	52.9	53.5	62.2	83.1	82.6	54.3	51.0	62.4	62.4
18	16.0	102.9	15.9	16.4	14.7	15.0	13.4	12.1	16.3	16.6
19	12.3	12.8	17.4	12.8	17.3	22.0	14.7	14.7	13.1	13.0
20	42.3	49.1	42.3	41.7	42.2	41.6	49.0	39.7	41.7	41.7
21	13.2	17.3	13.2	14.5	9.3	9.0	39.8	12.5	14.3	14.3
22	109.3	109.6	109.3	109.3	77.9	77.9	86.2	80.5	109.1	109.2
23	31.0	30.9	31.0	31.4	33.0	32.2	39.2	31.7	31.8	31.6
24	28.7	28.9	28.8	28.8	149.1	151.0	46.7	76.0	28.8	28.8
25	30.2	30.7	30.2	30.3	121.7	120.2	76.6	72.5	30.3	30.2
26	67.0	67.7	67.0	66.9	166.3	166.0	178.5	178.9	66.9	66.9
27	17.1	17.2	17.1	17.1	12.3	12.2	25.1	23.1	16.9	16.9
28					20.3	20.2	20.2	24.3		
OAc					168.9/21.0	169.6/20.9				170.1/21.0

8-7-31 R^1=α-OAc; R^2=R^3=β-OAc
8-7-32 R^1=R^3=H; R^2=β-OAc;
8-7-33 R^1=α-OAc; R^2=β-OAc; R^3=H

8-7-34

8-7-35 R^1=H; R^2=β-OH; 5α-H
8-7-36 R^1=R^2=H; 5α-H
8-7-37 R^1=R^2=H; 5β-H
8-7-38 R^1=β-OH; R^2=H; 5β-H
8-7-39 R^1=α-OH; R^2=H; 5α-H

8-7-40

表 8-7-4 化合物 8-7-31~8-7-40 的 ^{13}C NMR 化学位移数据[2,18]

C	8-7-31	8-7-32	8-7-33	8-7-34[1]	8-7-35[19]	8-7-36[1]	8-7-37	8-7-38	8-7-39	8-7-40[20]
1	43.4	36.6	42.3	39.7	38.0	36.5	30.3	39.1	45.9	35.2
2	71.3	27.4	71.8	125.7	31.2	31.2	28.3	70.2	72.8	32.3
3	74.1	73.6	74.5	125.5	71.3	70.7	65.7	67.3	76.4	198.6
4	29.6	34.0	27.5	28.7	35.1	37.8	34.2	33.5	37.0	124.6
5	45.6	44.5	44.1	41.6	47.3	44.6	36.6	35.9	45.0	168.5
6	72.0	28.5	29.6	30.3	71.3	28.3	26.5	26.2	28.0	33.5
7	36.3	32.1	32.8	31.4	39.1	31.4	27.0	26.5	31.7	31.3
8	29.9	35.0	34.3	31.2	29.4	34.4	34.8	34.8	33.8	34.2
9	53.6	54.1	53.9	54.6	55.6	55.5	41.8	42.7	55.6	54.4
10	37.0	35.5	37.1	34.9	36.0	36.0	36.0	37.5	37.9	38.6
11	20.9	21.0	21.1	21.0	37.6	37.8	37.8	38.0	38.2	37.0
12	39.4	39.9	39.7	42.6	213.4	213.0	212.9	212.8	212.5	211.9
13	40.6	40.4	40.5	40.7	55.2	55.0	55.7	55.7	55.4	54.7
14	55.5	56.2	56.0	61.3	55.6	55.8	56.2	56.0	55.9	54.7
15	31.6	31.7	31.6	69.6	31.4	31.5	31.8	31.8	31.8	31.0
16	80.8	81.0	81.0	82.1	79.1	79.1	79.8	79.8	79.7	78.9
17	62.1	62.2	62.1	60.7	53.4	53.5	54.3	54.3	54.3	53.4
18	16.5	16.5	16.4	19.1	15.2	16.0	16.1	16.1	16.1	15.8
19	15.9	12.2	13.0	11.7	16.1	12.0	23.4	23.4	13.1	16.7
20	41.5	41.5	41.5	42.6	42.2	42.2	42.7	43.0	42.6	42.1
21	14.5	14.5	14.5	14.2	13.2	13.2	13.9	14.0	13.1	13.1
22	109.1	109.2	109.2	109.9	109.3	109.0	109.3	109.3	109.3	109.2
23	28.5	28.5	28.5	31.4	31.2	31.2	31.5	31.5	31.4	31.0
24	32.8	32.8	32.7	28.6	28.7	28.8	29.2	29.2	29.2	28.6
25	143.4	143.5	143.4	30.2	30.2	30.2	30.3	30.6	30.5	30.0

续表

C	8-7-31	8-7-32	8-7-33	8-7-34[1]	8-7-35[19]	8-7-36[1]	8-7-37	8-7-38	8-7-39	8-7-40[20]
26	64.8	64.8	64.8	67.1	66.9	66.8	67.0	67.0	66.9	66.8
27	108.5	108.4	108.5	1.7.1	17.1	17.1	17.3	17.3	17.3	17.0
OAc	170.2/21.1	170.2/21.1	170.2/21.1							

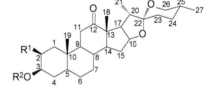

8-7-41

8-7-42

8-7-43 R=β-D-Glu-(1→2)-β-D-Gal

8-7-44 R¹=R³=H; R²=α-O-β-D-Glu
8-7-45 R¹=β-D-Xyl; R²=H; R³=α-OH

8-7-46

8-7-47

8-7-48 R¹=R³=β-OH; R²=β-D-Glu
8-7-49 R¹=α-OH; R²=β-D-Gal; R³=H

8-7-50 R¹=β-OH; R²=β-D-Glu-(1→2)-β-D-Gal

表 **8-7-5** 化合物 **8-7-41~8-7-50** 的 ¹³C NMR 化学位移数据[7,18]

C	8-7-41[21]	8-7-42[19]	8-7-43	8-7-44[9]	8-7-45[3]	8-7-46	8-7-47	8-7-48[10]	8-7-49[22]	8-7-50
1	36.8	42.4	40.2	37.8	79.5	42.2	38.4	35.4	45.7	40.2
2	33.9	175.5	66.8	32.3	32.5	73.7	84.6	66.0	70.6	66.8
3	202.2	177.7	81.6	70.7	66.5	73.8	71.9	78.9	85.1	81.6
4	124.2	34.7	31.8	33.2	34.4	41.1	37.8	35.7	34.2	31.8
5	174.9	41.7	36.1	51.3	31.6	75.5	76.1	72.9	44.6	36.1
6	34.7	79.7	26.1	79.7	26.5	75.6	70.1	35.0	28.1	26.1
7	33.5	32.3	26.5	41.5	26.4	35.8	35.9	28.9	32.1	26.5
8	36.5	29.1	34.7	34.2	36.2	30.2	33.8	34.5	34.6	34.7
9	55.3	45.8	42.7	54.0	41.6	45.9	44.9	44.4	54.4	42.7
10	40.1	38.0	37.5	36.7	39.4	41.0	41.6	42.9	36.8	37.5
11	22.0	21.0	37.9	21.3	21.2	21.6	21.6	21.6	21.4	37.9
12	40.8	39.4	212.7	40.1	29.2	40.5	40.3	39.9	40.1	212.7
13	41.6	40.2	55.6	40.8	45.3	40.9	41.0	40.4	40.8	55.6

续表

C	8-7-41[21]	8-7-42[19]	8-7-43	8-7-44[9]	8-7-45[3]	8-7-46	8-7-47	8-7-48[10]	8-7-49[22]	8-7-50
14	56.9	56.2	55.8	56.5	52.8	56.4	56.3	56.2	56.3	55.8
15	32.6	31.4	31.8	32.1	30.0	32.2	32.2	32.0	32.2	31.8
16	82.2	80.6	79.4	81.1	90.2	81.4	81.2	81.0	81.1	79.4
17	63.6	62.0	54.3	63.0	90.0	62.7	63.1	62.6	63.0	54.3
18	16.8	16.2	16.0	16.7	17.5	16.6	16.7	16.1	16.6	16.0
19	17.7	17.0	23.1	13.6	19.8	18.5	16.7	17.4	13.4	23.1
20	43.5	41.6	42.9	42.0	45.4	42.2	42.0	42.3	42.0	42.9
21	14.7	14.4	13.9	15.0	9.6	14.8	15.0	14.7	15.0	13.9
22	111.1	109.4	109.5	109.2	110.3	111.5	109.2	109.5	109.2	109.5
23	26.8	31.3	31.5	31.9	26.6	40.9	31.9	26.2	31.8	31.5
24	27.0	28.7	29.2	29.3	25.7	81.6	29.3	26.0	29.2	29.2
25	28.5	30.2	30.5	30.6	27.4	37.2	30.6	27.3	30.6	30.5
26	66.2	66.9	67.0	66.9	64.9	65.2	66.9	64.9	66.8	67.0
27	16.4	17.1	17.3	17.4	16.2	13.4	17.3	16.3	17.3	17.3
1′			103.1	106.0	102.3	106.3	104.6	101.9	104.1	103.1
2′			81.6	75.8	75.2	75.7	75.2	74.6	72.3	81.6
3′			76.9	78.7	78.9	77.9	78.5	78.4	75.3	76.9
4′			69.8	71.9	71.3	71.8	71.2	71.4	70.2	69.8
5′			77.0	78.0	67.6	78.6	78.6	78.7	77.2	77.0
6′			62.9	63.0		62.9	62.8	62.3	62.3	62.9
1″			106.1							106.1
2″			75.2							75.2
3″			78.1							78.1
4″			71.8							71.8
5″			78.5							78.5
6″			62.0							62.0

8-7-51 R=α-L-Rha-(1→2)-α-L-All

8-7-52 R=α-L-Rha-(1→2)-4-sulfo-α-L-All

8-7-53 R¹=α-OH; R²=α-L-Rha-(1→2)-β-D-Glu; R³=β-OH; R⁴=R⁵=H
8-7-54 R¹=α-O-β-D-Glu; R²=β-D-Gal; R³=β-OH; R⁴=R⁵=H
8-7-55 R¹=H; R²=β-D-Glu-(1→2)-β-D-Glu; R³=α-OH; R⁴=H; R⁵=α-OH
8-7-56 R¹=H; R²=β-D-Glu-(1→2)-β-D-Gal; R³=α-OH; R⁴=β-OH; R⁵=H
8-7-57 R¹=β-OH; R²=β-D-Glu-(1→2)-β-D-Gal; R³=α-OH; R⁴=β-OH; R⁵=H
8-7-58 R¹=R²=H; R³=α-O-β-D-Glu-(1→2)-β-D-Glu; R⁴=R⁵=H
8-7-59 R¹=R²=H; R³=α-O-β-D-Glu-(1→3)-β-D-Glu; R⁴=R⁵=H
8-7-60 R¹=H; R²=β-D-Glu-(1→6)-β-D-Glu; R³=α-OH; R⁴=R⁵=H

表 8-7-6 化合物 **8-7-51~8-7-60** 的 ^{13}C NMR 化学位移数据[23~27]

C	8-7-51	8-7-52	8-7-53	8-7-54	8-7-55	8-7-56[8]	8-7-57[8]	8-7-58[9]	8-7-59[9]	8-7-60
1	84.1	84.0	46.7	44.5	30.9	30.9	40.2	37.9	37.9	37.7
2	37.5	34.7	70.2	76.4	26.7	26.7	67.2	32.2	32.2	30.0
3	68.2	75.8	84.5	78.4	75.2	76.5	81.6	70.9	70.7	77.6
4	43.8	40.7	30.8	31.4	30.6	31.4	31.6	32.4	33.3	29.5
5	138.2	138.9	47.1	46.9	36.8	36.8	36.3	51.0	51.3	52.1
6	125.2	126.5	69.7	69.4	27.0	26.7	26.3	80.7	79.8	68.5
7	27.9	32.7	39.7	39.6	26.7	27.1	26.7	41.0	41.4	42.6
8	30.4	34.0	29.5	29.4	36.0	34.1	34.7	34.1	34.2	34.3
9	43.4	51.3	54.1	53.9	40.0	39.5	40.5	54.0	53.9	54.0
10	42.0	43.5	36.6	36.5	35.2	35.3	37.1	36.7	36.7	36.5
11	25.0	24.5	21.0	21.0	20.9	31.9	31.8	21.3	21.3	21.3
12	39.2	41.0	39.9	39.9	32.4	79.5	79.3	40.1	40.1	40.1
13	38.2	41.2	40.5	40.5	45.4	46.7	46.6	40.8	40.8	40.8
14	52.8	57.8	55.8	55.7	52.8	55.3	55.2	56.5	56.4	56.2
15	213.8	32.8	31.4	31.6	31.5	31.0	31.9	32.1	32.1	32.1
16	82.2	82.2	80.9	80.9	90.3	81.3	81.3	81.1	81.0	81.1
17	54.0	63.8	62.3	62.3	89.9	63.0	63.0	63.0	63.0	62.8
18	19.0	16.9	16.2	16.1	17.3	11.2	11.2	16.6	16.7	16.6
19	15.0	15.1	16.7	16.3	24.0	23.9	23.8	13.7	13.6	13.6
20	40.1	42.8	41.6	41.6	45.2	43.0	43.0	42.0	42.0	42.5
21	14.4	14.8	14.6	14.5	9.38	14.3	14.4	15.0	15.0	14.9
22	111.8	110.9	109.2	109.2	110.2	109.5	109.5	109.2	109.2	109.7
23	68.1	33.7	31.4	31.4	27.0	31.9	32.0	31.8	31.9	26.4
24	72.4	29.3	28.7	28.7	25.6	29.4	29.3	29.3	29.3	26.2
25	36.0	145.6	30.2	30.0	27.3	30.7	30.6	30.6	30.6	27.6
26	61.2	65.3	66.5	66.5	64.8	66.9	66.9	66.9	66.9	65.1
27	13.0	108.4	16.9	16.8	16.1	17.4	17.4	17.3	17.4	16.3
1'	100.6	100.9	100.3	101.3	101.8	102.4	103.3	103.7	105.5	102.1
2'	75.1	75.2	78.3	73.8	83.1	81.7	81.8	84.6	74.5	75.1
3'	75.6	75.8	78.6	77.2	78.1	75.5	76.8	77.9	89.1	78.4
4'	69.9	70.5	71.4	70.6	71.5	69.8	69.8	71.4	69.8	71.6
5'	67.0	67.1	77.7	77.9	78.0	76.7	76.9	79.0	77.7	77.2
6'			62.1	61.9	62.6	62.9	62.8	62.2	62.6	70.0
1''	101.7	101.5	101.9	101.8	106.0	105.9	106.1	106.3	106.1	105.3
2''	72.5	72.1	71.7	71.1	76.9	75.2	75.1	76.6	75.7	75.2
3''	72.7	71.9	71.9	74.2	77.8	78.0	78.0	78.5	78.7	78.4
4''	74.2	73.8	73.5	69.4	71.7	71.8	71.7	71.3	71.7	71.6
5''	69.4	69.4	69.1	76.5	78.4	78.2	78.5	78.4	78.3	78.4
6''	19.0	18.1	18.1	61.7	62.8	62.0	62.0	62.8	62.5	62.7

参 考 文 献

[1] Eggert H, Djerassi C. Tetrahedron Lett, 1975, 42: 3635.

[2] Brunengo M C, Tombesi O L, Doller D. Phytochemistry, 1988, 27(9): 2943.

[3] Zhang Z Q, Chen J C, Yan J. Chem Pharm Bull, 2011, 59: 53.

[4] Osman S, Sinden S L, Gregory P M, Phytochemistry, 1982, 21(2): 472.

[5] Abrosca B D, Greca M D, Fiorentino A. Phytochemistry, 2005, 66: 2681.

[6] Brunengo M C, Garraffo H M, Tombesi O L. 1985, 24(6): 1388.

[7] Kawashima K, Mimaki Y, Sashida Y. Phytochemistry, 1991, 30(9): 3063.

[8] Nakano K, Hara Y, Murakami K. Phytochemistry, 1991, 30(6): 1993.

[9] Mimaki Y, Sashida Y, Kawashima K. Phytochemistry, 1991, 30(11): 3721.

[10] Sang S M, Mao S L, Lao A N. Food Chem, 2003, 83: 499.

[11] Mandal D, Banerjee S, Mondal N B. Phytochemistry, 2006, 67: 1316.

[12] Coll F, Preiss A, Padron G. Phytochemistry, 1983, 22(3): 787.

[13] Zheng Q A, Li H Z, Zhang Y J. Steroids, 2006, 71: 160.

[14] Xu Y X, Chen H S, Liu W Y. Phytochemistry, 1998, 49(1): 199.

[15] Lafeta R C A, Ferreira M J P, Emerenciano V P. Helv Chim Acta, 2010, 93: 2478.

[16] Suleiman R K, Zarga M A, Sabri S S. Fitoterapia, 2010, 81: 864.

[17] Valeri B D, Usubillaga A. Phytochemistry, 1989, 28(9): 2509.

[18] Nakano K, Midzuta Y, Hara Y. Phytochemistry, 1991, 30(2): 633.

[19] Carotento A, Fattorusso E, Lanzotti V. Tetrahedron, 1997, 53(9): 3401.

[20] Wu T S, Shi L S, Kuo S C. Phytochemistry, 1999, 50: 1411.

[21] Achenbach H, Hubner H, Reiter M. Phytochemistry, 1996, 41(3): 907.

[22] Mimaki Y, Kuroda M, Kameyama A. Phytochemistry, 1998, 48(8): 1361.

[23] Kuroda M, Ori K, Mimaki Y. Steroids, 2006, 71: 199.

[24] Perrone A, Muzashivili T, Napolitano A. Phytochemsitry, 2009, 70: 2078.

[25] Jabrane A, Jannet H B, Miyamoto T. Food Chem, 2011, 125: 447.

[26] Huang X F, Kong L Y. Steroids, 2006, 71: 171.

[27] Lu Y Y, Luo J G, Huang X F. Steroids, 2009, 74: 95.

第八节 麦角甾烷类化合物的 ¹³C NMR 化学位移

【结构特点】麦角甾烷类化合物的碳骨架是由 28 个碳组成的，是 19 个碳甾烷母核的 17 位上连接一个 9 个碳的侧链，该侧链可以是链状，也可以形成五元或六元的氧环。

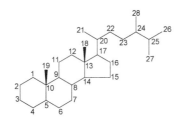

基本结构骨架

【化学位移特征】

1. 麦角甾烷类化合物也与其他甾烷类化合物类似，在它的母核或侧链上常常连接有羟基、羰基和双键以及羰基和双键的共轭体系，其化学位移范围较宽，在 δ 9.3～213.6（见表 8-8-1～表 8-8-6）。

2. 首先是连接的羟基碳或连氧基团的碳，通常最常见的是 2、3、4、5、14、20、22、24 和 25 位。2 位连氧碳，δ_{C-2} 68.6～68.9；3 位连氧碳，δ_{C-3} 66.0～73.0；4 位连氧碳，δ_{C-4} 62.4～78.9；5 位连氧碳，δ_{C-5} 63.0～64.7，有时可以在更低场出现；6 位连氧碳，δ_{C-6} 60.0～66.5；7 位连氧碳，δ_{C-7} 65.2～74.6；9 位连氧碳，δ_{C-9} 73.7～77.7；11 位连氧碳，δ_{C-11} 69.3～71.3；12 位连氧碳，δ_{C-12} 74.4～78.7；14 位连氧碳，δ_{C-14} 81.8～87.0；16 位连氧碳，δ_{C-16} 72.0～83.0；17 位连氧碳，δ_{C-17} 84.9～90.7；20 位连氧碳，δ_{C-20} 74.5～80.9；22 位连氧碳，δ_{C-22} 69.3～84.7；24 位连氧碳，δ_{C-24} 75.8～94.3；25 位连氧碳，δ_{C-25} 72.1～93.3；26 位连氧碳，δ_{C-26} 68.1～75.4。

3. 麦角甾烷类化合物常常含有双键：

（1）4,5 位双键碳，δ_{C-4} 121.9，δ_{C-5} 146.2；

（2）5,6 位双键碳，$\delta_{\text{C-5}}$ 135.4～146.5，$\delta_{\text{C-6}}$ 121.2～128.5；

（3）7,8 位双键碳，$\delta_{\text{C-7}}$ 116.8～124.1，$\delta_{\text{C-8}}$ 136.0～139.1；

（4）16,17 位双键碳，$\delta_{\text{C-16}}$ 124.0～124.5，$\delta_{\text{C-17}}$ 154.8～157.4；

（5）22,23 位双键碳，$\delta_{\text{C-22}}$ 135.3～138.7，$\delta_{\text{C-23}}$ 128.8～133.4；

（6）24,28 位双键碳，$\delta_{\text{C-24}}$ 151.9～157.1，$\delta_{\text{C-28}}$ 106.0～110.4。

4．在麦角甾烷类化合物的结构中还含有独立的羰基，羰基常出现在 1、3、6 位，分别为 $\delta_{\text{C-1}}$ 209.7～213.2，$\delta_{\text{C-3}}$ 211.7，$\delta_{\text{C-6}}$ 213.6。

5．在麦角甾烷类化合物的结构中羰基与双键共轭，而羰基碳则向高场位移：

（1）1 位羰基与 2,3 位双键共轭，$\delta_{\text{C-1}}$ 201.1～202.4，$\delta_{\text{C-2}}$ 129.3～132.6，$\delta_{\text{C-3}}$ 141.6～144.7；

（2）3 位羰基与 1,2 位双键共轭，$\delta_{\text{C-1}}$ 154.0～154.9，$\delta_{\text{C-2}}$ 123.3～123.7，$\delta_{\text{C-3}}$ 195.4～195.9；

（3）3 位羰基与 4,5 位双键共轭，$\delta_{\text{C-3}}$ 199.6～199.9，$\delta_{\text{C-4}}$ 123.7，$\delta_{\text{C-5}}$ 171.9；

（4）3 位羰基与 1,2 位和 4,5 位两个双键共轭，$\delta_{\text{C-1}}$ 154.8～155.8，$\delta_{\text{C-2}}$ 127.6～129.2，$\delta_{\text{C-3}}$ 185.5～186.7，$\delta_{\text{C-4}}$ 123.5～127.3，$\delta_{\text{C-5}}$ 163.4～164.7；

（5）3 位羰基与 4,5 位和 6,7 位两个双键共轭，$\delta_{\text{C-3}}$ 200.4，$\delta_{\text{C-4}}$ 126.2，$\delta_{\text{C-5}}$ 163.4，$\delta_{\text{C-6}}$ 130.8，$\delta_{\text{C-7}}$ 137.1；

（6）6 位羰基与 7,8 位双键共轭，$\delta_{\text{C-6}}$ 199.0～206.7，$\delta_{\text{C-7}}$ 121.9～123.3，$\delta_{\text{C-8}}$ 164.4～168.5；

（7）3、6 位羰基与 4,5 位和 7,8 位两个双键共轭，$\delta_{\text{C-3}}$ 200.1，$\delta_{\text{C-4}}$ 124.4～125.5，$\delta_{\text{C-5}}$ 155.4～168.5，$\delta_{\text{C-6}}$ 187.7～188.1，$\delta_{\text{C-7}}$ 126.4～129.1，$\delta_{\text{C-8}}$ 158.7～163.4；

（8）3、6 位羰基与 4,5 位、7,8 位及 9,11 位双键的大共轭体系，$\delta_{\text{C-3}}$ 199.7，$\delta_{\text{C-4}}$ 127.0，$\delta_{\text{C-5}}$ 156.3，$\delta_{\text{C-6}}$ 188.7，$\delta_{\text{C-7}}$ 122.8，$\delta_{\text{C-8}}$ 156.0，$\delta_{\text{C-9}}$ 138.9，$\delta_{\text{C-11}}$ 132.9；

（9）26 位羰基与 24,25 位双键共轭，$\delta_{\text{C-24}}$ 148.8～156.9，$\delta_{\text{C-25}}$ 120.0～122.9，$\delta_{\text{C-26}}$ 165.8～168.8。

6．在麦角甾烷类化合物的结构中还多存在三元氧环结构：

（1）4,5 位为三元氧环时，$\delta_{\text{C-4}}$ 62.4～62.5，$\delta_{\text{C-5}}$ 63.7～63.9；

（2）5,6 位为三元氧环时，$\delta_{\text{C-5}}$ 63.0～67.0，$\delta_{\text{C-6}}$ 59.2～69.1；

（3）6,7 位为三元氧环时，$\delta_{\text{C-6}}$ 56.7～57.3，$\delta_{\text{C-7}}$ 56.8～57.0；

（4）14,15 位为三元氧环时，$\delta_{\text{C-14}}$ 72.7，$\delta_{\text{C-15}}$ 67.9；

（5）16,17 位为三元氧环时，$\delta_{\text{C-16}}$ 63.5～63.6，$\delta_{\text{C-17}}$ 75.0～75.2。

以上是麦角甾烷类化合物的特征化学位移数据，根据出现的特征基团的化学位移数据就可以推测这些基团所在位置，进一步判断其结构。

8-8-1 R^1=α-OH; R^2=R^4=H; R^3=β-OH
8-8-5 R^1=α-OH; R^2=R^3=R^4=H
8-8-6 R^1=α-OH; R^2=R^3=H; R^4=OH
8-8-7 R^1,R^2= —O—; R^3=R^4=H
8-8-8 R^1,R^2= —O—; R^3=H; R^4=OH

8-8-2 R^1=R^3=H; R^2=β-OH
8-8-3 R^1=H; R^2=R^3=OH
8-8-4 R^1=β-OH; R^2=R^3=H

8-8-9

表 8-8-1 化合物 **8-8-1~8-8-9** 的 ${}^{13}C$ NMR 化学位移数据[1~4]

C	8-8-1	8-8-2	8-8-3	8-8-4	8-8-5	8-8-6	8-8-7	8-8-8	8-8-9
1	39.06	37.38	37.37	37.3	39.1	39.1	39.1	39.1	37.6
2	68.92	68.72	68.72	68.7	68.9	68.9	68.9	68.9	32.1
3	68.55	68.52	68.53	68.5	68.5	68.6	68.6	68.6	68.7
4	33.26	32.86	32.84	32.8	33.3	33.3	33.3	33.3	43.3
5	51.76	51.80	51.80	51.8	52.8	52.8	52.8	52.8	66.8
6	206.58	205.42	204.46	206.3	206.7	206.7	206.7	206.7	69.1
7	122.28	122.30	122.29	122.0	122.7	122.8	122.7	122.7	74.6
8	165.41	167.60	167.84	167.0	165.9	165.7	165.7	165.7	38.1
9	42.93	34.90	35.13	34.9	42.9	42.9	42.9	42.9	50.6
10	39.93	39.30	39.30	39.2	39.9	39.9	39.9	39.9	34.8
11	69.46	21.54	21.51	21.4	69.5	69.5	69.5	69.5	22.5
12	43.68	32.44	32.41	32.4	43.7	43.7	43.5	43.5	40.1
13				49.0				48.5	43.3
14	85.40	85.40	85.48	83.1	84.8	85.0	84.7	84.7	56.3
15	31.90	31.83	31.79	44.9	31.8	31.8	31.8	31.8	28.0
16	22.46	21.44	21.32	73.5	21.5	21.6	21.9	21.9	29.0
17	49.97	50.19	50.00	51.4	50.2	50.2	50.3	54.3	55.6
18	18.85	17.98	17.96	18.9	18.8	18.8	18.8	18.8	12.0
19	24.64	24.40	24.39	24.4	24.6	24.6	24.6	24.6	17.4
20	77.72	77.81	77.91	80.9	77.9	77.9	72.8	72.8	36.0
21	20.66	20.69	20.69	20.4	20.7	20.7	20.0	24.0	19.1
22	74.00	74.06	74.02	74.9	75.5	77.9	66.7	67.0	35.1
23	41.20	41.18	39.96	38.0	37.5	35.1	59.9	54.5	31.4
24	76.25	76.26	76.27	36.9	36.7	44.4	43.1	47.6	156.7
25	37.32	37.28	77.51	30.4	30.4	74.1	34.4	72.9	34.1
26	17.32	18.82	25.25	16.3	16.2	28.2	20.8	28.0	22.2
27	18.85	17.30	25.25	15.7	15.7	25.9	19.9	27.0	22.0
28	22.11	22.16	22.41	21.6	21.6	16.9	13.9	12.4	106.7

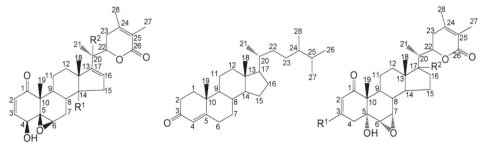

8-8-10 R¹=R²=H
8-8-11 R¹=α-OH; R²=β-OH

8-8-12

8-8-13 R¹=β-OH; R²=α-OH
8-8-14 R²=β-OSO₃H; R¹=α-OH

8-8-15   8-8-16   8-8-17 R=H
8-8-18 R=α-OH

表 8-8-2　化合物 8-8-10~8-8-18 的 ^{13}C NMR 化学位移数据

C	8-8-10[5]	8-8-11[6]	8-8-12[7]	8-8-13[5]	8-8-14[5]	8-8-15[8]	8-8-16[5]	8-8-17[4]	8-8-18[4]
1	202.4	202.4	35.7	212.0	210.6	38.5	154.9	29.6	30.9
2	131.9	132.6	34.0	41.3	39.7	37.8	129.2	32.7	32.6
3	143.0	144.7	199.6	66.0	73.0	211.7	186.7	70.6	70.9
4	69.4	70.4	123.7	47.0	45.7	43.9	123.5	43.9	44.5
5	63.0	64.7	171.9	73.2	73.5	42.5	147.8	139.9	139.8
6	60.0	60.7	32.9	56.6	57.3	27.8	29.4	121.4	121.2
7	30.6	26.5	31.1	56.8	57.0	116.8	29.3	27.8	23.5
8	28.0	32.1	35.6	35.3	36.9	139.1	30.1	35.2	36.5
9	44.2	38.0	53.8	44.9	44.6	48.5	42.6	73.7	77.7
10	46.3	48.6	38.6	51.6	53.0	34.1	47.0	43.2	44.2
11	20.5	20.5	21.0	21.2	22.2	21.4	21.7	27.3	69.3
12	33.9	28.0	39.6	36.6	37.9	39.0	39.3	36.1	40.8
13	48.0	52.5	42.4	48.3	50.0	43.0	43.0	42.6	48.6
14	56.6	84.4	56.0	45.6	46.7	54.6	56.6	50.1	82.6
15	32.2	40.2	24.2	22.6	23.8	22.6	24.7	24.6	27.8
16	124.0	124.5	28.1	32.6	33.9	29.7	27.6	28.8	32.7
17	154.8	157.4	55.9	84.9	85.0	55.4	51.9	58.1	52.5
18	15.5	22.0	11.9	9.3	10.2	11.9	11.9	11.4	16.9
19	16.2	16.7	17.4	15.9	16.6	12.2	19.6	23.0	22.4
20	35.5	74.6	36.1	35.6	36.6	40.2	39.2	35.7	35.4
21	15.7	24.4	18.8	15.0	15.6	20.7	13.3	21.6	21.6
22	78.6	81.3	33.7	78.9	80.5	138.7	78.2	32.5	32.2
23	30.6	30.3	30.6	32.2	33.6	128.8	31.7	26.0	26.0
24	149.9	150.7	39.1	151.6	153.2	47.8	156.9	50.9	50.9
25	121.0	121.0	31.5	120.0	121.7	72.1	122.9	32.3	32.6
26	167.3	165.8	17.6	168.0	168.8	26.0	166.8	21.7	21.7
27	11.6	12.5	20.5	12.1	12.6	26.7	58.0	22.4	22.4
28	19.7	20.2	15.4	20.7	20.7	15.4	20.5	15.7	15.7
29								21.5	21.4
30								14.4	14.5

8-8-19　　　　　8-8-20　　　　　8-8-21

8-8-22　　　　　8-8-23　　　　　8-8-24

8-8-25　　　8-8-26 R^1=R^2=H　　　8-8-28
　　　　　　 8-8-27 R^2=R^2=α-OH

表 8-8-3　化合物 **8-8-19~8-8-28** 的 ^{13}C NMR 化学位移数据[10~14]

C	8-8-19	8-8-20	8-8-21[2]	8-8-22[2]	8-8-23	8-8-24	8-8-25	8-8-26	8-8-27	8-8-28
1	33.4	32.2	37.4	37.3	211.8	38.3	34.5	35.5	27.7	35.2
2	32.6	29.1	68.7	68.6	47.6	37.4	34.3	34.4	34.3	34.0
3	67.1	66.7	68.5	68.5	75.3	211.7	199.7	200.1	200.1	200.4
4	43.1	36.0	32.9	32.8	56.6	37.2	127.0	124.4	125.5	126.2
5	76.8	39.2	51.8	51.9	45.0	54.8	156.3	168.4	155.4	163.5
6	79.5	28.6	206.6	205.6	22.0	199.0	188.7	187.7	188.1	130.8
7	73.0	32.0	121.9	122.0	30.3	123.3	121.8	126.4	129.1	137.1
8	39.5	35.6	168.5	167.1	160.7	164.4	156.0	158.7	163.4	82.0
9	44.8	54.3	35.1	34.7	136.1	49.9	138.5	47.3	74.4	54.6
10	38.6	36.1	39.2	39.4	51.7	38.5	38.8	39.1	44.1	36.3
11	22.0	20.9	21.5	21.6	201.0	22.1	132.9	21.9	27.6	18.0
12	40.9	40.1	32.3	31.2	57.2	38.8	37.4	38.6	27.7	41.2
13	43.9	42.6	49.0	47.8	49.2	44.7	46.3	44.8	46.4	44.4
14	56.5	56.5	85.2	86.2	53.8	56.0	84.7	56.3	87.0	57.5
15	27.9	24.2	31.8	43.0	24.2	22.7	31.2	22.6	31.9	22.3
16	29.2	27.9	22.1	83.0	28.7	28.0	27.2	27.8	26.3	28.3
17	55.8	52.7	50.2	63.6	56.3	56.3	50.4	56.5	50.2	56.8
18	12.6	12.1	18.4	18.5	12.3	12.7	16.2	12.9	16.4	13.5
19	17.6	11.3	24.4	24.4	19.8	12.9	29.5	19.6	22.9	19.4

续表

C	8-8-19	8-8-20	8-8-21[2]	8-8-22[2]	8-8-23	8-8-24	8-8-25	8-8-26	8-8-27	8-8-28
20	36.2	39.4	78.2	80.9	37.0	40.4	40.1	40.4	40.0	39.9
21	19.1	11.3	23.2	26.6	18.9	21.2	20.9	21.2	21.3	20.8
22	35.2	71.8	80.2	84.7	35.6	135.4	135.4	135.3	135.4	135.8
23	31.4	39.4	87.8	72.8	32.0	133.1	133.3	133.2	133.4	132.7
24	156.8	35.4	47.9	42.5	157.1	43.0	42.9	43.0	43.0	43.0
25	34.1	32.1	43.7	31.3	34.9	33.2	33.2	33.2	33.2	33.2
26	22.2	17.9	75.4	24.4	22.3	20.0	20.0	20.0	20.0	20.0
27	22.0	20.1	15.5	21.1	22.4	19.7	19.7	19.7	19.7	19.7
28	106.7	15.9	18.2	10.0	107.0	17.7	17.6	17.6	17.7	17.7
CO					180.8					

8-8-29

8-8-30 R¹=R⁴=α-OH; R²=R³=H; R⁵=R⁶=OH
8-8-31 R¹=R²=β-OH; R³=R⁴=H; R⁵=OH; R⁶=H
8-8-32 R¹=β-OH; R²=H; R³=α-OH; R⁴=R⁵=R⁶=H
8-8-33 R¹=R⁵=β-OH; R²=H; R³=α-OH; R⁴=R⁶=H
8-8-34 R¹=R⁴=R⁵=β-OH; R²=R⁶=H; R³=α-OH

8-8-35 25R
8-8-36 25S

8-8-37

表 8-8-4　化合物 8-8-29~8-8-37 的 ¹³C NMR 化学位移数据

C	8-8-29[14]	8-8-30[14]	8-8-31[15]	8-8-32[15]	8-8-33[16]	8-8-34[17]	8-8-35[4]	8-8-36[4]	8-8-37[18]
1	35.6	37.3	37.3	37.3	36.9	37.3	30.7	30.7	32.6
2	33.9	31.4	25.6	31.6	31.3	31.3	31.8	31.8	29.6
3	199.8	70.0	72.8	71.5	71.2	71.3	66.8	66.8	65.6
4	123.7	42.8	77.6	42.4	42.0	42.0	37.6	37.6	121.9
5	171.9	141.3	143.0	146.5	146.2	146.5	80.3	80.3	146.2
6	33.0	120.4	128.5	124.1	123.7	123.7	213.6	213.6	66.5
7	32.1	31.2	32.2	65.6	65.2	65.2	42.2	42.2	124.1
8	35.7	30.6	31.6	37.8	36.9	36.5	37.7	37.7	136.0
9	53.8	49.7	50.5	42.5	42.0	42.3	44.8	44.8	48.2
10	38.6	36.1	36.2	37.7	37.4	37.4	43.3	43.3	38.2
11	21.0	20.1	20.6	21.0	20.5	20.4	21.9	21.9	21.3
12	39.6	40.2	40.2	39.4	39.4	39.8	40.1	40.1	40.1
13	42.4	42.2	42.9	42.3	42.4	42.7	42.9	42.9	45.3

续表

C	8-8-29[14]	8-8-30[14]	8-8-31[15]	8-8-32[15]	8-8-33[16]	8-8-34[17]	8-8-35[4]	8-8-36[4]	8-8-37[18]
14	56.0	53.8	57.0	49.7	49.5	47.7	56.5	56.5	72.7
15	24.1	37.7	24.0	24.6	23.7	36.9	24.1	24.1	67.9
16	28.2	72.0	22.6	28.5	22.4	74.2	28.3	28.3	29.6
17	55.9	56.2	58.2	55.9	57.5	60.1	56.1	56.1	53.6
18	11.9	14.6	13.8	11.9	13.3	14.6	12.2	12.2	15.9
19	17.4	19.2	21.2	19.0	16.2	18.3	14.2	14.2	22.3
20	25.6	78.6	75.4	36.0	75.1	76.7	35.8	35.9	39.0
21	18.6	19.9	26.4	18.5	26.3	26.7	18.7	18.8	23.4
22	34.7	73.8	42.5	34.9	42.0	42.6	34.6	34.7	135.5
23	31.0	37.5	29.1	31.1	29.0	29.4	31.5	31.7	132.9
24	156.8	153.9	156.2	157.1	156.2	156.4	151.9	152.0	44.0
25	33.8	32.5	34.4	34.0	33.9	33.9	39.1	39.2	33.9
26	21.8	21.9	22.3	22.3	21.9	21.9	68.1	68.2	20.1
27	21.9	21.7	22.3	22.1	21.9	22.0	17.0	17.1	20.4
28	106.0	107.9	106.6	106.2	106.3	106.3	109.5	109.7	18.1
OAc							170.8/20.9	170.8/20.9	

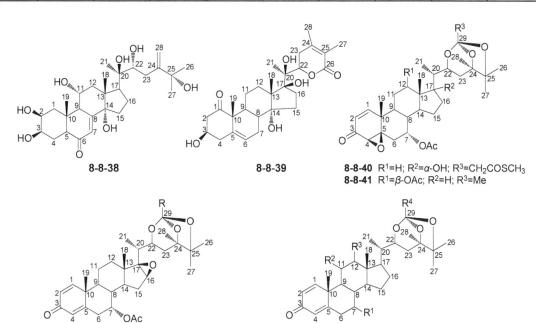

8-8-38

8-8-39

8-8-40 R¹=H; R²=α-OH; R³=CH₂COSCH₃
8-8-41 R¹=β-OAc; R²=H; R³=Me

8-8-42 R=CH₃
8-8-43 R=CH₂COSCH₃

8-8-44 R¹=α-OAc; R²=β-OH; R³=OAc; R⁴=Me
8-8-45 R¹=α-OAc; R²=β-OH; R³=OAc; R⁴=Et
8-8-46 R¹=α-OH; R²=R³=H; R⁴=Et
8-8-47 R¹=α-OH; R²=H; R³=α-OAc; R⁴=Et

表 8-8-5 化合物 8-8-38~8-8-47 的 ^{13}C NMR 化学位移数据[3,21,22]

C	8-8-38	8-8-39	8-8-40	8-8-41	8-8-42	8-8-43	8-8-44	8-8-45	8-8-46	8-8-47
1	39.1	209.7	154.9	154.0	154.8	154.8	155.1	155.1	155.6	154.8
2	68.9	47.6	123.3	123.7	127.8	127.8	128.3	128.3	127.6	127.9
3	68.6	68.6	195.9	195.4	185.6	185.6	186.1	186.1	185.6	185.5
4	33.3	40.0	62.5	62.4	126.7	126.7	125.2	125.2	127.2	127.3

续表

C	8-8-38	8-8-39	8-8-40	8-8-41	8-8-42	8-8-43	8-8-44	8-8-45	8-8-46	8-8-47
5	52.8	135.4	63.9	63.7	163.4	163.5	164.6	164.7	164.5	164.0
6	206.7	125.9	34.6	34.6	37.1	37.1	36.9	36.9	40.9	40.9
7	122.8	25.9	70.1	70.1	71.7	71.7	71.8	71.9	69.5	69.2
8	165.7	36.2	39.1	37.8	36.8	36.7	34.8	34.8	38.6	39.0
9	42.9	35.9	46.5	38.1	44.7	44.6	43.2	43.2	44.4	37.9
10	39.9	53.1	42.0	41.5	43.2	43.2	44.1	44.1	43.4	42.8
11	69.5	22.2	22.1	26.5	22.7	22.6	71.3	71.3	22.5	26.8
12	43.8	34.6	36.5	74.4	33.9	33.8	78.7	78.7	39.0	74.8
13		54.1	48.2	45.2	42.4	42.4	43.5	43.5	42.9	45.2
14	84.9	82.5	43.8	42.4	56.2	56.2	37.8	37.8	49.9	43.0
15	31.8	30.4	23.3	23.0	28.0	28.0	23.2	23.2	23.8	23.1
16	21.6	37.1	33.2	26.1	63.5	63.6	26.0	26.0	27.2	26.4
17	50.3	87.9	84.9	43.9	75.2	75.0	44.7	44.7	52.1	43.8
18	18.9	20.6	15.2	12.2	14.1	14.2	12.0	12.1	11.8	12.2
19	24.6	18.4	15.7	15.5	18.2	18.2	21.3	21.3	18.2	18.0
20	77.7	78.7	41.7	41.1	37.1	37.1	44.6	44.6	39.7	39.7
21	21.0	19.1	14.5	11.6	10.5	10.4	11.6	11.5	12.6	11.5
22	78.0	81.5	71.7	69.6	69.6	69.9	69.6	69.3	69.5	69.3
23	34.6	32.5	31.1	30.1	34.5	34.5	30.2	30.5	30.5	30.4
24	155.3	152.3	83.5	82.5	82.5	82.9	82.5	82.1	82.1	82.1
25	73.6	121.4	82.1	81.2	81.4	82.0	81.2	81.0	81.1	81.0
26	30.2	166.0	19.7	20.0	20.0	19.9	20.0	20.1	20.1	20.1
27	29.8	12.4	20.1	20.6	20.3	20.2	20.6	20.6	20.5	20.6
28	110.4	20.7	24.8	25.2	25.1	24.8	25.2	25.3	25.3	25.3
OAc			170.1/20.9	170.1/20.9	170.2/21.0	170.3/21.1	170.3/21.2	170.3/21.2		170.3/21.2
29			114.8	117.3	117.0	115.1	117.3	118.9	118.8	118.8
CH$_2$CO-SMe			50.2/193.2/12.0			50.2/192.9/12.0				
29-Me				23.5	24.0		23.5			
29-Et								29.3/7.7	29.3/7.7	29.3/7.7

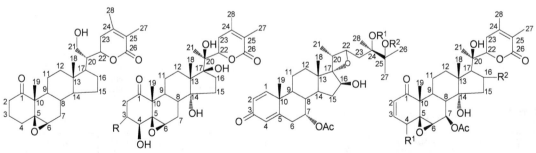

8-8-48

8-8-49 R=OH
8-8-50 R=OC$_2$H$_5$

8-8-51 R^1=Ac; R^2=H
8-8-52 R^1=H; R^2=Ac
8-8-53 R^1=COCH$_2$COSMe; R^2=H
8-8-54 R^1=H; R^2=COCH$_2$COSMe

8-8-55 R^1=β-OH; R^2=H
8-8-56 R^1=β-OH; R^2=α-OAc
8-8-57 R^1=H; R^2=α-OAc

表 8-8-6 化合物 **8-8-48~8-8-57** 的 ¹³C NMR 化学位移数据[21]

C	8-8-48[22]	8-8-49[7]	8-8-50[7]	8-8-51	8-8-52	8-8-53	8-8-54	8-8-55[23]	8-8-56[23]	8-8-57[23]
1	213.2	210.7	210.0	154.8	155.0	154.8	154.9	201.1	201.6	202.4
2	32.3	44.1	41.5	127.8	127.7	127.6	127.7	132.3	132.3	129.3
3	31.8	69.2	76.8	185.8	185.8	185.8	185.8	141.6	142.0	144.2
4	35.2	78.9	75.2	126.6	126.6	126.5	126.5	69.3	69.2	32.5
5	64.3	65.4	65.1	163.6	163.9	163.7	163.9	67.0	66.9	64.9
6	60.5	59.7	59.2	37.2	37.3	37.1	37.3	62.4	62.3	63.8
7	20.5	26.7	26.6	70.7	70.8	70.7	70.8	74.6	74.3	74.6
8	29.2	34.8	34.7	40.4	40.4	40.3	40.4	34.1	33.3	33.8
9	42.9	36.8	36.6	46.4	46.1	46.3	46.0	43.3	42.9	43.5
10	52.2	51.1	51.0	43.3	43.3	43.2	43.3	46.9	46.6	47.8
11	22.0	21.8	21.7	20.5	20.8	20.4	20.8	22.1	21.7	23.7
12	38.6	30.3	30.3	38.3	41.3	38.3	41.0	39.5	39.5	40.2
13	42.3	55.0	55.0	57.5	56.9	57.5	56.9	43.5	44.1	43.5
14	55.8	81.9	81.8	40.1	40.4	40.0	40.4	55.5	52.5	52.7
15	24.1	33.0	33.0	35.4	35.3	35.4	35.2	25.6	35.9	35.9
16	27.2	37.2	37.2	79.6	80.3	79.3	80.2	29.7	75.6	75.8
17	46.2	88.2	88.2	88.6	89.3	90.0	90.7	53.8	59.1	59.3
18	11.9	20.8	20.7	11.3	11.4	11.3	11.4	13.4	14.3	14.7
19	13.2	15.2	15.1	18.0	18.1	18.0	18.0	17.2	17.1	15.4
20	45.1	79.3	79.3	49.0	48.9	48.7	49.9	75.0	74.5	74.7
21	59.7	19.6	20.2	11.6	11.8	11.5	11.8	20.8	20.3	20.6
22	77.9	81.6	81.6	78.9	78.6	78.7	78.6	80.8	80.6	80.8
23	30.3	35.1	35.1	28.4	28.8	28.3	28.6	31.5	31.0	31.4
24	150.2	151.0	151.0	94.2	75.8	94.3	76.1	148.8	148.9	148.8
25	121.6	121.4	121.4	73.6	93.3	73.4	93.3	122.0	122.4	122.3
26	166.8	166.9	166.9	24.5	20.9	24.3	20.5	166.0	166.1	166.0
27	12.4	12.5	12.5	25.2	22.2	25.1	21.5	12.5	12.2	12.7
28	18.3	20.2	19.6	19.3	23.4	18.8	23.0	20.6	20.6	20.9
COS			64.3			191.5	191.8			
CH₂CO			15.6			50.7	50.7			
COO						165.1	165.0			
SMe						12.0	12.0			
OAc				170.4/21.0 170.8/22.6	170.5/21.1 171.1/22.5	170.4/21.0	170.5/21.1	171.3/21.5	170.7/21.2	171.6/21.7

参 考 文 献

[1] Vokac K, Bundesinsky M, Harmatha J. Phytochemistry, 1998, 49(7): 2109.

[2] Yasukawa Y S K. Bioorg Med Chem Lett, 2008, 18: 3417.

[3] Vokac K, Budesinsky M, Harmatha J. Tetrahedron, 1998, 54: 1657.

[4] Rueda A, Zubia E, Ortega M J. Steroids, 2001, 66: 897.

[5] Misra L, Lal P, Sangwan R S. Phytochemistry, 2005, 66: 2702.

[6] Lan Y H, Chang F R, Pan M J. Food Chem, 2009, 116: 462.

[7] Abraham W R, Hirschmann G S. Phytochemistry, 1994, 36(2): 459.

[8] Deng Z P, Sun L R, Ji M. Biochem System Ecol, 2007, 35: 700.

[9] Barrero A F, Sanchez J F, Alvarez Manzaneda E J. Phytochemistry, 1993, 32(5): 1261.

[10] Kim H J, Yim S H, Sung C K. Tetrahedron Lett, 2003, 44: 7159.

[11] Kawahara N, Sekita S, Satake M. Phytochemistry, 1994, 37(1): 213.

[12] Kawahara N, Sekita S, Satake M. Phytochemistry, 1995, 38(4): 947.

[13] Gurlia G, Mancini I, Pietra F. Comp Biochem Physiol, 1988, 90B (1): 113.

[14] Tan Q G, Li X N, Chen H. J Nat Prod, 2010, 73: 693.

[15] Govindachari T R, Krishna Kumari G N, Suresh G. Phytochemistry, 1997, 44(1): 153.

[16] Tchouankeu J C, Nyasse B, Tsamo E. Phytochemistry, 1992, 31(2): 704.

[17] Wu S B, Ji Y P, Zhu J J. Steroids, 2009, 74: 761.

[18] Hayakawa Y, Furihata K, Shin-ya K. Tetrahedron Lett, 2003, 44: 1165.

[19] Velde V V, Lavie D, Budhiraja R D. Phytochemistry, 1983, 22(10): 2253.

[20] Elliger C A, Waiss A C. Phytochemistry, 1989, 28(12): 3443.

[21] Elliger C A, Waiss A C, Benson J M. Phytochemistry, 1990, 29(9): 2853.

[22] Manickam M, Awasthi S B, Bagchi A S. Phytochemistry, 1996, 41(3): 981.

[23] Minguzzi S, Barata L E S, Shin Y G. Phytochemistry, 2002, 59: 635.

第九节　植物甾烷类化合物的 ^{13}C NMR 化学位移

【结构特点】植物甾烷类化合物基本骨架结构由 29 个碳组成，是在甾烷母核的 17 位连接有一个 10 个碳的侧链。

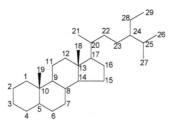

基本结构骨架

【化学位移特征】

1．与一般的甾烷类化合物类似，其化学位移范围较宽，大约在 δ 11.4～211.4（见表 8-9-1～表 8-9-4）。

2．植物甾烷类化合物的结构中常常含有双键，分以下几种情况：

（1）5,6 位双键碳，δ_{C-5} 139.7～148.6，δ_{C-6} 121.2～122.6；

（2）6,7 位双键碳，δ_{C-6} 135.4，δ_{C-7} 130.7；

（3）8,9 位双键碳，δ_{C-8} 139.7～140.5，δ_{C-9} 142.3～142.9。

（4）7,8 位和 9,11 位共轭双键碳，δ_{C-7} 120.6～120.9，δ_{C-8} 136.0～136.5，δ_{C-9} 144.1～144.2，δ_{C-11} 118.5～119.0；

（5）11,12 位双键碳，δ_{C-11} 129.3，δ_{C-12} 138.3；

（6）侧链的 22,23 位双键碳，δ_{C-22} 138.1～138.8，δ_{C-23} 129.1～130.3，若为顺式体则 δ_{C-22} 122.2～122.5，δ_{C-23} 122.7；

（7）25,26 位双键碳，δ_{C-25} 147.5～148.7，δ_{C-26} 110.1～111.9；

（8）24,28 位双键碳，δ_{C-24} 146.7～146.9，δ_{C-28} 115.6～115.8；

（9）28,29 位双键碳，δ_{C-28} 142.5，δ_{C-29} 112.8。

3．在植物甾烷类化合物中常见羟基或连氧基团，它们的化学位移分别是：3 位连氧碳，δ_{C-3} 66.5～80.6；5 位连氧碳，δ_{C-5} 82.1～88.8；6 位连氧碳，δ_{C-6} 68.5～70.6；7 位连氧碳，δ_{C-7} 63.4～68.8（7 位连 α-羟基，则 δ_{C-7} 86.3）；8 位连氧碳，δ_{C-8} 79.4；11 位连氧碳，δ_{C-11} 69.0；16 位连氧碳，δ_{C-16} 74.5；21 位连氧碳，δ_{C-21} 63.3；22 位连氧碳，δ_{C-22} 72.5～72.6；24 位连氧碳，δ_{C-24} 76.5～76.8；28 位连氧碳，δ_{C-28} 78.6～81.3。

4．植物甾烷类化合物的 3 位除了连有羟基外还可以是羰基，羰基的化学位移为 δ_{C-3}

203.2~208.3；有时 6 位碳也可能是羰基，$\delta_{C\text{-}6}$ 211.2。

5. 植物甾烷类化合物还有 6 个甲基，其化学位移分别为：$\delta_{C\text{-}18}$ 11.4~12.5，$\delta_{C\text{-}19}$ 12.2~19.6，$\delta_{C\text{-}21}$ 17.9~26.6，$\delta_{C\text{-}26}$ 16.5~22.1，$\delta_{C\text{-}27}$ 17.3~22.2，$\delta_{C\text{-}29}$ 11.9~16.1。通常 18 位甲基在最高场。

8-9-1　　　　**8-9-2**　　　**8-9-3** R=十四烷基
　　　　　　　　　　　　　　　　8-9-4 R=十六酰基
　　　　　　　　　　　　　　　　8-9-5 R=十八酰基
　　　　　　　　　　　　　　　　8-9-6 R=H
　　　　　　　　　　　　　　　　　　　　　　8-9-7 R=α-OH
　　　　　　　　　　　　　　　　　　　　　　8-9-8 R=β-OH

表 8-9-1 化合物 **8-9-1~8-9-8** 的 ^{13}C NMR 化学位移数据

C	8-9-1[1]	8-9-2[2]	8-9-3[3]	8-9-4[3]	8-9-5[3]	8-9-6[3]	8-9-7[3]	8-9-8[3]
1	37.8	37.0	37.3	37.3	37.3	37.3	37.3	37.3
2	32.3	27.8	31.9	31.9	31.9	31.1	31.1	33.4
3	71.2	73.9	73.3	73.3	73.3	71.3	71.3	71.4
4	43.5	38.2	33.9	33.9	33.9	32.3	32.3	36.8
5	141.9	139.7	51.7	51.7	51.7	51.7	51.7	48.7
6	121.2	122.6	69.6	69.6	69.6	68.5	69.5	70.6
7	32.6	31.9	41.8	41.8	41.8	41.7	41.7	40.7
8	32.1	31.9	34.3	34.3	34.3	34.3	34.3	31.2
9	50.5	50.0	53.7	53.7	53.7	53.8	53.8	54.8
10	36.9	36.6	36.3	36.3	36.3	36.3	36.3	37.7
11	21.4	21.0	21.1	21.1	21.1	21.2	21.2	20.6
12	40.0	39.7	39.8	39.8	39.8	39.8	39.8	39.4
13	42.5	42.3	42.6	42.6	42.6	42.6	42.6	42.8
14	56.9	56.7	56.1	56.1	56.1	56.2	56.2	56.3
15	24.5	24.3	24.2	24.2	24.2	24.2	24.2	23.2
16	28.5	28.2	28.2	28.2	28.2	28.2	28.2	27.8
17	56.0	55.8	56.1	56.1	56.1	56.1	56.1	55.6
18	12.2	11.8	12.0	12.0	12.0	12.0	12.0	11.6
19	19.6	19.3	13.4	13.4	13.4	13.5	13.5	16.4
20	40.5	36.4	36.1	36.1	36.1	36.1	36.3	35.9
21	21.0	18.7	18.7	18.7	18.7	18.7	18.8	18.1
22	137.5	25.7	33.9	33.9	33.9	33.9	33.9	35.0
23	130.3	35.2	26.1	26.1	26.1	26.1	26.4	24.2
24	52.3	146.9	45.8	45.8	45.8	45.9	46.1	45.3
25	148.7	34.8	29.1	29.1	29.1	29.2	28.9	28.2
26	110.1	22.1	19.8	19.8	19.8	19.8	19.6	18.2
27	20.3	22.2	19.0	19.0	19.0	19.0	19.0	18.4
28	26.0	115.6	23.1	23.1	23.1	23.1	23.0	22.0
29	12.4	13.1	12.0	12.0	12.0	12.0	12.3	12.2

续表

C	8-9-1[1]	8-9-2[2]	8-9-3[3]	8-9-4[3]	8-9-5[3]	8-9-6[3]	8-9-7[3]	8-9-8[3]
OAc		170.4						
Me		21.4						
1'			173.4	173.4	173.4			
2'			34.8	34.8	34.8			
3'			25.1	25.1	25.1			
4'			29.3 29.7	29.3 29.7	29.3 29.7			
5'			31.9	31.9	31.9			
6'			22.7	22.7	22.7			
7'			14.1	14.1	14.1			

8-9-9 8-9-10 8-9-11

8-9-12

8-9-13 R=H
8-9-14 R=OCOH
8-9-15 R=H; (24α)

8-9-16

表 8-9-2 化合物 8-9-9~8-9-16 的 ^{13}C NMR 化学位移数据

C	8-9-9[4]	8-9-10[5]	8-9-11[6]	8-9-12[1]	8-9-13[4]	8-9-14[4]	8-9-15[1]	8-9-16[2]
1	37.5	37.61	37.0	37.8	37.2	36.7	37.8	37.0
2	31.9	39.87	31.4	32.3	31.6	31.2	32.3	27.8
3	67.6	208.33	71.3	71.2	71.8	71.1	71.2	73.9
4	35.8	37.33	42.0	43.5	42.3	41.8	43.5	38.2
5	88.8	57.86	146.3	141.9	140.7	148.6	141.9	139.7
6	34.6	211.24	123.8	121.2	121.7	119.4	121.2	122.6
7	68.4	46.08	65.3	32.6	31.9	68.8	32.6	31.9
8	30.3	36.44	37.4	32.1	31.9	35.4	32.1	31.9
9	45.8	59.17	42.1	50.5	50.1	43.1	50.5	50.0
10	39.6	42.87	36.9	36.9	36.5	37.3	36.9	36.6
11	21.2	69.01	20.6	21.4	21.0	20.7	21.4	21.0
12	40.1	51.68	39.5	40.0	39.7	39.0	40.0	39.7

续表

C	8-9-9[4]	8-9-10[5]	8-9-11[6]	8-9-12[1]	8-9-13[4]	8-9-14[4]	8-9-15[1]	8-9-16[2]
13	42.8	43.07	42.4	42.5	42.3	42.2	42.5	42.3
14	56.3	55.88	49.6	56.9	56.8	49.5	56.9	56.7
15	28.1	23.93	24.4	24.5	28.1	28.2	24.5	24.3
16	29.3	28.00	22.4	28.5	29.4	29.4	28.5	28.2
17	56.3	56.06	57.0	56.3	56.1	55.8	56.3	55.8
18	11.6	12.80	13.4	12.0	11.8	11.4	12.0	11.8
19	18.7	12.95	18.2	19.6	19.3	18.6	19.6	19.3
20	35.5	40.53	75.4	40.8	35.5	35.7	35.8	35.9
21	17.9	21.10	26.6	21.5	18.6	18.1	18.9	18.8
22	33.7	138.35	42.5	138.8	33.7	33.6	34.0	29.1
23	22.7	129.12	23.8	129.5	24.3	23.9	29.5	34.6
24	49.5	51.30	46.1	51.4	49.5	50.0	49.8	77.7
25	147.6	31.90	29.1	32.2	147.5	147.5	147.7	36.1
26	111.3	21.23	19.6	19.2	111.3	111.3	111.9	16.5
27	17.3	18.98	19.2	21.3	17.8	17.8	17.9	17.6
28	26.5	25.40	23.0	25.7	26.5	26.5	26.7	142.5
29	12.0	12.21	12.1	12.5	12.0	11.9	12.3	112.8
OAc								170.5/21.4
OCO						160.8		

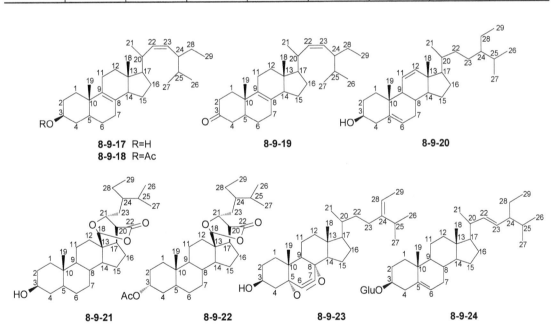

8-9-17 R=H
8-9-18 R=Ac
8-9-19
8-9-20
8-9-21
8-9-22
8-9-23
8-9-24

表 8-9-3 化合物 **8-9-17~8-9-24** 的 ¹³C NMR 化学位移数据

C	8-9-17[7]	8-9-18[7]	8-9-19[7]	8-9-20[8]	8-9-21[9]	8-9-22[9]	8-9-23[10]	8-9-24[1]
1	38.4	36.5	37.3	37.2	36.7	32.7	34.7	37.5
2	23.0	25.0	26.2	31.6	31.4	26.0	30.1	30.4
3	72.0	80.6	203.2	71.7	71.2	70.0	66.5	78.1
4	26.5	27.2	27.5	42.2	38.0	32.8	36.9	39.3

续表

C	8-9-17[7]	8-9-18[7]	8-9-19[7]	8-9-20[8]	8-9-21[9]	8-9-22[9]	8-9-23[10]	8-9-24[1]
5	57.2	58.4	55.2	140.7	45.0	40.2	82.1	140.9
6	19.1	18.2	18.9	121.7	28.5	28.1	135.4	121.9
7	33.2	34.2	34.3	24.4	32.4	32.3	130.7	31.9
8	139.7	140.1	140.5	50.2	34.7	34.7	79.4	31.9
9	142.3	142.9	142.9	51.2	55.2	55.1	51.0	50.3
10	47.0	37.3	37.5	36.5	35.8	36.1	36.9	36.9
11	25.1	23.9	25.0	129.3	21.9	21.5	23.4	21.3
12	27.3	25.9	25.9	138.3	35.7	35.7	39.3	39.9
13	42.4	42.5	42.4	42.3	48.0	48.1	44.6	42.3
14	40.1	40.2	39.8	56.8	56.9	57.0	51.6	56.9
15	30.9	30.5	30.0	24.3	26.3	26.3	20.5	24.5
16	31.2	31.1	31.0	28.2	30.2	30.2	28.8	29.3
17	44.0	44.3	44.2	56.1	36.6	36.6	56.1	56.1
18	34.8	34.6	34.5	12.0	100.4	100.4	12.5	12.2
19	56.9	45.7	56.3	19.4	12.2	12.3	18.2	19.4
20	41.0	41.0	41.0	36.1	46.3	46.4	35.8	40.8
21	29.0	29.0	29.0	18.8	173.2	173.2	18.7	21.5
22	122.2	122.5	122.4	39.8	72.5	72.6	34.9	138.8
23	122.7	122.7	122.7	26.1	31.7	31.8	25.5	129.5
24	27.3	27.9	27.9	45.8	41.8	41.8	146.7	51.4
25	24.3	24.8	24.8	28.9	28.2	28.2	34.8	32.1
26	19.1	20.3	20.3	19.8	18.7	18.7	22.0	19.2
27	20.4	20.6	20.6	19.0	18.9	18.9	21.9	21.3
28	18.0	18.7	18.7	23.1	22.7	22.7	115.8	25.7
29	22.5	23.2	23.0	11.8	11.9	11.9	13.2	12.6
OAc		175.1/35.4				170.6/21.5		
1'								102.5
2'								75.3
3'								78.5
4'								71.6
5'								78.4
6'								62.8

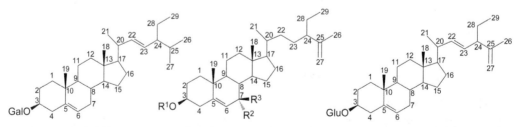

8-9-25

8-9-26　R¹=β-D-Glu; R²=R³=H
8-9-27　R¹=β-D-6-Mar-Glu; R²=R³=H
8-9-28　R¹=β-D-6-Mar-Glu; R²=H; R³=OH
8-9-29　R¹=β-D-6-Mar-Glu; R²=OH; R³=H
注:Mar为十七酰基

8-9-30

8-9-31 R¹=β-D-Glu; R²=H; R³=COOH; R⁴=β-D-Glu
8-9-32 R¹=β-D-Glu; R²=OH; R³=CH₂OH; R⁴=β-D-Glu

8-9-33

表 8-9-4 化合物 **8-9-25~8-9-33** 的 ^{13}C NMR 化学位移数据

C	8-9-25[11]	8-9-26[1]	8-9-27[4]	8-9-28[4]	8-9-29[4]	8-9-30[1]	8-9-31[12]	8-9-32[12]	8-9-33[12]
1	37.1	37.5	37.3	36.9	36.9	37.5	35.0	35.0	35.0
2	31.6	30.4	31.4	31.9	31.9	30.4	30.1	30.1	30.1
3	78.8	78.1	79.8	79.2	79.2	78.1	77.0	77.0	76.9
4	41.5	39.3	38.9	38.6	38.6	39.3	34.5	34.5	34.5
5	140.2	140.9	140.4	144.8	145.2	140.9	39.2	39.2	39.1
6	121.7	121.9	121.9	121.9	122.3	121.9	30.4	30.1	30.2
7	31.7	31.9	31.9	63.4	86.3	31.9	120.9	120.8	120.6
8	31.9	31.9	31.9	34.7	34.7	31.9	136.3	136.0	136.5
9	50.1	50.3	50.1	42.4	48.8	50.3	144.2	144.2	144.1
10	36.7	36.9	36.6	36.6	36.7	36.9	36.1	36.2	36.1
11	20.8	21.3	21.1	21.1	21.1	21.3	118.5	118.5	119.0
12	39.6	39.9	39.8	39.2	39.6	39.9	40.4	41.7	40.3
13	42.5	42.5	42.3	42.1	42.9	42.4	42.5	43.7	42.9
14	56.7	56.9	56.8	49.0	56.1	56.8	53.3	49.4	51.7
15	24.0	24.5	28.1	28.2	28.2	24.5	23.0	36.1	23.0
16	28.5	28.4	29.4	29.3	29.3	29.1	26.8	74.5	26.0
17	55.8	56.2	56.2	55.9	55.7	56.0	51.7	62.6	49.5
18	11.6	11.9	11.8	11.8	11.8	12.2	11.6	13.5	12.4
19	19.2	19.4	19.3	19.0	18.7	19.4	19.4	19.5	19.5
20	40.1	35.8	35.5	35.8	35.5	40.5	49.7	41.9	40.9
21	20.4	18.9	18.6	18.9	18.7	40.5	178.7	63.6	174.4
22	138.1	34.0	33.6	33.4	33.7	137.6	27.8	21.8	22.6
23	129.1	29.7	24.3	24.9	24.9	130.3	30.2	30.0	21.9
24	51.1	49.7	49.4	49.5	49.5	52.3	76.5	76.8	88.6
25	32.0	147.7	147.4	147.6	147.6	148.6	33.9	33.8	34.5
26	19.0	111.9	111.3	111.6	111.3	110.2	17.8	17.8	17.2
27	21.2	17.9	17.8	17.8	17.9	20.3	17.8	18.1	17.5
28	25.4	26.8	26.5	26.5	26.5	26.0	81.3	80.7	78.6
29	12.0	12.3	11.9	11.9	12.0	12.4	16.1	15.7	14.9
1′	100.5	102.5	101.3	101.5	101.5	102.5	102.2	102.3	102.3
2′	71.9	75.3	70.6	70.3	70.3	75.3	74.7	75.0	75.0
3′	74.0	78.5	76.3	76.2	76.3	78.5	78.5	78.4	78.1
4′	69.9	71.6	73.2	73.5	73.6	71.6	71.7	71.7	71.7
5′	76.5	78.4	73.6	73.9.	73.9	78.4	78.5	78.6	78.6

续表

C	8-9-25[11]	8-9-26[1]	8-9-27[4]	8-9-28[4]	8-9-29[4]	8-9-30[1]	8-9-31[12]	8-9-32[12]	8-9-33[12]
6′	62.5	62.8	63.8	63.4	63.4	62.8	62.7	62.7	62.9
1″			174.0	174.3	174.3		103.7	103.4	103.0
2″			34.3	34.2	34.3		75.3	75.3	75.3
3″			30.8	31.8	31.9		78.6	78.5	78.5
4″							71.7	71.8	71.8
5″							78.5	78.8	78.8
6″							62.8	62.9	63.1
4″~14″			29.7	29.7	29.7				
15″			24.9	24.9	24.9				
16″			22.6	22.7	22.7				
17″			14.0	14.0	14.0				

参 考 文 献

[1] Leitao S G, Kaplan M A C, Monache F D. Phytochemistry, 1992, 31: 2813.

[2] Kurata K, Taniguchi K, Shirashi K. Phytochemistry, 1990, 29: 3678.

[3] Mimaki Y, Aoki T, Jitsuno M. Phytochemistry, 2008, 69: 729.

[4] Yang H, Wang J. Hou A J. Fitoterpia, 2000, 71: 641.

[5] Monaco P, Previteral L. Phytochemistry, 1991, 30(7): 2420.

[6] Wu S B, Ji Y P, Zhu J J. Steroids, 2009, 74: 761.

[7] Shah W A, Qurishi M A, Koul S K. Phytochemistry, 1996, 41: 595.

[8] Alam M S, Chopra N, Ali M. Phytochemistry, 1994, 37: 521.

[9] Kaniwa K, Ohtsuki T, Sonoda T. Tetrahendron Lett, 2006, 47: 4351.

[10] Ioannou E, AbdeloRazik A F, Zervou M. Steriods, 2009, 74: 73.

[11] Ahmed W, Ahmad Z, Malik A. Phytochemistry, 1992, 31: 4038.

[12] Suo M R, Yang J S. Magn Reson Chem, 2009, 47 (2): 179.

第九章　有机胺、吡咯、吡咯里西啶、莨菪烷、吡啶、吖啶酮类生物碱化合物的 ^{13}C NMR 化学位移

第一节　有机胺类生物碱的 ^{13}C NMR 化学位移

一、麻黄碱类化合物的 ^{13}C NMR 化学位移

麻黄碱类化合物是生物碱中比较简单的一类化合物，可以看作是苯丙素的氨基衍生物。

【化学位移特征】

1．单取代的苯环基本遵循单取代的芳环的规律，连接丙基的碳化学位移在 δ 139.4～141.2。

2．2 位碳连接有氨基，$\delta_{C\text{-}2}$ 53.2～67.4。

3．3 位碳上连接有羟基，$\delta_{C\text{-}3}$ 71.5～75.5。

4．氮上的甲基出现在 δ 31.7～42.8。

5．1 位的甲基出现在 δ 8.5～13.3。

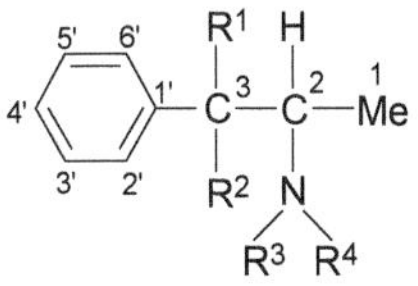

9-1-1 R¹=R³=H; R²=OH; R⁴=Me
9-1-2 R¹=OH; R²=R³=H; R⁴=Me
9-1-3 R¹=H; R²=OH; R³=R⁴=Me
9-1-4 R¹=R³=R⁴=H; R²=OH

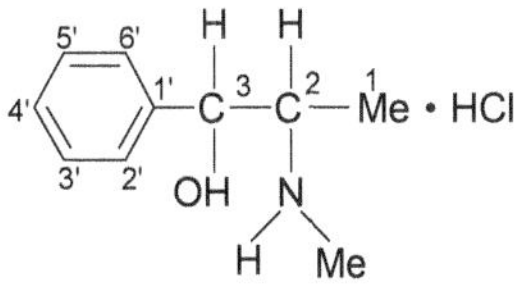

9-1-5

表 9-1-1　麻黄碱类化合物 9-1-1～9-1-5 的 ^{13}C NMR 化学位移数据[1]

C	9-1-1	9-1-2	9-1-3	9-1-4	9-1-5
1	10.6	12.8	8.5	13.3	12.5
2	60.8	60.5	67.4	53.3	62.7
3	72.1	75.5	71.5	73.7	74.2
N-Me	31.7	30.9	41.1 42.8		33.5
1'	139.4	140.5	140.3	139.4	141.2
2', 6'	126.9	127.8	126.8	127.1	131.6
3', 5'	129.6	129.8	129.8	129.7	128.9
4'	129.2	129.8	129.3	129.4	131.2

二、秋水仙碱类化合物的 ^{13}C NMR 化学位移

【结构特点】秋水仙碱类化合物是六、七、七元环并合而成的化合物，它的碱性主要来源于七元环的 7 位碳上连接的氨基。

基本结构骨架

【化学位移特征】

1. 对于 A 环来说，它除了和 B 环并合两个碳之外，它的 1、2、3 位都连接有连氧基团，δ_{C-1} 142.1～153.9，δ_{C-2} 135.9～142.2，δ_{C-3} 147.0～154.2，δ_{C-4} 103.3～111.3。

2. 对于 B 环来说，5、6、7 位都是脂肪族碳，而 7 位连接有氨基，所以它在较低场，δ_{C-7} 50.8～68.9。

3. C 环是环庚三烯酚酮，若 9 位是羰基碳，10 位碳连接有羟基或连氧基团，则 δ_{C-9} 170.1～180.1，δ_{C-10} 163.3～170.2。若 9 位碳连接有羟基或连氧基团，而 10 位是羰基碳，则 δ_{C-9} 163.9～164.1，δ_{C-10} 179.4～179.8。

4. 芳环上的甲氧基一般出现在 δ 55.7～61.5，氮甲基出现在 δ 33.8～43.7。

9-1-6 $R^1=R^2=R^3=OMe$; $R^4=NHCOCH_3$; $R^5=OH$
9-1-7 $R^1=R^2=R^5=OMe$; $R^4=NHCOCH_3$; $R^3=OH$
9-1-8 $R^1=R^2=R^3=R^5=OMe$; $R^4=NHCOCH_3$
9-1-9 $R^1=OH$; $R^2=R^3=R^5=OMe$; $R^4=NHCOCH_3$
9-1-10 $R^1=OAc$; $R^2=R^3=R^5=OMe$; $R^4=NHCOCH_3$
9-1-11 $R^1=R^2=R^3=R^5=OMe$; $R^4=NHCH_3$
9-1-12 $R^1=R^2=R^3=R^5=OMe$; $R^4=N(CH_3)_2$
9-1-13 $R^1=R^2=R^3=R^5=OMe$; $R^4=NCH_3COCH_3$
9-1-14 $R^1=R^2=R^3=R^5=OMe$; $R^4=NH_2$

表 9-1-2 秋水仙碱类化合物 9-1-6~9-1-14 的 ^{13}C NMR 化学位移数据

C	9-1-6[2]	9-1-7[2]	9-1-8[3]	9-1-9[4]	9-1-10[4]	9-1-11[4]	9-1-12[4]	9-1-13[4]	9-1-14[4]
1	153.9	150.3	153.8	150.8	142.1	150.6	150.6	151.4	150.9
2	141.8	139.3	142.2	135.9	140.1	141.6	141.6	142.2	141.6
3	151.1	149.9	151.4	147.0	153.8	153.5	153.4	153.6	153.6
4	107.7	110.3	107.9	103.3	110.0	107.5	107.5	107.6	107.4
5	29.9	29.7	30.1	29.5	30.1	30.4	30.6	30.0	30.7
6	37.6	36.6	36.6	—	37.1	38.7	36.3	34.0	40.6
7	52.9	52.8	52.8	50.8	52.2	62.8	68.5	57.2	53.8
8	119.5	130.7	130.7	130.7	131.3	132.3	134.2	130.9	132.0
9	170.1	179.7	179.6	178.0	179.7	179.8	180.1	179.5	179.8
10	170.2	164.2	164.3	163.3	164.4	164.1	164.2	164.2	164.0
11	122.5	112.9	113.1	112.3	112.3	111.9	111.7	112.0	111.9
12	141.6	135.3	134.5	135.5	134.0	134.6	133.8	133.9	135.3
1a	126.1	125.1	126.0	119.4	125.7	126.0	125.9	126.4	125.9
4a	134.6	134.2	134.4	134.4	134.4	135.3	134.8	133.9	134.5
7a	151.7	152.5	152.6	152.2	151.8	150.9	152.0	151.4	154.5
12a	136.5	137.1	137.2	134.0	136.3	137.2	137.5	136.2	136.5
1-OMe	61.3	61.3	61.3		60.8	60.8	60.6	61.3	61.0
2-OMe	61.5	61.5	61.5	60.2	60.4	61.2	61.2	61.6	61.1
3-OMe	61.5		56.3	55.7	56.5	56.2	56.1	56.2	56.3
10-OMe		56.4	56.5	55.9	56.3	56.2	56.1	56.3	56.3

续表

C	9-1-6[2]	9-1-7[2]	9-1-8[3]	9-1-9[4]	9-1-10[4]	9-1-11[4]	9-1-12[4]	9-1-13[4]	9-1-14[4]
N-Me						34.5	43.7	33.8	
N-COCH₃	170.5/22.8	170.2/22.8	170.0/22.7	168.2/22.5	169.3/22.9			171.1/22.4	
OCOCH₃					169.8/20.0				

9-1-15 R=NHCOCF₃
9-1-16 R=NHCH₃
9-1-17 R=N(CH₃)₂
9-1-18 R=N(CH₃)COCH₃
9-1-19 R=NH₂

9-1-20

9-1-21

表 9-1-3 秋水仙碱类化合物 9-1-15~9-1-21 的 ^{13}C NMR 化学位移数据

C	9-1-15[4]	9-1-16[4]	9-1-17[4]	9-1-18[4]	9-1-19[4]	9-1-20[4]	9-1-21[5]①
1	151.2	150.7	151.5	150.9	150.6	150.6	150.7
2	142.1	141.1	141.6	141.8	141.8	141.6	141.5
3	154.2	153.6	153.7	153.9	153.7	153.7	151.0
4	108.0	107.5	107.6	107.6	107.4	107.7	111.3
5	30.1	30.4	30.7	30.1	30.7	30.3	35.8
6	37.6	40.1	37.7	36.5	42.4	39.8	29.4
7	53.7	63.0	68.9	58.9	53.0	39.8	51.6
8	110.4	111.2	112.4	109.4	111.1	118.3	130.5
9	164.1	164.1	163.9	164.0	163.9	173.0	178.4
10	179.5	179.6	179.8	179.4	179.6	168.2	163.9
11	133.9	133.8	133.8	134.0	133.8	124.5	112.6
12	141.8	141.4	140.7	141.0	141.3	141.8	135.0
1a	125.9	126.0	126.2	125.6	125.9	126.3	127.0
4a	134.8	135.7	135.4	134.7	135.9	135.5	134.3
7a	143.1	145.4	146.1	143.6	147.2	151.3	151.2
12a	135.4	135.2	135.4	134.3	134.2	136.5	135.5
1-OMe	61.1	61.0	60.6	61.2	60.9	61.0	61.2
2-OMe	61.4	61.2	61.3	61.4	61.1	61.2	61.3
3-OMe	56.1	56.1	56.1	55.8	56.2	56.2	
9-OMe	56.3	56.1	56.1	56.2	56.2		
10-OMe							56.4
N-CH₃		35.2	44.2	36.5		35.0	
N-COCH₃				171.5/22.2			169.2/22.6
N-COCF₃	157.5/116.4						

① $\delta_{C-1'}$ 100.3，$\delta_{C-2'}$ 73.3，$\delta_{C-3'}$ 75.2，$\delta_{C-4'}$ 80.3，$\delta_{C-5'}$ 75.4，$\delta_{C-6'}$ 60.3，$\delta_{C-1''}$ 104.0，$\delta_{C-2''}$ 70.8，$\delta_{C-3''}$ 73.2，$\delta_{C-4''}$ 68.3，$\delta_{C-5''}$ 75.5，$\delta_{C-6''}$ 60.6。

三、酰胺类化合物的 ^{13}C NMR 化学位移

酰胺类化合物多数情况下是在酰胺键的两边都带有脂肪族长链或链上还有芳香环，它们的各碳化学位移规律性不强，仅仅是构成酰胺的羰基和其他类型羰基相比处于高场，δ 159.8～173.7。

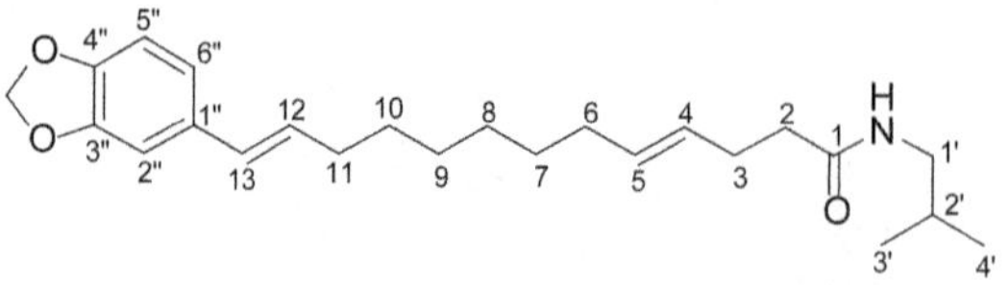

9-1-22

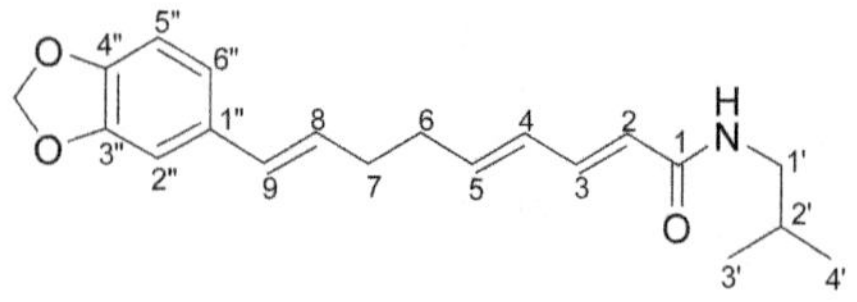

9-1-23

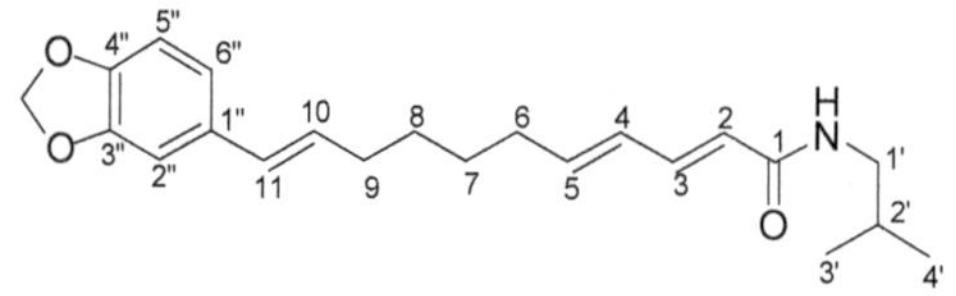

9-1-24

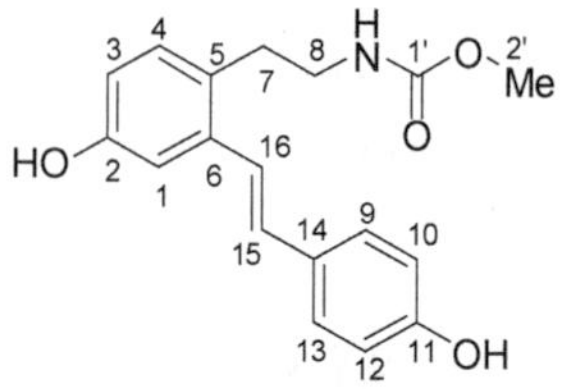

9-1-25

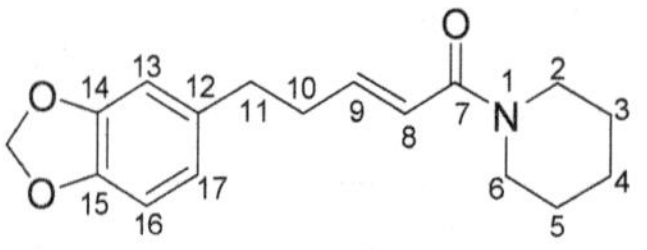

9-1-26

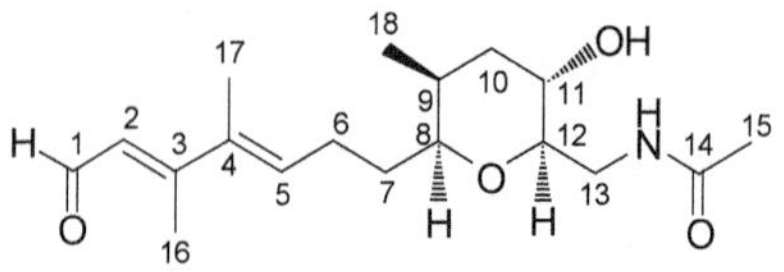

9-1-27

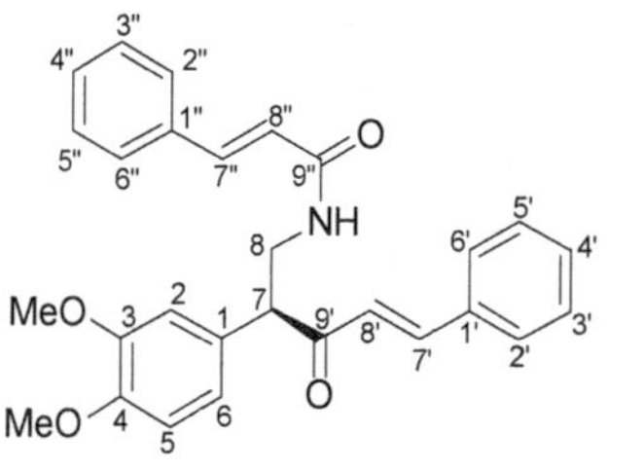

9-1-28

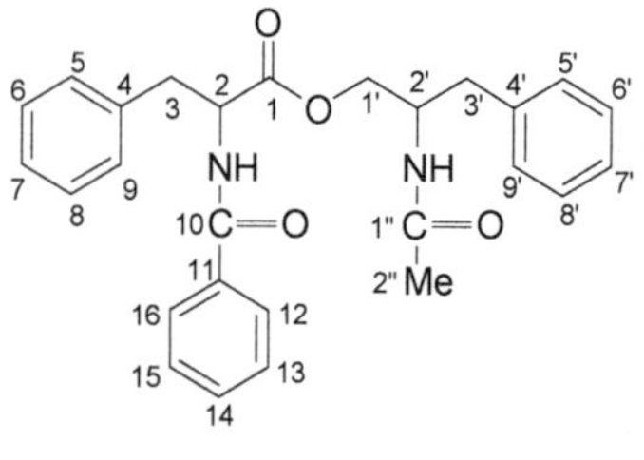

9-1-29

表 9-1-4 天然酰胺类化合物 9-1-22～9-1-29 的 ^{13}C NMR 化学位移数据

C	9-1-22[6]	9-1-23[6]	9-1-24[6]	9-1-25[7]	9-1-26[8]	9-1-27[9]	9-1-28[10]	9-1-29[11]
1	166.4	166.3	166.3	119.8		194.4	129.8	170.8
2	121.7	122.2	121.9	156.6	43.0	126.3	109.8	54.7
3	141.3	141.0	141.2	122.6	25.5	160.9	149.2	38.2
4	129.4	128.8	128.4	116.1	24.6	137.2	149.2	136.3
5	129.4	141.8	142.8	131.0	26.7	136.8	111.2	128.9
6	32.9	32.9	32.8	128.2	46.8	26.9	119.1	128.4
7	29.0	32.2	28.3	35.7	165.5	33.2	74.7	128.4
8	28.7	127.7	28.9	41.9	121.1	80.3	44.7	128.4
9	28.9	130.2	32.7	116.0	144.0	34.3		128.9

续表

C	9-1-22[6]	9-1-23[6]	9-1-24[6]	9-1-25[7]	9-1-26[8]	9-1-27[9]	9-1-28[10]	9-1-29[11]
10	29.3		129.0	130.4	34.4	40.9		167.6
11	32.9		129.6	149.1	34.5	65.0		133.3
12	143.1			130.4	134.9	83.1		127.0
13	129.3			116.0	108.8	42.5		128.3
14				148.6	147.5	173.7		131.8
15				140.6	145.7	22.5		128.3
16				111.6	108.1	14.6		127.0
17					121.3	14.0		
18						13.1		
1′	46.9	46.9	46.9	167.0			134.2	64.7
2′	28.6	28.6	28.6	56.4			128.2	49.3
3′	20.1	20.1	20.1				128.8	37.1
4′	20.1	20.1	20.1				130.3	136.8
5′							128.8	129.1
6′							128.2	128.4
7′							145.8	126.8
8′							117.6	128.4
9′							166.5	129.1
1″	132.5	132.1	132.3				134.7	171.0
2″	105.4	105.4	105.4				127.9	20.6
3″	146.5	147.9	147.9				128.9	
4″	149.9	146.7	146.6				130.6	
5″	108.2	108.2	108.2				128.9	
6″	120.2	120.4	120.2				127.9	
7″							141.6	
8″							120.3	
9″							166.0	
OMe							56.0 55.9	
OCH₂O	100.9	101.0	100.9		100.7			

9-1-30

9-1-31

9-1-32

9-1-33

9-1-34

9-1-35

表 9-1-5 天然酰胺类化合物 9-1-30~9-1-35 的 ^{13}C NMR 化学位移数据

C	9-1-30[7]	9-1-31[12]	9-1-32[13]	9-1-33[13]	9-1-34[14]	9-1-35[14]
1	166.4	172.9	39.9	38.6	74.9	74.9
2	119.3	36.7			57.4	108.6
3	140.3	25.3	146.3	49.3	183.8	151.6
4	127.7	29.3	128.6	28.8	122.1	122.6
5	111.1	32.2	162.6	169.9	149.5	132.5
6	148.3	126.5			91.5	90.7
7	148.8	130.3	41.2	41.0	38.6	40.9
8	112.9	31.0	34.6	34.6	154.9	155.8
9	122.2	22.3	131.0	130.9	159.8	161.2
10	55.8	22.3	129.6	129.7	39.4	37.7
11			114.8	114.6	27.5	37.6
12			157.6	157.4		68.1
1'	41.4	43.5	65.3	65.2	75.1	
2'	35.6	138.1	33.5	33.4	113.8	
3'	131.3	110.7	32.7	32.5	148.8	
4'	112.9	146.8	17.7	17.6	122.5	
5'	147.9	145.2	195.0	194.8	132.4	
6'	145.4	114.4	100.3	100.1	91.6	
7'	115.4	120.7	207.6	207.5	39.5	
8'	121.5	114.4	88.6	88.5	155.3	
9'	55.8		23.0	22.8	160.0	
OMe		55.9			60.3	60.8 60.5
OAc						171.4/20.6

参 考 文 献

[1] Yamasaki K, Fujita K. Chem Pharm Bull, 1979, 27: 43.

[2] Hufford C D, Collins C C, Clark A M, et al. J Pharm Sci, 1979, 68: 1239.

[3] Battersby A R, Sheldrake P W, Milner J A. Tetrahedron Lett, 1974, 37: 3315.

[4] Hufford C D, Capraro H G, Brossi A. Helv Chim Acta, 1980, 63: 50.

[5] Riva S, Sennino B, Zambianchi F, et al. Carbohydrate Research, 1998, 305: 525.

[6] Park I K, Lee S G, Shin S C, et al. J Agric Food Chem, 2002, 50: 1866.

[7] 金慧子, 毛雨生, 周天锡, 等. 中国天然药物, 2007, 5(1): 35.

[8] Navickiene H M, Alecio A C, Kato M J, et al. Phytochemistry, 2000, 55: 621.

[9] Satake M, Bourdelais A J, Van Wagoner R M, et al. Org Lett, 2008, 10: 3465.

[10] Ross S A, Sultana G N N, Burandt C L, et al. J Nat Prod, 2004, 67: 88.

[11] 赵晓亚, 周雪峰, 阮汉利, 等. 中国天然药物, 2005, 3(6): 354.

[12] Gannett P M, Nagel D L, Reilly P J, et al. J Org Chem, 1988, 53: 1064.

[13] Chansriniyom C, Ruangrungsi N, Lipipun V, et al. Chem Pharm Bull, 2009, 57: 1246.

[14] Ankudey F J, Kiprof P, Stromquist E R, et al. Planta Med, 2008, 74: 555.

第二节 吡咯类生物碱的 ^{13}C NMR 化学位移

【结构特点】吡咯类生物碱是以吡咯环或四氢吡咯环为基本骨架而形成的一类化合物，虽然结构简单，但是它们各碳或氮原子上都有可能连接其他基团，因而形成较为复杂的化合物。

【基本骨架碳谱特征】

1. 吡咯环上的取代基，对各碳的化学位移影响较大，若 2 位连接有羧基，则 δ_{C-2}121.4～121.9，δ_{C-3}115.6～116.2，δ_{C-4}109.7～110.6，δ_{C-5}123.8～124.4。若 3 位有溴元素取代，则其 3 位碳移向高场，δ_{C-3}94.8～94.9。

2. 四氢吡咯环的 2、5 位都是和氮元素相近的碳，连接取代基的碳出现在 δ52.6～56.5，而无取代基的碳出现在 δ_{C-2}63.2～65.0。

9-2-1

9-2-2

表 9-2-1 吡咯类生物碱化合物 9-2-1 和 9-2-2 的 ^{13}C NMR 化学位移数据[1]

C	9-2-1	9-2-2	C	9-2-1	9-2-2	C	9-2-1	9-2-2
2	121.4	121.9	2′	84.8	86.1	1″	170.2	162.6
3	115.6	116.2	3′	134.1	134.4	2″	52.7	23.2
4	109.7	110.6	4′	127.8	127.9	3″	26.3	31.4
5	124.4	123.8	5′	73.0	73.9	4″	31.4	171.0
6	159.9	160.4	6′	58.4	58.5	5″	172.0	

9-2-3

9-2-4

表 9-2-2 吡咯类生物碱化合物 9-2-3 和 9-2-4 的 ^{13}C NMR 化学位移数据[2]

C	9-2-3	9-2-4	C	9-2-3	9-2-4	C	9-2-3	9-2-4
2	121.3	120.9	6	159.5	159.5	11	123.7	28.1
3	94.9	94.8	8	37.8	38.2	12	111.9	40.7
4	111.5	111.2	9	133.4	28.9	14	146.4	156.6
5	126.6	127.0	10	113.8	23.5	CH$_3$	29.2	

9-2-5

9-2-6

9-2-7

9-2-8

表 9-2-3 吡咯类生物碱化合物 9-2-5~9-2-8 的 ^{13}C NMR 化学位移数据[3]

C	9-2-5	9-2-6	9-2-7	9-2-8	C	9-2-5	9-2-6	9-2-7	9-2-8
2	52.6	53.0	53.1	52.9	13	135.8	31.7	31.9	
3	21.3	22.3	22.3	21.4	14	19.0	19.0	19.1	
4	29.4	29.8	29.8	29.3	1′	50.8	51.2	51.5	51.2
5	63.4	64.2	64.0	64.0	2′	25.5	25.8	25.7	25.5
6	44.7	44.9	44.8	35.4	3′	35.6	35.9	36.0	35.6
7	203.4	206.0	206.1	171.2	5′	172.5	176.2	176.3	172.5
8	127.7	66.5	66.5		6′	35.3	35.7	35.7	35.3
9	154.7	197.2	197.2		7′	24.8	25.4	25.3	24.8
10	113.5	128.3	128.3		8′	30.8	31.7	31.7	30.9
11	130.6	152.4	152.2		9′	21.8	21.5	21.7	22.0
12	121.1	32.9	33.0		10′	13.7	13.4	13.4	13.8

9-2-9

9-2-10

表 9-2-4 吡咯类生物碱化合物 9-2-9 和 9-2-10 的 ^{13}C NMR 化学位移数据[4]

C	9-2-9	9-2-10	C	9-2-9	9-2-10	C	9-2-9	9-2-10
2	65.0	63.2	7	209.5	209.7	5′	57.4	57.6
3	45.7	26.6	8	31.2	31.1	N-CH₃	40.5	40.2
4	22.5	45.0	2′	67.0	67.6		40.6	41.4
5	56.5	55.5	3′	26.3	27.0			
6	47.3	47.3	4′	23.6	23.0			

9-2-11   9-2-12   9-2-13   9-2-14

9-2-15   9-2-16   9-2-17

表 9-2-5 化合物 9-2-11~9-2-17 的 ¹³C NMR 化学位移数据[5]

C	9-2-11[6]	9-2-12	9-2-13	9-2-14	9-2-15	9-2-16	9-2-17
2	125.7	126.8	125.1	122.9	135.4	121.2	132.4
3	109.8	110.8	110.0	109.8	108.4	112.1	110.9
4	132.8	121.6	117.1	115.1	115.8	127.4	128.5
5	132.9	132.1	131.6	122.0	120.8	119.0	117.4
6	179.8	178.8	187.7	161.4	161.2	161.2	161.5
7	51.1		25.3	51.2	50.8	59.6	59.5
8	50.3				14.4	14.4	14.5
9	31.0				12.9	12.7	12.9
10							12.9

参 考 文 献

[1] Lu Q, Zhang L, He G R, et al. Chemistry & Biodiversity, 2007, 4(12): 2948.

[2] Williams D E, Patrick B O, Behrisch H W, et al. J Nat Prod, 2005, 68 (3): 327.

[3] Katavic P L, Venables D A, Guymer G P, et al. J Nat Prod, 2007, 70 (12): 1946.

[4] Jenett-Siems K, Weigl R, Bohm A, et al. Phytochemistry, 2005, 66(12): 1448.

[5] Abraham R J, Lapper R D, Smith K M, et al. J. Chem Soc, Perkin Trans Ⅱ,1974, (9): 1004.

[6] El Sayed K A, Hamann M T, Abd El-Rahman H A, et al. J Nat Prod,1998, 61(6): 848.

第三节　吡咯里西啶类生物碱的 ¹³C NMR 化学位移

吡咯里西啶类生物碱是指两个四氢吡咯环并合而成的一类化合物。

基本结构骨架

【化学位移特征】

1. 吡咯里西啶环的 1、2 位为双键的情况下，1 位连接氧甲基，7 位为连氧基团时，$\delta_{C\text{-}1}$130.9~137.9，$\delta_{C\text{-}2}$123.0~136.3，$\delta_{C\text{-}3}$58.7~62.5，$\delta_{C\text{-}5}$52.9~56.9，$\delta_{C\text{-}6}$30.5~36.7，$\delta_{C\text{-}7}$70.0~77.5，$\delta_{C\text{-}7a}$74.7~80.9。如果是氮氧化物时，与氮相邻的碳向低场位移，$\delta_{C\text{-}3}$76.9~78.8，$\delta_{C\text{-}5}$

70.0～71.1，δ_{C-7a} 90.2～97.2，其他碳变化不大。如果连氧基团转移到 6 位时，δ_{C-1}129.9，δ_{C-2}136.1，δ_{C-3}59.3，δ_{C-5}66.4，δ_{C-6}74.7，δ_{C-7}73.7，δ_{C-7a}75.2。

2. 如果 1,7a 位和 2,3 位为两个双键，7 位羟基变为羰基时，δ_{C-1}121.7，δ_{C-2}117.2，δ_{C-3}123.9，δ_{C-5}42.2，δ_{C-6}39.5，δ_{C-7}191.4，δ_{C-7a}129.7。如果 1,7a 位和 2,3 位为两个双键，7 位羟基变为羰基，1 位的氧甲基变为醛基时，δ_{C-1}123.0，δ_{C-2}115.7，δ_{C-3}123.0，δ_{C-5}43.2，δ_{C-6}39.3，δ_{C-7}189.1，δ_{C-7a}135.1。

3. 吡咯里西啶环上没有双键，1 位连接氧甲基，7 位为连氧基团时，δ_{C-1}40.2～47.7，δ_{C-2}28.6～32.6，δ_{C-3}55.1～57.2，δ_{C-5}52.8～55.6，δ_{C-6}33.5～38.3，δ_{C-7}72.0～77.9，δ_{C-7a}68.8～76.6。

4. 在吡咯里西啶环上具有多取代的情况下。如果 1、2、7 位连接有羟基，3 位连接有羟甲基，5 位连接有甲基时，δ_{C-1}77.9，δ_{C-2}74.9，δ_{C-3}66.2，δ_{C-5}57.7，δ_{C-6}45.2，δ_{C-7}76.5，δ_{C-7a}69.96。如果 1、2、7 位连接羟基，3、5 位都连接羟甲基时，δ_{C-1}72.2～75.4，δ_{C-2}75.4～78.3，δ_{C-3}65.5～66.0，δ_{C-5}64.0～67.5，δ_{C-6}39.4～40.8，δ_{C-7}71.7～75.1，δ_{C-7a}70.4～79.9。如果 1、2、6、7 位都连接有羟基，3 位连接有羟甲基，5 位连接有甲基时，δ_{C-1}75.2～78.2，δ_{C-2}77.3～81.0，δ_{C-3}65.1～65.1，δ_{C-5}61.4～62.0，δ_{C-6}81.7～82.9，δ_{C-7}77.8～80.0，δ_{C-7a}67.3～69.2。如果 1、2 位连接有羟基，3 位连接有甲基，5 位连接有烷基时，δ_{C-1}82.6，δ_{C-2}80.8，δ_{C-3}65.4，δ_{C-5}66.6，δ_{C-6}31.4，δ_{C-7}30.5，δ_{C-7a}70.7。

9-3-1   9-3-2   9-3-3   9-3-4

9-3-5   9-3-6   9-3-7   9-3-8

9-3-9   9-3-10

表 9-3-1　化合物 9-3-1~9-3-10 的 ^{13}C NMR 化学位移数据

C	9-3-1[1]	9-3-2[2]	9-3-3[2]	9-3-4[3]	9-3-5[2]	9-3-6[1,2,4,5]	9-3-7[6]	9-3-8[7]	9-3-9[8]	9-3-10[9]
1	132.9	136.3	132.7	130.9	135.0	132.8	40.2	131.7	131.3	131.4
2	135.5	127.4	130.9	135.1	128.6	134.3	28.7	135.9	136.3	135.6
3	60.9	62.0	63.0	61.8	62.4	61.3	55.1	59.9	62.6	62.5
5	53.2	54.2	53.8	53.1	54.4	53.6	53.5	52.9	53.2	52.9
6	33.6	34.2	36.3	33.7	30.5	33.6	35.0	34.6	34.8	33.6
7	76.3	75.6	71.4	75.2	76.9	75.1	75.2	77.5	74.7	75.6
8	75.3	78.5	78.8	77.2	78.9	76.9	68.8	74.7	77.6	80.9
9	61.3	62.8	63.1	60.6	62.4	60.5	64.3	62.7	60.9	61.4
10	175.6	175.1	175.4	177.0	174.0	174.0	166.6	177.3	176.8	175.6
11	37.6	82.5	82.7	76.5	83.7	76.8	131.9	76.6	76.2	99.9
12	76.3	80.1	69.3	37.7	78.8	78.8	141.1	37.3	146.2	29.1
13	48.1	12.5	16.6	26.7	13.0	44.3	15.8	38.3	37.3	36.7
14	27.1	57.1	32.4	133.6	56.5	173.5	64.7	133.2	131.5	133.3
15	18.4	31.7	17.6	167.9	73.0	13.7	167.2	167.4	166.9	168.8
16	11.3	16.4	17.2	134.6	24.4	22.0	127.2	133.7	24.7	137.0
17	174.7	17.1		14.3	26.5	17.7	139.8	14.9	114.2	14.1
18				27.2			15.8	24.9	136.0	66.8
19				11.5			20.8	10.9	15.1	12.2

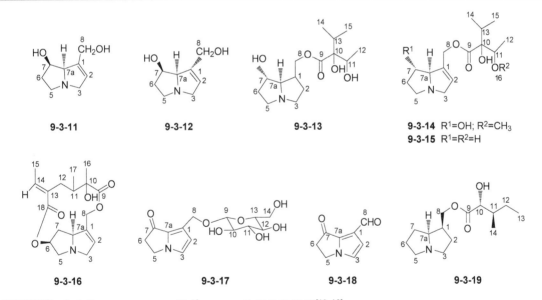

9-3-11　9-3-12　9-3-13　9-3-14 R^1=OH; R^2=CH$_3$　9-3-15 R^1=R^2=H

9-3-16　9-3-17　9-3-18　9-3-19

表 9-3-2　化合物 9-3-11~9-3-19 的 ^{13}C NMR 化学位移数据[10~15]

C	9-3-11	9-3-12	9-3-13	9-3-14	9-3-15	9-3-16	9-3-17	9-3-18	9-3-19
1	135.9	137.9	45.8	136.4	137.9	129.9	121.7	123.0	39.1
2	125.4	127.1	30.4	127.4	125.6	136.1	117.2	115.7	25.0
3	61.9	58.7	57.2	62.0	61.9	59.3	123.9	123.0	52.4
5	54.2	54.2	55.6	54.2	56.9	66.4	42.1	43.2	54.3
6	33.6	35.3	38.3	34.3	25.9	74.7	39.5	39.3	25.0
7	74.1	71.1	75.0	75.6	30.2	73.7	191.4	189.1	25.0
7a	79.6	79.5	73.1	78.6	69.3	75.2	129.7	135.1	66.5

续表

C	9-3-11	9-3-12	9-3-13	9-3-14	9-3-15	9-3-16	9-3-17	9-3-18	9-3-19
8	61.6	61.9	63.4	62.8	62.4	61.5	62.7	183.9	63.0
9	173.7			175.1	175.2	176.9	102.1		174.0
10	84.0			82.6	83.1	76.3	73.9		72.8
11	71.4			80.1	71.5	40.5	76.8		38.1
12	17.4			12.5	17.3	27.6	70.4		25.0
13	32.3			31.8	33.1	135.6	76.8		10.9
14	17.9			17.1	17.1	142.5	61.6		13.3
15	15.8			16.4	17.0	15.0			
16				57.0		24.6			
17						10.8			
18						167.0			

9-3-20

9-3-21

9-3-22

9-3-23

9-3-24

9-3-25

表 9-3-3 化合物 9-3-20~9-3-25 的 ^{13}C NMR 化学位移数据[16]

C	9-3-20	9-3-21	9-3-22	9-3-23	9-3-24	9-3-25
1	77.9	75.4	72.2	75.2	78.2	82.6
2	74.9	78.3	75.4	77.3	81.0	80.8
3	66.2	66.0	65.5	65.1	65.1	65.4
5	57.7	64.0	67.5	62.0	61.4	66.6
6	45.2	40.8	39.4	82.9	81.7	31.4
7	76.5	75.1	71.7	80.0	77.8	30.5
7a	69.9	70.4	79.9	67.3	69.2	70.7
8	66.8	66.6	61.7	66.4	65.7	65.1
9	18.4	64.2	61.8	16.0	15.7	28.5
10						39.0
11						70.9
12						24.6

9-3-26

9-3-27

9-3-28

9-3-29

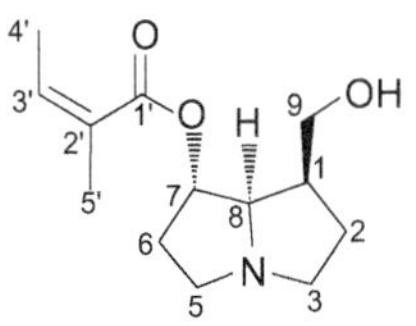

9-3-30 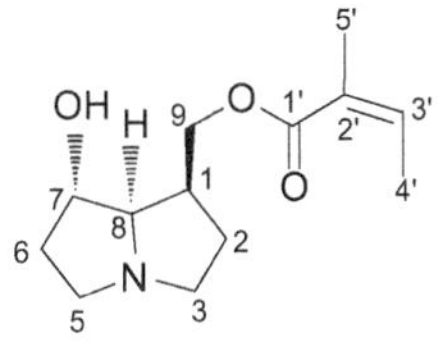　　　　　　　　　9-3-31 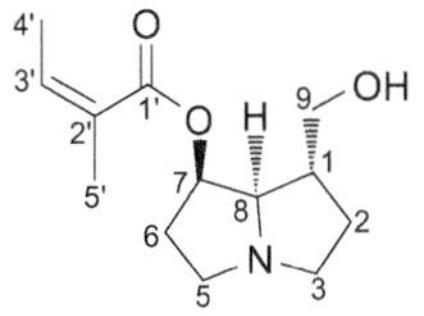　　　　　　　　　9-3-32

表 9-3-4 化合物 9-3-26~9-3-32 的 ^{13}C NMR 化学位移数据[17]

C	9-3-26	9-3-27	9-3-28	9-3-29	9-3-30	9-3-31	9-3-32
1	47.7	40.8	45.0	44.9	44.9	41.9	41.7
2	30.9	32.6	28.9	28.6	29.6	28.9	32.4
3	55.3	56.2	56.5	55.1	54.8	54.9	56.1
5	53.0	52.8	54.8	53.9	54.0	54.0	53.0
6	33.5	37.5	37.3	35.8	33.5	36.1	35.8
7	77.9	72.0	73.2	72.0	75.7	72.3	75.5
8	76.6	73.7	72.6	73.2	72.7	72.8	71.9
9	65.3	65.6	61.6	63.2	62.8	65.1	65.2
1′					169.3	169.6	168.5
2′					128.9	129.0	128.8
3′					139.5	139.3	140.2
4′					16.1	16.1	16.1
5′					20.7	20.8	20.9

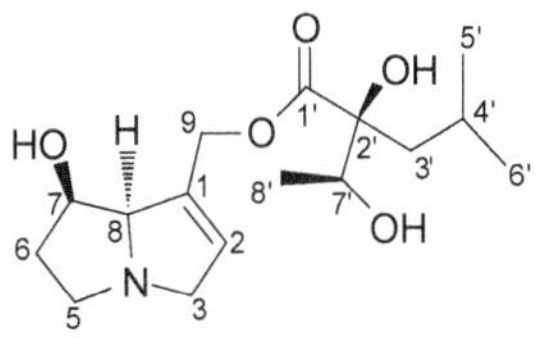

9-3-33 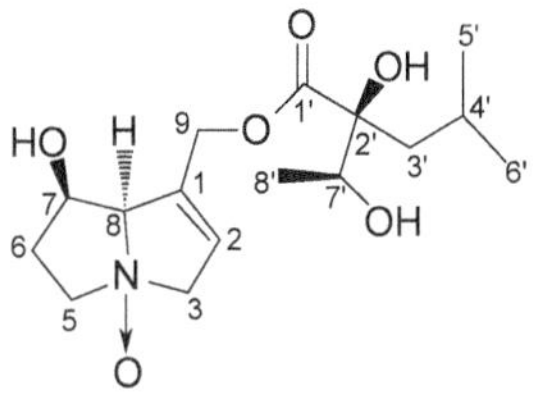　　　　　　　　9-3-34 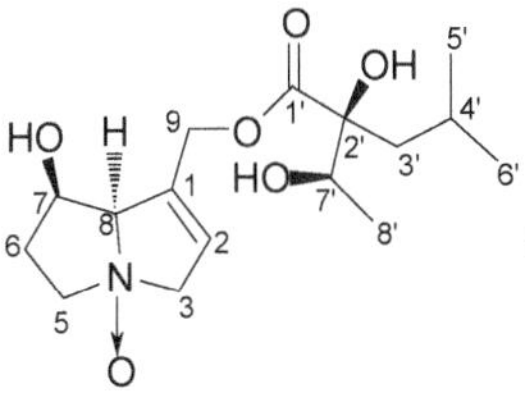　　　　　　　　9-3-35 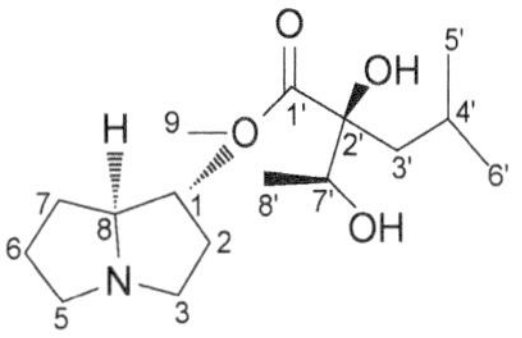　　　　　　　　9-3-36

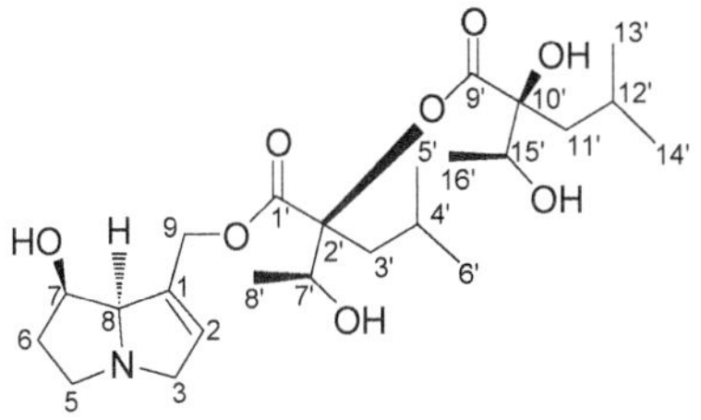

9-3-37 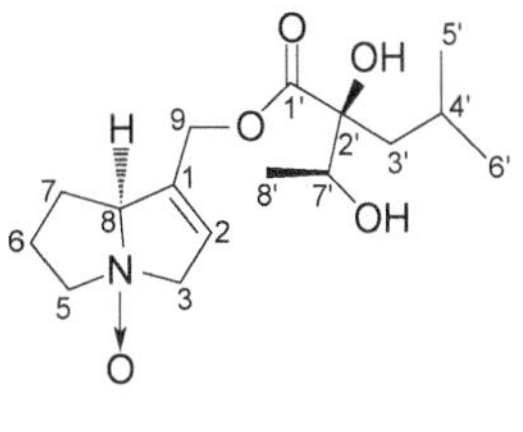　　　　　　　　　　　　9-3-38

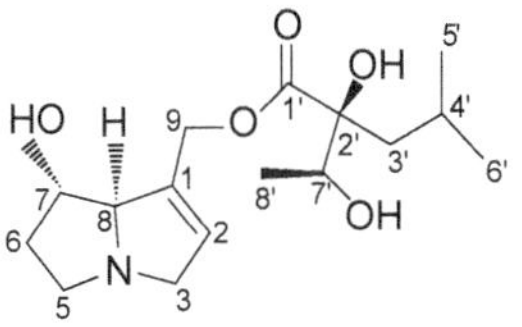

9-3-39 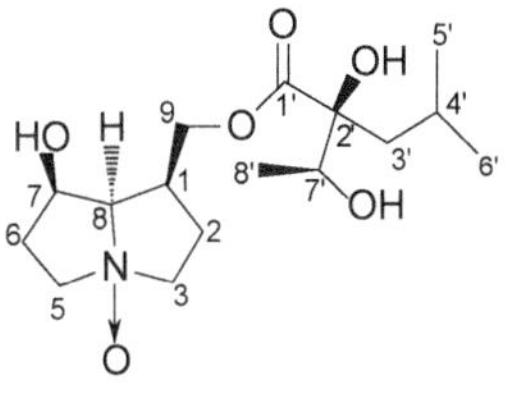　　　　　　　　　　　　9-3-40

表 9-3-5 化合物 **9-3-33~9-3-40** 的 ^{13}C NMR 化学位移数据[18]

C	9-3-33	9-3-34	9-3-35	9-3-36	9-3-37	9-3-38	9-3-39[19]	9-3-40[19]
1	133.2	133.9	134.0	48.0	135.4	137.7	134.0	37.3
2	123.8	123.4	123.4	29.7	124.0	123.0	123.5	30.6
3	62.0	78.8	78.8	55.9	62.0	76.9	62.0	73.0
5	54.0	70.0	70.0	55.8	54.9	71.1	55.9	70.6
6	36.7	35.7	35.8	25.6	36.6	25.2	35.0	35.8
7	70.0	70.6	70.6	31.3	70.4	28.3	70.8	70.1
8	80.0	97.2	97.0	71.9	79.8	90.2	79.4	91.5
9	61.0	62.4	62.0	63.4	61.7	61.2	62.2	67.3
1′	175.4	175.9	175.5	181.6	175.7	176.2		
2′	82.3	82.0	81.0	81.8	82.2	82.0		
3′	45.2	45.0	44.0	44.1	43.6	45.2	45.0	44.5
4′	25.3	25.2	25.8	25.0	25.2	25.2	25.2	25.3
5′	23.3	23.3	23.9	24.0	24.0	23.5	23.1	23.3
6′	24.6	24.6	24.3	25.0	24.7	24.6	24.4	24.8
7′	73.9	73.6	74.0	73.9	73.4	73.3	73.9	73.9
8′	17.6	17.7	16.5	17.4	17.4	17.6	17.4	17.4
9′					180.0			
10′					81.3			
11′					45.0			
12′					25.2			
13′					23.1			
14′					24.7			
15′					73.6			
16′					17.0			

参 考 文 献

[1] Mody N V, Sawhney R S, Pelletier S W. et al. J Nat Prod, 1979, 42 (4): 417.

[2] Jones A J, Culvenor C C J, Smith L W. Aust J Chem, 1982, 35(6): 1173.

[3] Roder E, Liang X T, Kabus K J. et al. Planta Med, 1992, 58(3): 283.

[4] Barreiro E J, Pereira A L, Nelson L, et al. J Chem Res, 1980, (9): 330.

[5] Molyneux R J, Roitman J N, Benson M, et al. Phytochemistry, 1982, 21(2): 439.

[6] Grue M R, Liddell J R. Phytochemistry, 1993, 33 (6): 1517.

[7] Wiedenfeld H, Roeder E. Phytochemistry, 1979, 18(6): 1083.

[8] Noorwala M, Mohammad F V, Ahmad V U, et al. Fitoterapia, 2000, 71(5): 618.

[9] White J D, Amedio J J, Gut S, et al. J Org Chem, 1992, 57 (8): 2270.

[10] Zalkow L H, Gelbaum L, Keinan E. Phytochemistry, 1978, 17(1): 172.

[11] Mody N V, Sawhney R S, Pelletier S W. J Nat Prod, 1979, 42(4): 417.

[12] Asibal C F, Glinski J A, Gelbaum L T, et al. J Nat Prod, 1989, 52 (1): 109.

[13] Wiedenfeld H, Roeder E. Phytochemistry, 1979, 18(6): 1083.

[14] Liu C M, Wang H X, Wei S L, et al. Helv Chim Acta, 2008, 91 (2): 308.

[15] Ikeda Y, Nonaka H, Furumai T, et al. J Nat Prod, 2005, 68 (4): 572.

[16] Kato A, Kato N, Adachi I, et al. J Nat Prod, 2007, 70(6): 993.

[17] Marin Loaiza J C, Ernst L, Beuerle T, et al. Phytochemistry, 2008, 69(1): 154.

[18] Braca A, Bader A, Siciliano T, et al. Phytochemistry, 2003, 69(9): 835.

[19] Siciliano T, Leo M D, Bader A, et al. Phytochemistry, 2005, 66(13): 1593.

第四节　莨菪烷类生物碱的 ¹³C NMR 化学位移

莨菪烷类生物碱是指分子中具有吡咯烷与哌啶并合形成托品烷的一类化合物，在其 2、3、6、7 位上都可能有羟基或其他基团取代。

托品烷的基本骨架

【化学位移特征】

1．目前在自然界中发现的莨菪烷生物碱，绝大多数是 3 位上的羟基与不同的有机酸形成的酯类化合物。在其分子中有很强的对称性，δ_{C-1} 53.4～61.7，δ_{C-2} 35.1～37.0，δ_{C-3} 66.4～69.8，δ_{C-4} 35.1～36.5，δ_{C-5} 53.4～61.7，δ_{C-6} 25.1～28.4，δ_{C-7} 25.1～28.4。

2．3、6 位具有连氧取代基的莨菪烷生物碱，由于 6 位的取代基的影响，δ_{C-1} 58.3～61.4，δ_{C-2} 30.1～37.7，δ_{C-3} 62.4～67.6，δ_{C-4} 28.8～36.8，δ_{C-5} 64.6～67.6，δ_{C-6} 74.8～79.2，δ_{C-7} 35.6～39.2。

3．2 位具有甲酰基的莨菪烷生物碱，1、2 位化学位移向低场位移，δ_{C-1} 64.8，δ_{C-2} 50.1，其他各碳变化不大。2 位具有连氧基团时，δ_{C-2} 67.3～77.3。

4．6、7 位有三元氧桥的莨菪烷生物碱，6、7 位化学位移向低场位移，δ 55.9，其他各碳变化不大。

5．6、7 位都有连氧基团取代时，6、7 位化学位移向低场位移，δ_{C-6} 73.5～84.6，δ_{C-7} 73.5～78.9，其他各碳变化不大。

6．在托品烷环上的羟基往往与各种有机酸形成酯类，这里仅就莨菪酸为例。莨菪酸苯环部分是单取代苯基，各碳化学位移与单取代苯基一致，而 8 位为酯羰基，出现在 δ_{C-8} 171.7～173.2；9 位碳出现在 δ_{C-9} 54.4～55.1；16 位是羟甲基，其化学位移出现在 δ_{C-16} 63.7～64.5。

7．托品烷环上的氮甲基出现在 δ 35.7～48.9 之间。

9-4-1

9-4-2

9-4-3

9-4-4

9-4-5

9-4-6

表 9-4-1 化合物 9-4-1~9-4-6 的 ^{13}C NMR 化学位移数据

C	9-4-1[1]	9-4-2[2]	9-4-3[3]	9-4-4[2]	9-4-5[4]	9-4-6[5]
1	58.3	59.9	64.8	59.9	58.2	60.4
2	30.1	36.5	50.1	36.5	31.7	35.4
3	67.6	68.5	66.8	68.5	66.6	66.4
4	28.8	36.1	35.5	36.3	31.7	35.4
5	67.0	59.9	61.5	59.9	58.2	60.4
6	75.4	25.2	25.3	25.2	55.9	25.1
7	36.6	25.6	25.2	25.6	55.9	25.1
8	172.0	173.2	170.6	173.2	171.7	165.5
9	54.4	55.1	130.2	55.1	54.5	120.4
10	135.5	136.9	129.6	136.9	135.9	106.7
11	128.1	129.0	128.2	129.0	128.5	147.1
12	128.9	129.6	132.7	129.6	127.9	140.3
13	127.8	128.4	128.2	128.4	127.4	147.1
14	128.9	129.6	129.6	129.6	127.9	106.7
15	128.1	129.0		129.0	128.5	
16	64.1	64.5		64.5	63.7	
NMe	39.6	40.4	41.0	40.4		39.2
Ac			166.0 51.3			56.2

9-4-7 R=Bz; R¹=Hdmb
9-4-8 R=Bz; R¹=Bz
9-4-9 R=Bz; R¹=Tmb

9-4-10

Bz =

Tmb =

Hdmb =

表 9-4-2 化合物 9-4-7~9-4-10 的 ^{13}C NMR 化学位移数据[6]

C	9-4-7	9-4-8	9-4-9	9-4-10
1	60.1	59.9	60.0	67.2
2	34.6	34.7	34.7	33.0
3	67.3	65.6	67.7	64.5
4	33.3	33.2	33.3	34.1
5	65.7	65.9	65.7	63.1
6	79.7	80.1	79.8	74.9
7	36.7	36.2	36.7	35.4
	6-OBz	6-OBz	6-OBz	6-OBz
1'	121.2	130.4	130.3	128.5

续表

C	9-4-7	9-4-8	9-4-9	9-4-10
2'	106.6	129.5	129.5	129.4
3'	147.0	128.6	128.4	128.7
4'	139.6	133.0	132.9	133.9
5'	147.0	128.6	128.4	128.7
6'	106.6	129.5	129.5	129.4
7'	165.5	165.7	166.1	165.1
	Hdmb	3-OBz	Tmb	Hdmb
1'	130.3	130.4	125.4	119.8
2'	129.5	129.5	106.3	106.6
3'	128.3	128.3	153.1	147.1
4'	133.0	132.9	153.1	140.3
5'	128.3	128.3	153.1	147.1
6'	129.5	129.5	106.3	106.6
7'	166.0	166.4	165.3	165.0
NCH$_3$	40.1	40.1	40.2	40.3
m-OCH$_3$	56.5		56.3	
p-OCH$_3$			60.9	56.4

9-4-11 R^1=OMpc; R^2=R^3=R^5=R^6=H; R^4=OH
9-4-12 R^1=OMpc; R^2=R^3=R^4=R^6=H; R^5=OH
9-4-13 R^1=OMpc; R^3=R^5=R^6=H; R^2=R^4=OH
9-4-14 R^1=OMpc; R^2=R^5=R^6=H; R^3=R^4=OH
9-4-15 R^1=OH;R^2=R^3=R^5=R^6=H; R^4=OMpc
9-4-16 R^1=R^2=OH; R^3=R^5=R^6=H; R^4=OMpc
9-4-17 R^1=R^2=R^3=R^5=H; R^4=OH; R^6=OMpc
9-4-18 R^1=OH; R^2=R^3=R^4=R^5=H; R^6=OMpc
9-4-19 R^1=R^4=OMpc; R^2=R^3=R^5=R^6=H; N→O

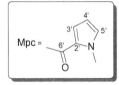

表 9-4-3 化合物 9-4-11~9-4-19 的 ^{13}C NMR 化学位移数据[7]

C	9-4-11	9-4-12	9-4-13	9-4-14	9-4-15	9-4-16	9-4-17	9-4-18	9-4-19
1	60.4	61.4	66.8	62.0	59.3	66.1	60.5	59.8	72.5
2	37.7	37.4	30.9	28.4	31.2	28.0	38.2	25.7	34.5
3	64.1	62.4	64.0	62.7	65.3	65.3	67.3	23.8	61.2
4	36.8	35.9	31.1	32.5	29.6	28.0	77.3	67.3	33.4
5	66.6	67.3	64.1	64.0	67.6	66.1	63.1	70.9	76.6
6	79.2	76.2	77.7	84.6	74.8	73.5	22.5	72.6	74.2
7	35.6	35.6	75.8	78.9	39.2	73.5	26.7	39.8	35.0
NCH$_3$	40.6	39.1	36.1	37.6	37.0	35.7	38.7	37.8	48.9
2'	122.8	121.7	122.1	122.0	122.2	121.7	122.0	122.5	121.6
3'	117.7	118.2	118.3	118.6	117.6	117.3	118.3	118.0	118.5
4'	107.7	108.0	107.9	107.9	108.0	107.6	107.9	107.8	108.6
5'	129.4	130.2	129.8	129.9	130.0	129.8	129.9	129.6	130.6
6'	161.2	160.5	161.0	161.6	160.2	159.9	161.3	160.4	159.6
1'-CH$_3$	36.7	36.7	36.8	36.7	36.6	36.0	36.8	36.8	36.8
2''									122.5
3''									119.3

续表

C	9-4-11	9-4-12	9-4-13	9-4-14	9-4-15	9-4-16	9-4-17	9-4-18	9-4-19
4″									108.1
5″									129.7
6″									161.3
1″-CH₃									37.1

9-4-20 R=CH₃
9-4-21 R=H

9-4-22 R=β-D-Glu
9-4-23 R=H

9-4-24

9-4-25

9-4-26

表 9-4-4 化合物 9-4-20~9-4-26 的 ¹³C NMR 化学位移数据[8]

C	9-4-20	9-4-21	9-4-22	9-4-23	9-4-24	9-4-25	9-4-26
1	59.8	53.4	59.1	61.7	60.4	60.5	59.6
2	36.7	36.6	35.4	37.0	34.5	35.9	36.4
3	67.7	67.5	67.0	67.4	66.2	67.3	69.8
4	36.7	36.3	35.4	37.0	33.1	35.9	36.5
5	59.8	53.4	59.1	61.7	66.7	60.5	59.6
6	25.8	28.4	25.1	26.3	79.0	26.5	25.6
7	25.8	28.4	25.1	26.3	36.1	26.5	25.6
NCH₃	40.4		39.8	40.1	40.1	38.8	40.3
1′	123.3	22.9	126.0	122.4	122.6	122.3	72.1
2′	131.4	131.4	128.0	129.4	131.6	111.8	123.5
3′	113.7	113.8	132.8	129.6	114.0	146.6	145.4
4′	163.3	163.4	156.4	158.7	163.6	150.6	67.5
5′	113.7	113.8	132.8	129.6	114.0	114.4	28.9
6′	131.4	131.4	128.0	129.4	131.6	124.2	31.2

续表

C	9-4-20	9-4-21	9-4-22	9-4-23	9-4-24	9-4-25	9-4-26
7′	165.7	165.5	164.8	167.2	166.1	166.0	175.3
4′-OMe	55.4	55.5			55.5	56.0	
1″/1‴			27.7	29.1	122.4		32.2
2″/2‴			122.2	122.8	131.6		120.8
3″/3‴			135.9	134.6	113.7		134.2
4″/4‴			25.4	26.0	163.6		25.8
5″/5‴			17.6	17.9	113.7		17.8
6″					131.6		
7″					165.4		
4″-OMe					55.5		
1⁗			104.4				
2⁗			73.8				
3⁗			76.0				
4⁗			70.0				
5⁗			76.8				
6⁗			61.0				

9-4-27 R¹=R³=H; R²=TmBzO; R⁴=OAc
9-4-28 R¹=(Z)-CbO; R²=R³=R⁴=H
9-4-29 R¹=(E)-CbO; R²=R³=R⁴=H
9-4-30 R¹=R⁴=H; R²=(Z)-CbO; R³=OAc
9-4-31 R¹=R⁴=H; R²=(E)-CbO; R³=OAc

TmBzO   (Z)-CbO   (E)-CbO

表 9-4-5 化合物 **9-4-27~9-4-31** 的 ¹³C NMR 化学位移数据[9]

C	9-4-27	9-4-28	9-4-29	9-4-30	9-4-31
1	58.9	60.1	60.3	58.8	59.0
2	32.4	35.1	35.5	32.1	32.5
3	67.5	67.0	67.1	66.8	67.0
4	30.9	35.1	35.5	30.7	31.0
5	64.6	60.1	60.3	64.9	64.8
6	78.9	26.5	26.5	79.0	79.0
7	37.2	26.5	26.5	36.0	36.7
NCH₃	38.1	38.3	38.5	38.2	38.2
	TmBzO	(Z)-CbO	(E)-CbO	(Z)-CbO	(E)-CbO
CO	165.2	165.6	166.4	165.2	165.5
α		120.1	118.5	120.0	118.3
β		143.0	144.5	143.7	145.0

续表

C	9-4-27	9-4-28	9-4-29	9-4-30	9-4-31
1′	125.3	134.9	134.4	134.8	134.3
2′	106.5	129.5	128.0	129.7	128.2
3′	153.0	127.9	128.2	128.0	128.9
4′	142.2	128.8	130.1	129.0	130.3
5′	153.0	127.9	128.2	128.0	128.9
6′	106.5	129.5	128.0	129.7	128.2
m-OMe	56.2				
p-OMe	60.9				
OAc	170.6/21.3			170.8/21.3	167.7/21.3

<h2 align="center">参 考 文 献</h2>

[1] 陈德昌. 中药化学对照品工作手册. 北京: 中国医药科技出版社, 1999: 122.

[2] Stenberg V I, Narain N K, Singh S P, et al. J. Heterocycl Chem, 1977, 14(2): 225.

[3] Carroll F I, Coleman M L, Lewin A H, et al. J Org Chem, 1982, 47 (1): 13.

[4] Wenkert E, Bindra J S, Chang C J, et al. Acc Chem Res, 1974, 7 (2): 46.

[5] Sena-Filho J G, da Silva M S, Tavares J F, et al. Helv. Chim.

Acta, 2010, 93(9): 1742.

[6] de Oliveira S L, Tavares J F, Castello Branco M V S, et al. Chemistry & Biodiversity, 2011, 8(1): 155.

[7] Zanolari B, Guilet D, Marston A, et al. J. Nat. Prod., 2005, 68(8): 1153.

[8] Jenett-Siems K, Weigl R, Bohm A, et al. Phytochemistry, 2005, 66(12): 1448.

[9] Oliveira S L, da Silva M S, Tavares J F, et al. Chemistry & Biodiversity, 2010, 7(2): 302.

<h1 align="center">第五节　吡啶和氢化吡啶类生物碱的 ^{13}C NMR 化学位移</h1>

吡啶和氢化吡啶类生物碱是指以吡啶或氢化吡啶（哌啶）为母核的一类生物碱化合物。

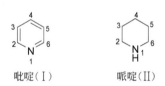

吡啶（Ⅰ）　　　哌啶（Ⅱ）

基本结构骨架

【化学位移特征】

1. 对于吡啶类生物碱来说，母核中比较特征的是距氮元素较近的 2 位和 6 位上的碳，δ_{C-2}144.1～151.5，δ_{C-6}147.6～150.8。

2. 对于氢化吡啶也就是哌啶类生物碱，母核上距氮元素较近的 2 位和 6 位上的碳，化学位移在较低场，δ_{C-2}46.5～64.2，δ_{C-6}46.6～68.8。

3. 在哌啶环上 2 位和 6 位都连接有苯环，4 位连接有羟氨基，则 δ_{C-2}69.8～70.2，δ_{C-6}68.3～68.9，δ_{C-4}155.9～157.1。

4. 在哌啶环上有的化合物有 2,3 位和 6,1 位两个双键，δ_{C-2}147.3，δ_{C-3}120.6，δ_{C-4}68.3，δ_{C-5}51.3，δ_{C-6}144.8。有的化合物有 4,5 位和 6,1 位两个双键，δ_{C-2}40.1，δ_{C-3}25.2，δ_{C-4}146.4，δ_{C-5}126.5，δ_{C-6}166.7。有的化合物仅有 4,5 位为双键，δ_{C-2}50.5～51.4，δ_{C-3}26.2～26.7，δ_{C-4}136.2～137.4，δ_{C-5}128.9～129.0，δ_{C-6}52.5～53.3。

5. 无论是 Ⅰ 型还是 Ⅱ 型结构，它们氮甲基的化学位移都出现在 δ_{C-6}40.2～49.1。

9-5-1 10'-═O
9-5-2 7'-═O
9-5-3 8'-═O
9-5-4 11'-═OH

9-5-5

表 **9-5-1**　化合物 **9-5-1~9-5-5** 的 ^{13}C NMR 化学位移数据[1]

C	9-5-1	9-5-2	9-5-3	9-5-4	9-5-5
2	57.9	57.7	57.7	57.6	55.4
3	67.9	67.9	67.9	67.5	67.7
4	27.2	27.2	27.2	26.0	32.0
5	28.4	28.4	28.4	27.5	26.1
6	50.0	50.0	50.0	50.4	57.0
1″	62.2	62.3	62.3	61.4	18.7
1′	33.3	32.5	32.5	31.8	37.0
2′	26.3	26.2	26.2	26.0	25.7
3′	29.3	29.2	29.2	29.2	29.4
4′	29.3	29.2	29.2	29.2	29.4
5′	29.3	23.7	29.2	29.2	29.4
6′	29.3	42.5	23.7	29.2	29.4
7′	29.3		42.5	29.2	29.4
8′	23.9	42.5		29.2	29.4
9′	42.3	23.7	42.5	25.4	29.4
10′		31.3	26.2	38.8	29.4
11′	35.7	22.2	22.2	67.0	23.7
12′	7.9	13.7	13.7	27.7	43.8
13′					—
14′					29.4

9-5-6

9-5-7

9-5-8 R^1=R^2=CH$_3$; R^3=OCH$_3$
9-5-9 R^1=H; R^2=CH$_3$; R^3=OCH$_3$
9-5-10 R^1=R^2=R^3=CH$_3$
9-5-11 R^1=R^2=CH$_3$; R^3=H

表 **9-5-2**　化合物 **9-5-6~9-5-11** 的 ^{13}C NMR 化学位移数据[2]

C	9-5-6	9-5-7	9-5-8	9-5-9	9-5-10	9-5-11
2	52.2	52.4	62.6	62.6	64.2	59.8
3	31.8	32.3	79.6	79.6	34.8	35.2

续表

C	9-5-6	9-5-7	9-5-8	9-5-9	9-5-10	9-5-11
4	23.8	24.5	26.6	31.4	32.5	24.8
5	31.7	25.8	28.3	32.1	30.4	26.2
6	51.9	46.6	68.8	68.8	68.8	68.8
1′	48.5	49.7	135.6	135.6	135.6	135.6
2′	209.5	209.7	129.9	129.9	129.9	129.9
3′	45.1	45.1	130.2	130.2	130.2	130.2
4′	28.6	28.7	130.3	130.3	130.3	132.9
5′	132.8	132.9	132.9	132.9	132.9	135.2
6′	129.2	129.2	135.2	135.2	135.2	32.4
7′	113.9	113.8	31.8	32.9	32.9	31.8
8′	157.9	157.9	32.9	31.4	31.4	22.2
9′	113.9	113.8	22.6	22.2	22.2	13.9
10′	129.2	129.2	14.3	13.9	14.3	19.0
OMe	55.2	55.2	57.3	57.3		
1″	48.4					
2″	209.4					
3″	45.0					
4″	28.4					
5″	132.0					
6″	129.3					
7″	115.8					
8″	154.8					
9″	115.8					
10″	129.3					
2-CH$_3$			18.4	19.0	19.0	
3-CH$_3$					18.4	
NCH$_3$			40.9		40.9	40.9

9-5-12 R=H; Z=NH
9-5-13 R=Cl; Z=NH
9-5-14 R=OCH$_3$; Z=NH
9-5-15 R=H; Z=O
9-5-16 R=Cl; Z=O
9-5-17 R=OCH$_3$; Z=O

表 9-5-3 化合物 9-5-12~9-5-17 的 ^{13}C NMR 化学位移数据[3]

C	9-5-12	9-5-13	9-5-14	9-5-15	9-5-16	9-5-17
2	70.2	69.8	69.8	70.2	69.8	69.8
3	41.3	41.2	41.5	41.3	41.2	41.4
4	157.1	156.0	156.7	157.1	155.9	156.7
5	34.3	34.1	34.4	34.3	34.1	34.4
6	68.9	68.3	68.4	68.9	68.3	68.4

续表

C	9-5-12	9-5-13	9-5-14	9-5-15	9-5-16	9-5-17
7	69.3	69.3	69.4	67.6	67.6	67.6
8	19.9	19.8	19.8	27.7	27.6	27.7
9	158.1	158.2	158.3	163.6	163.6	163.6
1'	137.3	140.0	137.3	141.0	139.1	135.1
2'	129.7	129.9	110.2	129.7	130.0	114.1
3'	130.6	134.7	159.0	130.6	134.8	158.9
4'	127.7	129.4	144.9	127.8	130.0	114.6
5'	130.6	134.7	133.1	130.6	133.1	133.0
6'	129.7	129.9	121.0	129.7	129.4	119.0
1''	137.3	137.3	137.3	141.0	139.1	135.1
2''	129.7	130.0	110.2	129.8	130.0	114.1
3''	130.6	134.9	158.6	130.7	134.9	158.6
4''	127.7	129.4	144.9	127.8	130.0	114.6
5''	130.6	134.9	133.0	130.7	133.1	133.1
6''	129.7	130.0	121.0	129.8	129.4	119.0
1'''	141.0	137.3	135.1	141.8	140.0	135.8
2'''	115.0	115.0	115.0	114.2	114.2	114.9
3'''	121.0	121.0	121.0	119.1	119.2	118.8
4'''	121.1	121.1	121.0	118.9	119.0	118.8
5'''	115.2	115.1	115.0	109.8	109.8	109.8
6'''	141.8	139.1	135.8	143.1	143.4	143.4
OMe			55.2			55.2

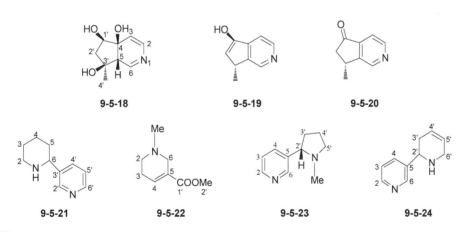

9-5-18　　　　9-5-19　　　　9-5-20

9-5-21　　　　9-5-22　　　　9-5-23　　　　9-5-24

表 9-5-4　化合物 9-5-18~9-5-24 的 ^{13}C NMR 化学位移数据

C	9-5-18[4]	9-5-19[4]	9-5-20[4]	9-5-21[5]	9-5-22[6]	9-5-23[7]	9-5-24[1]
2	147.3	148.4	148.3	46.9	51.4	148.5	144.1
3	120.6	116.1	116.1	24.9	26.7	123.7	129.9
4	68.3	133.9	142.3	24.5	137.4	135.0	142.5
5	51.3	149.1	152.9	34.0	129.0	138.1	137.4
6	144.8	150.8	149.0	59.1	53.3	149.5	147.6
1'	74.3	150.8	205.9		166.1		

续表

C	9-5-18[4]	9-5-19[4]	9-5-20[4]	9-5-21[5]	9-5-22[6]	9-5-23[7]	9-5-24[1]
2'	42.3	127.5	45.2	148.1	51.4	69.0	54.7
3'	72.7	44.1	29.6	139.7		34.9	29.5
4'	19.6	21.1	22.5	133.7		22.5	126.3
5'				122.9		56.9	121.6
6'				148.0			44.4
NMe					45.7	40.2	

9-5-25　　　　9-5-26　　　　9-5-27

9-5-28　　　9-5-29　　　9-5-30　　　9-5-31

表 9-5-5 化合物 9-5-25~9-5-31 的 ^{13}C NMR 化学位移数据

C	9-5-25[8]	9-5-26[9]	9-5-27[10]	9-5-28[11]	9-5-29[10]	9-5-30[12]	9-5-31[12]
2	42.1	56.4	148.0	146.7	151.5	50.5	56.1
3	25.2	24.5	123.2	128.4	124.8	26.2	32.4
4	146.4	23.4	134.0		138.6	136.2	24.6
5	126.5	31.2	140.5	137.6	133.5	128.9	26.1
6	166.7	59.9	148.6	145.5	150.3	52.5	46.5
1'	131.3	127.8			173.8	164.6	39.1
2'	106.0	131.0	60.0				18.1
3'	154.1	116.4	34.5				13.1
4'	141.5	164.0	25.6				
5'	154.1	116.4	47.0				
6'	106.0	131.0					
7'	144.5	196.4					
8'	121.7	41.2					
9'	169.7						
NCH₃		42.7		49.1		45.3	
OCH₃	61.5 56.6 61.5					50.5	

参 考 文 献

[1] Wenkert E, Buckwalter B L, Burfitt I R, et al. Spectroscopy, 1976, 2: 81.

[2] Liu H L, Huang X Y, Dong M L, et al. Planta Med, 2010,

76(9): 920.

[3] Balasubramanian S, Aridoss G, Parthiban P, et al. Biol Pharm Bull, 2006, 29(1): 125.

[4] Yang X W, Zou C T, Hattori M. Chinese Chem Lett, 2000, 11(9): 779.

[5] Felpin F X, Girard S, Vo-Thanh G, et al. J. Org. Chem., 2001, 66 (19): 6305.

[6] Srinivasan P R, Lichter R L. Org Magn Reson, 1976, 8(4): 198.

[7] 张兰珍, 豪佛·皮. 中国中药杂志, 1997, 22 (12): 740.

[8] Duh C Y, Wu Y C, ang, S K. Phytochemistry, 1990, 29 (8): 2689.

[9] Kennelly E J, Flynn T J, Mazzola E P, et al. J Nat Prod, 1999, 62 (10): 1385.

[10] Iribarren A M, Pomilio A B. et al. J Nat Prod, 1983, 46 (5): 752.

[11] Leete E. Bioorg Chem, 1977, 6(3): 273.

[12] Wenkert E, Bindra J S, Chang C J, et al. Acc Chem Res, 1974, 7(2): 46.

第六节　吖啶酮类生物碱的 ^{13}C NMR 化学位移

【结构特点】基本骨架是两个芳环由一个氮和一个羰基连接又形成一个吡啶酮环，苯环中的 C-1～C-8 位以及氮上都有可能连接取代基。

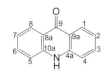

基本结构骨架

【化学位移特征】

1. 苯环上各碳的化学位移基本上遵循苯环碳的规律，带有取代基的碳在较低场，特别是连接氧的碳处于更低场。

2. 9 位羰基通常是在最低场，大约为 δ 174.8～182.9 之间。

3. 与氮相连接的苯环碳 C_{4a} 和 C_{10a} 由于受到氮的影响，化学位移向低场移动，δ_{C-4a} 134.4～150.8，δ_{C-10a} 130.7～146.1。

4. 氮上往往连接甲基，由于受到周围环境的影响，化学位移范围比较宽，在 δ 31～49 之间。

9-6-1 $R^1=R^2=R^3=R^4=R^5=H$
9-6-2 $R^1=R^2=R^3=R^4=H$; $R^5=CH_3$
9-6-3 $R^1=R^4=R^5=H$; R^2, $R^3=OCH_2O$
9-6-4 $R^1=R^4=H$; R^2, $R^3=OCH_2O$; $R^5=CH_3$
9-6-5 $R^1=R^3=OCH_3$; $R^2=R^4=H$; $R^5=CH_3$
9-6-6 $R^1=R^4=OCH_3$; R^2, $R^3=OCH_2O$; $R^5=H$
9-6-7 $R^1=R^4=OCH_3$; R^2, $R^3=OCH_2O$; $R^5=CH_3$
9-6-8 $R^1=OCH_3$; R^2, $R^3=OCH_2O$; $R^4=H$; $R^5=CH_3$

表 9-6-1　化合物 **9-6-1～9-6-8** 的 ^{13}C NMR 化学位移数据[1]

C	9-6-1	9-6-2	9-6-3	9-6-4	9-6-5	9-6-6	9-6-7	9-6-8
1	126.0	127.3	101.9	102.6	162.6	137.3	138.3	141.8
2	120.5	121.5	144.4	143.4	90.4	133.7	134.8	132.7
3	133.4	134.2	152.6	153.4	163.8	141.8	145.1	154.6
4	117.3	115.2	95.7	95.9	92.3	126.2	128.9	90.1
5	117.3	115.2	117.0	116.0	114.7	117.5	115.6	115.0
6	133.4	134.2	132.5	133.1	32.5	133.2	132.6	133.4
7	120.5	121.5	120.9	121.1	120.8	122.2	121.3	121.8
8	126.0	127.3	127.5	126.3	126.7	126.5	126.7	127.3

续表

C	9-6-1	9-6-2	9-6-3	9-6-4	9-6-5	9-6-6	9-6-7	9-6-8
9	176.8	178.7	175.8	174.8	175.6	178.3	177.4	177.8
4a	140.8	142.6	139.2	140.3	146.6	134.7	137.1	143.2
8a	120.5	122.1	120.7	121.1	124.1	122.2	124.3	123.7
9a	120.5	122.1	115.2	116.7	107.8	110.8	114.4	11.6
10a	140.8	142.6	141.0	141.7	141.5	140.1	144.5	142.8
NCH$_3$		33.6		34.4	34.6			35.4
1-OCH$_3$					55.3	60.5	60.8	60.8
3-OCH$_3$					55.6			
4-OCH$_3$						61.4	61.4	
OCH$_2$O			101.9	102.2		102.9	102.2	102.0

注：化合物 **2-6-1**、**2-6-4** 在 DMSO-d_6 中测定；化合物 **2-6-3**、**2-6-6**、**2-6-8** 在 CDCl$_3$/CD$_3$OD 中测定；化合物 **2-6-5** 在 CDCl$_3$/DMSO-d_6 中测定。

9-6-9 R^1=R^2=R^3=R^4=H
9-6-10 R^1=R^3=R^4=H; R^2=CH$_3$
9-6-11 R^1=CH$_3$; R^2=R^3=R^4=H
9-6-12 R^1=R^3=CH$_3$; R^2=R^4=H
9-6-13 R^1=R^2=R^4=H; R^3=OH
9-6-14 R^1=R^4=H; R^2=CH$_3$; R^3=OH
9-6-15 R^1=H; R^2=CH$_3$; R^3=OCH$_3$; R^4=OH
9-6-16 R^1=H; R^2=CH$_3$; R^3=R^4=OCH$_3$

表 9-6-2 化合物 **9-6-9~9-6-16** 的 ^{13}C NMR 化学位移数据[2]

C	9-6-9	9-6-10	9-6-11	9-6-12	9-6-13	9-6-14	9-6-15	9-6-16
1	159.5	161.4	157.5	159.2	159.2	161.1	160.6	161.1
2	96.5	97.4	93.4	94.2	96.6	97.5	97.8	98.2
3	164.2	164.9	162.5	162.9	164.0	164.3	164.3	164.5
4	104.4	106.6	107.0	110.5	104.1	106.9	106.4	106.7
5	117.4	116.2	116.9	115.9	145.1	147.7	142.5	142.3
6	133.3	133.9	132.2	132.5	116.6	120.1	156.2	157.5
7	121.4	121.9	121.0	121.7	121.5	123.3	113.4	108.6
8	125.0	125.7	126.1	127.0	115.1	116.0	122.2	122.4
9	180.9	180.7	176.6	177.1	180.9	181.8	181.1	181.4
4a	141.0	144.6	140.2	146.7	136.6	148.5	147.4	147.7
8a	119.3	121.4	122.6	125.3	120.1	124.7	117.4	118.7
9a	98.1	100.9	99.9	103.0	97.8	102.1	102.3	102.5
10a	138.0	144.1	139.9	144.4	130.7	137.0	136.7	138.4
11	16.5	121.4	116.7	121.7	115.1	121.0	120.6	120.8
12	125.0	122.7	125.6	122.9	125.9	123.6	124.1	124.1
13	76.8	76.3	76.6	76.3	76.9	76.6	76.5	76.6
13-CH$_3$	27.7	26.8	27.6	26.8	27.6	27.1	27.0	27.1
NCH$_3$		43.5		44.2		48.6	48.6	49.0
1-OCH$_3$			55.8	56.2				
5-OCH$_3$							59.8	60.3
6-OCH$_3$								56.3

注：化合物 **9-6-9~9-6-11**、**9-6-13~9-6-15** 在 CDCl$_3$+DMSO-d_6 中测定。

9-6-17 R^1=R^3=R^4=H; R^2=pnl
9-6-18 R^1=R^4=H; R^2=pnl; R^3=CH_3
9-6-19 R^1=CH_3; R^2=pnl; R^3=R^4=H
9-6-20 R^1=R^3=H; R^2=pnl; R^4=OH

9-6-21 R^1=H; R^2=pnl; R^3=CH_3; R^4=OH
9-6-22 R^1=R^3=H; R^2=pnl; R^4=OCH_3
9-6-23 R^1=H; R^2=pnl; R^3=CH_3; R^4=OCH_3
9-6-24 R^1=R^3=CH_3; R^2=pnl; R^4=OCH_3

9-6-25[2]　　　　**9-6-26**[2]

9-6-27[2]

表 9-6-3　化合物 9-6-17~9-6-24 的 ^{13}C NMR 化学位移数据[2]

C	9-6-17	9-6-18	9-6-19	9-6-20	9-6-21	9-6-22	9-6-23	9-6-24
1	157.6	159.0	157.4	157.4	158.8	157.6	159.1	157.2
2	108.9	109.3	118.6	108.9	109.5	109.4	110.3	119.4
3	161.4	161.7	159.8	161.2	161.2	161.4	161.5	159.2
4	104.3	106.2	113.6	104.0	106.5	104.3	107.1	114.4
5	117.2	116.1	115.9	144.9	145.8	46.3	146.0	147.9
6	133.1	133.6	132.7	116.3	119.8	11.2	115.2	114.3
7	121.2	121.5	121.6	121.2	122.9	120.6	122.7	122.9
8	125.3	125.5	127.2	115.4	116.0	116.7	117.8	118.4
9	181.1	180.5	176.7	181.1	181.8	180.9	181.9	177.9
4a	140.9	144.4	144.8	134.7	148.4	134.4	150.5	150.8
8a	119.4	121.2	124.7	120.0	124.7	119.7	125.0	128.6
9a	97.7	100.5	106.5	97.4	101.9	97.4	102.2	108.1
10a	136.2	142.2	144.7	130.7	137.0	130.8	138.2	137.7
11	116.8	121.7	122.0	115.1	121.3	114.8	121.5	121.4
12	125.0	122.4	124.1	126.0	123.3	126.2	123.6	125.4
13	76.7	76.1	76.1	76.8	76.3	77.0	76.4	76.2
13-CH_3	27.7	26.7	26.9	27.6	27.0	27.7	27.1	27.1
NCH_3		43.4	44.2		48.4		49.0	48.2
1-OCH_3			62.1					61.9
5-OCH_3						55.9	56.0	55.9
1′	21.1	21.4	22.5	21.1	21.3	21.4	21.5	22.5

续表

C	9-6-17	9-6-18	9-6-19	9-6-20	9-6-21	9-6-22	9-6-23	9-6-24
2′	122.8	122.5	123.1	122.7	122.5	122.9	122.6	123.3
3′	130.5	130.6	130.9	130.3	130.6	130.5	131.0	130.8
4′	17.8	17.8	18.0	17.8	17.8	18.0	18.0	18.0
5′	25.7	25.7	25.8	25.7	15.7	25.9	25.9	25.8

注：化合物 **9-6-17~9-6-18**、**9-6-20**、**9-6-21** 在 CDCl$_3$+DMSO-d_6 中测定。

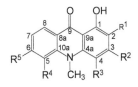

9-6-28 R^1=R^4=R^5=H; R^2=OH; R^3=pnl′
9-6-29 R^1=R^4=R^5=H; R^2=OCH$_3$; R^3=pnl′
9-6-30 R^1=R^5=H; R^2=OCH3; R^3=pnl′; R^4=OH
9-6-31 R^1=pnl; R^2=R^4=OH; R^3=pnl′; R^5=H
9-6-32 R^1=H; R^2=R^5=OH; R^3=pnl′; R^4=OCH$_3$
9-6-33 R^1=R^3=H; R^2=R^4=OCH$_3$; R^5=OH
9-6-34 R^1=R^3=H; R^2=R^4=R^5=OCH$_3$
9-6-35 R^1=R^5=H; R^2=R^3=OCH$_3$; R^4=OH

表 9-6-4 化合物 **9-6-28~9-6-35** 的 ^{13}C NMR 化学位移数据[2]

C	9-6-28	9-6-29	9-6-30	9-6-31	9-6-32	9-6-33	9-6-34	9-6-35
1	162.7	163.7	163.0	159.5	162.7	164.6	165.2	159.4
2	97.1	93.3	93.4	109.0	98.6	94.2	94.1	93.5
3	164.3	165.3	165.0	161.4	162.9	165.4	165.9	160.0
4	106.4	106.9	108.9	107.2	107.2	90.2	90.7	129.8
5	116.4	116.3	48.6	148.6	142.6	138.7	138.7	148.2
6	133.6	133.8	119.9	119.6	154.6	156.4	157.7	119.9
7	121.0	121.2	122.7	122.4	112.0	112.7	107.4	122.5
8	125.4	125.9	116.1	116.0	122.5	122.4	122.9	115.7
9	180.8	181.7	182.9	182.5	182.0	179.7	180.3	181.9
4a	147.1	146.7	150.3	148.9	150.5	147.0	147.5	141.9
8a	121.0	121.2	124.8	124.7	118.2	116.1	117.6	124.1
9a	105.2	106.5	107.2	106.9	106.9	104.4	104.8	105.8
10a	145.6	146.1	138.4	138.1	136.0	135.3	137.0	137.2
NCH$_3$	43.4	43.8	48.1	48.1	47.7	39.9	40.4	46.0
3-OCH$_3$		55.9	55.9			55.3	55.5	56.0
4-OCH$_3$								60.0
5-OCH$_3$					59.9	60.9	61.3	
6-OCH$_3$							56.3	
1′				21.6				
2′				122.6				
3′				132.5				
4′				17.9				
5′				25.7				
1″	26.9	27.1	26.3	26.7	26.6			
2″	124.6	124.5	123.8	123.3	123.3			
3″	131.1	131.6	131.3	133.4	135.2			
4″	18.0	18.1	18.0	18.1	18.1			
5″	25.5	25.6	25.7	25.7	25.8			

注：化合物 **9-6-28**、**9-6-30**、**9-6-31**、**9-6-33**、**9-6-35** 在 CDCl$_3$+DMSO-d_6 中测定。

9-6-36 R¹=R²=R³=R⁴=OCH₃
9-6-37 R¹=R⁴=OCH₃; R²+R³=OCH₂O
9-6-38 R¹=R²=OCH₃; R³+R⁴=OCH₂O
9-6-39 R¹=OH; R²=R³=OCH₃; R⁴=H

9-6-40

9-6-41 R¹=H; R²=OH
9-6-42 R¹=R²=OH
9-6-43 R¹=H; R²=Cl

表 9-6-5 化合物 **9-6-36~9-6-43** 的 ¹³C NMR 化学位移数据[3,4]

C	9-6-36	9-6-37	9-6-38	9-6-39	9-6-40	9-6-41	9-6-42	9-6-43
1	149.1	137.2	142.4	155.7	165.3	164.9	164.9	165.0
2	136.8	135.1	130.9	129.9	91.6	91.5	91.6	91.6
3	152.1	145.0	148.6	159.1	166.8	167.4	167.2	167.0
4	141.4	128.9	120.7	86.7	100.7	101.4	101.6	101.1
5	116.4	116.4	114.8	114.5	115.8	115.7	115.7	115.8
6	133.2	132.7	133.2	133.7	134.3	134.1	134.1	134.2
7	121.1	121.1	120.8	121.2	121.6	121.4	121.3	121.4
8	125.8	125.6	126.3	126.0	125.3	125.2	125.2	125.2
9	175.9	175.8	175.3	180.4	180.0	179.9	179.9	180.0
4a	138.8	136.5	133.1	140.1	143.1	143.1	143.1	143.1
8a	123.3	123.4	122.4	120.3	120.0	120.0	120.0	120.0
9a	115.1	113.9	112.7	105.8	105.0	105.0	105.1	105.1
10a	144.5	144.2	143.4	141.6	142.2	142.1	142.1	142.1
11					37.6	37.7	37.7	37.7
12					85.8	86.3	84.5	86.0
13					143.4	72.7	74.7	72.3
14					112.4	20.6	62.2	20.9
15					16.9	65.9	61.8	49.9
1-OCH₃	61.1	60.9	61.6					
2-OCH₃	61.3		60.7	60.6				
3-OCH₃	61.3			55.8				
4-OCH₃	61.5	60.5						
NCH₃	41.5	41.6	37.2	33.8	35.9	31.4	31.2	31.5
-OCH₂O-		102.5	101.6					

注：化合物 **9-6-36~9-6-38** 在 DMSO-d_6 中测定；化合物 **9-6-39~9-6-43** 在 CDCl₃+CD₃OD（1+1）中测定。

参 考 文 献

[1] Ahond A, et al. Tetrahedron, 1978, 34: 2385.　　　　[3] Mester I, et al. Z Naturforsch B, 1979, 34B: 516.
[2] Furukawa H, et al. Chem Pharm Bull, 1983, 31: 3084.　　[4] Bergenthal D, et al. Phytochemistry, 1979, 18: 161.

第十章　喹啉、异喹啉和喹诺里西啶类 化合物的 ^{13}C NMR 化学位移

第一节　简单喹啉类生物碱的 ^{13}C NMR 化学位移

喹啉类生物碱是指一个苯环和一个吡啶环并合而成的化合物。

基本结构骨架

【化学位移特征】

1．所谓简单喹啉生物碱就是在其基本骨架上有少数甲基、甲氧基、羟基或羧基取代的化合物，除与氮原子相邻的碳而外，其余各碳基本上遵循芳环的规律。与氮原子相邻的碳比较特殊一些，出现在 $\delta_{C-2}147.8\sim158.2$，$\delta_{C-9}144.5\sim148.3$。

2．如果 2 位碳成为羧基，它们各碳类似于香豆素，$\delta_{C-2}161.0\sim164.5$，$\delta_{C-3}119.8\sim121.7$，$\delta_{C-4}139.9\sim149.4$，$\delta_{C-9}136.4\sim139.8$。氮上存在甲基时，$\delta_{N-CH_3}27.9\sim35.8$。

3．如果 4 位为羧基，它们各碳类似于色原酮，$\delta_{C-2}139.6\sim149.9$，$\delta_{C-3}108.3\sim110.7$，$\delta_{C-4}176.8\sim180.0$，$\delta_{C-9}136.9\sim141.8$。

10-1-1	—	10-1-6	8-CH$_3$
10-1-2	2-CH$_3$	10-1-7	5-CH$_3$; 8-CH$_3$
10-1-3	3-CH$_3$	10-1-8	6-CH$_3$; 8-CH$_3$
10-1-4	4-CH$_3$	10-1-9	7-CH$_3$; 8-CH$_3$
10-1-5	6-CH$_3$	10-1-10	6-OCH$_3$

10-1-11 R=H
10-1-12 R=NH$_2$

表 10-1-1　化合物 10-1-1~10-1-10 的 ^{13}C NMR 化学位移数据[1~3]

C	10-1-1	10-1-2	10-1-3	10-1-4	10-1-5	10-1-6	10-1-7	10-1-8	10-1-9	10-1-10
2	150.2	158.2	152.2	149.8	149.3	149.0	148.1	148.2	149.9	147.8
3	120.9	121.7	130.1	121.6	120.8	120.6	120.0	120.6	119.6	121.2
4	135.7	135.6	134.2	143.9	135.0	135.8	131.9	135.3	135.8	134.5
5	127.6	127.3	127.1	123.6	131.4	125.8	131.5	124.6	124.7	105.1
6	126.4	125.4	126.3	126.1	135.9	126.1	126.4	135.7	129.3	157.7
7	129.2	129.1	128.2	128.8	126.5	129.4	128.9	131.8	134.1	122.1
8	129.4	128.7	129.2	129.8	129.1	137.1	134.8	136.5	136.9	130.8
9	148.3	147.9	146.6	147.8	147.0	147.5	147.5	146.0	147.3	144.5

续表

C	10-1-1	10-1-2	10-1-3	10-1-4	10-1-5	10-1-6	10-1-7	10-1-8	10-1-9	10-1-10
10	128.2	126.4	128.1	128.0	128.0	128.2	127.3	128.3	126.5	129.3
CH$_3$		25.1	18.4	18.2	21.2	18.1	18.1(×2)	21.4 18.0	20.5 13.3	
OCH$_3$										55.1

表 10-1-2 化合物 **10-1-11** 和 **10-1-12** 的 ^{13}C NMR 化学位移数据[4]

C	10-1-11	10-1-12	C	10-1-11	10-1-12	C	10-1-11	10-1-12
2	146.1	140.8	6	155.7	156.2	10	125.5	119.3
3	125.8	100.8	7	122.4	125.4	11	166.2	166.8
4	137.5	155.1	8	129.9	128.7			
5	114.0	107.9	9	139.5	136.9			

10-1-13 —
10-1-14 4-CH$_3$
10-1-15 6-CH$_3$
10-1-16 8-CH$_3$
10-1-17 1-CH$_3$; 4-CH$_3$

10-1-18 4-CH$_3$; 6-CH$_3$
10-1-19 4-CH$_3$; 7-CH$_3$
10-1-20 4-CH$_3$; 8-CH$_3$
10-1-21 4-CH$_3$; 6-CH$_2$CH$_3$
10-1-22 4-CH$_3$; 5-CH$_3$; 7-CH$_3$

表 10-1-3 化合物 **10-1-13~10-1-22** 的 ^{13}C NMR 化学位移数据[5~7]

C	10-1-13	10-1-14	10-1-15	10-1-16	10-1-17	10-1-18	10-1-19	10-1-20	10-1-21	10-1-22
2	162.0	161.6	161.9	162.4	162.0	161.5	161.9	161.8	164.5	161.0
3	121.7	120.9	121.7	121.5	121.1	120.8	119.8	120.6	120.4	121.6
4	140.1	147.7	139.9	140.7	146.3	147.4	147.4	148.1	149.0	149.4
5	127.8	124.5	127.3	125.9	125.1	124.1	124.4	122.5	122.8	135.9
6	121.9	121.5	130.6	121.5	121.9	130.4	123.0	121.2	138.4	127.2
7	130.2	130.1	131.4	131.5	130.4	131.3	140.2	131.4	130.7	140.5
8	115.2	115.4	115.0	123.4	114.4	115.4	115.2	123.5	116.8	114.4
9	139.0	138.7	136.8	137.3	139.8	136.6	138.8	137.0	136.4	139.0
10	119.1	119.6	119.1	119.2	121.3	119.5	117.6	119.7	120.4	116.9
CH$_3$		18.4	20.3	17.2	18.8 29.1	18.5 20.6	18.4 21.2	18.7 17.0	19.1	20.7 24.2 24.9

10-1-23 4-CH$_3$; 6-CH$_3$; 7-CH$_3$
10-1-24 4-CH$_3$; 6-CH$_3$; 8-CH$_3$
10-1-25 4-CH$_3$; 8-OCH$_3$
10-1-26 1-CH$_3$; 4-CH$_3$; 8-OCH$_3$

10-1-27 R=H; R^1=OH; R^2=H
10-1-28 R=OCH$_3$; R^1=H; R^2=
10-1-29 R=R^1=R^2=H

表 10-1-4 化合物 **10-1-23~10-1-29** 的 ^{13}C NMR 化学位移数据[7,8]

C	10-1-23	10-1-24	10-1-25	10-1-26	10-1-27	10-1-28[9]	10-1-29
2	161.6	161.7	161.6	163.1	161.9	167.1	162.4
		120.6	121.1	121.3	96.5	—	95.3
		147.9	145.2	145.8	161.4	161.3	161.4

续表

C	10-1-23	10-1-24	10-1-25	10-1-26	10-1-27	10-1-28[9]	10-1-29
5	3	119.7	115.9	117.5	106.9	116.1	120.4
6	4	147.3	121.2	122.3	152.1	123.0	122.1
7	139.3	132.7	109.5	113.7	120.2	113.9	130.1
8	115.8	123.4	148.0	148.7	116.0	149.1	113.0
9	136.9	135.0	128.0	131.3	132.9	—	138.6
10	117.7	117.6	120.3	123.4	116.4	120.3	115.3
CH$_3$	18.4 / 19.0 / 19.6	18.8 / 20.4 / 17.2	19.1	19.5 / 5.3			
4-OCH$_3$					56.1	62.0	54.8
8-OCH$_3$						56.7	
NCH$_3$					28.7	35.8	27.9

10-1-30　—
10-1-31　2-CH$_3$
10-1-32　2-CH$_3$; 5-CH$_3$
10-1-33　2-CH$_3$; 6-CH$_3$
10-1-34　2-CH$_3$; 8-CH$_3$

10-1-35　2-CH$_3$; 5-CH$_3$; 8-CH$_3$
10-1-36　2-CH$_3$; 6-CH$_3$; 8-CH$_3$
10-1-37　2-CH$_3$; 7-CH$_3$; 8-CH$_3$
10-1-38　7-OH

表 10-1-5　化合物 10-1-30~10-1-38 的 ^{13}C NMR 化学位移数据[6]

C	10-1-30	10-1-31	10-1-32	10-1-33	10-1-34	10-1-35	10-1-36	10-1-37	10-1-38[10]
2	139.5	149.5	147.7	149.1	149.9	148.1	149.4	149.7	145.6
3	108.8	108.4	110.2	108.1	108.7	110.7	108.5	108.3	128.1
4	177.2	176.8	179.6	176.7	177.0	180.0	177.0	177.1	171.5
5	125.0	124.8	139.1	124.1	122.3	136.8	122.1	122.0	117.7
6	123.1	122.6	125.0	131.8	122.8	124.8	133.6	124.9	123.8
7	131.5	131.3	130.3	132.6	132.3	131.4	131.3	139.3	155.2
8	118.4	117.7	115.8	117.6	125.8	123.2	125.6	123.2	114.6
9	140.1	140.2	141.8	138.2	138.8	140.3	136.9	138.9	149.3
10	125.9	124.6	122.8	124.5	124.8	123.2	124.8	123.2	112.5
CH$_3$		19.5	18.9 / 23.1	19.4 / 20.7	19.8 / 17.5	19.4 / 23.3 / 17.7	19.7 / 20.5 / 17.4	19.8 / 20.4 / 13.1	

参 考 文 献

[1] Johns S R, Willing R I. Aust J Chem, 1976, 29(7): 1617.

[2] Claret P A, Osborne A G. Org Magn Reson, 1976, 8(3): 147.

[3] Ernst L. Org Magn Reson, 1977, 8(3): 161.

[4] Teichert A, Schmidt J, Porzel A, et al. J Nat Prod, 2008, 71(6): 1092.

[5] Claret P A, Osborne A G. Spectroscopy Lett, 1976, 9(3): 167.

[6] Claret P A, Osborne A G. Spectroscopy Lett, 1977, 10(1): 35.

[7] Nadzan A M , Rinehart K L J. J Am Chem Soc, 1977, 99(14): 4647.

[8] Ishii H, Chen, I S, Akaike M, et al. Yakugaku Zasshi, 1982, 102(2): 182.

[9] Brown N M D, Grundon M F, Harrison D M, et al. Tetrahedron, 1980, 36 (24): 3579.

[10] 冯卫生, 李钦, 郑晓珂, 等. 中国天然药物, 2007, 5(2): 95.

第二节　氢化喹啉和多取代喹啉类生物碱的 ^{13}C NMR 化学位移

　　氢化喹啉类生物碱是指喹啉环完全氢化的化合物。多取代喹啉类生物碱是指喹啉环上各碳均可有取代基，可以是链状基团，也可以是环状基团，它们各碳的化学位移随取代基的变化以及取代位置的变化而变化，规律性不强。

基本结构骨架

【化学位移特征】

1. 氢化喹啉类生物碱各碳都是脂肪族碳，与氮元素相邻的两个碳比较特殊，处于较低场，δ_{C-2} 47.3～65.6，δ_{C-9} 54.0～72.0。

2. 氮甲基的化学位移出现在 δ 35.5～43.1。

10-2-1 R¹～R⁸=H
10-2-2 R¹=CH₃; R²～R⁸=H
10-2-3 R²=CH₃; R¹,R³～R⁸=H
10-2-4 R³=CH₃; R¹,R²,R⁴～R⁸=H
10-2-5 R⁴=CH₃; R¹～R³,R⁵～R⁸=H
10-2-6 R⁵=CH₃; R¹～R⁴,R⁶～R⁸=H
10-2-7 R⁶=CH₃; R¹～R⁴,R⁶～R⁸=H
10-2-8 R⁷=CH₃; R⁵～R⁶,R⁸=H
10-2-9 R⁸=CH₃; R¹～R⁷=H
10-2-10 R⁵=R⁷=CH₃; R¹～R⁴,R⁶～R⁸=H

表 10-2-1 化合物 10-2-1~10-2-10 的 ¹³C NMR 化学位移数据[1]

C	10-2-1	10-2-2	10-2-3	10-2-4	10-2-5	10-2-6	10-2-7	10-2-8	10-2-9	10-2-10
2	47.3	47.5	52.4	54.9	52.3	48.1	47.4	47.6	47.7	48.6
3	27.3	31.3	35.0	32.8	28.6	23.0	27.2	26.9	27.5	22.9
4	32.5	26.8	32.4	41.4	38.1	39.9	32.4	32.6	33.0	40.3
5	32.6	32.5	32.2	32.6	32.8	40.5	41.4	33.0	33.3	41.0
6	26.3	26.3	26.2	26.2	26.3	21.5	32.6	25.8	20.2	21.3
7	25.6	25.7	25.5	25.7	25.7	26.0	34.2	34.9	32.9	35.5
8	34.0	34.3	33.8	33.7	33.7	28.9	33.8	37.5	33.2	31.7
9	62.1	54.0	61.9	61.6	62.3	64.3	61.9	68.0	64.6	70.7
10	43.3	43.9	42.4	43.2	37.5	34.0	42.9	42.2	35.6	34.0
CH₃		18.6	23.0	19.6	17.7	15.6	22.4	18.6	12.6	19.0/16.8

10-2-11 R¹～R⁸=H
10-2-12 R¹=CH₃; R²～R⁸=H
10-2-13 R²=CH₃; R¹,R³～R⁸=H
10-2-14 R³=CH₃; R¹,R²,R⁴～R⁸=H
10-2-15 R⁴=CH₃; R¹～R³,R⁵～R⁸=H
10-2-16 R⁶=CH₃; R¹～R⁴,R⁵, R⁷,R⁸=H
10-2-17 R⁷=CH₃; R¹～R⁶,R⁸=H
10-2-18 R⁸=CH₃; R¹～R⁷=H
10-2-19 R⁵=CH₃; R¹～R⁴,R⁶～R⁸=H
10-2-20 R⁵=R⁷=CH₃; R¹～R⁴,R⁶～R⁸=H

表 10-2-2 化合物 10-2-11~10-2-20 的 ¹³C NMR 化学位移数据[1]

C	10-2-11	10-2-12	10-2-13	10-2-14	10-2-15	10-2-16	10-2-17	10-2-18	10-2-19	10-2-20
2	57.9	56.0	59.7	65.6	63.6	58.1	56.1	58.2	59.2	55.4
3	25.8	31.6	34.7	31.0	28.5	25.9	19.4	25.8	22.2	16.9
4	32.6	26.9	32.8	41.4	38.2	32.5	33.7	33.0	40.3	41.4
5	31.1	32.9	33.5	33.0	33.1	41.8	34.1	33.7	40.7	43.8
6	26.0	26.2	25.8	26.0	26.1	32.3	25.7	20.2	21.2	21.5
7	25.9	26.0	26.1	25.8	25.8	34.4	35.7	32.6	26.1	36.7
8	30.3	30.9	30.9	30.3	30.1	30.4	34.5	29.2	25.1	29.9
9	69.3	60.0	69.2	68.6	70.1	69.1	70.7	72.0	71.9	71.8
10	41.8	42.5	41.5	41.7	36.2	41.5	31.8	34.1	17.4	34.9
N-CH₃	42.6	39.5	37.1	42.4	43.0	42.8	41.2	42.3	43.1	35.5
CH₃		19.1	21.9	19.7	18.8	22.3	18.9	12.1	17.4	19.7

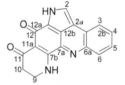

10-2-21 R=H; R¹=H

10-2-21 R=H; R¹=H
10-2-22 R=H; R¹=OCH₃
10-2-23 R¹=OCH₃; R= —O—
10-2-24 R=OCH₃; R¹=OCH₃
10-2-25 R=H; R¹=OH
10-2-26 R=OH; R¹=OCH₃

10-2-21 R=H; R^1=H
10-2-22 R=H; R^1=OCH_3
10-2-23 R^1=OCH_3; R= —O—
10-2-24 R=OCH_3; R^1=OCH_3
10-2-25 R=H; R^1=OH
10-2-26 R=OH; R^1=OCH_3

表 10-2-3 化合物 10-2-21~10-2-26 的 ¹³C NMR 化学位移数据

C	10-2-21[2]	10-2-22[3]	10-2-23[4]	10-2-24[2]	10-2-25[5]	10-2-26[5]
2	143.6	143.5	143.3	143.0	143.4	143.9
3	104.7	104.3	104.7	104.6	105.5	103.8
3a	—	119.4	102.4	102.1	103.9	107.7
4	—	156.6	157.3	157.2	157.6	156.8
4a	—	103.5	115.7	115.0	118.8	119.6
5	112.4	107.5	114.4	112.2	112.9	114.1
6	123.7	123.1	118.6	118.2	124.3	123.4
7	129.6	113.9	143.1	141.6	110.3	137.5
8	127.9	137.2	151.2	152.2	151.0	154.5
8a	—	154.4	141.4	141.0	135.8	—
9	—	162.9	164.3	164.6	162.5	163.2
4-OMe	59.0	58.7	62.1	59.0	49.1	59.0
7-OMe				56.9		
8-OMe		55.7	59.0	61.7		55.9

10-2-27 R^1=H; R^2=CH_3
10-2-28 R^1=CH_3; R^2=CH_3
10-2-29 R^1=H; R^2=CH_3(9,10-2H)
10-2-30 R^1=R^2=H

10-2-31

表 10-2-4 化合物 10-2-27~10-2-31 的 ¹³C NMR 化学位移数据[6]

C	10-2-27	10-2-28	10-2-29	10-2-30[7]	10-2-31[7]
2	136.2	135.6	137.8	131.0	124.2
2a	127.9	127.8	128.7	121.7	118.6
2b	124.6	124.3	124.2	124.8	119.3
3	123.9	123.6	124.1	124.0	124.4
4	128.2	127.9	128.4	129.3	128.8
5	126.3	126.0	126.8	127.0	127.1
6	130.4	130.1	130.3	130.8	130.9
6a	144.2	143.8	143.9	144.3	144.2
7a	138.2	138.3	137.2	140.0	143.9
7b	158.0	158.9	144.8	152.0	157.9
9	39.9	38.4	140.2	40.0	40.1
10	35.7	37.2	118.6	35.9	36.5

续表

C	10-2-27	10-2-28	10-2-29	10-2-30[7]	10-2-31[7]
11	194.2	187.8	180.6	193.8	189.2
11a	100.1	105.2	115.6	99.6	107.7
12	152.1	152.7	150.9	157.6	171.5
12a	126.3	125.8	126.8	125.1	121.6
12b	122.5	123.8	123.7	117.1	117.7
CH$_3$	33.8	45.0	33.8		

参 考 文 献

[1] Eliel E L, Vierhapper F W. J. Org. Chem., 1976, 41 (2): 199.

[2] Brown N M D, Grundon M F, Harrison D M, et al. Tetrahedron, 1980, 36 (24): 3579.

[3] 汤俊, 朱卫, 屠治本. 中草药, 1995, 26 (11): 563.

[4] 张洪杰, 张明哲. 北京大学学报 (自然科学版), 1997, 33 (6): 720.

[5] 柳全文, 谭昌恒, 曲世津, 等. 中国天然药物, 2006, 4(1): 25.

[6] West R R, Mayne C L, Ireland C M, et al. Tetrahedron Lett, 1990, 31(23): 3271.

[7] Ralifo P, Sanchez L, Gassner N C, et al. J Nat Prod, 2007, 70(1): 95.

第三节　金鸡纳类生物碱的 ^{13}C NMR 化学位移

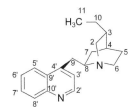

基本结构骨架

【化学位移特征】

1. 在金鸡纳类生物碱的两个环系中，第一个环系是带有桥环的氮杂环，它有三个碳与氮元素相邻，其余碳均为一般的脂肪族碳，这三个与氮相邻的碳化学位移出现在 δ_{C-2} 49.1～57.1，δ_{C-6} 40.6～49.4，δ_{C-8} 59.0～62.1。

2. 第二个环系是喹啉环，它也有两个碳与氮元素相邻，$\delta_{C-2'}$ 147.0～150.0，$\delta_{C-10'}$ 143.6～148.8。

3. 两个环系是通过连接羟基的 9 位碳相结合，δ_{C-9} 70.0～71.6。

4. 第一个环系连接的侧链是乙烯基时，δ_{C-10} 140.1～144.2，δ_{C-11} 112.7～114.6。有的化合物这个侧链是乙基，则 δ_{C-10} 24.9～25.6，δ_{C-11} 11.7～11.8。

10-3-1 R=CH=CH$_2$; R^1=OH; R^2=R^3=H
10-3-2 R=CH=CH$_2$; R^1=OH; R^2=H; R^3=OCH$_3$
10-3-3 R=CH=CH$_2$; R^1=H; R^2=OH; R^3=OCH$_3$
10-3-4 R=CH$_2$CH$_3$; R^1=OH; R^2=H; R^3=OCH$_3$

10-3-5 R=CH=CH$_2$; R^1=OH; R^2=H
10-3-6 R=CH=CH$_2$; R^1=H; R^2=OH
10-3-7 R=CH$_2$CH$_3$; R^1=OH; R^2=H
10-3-8 R=CH$_2$CH$_3$; R^1=H; R^2=OH

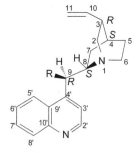

10-3-9   10-3-10

表 10-3-1 化合物 10-3-1~10-3-10 的 ^{13}C NMR 化学位移数据[1]

C	10-3-1	10-3-2	10-3-3	10-3-4	10-3-5	10-3-6	10-3-7	10-3-8	10-3-9[2]	10-3-10[2]
2	56.8	56.9	55.3	49.9	49.1	58.4	50.9	49.1	57.1	49.4
3	39.8	39.8	39.6	40.0	38.8	37.4	37.2	37.1	71.0	39.9
4	27.8	27.7	27.8	28.1	27.2	28.1	27.0	27.2	33.6	28.0
5	27.5	27.5	27.1	26.2	26.5	27.4	26.1	25.6	20.7	26.5
6	43.0	43.0	40.6	49.4	46.7	43.2	50.0	48.9	49.3	48.6
7	21.2	21.4	24.9	20.8	23.8	21.1	20.4	23.7	24.1	22.7
8	60.2	59.9	61.3	59.6	62.1	59.7	59.0	61.9	59.3	59.8
9	71.5	71.5	71.2	71.5	70.0	71.6	71.5	70.2	71.1	71.5
10	141.6	141.7	141.2	140.5	140.1	25.3	24.9	25.6	144.2	141.4
11	114.3	114.1	114.1	114.2	114.3	11.8	11.8	11.7	112.7	114.6
CH$_3$O		55.4	55.8	55.3	55.2	55.5	55.3	55.2	55.9	55.7
2'	149.8	147.0	147.3	147.1	147.4	147.1	147.1	147.4	147.9	161.7
3'	122.9	121.1	121.0	121.1	121.4	121.0	121.1	121.3	121.6	118.7
4'	149.8	148.3	144.6	148.2	144.6	148.4	148.7	144.8	149.4	153.7
5'	118.1	101.4	102.5	101.3	101.9	101.5	101.2	102.1	102.3	107.0
6'	126.4	157.4	157.3	157.3	157.3	157.4	157.3	157.3	157.4	154.0
7'	128.8	118.3	119.9	118.3	118.3	118.6	118.3	119.8	119.2	119.1
8'	129.5	130.9	131.3	130.9	131.4	130.9	130.9	131.4	131.4	119.1
9'	125.5	126.4	128.0	126.3	127.9	126.4	126.4	127.9	127.0	117.2
10'	147.8	143.7	144.6	143.6	144.6	143.7	143.6	144.6	144.9	133.6

10-3-11 R=OH
10-3-12 R=OMe

表 10-3-2 化合物 10-3-11 和 10-3-12 的 ^{13}C NMR 化学位移数据[1,3]

C	10-3-11	10-3-12	C	10-3-11	10-3-12	C	10-3-11	10-3-12
2	56.8	56.5	4	27.8	27.3	6	43.0	42.1
3	39.8	39.5	5	27.5	25.3	7	21.2	27.6

续表

C	10-3-11	10-3-12	C	10-3-11	10-3-12	C	10-3-11	10-3-12
8	60.2	60.2	3′	122.9	—	8′	129.5	130.8
9	71.5	—	4′	149.8	—	9′	125.5	125.4
10	141.6	141.5	5′	118.1	122.9	10′	147.8	148.8
11	114.1	112.9	6′	126.4	127.4	MeO		39.1
2′	149.8	150.0	7′	128.8	129.6			

参 考 文 献

[1] Moreland C G, Philip A, Carroll F I. J Org Chem, 1974, 39 (16): 2413.

[2] Carroll F I, Smith D, Wall M E. J Med Chem,1974, 17(9): 985.

[3] Roper S, Franz M H, Wartchow R, et al. J Org Chem, 2003, 68 (12): 4944.

第四节　简单异喹啉类生物碱的 ¹³C NMR 化学位移

异喹啉类生物碱的结构特点是由萘中的一个 β-CH 基团被氮替换衍生出来的杂环化合物，是苯环与吡啶或氢化吡啶并合的化合物，与喹啉互为同分异构体。简单异喹啉是指在其骨架上没有大基团取代的一类化合物。

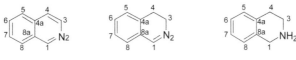

基本结构骨架

【化学位移特征】

1. 完全芳香化的化合物，如 **10-4-1～10-4-3**，与氮相邻的两个碳向低场位移，$\delta_{C-1}152.5\sim153.3$，$\delta_{C-3}142.1\sim143.1$。

2. 如果 3、4 位氢化，如 **10-4-4** 和 **10-4-5**，则 $\delta_{C-1}159.5\sim164.6$，3 位较 4 位出现在低场，$\delta_{C-3}47.4\sim50.5$，$\delta_{C-4}24.7\sim25.5$。

3. 多数情况下 1、2 位和 3、4 位发生氢化，1 位和 3 位的化学环境相近，它们的化学位移为 $\delta_{C-1}41.0\sim57.6$；$\delta_{C-4}23.0\sim29.7$。

4. 1 位连接羟基时，$\delta_{C-1}85.7$，向低场位移。

5. 1 位变成羰基时，$\delta_{C-1}166.6$。

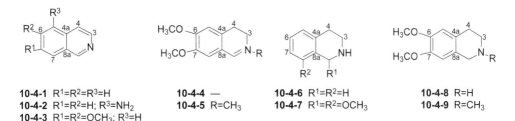

10-4-1 R¹=R²=R³=H
10-4-2 R¹=R²=H; R³=NH₂
10-4-3 R¹=R²=OCH₃; R³=H

10-4-4 —
10-4-5 R=CH₃

10-4-6 R¹=R²=H
10-4-7 R¹=R²=OCH₃

10-4-8 R=H
10-4-9 R=CH₃

表 10-4-1　化合物 **10-4-1~10-4-9** 的 ¹³C NMR 化学位移数据[3]

C	10-4-1[1]	10-4-2[2]	10-4-3	10-4-4	10-4-5	10-4-6	10-4-7	10-4-8	10-4-9
1	152.5	153.3	—	159.5	164.6	48.2	43.6	47.8	57.6
3	143.1	142.1	—	47.4	50.5	43.8	43.6	43.9	53.0

续表

C	10-4-1[1]	10-4-2[2]	10-4-3	10-4-4	10-4-5	10-4-6	10-4-7	10-4-8	10-4-9
4	120.3	115.7	—	24.7	25.5	29.1	28.5	28.6	28.8
4a	135.7	126.4	128.6	129.8	132.3	136.1	129.9	127.9	126.7
5	126.4	144.3	110.1	110.5	111.3	129.2	124.4	112.2	111.6
6	130.2	112.5	151.5	151.5	157.6	125.6	110.8	147.5	147.7
7	127.1	128.9	148.5	147.9	148.8	125.9	145.5	147.3	147.3
8	127.5	116.4	111.2	110.5	115.7	126.1	150.3	109.3	109.5
8a	128.7	130.6	121.7	121.6	117.2	134.8	128.0	126.6	125.8
NMe									46.0
OMe			—	56.1	57.2		60.0	55.9	55.9
			—	56.0	57.0		55.9	55.9	55.9
							55.9		

10-4-10 R1=CH3; R2=OH; R3,R4=OCH2O
10-4-11 R1=H; R2=CH3; R3=R4=OCH3
10-4-12 R=H
10-4-13 R=CH3
10-4-14 R1=R3=H; R2=OCH3
10-4-17 R1=CH3; R2=R3=OCH3
10-4-18 R1=CH3; R2=R3=OH
10-4-15 R1=H; R2=OCH3
10-4-16 R1=CH3; R2=H

表 10-4-2 化合物 10-4-10~10-4-18 的 ^{13}C NMR 化学位移数据[5]

C	10-4-10[4]	10-4-11	10-4-12	10-4-13	10-4-14	10-4-15	10-4-16	10-4-17[6]	10-4-18[7]
1	85.7	50.2	48.0	57.6	48.0	52.7	58.4	51.3	52.4
3	45.5	38.4	43.4	52.4	43.6	57.5	48.7	42.0	41.0
4	29.6	24.8	23.0	23.4	27.9	29.3	27.4	29.7	25.8
4a	132.4	123.0	120.7	119.8	126.4	129.7	125.7	127.0	125.5
5	109.1	111.1	151.2	150.9	129.7	107.0	111.0	109.2	116.2
6	147.5	148.4	140.0	140.0	112.0	148.7	147.0	147.3	146.0
7	146.4	148.0	151.3	151.7	157.2	139.7	147.0	147.4	146.6
8	108.8	108.5	104.7	104.9	110.2	151.6	109.7	111.9	113.6
8a	129.1	124.8	131.2	130.2	136.4	120.8	131.4	132.7	123.5
NMe	43.1			45.7		46.1		42.7	
Me		19.7					19.5	23.0	19.8
OCH2O	104.6								
OMe		55.6	55.7	60.0	54.8	60.7	55.7	56.0	
		55.6	60.1	55.7		60.7	55.7	56.0	
			61.1	60.0					

10-4-19

10-4-20 R1=R2=H
10-4-21 R1=CH3(cis); R2=OH
10-4-22 R1=CH3(trans); R2=OH

表 10-4-3 化合物 10-4-19~10-4-22 的 ^{13}C NMR 化学位移数据

C	10-4-19[5]	10-4-20[8]	10-4-21[8]	10-4-22[8]
1	166.6	50.0	52.4	43.9
3	40.2	43.6	40.9	41.6
4	28.8	61.9	25.8	23.7
4a	134.6	124.3	123.3	123.7
5	107.9	115.8	116.1	115.8
6	150.9	144.0	146.6	143.0
7	146.9	145.0	146.0	143.8
8	107.3	113.1	113.5	113.7
8a	118.2	125.4	125.3	119.6
1-CH$_3$		18.4	19.7	—
OCH$_2$O				101.5

参 考 文 献

[1] Johns S R, Willing R I. Aust J Chem, 1976, 29: 1617.

[2] Ernst L. Org Magn Reson, 1976, 8: 161.

[3] Hughes D W, Holland H L, Maclean D B. Can J Chem, 1976, 54: 2252.

[4] Manske R H F, Rodrigo R, Holland H L, et al. Can J Chem, 1978, 56: 383.

[5] Mata R, McLaughlin J L. Planta Med. 1980, 38: 180.

[6] Barbier D, Marazano C, Riche C, et al. J Org Chem, 1998, 63: 1767.

[7] Iwasa K, Kamigauchi M, Takao N. Phytochemistry, 1991, 30: 2973.

[8] Nagasawa Y, Ueoka R, Yamanokuchi R, et al. Chem Pharm Bull, 2011, 59: 287.

第五节　苄基异喹啉类生物碱的 ^{13}C NMR 化学位移

【结构特点】苄基异喹啉（benzylisoquinoline）类生物碱是在异喹啉环的 1 位上连接一个苄基。

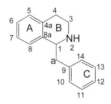

基本结构骨架

【化学位移特征】

1. A 环和 C 环是芳香环，它们的各碳的化学位移遵循芳环的规律。

2. B 环是含氮的吡啶（或二氢吡啶或四氢吡啶）环，多数情况下是四氢吡啶环，它的 1 位碳化学位移是 δ 54.9～65.5，如果是季铵盐或氮氧化物，则向低场位移到 δ 74.3～79.4；3 位碳化学位移大约在 δ 40.4～56.4；4 位碳在 δ 24.9～33.5。

3. 如果 B 环完全芳香化，则 δ_{C-1} 153.5～155.7，δ_{C-3} 136.3～140.6，δ_{C-4} 118.3～122.3。

4. 如果仅有 1,2 位变为双键，则 δ_{C-1} 165.6。

5. 氮甲基出现在 δ 40.4～45.4；如果是季铵盐或氮氧化物，氮甲基出现在 δ 51.7～55.8。

6. 苄基的亚甲基一般在 δ 28.4～42.6；亚甲基羟基化后，其化学位移为 δ 74.0；如果亚甲基变成羰基，则 δ 186.4～194.8。

10-5-1 R¹=CH₃; R², R⁵=B; R³=H; R⁴=CH₃; R⁶=α-H
10-5-2 R¹=CH₃; R²=C; R³= OCH₃; R⁴=A; R⁵=H; R⁶=α-H
10-5-3 R¹=2×CH₃, ClO⁻₄; R²=C; R³=OCH₃; R⁴=R⁵=H; R⁶=β-H
10-5-4 R¹=H; R²=D; R³=OCH₃; R⁴=CH₃; R⁵=R⁶=H; Δ¹,²Δ³,⁴
10-5-5 R¹=H; R²=D R³=R⁴=R⁵=R⁶=H
10-5-6 R¹=H; R²=D; R³=OCH₃; R⁴=CH₃; R⁵=R⁶=H
10-5-7 R¹=CH₃; R²=D; R³=OCH₃; R⁴=CH₃; R⁵=R⁶=H
10-5-8 R¹=α-CH₃,O; R²=D; R³=OCH₃; R⁴=CH₃; R⁵=H; R⁶=β-H
10-5-9 R¹=β-CH₃,O; R²=D; R³=OCH₃; R⁴=CH₃; R⁵=H; R⁶=β-H
10-5-10 R¹=CH₃; R²=D; R³=OCH₃; R⁴=R⁵=R⁶=H

10-5-11[5]

10-5-12[5]

10-5-13[5]

10-5-14[7]

10-5-15[8]

表 10-5-1　化合物 10-5-1~10-5-10 的 ¹³C NMR 化学位移数据

C	10-5-1[1]	10-5-2[2]	10-5-3[3]	10-5-4[4]	10-5-5[5]	10-5-6[5]	10-5-7[5]	10-5-8[5]	10-5-9[5]	10-5-10[6]
1	—	56.0	74.3	157.4	57.2	54.9	65.5	78.9	79.4	64.6
3	—	56.4	56.1	140.6	42.0	40.4	46.8	63.6	60.1	47.0
4	—	33.5	24.3	118.3	30.0	24.9	25.3	26.2	27.2	25.3
4a	126.3	122.1	120.6	133.0	138.6	122.9	125.8	122.7	123.2	125.6
5	124.3	110.5	112.6	104.9	129.3	113.3	112.8	111.6	111.4	110.0
6	110.4	145.9	149.8	152.0	126.1	148.7	146.9	149.1	148.1	145.3
7	—	144.1	146.2	149.7	126.1	148.2	146.9	148.2	148.1	144.9
8	—	118.8	116.4	103.8	125.7	111.3	110.7	110.8	108.6	110.4
8a	—	129.7	123.9	122.5	135.4	128.0	132.2	130.6	130.4	133.5
a	—	28.4	38.4	42.0	40.1	38.5	40.4	37.6	38.8	42.6
9	—	130.9	127.2	131.9	131.5	123.6	129.0	126.2	126.3	130.7
10	113.6	129.7	132.1	111.5	112.5	113.3	110.7	111.2	109.5	115.6

续表

C	10-5-1[1]	10-5-2[2]	10-5-3[3]	10-5-4[4]	10-5-5[5]	10-5-6[5]	10-5-7[5]	10-5-8[5]	10-5-9[5]	10-5-10[6]
11	—	116.1	116.6	148.6	149.0	149.0	148.3	149.3	148.5	143.4
12	—	154.6	157.8	147.0	147.7	147.4	146.0	147.0	147.5	145.0
13	105.1	116.1	116.6	110.5	111.4	110.0	110.7	112.5	113.7	113.6
14	—	129.7	132.1	120.1	121.4	122.3	121.5	121.5	120.3	120.9
NMe	—	40.3	52.9 51.7				42.4	53.2	55.8	—
OMe		55.3	56.5	55.5		55.8	55.5	56.0	56.4	55.9
OMe	—			55.5		55.8	55.5	56.0	56.4	
OMe				55.5	55.9	55.9	55.3	56.0	56.4	
OMe				55.5	55.8	55.6	55.3	56.0	56.4	55.8

参 考 文 献

[1] Hagaman E W. Org Magn Reson, 1976, 8: 389.

[2] Rasoanaivo P, Ratsimamanga-Urverg S, Rafatro H, et al. Planta Med, 1998, 64: 58.

[3] Lee S S, Lin Y J, Chen C K, et al. J Nat Prod, 1993, 56: 1971.

[4] Marsaioli A J, Ruveda E A, Reis fdam. Phytochemistry, 1978, 17: 1655.

[5] Mata R, McLaughlin J L. Planta Med. 1980, 38: 180.

[6] Dan S, Loi P T, Hasse B R, et al. Fitoterapia, 2009, 80: 112.

[7] Yumi N, Masataka M, Momoyo I, et al. Phytochemistry, 2006, 67: 2671.

[8] Malcolm S B, Rohan A D, Sandra D, et al. J Nat Prod, 2009, 72: 1541.

第六节 原阿朴菲类生物碱的 ^{13}C NMR 化学位移

【结构特点】原阿朴菲（proaporphine）类生物碱由 16 个碳和 1 个氮组成，异喹啉环上并合一个五元环，五元环上连接芳环的碳又和一个六元环形成螺环。

基本结构骨架

【化学位移特征】

1．A 环是相邻的三烷基取代的芳环，其各碳的化学位移遵循三取代芳环的规律。

2．B 环的 2′位相邻氮，$\delta_{C-2'}$ 52.9～55.0，$\delta_{C-3'}$ 24.4～27.2，$\delta_{C-8'}$ 63.6～65.3。

3．C 环是与异喹啉并合的五元环，1 位碳和 D 环成螺环，δ_{C-1} 46.4～52.7。8′a 位是 C 环上的亚甲基，$\delta_{C-8'a}$ 38.8～50.5。

4．D 环变化比较大，有的化合物 2,3 位和 5,6 位为双键，4 位为羰基，形成共轭体系，则 δ_{C-2} 150.8～150.9，δ_{C-3} 126.6～126.7，δ_{C-4} 185.3～185.5，δ_{C-5} 127.7，δ_{C-6} 154.3～154.7。有的化合物只有 2,3 位或者只有 5,6 位为双键，并与 4 位羰基共轭，则 δ_{C-4} 198.5～205.6。有的化合物 D 环没有双键，仅 4 位是羰基，则 δ_{C-4} 209.4～211.1。

5．D 环中 2,3 位为双键，4 位连接羟基，或者 5,6 位为双键，4 位连接羟基时，$\delta_{C-2(C-6)}$ 132.7～136.5，$\delta_{C-3（C-5）}$ 128.4～131.9，δ_{C-4} 62.2～65.5。如果只有 4 位羟基时，则 δ_{C-4} 63.1～68.7。

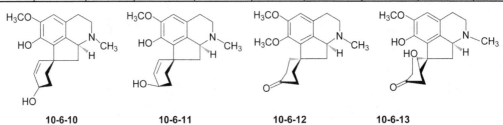

10-6-1 R=H
10-6-2 R=CH₃

10-6-3 R=OH
10-6-4 R=OCOCH₃

10-6-5 R=OH
10-6-6 R=OCOCH₃
10-6-7 R=OCH₃

10-6-8

10-6-9

表 10-6-1 化合物 **10-6-1~10-6-9** 的 ¹³C NMR 化学位移数据[1]

C	10-6-1	10-6-2	10-6-3	10-6-4	10-6-5	10-6-6	10-6-7	10-6-8	10-6-9
1	50.5	50.7	47.8	48.4	47.0	47.4	47.3	46.4	46.5
2	150.8	150.9	155.1	154.8	30.7	31.2	31.5	29.2	27.3
3	126.7	126.6	126.8	127.0	35.2	35.0	35.2	30.7	29.7
4	185.5	185.3	198.5	205.6	198.9	198.6	198.7	65.4	62.2
5	127.7	127.7	35.2	34.9	126.8	127.6	126.8	131.9	128.4
6	154.7	154.3	33.1	33.5	157.5	155.2	156.9	135.0	136.5
2'	54.6	54.3	54.6	54.1	54.6	54.3	54.4	54.7	54.6
3'	26.8	27.0	26.0	27.1	26.9	27.2	27.0	26.8	26.8
3'a	124.7	132.9	129.2	136.2	130.3	133.8	133.9	132.3	132.9
4'	110.7	111.9	110.2	111.0	110.0	110.9	111.3	109.4	109.4
5'	147.6	152.7	147.9	151.2	148.0	151.2	152.6	147.7	147.8
6'	141.5	143.7	140.8	136.2	140.9	137.0	143.7	140.8	140.9
7'	134.8	134.8	134.5	134.0	134.0	—	137.1	134.7	134.1
7'a	122.0	127.5	121.5	129.8	121.5	130.1	126.8	120.9	121.6
8'	65.2	65.0	64.6	64.4	65.3	64.9	65.0	65.3	65.0
8'a	46.7	46.9	48.8	48.7	43.0	43.9	43.2	45.6	45.0
NCH₃	43.3	43.2	43.4	43.2	43.4	43.2	43.2	43.4	43.4
5'-OCH₃	56.4	56.1	56.4	56.3	56.3	56.3	56.0	56.2	56.3
6'-OCH₃		60.2					60.3		
C=O				168.3		168.0			
OCH₃				20.1		19.9			

10-6-10

10-6-11

10-6-12

10-6-13

表 10-6-2 化合物 **10-6-10~10-6-17** 的 ^{13}C NMR 化学位移数据[1]

C	10-6-10	10-6-11	10-6-12	10-6-13	10-6-14	10-6-15	10-6-16	10-6-17
1	47.1	47.5	47.0	51.4	52.7	48.3	47.9	47.7
2	133.8	132.7	33.4	26.7	28.7	33.0	27.4	32.9
3	129.4	130.7	38.7	38.4	32.0	22.3	30.2	31.6
4	62.5	65.5	211.1	209.4	209.6	25.4	63.1	68.7
5	29.4	30.0	38.2	46.0	48.5	23.4	30.0	31.8
6	29.1	31.8	36.0	75.5	69.0	36.4	29.6	34.5
2′	54.5	54.5	54.6	54.7	55.0	53.0	54.5	52.9
3′	26.8	26.6	27.0	26.7	26.8	24.5	27.0	24.4
3′a	—	131.1	133.8	129.3	129.7	127.2	133.1	127.1
4′	—	109.2	110.9	111.2	109.4	110.7	110.8	110.6
5′	—	147.6	152.7	148.5	147.8	154.3	152.6	154.0
6′	—	141.2	143.8	141.6	140.9	144.3	143.8	144.2
7′	—	134.3	138.0	134.1	134.5	140.5	140.2	139.6
7′a	—	120.9	126.6	121.0	120.9	124.8	126.1	124.6
8′	64.6	64.7	64.8	64.4	65.1	63.8	64.8	63.6
8′a	50.5	50.2	42.2	40.0	37.9	38.8	41.7	38.7
NCH$_3$	43.3	43.8	43.4	43.5	43.5	39.9	43.3	39.9
5′-OCH$_3$	56.2	56.2	56.1	56.2	56.2	56.3	55.8	56.4
6′-OCH$_3$			60.3			60.4	60.2	60.3

参 考 文 献

[1] Ricca G S, Casagrande C. Org Magn Reson, 1977, 9: 8.

第七节 阿朴菲类生物碱化合物的 ^{13}C NMR 化学位移

【结构特点】阿朴菲类（aporphine）生物碱由 16 个碳组成，是苄基异喹啉的两个芳环又连接起来形成的四环化合物。

基本结构骨架

【化学位移特征】

1. A 环和 D 环都是芳环，A 环是邻位烷基三取代的芳环，D 环是邻位烷基二取代的芳环，在芳环的 12 个碳中，余下的另外 7 个碳都有可能被羟基、甲氧基或烷氧基取代，它们各碳的化学位移遵循芳环的规律（参见文献 [14]）。

2．B 环中除两个属于芳环 A 环碳（1b 和 3a）外，余下的三个碳都属于脂肪族碳，5 位碳和 6a 位碳邻近氮原子，出现在较低场，δ_{C-5} 40.4～65.5，δ_{C-6a} 51.4～69.9；而 4 位碳处于较高场，δ_{C-4} 23.4～29.3。

3．C 环的 7 位碳是苄基的亚甲基，一般出现在 δ_{C-7} 25.7～37.9。

4．如果 B 环完全芳香化了，余下的三个碳出现在 δ_{C-4} 118.9～122.9，δ_{C-5} 144.3，δ_{C-6a} 144.9～145.0。

5．如果 C 环芳香化了，则 δ_{C-6a} 146.3，δ_{C-7} 102.0。

6．C 环的 7 位碳，如果被羟基化，则 δ_{C-7} 67.9～83.2；如果被羰基化，δ_{C-7} 180.7～182.4。

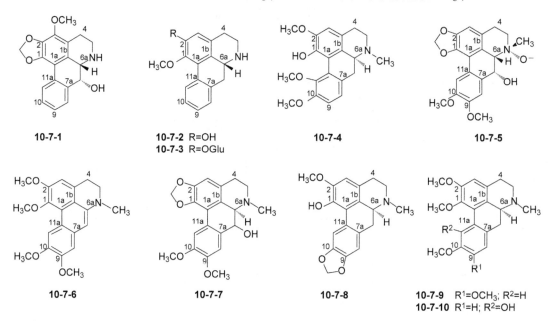

10-7-1 10-7-2 R=OH / 10-7-3 R=OGlu 10-7-4 10-7-5

10-7-6 10-7-7 10-7-8 10-7-9 R¹=OCH₃; R²=H / 10-7-10 R¹=H; R²=OH

表 10-7-1 化合物 10-7-1~10-7-10 的 ¹³C NMR 化学位移数据

C	10-7-1[1]	10-7-2[2]	10-7-3[3]	10-7-4[4]	10-7-5[5]	10-7-6[6]	10-7-7[7]	10-7-8[3]	10-7-9[6]	10-7-10[8]
1	143.9	142.5	146.8	143.9	142.6	144.6	141.2	141.2	144.3	141.7
1a		125.0	127.8	123.6	116.6	118.2	115.8	119.7	126.9	125.4
1b		127.8	131.4	123.6	117.7	129.6	126.5	127.2	127.1	128.8
2		148.0	151.7	149.1	147.9	149.2	147.2	146.6	151.9	150.8
3		114.2	117.4	110.8	106.7	106.6	106.4	110.0	110.4	110.8
3a		—	130.5	126.6	126.2	125.3	126.2	123.2	128.8	129.8
4	23.2	28.4	29.5	28.6	24.7	29.7	28.7	28.6	29.2	29.1
5	43.1	42.7	43.8	52.6	65.3	50.6	52.9	53.3	53.2	52.4
6a	58.1	53.2	54.8	62.6	69.9	146.3	61.9	62.5	62.5	62.6
7	70.5	36.8	37.8	35.2	67.9	102.0	33.4	34.0	34.5	35.7
7a	—	135.6	137.4	130.5	122.7	130.3	128.3	130.1	129.3	129.6
8	—	127.6	128.9	124.3	111.8	109.1	110.7	108.2	110.9	118.6
9	—	127.2	128.6	111.2	148.6	150.7	148.2	145.4	148.0	110.7
10	—	127.0	127.9	151.7	149.4	146.0	146.0	145.3	147.5	149.0

续表

C	10-7-1[1]	10-7-2[2]	10-7-3[3]	10-7-4[4]	10-7-5[5]	10-7-6[6]	10-7-7[7]	10-7-8[3]	10-7-9[6]	10-7-10[8]
11	—	126.8	129.2	142.3	111.0	110.5	111.9	108.8	111.7	143.6
11a	—	131.5	133.2	130.5	127.3	118.5	122.6	108.8	124.5	119.8
NCH₃				43.5	59.0	40.5	43.5	43.9	43.9	
OCH₃	60.0	60.0	61.2		55.9 56.1	60.0 56.4 55.4 55.8	55.4 55.6	43.5	60.3 60.1 55.9 55.8	55.8 61.7 55.5
OCH₂O	102.4				101.3		100.4			

化合物 **10-7-3** 中 Glu 基团的碳化学位移分别是：102.7，75.0，78.3，71.4，78.3，62.6

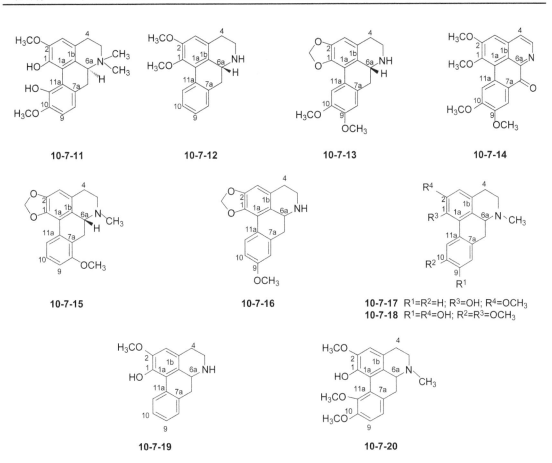

10-7-11　　**10-7-12**　　**10-7-13**　　**10-7-14**

10-7-15　　**10-7-16**　　**10-7-17** R¹=R²=H; R³=OH; R⁴=OCH₃
　　　　　　　　　　　　　　　　　　　　　　　　　10-7-18 R¹=R⁴=OH; R²=R³=OCH₃

10-7-19　　**10-7-20**

表 10-7-2 化合物 **10-7-11~10-7-20** 的 ^{13}C NMR 化学位移数据

C	10-7-11[9]	10-7-12[10]	10-7-13[3]	10-7-14[11]	10-7-15[12]	10-7-16[13]	10-7-17[7]	10-7-18[8]	10-7-19[7]	10-7-20[14]
1	150.6	145.2	141.6	148.9	142.4	140.0	141.6	141.9	141.6	143.0
1a	120.9	126.6	116.2	119.1	116.2	114.4	119.4	126.6	119.7	124.6
1b	115.6	—	127.0	121.1	126.5	124.8	122.9	125.8	123.5	120.6
2	152.7	152.2	146.6	156.1	146.3	144.9	146.5	147.9	146.5	149.0
3	109.2	111.8	107.1	105.7	107.3	105.3	110.2	113.2	110.9	112.1
3a	125.9	129.0	126.5	134.8	126.2	125.5	127.5	129.7	127.3	119.1
4	24.6	29.2	29.1	122.9	28.9	27.4	28.4	28.8	28.4	23.0

续表

C	10-7-11[9]	10-7-12[10]	10-7-13[3]	10-7-14[11]	10-7-15[12]	10-7-16[13]	10-7-17[7]	10-7-18[8]	10-7-19[7]	10-7-20[14]
5	62.1	43.2	43.1	144.3	53.3	41.5	52.6	53.3	42.7	59.9
6a	70.8	53.5	53.5	144.9	61.5	51.4	62.5	62.5	53.2	67.9
7	31.6	37.5	36.4	180.7	25.7	35.6	33.6	34.1	36.8	29.6
7a	125.9	136.3	127.9	126.3	123.4	135.2	126.0	130.1	135.7	129.3
8	116.8	128.4	111.0	109.2	155.9	110.5	127.9	114.1	128.1	123.3
9	110.3	127.4	148.1	150.2	109.3	157.1	115.4	144.9	128.1	110.6
10	151.4	127.8	147.5	153.2	126.8	111.9	155.3	145.4	126.2	152.0
11	149.6	127.0	110.5	109.7	119.2	126.6	113.2	110.1	125.9	144.8
11a	123.3	132.3	123.5	128.7	131.9	122.2	133.0	123.5	132.4	124.2
NCH$_3$	43.5 53.8				43.7		43.5	44.0		43.0
OCH$_3$	56.0 56.3	55.6 60.2	55.8 56.0	60.2 55.8 55.8 55.8	55.2	53.5	55.7	56.1 60.2	55.8	
OCH$_2$O			100.5		100.3	98.8				—

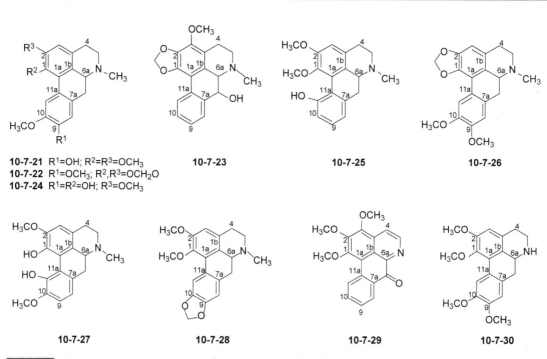

10-7-21 R^1=OH; R^2=R^3=OCH$_3$
10-7-22 R^1=OCH$_3$; R^2,R^3=OCH$_2$O
10-7-24 R^1=R^2=OH; R^3=OCH$_3$

10-7-23 10-7-25 10-7-26

10-7-27 10-7-28 10-7-29 10-7-30

表 10-7-3 化合物 10-7-21~10-7-30 的 ^{13}C NMR 化学位移数据

C	10-7-21[8]	10-7-22[7]	10-7-23[14]	10-7-24[7]	10-7-25[14]	10-7-26[7]	10-7-27[8]	10-7-28[14]	10-7-29[11]	10-7-30[7]
1	145.9	141.1	134.9	140.6	141.7	141.6	140.2	144.0	148.2	144.3
1a	127.6	115.8	110.7	119.7	125.4	116.0	118.9	126.4	115.4	125.7
1b	118.4	121.0	124.1	123.5	129.8	126.4	117.7	127.0	122.5	120.8
2	153.6	147.2	134.9	146.5	150.8	146.0	148.8	151.4	147.0	152.8
3	109.8	106.7	139.5	109.2	110.8	106.8	109.6	110.3	156.2	111.2

续表

C	10-7-21[8]	10-7-22[7]	10-7-23[14]	10-7-24[7]	10-7-25[14]	10-7-26[7]	10-7-27[8]	10-7-28[14]	10-7-29[11]	10-7-30[7]
3a	124.4	127.7	119.3	126.7	128.8	126.7	124.3	126.2	130.8	126.4
4	24.0	24.6	17.2	28.4	29.1	28.7	23.4	29.0	118.9	24.8
5	61.5	50.8	49.3	52.9	52.4	52.9	65.5	52.9	144.3	40.8
6a	69.9	64.4	64.2	62.4	62.6	61.7	69.7	62.1	145.0	51.9
7	28.8	69.8	69.7	33.7	35.6	25.8	30.3	34.9	182.4	32.3
7a	123.9	133.4	138.7	129.1	129.6	115.6	129.8	130.4	131.4	126.2
8	114.5	108.1	123.6	114.9	118.6	146.8	120.8	107.6	127.6	111.6
9	145.9	148.3	126.9	145.4	110.7	135.9	110.9	146.0	128.7	148.3
10	146.5	141.6	126.9	145.3	149.0	150.8	147.6	145.9	134.1	147.3
11	111.4	110.5	125.7	113.6	143.6	102.4	140.2	108.4	127.4	111.8
11a	122.0	123.6	128.7	123.0	119.8	125.8	119.2	125.1	134.3	123.1
NCH$_3$	43.4	39.9	39.0	43.6	43.6	43.5	43.4	43.6		
OCH$_3$	55.8 60.1 55.8	55.6 55.6	39.0 —	55.8 55.8	43.6	60.2 55.6	55.8	— 55.8 55.8	61.7 60.9 61.3	55.5 55.8 59.6 55.5
OCH$_2$O		100.5	—		—	100.4		—		

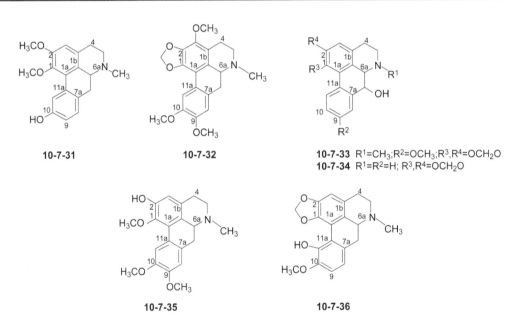

10-7-31

10-7-32

10-7-33 R^1=CH$_3$;R^2=OCH$_3$;R^3,R^4=OCH$_2$O
10-7-34 R^1=R^2=H; R^3,R^4=OCH$_2$O

10-7-35

10-7-36

表 10-7-4 化合物 10-7-31~10-7-36 的 ^{13}C NMR 化学位移数据

C	10-7-31[7]	10-7-32[8]	10-7-33[14]	10-7-34[14]	10-7-35[14]	10-7-36[14]
1	144.3	143.2	141.6	141.8	142.3	140.4
1a	125.9	110.4	116.3	114.8	126.3	125.8
1b	128.6	127.4	122.5	124.7	125.9	128.9
2	151.3	134.9	146.5	146.7	148.1	145.9
3	111.6	139.1	106.3	107.9	113.5	107.7
3a	127.7	119.1	126.9	127.2	129.6	127.4

续表

C	10-7-31[7]	10-7-32[8]	10-7-33[14]	10-7-34[14]	10-7-35[14]	10-7-36[14]
4	28.7	23.6	23.2	29.1	28.7	29.3
5	52.5	53.2	19.8	42.7	53.3	53.0
6a	62.3	62.3	64.3	60.4	62.5	62.8
7	33.5	34.1	70.0	83.2	34.2	35.4
7a	126.6	127.4	141.3	136.4	129.2	129.7
8	128.4	111.1	109.0	123.1	110.1	119.2
9	114.5	147.5	159.1	127.4	148.2	110.8
10	155.7	147.5	112.5	127.4	147.6	148.3
11	114.0	110.0	127.8	126.7	110.0	142.9
11a	132.1	123.5	121.4	129.6	124.1	118.5
NCH₃	43.5	—	39.5		43.8	44.0
OCH₃	59.6	56.0	—		—	56.2
	55.5	55.6				
OCH₂O		100.4				100.2

参 考 文 献

[1] Hsieh T J, Chen C Y, Kuo R Y, et al. J Nat Prod, 1999, 62: 1192.

[2] Fischer D C H, Goncalves M I, Oliveira F, et al. Fitoterapia, 1999, 70: 322.

[3] Likhitwitayawuid K, Angerhofer C K, Chai H, et al. J Nat Prod, 1993, 56: 1468.

[4] Desai H K, Joshi B S, Pelletier S W, et al. Heterocycles, 1993, 36: 1081.

[5] James G B, Peter A W, Geoffrey I M, et al. Nat Med, 2001, 55: 149.

[6] 许翔鸿, 王峥涛, 余国奠, 等. 中国药科大学学报, 2002, 33: 483.

[7] Ricca G S, Casagrande C. Gazz Chim Ital, 1979, 109: 1.

[8] Marsaioli A J, Reis F DA M, Magalhaes A F, et al. Phytochemistry, 1979, 18: 165.

[9] Suess T R, Stermitz F R. J Nat Prod, 1981, 44: 680.

[10] Guinaudeau H, Leboeuf M, Cave A. J Nat Prod, 1975, 38: 275.

[11] Marsaioli A J, Magalhaes A F, Ruveda E A, et al. Phytochemistry, 1980, 19: 995.

[12] Blanchfield J T, Sands D P A, Kennard C H L, et al. Phytochemistry, 2003, 63: 711.

[13] Hocquemiller R, Rasamizafy S, Cave A. Tetrahedron, 1982, 38: 911.

[14] Jackman L M, Trewella J C, MonioT J L, et al. J Nat Prod, 1979, 42: 437.

第八节　原小檗碱类生物碱化合物的 ¹³C NMR 化学位移

【结构特点】原小檗碱（protoberberine）类生物碱也是由苄基异喹啉经一个碳缩合而成的一类四环生物碱化合物。

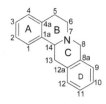

基本结构骨架

【化学位移特征】

1. 构成原小檗碱类生物碱骨架的 17 个碳原子中有 12 个是芳环碳，两个苯环（A 环和 B 环）都是邻位二烷基取代，其余的位置有可能还要连接羟基、甲氧基或烷基等基团，它们各碳的化学位移遵循芳环化学位移的规律。

2．较有特点的是 B 环中 5、6、14 位碳的化学位移，6 位和 14 位邻近氮原子，受其影响，$\delta_{C\text{-}6}$ 46.9～57.7，$\delta_{C\text{-}14}$ 54.7～70.4，而 $\delta_{C\text{-}5}$ 46.9～57.7。

3．C 环比较复杂一些，除去 D 环 8a 位和 12a 位两个芳环碳和一个氮原子以及同属于 C 环的 14 位碳外，就剩余 8 位和 13 位两个碳，8 位与氮相连，因此出现在较低场，$\delta_{C\text{-}8}$ 49.8～59.0，$\delta_{C\text{-}13}$ 31.6～41.5；如果是氮氧化物或季铵碱或 8 位有烷基取代者，8 位碳向低场位移，$\delta_{C\text{-}8}$ 61.2～67.6；如果 13 位连接羟基，由于受到氧的影响，$\delta_{C\text{-}13}$ 69.8。

4．如果 C 环完全芳香化，则 $\delta_{C\text{-}8}$ 145.6～146.1，$\delta_{C\text{-}13}$ 128.2～128.4，$\delta_{C\text{-}14}$ 140.2～140.3；如果这时 13 位又连接甲基，$\delta_{C\text{-}13}$ 146.2；$\delta_{C\text{-}14}$ 133.8。

5．如果 C 环仅仅是 13 位和 14 位脱氢化成为双键，13 位又有甲基取代，则 $\delta_{C\text{-}13}$ 119.4，$\delta_{C\text{-}14}$ 133.7。而 8 位有乙酰基取代时，$\delta_{C\text{-}13}$ 93.5，$\delta_{C\text{-}14}$ 140.3。

6．如果 C 环的 8 位和 13 位都成为羰基，$\delta_{C\text{-}8}$ 161.7（这是内酰胺的羰基特征），$\delta_{C\text{-}13}$ 188.0，$\delta_{C\text{-}14}$ 88.6。

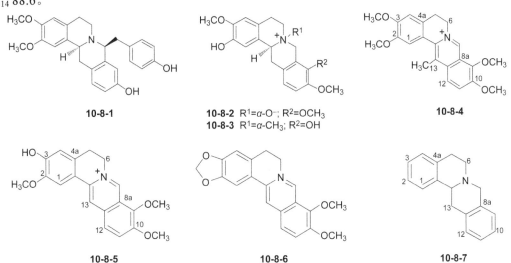

10-8-1

10-8-2 R^1=α-O⁻；R^2=OCH₃
10-8-3 R^1=α-CH₃；R^2=OH

10-8-4

10-8-5　　　　　　10-8-6　　　　　　10-8-7

表 10-8-1 化合物 10-8-1~10-8-7 的 ^{13}C NMR 化学位移数据

C	10-8-1[1]	10-8-2[2]	10-8-3[3]	10-8-4[11]	10-8-5[4]	10-8-6[5]	10-8-7[6]
1	112.5	113.9	111.3	114.0	115.9	106.8	125.6
1a	127.1	122.6	121.9	121.8	123.2	123.7	138.2
2	148.5	147.4	150.1	147.8	149.7	150.3	126.2
3	147.0	151.0	151.3	150.6	151.7	152.6	126.2
4	112.6	111.4	113.4	110.8	110.2	110.1	129.0
4a	130.1	126.4	125.1	128.7	130.3	132.1	134.7
5	30.2	24.9	24.2	28.2	27.7	28.9	29.7
6	49.0	57.8	53.4	63.2	62.5	58.4	51.3
8	51.5	65.3	61.2	—	146.1	145.6	58.7
8a	125.7	120.1	114.3	119.3	119.4	121.8	134.7
9	108.1	145.2	144.5	151.4	151.9	152.8	129.0
10	154.2	145.5	147.6	146.5	145.7	145.5	126.2
11	114.4	112.5	113.2	119.8	120.9	122.0	126.0
12	119.9	123.4	119.8	125.5	124.4	125.1	129.0
12a	133.1	123.6	123.1	132.3	135.5	135.6	134.7

续表

C	10-8-1[1]	10-8-2[2]	10-8-3[3]	10-8-4[11]	10-8-5[4]	10-8-6[5]	10-8-7[6]
13	41.5	35.6	35.0	146.2	128.2	128.4	36.8
14	69.1	70.4	67.3	133.8	140.3	140.2	60.1
NCH$_3$			51.0				
OCH$_3$	57.0	60.5	56.6	56.3	57.7	63.5	
	57.2	55.9		56.3	57.4	58.0	
		56.6		56.6	57.1		
			56.7	57.3			
CH$_3$				18.0			
OCH$_2$O						101.4	
1'	132.0						
2'	131.1						
3'	116.1						
4'	158.1						
5'	116.1						
6'	131.1						

10-8-8 R=α-CH$_3$
10-8-9 R=β-CH$_3$

10-8-10

10-8-11 R=β-CH$_3$
10-8-12 R=α-CH$_3$

10-8-13

10-8-14 R=α-CH$_3$
10-8-15 R=β-CH$_3$

表 10-8-2 化合物 **10-8-8~10-8-15** 的 ^{13}C NMR 化学位移数据

C	10-8-8[6]	10-8-9[6]	10-8-10[7]	10-8-11[7]	10-8-12[7]	10-8-13[8]	10-8-14[7]	10-8-15[7]
1	125.9	126.7	108.5	109.0	112.1	109.1	112.0	108.8
1a	136.8	138.5	129.5	128.5	130.7	129.9	130.3	128.5
2	125.9	125.8	147.1	147.3	146.7	147.5	146.6	147.3
3	126.2	126.7	147.1	147.8	148.0	147.5	148.0	147.9
4	128.3	129.3	111.3	111.3	111.1	111.5	110.9	111.3
4a	136.3	133.5	126.3	128.5	127.7	127.0	126.3	128.5
5	29.8	28.7	29.0	29.4	28.1	29.2	27.8	29.3
6	51.1	47.2	51.3	51.5	47.1	51.5	46.9	51.3
8	59.0	58.6	53.8	54.5	51.1	53.7	49.8	53.4
8a	134.3	134.1	127.5	128.6	126.5	121.4	115.8	118.9
9	129.1	127.1	149.9	150.2	150.2	141.6	144.8	144.8
10	126.2	126.7	144.8	145.1	145.4	144.2	143.7	143.2

续表

C	10-8-8[6]	10-8-9[6]	10-8-10[7]	10-8-11[7]	10-8-12[7]	10-8-13[8]	10-8-14[7]	10-8-15[7]
11	125.9	125.3	110.8	111.7	111.1	109.1	106.8	106.8
12	128.7	127.9	123.5	124.1	123.2	119.3	120.3	121.3
12a	141.7	139.8	128.4	135.1	133.0	128.1	133.5	136.1
13	38.9	35.2	36.2	38.4	34.6	36.5	34.2	38.7
14	63.7	65.2	59.1	63.1	64.2	59.4	63.8	63.2
OCH₃			55.9	60.1	60.4			
			55.6	56.2	56.4	56.2		
			55.6	55.8	55.9	56.2	56.1	56.1
			59.9	55.9	55.9	56.2	55.9	55.9
CH₃	18.3	22.4		18.4	22.4		22.4	18.5
OCH₂O							101.1	101.1

10-8-16 R¹,R²=OCH₂O
10-8-17 R¹=OH; R²=OCH₃

10-8-18 R¹=β-H; R²=α-CH₃
10-8-19 R¹=β-H; R²=β-CH₃
10-8-20 R¹=α-H; R²=β-OH

10-8-21

10-8-22 R¹=OH; R²=OCH₃
10-8-23 R¹,R²=OCH₂O

表 10-8-3 化合物 10-8-16~10-8-23 的 ^{13}C NMR 化学位移数据

C	10-8-16[7]	10-8-17[9]	10-8-18[6]	10-8-19[6]	10-8-20[10]	10-8-21[10]	10-8-22[7]	10-8-23[6]
1	105.1	111.1	105.8	107.3	105.8	105.6	105.7	105.7
1a	130.4	129.8	129.9	131.5	130.9	130.3	131.1	131.0
2	145.4	144.4	145.8	145.3	146.1	145.9	146.1	145.2
3	145.7	144.4	146.6	146.3	146.5	146.1	146.2	146.3
4	107.9	112.2	108.3	108.9	108.4	108.3	108.5	108.6
4a	127.3	124.7	126.7	127.4	128.5	127.8	128.0	128.0
5	29.3	28.5	29.9	28.3	29.3	29.9	29.7	29.8
6	51.1	51.5	51.4	47.0	50.8	48.7	51.4	51.4
8	53.8	53.4	54.5	50.6	53.8	61.5	53.5	53.1
8a	127.3	127.5	129.5	127.6	127.2	130.0	121.4	117.1
9	149.8	149.7	150.2	150.3	151.6	150.9	141.7	146.4
10	144.7	145.8	145.2	145.5	144.5	145.5	144.2	143.5
11	110.7	111.8	111.3	111.2	111.1	111.0	109.1	106.9
12	123.4	123.6	124.1	123.1	123.4	123.4	119.4	121.2
12a	128.2	128.5	135.2	132.9	129.4	130.2	128.1	128.7

续表

C	10-8-16[7]	10-8-17[9]	10-8-18[6]	10-8-19[6]	10-8-20[10]	10-8-21[10]	10-8-22[7]	10-8-23[6]
13	36.1	35.8	38.6	34.5	69.8	37.2	36.5	36.6
14	59.3	66.1	63.5	64.6	64.6	58.9	59.7	59.8
OCH$_3$	59.8 55.5	59.6 55.5 55.7	60.2 56.1	60.4 55.9	60.0 55.7	60.2 55.8	56.2	
OCH$_2$O	100.3		100.8	100.0	100.7	100.8	100.8	101.1 100.9
CH$_3$			18.3	22.4				
1'						38.8		
2'						65.0		
3'						23.6		

10-8-24

10-8-25 R^1=R^2=R^3=R^4=OCH$_3$
10-8-26 R^1,R^2=R^3,R^4=OCH$_2$O

10-8-27 R^1=OCH$_3$; R^2,R^3=OCH$_2$O
10-8-28 R^1,R^2=OCH$_2$O; R^3=OCH$_3$

10-8-29 R=OH
10-8-30 R=OCH$_3$

表 10-8-4 化合物 10-8-24~10-8-30 的 ^{13}C NMR 化学位移数据[8]

C	10-8-24[6]	10-8-25	10-8-26	10-8-27	10-8-28	10-8-29[6]	10-8-30
1	105.7	108.5	105.6	147.5	142.4	146.7	151.9
1a	129.8	129.6	130.9	123.6	114.1	118.3	124.2
2	145.8	147.3	146.1	134.5	133.4	134.1	140.2
3	146.9	147.3	146.1	140.2	145.3	150.6	150.1
4	108.3	111.3	108.5	102.9	107.0	104.9	107.4
4a	129.8	126.6	127.9	128.6	129.5	131.4	130.6
5	29.4	29.0	28.6	30.1	30.0	30.5	30.0
6	51.6	51.3	51.3	47.1	51.1	49.4	48.3
8	54.5	58.2	58.7	57.2	58.0	53.6	53.3
8a	116.9	126.2	127.4	126.6	126.8	128.7	128.3
9	144.9	109.5	106.5	109.7	109.8	150.3	150.9
10	143.2	147.3	146.1	146.6	146.8	145.6	145.3
11	106.9	147.3	146.1	147.9	148.0	111.3	110.9

续表

C	10-8-24[6]	10-8-25	10-8-26	10-8-27	10-8-28	10-8-29[6]	10-8-30
12	121.4	111.3	108.5	114.3	114.5	124.2	124.0
12a	136.1	126.2	127.4	127.6	127.8	129.3	128.6
13	38.5	36.3	37.1	31.9	34.0	33.1	33.0
14	63.2	59.5	59.9	54.9	57.1	56.3	55.5
OCH$_3$		55.8(×4)		56.0 59.2	56.5 56.3	60.2 56.1 61.0 55.8	60.6(×2) 55.8(×2) 60.1
OCH$_2$O	101.1 100.8		100.8(×2)	100.5	101.2		
CH$_2$				70.9	71.2		
1'				137.2	137.3		
2'				128.3	128.5		
3'				127.1	127.4		
4'				126.4	126.8		
5'				127.1	127.4		
6'				128.3	128.5		

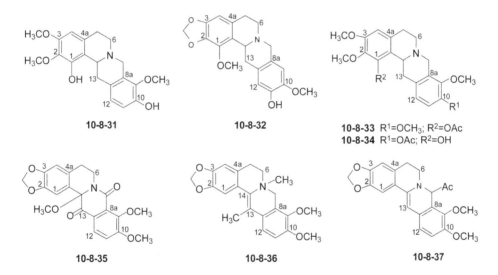

10-8-31

10-8-32

10-8-33 R^1=OCH$_3$; R^2=OAc
10-8-34 R^1=OAc; R^2=OH

10-8-35

10-8-36

10-8-37

表 10-8-5　化合物 10-8-31~10-8-37 的 ^{13}C NMR 化学位移数据[6]

C	10-8-31[8]	10-8-32[8]	10-8-33	10-8-34	10-8-35	10-8-36	10-8-37
1	146.4	147.8	141.8	141.2	109.1	110.7	104.3
1a	117.9	123.9	123.6	123.7	131.6	132.5	128.8
2	143.8	134.5	139.6	139.6	146.4	146.7	146.6
3	150.6	140.4	151.8	151.8	149.6	149.4	147.4
4	104.0	103.1	110.8	110.7	108.0	107.6	107.8
4a	131.3	128.5	131.1	130.8	131.6	126.3	128.2
5	30.6	30.1	30.3	30.3	28.9	27.1	30.1
6	49.3	46.9	48.5	48.3	38.4	57.7	47.8
8	53.6	57.3	53.4	53.2	161.7	66.3	67.6
8a	127.9	124.8	128.4	129.2	122.8	124.1	118.8

续表

C	10-8-31[8]	10-8-32[8]	10-8-33	10-8-34	10-8-35	10-8-36	10-8-37
9	146.4	108.7	150.5	148.1	148.3	154.1	150.0
10	146.6	145.3	145.8	141.8	159.4	146.4	144.8
11	114.2	144.3	111.4	121.2	115.0	112.9	112.8
12	125.3	114.6	124.0	124.4	124.2	121.5	118.8
12a	128.5	127.3	128.7	134.3	125.0	119.9	125.1
13	32.9	31.6	33.3	33.5	188.0	119.4	93.5
14	56.0	54.7	56.7	55.2	88.6	133.7	140.3
NCH$_3$						50.9	
OCH$_3$	61.2 60.9 56.3	56.1 56.1 59.5	60.3 56.1	60.6(×2) 56.1	61.5 56.3 51.4	62.3 56.0	60.7 56.0
OCH$_2$O		100.7			101.3	102.0	100.9
CH$_3$						17.8	
Ac			168.8 20.8	168.7 20.8 168.8 20.8			204.8 25.8

参 考 文 献

[1] Luca R, Anna C, Cosimo P, et al. J Nat Prod, 1997, 60: 1065.

[2] Chen J J, Chang Y L, Teng C M, et al. Planta Med, 2001, 67: 423.

[3] Tanahashi T, Su Y K, Nagakura N, et al. Chem Pharm Bull, 2000, 48: 370.

[4] Hu S M, Xu S X, Yao X S, et al. Chem Pharm. Bull, 1993, 41: 1866.

[5] Zhao M, Xian Y F, Ip S P, et al. Phytother Res, 2010, 24: 1414

[6] Takao N, Iwasa K, Kamigauchi M, et al. Chem Pharm Bull, 1977, 25: 1426.

[7] Hughes D W, Holland H L, Maclean D B. Can J Chem, 1976, 54: 2252.

[8] Kametani T, Fukumoto K, Ihara M, et al. J Org Chem, 1975, 40: 3280.

[9] Ricca G S, Casagrande C. Gazz Chim Ital, 1979, 109: 1.

[10] Manske R H F, Rodrigo R, Holland H L, et al. Can J Chem, 1978, 56: 383.

第九节　普托品类生物碱的 ^{13}C NMR 化学位移

【结构特点】普托品（protopine）类生物碱是由原小檗碱的盐经氧化断裂而形成的一类化合物。

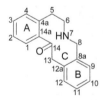

基本结构骨架

【化学位移特征】

1. 两个苯环（A、B 环）各碳化学位移基本上遵循芳环的规律，出现在 δ 102～159 之间。芳环的甲氧基出现在 δ 56.0～60.7 左右。亚甲二氧基出现在 δ 100.8～101.6 左右。

2. 对于 C 环来说，除与 A 环和 B 环并合的 4 个碳和 1 个氮元素之外还剩下 5 个碳，分别为：$\delta_{C\text{-}5}$ 31.3～32.3，$\delta_{C\text{-}6}$ 57.4～58.2，$\delta_{C\text{-}8}$ 50.1～51.8，$\delta_{C\text{-}13}$ 46.0～71.0，$\delta_{C\text{-}14}$ 192.9～196.2。有时 5,6 位和 7,8 位双键化，则 $\delta_{C\text{-}5}$ 116.9～118.6，6、8 位碳与氮相连，$\delta_{C\text{-}6}$ 137.8～138.0，$\delta_{C\text{-}8}$ 139.4～140.1，$\delta_{C\text{-}13}$ 49.0～50.0，羰基碳 $\delta_{C\text{-}14}$ 185.1～189.3。有时仅有 7,8 位双键化，$\delta_{C\text{-}5}$ 20.0～21.0，$\delta_{C\text{-}6}$ 50.0～50.1，$\delta_{C\text{-}8}$ 139.1，$\delta_{C\text{-}13}$ 50.0，$\delta_{C\text{-}14}$ 184.4～185.0。

3. 氮甲基通常出现在 δ 41.2～41.8。

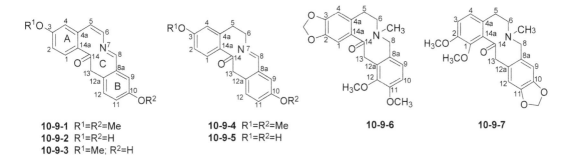

10-9-1 R^1=R^2=Me
10-9-2 R^1=R^2=H
10-9-3 R^1=Me; R^2=H

10-9-4 R^1=R^2=Me
10-9-5 R^1=R^2=H

10-9-6

10-9-7

表 10-9-1 化合物 10-9-1~10-9-7 的 ^{13}C NMR 化学位移数据

C	10-9-1[1]	10-9-2[1]	10-9-3[1]	10-9-4[1]	10-9-5[1]	10-9-6[2]	10-9-7[2]
1	111.5	113.5	111.7	113.8	113.5	108.7	148.5
2	112.0	113.9	112.2	111.8	113.5	133.1	150.8
3	158.8	154.2	159.0	158.0	154.8	146.5	125.5
4	106.7	107.9	106.8	106.1	107.9	110.8	107.0
4a	132.8	132.4	132.9	132.8	132.8	136.9	136.4
5	116.9	118.6	116.9	21.0	20.0	32.1	31.3
6	137.8	138.0	137.9	50.1	50.0	58.2	58.1
8	140.0	139.4	140.1	139.1	139.1	51.4	51.8
8a	126.6	115.7	115.8	126.6	126.6	129.6	130.0
9	102.9	106.9	107.0	102.9	103.7	128.2	115.5
10	156.1	154.2	154.3	156.1	152.1	112.1	146.6
11	113.0	113.9	113.9	113.0	114.0	152.4	146.7
12	114.6	119.9	120.0	114.5	116.5	148.4	113.7
12a	122.8	122.5	122.6	128.7	128.7	130.5	131.5
13	50.0	50.0	49.0	50.0	50.0	46.2	71.0
14	185.1	189.3	189.3	185.0	184.4	196.2	—
14a	129.7	129.6	129.7	128.7	128.7	133.1	134.9
NCH$_3$						41.5	41.8
OCH$_3$	57.1 57.0		57.2	57.2 57.1		56.0 60.6	56.3 56.6
OCH$_2$O						101.6	101.4

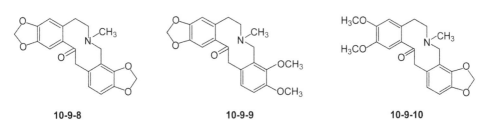

10-9-8

10-9-9

10-9-10

表 10-9-2 化合物 10-9-8~10-9-10 的 ^{13}C NMR 化学位移数据[3]

C	10-9-8	10-9-9	10-9-10	C	10-9-8	10-9-9	10-9-10
1	110.5	110.5	113.3	11	106.7	110.4	106.8
2	145.8	146.0	147.1	12	125.1	127.7	124.8
3	148.0	147.9	149.2	12a	128.9	129.5	129.3
4	110.5	110.4	112.1	13	46.5	46.2	46.0
4a	136.1	135.8	149.2	14	193.2	192.9	194.5
5	31.6	32.3	32.3	14a	132.7	132.8	131.1
6	57.4	57.4	57.5	NCH$_3$	41.5	41.2	41.4
8	50.8	50.1	50.3	OCH$_3$		60.7	55.9
8a	117.9	128.5	117.3			55.5	55.9
9	145.9	151.5	146.3	OCH$_2$O	101.2	101.1	100.9
10	146.0	147.3	146.0		100.8		

参 考 文 献

[1] Luca R, Anna C, Cosimo P, et al. J Nat Prod, 1997, 60: 1065.

[2] Chang Y-C, Hsieh P-W, Chang F-R, et al. Plante Med, 2003, 69: 148.

[3] 张勇忠, 郑晓珂, 冯卫生, 等. 中草药, 2002, 33: 106.

第十节　苯酞异喹啉和螺环苄基异喹啉类生物碱的 ^{13}C NMR 化学位移

一、苯酞异喹啉类生物碱的 ^{13}C NMR 化学位移

【结构特点】苯酞异喹啉类生物碱是由四氢异喹啉环的 1 位连接一个苯酞化合物，它也是由原小檗碱衍生来的。

基本结构骨架

【化学位移特征】

1. 苯酞异喹啉类生物碱的 A 环和 B 环都是二取代的芳环，它们各碳化学位移基本上遵循芳环的规律。一个苯环与四氢吡啶并合形成异喹啉结构，另一个苯环与五元内酯并合形成苯酞，并合的 4 个碳分别为：$\delta_{C-4a}117.5\sim134.4$，$\delta_{C-8a}107.4\sim130.6$，$\delta_{C-3'a}110.3\sim120.2$，$\delta_{C-7'a}134.0\sim140.9$。通常情况下 6、7、4′、5′位都有连氧取代基，它们的化学位移在 δ 144.0～154.5。

2. C 环中的 1、3 位碳都是连氮的，$\delta_{C-1}65.7\sim66.2$，$\delta_{C-3}46.7\sim51.7$；$\delta_{C-4}20.9\sim29.2$。化合物 **10-10-7** 的 1,2 位为双键，1′位又连接羟基，所以 $\delta_{C-1}161.7$，$\delta_{C-1'}119.3$。

3. D 环中的 1′、3′位碳的化学位移：$\delta_{C-1'}78.3\sim85.0$，$\delta_{C-3'}165.0\sim168.0$。

10-10-1   **10-10-2**   **10-10-3**   **10-10-4**

10-10-5   **10-10-6**   **10-10-7**

表 10-10-1 化合物 10-10-1~10-10-7 的 ^{13}C NMR 化学位移

C	10-10-1[1]	10-10-2[1]	10-10-3[1]	10-10-4[1]	10-10-5[2]	10-10-6[2]	10-10-7[2]
1	66.0	66.2	65.7	65.7	66.2	66.0	161.7
3	49.0	51.3	49.5	51.7	46.7	49.0	46.2
4	26.7	29.2	26.5	29.1	20.9	27.0	26.7
4a	124.5	125.3	123.4	123.9	117.5	124.7	134.4
5	108.1	108.2	111.3	111.0	111.2	108.5	108.1
6	146.3	146.3	148.2	147.4	149.8	146.8	149.8
7	145.4	145.8	147.2	146.9	147.3	146.0	146.3
8	107.3	107.4	110.7	110.0	110.0	107.7	106.4
8a	130.0	130.0	129.5	128.4	123.5	130.6	120.1
1′	82.7	81.8	84.9	82.1	78.3	85.0	119.3
3′	167.0	168.0	167.2	167.7	166.0	167.2	167.5
3′a	119.4	119.3	110.3	109.7	119.7	110.3	120.2
4′	147.5	147.6	144.5	144.1	148.4	144.0	147.8
5′	152.6	152.3	149.1	148.8	153.1	149.0	154.5
6′	118.5	118.4	113.1	112.8	119.7	113.0	108.1
7′	117.3	118.1	115.5	116.1	118.1	115.5	117.7
7′a	140.4	141.1	140.8	140.9	138.2	140.5	138.3
OCH$_3$	62.0 56.7	62.2 56.7	55.9 55.9	55.6 55.9	55.8 55.2 57.0 62.1		56.6 62.4
OCH$_2$O	100.5	100.7	103.3	103.1		100.9 103.1	101.4
NCH$_3$	44.7	44.9	45.1	44.9	40.0	45.2	

表 10-10-2 化合物 10-10-8~10-10-11 的 ^{13}C NMR 化学位移数据

C	10-10-8[3]	10-10-9[3]	10-10-10[4]	10-10-11[4]
1	65.7	66.1	66.2	66.0
3	49.3	48.7	51.3	49.0
4	26.9	26.4	29.2	27.0
4a	124.4	124.1	125.3	124.7
5	108.4	108.4	108.2	108.5
6	146.8	146.5	146.3	145.8
7	145.2	145.5	145.8	146.0
8	107.7	107.5	107.4	107.7
8a	130.4	130.7	130.0	130.5
1'	85.0	83.3	81.8	85.0
3'	—	167.6	165.0	167.2
3'a	—	118.0	119.3	110.3
4'	145.8	148.8	147.6	144.0
5'	—	144.5	152.3	149.0
6'	118.2	121.3	118.4	113.0
7'	114.0	117.6	118.1	115.5
7'a	138.7	134.0	141.1	140.5
OCH$_3$	56.6	62.9	62.6 56.7	
OCH$_2$O	100.8	100.7	100.7	100.9 103.1
NCH$_3$	45.1	44.6	44.9	45.2

二、螺环苄基异喹啉类生物碱的 ^{13}C NMR 化学位移

【结构特点】螺环苄基异喹啉类生物碱也是由原小檗碱衍生来的。

基本结构骨架

【化学位移特征】

1. 两个苯环 A 环和 B 环各碳的化学位移基本上是遵循芳环的规律。

2. C 环的 5、7、8 位的化学位移为 $\delta_{C\text{-}5}$ 72.0~77.2，$\delta_{C\text{-}7}$ 47.6~50.4，$\delta_{C\text{-}8}$ 22.0~29.5；如

果氮上不连接甲基，5、7 位化学位移向高场位移，则 δ_{C-5} 66.2，δ_{C-7} 40.1。

3．D 环五个碳中，除去和 C 环共用的 5 位碳以及和 B 环共用的 4′、9′位芳环碳外，还有 1′位和 3′位的两个碳，如果两个碳都是羰基，则 $\delta_{C-1'}$ 200.0，$\delta_{C-3'}$ 202.8；如果 1′位是脂肪碳，3′位和另一个碳形成双键，则 $\delta_{C-1'}$ 37.0，$\delta_{C-3'}$ 155.5，δ_{C-10} 106.7；如果 1′位是脂肪碳，3′位是羰基，则 $\delta_{C-1'}$ 37.30，$\delta_{C-3'}$ 206.4；如果 1′位碳连接羟基，3′位是羰基，则 $\delta_{C-1'}$ 70.1～75.9，$\delta_{C-3'}$ 201.5～202.7；如果两个碳都是连接羟基，则 $\delta_{C-1'}$ 73.4，$\delta_{C-3'}$ 79.0～79.6。

4．芳环中的甲氧基的化学位移通常出现在 δ 55.8～61.2；亚甲二氧基出现在 δ 100.9～103.2；异喹啉的氮甲基 δ 37.7～41.9。

10-10-12 R=H
10-10-13 R=CH₃

10-10-14

10-10-15

10-10-16

10-10-17

表 10-10-3 化合物 **10-10-12~10-10-17** 的 ^{13}C NMR 化学位移数据[5]

C	10-10-12	10-10-13	10-10-14	10-10-15	10-10-16	10-10-17
1	110.1	109.5	110.5	108.5	109.1	108.2
2	147.3	147.2	147.7	146.5	145.9	146.8
3	146.4	146.3	147.5	146.5	146.9	146.8
4	105.3	105.2	110.5	104.8	107.2	105.7
4a	136.1	137.7	137.2	131.8	130.9	130.1
5(2′)	66.2	71.7	71.9	71.4	76.8	72.0
7	40.1	48.1	48.1	48.4	48.7	50.4
8	29.4	29.1	29.1	29.4	28.9	29.4
8a	131.0	129.9	126.1	128.3	125.8	129.3
9	101.9	101.1	101.3	100.9	100.9	101.0
10			106.7			
1′	200.0	202.8	37.0	37.3	70.5	75.9
3′	200.0	202.8	155.5	206.4	202.4	202.7
4′	142.0	142.4	123.8	131.0	130.0	130.1
5′	124.5	123.8	143.2	121.1	120.6	120.1
6′	138.3	136.6	148.2	113.8	114.5	114.3
7′	138.3	136.6	108.0	158.5	159.2	159.3
8′	124.5	123.8	113.6	145.6	144.5	147.0

续表

C	10-10-12	10-10-13	10-10-14	10-10-15	10-10-16	10-10-17
9′	142.0	142.4	136.2	145.4	145.4	146.7
OCH_3			55.8	60.4	61.3	61.2
			56.1	56.3	56.4	56.5
NCH_3		40.5	39.0	39.2	39.4	41.8

10-10-18

10-10-19 $R^1,R^2=OCH_2O$; $R^3=R^4=OCH_3$
10-10-20 $R^1=R^2=OCH_3$; $R^3,R^4=OCH_2O$
10-10-21 $R^1,R^2=OCH_2O$; $R^3,R^4=OCH_2O$

10-10-22 $R^1,R^2=OCH_2O$
10-10-23 $R^1=R^2=OCH_3$

表 10-10-4 化合物 10-10-18~10-10-23 的 ^{13}C NMR 化学位移数据[5]

C	10-10-18	10-10-19	10-10-20	10-10-21	10-10-22	10-10-23
1	112.5	111.4	109.6	108.2	110.0	113.0
2	148.9	145.6	147.4	146.9	146.8	148.3
3	147.2	148.5	147.4	146.9	146.2	147.3
4	110.7	110.7	106.9	105.8	109.7	110.1
4a	120.7	128.7	130.6	129.8	129.5	128.3
5	76.8	72.0	77.2	72.0	75.2	75.2
7	49.8	50.3	48.9	60.2	47.6	47.8
8	28.5	29.3	29.2	29.5	22.8	22.0
8a	124.0	128.7	125.0	129.3	126.0	124.8
9	103.1	103.2				
1′	70.1	75.1	70.3	75.0	73.4	73.4
3′	201.7	202.7	201.5	202.2	79.6	79.0
4′	132.5	131.3	132.5	131.2	140.0	140.9
5′	119.5	119.6	119.9	119.8	116.1	115.7
6′	110.4	109.5	110.9	110.6	107.1	109.7
7′	154.5	154.6	154.6	154.5	148.6	148.4
8′	145.0	144.4	146.1	144.4	144.7	144.8
9′	132.9	134.6	132.7	134.3	121.5	121.5
OMe	56.0	56.5				56.5
OMe	56.1	56.1				56.0
OCH_2O			103.2	103.1	101.8	101.8
OCH_2O			101.3	101.1	101.0	
NCH_3	39.6	41.9	39.7	41.7	37.7	37.9

参 考 文 献

[1] Hughes DW, Holland HL, Maclean D B. Can J Chem, 1976, 54: 2252.

[2] 于德泉, 杨峻山. 分析化学手册. 第五分册. 核磁共振波谱分析. 北京: 化学工业出版社, 1989.

[3] Messina I, LaBua R, Galeffi C. Gazz Chim Ital, 1980, 110: 539.

[4] Blasko G, Gula D J, Shamma M. J Nat Prod,1982, 45: 105.

[5] Kametani T, Fukumoto K, Ihara M, et al. J Org Chem, 1975, 40: 3280.

第十一节　吐根碱异喹啉类生物碱的 ¹³C NMR 化学位移

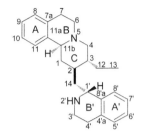

基本结构骨架

【化学位移特征】

1. 吐根碱异喹啉类生物碱的 A 环和 A′环都是芳环，它们各碳的化学位移基本上遵循芳环的规律，大约出现在 δ 107.3～149.7 之间。芳环上的甲氧基化学位移在 δ 55.8～58.0 之间。

2. B 环和 C 环中，4、6、11b 位碳都是和氮相连接的，$\delta_{C\text{-}4}$ 50.7～63.2，$\delta_{C\text{-}6}$ 44.4～53.3，$\delta_{C\text{-}11b}$ 61.5～68.7。1、2、3、7 位碳是远离氮原子的脂肪碳，它们的化学位移通常出现在 δ 22.6～43.1 之间。在 C 环的 3 位有时还连接一个乙基，则 $\delta_{C\text{-}12}$ 23.6～24.4，$\delta_{C\text{-}13}$ 11.2～11.5。在 C 环的 2 位通过 14 位碳与另外一个异喹啉环的 1′位相连接时，$\delta_{C\text{-}14}$ 36.9～40.9。

3. B′环如果是四氢化，则 $\delta_{C\text{-}1'}$ 51.9～52.9，$\delta_{C\text{-}3'}$ 38.4～40.1，$\delta_{C\text{-}4'}$ 25.4～29.0。如果是 1′,2′位为双键，则 $\delta_{C\text{-}1'}$ 177.3～177.8，其他两个碳化学位移变化不大。如果 1′位连接羟基，则 $\delta_{C\text{-}1'}$ 79.5。

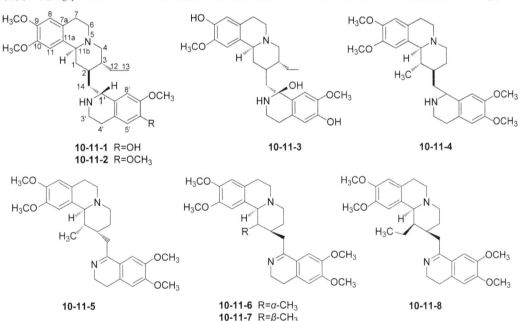

10-11-1 R=OH
10-11-2 R=OCH₃

10-11-3

10-11-4

10-11-5

10-11-6 R=α-CH₃
10-11-7 R=β-CH₃

10-11-8

表 10-11-1　化合物 10-11-1~10-11-8 的 ¹³C NMR 化学位移数据

C	10-11-1[1]	10-11-2[1]	10-11-3[2]	10-11-4[3]	10-11-5[4]	10-11-6[4]	10-11-7[4]	10-11-8[4]
1	36.9	36.9	40.6	36.7	33.6	36.8	35.3	43.1
2	36.7	36.7	37.8	36.7	33.2	40.7	39.0	39.2
3	41.7	41.7	42.5	25.4	22.6	25.2	24.3	24.6
4	61.3	61.3	62.2	52.5	50.7	52.2	56.2	56.1

续表

C	10-11-1[1]	10-11-2[1]	10-11-3[2]	10-11-4[3]	10-11-5[4]	10-11-6[4]	10-11-7[4]	10-11-8[4]
6	52.3	52.3	53.3	44.5	47.0	44.4	53.2	53.0
7	29.2	29.1	29.3	23.3	23.7	24.0	26.3	26.3
7a	126.8	126.1	127.8	124.6	121.6	124.0	123.0	123.2
8	111.5	111.8	116.2	112.9	114.1	113.7	113.0	114.0
9	147.2	147.4	146.5	148.9	149.2	147.2	149.1	149.2
10	147.5	147.6	147.8	149.7	149.2	148.8	149.1	149.5
11	108.6	108.7	109.7	110.1	114.3	113.1	114.7	110.1
11a	130.1	130.0	129.7	125.4	125.5	124.7	126.3	126.3
11b	62.4	62.4	63.8	64.9	65.0	64.8	68.7	—
12	23.6	23.6	24.4					
13	11.2	11.2	11.5					
14	40.9	40.7	37.0	40.2	36.9	37.7	37.3	37.3
1'	51.9	51.9	79.5	52.9	177.3	177.8	177.7	177.7
3'	40.1	40.1	41.0	38.4	42.3	42.2	42.2	38.4
4'	29.0	29.2	28.5	25.4	25.7	25.4	25.9	25.9
4a'	127.6	126.7	127.7	124.2	136.7	136.0	136.7	136.6
5'	114.7	111.5	116.4	113.2	110.4	112.7	109.7	112.9
6'	143.9	147.2	146.4	147.2	156.1	157.4	157.5	157.9
7'	145.0	147.4	147.6	148.4	149.9	149.8	149.7	148.7
8'	108.4	109.2	110.0	111.0	113.1	112.7	113.5	113.2
8a'	131.1	131.6	129.7	125.4	117.3	117.9	118.2	118.1
OCH₃	55.8	55.9	56.8	57.3	57.2	56.8	57.1	57.9
	56.0	56.0	56.6	57.0	57.5	57.0	57.4	57.3
	56.3	56.9		57.7	57.8	57.6	58.0	57.9
		56.3		57.9	57.7	57.3	57.8	57.7

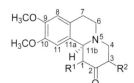

10-11-9 R¹=R²=H
10-11-10 R¹=β-CH₃; R²=H
10-11-11 R¹=α-CH₃; R²=H
10-11-12 R¹=β-CH₃; R²=α-CH₃
10-11-13 R¹=R²=α-CH₃

表 10-11-2 化合物 10-11-9~10-11-13 的 ¹³C NMR 化学位移数据[4]

C	10-11-9	10-11-10	10-11-11	10-11-12	10-11-13
1	47.6	49.8	47.2	49.6	46.4
2	208.5	213.2	210.0	214.6	211.2
3	41.1	38.2	38.2	40.9	40.8
4	54.7	55.1	54.1	63.2	62.7
6	50.8	51.3	44.6	51.2	44.6
7	29.3	29.5	28.6	29.6	29.2
7a	126.0	126.5	125.9	126.7	125.8
8	111.4	111.3	111.5	111.4	111.5
9	147.7	147.5	146.2	147.7	146.1
10	147.5	147.5	148.2	147.7	148.2
11	107.7	107.3	111.7	107.4	112.1

续表

C	10-11-9	10-11-10	10-11-11	10-11-12	10-11-13
11a	128.5	127.9	127.4	127.9	127.2
11b	61.5	64.8	66.5	65.6	67.2
7-OCH₃	55.9	55.9	56.0	55.8	56.0
8-OCH₃	55.9	55.9	56.0	55.8	56.0
R¹		12.2	—	12.4	11.8
R²				11.2	11.3

参 考 文 献

[1] Itoh A, Ikuta Y, Baba Y, et al. Phytochemistry, 1999, 52: 1169.

[2] Muhammad I, Dunbar D C, Khan S I, et al. J Nat Prod, 2003, 66: 962.

[3] Hallock Y F, Cardellina J H, II, Schäffer M, et al. Bioorg Med Chem Lett, 1998, 8: 1729.

[4] Buzas A, Cavier R, Cossais F, et al. Helv Chim Acta, 1977, 60: 2122.

第十二节　萘酚异喹啉类生物碱的 ¹³C NMR 化学位移

【结构特点】萘酚异喹啉类生物碱是异喹啉的 5 位或 7 位连接一个萘环。

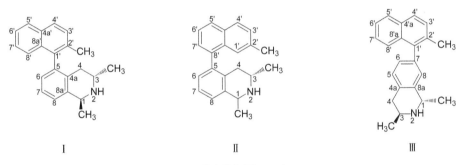

基本结构骨架

【化学位移特征】

1. 对于异喹啉环，无论是怎样连接，还是氢化的程度如何，在它的 1 位和 3 位上都有甲基取代。如果是四氢化异喹啉，则 $\delta_{C\text{-}1}$ 47.5～49.3，$\delta_{C\text{-}3}$ 41.8～45.2，$\delta_{C\text{-}4}$ 31.9～37.3。如果氮上还有甲基，则 $\delta_{C\text{-}1}$ 57.3～59.2，$\delta_{C\text{-}3}$ 49.4～58.5，$\delta_{C\text{-}4}$ 30.0～38.8，氮甲基出现在 δ 35.9～41.3。如果 1,2 位为双键，则 $\delta_{C\text{-}1}$ 162.1～175.7，$\delta_{C\text{-}3}$ 46.5～68.9，$\delta_{C\text{-}4}$ 31.5～35.7。如果异喹啉环完全芳香化，则 $\delta_{C\text{-}1}$ 158.0，$\delta_{C\text{-}3}$ 150.0，$\delta_{C\text{-}4}$ 114.5。1 位和 3 位上连接的甲基一般出现在 δ 17.4～27.8。

2. 萘环的 ¹³C NMR 化学位移通常遵循萘的规律，其化学位移出现在 δ 100～160 之间。

3. 异喹啉与萘环连接位置的碳多出现在 δ 120±8 之间。

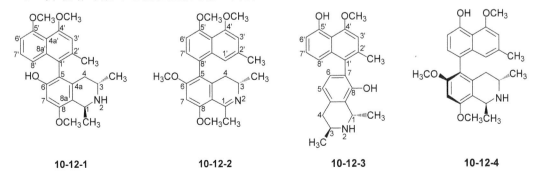

| 10-12-1 | 10-12-2 | 10-12-3 | 10-12-4 |

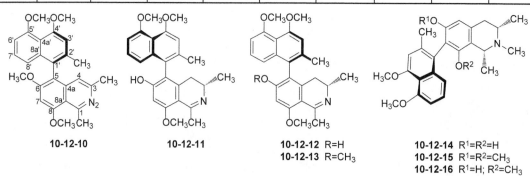

10-12-5

10-12-6 R^1=H; R^2=β-CH$_3$
10-12-9 R^1=CH$_3$; R^2=α-CH$_3$

10-12-7

10-12-8

表 10-12-1 化合物 10-12-1~10-12-9 的 ^{13}C NMR 化学位移数据

C	10-12-1[1]	10-12-2[2]	10-12-3[3]	10-12-4[2]	10-12-5[4]	10-12-6[5]	10-12-7[5]	10-12-8[5]	10-12-9[5]
1	47.8	173.5	47.5	47.5	162.1	48.5	48.3	48.7	59.2
3	44.1	47.8	41.8	44.1	68.9	43.1	43.6	43.5	57.0
4	31.9	31.9	37.3	32.6	35.7	35.6	36.6	35.2	37.5
4a	131.8	108.4	128.3	114.7	137.1	135.8	135.8	135.4	137.4
5	116.0	122.7	106.6	120.8	118.3	119.0	118.9	119.3	118.4
6	153.6	165.9	110.2	158.0	160.1	155.0	155.1	155.3	154.7
7	97.1	93.8	—	94.2	102.3	101.2	101.4	101.4	101.6
8	156.6	163.5	149.1	156.1	165.7	155.2	155.3	155.3	155.4
8a	136.6	140.2	128.3	132.4	141.0	118.6	118.9	118.9	119.3
1'	116.8	116.5	113.7	118.0	112.0	119.5	119.4	119.4	119.6
2'	138.9	137.1	136.3	135.7	—	136.9	137.1	137.1	137.0
3'	109.1	108.9	120.9	106.3	114.2	107.3	107.4	109.9	107.4
4'	157.7	157.5	156.1	156.4	155.2	157.7	157.8	158.6	157.8
4a'	133.9	135.8	136.1	135.3	137.6	114.8	114.9	117.6	114.8
5'	157.9	157.7	154.6	154.1	155.3	155.3	155.4	157.9	155.3
6'	106.1	104.9	124.7	109.9	101.9	110.2	110.3	106.9	110.2
7'	127.8	128.7	122.0	130.4	125.7	131.2	131.6	130.2	131.9
8'	119.7	116.1	116.7	123.8	131.8	125.8	125.8	127.7	125.8
8a'	115.0	123.3	135.4	113.6	136.8	137.4	137.3	138.1	137.2
CH$_3$	18.5	17.4	20.9	18.6	22.4	20.5	20.2	20.2	21.8
	18.6	17.4	20.6	18.5	22.1	21.8	21.8	21.4	20.6
	20.0	22.1	22.6	22.2		22.0	22.2	22.0	22.2
OCH$_3$	55.5	55.9	56.0	55.4	53.4	56.6	56.7	57.0	56.7
	56.6	56.1		56.1	56.5			56.8	
	56.4	56.6		56.1	56.1			—	
		56.3				—	—	—	—
NCH$_3$									41.3

10-12-10

10-12-11

10-12-12 R=H
10-12-13 R=CH$_3$

10-12-14 R^1=R^2=H
10-12-15 R^1=R^2=CH$_3$
10-12-16 R^1=H; R^2=CH$_3$

表 10-12-2 化合物 10-12-10~10-12-16 的 ^{13}C NMR 化学位移数据[6]

C	10-12-10	10-12-11	10-12-12	10-12-13	10-12-14	10-12-15	10-12-16
1	158.0	165.8	165.8	166.1	57.4	57.3	57.9
2					40.9	40.9	41.2
3	150.0	46.6	46.5	50.2	55.1	55.0	55.6
4	114.5	32.3	32.2	31.5	38.8	39.4	37.9
4a	140.0	138.6	138.6	141.1	137.5	136.8	137.1
5	114.0	123.0	123.0	119.6	106.0	102.3	109.5
6	158.8	165.8	165.8	161.6	151.7	155.8	152.3
7	94.2	100.3	100.3	93.8	102.2	112.1	116.9
8	160.2	164.1	164.1	159.9	150.2	150.4	155.8
8a	114.0	101.8	101.6	111.6	118.4	119.5	124.1
1'	124.0	126.2	126.5	123.9	116.6	119.8	119.7
2'	136.2	135.7	135.1	135.1	139.6	137.7	138.4
3'	109.1	109.1	109.2	108.9	108.6	108.9	109.1
4'	156.7	155.8	155.8	156.5	157.7	157.2	157.4
4'a	116.2	116.1	116.1	116.3	116.4	116.5	116.4
5'	157.5	157.1	157.0	157.5	157.4	157.4	157.6
6'	105.5	105.5	105.2	105.5	106.0	105.8	105.7
7'	126.4	126.3	126.1	126.5	127.7	127.9	127.4
8'	118.6	118.3	118.3	117.5	117.5	118.0	117.9
8'a	137.1	136.4	136.7	136.5	136.9	136.9	136.4
CH$_3$	23.4	18.1	18.0	20.5	20.6	21.1	20.5
	27.8	23.5	23.5	26.8	22.1	22.1	22.8
	20.4	20.2	20.3	20.4	21.0	20.6	20.7
OCH$_3$	55.5	54.7	54.7	55.5	56.3	55.7	59.9
	56.3	56.2	56.1	55.6	56.0	56.4	56.4
	56.5	56.2	56.2	56.4		56.2	56.3
	56.4			56.5			

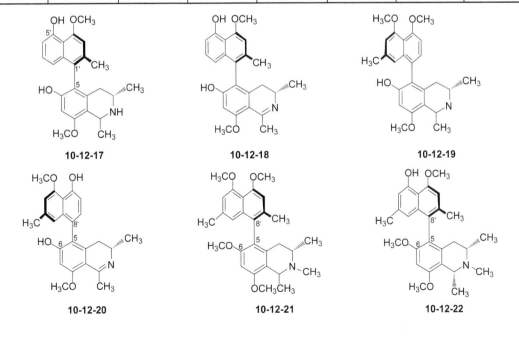

10-12-17　　**10-12-18**　　**10-12-19**

10-12-20　　**10-12-21**　　**10-12-22**

表 10-12-3 化合物 10-12-17~10-12-22 的 ^{13}C NMR 化学位移数据[7]

C	10-12-17	10-12-18	10-12-19	10-12-20	10-12-21	10-12-22
1	49.3	175.0	175.8	175.7	58.0	58.8
3	45.2	49.1	49.5	49.5	49.4	58.5
4	33.0	32.9	33.6	33.7	31.7	30.0
4a	132.9	142.6	142.7	142.8	131.9	133.1
5	118.6	121.4	122.7	122.6	122.3	120.5
6	157.1	168.5	167.8	168.1	159.4	158.6
7	99.0	99.7	99.4	99.4	95.4	94.4
8	157.9	166.1	165.9	165.9	158.2	156.3
8a	114.5	108.4	108.8	108.7	116.9	113.4
1′	126.1	124.9	118.1	118.8	118.3	115.7
2′	136.9	137.0	138.5	138.2	137.8	138.7
3′	108.3	108.1	110.3	107.9	110.0	112.8
4′	157.4	157.7	159.0	158.2	158.8	154.7
4′a	115.4	115.2	117.6	115.0	117.6	113.5
5′	156.4	156.5	159.0	156.4	158.0	156.0
6′	110.6	110.9	106.6	110.4	107.0	102.7
7′	128.9	129.2	130.8	131.7	129.8	127.7
8′	117.0	116.8	125.0	123.1	127.5	126.1
8′a	137.5	137.5	137.3	136.7	137.7	135.7
CH₃	18.8 / 20.7 / 19.3	24.9 / 20.6 / 18.1	24.8 / 22.2 / 18.1	24.8 / 22.3 / 18.2	17.4 / 22.1 / 18.2	19.3 / 21.9 / 18.6
OCH₃	56.9	56.9 / 56.8	57.1 / 56.9 / 56.9	57.0 / 56.8	57.0 / 57.2 / 56.5 / 56.3	56.0 / 56.1 / 55.5 / 43.2
NMe					35.9	

参 考 文 献

[1] Bringmann G, Teltschik F, Schaffer M, et al. Phytochemisty, 1998, 47: 31.

[2] Bringmann G, Hamm A, Gunther C, et al. J Nat Prod, 2000, 63: 1465.

[3] Bringmann G, Saeb W, God R, et al. Phytochemistry, 1998, 49: 1667.

[4] Bringmann G, Koppler D, Wiesen B, et al. Phytochemistry, 1996, 43: 1405.

[5] Yali F, Hallock, Kirk P, et al. J Org Chem, 1994, 59: 6349.

[6] Stenberg V I, Narain N K, Singh S P, et al. J Heterocycl Chem, 1977, 14: 407.

[7] Gerhard B, Joanna S, Johan H F, et al. Phytochemistry, 2008, 69: 1065.

第十三节 吗啡烷类生物碱的 ^{13}C NMR 化学位移

【结构特点】吗啡烷类生物碱是指具有吗啡碱（marphine）结构基本骨架的化合物。吗啡是由一个芳环 A，两个脂环 B、C 以及一个含氮六元环 D 并合而成的化合物。

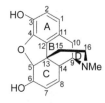

吗啡

【化学位移特征】

1. 1、2、3 位碳是芳环碳，一般情况下 1 位碳离氧较远，邻位有一个烷基，δ_{C-1}117.9～128.3，如果 2 位有氧取代时其化学位移向高场位移；2 位离氧较近，处于较高场，δ_{C-2}108.8～117.8，如果连氧时，δ_{C-2} < 140；3 位通常连氧，如果 4 位也连氧，则 δ_{C-3}137.4～145.4；如果 2、4 位都不连氧，则 δ_{C-3}158.0；如果仅仅是 2 位连氧，则 δ_{C-3}147.4。

2. 4 位为芳环碳，5 位为脂环碳，很多情况下，4、5 位之间由氧连接形成五元氧环，δ_{C-4}142.3～146.6，δ_{C-5}86.7～98.8；如果 4、5 位不成环，仅仅是 4 位连氧时，δ_{C-4}143.4～143.8，δ_{C-5}32.8～33.3；如果 6 位碳是羰基，δ_{C-5}48.3～49.4；如果 4、5 位都不与氧连接，因为 3 位碳与氧连接，δ_{C-4} 在 108.1 和 110.0，δ_{C-5}37.0 左右；如果 6 位碳是羰基，δ_{C-5}49.4。

3. C 环的 6、7、8 位是脂肪碳，每个位置都可能有取代基，或者形成烯烃的双键碳，也有可能成为羰基。无取代时，δ_{C-6}22.2，δ_{C-7}26.8，δ_{C-8}26.7；仅是 6 位有羟基取代时，δ_{C-6}66.4～72.6；如果 6、7 位都有连氧取代基时，δ_{C-6}68.4，δ_{C-7}64.4～65.1。5,6 位、6,7 位、7,8 位和 8,14 位都可能形成双键，同时可能有两个双键共轭，也有可能与羰基共轭，双键上还有可能连接取代基，它们的化学位移可根据具体情况具体分析。

4. D 环中与氮连接的 9 位和 16 位两个碳，δ_{C-9}51.3～61.9，δ_{C-16}45.4～47.2；而在氮上缺少甲基时，δ_{C-16}39.2～43.9。

5. 氮甲基通常出现在 δ41.7～43.4。

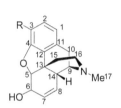

10-13-1 R=OCH$_3$
10-13-2 R=OH

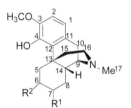

10-13-3 R^1=O; R^2=OCH$_3$; $\Delta^{8,14}$; $\Delta^{5,6}$
10-13-4 R^1=OCH$_3$; R^2=O; $\Delta^{7,8}$

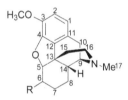

10-13-5 R=OCH$_3$; $\Delta^{8,14}$; $\Delta^{6,7}$
10-13-6 R=O

表 10-13-1 化合物 10-13-1～10-13-6 的 ^{13}C NMR 化学位移数据

C	10-13-1[1]	10-13-2[2]	10-13-3[3]	10-13-4[4]	10-13-5[1]	10-13-6[2]
1	119.3	118.6	118.8	117.9	119.1	119.7
2	112.8	116.4	109.5	109.1	112.9	114.8
3	142.0	138.5	145.4	145.2	142.7	142.8
4	146.2	146.3	143.3	144.8	144.6	144.8
5	91.3	91.5	120.5	49.1	89.0	91.0
6	66.4	66.4	151.0	193.4	152.3	207.3
7	133.2	133.4	181.5	152.3	95.8	39.2
8	128.1	128.5	122.2	115.3	111.3	25.2
9	58.7	58.1	61.1	56.6	60.7	59.4
10	20.4	20.2	32.6	24.4	29.5	19.7
11	127.0	125.5	129.8	130.3	127.6	125.0
12	130.9	131.0	124.0	122.7	133.1	126.1
13	43.0	43.0	43.7	40.5	46.0	45.6
14	40.7	40.6	161.6	45.7	132.3	40.3
15	35.8	35.6	37.8	35.8	37.0	34.6
16	46.4	46.1	47.0	47.1	46.0	46.8

续表

C	10-13-1[1]	10-13-2[2]	10-13-3[3]	10-13-4[4]	10-13-5[1]	10-13-6[2]
17	43.0	42.8	41.7	42.5	42.3	42.3
OCH$_3$			54.9	54.6	54.7	
	56.2		56.3	55.8	56.2	56.6

10-13-7

10-13-8

10-13-9

10-13-10

10-13-11

表 **10-13-2** 化合物 10-13-7~10-13-11 的 ^{13}C NMR 化学位移数据[2]

C	10-13-7[1]	10-13-8	10-13-9	10-13-10	10-13-11
1	128.3	118.9	118.9	119.3	119.4
2	111.0	117.8	117.5	116.7	116.3
3	158.0	137.4	139.8	137.6	137.6
4	110.0	145.6	142.3	145.6	146.6
5	37.1	90.5	95.8	97.1	98.8
6	22.2	66.8	72.6	80.4	84.0
7	26.8	23.0	26.0	47.7	46.4
8	26.7	28.6	30.5	32.1	30.4
9	51.3	61.9	61.2	58.3	59.8
10	33.8	22.7	22.6	22.8	22.1
11	130.1	125.2	123.7	127.5	127.2
12	141.7	130.8	131.4	132.2	133.7
13	38.4	47.3	47.3	47.1	47.2
14	46.2	69.9	70.4	35.9	42.7
15	42.9	33.2	29.6	35.4	33.1
16	39.2	43.1	43.9	43.7	45.4
17					43.4
18		59.4	59.1	59.8	124.6
19		9.8	9.2	9.1	135.1
20		3.8	3.9	3.3	75.3
21		3.6	3.9	4.0	42.9
22				17.5	15.7
23				29.6	14.5
24				74.6	23.9

续表

C	10-13-7[1]	10-13-8	10-13-9	10-13-10	10-13-11
25				24.8	
26				29.8	
OMe	55.2			52.5	55.1
NMe					43.4

10-13-12

10-13-13

10-13-14

10-13-15

10-13-16

表 10-13-3 化合物 10-13-12~10-13-16 的 ^{13}C NMR 化学位移数据[3]

C	10-13-12	10-13-13	10-13-14	10-13-15	10-13-16
1	120.2	118.4	110.5	118.7	118.5
2	114.6	108.8	147.5	109.0	108.9
3	142.8	145.0	147.4	144.7	145.1
4	142.3	143.4	108.1	143.8	143.5
5	86.7	32.8	49.4	48.3	33.3
6	154.1	68.4	193.4	194.7	68.4
7	139.4	64.4	137.8	151.1	65.1
8	191.4	141.2	162.6	119.8	139.8
9	55.0	52.1	53.2	58.0	45.7
10	19.9	29.9	23.9	27.5	36.9
11	127.3	130.6	129.3	130.7	130.8
12	129.6	128.0	129.3	127.0	128.0
13	40.8	38.1	37.2	38.2	38.8
14	49.9	125.8	48.5	42.0	129.1
15	34.4	35.1	39.2	28.2	39.1
16	46.4	48.1	46.5	47.2	40.6
OMe	56.6 58.3 60.0	57.0	56.0 55.8 60.7 60.7	56.2 54.9	56.3 57.6
NMe	42.9	42.2	42.9	43.2	
OAc		170.3/21.0 170.6/21.0			170.4/21.1 170.7/21.1

参 考 文 献

[1] Terui Y, Tori K, Maeda S, et al. Tetrahedron Lett, 1975, 33: 2853.

[2] Carroll F I, Moreland C G, Brine G A, et al. J Org Chem, 1976, 41: 996.

[3] Kashiwaba N, Morooka S, Kimura M, et al. J Nat Prod, 1996, 59: 476.

[4] Rodrigo. The alkaloids. Chemistry and physiology. New York: Academic Press Inc, 1981: 230.

第十四节　双苄基异喹啉类生物碱的 ^{13}C NMR 化学位移

【结构特点】双苄基异喹啉类生物碱是两个苄基异喹啉生物碱通过碳碳键或碳氧碳连结使之成为一个新的化合物，有的化合物是单连接，有的是双连接，也有的是三连接。这些连接多是芳环的连接。它们各碳的化学位移谱基本上遵循苄基异喹啉的规律。

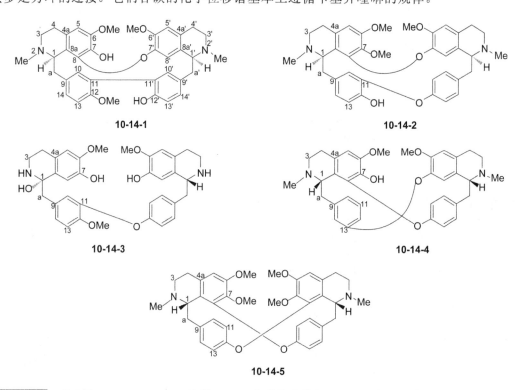

表 10-14-1　化合物 10-14-1~10-14-5 的 ^{13}C NMR 化学位移数据

C	10-14-1[1]	10-14-2[2]	10-14-3[3]	10-14-4[4]	10-14-5[5]	C	10-14-1[1]	10-14-2[2]	10-14-3[3]	10-14-4[4]	10-14-5[5]
1	62.9	62.0	56.4	59.8	60.2	10	135.3	115.3	120.9	120.2	129.3
3	44.4	44.7	40.9	43.6	45.2	11	125.5	143.8	145.4	142.8	118.0
4	22.4	23.9	29.3	21.6	25.2	12	152.9	147.3	149.6	145.9	154.9
4a	122.0	129.0	126.3	123.9	131.0	13	110.7	114.6	112.6	115.2	114.6
5	104.7	105.4	111.2	107.7	110.0	14	129.4	123.5	125.1	125.8	128.8
6	145.7	151.7	145.4	146.8	152.6	OMe	56.3	55.7	55.7	55.7	56.6
7	134.4	136.8	144.0	137.3	139.7		56.4	60.3			60.5
8	141.7	147.7	112.6	138.5	144.4			56.0			
8a	123.9	120.1	130.3	124.0	125.9	NMe	42.3	42.6		41.3	42.8
A	39.8	37.5	41.1	39.5	38.4	1'	64.9	63.4	56.7	64.7	60.2
9	137.8	134.0	131.4	133.2	130.2	3'	47.3	45.2	40.6	44.6	45.2

续表

C	10-14-1[1]	10-14-2[2]	10-14-3[3]	10-14-4[4]	10-14-5[5]	C	10-14-1[1]	10-14-2[2]	10-14-3[3]	10-14-4[4]	10-14-5[5]
4'	27.4	24.8	29.2	24.1	25.2	10'	135.3	130.0	130.4	131.3	129.3
4a'	129.2	127.9	126.1	128.4	131.0	11'	128.0	121.2	117.9	114.7	118.0
5'	112.6	111.1	111.2	112.0	110.0	12'	151.9	153.9	155.9	155.2	154.9
6'	148.2	149.9	145.5	148.2	152.6	13'	116.8	121.4	117.9	113.1	114.6
7'	142.6	143.4	143.9	143.5	139.7	14'	131.2	132.0	130.4	129.2	128.8
8'	119.1	119.7	112.5	119.5	144.4	OMe	55.8	55.7	55.7	55.7	56.6
8a'	129.8	126.3	130.5	128.4	125.9						60.5
a'	38.0	38.2	41.7	39.5	38.4	NMe	43.6	42.0		41.3	42.8
9'	130.3	134.6	133.1	131.5	130.2						

10-14-6

10-14-7

10-14-8

10-14-9

10-14-10

表 10-14-2 化合物 10-14-6～10-14-10 的 ¹³C NMR 数据

C	10-14-6[6]	10-14-7[7]	10-14-8[8]	10-14-9[6]	10-14-10[9]	C	10-14-6[6]	10-14-7[7]	10-14-8[8]	10-14-9[6]	10-14-10[9]
1	65.3	164.2	55.1	64.3	64.6	10	120.5	116.8	116.1	117.0	130.8
3	46.8	46.4	42.2	51.1	44.9	11	148.6	144.3	148.6	148.7	116.4
4	26.6	26.9	29.7	28.5	22.5	12	148.5	145.7	143.7	146.6	155.4
4a	127.9	130.2	131.2	130.6	127.5	13	112.8	110.3	114.7	110.7	116.4
5	112.4	111.1	112.2	111.1	111.6	14	123.5	122.8	123.4	123.7	130.8
6	149.1	147.1	147.9	148.5	147.7	OMe	55.2		55.7	55.2	55.4
7	144.2	149.7	144.4	144.0	148.4		56.2			55.8	
8	120.7	113.7	113.8	116.9	118.5	NMe	42.4			43.7	42.5
8a	131.3	—	127.5	128.0	130.5	1'	60.2	63.3	164.7	60.5	65.0
a	40.4	37.7	38.5	38.3	42.0	3'	44.3	49.8	46.5	45.0	47.7
9	133.9	130.8	127.7	131.0	130.9	4'	22.7	22.8	27.3	25.0	26.3

续表

C	10-14-6[6]	10-14-7[7]	10-14-8[8]	10-14-9[6]	10-14-10[9]	C	10-14-6[6]	10-14-7[7]	10-14-8[8]	10-14-9[6]	10-14-10[9]
4a'	123.0	135.1	136.3	123.0	124.1	10'	131.7	127.8	132.1	131.5	120.9
5'	105.8	105.9	106.0	104.5	111.6	11'	120.4	121.5	121.7	121.1	143.2
6'	146.4	154.9	155.6	147.6	146.4	12'	155.4	152.2	152.2	152.7	144.3
7'	134.9	138.2	138.3	133.4	146.5	13'	121.6	122.0	122.2	121.9	115.5
8'	143.1	147.4	130.9	142.4	112.4	14'	129.8	131.4	128.4	128.3	126.7
8a'	123.0	—	116.0	122.9	129.9	OMe'	55.8		56.0 60.2	55.7	55.9 55.7
a'	44.0	44.4	44.8	38.2	39.7	NMe'	41.5	43.1		41.5	40.8
9'	136.5	134.8	135.8	138.2	130.9						

10-14-11

10-14-12

10-14-13

10-14-14

10-14-15

表 10-14-3 化合物 10-14-11~10-14-15 的 ^{13}C NMR 化学位移数据

C	10-14-11[6]	10-14-12[10]	10-14-13[1]	10-14-14[1]	10-14-15[1]	C	10-14-11[6]	10-14-12[10]	10-14-13[1]	10-14-14[1]	10-14-15[1]
1	61.4	61.4	167.7	168.7	168.0	11	149.3	147.1	125.2	143.9	147.8
3	44.1	44.3	45.7	45.0	44.5	12	146.9	149.5	152.4	148.3	144.2
4	21.8	22.0	27.9	25.7	26.1	13	111.5	111.6	118.0	115.8	115.8
4a	123.2	123.5	134.4	134.2	135.5	14	122.7	122.8	130.1	121.9	123.1
5	104.8	105.0	105.9	110.4	110.7	OMe	56.0	56.2	56.1	55.8	56.1
6	145.8	145.7	150.0	152.0	153.5		56.0	56.3			
7	134.6	134.6	135.9	143.4	143.8	NMe	42.3	42.4			
8	141.9	141.8	—	115.4	117.2	1'	63.7	56.3	167.7	165.8	165.2
8a	123.4	123.6	115.1	119.9	120.5	3'	45.2	42.2	45.7	45.7	45.9
a	41.9	41.9	43.7	40.1	44.8	4'	25.4	7.9	26.0	27.0	27.8
9	135.0	135.0	130.2	127.7	128.3	4a'	128.0	130.1	134.4	131.8	136.8
10	116.1	116.3	134.6	116.1	116.5	5'	113.0	113.7	111.1	105.1	105.6

续表

C	10-14-11[6]	10-14-12[10]	10-14-13[1]	10-14-14[1]	10-14-15[1]	C	10-14-11[6]	10-14-12[10]	10-14-13[1]	10-14-14[1]	10-14-15[1]
6′	148.7	148.7	151.0	150.2	157.3	11′	121.9	122.0	126.6	121.9	121.9
7′	143.5	143.7	142.2	134.7	137.5	12′	153.7	153.9	153.1	153.4	147.9
8′	120.6	119.8	115.4	—	144.2	13′	121.8	122.0	111.1	121.9	121.9
8a′	128.6	128.9	119.2	114.5	115.7	14′	130.1	132.4	129.0	127.4	127.7
a′	37.9	38.4	42.1	44.1	50.5	OMe′	56.2	56.2	56.1	55.8	56.1
9′	135.1	135.1	129.1	134.5	135.7				56.1		60.3
10′	132.5	130.3	136.6	130.5	130.8	NMe′	42.5	42.4			

10-14-16

10-14-17

10-14-18

10-14-19

表 10-14-4 化合物 10-14-16~10-14-19 的 ¹³C NMR 化学位移数据

C	10-14-16[6]	10-14-17[11]	10-14-18[3]	10-14-19[12]	C	10-14-16[6]	10-14-17[11]	10-14-18[3]	10-14-19[12]
1	61.2	60.1	56.4	64.9	1′	63.6	64.9	56.7	58.9
3	43.9	43.7	40.9	48.4	3′	45.0	45.8	40.6	44.8
4	21.8	22.3	29.3	26.3	4′	24.9	25.4	29.2	24.6
4a	127.7	122.1	126.3	129.8	4a′	127.7	130.6	126.1	127.8
5	105.6	107.5	111.2	116.2	5′	112.5	112.2	111.2	107.1
6	151.2	146.8	145.4	139.3	6′	148.4	149.0	145.5	146.1
7	137.6	136.3	144.0	138.4	7′	143.6	143.2	143.9	146.1
8	148.2	144.2	112.6	114.6	8′	120.0	121.2	112.5	139.3
8a	122.6	124.2	130.3	132.0	8a′	127.8	130.8	130.5	128.8
a	41.7	39.1	41.1	37.3	a′	37.9	37.9	41.7	40.1
9	134.7	133.2	131.4	131.4	9′	134.9	135.2	133.1	134.6
10	116.0	114.8	120.9	120.7	10′	132.4	131.9	130.4	130.3
11	149.1	150.1	145.4	147.3	11′	121.6	122.8	117.9	120.2
12	146.8	146.5	149.6	148.6	12′	153.6	154.4	155.9	155.3
13	111.3	111.4	112.6	1118	13′	121.6	122.5	17.9	120.2
14	122.6	121.8	125.1	124.5	14′	129.9	129.9	130.4	130.3
OMe	55.6	55.8	55.7	56.0	OMe′	55.6	55.9	55.7	56.2
	60.0		56.0						
	55.9	56.1							
NMe	42.1	42.1		43.3	NMe′	42.3	42.9		42.5

10-14-20

10-14-21

10-14-22

10-14-23

表 10-14-5 化合物 10-14-20~10-14-23 的 ^{13}C NMR 化学位移数据

C	10-14-20[13]	10-14-21[14]	10-14-22[14]	10-14-23[15]	C	10-14-20[13]	10-14-21[14]	10-14-22[14]	10-14-23[15]
1	61.4	64.1	60.2	60.4	1′	55.8	64.6	64.6	156.8
3	44.2	45.4	43.7	45.5	3′	38.1	47.3	46.5	141.0
4	21.8	23.1	22.8	25.2	4′	27.6	26.3	24.7	118.7
4a	123.4	130.3	124.7	129.6	4a′	128.6	129.8	128.1	134.0
5	104.7	112.3	108.0	102.8	5′	113.4	114.4	114.2	106.0
6	145.5	148.8	145.6	150.5	6′	148.7	146.2	146.9	152.8
7	134.9	144.7	136.9	131.1	7′	143.5	143.5	143.3	148.9
8	142.6	120.3	138.7	146.5	8′	119.8	110.7	110.2	106.0
8a	123.2	129.9	124.4	119.2	8a′	129.5	123.7	124.8	122.5
a	41.9	41.5	40.4	39.8	a′	41.7	38.6	39.6	40.8
9	134.8	130.7	131.2	135.3	9′	134.4	128.1	132.7	134.9
10	116.0	130.7	130.7	122.5	10′	132.4	145.7	129.8	128.1
11	149.3	116.1	115.4	142.5	11′	122.0	115.7	114.5	129.6
12	146.9	155.2	156.0	149.1	12′	154.7	143.2	154.8	—
13	111.4	116.1	115.4	112.7	13′	121.9	125.5	114.5	129.6
14	122.7	130.7	130.7	126.1	14′	130.3	128.3	129.8	128.1
15					15				76.2
OMe	56.0 56.1	55.9	55.7	59.9 59.9	OMe	56.2	55.9	56.1	62.5
NMe	42.3	42.6	42.0	41.7	NMe′		41.3	41.9	43.2

参 考 文 献

[1] Mahiou V; Roblot F; Fournet A, et al. Phytochemistry, 2000, 54: 709.

[2] Koike L, Marsaioli A J, Ruveda E A, et al. Tetrahedron Lett, 1979: 3765.

[3] Bohlke M, Guinaudeau H, Angerhofer C K, et al. J Nat Prod, 1996, 59: 576.

[4] Glenn D P, Margaret S C. J Org Chem, 1981, 46: 2385.

[5] Kanyinda B, VanhaelenFastre R, Vanhaelen M, et al. J Nat Prod, 1997, 60: 1121.

[6] Lin L Z, Shieh H L, AngerhofeR C K, et al. J Nat Prod, 1993, 56: 22.

[7] Broadbent T A, Paul E G. Heterocycles, 1983, 20: 863.

[8] Johns S R, Willing RI. Aust J Chem, 1976, 29: 1617.

[9] 吴继洲, 阮汉利, 王嘉陵, 等. 中草药, 1998, 29 (6): 364.

[10] Ogino T, Yamaguchi T, Sato T, et al. Heterocycles, 1997, 45: 2253.

[11] Wu W N, Beal J L, Clark G W, et al. Lloydia, 1976, 39: 65.

[12] Likhitwitayawuid K, Angerhofer C K, Cordell G A, et al. J Nat Prod, 1993, 56: 30.

[13] Guinaudeau H, Lin L Z, Ruangrungsi N, et al. J Nat Prod, 1993, 56: 1989.

[14] Wang X K, Zhao T F, Lai S, et al. Phytochemistry, 1993, 33: 1253.

[15] Tantiseie B, Pharadai K, Amaupol S, et al. Tetrahedron, 1990, 46: 325.

第十五节　苯并菲啶类生物碱的 ^{13}C NMR 化学位移

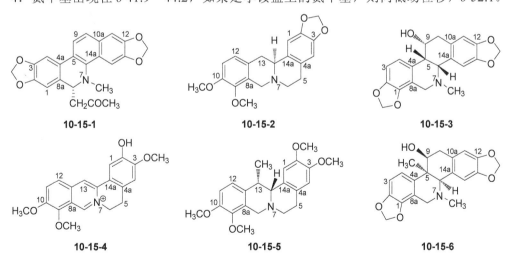

基本结构骨架

【化学位移特征】

1. 在Ⅰ型结构中，A 环、C 环和 D 环都是芳环，它们的化学位移遵循芳环的规律。唯一不同的是 B 环中的 8 位碳，有的有取代基，有的无取代基，氮上有甲基，8 位碳是连接氮的脂肪族碳，因此多出现在 $\delta_{C\text{-}8}$ 56.2～60.3。如果 8 位碳上有取代基的邻位上有连氧基团，它的化学位移向低场位移，出现在 $\delta_{C\text{-}8}$ 57.4～66.7。

2. 在Ⅰ型结构中，只有 A 环和 D 环为芳环，5、6、8、9 和 10 位均为脂肪碳。如化合物 **10-15-3**，在其 9 位还有羟基取代，则 $\delta_{C\text{-}5}$ 42.1，$\delta_{C\text{-}6}$ 62.9，$\delta_{C\text{-}8}$ 53.9，$\delta_{C\text{-}9}$ 72.4，$\delta_{C\text{-}10}$ 39.7。如化合物 **10-15-6**，在其 5 位连接有甲基，9 位还有羟基，则 $\delta_{C\text{-}5}$ 70.2，$\delta_{C\text{-}6}$ 41.2，$\delta_{C\text{-}8}$ 54.7，$\delta_{C\text{-}9}$ 76.5，$\delta_{C\text{-}10}$ 37.1。如果 9、10 位脱氢成双键，5 位尚有甲基，则 $\delta_{C\text{-}5}$ 39.6，$\delta_{C\text{-}6}$ 69.9，$\delta_{C\text{-}8}$ 52.9，$\delta_{C\text{-}9}$ 138.2，$\delta_{C\text{-}10}$ 123.7。如果 9、5 位脱氢成双键，则 $\delta_{C\text{-}5}$ 126.6，$\delta_{C\text{-}6}$ 58.1，$\delta_{C\text{-}8}$ 52.0，$\delta_{C\text{-}9}$ 119.8，$\delta_{C\text{-}10}$ 30.5。

3. 在Ⅱ型结构中，也是只有 A 环和 D 环为芳环，它们的各碳化学位移遵循芳环的规律。比较特殊的是 B 环和 C 环上的 5、6、8、13 和 14 位碳，$\delta_{C\text{-}5}$ 29.1～29.7，$\delta_{C\text{-}6}$ 51.3～51.5，$\delta_{C\text{-}8}$ 53.4～54.3，$\delta_{C\text{-}13}$ 36.3～38.2，$\delta_{C\text{-}14}$ 59.3～62.9。如果 C 环完全芳香化，则 $\delta_{C\text{-}5}$ 27.8～27.9，$\delta_{C\text{-}6}$ 57.6，$\delta_{C\text{-}8}$ 146.4，$\delta_{C\text{-}13}$ 121.1～121.3，$\delta_{C\text{-}14}$ 139.8～140.7。

4. 氮甲基出现在 δ 41.9～44.2，如果是季铵盐上的氮甲基，则向低场位移，δ 52.1。

10-15-1　　　　**10-15-2**　　　　**10-15-3**

10-15-4　　　　**10-15-5**　　　　**10-15-6**

表 10-15-1　化合物 10-15-1～10-15-6 的 ^{13}C NMR 化学位移数据

C	10-15-1[1]	10-15-2[2]	10-15-3[3]	10-15-4[4]	10-15-5[5]	10-15-6[6]
1	100.6	105.5	143.1	113.2	108.6	143.1
2	147.3	146.0	148.2	148.3	147.1	145.5
3	147.6	146.2	109.6	152.5	147.6	108.1
4	103.7	108.4	120.4	112.1	110.9	119.0

续表

C	10-15-1[1]	10-15-2[2]	10-15-3[3]	10-15-4[4]	10-15-5[5]	10-15-6[6]
4a	101.3	127.8	131.4	128.6	128.4	136.4
5	127.2	29.5	42.1	27.9	29.2	70.2
6	131.1	51.4	62.9	57.6	51.3	41.2
8	60.3	53.4	53.9	146.4	54.4	54.7
8a	123.6	127.8	117.1	135.4	128.3	117.2
9	119.8	150.3	72.4	151.9	149.9	76.5
10	107.8	145.2	39.7	145.8	146.0	37.1
10a	128.4		125.8			125.6
11	123.9	111.1	107.4	124.5	111.1	109.8
12	148.3	123.8	145.3	128.2	123.9	146.0
12a		128.7		123.4	134.8	
13	148.7	36.4	145.6	121.1	38.2	148.2
14	104.4	59.6	111.9	140.7	62.9	113.1
14a	124.9	130.9	128.9	120.8	128.3	128.3
1'	48.4					
2'	207.6					
3'	31.4					
OCH2O	101.4 101.3	100.7	101.1 101.4			101.7 101.4
OCH3		60.1 55.8		56.7 57.7 62.6	60.0 56.0 55.8 55.7	
NCH3	42.3		42.4			43.6
CH3					18.2	23.8

10-15-7

10-15-8

10-15-9

10-15-10

10-15-11

表 10-15-2 化合物 10-15-7~10-15-11 的 ^{13}C NMR 化学位移数据

C	10-15-7[2]	10-15-8[1]	10-15-9[7]	10-15-10[8]	10-15-11[9]
1	105.7	100.5	112.2	146.0	108.6
2	146.1	147.6	150.9	147.3	147.4
3	146.2	148.2	153.8	118.5	147.4
4	108.5	106.6	109.9	119.7	111.3

续表

C	10-15-7[2]	10-15-8[1]	10-15-9[7]	10-15-10[8]	10-15-11[9]
4a	128.0	—	130.1	126.8	127.7
5	29.7	127.1	27.8	125.3	29.1
6	51.4	130.0	57.6	131.0	51.5
8	53.5	60.1	146.4	149.5	54.0
8a	121.4	123.5	135.3	131.9	126.8
9	141.7	119.6	151.9	117.1	150.2
10	144.2	110.5	145.8	104.0	145.0
10a		127.4		109.2	
11	109.1	123.4	124.4	105.5	111.0
12	119.4	148.8	128.0	148.5	123.8
12a	128.1		123.3		128.6
13	36.5	149.1	121.3	148.5	36.3
14	59.7	104.4	139.8	131.0	59.3
14a	131.1	123.9	120.5	119.9	129.7
1'		48.5			
2'		207.8			
3'		31.5			
OCH$_2$O	100.8	101.1	56.7	102.7 104.8	55.8
OCH$_3$	56.2	56.1 56.2	57.0 57.3 62.5	148.5	56.0 60.1 55.8
NCH$_3$		42.5		52.1	

10-15-12

10-15-13 R= CH(CH$_3$)OH

10-15-14

10-15-15

10-15-16

10-15-17

表 10-15-3 化合物 10-15-12~10-15-17 的 ^{13}C NMR 化学位移数据

C	10-15-12[10]	10-15-13[10]	C	10-15-14[11]	10-15-15[11]	C	10-15-16[12]	10-15-17[12]
1	146.7	148.6	1	143.0	144.5	1	146.9	147.0
2	151.9	152.2	2	144.8	146.8	2	152.9	153.0

续表

C	10-15-12[10]	10-15-13[10]	C	10-15-14[11]	10-15-15[11]	C	10-15-16[12]	10-15-17[12]
3	111.3	111.3	3	106.5	106.9	3	112.0	112.0
4	119.1	119.1	4	119.5	116.0	4	119.3	119.3
4a	125.3	125.0	4a	135.0	128.5	4a	124.5	125.9
5	123.2	124.0	5	39.6	126.6	5	126.0	124.8
6	140.0	138.0	6	69.9	58.1	6	141.2	141.1
8	56.2	55.8	8	52.9	52.0	8	56.9	56.6
8a	126.2	125.5	8a	116.4	114.6	8a	131.3	131.5
9	119.6	119.5	9	138.2	119.4	9	120.5	120.8
10	123.5	124.4	10	123.7	30.5	10	124.3	124.4
10a	127.4	126.7	10a	127.2	127.4	10a	128.7	128.7
11	101.2	101.2	11	106.6	106.9	11	104.7	105.0
12	147.6	147.1	12	147.4	146.4	12	148.5	148.3
13	147.0	147.6	13	146.2	146.6	13	148.5	148.5
14	104.2	104.8	14	112.3	108.0	14	103.3	102.6
14a	131.0	131.0	14a	126.2	127.4	14a	132.2	132.0
OCH$_2$O	101.0	99.6	OCH$_2$O	101.0 / 101.2	100.7 / 101.3	NCH$_3$	43.4	43.2
1'	53.3	66.9				OCH$_2$O	101.2	101.3
2'	211.9	18.6	CH$_3$	25.1		CH$_3$	17.6	23.2
3'	41.8					OCH$_3$	53.0 / 61.0 / 55.7	48.7 / 61.0 / 55.7
4'	28.9							
5'	23.8							
6'	30.4					1'	43.0	50.7
OCH$_3$	60.8 / 55.7	60.8 / 55.8				2'	28.2	23.6
NCH$_3$	42.3	42.2				3'	26.4	29.9
						4'	134.1	135.5
						5'	128.9	126.0
						6'	39.2	38.0
						7'	48.4	46.7
						8'	25.4	20.4
						9'	31.2	34.5
						10'	75.2	74.3
						11'	43.7	44.1
						12'	26.4	26.6
						13'	15.1	15.6
						14'	21.7	21.8

10-15-18

10-15-19

10-15-20

| 10-15-21 | 10-15-22 | 10-15-23 | 10-15-24 |

表 10-15-4　化合物 10-15-18~10-15-24 的 ^{13}C NMR 化学位移数据[14]

C	10-15-18[13]	10-15-19[13]	C	10-15-20	10-15-21	10-15-22	10-15-23	10-15-24
1	149.3	150.3	1	146.5	145.6	145.5	147.1	145.2
2	154.4	152.8	2	152.2	147.4	147.2	152.0	147.5
3	114.4	118.0	3	112.5	108.5	108.6	112.0	107.5
4	121.4	117.9	4	118.5	116.3	116.6	118.9	116.5
4a	127.2	129.0	4a	125.3	126.0	126.6	123.5	126.0
5	126.7	117.3	5	123.0	123.2	123.4	124.7	123.8
6	140.0	135.7	6	140.4	140.0	139.3	137.2	140.5
8	66.7	162.7	8	60.1	60.2	60.8	57.4	59.3
8a	126.7	119.8	8a	123.7	111.9	110.9	124.0	115.8
9	121.9	118.5	9	119.4	119.7	119.7	119.8	120.1
10	126.7	123.4	10	123.9	124.1	124.3	124.8	123.8
10a	133.4	131.8	10a	130.9	131.0	131.1	130.6	130.9
11	106.9	104.7	11	104.2	104.3	104.3	104.6	104.3
12	149.9	147.6	12	147.5	147.7	147.8	147.1	147.1
13	150.9	147.1	13	148.3	148.4	148.4	148.2	148.1
14	101.6	102.6	14	100.7	100.6	101.0	101.9	100.9
14a	128.8	121.1	14a	126.6	126.8	127.0	125.3	127.4
15	103.4	101.6	1'				66.3	126.6
NCH$_3$	44.2		2'	174.2	174.2	173.9	100.5	130.0
8-OCH$_3$		40.9	3'	128.9	129.5	130.2	67.4	129.5
9-OCH$_3$	62.8	61.8	4'	145.9	145.8	146.0	69.6	108.3
10-OCH$_3$	57.9	56.7	5'	81.6	81.2	81.3	69.3	146.3
CH$_2$OH	69.3		6'	9.9	10.1	10.5	63.7	145.0
CH$_3$	20.4		7'					120.4
			8'					114.0
			NCH$_3$	4.31	43.4	43.2	41.9	42.9
			OCH$_3$	60.9 55.8			60.1 55.5	55.9
			OCH$_2$O	101.1	101.2	101.2	101.4	101.0

参 考 文 献

[1] Nissanka A P K, Karunaratne V, Bandara B M R, et al. Phytochemistry, 2001, 56: 857.

[2] Hughes D W, Holland H L, Maclean D B. Can J Chem, 1976, 54: 2252.

[3] Takao N, Iwasa K, Kamigauchi M, et al. Chem Pharm Bull, 1978, 26: 1880.

[4] 郭幼莹, 林连波, 申静, 等. 药学学报, 1999, 34: 690.

[5] 许翔鸿, 王峥涛, 余国奠, 等. 中国药科大学学报, 2002, 33: 483.

[6] Ma W G, Fukushi Y, Tahara S, et al. Fitoterapia, 1999, 70: 258.

[7] 纪秀红, 裴茂伟, 田景民,等. 中草药, 2003, 34 (11): 980.

[8] Blasko G, Cordell G A, Bhamarapravati S, et al. Hetero cycles, 1988, 27: 911.

[9] Miyazawa M, Yoshio K, Ishikawa Y, et al. J Agric Food Chem, 1998, 46: 1914.

[10] Geng D, Li D X, Shi Y, et al. Chinese J Nat Med, 2009, 7: 0274.

[11] Miyoko K, Yukiko M, Chisato T, et al. Helv Chim Acta, 2010, 93: 25.

[12] Yanga C H, Cheng M J, Lee S J, et al. Chem Biodivers, 2009, 6: 846.

[13] Hua J, Zhang W D, Liua R H, et al. Chem Biodivers, 2006, 3: 990.

[14] Deng A J, Qin H L. Phytochemistry, 2010, 71: 816.

第十六节 简单喹诺里西啶化合物的 ^{13}C NMR 化学位移

【结构特点】简单喹诺里西啶类生物碱是十氢化萘环中 5 位由氮置换了 CH 所生成的化合物。

基本结构骨架

【化学位移特征】

1. 通常情况下，除去氮元素，其他 9 个碳都是脂肪族碳，其中有 3 个碳与氮元素相连接，它们的化学位移由于受到氮元素的影响，多出现在较低场，$\delta_{C\text{-}4}$ 52.0～57.7，$\delta_{C\text{-}6}$ 53.6～64.0，$\delta_{C\text{-}10}$ 54.3～66.6；如果是季铵盐，这 3 个碳都要向低场位移大约 4；如果 6 位碳是羰基，$\delta_{C\text{-}4}$ 42.0～44.0，$\delta_{C\text{-}10}$ 56.8～63.5。

2. 如果 4 位上连接很大的基团时，$\delta_{C\text{-}4}$ 49.3～61.8，$\delta_{C\text{-}6}$ 50.7～54.1，$\delta_{C\text{-}10}$ 56.0～64.5。

3. 在脂肪环的其他碳上可能有甲基、羟基或羟甲基取代，甲基出现在 δ 13.8～20.8，羟甲基出现在 δ 64.1～65.8，连接羟基的碳的化学位移出现在 δ 68.7～73.1。

10-16-1

10-16-2 R=α-OH; R¹=R²=R³=H
10-16-3 R=R²=H; R¹=α-CH₃; R³=α-CH₂OH
10-16-4 R=R²=H; R¹=α-CH₂OH; R³=α-CH₃
10-16-5 R=R²=H; R¹=β-CH₂OH; R³=α-CH₃
10-16-6 R=R²=H; R¹=β-CH₂OH; R³=β-CH₃
10-16-7 R=R²=H; R¹=α-CH₃; R³=β-CH₂OH

表 10-16-1 化合物 10-16-1~10-16-7 的 ^{13}C NMR 化学位移数据[1]

C	10-16-1	10-16-2	10-16-3	10-16-4	10-16-5	10-16-6	10-16-7
1	33.2	42.5	32.5	38.5	24.9	43.9	32.7
2	24.4	68.7	27.9	31.7	30.0	29.7	29.5
3	25.6	35.0	20.5	22.9	24.6	25.0	20.8
4	56.4	54.5	57.7	57.5	56.9	56.6	57.2
6	56.4	55.6	59.4	62.3	61.9	64.0	60.7
7	25.6	25.7	34.8	24.7	25.0	30.7	39.0
8	24.4	24.1	32.5	29.9	28.5	33.3	32.3
9	33.2	33.1	26.6	28.2	28.5	28.4	28.1
10	62.9	60.7	66.6	66.2	64.9	64.6	66.1
CH₂OH			65.7	65.8	64.5	64.1	65.8
CH₃			15.3	17.6	18.2	19.7	13.8

10-16-8 R=β-CH₂OH
10-16-9 R=α-CH₂OH

10-16-10 R=α-CH₃
10-16-11 R=β-CH₃

10-16-12

10-16-13

10-16-14 R=β-CH₃
10-16-15 R=α-CH₃

表 **10-16-2**　化合物 **10-16-8~10-16-15** 的 ^{13}C NMR 化学位移数据[2]

C	10-16-8	10-16-9	10-16-10[3]	10-16-11[3]	10-16-12[3]	10-16-13	10-16-14	10-16-15
1	29.5	28.3	34.0	34.2	27.2	34.1	31.8	32.0
2	24.6	24.6	24.7	24.9	23.0	24.7	24.5	25.1
3	25.5	25.5	26.5	26.2	20.8	25.6	25.3	25.6
4	56.4	57.0	52.0	52.7	66.2	42.0	42.4	44.0
6	56.9	56.6	59.1	53.6	66.2	—	—	—
7	22.7	42.9	35.5	32.7	20.8	33.1	32.7	26.7
8	30.8	29.5	24.8	18.9	23.0	19.5	27.7	25.8
9	38.5	43.8	34.3	34.2	27.2	30.7	35.5	31.7
10	65.0	64.4	63.2	54.3	71.2	56.8	63.5	61.7
CH₂OH	65.0	64.4						
CH₃			20.8	19.7	38.6		18.9	16.7

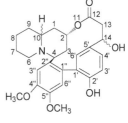

10-16-16　10-β-H; R¹=R²=OH; R³=R⁴=OMe; R⁵=H
10-16-17　10-α-H; R¹=R⁵=H; R²=OH; R³=R⁴=OMe
10-16-18　10-α-H; R¹=R⁴=H; R²=R⁵=OH; R³=OMe
10-16-19　10-β-H; R¹=R⁵=H; R²=OH; R³=R⁴=OMe
10-16-20　10-α-H; R¹=R⁵=H; R²=R⁴=OH; R³=OMe
10-16-21　10-β-H; R¹=R⁵=H; R²=R⁴=OH; R³=OMe

10-16-22

10-16-23　10-α-H
10-16-24　10-β-H

表 **10-16-3**　化合物 **10-16-16~10-16-24** 的 ^{13}C NMR 化学位移数据[4]

C	10-16-16	10-16-17	10-16-18	10-16-19	10-16-20	10-16-21	10-16-22	10-16-23	10-16-24
1	29.1	37.3	37.1	36.8	37.9	35.3	35.4	37.5	34.9
2	73.1	69.2	71.2	71.1	72.0	72.7	72.6	72.1	72.0
3	40.3	38.0	39.7	38.8	39.0	40.5	39.8	39.6	39.9
4	50.9	61.4	61.5	61.8	61.7	49.3	49.4	61.3	49.8
6	50.7	52.4	53.0	53.5	54.1	51.3	51.4	53.9	51.0
7	21.3	25.5	26.0	25.5	26.7	20.5	27.4	25.3	27.2
8	35.8	24.5	24.5	24.6	25.6	26.1	26.7	26.3	25.5
9	65.9	31.9	33.0	32.7	33.8	27.2	27.4	33.4	31.7
10	64.5	56.0	60.4	64.0	61.4	58.8	58.6	63.2	59.3
12	170.3	172.4	168.5	170.0	172.8	170.0	172.7	170.2	169.8
13	119.4	21.4	119.5	118.1	48.5	119.2	48.9	119.2	119.2

续表

C	10-16-16	10-16-17	10-16-18	10-16-19	10-16-20	10-16-21	10-16-22	10-16-23	10-16-24
14	137.2		135.7	138.0	72.7	137.2	72.7	137.0	137.4
1'	126.4	134.9	126.3	126.1	127.7	126.5	127.3	127.0	126.5
2'	157.5	116.8	153.8	160.0	155.2	157.4	155.7	156.9	157.5
3'	117.5	147.8	116.0	118.8	117.8	117.4	118.1	117.3	117.5
4'	131.7	148.7	130.7	132.0	125.1	131.7	125.0	131.4	131.7
5'	130.9	112.8	131.2	131.2	136.0	130.9	135.6	129.6	130.9
6'	132.5	121.3	131.2	132.7	129.8	132.5	130.0	132.7	132.5
1"	126.4		125.1	125.1	131.7	126.4	131.0	126.7	126.5
2"	132.6		134.8	128.2	134.4	132.6	133.5	133.1	129.8
3"	110.8		110.6	112.5	110.9	110.9	111.4	115.1	115.4
4"	148.7		148.0	118.8	148.6	148.6	148.8	147.4	147.9
5"	150.8		150.0	150.0	150.6	150.8	149.9	147.9	148.4
6"	115.8		111.3	147.6	114.8	115.6	115.3	114.1	114.3
4"-OMe	56.7		56.2		56.6	56.5	56.6		
5"-OMe	56.6		56.5	56.5	56.6	56.6	56.7	56.5	56.6
4'-OMe		56.5							

参 考 文 献

[1] Luo Y G, Liu Y, Luo, D X, et al. Planta Med, 2003, 69(9): 842.

[2] Bohlmann F, Bohlmann F. Chem Ber, 1975, 108(4): 1043.

[3] Sugiura M, Sasaki Y. Chem Pharm Bull, 1976, 24 (12): 2988.

[4] Rumalla C S, Jadhav A N, Smillie T, et al. Phytochemistry, 2008, 69(8): 1756.

第十七节　石松碱和三环喹诺里西啶化合物的 ^{13}C NMR 化学位移

一、石松碱类化合物的 ^{13}C NMR 化学位移

基本结构骨架

【化学位移特征】

1. 石松碱（lycopodine）类化合物基本上是脂肪族 A 环和 B 环形成的喹诺里西啶环，并与脂肪族 C 环和 D 环并合而成的一类化合物。如果仅在 5、6 和 8 位有连氧取代基，几个和氮相邻的碳的化学位移出现在：δ_{C-1} 47.0～48.2，δ_{C-9} 46.6～47.3，δ_{C-13} 61.4～63.4，δ_{C-5} 67.1～72.1，δ_{C-6} 71.5，δ_{C-8} 78.4～78.9。

2. 如果 4,5 位为双键，如在化合物 **10-17-1** 中，δ_{C-1} 53.1，δ_{C-9} 45.1，δ_{C-13} 69.6，双键的化学位移：δ_{C-4} 121.5，δ_{C-5} 134.6。

3. 如果 11,12 位为双键的情况下，δ_{C-1} 48.3～50.3，δ_{C-9} 44.9～46.0，δ_{C-13} 58.0～64.2，δ_{C-11} 115.0～120.4，δ_{C-12} 136.8～142.4。5、8 位有连氧基团时，δ_{C-5} 68.3～79.8，δ_{C-8} 79.0～81.0。有的化合物 5、8 位为羰基，δ_{C-5} 208.3～213.6，δ_{C-8} 2156。

4. 16 位的甲基多出现在 δ_{C-5} 15.6～24.2。

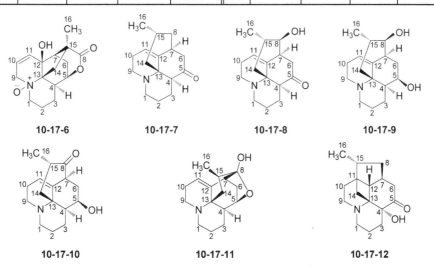

表 **10-17-1** 化合物 **10-17-1~10-17-5** 的 ^{13}C NMR 数据[1]

C	10-17-1	10-17-2	10-17-3	10-17-4	10-17-5	C	10-17-1	10-17-2	10-17-3	10-17-4	10-17-5
1	53.1	47.0	49.6	50.3	48.2	16	22.0	19.7	17.3	19.4	19.9
2	23.9	18.7	24.5	20.1	18.9	17	44.9	166.2		173.5	173.3
3	22.4	20.7	20.2	21.9	20.9	18	206.5	114.6		36.9	36.9
4	121.5	32.5	42.0	41.9	31.6	19	30.2	145.9		31.8	31.7
5	134.6	67.1	66.5	71.2	72.1	20	171.6	126.4		133.3	133.3
6	33.1	24.2	34.6	76.1	71.5	21	22.8	109.6		113.2	113.2
7	35.1	37.0	41.9	49.9	44.2	22		146.9		148.9	149.1
8	43.0	78.4	175.0	79.0	78.9	23		148.5		146.0	146.3
9	45.1	46.6	49.0	45.7	47.3	24		115.0		116.2	116.0
10	23.6	22.6	35.6	23.7	23.8	25		123.1		121.9	122.0
11	25.9	22.0	130.4	120.4	24.0	26		56.0		56.5	56.5
12	44.3	40.7	141.4	136.8	42.5	27		170.5		172.4	172.6
13	69.6	61.4	62.7	63.4	63.4	28		21.1		20.9	20.6
14	41.2	36.9	28.3	37.2	39.0	29					171.0
15	28.1	28.9	30.2	29.8	31.0	30					20.6

表 10-17-2 化合物 10-17-6~10-17-12 的 ^{13}C NMR 化学位移数据[2]

C	10-17-6	10-17-7	10-17-8	10-17-9	10-17-10	10-17-11	10-17-12[3]
1	65.2	49.7	49.1	49.8	49.2	48.3	46.2
2	22.2	19.6	23.1	24.5	25.9	25.9	16.9
3	20.5	18.8	20.4	24.3	24.7	24.3	25.8
4	40.9	53.1	54.5	47.5	49.3	52.0	—
5	76.1	208.3	213.6	68.3	69.7	79.8	211.0
6	30.3	48.9	41.7	34.0	41.6	39.6	39.6
7	46.7	40.4	48.1	48.2	51.6	53.5	36.8
8	176.7	42.2	80.0	81.0	215.6	107.7	25.8
9	63.2	46.0	45.8	45.9	45.6	44.9	59.0
10	120.6	23.7	26.8	26.5	26.8	25.9	44.8
11	129.5	117.9	120.1	116.9	117.8	115.0	25.5
12	78.6	140.3	142.4	145.5	141.0	142.8	43.0
13	75.8	64.2	60.4	58.6	58.0	58.9	49.4
14	34.7	40.3	36.4	35.5	30.8	28.8	46.2
15	46.2	26.4	33.3	31.7	43.5	36.1	27.3
16	24.2	22.1	19.3	20.6	15.6	15.7	23.2

二、三环喹诺里西啶化合物的 ^{13}C NMR 化学位移

【结构特点】三环喹诺里西啶化合物是指喹诺里西啶环又与一个六元环并合而成的化合物。

基本结构骨架

【化学位移特征】

1. 与氮元素相连接的 3 个碳处于较低场，δ_{C-1} 46.3~58.0，δ_{C-9} 48.9~56.3，δ_{C-13} 65.7~73.1。

2. C 环可以完全芳香化，δ_{C-4} 121.4，δ_{C-5} 126.7，δ_{C-6} 115.6，δ_{C-7} 126.7，δ_{C-12} 121.4，δ_{C-13} 142.8。

3. 有的化合物仅 5,6 位为双键，并与 7 位羰基形成共轭，此时，δ_{C-5} 148.2~155.2，δ_{C-6} 128.2~136.8，δ_{C-7} 197.7~199.9。

4. 有的化合物 5 位为羰基，6,7 位为双键，δ_{C-5} 174.2~175.4，δ_{C-6} 100.8~101.2，δ_{C-7} 196.8~197.8。

5. 有的化合物仅 7 位为羰基，δ_{C-7} 208.9~210.7。也有化合物具有 5、7 位双羰基，它的化学位移出现在 δ 200.8。

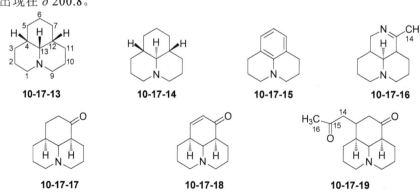

表 10-17-3 化合物 10-17-13~10-17-19 的 ¹³C NMR 化学位移数据[4]

C	10-17-13	10-17-14	10-17-15	10-17-16	10-17-17	10-17-18	10-17-19
1	58.0	56.9	49.9	55.9	55.7	55.6	56.3
2	21.4	26.9	22.0	24.6	23.6	23.8	23.9
3	31.0	33.3	27.5	28.6	30.7	29.6	28.8
4	37.5	40.7	121.4	35.7	39.6	40.6	44.1
5	26.3	32.4	126.7	55.9	31.0	152.0	36.4
6	25.4	25.4	115.6	—	40.7	128.2	47.3
7			126.7	169.1	210.7	199.9	208.9
9		49.9	55.7	55.7	55.0	56.3
10		22.0	25.6	23.6	23.8	23.9
11		27.5	27.6	24.7	25.2	24.7
12		121.4	44.7	52.5	49.4	52.6
13	65.7	73.1	142.8	66.1	70.9	69.1	70.3
14				24.4			46.8
15							207.3
16							30.5

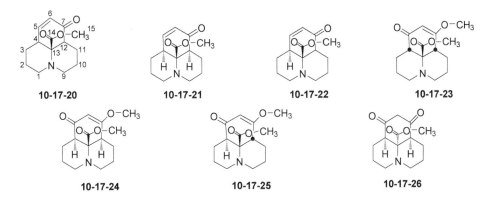

10-17-20 **10-17-21** **10-17-22** **10-17-23**

10-17-24 **10-17-25** **10-17-26**

表 10-17-4 化合物 10-17-20~10-17-26 的 ¹³C NMR 化学位移数据[4]

C	10-17-20	10-17-21	10-17-22	10-17-23	10-17-24	10-17-25	10-17-26
1	50.5	50.1	46.3	50.3	49.6	46.3	50.2
2	21.2	24.7	—	21.4	24.5	—	24.1
3	27.0	25.3	—	22.0	20.7	—	21.0
4	39.0	45.5	29.3	47.8	54.8	37.1	56.8
5	150.3	148.2	155.2	174.2	175.4	175.1	200.8
6	128.8	129.8	136.8	101.5	101.2	100.8	55.9
7	197.7	198.7	199.3	196.9	196.8	197.8	200.8
9	50.5	48.9	50.3	50.3	50.5	50.9	50.2
10	21.2	24.3	25.9	21.2	24.5	25.9	24.1
11	21.9	20.8	—	21.7	20.2	—	21.0
12	48.3	55.7	51.9	41.2	48.4	43.7	56.8
13	69.1	70.1	69.3	68.6	69.3	67.5	67.9
14	173.1	171.4	172.7	173.0	170.8	173.4	171.2
15	51.4	50.7	52.4	51.4	50.6	51.2	51.2
OMe				56.8	56.1	55.4	

参 考 文 献

[1] Ishiuchi K, Kodama S, Kubota T, et al. Chem Pharm Bull, 2009, 57(8): 877.

[2] Halldorsdottir E S, Jaroszewski J W, Olafsdottir E S. Phytochemistry, 2008, 71(2-3): 149.

[3] Nakashima T T, Singer P P, Browne, L M, et al. Can J Chem, 1975, 53 (13): 1936.

[4] Wenkert E, Chauncy B, Dave K G. J Am Chem Soc, 1973, 95(25): 8427.

第十八节　苦参碱类化合物的 ^{13}C NMR 化学位移

【结构特点】苦参碱类化合物可以看作是两个喹诺里西啶并合的化合物。

基本结构骨架

【化学位移特征】

1. 苦参碱类化合物的基本骨架是由 15 个碳和两个氮组成的四环化合物，其中有 6 个碳是与氮相邻的，它们的化学位移处于较低场，由 A 环和 B 环组成的奎诺里西啶中，3 个邻近氮元素的碳的化学位移：δ_{C-2} 55.5～57.4，δ_{C-6} 63.3～71.3，δ_{C-10} 50.2～57.7。如果是氮氧化物，这 3 个碳向低场位移：δ_{C-2} 68.7～68.8，δ_{C-6} 66.7～67.1，δ_{C-10} 68.1～69.1。

2. 由 C 环和 D 环组成的另一个奎诺里西啶环中，由于 15 位碳羰基化，邻近氮的 3 个碳的化学位移：δ_{C-11} 53.1～60.3，δ_{C-15} 169.5～172.4，δ_{C-17} 41.6～46.2。也有化合物的 15 位羰基与 13,14 位双键形成共轭体系，δ_{C-11} 51.5，δ_{C-13} 137.4，δ_{C-14} 124.6，δ_{C-15} 167.6，δ_{C-17} 42.0。在化合物 **10-18-5** 中更特殊一些，δ_{C-11} 154.9，δ_{C-13} 101.0，δ_{C-14} 143.2，δ_{C-15} 159.8，δ_{C-17} 49.3。

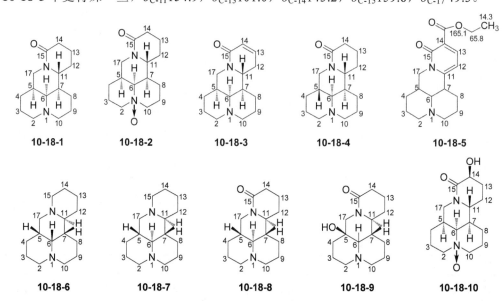

表 10-18-1 化合物 **10-18-1**～**10-18-10** 的 ^{13}C NMR 化学位移数据

C	10-18-1[1,2]	10-18-2[1]	10-18-3[1]	10-18-4[3,4]	10-18-5[5]	10-18-6[6]	10-18-7[6]	10-18-8[6]	10-18-9[6]	10-18-10[7]
2	57.3	68.7	57.0	55.8	55.5	57.4	56.5	55.9	56.6	68.8

续表

C	10-18-1[1,2]	10-18-2[1]	10-18-3[1]	10-18-4[3,4]	10-18-5[5]	10-18-6[6]	10-18-7[6]	10-18-8[6]	10-18-9[6]	10-18-10[7]
3	21.2	17.2	23.0	21.5	24.2	21.3	25.0	24.7	20.4	17.2
4	27.2	25.9	27.4	23.7	28.6	28.3	29.4	27.5	36.5	26.0
5	35.4	34.4	34.6	30.7	35.7	35.3	39.2	39.1	67.7	34.3
6	63.8	67.1	63.5	63.3	68.8	64.4	71.3	70.9	68.5	66.9
7	41.5	42.5	41.5	40.9	42.3	41.8	44.6	46,2	36.8	42.9
8	26.5	24.5	26.6	32.5	28.9	28.4	29.0	26.9	26.0	24.1
9	20.8	17.1	21.1	21.8	24.9	21.8	25.0	24.7	22.5	17.1
10	57.2	68.1	57.3	50.2	55.1	57.7	56.7	56.0	56.9	69.1
11	53.2	53.1	51.5	55.7	154.9	58.3	66.5	60.3	53.1	53.9
12	27.8	28.5	28.9	28.1	101.0	29.6	26.9	28.4	26.7	26.3
13	19.0	18.8	137.4	18.9	143.2	24.8	24.6	19.4	18.8	27.0
14	32.9	32.9	124.6	30.2	116.4	25.6	25.6	32.8	32.7	68.1
15	169.5	170.0	167.8	169.8	159.8	56.5	56.1	—	—	172.4
17	43.2	41.6	42.0	47.5	49.3	56.2	61.7	46.2	46.5	42.5

参 考 文 献

[1] 张兰珍, 豪佛·皮. 中国中药杂志, 1997, 22 (12): 740.

[2] Gonnellla N C, Chen J. et al. Magn Reson Chem, 1988, 26(3): 185.

[3] Morinaga K, Ueno A, Fukushima S, et al. Chem Pharm Bull, 1978, 26 (8): 2483.

[4] Ohmiya S, Otomasu H, Haginiwa J, et al. Chem Pharm Bull, 1980, 28 (2): 546.

[5] Wenkert E, Chauncy B, Dave K G. J Am Chem Soc, 1973, 95(25): 8427.

[6] Bohlmann F, Bohlmann F. Chem Ber, 1975, 108(4): 1043.

[7] Ding P L, Huang H, Zhou P, et al. Planta Med, 2006, 72(9): 854.

第十九节 金雀儿碱类化合物的 ^{13}C NMR 化学位移

【结构特点】金雀儿碱类化合物也可以看作是两个喹诺里西啶环并合而成的化合物。

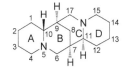

基本结构骨架

【化学位移特征】

1. 金雀儿碱类化合物中绝大多数碳都是脂肪族碳, 只有临近氮元素的碳在较低场, δ_{C-4} 55.2~57.1, δ_{C-6} 57.3~62.5, δ_{C-10} 58.7~66.6, δ_{C-11} 57.0~67.7, δ_{C-15} 49.2~56.3, δ_{C-17} 52.4~57.3。

2. 在 7、8、12 和 13 位碳上连接羟基时, δ_{C-7} 71.6, δ_{C-8} 73.9, δ_{C-12} 70.7, δ_{C-11} 64.0~84.6。

3. 在 4、6 和 17 位变成羰基, 形成内酰胺, 它们的化学位移为 δ 160~170。如果 2 位是羰基, 则 δ_{C-2} 209.5; 有的化合物 2 位羰基和 3,4 位双键形成共轭, 则 δ_{C-2} 192.5, δ_{C-3} 98.9, δ_{C-4} 155.6。有的化合物 2 位羰基和 3,4 位以及 1,10 位双键形成共轭, 则 δ_{C-1} 116.0, δ_{C-2} 178.9, δ_{C-3} 117.9, δ_{C-4} 139.7, δ_{C-10} 135.5。有的化合物 A 环 1,10 位和 2,3 位为双键, 与 4 位的羰基共轭, 则 δ_{C-1} 104.3, δ_{C-2} 138.6, δ_{C-3} 116.6, δ_{C-4} 163.5, δ_{C-10} 151.1。

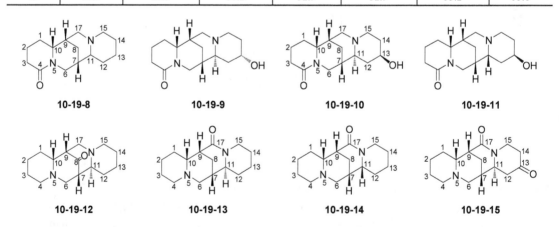

10-19-1　　**10-19-2**　　**10-19-3**　　**10-19-4**

10-19-5　　**10-19-6**　　**10-19-7**

表 10-19-1 化合物 **10-19-1~10-19-7** 的 ^{13}C NMR 化学位移数据[1]

C	10-19-1	10-19-2	10-19-3	10-19-4	10-19-5	10-19-6	10-19-7
1	29.4	30.6	29.4	29.8	29.3	29.3	29.5
2	24.9	25.4	24.7	24.5	24.6	24.7	24.8
3	25.9	26.0	25.1	25.8	25.8	25.7	26.0
4	56.2	56.3	57.1	55.2	56.2	56.2	56.3
6	62.0	57.3	62.5	60.3	62.3	61.7	61.9
7	33.0	35.9	71.6	40.4	32.7	33.1	33.3
8	27.6	36.7	44.6	73.9	28.4	27.4	27.4
9	36.2	35.9	37.2	43.2	33.0	35.6	35.7
10	66.5	65.9	65.2	64.6	66.3	66.5	66.5
11	64.4	65.9	67.7	63.6	67.7	57.2	58.3
12	34.7	30.6	25.3	36.0	70.7	41.7	38.4
13	24.7	25.4	24.3	24.5	31.4	84.6	68.8
14	25.9	26.0	25.0	26.1	19.8	32.8	29.5
15	55.4	56.3	55.4	54.9	55.0	49.2	49.8
17	53.6	57.3	57.2	52.9	52.9	53.2	53.1

10-19-8　　**10-19-9**　　**10-19-10**　　**10-19-11**

10-19-12　　**10-19-13**　　**10-19-14**　　**10-19-15**

表 10-19-2 化合物 **10-19-8~10-19-15** 的 ^{13}C NMR 化学位移数据[1]

C	10-19-8	10-19-9	10-19-10	10-19-11	10-19-12	10-19-13	10-19-14	10-19-15
1	28.1	26.6	26.7	27.8	29.8	30.3	30.4	30.2
2	20.2	19.6	19.6	19.8	23.6	24.7	24.7	24.5
3	33.7	32.9	33.0	33.1	25.4	25.4	25.6	25.4

C	10-19-8	10-19-9	10-19-10	10-19-11	10-19-12	10-19-13	10-19-14	10-19-15
4	174.0	—	—	—	55.9	56.9	56.3	56.6
6	62.2	60.8	58.7	58.7	62.1	61.2	57.4	62.4
7	36.1	31.6	32.0	34.5	57.8	35.1	32.6	34.3
8	27.1	27.3	27.4	35.3	—	27.1	29.5	26.5
9	33.3	34.2	34.5	35.2	54.3	—	—	43.9
10	62.2	60.8	58.7	58.7	66.6	64.9	64.7	64.7
11	65.7	57.0	61.3	63.3	66.6	61.4	59.5	59.2
12	34.0	39.9	41.5	40.1	34.9	33.6	30.0	48.2
13	25.4	64.0	69.6	69.6	23.1	25.5	25.0	—
14	25.6	32.4	33.8	34.2	25.4	25.5	25.8	40.4
15	56.7	49.2	51.5	55.0	55.1	42.4	42.5	41.0
17	53.7	52.4	53.0	56.1	54.6	—	—	—

10-19-16　　　　**10-19-17**　　　　**10-19-18**

10-19-19　　　　**10-19-20**　　　　**10-19-21**

表 **10-19-3**　化合物 **10-19-16~10-19-21** 的 ¹³C NMR 化学位移数据[2]

C	10-19-16[1]	10-19-17[1]	10-19-18[1]	10-19-19	10-19-20	10-19-21
1	31.3	26.7	104.3	39.3	116.0	44.5
2	24.4	19.6	138.6	192.5	178.9	209.5
3	25.3	33.0	116.6	98.9	117.9	41.4
4	42.3	—	163.5	155.6	139.7	52.5
6		46.6	51.6	51.1	57.4	55.3
7	24.4	32.4	32.7	34.5	34.8	35.4
8	41.8	27.3	22.6	31.5	25.4	32.3
9	58.8	34.9	35.6	31.1	32.6	34.0
10		61.7	151.1	60.3	153.5	64.0
11		61.8	63.3	63.6	63.0	64.9
12		33.5	25.7	25.8	22.1	26.2
13		24.5	19.2	23.7	18.8	24.6
14		25.3	20.8	24.8	21.0	25.4
15		55.3	53.0	55.2	54.3	54.7
17		52.8	54.4	57.5	52.0	60.3

参 考 文 献

[1] Bohlmann F, Bohlmann F. Chem Ber, 1975, 108(4): 1043.　　[2] Kubo H, Inoue M, Kamei J, et al. Biol Pharm Bull, 2006, 29(10): 2046.

第二十节　呋喃喹诺里西啶化合物的 ^{13}C NMR 化学位移

【结构特点】二甲基喹诺里西啶的 1 位上连接一个呋喃环的化合物。

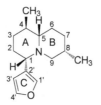

基本结构骨架

【化学位移特征】

1. 对于喹诺里西啶环，1、5、9 位碳与氮元素相邻，它们处于较低场，δ_{C-1} 59.7～61.1，δ_{C-5} 68.1～69.8，δ_{C-9} 58.2～63.6；它们所连接的呋喃环化学位移出现在 $\delta_{C-1'}$ 139.6～139.9，$\delta_{C-2'}$ 129.1～130.4，$\delta_{C-3'}$ 109.3～109.9，$\delta_{C-4'}$ 143.2～143.7。如果是氮氧化物，则 δ_{C-1} 72.6～74.0，δ_{C-5} 79.0～79.4，δ_{C-9} 57.9～72.2；它们所连接的呋喃环化学位移出现在 $\delta_{C-1'}$ 140.5～141.9，$\delta_{C-2'}$ 117.1～119.5，$\delta_{C-3'}$ 111.5～112.2，$\delta_{C-4'}$ 143.1～143.2。

2. 对于 B 环开环的化合物，9 位和氮的键断裂形成的化合物，A 环和 C 环变化不大，B 环的化学位移为 δ_{C-6} 31.1，δ_{C-7} 34.9，δ_{C-8} 28.4；如果 8 位碳还连接羟基，δ_{C-6} 28.4，δ_{C-7} 39.7，δ_{C-8} 68.9；如果 7,8 位为双键 δ_{C-6} 32.2，δ_{C-7} 121.3，δ_{C-8} 134.5。如果 7,8 位为双键，8 位连接的甲基变为羟甲基，δ_{C-6} 31.6，δ_{C-7} 121.8，δ_{C-8} 137.0。

3. 所连接的甲基的化学位移出现在 δ 14.1～30.2。

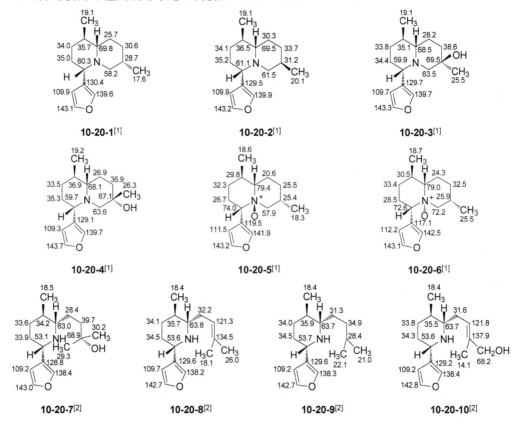

参 考 文 献

[1] LaLonde R T, Donvito T N, Tsai A I M. Can J Chem, 1975, 53(12): 1714.

[2] Itatani Y, Yasuda S, Hanaoka M. et al. Chem Pharm Bull, 1976, 24 (10): 2521.

第十一章 吲哚生物碱及吲哚里西啶类生物碱的 ^{13}C NMR 化学位移

第一节 简单吲哚生物碱的 ^{13}C NMR 化学位移

【结构特点】简单吲哚生物碱是指在有苯并吡咯形成的吲哚环仅有简单取代形成的一类化合物。

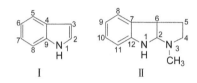

基本结构骨架

【化学位移特征】

1. 最简单吲哚生物碱（Ⅰ型）如化合物 **11-1-1** 的各碳化学位移如表 11-1-1 中所示。如果 2 位或 3 位有甲基取代时，它们的化学位移向低场位移大约 10，而在苯环上有甲基取代时，相关的碳也向低场位移，但较少。如果 3 位上有羧基基团取代，2、3 位碳都向低场位移 12～15。

2. 2、3 位氢化后，它们的化学位移出现在 $\delta_{\text{C-2}}$ 44.6～48.6，$\delta_{\text{C-3}}$ 27.1～29.7。如果 2 位上连接羟基，$\delta_{\text{C-2}}$ 81.2，$\delta_{\text{C-3}}$ 36.3。如果 2 位为羧基，$\delta_{\text{C-2}}$ 178.7。如果 2、3 位都为羧基，$\delta_{\text{C-2}}$ 159.2，$\delta_{\text{C-3}}$ 184.3。如果 2 位羧基、3 位为环外双键碳，$\delta_{\text{C-2}}$ 168.3。

3. 在Ⅱ型结构中，吲哚环上又并合了一个吡咯环，$\delta_{\text{C-2}}$ 89.2～98.1，$\delta_{\text{C-4}}$ 45.7～53.2，$\delta_{\text{C-5}}$ 38.5～40.7，$\delta_{\text{C-6}}$ 50.4～53.7。

11-1-1 **11-1-2** **11-1-3** **11-1-4** **11-1-5**

11-1-6 **11-1-7** **11-1-8** **11-1-9**

表 **11-1-1** 化合物 11-1-1～11-1-9 的 ^{13}C NMR 化学位移数据

C	11-1-1[1]	11-1-2[2]	11-1-3[2]	11-1-4[3]	11-1-5[3]	11-1-6[7]	11-1-7[3]	11-1-8[3]	11-1-9[3]
2	124.8	135.3	122.3	123.8	124.6	123.9	126.2	138.1	133.4

续表

C	11-1-1[1]	11-1-2[2]	11-1-3[2]	11-1-4[3]	11-1-5[3]	11-1-6[7]	11-1-7[3]	11-1-8[3]	11-1-9[3]
3	102.2	100.0	111.0	100.7	101.7	101.9	106.8	118.2	116.2
4	128.4	129.5	128.8	—	128.7	126.2	127.7	124.2	124.4
5	120.9	119.6	119.0	129.8	123.3	120.3	123.6	123.3	122.0
6	121.5	120.7	121.9	121.8	128.4	121.5	121.2	122.0	120.9
7	119.8	119.8	119.2	119.7	120.4	131.1	119.3	120.8	120.9
8	111.4	110.5	111.3	108.9	110.9	111.2	111.9	112.3	111.4
9	135.7	136.7	136.9	136.1	134.8	136.9	136.3	137.1	135.9
1′		13.0	9.4	21.2	21.1	21.3	161.9	184.8	194.0
2′									27.1

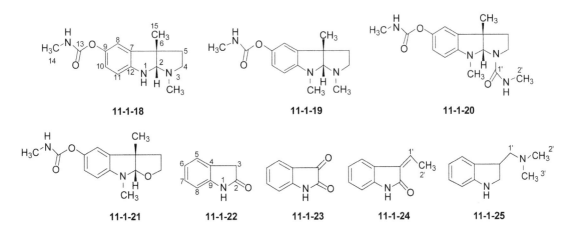

表 11-1-2 化合物 **11-1-10~11-1-17** 的 ¹³C NMR 化学位移数据

C	11-1-10[3]	11-1-11[3]	11-1-12[3]	11-1-13[3]	11-1-14[4]	11-1-15[4]	11-1-16[4]	11-1-17[4]
2	121.6	124.3	123.2	123.6	47.1	81.2	44.6	48.6
3	119.8	101.6	102.4	102.8	29.7	36.3	27.1	27.8
4	129.2	127.7	122.3	126.9	129.1	129.3	131.9	131.3
5	114.4	111.6	121.2	120.2	124.4	126.1	126.0	123.1
6	116.9	153.1	110.0	113.5	118.3	124.6	124.1	124.5
7	118.8	101.8	156.5	102.1	127.1	127.7	127.5	127.3
8	111.8	111.9	94.8	146.7	109.2	109.3	109.4	116.7
9	133.3	130.3	136.6	129.6	151.6	139.1	141.1	112.9
1′	168.8	55.5	55.7	55.2		158.9	157.5	168.5
2′	20.4							21.0

表 11-1-3 化合物 11-1-18~11-1-25 的 ^{13}C NMR 化学位移数据[5]

C	11-1-18	11-1-19	11-1-20	11-1-21	C	11-1-22[4]	11-1-23[6]	11-1-24[7]	11-1-25[8]
2	90.3	98.1	89.2	104.7	3-CH$_3$	37.0	36.9		
4	52.5	53.2	45.7	67.3	1'			157.7	
5	40.7	40.7	38.5	41.6	2'			23.3	
6	53.7	52.6	50.4	52.3	2	178.7	159.2	168.3	123.9
7	137.8	137.4	135.1	135.2	3	36.3	184.3	123.3	112.2
8	116.5	116.1	116.0	116.5	4	125.4	117.6	127.9	127.8
9	146.9	149.3	147.4	147.9	5	124.4	123.8	120.9	119.0
10	120.5	120.4	120.7	120.8	6	122.2	122.7	128.4	121.6
11	109.0	106.5	105.8	105.5	7	127.9	138.3	137.0	119.2
12	114.0	143.3	142.8	143.0	8	110.0	112.5	109.3	111.1
13	156.3	156.3	155.6	156.3	9	143.0	151.8	140.2	136.2
14	—	27.5	26.9	27.7	1'			119.3	54.3
15	26.9	27.2	26.9	24.6	2'			13.6	45.1
1-CH$_3$		38.4	33.6	31.2	3'				45.1

参 考 文 献

[1] Bach N J, Boaz M S, Kornfeld E C, et al. J Org Chem, 1974, 39: 1272.

[2] Parker R G, Roberts J D. J Org Chem, 1970, 35: 996.

[3] Rosenberg E, Williamson K L, Roberts J D. Org Magn Reson, 1976, 8: 117.

[4] Fritz H, Winkler T. Helv Chim Acta, 1976, 59: 903.

[5] Stenberg V I, Narain N K, Singh S P, et al. J Heterocycl Chem, 1977, 14: 407.

[6] Galasso V, Pellizer G, Lisini A, et al. Org Magn Reson, 1977, 9: 401.

[7] Nozoye T, Nakai T, Kubo A. Chem Pharm Bull, 1977, 25: 196.

[8] Wenkert E, Bindra J S, Chang C J, et al. Acc Chem Res, 1974, 7: 46.

第二节　卡巴唑类生物碱的 ^{13}C NMR 化学位移

【结构特点】卡巴唑类生物碱是指吡咯环上并合两个苯环的一类生物碱化合物。

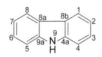

基本结构骨架

【化学位移特征】

1. 卡巴唑类生物碱主要是两个苯环，苯环上各碳基本遵循芳环化学位移的规律。比较特殊的是 4a 位和 9a 位的碳，它们是和氮元素相连的碳，因此它们处于较低场，$\delta_{\text{C-4a}}$ 134.4～140.6，$\delta_{\text{C-9a}}$ 134.4～143.5。

2. 连氧基团取代的碳在较低场出现，靠近连氧基团取代碳的无取代碳在较高场出现，烷基取代的碳在两者中间。

11-2-1 R^1=R^2=R^3=R^4=H
11-2-2 R^1=R^2=R^4=H; R^3=CH$_3$
11-2-3 R^1,R^2=(CH$_2$)$_4$; R^3=H; R^4=OCH$_3$

11-2-4 R^1=R^2=H
11-2-5 R^1=Br; R^2=H
11-2-6 R^1=OH; R^2=H

11-2-7 R^1=OCH$_3$; R^2=H
11-2-8 R^2=OCH$_3$; R^1=H

表 11-2-1 化合物 11-2-1~11-2-8 的 ^{13}C NMR 化学位移数据[1]

C	11-2-1	11-2-2	11-2-3	11-2-4	11-2-5	11-2-6	11-2-7	11-2-8
1	120.1	120.2	119.8	130.9	131.0	129.4	130.6	129.9
2	118.6	118.7	128.2	121.0	121.3	119.1	120.4	121.0
3	125.6	125.7	135.6	126.2	126.8	125.3	126.0	125.2
4	111.0	109.0	110.8	117.1	117.3	117.2	117.0	116.7
4a	139.9	140.6	139.3	139.5	139.3	139.7	139.6	140.4
5	111.0	109.0	111.1	110.6	111.8	111.1	110.9	94.8
6	125.6	125.7	114.2	125.1	127.8	114.0	113.4	158.5
7	118.6	118.7	153.4	119.5	112.1	150.3	153.5	108.0
8	120.1	120.4	103.2	122.6	126.8	107.0	106.3	123.3
8a	122.6	122.0	121.7	124.6	126.7	123.9	124.8	118.6
8b	122.6	122.0	123.7	121.5	120.5	120.3	121.3	121.6
9a	139.9	140.6	135.6	138.8	137.9	133.8	134.4	138.8
1′		28.8	23.7	16.5	16.4	16.7	16.4	16.5
2′			30.1	20.5	20.3	20.1	20.2	20.3
3′			56.2				56.1	55.6

11-2-9

11-2-10

11-2-11

11-2-12

11-2-13 R=OMe
11-2-14 R=OH

11-2-15

11-2-16

表 11-2-2 化合物 11-2-9~11-2-16 的 ^{13}C NMR 化学位移数据

C	11-2-9[2]	11-2-10[3]	11-2-11[4]	11-2-12[5]	11-2-13[6]	11-2-14[6]	11-2-15[7]	11-2-16[8]
1	24.7	125.0	120.6	126.4	127.5	121.5	119.7	104.7
2	20.8	115.2	128.4	126.3	126.5	124.1	120.5	133.9
3	21.7	159.7	102.8	119.8	107.5	108.0	154.1	110.1
4	29.7	95.9	146.1	110.9	145.5	145.5	96.0	129.7
4a	59.7	123.7	134.4	139.7	135.1	134.6	140.4	136.8
5	117.3	111.5	145.6	102.9	112.4	112.3	109.7	111.9

续表

C	11-2-9[2]	11-2-10[3]	11-2-11[4]	11-2-12[5]	11-2-13[6]	11-2-14[6]	11-2-15[7]	11-2-16[8]
6	127.5	114.4	104.9	145.2	115.4	115.4	124.7	128.4
7	124.7	151.6	119.8	145.4	153.5	154.3	127.4	119.5
8	123.0	105.1	112.2	110.9	102.8	102.9	118.5	122.0
8a	134.8	116.9	124.0	122.5	123.6	116.0	123.9	122.8
8b	39.9	146.2	123.6	122.6	122.5	115.5	116.1	114.4
9a	140.8	134.3	120.1	134.8	134.5	135.0	138.5	143.5
CHO	158.9	192.8	194.4					
C=O								151.0,162.8
Me				21.1	21.1	21.0	20.4	30.9,28.4
OCH₂O				101.2				
OMe			55.5(×2)		55.5(×2)	55.5		
1′							28.5	
2′							124.0	
3′							131.1	
4′							24.9	
5′							16.7	

参 考 文 献

[1] Ahond A, Bui A M, Potier P, et al. J Org Chem, 1976, 41: 1878.

[2] Fritz H, Winkler T. Helv Chim Acta, 1976, 59: 903.

[3] Shi X J, Ye G, Tang W J, et al. Helv Chim Acta, 2010, 93: 985.

[4] Chakraborty A, Saha C, Podder G, et al. Phytochemistry, 1995, 38: 787.

[5] Bhattacharyya P, Biswas G K, Barua A K, et al. Phytochmistry, 1993, 33: 248.

[6] Chakraborty A, Chowdhury B K, Bhattacharyya P, et al. Phytochemistry, 1995, 40: 295.

[7] Meragelman K M, McKee T C, Boyd M R. J Nat Prod, 2000, 63: 427.

[8] Qi S H, Su G C, Wang Y F, et al. Chem Pharm Bull, 2009, 57: 87.

第三节　卡巴啉类生物碱的 ¹³C NMR 化学位移

【结构特点】卡巴啉类生物碱是指吲哚环又和一个吡啶的 3, 4 位并合的化合物。

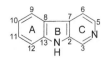

基本结构骨架

【化学位移特征】

1. 卡巴啉类生物碱的 A 环几乎都是芳环，它们各碳的化学位移遵循芳环的规律。13 位碳与氮元素相连，$\delta_{C\text{-}13}$ 134.1～143.3。

2. 卡巴啉类生物碱的 C 环的 3 位上常常有烷基取代，化学位移出现在 $\delta_{C\text{-}2}$ 130.9～138.5，$\delta_{C\text{-}3}$ 134.1～140.1，$\delta_{C\text{-}5}$ 133.2～144.8，$\delta_{C\text{-}6}$ 114.1～129.8，$\delta_{C\text{-}7}$ 128.6～134.0。如果 3,4 位和 5,6 位双键被氢化，$\delta_{C\text{-}2}$ 130.6～137.3，$\delta_{C\text{-}3}$ 51.1～69.7，$\delta_{C\text{-}5}$ 50.3～54.4，$\delta_{C\text{-}6}$ 19.5～27.6，$\delta_{C\text{-}7}$ 103.9～111.5。如果仅有 5,6 位双键被氢化，$\delta_{C\text{-}2}$ 125.1～128.4，$\delta_{C\text{-}3}$ 156.7～160.1（因该位还有连氧基团取代），$\delta_{C\text{-}5}$ 41.6～47.5，$\delta_{C\text{-}6}$ 18.6～19.1，$\delta_{C\text{-}7}$ 114.2～125.3。

3. 在 3 位上的羰基，由于是内酰胺结构，$\delta_{C\text{-}3}$ 161.5～169.2。

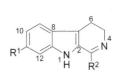

表 11-3-1 化合物 11-3-1~11-3-5 的 ¹³C NMR 化学位移数据

C	11-3-1[1]	11-3-2[2]	C	11-3-3[3]	11-3-4[4]	11-3-5[5]
2	132.7	114.8	2	135.4	133.0	—
3	52.3	58.0	3	60.4	51.9	—
5	52.0	50.8	5	53.7	50.8	—
6	21.2	20.5	6	21.8	21.9	115.1
7	106.0	107.3	7	108.2	107.9	—
8	126.6	121.7	8	127.8	126.7	—
9	117.2	118.4	9	118.2	117.9	123.8
10	118.1	108.6	10	121.4	119.5	126.6
11	120.1	155.5	11	119.4	121.8	126.0
12	110.8	95.1	12	111.0	111.0	118.0
13	135.8	136.9	13	136.4	136.2	—
CH₃	45.3	18.4	14	30.1	28.2	—
		42.2	15	24.5	20.4	128.5
OCH₃		55.6	16	25.9	94.4	132.4
			17	55.9	146.6	64.8
			C=O		169.1	
			COO$\underline{\text{C}}$H₃		50.8	

11-3-6　R¹=R²=H; Δ⁵,⁶
11-3-9　R¹=Me; R²=OMe
11-3-10　R¹=Me; R²=OH
11-3-11　R¹=Me; R²=H
11-3-12　R¹=Me; R²=OMe; Δ⁵,⁶

11-3-7　R¹=Me; R²=H; Δ²,⁷ Δ³,¹⁴
11-3-8　R¹=Me; R²=H;
11-3-13　R¹=R²=H; Δ²,⁷ Δ³,¹⁴

表 11-3-2 化合物 11-3-6~11-3-13 的 ¹³C NMR 化学位移数据

C	11-3-6[6]	11-3-7[7]	11-3-8[7]	11-3-9[8]	11-3-10[8]	11-3-11[8]	11-3-12[8]	11-3-13[7]
2	130.9	130.2	130.6	128.4	125.1	—	141.0	127.1
3	138.3	150.0	69.7	156.7	160.1	142.0	142.0	145.3
5	134.0	42.1	40.8	47.5	41.6	137.3	137.2	40.8
6	115.9	18.5	19.5	19.1	18.6	112.2	112.3	18.9
7	129.8	120.1	111.5	125.3	114.2	121.1	114.5	117.8

续表

C	11-3-6[6]	11-3-7[7]	11-3-8[7]	11-3-9[8]	11-3-10[8]	11-3-11[8]	11-3-12[8]	11-3-13[7]
8	121.7	123.3	125.9	120.3	125.0	127.0	127.5	124.9
9	120.9	121.6	118.2	119.4	122.8	121.2	121.7	119.9
10	120.9	121.6	118.9	110.2	112.9	119.0	109.6	119.7
11	122.7	128.7	121.8	157.1	151.1	127.5	160.1	124.7
12	112.9	113.6	111.5	94.6	94.6	111.5	95.4	112.5
13	142.9	141.3	136.5	137.5	139.5	134.6	134.7	138.6
15		139.7	148.7					147.3
16		118.6	117.4					126.6
17		136.7	133.4					134.4
18		128.6	120.3					125.9
19		127.7	128.0					126.4
20		118.7	119.3					120.7
21		158.2	164.1					160.6
R1				55.0			—	
R2		40.9	36.4	21.9	19.1	18.4	18.5	
R3								

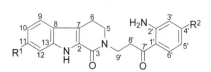

11-3-14

11-3-15

11-3-16 R1=H; R2=OMe
11-3-17 R1=OMe; R2=H

11-3-18 R1=OMe; R2=H
11-3-19 R1=H; R2=OMe

11-3-20

表 11-3-3　11-3-14~11-3-20 的 ^{13}C NMR 化学位移数据[10]

C	11-3-14[9]	11-3-15[9]	11-3-16	11-3-17	11-3-18	11-3-19	11-3-20
2	135.6	135.4	127.2	125.3	135.4	135.6	129.0
3	169.2	135.7	161.5	161.8	139.1	140.1	160.2
5	137.0	137.9	49.4	49.0	138.9	138.3	49.2
6	117.0	118.1	20.9	20.5	114.1	115.8	20.0
7	131.6	131.8	118.4	119.2	130.0	131.1	118.3
8	112.4	112.5	125.9	119.2	115.0	121.6	125.7
9	103.0	103.2	120.2	120.6	122.7	122.4	120.7
10	145.2	145.9	120.1	111.1	109.9	120.7	120.9
11	152.2	152.3	124.8	158.3	161.2	129.6	125.7
12	94.4	94.7	112.3	94.2	94.7	112.6	113.2
13	136.6	136.7	137.3	138.5	143.3	142.4	138.8
14		26.0					

续表

C	11-3-14[9]	11-3-15[9]	11-3-16	11-3-17	11-3-18	11-3-19	11-3-20
15		203.6					
1'			112.6	117.3			
2'			152.9	150.4	148.4	150.6	150.5
3'			99.4	117.1	121.9	120.4	119.1
4'			164.5	134.3	145.0	144.9	144.4
4'a					126.3	122.3	121.9
5'			104.6	115.4	125.8	127.6	127.2
6'			133.5	130.9	127.2	121.1	121.2
7'			199.1	200.8	129.4	161.8	162.0
8'			37.7	37.5	128.3	107.0	107.0
8'a					147.1	150.4	150.5
9'			43.9	43.3			
OCH$_3$	56.2	56.6	55.2	55.1	55.6	55.8	55.8
	56.5	56.3					

11-3-21 **11-3-22** **11-3-23** **11-3-24**

11-3-25 **11-3-26** **11-3-27**

表 **11-3-4** 化合物 **11-3-21~11-3-27** 的 ^{13}C NMR 化学位移数据

C	11-3-21[11]	11-3-22[12]	11-3-23[13]	11-3-24[14]	11-3-25[10]	11-3-26[15]	11-3-27[16]
2	130.9	137.3	132.6	131.4	131.6	132.6	138.5
3	135.2	51.0	53.5	59.1	56.7	136.1	134.1
5	144.8	50.3	54.4	50.9	52.3	138.8	133.2
6	115.4	21.1	22.4	16.9	27.6	117.9	123.5
7	129.0	108.4	106.6	103.9	107.6	128.6	134.0
8	123.3	128.9	126.3	128.9	127.0	118.2	121.9
9	121.6	118.7	118.1	118.4	117.8	122.4	108.0
10	124.7	120.3	118.9	121.5	119.5	121.0	150.3
11	129.8	121.0	120.9	120.1	121.6	130.1	121.2
12	116.3	112.7	108.7	110.2	110.9	110.5	114.7
13	138.2	137.9	136.9	134.1	136.0	138.9	137.9
14	158.2	61.6	28.9	81.9	133.4	164.0	178.5
15	128.0	169.5	30.0	174.3	108.3	109.5	131.5

续表

C	11-3-21[11]	11-3-22[12]	11-3-23[13]	11-3-24[14]	11-3-25[10]	11-3-26[15]	11-3-27[16]
16	138.6	52.3	27.0	44.3	21.7	161.9	127.4
17		28.8	54.5	35.1	52.9	163.0	135.7
18		34.1	204.1	25.2	121.6		
19		133.5	69.4	20.8	118.8		
20		56.9	19.2	44.5	108.9		
21		123.3	68.8	28.8	156.2		
22		12.9	39.4	7.6	95.1		
23			41.7	54.1	137.1		
24					55.8		

参 考 文 献

[1] Poupat C, Alain A, Thierry S. Phytochmistry, 1976, 15: 2019.

[2] Wenkert E, Bindra J S, Chang C J, et al. Acc Chem Res, 1974, 7: 46.

[3] Gribble G W, Nelson R B, Levy G C, et al. J Chem Soc, Chem Commun, 1972, 703.

[4] Wenkert E, Chang C J, Chawla P P S, et al. J Am Chem Soc, 1976, 98: 3645.

[5] Giesbrecht A M, Gottlieb H E, Gottlieb O R, et al. Phytochemistry, 1980, 19: 313.

[6] Attaurrahman, Hasan S, Qulbi M R. Planta Med, 1985: 287.

[7] 张虎, 杨秀伟, 崔育新, 等. 波谱学杂志, 1999, 16(6): 563.

[8] Coune C A, Angenot L J G, Denoel J, et al. Phytochemistry, 1980, 19: 2009.

[9] Ahmad K, Thomas N F, Hadi A H A, et al. Chem Pharm Bull, 2010, 58(8): 1085.

[10] Hu X J, Di Y T, Wang Y H, et al. Planta Med, 2009, 75: 1157.

[11] Koike K, Ohmoto T. Chem Pharm Bull, 1985, 33: 5239.

[12] Keawpradub N, Houghton P J, EnoAmooquaye E, et al. Planta Med, 1997, 63: 97.

[13] Takayama H, Phisalaphong C, Kitajima M, et al. Tetrahedron, 1991, 47: 1383.

[14] Bombardelli E, Bonati A, Gabetta B, et al. Tetrahedron, 1974, 30: 4141.

[15] Emmanoel V C, Maria L B P, Clahildek M X, et al. J Nat Prod, 2006, 69: 292.

[16] Wayne D I, Walter M B, Nadine C G, et al. J Nat Prod, 2010, 73: 255.

第四节　沃洛亭和波里芬类生物碱的 ^{13}C NMR 化学位移

一、沃洛亭类生物碱的 ^{13}C NMR 化学位移

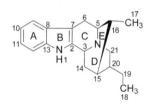

基本结构骨架

【化学位移特征】

1. 沃洛亭类生物碱 A 环是芳环，它的各碳的化学位移遵循芳环的规律，它的 13 位碳是与氮元素相连的碳，它在较低场出现，$\delta_{C\text{-}13}$ 135.3～140.2。连接羟基或甲氧基的碳出现在更低场。

2. 在 C 环和 D 环中有 3 个脂肪族碳 3、5 和 21 位与另外一个氮元素相连，它们的化学位移出现在 δ 47.4～63.4 之间。

3. 对于连接 D 环上乙基，多数情况下是和 D 环的 20 位碳成为双键，它们各碳的化学位移出现在 $\delta_{C\text{-}18}$ 12.4～13.0，$\delta_{C\text{-}19}$ 109.8～120.0，$\delta_{C\text{-}20}$ 136.1～145.9。如果 18 位有连氧基团时 $\delta_{C\text{-}18}$ 56.7～58.0。

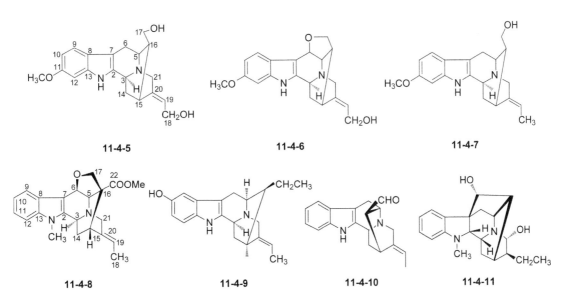

11-4-1 R¹=H; R²=OMe
11-4-2 R¹=R²=H
11-4-3
11-4-4

表 **11-4-1** 化合物 **11-4-1~11-4-4** 的 ¹³C NMR 化学位移数据

C	11-4-1[1]	11-4-2[2]	11-4-3[3]	11-4-4[3]	C	11-4-1[1]	11-4-2[2]	11-4-3[3]	11-4-4[3]
2	138.3	136.3	137.6	137.6	16	43.6	44.1	52.0	48.5
3	50.5	50.5	47.8	47.4	17	60.5	64.9	174.8	176.3
5	53.0	54.5	53.8	53.6	18	13.0	12.8	12.8	12.5
6	23.4	27.0	23.0	23.4	19	112.6	111.0	116.7	—
7	106.0	104.5	104.7	104.9	20	142.3	137.8	136.1	40.5
8	*	116.8	126.3	126.7	21	56.9	55.9	53.8	56.2
9	118.8	118.1	118.3	118.3	22			52.9	51.9
10	108.7	127.6	119.2	119.3	23			65.4	67.2
11	156.3	121.4	121.3	121.3	24			169.9	169.9
12	95.8	119.4	108.9	109.0	25			20.7	20.7
13	137.9	135.3	138.3	138.8	NCH₃			29.2	29.2
14	27.9	33.4	28.6	27.1	R²	55.6			
15	27.3	27.6	31.3	32.7					

注：*表示与溶剂峰重叠。

11-4-5
11-4-6
11-4-7

11-4-8
11-4-9
11-4-10
11-4-11

表 **11-4-2** 化合物 **11-4-5~11-4-11** 的 ¹³C NMR 化学位移数据

C	11-4-5[4]	11-4-6[4]	11-4-7[4]	11-4-8[4]	11-4-9[5]	11-4-10[6]	11-4-11[7]
2	138.2	141.7	138.3	141.6	137.4	139.2	79.4
3	50.3	59.1	50.3	47.0	54.4	49.6	44.6

续表

C	11-4-5[4]	11-4-6[4]	11-4-7[4]	11-4-8[4]	11-4-9[5]	11-4-10[6]	11-4-11[7]
5	53.0	59.1	53.0	—	49.9	49.8	52.5
6	23.2	70.6	23.4	72.6	26.8	26.9	35.5
7	105.8	102.5	106.0	101.5	127.9	102.2	55.5
8	—	120.5	—	126.8	138.5	127.1	134.5
9	118.8	118.3	118.8	119.1	111.1	117.6	123.1
10	108.7	108.4	108.7	120.1	150.2	118.3	118.5
11	156.4	155.3	156.4	121.7	114.7	120.4	126.7
12	96.0	95.4	96.0	109.2	101.2	111.1	109.1
13	137.6	136.6	137.9	137.7	140.2	136.2	154.0
14	27.9	27.8	27.9	29.0	33.6	32.8	31.6
15	27.9	27.4	27.9	31.0	44.4	26.3	28.4
16	—	47.9	43.6	53.9	27.4	54.4	48.7
17	—	63.9	60.5	68.3	55.6	203.7	76.3
18	58.0	56.7	13.0	12.7	12.7	12.4	12.3
19	120.0	119.5	112.6	116.5	109.8	115.3	25.5
20	144.0	141.5	142.3	145.9	101.8	—	42.2
21	56.6	55.1	56.9	55.4	63.4	55.2	87.6
22				175.9			
OMe	55.6	55.5	55.6	52.1			
NMe				29.0			34.3

二、波里芬类生物碱的 ¹³C NMR 化学位移

基本结构骨架

【化学位移特征】

1. 波里芬类生物碱类似于沃洛亭类生物碱，仅仅是 3 位和 4 位间的键断开，3 位变成羰基或连接连氧基团，前者化学位移出现在 δ 189.9～190.7，后者出现在 δ 66.8～74.6。

2. 19 位和 20 位是羧酸甲酯，δ_{C-19} 170.9～174.3，δ_{C-20} 49.8～51.8。

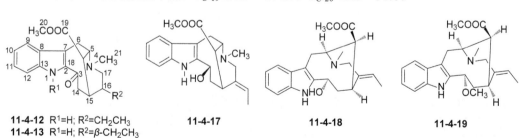

11-4-12 R¹=H; R²=CH₂CH₃
11-4-13 R¹=H; R²=β-CH₂CH₃
11-4-14 R¹=H; R²=CHCH₃
11-4-15 R¹=CH₃; R²=CHCH₃
11-4-16 R¹=H; R²=α-CH₂CH₃

11-4-17   11-4-18   11-4-19

表 11-4-3 化合物 11-4-12~11-4-19 的 ¹³C NMR 化学位移数据[8]

C	11-4-12	11-4-13	11-4-14	11-4-15	11-4-16	11-4-17	11-4-18[9]	11-4-19[9]
2	133.8	133.7	133.8	133.3	135.0	135.4	135.7	135.9
3	190.7	190.5	189.9	190.7	192.5	66.8	66.8	74.6
5	56.5	56.7	57.0	57.0	55.4	59.4	58.8	58.8
6	20.1	18.4	20.2	21.0	19.4	19.6	19.0	19.1
7	120.1	120.5	119.9	120.7	121.8	107.3	109.5	112.2
8	128.8	120.5	128.0	126.6	128.3	128.7	128.9	129.0
9	120.5	120.5	120.3	120.2	120.8	117.6	118.0	118.1
10	120.0	119.9	119.9	119.8	120.5	118.6	118.8	119.0
11	126.5	126.2	126.2	125.8	126.9	121.4	122.1	122.5
12	111.8	111.7	111.8	109.4	112.4	110.0	110.3	110.2
13	136.4	136.4	136.4	138.7	136.4	136.7	136.9	137.3
14	39.1	45.4	42.8	45.4	38.9	35.5	36.9	31.7
15	30.5	31.7	30.5	30.6	29.5	29.2	30.6	30.6
16	43.2	42.4	135.8	135.7	38.0	136.5	135.9	133.2
17	48.5	46.4	51.5	51.6	48.6	53.9	52.0	52.2
18	48.6	43.3	46.3	46.5	44.3	—	46.1	46.6
19	170.9	171.6	170.9	170.9	173.9	174.3	171.6	171.7
20	50.1	50.1	50.1	49.8	51.8	50.3	49.8	49.9
21	42.3	42.9	42.2	42.2	42.6		41.9	42.1
N₁-CH₃				32.8				
1'	23.3	25.3	130.0	119.8	23.5	118.6	119.1	119.1
2'	11.3	12.6	12.0	12.1	11.4	12.2	12.1	12.2
OCH₃								53.4

参 考 文 献

[1] Mariko K, Norio A M, Shinichiro S, et al. Chem Pharm Bull, 1978, 26: 3444.

[2] Yu J M, Wang T, Liu X X, et al. J Org Chem, 2003, 68: 7565.

[3] Bombardelli E, Bonati A, Gabetta B, et al. Phytochemistry 1976, 15: 2021.

[4] Aimi N, Yamaguchi K, Sakai S L, et al. Chem Pharm Bull, 1978, 26: 3444.

[5] 李朝明, 苏健, 穆青, 等. 云南植物研究, 1998, 20(2): 244.

[6] 耿长安, 刘锡葵. 高等学校化学学报, 2010, 31(4): 731.

[7] Chatterjee A, Chakrabarty M, Ghosh A K, et al. Tetrahedron Lett, 1978: 3879.

[8] Bombardelli E, Bonati A, Gabetta B, et al. Phytochemistry 1976, 15: 2021.

[9] Alfarius E N, Yusuke H, Nobuo K, et al. J Nat Prod, 2009, 72: 1502.

第五节 育亨宾类化合物的 ¹³C NMR 化学位移

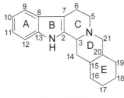

基本结构骨架

【化学位移特征】

1. 育亨宾类化合物的 A 环是芳环，各碳的化学位移遵循芳环的规律。8 位连接烷基，δ_{C-8}

117.6～127.6；13位连接氮原子，$\delta_{C\text{-}13}$ 134.1～137.1。在此类生物碱中苯环上少有连氧基团，如果是有单连氧基团，连氧碳化学位移出现在 δ 151.2～155.8。

2.除13位连接氮外，还有2、3、5和21位碳与氮相接，各碳的化学位移出现在 $\delta_{C\text{-}2}$ 130.2～135.8，$\delta_{C\text{-}3}$ 53.4～60.5，$\delta_{C\text{-}5}$ 50.0～53.4，$\delta_{C\text{-}21}$ 47.3～62.1。

3．E环连接基团比较多，除化合物 **11-5-7**～**11-5-10** 外，几乎所有化合物的16位上都连接一个成为甲酯的羧基，$\delta_{C\text{-}16}$ 49.9～54.6，羧基碳的化学位移为 δ 167.7～175.3，甲基碳为 δ 50.3～55.8。

4.在E环上的17位和18位常有羟基或甲氧基或羟基与三甲氧基苯甲酸成酯，$\delta_{C\text{-}17}$ 65.7～81.3，$\delta_{C\text{-}18}$ 72.9～77.9。

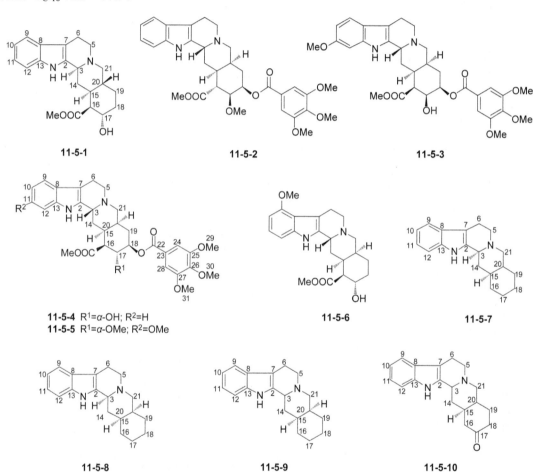

11-5-1　11-5-2　11-5-3

11-5-4 R¹=α-OH; R²=H
11-5-5 R¹=α-OMe; R²=OMe

11-5-6　11-5-7

11-5-8　11-5-9　11-5-10

表 11-5-1 化合物 **11-5-1~11-5-10** 的 ¹³C NMR 化学位移数据[3]

C	11-5-1[1]	11-5-2[1]	11-5-3[2]	11-5-4	11-5-5	11-5-6[4]	11-5-7	11-5-8	11-5-9	11-5-10
2	134.6	131.0	132.7	131.3	130.2	130.6	134.7	135.7	135.5	132.1
3	60.4	59.8	57.0	53.5	53.6	53.8	60.1	60.4	54.6	53.4
5	52.9	52.7	50.0	50.8	51.6	50.8	52.8	53.4	53.3	50.6
6	21.5	16.0	15.2	16.4	16.9	18.7	21.4	21.7	21.9	16.7
7	108.0	107.3	104.2	107.5	107.9	107.1	107.1	108.4	108.4	107.8
8	127.4	127.5	123.2	127.3	122.2	117.6	127.0	127.7	127.7	127.6
9	118.2	118.8	117.8	117.6	118.4	155.1	117.6	117.9	117.7	117.9

C	11-5-1[1]	11-5-2[1]	11-5-3[2]	11-5-4	11-5-5	11-5-6[4]	11-5-7	11-5-8	11-5-9	11-5-10
10	119.4	120.7	117.7	119.1	108.9	104.3	118.7	119.2	119.4	119.5
11	121.3	117.7	155.5	121.2	151.2	121.5	120.8	121.0	121.2	121.6
12	110.9	110.5	92.3	110.7	95.4	105.7	110.6	110.5	110.7	111.0
13	136.0	135.6	134.1	135.5	136.4	137.1	135.8	136.2	136.2	135.8
14	33.6	33.4	45.6	23.7	35.7	22.8	36.3	31.6	35.7	34.8
15	36.9	31.8	36.8	31.9	34.0	32.0	41.3	34.8	34.8	36.6
16	51.1	51.4	50.2	52.1	51.2	51.9	32.5	30.5	21.9	47.4
17	67.0	77.3	67.3	68.3	77.9	67.1	26.2	20.8	26.5	210.7
18	28.5	77.3	76.1	76.9	77.9	31.6	25.8	26.5	26.5	40.8
19	23.7	23.4	23.9	29.1	32.3	31.0	30.1	26.5	29.6	30.0
20	34.9	29.0	29.6	33.7	29.8	39.7	41.6	36.7	34.2	39.9
21	62.1	48.8	47.3	48.7	49.0	50.7	61,7	61.9	55.1	51.2
22		165.5	160.2	165.8	165.3					
23		125.0	124.7	124.9	125.0					
24		106.6	105.2	106.7	107.1					
25		153.2	148.6	152.5	152.9					
26		142.2	142.0	141.9	142.5					
27		153.2	148.6	152.5	152.9					
28		106.6	105.2	106.7	107.1					
29		55.4	56.6	56.0	56.0					
30		59.7	60.8	60.6	60.7					
31		55.4	56.6	56.0	55.7					
R^2					60.5					
OMe						54.9				
COOMe	172.5	172.5	167.7	172.8	172.6	174.7				
	51.4	51.2	50.3	51.7	51.6	51.5				

11-5-11 R=O
11-5-12 R=α-OH
11-5-13 R=OH

11-5-14 R^1=H; R^2=α-H
11-5-16 R^1=R^2=α-H
11-5-18 R^1=α-H; R^2=H

11-5-15 R^1=R^2=H
11-5-17 R^1=R^2=α-H

11-5-19 R^1=α-OCH$_3$; R^2=α-COOCH$_3$; R^3=OCH$_3$
11-5-20 R^1=α-OH; R^2=COOCH$_3$; R^3=H

表 11-5-2 化合物 11-5-11~11-5-20 的 ^{13}C NMR 数据[3]

C	11-5-11	11-5-12	11-5-13	11-5-14	11-5-15	11-5-16	11-5-17	11-5-18	11-5-19	11-5-20
2	135.1	134.3	134.0	135.8	134.0	134.3	134.4	131.7	130.2	131.3
3	58.7	59.8	59.0	60.5	53.7	60.1	60.1	53.7	53.6	53.5
5	52.3	52.1	52.3	52.6	50.7	53.2	52.8	50.8	51.1	50.8
6	21.6	21.5	21.3	21.6	16.4	21.7	21.3	16.5	16.7	16.4
7	106.3	107.5	107.4	106.3	105.9	108.1	107.1	107.3	107.7	107.5
8	126.5	127.0	126.9	127.0	127.2	127.1	126.8	127.2	121.9	127.3
9	117.1	117.7	117.7	117.5	117.2	117.9	117.5	117.6	118.2	117.6
10	118.2	118.8	118.8	118.4	118.1	119.1	118.6	118.9	108.7	119.1
11	120.2	120.8	120.9	120.4	120.1	121.1	120.5	121.0	155.8	121.2
12	110.8	110.6	110.7	111.1	111.1	110.6	110.6	110.8	95.0	110.7
13	135.8	135.8	135.8	136.1	135.5	135.7	135.8	135.6	136.1	135.5
14	34.5	33.8	33.8	33.6	32.2	27.6	31.0	23.6	24.1	23.7
15	43.3	36.4	41.6	34.7	32.4	37.9	37.4	32.5	32.2	31.9
16	61.8	52.6	57.1	51.1	52.4	54.6	50.6	54.1	51.6	52.1
17	205.7	66.9	71.6	65.9	66.6	66.0	66.7	65.7	77.8	68.3
18	40.5	31.4	33.5	28.2	30.9	33.2	30.2	33.5	77.7	76.9
19	29.0	23.1	27.5	23.5	23.0	24.5	24.8	23.9	29.6	29.1
20	37.9	40.2	39.1	36.5	39.5	36.4	32.0	35.6	33.8	33.7
21	59.9	61.0	60.5	62.0	51.5	60.4	59.6	49.4	48.8	48.7
C=O	169.5	175.1	175.0	172.7	172.9	174.4	174.0	174.7	172.5	172.8
OCH$_3$	51.6	51.7	51.6	51.1	51.2	51.8	51.5	51.7	51.6	51.7

11-5-21

11-5-22

11-5-23 16β-H; 20α-H
11-5-24 16α-H; 20β-H

表 11-5-3 化合物 11-5-21~11-5-24 的 ^{13}C NMR 化学位移数据[5]

C	11-5-21[3]	11-5-22	11-5-23	11-5-24	C	11-5-21[3]	11-5-22	11-5-23	11-5-24
2	131.3	130.3	134.4	133.6	14	23.5	24.2	27.2	33.4
3	53.4	53.8	60.3	60.0	15	32.5	32.6	37.8	36.2
5	50.6	51.1	53.2	52.6	16	49.9	51.3	54.6	51.9
6	16.3	16.6	21.5	21.0	17	73.8	81.3	65.9	66.8
7	106.8	107.7	107.6	107.3	18	72.9	75.1	33.2	31.3
8	127.0	122.0	127.0	127.0	19	32.5	32.3	24.4	23.0
9	117.3	118.4	117.8	118.0	20	34.1	34.4	36.3	39.7
10	118.7	108.9	119.0	119.2	21	48.6	49.2	60.4	60.7
11	120.8	156.1	121.0	121.3	C=O	171.8	173.4	174.9	175.3
12	110.8	95.2	110.7	110.9	OMe	51.7	55.8	51.8	51.8
13	135.6	136.4	136.0	136.1					

参 考 文 献

[1] Levin R H, Lalleman J Y, Roberts J D, et al. J Org Chem, 1973, 38: 1983.

[2] 冯孝章, 付丰永. 药学学报, 1981, 16: 510.

[3] Wenkert E, Chang C J, Chawla P P S, et al. J Am Chem Soc, 1976, 98: 3645.

[4] Chatterjee A, Roy D J, Mukhopadhyay S. Phytochemistry, 1981, 20: 1981.

[5] 李琳, 何红平, 周华等. 天然产物研究与开发, 2007, 19: 235.

第六节 吐根吲哚类化合物的 ^{13}C NMR 化学位移

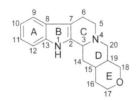

基本结构骨架

【化学位移特征】

1. 吐根吲哚类化合物的 A 环为芳香环，它们各碳化学位移遵循芳香环的规律。8 位连接烷基，$\delta_{C\text{-}8}$ 116.3～127.3；13 位连接氮，$\delta_{C\text{-}13}$ 130.1～145.4。其他位如果是单连氧，其化学位移出现在 δ 152.0～152.9；如果是两个相邻的碳都连接氧，则 δ 144.0～146.3。

2. C 环是至少有一个双键(2,7 位)并含有一个氮(4 位)的六元环，$\delta_{C\text{-}2}$ 131.9～134.9，$\delta_{C\text{-}7}$ 106.1～108.6；3、5 位是与氮相连接的碳，$\delta_{C\text{-}3}$ 52.6～59.8，$\delta_{C\text{-}5}$ 42.3～53.3，$\delta_{C\text{-}6}$ 16.8～21.7。有的化合物3,14 位形成双键，则 $\delta_{C\text{-}2}$ 125.9～128.6，$\delta_{C\text{-}3}$ 136.8～139.6，$\delta_{C\text{-}5}$ 39.8～42.1，$\delta_{C\text{-}6}$ 19.0～20.6，$\delta_{C\text{-}7}$ 113.1～116.9。如果 C 环是完全芳香化的，则 $\delta_{C\text{-}2}$ 135.8，$\delta_{C\text{-}3}$ 141.2，$\delta_{C\text{-}5}$ 134.2，$\delta_{C\text{-}6}$ 116.8，$\delta_{C\text{-}7}$ 132.6。

3. E 环是吡喃环，多数情况下 16,17 位为双键，17 位与氧以及羧基相连，18 位与氧元素相连，则 $\delta_{C\text{-}15}$ 25.7～30.8，$\delta_{C\text{-}16}$ 106.5～109.3，$\delta_{C\text{-}17}$ 154.3～155.9，$\delta_{C\text{-}18}$ 72.9～76.4，$\delta_{C\text{-}19}$ 34.2～43.8。还有些化合物 15,19 位为双键，16 位连接乙烯基，17、18 位分别与两个氧相接，则 $\delta_{C\text{-}15}$ 147.0～149.2，$\delta_{C\text{-}16}$ 48.3～49.1，$\delta_{C\text{-}17}$ 93.7～96.9，$\delta_{C\text{-}18}$ 96.4～97.0，$\delta_{C\text{-}19}$ 119.7～120.9。

4. D 环的 14 位和 20 位碳，因 20 位与氮元素相连接，$\delta_{C\text{-}14}$ 30.6～34.2，$\delta_{C\text{-}20}$ 46.8～56.2。有些化合物 20 位为羰基，与 4 位的氮形成内酰胺，则 $\delta_{C\text{-}20}$ 158.1～162.0。

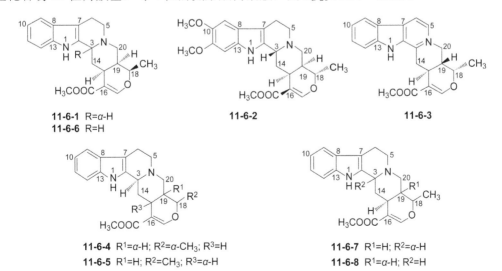

11-6-1 R=α-H
11-6-6 R=H

11-6-2

11-6-3

11-6-4 R^1=α-H; R^2=α-CH$_3$; R^3=H
11-6-5 R^1=H; R^2=CH$_3$; R^3=α-H

11-6-7 R^1=H; R^2=α-H
11-6-8 R^1=α-H; R^2=H

表 11-6-1 化合物 11-6-1~11-6-8 的 ^{13}C NMR 化学位移数据

C	11-6-1[1]	11-6-2[1]	11-6-3[2]	11-6-4[1]	11-6-5[3]	11-6-6[3]	11-6-7[3]	11-6-8[3]
2	134.3	131.9	135.8	134.0	134.0	132.4	134.4	134.3
3	58.0	54.5	141.2	59.8	59.8	53.8	52.6	58.0
5	52.8	52.2	134.2	52.7	52.7	50.9	53.3	52.8
6	21.1	19.2	116.8	21.3	21.3	16.8	21.7	21.1
7	107.1	107.2	132.6	106.1	106.1	107.4	107.6	107.1
8	127.0	120.2	121.3	126.6	126.6	127.3	126.9	127.0
9	117.7	100.4	124.0	117.3	117.3	117.6	117.8	117.7
10	119.1	146.3	123.2	118.4	118.4	119.1	119.0	119.1
11	121.0	144.7	132.9	120.5	120.5	121.3	120.9	121.0
12	110.6	95.2	113.9	110.6	110.6	111.1	110.6	110.6
13	135.8	130.1	145.4	135.9	135.9	135.7	135.8	135.8
14	32.5	30.6	31.9	32.1	32.1	31.2	34.2	32.5
15	29.5	25.7	26.0	30.1	30.1	30.8	31.2	29.5
16	107.7	107.6	107.2	106.5	106.5	107.7	109.3	107.7
17	154.3	154.8	156.3	154.5	154.5	155.9	155.5	154.3
18	76.4	73.2	72.9	73.3	73.3	75.3	72.3	76.4
19	34.2	37.2	38.5	40.2	40.2	43.8	38.3	34.2
20	53.7	50.3	57.6	56.2	56.2	46.8	56.0	53.7
18-CH$_3$	19.1	18.4	14.2	14.5	14.5	18.0	18.4	19.1
OCH$_3$		56.0 56.4						
C=O	168.0	167.5	168.4	167.3	167.3	167.2	167.8	168.0
OCH$_3$	51.0	50.9	51.8	50.6	50.6	50.9	51.0	51.0

11-6-9   11-6-10   11-6-11

11-6-12   11-6-13

11-6-14   11-6-15

表 11-6-2 化合物 11-6-9~11-6-15 的 ^{13}C NMR 化学位移数据

C	11-6-9[4]	11-6-10[4]	11-6-11[5]	11-6-12[5]	11-6-13[5]	11-6-14[5]	11-6-15[5]
2	128.4	128.4	127.5	125.9	126.6	134.9	128.6
3	139.6	139.7	136.8	142.2	137.2	53.6	137.3
5	42.0	42.1	40.3	40.3	39.8	42.3	41.0
6	20.3	20.4	19.0	20.4	20.5	20.6	19.8
7	115.7	115.8	113.3	116.9	113.2	108.6	113.1
8	126.8	126.9	125.2	116.3	116.5	126.9	126.4
9	112.9	112.9	119.3	103.5	103.4	117.5	115.9
10	125.6	125.7	119.6	126.3	124.8	118.6	152.0
11	121.1	121.2	123.9	106.0	105.7	120.8	114.1
12	120.4	120.5	111.9	152.9	152.5	111.2	103.4
13	140.4	140.4	138.3	140.5	139.6	135.8	133.8
14	101.8	102.5	101.4	97.0	100.5	26.8	94.2
15	149.2	147.0	150.0	150.2	149.5	28.3	139.2
16	49.1	48.3	122.6	108.0	115.8	46.3	119.4
17	93.7	96.9	64.6	160.7		91.0	149.7
18	97.6	96.4	14.1	15.3	14.3	11.5	25.6
19	120.9	119.7	120.3	133.8	122.7	119.5	64.4
20	162.0	161.9	139.8	127.3	139.6	134.8	135.4
21	121.9	119.2	64.1	71.2	64.6	60.3	148.0
22	135.1	136.8	161.8	158.1	161.4	168.0	161.8
1'	99.5	99.5	103.2	100.4	100.6		
2'	74.8	75.0	73.5	73.4	73.5		
3'	78.2	78.3	77.0	76.7	76.8		
4'	71.6	71.5	70.0	69.7	69.7		
5'	78.6	78.5	76.7	77.1	77.1		
6'	62.7	62.8	61.0	60.7	60.7		
OMe	56.2	57.9					

参 考 文 献

[1] Wenkert E, Chang C J, Chawla P P S, et al. J Am Chem Soc, 1976, 98: 3645.

[2] Wachsmuth O, Matusch R. Phytochemistry, 2002, 61: 705.

[3] Saatov Z, Usmanov B Z, Abubakirov N K, et al. Khim Prir Soedin, 1977, 13: 422.

[4] He Z D, Ma C Y, Zhang H J, et al. Chem Biodiv, 2005, 2: 1378.

[5] Sun J Y, Lou H X, Dai S J, et al. Phytochemistry, 2008, 69: 1405.

第七节 白坚木碱型生物碱的 ^{13}C NMR 化学位移

【结构特点】白坚木碱型生物碱是由 20 个碳和 2 个氮组成的五环吲哚生物碱。

基本结构骨架

【化学位移特征】

1．白坚木碱型生物碱的 A 环为芳环，它的 ^{13}C NMR 化学位移谱遵循芳环的规律。8 位连接烷基，13 位连接氮元素，$\delta_{\text{C-8}}$ 124.9～140.1，$\delta_{\text{C-13}}$ 142.7～153.6。其他芳环碳，如果单一位置连羟基或甲氧基，δ 159.8～160.1；如果是相邻的两个碳同时连接羟基，则 δ 143.5～149.3。

2．白坚木碱型生物碱的 C 环比较复杂一些，有的化合物 2,14 位为双键，并且与 14 位上连接的羧基共轭，$\delta_{\text{C-2}}$ 154.8～167.8，$\delta_{\text{C-14}}$ 90.4～97.1，δ_{COOH} 168.1～169.2。如果连接氮的 2 位为烷基碳，也就是 2,14 位为单键，则 $\delta_{\text{C-2}}$ 80.4～84.4；而连接 14 位的羧基的化学位移出现在 δ_{COOH} 170.4～175.0。4 位为连接另一个氮元素的碳，$\delta_{\text{C-4}}$ 66.3～78.8。如果 14 位和 15 位连接羟基或其他连氧基团，$\delta_{\text{C-14}}$ 78.9～86.4，$\delta_{\text{C-15}}$ 75.8～76.2。

3．D 环和 E 环上有两个碳连接氮，分别是 6 位和 19 位碳，$\delta_{\text{C-6}}$ 48.1～54.1，$\delta_{\text{C-19}}$ 45.7～58.2。

4．在 E 环中，17,18 位上有三元氧桥时，$\delta_{\text{C-17}}$ 56.2～57.1，$\delta_{\text{C-18}}$ 51.8～53.8。17,18 位为双键时，$\delta_{\text{C-17}}$ 127.5～132.9，$\delta_{\text{C-18}}$ 123.5～128.5。

5．在 16 位上连接的乙基的化学位移出现在 $\delta_{\text{C-20}}$ 24.3～30.8，$\delta_{\text{C-21}}$ 7.1～7.5。

6．在 14 位上连接的羧基往往以甲酯的形式存在，甲酯的甲基的化学位移出现在 δ 50.7～52.1。

11-7-1　　11-7-2　　11-7-3　　11-7-4

11-7-5　　11-7-6　　11-7-7　　11-7-8

表 11-7-1　化合物 11-7-1~11-7-8 的 ^{13}C NMR 化学位移数据

C	11-7-1[1]	11-7-2[1]	11-7-3[2]	11-7-4[2]	11-7-5[3]	11-7-6[3]	11-7-7[4]	11-7-8[4]
2	167.4	164.9	82.3	83.2	80.4	81.4	165.4	165.5
3	54.8	54.7	52.8	52.6	58.4	59.6	55.3	55.3
4	67.4	70.9	66.9	67.0	74.2	78.0	68.3	66.7
6	50.5	51.0	51.6	51.9	49.8	50.1	50.7	50.7
7	44.6	43.9	43.7	43.9	37.2	36.3	44.9	44.5
8	137.2	137.5	132.4	124.9	139.0	139.8	136.8	137.2
9	121.2	121.5	121.8	122.4	123.1	123.6	120.9	121.4
10	120.5	120.3	118.7	104.5	121.2	121.0	120.1	120.3
11	127.5	127.6	127.6	161.1	127.0	127.2	127.5	127.5
12	109.2	109.2	108.8	95.6	111.8	112.0	109.1	109.0
13	142.7	142.9	151.8	153.6	149.2	149.4	143.5	143.3
14	90.4	90.4	78.9	79.5	42.7	39.2	97.1	96.0

续表

C	11-7-1[1]	11-7-2[1]	11-7-3[2]	11-7-4[2]	11-7-5[3]	11-7-6[3]	11-7-7[4]	11-7-8[4]
15	23.5	23.5	75.8	76.2	31.4	29.1	25.5	25.0
16	40.9	37.0	42.5	42.8	44.2	46.2	35.8	35.7
17	57.1	56.2	129.8	130.2	131.6	130.7	39.0	39.4
18	53.8	52.0	123.5	123.9	128.1	128.5	70.7	71.4
19	50.0	49.4	50.6	50.9	57.5	58.0	61.0	61.2
20	24.3	26.5	30.4	30.8	51.2	48.4	32.4	34.0
21	7.2	7.1	7.2	7.5	10.1	7.4	7.2	7.8
C=O	168.5	—	171.2	170.4	172.8	174.2	168.1	168.2
OCH$_3$	50.9	—	51.7	51.9	51.2	51.8	50.7	50.7
NCH$_3$			31.9	38.0				
1'			169.9	171.7				
2'			20.5	20.8				
11-OCH$_3$				55.1				

11-7-9   11-7-10   11-7-11   11-7-12

11-7-13   11-7-14   11-7-15

表 11-7-2 化合物 11-7-9～11-7-15 的 ^{13}C NMR 化学位移数据

C	11-7-9[5]	11-7-10[5]	11-7-11[5]	11-7-12[5]	11-7-13[5]	11-7-14[5]	11-7-15[6]
2	166.7	167.8	167.4	157.4	166.0	83.2	95.0
3	55.0	55.5	54.8	54.2	54.8	52.6	55.9
4	69.9	72.7	66.3	68.7	70.8	67.0	—
6	50.8	50.7	50.8	51.2	51.4	51.9	54.1
7	44.3	45.3	44.2	45.2	43.6	43.9	35.7
8	137.8	138.0	130.4	130.5	128.7	124.9	135.7
9	121.4	121.0	122.0	121.5	103.5	122.4	121.8
10	120.5	120.5	105.0	104.8	149.3	104.5	118.8
11	127.6	127.4	159.9	159.8	143.5	161.1	126.0
12	109.2	109.3	96.6	96.5	95.3	95.6	108.2
13	143.1	143.4	144.0	144.1	137.0	153.6	147.4
14	92.2	92.6	90.8	93.9	90.7	79.5	86.4
15	26.7	25.6	28.1	26.5	23.3	76.2	34.7
16	41.2	38.2	46.0	46.4	36.8	42.8	48.0
17	132.9	32.9	129.6	79.8	57.0	130.2	127.5

续表

C	11-7-9[5]	11-7-10[5]	11-7-11[5]	11-7-12[5]	11-7-13[5]	11-7-14[5]	11-7-15[6]
18	124.8	22.2	127.6	27.4	51.8	123.9	128.5
19	50.3	51.7	49.9	45.7	49.2	50.9	53.0
20	28.4	29.3	67.9	34.6	26.3	30.6	81.8
21	7.3	7.3	17.7	54.7	7.0	7.5	18.9
C=O	168.8	169.2	168.3	168.5	168.8	170.4	172.6
OCH₃	50.8	50.9	50.8	50.8	50.7	51.9	52.1
NCH₃						38.0	
1′						170.7	
2′						20.8	
10-OCH₃					55.9		
11-OCH₃			55.3	—	55.9	55.9	55.1

11-7-16 R¹=H; R²=COOCH₃
11-7-17 R¹=Me; R²=COOCH₃
11-7-18 R¹=H; R²=CH₂OH
11-7-19 R¹=R²=H; 16-epi
11-7-20 R¹=R²=H; 17,18-2H

11-7-21　　**11-7-22**　　**11-7-23**

表 11-7-3 化合物 11-7-16~11-7-23 的 ¹³C NMR 化学位移数据

C	11-7-16[7]	11-7-17[7]	11-7-18[7]	11-7-19[7]	11-7-20[7]	11-7-21[7]	11-7-22[8]	11-7-23[8]
2	81.4	84.4	82.2	80.5	80.6	66.5	154.8	63.0
3	59.8	58.8	59.0	60.7	60.3	56.1	60.2	54.8
4	78.0	77.0	78.0	76.4	78.8	66.8	56.9	74.6
6	50.3	50.0	50.0	50.1	48.1	50.0	50.3	52.6
7	36.3	36.0	36.8	35.0	37.3	36.4	41.4	37.7
8	139.8	135.8	138.6	135.7	140.1	139.5	130.5	131.7
9	123.6	123.0	123.8	123.1	123.6	121.1	121.2	121.8
10	121.0	117.8	120.8	118.9	121.1	119.0	120.6	118.6
11	127.2	127.7	127.1	126.9	127.2	126.8	127.6	127.5
12	112.0	105.6	110.8	109.0	112.7	110.9	109.8	109.5
13	149.4	150.2	148.6	148.7	149.5	149.0	144.3	149.7
14	39.2	37.0	36.8	39.4	40.2	43.4	96.3	39.2
15	29.1	28.0	30.0	31.9	29.0	29.6	40.8	36.6
16	46.2	45.6	48.0	47.8	44.5	35.0	43.0	43.6
17	130.7	130.8	132.0	130.6	31.2	132.5	44.2	44.0
18	128.5	127.7	127.6	128.2	20.7	126.5	82.0	80.3
19	58.0	58.0	58.2	57.4	55.0	49.0	77.0	75.5
20	48.4	47.0	46.6	44.8	51.0	31.6	30.2	29.8
21	7.4	9.0	7.4	7.8	7.5	34.0	8.2	8.3
C=O	174.2	174.0	63.6	174.5	175.0	173.7	168.1	173.2

续表

C	11-7-16[7]	11-7-17[7]	11-7-18[7]	11-7-19[7]	11-7-20[7]	11-7-21[7]	11-7-22[8]	11-7-23[8]
OCH₃	51.8	52.0		51.7	52.0	51.6	51.1	51.8
NCH₃		30.0						

参 考 文 献

[1] Kunesch N, Cave A, Hagantan E X, et al. Tetrahedron Lett, 1980, 1727.

[2] Patra A, Mukhopadhyay A K, Mitra A K. Indian J Chem, 1979, 17b: 175.

[3] Rasoanaivo P, Lukacs G. J Org Chem, 1976, 41: 376.

[4] Bruneton J, Cave A, Hagaman E W, et al. Tetrahedron Lett, 1976, 3567.

[5] Mehri J, Poisson N, Kunesch, et al. J Am Chem Soc, 1973, 95: 4990.

[6] Damak M, Ahond A, Potier P. Tetrahedron Lett, 1976, 167.

[7] Ahond A, Janot M M, Langlois N, et al. J Am Chem Soc, 1974, 96: 633.

[8] Men J L, Hoizey M J, Lukacs G, et al. Tetrahedron Lett, 1974, 3119.

第八节 长春胺型与马钱子碱型生物碱的 ¹³C NMR 化学位移

一、长春胺型生物碱的 ¹³C NMR 化学位移

【结构特点】长春胺型生物碱是由 21 个碳和 2 个氮组成的五环生物碱。

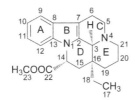

基本结构骨架

【化学位移特征】

1. 长春胺型生物碱的 A 环和 B 环构成吲哚环，各碳的化学位移基本遵循吲哚环的规律。δ_{C-2} 130.2～131.8，δ_{C-7} 103.2～110.9，δ_{C-8} 123.0～130.7，δ_{C-13} 134.0～136.3。

2. C 环 3、5 位与另一个氮相邻，δ_{C-3} 56.5～59.7，δ_{C-5} 49.5～50.9。

3. D 环中的 14 位不仅与羧基相连，同时还连接羟基，δ_{C-14} 81.9～84.0。

4. E 环中的 21 位碳与氮元素相连，δ_{C-21} 41.5～45.0。如果 14 位与 19 位形成氧桥，20 位还有羟基取代，则 δ_{C-14} 90.5，δ_{C-19} 82.0，δ_{C-20} 66.3。如果 17 位与 19 位形成氧桥，则 δ_{C-17} 63.8，δ_{C-19} 74.4。有的化合物 19，20 位是双键，则 δ_{C-19} 126.5～127.9，δ_{C-20} 125.3～125.6。

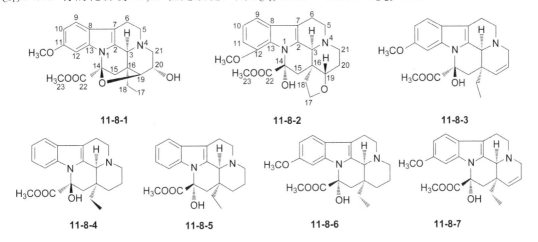

11-8-1　　　　11-8-2　　　　11-8-3

11-8-4　　　11-8-5　　　11-8-6　　　11-8-7

表 11-8-1 化合物 11-8-1~11-8-7 的 ^{13}C NMR 化学位移数据

C	11-8-1[1]	11-8-2[2]	11-8-3[2]	11-8-4[2]	11-8-5[2]	11-8-6[2]	11-8-7[2]
2	131.2	131.7	130.2	131.8	131.7	130.5	131.5
3	56.5	56.5	57.3	59.1	58.7	58.6	56.9
5	50.1	50.9	49.3	50.9	50.9	50.6	49.5
6	18.1	17.4	16.4	16.9	16.6	16.1	16.5
7	110.9	103.2	106.0	105.9	106.1	105.0	105.8
8	125.3	130.7	123.4	128.9	128.6	123.0	123.2
9	118.6	111.9	118.6	118.4	118.7	118.3	118.1
10	109.6	120.6	109.2	121.5	121.4	109.0	108.9
11	156.3	106.0	156.0	120.1	120.2	155.6	155.7
12	96.2	145.6	95.2	110.7	112.1	97.3	97.7
13	—	—	134.8	134.0	135.6	136.3	—
14	90.5	83.6	82.0	81.9	82.9	82.9	84.0
15	46.1	42.5	43.1	11.5	47.0	46.9	45.6
16	43.9	43.3	36.6	35.1	36.3	36.0	38.0
17	8.3	63.8	8.1	7.6	—	7.3	8.1
18	25.7	34.4	34.5	28.8	28.9	28.6	31.9
19	82.0	74.4	127.9	25.2	24.2	24.0	126.5
20	66.3	27.8	125.3	20.8	20.7	20.5	125.6
21	45.0	42.5	43.4	41.5	44.6	44.3	43.4
22	168.6	173.0	172.9	171.3	172.4	171.1	171.8
23	52.9	53.1	53.7	51.1	53.2	52.9	52.2
Ar-OCH$_3$	55.3	54.9	—			55.6	55.6

二、马钱子碱型生物碱的 ^{13}C NMR 化学位移

【结构特点】马钱子碱型生物碱是由 21 个碳和 2 个氮组成的七环生物碱。

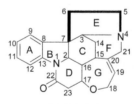

基本结构骨架

【化学位移特征】

1. 马钱子碱型生物碱的 A 环是芳环，各碳化学位移遵循芳环的规律。

2. C 环的 2 位与氮相连，3 位与另一个氮相连，则 $\delta_{C\text{-}2}$ 58.3~67.7，$\delta_{C\text{-}3}$ 59.5~63.5；如果 3 位上还连接羟基，则 $\delta_{C\text{-}3}$ 91.8~92.0。如果 4 位氮为氮氧化物，则 $\delta_{C\text{-}3}$ 82.7~83.3。

3. D 环的 22 位通常为羰基，构成内酰胺，$\delta_{C\text{-}22}$ 166.9~171.2。

4. E 环和 F 环中，5 位和 21 位分别与氮相连接，$\delta_{C\text{-}5}$ 47.7~52.9，$\delta_{C\text{-}21}$ 52.1~69.9。有些化合物 3、4 位之间的键断开，E 环和 F 环成为一个环，并且 3 位变为羰基，4 位的氮又连接一个甲基，则 $\delta_{C\text{-}3}$ 193.3~194.0，δ_{NMe} 39.6~39.7。

5. G 环是七元氧环 17 位和 18 位之间连接氧，$\delta_{C\text{-}17}$ 77.0~78.2，$\delta_{C\text{-}18}$ 57.9~65.5。有些化合物 19,20 位是双键，$\delta_{C\text{-}19}$ 123.8~135.7，δ_{20} 135.0~142.2。

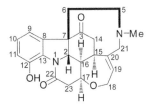

11-8-8 R^1=R^2=R^3=H
11-8-9 R^1=α-H; R^2=R^3=OCH$_3$
11-8-10 R^1=R^3=H; R^2=OCH$_3$
11-8-11 R^1=α-OH; R^2=R^3=H
11-8-12 R^1=α-H; R^2=R^3=OCH$_3$; N^4→O
11-8-13 R^1=α-H; R^2=R^3=H; N^4→O

11-8-14 R^1=R^2=OCH$_3$
11-8-15 R^1=R^2=H

表 11-8-2　化合物 **11-8-8~11-8-15** 的 ^{13}C NMR 化学位移数据[3]

C	11-8-8	11-8-9	11-8-10	11-8-11	11-8-12	11-8-13	11-8-14	11-8-15
2	60.1	60.3	60.4	60.1	58.3	58.5	59.2	58.9
3	60.1	60.1	60.3	91.8	82.7	83.3	194.0	193.8
5	50.3	50.3	50.4	48.0	67.7	68.3	45.7	47.5
6	42.9	42.5	42.8	39.7	38.5	39.3	41.5	41.6
7	52.0	52.1	52.1	56.7	52.9	53.3	54.6	55.1
8	124.3	123.6	136.1	131.9	119.6	129.9	124.3	133.4
9	122.2	105.9	108.7	124.2	104.6	124.8	109.0	124.4
10	124.2	146.4	157.0	126.9	146.3	122.3	146.3	126.3
11	128.5	149.4	113.0	128.5	149.6	129.4	149.0	130.3
12	116.3	101.3	117.0	115.8	100.1	116.5	100.3	115.8
13	132.8	136.2	134.4	142.3	135.3	133.9	134.0	141.7
14	26.9	27.0	26.9	35.2	24.7	25.3	47.1	45.8
15	31.6	31.8	31.7	33.5	29.9	30.5	39.7	35.7
16	48.3	48.4	48.3	48.2	47.3	47.6	46.7	46.7
17	77.6	78.0	77.9	77.5	76.8	77.4	78.2	78.1
18	64.6	64.7	64.6	64.9	63.9	64.3	65.4	65.5
19	127.2	127.3	127.6	126.9	133.2	135.7	130.4	128.3
20	140.6	140.8	140.3	138.9	135.0	141.8	141.9	140.4
21	52.7	52.9	52.7	52.5	71.4	71.8	62.6	62.6
22	169.3	169.0	168.8	169.0	168.1	168.8	166.9	167.3
23	42.5	42.5	42.4	42.5	41.7	42.3	43.0	43.2
OMe		56.4	55.8		55.9		56.1	
		56.6			56.0		56.3	
NMe							39.7	39.7

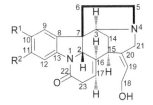

11-8-16

11-8-17 R^1=R^2=H
11-8-18 R^1=R^2=OMe
11-8-20 R^1=R^2=OMe; N^4→O
11-8-21 R^1=R^2=H; N^4→O

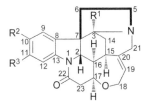

11-8-19 R^1=H; R^2=OH; R^3=OMe
11-8-22 R^1=OH; R^2=R^3=OMe
11-8-23 R^1=OH; R^2=H; R^3=OMe

表 11-8-3 化合物 11-8-16~11-8-23 的 ^{13}C NMR 化学位移数据[3]

C	11-8-16	11-8-17	11-8-18	11-8-19	11-8-20	11-8-21	11-8-22	11-8-23
2	60.0	67.5	67.6	59.9	67.7	66.8	60.4	60.2
3	193.3	63.5	62.9	59.5	81.5	81.2	91.9	92.0
5	48.2	52.9	52.7	49.4	69.8	68.4	47.8	47.7
6	39.6	36.9	36.7	41.8	42.6	44.9	39.3	39.6
7	54.9	52.3	52.4	51.5	53.3	52.9	56.1	55.5
8	126.5	134.8	125.1	123.8	125.4	130.5	122.8	133.3
9	117.5	120.5	105.8	108.3	108.6	124.7	110.5	116.0
10	117.9	124.3	146.2	147.1	149.2	126.9	146.0	113.1
11	130.4	128.3	149.1	143.4	152.0	131.6	149.7	156.5
12	145.5	114.6	99.5	100.7	101.5	116.7	100.3	113.3
13	136.4	142.3	135.2	134.3	136.7	142.9	136.2	136.0
14	45.7	25.9	25.7	23.2	25.1	25.2	35.1	35.0
15	35.4	34.7	34.7	31.1	34.9	34.5	33.5	33.2
16	47.1	141.1	137.4	47.8	141.8	140.8	48.1	48.0
17	78.0	120.5	120.5	77.0	124.0	125.0	77.6	77.4
18	65.3	58.0	57.9	64.3	59.4	59.4	64.8	64.6
19	127.7	126.5	126.7	123.8	135.1	136.8	127.2	127.3
20	141.5	137.7	142.2	139.3	132.5	133.3	138.6	138.4
21	62.5	54.0	53.9	52.1	69.9	68.7	52.5	52.3
22	168.7	168.5	167.7	170.0	170.7	171.2	168.8	168.4
23	43.3	46.3	45.6	50.0	44.3	44.3	42.3	42.2
OMe			56.1 56.5	55.8	57.9 57.5		56.3 56.5	56.5
NMe	39.6							

参 考 文 献

[1] Neuss N, Boaz H E, Occolowitz J L, et al. Helv Chim Acta, 1973, 56: 2660.

[2] Bombardelli E, Bonati A, Gabetta B, et al. Tetrahedron, 1974, 30: 4141.

[3] 蔡宝昌, 吴皓, 杨秀伟, 等. 药学学报, 1994, 29: 44.

第九节　长春花碱型生物碱的 ^{13}C NMR 化学位移

【结构特点】长春花碱型生物碱是由 20 个碳和 2 个氮组成的五环生物碱。

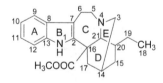

基本结构骨架

【化学位移特征】

1. 长春花碱型生物碱有 5 个碳分别与 2 个氮相连接，它们的化学位移较同类型碳处于较低场，2 位是双键碳，$\delta_{C\text{-}2}$ 135.8~143.0；13 位是芳环碳，$\delta_{C\text{-}13}$ 129.8~136.3；3、5、21 位碳是与另一个氮元素相连的碳，它们都是脂肪碳，$\delta_{C\text{-}3}$ 49.4~52.3，$\delta_{C\text{-}5}$ 52.2~54.2，$\delta_{C\text{-}21}$ 57.2~61.9。

2. A 环是芳环，它的各碳化学位移遵循芳环的规律，芳环上连接羟基或甲氧基的碳一般

出现在 δ 153.7～156.5。

3. 16 位上连接的羧酸甲酯出现在 δ_{COO}173.5～175.9，δ_{OMe} 52.0～52.8。

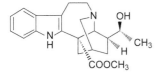

11-9-1 **11-9-2**

11-9-3 R¹=R²=H; R³=COOCH₃
11-9-4 R¹=OCH₃; R²=H; R³=COOCH₃
11-9-5 R¹=H; R²=OCH₃; R³=COOCH₃
11-9-6 R¹=R²=R³=H
11-9-7 R¹=OCH₃; R²=R³=H
11-9-8 R¹=R²=H; R³=OCH₃

表 11-9-1 化合物 11-9-1~11-9-8 的 ^{13}C NMR 化学位移数据[3]

C	11-9-1[1]	11-9-2[2]	11-9-3	11-9-4	11-9-5	11-9-6	11-9-7	11-9-8
2	136.4	136.9	136.0	137.3	136.3	141.9	142.9	140.7
3	52.3	52.0	51.5	51.7	51.4	49.9	50.0	49.8
5	53.0	53.3	53.0	53.1	53.1	54.2	54.2	54.1
6	21.4	22.3	22.0	22.2	22.2	20.7	20.7	20.8
7	110.4	110.6	110.0	110.0	110.0	109.2	109.1	108.9
8	129.0	122.0	128.0	129.1	123.2	129.8	129.7	124.3
9	119.4	119.4	117.9	100.7	119.0	118.0	100.3	118.5
10	110.7	110.4	118.7	154.0	108.9	119.1	153.9	108.4
11	123.5	129.1	121.4	111.9	156.5	120.9	110.8	155.8
12	118.2	118.5	109.7	111.1	94.3	110.2	110.6	94.4
13	134.9	135.8	135.0	130.6	135.3	134.7	130.0	135.4
14	28.2	27.0	27.3	27.3	27.4	26.6	26.5	26.6
15	121.8	32.3	31.9	32.0	32.1	32.2	32.0	32.2
16	49.3	55.4	54.9	55.0	55.1	42.1	42.0	42.0
17	38.7	36.8	36.4	36.5	36.4	34.2	34.2	34.2
18	10.6	11.5	11.9	11.7	11.7	11.9	11.9	11.9
19	28.2	27.8	26.7	26,7	26.7	27.9	27.8	27.9
20	149.4	39.3	39.0	39.1	39.2	41.5	41.5	41.4
21	61.9	57.5	57.2	57.6	57.6	57.6	57.5	57.8
COOCH₃	174.2	175.6	175.0	175.6	175.9			
COOCH₃	55.4	52.3	52.3	52.7	52.5			
OCH₃				55.7	55.7		56.0	55.8

11-9-9 **11-9-10**

11-9-11 R¹=R³=H; R²=OCH₃
11-9-12 R¹=R²=R³=H
11-9-13 R¹=COOCH₃; R²=R³=H
11-9-14 R¹=COOCH₃; R²=H; R³=α-OH
11-9-15 Δ¹⁶,¹⁹; R¹=COOCH₃; R²=R³=H

表 11-9-2 化合物 11-9-9~11-9-15 的 ^{13}C NMR 化学位移数据[3]

C	11-9-9	11-9-10	11-9-11	11-9-12	11-9-13	11-9-14	11-9-15
2	135.8	136.0	143.0	141.9	136.5	136.5	136.0
3	51.3	49.4	54.1	54.5	53.1	52.1	52.9
5	52.2	52.9	49.8	49.3	51.5	51.5	49.3
6	21.4	21.4	20.5	20.0	22.2	21.3	21.0
7	109.7	110.4	108.8	109.7	110.3	110.7	110.2
8	128.4	128.6	129.8	129.3	128.8	129.5	128.4
9	118.4	117.7	100.4	117.5	118.3	119.3	117.3
10	119.3	119.0	153.7	118.8	119.0	119.3	118.9
11	122.0	121.3	110.9	120.6	121.8	123.2	121.3
12	110.4	110.1	110.5	110.2	110.3	111.4	110.2
13	135.6	134.6	129.8	—	—	136.3	134.7
14	26.7	30.7	41.2	33.7	55.1	56.8	55.0
15	23.0	123.2	57.3	57.0	57.2	59.7	61.5
16	54.2	55.3	41.8	41.6	38.9	39.5	148.5
17	36.9	38.4	11.8	11.9	11.6	20.2	10.5
18	20.4	10.7	27.7	28.2	26.6	72.3	25.9
19	71.3	26.2	31.9	31.4	32.0	22.9	123.4
20	39.5	148.8	26.3	26.1	27.2	26.7	30.4
21	59.7	61.7	34.0	34.7	36.3	36.8	38.0
C=O	174.5	173.5			175.9	175.7	173.6
OCH$_3$	52.9	52.0	55.9		52.4	52.8	52.0

参 考 文 献

[1] Reding M T, Fukuyama T. Org Lett, 1999, 1: 973.
[2] Kuehne M E, Wilson T E, Bandarage U K, et al. Tetrahedron, 2001, 57: 2085.
[3] Damak M M, Poupat C, Ahond A. Tetrahedron Lett, 1976, 3531.

第十节　柯南碱型生物碱的 ^{13}C NMR 化学位移

【结构特点】柯南碱型生物碱是由 20 个碳和 2 个氮组成的四环生物碱。

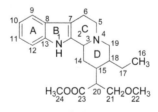

基本结构骨架

【化学位移特征】

1. 柯南碱型生物碱的 A 环是芳环，它基本上遵循芳环的规律。13 位直连 1 位 N，$\delta_{C\text{-}13}$ 136.0~140.7。8 位可看作连接烷基，$\delta_{C\text{-}8}$126.4~127.8；如果其对位（11 位）有连氧基团，其化学位移移向高场，$\delta_{C\text{-}8}$122.2~122.7；如果其邻位（9 位）有连氧基团，其化学位移移向高场，$\delta_{C\text{-}8}$115.8~117.5。

2. B 环上 2 位碳直连 1 位 N，$\delta_{C\text{-}2}$125.9~136.4。7 位为双键碳，$\delta_{C\text{-}7}$ 101.3~108.4。

3．对于 C 环和 D 环中 3、5 和 19 位连接另一个氮的脂肪碳，$\delta_{\text{C-3}}$ 47.8～61.4，$\delta_{\text{C-5}}$ 49.9～61.6，$\delta_{\text{C-19}}$ 50.4～64.7。

4．对于 16 位和 17 位的乙基，$\delta_{\text{C-16}}$ 10.9～12.8，$\delta_{\text{C-17}}$ 18.6～24.4；如果乙基双键化，则 $\delta_{\text{C-16}}$ 115.1～115.4，$\delta_{\text{C-17}}$ 139.2～139.5；如果 17 位和 18 位双键化，则 $\delta_{\text{C-16}}$ 13.1，$\delta_{\text{C-17}}$ 121.4～121.9。

5．对于烯醇式的 20 位和 21 位碳，$\delta_{\text{C-20}}$ 107.5～112.4，$\delta_{\text{C-21}}$ 159.7～161.5。

6．羧酸甲酯的 23 位碳和 24 位碳，$\delta_{\text{C-23}}$ 167.4～173.0，$\delta_{\text{C-24}}$ 50.7～52.3。

11-10-1　**11-10-2**　**11-10-3**

11-10-4　**11-10-5**　**11-10-6**　**11-10-7**

表 11-10-1　化合物 11-10-1～11-10-7 的 ^{13}C NMR 化学位移数据

C	11-10-1[1]	11-10-2[1]	11-10-3[1]	11-10-4[1]	11-10-5[2]	11-10-6[3]	11-10-7[3]
2	135.2	135.2	136.1	136.4	134.0	132.8	134.0
3	59.9	60.2	61.2	60.2	47.8	53.6	58.8
5	52.6	53.1	51.4	53.6	50.4	50.5	51.5
6	21.8	21.9	21.9	22.0	21.3	20.4	21.6
7	107.5	107.5	107.9	108.6	106.8	108.1	108.4
8	127.4	127.4	127.7	127.8	127.2	126.4	127.3
9	117.9	117.9	117.9	118.3	118.5	118.2	118.1
10	120.9	120.9	121.0	121.4	119.4	119.6	119.1
11	119.0	119.0	119.2	119.7	121.9	121.9	120.4
12	110.8	110.8	110.8	110.9	111.8	110.9	110.7
13	136.2	136.2	136.2	136.5	137.3	136.5	136.0
14	33.1	33.8	39.8	32.1	30.7	33.8	34.3
15	38.8	38.7	40.8	34.6	28.9	27.7	36.5
16	115.4	11.3	12.8	12.5	21.5	13.1	13.1
17	139.2	24.4	19.1	18.6	193.0	121.9	121.4
18	42.4	39.3	40.0	40.2	107.2	133.1	114.9
19	61.3	61.3	57.9	57.9	150.3	59.1	64.7
20	111.7	111.7	—	47.9	55.3	107.5	112.4
21	159.8	159.8	160.7	202.0	169.7	161.5	159.7
22	61.3	61.3	61.2		52.3		61.7
23	168.9	168.9	169.5		169.7	170.5	168.7
24	51.1	51.1	51.2		52.3	51.2	51.5

11-10-8

11-10-9

11-10-10

11-10-11

表 11-10-2 化合物 11-10-8~11-10-11 的 ^{13}C NMR 化学位移数据

C	11-10-8[4]	11-10-9[4]	11-10-10[4]	11-10-11[4]
2	132.2	131.6	131.7	131.7
3	53.5	54.0	53.7	54.1
5	49.9	51.1	49.9	50.8
6	16.2	17.0	16.0	17.0
7	105.6	107.7	101.3	107.5
8	122.7	122.4	122.4	122.2
9	117.5	118.4	117.6	118.3
10	109.9	109.1	109.8	109.2
11	152.7	151.9	152.8	152.1
12	98.7	97.5	98.6	97.6
13	136.0	136.8	136.2	136.9
14	29.4	31.1	29.6	31.7
15	32.9	34.1	29.6	34.8
16	115.1	115.3	10.9	10.3
17	139.4	139.5	23.6	24.3
18	42.2	42.9	29.6	38.9
19	50.5	51.2	50.4	50.6
20	110.5	111.7	110.1	111.8
21	160.1	159.7	160.4	159.8
22	61.4	61.5	61.4	61.5
23	167.4	168.9	167.4	169.1
24	50.7	51.3	50.8	51.3
1'	101.6		101.3	
2'	73.1		71.6	
3'	75.9		76.0	
4'	71.4		71.6	
5'	75.1		74.9	
6'	171.5		171.0	

11-10-12　　　　　11-10-13　　　　　11-10-14

11-10-15　　　　　11-10-16

表 11-10-3　化合物 11-10-12~11-10-16 的 ¹³C NMR 化学位移数据

C	11-10-12[5]	11-10-13[1]	11-10-14[6]	11-10-15[7]	11-10-16[6]
2	133.0	135.2	125.9	184.3	133.7
3	60.4	60.2	152.8	61.4	61.2
5	61.6	53.1	51.2	50.0	53.7
6	43.0	21.9	21.7	35.6	23.8
7	102.7	107.5	117.5	80.9	107.5
8	116.0	127.4	115.8	126.5	117.5
9	150.0	117.9	154.9	155.9	154.3
10	—	120.9	98.8	108.8	104.2
11	121.0	119.0	126.5	130.5	121.5
12	103.0	110.8	105.8	114.1	99.5
13	138.0	136.2	140.7	155.0	137.2
14	33.2	33.8	98.3	26.0	29.7
15	38.2	38.7	164.8	39.3	40.5
16	11.3	11.3	12.2	12.8	12.7
17	24.1	24.4	23.6	18.9	19.0
18	23.9	39.3	36.6	40.4	39.8
19	52.7	61.3	50.4	58.1	57.6
20	111.0	111.7	105.0	111.2	111.4
21	160.0	159.8	190.0	160.7	160.5
22	60.4	61.3		61.7	61.4
23	173	168.9	169.0	169.2	169.2
24	51.4	51.1	51.0	51.2	51.2
OCH₃			55.1	55.4	55.2

参 考 文 献

[1] Wenkert E, Bindra J S, Chang C J, et al. Acc Chem Res, 1974, 7: 46.

[2] Wenkert E, Chang C J, Chawla P P S, et al. J Am Chem Soc, 1976, 98: 3645.

[3] Damak M, Ahond A, Potier P, et al. Tetrahedron Lett, 1976, 4731.

[4] Nakazawa T, Banba K I, Kazumasa H. Biol Pharm Bull, 2006, 29: 1671.

[5] Goh S H, Junan S A A. Phytochemistry, 1985, 24: 880.

[6] Houghton P J, Latiff A, Said I M. Phytochemistry, 1991, 30: 347.

[7] Ponglux D, Wongseripipatana S, Takayama H, et al. Planta Med, 1994, 60: 580.

第十一节　长春蔓啶碱型生物碱的 ^{13}C NMR 化学位移

【结构特点】长春蔓啶碱型生物碱是由 19 个碳和 2 个氮组成的四环生物碱化合物。

Ⅰ　　　　　　　　Ⅱ

基本结构骨架

【化学位移特征】

1. 长春蔓啶碱型生物碱的 A 环是二取代的芳环，8 位可看作是连烷基，13 位连接氮，Ⅰ型结构中，δ_{C-8} 127.2～128.8，δ_{C-13} 134.0～135.7。

2. 长春蔓啶碱型生物碱的 C 环和 D 环中，有 4 个碳与氮相连接，分别为 δ_{C-2} 133.7～141.2，δ_{C-3} 47.0～60.8，δ_{C-5} 51.2～54.1，δ_{C-21} 52.0～66.1。

3. Ⅰ型结构中，连接于 14 位上乙基的化学位移出现在 δ_{C-18} 7.2～8.3，δ_{C-19} 29.3～35.6。

4. Ⅱ型结构中，连接于 20 位上乙基的化学位移出现在 δ_{C-18} 11.3～12.6，δ_{C-19} 27.3～28.7；如果 20 位同时还连接羟基，则 δ_{C-18} 6.9～7.1，δ_{C-19} 32.1～33.8。

5. 在 16 位上往往还连接羧酸甲酯基团，它们的化学位移出现在 δ_{CO} 175.2～176.2，δ_{OMe} 51.8～52.2。

6. 有的化合物的 15,20 位是双键，对于Ⅰ型结构来说，δ_{C-15} 132.9～135.4，δ_{C-20} 124.6～127.0。对于Ⅱ型结构来说，δ_{C-15} 121.5～124.7，δ_{C-20} 138.2～138.4。

11-11-1　$R^1=R^2=H$
11-11-2　$R^1=H$; $R^2=COOCH_3$
11-11-3　$R^1=COOCH_3$; $R^2=H$
11-11-4　$R^1=CH_2OH$; $R^2=H$

11-11-5　$R^1=H$; $R^2=COOCH_3$
11-11-6　$R^1=COOCH_3$; $R^2=H$

11-11-7　$R^1=R^2=H$
11-11-8　$R^1=H$; $R^2=COOCH_3$
11-11-9　$R^1=CH_2OH$; $R^2=H$
11-11-10　$R^1=H$; $R^2=OCH_3$

表 11-11-1　长春蔓啶碱类化合物 11-11-1～11-11-10 的 ^{13}C NMR 化学位移数据[1]

C	11-11-1	11-11-2	11-11-3	11-11-4	11-11-5	11-11-6	11-11-7	11-11-8	11-11-9	11-11-10
2	139.7	133.7	135.2	141.2	134.4	135.1	139.2	134.2	138.1	—
3	56.6	60.8	56.7	56.8	58.6	51.5	53.5	52.5	47.6	53.1
5	53.2	54.0	52.7	53.0	53.7	51.5	53.8	53.2	51.7	53.9
6	21.7	26.2	21.8	22.0	26.0	21.3	26.1	26.0	22.2	26.1
7	108.3	111.5	109.4	109.1	111.5	109.1	109.5	110.9	109.1	112.2
8	128.6	127.6	127.7	127.8	127.8	127.6	128.5	127.5	128.1	—
9	117.1	117.9	117.4	117.2	118.0	117.3	117.6	117.7	117.3	118.1
10	118.4	118.7	118.5	118.4	118.7	118.5	118.5	118.5	118.5	118.6

续表

C	11-11-1	11-11-2	11-11-3	11-11-4	11-11-5	11-11-6	11-11-7	11-11-8	11-11-9	11-11-10
11	119.9	121.4	120.6	120.1	121.3	120.6	120.3	111.0	120.4	121.4
12	109.9	110.6	110.5	110.3	110.5	110.4	109.8	110.3	110.3	110.4
13	134.5	135.7	134.9	134.8	135.7	134.7	135.2	135.5	134.8	—
14	36.9	35.6	37.9	37.6	39.5	40.9	35.3	34.3	34.0	34.4
15	33.4	37.3	33.9	34.1	132.9	135.4	122.3	121.5	124.7	122.0
16	22.4	40.9	37.8	33.7	39.1	38.1	22.4	38.3	36.6	72.8
17	34.7	42.8	38.6	35.8	43.4	44.1	34.1	37.5	36.2	41.5
18	7.8	7.3	7.4	7.6	7.7	8.3	12.6	12.3	12.3	12.6
19	32.0	35.6	30.6	31.0	33.1	29.3	27.6	27.4	27.3	27.5
20	22.6	23.6	22.3	22.5	127.0	124.6	140.4	140.8	—	141.9
21	54.9	53.8	55.0	55.1	52.0	54.4	55.1	54.9	57.1	54.9
C=O		175.6	176.2		175.6	175.6		175.3		—
OCH$_3$		51.9	52.0		51.8	52.0		51.8		55.7
CH$_2$OH				67.4					66.6	

11-11-11 R=COOCH$_3$
11-11-12 R=OCH$_3$

11-11-13 R^1=R^2=H
11-11-14 R^1=CH$_2$OH; R^2=H
11-11-15 R^1=H; R^2=COOCH$_3$

11-11-16 R^1=R^2=H
11-11-17 R^1=COOCH$_3$; R^2=H
11-11-19 R^1=H; R^2=OH

11-11-18 R=H
11-11-20 R=OH

表 11-11-2 化合物 **11-11-11~11-11-20** 的 ^{13}C NMR 化学位移数据[1]

C	11-11-11	11-11-12	11-11-13	11-11-14	11-11-15	11-11-16	11-11-17	11-11-18	11-11-19	11-11-20
2	138.4	—	138.4	139.0	133.8	139.4	133.7	135.0	138.5	—
3	47.0	47.3	51.4	48.4	51.2	51.7	55.8	50.6	50.6	50.9
5	51.2	51.3	52.3	52.8	51.8	53.2	54.1	52.5	52.3	52.0
6	21.7	21.7	26.0	21.5	26.4	24.1	126.5	22.1	22.7	22.4
7	109.5	109.0	109.6	108.2	111.8	108.7	111.5	109.5	108.0	109.2
8	127.9	128.4	128.3	127.6	127.6	128.8	127.6	127.8	127.4	127.7
9	117.5	117.5	117.6	116.7	118.1	117.3	118.0	117.4	116.8	117.5
10	118.6	118.5	118.6	117.5	118.8	118.5	118.7	118.6	118.4	119.0
11	120.9	120.8	120.5	119.3	121.4	120.1	121.2	120.7	120.4	121.4
12	110.6	110.4	109.8	110.2	110.5	109.8	110.5	110.5	110.8	111.1
13	135.0	—	—	135.2	135.7	134.7	135.6	135.0	135.2	134.0

续表

C	11-11-11	11-11-12	11-11-13	11-11-14	11-11-15	11-11-16	11-11-17	11-11-18	11-11-19	11-11-20
14	34.1	33.4	35.0	35.3	34.8	33.8	31.1	32.8	30.1	30.5
15	124.0	124.4	31.2	36.0	31.0	37.6	39.0	36.7	40.4	39.5
16	39.3	75.8	21.3	38.5	37.5	23.3	42.0	39.0	22.7	39.3
17	39.1	41.8	33.7	34.1	38.5	31.9	40.3	36.3	31.5	36.1
18	12.3	12.3	11.7	12.2	11.7	11.4	11.4	11.3	6.9	6.9
19	27.3	27.3	28.7	28.0	28.6	27.5	27.7	27.3	32.3	32.6
20	138.4	138.2	32.8	32.6	32.1	32.9	36.1	33.1	71.6	71.2
21	57.5	57.5	58.7	56.3	58.9	61.2	60.6	61.3	65.8	66.1
C=O	175.8				175.3		175.4	176.1		175.2
OCH$_3$	52.2	57.4			52.0		52.0	52.1		52.2
CH$_2$OH				65.2						

11-11-21　　　　　11-11-22　　　　　11-11-23　　　　　11-11-24

表 11-11-3　化合物 11-11-21~11-11-24 的 ^{13}C NMR 化学位移数据[2]

C	11-11-21	11-11-22	11-11-23	11-11-24[3]	C	11-11-21	11-11-22	11-11-23	11-11-24[3]
2	—	—	133.8	139.1	14	30.1	30.5	30.4	33.3
3	50.6	50.9	55.7	58.1	15	40.4	39.5	38.3	59.2
5	52.3	52.0	53.8	53.5	16	22.7	39.3	40.3	23.0
6	22.7	22.4	26.5	25.9	17	31.5	36.1	43.3	36.3
7	—	109.2	111.2	109.0	18	6.9	6.9	7.1	7.2
8	—	127.7	127.2	128.2	19	32.3	32.6	33.8	32.1
9	—	117.5	117.8	117.2	20	71.6	71.2	71.3	52.1
10	—	119.0	118.8	118.3	21	65.8	66.1	65.6	53.2
11	—	121.4	121.3	120.1	C=O		175.2	175.4	
12	—	111.1	110.5	109.9	OCH$_3$		52.2	52.0	
13	—	134.0	135.6	135.2					

参 考 文 献

[1] Wenkert E, Hagaman E W, Kunesch N, et al. Helv Chim Acta, 1976, 59: 2711.

[2] Bruneton J, Cave A, Hagaman E W, et al. Tetrahedron Lett, 1976, 3567.

[3] Wenkert E, Hagaman W, Wang N Y, et al. Heterocycles 1979, 12: 1439.

第十二节　氧化吲哚碱型生物碱的 ^{13}C NMR 化学位移

氧化吲哚碱型生物碱的类型比较多，在这里仅就钩藤碱类型，对其 ^{13}C NMR 化学位移谱的特征进行初步的探讨。

钩藤碱类型基本结构骨架

【化学位移特征】

1. 钩藤碱类型化合物的 A 环是芳环，基本遵循芳环的规律。8 位是连烷基碳，δ_{C-8} 125.0～134.2；13 位连接氮，δ_{C-13} 134.7～142.2。

2. 钩藤碱类型化合物的 2 位碳是羰基，这是氧化吲哚碱的特征，δ_{C-2} 181.3～183.3。

3. C 环和 D 环中有 3 个碳与氮连接，分别是 δ_{C-3} 70.1～75.3，δ_{C-5} 53.2～57.3，δ_{C-21} 54.5～58.7。

4. 20 位上连接的乙基分别为 18、19 位，δ_{C-18} 11.2～11.9，δ_{C-19} 24.1～24.3。如果乙基变成乙烯基，则 δ_{C-18} 115.3～116.3，δ_{C-19} 138.8～139.6。如果乙基的 19 位碳与 17 位碳形成含氧环，则 δ_{C-18} 14.6～14.7，δ_{C-19} 72.1～72.2。

5. 16,17 位往往为双键，且在 17 位上还连接一个甲氧基，δ_{C-16} 112.0～113.7，δ_{C-17} 159.4～161.7，δ_{OMe} 61.2～63.2。

6. 16 位碳还连接一个羧甲基，它们的化学位移出现在 δ_{C-22} 167.3～172.6，δ_{C-23} 50.0～52.1。

11-12-1　　11-12-2　　11-12-3　　11-12-4

11-12-5　　11-12-6　　11-12-7

表 11-12-1 化合物 11-12-1~11-12-7 的 ¹³C NMR 化学位移数据

C	11-12-1[1]	11-12-2[1]	11-12-3[1]	11-12-4[1]	11-12-5[1]	11-12-6[2]	11-12-7[3]
2	182.6	182.7	181.7	182.2	182.4	150.5	180.1
3	56.6	57.3	56.1	56.2	57.0	59.2	58.3
4	75.4	72.1	74.5	75.3	72.2	65.0	66.4
6	55.3	54.3	54.7	55.1	54.2	69.0	58.3
7	34.4	34.7	34.5	34.6	36.5	33.5	32.1
8	134.1	134.4	145.6	134.1	134.2	131.0	122.5
9	122.9	125.1	123.0	122.8	125.2	139.8	130.3
10	122.4	122.4	127.8	122.4	122.1	141.6	139.0
11	128.0	127.4	128.0	127.8	127.4	99.6	98.4
12	109.8	109.7	109.7	109.1	109.6	—	111.6
13	141.7	140.8	141.3	141.5	140.7	—	150.1

续表

C	11-12-1[1]	11-12-2[1]	11-12-3[1]	11-12-4[1]	11-12-5[1]	11-12-6[2]	11-12-7[3]
14	25.6	26.2	32.0	29.2	30.1	24.1	23.7
15	24.3	23.8	35.4	38.0	38.3	34.0	34.6
16	24.8	25.2	41.1	39.3	38.3	142.6	148.9
17	53.8	53.8	57.6	58.2	58.2	50.2	46.8
18			10.8	11.2	11.2	12.6	57.8
19			23.8	24.3	24.2	113.0	68.1
20			47.8	112.4	113.0	75.8	113.4
21			202.2	159.6	159.5	65.2	43.5
22				61.2	61.2	56.6	61.6
23				168.8	168.4	61.8	57.0
24				51.6	50.9	57.6	61.9
25							56.4

11-12-8

11-12-9

11-12-10

11-12-11

11-12-12

11-12-13

表 11-12-2 化合物 11-12-8~11-12-13 的 ^{13}C NMR 化学位移数据

C	11-12-8[4]	11-12-9[5]	11-12-10[6]	11-12-11[7]	11-12-12[8]	11-12-13[8]
2	174.7	182.1	178.0	174.0	179.3	173.1
3	53.0	55.3	54.3	54.8	54.0	52.4
4	132.0	132.0	129.5	129.0	40.5	40.6
5	125.5	124.1	123.0	125.5	72.0	—
6	123.7	122.6	121.0	122.4		
7	128.1	127.2	126.2	127.8	66.2	66.3
8	107.2	105.1	105.2	108.0	54.0	54.2
9	138.3	138.0	135.6	138.6	35.9	32.6
10	34.6	38.0	38.5	38.0	61.4	61.5
11	65.6	72.3	71.4	61.3	69.5	69.5
12					22.9	23.2
13	59.6	170.0	167.5	45.4	38.1	38.1
14	12.0	10.2	12.0	137.2	140.6	139.7
15	21.5	27.2	27.4	12.3	109.0	107.3
16	34.8	40.0	52.6	118.7	127.3	128.8

续表

C	11-12-8[4]	11-12-9[5]	11-12-10[6]	11-12-11[7]	11-12-12[8]	11-12-13[8]
17	42.0	42.6	39.6	34.2	121.7	122.7
18	63.9	61.7	61.6	37.8	128.0	128.2
19	117.8	74.5	80.0	66.5	132.1	128.2
20	21.5	25.6	65.9	71.8	138.8	138.4
21				25.4	118.2	113.1
22				42.2	50.7	51.2
N-OCH₃	63.5	63.3	62.6	63.4		63.1

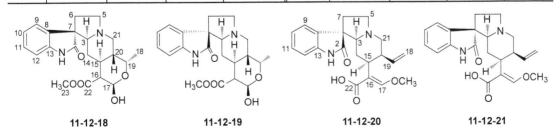

11-12-14　　**11-12-15**

11-12-16　　**11-12-17**

表 11-12-3　化合物 **11-12-14~11-12-17** 的 ¹³C NMR 化学位移数据[9]

C	11-12-14	11-12-15	11-12-16	11-12-17	C	11-12-14	11-12-15	11-12-16	11-12-17
2	182.9	182.8	182.7	182.9	17	160.1	160.9	159.4	161.7
3	74.5	74.5	74.6	74.4	18	11.9	11.7	11.6	11.6
5	57.2	57.1	57.1	57.3	19	24.3	24.2	24.1	24.1
6	35.4	35.2	35.3	35.1	20	40.0	40.2	40.1	39.7
7	55.0	55.3	55.2	55.1	21	57.2	57.1	57.1	57.3
8	129.8	133.9	129.6	134.0	22	169.2	169.1	169.0	169.2
9	124.2	114.2	124.5	114.0	23	50.2	50.1	50.2	50.0
10	111.3	150.1	111.2	149.7	OCH₃	63.2	63.2	63.0	63.1
11	151.4	119.6	151.3	119.5	1'	100.8	100.6		
12	100.2	110.2	99.7	110.4	2'	75.2	75.0		
13	141.0	135.0	141.6	134.7	3'	78.8	78.8		
14	28.5	28.3	28.3	28.2	4'	71.7	71.7		
15	40.9	40.3	40.5	40.4	5'	78.2	78.4		
16	113.7	112.1	113.1	112.5	6'	176.8	176.2		

11-12-18　　**11-12-19**　　**11-12-20**　　**11-12-21**

表 11-12-4 化合物 11-12-18~11-12-21 的 ^{13}C NMR 化学位移数据

C	11-12-18[10]	11-12-19[10]	11-12-20[11]	11-12-21[11]	C	11-12-18[10]	11-12-19[10]	11-12-20[11]	11-12-21[11]
2	181.7	181.6	183.3	182.6	14	30.6	29.9	28.4	29.4
3	71.2	74.3	74.6	72.4	15	34.7	34.8	37.0	37.7
5	53.9	54.5	54.4	53.4	16	56.6	56.2	112.0	112.6
6	35.7	35.1	34.0	36.6	17	91.2	91.5	159.8	159.5
7	56.8	56.6	56.1	56.2	18	14.7	14.6	115.3	116.3
8	133.7	133.4	133.5	132.2	19	72.2	72.1	139.0	138.8
9	125.3	123.3	122.7	125.3	20	41.4	41.1	41.7	40.8
10	122.9	122.9	122.2	123.5	21	54.5	54.8	58.2	58.5
11	128.1	128.4	127.5	127.9	22	172.6	172.9	172.2	171.0
12	109.9	110.0	109.5	109.4	23	52.1	52.0	60.9	61.1
13	140.5	141.3	140.8	140.0					

11-12-22

11-12-23

11-12-24

11-12-25

11-12-26 R=OH
11-12-27 R=H

表 11-12-5 化合物 11-12-22~11-12-27 的 ^{13}C NMR 化学位移数据

C	11-12-22[12]	11-12-23[1]	11-12-24[13]	11-12-25[14]	11-12-26[15]	11-12-27[15]
2	181.3	182.4	182.2	182.5	172.4	173.1
3	72.0	72.2	75.3	70.1	81.0	76.6
5	53.9	54.2	55.1	53.2	72.7	73.8
6	35.5	36.5	34.8	34.2	38.5	39.4
7	56.6	57.0	56.2	55.3	54.5	56.9
8	133.9	134.2	134.1	125.0	123.4	123.9
9	125.3	125.2	122.8	123.0	126.5	127.3
10	122.4	122.1	122.4	107.6	110.5	111.1
11	127.5	127.4	127.8	159.8	159.7	160.4
12	109.0	109.6	109.1	96.7	96.1	96.8
13	139.8	140.7	141.5	142.2	140.0	140.8
14	29.6	30.1	29.2	26.2	66.3	28.2
15		38.3	38.0	25.1	53.6	43.8
16	112.0	113.0	112.4	105.1	39.7	41.3
17	159.4	159.5	159.6	153.5	61.9	63.0
18	115.3	11.2	11.2	18.5	10.5	11.2
19	139.6	24.3	24.3	74.6	26.4	26.8

续表

C	11-12-22[12]	11-12-23[1]	11-12-24[13]	11-12-25[14]	11-12-26[15]	11-12-27[15]
20	42.4	38.3	39.3	36.5	184.1	183.7
21	58.7	58.2	58.2	54.6		
C=O		168.4	168.8	167.3		
COOC̲H₃	50.9	50.9	51.0	50.7		
11-OCH₃				55.3		
17-OCH₃	61.3	61.2	61.2			
N-OCH₃					63.1	63.9

参 考 文 献

[1] Wenkert E, Bindra J S, Chang C J, et al. Acc Chem Res, 1974, 7: 46.

[2] Aimi N, Yamaguchi K, Sakai S L, et al. Chem Pharm Bull, 1978, 26: 3444.

[3] Yagudaev M R, Yunusov S Yu. Chem Nat Compd, 1980, 170.

[4] Wenkert E, Chang C J, Cochran D W, et al. Experientia, 1972, 28: 377.

[5] Yang J S, Chen Y W. Acta Pharm Sinica, 1983, 18: 104.

[6] Yang J S, Chen Y W. Acta Pharm Sinica 1984, 19: 437.

[7] Yang J S, Chen Y W. Acta Pharm Sinica, 1984, 19, 686.

[8] Wenkert E, Chang C J, Clouse A O, et al. J Chem Soc, Chem Commun, 1970, 961.

[9] Wang W, Ma C M, Hattori M, et al. Biol Pharm Bull, 2010, 33: 669.

[10] Richa P, Subhash C S, Madan M G. Phytochemistry, 2006, 67: 2164.

[11] Yuan D, Ma B, Wu C F, et al. J Nat Prod, 2008, 71: 1271.

[12] Kitajima M, Yokoya M, Takayama H, et al. Nat Med, 2001, 55: 308.

[13] Yen S, Geoffrey A C. J Nat Prod, 1985, 48: 969.

[14] Yagudaev M R, Yunusov S Y. Khim Prir Soedin, 1980, 2: 217.

[15] Zhanga B F, Chou G X, Wang Z T, et al. Helv Chim Acta, 2009, 92: 1889.

第十三节 麦角碱型生物碱的 ^{13}C NMR 化学位移

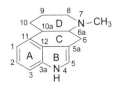

基本结构骨架

【化学位移特征】

1. 麦角碱型生物碱的 A 环和 B 环构成吲哚环，它们的各碳基本遵循吲哚环的化学位移规律。5 位和 3a 位是连氮碳，δ_{C-5} 117.9～123.1，δ_{C-3a} 133.2～134.7。

2. 有的化合物 9,10 位为双键，δ_{C-9} 130.9～131.8，δ_{C-10} 119.4～124.8；有的化合物 10,10a 位为双键，δ_{C-10} 117.6～120.1，δ_{C-10a} 132.1～136.7。

3. 在 D 环中 6a 位和 8 位碳与 7 位 N 连接，并在 7 位 N 上还连接一个甲基，δ_{C-6a} 56.4～70.8，δ_{C-8} 48.7～60.2，δ_{Me} 32.7～43.6。

4. 在 D 环的 9 位上往往连接羧酸甲酯或酰胺基团，$\delta_{C=O}$ 170.7～179.6。

5. 有些化合物在 10a 位上还连接甲氧基，δ_{C-10a} 71.0～77.3。

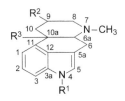

11-13-1 R¹=H; R²=CH₃; R³=α-H; Δ⁹,¹⁰
11-13-2 R¹=H; R²=CH₂OCOCH₃; R³=α-H; Δ⁹,¹⁰
11-13-3 R¹=H; R²=α-CH₃; R³=α-H; 15β-OH
11-13-4 R¹=H; R²=β-COOCH₃; R³=α-H
11-13-5 R¹=CH₃; R²=α-CONH₂; R³=α-H
11-13-6 R¹=CH₃; R²=β-CONH₂; R³=α-H
11-13-7 R¹=CH₃; R²=α-CONH₂; R³=H
11-13-8 R¹=CH₃; R²=β-CONH₂; R³=H

表 11-13-1 化合物 11-13-1~11-13-8 的 ^{13}C NMR 数据[1,2]

C	11-13-1	11-13-2	11-13-3	11-13-4	11-13-5	11-13-6	11-13-7	11-13-8
1	112.0	112.2	112.9	112.0	112.8	112.6	115.0	114.6
2	122.6	122.6	122.0	122.0	123.0	122.7	122.6	122.9
3	108.4	108.7	104.6	108.7	108.9	107.0	106.8	106.8
3a	134.0	133.4	134.0	133.2	136.0	134.4	134.6	135.0
5	118.3	117.9	117.9	118.4	123.5	122.7	123.1	122.9
5a	111.2	111.3	110.6	109.9	109.5	110.1	109.8	109.4
6	26.4	26.4	26.6	26.4	27.0	26.0	14.6	15.8
6a	63.6	63.4	60.7	56.4	67.6	66.9	60.0	61.1
8	60.2	56.8	56.6	58.3	58.2	59.1	50.2	52.9
9	131.8	130.9	35.8	39.1	37.5	39.9	38.9	36.6
10	119.4	124.8	68.1	30.3	30.2	30.9	31.9	30.3
10a	40.8	40.5	41.4	40.7	41.1	42.5	42.7	—
11	131.9	131.3	130.8	132.0	123.0	132.4	134.8	133.9
12	126.6	126.1	122.9	125.8	128.1	126.2	126.4	126.9
N$_4$-CH$_3$					43.0	42.9	42.8	42.8
N$_7$-CH$_3$	40.2	40.3	42.9	42.4	33.2	32.7	32.7	32.7
Ar-CH$_3$	19.9	66.2	16.5					
C=O		170.7		173.6	178.2	176.0	176.5	178.1
COOCH$_3$		20.6		51.5				

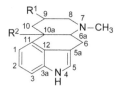

11-13-9 R^1=α-CONH$_2$; R^2=α-OCH$_3$
11-13-10 R^1=α-COOCH$_3$; R^2=α-OCH$_3$
11-13-11 R^1=β-CONH$_2$; R^2=α-OCH$_3$
11-13-12 R^1=β-COOCH$_3$; R^2=α-OCH$_3$
11-13-13 R^1=α-CONH$_2$; R^2=β-OCH$_3$
11-13-14 R^1=α-COOCH$_3$; R^2=β-OCH$_3$
11-13-15 R^1=β-COOCH$_3$; R^2=β-OCH$_3$
11-13-16 R^1=β-CONH$_2$; R^2=β-OCH$_3$

表 11-13-2 化合物 11-13-9~11-13-16 的 ^{13}C NMR 化学位移数据[2,3]

C	11-13-9	11-13-10	11-13-11	11-13-12	11-13-13	11-13-14	11-13-15	11-13-16
1	115.5	116.1	115.9	115.6	114.6	114.0	116.0	116.1
2	121.7	121.8	122.1	121.7	123.0	123.1	121.8	122.0
3	110.8	111.6	110.9	110.8	109.6	109.3	110.9	110.8
3a	134.2	134.5	134.2	134.2	134.1	134.2	134.6	134.7
5	118.7	118.7	118.6	118.6	118.4	118.5	118.4	118.3
5a	111.0	110.7	111.3	111.1	110.0	110.0	109.8	109.9
6	22.1	22.2	27.3	22.2	16.4	15.6	20.3	19.7
6a	70.8	70.4	69.6	69.4	59.7	57.6	69.2	68.3
8	58.6	56.8	59.8	58.5	50.7	48.7	58.4	58.8
9	39.3	37.3	38.8	37.4	39.1	37.9	39.2	40.3
10	28.5	28.6	30.1	30.0	36.6	36.9	32.4	32.3
10a	73.6	73.5	73.6	73.5	71.0	77.3	74.8	75.0
11	129.9	129.6	129.1	129.1	132.3	133.8	126.9	128.2
12	125.7	126.6	126.1	126.0	126.8	127.3	127.2	127.0
N$_7$-CH$_3$	43.4	43.8	43.6	43.6	42.8	42.9	43.0	42.9
6-OCH$_3$	49.6	50.9	48.7	49.5	50.0	50.0	49.3	49.4

续表

C	11-13-9	11-13-10	11-13-11	11-13-12	11-13-13	11-13-14	11-13-15	11-13-16
C=O	179.6	173.8	175.8	174.6	176.5	174.8	173.8	175.8
OOCH$_3$		51.8		51.7		51.5	51.5	

11-13-17

11-13-18

11-13-19

11-13-20

11-13-21

表 11-13-3 化合物 11-13-17~11-13-21 的 ^{13}C NMR 化学位移数据[1]

C	11-13-17	11-13-18	11-13-19	11-13-20	11-13-21
1	111.0	111.6	111.5	111.0	111.4
2	122.4	122.1	122.2	122.2	122.4
3	109.0	109.8	110.2	110.2	110.3
3a	133.7	133.7	133.6	133.6	133.8
5	119.1	119.0	119.4	119.4	119.7
5a	108.9	108.9	108.3	108.8	109.0
6	26.8	26.9	26.7	26.6	26.9
6a	62.6	62.0	61.8	62.4	61.7
8	55.5	54.0	53.7	55.1	53.0
9	42.8	42.2	42.2	42.5	41.8
10	120.1	119.0	117.6	118.3	118.1
10a	135.0	136.1	136.7	136.0	132.1
11	127.4	127.6	126.7	127.1	127.9
12	125.8	125.7	125.8	125.9	126.1
N$_7$-CH$_3$	43.4	43.6	42.6	43.4	42.5
C=O	171.2	172.1	175.8	174.3	175.3
1′	46.4	46.2	33.8	23.8	23.8
2′	17.4	17.2	89.1	85.9	85.7
3′	64.4	64.3	164.8	165.8	165.9
5′	102.8	102.8	102.9	102.8	102.9
6′	63.4	63.8	63.9	63.8	63.9

续表

C	11-13-17	11-13-18	11-13-19	11-13-20	11-13-21
7'	26.9	25.9	25.9	25.9	25.9
8'	21.4	21.7	21.6	21.7	21.6
9'	45.5	45.8	45.7	45.8	45.7
11'			164.8	164.2	164.5
12'			52.1	56.1	56.1
13'			42.6	38.7	38.7
14'			25.0	138.7	138.9
15'			22.2	129.9	129.9
16'			22.2	127.7	122.9
17'			15.3	127.4	126.1
18'			16.4	127.7	127.9
19'				129.9	129.9

参 考 文 献

[1] Bach N J, Boaz M S, Kornfeld E C, et al. J Org Chem, 1974, 39: 1272.

[2] Zetta L, Gatti G. Org Magn Reson, 1977, 9: 218.

[3] Zetta L, Gatti G. Tetrahedron, 1975, 31: 1403.

第十四节　双聚吲哚型生物碱的 ^{13}C NMR 化学位移

双聚吲哚型生物碱是指两个同类型或不同类型的吲哚类生物碱，通过碳碳键或通过其他的环系，将其连接为一个化合物，它们的化学位移可参照各类型吲哚生物碱，加以分析来确定其结构。它们的类型比较多，规律性不强，这里仅列出数据供参考。

11-14-1 3β-H; 15α-H; 20β-H; 18α
11-14-2 3β-H; 15α-H; 20β-H; 18β
11-14-3 3α-H; 15α-H; 20β-H; 18β

表 11-14-1 化合物 11-14-1~11-14-3 的 ^{13}C NMR 化学位移数据[1]

C	11-14-1	11-14-2	11-14-3	C	11-14-1	11-14-2	11-14-3
6'	17.6	17.5	23.3	9'	116.4	118.7	118.1
18	18.1	26.9	18.7	9	117.0	118.8	118.8
6	23.0	23.0	22.7	10'	117.5	119.8	119.2
15	30.6	29.5	36.1	10	118.0	120.0	119.7
14	32.9	32.8	35.3	11'	119.5	122.1	121.1
21	48.1	48.6	57.9	11	120.4	122.4	122.2
20	49.4	49.3	50.0	8'	125.5	127.7	127.3
OCH₃	49.4	50.8	50.1	8	126.8	128.7	128.1
5'	49.9	47.4	50.7	13'	135.3	137.7	137.4
5	51.4	52.1	54.0	13	135.3	137.4	137.3
3	54.0	55.1	60.6	2"	135.3	137.2	137.3

续表

C	11-14-1	11-14-2	11-14-3	C	11-14-1	11-14-2	11-14-3
19	57.7	58.1	58.5	2	132.9	132.3	136.5
7′	106.0	107.6	107.7	C=O	165.4	167.8	167.7
7	108.1	109.7	109.9	16	95.1	105.7	96.2
12′	110.2	112.2	111.7	17	144.8	149.1	146.9
12	110.4	112.4	111.9				

11-14-4 17β-H
11-14-5 17α-H
11-14-6 17β-H; 20α-H
11-14-7 17α-H; 20α-H

11-14-8 —
11-14-9 17α-H

11-14-10 17α-H; 20α-H
11-14-11 20α-H

表 **11-14-2** 化合物 **11-14-4~11-14-11** 的 ^{13}C NMR 化学位移数据[2]

C	11-14-4	11-14-5	11-14-6	11-14-7	11-14-8	11-14-9	11-14-10	11-14-11
2	124.7	134.6	135.2	135.1	134.7	134.8	135.1	135.2
3	59.3	59.5	59.4	60.3	58.3	59.5	60.3	59.5
5	52.6	52.9	53.1	53.1	52.6	52.9	53.1	53.1
6	21.5	21.6	21.5	21.6	21.3	21.6	21.6	21.5
7	107.3	107.3	107.9	107.3	107.3	107.3	107.3	107.9
8	127.0	127.0	127.3	127.1	127.0	127.0	127.1	127.3
9	117.7	117.7	117.9	117.7	117.7	117.7	117.7	117.9
10	121.0	120.9	120.9	120.6	121.0	120.9	120.6	120.9
11	118.9	118.9	119.1	118.8	118.0	118.0	118.8	119.1
12	110.6	110.8	110.6	110.6	110.6	110.8	110.6	110.6
13	135.9	135.8	135.7	135.8	135.9	135.8	135.8	135.7
14	34.3	36.4	31.1	32.4	34.3	36.4	32.4	31.1
15	35.8	37.8	35.1	36.1	35.8	37.8	36.1	35.1
16	38.1	38.4	38.4	37.8	38.1	38.4	37.8	38.4
17	48.8	51.9	49.8	30.0	48.8	51.9	50.0	49.8
18	11.0	11.2	12.5	12.4	11.0	11.2	12.4	12.8
19	23.2	23.8	18.6	17.5	23.2	23.8	17.5	18.6
20	42.2	42.5	41.3	38.3	42.2	42.5	38.3	41.3
21	59.9	60.1	57.3	57.5	59.9	60.1	57.5	57.1
2′	135.5	135.5	135.4	135.1	135.5	135.5	135.4	135.4
5′	42.2	42.0	42.3	42.2	42.2	42.0	42.2	42.3
6′	22.4	22.4	22.5	22.3	22.4	22.4	22.3	22.5
7′	108.1	108.6	108.7	108.4	108.1	108.6	108.4	108.2

C	11-14-4	11-14-5	11-14-6	11-14-7	11-14-8	11-14-9	11-14-10	11-14-11
8'	127.3	127.2	127.4	127.2	127.2	127.2	127.2	127.4
9'	117.9	117.9	118.0	117.7	117.9	117.9	117.7	118.0
10'	121.3	121.6	121.4	121.2	121.3	121.6	121.2	121.4
11'	119.0	119.4	119.2	119.0	119.0	118.3	119.0	119.2
12'	110.9	110.8	110.6	110.6	110.9	110.4	110.0	110.0
13'	136.1	135.9	136.0	135.8	136.1	135.9	135.8	136.0

11-14-12

11-14-13

11-14-14

11-14-15

11-14-16 R¹=OCH₃; R²=H
11-14-17 R¹=R²=H
11-14-18 R¹=OCH₃; R²=CH₃

表 11-14-3 化合物 11-14-12~11-14-18 的 ¹³C NMR 化学位移数据[3,4]

C	11-14-12	11-14-13	11-14-14	C	11-14-15	11-14-16	11-14-17	11-14-18
2	157.3	156.8	161.4	2	134.4	135.1	134.9	136.6
3	156.7	156.8	161.1	3	140.1	139.6	138.7	139.0
5	48.1	47.2	54.8	5	119.7	119.8	119.8	119.9
6	45.8	45.5	51.1	6	150.3	149.9	149.9	151.0
2'	143.1	144.2	140.6	7	116.6	117.0	116.3	117.0
3'	106.7	106.3	113.2	8	121.4	121.5	120.3	121.2
3'a	124.1	123.8	123.9	9	115.4	115.5	123.1	116.4
4'	123.0	121.1	122.7	10	120.1	120.0	119.3	120.2
5'	125.9	124.3	126.5	11	107.0	107.1	126.8	106.9
6'	117.0	125.1	117.1	12	146.0	146.0	111.6	146.5
7'	116.2	114.5	115.9	13	129.7	129.9	139.6	130.3
7'a	138.2	137.4	138.0	14	40.0	29.6	34.7	29.3
2"	124.1	125.4	124.7	15	20.9	35.4	29.3	34.6
3"	113.2	111.2	111.9	2'	134.0	132.8	132.7	133.0
3"a	125.2	125.2	124.6	3'	140.6	147.8	147.9	144.7
4"	119.0	120.7	118.1	5'	119.0	136.2	136.5	137.2

续表

C	11-14-12	11-14-13	11-14-14	C	11-14-15	11-14-16	11-14-17	11-14-18
5″	118.8	122.0	119.3	6′	150.4	113.7	113.5	114.4
6″	121.7	114.5	121.8	7′	116.7	128.5	128.3	131.4
7″	111.9	114.0	112.1	8′	120.0	120.4	120.5	122.4
7″a	136.6	137.5	136.8	9′	123.2	121.3	121.3	121.7
				10′	119.7	119.1	119.0	120.1
				11′	127.1	127.9	127.8	128.8
				12′	111.9	112.4	112.3	111.8
				13′	139.8	140.6	140.5	140.4
				14′	43.7	72.6	72.8	83.6
				15′	24.6			
				16	56.0	55.9	55.9	57.5
				17	55.6	55.4		56.1
				18	56.1			55.8

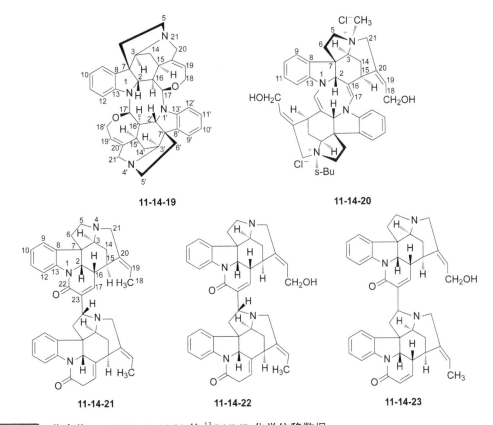

表 11-14-4 化合物 11-14-19~11-14-23 的 ^{13}C NMR 化学位移数据

C	11-14-19[5]	11-14-20[6]	C	11-14-21[7]	11-14-22[7]	11-14-23[8]
2	56.9	70.5	2	64.8	64.5	64.7
3	59.6	77.2	3	65.7	65.5	65.4
4		48.5	5	53.8	53.8	53.9
5	51.3	60.8	6	37.1	37.1	37.6
6	41.0	38.7	7	52.4	52.2	—

续表

C	11-14-19[5]	11-14-20[6]	C	11-14-21[7]	11-14-22[7]	11-14-23[8]
7	55.5	53.6	8	137.0	136.0	—
8	141.7	133.9	9	122.3	122.4	122.4
9	121.6	124.0	10	124.4	124.7	124.7
10	119.3	121.3	11	128.3	128.6	128.5
11	128.0	130.4	12	116.3	116.5	116.3
12	110.0	109.0	13	141.4	141.4	—
13	152.3	145.6	14	23.4	23.4	22.5
14	26.3	21.5	15	31.4	31.9	31.1
15	34.0	30.0	16	37.8	37.7	37.8
16	52.7	113.4	17	137.5	136.8	136.4
17	98.9	132.9	18	13.2	58.3	58.2
18	66.6	57.5	19	119.0	124.1	124.2
19	126.7	130.4	20	140.7	143.7	—
20	133.8	134.4	21	52.5	52.5	52.2
21	53.5	65.2	22	162.5	162.7	—
2'	56.9	70.5	23	134.4	134.5	—
3'	59.6	77.2	2'	65.0	65.1	64.9
4'		48.5	3'	61.4	61.5	64.2
5'	51.3	60.8	5'	61.0	61.1	62.2
6'	41.0	38.7	6'	52.1	52.1	45.5
7'	55.5	53.6	7'	53.3	53.4	—
8'	141.7	133.9	8'	133.3	33.3	—
9'	121.6	124.0	9'	122.6	122.9	122.6
10'	119.3	121.3	10'	123.7	123.5	124.2
11'	128.0	130.4	11'	128.4	128.6	128.8
12'	110.0	109.0	12'	114.9	115.2	116.6
13'	152.3	145.6	13'	142.0	142.1	—
14'	26.3	21.5	14'	24.7	24.9	23.4
15'	34.0	30.0	15'	34.3	34.4	31.8
16'	52.7	113.4	16'	141.0	141.0	40.4
17'	98.9	132.9	17'	120.4	120.5	143.6
18'	66.6	57.5	18'	13.1	13.3	13.1
19'	126.7	130.4	19'	124.1	124.6	120.2
20'	133.8	134.4	20'	135.2	135.1	—
21'	53.5	65.2	21'	51.3	51.2	50.3
			22'	168.9	169.0	—
			23'	36.7	36.7	123.6

11-14-24

11-14-25

11-14-26

11-14-27

11-14-28

表 **11-14-5** 化合物 **11-14-24~11-14-28** 的 ^{13}C NMR 化学位移数据

C	11-14-24[9]	11-14-25[9]	11-14-26[9]	11-14-27[10]	11-14-28[11]
1	38.0	38.2	38.0	38.3	160.6
2	83.0	83.1	83.0	83.4	71.9
3	50.0	50.2	50.1	50.4	49.4
5	50.0	50.2	50.0	50.4	47.2
6	44.3	44.5	44.3	44.6	40.9
7	52.9	53.1	52.9	53.3	52.7
8	122.6	123.0	122.6	123.0	124.6
9	123.1	123.4	123.1	123.6	122.2
10	120.4	120.4	120.4	120.6	127.8
11	157.8	157.6	157.8	158.1	157.6
12	93.9	94.0	93.9	94.2	94.9
13	152.5	152.8	152.5	152.7	140.8
14	124.3	124.3	124.3	124.5	124.5
15	129.7	129.7	129.7	130.0	129.3
16	79.3	79.5	79.3	79.6	79.3
17	76.1	76.2	76.1	76.5	75.3
18	8.1	8.3	8.1	8.4	8.0
19	30.4	30.7	30.4	30.7	30.3
20	42.3	42.6	42.3	42.7	42.1
21	65.2	65.5	65.2	65.7	64.3
$\underline{C}$OOCH$_3$	170.6	170.7	170.6	170.9	173.9
COO$\underline{C}$H$_3$	51.8	52.1	51.8	52.2	52.3
C=O	174.6	174.1	174.6	174.8	170.0
OCH$_3$	52.0	52.3	52.0	52.4	52.4
O$\underline{C}$OCH$_3$	171.4	171.4	171.4	171.7	170.2
OCO$\underline{C}$H$_3$	20.7	21.0	20.7	21.1	20.2
11-OCH$_3$	55.3	55.7	55.3	55.8	55.8
2′	130.9	130.7	130.9	131.6	130.0
3′	47.5	42.3	47.5	43.2	48.8
5′	55.5	49.6	55.5	55.6	55.6
6′	28.7	24.6	28.7	28.5	30.3
7′	115.9	116.7	115.9	116.9	117.7
8′	129.0	129.1	129.0	129.4	129.8
9′	118.1	118.1	118.1	118.5	118.3
10′	122.2	122.2	122.2	122.3	123.6

续表

C	11-14-24[9]	11-14-25[9]	11-14-26[9]	11-14-27[10]	11-14-28[11]
11′	118.8	118.4	118.8	118.9	118.7
12′	110.2	110.3	110.2	110.5	110.4
13′	134.7	134.6	134.7	134.9	134.9
14′	29.2	33.5	29.2	39.2	29.5
15′	40.0	60.3	40.0	75.2	42.1
16′	55.3	55.3	55.3	55.8	52.5
17′	34.1	30.7	34.1	32.8	34.2
18′	6.7	8.6	6.7	6.2	6.6
19′	34.1	28.0	34.1	29.2	33.9
20′	68.6	59.9	68.6	71.3	68.9
21′	63.1	54.0	63.1	60.3	63.7

参 考 文 献

[1] Merlini L, Mondelli R, Nasini G, et al. Helv Chimi Acta, 1976, 59: 2254.

[2] Koch M C, Plat M M, Preaux N, et al. J Org Chem, 1975, 40: 2836.

[3] Bao B Q, Sun Q S, Yao X S, et al. J Nat Prod, 2005, 68: 711.

[4] Jiao W H, Gao H, Li C Y, et al. J Nat Prod, 2010, 73: 167.

[5] Zlotos D P. J Nat Prod, 2000, 63 (6): 864.

[6] Wenkert E, Cheung H T A, Gottlieb H E, et al. J. Org. Chem., 1978, 43: 1099.

[7] Frederich M, De Pauw M C, Llabres G, et al. Planta Med, 2000, 66: 262.

[8] Françoise G V, Thierry S, Jacques P, et al. J Nat Prod, 1992, 55 (7): 923.

[9] Wenkert E, Hagaman E W, Lal B, et al. Helv. Chim. Acta, 1975, 58 (6): 1560.

[10] Dorman D E, Paschal J W. Org Magn Reson, 1976, 8 (8): 413.

[11] Ahn S H, Duffel M W, Rosazza J P N. J Nat Prod, 1997, 60 (11): 1125.

第十五节　吲哚里西啶型生物碱的 ^{13}C NMR 化学位移

吲哚里西啶型生物碱是指含有吲哚里西啶结构的生物碱，它们的结构类型也是比较多的，有些结构类型数量还不够多，不易于总结其 ^{13}C NMR 化学位移谱的特征，因此这里仅就其中三种类型进行了初步探讨，以供参考。

一、娃儿藤碱类生物碱的 ^{13}C NMR 化学位移

【结构特点】娃儿藤碱是指菲类化合物与吲哚里西啶并合而成的一类化合物。

基本结构骨架

【化学位移特征】

1. 娃儿藤碱类化合物的 A、B、C 环构成菲环结构，它们各碳的化学位移遵循芳环碳化学位移的规律。

2. D 环和 E 环中 9 位、11 位和 13a 位是连氮原子的碳，$\delta_{C\text{-}9}$ 53.2～57.9，$\delta_{C\text{-}11}$ 53.7～55.9，$\delta_{C\text{-}13a}$ 59.8～66.7。如果为氮氧化物，则化学位移向低场位移，出现在 $\delta_{C\text{-}9}$ 64.6～66.0，$\delta_{C\text{-}11}$ 68.4～69.8，$\delta_{C\text{-}13a}$ 69.2～70.5。

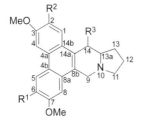

11-15-1 R¹=OH; R²=H
11-15-7 R¹=OMe; R²=OH

11-15-2 R¹=R²=OH
11-15-3 R¹=OH; R²=H
11-15-6 R¹=R²=H

11-15-4 R¹=OMe; R²=OH
11-15-5 R¹=OH; R²=H

表 11-15-1 化合物 11-15-1~11-15-7 的 ¹³C NMR 化学位移数据

C	11-15-1[1,2]	11-15-2[3]	11-15-3[3]	11-15-4[4]	11-15-5[5]	11-15-6[6]	11-15-7[4]
1	104.4	122.2	120.5	121.0	126.4	124.8	103.0
2	149.4	117.7	116.6	116.2	116.2	115.4	148.4
3	148.4	150.3	148.7	148.1		157.2	148.4
4	104.3	145.7	144.7	143.9	106.0	103.5	103.4
5	106.7	114.1	113.2	108.3	103.9	107.8	102.9
6	155.7	145.7	145.6	147.3		148.6	147.1
7	116.6	149.7	148.4	148.1		148.8	145.5
8	124.4	104.0	103.1	102.6	103.8	103.7	106.7
9	53.4	55.0	54.4	53.5	53.6	53.2	53.4
11	54.6	55.9	55.4	54.9	54.9	55.1	54.5
12	21.3	22.5	21.8	21.3	21.6	21.1	21.1
13	31.0	25.2	31.3	23.6	23.9	30.7	30.6
13a	60.2	66.7	61.0	65.0	64.9	59.8	60.3
14	33.0	65.7	33.8	64.3	63.6	32.9	32.6
2-OMe	55.6						55.6
3-OMe	55.7	60.0	59.9			55.5	55.9
4-OMe				59.2			
6-OMe				55.1	55.5		55.7
7-OMe		56.2	56.0	55.1	55.5	55.5	
4a,4b,8a,8b, 14a,14b	123.0	129.1	126.8	128.8	125.3	123.1	125.6
	130.3	127.3	126.9	125.6	129.7	124.2	125.2
	122.6	126.9	126.3	125.5	130.6	124.6	124.7
	126.6	125.6	125.3	123.5	148.5	125.4	124.3
	124.7	125.6	124.0	123.4	149.1	125.5	123.9
	126.5	125.3	123.8	121.0	155.3	129.7	123.0

11-15-8 R¹=R²=OMe; R³=H
11-15-9 R¹=R³=OH; R²=OMe

11-15-10 R=OMe
11-15-11 R=OH

11-15-12 R=OH
11-15-13 R=OMe

表 11-15-2 化合物 11-15-8~11-15-13 的 ^{13}C NMR 化学位移数据

C	11-15-8[4]	11-15-9[6]	11-15-10[2]	11-15-11[2]	11-15-12[3]	11-15-13[3]
1	103.8	126.4	113.4	112.9	103.6	104.8
2	148.5	115.5	147.6	148.0	148.6	149.9
3	148.3	157.2	148.3	147.5	148.2	149.8
4	103.3	103.3	111.0	110.6	103.0	104.6
5	103.5	107.8	113.7	115.3	102.9	104.3
6	148.4	148.6	158.2	155.2	147.6	149.8
7	148.6	146.5	113.7	115.3	145.9	149.7
8	103.0	103.9	130.4	130.2	105.6	103.5
9	53.3	53.5	57.9	56.2	64.6	66.0
11	54.5	55.2	54.3	53.7	68.4	69.8
12	20.9	21.5	21.7	21.4	19.0	20.3
13	30.5	23.9	30.8	30.1	26.4	27.7
13a	60.1	64.8	60.6	60.8	69.2	70.5
14	32.7	63.6	38.5	36.6	26.7	28.1
2-OMe	55.5		55.4	55.6	55.0	56.5
3-OMe	55.7	55.5	55.5	55.7	55.0	56.5
6-OMe	55.7		54.8		55.2	56.4
7-OMe	55.4	54.8				56.4
4a,4b,8a,8b,14a,14b	125.7 125.3 124.8 123.8 123.6	—	121.0 130.4 133.3 132.6 132.6	120.7 130.2 131.6 132.6 132.6	123.9 123.8 123.6 123.4 122.9	125.4 125.2 124.9 124.8 124.3

二、交让木环素定类生物碱的 ^{13}C NMR 化学位移

【结构特点】交让木环素定类生物碱是由 22 个碳和 1 个氮组成的六环生物碱。

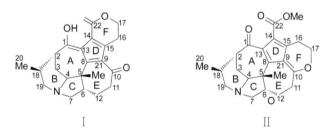

基本结构骨架

【化学位移特征】

1. 交让木环素定类生物碱的 1 位无论是烯醇式还是酮式，它的化学位移都在较低场，δ_{C-1} 187.0~212.1。

2. B 环和 C 环是构成吲哚里西啶结构的基本单元，有 3 个碳与氮原子相连接，分别是 δ_{C-4} 65.0~69.8，δ_{C-7} 57.5~65.2，δ_{C-19} 50.7~56.9。

3. D 环是完全芳香化的五元环，由于受到周围化学环境的影响，这 5 个双键碳的化学位移出现在 δ_{C-8} 129.1~146.9，δ_{C-9} 120.3~132.6，δ_{C-13} 120.0~136.3，δ_{C-14} 113.1~123.1，δ_{C-15} 127.6~149.9。

4. E 环中，Ⅰ 型结构 10 位碳是七元环酮羰基，它在最低场出现，δ_{C-10} 202.8~204.9；Ⅱ

型结构 10 位碳与 17 位碳形成六元含氧环,且 9,10 位形成双键,其化学位移出现在 $\delta_{C\text{-}9}$ 120.3～124.5, $\delta_{C\text{-}10}$ 180.6～184.9。

5. 在 I 型结构中 17 位与 22 位形成六元内酯环, $\delta_{C\text{-}17}$ 68.7～70.0, $\delta_{C\text{-}22}$ 168.9～171.0。在 II 型结构中 22 位为羧酸甲酯,其化学位移为 $\delta_{C\text{-}22}$ 166.4～174.2, δ_{OMe} 51.2～52.6。

11-15-14 R=H
11-15-15 R=β-OH
11-15-16
11-15-17
11-15-18

表 11-15-3 化合物 **11-15-14**~**11-15-18** 的 ^{13}C NMR 化学位移数据[7]

C	11-15-14	11-15-15	11-15-16	11-15-17	11-15-18
1	187.0	199.1	190.9	197.4	197.3
2	43.3	50.4	73.6	47.3	54.0
3	16.8	27.2	25.6	16.8	26.6
4	65.0	200.8	69.5	65.3	197.5
5	50.5	60.9	50.8	51.2	61.1
6	47.9	46.3	49.5	47.4	45.6
7	59.3	65.2	60.5	59.1	65.0
8	146.7	135.6	145.9	137.3	134.4
9	132.6	123.1	131.8	120.8	120.3
10	202.8	203.2	204.9	180.6	184.9
11	39.0	40.8	40.2	31.0	32.1
12	27.1	27.5	28.2	29.7	29.3
13	117.4	122.8	118.8	134.4	133.8
14	113.1	113.9	114.0	122.9	122.5
15	149.3	145.0	149.9	130.2	133.5
16	22.8	26.2	24.6	22.4	24.4
17	68.7	69.6	70.0	69.1	71.7
18	29.8	36.9	36.3	27.7	36.4
19	52.1	54.2	56.9	52.4	54.0
20	16.1	19.3	11.8	16.9	18.7
21	34.8	28.9	34.9	33.3	27.0
22	169.7	168.9	171.1	167.3	167.9
OMe				51.5	52.1

11-15-19
11-15-20
11-15-21

11-15-22　　　　**11-15-23**　　　　**11-15-24**

表 **11-15-4** 化合物 **11-15-19~11-15-24** 的 ^{13}C NMR 化学位移数据

C	11-15-19[7]	11-15-20[7]	11-15-21[7]	11-15-22[8]	11-15-23[9]	11-15-24[10]
1	196.7	199.0	196.9	212.1	194.0	209.9
2	72.9	74.3	48.1	53.1	73.3	47.5
3	26.2	25.8	18.0	33.9	26.1	37.2
4	66.7	69.7	68.8	174.0	69.8	93.8
5	51.0	52.2	51.3	141.1	50.0	51.1
6	47.6	49.0	49.5	45.9	49.1	40.9
7	58.5	60.1	61.2	50.2	60.2	57.7
8	138.9	140.7	132.7	129.1	133.7	141.5
9	120.9	124.5	126.9	123.0	126.8	126.2
10	181.5	180.9	204.5	182.3	204.8	165.1
11	31.0	32.0	40.5	32.6	40.4	29.9
12	29.1	31.2	29.5	34.7	29.2	26.5
13	131.1	134.0	123.4	136.2	120.0	96.4
14	123.1	118.4	123.1	119.3	123.7	122.1
15	131.7	127.6	131.6	134.1	131.3	132.6
16	22.6	24.5	30.8	25.3	31.3	110.7
17	69.3	71.2	65.3	71.3	64.6	143.3
18	32.9	35.6	30.4	28.3	35.4	37.4
19	52.8	55.6	55.2	54.4	56.7	50.7
20	12.0	12.2	17.1	20.0	13.3	13.2
21	32.9	34.4	36.1	122.7	36.0	25.3
22	166.7		174.2	166.6	173.7	166.4
OMe	51.8		52.1	51.7	52.6	51.2

三、一叶萩碱类生物碱的 ^{13}C NMR 化学位移

基本结构骨架

【化学位移特征】

1. 一叶萩碱类生物碱的 A 环和 B 环构成吲哚里西啶的基本单元，2 位、6 位和 7 位是连接氮原子的碳，δ_{C-2} 57.0~66.8，δ_{C-6} 43.7~51.3，δ_{C-7} 53.4~62.9。

2. C 环是不饱和的五元内酯环，各碳的化学位移出现在 δ_{C-9} 88.4~92.9，δ_{C-11} 172.8~174.6，δ_{C-12} 105.0~114.8，δ_{C-13} 163.9~174.1。

3．D 环的 14、15 位是脂环碳，15 位为连氧碳，$\delta_{\text{C-14}}$ 30.6~32.1，$\delta_{\text{C-15}}$ 77.9~81.0；如果形成双键，则 $\delta_{\text{C-14}}$ 121.3~125.4，$\delta_{\text{C-15}}$ 135.4~150.1。

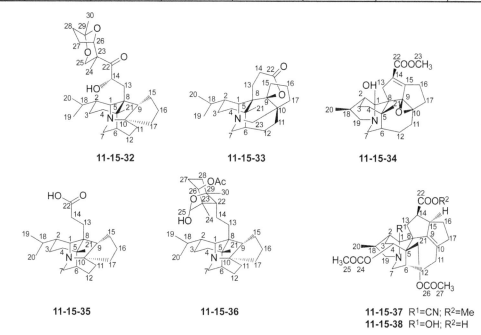

11-15-25 **11-15-26** **11-15-27** **11-15-28** **11-15-29** R¹=α-H; R²=OH **11-15-31**
11-15-30 R¹=β-H; R²=OCH₃

表 11-15-5　化合物 11-15-25~11-15-31 的 ^{13}C NMR 化学位移数据

C	11-15-25[11]	11-15-26[11]	11-15-27[11]	11-15-28[12]	11-15-29[12]	11-15-30[12]	11-15-31[13]
2	66.8	59.8	61.3	57.0	61.5	60.2	62.7
3	25.0	32.5	75.0	32.5	34.0	33.8	27.4
4	24.0	77.9	29.2	64.9	66.0	77.4	24.6
5	27.0	32.4	23.0	34.4	35.5	32.1	26.0
6	51.3	45.5	49.5	43.7	47.5	48.9	48.8
7	59.3	58.1	53.4	60.1	60.1	62.9	58.9
8	34.8	42.3	37.6	44.1	36.2	33.6	42.4
9	89.9	89.0	88.4	92.9	91.0	92.3	89.5
11	172.8	173.0	174.4	174.0	174.1	174.6	173.4
12	113.0	105.4	114.8	110.7	114.6	112.6	105.0
13	171.0	169.4	163.9	168.8	172.2	174.1	170.2
14	31.2	121.3	125.4	124.3	32.1	30.6	121.4
15	77.9	139.9	135.4	150.1	81.0	81.0	140.3
16	64.5						
17	15.5						
4-OMe		55.7				56.6	
15-OMe					58.1	58.2	

11-15-32

11-15-33

11-15-34

11-15-35

11-15-36

11-15-37 R¹=CN; R²=Me
11-15-38 R¹=OH; R²=H

表 11-15-6 化合物 11-15-32~11-15-38 的 ^{13}C NMR 化学位移数据

C	11-15-32[14]	11-15-33[14]	11-15-34[15]	11-15-35[15]	11-15-36[16]	11-15-37[17]	11-15-38[17]
1	62.4	61.5	99.4	66.2	60.9	72.2	101.0
2	37.8	40.5	43.8	39.1	44.6	43.1	41.8
3	21.7	18.9	21.9	27.1	27.6	27.8	27.2
4	39.8	37.4	36.4	37.3	40.2	71.8	71.0
5	37.1	37.8	40.6	38.8	38.0	41.4	44.9
6	37.8	46.4	44.3	40.4	48.7	34.6	33.4
7	46.2	57.3	59.0	47.5	41.7	57.8	57.6
8	47.5	39.5	48.9	49.1	37.8	49.5	51.6
9	52.9	97.5	83.5	52.4	52.5	143.4	141.5
10	77.3	51.1	72.9	80.0	51.6	138.5	139.5
11	25.2	29.9	27.0	29.2	23.9	25.2	24.6
12	28.4	29.1	29.3	22.3	21.6	27.1	26.5
13	30.2	24.5	41.7	28.5	37.0	39.2	37.7
14	73.5	40.5	126.5	35.8	35.4	42.5	42.4
15	31.0	30.5	160.7	30.6	26.9	55.7	56.9
16	25.1	27.0	33.9	26.7	23.9	29.1	28.8
17	36.1	38.1	22.5	41.2	37.0	43.4	43.4
18	30.5	31.3	34.9	31.9	29.7	36.5	32.7
19	20.8	21.1	64.4	21.6	21.4	64.3	63.4
20	20.9	21.4	14.4	22.1	21.6	15.2	14.4
21	23.8	28.1	24.5	25.6	21.7	66.2	66.0
22	212.6	172.9	164.9	181.2	56.0	174.8	179.6
23	50.5	65.8	51.4		51.4	51.2	
24	18.8				17.3	170.7	169.8
25	65.2				100.4	21.1	20.9
26	82.1				75.0	170.0	170.5
27	25.1				31.8	21.0	20.8
28	33.7				28.8		
29	105.3				85.1		
30	25.1				26.7		
31	170.4				172.0		
32	21.7				21.8		
CN						121.8	

11-15-39

11-15-40

11-15-41

11-15-42

11-15-43

11-15-44

表 11-15-7 化合物 11-15-39~11-15-44 的 ^{13}C NMR 化学位移数据[18]

C	11-15-39	11-15-40	11-15-41	11-15-42	11-15-43	11-15-44
1	29.2	28.4	28.2	29.5	28.9	28.5
2	21.3	21.2	20.3	21.2	21.2	20.1
3	54.0	53.8	52.9	54.1	53.0	52.9
5	47.7	47.6	43.2	47.4	47.8	43.6
6	30.3	30.0	23.0	30.9	31.1	22.3
7	76.4	75.5	140.1	75.8	76.2	127.0
8	52.8	52.2	137.7	51.7	52.6	135.2
9	60.5	60.0	58.0	60.1	60.4	59.5
10	192.5	192.7	198.3	191.2	193.1	163.0
11	112.8	116.3	59.3	113.7	115.6	32.7
12	164.3	168.1	196.6	167.8	169.0	25.6
13	122.5	38.2	128.4	35.6	39.5	35.4
14	139.7	63.8	151.6	62.4	43.3	56.7
15	31.9	39.4	32.6		40.7	41.8
16	22.5	25.4	33.0	66.8	26.4	172.0
14-CH$_3$				21.5		
16-CH$_3$	18.6	20.2	19.1	18.8	20.4	
12-CH$_3$						21.8
16-OCH$_3$						51.2

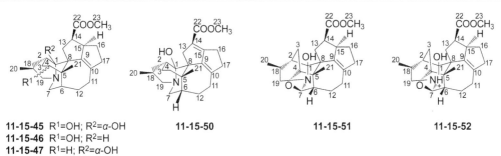

11-15-45 R^1=OH; R^2=α-OH
11-15-46 R^1=OH; R^2=H
11-15-47 R^1=H; R^2=α-OH
11-15-48 R^1=H; R^2=β-OH
11-15-49 R^1=H; R^2=H
11-15-50
11-15-51
11-15-52

表 11-15-8 化合物 11-15-45~11-15-52 的 ^{13}C NMR 化学位移数据[19]

C	11-15-45	11-15-46	11-15-47	11-15-48	11-15-49	11-15-50[20]	11-15-51	11-15-52
1	96.9	97.9	65.7	65.5	67.1	97.2	—	109.9
2	42.8	43.4	37.4	35.0	38.5	44.0	44.1	44.4
3	30.5	21.9	30.8	28.8	22.4	25.2	24.3	23.0
4	75.4	38.7	75.6	77.2	39.1	24.4	84.7	87.6
5	44.1	39.7	39.9	39.0	35.0	38.8	47.8	47.0
6	33.3	42.8	33.5	39.5	43.5	36.6	51.5	49.8
7	58.1	58.6	57.3	57.1	58.7	64.4	93.8	95.5
8	53.0	52.6	46.5	44.9	46.1	52.4	—	53.9
9	143.8	144.2	142.5	142.4	145.0	151.1	—	137.5
10	136.2	135.8	135.7	135.1	132.6	151.0	141.9	146.5
11	25.5	25.3	25.3	24.7	25.3	47.4	24.7	24.4
12	27.8	28.8	27.8	27.3	29.0	25.8	26.0	23.3

续表

C	11-15-45	11-15-46	11-15-47	11-15-48	11-15-49	11-15-50[20]	11-15-51	11-15-52
13	36.8	38.1	37.9	38.9	39.2	42.8	38.7	38.6
14	43.1	43.0	42.1	41.9	42.3	118.9	41.9	41.8
15	57.1	58.1	53.5	51.2	54.2	166.7	53.9	52.7
16	29.8	29.5	28.2	28.2	27.6	30.2	28.8	29.5
17	43.0	43.1	42.7	42.4	42.6	42.4	40.6	39.9
18	34.0	34.4	36.7	37.1	38.6	34.9	34.0	32.7
19	64.6	65.1	65.0	65.7	65.5	59.1	58.2	57.1
20	14.4	14.5	14.8	13.9	15.1	22.3	15.4	14.6
21	21.1	25.0	20.5	18.5	24.7	15.1	22.4	21.4
22	176.0	176.5	175.6	175.8	175.9	170.0	175.6	177.4
23	51.0	51.0	51.3	51.1	51.1	50.7	51.2	52.4

参 考 文 献

[1] Li X, Peng J, Onda M, et al. Heterocycles, 1989, 29 (9): 1797.

[2] Staerk D, Lykkeberg A K, Christensen J, et al. J Nat Prod, 2002, 65 (9): 1299.

[3] Abe F, Hirokawa M, Yamauchi T, et al. Chem Pharm Bull, 1998, 46 (5): 767.

[4] Abe F, Iwase Y, Yamauchi T, et al. Phytochemistry, 1995, 39 (3): 695.

[5] Komatsu H, Watanabe M, Ohyama M, et al. J Med Chem, 2001, 44 (11): 1833.

[6] Zhen Y Y, Huang X, Yu D, et al. Acta Botanica Sinica, 2002, 44 (3): 349.

[7] Kobayashi J, Inaba Y, Shiro M, et al. J Am Chem. Soc, 2001, 123 (46): 11402.

[8] Morita H, Yoshida N, Kobayashi J. J Org Chem, 2002, 67 (7): 2278.

[9] Gan X W, Bai, H Y, Chen Q G, et al. Chem Biodivers, 2006, 3(11): 1255.

[10] Zhan Z J, Rao G W, Hou X R, et al. Helv Chim Acta, 2009, 92(8): 1562.

[11] 王英, 李茜, 叶文才, 等. 中国天然药物, 2006, 4(4): 260.

[12] Wang G C, Wang Y, Zhang X Q, et al. Chem Pharm Bull, 2010, 58(3): 390.

[13] Beutler J A, Livant P. et al. J Nat Prod, 1984, 47 (4): 677.

[14] 张于, 何红平, 邸迎彤, 等. 天然产物研究与开发, 2009, 21(3): 435.

[15] Li Z Y, Peng S Y, Fang L, et al. Chem Biodivers, 2009, 6(1): 105.

[16] Mu S Z, Yang X W, Di Y T, et al. Chem Biodivers, 2007, 4(2): 129.

[17] Li Z Y, Gu Y C, Irwin D, et al. Chem Biodivers, 2009, 6(10): 1744.

[18] Katavic P L, Venables D A, Forster P I, et al. J Nat Prod, 2006, 69(9): 1295.

[19] Di Y T, He H P, Li C S, et al. J Nat Prod, 2006, 69(12): 1745.

[20] 郝小江, 周俊, 野出学, 等. 云南植物研究, 1993, 15(2): 205.

第十二章　萜类生物碱和甾烷类生物碱的 ^{13}C NMR 化学位移

第一节　单萜类生物碱和倍半萜类生物碱的 ^{13}C NMR 化学位移

一、单萜类生物碱的 ^{13}C NMR 化学位移

【结构特点】单萜类生物碱是由吡啶环或哌啶环和一个五元环并合而成的化合物。

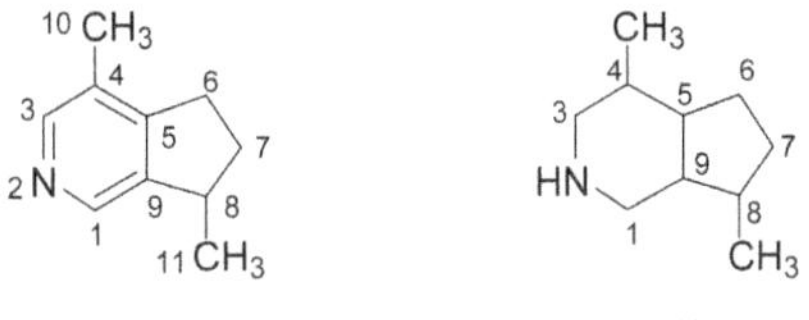

I　　　　II

基本结构骨架

【化学位移特征】

1．Ⅰ型结构中，1、3 位与氮原子相连接，由于受到氮原子的去屏蔽作用，它们的化学位移出现在 δ 135～145 之间；脂环碳的化学位移通常出现在 δ 30～40。

2．Ⅱ型结构中，1、3 位由于受到去屏蔽作用，它们的化学位移出现在 δ 57.1～58.3。其他碳的化学位移由于受到周围化学环境的影响而变化。

3．单萜类生物碱的独立甲基通常出现在 δ 14～20，氮甲基一般出现在 δ 45.8～47.4。

12-1-1

12-1-2

12-1-3

12-1-4

12-1-5

12-1-6

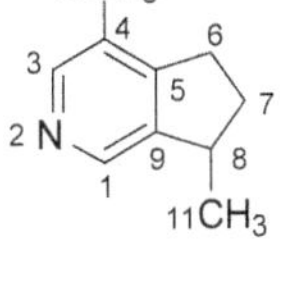

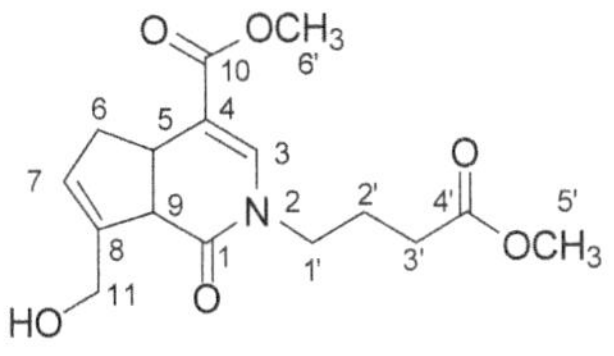

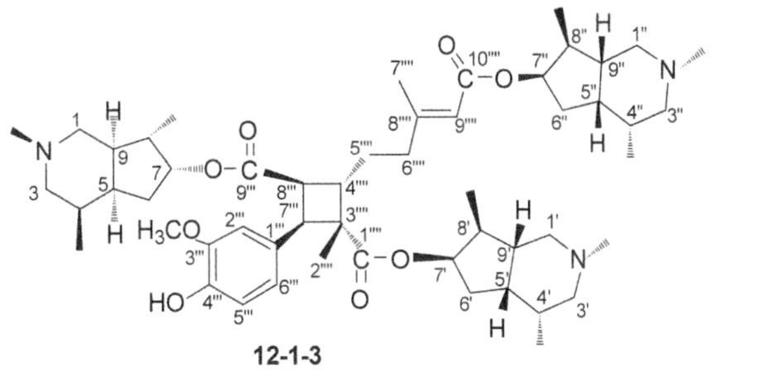

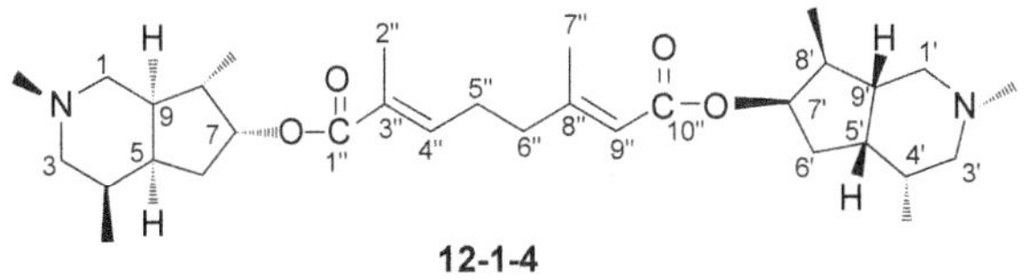

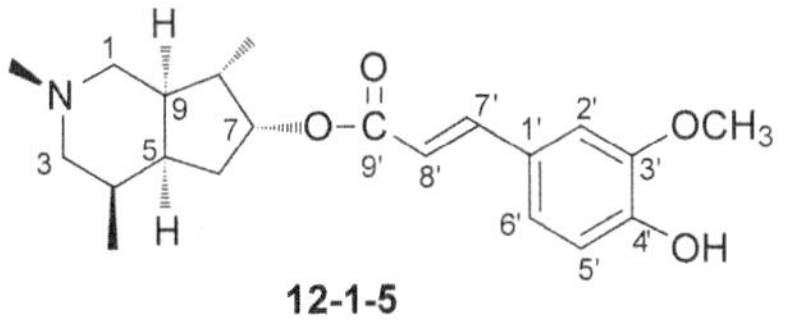

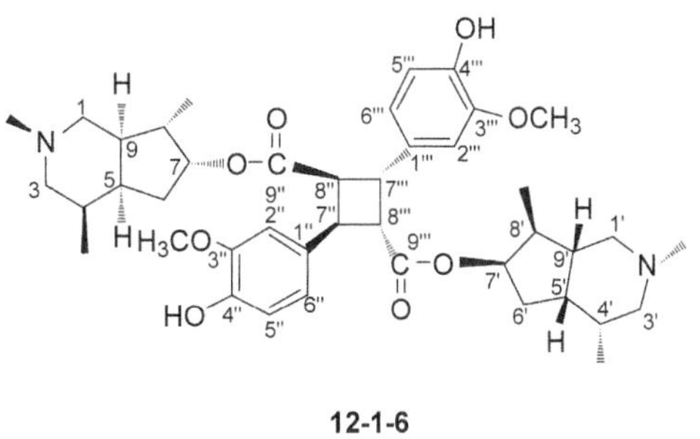

表 12-1-1 化合物 12-1-1~12-1-6 的 ^{13}C NMR 化学位移数据[3]

C	12-1-1[1]	12-1-2[2]	12-1-3	12-1-4	12-1-5	12-1-6
1	142.6	171.4	57.4	57.1	57.1	57.2
3	137.1	139.2	57.9	57.3	57.3	57.5
4	129.1	112.0	30.5	30.2	30.1	30.2
5	132.0	38.9	37.5	37.3	37.5	37.3
6	29.7	40.9	29.1	29.6	29.9	29.2
7	33.8	128.1	75.4	75.1	75.8	76.4
8	38.0	144.0	40.6	40.6	41.0	40.3
9	147.7	50.2	46.1	45.7	45.6	45.8
10	16.0	168.7				
11	20.1	61.7				
1′		47.9	57.7	57.1	126.4	57.3
2′		24.9		12.2	109.7	
3′		31.7	57.9	57.3	147.5	57.6
4′		175.0	30.7	30.1	148.9	30.2
5′		52.1	37.7	37.4	115.2	37.3
6′		52.0	29.9	29.7	123.8	29.7
7′			76.3	75.9	149.9	76.6
8′			40.7	40.7	115.3	40.4
9′			46.2	45.7	167.1	45.9
1″			57.7	57.1		130.2
2″				12.1		110.8
3″			58.3	128.7		145.3
4″			30.8	139.9		146.8
5″			37.7	26.4		114.7
6″			30.4	39.3		119.8
7″			76.9	18.6		40.3
8″			40.8	157.9		47.2
9″			46.3	116.2		171.7
10″				166.2		
1‴			130.9			130.4
2‴			110.2			110.9
3‴			145.6			145.5
4‴			146.5			146.9
5‴			114.4			114.7
6‴			120.1			120.3
7‴			42.9			41.7
8‴			50.3			47.8
9‴			172.7			171.9
1⁗			174.6			
2⁗			19.2			
3⁗			50.9			
4⁗			39.2			
5⁗			25.2			

续表

C	12-1-1[1]	12-1-2[2]	12-1-3	12-1-4	12-1-5	12-1-6
6''''			39.1			
7''''			18.9			
8''''			159.0			
9''''			115.9			
10''''			166.6			
2-CH₃			46.3	45.9	45.8	46.1
2'-CH₃			46.4	45.9		47.4
2''-CH₃			46.4			
4-CH₃			17.0	17.3	17.3	16.9
4'-CH₃			17.3	17.3		17.1
4''-CH₃			17.4			
8-CH₃			14.9	14.6	14.7	14.4
8'-CH₃			15.0	14.6		14.8
8''-CH₃			15.1			
3'-OCH₃					55.8	
3''-OCH₃						55.6
3'''-OCH₃			55.8			55.7

二、倍半萜类生物碱的 ^{13}C NMR 化学位移

倍半萜类生物碱的类型也有很多，如石斛碱类、萍蓬草碱类、吲哚倍半萜类以及吡啶倍半萜碱类等。下面仅就吡啶倍半萜碱类进行初步的探讨。

【结构特点】吡啶倍半萜生物碱是 2(2'')-二甲基丙酸-3(3'')-甲酸基吡啶与高度氧化的倍半萜形成的酯类的化合物。

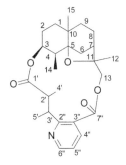

吡啶倍半萜生物碱基本结构骨架

【化学位移特征】

1. 这个高度氧化的沉香呋喃倍半萜的各碳化学位移 δ_{C-1} 70.8～74.5，δ_{C-2} 68.6～72.1，δ_{C-3} 74.8～77.8，δ_{C-4} 69.2～70.7，δ_{C-5} 92.9～93.4，δ_{C-6} 70.4～74.8，δ_{C-7} 49.3～62.3，δ_{C-8} 69.0～74.5，δ_{C-9} 68.1～79.2，δ_{C-10} 51.2～54.0，δ_{C-11} 83.6～86.7，δ_{C-12} 17.9～19.3，δ_{C-13} 69.8～70.7，δ_{C-14} 22.0～24.3，δ_{C-15} 60.0～61.7。

2. 二甲基丙酸的化学位移，$\delta_{C-1'}$ 172.3～175.2，$\delta_{C-2'}$ 44.5～45.2，$\delta_{C-3'}$ 36.3～38.4，$\delta_{C-4'}$ 9.5～10.0，$\delta_{C-5'}$ 11.8～12.4。

3．甲酸基吡啶的化学位移，$\delta_{\text{C-2}''}$ 165.0～165.5，$\delta_{\text{C-3}''}$ 125.0～126.0，$\delta_{\text{C-4}''}$ 137.5～138.6，$\delta_{\text{C-5}''}$ 120.7～122.0，$\delta_{\text{C-6}''}$ 147.4～152.7，$\delta_{\text{C-7}''}$ 162.6～169.1。

12-1-7 R1=R3=OAc; R2=OH; R4=R5=H; R6=Me
12-1-8 R1=OH; R2=R3=OAc; R4=R5=H; R6=Me
12-1-9 R1=R2=OH; R3=R5=H; R4=OAc; R6=Me
12-1-10 R1=R2=R3=OAc; R4=R6=H; R5=OH
12-1-11 R1=R2=R3=OAc; R4=R5=H; R6=Me

表 12-1-2 化合物 **12-1-7~12-1-11** 的 ^{13}C NMR 化学位移数据[4,5]

C	12-1-7	12-1-8	12-1-9	12-1-10	12-1-11	C	12-1-7	12-1-8	12-1-9	12-1-10	12-1-11
1	70.8	72.5	74.5	73.5	73.1	4″	138.6	137.7	137.6	137.8	138.0
2	69.6	72.1	70.5	68.7	69.4	5″	121.5	121.1	121.1	122.0	121.3
3	75.4	75.6	75.2	76.6	75.7	6″	151.4	151.5	151.5	147.4	151.7
4	70.5	69.9	70.2	69.2	70.5	7″	162.8	162.9	163.0	162.6	162.7
5	93.7	93.8	93.8	94.0	94.1	2‴	163.0	163.6	163.6	162.9	163.2
6	73.6	73.7	74.5	70.4	73.8	3‴	119.9	119.9	119.8	119.9	120.0
7	50.2	50.5	49.3	51.2	50.7	4‴	139.0	139.0	138.8	138.7	139.1
8	71.3	69.3	74.5	70.4	69.0	5‴	108.1	108.3	108.2	107.8	108.4
9	71.8	71.2	76.3	69.9	70.6	6‴	144.0	144.2	144.1	144.3	144.2
10	54.0	52.2	51.2	52.1	52.2	7‴	168.5	168.5	168.3	167.7	168.6
11	84.8	84.0	85.5	84.8	84.4	1-OAc	170.4			172.3	169.0
12	18.3	18.5	19.3	17.9	18.7		20.8			20.6	20.6
13	70.1	70.2	70.2	70.7	70.0	6-OAc	170.0	169.9	169.7	169.3	170.2
14	23.7	23.3	24.3	22.8	23.4		21.3	20.8	21.0	20.7	20.7
15	60.4	60.7	60.5	60.2	60.5	8-OAc	170.4	170.8	170.5	170.9	170.3
1′	173.9	173.8	173.8	172.3	174.0		21.3	21.3	21.3	21.3	21.2
2′	44.7	45.1	44.8	77.9	45.1	9-OAc		162.7		168.9	162.7
3′	36.7	36.6	36.6	38.4	36.5			21.1		21.5	21.5
4′	9.8	9.8	10.0	30.9	9.9	15-OAc	170.9	170.0	170.8	169.8	171.2
5′	12.2	12.1	12.4	28.3	12.0		21.7	21.6	21.7	21.8	21.8
2″	165.1	165.1	165.1	165.0	165.7	NMe	38.3	38.2	38.3	38.4	38.3
3″	125.2	125.1	125.2	126.0	125.1						

12-1-12 R^1=R^3=OAc; R^2=OFu
12-1-13 R^1=OFu; R^2=R^3=OAc
12-1-14 R^1=OBz; R^2=R^3=OAc
12-1-15 R^1=R^3=OAc; R^2=OBz
12-1-16 R^1=R^2=OAc; R^3=OBz

12-1-17

表 12-1-3　化合物 12-1-12~12-1-17 的 ^{13}C NMR 化学位移数据

C	12-1-12[4,5]	12-1-13[4,5]	12-1-14[4,5]	12-1-15[4,5]	12-1-16[6]	12-1-17[6]
1	73.2	73.1	73.2	73.2	72.3	71.5
2	68.7	68.7	69.0	68.7	68.6	68.6
3	75.7	75.6	75.6	75.8	74.9	74.8
4	70.6	70.6	70.7	70.6	69.9	70.5
5	93.7	94.0	94.0	93.7	92.9	95.2
6	73.9	74.2	74.2	74.8	74.7	73.5
7	50.3	50.5	50.4	50.4	49.4	61.8
8	68.9	68.8	69.0	69.1	73.4	195.6
9	70.6	70.2	70.6	70.8	73.9	79.2
10	52.1	52.7	52.6	52.2	51.4	52.5
11	84.1	84.3	84.4	84.2	84.7	86.0
12	18.5	18.6	18.6	18.4	19.3	19.2
13	69.8	69.8	69.9	69.9	70.1	70.0
14	22.9	23.8	24.1	22.9	23.7	23.4
15	60.0	60.0	61.0	60.0	60.4	60.5
1'	173.9	174.0	174.0	173.9	173.0	173.8
2'	44.9	44.9	44.9	45.0	44.8	44.5
3'	36.4	36.3	36.4	36.3	36.3	35.9
4'	9.5	9.7	9.7	9.6	9.7	9.8
5'	11.8	11.8	11.9	11.8	12.0	11.9
2"	165.0	165.4	165.4	165.2	165.1	165.4
3"	125.2	125.0	125.0	125.1	125.0	—
4"	137.5	137.7	137.7	137.7	137.9	137.6
5"	121.1	121.1	121.1	121.1	120.9	121.2
6"	151.5	151.5	151.5	151.5	151.6	151.7
7"	169.1	168.7	168.5	169.0	168.4	—
OBz					164.3	164.8
					129.3	129.7
					133.2	133.6
					128.9	128.6
1-OAc	169.0/20.5	169.3/20.5	169.5/20.4	169.1/20.5		169.0/21.4
2-OAc	168.0/21.0	168.5/21.1	168.5/21.1	168.5/21.1	169.7/20.7	168.2/21.1

续表

C	12-1-12[4,5]	12-1-13[4,5]	12-1-14[4,5]	12-1-15[4,5]	12-1-16[6]	12-1-17[6]
6-OAc		170.0/21.7	169.7/21.7		169.5/21.4	169.9/20.4
8-OAc	170.2/21.0	170.3/20.4	170.0/20.6	170.2/21.0	170.0/21.2	
9-OAc	168.8/ 20.4	169.0/20.3	169.0/20.2	168.6/20.4	165.1/20.3	
15-OAc	170.1/21.4			170.2/21.4	168.0/20.8	170.1/20.0

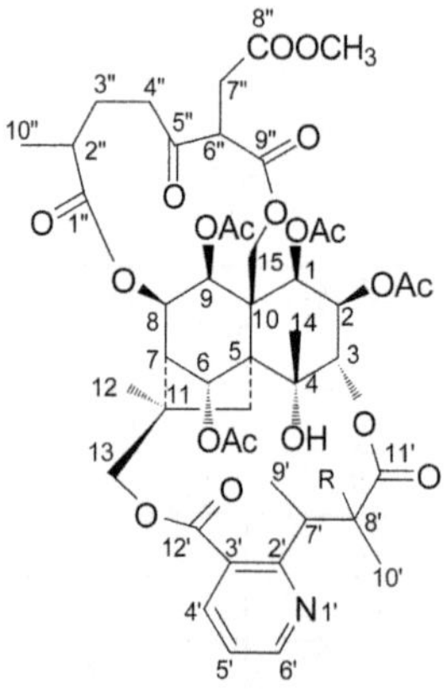

12-1-18 R=H
12-1-19 R=OH

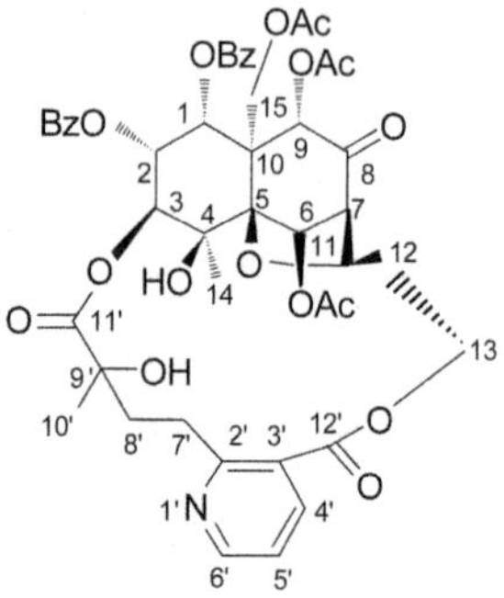

12-1-20

表 12-1-4 化合物 12-1-18~12-1-20 的 ^{13}C NMR 化学位移数据

C	12-1-18[7]	12-1-19[7]	12-1-20[8]
1	73.7	73.3	71.4
2	68.8	70.8	70.0
3	75.9	77.8	75.9
4	70.7	70.6	69.9
5	94.2	93.3	95.4
6	73.9	74.6	73.5
7	50.3	50.6	62.3
8	69.8	69.7	195.6
9	71.1	68.1	78.8
10	51.9	52.3	52.6
11	84.7	83.6	86.7
12	18.7	18.8	18.7
13	70.0	69.8	69.9
14	22.6	22.0	23.5
15	61.6	61.7	60.8
2'	165.5	151.5	164.9
3'	125.1	127.5	125.1
4'	138.0	151.8	137.9

续表

C	12-1-18[7]	12-1-19[7]	12-1-20[8]
5′	121.3	123.6	120.7
6′	151.7	152.7	152.3
7′	36.5	41.9	31.5
8′	45.2	76.8	38.8
9′	11.9	17.3	77.8
10′	9.8	24.1	27.8
11′	174.1	175.2	172.2
12′	168.1	167.7	167.9
1″	175.9	175.4	
2″	37.4	38.1	
3″	28.2	28.4	
4″	42.3	42.1	
5″	204.5	203.3	
6″	52.1	52.1	
7″	32.8	32.4	
8″	171.9	171.9	
9″	168.0	168.1	
10″	18.2	18.3	
OCOMe	169.1/20.5 168.6/21.1 170.3/21.9 168.9/20.6	168.7/20.5 169.1/20.4 169.9/21.8 168.5/21.0	169.2/21.4 169.4/19.6 169.8/20.5
8″-OMe	52.1	52.0	

参 考 文 献

[1] Jones K, Escudero-Hernandez M L. Tetrahedron, 1998, 54: 2275.

[2] Ono M, Ishimatsu N, Masuoka C, et al. Chem Pharm Bull, 2007, 55: 632.

[3] Chi Y M, Nakamura M, Zhao X Y, et al. Chem Pharm Bull, 2005, 53(9): 1178.

[4] Kuo Y H, Chen C H, King M L, et al. Phytochemistry, 1994, 35: 803.

[5] Duan H, Kawazoe K, Takaishi Y. Phytochemistry, 1997, 45: 617.

[6] de Almeida M T R, Rios-Luci C, Padron J M, et al. Phytochemistry, 2010, 71: 1741.

[7] Duan H Q, Takaishi Y, Imakura Y, et al. J Nat Prod, 2000, 63(3): 357.

[8] Nunez M J, Guadano A, Jimenez I A, et al. J Nat Prod, 2004, 67 (1): 14.

第二节　二萜类生物碱的 ¹³C NMR 化学位移

一、C₁₈和 C₁₉二萜生物碱的 ¹³C NMR 化学位移

【结构特点】C₁₈ 和 C₁₉ 二萜生物碱的骨架是相同的，仅仅是 C₁₈ 二萜生物碱（Ⅰ）比 C₁₉ 二萜生物碱（Ⅱ）少了一个 18 位的碳，它们的基本骨架如下。

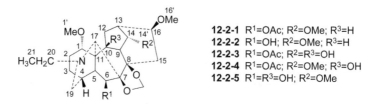

基本结构骨架

【化学位移特征】

1. C$_{18}$二萜生物碱类（Ⅰ）骨架上的取代基主要是连氧基团（羟基、甲氧基和乙酰氧基）。1位有连氧基团时，$\delta_{C\text{-}1}$ 77.0～86.5；6位有连氧基团时，$\delta_{C\text{-}6}$ 80.8～82.0；8位有连氧基团时，$\delta_{C\text{-}8}$ 73.1～73.9；10位有连氧基团时，$\delta_{C\text{-}10}$ 83.0～83.6；14位有连氧基团时，$\delta_{C\text{-}14}$ 72.8～83.7；16位有连氧基团时，$\delta_{C\text{-}16}$ 71.7～82.3。7,8位往往连接亚甲二氧基，$\delta_{C\text{-}7}$ 91.3～93.6，$\delta_{C\text{-}8}$ 80.1～84.5。17、19位连接于氮原子上时，$\delta_{C\text{-}17}$ 62.9～65.0，$\delta_{C\text{-}19}$ 43.8～56.0。在氮原子上往往还连接一个乙基，其化学位移出现在 $\delta_{C\text{-}20}$ 49.6～50.8，$\delta_{C\text{-}21}$ 13.1～13.9。

2. C$_{19}$二萜生物碱类（Ⅱ）骨架上的取代基主要也是连氧基团（羟基、甲氧基和乙酰氧基或其他有机酰氧基）。1位有连氧基团时，$\delta_{C\text{-}1}$ 72.4～85.6；2位有羟基时，$\delta_{C\text{-}2}$ 62.3；3位有连氧基团时，$\delta_{C\text{-}3}$ 73.8～78.1；6位有连氧基团时，$\delta_{C\text{-}6}$ 77.2～90.9；8位有连氧基团时，$\delta_{C\text{-}8}$ 84.0～92.5；10位有连氧基团时，$\delta_{C\text{-}10}$ 78.1～82.4；13位有连氧基团时，$\delta_{C\text{-}13}$ 74.3～75.6；14位有连氧基团时，$\delta_{C\text{-}14}$ 72.6～84.5；15位有连氧基团时，$\delta_{C\text{-}15}$ 78.9；16位有连氧基团时，$\delta_{C\text{-}16}$ 72.2～91.6；18位有连氧基团时，$\delta_{C\text{-}18}$ 69.3～81.2。7,8位往往也连接亚甲二氧基，$\delta_{C\text{-}7}$ 87.8～94.1，$\delta_{C\text{-}8}$ 77.2～84.8。17、19位连接于氮原子上时，$\delta_{C\text{-}17}$ 55.3～65.7，$\delta_{C\text{-}19}$ 49.3～57.5。在氮原子上往往也还连接一个乙基，其化学位移出现在 $\delta_{C\text{-}20}$ 48.1～51.2，$\delta_{C\text{-}21}$ 12.2～14.3。

12-2-1 R^1=OAc; R^2=OMe; R^3=H
12-2-2 R^1=OH; R^2=OMe; R^3=H
12-2-3 R^1=OAc; R^2=R^3=OH
12-2-4 R^1=OAc; R^2=OMe; R^3=OH
12-2-5 R^1=R^3=OH; R^2=OMe

表 12-2-1 化合物 **12-2-1～12-2-5** 的 ^{13}C NMR 化学位移数据[1]

C	12-2-1	12-2-2	12-2-3	12-2-4	12-2-5	C	12-2-1	12-2-2	12-2-3	12-2-4	12-2-5
1	82.4	83.0	77.2	77.1	77.0	14	83.3	83.3	72.8	81.5	81.5
2	26.4	26.4	25.8	26.1	26.0	15	33.9	33.5	37.5	39.5	38.7
3	29.2	29.2	29.6	28.3	28.9	16	81.7	81.9	81.2	81.5	81.6
4	38.4	37.9	33.6	33.5	34.3	17	64.4	64.4	65.0	63.9	63.9
5	50.2	51.0	44.8	44.7	45.5	19	50.5	50.8	50.6	50.2	50.5
6	81.1	81.5	81.1	81.5	82.0	20	50.3	50.8	50.6	50.2	50.7
7	92.0	92.9	93.0	91.3	92.2	21	13.8	13.5	13.9	13.4	13.4
8	83.5	84.5	80.1	81.6	82.3	1′	55.8	55.7	55.7	55.4	55.6
9	48.0	47.6	52.1	50.1	50.5	14′	57.7	57.7		57.6	57.7
10	39.7	40.2	83.1	83.6	83.0	16′	56.2	56.1	56.3	56.3	56.1
11	49.9	50.2	54.7	55.1	55.3	OCH$_2$O	93.5	92.9	94.2	93.9	93.2
12	28.3	28.3	36.9	34.9	34.4	OAc	170.4		170.6	170.2	
13	34.2	34.7	37.5	36.0	37.4		21.6		21.7	21.6	

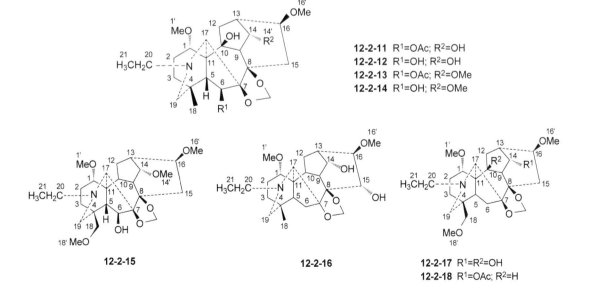

12-2-6 R¹=R²=OH
12-2-7 R¹=H; R²=OH

12-2-8 R¹=H; R²=OH
12-2-9 R¹=H; R²=OAc
12-2-10 R¹=R²=OH

表 12-2-2 化合物 **12-2-6~12-2-10** 的 ¹³C NMR 化学位移数据

C	12-2-6[2]	12-2-7[2]	12-2-8[3]	12-2-9[4]	12-2-10[5]	C	12-2-6[2]	12-2-7[2]	12-2-8[3]	12-2-9[4]	12-2-10[5]
1	77.1	83.8	86.5	86.1	84.3	14	82.4	83.7	75.6	77.6	75.5
2	25.9	25.8	29.1	26.3	35.2	15	37.8	37.0	39.3	41.4	39.3
3	28.6	28.9	36.6	36.8	70.7	16	71.7	72.1	82.3	81.9	82.1
4	33.7	33.9	30.0	35.3	44.2	17	64.7	64.8	63.1	62.9	62.9
5	44.5	49.6	45.6	49.5	43.0	19	50.6	50.7	50.4	56.0	43.8
6	81.4	80.8	27.2	28.3①	28.5	20	50.3	50.6	49.6	50.3	49.6
7	92.8	93.6	46.2	48.7	45.8	21	13.9	13.9	13.6	13.1	13.5
8	80.4	81.6	73.2	73.9	73.1	1'	55.7	55.9	56.4	56.0	56.4
9	47.9	38.6	47.2	46.3	47.0	14'	58.0	57.9			
10	83.1	47.9	38.3	35.5	45.2	16'			56.4	56.5	56.4
11	54.6	49.3	48.8	50.3	47.9	OCH₂O	93.9	93.7			
12	37.8	27.1	26.2	29.1①	27.3	OAc	170.2/ 21.7	170.3/ 21.6		171.5/ 21.1	
13	40.1	40.1	45.7	44.7	38.1						

① 此处两个数据可能互换。

12-2-11 R¹=OAc; R²=OH
12-2-12 R¹=OH; R²=OH
12-2-13 R¹=OAc; R²=OMe
12-2-14 R¹=OH; R²=OMe

12-2-15

12-2-16

12-2-17 R¹=R²=OH
12-2-18 R¹=OAc; R²=H

表 12-2-3 化合物 **12-2-11~12-2-18** 的 ^{13}C NMR 化学位移数据

C	12-2-11[6]	12-2-12[6]	12-2-13[6]	12-2-14[6]	12-2-15[6]	12-2-16[7]	12-2-17[4]	12-2-18[4]
1	78.7	79.9	79.2	80.2	83.1	84.1	77.9	83.7
2	26.4	26.4	27.1	27.0	26.4	26.3	26.0	26.5
3	37.6	36.9	39.4	38.7	31.8	36.9	32.1	32.3
4	34.0	33.9	33.7	33.6	38.1	34.3	38.2	38.1
5	51.8	51.9	50.4	51.0	52.6	56.1	39.3	43.3
6	77.2	77.3	77.3	77.4	78.9	32.0	32.3	32.0
7	93.0	93.4	91.6	92.4	92.7	94.1	91.7	90.8
8	82.9	82.8	83.8	83.5	83.9	84.8	82.6	81.3
9	50.4	51.6	50.4	51.5	48.1	42.8	55.4	47.0
10	79.9	80.5	81.6	82.4	40.3	47.7	78.1	36.5
11	55.1	55.4	56.0	56.2	50.2	49.7	55.7	50.7
12	36.5	36.7	36.5	36.8	28.1	26.9	36.9	27.3
13	36.6	36.5	38.5	37.6	37.9	36.1	36.3	44.2
14	72.8	72.6	81.7①	81.6	82.5	74.7	72.8	75.2
15	32.9	33.2	34.8	34.3	33.3	78.9	32.8	33.5
16	81.2	81.2	81.5①	81.6	81.8	91.6	81.1	81.3
17	64.4	64.0	63.5	63.2	63.9	63.9	62.6	62.1
18	25.5	25.4	25.7	25.6	78.9	25.0	78.8	78.9
19	56.9	57.2	56.9	57.3	53.7	57.5	52.3	52.4
20	50.4	50.5	50.2	50.4	50.7	50.7	50.6	50.7
21	14.0	14.0	13.8	13.9	14.0	14.1	14.0	14.0
1′	55.6	55.6	55.3	55.5	55.5	56.0	55.7	55.8
14′			57.7	57.9	57.8			
16′	56.3	56.3	56.2	56.2	56.3	56.5	56.4	56.2
18′					59.6		59.5	59.5
OCH₂O	94.0	93.4	93.9	93.3	92.9	93.2	93.8	93.3
OAc	170.2/21.8		169.9/21.8					171.7/21.4

① 此处两个数据可能互换。

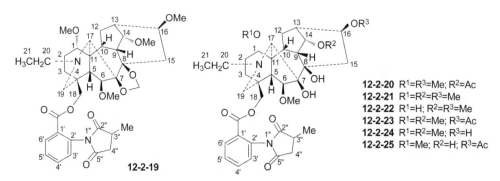

12-2-19

12-2-20 R¹=R³=Me; R²=Ac
12-2-21 R¹=R²=R³=Me
12-2-22 R¹=H; R²=R³=Me
12-2-23 R¹=R²=Me; R³=Ac
12-2-24 R¹=R²=Me; R³=H
12-2-25 R¹=Me; R²=H; R³=Ac

表 12-2-4 化合物 12-2-19~12-2-25 的 ¹³C NMR 化学位移数据

C	12-2-19[8]	12-2-20[9]	12-2-21[10]	12-2-22[11]	12-2-23[11]	12-2-24[12]	12-2-25[12]
1	83.4	83.8	83.9	72.4	84.1	84.7	84.2
2	27.8	26.0	26.0	26.9	26.2	25.5	25.6
3	31.7	32.0	32.0	29.1	28.3	27.5	28.1
4	37.2	37.5	37.6	36.7	37.8	37.5	37.8
5	53.4	42.5	50.3	45.2	50.3	51.1	50.0
6	89.3	90.5	90.8	90.7	90.9	90.8	90.4
7	92.1	88.2	88.5	87.8	88.7	88.7	88.2
8	83.3	77.4	77.4	78.4	77.4	77.4	77.2
9	48.4	49.9	43.2	43.3	43.7	43.7	44.9
10	39.9	38.1	46.1	43.9	45.9	45.9	45.6
11	50.0	48.9	49.0	49.5	49.1	49.1	48.6
12	26.4	28.1	28.7	30.4	29.9	29.9	29.7
13	38.6	45.7	38.0	37.7	38.1	38.1	39.5
14	81.2	75.9	83.9	84.5	83.5	83.5	73.8
15	34.8	33.7	33.6	33.5	33.3	33.3	33.6
16	81.6	82.3	82.5	82.9	74.9	72.2	74.7
17	64.1	64.5	64.5	65.7	64.7	64.7	64.9
18	69.8	69.3	69.5	69.2	69.7	69.6	69.4
19	52.8	52.2	52.3	56.9	52.6	52.4	52.3
20	50.5	51.0	50.9	50.2	51.2	51.1	51.2
21	13.9	14.1	14.0	13.4	14.3	14.2	14.2
1'	127.1	126.9	127.1	126.9	127.2	127.2	127.2
2'	133.0	133.0	133.1	133.1	133.3	133.3	133.1
3'	129.9	120.0	130.0	129.4	129.6	129.6	129.4
4'	133.6	131.0	133.6	133.7	133.9	133.9	133.7
5'	129.4	133.7	129.4	130.8	131.0	131.0	131.0
6'	131.2	139.4	131.0	130.0	130.3	130.3	130.1
2"	175.9	175.8	175.8	175.8	175.9	175.9	175.8
3"	35.4,35.2	35.2	35.3	35.3	35.1	35.1	35.3
4"	37.0	37.0	37.0	36.9	37.1	37.1	37.0
5"	179.9	179.8	179.8	179.7	180.0	180.0	179.8
OMe	55.2 58.9 57.8 56.2	55.8 58.1 56.2	55.7 58.2 57.5 56.3	 57.7 57.9 56.2	55.9 57.9 58.4	56.0 58.2 58.4	55.9 58.3
OAc		171.9/21.5			170.9/21.7		170.5/21.5
OC=O	164.1	164.0	164.1	164.2	164.4	164.4	164.2
OCH₂O	93.5						
CH₃	16.6,16.3	16.4	16.4	16.3	16.5	16.5	16.4

12-2-26 R^1=OH; R^2=Et
12-2-27 R^1=R^2=H

12-2-28 R=α-OH
12-2-29 R=β-OH

12-2-30

12-2-31

12-2-32

12-2-33

表 12-2-5 化合物 12-2-26~12-2-33 的 ^{13}C NMR 化学位移数据

C	12-2-26[13]	12-2-27[14]	12-2-28[14]	12-2-29[14]	12-2-30[14]	12-2-31[14]	12-2-32[15]	12-2-33[16]
1	85.6	83.1	28.9	25.8	83.5	84.9	83.9	80.1
2	62.3	23.4	28.9	27.7	22.5	25.5	125.3	26.6
3	42.1	35.2	73.8	78.1	35.8	31.0	137.6	37.3
4	38.9	39.0	43.0	42.3	46.5	41.0	40.9	33.6
5	49.4	44.1	48.6	42.6	53.9	50.7	47.5	50.2
6	82.2	82.5	83.1	83.3	82.0	81.4	81.3	79.7
7	49.7	53.4	48.3	48.2	42.8	50.6	42.6	92.5
8	85.3	85.5	85.9	85.7	84.2	84.0	92.5	82.0
9	45.6	40.2	44.0	44.2	40.1	42.5	44.1	51.4
10	40.8	43.6	40.4	40.5	45.7	45.7	41.2	80.7
11	52.7	50.3	45.8	45.9	51.5	51.3	48.7	55.7
12	37.7	29.0	36.9	36.8	27.8	33.6	34.2	36.8
13	74.7	74.5	74.5	74.7	74.6	75.6	74.3	39.7
14	78.4	78.7	78.5	78.6	78.6	78.5	79.1	76.8
15	39.5	39.7	40.0	40.1	38.6	40.1	79.7	33.8
16	83.7	83.1	83.7	83.9	82.1	83.4	89.9	72.9
17	60.7	55.3	63.8	64.3	61.2	60.1	59.2	63.3
18	79.1	79.9	76.4	81.2	77.8	77.8	78.5	25.4

续表

C	12-2-26[13]	12-2-27[14]	12-2-28[14]	12-2-29[14]	12-2-30[14]	12-2-31[14]	12-2-32[15]	12-2-33[16]
19	51.8	49.3	50.8	50.8	165.8	124.0	52.2	57.1
20	48.8		48.6	48.7			48.1	50.3
21	12.2		13.2	13.2			12.6	13.8
1'	122.6	122.3	122.3	122.5	122.4	122.3	130.0	130.1
2'(6')	131.7	131.5	131.4	131.5	131.6	131.6	129.6	129.6
3'(5')	113.8	113.6	113.6	113.6	113.7	113.7	128.6	128.4
4'	163.5	163.3	163.3	163.3	163.4	163.4	133.2	133.0
7'								166.0
OMe	56.0 58.1 58.8 59.0	57.5 58.6 57.7 59.0	57.4 58.7 58.9	57.5 58.7 58.9	55.9 58.7 57.1 59.0	56.1 58.7 57.1 59.5	56.0 57.9 61.2 59.0	55.3
OCOCH₃	169.8/ 21.6	169.5/ 21.4	169.6/ 21.4	169.5/ 21.5	169.5/ 21.4	169.7/ 21.4	172.2/ 21.4	
OC=O	166.1	165.7	165.6	165.7	165.8	168.0	165.9	
S-Me								38.5
OCH₂O								93.5
Ar-OMe	55.4	55.3	55.2	55.3	55.3	55.4		

二、C₂₀ 二萜生物碱的 ¹³C NMR 化学位移

C₂₀ 二萜生物碱的结构类型（Ⅰ～Ⅴ）比较多，这里将其骨架列出，供参考。

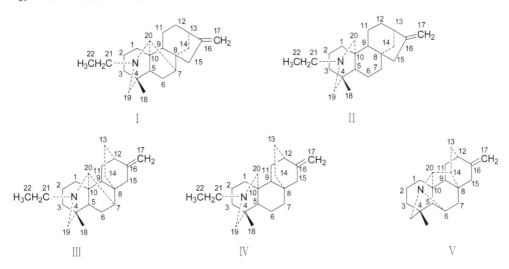

基本结构骨架

【化学位移特征】

1. C₂₀ 二萜生物碱不管是哪种类型，大多数化合物都具有 16,17 位双键，$\delta_{C\text{-}16}$ 140.8～161.2，$\delta_{C\text{-}17}$ 103.6～111.9。

2. 对于类型 Ⅰ（化合物 **12-2-43～12-2-47**），连接的取代基有：1 位的连氧基团，$\delta_{C\text{-}1}$ 67.9～70.9；11 位的连氧基团，$\delta_{C\text{-}11}$ 71.6；12 位的连氧基团，$\delta_{C\text{-}12}$ 67.0～77.4；15 位的连氧基团，$\delta_{C\text{-}15}$

76.7~79.7；16位的连氧基团，δ_{C-16} 89.2。有的化合物的12位被氧化为羰基，δ_{C-12} 208.5~209.6。19、20位连接氮原子，则 δ_{C-19} 57.1~60.4，δ_{C-20} 65.7~71.0。如果19位还连接有羟基，则 δ_{C-19} 92.2。在氮原子上还连接乙基，其化学位移出现在 δ_{C-21} 48.5~50.9，δ_{C-22} 13.4~14.2。对于4、8和10位季碳，δ_{C-4} 33.6~37.8，δ_{C-8} 43.1~51.0，δ_{C-10} 46.0~52.6。

3. 对于类型Ⅱ（化合物 **12-2-34~12-2-42**），15位具有连氧基团时，δ_{C-15} 80.6~84.3。19、20位连接氮原子，δ_{C-19} 52.8~62.7，δ_{C-20} 48.0~58.2。如果19位还连有连氧基团，δ_{C-19} 98.2。如果20位还连有连氧基团，δ_{C-20} 92.6~93.3。如果20位与氮原子之间为双键，δ_{C-20} 165.8~165.9。21位连接氮原子，22位往往与19位或20位形成新的氧环结构，δ_{C-21} 49.8~57.8，δ_{C-22} 58.7~64.3。对于4、8和10位季碳，δ_{C-4} 32.7~40.3，δ_{C-8} 47.0~47.5，δ_{C-10} 35.9~45.5。

4. 对于类型Ⅲ（化合物 **12-2-48**、**12-2-60**、**12-2-61** 和 **12-2-65**），如果1位有连氧基团，δ_{C-1} 69.6~74.3；11位有连氧基团，δ_{C-11} 64.8；13位有连氧基团，δ_{C-13} 71.5；15位有连氧基团，δ_{C-15} 85.2~87.5；16位有连氧基团，δ_{C-16} 67.1~67.9。19、20位连接氮原子，δ_{C-19} 57.0~59.1，δ_{C-20} 67.1~69.5。在氮原子上还连接乙基，其化学位移出现在 δ_{C-21} 51.0~51.1，δ_{C-22} 13.5~13.6。对于4、8和10位季碳，δ_{C-4} 33.5~34.1，δ_{C-8} 42.0~43.4，δ_{C-10} 48.0~53.9。

5. 对于类型Ⅳ（化合物 **12-2-49~12-2-59**），如果7位上连接羟基，δ_{C-7} 70.6；15位上连接羟基，δ_{C-15} 71.9~77.2；有时7位被氧化为羰基，δ_{C-7} 211.5~215.8。19、20位连接氮原子，δ_{C-19} 51.8~62.7，δ_{C-20} 45.6~58.2。如果19位还连有连氧基团，δ_{C-19} 98.2。如果20位还连有连氧基团，δ_{C-20} 92.6~93.3。如果20位与氮原子之间为双键，δ_{C-20} 165.8~165.9。对于4、8和10位季碳，δ_{C-4} 28.2~38.1，δ_{C-8} 36.7~42.6，δ_{C-10} 35.7~42.5。

6. 对于类型Ⅴ（化合物 **12-2-62~12-2-64**），如果2位有连氧基团，δ_{C-2} 67.9；6位有连氧基团，δ_{C-6} 64.7~73.0；11位有连氧基团，δ_{C-11} 74.7~77.4；13位有连氧基团，δ_{C-13} 79.6~81.7；14位有连氧基团，δ_{C-14} 78.6~80.0。如果2,3位为双键，δ_{C-2} 122.3，δ_{C-3} 134.8；15，16位为双键，δ_{C-15} 126.0，δ_{C-16} 139.7；16,17位为双键，δ_{C-16} 140.8~150.9，δ_{C-17} 103.6~111.1。19,20位连接氮原子，δ_{C-19} 59.4~68.7，δ_{C-20} 64.5~69.2。化合物 **12-2-64** 受到两个羰基的影响，向低场位移，δ_{C-20} 80.9；两个羰基出现在 δ_{C-2} 209.3，δ_{C-6} 204.8。对于4、8和10位季碳，δ_{C-4} 35.7~41.1，δ_{C-8} 40.2~48.5，δ_{C-10} 46.6~47.5。

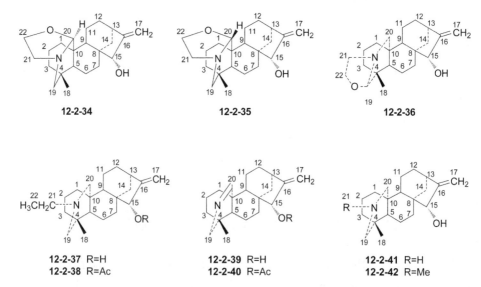

12-2-34 12-2-35 12-2-36

12-2-37 R=H
12-2-38 R=Ac

12-2-39 R=H
12-2-40 R=Ac

12-2-41 R=H
12-2-42 R=Me

表 12-2-6 化合物 **12-2-34~12-2-42** 的 ¹³C NMR 化学位移数据[17]

C	12-2-34	12-2-35	2-2-36	12-2-37	12-2-38	12-2-39	12-2-40	12-2-41	12-2-42
1	41.7	41.3	40.6	41.2	41.6	42.3	42.4	40.8	41.7
2	18.6	19.2	20.6	18.5	18.3	18.3	18.4	18.3	18.2
3	37.1	37.1	40.6	40.7	40.9	34.9	35.4	40.3	41.2
4	34.1	34.1	40.3	33.6	33.6	32.9	32.9	32.7	33.8
5	52.8	52.3	50.6	50.4	49.9	49.7	49.0	51.0	50.6
6	18.6	17.4	18.2	18.2	18.3	18.3	18.4	18.3	18.2
7	33.9	33.9	33.8	33.2	32.7	32.9	31.8	33.6	33.4
8	47.3	47.5	47.4	47.2	47.0	47.3	47.0	47.5	47.4
9	51.6	51.1	49.1	50.0	49.9	49.7	49.0	50.7	50.0
10	40.6	40.3	35.9	40.2	40.2	45.5	45.5	39.2	40.3
11	22.7	21.8	22.3	23.4	22.4	20.9	20.6	23.7	22.7
12	31.2	30.3	32.4	32.3	32.4	32.9	33.1	32.3	32.4
13	42.4	42.4	41.7	41.7	41.9	42.3	42.2	41.9	41.9
14	35.1	35.1	36.8	36.8	37.6	34.6	34.9	36.5	36.7
15	82.8	84.3	82.7	82.3	82.7	80.6	81.3	82.7	82.8
16	160.7	161.2	159.6	159.1	154.8	159.7	154.8	160.0	159.9
17	107.4	107.8	108.5	108.2	109.9	107.9	109.8	108.3	108.3
18	25.9	26.4	24.4	26.4	26.3	26.0	26.0	26.6	26.5
19	56.4	55.9	98.2	60.2	60.3	58.9	59.5	52.8	62.7
20	92.6	93.3	51.1	55.9	55.8	165.8	165.9	48.0	58.2
21	50.2	49.8	54.8	57.8	57.2				47.0
22	64.3	58.8	58.7	60.6	61.4				
Ac					170.2/21.0		170.1/21.0		

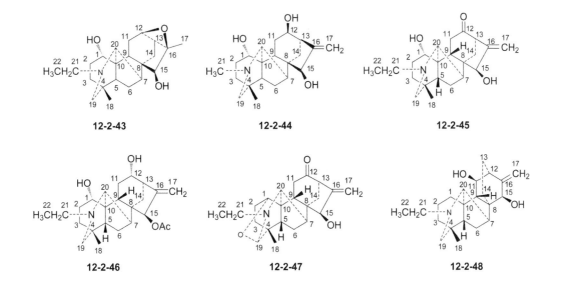

12-2-43   **12-2-44**   **12-2-45**

12-2-46   **12-2-47**   **12-2-48**

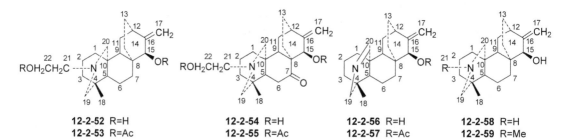

表 12-2-7 化合物 12-2-43~12-2-51 的 ^{13}C NMR 化学位移数据

C	12-2-43[18]	12-2-44[18]	12-2-45[19]	12-2-46[20]	12-2-47[21]	12-2-48[22, 23]	12-2-49[24]	12-2-50[17,25]	12-2-51[26]
1	70.9	70.0	70.1	69.9	67.9	26.1	30.0	42.0	40.3
2	32.1	31.6	31.5	31.6	24.3	20.4	21.0	21.7	22.0
3	38.0	36.3	31.9	30.5	29.7	40.1	41.1	40.9	39.6
4	33.8	33.8	34.0	34.0	37.8	33.6	33.4	28.2	38.1
5	51.3	48.2	49.0	47.7	46.0	52.0	44.1	48.9	46.4
6	22.5	23.5	23.0	23.7	24.0	22.6	26.5	18.5	20.7
7	43.4	43.2	43.4	43.7	48.5	46.9	72.1	32.0	70.6
8	49.2	51.0	49.7	49.6	50.2	43.1	41.5	37.5	42.6
9	38.1	37.2	35.1	37.7	31.4	52.5	40.1	39.6	39.6
10	51.4	52.6	52.1	52.5	51.8	46.0	35.2	40.4	35.7
11	26.0	29.5	37.3	29.1	37.4	71.6	25.1	28.2	28.4
12	77.4	67.0	209.6	75.5	208.5	41.5	36.7	36.6	36.2
13	38.5	43.9	53.6	48.8	53.1	24.0	26.3	27.7	28.2
14	28.7	32.6	38.0	36.5	31.3	27.2	26.9	25.5	25.5
15	79.7	77.0	76.9	77.5	77.0	76.7	75.2	77.0	71.9
16	89.2	155.1	150.3	153.1	149.8	154.2	156.7	157.5	155.8
17	21.8	111.4	111.1	109.5	111.9	109.6	107.9	108.4	110.1
18	25.9	26.2	26.0	26.4	18.9	26.6	25.0	26.1	24.3
19	57.3	60.4	57.2	57.9	92.9	57.1	51.4	53.3	98.3
20	66.4	67.7	65.8	65.7	66.2	71.0	87.7	94.2	49.5
21	50.9	44.0	50.8	50.8	48.5	50.2	57.9	50.3	54.9
22	13.6		13.5	13.4	14.2	13.5	57.1	59.2	58.8

表 12-2-8 化合物 12-2-52~12-2-59 的 ^{13}C NMR 化学位移数据[17]

C	12-2-52	12-2-53	12-2-54	12-2-55	12-2-56	12-2-57	12-2-58	12-2-59
1	40.2	40.5	40.7	41.0	42.4	42.4	40.6	41.9
2	23.2	23.2	22.6	23.3	20.0	20.0	23.3	22.5

续表

C	12-2-52	12-2-53	12-2-54	12-2-55	12-2-56	12-2-57	12-2-58	12-2-59
3	41.4	41.8	39.1	39.3	34.1	34.1	31.5	40.7
4	33.6	33.6	33.5	33.5	32.8	32.9	32.4	33.7
5	49.6	49.9	47.9	47.4	46.9	47.0	49.7	45.5
6	17.4	17.3	36.2	36.2	19.6	19.4	17.6	17.4
7	31.5	31.9	215.8	211.5	31.0	31.2	31.6	31.7
8	37.4	36.8	53.0	50.8	37.4	36.7	37.5	37.6
9	39.5	40.5	41.6	42.3	38.1	39.2	39.7	39.6
10	38.0	38.2	37.2	37.3	42.5	42.5	36.5	38.2
11	28.0	28.0	28.0	27.8	28.1	28.0	28.0	28.2
12	36.4	36.4	36.0	36.1	36.0	35.9	35.5	36.5
13	27.7	27.4	26.6	26.8	26.1	25.8	27.7	27.7
14	26.4	26.3	25.3	25.6	25.5	25.0	26.4	26.5
15	76.8	77.2	72.8	73.6	75.2	76.2	76.7	77.0
16	156.3	151.3	151.5	149.2	156.2	151.1	156.4	156.8
17	109.6	110.7	109.5	110.8	108.9	110.1	109.5	109.5
18	26.4	26.3	25.8	25.6	25.8	25.8	26.4	26.4
19	60.2	60.4	58.9	59.1	60.2	60.7	51.8	62.7
20	54.0	53.9	53.5	52.9	166.4	165.1	45.6	56.2
21	58.0	57.2	58.0	57.0				46.9
22	60.7	61.6	60.5	61.1				
Ac		170.9/21.3 170.6/20.9		170.3/21.9 169.9/21.0		170.8/21.2		

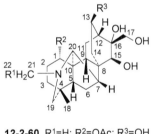

12-2-60 R^1=H; R^2=OAc; R^3=OH
12-2-61 R^1=Me; R^2=OH; R^3=H

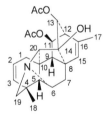

12-2-62

12-2-63

12-2-64

12-2-65

表 12-2-9 化合物 12-2-60~12-2-65 的 ^{13}C NMR 化学位移数据

C	12-2-60[27]	12-2-61[27]	12-2-62[28]	12-2-63[29]	12-2-64[30]	12-2-65[18]
1	74.3	70.9	28.1	29.9	49.1	69.6
2	26.5	31.6	122.3	67.9	209.3	30.5
3	38.0	38.4	134.8	36.2	55.8	38.8

续表

C	12-2-60[27]	12-2-61[27]	12-2-62[28]	12-2-63[29]	12-2-64[30]	12-2-65[18]
4	33.6	33.5	39.2	35.7	41.1	34.1
5	53.0	53.1	56.7	56.8	58.9	54.2
6	23.2	23.8	73.0	64.7	204.8	23.4
7	41.7	36.8	30.0	29.8	52.6	43.1
8	43.4	42.6	48.5	44.9	40.2	42.0
9	38.5	50.8	46.3	51.6	49.4	47.5
10	48.0	48.5	46.6	46.6	47.5	53.9
11	22.9	21.5	77.4	74.7	27.7	64.8
12	40.1	42.4	45.7	45.5	34.0	44.1
13	71.5	23.7	79.6	81.7	36.1	24.8
14	40.0	26.9	80.0	78.6	45.5	28.1
15	86.5	87.5	126.0	29.9	35.6	85.2
16	80.5	78.8	139.7	140.8	150.9	79.5
17	67.1	67.9	19.4	111.1	103.6	67.1
18	25.8	26.8	26.2	29.2	29.6	26.3
19	59.1	57.0	68.7	59.4	62.0	57.0
20	69.5	67.2	64.5	69.2	80.9	68.3
21	43.8	51.1		173.8	43.2	51.0
22		13.6		28.1		13.5
23				8.9		
1-OAc	170.9/21.9					
11-OAc			170.5/21.3	170.5/21.3		
13-OAc			169.7/21.2	169.2/21.0		

参 考 文 献

[1] Song L, Liang X X, Chen D L, et al. Chem Pharm Bull, 2007, 55: 918.

[2] Song L, Liu X Y, Chen Q H, et al. Chem Pharm Bull, 2009, 57: 158.

[3] 罗士德, 陈维新. 化学学报, 1981, 39(8): 808.

[4] 王锋鹏, 方起程. 药学学报, 1983, 18: 514.

[5] Csupor D, Forgo P, Wenzig E M, et al. J Nat Prod, 2008, 71: 1779.

[6] Pelletier S W, Mody N V, Dailey O D Jr. Can J Chem, 1980, 58: 1875.

[7] 何仰清, 马占营, 杨谦, 等. 药学学报, 2008, 43: 934.

[8] Hardick D J, Blagbrough I S, Cooper G, et al. J Med Chem, 1996, 39: 4860.

[9] Kulanthaivel P, Benn M. Heterocycles, 1985, 23: 2515.

[10] Batbayar N, Enkhzaya S, Tunsag J, et al. Phytochemistry, 2003, 62: 543.

[11] Manners G D, Panter K E, Pfister J A, et al. J Nat Prod, 1998, 61: 1086.

[12] Gardner D R, Manners G D, Panter K E, et al. J Nat Prod, 2000, 63: 1127.

[13] Hou L H, Chen D L, Jian X X, et al. Chem Pharm Bull, 2007, 55: 1090.

[14] Wang J L, Shen X L, Chen Q H, et al. Chem Pharm Bull, 2009, 57: 801.

[15] Wang F P, Peng C S, Jian X X, et al. J Asian Nat Prod Res, 2001, 3: 15.

[16] Zou C L, Liu X Y, Wang F P, et al. Chem Pharm Bull, 2008, 56: 250.

[17] Mody N V, Pelletier S W. Tetrahedron, 1978, 34: 2421.

[18] Zhang F, Peng S L, Liao X, et al. Planta Med, 2005, 71: 1073.

[19] Takayama H, Tokita A, Ito M, et al. Yakugaku Zasshi, 1982, 102: 245.

[20] Wada K, Bando H, Amiya T. Heterocycles, 1985, 23: 2473.

[21] Csupor D, Forgo P, Csedo K, et al. Helv Chim Acta, 2006, 89: 2981.

[22] 王锋鹏. 药学学报, 1981, 16: 943.

[23] 冯锋, 柳文媛, 陈优生, 等. 中国药科大学学报, 2003, 34(1): 17.

[24] Ulubelen A, Desai H K, Hart B P, et al. J Nat Prod, 1996, 59: 907 .

[25] Pelletier S W, Mody N V. J Am Chem Soc, 1977, 99: 284.

[26] Pelletier S W, et al. J Amer Chem Soc, 1979, 101: 492.

[27] Wada K, Kawahara N. Helv Chim Acta, 2009, 92: 629.

[28] Yang C H, Wang X C, Tang Q F, et al. Helv Chim Acta, 2008, 91: 759.

[29] 蒋凯, 杨春华, 刘静涵, 等. 药学学报, 2006, 41: 128.

[30] Diaz J G, Ruiza J G, Herz W. Phytochemistry, 2005, 66: 837.

第三节　三萜类生物碱的 ¹³C NMR 化学位移

一、虎皮楠生物碱类化合物的 ¹³C NMR 化学位移

虎皮楠生物碱化合物多种多样,这里选择了具有 30 个碳的一些化合物作为代表加以讨论。

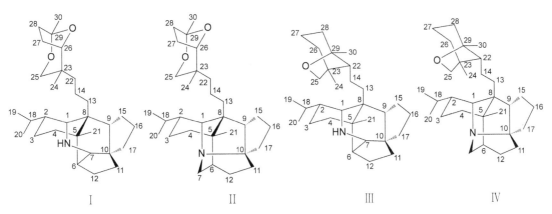

基本结构骨架

【化学位移特征】

1. 类型Ⅰ与类型Ⅲ的 C-1～C-21 的化学结构骨架是相同的, 类型Ⅰ与类型Ⅱ的 C-22～C-30 化学结构骨架也是相同的,类型Ⅱ与类型Ⅳ的 C-1～C-21 的化学结构骨架是相同的, 类型Ⅲ与类型Ⅳ的 C-22～C-30 化学结构骨架也是相同的, 根据化学结构的这些特点分析一下该类生物碱 13C NMR 化学位移谱的特征。

2. 类型Ⅰ(化合物 **12-3-1**)与类型Ⅲ(化合物 **12-3-4**～**12-3-8** 和 **12-3-11**～**12-3-12**)的 C-1～C-21 的化学结构骨架是相同的, 尤其是化合物 **12-3-1** 与 **12-3-8**、**12-3-4** 与 **12-3-7**、**12-3-11** 与 **12-3-12**, 这 3 对化合物相互间的 C-1～C-21 的化学结构几乎相同,因此各对 C-1～C-21 的化学位移也几乎是非常相近。

3. 类型Ⅰ与类型Ⅱ（化合物 **12-3-2**、**12-3-3**、**12-3-10**、**12-3-13**、**12-3-14**）的 C-22～C-30 化学结构骨架是相同的, 因此 δ_{C-22} 212.2～215.1, δ_{C-23} 50.0～51.0, δ_{C-24} 17.7～19.8, δ_{C-25} 65.2～66.6, δ_{C-26} 81.0～83.2, δ_{C-27} 24.1～25.4, δ_{C-28} 33.7～35.1, δ_{C-29} 105.3～106.7, δ_{C-30} 23.7～25.1。

4. 类型Ⅱ（化合物 **12-3-2**、**12-3-3**、**12-3-10**、**12-3-13**、**12-3-14**）与类型Ⅳ（化合物 **12-3-9**）的 C_1～C_{21} 的化学结构骨架是相同的, 化合物 **12-3-2** 与 **12-3-3** 是氮氧化物, 14 位都有连氧基团, 它们的 C-1～C-21 的化学位移也是非常相近的。

5. 类型Ⅲ与类型Ⅳ的 C-22～C-30 化学结构骨架是相同的,化合物 **12-3-4**、**12-3-5**、**12-3-11** 和 **12-3-12** 的 C-22～C-30 化学结构几乎相同, 都有五元内酯环, 因此 δ_{C-22} 56.0～56.5, δ_{C-23} 50.0～50.4, δ_{C-24} 17.5～18.0, δ_{C-25} 176.5～177.8, δ_{C-26} 68.9～70.5, δ_{C-27} 25.2～25.6, δ_{C-28} 25.4～28.6, δ_{C-29} 84.8～86.1, δ_{C-30} 24.5～24.7。化合物 **12-3-6**～**12-3-9** 的 C-22～C-30 化学结构几乎相同, 因此 δ_{C-22} 51.4～56.0, δ_{C-23} 50.5～52.0, δ_{C-24} 16.6～18.0, δ_{C-25} 99.2～101.0, δ_{C-26} 72.4～75.0, δ_{C-27} 25.6～32.7, δ_{C-28} 27.6～28.8, δ_{C-29} 84.5～85.5, δ_{C-30} 26.5～26.7。

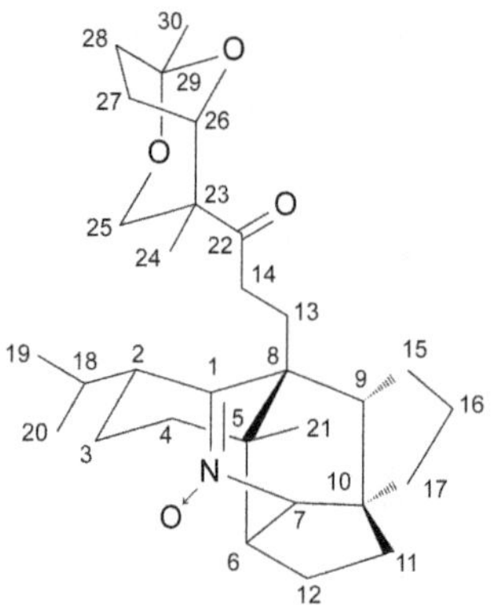

12-3-1

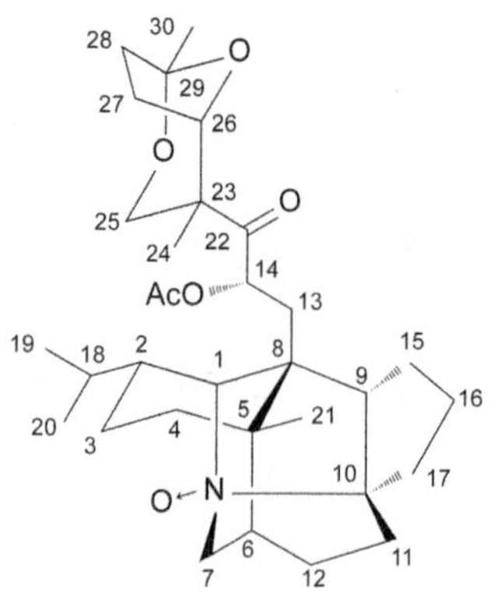

12-3-2

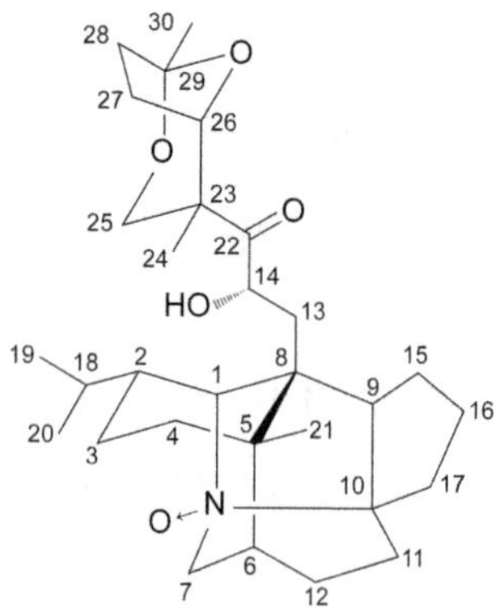

12-3-3

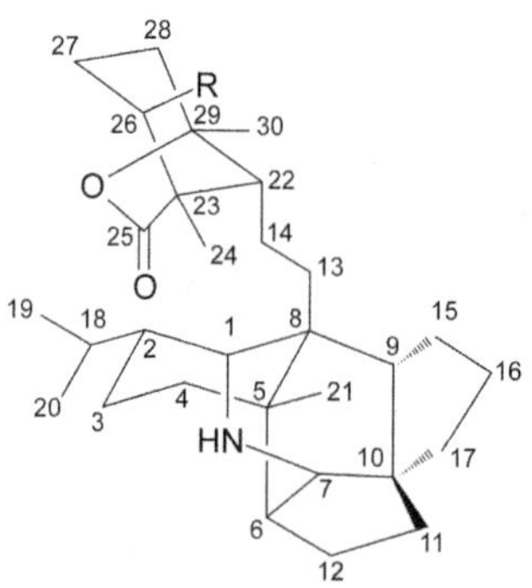

12-3-4 R=OH
12-3-5 R=OAc

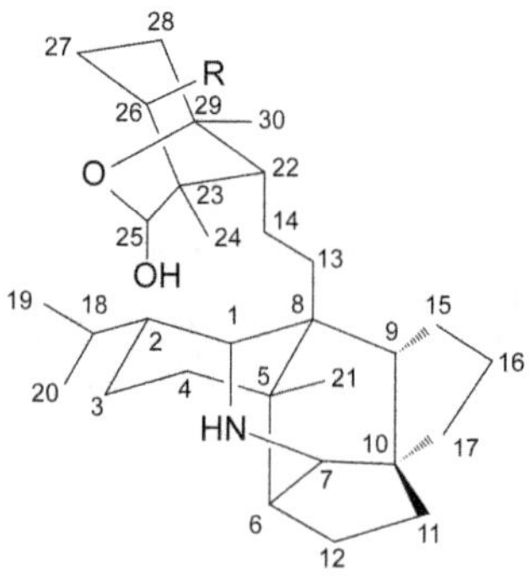

12-3-6 R=OH
12-3-7 R=OAc

表 12-3-1 化合物 12-3-1~12-3-7 的 ^{13}C NMR 化学位移数据

C	12-3-1[1]	12-3-2[1]	12-3-3[2]	12-3-4[3]	12-3-5[3]	12-3-6[3]	12-3-7[3]
1	157.7	72.8	75.2	47.9	47.7	51.0	47.9
2	53.0	39.3	40.6	43.2	43.2	43.1	43.1
3	27.2	21.2	25.8	20.8	20.5	20.9	20.6
4	38.9	35.9	36.4	39.0	39.0	39.1	39.1
5	51.6	36.7	37.8	36.6	36.6	37.7	36.7
6	48.9	41.5	42.8	47.4	47.3	46.3	47.6
7	84.2	59.2	61.8	59.7	59.6	59.4	59.8
8	52.7	46.8	47.6	36.7	36.7	37.8	36.8
9	53.1	52.0	52.0	53.7	54.1	54.6	54.0
10	50.9	90.9	90.6	50.8	50.4	50.1	50.2
11	39.1	25.8	28.9	39.8	40.0	41.0	40.0
12	22.8	27.9	22.6	22.8	22.8	23.8	22.9
13	24.3	30.4	34.1	33.3	33.3	34.7	34.0
14	35.8	72.8	72.2	21.6	21.5	21.8	20.7
15	33.8	31.9	37.0	29.9	30.3	31.0	30.4
16	25.8	24.8	26.9	26.7	26.6	27.0	25.8
17	36.9	35.4	32.6	36.1	36.0	36.4	36.2

续表

C	12-3-1[1]	12-3-2[1]	12-3-3[2]	12-3-4[3]	12-3-5[3]	12-3-6[3]	12-3-7[3]
18	31.7	29.1	30.2	28.6	28.6	29.3	28.7
19	21.0	21.3	22.7	21.1	21.1	21.1	21.2
20	23.2	22.1	21.7	21.1	21.1	21.2	21.3
21	20.4	23.7	25.1	21.1	21.1	21.5	21.1
22	212.2	212.6	214.3	56.5	56.2	52.8	51.4
23	50.0	50.7	50.6	50.4	50.0	52.0	50.5
24	17.7	18.7	19.4	18.0	17.5	18.0	16.6
25	65.4	65.2	66.3	179.1	177.4	101.0	99.2
26	81.0	82.5	83.0	68.9	70.0	72.4	73.4
27	24.7	24.5	24.1	25.5	25.6	29.5	25.6
28	33.8	33.7	34.8	28.6	25.4	28.8	27.6
29	105.4	105.5	106.5	86.1	85.6	85.5	84.6
30	23.7	24.1	23.7	24.5	24.7	26.7	26.5
OAc		170.1/20.8			169.8/21.1		170.3/21.2

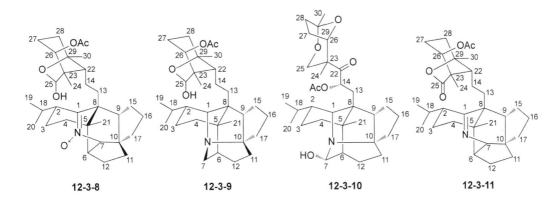

12-3-8　　12-3-9　　12-3-10　　12-3-11

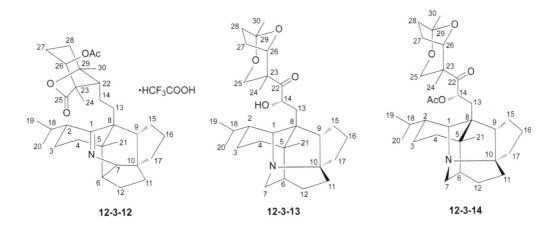

12-3-12　　12-3-13　　12-3-14

表 12-3-2 化合物 12-3-8~12-3-14 的 ^{13}C NMR 化学位移数据

C	12-3-8[1]	12-3-9[3]	12-3-10[4]	12-3-11[4]	12-3-12[4]	12-3-13[5]	12-3-14[6]
1	157.8	60.9	65.4	—	213.3	64.2	62.4
2	53.1	44.6	38.0	57.0	57.2	39.9	37.8
3	27.3	27.6	26.3	42.9	43.9	28.4	21.7
4	39.1	40.2	40.6	36.4	36.1	43.3	39.8
5	52.2	38.0	38.9	—	58.1	38.4	37.1
6	48.7	48.7	46.2	50.3	50.3	43.2	37.8
7	84.2	41.7	81.3	69.3	69.8	48.3	46.2
8	52.6	37.8	47.0	—	61.8	49.5	47.5
9	53.2	52.5	53.6	52.3	52.4	53.9	52.9
10	50.4	51.6	77.5	52.1	52.3	74.1	77.3
11	39.1	23.9	29.2	39.5	39.3	30.3	25.2
12	22.8	21.6	31.4	22.9	22.8	23.9	28.4
13	22.9	37.0	30.0	30.6	30.5	34.6	30.2
14	25.7	35.4	73.0	24.2	24.1	73.6	73.5
15	34.2	26.9	30.0	35.4	35.6	32.0	31.0
16	25.7	23.9	25.3	25.7	25.6	26.2	25.1
17	37.0	37.0	35.8	36.8	36.6	37.7	36.1
18	31.8	29.7	30.2	27.5	27.6	32.2	30.5
19	21.2	21.4	21.2	23.0	22.8	21.7	20.8
20	23.3	21.6	22.5	19.8	19.4	22.4	20.9
21	20.7	21.7	25.3	21.9	22.0	26.2	23.8
22	51.6	56.0	212.8	56.1	56.0	215.1	212.6
23	51.1	51.4	51.0	50.0	50.3	50.8	50.5
24	16.9	17.3	19.0	18.0	17.9	19.8	18.8
25	99.3	100.4	65.5	176.5	177.8	66.6	65.2
26	73.6	75.0	82.7	70.3	70.5	83.2	82.1
27	32.7	31.8	24.3	25.3	25.2	25.4	25.1
28	27.9	28.8	34.0	25.8	25.6	35.1	33.7
29	84.5	85.1	105.8	84.8	85.8	106.7	105.3
30	26.7	26.7	24.3	24.6	24.5	24.3	25.1
OAc	170.0/21.2	172.0/21.8	170.5/21.2	169.2/21.1	170.0/21.1		170.4/21.7

二、黄杨生物碱的 ^{13}C NMR 化学位移

【结构特点】黄杨生物碱虽然没有 30 个碳，但从生源上是属于环菠萝烷型三萜的，大多数都在 3 位和 17 位上连接含氮的侧链。

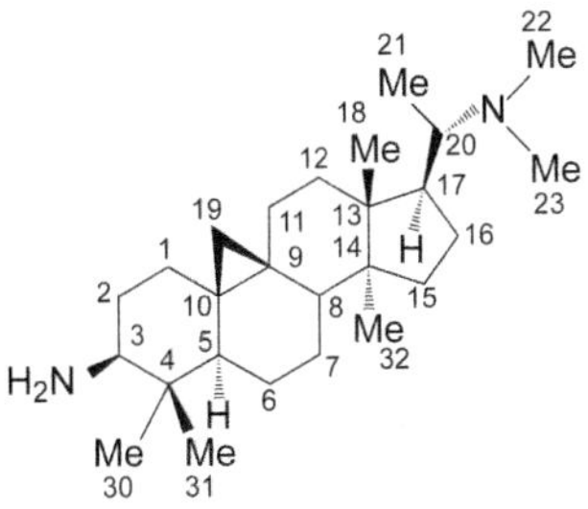

基本结构骨架

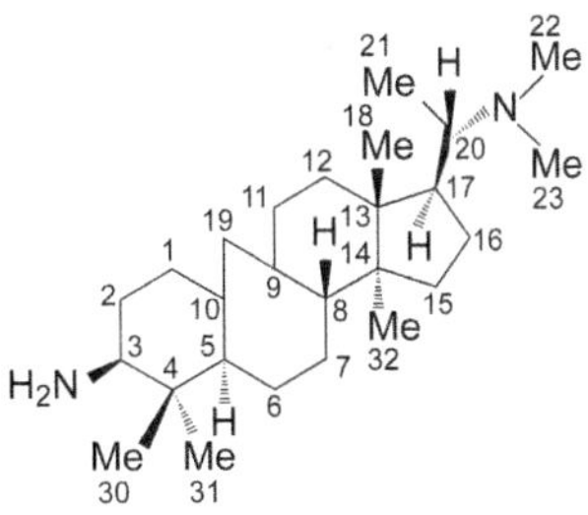

【化学位移特征】

1. 黄杨生物碱的碳环系属于环菠萝烷三萜，因此基本环系骨架的各碳都与环菠萝烷的基本环系骨架的各碳是一致的，这里不再进一步讨论，可以参考三萜的环菠萝烷章节。

2. 3 位上连接含氮的基团时，如果仅仅是伯氨基，δ_{C-3} 57.9～59.0；如果是仲氨基，δ_{C-3} 61.3～69.2；如果是叔氨基，δ_{C-3} 71.2～71.9。如果连接的是羧酸，形成酰胺时，其化学位移出现在 δ_{C-3} 52.1～61.5。

3. 17 位连接含氮基团时，氨基连接在 20 位上，氨基为叔氨基时，δ_{C-20} 55.5～66.3；氨基为仲氨基时，δ_{C-20} 58.6～58.9。

4. 无论是 3 位还是 20 位上连接氨基上连接的甲基，δ_{N-Me} 29.0～44.7。

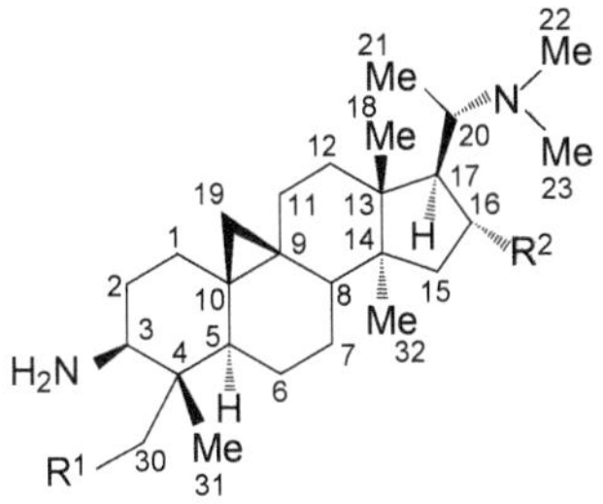

12-3-15 R¹=R²=H
12-3-16 R¹=R²=OH
12-3-17 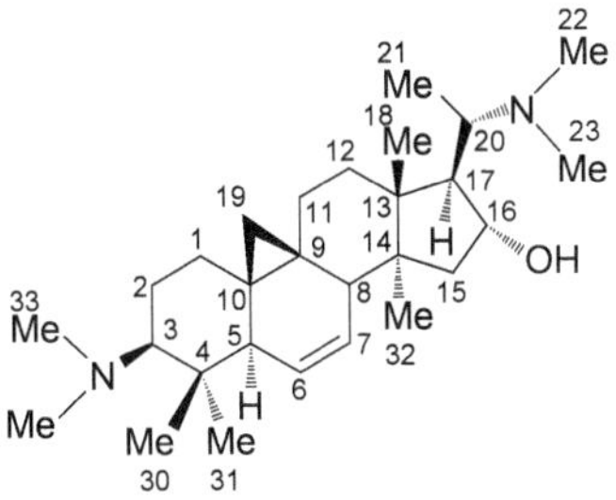
12-3-18 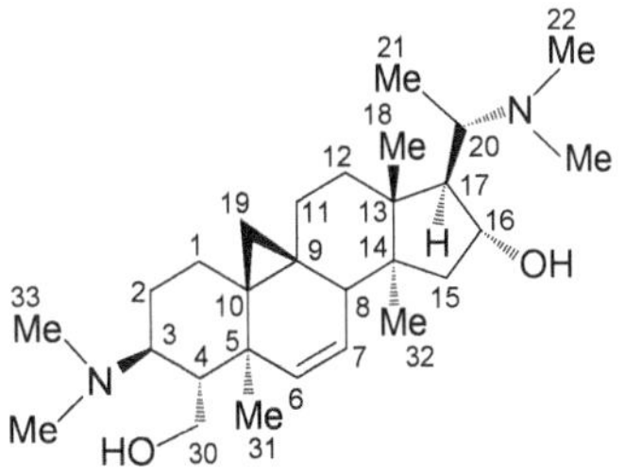
12-3-19 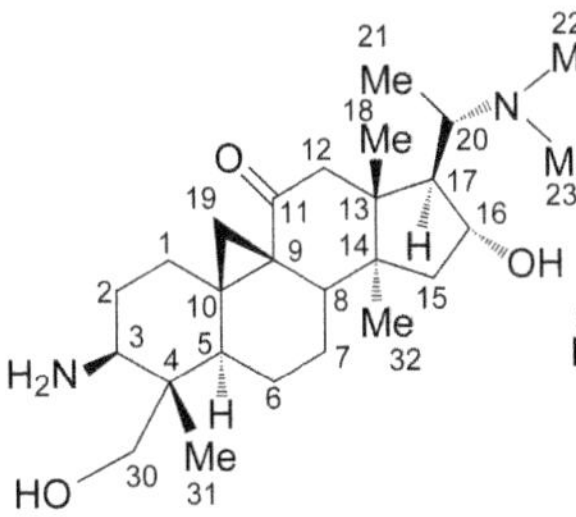
12-3-20 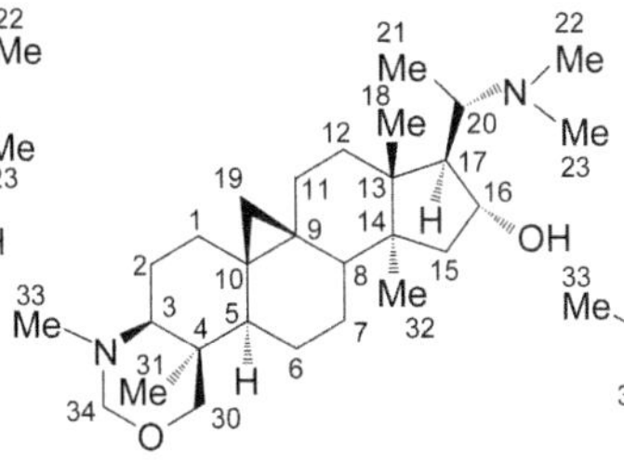
12-3-21 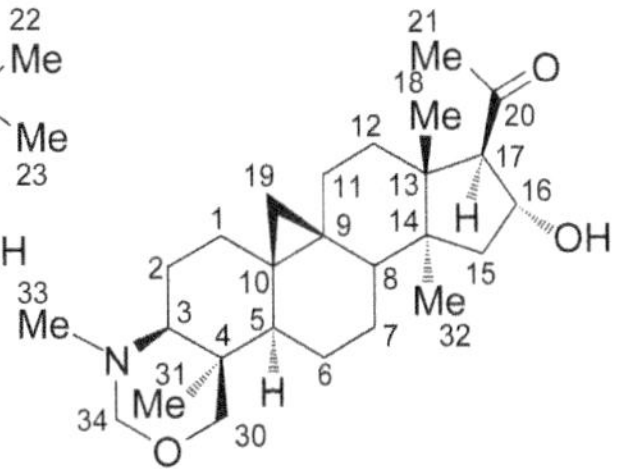

表 12-3-3 化合物 **12-3-15~12-3-21** 的 ¹³C-NMR 化学位移数据[7]

C	12-3-15	12-3-16	12-3-17	12-3-18	12-3-19	12-3-20	12-3-21
1	31.0	31.4	31.0	30.9	30.4	31.5	31.4
2	32.5	32.7	18.3	18.5	33.4	23.9	23.9
3	61.3	59.0	71.2	73.4	57.9	71.9	71.6
4	39.7	42.0	41.5	42.2	42.3	38.8	38.7
5	47.8	44.8	48.6	45.2	44.8	44.5	44.5

续表

C	12-3-15	12-3-16	12-3-17	12-3-18	12-3-19	12-3-20	12-3-21
6	21.3	20.9	128.2	129.3	18.3	20.1	20.0
7	26.9	25.9	127.4	125.6	27.8	25.6	25.8
8	47.8	47.9	43.2	43.2	41.4	47.2	46.5
9	19.7	19.0	20.8	20.7	34.2	19.0	18.8
10	26.0	25.9	28.8	27.9	37.6	25.6	25.8
11	26.0	25.9	24.8	24.8	210.2	25.6	25.3
12	35.1	34.6	31.8	31.9	51.4	32.6	32.5
13	44.1	44.8	45.1	45.2	44.4	44.8	48.4
14	48.9	47.2	49.7	49.6	47.0	47.2	47.6
15	32.5	44.8	41.5	41.6	42.7	44.8	45.7
16	26.1	79.0	79.1	78.4	78.3	79.0	71.6
17	50.6	62.5	62.5	61.5	61.8	62.4	70.4
18	18.2	19.0	18.3	18.5	17.7	18.7	20.4
19	29.5	30.4	19.9	18.5	24.5	30.7	30.2
20	59.2	57.0	56.7	58.9	55.8	57.1	209.5
21	9.3	9.6	10.0	18.5	9.8	9.6	31.4
22	39.7	40.6	40.0	33.8	40.5	40.6	
23	39.7	40.6	40.0		40.5	40.6	
30	14.0	73.9	16.5	73.7	71.7	78.1	78.0
31	25.8	9.6	26.0	12.1	9.8	13.8	13.7
32	19.2	20.9	15.3	15.5	20.7	20.9	20.4
33			44.1	43.2		36.5	36.5
34						88.8	88.7

12-3-22

12-3-23

12-3-24

12-3-25

12-3-26

表 12-3-4　化合物 12-3-22~12-3-26 的 ^{13}C NMR 化学位移数据

C	12-3-22[8]	12-3-23[9]	12-3-24[9]	12-3-25[10]	12-3-26[10]
1	28.4	32.4	34.2	31.8	33.0
2	30.2	26.6	26.5	26.0	37.1
3	61.3	68.4	63.4	78.3	217.4
4	39.7	39.6	153.6	40.3	50.0
5	47.8	48.3	44.2	46.9	47.4
6	21.3	21.1	25.7	20.8	21.1
7	26.9	25.9	23.5	25.8	25.7
8	49.6	47.7	47.4	47.6	48.1
9	22.7	19.2	32.0	18.8	20.0
10	26.0	26.5	22.8	26.2	25.9
11	27.3	25.9	31.5	30.0	26.0
12	35.1	31.5	31.6	31.7	31.4
13	44.2	44.9	45.0	45.8	45.7
14	45.6	47.1	47.1	47.4	47.2
15	32.5	44.5	44.6	46.8	46.7
16	29.4	78.3	78.1	75.8	75.4
17	209.6	61.7	61.3	56.4	56.2
18	18.2	18.9	18.8	18.9	20.5
19	19.6	30.0	27.5	29.7	29.6
20		58.6	58.6	58.9	58.8
21		18.2	18.0	14.6	14.5
22		33.5	33.1	29.0	29.0
30	14.0	14.8	100.6	13.8	18.9
31	16.4	33.5		25.1	21.8
32	16.9	20.6	20.5	20.3	20.1
33	44.7	35.4	34.3		

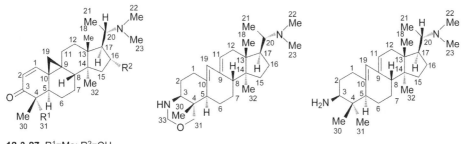

12-3-27 R¹=Me; R²=OH
12-3-28 R¹=R²=H

12-3-29

12-3-30

表 12-3-5　化合物 12-3-27~2-13-30 的 ^{13}C NMR 化学位移数据

C	12-3-27[11]	12-3-28[12]	12-3-29[12]	12-3-30[8]	C	12-3-27[11]	12-3-28[12]	12-3-29[12]	12-3-30[8]
1	153.2	153.5	39.9	34.4	6	31.5	24.5	25.4	25.4
2	126.9	126.9	26.6	30.1	7	27.4	27.6	25.9	27.7
3	204.8	201.1	62.8	69.2	8	44.1	44.2	48.9	49.8
4	46.0	49.8	42.8	40.9	9	23.9	19.1	138.0	138.2
5	44.7	49.2	48.4	49.5	10	29.9	41.5	132.3	134.1

续表

C	12-3-27[11]	12-3-28[12]	12-3-29[12]	12-3-30[8]	C	12-3-27[11]	12-3-28[12]	12-3-29[12]	12-3-30[8]
11	26.9	26.5	130.2	129.7	19	30.2	19.4	130.1	129.8
12	34.5	34.6	38.5	38.5	20	63.0	55.5	60.5	62.0
13	45.7	43.3	39.3	44.5	21	10.3	18.6	14.0	9.8
14	47.8	45.9	48.6	45.7	22(23)	43.4	39.4	38.8	38.9
15	44.3	31.2	32.8	33.0	30	19.9	12.4	17.1	15.4
16	77.7	29.2	28.9	27.0	31	21.4		77.6	16.9
17	57.1	49.6	49.8	51.4	32	18.0	17.1	13.9	17.3
18	19.1	11.1	12.9	14.3	33			90.2	

12-3-31　　　　12-3-32　　　　12-3-33

12-3-34　　　　12-3-35　　　　12-3-36

表 12-3-6　化合物 12-3-31~12-3-36 的 ^{13}C NMR 化学位移数据

C	12-3-31[13]	12-3-32[8]	12-3-33[11]	12-3-34[11]	12-3-35[11]	12-3-36[12]
1	26.9	134.0	119.6	129.2	126.2	126.1
2	25.4	67.9	30.5	67.8	137.4	30.1
3	56.9	61.5	53.0	61.3	56.5	52.1
4	38.9	45.0	38.8	38.7	38.9	44.6
5	56.1	49.8	52.0	54.1	50.0	47.3
6	27.1	77.9	24.7	76.9	26.7	27.0
7	28.2	35.6	26.9	32.4	30.3	27.5
8	49.3	41.2	47.8	40.6	49.7	49.0
9	136.5	41.3	52.8	137.2	138.4	125.9
10	73.0	134.5	138.9	136.4	138.8	133.8
11	124.9	25.9	211.2	119.1	133.7	125.1
12	38.1	14.6	50.6	37.0	29.1	29.7
13	43.1	39.4	47.0	43.3	43.1	49.4
14	49.7	49.3	48.4	48.8	49.4	46.1
15	32.9	26.7	33.2	32.2	33.0	36.8

续表

C	12-3-31[13]	12-3-32[8]	12-3-33[11]	12-3-34[11]	12-3-35[11]	12-3-36[12]
16	42.0	27.1	25.7	29.4	25.2	29.9
17	49.2	53.5	49.8	48.8	49.2	202.5
18	16.0	12.3	14.5	14.9	15.9	15.1
19	52.7	44.6	36.9	43.5	136.9	45.1
20	61.6	66.3	62.9	61.6	61.3	
21	9.6	10.2	10.9	9.5	9.5	
22(23)	39.9	37.4	39.8	39.4	39.9	
30	16.2	13.5	16.8	17.4	14.9	15.3
31	27.4	14.0	24.7	26.3	24.9	16.2
32	16.2	16.7	17.5	16.4	17.3	17.2
1'	135.3	131.8	135.1	134.3	135.2	132.4
2'(6')	126.8	126.8	126.8	126.8	126.8	127.1
3'(5')	128.5	128.6	128.5	128.5	128.6	129.1
4'	131.2	129.6	131.5	131.4	131.4	132.1
7'	167.9	165.7	167.1	170.0	166.9	167.2
6-OAc		174.3/21.7		170.5/21.3		

参 考 文 献

[1] Morita H, Yoshida N, Kobayashi J. Tetrahedron, 1999, 55: 12549.

[2] Kubota T, Suzuki T, Ishiuchi K, et al. Chem Pharm Bull, 2009, 57: 504.

[3] Mu S Z, Yang X W, Di Y T, et al. Chem Biodivers, 2007, 4: 129.

[4] Mu S Z, Wang J S, Yang X S, et al. J Nat Prod, 2008, 71: 564.

[5] Yang S P, Zhang H, Zhang C R, et al. J Nat Prod, 2006, 69: 79.

[6] 张于, 何红平, 邸迎彤, 等. 天然产物研究与开发, 2009, 21: 435.

[7] Sangare M, Khuong Huu Laine F, Herlem D, et al. Tetrahedron

Lett, 1975, (22/23): 1791.

[8] Atta-ur-rahman, Ata A, Naz S, et al. J Nat Prod, 1999, 62: 665.

[9] 刘洁, 杭太俊, 张正行. 中草药, 2006, 37(11): 1614.

[10] Yan Y X, Chen J C, Sun Y, et al. Chem Biodivers, 2010, 7: 1822.

[11] Choudhary M I, Shahnaz S, Parveen S, et al. Chem Biodivers, 2006, 3: 1039.

[12] Ata A, Iverson C D, Kalhari K S, et al. Phytochemistry, 2010, 71: 1780.

[13] Choudhary M I, Shahnaz S, Parveen S, et al. J Nat Prod, 2003, 66: 739.

第四节 甾烷类生物碱的 ^{13}C NMR 化学位移

【结构特点】甾烷类生物碱是指具有甾烷母核上 3 位或 17 位上连接氨基或氨基衍生物的侧链的一类化合物, 大体上可分为胆甾烷（或螺甾烷）类（Ⅰ）和孕甾烷（Ⅱ）两种类型。

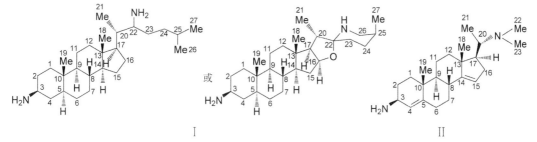

基本结构骨架

【化学位移特征】

1．对于类型Ⅰ，基本的环系骨架（$C_{-1}\sim C_{-19}$）都是甾烷的基本骨架，它们的化学位移可以参考甾烷的 ^{13}C NMR 化学位移的相关章节，其中 3 位上连接的羟基被氨基置换，其化学位移出现在较高场，δ_{C-3} 50.9～51.1。化合物 **12-4-2**～**12-4-6** 是螺甾烷含氮的衍生物，其中氮原子替代了 22 位和 26 位之间的氧原子，它们的化学位移均向高场位移，出现在 δ_{C-22} 98.2～99.7，δ_{C-26} 46.9～50.5。化合物 **12-4-1** 与 **12-4-10** 中 16 位和 22 位间的五元氧环变成了 16 位和 23 位间的六元氧环，23 位还另外连接一个羟基，δ_{C-22} 63.0～68.9，δ_{C-23} 96.1～96.8，δ_{C-26} 43.8～55.0。化合物 **12-4-8**、**12-4-9** 和 **12-4-11**、**12-4-12** 的侧链变成了氢化的吲哚里西啶环系，氮原子连接 3 个碳，分别是 δ_{C-16} 68.4～70.6，δ_{C-22} 62.7～74.9，δ_{C-26} 54.4～60.7。化合物 **12-4-13**～**12-4-19** 的侧链演化为含氮的六元环，而 **12-4-13** 的六元环完全芳香化成为吡啶环，它的化学位移与吡啶一致。其他化合物都是 22 位碳与氮成为双键，δ_{C-22} 174.4～178.2，δ_{C-26} 56.3～59.1。

2．对于类型Ⅱ，骨架基本上为孕甾烷类，它们的化学位移基本上与孕甾烷类似，所不同的是 3 位或 20 位上连接氨基或氨基的衍生物基团。3 位上连接氨基或氨基的衍生物基团时，δ_{C-3} 45.2～52.9。20 位上连接氨基或氨基的衍生物基团时，δ_{C-20} 48.4～65.2。对于氮原子上的甲基，δ_{N-Me} 30.3～45.5。

12-4-1   12-4-2 R=OH
          12-4-3 R=H   12-4-4

表 12-4-1 化合物 **12-4-1~12-4-4** 的 ^{13}C NMR 化学位移数据

C	12-4-1[1]	12-4-2[2]	12-4-3[3]	12-4-4[4]	C	12-4-1[1]	12-4-2[2]	12-4-3[3]	12-4-4[4]
1	37.6	37.7	37.0	37.8	15	33.8	37.5	32.1	31.8
2	32.1	31.8	31.5	32.5	16	70.6	79.9	80.0	78.9
3	70.6	71.5	71.1	71.3	17	62.7	63.2	62.6	63.6
4	39.3	38.2	38.2	43.3	18	15.4	17.1	16.5	16.5
5	45.4	40.2	44.9	140.0	19	12.6	11.6	12.4	19.6
6	29.1	32.6	28.6	121.0	20	27.6	43.5	41.6	41.7
7	32.6	68.3	23.3	32.5	21	17.8	15.9	15.0	15.6
8	35.3	38.0	35.2	32.4	22	63.0	99.7	98.3	98.3
9	54.8	46.7	54.4	50.6	23	96.8	27.3	33.3	34.6
10	35.9	35.6	35.6	37.0	24	39.3	29.0	29.6	31.0
11	21.4	21.7	21.1	21.3	25	25.2	31.4	30.3	31.6
12	40.7	40.6	40.1	40.2	26	43.8	50.5	46.9	48.1
13	42.1	41.7	41.0	40.7	27	65.4	20.0	19.1	19.6
14	53.6	50.6	56.3	56.8					

12-4-5　　**12-4-6**　　**12-4-7**

12-4-8　　**12-4-9**　　**12-4-10**

12-4-11　　**12-4-12**

表 12-4-2　化合物 **12-4-5~12-4-12** 的 ^{13}C NMR 化学位移数据

C	12-4-5[3]	12-4-6[3]	12-4-7[3]	12-4-8[5]	12-4-9[3]	12-4-10[3]	12-4-11[6]	12-4-12
1	36.8	35.7	37.7	38.0	37.1	37.5	38.4	38.3
2	31.3	33.9	30.9	32.8	31.6	32.5	30.5	30.5
3	70.7	199.2	50.9	71.4	71.3	51.1	71.9	71.9
4	38.0	123.8	37.6	43.6	38.3	39.3	43.5	43.4
5	44.7	170.9	45.5	142.1	45.0	45.7	142.5	142.5
6	28.5	32.8	28.6	121.4	28.8	28.7	121.9	121.7
7	32.1	32.1	32.3	32.5	32.3	31.9	32.7	32.6
8	34.9	35.2	35.2	32.2	35.4	35.0	31.6	31.6
9	54.2	53.8	54.5	50.7	54.6	55.0	51.1	50.7
10	35.4	38.6	35.6	37.0	35.6	35.7	37.7	37.7
11	20.9	20.8	21.0	21.4	21.1	20.5	21.7	21.8
12	40.0	39.8	40.1	40.2	40.2	39.3	41.4	40.2
13	40.7	40.6	40.6	40.8	40.6	41.8	41.9	44.4
14	55.6	55.6	56.4	57.9	57.4	55.0	55.5	55.1
15	32.5	32.1	31.7	31.7	33.5	30.2	33.2	32.9
16	78.3	78.5	80.9	69.5	69.0	74.4	68.4	70.6
17	61.8	62.7	62.1	63.5	63.3	60.7	61.7	56.9
18	16.8	16.5	16.5	17.1	17.1	13.7	15.5	14.9
19	12.2	17.4	12.3	19.7	12.4	12.4	20.2	20.2
20	42.8	41.2	42.2	37.0	36.7	33.1	36.3	144.6

续表

C	12-4-5[3]	12-4-6[3]	12-4-7[3]	12-4-8[5]	12-4-9[3]	12-4-10[3]	12-4-11[6]	12-4-12
21	15.7	15.2	14.3	18.7	18.3	15.1	18.6	113.1
22	98.7	98.2	109.7	74.9	74.7	68.9	65.9	62.7
23	26.5	34.1	27.1	29.8	29.3	96.1	27.4	23.0
24	28.5	30.3	25.8	33.8	31.1	46.2	29.0	27.2
25	30.8	31.3	26.0	31.5	31.3	28.4	31.0	30.2
26	49.9	47.6	65.1	60.7	60.2	55.0	54.4	57.6
27	19.2	19.3	16.1	19.8	19.5	18.7	19.5	19.4

12-4-13

12-4-14

12-4-15 R¹=R³=H; R²=α-Me
12-4-16 R¹=R³=H; R²=β-Me
12-4-17 R¹=OH; R²=β-Me; R³=H
12-4-18 R¹=OH; R²=α-Me; R³=H
12-4-19 R¹=H; R²=α-Me; R³=OH

表 12-4-3 化合物 12-4-13~12-4-19 的 ^{13}C NMR 化学位移数据[7]

C	12-4-13	12-4-14	12-4-15	12-4-16	12-4-17	12-4-18	12-4-19
1	37.0	35.7	37.3	37.3	37.0	37.0	37.0
2	31.4	34.0	31.6	31.6	25.3	25.3	31.1
3	71.2	199.7	71.6	71.7	72.2	72.3	71.1
4	41.7	123.7	42.3	42.3	77.2	77.2	41.8
5	140.7	171.6	140.9	140.8	142.8	142.8	140.6
6	121.4	32.9	121.5	121.6	128.3	128.3	121.1
7	31.6	32.0	31.8	31.8	32.0	32.0	31.7
8	31.7	35.6	31.8	31.9	31.9	31.8	31.6
9	49.9	53.8	50.1	50.1	50.2	50.3	49.9
10	36.3	38.6	36.5	36.5	36.0	36.0	36.3
11	20.9	21.0	21.0	21.1	20.5	20.5	20.1
12	39.5	37.9	39.7	38.1	38.0	39.6	39.7
13	42.2	42.3	42.4	42.2	42.2	42.4	42.3
14	56.2	55.4	56.4	56.3	56.4	56.7	56.3
15	24.0	24.0	24.3	24.0	24.0	24.3	24.1
16	27.2	27.8	27.7	26.4	27.3	27.2	26.8
17	29.6	53.5	53.1	53.6	53.5	53.1	52.9
18	12.0	11.8	12.0	11.8	11.8	12.0	11.6
19	19.3	17.4	19.3	19.4	20.1	20.9	19.1
20	54.3	46.6	47.0	46.6	46.3	46.8	46.3
21	19.3	18.0	18.3	18.1	18.1	18.3	17.6
22	151.7	174.4	175.3	174.5	175.0	175.5	178.2

续表

C	12-4-13	12-4-14	12-4-15	12-4-16	12-4-17	12-4-18	12-4-19
23	151.7	26.4	26.5	27.3	26.5	26.6	31.7
24	122.9	27.4	27.2	27.8	27.8	27.6	30.9
25	130.9	27.7	27.4	27.6	27.6	27.4	65.4
26	139.9	56.9	56.4	56.9	56.6	56.3	59.1
27	30.6	19.5	19.1	19.5	19.4	19.1	26.7

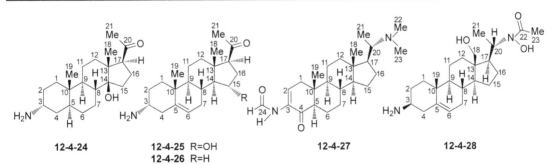

12-4-20 R^1=R^3=H; R^2=Me
12-4-21 R^1=H; R^2=CHO; R^3=Me
12-4-22 R^1=OH; R^2=R^3=Me

12-4-23

表 12-4-4　化合物 **12-4-20~12-4-23** 的 ^{13}C NMR 化学位移数据[8]

C	12-4-20	12-4-21	12-4-22	12-4-23	C	12-4-20	12-4-21	12-4-22	12-4-23
1	42.4	34.3	42.4	34.3	13	45.3	47.5	47.3	46.5
2	29.6	29.6	67.0	30.5	14	54.7	56.4	56.7	57.2
3	79.2	81.8	81.2	53.4	15	30.2	31.2	31.3	31.2
4	32.3	32.5	32.4	35.0	16	130.3	125.8	130.3	123.3
5	139.0	141.1	141.0	42.5	17	142.3	153.4	149.3	156.0
6	121.2	121.3	121.2	27.6	18	19.7	18.3	19.7	12.7
7	31.8	33.3	31.8	32.7	19	20.2	19.2	20.2	16.9
8	33.1	32.3	30.0	34.1	20	61.7	57.3	61.7	59.3
9	53.7	49.2	51.4	55.7	21	14.0	15.3	16.0	15.8
10	35.5	35.5	37.0	35.4	22	42.3	168.6	42.3	42.3
11	20.6	20.9	20.6	20.4	23		22.3	42.3	42.3
12	34.6	31.9	34.6	31.9	24	55.2	55.5	55.9	30.3

12-4-24

12-4-25 R=OH
12-4-26 R=H

12-4-27

12-4-28

表 12-4-5　化合物 **12-4-24~12-4-28** 的 ^{13}C NMR 化学位移数据

C	12-4-24[9]	12-4-25[9]	12-4-26[9]	12-4-27[10]	12-4-28[11]	C	12-4-24[9]	12-4-25[9]	12-4-26[9]	12-4-27[10]	12-4-28[11]
1	32.1	33.0	33.0	37.4	36.9	3	45.9	46.7	46.9	131.1	50.9
2	28.6	29.4	29.1	125.4	26.7	4	35.1	39.8	39.6	196.2	36.7

续表

C	12-4-24[9]	12-4-25[9]	12-4-26[9]	12-4-27[10]	12-4-28[11]	C	12-4-24[9]	12-4-25[9]	12-4-26[9]	12-4-27[10]	12-4-28[11]
5	38.6	138.6	138.7	45.7	138.8	15	33.8	73.9	24.4	23.7	23.1
6	28.5	122.9	123.2	20.9	122.2	16	24.8	35.0	22.8	28.7	22.5
7	27.5	32.0	31.8	27.1	32.1	17	62.2	60.9	63.7	56.6	55.2
8	39.7	31.5	31.7	35.3	31.6	18	15.3	14.4	13.2	11.4	57.0
9	49.3	50.0	50.2	54.0	50.1	19	11.2	18.8	18.8	12.5	18.1
10	36.4	37.3	37.4	44.2	36.3	20	217.8	208.6	209.6	60.7	48.4
11	20.3	20.5	20.8	22.2	19.8	21	33.3	31.6	31.5	12.3	18.8
12	39.1	39.0	38.8	39.3	31.5	22				41.7	178.5
13	49.2	44.6	44.0	39.0	46.1	23				22.5	
14	84.9	62.9	56.9	53.3	54.7	24				162.3	

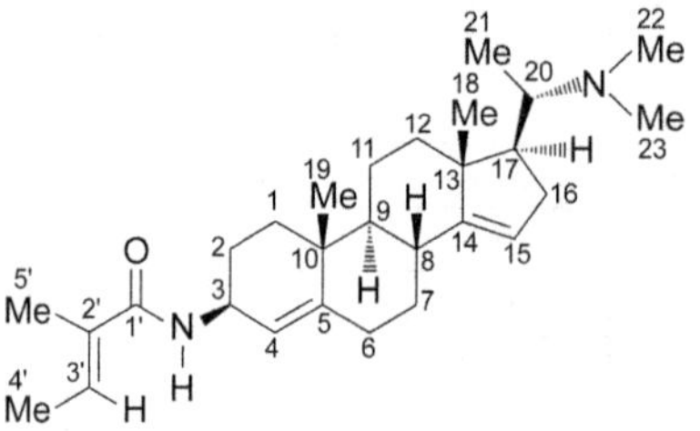

12-4-29

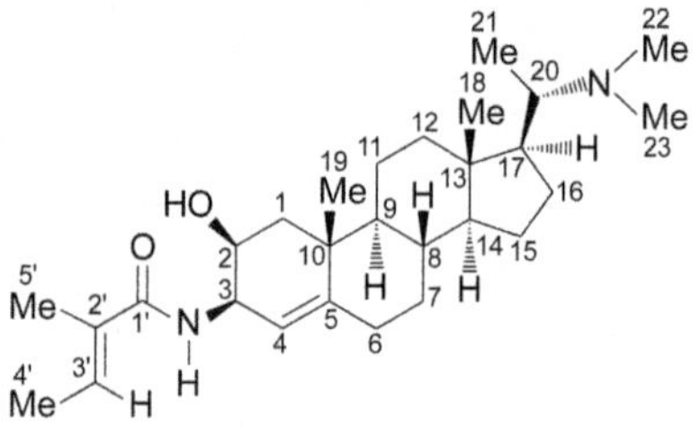

12-4-30

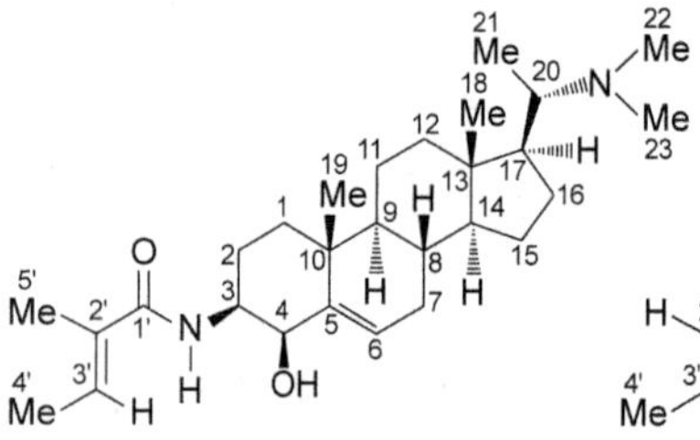

12-4-31

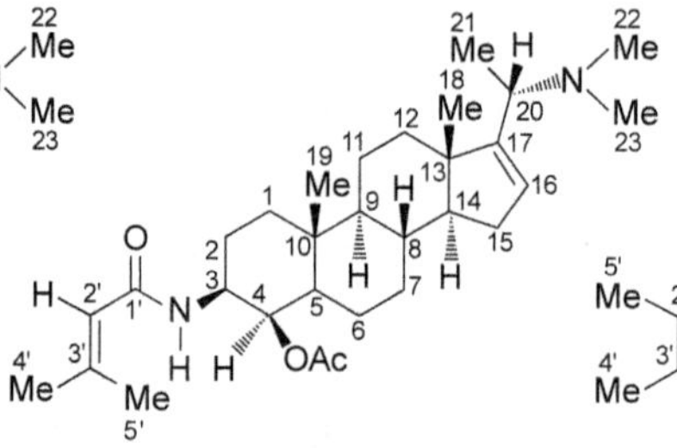

12-4-32

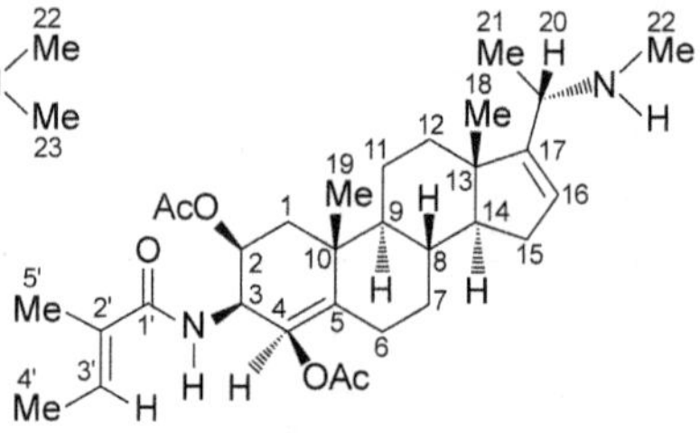

12-4-33

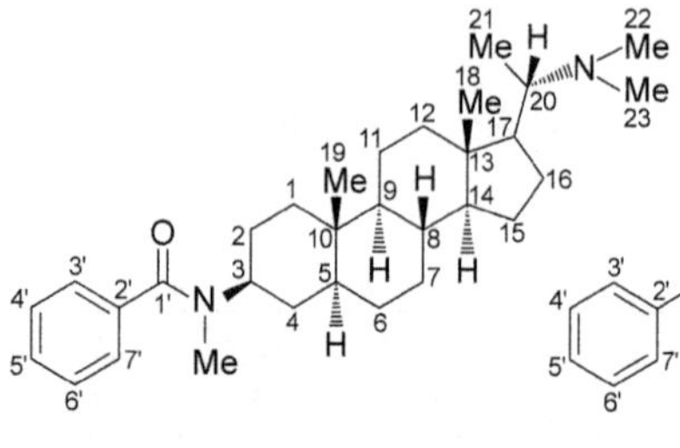

12-4-34

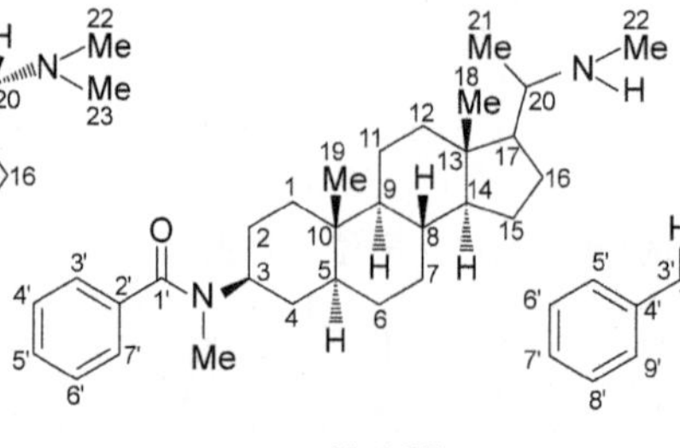

12-4-35

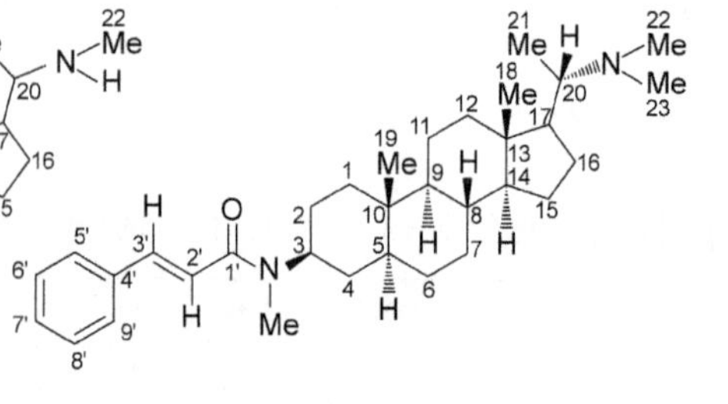

12-4-36

表 12-4-6 化合物 **12-4-29~12-4-36** 的 ^{13}C NMR 化学位移数据

C	12-4-29[8]	12-4-30[8]	12-4-31[8]	12-4-32[12]	12-4-33[12]	12-4-34[13]	12-4-35[10]	12-4-36[13]
1	34.5	33.3	34.5	37.1	40.6	39.5	36.2	39.7
2	37.4	69.6	36.5	31.1	71.6	28.7	28.4	29.7
3	45.5	50.7	45.2	49.7	49.8	52.1	52.6	52.9
4	126.4	115.3	68.8	75.5	74.1	37.3	32.4	37.4
5	149.4	151.8	140.5	49.3	48.8	47.9	44.6	52.6
6	30.3	41.8	129.1	20.3	25.0	24.1	21.0	24.3
7	31.6	34.4	30.2	25.5	30.9	27.4	27.6	27.5
8	33.5	32.8	35.5	33.9	33.4	35.0	35.9	35.9
9	57.3	54.5	54.5	55.6	54.0	56.1	53.8	56.0
10	39.5	38.1	39.5	35.8	35.0	39.0	43.3	35.5
11	20.4	21.3	20.8	24.4	20.5	20.7	24.3	21.0
12	34.3	34.4	31.8	31.8	31.6	31.2	39.6	31.7
13	46.8	46.8	45.6	46.6	46.4	42.0	39.9	42.0
14	154.6	56.9	55.5	57.4	56.2	57.0	51.8	57.0
15	123.3	31.2	34.4	34.4	35.0	28.2	24.8	28.5
16	31.3	118.7	32.7	123.6	122.0	24.1	29.7	24.7
17	51.5	151.8	51.5	157.2	158.0	52.4	56.0	53.9
18	15.9	15.9	15.8	14.2	16.3	12.5	12.1	12.7
19	18.8	19.4	18.7	15.8	15.3	12.2	12.7	12.3
20	59.5	59.2	57.9	59.0	56.8	65.1	61.1	65.2
21	19.7	16.0	19.3	16.0	22.4	11.9	12.3	12.5
22	42.5	42.3	42.5	42.5	34.2	45.2		43.5
23	42.5	42.3	42.5	42.5		45.2	35.8	45.5
1′	168.3	169.0	168.3	166.2	168.3	166.5	167.9	166.0
2′	131.5	132.1	131.3	118.5	131.4	135.1	139.6	118.3
3′	130.3	130.3	130.8	150.9	131.2	126.8	128.4	118.6
4′	12.3	13.9	11.5	27.1	12.2	128.5	129.1	142.3
5′	13.9	12.5	13.1	19.8	14.0	131.2	129.4	127.8
6′						128.5	129.1	128.7
7′						126.8	128.4	129.4
8′								128.7
9′								127.8
3-N-Me						35.4	35.2	35.9
2-OAc					170.1/21.0			
4-OAc				170.6/21.1	170.5/21.3			

参 考 文 献

[1] Yoshizaki M, Matsushita S, Fujiwara Y, et al. Chem Pharm Bull, 2005, 53: 839.

[2] Weltring K M, Wessels J, Pauli G F. Phytochemistry, 1998, 48: 1321.

[3] Radeglia R, Adam G, Ripperger H. Tetrahedron Lett, 1977, 11: 903.

[4] Mahato S B, Sahu N P, Ganguly A N, et al. Phytochemistry, 1980, 19: 2017.

[5] Lawson D R, Green T P, Haynes L W, et al. J Agric Food Chem, 1997, 45: 4122.

[6] Shou Q Y, Tan Q, Shen Z W. Fitoterapia, 2010, 81: 81.

[7] Abdel-Kader M S, Bahler B D, Malone S, et al. J Nat Prod,

1998, 61: 1202.

[8] Atta-ur-Rahman, Zaheer-ul-Haq, Feroz F, et al. Helv Chim Acta, 2004, 87: 439.

[9] Kam T S, Sim K M, Koyano T, et al. J Nat Prod, 1998, 61: 1332.

[10] Devkota K P, Lenta B N, Choudhary M I, et al. Chem Pharm Bull, 2007, 55: 1397.

[11] Kumar N, Singh B, Bhandari, P, et al. Chem Pharm Bull, 2007, 55: 912.

[12] Kalauni S K, Choudhary M I, Shaheen F, et al. J Nat Prod, 2001, 64: 842.

[13] Atta-ur-Rahman, Anjum S, Farooq A, et al. J Nat Prod, 1998, 61: 202.

第五节　异甾烷类生物碱的 ^{13}C NMR 化学位移

【结构特点】异甾烷类生物碱是指由 6/6/5/6 组成异甾烷母核与喹诺里西啶环并合的化合物。

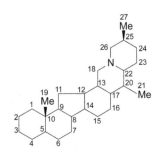

基本结构骨架

【化学位移特征】

1. 异甾烷类生物碱中 3、6、7、12、14、15、16、17、20 位等多个位置都可有羟基取代，羟基取代位置碳的化学位移分别是，$\delta_{C\text{-}3}$ 66.9～75.3，$\delta_{C\text{-}6}$ 70.3～73.2，$\delta_{C\text{-}7}$ 66.6～74.7，$\delta_{C\text{-}12}$ 75.9～78.9，$\delta_{C\text{-}14}$ 78.0～82.3，$\delta_{C\text{-}15}$ 69.9～71.7，$\delta_{C\text{-}16}$ 65.1～73.0，$\delta_{C\text{-}17}$ 81.8，$\delta_{C\text{-}20}$ 71.1～73.6。

2. 6 位有时被氧化为羰基，$\delta_{C\text{-}6}$ 210.0～212.0。

3. 有时 5,6 位为双键，$\delta_{C\text{-}5}$ 141.7～142.4，$\delta_{C\text{-}6}$ 122.3～122.6。

4. 喹诺里西啶环中有 3 个碳连接氮原子，分别为 $\delta_{C\text{-}18}$ 51.3～65.7，$\delta_{C\text{-}22}$ 53.0～71.6，$\delta_{C\text{-}26}$ 59.9～64.3。

12-5-1 R^1=R^3=H; R^2=Me
12-5-2 R^1=H; R^2=OH; R^3=Me
12-5-3 R^1=R^2=OH; R^3=Me

12-5-4 R^1=R^4=OH; R^2=R^3=H; R^5=α-H
12-5-5 R^1=R^4=H; R^2=R^3=OH; R^5=α-H
12-5-6 R^1=R^3=OH; R^2=R^4=H; R^5=α-H
12-5-7 R^1=R^4=OH; R^2=R^3=H; R^5=β-H
12-5-8 R^1=OAc; R^2=R^3=H; R^4=OH; R^5=α-H

表 12-5-1 化合物 **12-5-1~12-5-8** 的 ¹³C NMR 化学位移数据

C	12-5-1[1]	12-5-2[1]	12-5-3[1]	12-5-4[1]	12-5-5[1]	12-5-6[2]	12-5-7[2]	12-5-8[3]
1	38.1	38.2	38.2	37.9	35.1	38.8	37.8	37.4
2	31.4(b)	31.5	31.5(b)	30.8	28.7	31.2	31.7	26.7
3	72.0	71.9	71.9	71.4	66.9	71.9	71.7	73.7
4	41.8	41.9	42.0	32.5	32.8	35.0	33.3	28.4
5	142.4	142.0	141.7	52.1	42.6	48.3	51.8	52.0
6	122.3	122.3	122.6	70.3	72.6	72.6	70.4	70.4
7	31.2(b)	31.5	31.3(b)	40.5	39.1	39.1	40.8	40.6
8	38.6	38.7	38.7	39.1	35.6	35.8	38.7	39.0
9	54.4	54.3	54.6	56.8	57.6	57.5	57.9	56.6
10	37.0	37.0	37.0	35.2	36.2	35.5	35.9	35.1
11	30.3(c)	29.5(b)	29.2(c)	29.4	29.5(b)	29.6	29.8	29.3
12	41.5	41.7	41.5	41.1	41.0	41.0	41.2	40.9
13	37.9	37.6	32.7	39.3	39.1	39.3	39.4	39.2
14	45.3(d)	44.7	43.7	44.0	43.8	43.8	44.2	43.4
15	25.1	25.2	30.8	24.8	24.8	24.9	24.8	24.7
16	24.9(e)	20.8	66.1	20.8	20.9	20.9	20.8	20.6
17	45.5(d)	49.0	50.4	49.0	49.0	49.0	45.9	48.9
18	62.6(f)	61.9(c)	61.6(d)	61.8(b)	62.0(c)	61.9	60.5	61.7
19	19.1	19.0	19.1	13.0	14.1	15.0	12.9	12.8
20	36.2	71.1	73.2	71.1	71.1	71.1	71.3	71.0
21	8.6	20.4	19.9	20.3	20.6	20.5	22.0	20.2
22	68.0	70.4	70.0	70.3	70.6	70.5	53.0	70.6
23	24.3(e)	19.2	18.7	19.1	19.1	19.1	18.9	19.0
24	28.9(c)	29.3(b)	28.8(c)	29.4	29.3(b)	29.5	28.2	29.3
25	28.3	27.8	27.6	27.7	27.8	27.8	27.4	27.6
26	63.9(f)	62.7(c)	62.2(d)	62.5(b)	62.5(c)	62.6	60.7	62.4
27	17.9	17.4	17.3	17.3	17.5	17.4	16.9	17.2
OAc								170.5/21.4

注：同列内相同的(b)、(c)、(d)、(e)、(f)表示数据可能互换。

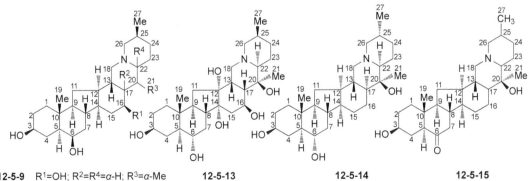

12-5-9 R¹=OH; R²=R⁴=α-H; R³=α-Me
12-5-10 R¹=H; R²=R⁴=α-H; R³=α-Me
12-5-11 R¹=H; R²=R⁴=β-H; R³=β-Me
12-5-12 R¹=H; R²=β-H; R³=α-Me; R⁴=α-H

12-5-13   **12-5-14**   **12-5-15**

表 12-5-2 化合物 **12-5-9~12-5-15** 的 ^{13}C NMR 化学位移数据

C	12-5-9[4]	12-5-10[5]	12-5-11[6]	12-5-12[7]	12-5-13[8]	12-5-14[9]	12-5-15[10]
1	39.4	38.1	38.4	39.4	37.8	38.2	38.5
2	32.4	31.2	31.2	31.4	32.0	31.7	31.6
3	71.7	71.7	71.9	71.9	71.3	72.1	72.2
4	36.0	34.9	31.2	34.8	33.8	33.1	31.0
5	49.5	48.3	48.3	48.1	51.1	53.3	52.7
6	72.2	72.8	72.7	73.2	70.6	71.1	212.0
7	39.7	39.1	40.1	39.6	38.5	41.3	46.9
8	41.0	35.0	40.4	36.7	44.1	39.6	42.4
9	58.8	57.7	57.6	57.9	53.3	58.3	57.6
10	36.5	35.5	35.2	35.5	35.3	36.3	40.0
11	30.5	30.2	29.6	30.8	36.2	29.9	31.0
12	38.0	40.4	40.7	39.1	78.9	42.0	42.4
13	37.3	40.3	40.6	39.1	37.5	39.0	40.0
14	43.5	44.0	39.7	41.2	81.0	44.8	45.8
15	32.9	26.9	29.2	28.7	37.0	25.2	26.2
16	64.8	25.6	24.2	17.7	67.1	21.7	21.7
17	50.5	46.5	43.8	41.6	45.8	48.8	50.1
18	62.3	61.8	60.3	59.2	57.3	60.9	62.8
19	15.0	15.0	12.8	15.7	12.5	13.1	13.0
20	36.5	43.3	38.4	38.9	73.6	72.2	72.2
21	14.6	14.8	14.8	14.7	21.9	21.6	21.7
22	69.6	69.0	68.7	62.5	70.1	71.5	71.6
23	25.8	24.8	29.2	25.0	19.0	21.0	21.4
24	29.9	29.2	31.2	30.3	29.7	31.7	32.6
25	28.7	28.4	29.6	28.4	28.1	29.9	30.2
26	62.7	62.0	64.3	61.7	62.6	61.0	62.8
27	18.2	18.3	19.4	18.3	17.6	18.9	19.0

12-5-16 R¹=R³=α-H; R²=OH; R⁴=β-Me
12-5-17 R¹=R³=α-H; R²=H; R⁴=α-Me
12-5-18 R¹=R³=α-H; R²=H; R⁴=β-Me
12-5-19 R¹=β-H; R²=H; R³=α-H; R⁴=β-Me
12-5-20 R¹=R³=β-H; R²=H; R⁴=β-Me
12-5-21 R¹=β-H; R²=OH; R³=α-H; R⁴=β-Me

12-5-22

表 12-5-3 化合物 **12-5-16~12-5-22** 的 ^{13}C NMR 化学位移数据

C	12-5-16[2]	12-5-17[11]	12-5-18[11]	12-5-19[12]	12-5-20[13]	12-5-21[14]	12-5-22[4]
1	37.1	36.6	36.8	37.6	37.6	37.6	36.9
2	30.5	30.4	30.3	30.6	30.6	30.2	30.5
3	70.9	70.7	70.5	70.8	70.9	71.9	71.0
4	30.1	30.0	29.9	30.4	30.3	30.2	30.2
5	56.5	56.8	56.7	56.8	56.4	56.6	56.9
6	211.0	210.0	211.4	210.0	211.1	211.0	211.3
7	46.0	45.7	45.9	47.0	46.8	46.9	45.9
8	42.1	40.8	41.2	41.0	38.2	40.3	43.0
9	56.7	56.6	56.5	56.8	54.8	56.7	56.9
10	38.4	38.3	38.3	38.2	38.2	36.1	38.3
11	29.4	29.6	30.0	30.3	32.0	30.2	29.4
12	41.1	40.0	40.3	47.0	36.6	39.9	40.2
13	39.3	44.0	44.2	39.8	37.7	40.6	36.9
14	43.5	42.2	43.5	39.6	43.3	42.1	43.4
15	24.7	24.7	25.1	26.8	24.4	27.0	31.5
16	20.6	24.1	24.5	24.9	24.8	18.8	65.1
17	48.8	45.5	46.2	35.7	48.0	46.6	49.6
18	61.8	60.0	61.5	59.3	65.7	59.9	61.4
19	12.8	12.7	12.7	12.6	12.4	12.5	12.9
20	71.0	40.0	39.9	39.3	37.4	72.0	36.0
21	20.4	14.2	14.6	18.3	11.4	21.4	14.0
22	70.3	68.6	68.8	62.3	66.9	63.5	68.3
23	19.1	28.6	24.8	17.1	30.1	19.7	25.1
24	29.2	32.4	28.8	30.0	33.6	29.1	28.9
25	27.7	29.4	28.2	28.4	31.1	28.0	28.4
26	62.3	63.2	61.8	61.6	59.9	61.5	61.5
27	17.3	19.0	18.3	15.5	19.8	17.6	18.2

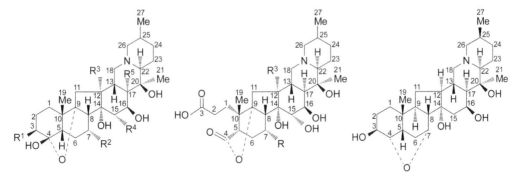

12-5-23 R^1=R^2=R^4=OH; R^3=R^5=H
12-5-24 R^1=R^4=OH; R^2=R^3=R^5=H
12-5-25 R^1=R^3=R^5=OH; R^2=R^4=H
12-5-26 R^1=OAc; R^2=R^3=R^5=H; R^4=OH

12-5-27 R=H
12-5-28 R=OH

12-5-29

表 12-5-4 化合物 **12-5-23~12-5-29** 的 ^{13}C NMR 化学位移数据

C	12-5-23[15]	12-5-24[16]	12-5-25[15]	12-5-26[15]	12-5-27[17]	12-5-28[17]	12-5-29[18]
1	32.2	32.2	32.1	32.5	32.8	30.0	32.2
2	28.6	27.8	28.3	26.6	33.0	30.6	26.9
3	72.7	73.6	73.4	75.3	181.2	178.1	69.0
4	106.5	106.3	106.4	104.4	179.7	176.0	87.8
5	44.0	44.5	44.7	44.0	49.6	45.5	45.7
6	29.5	18.8	18.9	18.9	21.2	32.5	35.2
7	67.5	17.4	16.9	—	18.6	66.6	74.7
8	44.8	43.8	44.4	44.2	44.5	45.9	52.8
9	93.1	96.2	94.0	96.2	100.4	98.0	40.6
10	46.8	46.1	45.7	45.7	48.0	47.5	32.1
11	33.2	33.2	41.9	33.2	33.6	34.0	29.0
12	45.9	46.2	75.9	46.0	47.4	46.4	48.5
13	33.4	34.1	36.9	33.9	33.2	34.0	35.9
14	82.3	81.2	80.6	80.9	80.6	82.3	78.0
15	69.9	69.9	31.1	69.9	71.7	70.8	40.0
16	70.4	70.4	71.1	69.9	73.0	71.4	66.6
17	47.7	44.3	81.8	46.2	43.8	44.6	49.0
18	61.7	61.6	51.3	61.5	61.0	62.3	61.3
19	18.7	19.1	18.5	18.4	14.7	14.0	22.0
20	73.4	73.3	72.1	73.3	73.1	73.5	72.9
21	20.7	19.9	16.0	20.2	22.7	22.3	20.2
22	70.4	69.7	64.1	70.3	71.6	71.0	69.8
23	19.2	18.5	19.0	19.0	18.7	19.2	18.3
24	29.3	29.0	29.2	29.0	28.6	30.0	28.9
25	27.6	27.4	27.6	27.4	27.8	28.3	27.3
26	61.9	61.4	61.6	61.5	60.4	62.3	61.6
27	17.3	17.1	17.2	17.2	16.6	17.9	17.0

参 考 文 献

[1] Cong Y, Guo L, Yang J Y, et al. Planta Med, 2007, 73: 1588.

[2] Kaneko Ko, Tanaka M, Haruki K, et al. Tetrahedron Lett, 1979, (39): 3737.

[3] 李清华, 吴宗好. 药学学报, 1986, 21: 767.

[4] Zhang Y H, Yang X L, Zhang P, et al. Chem Biodivers, 2008, 5: 259.

[5] Kaneko K, Katsuhara T, Kitamura Y, et al. Chem Pharm Bull, 1988, 36: 4700.

[6] Lee P, Kitamura Y, Kaneko K, et al. Chem Pharm Bull, 1988, 36: 4316.

[7] 余世春, 肖培根. 植物学报, 1990, 32 (12): 929.

[8] Kaneko K, Katsuhara T, Mitsuhashi H, et al. Chem Pharm Bull, 1985, 33: 2614.

[9] 徐东铭, 王淑琴, 黄恩喜, 等. 药学学报, 1988, 23: 902.

[10] 张建兴, 马广恩, 劳爱娜, 等. 药学学报, 1991, 26: 231.

[11] 张建兴, 劳爱娜, 黄慧珠, 等. 药学学报, 1992, 27: 472.

[12] 张建兴, 马广恩, 劳爱娜, 等. 药学学报, 1991, 33: 923.

[13] 刘庆华, 贾晓光, 任永风, 等. 药学学报, 1984, 19: 894.

[14] Kaneko K, Katsuhara T, Mitsuhashi H, et al. Tetrahedron Lett, 1986, 27: 2387.

[15] Atta-Ur-Rahman, Akhtar M N, Choudhary M I, et al. Chem Pharm Bull, 2002, 50: 1013.

[16] Carey F A, Hutton W C, Schmidt J C. Org Magn Reson, 1980, 14: 141.

[17] Zhao W J, Tezuka Y, Kikuchi T. Chem Pharm Bull, 1989, 37: 2920.

[18] Zhou C X, Liu J Y, Ye W C, et al. Tetrahedron, 2003, 59: 5743.

第十三章 核苷类、环肽类以及大环类 生物碱的 ^{13}C NMR 化学位移

第一节 核苷类生物碱的 ^{13}C NMR 化学位移

【结构特点】核苷类生物碱是嘌呤化合物与核糖缩合形成的产物。

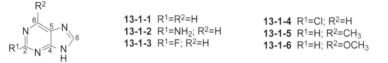

基本结构骨架

【化学位移特征】

1. 嘌呤环是由 5 个碳原子和 4 个氮原子组成的六、五元环化合物，并有双键存在，因此 5 个碳原子的化学位移均在低场出现，δ_{C-2} 144.3～165.0，δ_{C-4} 142.0～160.7，δ_{C-5} 110.2～137.7，δ_{C-6} 127.2～165.6，δ_{C-8} 135.9～150.0。如果 6 位上有硫双键，则 δ_{C-6} 169.8～177.4，在低场出现。

2. 核糖部分各碳的化学位移出现在 $\delta_{C-2'}$ 87.5～89.4，$\delta_{C-3'}$ 73.7～75.7，$\delta_{C-4'}$ 69.0～70.9，$\delta_{C-5'}$ 84.6～86.4，$\delta_{C-6'}$ 60.3～61.9。

13-1-1 $R^1=R^2=H$
13-1-2 $R^1=NH_2$; $R^2=H$
13-1-3 $R^1=F$; $R^2=H$

13-1-4 $R^1=Cl$; $R^2=H$
13-1-5 $R^1=H$; $R^2=CH_3$
13-1-6 $R^1=H$; $R^2=OCH_3$

13-1-7 $R^1=H$; $R^2=SCH_3$
13-1-8 $R^1=H$; $R^2=NH_2$
13-1-9 $R^1=H$; $R^2=NHCH_3$

表 13-1-1 化合物 **13-1-1~13-1-9** 的 ^{13}C NMR 化学位移数据[1]

C	13-1-1	13-1-2	13-1-3	13-1-4	13-1-5	13-1-6	13-1-7	13-1-8	13-1-9
2	152.1	160.6	158.3	152.7	151.3	151.3	151.6	152.4	152.4
4	154.8	155.1	158.2	157.7	153.9	155.1	150.2	151.3	150.0
5	130.5	125.5	128.8	129.1	129.6	118.1	129.4	117.6	118.2
6	145.5	147.7	147.2	146.9	155.7	159.3	158.7	155.3	154.7
8	146.1	141.6	150.0	147.8	144.5	142.6	143.1	139.3	138.8
CH$_3$					19.5	53.7	11.3		27.2

13-1-10 $R^1=H$; $R^2=N(CH_3)_2$
13-1-11 $R^1=H$; $R^2=N(CH_2CH_3)_2$
13-1-12 $R^1=H$; $R^2=Cl$

13-1-13 $R^1=H$; $R^2=Br$
13-1-14 $R^1=H$; $R^2=I$
13-1-15 $R^1=H$; $R^2=CN$

13-1-16 $R^1=H$; $R^2=N(CH_3)_3^+$
13-1-17 $R^1=R^2=SCH_3$
13-1-18 $R^1=R^2=NH_2$

表 13-1-2 化合物 **13-1-10~13-1-18** 的 ^{13}C NMR 化学位移数据[1]

C	13-1-10	13-1-11	13-1-12	13-1-13	13-1-14	13-1-15	13-1-16	13-1-17	13-1-18
2	151.8	151.9	151.5	151.5	151.7	152.2	150.3	163.8	160.2
4	151.2	151.1	154.2	153.0	150.0	155.0	151.6	151.8	152.8
5	119.0	118.5	129.2	132.0	120.2	133.5	137.7	127.9	112.5
6	154.3	153.1	147.8	140.1	136.5	127.8	165.6	159.8	155.8
8	137.7	137.9	146.2	145.9	145.2	149.3	147.3	142.0	135.9
CH$_3$	37.8	13.5				114.3	54.3		

13-1-19 R^1=R^2=Cl
13-1-20 R^1=CH$_3$; R^2=NH$_2$
13-1-21 R^1=NH$_2$; R^2=CH$_3$

13-1-22 R^1=SCH$_3$; R^2=NH$_2$
13-1-23 R^1=NH$_2$; R^2=SCH$_3$
13-1-24 R^1=Cl; R^2=OCH$_3$

13-1-25 R^1=F; R^2=NH$_2$
13-1-26 R^1=Cl; R^2=NH$_2$
13-1-27 R^1=CH$_2$CH$_3$; R^2=Cl

表 13-1-3 化合物 **13-1-19~13-1-27** 的 ^{13}C NMR 化学位移数据[1]

C	13-1-19	13-1-20	13-1-21	13-1-22	13-1-23	13-1-24	13-1-25	13-1-26	13-1-27
2	151.0	160.7	160.1	163.9	159.6	151.1	158.8	152.8	165.0
4	156.2	151.8	154.3	152.2	151.6	157.0	153.4	152.8	155.1
5	128.5	115.8	124.4	115.4	124.0	116.8	115.5	116.2	127.7
6	148.1	154.9	127.2	154.9	159.2	159.6	156.8	155.9	147.6
8	147.4	138.6	140.0	138.5	138.4	143.8	140.1	140.2	146.0
CH$_3$		25.3	19.0	16.6	10.8	54.7			12.6

结构式：

Ribose= （核糖结构）

13-1-28 R^1=R^3=H; R^2=CH$_3$
13-1-29 R^1=R^2=H; R^3=CH$_3$
13-1-30 R^1=R^3=H; R^2=Ribose
13-1-31 R^1=NH$_2$; R^2=CH$_3$; R$_3$=H

13-1-32 R^1=NH$_2$; R^2=Ribose; R^3=H
13-1-33 R^1=NH$_2$; R^2=H; R^3=CH$_3$
13-1-34 R^1=NH$_2$; R^2=H; R^3=Ribose

13-1-35 R=CH$_3$
13-1-36 R=Ribose

表 13-1-4 化合物 **13-1-28~13-1-36** 的 ^{13}C NMR 化学位移数据[2]

C	13-1-28	13-1-29	13-1-30	13-1-31	13-1-32	13-1-33	13-1-34	13-1-35	13-1-36
2	152.0	151.8	152.2	152.3	152.8	152.5	152.6	144.3	144.8
4	159.8	151.3	151.0	159.7	160.7	149.9	149.2	157.0	157.7
5	125.7	133.4	134.2	111.7	110.2	118.7	119.5	115.4	114.7
6	140.7	147.4	148.3	151.9	151.7	155.9	156.3	154.6	154.1
8	149.7	147.4	145.5	145.9	144.6	141.4	140.3	144.3	142.4
2'			87.7		89.4		88.2		89.4
3'			73.9		75.0		73.7		75.1
4'			70.4		69.0		70.9		69.7
5'			85.8		86.4		86.1		85.4
6'			61.4		60.5		61.9		61.0
CH$_3$	31.6	29.3		33.7		29.3		33.3	

13-1-37 R=H
13-1-38 R=CH₃

13-1-39

13-1-40 R=CH₃
13-1-41 R=Ribose

Ribose=

13-1-42

13-1-43

13-1-44

表 13-1-5　化合物 13-1-37~13-1-44 的 ¹³C NMR 化学位移数据[2]

C	13-1-37	13-1-38	13-1-39	13-1-40	13-1-41	13-1-42	13-1-43	13-1-44
2	146.1	148.7	151.6	144.7	144.9	145.4	148.4	151.5
4	148.1	147.6	151.8	152.6	153.3	144.1	142.0	148.0
5	124.6	123.6	121.2	125.8	125.3	135.6	135.7	131.3
6	156.8	156.4	160.4	170.4	169.8	176.1	177.4	160.4
8	139.1	139.2	142.3	148.3	144.9	141.4	141.6	143.0
2'	87.8	87.5	87.8		89.1	87.9	87.6	88.0
3'	74.4	74.2	73.8		75.7	74.5	74.3	73.9
4'	70.5	70.4	70.5		68.9	70.4	70.2	70.3
5'	85.9	85.7	85.8		84.6	85.9	85.7	85.8
6'	61.5	61.4	61.4		60.3	61.3	61.2	61.3
CH₃		33.5	54.0	34.6			40.4	11.2

参 考 文 献

[1] Thorpe M C, Coburn W C, Montomery J. J Magn Reson, 1974, 15: 98.

[2] Chenon M T, Pugmire R J, Grant D M, et al. J Am Chem Soc, 1975, 97: 4627.

第二节　环肽类生物碱的 ¹³C NMR 化学位移

　　环肽类生物碱目前有 500 个左右化合物被发现，它们主要是由编码或非编码氨基酸残基组成的。其类型较多，这里只将它们的主要类型化合物的 ¹³C NMR 数据列出。

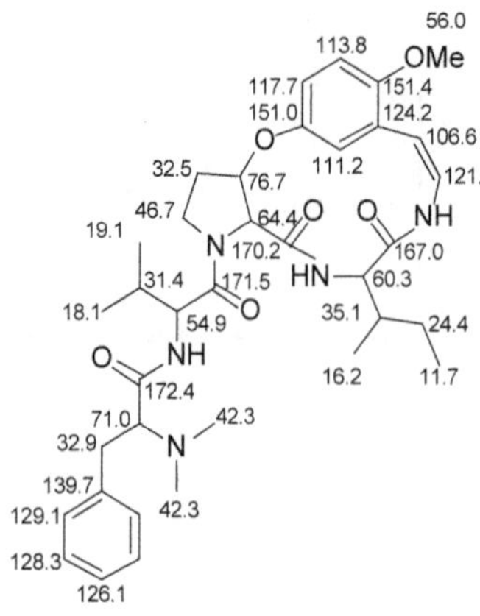

13-2-1[1]

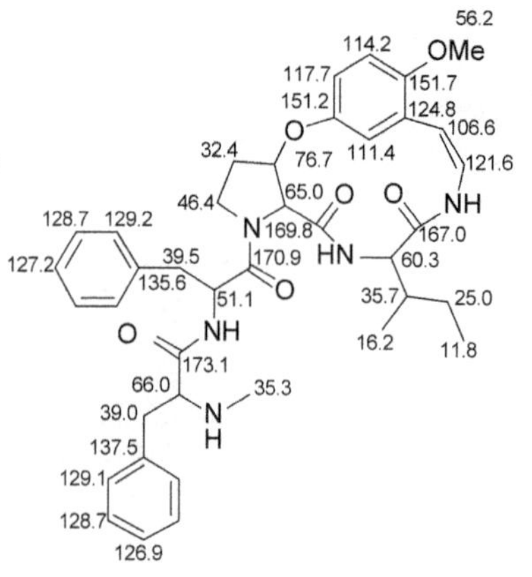

13-2-2[1]

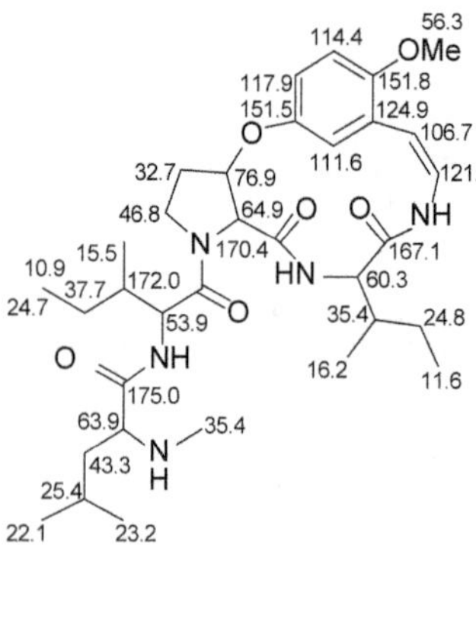

13-2-3[1]

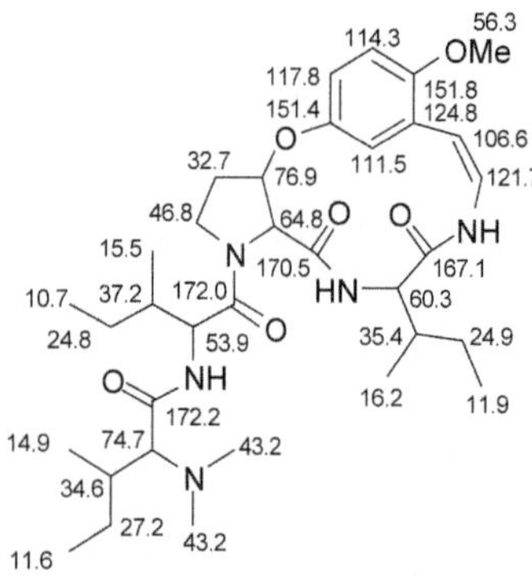

13-2-4[1]

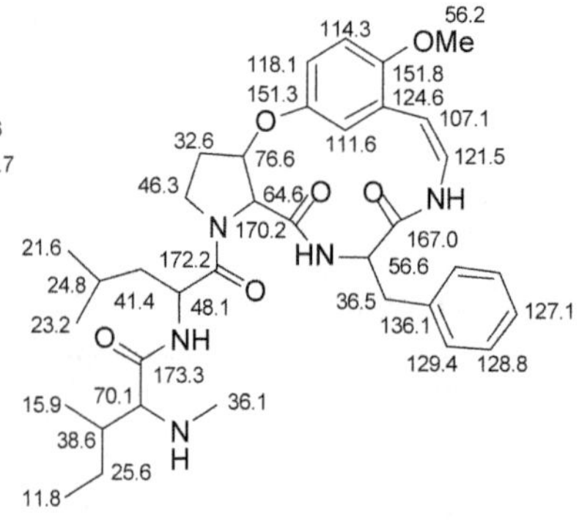

13-2-5[1]

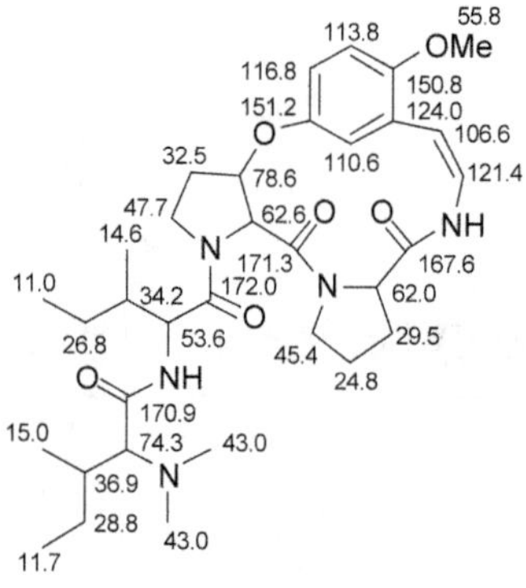

13-2-6[2]

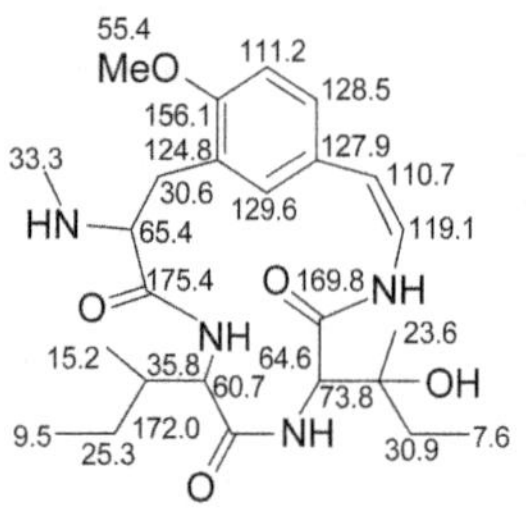

13-2-7[2]

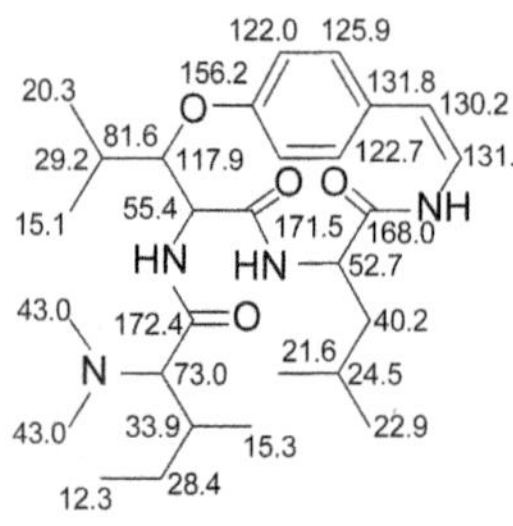

13-2-8[3]

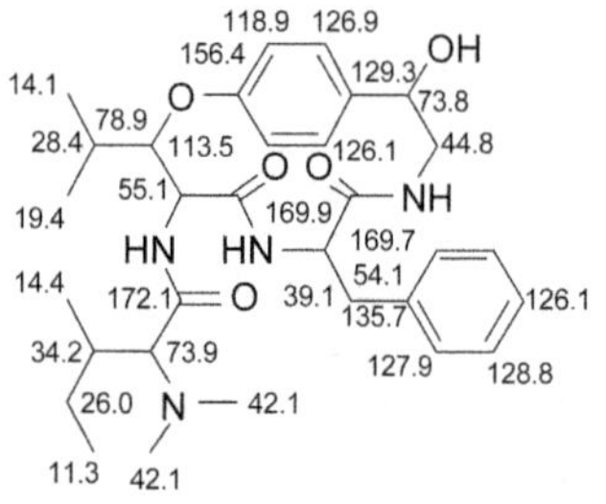

13-2-9[4]

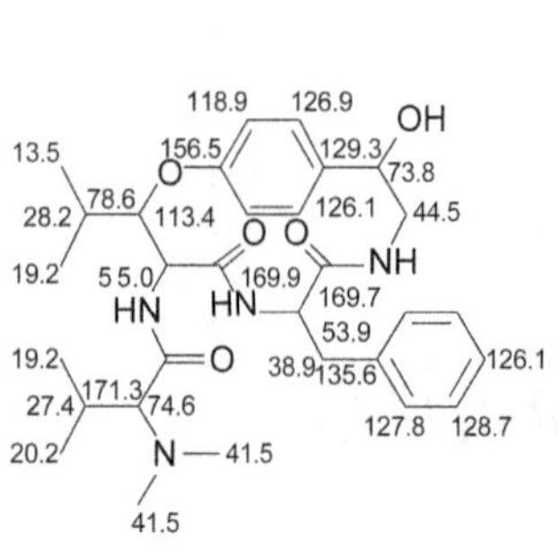

13-2-10[4]

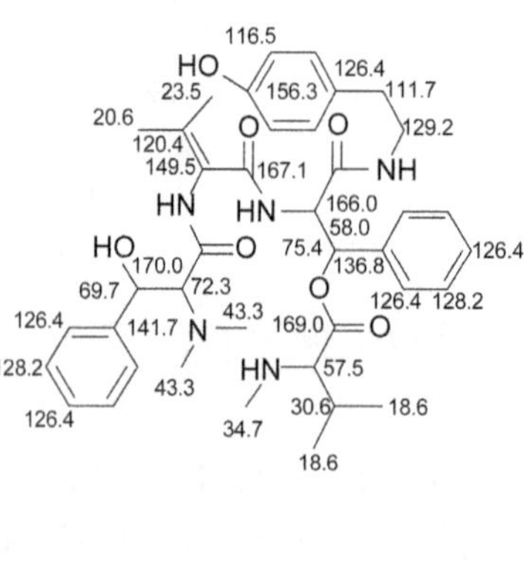

13-2-11[4]

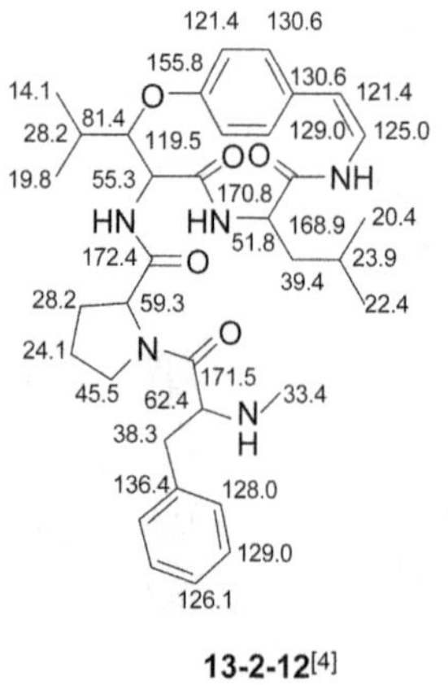

13-2-12[4]

13-2-13[4]　　　　**13-2-14**[4]　　　　**13-2-15**[4]

13-2-16[5]　　　　**13-2-17**[6]　　　　**13-2-18**[6]

13-2-19[7]　　　　**13-2-20**[8]　　　　**13-2-21**[9]

13-2-22[10]　　　　**13-2-23**[10]　　　　**13-2-24**[11]

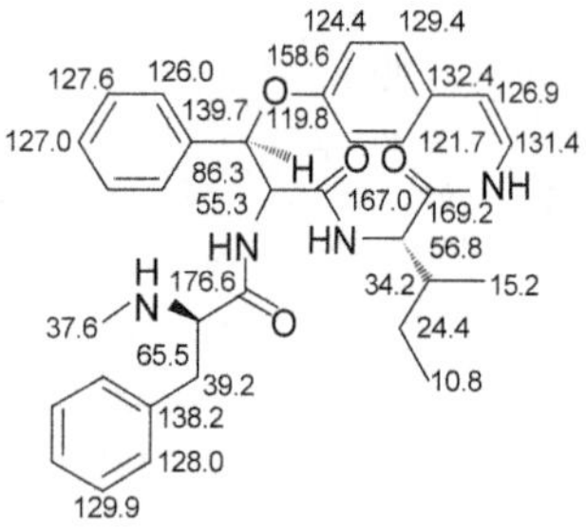

13-2-25[12]

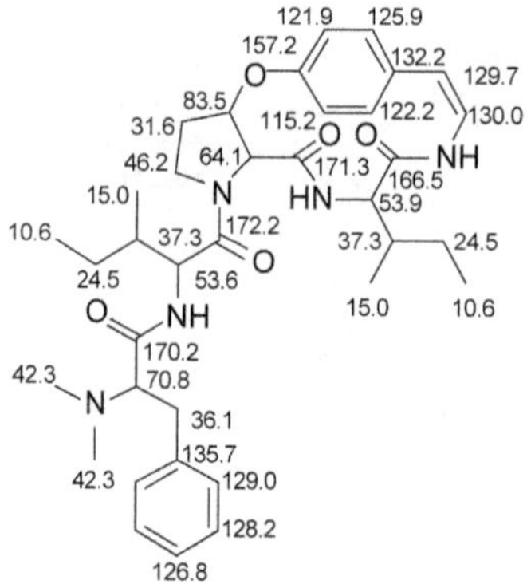

13-2-26[2]

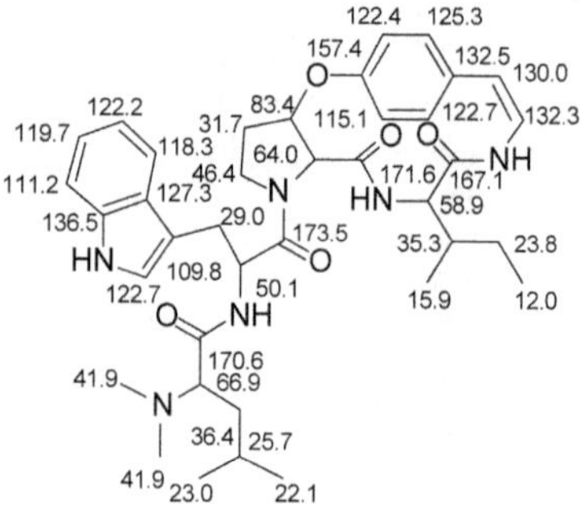

13-2-27[2]

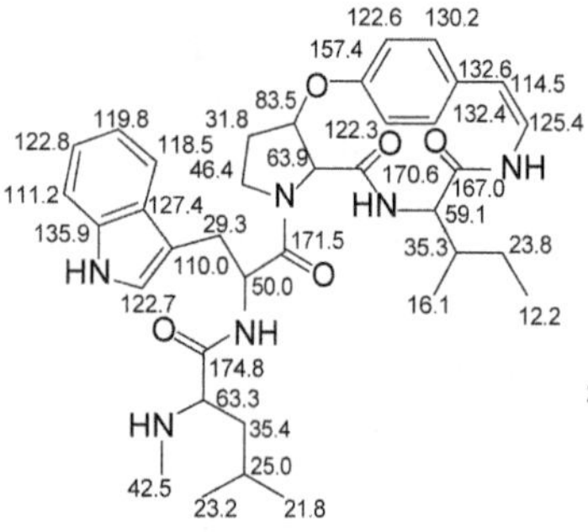

13-2-28[13]

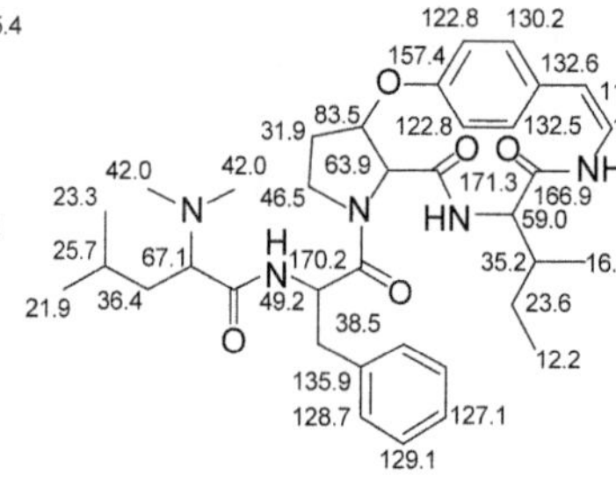

13-2-29[14]

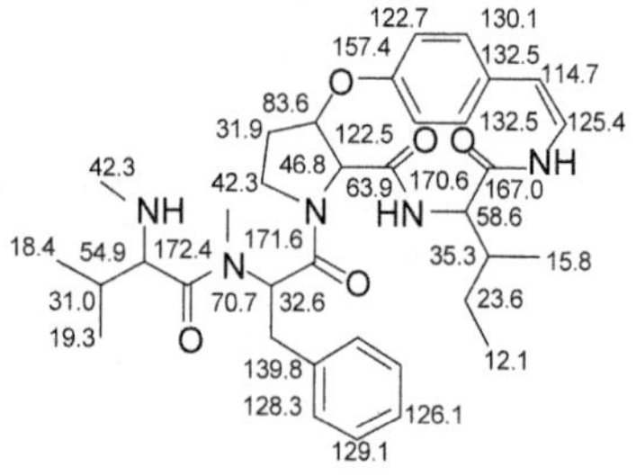

13-2-30[14]

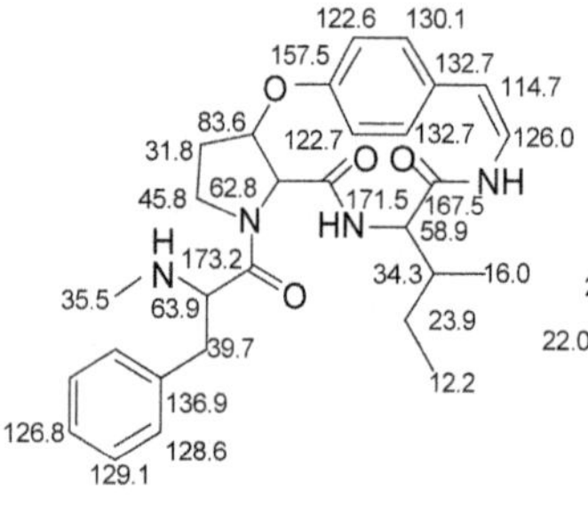

13-2-31[14]

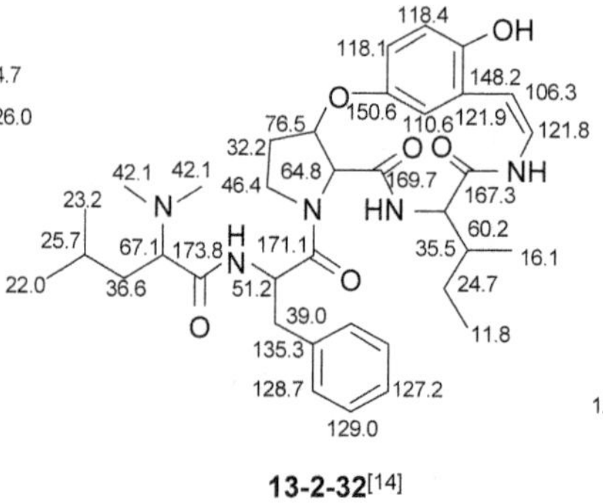

13-2-32[14]

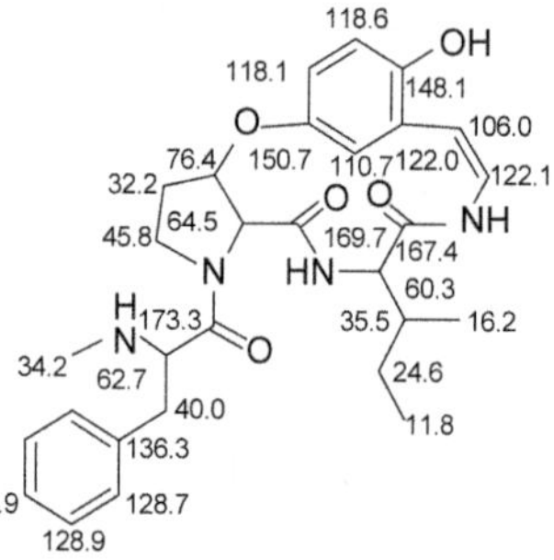

13-2-33[14]

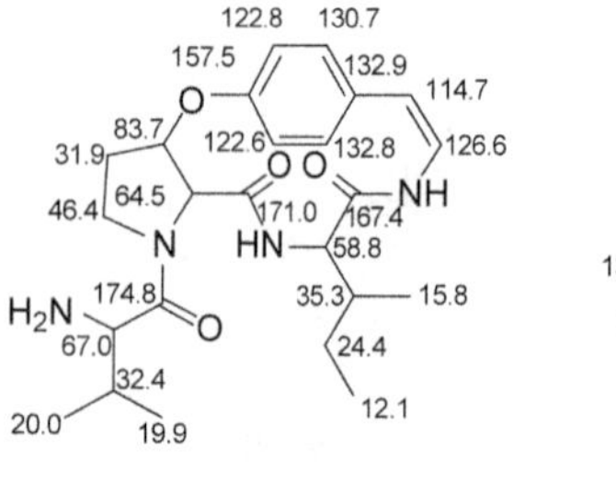

13-2-34[15]

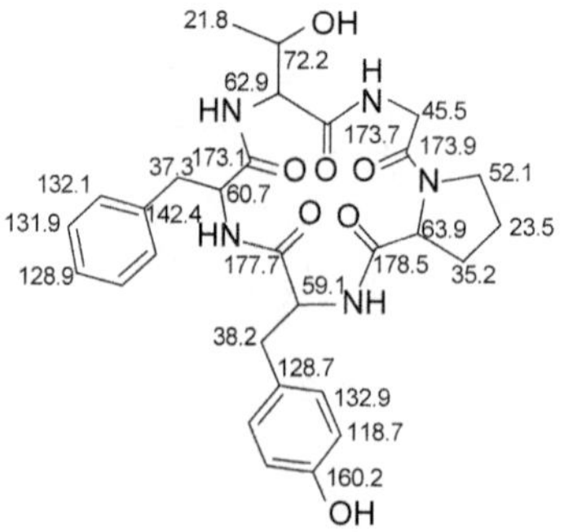

13-2-35[16]

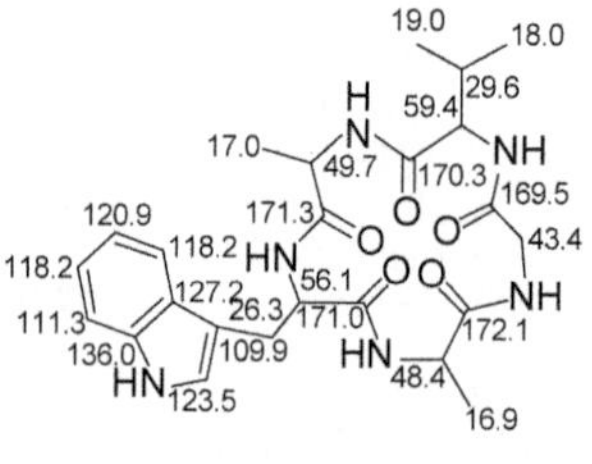

13-2-36[17]

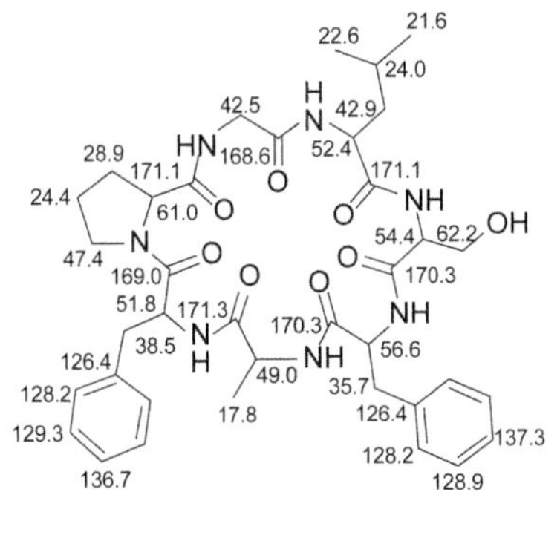

13-2-37[18]

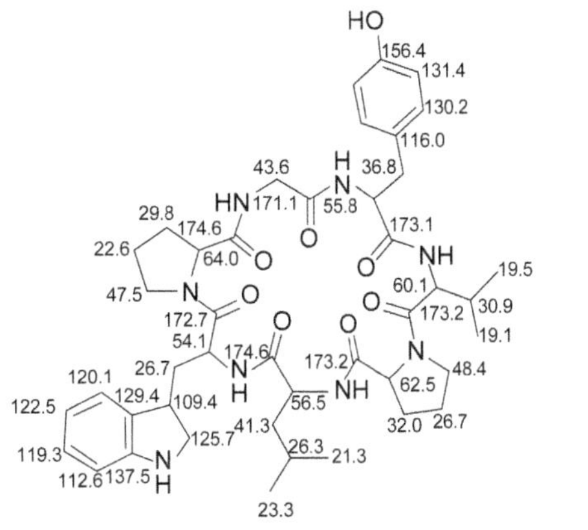

13-2-38[18]

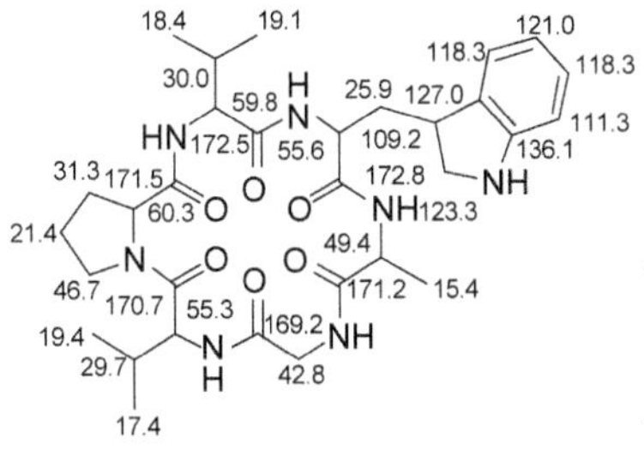

13-2-39[18]

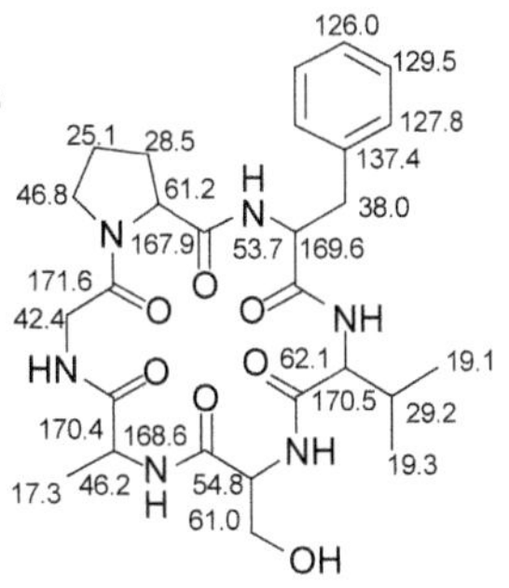

13-2-40[19]

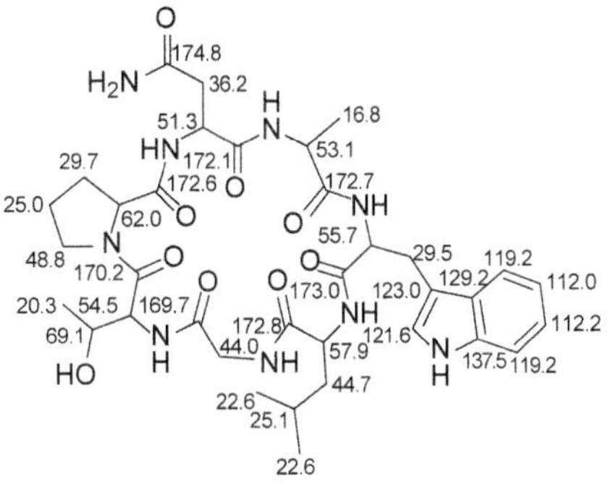

13-2-41[20]

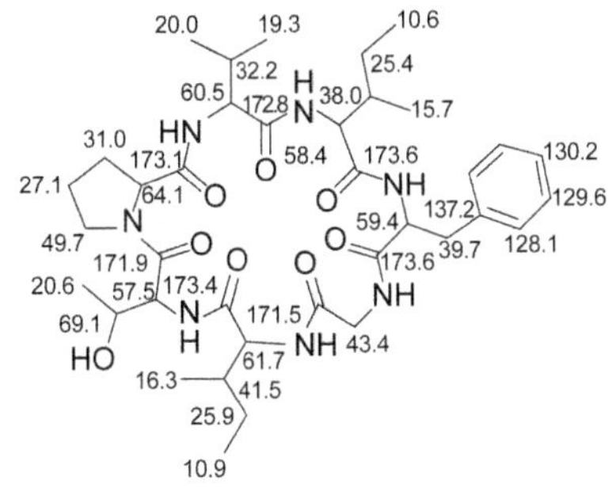

13-2-42[21]

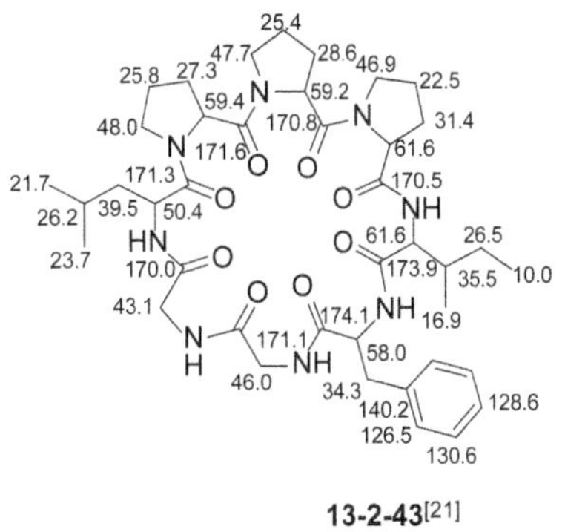

13-2-43[21]

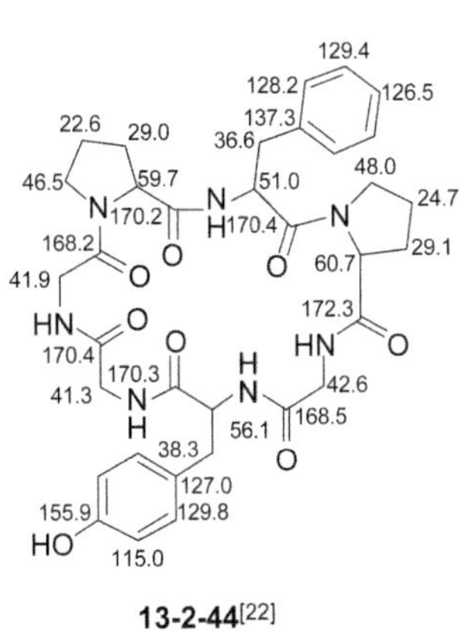

13-2-44[22]

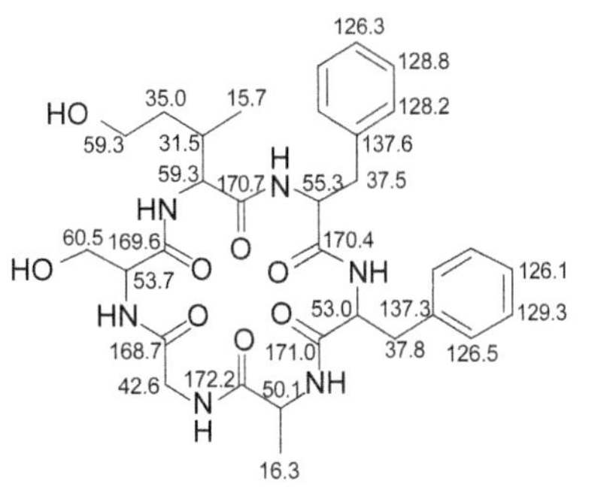

13-2-45[23]

参 考 文 献

[1] Lee S S, Su W C, Liu K C S C. Phytochemistry, 2001, 58: 1271.

[2] Hindenlang D M, Shamma M, Miana G A, et al. Liebigs Annalen der Chemie, 1980, (3): 447.

[3] Haslinger E. Tetrahedron, 1978, 34: 685.

[4] Pais M, Jarreau F X, Sierra M G, et al. Phytochemistry, 1979, 18: 1869.

[5] Morel A F, Machado E C S, Wessjohann L A. Phytochemistry, 1995, 39: 431.

[6] Giacomelli S R, Maldaner G, Gonzaga W A, et al. Phytochemistry, 2004, 65: 933.

[7] Dias G C D, Gressler V, Hoenzel S C S M, et al. Phytochemistry, 2007, 68: 668.

[8] Morel A F, Gehrke I T S, Mostardeiro M A, et al. Phytochemistry, 1999, 51: 473.

[9] El-Seedi H R, Gohil S, Perera P, et al. Phytochemistry, 1999, 52: 1739.

[10] Morel A F, Machado E C S, Moreira J J, et al. Phytochemistry, 1998, 47: 125.

[11] Morel A F, Maldaner G, Ilha V, et al. Phytochemistry, 2005, 66: 2571.

[12] Morel A F, Araujo C A, da Silva U F, et al. Phytochemistry, 2002, 61: 561.

[13] Jossang A, Zahir A, Diakite D. Phytochemistry, 1996, 42:565.

[14] Ghedira K, Chemli R, Caron C, et al. Phytochemistry, 1995, 38:767.

[15] Le Croueour G, Thepenier P, Richard B, et al. Fitoterapia, 2002, 73:63.

[16] Li F, Zhang F M, Yang Y B, et al. Chin Chem Lett, 2008, 19:193.

[17] Zhang R P, Zou C, Chai Y K, et al. Chin Chem Lett, 1995, 6: 681.

[18] 张荣平, 邹澄, 谭宁华, 等. 云南植物研究, 1998, 20(1): 105.

[19] 李朝明, 谭宁华, 吕瑜平, 等. 云南植物研究, 1995, 17(4): 459.

[20] Li C M, Tan N H, Zheng H L, et al. Phytochemistry, 1998, 48: 555.

[21] 谭宁华, 王德祖, 张宏杰, 等. 波谱学杂志, 1993, 10(1): 69.

[22] 赵玉瑞, 周俊, 王宪楷, 等. 云南植物研究, 1995, 17(3): 345.

[23] Zhao Y R, Zhou J, Wang X K, et al. Chin Chem Lett, 1994, 5: 127.

第三节　大环生物碱的 ^{13}C NMR 化学位移

大环生物碱也是一大类化合物, 有很多类型, 这里就麻黄根碱类生物碱和美登辛类化合物做一些它们的 ^{13}C NMR 化学位移谱特征的探讨。

13-3-1 R^1=Me; R^2=R^3=H; *n*=6
13-3-2 R^1=R^2=Me; R^3=OH; *n*=8
13-3-3 R^1=R^3=H; R^2=Me; *n*=8

13-3-4

13-3-5

13-3-6

表 13-3-1 化合物 **13-3-1~13-3-6** 的 ^{13}C NMR 化学位移数据

C	13-3-1[1]	13-3-2[1]	13-3-3[1]	13-3-4[2]	13-3-5[3]	13-3-6[3]
2	172.0	172.9	173.0	171.1	175.0	170.5
3	39.4	37.4	38.7	43.0	46.9	45.6
4	56.0	61.5	61.8	58.1	61.2	58.6
5				26.7		
6	46.8	51.5	49.5	129.8	43.8	43.7
7	26.2	25.8	24.6	123.3	28.8	29.5
8	57.4	54.5	45.4	58.4	43.3	45.4
10	56.8	56.7	48.1	53.0	47.2	49.5
11	25.2	24.4	26.0	28.0	25.5	26.4
12	25.6	23.3	25.4	48.4	26.0	26.0
13	57.7	56.3	57.3		40.0	40.0
14				46.8	135.5	135.5
15, 19	54.8	55.8	55.5	27.7	128.4	128.5
16, 18	26.5	27.6	28.4	26.7	116.5	116.5
17	37.8	37.8	37.0	39.1	157.8	157.9
1′	33.3	29.9(a)	29.9(a)	70.8	172.0	169.4
2′	26.1	27.4	27.2	19.4	121.0	114.2
3′	29.9(a)	29.8(a)	29.8(a)	10.1	134.3	144.4
4′	29.8(a)	29.7(a)	29.8(a)		128.0	126.9
5′	29.8(a)	37.9 (b)	29.8(a)		131.1	130.9
6′	29.8(a)	72.2	29.7(a)		116.5	117.5
7′	29.7(a)	37.7 (b)	29.7(a)		160.0	163.0
8′	29.7(a)	29.6(a)	29.6(a)		116.5	117.5
9′	29.6(a)	29.6(a)	29.5(a)		131.1	130.9
10′	29.6(a)	29.8(a)	29.6(a)			
11′	32.1	29.8(a)	29.4(a)			
12′	22.9	29.8(a)	29.7(a)			
13′		32.0	32.1			
14′		22.9	22.9			
5-N-Me		35.7	37.3			
9-N-Me	43.4	42.5				
14-N-Me	42.8	42.5	40.6			
末端 Me	14.3	14.3	14.3			

一、麻黄根碱类生物碱的 ^{13}C NMR 化学位移

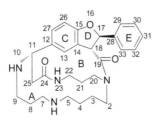

基本结构骨架

【化学位移特征】

1．麻黄根碱的 A 环和 B 环都是大环，尤其 A 环是带有 4 个氮原子的十七元环，因此它有 7 个相连接的脂肪碳和 1 个羰基碳，7 个脂肪碳的化学位移出现在 δ_{C-2} 46.0～51.1，δ_{C-5} 46.0～46.7，δ_{C-7} 44.2～45.9，δ_{C-9} 42.5～44.9，δ_{C-11} 57.2～59.4，δ_{C-20} 41.9～44.4，δ_{C-22} 37.9～41.7。

2．19 位和 24 位的羰基与氮原子形成内酰胺，δ_{C-19} 169.4～171.5，δ_{C-24} 171.4～175.5。

3．C 环和 E 环是芳环，它们各碳的化学位移遵循芳环的规律。

4．D 环中的 17 位碳和 18 位碳是与 C 环并合的呋喃环，18 位碳还连接有 19 位的羰基，δ_{C-17} 86.5～88.9，δ_{C-18} 52.0～54.4。

13-3-7 $R^1=R^2=R^3=R^4=H$; $R^5=OH$
13-3-8 $R^1=R^2=R^3=R^4=H$; $R^5=OH$; $R^6=2HCl$
13-3-9 $R^1=R^2=Ac$; $R^3=R^4=H$; $R^5=OAc$
13-3-10 $R^1=R^2=R^3=H$; $R^4=OMe$; $R^5=OH$; $R^6=2HBr$
13-3-11 $R^1=R^2=R^3=H$; $R^4=OMe$; $R^5=OAc$

表 13-3-2 化合物 **13-3-7~13-3-11** 的 ^{13}C NMR 化学位移数据

C	13-3-7[4]	13-3-8[5]	13-3-9[5]	13-3-10[6]	13-3-11[6]
2	47.6	46.7*	51.1*	46.5*	51.0*
3	27.6	25.9*	29.5*	25.7*	29.6*
4	26.9	25.9	28.0	25.7	28.1
5	46.1	46.5*	46.6*	46.5*	46.6*
7	45.9	45.0*	45.3*	44.8*	45.3*
8	25.8	23.2	26.3	23.1	26.3
9	44.7	42.7*	44.8*	42.7*	44.6*
11	59.4	59.3	57.2	59.2	57.0
12	134.7	127.0	130.9	126.9	131.0
13	128.7	121.6	124.3	134.3	132.3
14	128.4	125.2	125.1	125.3	125.0
15	158.1	160.2	159.3	159.9	159.0
17	87.5	88.7	86.7	88.7	86.5
18	52.7	52.6	54.2	52.5	54.1
19	169.4	171.1	170.5	171.1	171.3
20	43.3	42.1*	44.3*	42.3*	44.2*
21	24.7	22.0	26.2	21.8	26.0
22	41.7	38.6*	39.4*	38.0*	39.0*
24	171.4	175.5	172.1	175.2	171.9
25	36.4	38.1*	37.5*	38.0*	37.0*
26	107.9	111.3	110.4	111.1	110.2
27	121.5	134.8	132.8	121.5	124.4

续表

C	13-3-7[4]	13-3-8[5]	13-3-9[5]	13-3-10[6]	13-3-11[6]
28	125.1	130.3	138.2	130.8	139.2
29	127.1	129.2	127.2	111.1	110.2
30	114.8	116.0	121.9	147.9	151.0
31	157.8	156.8	150.5	145.9	139.8
32	114.8	116.0	121.9	115.7	122.9
33	127.1	129.2	127.2	120.5	117.6
OME				56.4	56.0
OAc			169.6/21.1 170.5/21.8 172.1/22.6		169.4/20.5 169.7/21.7 170.4/22.6

注：*表示碳的归属不确定。

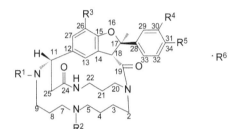

13-3-12 R¹=R²=R³=H; R⁴=R⁵=OMe; R⁶=2HBr
13-3-13 R¹=R²=Ac; R³=H; R⁴=R⁵=OMe
13-3-14 R¹=R²=R⁴=H; R³=OMe; R⁵=OH; R⁶=2HBr
13-3-15 R¹=R²=Ac; R³=OMe; R⁴=H; R⁵=OAc

表 13-3-3 化合物 13-3-12~13-3-15 的 ¹³C NMR 化学位移数据

C	13-3-12[7]	13-3-13[7]	13-3-14[5]	13-3-15[5]
2	46.0*	51.0*	46.6*	51.1*
3	25.4*	29.4*	25.7*	29.6*
4	25.2	27.9	25.3	28.1
5	46.0*	46.5*	46.6*	46.7*
7	44.2*	45.3*	44.7*	45.3*
8	22.8	26.2	23.0	26.3
9	42.6*	44.7*	42.5*	44.9*
11	58.7	57.5	59.4	57.4
12	126.1	130.6	127.3	131.7
13	133.4	132.7	113.6	115.7
14	125.8	125.4	126.2	125.8
15	159.1	159.3	148.4	147.7
17	88.0	87.6	88.9	87.1
18	52.0	53.8	53.1	54.4
19	170.7	171.5	170.7	171.5
20	41.9*	44.1*	42.0*	44.4*
21	21.4	26.2	21.7	26.1
22	37.9*	39.4*	38.3*	39.1*
24	174.5	172.0	175.2	172.0
25	37.7*	37.4*	38.0*	37.1*
26	111.3	111.3	144.7	144.5
27	121.0	124.2	117.3	116.6

续表

C	13-3-12[7]	13-3-13[7]	13-3-14[5]	13-3-15[5]
28	130.7	132.4	129.9	138.1
29	110.4	110.3	128.8	127.2
30	148.4	149.2	115.7	121.8
31	148.0	149.1	156.5	150.4
32	109.8	109.7	115.7	121.8
33	119.7	118.8	128.8	127.2
OMe	56.4 55.5	56.1 56.0	56.4	56.4
OAc		169.6/21.8 170.6/22.6		169.5/21.1 169.9/21.7 170.7/22.6

注：*表示碳的归属不确定。

二、美登辛类生物碱的 ^{13}C NMR 化学位移

【结构特点】美登辛类生物碱也是大环生物碱。

基本结构骨架

【化学位移特征】

1. 美登辛类生物碱的 A 环是十九元环的内酰胺环，它的 1 位碳是与氮原子形成内酰胺的羰基，δ 150.1~152.7。

2. 在 A 环上尚有 3、7、9 和 10 位连接连氧基团时，δ_{C-3} 75.8~78.2，δ_{C-7} 74.2~75.5，δ_{C-9} 81.0~81.3，δ_{C-10} 88.3~89.0。在 4、5 位上带有三元氧桥时，δ_{C-4} 59.7~63.1，δ_{C-5} 66.4~67.3。

3. 在 A 环的 11,12 位和 13,14 位存在共轭双键时，δ_{C-11} 127.2~128.3，δ_{C-12} 132.4~133.4，δ_{C-13} 124.5~125.8，δ_{C-14} 138.9~140.3。一些化合物 2,3 位存在双键，δ_{C-2} 118.8~121.9，δ_{C-3} 147.5~150.0。

4. B 环是芳环，16 位连烷基，18 位连氮原子，19 位连氯原子，20 位连甲氧基，δ_{C-16} 138.9~142.7，δ_{C-18} 135.7~141.2，δ_{C-19} 114.4~119.3，δ_{C-20} 155.8~156.4。

5. C 环还存在一个内酰胺的羰基，其化学位移为 δ 164.6~171.8。

6. B 环上还连接有 3 个甲基，它们的化学位移为 δ 11.3~16.8。

13-3-16 R=

13-3-17 R=

13-3-18 R=

13-3-19 R=

13-3-20 R=COCH₃

13-3-21 R=H

13-3-22 R=CH₃
13-3-23 R=H

13-3-24

表 13-3-4 化合物 **13-3-16~13-3-24** 的 ¹³C NMR 化学位移数据[8]

C	13-3-16	13-3-17	13-3-18	13-3-19	13-3-20	13-3-21	13-3-22	13-3-23	13-3-24
2	32.5	32.5	32.5	32.6	32.8	35.6	121.9	118.8	116.9
3	78.2	78.1	78.2	78.2	77.0	75.8	147.5	150.0	148.0
4	60.1	60.1	60.1	60.1	60.3	63.1	59.7	59.8	135.0
5	67.2	67.2	67.3	67.2	66.4	66.6	66.9	66.9	140.9
6	39.1	39.0	39.1	39.1	38.5	37.9	38.7	39.1	39.2
7	74.2	74.2	74.3	74.2	74.3	75.4	75.0	74.8	75.5
8	36.5	36.4	36.5	36.4	36.0	35.8	35.5	35.8	35.5
9	81.0	81.0	81.0	81.0	81.1	81.3	81.2	81.1	81.0
10	88.9	88.8	88.9	88.9	88.3	89.0	88.6	88.5	88.3
11	127.8	127.9	127.8	127.8	128.3	127.1	127.2	127.9	128.0
12	133.3	133.3	133.4	133.3	132.2	133.3	133.0	132.4	132.5
13	125.4	125.6	125.6	125.5	124.5	125.2	124.6	125.8	125.5
14	139.1	139.0	139.1	139.1	139.9	138.9	140.3	139.2	139.3
15	46.7	46.5	46.5	46.6	47.2	47.1	46.7	46.6	47.2
16	142.4	142.3	142.3	142.4	142.7	142.5	142.0	139.6	138.9
17	122.5	122.4	122.9	122.7	122.2	123.7	122.2	120.8	118.0
18	141.2	141.2	141.1	141.1	140.1	140.2	140.5	135.7	136.4
19	119.1	119.0	119.1	119.2	119.0	119.0	119.3	115.6	114.4
20	156.1	156.1	156.1	156.1	156.2	155.8	156.4	156.0	155.8
21	113.4	113.4	113.5	113.5	113.1	112.9	112.7	111.4	111.0
C=O	152.2	152.2	152.2	152.1	152.2	152.7	152.1	152.4	152.5
	168.8	168.7	168.8	168.7	168.7	171.8	164.3	164.6	166.3
	170.2	171.0	171.1	171.0	169.1				
	170.8	173.3	176.7	172.2					

续表

C	13-3-16	13-3-17	13-3-18	13-3-19	13-3-20	13-3-21	13-3-22	13-3-23	13-3-24
4-CH$_3$	12.2	12.2	12.2	12.2	12.1	11.3	14.2	14.3	13.7
6-CH$_3$	14.5	14.5	14.6	14.5	14.5	14.5	14.8	14.9	15.7
14-CH$_3$	15.5	15.4	15.5	15.5	15.8	15.8	16.0	16.0	16.8
10-OCH$_3$	56.7	56.6	56.6	56.6	56.7	56.6	56.6	56.6	56.6
20-OCH$_3$	56.7	56.6	56.6	56.6	56.7	56.6	56.7	56.6	56.6
18-NCH$_3$	35.4	35.3	35.3	35.4	35.6	36.0	36.0		
2′	52.2	52.3	52.6	52.6	20.9				
2′-CH$_3$	13.4	13.3	13.3	13.5					
2′-NCH$_3$	31.7	30.6	30.7	31.2					
4′	21.7	26.7	30.5	42.5					
4′-CH$_3$		9.1	18.9/19.5						
5′				25.6					
5′-CH$_3$				22.8 25.6					

参 考 文 献

[1] Rukunga G M, Waterman P G. J Nat Prod, 1996, 59: 850.

[2] Ruedi P, Eugster C H. Helv Chim Acta, 1978, 61: 899.

[3] Murata T, Miyase T, Yoshizaki F. Chem Pharm Bull, 2010, 58: 696.

[4] Datwyler P, Bosshardt H, Johne S, et al. Helv Chim Acta, 1979, 62: 2712.

[5] Hikino H, Ogata M, Konno C. Heterocycles, 1982, 17: 155.

[6] Tamada M, Endo K, Hikino H. Heterocycles, 1979, 12: 783.

[7] Konno C, Tamada M, Endo K. Heterocycles, 1980, 14: 295.

[8] Wallace W A, Sneden A T. Org Magn Reson, 1982, 19: 31.

第十四章　单萜类化合物的 ^{13}C NMR 化学位移

单萜类化合物都是由两个异戊基连接的 10 个碳原子组成的化合物，它们可以在分子中带有羟基、甲氧基、乙酰氧基、三元氧桥或其他含氧的大的基团，分子中可以存在单键、双键以及叁键，有的碳可以被氧化为醛基或酮基或羧基。它们在天然产物中多以挥发油的形式存在。

第一节　开链单萜类化合物的 ^{13}C NMR 化学位移

【结构特点】开链单萜化合物是两个异戊基不成环连接的化合物，由 10 个碳原子组成。

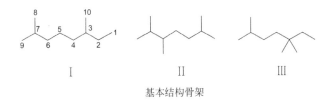

基本结构骨架

【化学位移特征】

1. 开链单萜化合物的 10 个碳主要是脂肪族碳，它们的化学位移出现在 δ 8.0～50.0 之间。

2. 在开链单萜化合物中，各碳上常常连接有羟基取代基。如果是伯醇，其化学位移出现在 δ 58.5～68.5；如果是仲醇或叔醇，δ 70.3～78.4。

3. 在开链单萜化合物中如果存在醛或酮羰基，其化学位移出现在 δ 202.2～202.8。

4. 在开链单萜化合物中还存在双键。如果是末端双键且一个碳为季碳，它们的化学位移出现在 δ 110.8～115.6，δ 141.8～147.4；如果双键在分子中间且一个碳为叔碳、一个碳为季碳，它们的化学位移前者出现在 δ 122.0～129.6，后者出现在 δ 130.2～143.4。当然这些化学位移还要受到临近基团的影响，或向高场或向低场产生位移。

17.3 147.4 32.1 19.7 29.3 60.3
111.0 75.8 32.7 39.6 OH
OH

14-1-7[1,2]

16.2 141.6 69.0 26.7 133.1 46.2
130.8 191.3 129.6 62.0 Br
Cl Cl

14-1-8[1,2]

17.3 147.1 32.7 16.0 137.8 58.5
110.8 74.8 35.2 123.8 OH
OH

14-1-9[4]

18.3 143.6 43.4 12.6 139.8 39.7
114.8 57.5 56.2 124.5 Cl
Br Br

14-1-10[5,6]

16.8 142.6 42.7 11.5 142.6 39.5
115.5 63.9 62.7 125.3 Cl
Cl Cl

14-1-11[5,6]

17.7 142.6 43.0 11.8 139.8 40.4
114.8 64.4 63.0 124.6 Cl
Cl Cl

14-1-12[5,6]

17.6 147.1 32.7 41.7 Cl 139.1 68.1
111.3 75.3 31.1 127.0 OMe
OH

14-1-13[7]

18.1 143.6 34.1 18.1 138.6 60.6
114.1 69.4 85.0 123.1 OAc
OAc COOH

14-1-14[8]

17.8 147.2 33.2 23.4 142.2 61.1
110.9 28.1 75.0 119.5

14-1-15[9]

16.2 144.0 26.7 47.0 OMe 78.4 117.5
114.0 85.6 29.7 128.3
OMe OH

14-1-16[7]

17.8 144.3 202.2 32.8 24.3 79.5 114.9
124.7 O 36.2 OGlu 144.1

14-1-17[10]

18.6 141.8 124.9 27.3 72.8 112.0
115.6 137.0 45.8 OH 144.8

14-1-18[11]

9.8 130.2 120.5 27.4 151.8 72.6 112.0
41.2 O OH 144.2 110.8

14-1-19[11]

17.6 130.6 25.6 19.6 29.3 60.2
25.7 125.0 37.4 39.7 OH

14-1-20[1,2]

17.8 131.8 30.2 20.5 129.9
25.8 122.8 132.0 20.2
62.2 OH

14-1-21[1,2]

17.8 132.2 28.6 19.7 145.6
25.7 122.5 50.0 112.6
64.0 OH

14-1-22[1,2]

17.8 132.7 28.8 20.0 145.0
25.8 122.0 46.4 112.5
65.8 OAc

14-1-23[1,2]

17.8 132.1 29.2 20.0 146.5
26.0 123.9 47.7 112.5
65.8 OGlu-(6'-OAra)

14-1-24[12]

25.8 OH 20.5... 136.0 74.5 41.7 145.0
23.7 124.0 113.0
21.2 18.2

14-1-25[13]

24.1 OAc 138.2 77.1 121.0
26.0 144.7 41.1 112.5
21.1 18.3

14-1-26[14]

23.7 O 50.3 143.4
155.5 202.7 120.7
113.7 27.7 20.8

14-1-27[15]

14.6 OAc AcO 135.8 75.8 40.8 143.7
68.8 123.2 113.0
23.7 22.0

14-1-28[16]

27.1 134.5 147.1
70.6 38.5 110.5
30.0 OH 135.3
27.1 27.1

14-1-29[13]

17.0 O 78.0 17.0
140.0 41.0
53.0 119.0
115.0 85.0 134.0

14-1-30[17]

参 考 文 献

[1] Wehrli F W, Nishida T. Fortschr Chem Org Naturst, 1979, 36: 1.

[2] Bohlmann F, Zeisberg R. Org Magn Reson, 1975, 7: 426.

[3] Otsuka H, Kashima N, Hayashi T, et al. Phytochemistry, 1992, 31: 3129.

[4] Ahmed A A, Jakupovic J. Phytochemistry, 1990, 29: 3658.

[5] Naylor S, Hanke F J, Manes L V, et al. Chem Org Naturst, 1983, 44: 189.

[6] Crews P, Kho-Wiseman E. J Org Chem, 1977, 42: 2812.

[7] Wright A D, König G M, Sticher O. Tetrahedron, 1991, 47: 5717.

[8] Manns D. Planta Med, 1993, 59: 171.

[9] Rucker G, Schenkel E, Manns D, et al. Phytochemistry, 1996, 41: 297.

[10] Sakai N, Inada K, Okamoto M, et al. Phytochemistry, 1996, 42: 1625.

[11] Schulz S, Steffensky M, Roisin Y. Ann Chem, 1996: 941.

[12] Yoshikawa K, Nagai M, Wakabayashi M, et al. Phytochemistry, 1993, 34:1431.

[13] Héthelyi E, Tétényi P, Kettenes-Van Den Bosch J J, et al. Phytochemistry, 1981, 20: 1847.

[14] Abegaz B N, Herz W. Phytochemistry, 1991, 30: 1011.

[15] Weyerstahi P, Kaul V K, Weirauch M, Marschall-Weyerstahl H. Planta Med, 1987, 53: 66.

[16] Marco J A, Sanz-Cervera J F, Morante M D, et al. Phytochemistry, 1996, 41: 837.

[17] Epstein W W, Gaudioso L A. J Org Chem, 1979, 49: 3113.

第二节　薄荷烷型单环单萜类化合物的 ^{13}C NMR 化学位移

【结构特点】由两个异戊烯基连接成六元环状结构，也是由 10 个碳原子组成的。

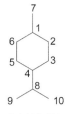

基本结构骨架

【化学位移特征】

1．单环单萜类化合物中最简单的化合物是 **14-2-1**，没有任何双键或取代基，它们各碳的化学位移 δ 19.0～44.1(见表 14-2-1)。其他化合物几乎都有羟基取代或双键。

2．对于羟基取代的化合物：1 位羟基碳，δ_{C-1} 69.0～78.0；2 位羟基碳，δ_{C-2} 72.0～76.8；3 位羟基碳，δ_{C-3} 66.0～79.4；4 位羟基碳，δ_{C-4} 69.5～80.7；7 位羟基碳，δ_{C-7} 64.9～74.0；8 位羟基碳，δ_{C-8} 71.5～77.5；10 位羟基碳，δ_{C-10} 66.0～66.6。

3．对于存在双键的化合物：1,2 位双键，δ_{C-1} 133.6～141.6，δ_{C-2} 119.0～127.5；2,3 位双键，δ_{C-2} 131.8～132.2，δ_{C-3} 129.1～129.2；4,8 位双键，δ_{C-4} 126.6～128.5，δ_{C-8} 122.6～122.8；5,6 位双键，δ_{C-5} 129.1～129.2，δ_{C-6} 131.8～132.2。

4．3 位被氧化为羰基时，δ_{C-3} 211.5～214.8。

5．3 位羰基与 1,2 位双键共轭时，δ_{C-3} 203.1，δ_{C-1} 163.8，δ_{C-2} 127.2。2 位羰基与 3,4 位双键共轭时，δ_{C-2} 203.1～303.2，δ_{C-3} 119.3～122.0，δ_{C-4} 169.9～171.6。

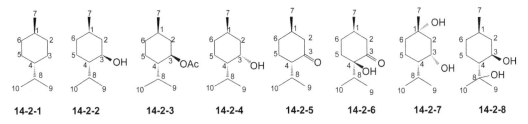

表 14-2-1 化合物 **14-2-1~14-2-8** 的 ^{13}C NMR 化学位移数据

C	14-2-1[1]	14-2-2[1]	14-2-3[2]	14-2-4[1]	14-2-5[1]	14-2-6[3]	14-2-7[2]	14-2-8[2]
1	35.7	31.7	31.5	29.1	35.5	33.1	70.8	31.4
2	33.1	45.2	41.0	42.8	50.9	44.4	43.4	44.6
3	29.9	71.4	73.9	67.5	211.5	214.8	68.5	72.8
4	44.1	50.2	47.2	48.2	55.9	80.7	47.9	53.2

续表

C	14-2-1[1]	14-2-2[1]	14-2-3[2]	14-2-4[1]	14-2-5[1]	14-2-6[3]	14-2-7[2]	14-2-8[2]
5	29.9	23.2	23.7	24.2	28.0	32.2	20.0	27.0
6	33.1	34.7	34.5	35.3	34.03	27.9	39.1	34.5
7	22.5	22.3	22.1	22.3	2.3	18.8	30.8	22.0
8	35.7	25.7	26.5	26.0	26.0	30.2	29.0	74.9
9	19.0	21.1	16.5	18.7	18.7	15.5	21.0	29.8
10	19.0	16.1	20.8	1.2	21.2	16.2	20.6	23.7

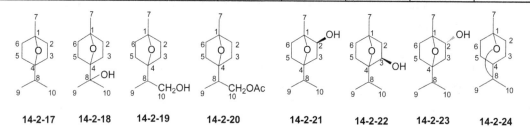

14-2-9　14-2-10　14-2-11　14-2-12　14-2-13　14-2-14　14-2-15　14-2-16

表 14-2-2　化合物 14-2-9~14-2-16 的 ^{13}C NMR 化学位移数据

C	14-2-9[2]	14-2-10[2]	14-2-11[2]	14-2-12[4]	14-2-13[4]	14-2-14[4]	14-2-15[4]	14-2-16[4]
1	25.7	28.2	71.2	69.0	37.2	37.3	26.8	29.1
2	36.9	41.5	43.9	39.0	72.0	25.7	32.0	31.6
3	69.2	68.8	69.6	25.1	34.1	26.2	21.4	26.1
4	75.0	54.6	48.5	43.5	39.2	43.0	49.6	38.5
5	27.7	22.2	18.9	25.1	25.2	26.2	21.4	24.5
6	29.5	31.3	37.7	39.0	27.4	25.7	32.0	31.7
7	20.5	18.3	29.0	31.4	17.6	64.9	17.5	19.2
8	30.0	75.0	25.9	32.7	30.0	30.4	72.8	38.8
9	16.7	29.8	21.2	19.9	20.3	19.8	26.9	14.2
10	15.9	23.9	21.2	19.9	20.3	19.8	26.9	66.2

14-2-17　14-2-18　14-2-19　14-2-20　14-2-21　14-2-22　14-2-23　14-2-24

表 14-2-3　化合物 14-2-17~14-2-24 的 ^{13}C NMR 化学位移数据[2]

C	14-2-17	14-2-18	14-2-19	14-2-20	14-2-21	14-2-22	14-2-23	14-2-24
1	82.9	83.9	84.3	83.1	88.7	82.2	90.3	69.1
2	37.4	27.6	36.7	37.2	76.6	49.8	76.8	31.7
3	33.2	32.0	29.8	33.9	45.2	76.0	41.6	23.0
4	89.6	91.9	90.1	87.5	85.7	92.1	85.0	33.1
5	33.2	32.0	36.2	34.1	33.0	25.1	33.3	23.0
6	37.4	27.6	37.5	37.2	32.2	36.5	29.3	31.7
7	21.3	21.1	21.1	21.1	16.3	21.0	19.2	27.4
8	33.1	71.5	39.8	37.8	32.5	26.4	33.1	73.0
9	18.2	25.4	13.0	13.1	18.1	16.8	17.6	28.8
10	18.2	25.4	66.0	66.6	18.1	18.1	17.9	28.8

表 14-2-4 化合物 **14-2-25~14-2-32** 的 ¹³C NMR 化学位移数据[5]

C	14-2-25[6]	14-2-26	14-2-27	14-2-28	14-2-29	14-2-30	14-2-31	14-2-32
1	139.1	136.1	140.4	137.7	141.2	163.8	137.9	141.6
2	127.5	125.3	123.0	121.1	120.0	127.2	120.4	119.0
3	76.5	69.8	66.0	78.2	73.4	203.1	79.4	74.4
4	40.8	54.1	46.7	48.7	46.9	54.7	48.4	46.7
5	26.1	24,2	17.5	24.4	18.4	25.3	24.3	18.2
6	68.3	30.8	31.5	30.9	31.7	31.3	30.8	31.6
7	21.1	22.8	23.2	23.0	23.7	25.3	22.9	23.6
8	30.4	74.9	72.4	73.2	71.8	72.3	73.0	71.7
9	20.5	24.1	28.1	24.7	28.1	25.3	24.7	27.9
10	17.0	30.1	29.1	29.5	29.3	28.2	29.3	29.1

14-2-33 R=OGlu
14-2-34 R=OH

14-2-35 R=OGlu
14-2-36 R=OGlu-(-OAc)₄

14-2-37

14-2-38

14-2-39 R=β-OH
14-2-40 R=H

表 14-2-5 化合物 **14-2-33~14-2-40** 的 ¹³C NMR 化学位移数据

C	14-2-33[7]	14-2-34[7]	14-2-35[8]	14-2-36[8]	14-2-37[9]	14-2-38[9]	14-2-39[10]	14-2-40[10]
1	71.6	72.7	135.9	133.6	77.2	78.0	72.6	40.9
2	74.3	72.1	126.2	126.1	132.2	131.8	203.2	203.1
3	39.5	43.4	30.3	29.3	129.2	129.1	119.3	122.0.
4	69.5	69.5	128.5	126.6	42.3	42.2	171.6	169.9
5	30.4	30.7	27.3	26.1	129.2	129.1	24.7	25.2
6	32.1	31.9	28.2	26.8	132.2	131.8	35.8	31.2
7	23.4	23.1	74.0	73.6	24.8	25.2	23.8	15.0
8	77.5	77.5	122.8	122.6	31.4	31.6	72.6	72.6
9	25.9	26.0	20.3	20.2	18.6	19.3	28.5	28.4
10	25.0	25.1	19.9	19.7	18.6	19.3	28.7	28.6

参 考 文 献

[1] Bohlmann F, et al. Org Magn Reson,1975,7:426.

[2] Asakawa Y, Matsuda R,Tori M,et al. Phytochemistry,1988, 27: 3861.

[3] Suga T, Hirata T, Hamada H, et al. Phytochemistry,1988, 27:1041.

[4] Dauzne D, Goasdoue N,Platzrer N. Org Magn Reson, 1981,17:18.

[5] Burkard S, Looser M, Boeschberg H-J. Helv Chim Acta, 1988,71:209.

[6] D'Agostino M, de Simone F, Zollo F. Phytochemistry, 1990, 29:3656.

[7] Ono M, Ito Y, Ishikawa T, et al. Chem Pharm Bull,1996, 44: 337.

[8] Fujita T, Ohira K, Miyatake K, et al. Chem Pharm Bull, 1995, 43: 920.

[9] Mausch R, Schmidt G. Helv Chim Acta, 1989,72: 51.

[10] Asakawa T, Takahashi H, Toyota M, et al. Phytochemistry, 1991,30: 3981.

第三节 Ochtodane 型单环单萜类化合物的 ^{13}C NMR 化学位移

【结构特点】Ochtodane 型单环单萜是 1-乙基-3,3-二甲基环己烷,是海洋天然产物,在其基本骨架上有卤素和羟基取代基以及双键等基团。有的化合物含有 1 个卤原子,有的含有 2 个、3 个或 4 个卤原子,又有的化合物不仅含有一种卤素,而且可能含有 2 种或 3 种卤素,受其影响不同,其碳的化学位移也常常变动较大,规律性不强。

基本结构骨架

【化学位移特征】

1. 双键碳的化学位移:1,2 位双键,δ_{C-1} 115.1,δ_{C-2} 139.7;2,3 位双键,δ_{C-2} 122.3~131.8,δ_{C-3} 132.6~138.3;3,4 位双键,δ_{C-3} 134.6,δ_{C-4} 127.1;4,5 位双键,δ_{C-4} 124.8,δ_{C-5} 141.1;3,8 位双键,δ_{C-3} 130.9~140.7,δ_{C-8} 129.6~136.6。如果 1 位上连接卤素且 1,2 位双键与 3,4 位双键共轭,则 δ_{C-1} 135.1,δ_{C-2} 129.8,δ_{C-3} 135.2,δ_{C-4} 139.7;如果 1,2 位双键与 3,8 位双键共轭,则 δ_{C-1} 106.9~113.1,δ_{C-2} 120.3~136.6,δ_{C-3} 132.8~136.9,δ_{C-8} 138.4~140.6;如果 2,3 位双键与 4,5 位双键共轭,则 δ_{C-2} 131.2~131.8,δ_{C-3} 134.6~137.9,δ_{C-4} 124.0~128.2,δ_{C-5} 125.9~130.2。

2. 羟基是又一取代基团:1 位羟基碳,δ_{C-1} 57.7~58.6;4 位羟基碳,δ_{C-4} 65.1~67.1;5 位羟基碳,δ_{C-5} 68.2~71.7;6 位羟基碳,δ_{C-6} 75.6~80.1。

3. 有时 1 位与 4 位形成一个呋喃环,则 δ_{C-1} 74.6~75.5,δ_{C-4} 70.7~82.6。

4. 有时 1 位与 4 位形成一个不饱和的内酯环,则 δ_{C-1} 171.0,δ_{C-2} 115.4,δ_{C-3} 164.3,δ_{C-4} 76.9。

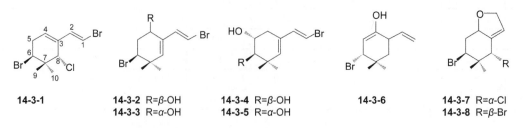

| 14-3-1 | 14-3-2 R=β-OH
14-3-3 R=α-OH | 14-3-4 R=β-OH
14-3-5 R=α-OH | 14-3-6 | 14-3-7 R=α-Cl
14-3-8 R=β-Br |

表 14-3-1 化合物 14-3-1~14-3-8 的 ^{13}C NMR 化学位移数据[1]

C	14-3-1	14-3-2	14-3-3	14-3-4	14-3-5	14-3-6	14-3-7	14-3-8
1	135.1	108.0	106.9	113.1	112.6	115.1	75.4	75.3
2	129.8	136.3	136.6	120.3	128.4	139.7	122.3	124.8
3	135.2	134.6	132.8	135.9	136.9	75.3	137.6	138.3
4	106.7	66.5	65.1	38.8	33.6	124.8	80.7	82.6
5	35.9	40.0	39.0	71.7	68.2	141.1	41.7	41.4
6	54.2	57.7	57.0	80.1	75.6	73.4	54.4	54.8
7	39.5	38.0	38.1	34.8	34.9	33.8	41.7	43.6
8	63.1	138.5	140.6	138.4	139.7	46.0	63.8	55.7
9	19.8	25.1	23.0	19.0	24.8	29.9	21.0	16.0
10	28.0	28.7	28.2	27.8	27.2	31.8	27.6	29.1

14-3-9

14-3-10 R=α-Cl
14-3-12 R=β-OH

14-3-11

14-3-13

14-3-14 R=Cl
14-3-15 R=OH (2E)
14-3-16 R=OH (2Z)

表 14-3-2 化合物 14-3-9~14-3-16 的 ^{13}C NMR 化学位移数据

C	14-3-9[1]	14-3-10[2]	14-3-11[3]	14-3-12[4]	14-3-13[5]	14-3-14[1]	14-3-15[1]	14-3-16[1]
1	75.5	37.5	171.0	39.5	37.6	65.5	58.6	57.7
2	122.0	131.8	115.4	125.0	131.8	131.2	131.2	131.2
3	—	137.6	164.3	132.6	137.9	136.3	135.7	134.6
4	81.6	50.4	76.9	73.5	50.4	126.1	128.2	124.0
5	42.0	41.2	40.0	42.5	41.3	129.0	130.2	125.9
6	56.2	52.7	51.0	54.9	52.7	74.2	74.1	74.4
7	—	41.2	42.2	42.2	41.4	34.8	34.7	35.2
8	74.2	70.0	60.7	68.8	70.0	36.5	36.3	43.2
9	19.9	20.3	20.5	21.5	20.5	21.3	21.3	20.7
10	25.7	28.5	26.8	26.6	28.5	26.8	26.7	26.5

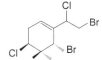

14-3-17

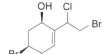

14-3-18

14-3-19 R=β-OH
14-3-20 R=α-OH

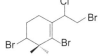

14-3-21

表 14-3-3 化合物 14-3-17~14-3-21 的 ^{13}C NMR 化学位移数据

C	14-3-17[6]	14-3-18[1]	14-3-19[1]	14-3-20[1]	14-3-21[5]
1	34.5	40.5	75.2	74.6	31.5
2	60.0	58.0	70.7	71.6	61.5
3	134.6	135.4	140.7	138.7	130.9

续表

C	14-3-17[6]	14-3-18[1]	14-3-19[1]	14-3-20[1]	14-3-21[5]
4	127.1	67.1	76.6	75.1	24.8
5	30.0	33.1	37.1	37.0	29.1
6	56.2	57.3	57.2	57.0	60.5
7	40.2	37.9	38.1	38.0	44.4
8	61.2	136.6	129.6	131.4	134.9
9	19.5	24.3	25.0	24.7	24.6
10	28.2	28.3	27.8	27.7	29.0

参 考 文 献

[1] Paul V J, McConnell O J, Fenical W. J Org Chem,1980,45:3401.

[2] McConnell O J,Fenical W. J Org Chem,1978,43:4238.

[3] Wooland F X, Moore R E, Van Engen D, et al.Tetrahedron Lett,1987,27:2367.

[4] Naylor S,Hanke F J, Manes L V, et al. Fortschr Chem Org Naturst, 1983,44:189.

[5] Fuller R W，Cardellina Ⅱ J H, Jurek J, et al. J Med Chem, 1994, 37:4407.

[6] Burreson B J, Woolard F X, Moore R E. Chem Lett, 1975,11:1111.

第四节　侧柏烷型双环单萜类化合物的 ^{13}C NMR 化学位移

基本结构骨架

【化学位移特征】

1．侧柏烷（thujane）单萜中最简单的化合物是侧柏醇（14-4-9），它仅在 3 位上有一个羟基取代，$\delta_{C\text{-}3}$ 72.3，其他各碳都在高场，$\delta < 37.5$。

2．羟基取代：2 羟基碳，$\delta_{C\text{-}2}$ 80.5～82.9；3 位羟基碳，$\delta_{C\text{-}3}$ 80.5～79.0；4 位羟基碳，$\delta_{C\text{-}4}$ 75.2；10 位羟基碳，$\delta_{C\text{-}10}$ 61.7～62.0。

3．双键碳：2,3 位双键，$\delta_{C\text{-}2}$ 141.5，$\delta_{C\text{-}3}$ 121.0；3,4 位双键，$\delta_{C\text{-}3}$ 134.5，$\delta_{C\text{-}4}$ 135.3～137.6；2,10 位双键，$\delta_{C\text{-}2}$ 148.3～156.5，$\delta_{C\text{-}10}$ 101.8～109.7。

4．3 位、4 位羰基的化学位移：$\delta_{C\text{-}3}$ 180.6～180.7，$\delta_{C\text{-}4}$ 186.1。

5．4 位羰基与 2,3 位双键共轭时，$\delta_{C\text{-}4}$ 205.8～208.1，$\delta_{C\text{-}2}$ 173.6～181.3，$\delta_{C\text{-}3}$ 121.4～124.0。

14-4-1

14-4-2

14-4-3

14-4-4 R=α-OAc
14-4-5 R=α-OH
14-4-6 R=β-OAc
14-4-7 R=β-OH

表 14-4-1 化合物 14-4-1~14-4-7 的 ^{13}C NMR 化学位移数据

C	14-4-1[1]	14-4-2[1]	14-4-3[1]	14-4-4[2]	14-4-5[2]	14-4-6[2]	14-4-7[2]
1	25.6	34.4	31.7	28.9	28.8	26.2	26.7
2	47.4	80.5	25.9	41.1	40.4	39.8	42.7
3	180.6	36.7	40.8	76.5	74.4	79.0	77.0
4	39.7	26.0	186.1	36.9	38.6	33.9	37.0
5	29.7	34.7	43.5	33.1	33.1	30.8	30.1
6	33.0	32.2	28.4	32.7	32.8	33.1	33.1
7	18.7	13.3	13.4	12.5	13.3	11.2	11.0
8	19.7	20.0	19.5	19.9	19.9	19.7	19.7
9	20.0	20.1	19.7	19.9	19.9	19.7	19.7
10	18.2	25.0	18.1	12.5	12.1	15.9	15.9

14-4-8

14-4-9

14-4-10

14-4-11 R=OH
14-4-12 R=OAc
14-4-13 R=H

表 14-4-2 化合物 14-4-8~14-4-13 的 ^{13}C NMR 化学位移数据

C	14-4-8[2]	14-4-9[1]	14-4-10[1]	14-4-11[3]	14-4-12[3]	14-4-13[3]
1	25.6	28.4	31.5	25.2	25.2	29.1
2	47.7	37.5	141.5	181.3	173.6	177.5
3	180.7	72.3	121.0	121.4	122.6	124.0
4	39.7	33.2	36.7	207.8	205.8	208.1
5	27.9	31.2	34.1	40.0	39.7	40.7
6	32.9	33.4	33.0	26.2	26.2	26.3
7	18.7	14.4	21.5	38.5	37.5	38.0
8	19.7	19.6	20.0	19.2	19.0	19.3
9	20.0	20.1	20.1	19.8	19.6	20.2
10	18.1	14.6	16.3	61.7	62.0	18.7

14-4-14 R=OAc
14-4-15 R=OH

14-4-16

14-4-17

14-4-18

14-4-19

表 14-4-3 化合物 14-4-14~14-4-19 的 ^{13}C NMR 化学位移数据

C	14-4-14[2]	14-4-15[2]	14-4-16[4]	14-4-17[1]	14-4-18[5]	14-4-19[5]
1	29.4	28.9	30.0	30.2	41.7	40.7
2	152.2	156.5	148.3	154.0	82.9	82.5

续表

C	14-4-14[2]	14-4-15[2]	14-4-16[4]	14-4-17[1]	14-4-18[5]	14-4-19[5]
3	76.1	74.7	35.8	29.0	134.5	134.5
4	35.9	37.2	75.2	27.5	135.3	137.6
5	37.1	37.5	38.7	37.6	29.2	29.6
6	32.4	32.5	31.2	32.7	28.5	25.8
7	18.6	20.0	14.7	16.1	30.0	32.9
8	19.5	19.6	19.7	19.8	20.5	20.7
9	19.5	19.6	20.0	19.8	22.7	22.8
10	109.7	106.3	103.8	101.8	20.2	20.3

参 考 文 献

[1] Bohlmann F, Zeisberg. Org Magn Reson,1975, 7: 426.

[2] Abraham R J, Holden C M, Loftus P, et al. Org Magn Reson, 1974, 6:184.

[3] Lin L J,Ying B P, Sweeney M, et al. Phytochemistry, 1994, 37: 905.

[4] Hethelyi E, Tetenyi P, Kettenes-Van Den Bosch J J, et al. Phytochemistry,1981, 20:1847.

[5] Novak M. Phytochemistry,1985, 24: 858.

第五节　莰烷型双环单萜类化合物的 ^{13}C NMR 化学位移

【结构特点】 莰烷（camphane，bornane）型化合物的特点是在其骨架上具有羟基取代，在 2 位上与 5 位上存在羰基，很少有双键。

基本结构骨架

【化学位移特征】

1. 2 位羟基取代时，δ_{C-2} 73.9～86.1。3 位羟基取代时，δ_{C-3} 76.0～84.2。4 位羟基取代时，δ_{C-4} 82.0。5 位羟基取代时，δ_{C-5} 74.4～75.8。6 位羟基取代时，δ_{C-6} 70.3～81.0。9 位羟基取代时，δ_{C-9} 64.0～72.3。

2. 羰基碳的化学位移：2 位羰基，δ_{C-2} 211.6～220.8；5 位羰基，δ_{C-5} 212.1；9 位羧基，δ_{C-9} 181.1。

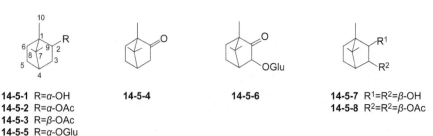

14-5-1 R=α-OH
14-5-2 R=α-OAc
14-5-3 R=β-OAc
14-5-5 R=α-OGlu

14-5-4

14-5-6

14-5-7 R¹=R²=β-OH
14-5-8 R²=R²=β-OAc

表 14-5-1　化合物 **14-5-1~14-5-8** 的 ^{13}C NMR 化学位移数据

C	14-5-1[1]	14-5-2[1]	14-5-3[1]	14-5-4[1]	14-5-5[2]	14-5-6[3]	14-5-7[4]	14-5-8[4]
1	49.4	48.7	48.6	57.4	49.5	57.5	46.7	47.0
2	82.5	79.9	80.8	218.6	84.0	216.1	79.8	79.4
3	38.9	36.7	38.8	43.2	36.5	82.0	76.0	76.7
4	45.2	45.0	45.1	43.5	45.4	47.2	51.8	49.1
5	28.2	28.1	27.1	27.2	28.7	25.1	24.5	23.4
6	26.0	27.1	33.8	30.2	27.2	29.2	33.6	32.5
7	47.9	47.8	46.9	46.7	48.4	47.5	49.2	48.1
8	18.7	18.9	19.9	19.2	19.1	20.1	21.6	19.9
9	20.2	19.7	20.2	19.8	20.1	20.3	22.1	20.5
10	13.3	13.5	11.4	9.5	14.3	9.6	11.6	10.4

14-5-9　R^1=R^2=α-OH
14-5-10　R^1=R^2=α-OAc
14-5-11　R^1=α-OH; R^2=β-OH
14-5-12　R^1=α-OAc; R^2=β-OAc
14-5-13　R^1=β-OH; R^2=α-OH
14-5-14　R^1=β-OAc; R^2=α-OAc

14-5-15

14-5-16

表 14-5-2　化合物 **14-5-9~14-5-16** 的 ^{13}C NMR 化学位移数据

C	14-5-9[4]	14-5-10[4]	14-5-11[4]	14-5-12[4]	14-5-13[4]	14-5-14[4]	14-5-15[2]	14-5-16[2]
1	44.7	44.8	47.6	46.7	47.1	47.1	48.2	50.5
2	73.9	74.8	86.1	83.5	86.9	83.9	82.0	83.0
3	68.1	69.8	84.2	82.3	80.7	80.6	43.0	34.2
4	51.0	48.3	52.7	49.6	51.0	48.3	82.0	53.5
5	18.8	18.5	26.1	24.5	18.6	18.3	35.0	75.0
6	26.4	26.3	26.1	25.8	35.0	33.7	27.0	40.2
7	49.8	48.4	50.8	49.2	50.4	49.3	49.4	48.2
8	18.6	18.3	20.1	18.7	20.2	19.3	17.0	20.3
9	20.4	19.1	21.6	19.7	21.3	19.8	17.2	21.6
10	14.8	13.4	13.6	12.3	12.0	10.7	14.3	13.8

14-5-17　R=β-OH
14-5-18　R=α-OH

14-5-19

14-5-20

14-5-21

14-5-22

14-5-23　R=β-OGlu
14-5-24　R=α-OGlu

表 14-5-3　化合物 **14-5-17~14-5-24** 的 ^{13}C NMR 化学位移数据

C	14-5-17[5]	14-5-18[5]	14-5-19[5]	14-5-20[6]	14-5-21[7]	14-5-22[2]	14-5-23[3]	14-5-24[3]
1	58.7	58.9	57.9	50.7	50.7	53.5	64.3	62.7
2	220.8	213.8	213.8	75.5	75.0	83.0	217.6	214.6
3	39.9	40.7	42.5	36.3	37.0	36.0	42.9	43.2
4	50.7	48.7	57.5	52.9	53.7	45.2	43.2	42.0
5	74.4	74.9	212.1	75.8	75.0	41.7	40.2	35.9
6	40.4	34.5	36.4	38.4	39.5	70.3	81.0	82.3

续表

C	14-5-17[5]	14-5-18[5]	14-5-19[5]	14-5-20[6]	14-5-21[7]	14-5-22[2]	14-5-23[3]	14-5-24[3]
7	46.5	7.4	45.9	47.7	47.9	48.4	47.7	48.5
8	20.0	19.1	19.1	19.7	20.2	20.3	20.7	20.1
9	20.8	20.1	19.2	21.5	21.7	21.8	21.7	20.2
10	8.8	9.1	8.8	12.8	13.5	10.6	6.8	8.3

14-5-25 R=COOH
14-5-27 R=CH₂OH
14-5-28 R=CH₂OGlu

14-5-26 R¹=R²=OH
14-5-29 R¹=R²=OAc

14-5-30

14-5-31 R=OGlu
14-5-32 R=OH

表 14-5-4 化合物 14-5-25~14-5-32 的 ^{13}C NMR 化学位移数据

C	14-5-25[8]	14-5-26[8]	14-5-27[5]	14-5-28[3]	14-5-29[8]	14-5-30[5]	14-5-31[9]	14-5-32[9]
1	57.6	51.6	57.2	57.5	49.5	56.7	48.8	48.6
2	215.9	78.0	219.0	217.3	78.9	211.6	82.3	74.0
3	43.5	39.4	42.7	43.0	36.2	3.5	40.0	43.5
4	42.3	43.5	39.2	40.4	42.2	48.9	83.6	83.5
5	25.9	28.1	26.2	27.0	27.4	29.7	75.2	75.4
6	30.0	29.6	29.6	30.1	28.0	21.7	37.6	38.4
7	57.8	55.1	51.2	51.0	51.3	45.2	47.3	47.9
8	14.1	15.7	14.6	15.6	14.2	19.3	17.7	18.8
9	181.1	65.7	64.0	72.3	67.1	19.3	17.6	19.7
10	10.2	14.6	9.8	10.6	14.6	9.0	13.9	13.6

参 考 文 献

[1] Bohlmann F, Zeisberg R. Org Magn Reson,1975, 7: 426.

[2] Orihara Y, Furuya T. Phytochemistry, 1993, 34: 1045.

[3] Orihara Y, Noguchi T, Furuya T. Phytochemistry, 1994, 35:941.

[4] Angyal S J, Craig D C, Tran T Q. Aust J Chem, 1984, 37: 661.

[5] Crull G B, Garber A R, Kennington J W, et al. Magn Reson Chem,1986, 24: 737.

[6] Gunawardana Y A G P, Cordell G A,Bick R C. J Nat Prod,1988, 51: 143.

[7] Mahmood U, Singh S B, Thakur R S. Phytochemstry, 1983, 22: 774.

[8] Vasanth S, Kundu A B, Purushothaman K K. J Nat Prod, 1990, 53: 354.

[9] Lemmich J. Phytochemstry, 1995, 38: 427.

第六节　蒎烷型双环单萜类化合物的 ^{13}C NMR 化学位移

【结构特点】蒎烷型双环单萜类化合物是自然界分布比较广泛的化合物，在其结构中多有羟基、羰基和双键存在。

基本结构骨架

【化学位移特征】

1．羟基取代的碳：1 位羟基碳，δ_{C-1} 79.3～82.8；2 位羟基碳，δ_{C-2} 73.7～82.4；3 位羟基碳，δ_{C-3} 64.2～74.0；4 位羟基碳，δ_{C-4} 69.6～79.0；7 位羟基碳，δ_{C-7} 81.4；8 位羟基碳，δ_{C-8} 64.0～66.7。

2．双键碳：2,3 位双键，δ_{C-2} 144.4～150.1，δ_{C-3} 115.3～118.9；2,10 位双键，δ_{C-2} 149.1～155.4，δ_{C-10} 106.0～117.3。

3．羰基碳：3 位羰基，δ_{C-3} 215.0；4 位羰基，δ_{C-4} 213.3～214.0；7 位羰基，δ_{C-7} 205.9；10 位羰基，δ_{C-3} 205.8。

4．4 位羰基与 2,3 位双键共轭时，δ_{C-2} 173.1～173.2，δ_{C-3} 120.1～121.1，δ_{C-4} 200.9～201.6；3 位羰基与 2,10 位双键共轭时，δ_{C-3} 199.4，δ_{C-2} 149.2，δ_{C-10} 117.3。

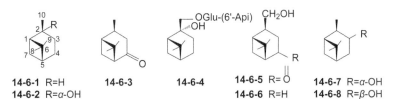

14-6-1 R=H
14-6-2 R=α-OH
14-6-3
14-6-4
14-6-5 R=O
14-6-6 R=H
14-6-7 R=α-OH
14-6-8 R=β-OH

表 14-6-1 化合物 **14-6-1~4-6-8** 的 ^{13}C NMR 化学位移数据

C	14-6-1[1]	14-6-2[1]	14-6-3[1]	14-6-4[2]	14-6-5[3]	14-6-6[1]	14-6-7[1]	14-6-8[1]
1	48.3	54.5	47.5	51.4	59.6	43.0	47.9	48.0
2	36.1	74.8	31.1	82.4	44.0	44.4	47.8	40.4
3	24.0	31.8	41.4	24.7	37.7	18.9	71.6	64.2
4	26.6	25.0	214.0	24.3	213.3	26.1	39.1	37.6
5	41.5	40.8	56.0	49.1	41.0	41.6	41.8	40.8
6	38.9	38.3	40.2	45.0	41.3	38.7	38.2	39.0
7	34.1	27.4	28.4	35.6	28.6	33.2	34.4	30.3
8	28.4	27.7	27.0	26.1	27.1	28.0	27.7	27.8
9	23.3	23.5	24.6	22.2	25.0	23.4	23.7	22.3
10	22.9	31.4	21.1	73.6	65.9	67.6	20.8	15.2

14-6-9
14-6-10 R=α-OH
14-6-11 R=β-OH
14-6-12
14-6-13
14-6-14 R=α-OH
14-6-15 R=β-OH
14-6-16

表 14-6-2 化合物 **14-6-9~14-6-16** 的 ^{13}C NMR 化学位移数据[1]

C	14-6-9	14-6-10	14-6-11	14-6-12	14-6-13	14-6-14	14-6-15	14-6-16
1	45.1	47.9	48.1	54.0	42.4	53.8	54.8	48.4
2	51.3	33.9	34.6	37.1	52.7	73.7	77.1	77.1
3	215.0	35.5	36.3	23.8	13.1	68.8	74.0	27.1
4	44.7	69.9	73.2	27.0	24.6	37.8	34.6	24.7
5	39.1	48.1	48.9	47.5	40.7	40.4	40.9	41.1
6	39.2	38.9	38.2	37.8	—	38.7	39.1	38.1

续表

C	14-6-9	14-6-10	14-6-11	14-6-12	14-6-13	14-6-14	14-6-15	14-6-16
7	34.4	27.1	31.8	81.4	29.4	28.1	25.4	27.0
8	27.0	28.0	29.1	29.7	26.8	27.9	7.5	27.5
9	21.9	22.7	24.2	24.9	23.1	24.1	22.8	23.4
10	16.8	21.9	21.9	22.3	205.8	29.6	24.7	69.6

14-6-17

14-6-18 R=OGlu
14-6-19 R=OH

14-6-20

14-6-21

14-6-22 R=α-OH
14-6-23 R=α-OGlu
14-6-24 R=α-OGlu-(6'-OAc)

表 14-6-3 化合物 **14-6-17~14-6-24** 的 ^{13}C NMR 化学位移数据

C	14-6-17[1]	14-6-18[4]	14-6-19[4]	14-6-20[1]	14-6-21[5]	14-6-22[1]	14-6-23[6]	14-6-24[6]
1	47.2	82.8	79.3	47.9	43.8	48.0	47.5	47.5
2	144.4	173.2	173.1	147.0	151.1	148.3	149.8	150.1
3	116.1	120.1	121.1	119.6	117.6	118.9	115.5	115.3
4	31.3	200.9	201.6	73.3	69.6	70.3	79.0	79.0
5	40.9	46.5	48.4	48.2	47.1	47.0	45.7	45.9
6	38.0	62.8	62.6	39.0	46.0	46.1	46.0	46.0
7	31.5	42.5	49.0	35.5	28.4	28.6	29.0	29.1
8	26.4	64.0	66.7	27.0	20.3	26.6	20.5	20.5
9	20.8	15.5	16.1	22.6	26.3	20.4	26.6	26.6
10	23.0	19.4	18.4	22.6	64.2	22.6	22.8	22.7

14-6-25

14-6-26

14-6-27 R=β-OH
14-6-28 R=β-OBn(4'-NO$_2$)
14-6-29 R=α-OH
14-6-30 R=α-OAc

14-6-31

14-6-32

表 14-6-4 化合物 **14-6-25~14-6-32** 的 ^{13}C NMR 化学位移数据

C	14-6-25[1]	14-6-26[7]	14-6-27[1]	14-6-28[1]	14-6-29[1]	14-6-30[1]	14-6-31[1]	14-6-32[8]
1	51.9	42.2	50.9	50.8	50.7	50.8	48.4	72.4
2	152.1	120.6	154.5	149.1	155.4	150.3	149.2	152.5
3	23.6	23.5	65.8	69.4	66.7	68.4	199.4	67.0
4	23.6	21.5	34.7	31.8	34.6	33.4	42.5	35.2
5	40.6	40.7	40.5	40.1	39.9	39.6	38.7	60.9
6	40.6	40.7	41.8	41.7	40.4	40.4	40.9	33.1
7	27.0	26.2	26.2	25.7	27.9	27.9	32.5	205.9
8	26.2	18.7	25.8	25.7	26.0	25.9	26.1	18.1
9	21.9	25.7	21.6	21.4	22.0	27.0	21.6	26.9
10	106.0	136.6	106.4	108.1	111.6	114.1	117.3	114.1

参 考 文 献

[1] Coxon J M, Hydes G J, Steel P J. J Chem Soc, Perkin Trans II, 1984: 1351.

[2] Yahara S, Shigeyama C, Ura T, et al. Chem Pharm Bull, 1993, 41:703.

[3] Carman R M, Fletcher M T. Aust J Chem,1986, 39:1723.

[4] Lemmich J. Phytochemistry, 1996, 41:1337.

[5] Farroq A, Hauson J R. Phytochemistry, 1995, 40:815.

[6] Marco J A, Sanz-Cervera J F, Sancenon F, et al. Phytochemistry, 1993, 34: 1061.

[7] Huiying L, Shouzhen L, McCabe T,et al. Planta Med, 1984, 50:501.

[8] Marco J A, Sanz J F, Yuste A, et al. Phytochemistry, 1991, 30:3661.

第七节　小茴香烷型双环单萜类化合物的 ¹³C NMR 化学位移

【结构特点】小茴香烷型双环单萜类化合物的结构中主要的官能团为羟基和羰基，部分化合物含有氯。

基本结构骨架

【化学位移特征】

1. 羟基取代的碳：2 位羟基碳，δ_{C-2} 84.8～86.4；5 位羟基碳，δ_{C-5} 77.8～78.3；6 位羟基碳，δ_{C-6} 76.6～79.4；7 位羟基成苷的碳，δ_{C-7} 86.4～86.7。

2. 羰基主要在 2 位，其化学位移出现在 δ 218.2～222.1。

3. 氯原子取代的碳的化学位移出现在 δ 43.5～68.1。

4. 3 个甲基的化学位移主要在高场，出现在 δ 11.6～30.7。

14-7-1 R=α-OH	**14-7-4** R=H
14-7-2 R=α-OAc	**14-7-5** R=OGlu (1R,4R,5S)
14-7-3 R=β-OH	**14-7-6** R=OGlu (1S,4S,5R)
	14-7-7 R=OGlu-(6'-OGlu) (1R,4R,5S)

表 14-7-1 化合物 14-7-1~14-7-7 的 ¹³C NMR 化学位移数据

C	14-7-1[1]	14-7-2[1]	14-7-3[1]	14-7-4[2]	14-7-5[2]	14-7-6[2]	14-7-7[2]
1	49.1	—	49.1	53.9	53.5	53.6	53.4
2	84.8	86.4	86.2	222.1	221.6	221.5	221.3
3	39.0	39.5	43.5	47.2	45.3	45.5	45.3
4	48.0	48.5	48.3	45.3	50.3	52.2	50.4
5	25.1	25.9	25.6	25.0	77.8	78.3	78.1
6	26.1	26.6	33.8	31.8	41.8	41.3	41.9
7	41.1	41.5	40.9	41.6	38.1	38.2	38.1
8	20.4	20.1	23.2	23.3	23.8	23.7	23.7
9	30.7	29.7	26.4	21.7	21.5	21.5	21.6
10	19.6	19.4	17.1	14.6	14.6	14.6	14.6

14-7-8 R=OGlu (1*R*,4*S*,6*R*)
14-7-9 R=OGlu (1*S*,4*R*,6*S*)
14-7-10 R=OGlu-(6'-OGlu) (1*R*,4*S*,6*R*)
14-7-11 R=OGlu-(6'-OGlu) (1*S*,4*R*,6*S*)

14-7-12 R=OGlu (1*S*,4*S*,7*S*)
14-7-13 R=OGlu-(6'-OGlu) (1*S*,4*S*,7*S*)

表 14-7-2 化合物 14-7-8~14-7-13 的 ^{13}C NMR 化学位移数据[2]

C	14-7-8	14-7-9	14-7-10	14-7-11	14-7-12	14-7-13
1	60.5	61.4	60.4	61.3	58.4	58.4
2	221.8	221.8	221.6	221.8	220.1	220.3
3	47.2	47.0	47.1	47.1	47.8	48.0
4	44.7	44.4	44.6	44.4	50.9	50.7
5	36.0	37.7	36.0	38.0	22.5	22.6
6	76.6	79.1	76.7	79.4	29.9	30.0
7	38.5	38.8	38.5	38.9	86.4	86.7
8	23.9	23.8	23.8	23.9	23.1	23.2
9	21.6	21.6	21.6	21.9	21.5	21.6
10	11.9	11.7	12.0	11.6	12.5	12.4

14-7-14   14-7-15   14-7-16   14-7-17   14-7-18   14-7-19

表 14-7-3 化合物 14-7-14~14-7-19 的 ^{13}C NMR 化学位移数据[3]

C	14-7-14	14-7-15	14-7-16	14-7-17	14-7-18	14-7-19
1	54.2	60.4	58.8	52.5	52.8	59.5
2	220.0	220.8	218.2	218.4	219.7	219.3
3	47.1	47.4	48.7	54.6	54.7	48.1
4	4.7	44.9	52.3	41.0	43.2	44.9
5	58.0	39.7	22.0	24.8	25.1	24.8
6	43.9	61.0	28.7	32.0	32.5	27.9
7	38.1	38.0	68.1	41.4	41.7	38.0
8	23.7	23.6	22.9	49.0	19.3	22.9
9	21.2	21.4	21.9	18.2	49.8	21.4
10	13.9	13.0	11.8	14.4	14.9	43.5

参 考 文 献

[1] Bohlmann F, Zeisberg R. Org Magn Reson, 1975, 7: 426.
[2] Orihara Y, Furuya T. Phytochemistry, 1994, 36: 55.
[3] Kolehmainen E, Korvola K J, Kauppinen R, et al. Magn Reson Chem, 1990, 28: 812.

第八节 环烯醚萜类化合物的 ^{13}C NMR 化学位移

【结构特点】环烯醚萜类化合物也属于单萜类化合物，也是由两个异戊烯基连接而成的，不同之处仅是 A 环中 1 位和 3 位间增加一个氧而形成六元环氧结构。

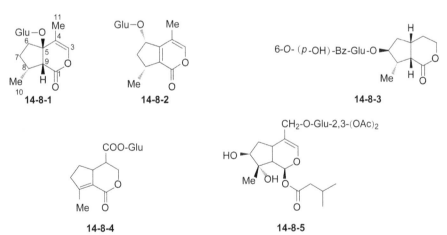

基本结构骨架

【化学位移特征】

1．由结构特点不难看出其 ^{13}C NMR 化学位移谱的特点。1 位被氧化成羰基时，A 环就变成六元内酯，则 δ_{C-1} 163.9～176.6。在其 1 位上多数情况下又连接一羟基，羟基可以与各种有机酸形成酯，也可以与糖形成苷类化合物，其化学位移出现在 δ_{C-1} 90.4～98.4。3 位仅仅是与 1 位形成环氧时，δ_{C-3} 69.8～70.5。3 位被继续氧化成羰基时，A 环也变成六元内酯，δ_{C-3} 172.9～173.9。5 位为连接羟基并与糖形成苷时，δ_{C-5} 85.2。6 位为连接羟基并与糖形成苷或与有机酸形成酯时，δ_{C-6} 81.3～85.2。7 位为连接羟基或与糖形成苷或与有机酸形成酯时，δ_{C-7} 72.4～87.0，单纯连接羟基在高场，和酸成酯在中间，成苷在低场。8 位连接羟基时为叔醇，δ_{C-8} 79.7～80.9。10 位连接羟基时，δ_{C-10} 60.9～66.5。11 位连接羟基时，δ_{C-11} 61.0～63.7。如果与糖成苷，其化学位移向低场位移，出现在 δ_{C-10} 80.4～80.9。

2．双键也是环烯醚萜类化合物的重要基团。3,4 位双键，δ_{C-3} 139.3～141.5，δ_{C-4} 113.5～116.4。3,4 位双键与 11 位（或 14 位）的羰基形成共轭体系，δ_{C-3} 148.1～154.0，δ_{C-4} 108.0～116.3，$\delta_{C-11(C-14)}$ 167.9～180.6。6,7 位双键，δ_{C-6} 140.9～143.4，δ_{C-7} 128.7～130.2。7,8 位双键，δ_{C-7} 127.0～133.3，δ_{C-8} 137.2～150.3。

3．在化合物 **14-8-25～14-8-32** 中还发生 10,11 位双键与 12 位羰基的共轭，δ_{C-10} 145.7～151.1，δ_{C-11} 137.4～140.8，δ_{C-12} 171.6～172.8。如果 13 位为羰基，受其影响，δ_{C-10} 159.0～159.3，δ_{C-11} 131.6～131.7，δ_{C-12} 170.0，而 δ_{C-13} 188.1～188.3。

表 14-8-1 化合物 **14-8-1~14-8-5** 的 ^{13}C NMR 化学位移数据

C	14-8-1[1]	14-8-2[1]	14-8-3[2]	14-8-4[3]	14-8-5[4]
1	172.6	163.9	176.6	166.3	91.6
3	141.5	148.9	69.8	70.5	139.6
4	113.5	158.0	31.0	43.6	116.2
5	85.2	116.9	34.3	46.0	31.8
6	37.9	84.9	38.1	28.0	38.0

续表

C	14-8-1[1]	14-8-2[1]	14-8-3[2]	14-8-4[3]	14-8-5[4]
7	31.6	41.5	87.0	39.3	80.8
8	38.5	37.9	43.9	162.3	80.9
9	55.2	133.1	46.5	123.9	47.9
10	17.9	20.4	15.7	16.6	22.8
11	11.4	12.8		171.4	69.9
1'	99.9	106.0	103.3	95.7	173.0
2'	74.7	75.3	75.5	73.9	44.1
3'	78.1	78.0	78.0	78.9	26.6
4'	70.8	71.6	72.1	71.1	22.6
5'	77.9	78.2	75.1	78.2	22.6
6'	61.9	62.8	65.0	62.4	
1''			122.3		100.4
2''			132.9		73.2
3''			116.2		76.8
4''			163.7		69.3
5''			116.2		77.3
6''			132.9		62.1
7''			168.0		
Ac					171.4/20.8 172.1/20.8

14-8-6

14-8-7

14-8-8 R¹=Glu; R²=O-p-Coum; R³=OH
14-8-9 R¹=Glu-2-OAc; R²=OAc; R³=OAc
14-8-10 R¹=Glu; R²=OH; R³=OAc
14-8-11 R¹=Glu-3-OAc; R²=OH; R³=OH
14-8-12 R¹=Glu-2-OAc-p-Coum; R²=H; R³=OH
注：Coum为香豆酰基

表 14-8-2 化合物 14-8-6~14-8-12 的 ^{13}C NMR 化学位移数据

C	14-8-6[4]	14-8-7[5]	14-8-8[6]	14-8-9[6]	14-8-10[6]	14-8-11[7]	14-8-12[8]
1	91.6	90.4	92.7	92.7	93.4	93.6	93.1
3	139.6	139.3	140.3	140.6	140.1	140.6	140.7
4	116.2	114.5	115.6	116.2	116.4	116.4	115.4
5	31.8	31.3	33.7	34.1	34.1	34.1	36.8
6	38.0	35.2	37.9	38.1	40.8	40.9	30.9
7	80.8	82.9	76.0	75.7	72.4	73.4	28.3
8	80.9	80.4	47.5	43.4	46.4	48.7	43.8
9	47.9	48.0	43.5	44.0	43.3	42.7	45.0
10	22.8	22.8	61.5	63.8	64.8	62.2	66.5
11	69.9	69.2	69.4	69.2	69.6	69.8	69.0
1'	176.6	73.0	173.0	173.0	173.0	173.3	173.6

续表

C	14-8-6[4]	14-8-7[5]	14-8-8[6]	14-8-9[6]	14-8-10[6]	14-8-11[7]	14-8-12[8]
2′	41.9	44.0	43.5	43.5	43.5	44.1	44.3
3′	27.5	26.5	26.0	26.0	26.0	26.8	26.9
4′	11.7	22.5	22.5	22.5	22.5	22.6	22.8
5′	16.5	22.5	22.5	22.5	22.5	22.6	22.8
1″	100.4	100.0	103.1	100.7	103.3	103.2	101.7
2″	73.2	74.3	74.9	75.3	75.1	73.4	75.4
3″	76.8	75.3	77.7	76.1	77.9	79.1	76.2
4″		70.9	71.5	71.7	71.7	69.4	71.9
5″		76.8	77.9	78.1	78.1	77.7	78.1
6″		62.0	62.6	62.6	62.2	62.4	62.8
Ac				171.6/20.7 172.0/20.9 172.5/21.1	172.9/20.8	172.6/21.2	
1‴		127.2					127.3
2‴		131.0					131.3
3‴		116.6					117.0
4‴		161.1					161.4
5‴		116.6					117.0
6‴		116.6					131.3
7‴		146.4					146.9
8‴		115.1					114.9
9‴		168.7					168.4

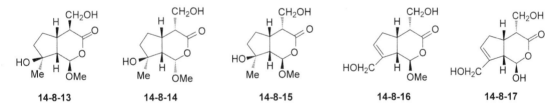

14-8-13　　14-8-14　　14-8-15　　14-8-16　　14-8-17

表 14-8-3　化合物 14-8-13～14-8-17 的 ^{13}C NMR 化学位移数据[9]

C	14-8-13	14-8-14	14-8-15	14-8-16	14-8-17
1	92.7	91.7	94.6	95.2	92.9
3	173.0	172.9	173.6	173.9	173.7
4	49.3	46.5	47.7	43.6	39.5
5	38.3	34.8	38.3	39.6	38.3
6	23.2	27.1	27.3	35.9	29.7
7	37.9	38.9	40.2	128.4	127.2
8	80.1	80.1	79.7	143.1	143.2
9	48.2	46.8	49.9	50.9	50.9
10	24.1	25.0	25.5	60.1	60.3
11	63.7	61.4	61.0	63.6	63.7
OMe	51.7	51.9	51.0	51.9	

14-8-18 R¹=H; R²=Ac
14-8-19 R¹=H; R²=Cinn
14-8-20 R¹=H; R²=p-Coum
14-8-21 R¹=H; R²=Caff
14-8-22 R¹=OH; R²=7,8-2H-p-Coum
14-8-23 R¹=O-7,8-2H-p-Coum; R²=OAc
14-8-24 R¹=OAc; R²=H

表 14-8-4 化合物 14-8-18~14-8-24 的 ¹³C NMR 化学位移数据

C	14-8-18[10]	14-8-19[11]	14-8-20[11]	14-8-21[11]	14-8-22[12]	14-8-23[12]	14-8-24[13]
1	97.3	98.3	98.3	98.4	97.7	98.1	97.7
3	151.8	153.2	153.3	153.3	152.2	154.4	154.0
4	114.3	112.8	112.6	112.7	112.5	108.9	110.1
5	34.9	36.7	36.6	36.6	46.5	41.6	42.1
6	39.0	40.0	39.9	39.9	81.3	83.0	83.6
7	133.3	131.5	131.2	131.2	132.4	128.9	127.0
8	137.2	139.6	139.7	139.8	141.4	143.5	150.3
9	47.1	47.3	47.3	47.4	44.4	45.6	46.8
10	63.8	63.9	63.7	63.7	63.1	62.9	60.9
11		170.9	170.9	170.8	171.1	171.3	170.1
Ac	22.2/175.0						21.2/172.8
1'	99.5	100.5	100.5	100.5	99.6	99.6	100.2
2'	73.6	74.8	74.8	74.8	73.5	73.5	74.7
3'	76.5	77.9	77.9	77.9	76.5	76.9	77.8
4'	70.3	71.4	71.4	71.4	70.3	70.2	71.4
5'	77.0	78.4	78.3	78.4	77.0	76.4	78.3
6'	61.5	62.8	62.7	62.8	61.5	61.5	62.3
1''		135.7	127.1	127.8	133.0	132.7	
2''		129.3	131.2	115.2	130.5	103.3	
3''		130.0	116.8	147.2	116.2	116.0	
4''		131.5	161.3	149.6	154.7	154.8	
5''		130.0	116.8	116.5	116.2	116.0	
6''		129.3	131.3	123.0	130.5	130.3	
7''		146.5	146.8	146.8	30.3	30.2	
8''		118.7	114.9	114.9	36.4	36.1	
9''		168.4	169.1	169.1	176.2	175.8	
Ac						21.4/174.4	

14-8-25 R¹=Glu; R²=Me
14-8-26 R¹=Glu-6-OAc; R²=Me
14-8-29 R¹=Glu; R²=H

14-8-27 R¹=O; R²=H
14-8-28 R¹=O; R²=H
14-8-30 R¹=OH; R²=OMe

14-8-31 R=H
14-8-32 R=OMe

表 14-8-5　化合物 **14-8-25~14-8-32** 的 ^{13}C NMR 化学位移数据[14]

C	14-8-25	14-8-26	14-8-27	14-8-28	14-8-29	14-8-30	14-8-31	14-8-32
1	94.5	94.4	94.3	94.1	94.0	93.8	92.5	92.3
3	152.6	152.5	152.7	152.5	148.1	152.1	153.9	153.2
4	110.9	111.1	110.9	111.1	116.3	111.4	108.0	108.1
5	40.4	39.9	40.9	40.6	51.3	39.7	32.9	32.9
6	141.6	141.4	142.7	142，4	143.4	140.9	58.9	58.9
7	130.03	130.1	129.0	129.1	128.7	130.2	57.9	57.9
8	98.1	98.0	97.8	97.8	98.7	97.9	92.7	92.7
9	51.8	51.0	51.5	51.4	41.8	50.8	43.9	43.9
10	150.2	150.1	159.3	159.0	151.1	149.8	146.9	145.7
11	137.9	138.3	131.7	131.6	137.4	138.2	140.7	140.8
12	172.4	172.5	170.0	170.0	172.8	172.4	171.6	171.6
13	69.9	69.8	188.3	188.1	69.9	70.0	70.0	70.2
14	168.5	168.4	168.4	168.3	180.6	168.4	168.0	167.9
OMe	52.0	52.0	52.0	52.0		51.9	52.0	52.0
1′	100.6	100.6	100.2	100.0	100.5	100.1	99.6	99.5
2′	74.5	74.3	74.6	74.6	74.6	74.4	74.3	74.3
3′	77.9	77.7	77.9	77.8	77.9	77.9	77.8	77.8
4′	70.9	71.5	71.7	71.7	71.0	70.8	70.8	70.7
5′	78.4	75.7	78.7	78.7	78.3	78.3	78.1	78.1
6′	62.2	64.7	62.8	62.9	62.3	62.1	61.8	61.7
1″	133.3	133.4	—	128.7	133.4	133.9	133.0	133.6
2″	116.3	116.4	116.4	112.6	116.3	111.7	116.2	111.3
3″	129.7	129.6	133.6	149.8	129.7	149.1	129.6	149.1
4″	158.6	158.6	165.5	155.5	158.6	147.6	158.6	147.7
5″	129.6	129.6	133.6	116.9	129.7	116.1	129.6	115.8
6″	116.3	116.4	116.4	127.3	116.3	121.2	116.2	121.4

参 考 文 献

[1] Takeda Y, Kiba Y, Masuda T, et al. Chem Pharm Bull, 1999, 47: 1433.

[2] Machida K, Ando M, Yaoita Y, et al. Chem Pharm Bull, 2001, 49: 732.

[3] Otsuka H. Phytochemistry, 1995, 39: 1111.

[4] Tomassini L, Foddai S, Nicoletti M, et al. Phytochemistry, 1997, 46: 901.

[5] Tomassini L, Cometa M F, Foddai S, et al. Phytochemistry, 1995, 38: 423.

[6] Tomassini L, Cometa M F, Foddai S, et al. Planta Med, 1999, 65: 195.

[7] Tomassini L, Brkic D. Planta Med, 1997, 63: 485.

[8] Velazquez-Fiz M, Diaz-Lanza A M, Matellano L F. Pharmaceutical Biol, 2000, 38: 268.

[9] Dai J Q, Liu Z L, Yang L. Phytochemistry, 2002, 59: 537.

[10] Calis I, Hosny M, Yuruker A. Phytochemistry, 1994, 37: 1083.

[11] Poser G L V, Schripsema J, Olsen C E, et al. Phytochemistry, 1998, 49: 1471.

[12] Taskova R, Handjieva N, Peev D, et al. Phytochemistry, 1998, 49: 1323.

[13] Kanchanapoom T, Kasai R, Yamasaki K. Phytochemistry, 2002, 61: 461.

[14] Cimanga K, Hermans N, Apers S, et al. J Nat Prod, 2003, 66: 97.

第九节　裂环环烯醚萜苷化合物的 ^{13}C NMR 化学位移

【结构特点】裂环环烯醚萜苷化合物的基本骨架有两种：Ⅰ型是 A 环在氧的位置打开；Ⅱ型是 B 环开裂。

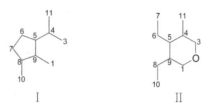

基本结构骨架

【化学位移特征】

1. 对于Ⅰ型裂环环烯醚萜苷化合物，1 位连接羟基时，δ_{C-1} 56.8～59.2，如果与糖成苷则向低场位移至 δ_{C-1} 69.7～71.4。3 位连接羟基时，δ_{C-3} 61.5～71.3。6 位连接羟基时，δ_{C-6} 82.1～82.3。7 位连接羟基时，δ_{C-7} 77.2～77.8。8 位连接羟基时，δ_{C-8} 80.5～93.0。如果 1 位为羧酸或其酯，则 δ_{C-1} 175.6～179.2。如果 11 位为羧基，δ_{C-11} 178.1。8,9 位双键，δ_{C-8} 132.3，δ_{C-9} 136.8。8,10 位双键，δ_{C-8} 153.4，δ_{C-10} 113.9。4,11 位双键，δ_{C-4} 150.7，δ_{C-11} 110.1。

2. 对于Ⅱ型裂环环烯醚萜苷化合物，1 位如果没有取代基，δ_{C-1} 67.1。但多数情况下 1 位有连接一羟基，并与糖形成苷，δ_{C-1} 93.3～98.7。如果 7 位连接羟基或与 11 位形成另一个氧环，δ_{C-7} 71.1～74.4。如果 8 位连接羟基或与 6 位形成另一个氧环，δ_{C-8} 68.5～76.1。10 位有羟基时，δ_{C-10} 60.5～60.6。

3. 双键是Ⅱ型裂环环烯醚萜苷化合物的又一类基团：3,4 位双键往往与 11 位羧酸的羰基形成共轭，δ_{C-3} 151.4～157.0，δ_{C-4} 103.1～112.6，δ_{C-11} 164.5～170.5；6,7 位双键，δ_{C-6} 33.6，δ_{C-7} 135.8；8,10 位双键，δ_{C-8} 132.1～135.9，δ_{C-10} 111.5～121.5；8,9 位双键，δ_{C-8} 123.6～125.9，δ_{C-9} 130.6～132.6。

4. 处于末端的 7 位常常被氧化为羧酸并形成甲酯，δ_{C-7} 171.1～176.6。7 位碳有时同时连接两个氧并形成含有两个氧的五元环或六元环，这时 δ_{C-7} 102.0～103.2。

14-9-1　　14-9-2　　14-9-3

14-9-4　　14-9-5　　14-9-6

14-9-7

表 14-9-1 化合物 14-9-1~14-9-7 的 ^{13}C NMR 化学位移数据

C	14-9-1[1]	14-9-2[2]	14-9-3[3]	14-9-4[3]	14-9-5[3]	14-9-6[4]	14-9-7[1]
1	175.6	179.2	59.2	59.2	56.8	69.7	71.4
3	61.5	71.3	69.8	69.8	63.7	66.7	61.8
4	39.5	49.2	30.1	30.1	31.3	150.7	33.3
5	38.4	41.9	44.0	44.0	51.5	40.2	37.3
6	36.0	30.8	82.1	82.1	82.3	37.1	38.2
7	39.0	34.5	48.7	48.7	44.4	77.8	77.2
8	45.7	40.1	80.5	80.5	132.3	93.0	153.4
9	54.3	55.3	55.0	55.0	136.8	51.3	47.1
10	14.5	22.0	25.0	25.0	13.9	19.1	113.9
11		178.1				110.1	
1′	105.5	105.0	104.4	104.4	103.8	104.6	104.8
2′	75.4	74.9	75.1	75.1	75.1	75.2	75.2
3′	78.1	71.9	78.0	78.0	78.5	78.1	78.1
4′	72.3	77.8	71.6	71.6	71.8		72.1
5′	75.4	75.4	77.8	77.8	78.4	76.6	75.5
6′	65.1	64.9	62.7	62.7	63.1	62.7	64.9
1″	122.4	135.8	124.3	124.1	122.0	174.3	122.3
2″	133.0	129.3	113.7	132.7	132.4	45.3	132.8
3″	116.3	130.0	150.2	114.7	116.1	26.9	116.2
4″	163.6	131.6	154.8	165.1	163.4	22.8	163.6
5″	116.3	130.0	112.0	114.7	116.1	22.8	116.2
6″	133.0	129.3	125.1	132.7	132.4		132.8
7″	168.0	146.5 118.8 168.5	168.2	168.2	166.8		168.1
1‴							122.7
2‴							132.9
3‴							116.3
4‴							163.7
5‴							116.3
6‴							132.8
7‴							168.1
OMe	51.4		56.6, 56.6	56.6, 56.6			

14-9-8　　　　**14-9-9**　　　　**14-9-10**　　　　**14-9-11**

14-9-12　　　　**14-9-13**　　　　**14-9-14**

表 14-9-2　化合物 14-9-8~14-9-14 的 ^{13}C NMR 化学位移数据

C	14-9-8[5]	14-9-9[6]	14-9-10[7]	14-9-11[7]	14-9-12[7]	14-9-13[8]	14-9-14[8]
1	67.1	97.5	97.4	97.7	97.7	97.8	97.7
3	157.0	153.5	154.2	153.3	153.2	153.1	153.2
4	103.1	111.2	109.5	111.8	111.8	111.7	111.5
5	34.5	29.2	39.6	30.2	29.7	29.5	29.5
6	26.1	35.3	133.6	36.1	35.8	35.5	35.4
7	71.1	174.9	126.5	102.2	102.0	102.6	103.2
8	133.9	134.8	135.8	135.9	135.9	135.8	135.7
9	43.9	45.5	46.3	45.4	45.3	45.3	45.2
10	119.9	120.3	118.9	111.5	119.7	119.7	120.0
11	169.0	170.5	168.8	169.3	169.3	169.2	169.2
OMe			51.8	51.7	51.7	51.7	51.7
7-OMe		52.0					
1′		100.0	100.3	100.1	100.1	100.1	100.1
2′		74.7	74.7	74.7	74.7	74.7	74.6
3′		78.1	78.1	78.0	78.1	78.0	78.0
4′		71.6	71.6	71.6	71.6	71.5	71.5
5′		78.5	78.5	78.4	78.4	78.4	78.4
6′		62.8	62.8	62.8	62.8	62.7	62.7
1″			174.0	67.7	67.5	14.6	15.7
2″			38.3	34.2	34.2	75.2	75.7
3″				74.0	74.2	75.3	75.9
4″				22.0	22.0	14.6	15.8

14-9-15　　　　**14-9-16**

14-9-17 R=Glu-6-O-p-Coum
14-9-18 R=Glu-6-O-Z-p-Coum

14-9-19

表 14-9-3 化合物 14-9-15~14-9-19 的 ¹³C NMR 化学位移数据

C	14-9-15[9]	14-9-16[10]	14-9-17[10]	14-9-18[10]	14-9-19[11]
1	95.3	95.6	96.8	96.8	95.3
3	151.4	151.7	154.4	154.4	155.2
4	104.2	104.5	109.6	109.8	109.4
5	26.3	26.2	28.1	28.1	31.9
6	29.3	29.6	34.6	34.6	41.2
7	74.1	74.4	174.7	174.5	173.2
8	132.1	132.1	75.9	76.1	124.9
9	41.3	41.6	41.9	41.9	130.6
10	120.3	120.6	21.7	21.7	13.6
11	164.5	164.8	168.9	168.9	168.7
OMe					52.0
1'	97.8	98.1	101.0	101.0	101.0
2'	73.0	73.3	74.9	74.9	75.0
3'	76.1	76.4	78.5	78.5	77.7
4'	69.9	70.2	71.7	71.7	71.3
5'	77.2	77.5	77.9	77.9	78.3
6'	60.9	61.2	62.9	62.9	62.8
1''	132.0	131.4	126.8	127.4	135.4
2''	129.0	129.2	131.3	133.8	117.8
3''	114.9	115.2	115.9	116.8	148.6
4''	155.1	155.6	161.3	161.3	145.6
5''	114.9	155.2	115.9	116.8	119.5
6''	129.0	129.2	131.3	133.8	121.5
7''	30.3	28.3	145.3	147.2	35.5
8''	39.4	44.8	114.6	116.1	66.7
9''	65.8	208.8	168.0	167.8	
10''	30.3	50.1			
11''	206.7	63.5			
12''	48.3	50.6			
13''	206.7	206.5			
14''	48.3	48.5			
1'''					104.8
2'''					74.8
3'''					78.0
4'''					71.6
5'''					78.4
6'''					62.5

14-9-20

14-9-21

14-9-22 R=Glu
14-9-23 R=Glu-6-O-Ac

14-9-24 R¹=Glu; R²=Me; R³=Ac
14-9-25 R¹=Glu-6-O-Ac; R²=H; R³=Ac
14-9-26 R¹=Glu; R²=H; R³=Tig

表 14-9-4 化合物 14-9-20~14-9-26 的 ^{13}C NMR 化学位移数据

C	14-9-20[12]	14-9-21[13]	14-9-22[13]	14-9-23[10]	14-9-24[14]	14-9-25[14]	14-9-26[14]
1	98.7	93.8	93.6	93.3	94.9	95.0	94.1
3	155.3	154.1	153.4	153.0	152.5	152.1	152.1
4	104.4	112.6	107.9	108.2	108.7	109.1	109.1
5	153.0	33.8	31.1	30.9	28.6	28.0	28.0
6	61.8	38.2	40.0	39.9	34.7	34.6	34.4
7	93.1	176.6	171.5	171.1	172.0	173.0	173.0
8	133.0	125.9	123.5	124.0	68.6	68.5	68.6
9	43.4	132.6	132.1	131.6	42.4	42.0	42.1
10	121.5	13.5	60.5	60.6	18.7	18.6	18.8
11	165.9	168.8	166.4	166.4	166.3	166.2	166.2
OMe		51.8	51.6 51.9				50.9
7-OMe					51.4		
11-OMe					51.1	50.9	
1′	100.4	100.0	99.8	99.5	98.9	99.1	98.4
2′	74.7	74.8	73.0	73.1	73.7	73.0	73.2
3′	78.1	78.5	76.1	74.5	76.7	76.3	77.3
4′	71.4	71.7	69.5	75.8	70.1	70.0	70.1
5′	78.3	78.1	76.1	69.5	77.2	73.6	76.7
6′	62.6	62.9	61.4	62.9	61.4	63.4	61.3
1″	175.9						166.3
2″	42.0						128.1
3″	27.6						137.4
4″	11.8						14.1
5″	16.8						11.8
Ac			20.8/171.0	20.8/166.4 20.8/171.8	20.9/169.8	20.8/169.3	

参 考 文 献

[1] Machida K, Ando M, Yaoita Y, et al. Chem Pharm Bull, 2001, 49: 732.

[2] Takenaka Y, Okazaki N, Tanahashi T, et al. Phytochemistry, 2002, 59: 779.

[3] Warashina T, Nagatani Y, Noro T. Phytochemistry, 2005, 66: 589.

[4] Kouno I, Koyama I, Jiang Z H, et al. Phytochemistry, 1995, 40: 1567.

[5] Cheng M J, Tsai I L, Chen I S. J Chin Chem Soc, 2001, 48: 235.

[6] Machida K, Unagami E, Ojima H, et al. Chem Pharm Bull, 2003, 51: 883.

[7] Itoh A, Fujii K, Tomatsu S, et al. J Nat Prod, 2003, 66: 1212.

[8] Kakuda R, Imai M, Yaoita Y, et al. Phytochemistry, 2000, 55: 879.

[9] Yoshikawa M, Ueda T, Matsuda H, et al. Chem Pharm Bull, 1994, 42: 1691.

[10] Lopez H, Perez J A, Hernandez J M, et al. J Nat Prod, 1997, 60:1334.

[11] Machida K, Kaneko A, Hosogai T, et al. Chem Pharm Bull, 2002, 50: 493.

[12] Shiobara Y, Kato K, Ueda Y, et al. Phytochemistry, 1994, 37: 1649.

[13] Trujillo J M, Hernandez J M, Perez J A, et al. Phytochemistry, 1996, 42: 553.

[14] Zuleta L M C, Cavalheiro A J, Silva D H S, et al. Phytochemistry, 2003, 64: 549.

第十五章 倍半萜化合物的 ^{13}C NMR 化学位移

倍半萜是由 3 个异戊烷基连接而成的 15 个碳原子组成的化合物，可分为开链倍半萜、单环倍半萜、双环倍半萜、三环倍半萜等。如果按骨架分将会有更多，到目前为止至少有一百多种骨架，从自然界中分离得到的新骨架倍半萜还在不断被发现。但是无论如何变化，它也是仅有 15 个碳原子。

第一节 开链倍半萜化合物的 ^{13}C NMR 化学位移

【结构特点】开链倍半萜是指 3 个异戊基呈链状连接的化合物，由 15 个碳原子组成。

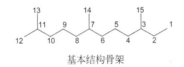

基本结构骨架

【化学位移特征】

1．在开链倍半萜化合物的结构中会有多个双键、羟基、羰基，或形成新的含氧环，如呋喃环、五元内酯环等，这些结构上的差异或特征，使之产生其 ^{13}C NMR 化学位移谱的特征。双键的存在是多种多样的：1,2 位双键，多出现在 δ_{C-1} 111.3～114.4，δ_{C-2} 141.2～146.5；3,4 位双键，多和 1,2 位双键共轭，多出现在 δ_{C-3} 132.7～136.2，δ_{C-4} 127.2～131.2；5,6 位双键，多出现在 δ_{C-5} 123.6～128.4，δ_{C-6} 135.5～141.8；6,7 位双键，δ_{C-6} 121.9～130.4，δ_{C-7} 126.3～141.8；7,8 位双键，δ_{C-7} 135.9，δ_{C-8} 125.7；9,10 位双键，δ_{C-9} 123.5～140.6，δ_{C-10} 131.4～141.2；10,11 位双键，δ_{C-10} 123.8～128.8，δ_{C-11} 130.3～132.5。根据出现的化学位移可以初步判断双键的位置。

2．羟基是又一类开链倍半萜中的取代基团：3 位连接羟基，δ_{C-3} 73.0～74.9；5 位连接羟基，δ_{C-5} 66.2～71.6；10 位连接羟基，δ_{C-10} 76.0～79.1；11 位连接羟基，δ_{C-11} 71.1～73.9。

3．如果结构中有醛基，δ_{CO} 203.2。如果有独立的酮羰基，δ_{CO} 209.8～214.5。如果羰基与双键共轭，δ_{CO} 198.0～204.5，双键位移为 δ 122.6～125.6、δ 154.7～157.5。

4．如果 1、2、3、15 位形成一个新的呋喃环，δ_{C-1} 139.1～143.4，δ_{C-2} 107.5，δ_{C-3} 116.7～124.3，δ_{C-15} 143.3～143.4。

5．如果 1、2、3、4 位形成新的 α,β-不饱和内酯环（如化合物 **15-1-28～15-1-31**），δ_{C-1} 170.2～170.7，δ_{C-2} 129.1～131.6，δ_{C-3} 136.8～138.7，δ_{C-4} 146.2～148.8。

6．如果 1、2、3、15 位形成新的 α,β-不饱和内酯环（如化合物 **15-1-32～15-1-35**），δ_{C-1} 173.3～174.0，δ_{C-2} 115.4～117.7，δ_{C-3} 165.0～170.1，δ_{C-15} 73.0～77.7。

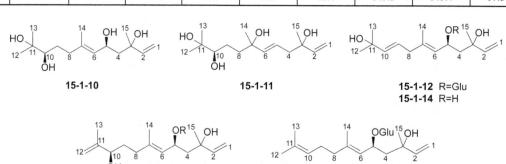

表 15-1-1 化合物 15-1-1~15-1-9 的 ¹³C NMR 化学位移数据

C	15-1-1[1]	15-1-2[2]	15-1-3[3]	15-1-4[3]	15-1-5[3]	15-1-6[4]	15-1-7[5]	15-1-8[6]	15-1-9[7]
1	203.17	114.4	112.1	114.0	112.5	13.6	139.1	143.4	37.56
2	45.76	145.2	141.2	133.3	141.2	124.3	107.5	107.5	70.13
3	31.03	73.0	134.1	132.7	135.1	134.5	124.3	116.6	133.23
4	25.15	42.3	131.2	129.6	130.8	135.9	120.9	177.5	128.98
5	123.62	21.2	125.2	124.0	123.7	125.7	127.9	98.8	26.56
6	141.81	37.3	139.7	138.6	141.3	40.3	43.1	194.0	121.88
7	36.89	29.6	32.9	32.7	73.5	33.1	135.9	86.9	135.99
8	27.27	51.7	50.2	50.3	42.4	36.7	125.7	48.6	36.61
9	124.91	201.1	209.8	209.8	23.0	25.6	123.5	204.5	26.61
10	131.44	124.1	52.5	52.5	124.3	124.9	140.4	122.6	124.14
11	25.82	154.7	24.4	24.5	132.1	131.0	31.4	156.0	131.52
12	17.72	27.5	22.6	22.6	25.7	25.7	22.5	26.7	25.67
13	23.41	20.6	22.6	22.6	17.8	17.6	22.5	19.9	16.13
14	13.34	19.8	20.2	20.2	28.4	19.5	16.7	21.5	17.67
15	13.26	27.5	12.0	19.8	12.1	12.1	143.3	143.4	17.50

表 15-1-2 化合物 15-1-10~15-1-16 的 ¹³C NMR 化学位移数据[8]

C	15-1-10	15-1-11	15-1-12	15-1-13	15-1-14	15-1-15	15-1-16
1	112.6	112.0	112.0	112.1	112.6	112.5	112.0
2	145.7	146.3	146.3	146.4	145.8	146.0	146.3
3	74.8	73.7	73.9	74.0	74.9	74.8	74.0
4	48.4	46.5	48.2	48.3	48.4	48.4	48.3
5	67.5	124.2	71.3	71.4	67.5	67.5	71.3
6	129.2	140.3	126.8	126.4	128.9	128.6	126.3
7	138.1	73.4	126.3	141.3	126.3	141.3	141.4
8	37.7	41.2	43.3	36.6	43.3	36.6	40.6
9	30.4	39.4	140.6	34.0	136.9	34.0	27.3
10	78.9	79.1	141.2	76.0	138.1	76.0	125.1
11	73.7	73.6	71.1	148.9	71.1	148.9	132.5
12	25.8	25.9	30.0	111.6	30.0	111.6	16.7
13	24.8	24.6	30.0	17.7	29.6	17.6	26.0
14	16.6	24.4	16.9	16.9	16.6	16.6	17.8
15	29.6	29.6	28.6	28.6	29.3	29.3	28.6
Glu-1			100.0	100.0			99.9
Glu-2			75.1	75.1			75.1
Glu-3			78.1	78.2			78.2
Glu-4			71.8	71.9			71.8
Glu-5			78.1	78.1			78.1
Glu-6			62.9	62.9			62.9

15-1-17

15-1-18

15-1-19

15-1-20

15-1-21

15-1-22

15-1-23

15-1-24

表 15-1-3 化合物 15-1-17~15-1-24 的 ¹³C NMR 化学位移数据

C	15-1-17[9]	15-1-18[10]	15-1-19[11]	15-1-20[12]	15-1-21[12]	15-1-22[3]	15-1-23[3]	15-1-24[13]
1	111.3	111.8	112.2	112.0	112.0	111.3	112.3	167.4
2	145.8	144.9	146.5	146.3	146.3	141.2	141.2	115.5
3	73.2	73.5	74.2	74.8	73.8	136.2	134.2	160.0
4	47.1	41.9	48.4	43.5	43.5	127.2	131.2	41.0

续表

C	15-1-17[9]	15-1-18[10]	15-1-19[11]	15-1-20[12]	15-1-21[12]	15-1-22[3]	15-1-23[3]	15-1-24[13]
5	66.2	22.7	71.6	23.7	23.7	32.2	127.5	26.1
6	128.1	125.0	126.4	126.1	126.0	76.1	135.7	123.5
7	137.2	135.3	141.8	136.0	135.9	146.9	41.4	135.3
8	38.7	36.8	37.9	37.0	37.8	32.1	77.2	33.6
9	25.7	29.6	30.5	37.0	30.7	26.3	124.6	39.2
10	128.8	78.2	79.0	90.3	78.1	123.8	138.2	214.5
11	130.3	73.0	73.9	73.8	81.8	132.0	79.8	41.1
12	70.2	26.4	26.0	23.7	21.3	25.7	26.8	18.4
13	26.7	23.2	25.0	26.4	23.8	17.7	26.8	18.4
14	16.4	15.9	17.2	16.1	16.0	111.5	15.8	16.3
15	14.0	27.9	28.7	27.6	27.6	11.9	12.0	19.0
1′								51.0
Glu-1			100.2	106.4	98.6			
Glu-2			75.3	76.0	75.1			
Glu-3			78.3	77.9	77.7			
Glu-4			72.0	71.4	71.6			
Glu-5			78.2	78.4	77.7			
Glu-6			63.1	62.6	62.6			
OAc	171.4/21.0					170.2/21.2	169.8/21.3 170.2/22.2	

15-1-25

15-1-26

15-1-28

15-1-29

15-1-27

15-1-30

15-1-31

表 15-1-4 化合物 15-1-25~15-1-31 的 ^{13}C NMR 化学位移数据

C	15-1-25[14]	15-1-26[15]	15-1-27[15]	15-1-28[16]	15-1-29[16]	15-1-30[16]	15-1-31[16]
1	59.5	130.8	131.5	170.7	170.7	170.6	170.2
2	62.4	137.0	136.9	129.1	129.2	129.6	131.6
3	145.9	143.9	144.7	138.7	138.6	138.7	136.8
4	31.7	32.1	20.8	146.2	146.2	146.8	148.8
5	26.2	26.7	31.0	117.5	117.3	116.4	115.8
6	123.3	123.4	77.3	81.0	81.1	80.3	79.5
7	136.0	135.9	147.0	34.0	33.7	31.6	34.0
8	39.6	39.7	33.6	25.4	25.4	23.1	23.7

续表

C	15-1-25[14]	15-1-26[15]	15-1-27[15]	15-1-28[16]	15-1-29[16]	15-1-30[16]	15-1-31[16]
9	26.7	26.6	32.8	84.8	80.2	83.8	84.5
10	124.3	124.2	80.7	135.4	136.0	136.0	135.6
11	131.3	131.4	146.1	127.5	129.7	126.7	127.3
12	25.7	25.7	19.1	59.1	58.5	59.3	59.2
13	17.7	17.7	110.3	10.5	10.5	10.5	10.8
14	16.1	16.0	106.9	25.2	25.4	22.6	24.0
15	114.4	120.3	120.5	14.0	19.5	13.8	13.7
1'	—	125.2	124.9				

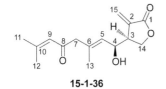

15-1-32 R=OH
15-1-33 R=OAc
15-1-34 R=H

15-1-35

15-1-36　　　　15-1-37　　　　15-1-38

表 15-1-5　化合物 15-1-32~15-1-38 的 ^{13}C NMR 化学位移数据

C	15-1-32[17]	15-1-33[17]	15-1-34[17]	15-1-35[17]	15-1-36[18]	15-1-37[18]	15-1-38[19]
1	174.0	173.3	173.9	174.0	170.9	170.9	170.69
2	115.5	117.7	115.5	115.4	134.3	135.0	137.84
3	167.2	165.0	169.9	170.1	44.2	42.2	38.60
4	36.4	33.7	28.2	28.3	69.2	71.9	70.47
5	66.4	68.1	25.6	25.5	128.4	128.1	32.08
6	130.4	125.6	126.4	125.1	135.5	138.1	123.80
7	134.1	136.6	131.7	133.2	54.4	54.9	133.63
8	43.1	42.6	43.2	45.0	198.2	198.0	54.95
9	79.2	79.1	79.5	69.5	122.9	125.6	198.37
10	148.3	147.8	148.3	123.3	157.5	157.0	122.79
11	130.3	130.3	130.0	137.2	27.7	27.8	156.36
12	10.6	10.4	10.5	25.5	20.8	21.0	27.67
13	174.2	173.7	174.0	18.3	17.5	15.1	20.69
14	17.1	17.8	16.7	16.4	67.8	67.8	16.89
15	74.0	77.7	73.0	73.3	124.6	125.2	122.23
OAc		169.8/20.9		170.2/21.1		168.0/20.9	

参 考 文 献

[1] Shimomura K, Koshino H, Yajima A, et al. Tetrahedron Lett, 2010, 51: 6860.

[2] Laphookhieo S, Karalai C, Ponglimanont C. Chem Pharm Bull, 2004, 52(7): 883.

[3] Rueda A, Zubia E, Ortega M, et al. J Nat Prod, 2001, 64(4): 401.

[4] Palomino E, Maldonado C. J Nat Prod, 1996, 59: 77.

[5] Clark R, Garson M, Brereton I, et al. J Nat Prod, 1999, 62: 915.

[6] Siems K, Siems K, Witte L, et al. J Nat Prod, 2001, 64: 1471.

[7] Kuniyoshi M, Marma M, Higa T, et al. J Nat Prod, 2001, 64: 696.

[8] D'Arosca B, Maria P, DellaGreca M, et al. Tetrahedron, 2006, 62: 640.

[9] Cui B, Lee Y, Chai H, et al. J Nat Prod, 1999, 62: 1545.

[10] Macías F, Simonet A, D'Abrosca B, et al. J Chem Ecol, 2009, 35: 39.

[11] Yang M, Kim S, Lee K, et al. Molecules, 2007, 12: 2270.

[12] Fiorentino A, DellaGreca M, D'Abrosca B, et al. Tetrahedron, 2006, 62: 8952.

[13] Seidel V, Bailleul F, Waterman P. J Nat Prod, 2000. 63: 6.

[14] Wretten S J, Faukner D J. J Am Chem Soc, 1977, 99：7367.

[15] Kehraus S, Konig G, Wright A. J Nat Prod, 2001, 64: 939.

[16] Chao C, Hsieh C, Chen S, et al. Tetrahedron Lett, 2006, 47: 2175.

[17] Syah Y, Ghisalberti E, Skelton B, et al. J Nat Prod, 1997, 60: 49.

[18] Theodori R, Karioti A, Rancic A, et al. J Nat Prod, 2006, 69: 662.

[19] Syah Y, Ghisalberti E, Skelton B, et al. J Nat Prod, 1997, 60: 49.

第二节　没药烷类倍半萜化合物的 ^{13}C NMR 化学位移

【结构特点】没药烷(bisabolane)类倍半萜化合物是单环倍半萜，是由 3 个异戊基 15 个碳原子组成的化合物。

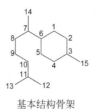

基本结构骨架

【化学位移特征】

1. 没药烷类倍半萜化合物也只有 15 个碳原子，也同其他倍半萜化合物一样在其基本骨架上带有很多其他基团，有双键、羟基、羰基、过氧基等，它们构成其结构的特征。

2. 2,3 位双键多出现在 δ_{C-2} 118.3～120.7，δ_{C-3} 133.8～134.3。如果邻位有羟基取代，其化学位移出现在较低场。

3. 一些化合物的六元环完全芳香化，它们的化学位移出现在 δ 114.0～152.4。随取代基的不同，其化学位移相应改变。

4. 有的化合物 1 位羰基与 2,3 位双键形成共轭，δ_{C-1} 203.0～204.1，δ_{C-2} 127.4～127.6，δ_{C-3} 162.9～163.8。如果邻近的碳（6 位）是双键碳，δ_{C-1} 移向高场。4 位为羟基碳时，δ_{C-3} 也移向高场。

5. 7,14 位双键出现在 δ_{C-7} 146.1～154.0，δ_{C-14} 107.5～116.0。9,10 位双键出现在 δ_{C-9} 121.0～130.0，δ_{C-10} 135.7～143.0。10,11 位双键出现在 δ_{C-10} 123.2～131.8，δ_{C-11} 131.0～136.9。11,13 位双键出现在 δ_{C-11} 143.7～147.8，δ_{C-13} 110.5～114.3。

6. 多位存在羟基是常见的，不同位置的羟基碳化学位移如下：δ_{C-1} 67.9～70.0；δ_{C-3} 69.0～70.4；δ_{C-4} 67.3～69.5；δ_{C-6} 69.3～80.0；δ_{C-7} 72.8～74.9；δ_{C-9} 66.9～68.4；δ_{C-10} 75.6～90.0；δ_{C-11} 70.7～82.5；δ_{C-12} 61.6～61.7；δ_{C-13} 61.5～61.6。

表 15-2-1 化合物 **15-2-1~15-2-8** 的 ^{13}C NMR 化学位移数据

C	15-2-1[1]	15-2-2[2]	15-2-3[2]	15-2-4[2]	15-2-5[3]	15-2-6[4]	15-2-7[4]	15-2-8[5]
1	190.9	67.9	200.6	200.6	37.7	27.2	27.5	203.9
2	129.6	129.9	127.7	128.1	118.7	144.9	145.0	128.5
3	159.3	136.7	158.4	156.4	133.8	135.3	136.0	159.8
4	69.5	69.1	67.3	67.8	27.3	200.4	—	67.5
5	37.2	29.7	30.0	29.1	32.3	38.8	39.0	33.6
6	125.9	40.6	45.0	42.2	72.4	44.1	43.0	46.9
7	149.6	30.5	30.6	29.7	154.0	72.8	73.0	74.3
8	36.4	35.2	32.3	37.4	30.9	42.3	45.0	40.5
9	26.6	26.0	28.2	130.0	27.5	121.0	126.5	21.9
10	123.2	124.6	89.6	135.7	124.3	143.0	138.5	124.7
11	132.7	131.4	143.7	81.7	131.0	70.7	82.5	132.0
12	25.7	17.7	17.4	22.2	25.7	29.8	24.5	26.1
13	17.6	25.7	114.3	25.3	17.9	29.7	24.5	18.0
14	21.1	14.4	16.0	15.9	108.3	15.6	15.9	24.2
15	20.1	20.5	21.3	21.4	23.3	23.9	24.0	22.0

15-2-9　R=O
15-2-10　R=H,α-OH
15-2-11　R=H,β-OH
15-2-12　R=H,H

15-2-13　R=O
15-2-14　R=H,α-OH
15-2-15　R=H,β-OH
15-2-16　R=H,H

表 15-2-2 化合物 **15-2-9~15-2-16** 的 ^{13}C NMR 化学位移数据[6]

C	15-2-9	15-2-10	15-2-11	15-2-12	15-2-13	15-2-14	15-2-15	15-2-16
1	126.7	126.8	126.9	126.9	126.6	126.7	126.9	126.8
2	129.1	129.1	129.1	128.9	129.1	129.2	129.1	128.9

续表

C	15-2-9	15-2-10	15-2-11	15-2-12	15-2-13	15-2-14	15-2-15	15-2-16
3	135.5	135.6	135.4	135.1	143.3	135.6	135.4	135.1
4	129.1	129.1	129.1	128.9	129.1	129.2	129.1	128.9
5	143.7	144.1	143.9	144.7	126.6	126.7	126.9	126.8
6	126.7	126.8	126.9	126.9	135.7	144.4	143.7	145.0
7	35.3	36.1	35.8	39.0	34.9	36.4	36.0	39.5
8	52.7	46.1	45.9	38.5	51.7	46.9	46.1	39.0
9	199.9	67.0	66.9	26.2	209.9	68.4	67.9	38.7
10	124.1	128.0	128.4	124.6	52.5	47.1	47.3	32.0
11	155.1	135.4	134.6	131.4	24.4	24.5	24.6	27.8
12	20.7	18.3	18.1	25.7	22.5	23.5	22.3	22.7
13	27.6	25.8	25.7	17.7	22.5	22.0	23.2	22.6
14	22.0	22.9	23.0	22.5	22.0	22.1	23.4	22.4
15	21.0	21.0	21.0	21.0	21.0	21.0	21.0	21.0

15-2-17 R=OH,(1R,7R)
15-2-18 R=OH,(1R,7S)

15-2-19

15-2-20

15-2-21

15-2-22

15-2-23

表 15-2-3 化合物 15-2-17~15-2-23 的 ^{13}C NMR 化学位移数据

C	15-2-17[7]	15-2-18[7]	15-2-19[7]	15-2-20[8]	15-2-21[9]	15-2-22[9]	15-2-23[9]
1	33.8	35.1	27.0	118.8	124.7	27.4	31.4
2	118.3	118.4	120.3	130.4	128.9	38.9	120.7
3	134.1	134.0	134.3	121.0	136.2	69.0	133.8
4	26.9	27.0	31.0	154.2	128.9	38.9	30.7
5	31.2	30.4	23.3	114.0	124.7	27.4	28.3
6	72.3	72.1	43.3	146.8	144.7	43.6	39.8
7	41.8	41.6	74.7	40.0	74.9	153.9	153.9
8	31.1	31.2	39.6	36.0	43.8	34.9	35.0
9	26.1	26.1	21.6	32.9	22.6	26.4	26.4
10	128.7	128.7	131.8	77.2	128.4	128.1	128.1
11	134.4	134.4	136.9	147.3	134.6	134.5	134.5
12	61.6	61.7	59.9	17.0	21.4	21.3	21.3
13	21.4	21.3	67.6	112.4	61.5	61.6	61.6
14	13.8	13.7	23.3	21.8	30.8	107.6	107.5
15	23.3	23.2	23.0	20.4	21.0	31.4	23.4

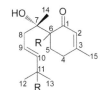

15-2-24 R=β-H
15-2-25 R=α-H

15-2-26 R=OOH; R¹=β-H
15-2-27 R=OH; R¹=β-H
15-2-28 R=OH; R¹=α-H

15-2-29 R¹=OOH; R²=H
15-2-30 R¹=H; R²=OOH
15-2-31 R¹=OH; R²=H
15-2-32 R¹=H; R²=OH

表 15-2-4 化合物 **15-2-24~15-2-32** 的 ^{13}C NMR 化学位移数据[10]

C	15-2-24	15-2-25	15-2-26	15-2-27	15-2-28	15-2-29	15-2-30	15-2-31	15-2-32
1	204.0	203.4	204.1	204.1	203.3	203.9	204.0	204.0	204.0
2	127.4	127.4	127.4	127.6	127.5	127.5	127.5	127.6	127.5
3	163.6	163.6	163.8	163.4	163.4	163.8	163.8	163.7	163.7
4	31.2	31.5	31.3	31.3	31.6	31.3	31.3	31.3	31.3
5	25.0	25.0	24.8	24.8	24.9	25.0	25.0	25.0	25.0
6	52.0	55.3	51.9	51.9	54.6	52.6	51.8	52.1	52.0
7	73.9	74.3	74.3	74.3	74.6	74.3	74.2	74.2	74.0
8	40.1	37.1	43.2	43.1	40.7	35.3	35.5	36.5	36.0
9	21.5	22.1	126.6	122.4	123.0	23.7	24.0	29.1	28.7
10	124.4	124.8	136.8	141.1	140.9	88.9	89.1	75.8	75.6
11	131.4	131.1	82.0	70.7	70.7	143.8	143.8	147.7	147.8
12	25.7	25.7	24.4	29.9	29.7	18.1	18.0	18.2	18.2
13	17.6	17.6	24.0	29.8	29.7	113.6	113.6	110.5	110.5
14	23.6	25.4	23.7	23.8	26.2	23.1	23.8	23.7	23.7
15	24.1	24.1	24.1	23.8	24.1	24.1	24.1	24.1	24.1

15-2-33 R¹=OOH; R²=H
15-2-34 R¹=OH; R²=H
15-2-35 R¹=H; R²= OH

15-2-36

15-2-37

15-2-38

15-2-39

15-2-40

表 15-2-5 化合物 **15-2-33~15-2-40** 的 ^{13}C NMR 化学位移数据

C	15-2-33[10]	15-2-34[10]	15-2-35[10]	15-2-36[11]	15-2-37[11]	15-2-38[12]	15-2-39[12]	15-2-40[13]
1	203.6	203.5	203.0	152.4	151.7	52.0	70.0	25.6
2	127.4	127.5	127.6	117.1	116.6	147.3	42.6	29.5
3	163.8	163.6	162.9	129.4	129.3	135.1	42.6	74.4

续表

C	15-2-33[10]	15-2-34[10]	15-2-35[10]	15-2-36[11]	15-2-37[11]	15-2-38[12]	15-2-39[12]	15-2-40[13]
4	31.5	31.6	31.5	122.0	122.3	198.4	210.8	136.4
5	25.0	25.1	25.0	128.2	128.7	41.6	44.4	133.5
6	55.4	55.5	55.3	134.4	133.7	69.3	57.3	80.0
7	74.2	74.3	74.2	146.1	130.2	147.5	148.5	36.8
8	32.8	32.7	33.0	37.7	132.8	33.3	33.2	31.5
9	25.0	29.0	29.4	25.6	27.1	26.3	26.5	26.0
10	90.0	76.1	76.1	38.5	38.6	123.4	123.7	124.2
11	143.8	147.8	147.5	27.8	27.4	132.6	132.8	131.8
12	17.4	18.1	17.8	22.5	22.3	17.8	18.1	17.7
13	113.9	110.7	110.7	22.5	22.3	25.7	26.0	25.7
14	25.2	25.4	25.4	116.0	24.7	112.7	112.8	13.8
15	24.1	24.1	24.0	171.2	170.6	15.3	14.5	21.4

参 考 文 献

[1] Arihara S, Umeyama A, Bando S, et al. Chem Pharm Bull (Tokyo), 2004, 52: 463.

[2] Todorova M, Trendafilova A, Mikhova B, et al. Phytochemistry, 2007, 68: 1722.

[3] Kladi M, Vagias C, Papazafiri P, et al. Tetrahedron, 2007, 63: 7606.

[4] Trifunovic S, Vajs V, Juranic Z, et al. Phytochemistry, 2006, 67: 887.

[5] Kaneda N, Lee I, Gupta M P, et al. J Nat Prod, 1992, 55: 1136.

[6] Fujiwara M, Yagi N, Miyazawa M. J Agric Food Chem, 2010, 58: 2824.

[7] Kim T H, Ito H, Hatano T, et al. J Nat Prod, 2005, 68: 1805.

[8] Manguro L O, Ugi I, Lemmen P. Chem Pharm Bull (Tokyo), 2003, 51: 479.

[9] Ochi T, Shibata H, Higuti T, et al. J Nat Prod, 2005, 68: 819.

[10] Ono M, Tsuru T, Abe H, et al. J Nat Prod, 2006, 69: 1417.

[11] Wei M Y, Wang C Y, Liu Q A, et al. Mar Drugs, 2010, 8: 941.

[12] Kashiwagi T, Wu B, Iyota K, et al. Biosci Biotechnol Biochem, 2007, 71: 966.

[13] Nishikawa K, Aburai N, Yamada K, et al. Biosci Biotechnol Biochem, 2008, 72: 2463.

第三节 吉玛烷类倍半萜化合物的 ^{13}C NMR 化学位移

【结构特点】吉玛烷(germacrane)类倍半萜化合物是单环倍半萜，是由 3 个异戊基组成的 15 个碳原子的化合物。其骨架中包含一个十元大环、两个甲基和一个异丙基，在其基本骨架上会有多个双键、羟基、羧基、乙酰氧基或形成新的五元内酯环等基团。

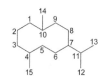

基本结构骨架

【化学位移特征】

1. 双键一般为 1,10 位，δ_{C-1} 113.8～135.0，δ_{C-10} 129.3～142.5。4,5 位双键，δ_{C-4} 132.2～142.0，δ_{C-5} 119.9～132.7。5,6 位双键，δ_{C-5} 129.7～142.9，δ_{C-6} 128.0～130.3。4,15 位双键，δ_{C-4} 138.8～145.0，δ_{C-15} 117.0～119.0。10,14 位双键，δ_{C-10} 145.1～148.0，δ_{C-14} 110.9～119.7。

2. 吉玛烷类倍半萜化合物常常带有酮羰基或醛羰基与双键的共轭。3 位羰基与 4,5 位双键共轭，$\delta_{\text{C-3}}$ 204.5，$\delta_{\text{C-4}}$ 136.0，$\delta_{\text{C-5}}$ 129.7。1 位羰基与 10,14 位双键共轭，$\delta_{\text{C-1}}$ 200.2～206.1，$\delta_{\text{C-10}}$ 150.6～155.4，$\delta_{\text{C-14}}$ 119.7～126.2。12 位羰基与 11,13 位双键共轭，$\delta_{\text{C-12}}$ 198.3，$\delta_{\text{C-11}}$ 144.5，$\delta_{\text{C-13}}$ 120.4。8 位羰基与 7,11 位双键共轭，$\delta_{\text{C-8}}$ 201.4，$\delta_{\text{C-7}}$ 147.0，$\delta_{\text{C-11}}$ 130.6。9 位羰基与 10,14 位双键共轭，$\delta_{\text{C-9}}$ 202.5～203.5，$\delta_{\text{C-10}}$ 136.9～137.0，$\delta_{\text{C-14}}$ 135.5～139.9。5 位羰基与 4,15 位双键共轭，$\delta_{\text{C-5}}$ 198.7，$\delta_{\text{C-4}}$ 145.4，$\delta_{\text{C-5}}$ 124.1。14 位羰基与 10,1 位双键共轭，$\delta_{\text{C-14}}$ 193.6～199.5，$\delta_{\text{C-10}}$ 139.7～157.6，$\delta_{\text{C-1}}$ 150.4～163.7。

3. 双键与羧基或内酯羰基的共轭。14 位羧酸羰基与 10,1 位双键共轭，$\delta_{\text{C-14}}$ 168.0～173.0，$\delta_{\text{C-10}}$ 132.0～137.3，$\delta_{\text{C-1}}$ 141.6～149.6。15 位内酯羰基与 4,5 位双键共轭，$\delta_{\text{C-15}}$ 171.1～174.3，$\delta_{\text{C-4}}$ 133.8～138.2，$\delta_{\text{C-5}}$ 146.2～152.9。12 位内酯羰基与 11,13 位双键共轭，$\delta_{\text{C-12}}$ 168.4～170.7，$\delta_{\text{C-11}}$ 136.0～139.9，$\delta_{\text{C-13}}$ 120.0～123.8。

吉玛烷类倍半萜化合物的骨架上常常在不同的位置上有羟基取代，羟基碳的化学位移如下：$\delta_{\text{C-1}}$ 66.9～80.0；$\delta_{\text{C-2}}$ 67.8～71.9；$\delta_{\text{C-3}}$ 70.8～78.6；$\delta_{\text{C-4}}$ 71.4～74.1；$\delta_{\text{C-5}}$ 78.5～90.7；$\delta_{\text{C-6}}$ 67.1～83.3；$\delta_{\text{C-8}}$ 64.8～76.0；$\delta_{\text{C-9}}$ 68.3～79.4；$\delta_{\text{C-10}}$ 61.1～61.8；$\delta_{\text{C-11}}$ 71.1～74.1；$\delta_{\text{C-14}}$ 63.5～69.8；$\delta_{\text{C-15}}$ 62.0～62.1。

4. 三元氧桥中，1、10 位三元氧桥，$\delta_{\text{C-1}}$ 57.4～63.6，$\delta_{\text{C-10}}$ 56.2～63.9；4、5 位三元氧桥，$\delta_{\text{C-4}}$ 58.0～61.5，$\delta_{\text{C-5}}$ 64.1～66.5。

5. 14 位独立醛基的化学位移出现在 $\delta_{\text{C-14}}$ 199.3～199.8。

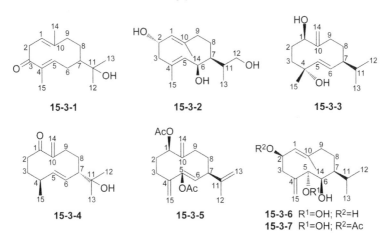

15-3-1   15-3-2   15-3-3   15-3-4   15-3-5   15-3-6 R^1=OH; R^2=H   15-3-7 R^1=OH; R^2=Ac

表 15-3-1 化合物 15-3-1~15-3-7 的 ^{13}C NMR 化学位移数据

C	15-3-1[1]	15-3-2[2]	15-3-3[3]	15-3-4[4]	15-3-5[5]	15-3-6[6]	15-3-7[6]
1	113.8	128.5	80.0	206.1	76.0	121.6	123.8
2	41.7	71.2	28.9	37.7	29.6	69.5	71.9
3	204.5	47.0	39.4	37.2	24.8	43.4	41.0
4	136.0	132.3	72.2	41.0	145.0	138.8	138.8
5	129.7	132.4	139.9	142.9	78.5	90.6	90.7
6	32.2	67.1	128.0	130.3	34.4	70.0	70.1
7	51.4	50.5	49.6	56.9	40.5	42.0	42.0
8	29.4	25.9	29.3	32.8	31.2	29.5	29.7
9	41.4	40.9	27.2	28.9	30.4	35.5	35.6
10	141.9	135.3	148.0	155.4	145.1	139.7	142.5

续表

C	15-3-1[1]	15-3-2[2]	15-3-3[3]	15-3-4[4]	15-3-5[5]	15-3-6[6]	15-3-7[6]
11	74.1	40.4	33.3	71.1	147.0	31.3	31.6
12	26.9	64.8	20.8	27.1	19.4	21.2	21.2
13	26.7	16.1	20.8	26.8	110.6	21.3	21.3
14	16.0	17.6	110.9	119.7	116.7	21.4	21.4
15	19.5	18.4	29.8	20.6	117.0	117.5	119.0
OAc							170.5/21.1

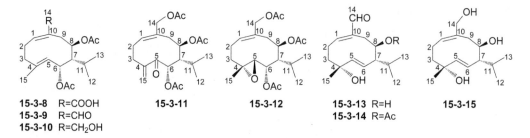

15-3-8 R=COOH
15-3-9 R=CHO
15-3-10 R=CH₂OH

15-3-11

15-3-12

15-3-13 R=H
15-3-14 R=Ac

15-3-15

表 15-3-2 化合物 15-3-8~15-3-15 的 ¹³C NMR 数据[7]

C	15-3-8	15-3-9	15-3-10	15-3-11	15-3-12	15-3-13	15-3-14	15-3-15
1	141.6	150.4	126.7	131.9	135.0	163.7	161.6	134.0
2	26.7	27.1	26.0	23.3	24.4	25.0	25.2	23.1
3	36.5	36.8	31.0	32.6	38.4	41.0	39.9	41.2
4	132.2	136.6	136.1	145.4	58.8	73.6	73.6	74.1
5	123.7	124.3	127.0	198.7	66.5	139.7	138.6	140.7
6	70.0	70.0	71.0	72.9	73.5	122.2	121.4	120.0
7	52.2	52.6	50.0	45.5	47.5	55.7	52.8	55.7
8	70.1	70.1	71.1	69.6	72.1	66.7	70.3	68.6
9	31.6	30.2	30.0	30.0	29.6	32.1	31.9	35.6
10	137.3	143.6	135.0	132.6	129.3	139.7	157.6	150.0
11	26.7	26.7	27.0	27.4	26.2	26.6	27.5	27.3
12	22.4	22.6	19.9	21.6	22.9	21.7	21.4	21.8
13	21.8	21.6	21.4	17.6	21.2	16.4	16.8	16.7
14	173.0	193.6	69.7	69.3	63.5	199.5	194.8	69.8
15	20.6	20.6	20.0	124.1	16.3	29.8	29.6	30.0
OAc	169.1/18.0 169.1/20.6	169.0/17.9 169.0/20.5	170.2/21.5(×2)	169.7/20.8 169.9/20.9 170.6/21.1	169.8/20.8 169.8/21.0 170.8/21.1		171.2/21.2	

15-3-16

15-3-17 R=Ac
15-3-18 R=H

15-3-19

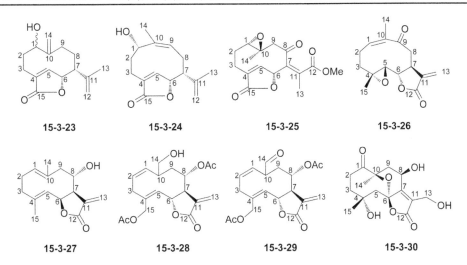

15-3-20   15-3-21   15-3-22

表 15-3-3 化合物 15-3-16~15-3-22 的 ^{13}C NMR 化学位移数据

C	15-3-16[7]	15-3-17[7]	15-3-18[7]	15-3-19[8]	15-3-20[6]	15-3-21[6]	15-3-22[9]
1	63.9	62.3	62.5	149.6	70.7	200.2	123.4
2	23.7	23.1	23.0	31.4	67.8	42.3	22.7
3	35.9	35.7	35.8	37.2	45.7	75.6	37.2
4	133.6	58.0	58.0	141.9	59.5	133.2	133.6
5	129.7	66.2	67.7	127.2	64.7	132.7	119.9
6	71.2	72.5	70.2	83.9	68.5	68.0	26.3
7	51.4	47.9	49.7	51.1	45.3	47.5	41.1
8	68.8	69.2	70.0	27.7	27.2	25.9	23.8
9	34.6	33.3	34.5	40.0	130.3	33.1	30.9
10	61.1	61.8	61.5	132.0	133.3	150.6	131.8
11	26.3	26.3	26.3	144.5	26.7	30.9	58.1
12	22.0	21.9	22.1	198.3	21.4	20.6	22.2
13	21.1	21.0	21.1	120.4	18.5	20.6	17.9
14	199.7	199.8	199.3	168.0	17.8	126.2	25.7
15	16.4	16.7	16.1	17.3	17.5	10.6	23.3
OAc	170.4/21.1 169.8/20.9	169.8/20.9 169.7/20.8	173.0/21.0				

15-3-19 中 Glu 的化学位移：95.5(1′),74.0(2′),78.4(3′),71.2(4′),78.8(5′),62.4(6′)

15-3-23   15-3-24   15-3-25   15-3-26

15-3-27   15-3-28   15-3-29   15-3-30

表 15-3-4 化合物 15-3-23~15-3-30 的 ^{13}C NMR 数据

C	15-3-23[10]	15-3-24[10]	15-3-25[11]	15-3-26[12]	15-3-27[13]	15-3-28[14]	15-3-29[14]	15-3-30[15]
1	75.2	66.9	63.6	135.5	129.2	127.6	150.4	214.9
2	35.8	23.9	22.0	22.5	26.1	26.0	27.6	40.6

续表

C	15-3-23[10]	15-3-24[10]	15-3-25[11]	15-3-26[12]	15-3-27[13]	15-3-28[14]	15-3-29[14]	15-3-30[15]
3	20.2	20.7	21.8	36.6	39.4	34.0	32.9	35.8
4	138.2	137.5	133.8	59.6	142.6	138.2	138.1	71.4
5	148.8	152.9	146.2	62.7	127.5	128.0	129.3	43.7
6	82.8	83.3	76.8	81.2	75.1	75.4	75.2	106.3
7	52.0	50.3	147.0	41.1	53.6	48.1	48.6	165.0
8	32.2	25.6	201.4	42.6	71.7	72.5	72.6	64.8
9	24.8	129.4	54.9	203.5	47.8	30.2	28.6	42.2
10	147.6	136.3	56.2	136.9	135.8	139.1	143.6	82.8
11	152.2	146.0	130.6	138.1	138.3	136.6	136.0	126.1
12	112.2	112.9	166.0	168.4	170.2	170.7	170.5	170.7
13	21.3	21.6	14.2	120.4	120.4	122.8	123.8	54.2
14	113.6	16.9	18.0	20.7	19.5	67.9	193.6	25.6
15	174.3	174.0	171.1	17.5	17.4	62.1	62.0	31.8

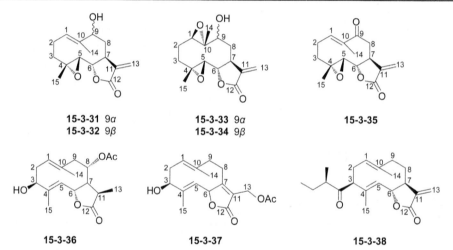

15-3-31 9α
15-3-32 9β

15-3-33 9α
15-3-34 9β

15-3-35

15-3-36

15-3-37

15-3-38

表 15-3-5　化合物 15-3-31~15-3-38 的 ^{13}C NMR 化学位移数据

C	15-3-31[16]	15-3-32[16]	15-3-33[16]	15-3-34[16]	15-3-35[16]	15-3-36[17]	15-3-37[17]	15-3-38[18]
1	121.7	126.1	57.4	63.2	139.9	128.0	126.3	124.2
2	23.5	23.8	23.1	23.4	23.6	34.9	34.9	32.2
3	36.2	37.0	34.9	34.8	35.3	70.8	74.4	78.6
4	61.4	61.5	60.1	60.6	60.8	141.6	142.0	139.4
5	66.5	66.1	65.0	64.1	65.3	123.6	120.5	125.5
6	82.5	81.6	81.7	80.9	80.9	77.8	80.8	81.0
7	37.5	44.3	36.4	44.2	44.4	52.9	170.2	50.0
8	37.5	38.1	32.2	34.0	39.9	76.0	26.0	41.0
9	71.3	79.4	68.3	79.3	202.5	47.6	40.3	28.3
10	137.5	136.7	62.8	63.9	137.0	134.2	135.8	138.8
11	139.7	138.3	139.5	139.9	138.1	39.7	124.9	138.6
12	169.5	169.0	169.0	168.6	168.0	178.5	170.6	170.0
13	121.2	121.6	121.3	121.7	121.2	10.7	55.3	120.0
14	16.4	10.9	16.3	11.5	12.7	16.7	16.0	12.7
15	17.2	17.3	16.9	17.0	17.9	12.0	11.2	16.4

参 考 文 献

[1] Rao R J, Kumar U S, Reddy S V, et al. Nat Prod Res, 2005, 19: 763.

[2] Eilbert F, Engler-Lohr M, Anke H, et al. J Nat Prod, 2000, 63: 1286.

[3] Sosa S, Tubaro A, Kastner U, et al. Planta Med, 2001, 67: 654.

[4] Zhang H J, Tan G T, Santarsiero B D, et al. J Nat Prod, 2003, 66: 609.

[5] Triana J, Lopez M, Rico M, et al. J Nat Prod, 2003, 66: 943.

[6] Appendino G, Aviello G, Ballero M, et al. J Nat Prod, 2005, 68: 853.

[7] Triana J, Lopez M, Perez F J, et al. J Nat Prod, 2005, 68: 523.

[8] Chen B, Li B G, Zhang G L. Nat Prod Res, 2003, 17: 37.

[9] Satitpatipan V, Suwanborirux K. J Nat Prod, 2004, 67: 503.

[10] Wu T, Chan Y, Leu Y. J Nat Prod, 2001, 64: 71.

[11] Cheng X L, Ma S C, Wei F, et al. Chem Pharm Bull (Tokyo), 2007, 55: 1390.

[12] Abdel-Sattar E, Mcphail A T. J Nat Prod, 2000, 63: 1587.

[13] Bai N, Lai C, He K, et al. J Nat Prod, 2006, 69: 531.

[14] Barrero A F, Oltra J E, Rodríguez-García I, et al. J Nat Prod, 2000, 63: 305.

[15] Issa H H, Chang S M, Yang Y L, et al. Chem Pharm Bull (Tokyo), 2006, 54: 1599.

[16] Abdel Sattar E, Galal A M, Mossa G S. J Nat Prod, 1996, 59: 403.

[17] Trendafilova A, Todorova M, Mikhova B, et al. Phytochemistry, 2006, 67: 764.

[18] Bang M H, Han M W, Song M C, et al. Chem Pharm Bull (Tokyo), 2008, 56: 1168.

第四节　律草烷类倍半萜化合物的 ^{13}C NMR 化学位移

【结构特点】律草烷(humulane)类倍半萜化合物是由 3 个异戊基 15 个碳原子组成的化合物，由 11 个碳原子构成的十一元环和 4 个甲基组成。在其基本骨架上常常带有双键、羟基、羰基、三元氧环等基团。

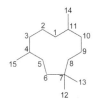

基本结构骨架

【化学位移特征】

1. 双键，常常为 1,11 位双键，$\delta_{C\text{-}1}$ 123.6～130.3，$\delta_{C\text{-}11}$ 131.5～137.1；4,5 位双键，$\delta_{C\text{-}4}$ 131.9～140.7，$\delta_{C\text{-}5}$ 122.2～130.9；5,6 位双键，$\delta_{C\text{-}5}$ 123.4～134.6，$\delta_{C\text{-}6}$ 136.8～137.3；4,15 位双键，$\delta_{C\text{-}4}$ 152.3～157.0，$\delta_{C\text{-}15}$ 112.3～115.0；11,14 位双键，$\delta_{C\text{-}11}$ 149.8～150.0，$\delta_{C\text{-}14}$ 123.4～123.9。

2. 在其骨架上的羰基与邻近的双键构成共轭体系。10 位羰基与 1,11 位和 8,9 位双键双共轭时，$\delta_{C\text{-}10}$ 200.9～206.5，$\delta_{C\text{-}11}$ 128.0～142.5，$\delta_{C\text{-}1}$ 133.8～148.8，$\delta_{C\text{-}9}$ 127.2～129.3，$\delta_{C\text{-}8}$ 155.6～162.4；10 位羰基仅与 8,9 位双键共轭时，$\delta_{C\text{-}10}$ 201.0～207.9，$\delta_{C\text{-}9}$ 124.9～128.1，$\delta_{C\text{-}8}$ 152.0～153.9。

3. 对于羟基取代基，1 位羟基，$\delta_{C\text{-}1}$ 73.1；2 位羟基，$\delta_{C\text{-}2}$ 64.9～67.1；5 位羟基，$\delta_{C\text{-}5}$ 72.2～85.2；6 位羟基，$\delta_{C\text{-}6}$ 73.1～76.4；8 位羟基，$\delta_{C\text{-}8}$ 76.5～78.5；9 位羟基，$\delta_{C\text{-}9}$ 70.2～72.7。

4. 4、5 位形成三元氧桥时，$\delta_{C\text{-}4}$ 55.9～59.3，$\delta_{C\text{-}5}$ 58.9～65.8。

5. 4 个甲基均在较高场，其化学位移出现在 δ 6.1～30.8。

6. 5 位甲基又被氧化为醛基，其化学位移出现在 δ 195.7～196.1。

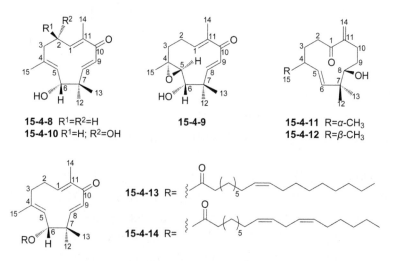

表 15-4-1
化合物 15-4-1~15-4-7 的 ¹³C NMR 化学位移数据

C	15-4-1[1]	15-4-2[2]	15-4-3[3]	15-4-4[4]	15-4-5[4]	15-4-6[4]	15-4-7[5]
1	148.8	32.8	62.0	133.8	144.5	145.6	73.1
2	24.4	22.3	24.8	67.1	64.9	64.9	30.7
3	39.5	40.9	36.6	46.2	47.7	49.2	37.7
4	136.2	137.4	131.9	58.2	59.3	133.1	137.8
5	125.0	122.7	125.7	58.9	62.7	126.7	122.2
6	42.4	42.1	40.2	39.8	42.6	42.5	41.3
7	37.9	40.0	36.5	36.4	35.9	38.5	39.9
8	160.8	152.4	143.1	160.0	161.2	162.4	152.0
9	127.2	127.1	122.1	129.3	128.7	127.3	128.1
10	204.4	205.8	42.5	200.9	202.7	204.2	201.0
11	128.0	47.7	63.2	139.9	142.5	140.6	54.3
12	11.8	26.8	25.6	29.6	29.7	29.3	28.9
13	15.2	26.3	29.0	24.0	24.1	24.2	23.0
14	24.2	14.5	17.2	20.9	12.6	12.2	6.1
15	29.4	17.0	15.1	19.5	16.8	16.5	16.1

表 15-4-2 化合物 **15-4-8~15-4-14** 的 ^{13}C NMR 化学位移数据

C	15-4-8[6]	15-4-9[6]	15-4-10[6]	15-4-11[7]	15-4-12[7]	15-4-13[6]	15-4-14[6]
1	148.1	147.0	147.8	203.6	203.0	148.3	148.3
2	24.6	24.5	65.6	36.0	36.7	24.6	24.6
3	39.5	38.0	50.2	33.3	33.8	39.4	39.4
4	138.6	55.9	135.8	36.4	41.2	140.9	140.9
5	128.0	65.8	130.9	134.6	123.4	124.1	124.1
6	75.6	76.1	76.0	136.8	137.3	76.4	76.4
7	42.0	40.4	43.8	40.2	41.0	41.1	41.1
8	157.0	155.9	161.4	78.5	76.5	155.6	155.6
9	127.2	129.2	128.0	30.3	30.1	127.8	127.8
10	203.7	202.5	206.5	31.2	31.9	203.3	203.3
11	137.8	139.2	140.7	149.8	150.0	137.8	137.8
12	26.6	26.8	26.9	19.3	16.5	26.3	26.3
13	17.1	17.1	17.6	26.2	27.1	18.1	18.1
14	11.7	12.0	12.1	123.9	123.4	11.6	11.6
15	16.0	16.7	17.3	20.6	21.7	15.9	15.9
1′						173.2	173.2
2′						34.4	34.4
3′						24.9	24.9
4′~7′						29.0~29.7	29.0~29.7
8′						27.1	27.1
9′						129.6	127.8
10′						129.9	128.0
11′						27.1	25.5
12′						29.0~29.7	129.9
13′						29.0~29.7	130.1
14′						29.0~29.7	27.1
15′						29.0~29.7	29.0~29.7
16′						31.8	31.4
17′						22.6	22.5
18′						14.0	14.0

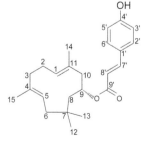

15-4-15

15-4-16 R^1=OOH; R^2=H
15-4-17 R^1=OH; R^2=NO$_2$

15-4-18

15-4-19   15-4-20   15-4-21

表 15-4-3　化合物 15-4-15~15-4-21 的 ^{13}C NMR 化学位移数据

C	15-4-15[8]	15-4-16[8]	15-4-17[8]	15-4-18[9]	15-4-19[9]	15-4-20[9]	15-4-21[2]
1	127.6	127.4	129.3	123.6	124.5	130.3	33.2
2	25.1	30.0	30.4	24.8	26.0	25.2	24.6
3	39.3	37.5	36.8	25.6	25.7	39.0	32.2
4	134.6	152.3	157.0	143.9	147.1	135.5	203.7
5	124.4	85.2	72.2	151.3	147.1	125.1	101.7
6	38.8	40.2	45.1	74.5	73.1	24.5	100.8
7	33.6	32.3	33.5	37.4	38.2	25.6	39.0
8	42.7	43.7	44.5	36.2	36.1	150.6	153.9
9	72.7	70.2	72.1	23.7	24.8	80.9	124.9
10	46.2	46.2	46.8	35.5	36.1	40.7	207.9
11	131.7	131.5	132.1	136.8	137.1	128.7	43.2
12	30.8	28.5	29.4	22.7	24.2	133.1	26.3
13	27.1	27.6	28.6	22.6	23.2	173.8	28.3
14	17.9	17.1	17.6	19.5	19.8	18.9	15.6
15	15.9	115.0	112.3	195.7	196.1	14.9	19.0
1′	127.0	127.0	128.0				
2′	130.0	130.0	126.6				
3′	115.9	115.9	136.3				
4′	158.0	158.0	157.0				
5′	115.9	115.9	121.8				
6′	130.0	130.0	136.1				
7′	144.4	144.5	143.4				
8′	116.0	115.7	119.6				
9′	167.5	167.2	169.7				

参 考 文 献

[1] Dai J, Cardellina J H, Mahon J M, et al. Nat Prod Lett, 1997, 10: 115.

[2] Liao Y, Houghton P J, Hoult J R S. J Nat Prod, 1999, 62: 1241.

[3] Tsui W, Brown G D. J Nat Prod, 1996, 59: 1084.

[4] Usia T, Iwata H, Hiratsuka A, et al. J Nat Prod, 2004, 67: 1079.

[5] Subehan S, Usia T, Kadota S, et al. Chem Pharm Bull (Tokyo), 2005, 53: 333.

[6] Luo D, Gao Y, Gao J, et al. J Nat Prod, 2006, 69: 1354.

[7] Bai N, Lai C, He K, et al. J Nat Prod, 2006, 69: 531.

[8] Tang G H, Sun C S, Long C L, et al. Bioorg Med Chem Lett, 2009, 19: 5737.

[9] Traore M, Zhai L, Chen M, et al. Nat Prod Res, 2007, 21: 13.

第五节　榄烷类倍半萜化合物的 ^{13}C NMR 化学位移

【结构特点】榄烷（elemane）类倍半萜化合物是由 3 个异戊基 15 个碳原子组成的化合物。也与其他倍半萜一样，在其骨架上带有双键、羟基、羰基、羧基、三元氧桥，形成新的内酯环等基团。

基本结构骨架

【化学位移特征】

1. 双键主要出现在 1,2 位和 3,4 位，δ_{C-1} 141.6～148.2，δ_{C-2} 110.8～114.9，δ_{C-3} 110.0～116.0，δ_{C-4} 138.2～147.3。

2. 羟基连接于 6 位上，δ_{C-6} 70.3～79.6；羟基连接于 8 位上，δ_{C-8} 69.1～79.8；羟基连接于 11 位上，δ_{C-11} 74.4；羟基连接于 14 位上，δ_{C-14} 65.5～67.2；羟基连接于 15 位上，δ_{C-15} 65.5～75.0。

3. 三元氧桥多连接于 3、4 位上，δ_{C-3} 52.5～56.5，δ_{C-4} 56.8～57.8。

4. 12 位羧基或内酯羰基与 11,13 位双键形成共轭时，δ_{C-12} 169.0～170.4，δ_{C-11} 136.5～141.2，δ_{C-13} 117.8～121.3。

5. 12 位内酯羰基与 11,7 位双键形成共轭时，δ_{C-12} 173.7～177.3，δ_{C-11} 120.5～123.4，δ_{C-7} 163.5～165.4。

6. 羧基出现在 δ 173.0～175.0。

15-5-1

15-5-2

15-5-3

15-5-4　R^1=OH；R^2=O

15-5-5　R^1=OAc；R^2=O

表 15-5-1　化合物 **15-5-1~15-5-5** 的 ^{13}C NMR 化学位移数据

C	15-5-1[1]	15-5-2[2]	15-5-3[1]	15-5-4[3]	15-5-5[3]
1	146.0	147.9	147.0	143.8	143.8
2	114.0	110.8	113.0	113.1	114.5
3	110.0	114.4	111.0	112.5	116.0
4	145.5	143.4	140.5	145.1	138.2
5	47.0	60.8	52.0	51.9	51.8
6	79.6	70.3	72.6	78.7	78.5

续表

C	15-5-1[1]	15-5-2[2]	15-5-3[1]	15-5-4[3]	15-5-5[3]
7	56.0	48.5	56.0	52.3	51.2
8	69.3	21.7	72.3	70.5	70.3
9	44.5	38.8	44.2	42.2	41.8
10	42.0	40.6	40.0	46.3	46.4
11	44.0	74.4	138.0	138.6	139.7
12	173.0	65.5	169.0	169.2	169.8
13	13.5	66.6	121.3	117.8	119.5
14	15.0	17.5	15.0	66.5	65.5
15	175.0	25.6	—	65.5	66.5
OAc					170.6/21.3
1′				166.2	165.5
2′				136.7	141.5
3′				17.7	60.3
4′				125.4	124.8

15-5-6

15-5-7 R=β-CH₃
15-5-8 R=α-CH₃

15-5-9

15-5-10

15-5-11 R=OH
15-5-12 R= HO

表 15-5-2 化合物 15-5-6~15-5-12 的 ¹³C NMR 化学位移数据

C	15-5-6[4]	15-5-7[5]	15-5-8[5]	15-5-9[5]	15-5-10[5]	15-5-11[6]	15-5-12[6]
1	141.6	146.2	147.3	149.1	145.3	148.2	148.1
2	114.9	111.9	112.2	111.1	112.9	112.6	112.7
3	115.8	56.5	56.2	52.5	56.1	115.4	115.6
4	142.9	57.0	57.5	57.8	56.8	147.3	147.2
5	50.6	47.3	50.4	45.5	54.1	48.8	48.8
6	78.4	22.9	27.3	23.3	25.1	29.3	29.3
7	51.7	38.7	40.0	35.4	163.5	165.2	165.4
8	69.1	75.5	76.0	77.1	78.2	79.8	79.8
9	40.7	44.1	44.1	39.6	46.8	47.0	47.0
10	44.3	39.2	37.9	38.0	40.2	42.0	42.0
11	136.5	136.7	141.2	39.2	123.4	120.6	120.5
12	169.1	170.4	170.4	179.4	173.7	177.3	177.3
13	120.2	121.0	121.2	10.4	54.9	8.1	8.2

续表

C	15-5-6[4]	15-5-7[5]	15-5-8[5]	15-5-9[5]	15-5-10[5]	15-5-11[6]	15-5-12[6]
14	67.2	17.0	19.4	20.6	18.0	16.7	16.7
15	66.3	19.3	19.5	24.0	19.5	74.7	75.0
OAc	170.0/21.0 170.4/21.0						
Glu							
1′						104.3	104.3
2′						75.2	75.1
3′						78.2	78.1
4′						71.8	71.8
5′						78.0	77.0
6′						62.8	68.8
Api							
1″							111.0
2″							78.0
3″							80.5
4″							75.0
5″							65.5

参　考　文　献

[1] Braca A, De Tommasi N, Morelli I, et al. J Nat Prod, 1999, 62: 1371.

[2] Luo X D, Wu S H, Ma Y B, et al. Planta Med, 2001, 67: 354.

[3] Karamenderes C, Bedir E, Pawar R, et al. Phytochemistry, 2007, 68: 609.

[4] Del R, Cuenca M, Catalán C A N, Kokke W C M C. J Nat Prod, 1990, 53: 686.

[5] Su B, Takaishi Y, Yabuuchi T, et al. J Nat Prod, 2001, 64: 466.

[6] Li Y, Zhang D, Li J, et al. J Nat Prod, 2006, 69: 616.

第六节　单环麝子油烷类倍半萜化合物的 ^{13}C NMR 化学位移

【结构特点】单环麝子油烷(monocyclofarnasane)类倍半萜化合物是由 3 个异戊基 15 个碳原子构成的化合物，其基本结构骨架可用式 I 和式 II 表示，可以将式 II 看作式 I 的降倍半萜。

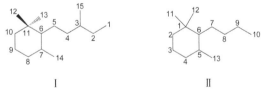

I　　　　　　　　　II

基本结构骨架

【化学位移特征】

1. 在 I 型结构（见表 15-6-1 和表 15-6-2）中，也常常带有双键、羟基、羰基或三元氧桥等基团。双键多出现的位置：1,2 位双键，δ_{C-1} 111.7～112.6，δ_{C-2} 143.7～148.1；1,2,3,4 位共轭双键，δ_{C-1} 113.7，δ_{C-2} 133.6，δ_{C-3} 132.4，δ_{C-4} 130.6；1,2,3,15 位共轭双键，δ_{C-1} 136.8，δ_{C-2} 109.5，δ_{C-3} 120.8，δ_{C-15} 132.9；3,4 位双键，δ_{C-3} 132.0～133.4，δ_{C-4} 128.4～129.9；4,5 位双键，δ_{C-4} 125.8，δ_{C-5} 136.9；5,6 位双键，δ_{C-5} 120.1，δ_{C-6} 136.8；7,14 位双键，δ_{C-7} 145.3～149.2，δ_{C-14} 109.7～114.6；9,10 位双键，δ_{C-9} 123.1，δ_{C-10} 136.9。2 位羰基与 3,4 位双键共轭时，δ_{C-2} 200.5，δ_{C-3} 117.2，δ_{C-4} 156.9。羟基也是常见基团：2 位连接羟基时，δ_{C-2} 70.1～76.5；3 位连接羟基时，

$\delta_{C\text{-}3}$ 70.1～74.4；4 位连接羟基时，$\delta_{C\text{-}4}$ 68.6～70.4；7 位连接羟基时，$\delta_{C\text{-}7}$ 78.1～84.9。此类化合物因其来源于藻类，常常有溴元素取代，其碳的化学位移出现在 δ 62.9～67.2。

2. 在 II 型结构（见表 15-6-3 和表 15-6-4）中，因其骨架 3 位上常常为酮羰基，也把此类化合物称为"紫罗兰酮"类，它是去二甲基的降倍半萜，只有 13 个碳原子。在其骨架上也常见双键、羟基、羰基等基团。

双键的位置：5,6 位双键，$\delta_{C\text{-}5}$ 125.1，$\delta_{C\text{-}6}$ 138.6；7,8 位双键，$\delta_{C\text{-}7}$ 129.8～136.5，$\delta_{C\text{-}8}$ 131.4～137.2。3 位羰基与 4,5 位双键共轭时，$\delta_{C\text{-}3}$ 197.0～202.2，$\delta_{C\text{-}4}$ 123.2～128.5，$\delta_{C\text{-}5}$ 161.2～169.1。

羟基的位置：3 位上连接羟基或和糖成苷时，$\delta_{C\text{-}3}$ 67.5～73.8；6 位上连接羟基时，$\delta_{C\text{-}6}$ 74.9～80.0；9 位上连接羟基时，$\delta_{C\text{-}9}$ 64.1～77.0；10 位上连接羟基时，$\delta_{C\text{-}10}$ 74.5；11 位上连接羟基时，$\delta_{C\text{-}11}$ 74.6～76.4；13 位上连接羟基时，$\delta_{C\text{-}13}$ 63.9～70.8。3 位的独立羰基出现在 δ 214.3。

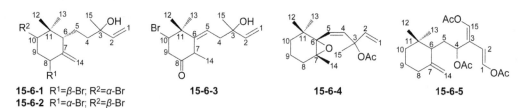

15-6-1 R¹=β-Br; R²=α-Br
15-6-2 R¹=α-Br; R²=β-Br
15-6-3 **15-6-4** **15-6-5**

表 15-6-1 化合物 15-6-1~15-6-5 的 ¹³C NMR 化学位移数据

C	15-6-1[1]	15-6-2[1]	15-6-3[1]	15-6-4[1]	15-6-5[2]
1	112.0	112.4	111.7	112.6	136.8
2	144.7	143.7	148.1	144.2	109.5
3	73.6	70.1	72.2	74.4	120.8
4	40.8	39.2	40.8	125.8	68.6
5	31.2	29.8	120.1	136.9	30.3
6	47.6	46.9	136.8	58.2	49.7
7	147.5	149.2	43.5	62.3	148.0
8	74.6	71.5	203.0	30.2	32.2
9	42.3	42.7	53.5	25.8	23.5
10	63.0	62.9	66.3	35.0	36.0
11	40.3	42.7	40.8	40.0	34.5
12	16.5	16.8	19.7	16.5	28.3
13	29.2	29.5	29.5	28.1	26.1
14	111.9	114.6	31.0	26.3	109.8
15	28.1	28.1	31.0	29.7	132.9
OAc				171.6/23.9	

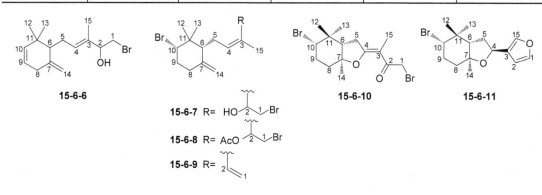

15-6-6

15-6-7 R= HO—²/—¹Br

15-6-8 R= AcO—²/—¹Br

15-6-9 R=

15-6-10 **15-6-11**

表 15-6-2 化合物 **15-6-6~15-6-11** 的 ^{13}C NMR 化学位移数据

C	15-6-6[3]	15-6-7[3]	15-6-8[3]	15-6-9[3]	15-6-10[4]	15-6-11[4]
1	38.5	36.9	31.2	113.7	32.0	143.5
2	76.5	70.1	71.9	133.6	200.5	108.4
3	133.4	133.1	132.0	132.4	117.2	128.7
4	128.4	129.9	129.8	130.6	156.9	70.4
5	25.2	24.7	24.8	24.8	42.5	32.7
6	52.4	53.2	52.9	52.2	48.9	55.1
7	145.5	145.3	145.6	145.6	83.9	78.1
8	32.4	37.2	37.4	37.4	41.9	39.5
9	123.1	35.6	35.8	35.8	32.2	32.6
10	136.9	66.7	67.0	67.2	64.7	65.5
11	37.1	41.6	42.0	42.1	40.6	38.7
12	25.1	16.6	16.5	28.4	29.9	30.3
13	30.3	28.4	28.3	16.2	17.2	17.0
14	109.7	110.0	109.9	110.1	20.4	20.3
15	12.2	17.4	17.5	19.7	13.8	138.9
OAc			170.0/20.1			

15-6-12

15-6-13

15-6-14 R=H
15-6-15 R=α-L-Ara

15-6-16

15-6-17

15-6-18

表 15-6-3 化合物 **15-6-12~15-6-18** 的 ^{13}C NMR 化学位移数据

C	15-6-12[5]	15-6-13[6]	15-6-14[6]	15-6-15[6]	15-6-16[7]	15-6-17[8]	15-6-18[8]
1	41.8	46.3	38.8	38.8	42.0	41.3	42.7
2	49.2	45.5	47.5	47.6	50.7	44.1	50.6
3	197.0	200.9	73.3	73.8	201.2	201.4	201.3
4	128.5	127.8	39.8	39.9	126.9	125.5	124.4
5	161.2	167.2	125.1	125.1	167.0	169.1	165.1
6	74.9	79.4	138.6	138.6	80.0	46.1	79.1
7	54.2	129.8	25.5	25.6	132.6	26.2	130.0
8	56.9	137.2	40.7	40.7	131.4	39.2	137.1
9	64.1	68.7	69.2	69.2	71.8	68.5	68.7
10	18.8	23.8	23.2	23.3	74.5	24.3	23.8

续表

C	15-6-12[5]	15-6-13[6]	15-6-14[6]	15-6-15[6]	15-6-16[7]	15-6-17[8]	15-6-18[8]
11	23.3	74.6	28.8	28.9	23.1	76.4	23.4
12	24.0	20.1	30.3	30.3	24.2	23.1	24.1
13	19.5	19.5	20.0	20.0	19.0	21.9	67.8
Glu							
1′		104.6	102.4	102.6	104.5	104.3	103.7
2′		75.1	75.2	75.2	74.9	74.8	75.0
3′		78.0	78.1	78.1	77.8	77.8	78.0
4′		71.5	71.7	72.0	71.5	71.3	71.6
5′		78.0	77.9	76.6	77.7	77.6	77.9
6′		62.7	62.8	68.0	62.3	62.2	62.7
Ara							
1″				109.9			
2″				83.2			
3″				79.0			
4″				86.1			
5″				63.1			

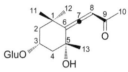

15-6-19 R=OH
15-6-21 R=H

15-6-20

15-6-22

15-6-23 R¹=H; R²=OGlu; R³=H
15-6-24 R¹=OH; R²=H; R³=OGlu
15-6-25 R¹=OH; R²=OGlu; R³=H

15-6-26

表 15-6-4 化合物 15-6-19~15-6-26 的 ¹³C NMR 数据

C	15-6-19[9]	15-6-20[9]	15-6-21[9]	15-6-22[9]	15-6-23[10]	15-6-24[10]	15-6-25[10]	15-6-26[10]
1	42.8	37.8	37.1	32.7	43.5	43.3	43.4	40.6
2	50.8	48.6	49.0	45.2	52.0	51.8	52.0	45.9
3	201.3	202.2	202.0	73.4	214.3	214.3	214.3	67.5
4	124.8	123.2	124.1	48.1	45.6	40.5	40.3	39.9
5	165.0	167.9	164.0	72.5	37.8	42.7	42.6	35.4
6	79.2	47.8	52.0	123.8	77.7	78.0	78.1	78.0
7	130.2	27.8	127.3	202.0	136.5	132.8	135.9	136.4
8	137.2	39.8	140.5	102.8	133.3	134.6	133.1	133.1
9	68.8	68.9	68.9	211.5	74.8	77.0	74.0	74.7
10	23.9	23.6	23.8	26.7	21.9	20.5	21.0	21.9
11	23.5	27.6	27.6	29.9	24.6	23.7	23.9	25.2
12	24.2	28.9	28.9	32.7	24.7	24.1	24.2	26.2

续表

C	15-6-19[9]	15-6-20[9]	15-6-21[9]	15-6-22[9]	15-6-23[10]	15-6-24[10]	15-6-25[10]	15-6-26[10]
13	68.1	70.8	70.1	30.5	16.4	63.9	64.0	16.7
Glu								
1′	103.9	103.5	103.5	102.8	100.4	102.2	101.0	102.4
2′	75.2	75.1	75.0	75.2	74.8	74.7	74.9	75.2
3′	78.2	78.2	78.2	78.1	78.0	77.9	77.8	78.1
4′	71.8	71.7	71.7	71.7	71.2	71.1	71.2	71.5
5′	78.1	78.1	78.1	78.0	77.6	77.5	77.6	78.0
6′	62.9	62.8	62.8	62.9	62.5	62.5	62.5	62.6

参 考 文 献

[1] Topcu G, Aydogmus Z, Imre S, et al. J Nat Prod, 2003, 66: 1505.

[2] Gavagnin M, Mollo E, Castelluccio F, et al. Nat Prod Lett, 1997, 10: 151.

[3] Kuniyoshi M, Marma M S, Higa T, et al. J Nat Prod, 2001, 64: 696.

[4] Kuniyoshi M, Wahome P G, Miono T, et al. J Nat Prod, 2005, 68: 1314.

[5] Su B N, Park E J, Nikolic D, et al. J Nat Prod, 2003, 66: 1089.

[6] Nakanishi T, Iida N, Inatomi Y, et al. Chem Pharm Bull (Tokyo), 2005, 53: 783.

[7] Perrone A, Plaza A, Bloise E, et al. J Nat Prod, 2005, 68: 1549.

[8] Giang P M, Son P T, Matsunami K, et al. Chem Pharm Bull (Tokyo), 2005, 53: 1600.

[9] Otsuka H, Kijima H, Hirata E, et al. Chem Pharm Bull (Tokyo), 2003, 51: 286.

[10] De Marino S, Borbone N, Zollo F, et al. J Agric Food Chem, 2004, 52: 7525.

第七节　苍耳烷类倍半萜化合物的 ¹³C NMR 化学位移

【结构特点】苍耳烷（xanthane）类倍半萜化合物虽然也是由 15 个碳原子组成的，但是它不符合 3 个异戊基首尾相连接的规律，是一类特殊的倍半萜。其骨架上也带有羟基、羰基、双键等基团。

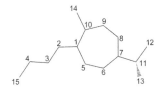

基本结构骨架

【化学位移特征】

1．羟基碳的化学位移：1 位羟基碳，δ_{C-1} 81.8～83.9；4 位羟基碳，δ_{C-4} 63.9～73.0；5 位羟基碳，δ_{C-5} 75.5～78.8；6 位羟基碳，δ_{C-6} 75.8～78.8；9 位羟基碳，δ_{C-9} 70.4～70.9。

2．羰基与双键常常共轭。5 位羰基与 1，10 位双键共轭时，δ_{C-5} 199.1～201.5，δ_{C-1} 138.9～139.5，δ_{C-10} 143.5～147.8。2 位羰基与 3，4 位双键共轭时，δ_{C-5} 196.8～200.9，δ_{C-3} 125.1～126.2，δ_{C-4} 144.9～146.8。12 位羰基与 11，13 位双键共轭时，δ_{C-12} 167.6～169.3，δ_{C-11} 134.8～137.8，δ_{C-13} 123.1～126.5。

3．1 位与 4 位由氧连接形成新的含氧环时与七元环形成螺环结构，1 位碳化学位移出现在 δ 91.0。

4．孤立羰基的化学位移：4 位孤立羰基，δ 207.9～208.4；2 位孤立羰基，δ 211.8～211.9；9 位孤立羰基，δ 207.1。

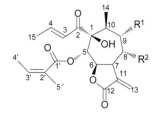

15-7-1 **15-7-2** **15-7-3**

15-7-4 **15-7-5**

表 **15-7-1** 化合物 15-7-1~15-7-5 的 ^{13}C NMR 化学位移数据

C	15-7-1[1]	15-7-2[1]	15-7-3[2]	15-7-4[2]	15-7-5[2]
1	138.1	139.5	91.0	91.0	63.3
2	23.1	23.3	24.9	21.6	32.3
3	42.4	42.5	35.5	37.1	31.9
4	208.2	207.9	78.0	109.8	70.1
5	201.5	199.1	77.5	85.9	61.7
6	39.1	44.4	33.3	24.1	30.8
7	36.9	39.9	38.8	39.4	39.2
9	37.7	38.8	35.3	35.8	32.8
10	143.5	147.8	37.3	30.6	30.7
11	38.2	40.5	138.9	38.3	138.9
12	177.9	178.0	169.6	178.6	169.2
13	10.3	14.8	122.8	11.9	122.8
14	29.7	29.7	18.4	16.3	17.6
15	23.5	24.4	20.5	18.8	19.6

15-7-6 R^1=OH; R^2=H
15-7-7 R^1,R^2= —O—
15-7-8 R^1=R^2=H
15-7-9 R^1=H; R^2=OH

15-7-10 R^1=α-OH,β-H; R^2=OH
15-7-11 R^1=H; R^2=OMe

15-7-12

表 **15-7-2** 化合物 15-7-6~15-7-12 的 ^{13}C NMR 化学位移数据[3]

C	15-7-6	15-7-7	15-7-8	15-7-9	15-7-10	15-7-11	15-7-12
1	82.5	83.9	83.4	83.6	83.1	81.8	82.2
2	197.4	199.2	199.3	200.9	211.8	211.9	196.8
3	125.2	125.1	125.2	126.2	47.7	47.7	125.3

续表

C	15-7-6	15-7-7	15-7-8	15-7-9	15-7-10	15-7-11	15-7-12
4	145.9	146.8	145.8	144.9	63.9	73.0	145.6
5	78.4	78.6	78.7	78.8	77.9	75.5	78.6
6	78.4	76.0	77.9	78.8	76.2	75.8	77.0
7	41.4	41.8	38.9	45.2	34.4	36.1	34.1
8	37.1	56.8	28.7	64.9	37.8	44.0	37.1
9	71.1	56.3	27.6	38.3	70.4	207.1	70.9
10	34.2	39.9	35.0	33.9	42.4	48.8	41.4
11	137.6	136.4	137.9	134.8	137.8	137.0	137.6
12	168.9	168.0	169.3	168.2	176.6	167.8	168.8
13	123.9	125.7	123.1	126.5	124.1	124.2	123.8
14	12.8	11.9	15.3	15.5	12.6	11.4	12.7
15	18.6	18.7	18.5	18.5	22.6	18.9	18.4
1'	166.9	168.0	167.7	169.9	168.6	175.5	175.6
2'	126.3	126.3	126.4	127.9	40.9	41.0	40.9
3'	141.0	141.7	141.0	141.1	26.5	26.7	26.2
4'	15.8	15.9	15.8	16.1	11.3	9.0	11.4
5'	19.9	20.0	20.2	20.5	16.2	16.1	16.1
OMe						56.0	

参 考 文 献

[1] Martínez-Vázquez M, Cárdenas J, Godoy L, et al. J Nat Prod, 1999, 62: 920.

[2] Yang C, Yuan C, Jia Z. J Nat Prod, 2003, 66: 1554.

[3] Cui B, Lee Y H, Chai H, et al. J Nat Prod, 1999, 62: 1545.

第八节　杜松烷型双环倍半萜化合物的 ^{13}C NMR 化学位移

【结构特点】杜松烷型双环倍半萜化合物是由 2 个并合的六元环、2 个甲基和 1 个异丙基构成的化合物。其基本骨架上常常有羟基、双键、羧基或羰基存在。

基本结构骨架

【化学位移特征】

1. 不同位置羟基取代的影响：1 位羟基，$\delta_{\text{C-1}}$ 71.2～75.0；2 位羟基，$\delta_{\text{C-2}}$ 67.8～69.1；4 位羟基，$\delta_{\text{C-4}}$ 77.8～80.4；5 位羟基，$\delta_{\text{C-5}}$ 69.5～83.5；6 位羟基，$\delta_{\text{C-6}}$ 70.9～77.9，如果形成过氧基团则向低场位移；8 位羟基，$\delta_{\text{C-8}}$ 74.0～74.5；11 位羟基，$\delta_{\text{C-11}}$ 74.2～82.1；13 位羟基，$\delta_{\text{C-13}}$ 64.4～69.7；14 位羟基，$\delta_{\text{C-14}}$ 62.7～67.9；15 位羟基碳，$\delta_{\text{C-15}}$ 62.2～64.4。

2. 双键的存在也是杜松烷型倍半萜的特点。1,9 位形成双键时，$\delta_{\text{C-1}}$ 124.1～136.7，$\delta_{\text{C-9}}$ 129.5～132.5。4,5 位形成双键时，$\delta_{\text{C-4}}$ 119.2，$\delta_{\text{C-5}}$ 135.9。1,9 位形成双键时，$\delta_{\text{C-1}}$ 124.1～136.7，$\delta_{\text{C-9}}$ 129.5～132.5。5,6 位形成双键时，$\delta_{\text{C-5}}$ 124.6～124.9，$\delta_{\text{C-6}}$ 133.9～136.1。6,7 位形成双键时，$\delta_{\text{C-6}}$ 133.8～144.1，$\delta_{\text{C-7}}$ 120.4～126.5。11,12 位形成双键时，$\delta_{\text{C-11}}$ 142.1～150.9，$\delta_{\text{C-12}}$ 109.5～116.7。

3. 有些化合物 A 环芳香化形成苯环，有些化合物 B 环芳香化形成苯环，有些化合物 A、B 环同时芳香化成为萘环，它们的化学位移遵循苯环或萘环的规律。

4. 常出现 7 位羰基与 5,6 位双键的共轭，δ_{C-7} 199.2～201.7，δ_{C-5} 146.0～153.2，δ_{C-6} 134.7～137.3。

5. 有时 13 位与 3 位形成环氧结构，并且 3 位同时连接羟基，δ_{C-13} 68.0～69.7，δ_{C-3} 104.3～106.8。

6. 13 位被氧化成羧酸时，δ_{C-13} 180.7～183.0。14 位与 8 位形成五元内酯时，δ_{C-14} 164.6～173.1。

15-8-1   15-8-2   15-8-3   15-8-4 R=β-OH
                                       15-8-5 R=α-OH

15-8-6   15-8-7   15-8-8   15-8-9

表 15-8-1 化合物 15-8-1~15-8-9 的 ¹³C NMR 化学位移数据

C	15-8-1[1]	15-8-2[1]	15-8-3[2]	15-8-4[3]	15-8-5[3]	15-8-6[3]	15-8-7[3]	15-8-8[3]	15-8-9[4]
1	32.9	32.6	32.7	40.1	40.6	32.4	128.1	125.9	27.8
2	30.7	30.8	30.6	67.8	69.1	28.5	126.7	124.8	23.6
3	30.7	30.8	21.4	24.6	27.5	19.9	120.7	120.7	27.3
4	43.0	43.1	43.8	36.5	34.1	38.1	138.6	139.3	74.7
5	130.3	130.5	128.7	128.1	129.0	130.2	125.9	129.1	115.8
6	123.4	120.5	135.7	121.9	120.9	121.1	127.7	124.6	127.0
7	155.4	151.3	126.1	152.9	152.9	151.6	155.1	153.3	144.0
8	108.4	113.0	127.0	114.7	114.3	114.6	106.9	105.5	142.9
9	141.3	142.1	142.1	141.1	139.0	142.1	134.7	130.6	125.1
10	131.6	132.2	140.2	127.4	128.4	125.8	131.3	133.7	139.5
11	31.8	31.8	31.9	38.4	38.8	39.3	37.7	75.3	31.2
12	17.4	17.2	17.4	10.8	12.5	12.5	18.4	26.6	18.5
13	21.3	21.2	21.3	64.4	64.5	66.8	69.0	69.4	17.8
14	22.5	22.2	22.3	16.7	21.5	23.2	19.7	19.4	67.9
15	16.0	15.5	32.9	15.9	15.8	15.5	17.2	17.2	16.1
OMe	55.2								60.7

15-8-10   15-8-11   15-8-12   15-8-13   15-8-14

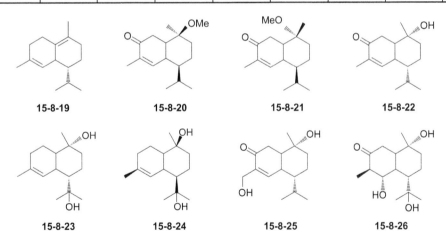

15-8-15   15-8-16   15-8-17   15-8-18

表 15-8-2 化合物 **15-8-10~15-8-18** 的 ^{13}C NMR 化学位移数据

C	15-8-10[5]	15-8-11[6]	15-8-12[7]	15-8-13[8]	15-8-14[9]	15-8-15[9]	15-8-16[9]	15-8-17[10]	15-8-18[11]
1	27.6	38.5	72.3	56.5	71.3	74.7	71.2	124.2	136.3
2	25.7	32.7	41.9	58.5	34.1	32.1	41.6	31.8	27.9
3	26.5	35.4	22.1	24.6	19.4	23.7	21.5	21.3	21.7
4	41.7	47.1	45.7	40.4	43.1	37.3	45.0	46.8	46.0
5	119.2	120.1	142.6	66.4	150.5	30.3	146.0	43.1	47.5
6	135.9	80.6	130.2	144.1	134.9	41.0	135.4	33.0	70.9
7	27.3	22.6	24.8	120.4	199.2	28.7	200.1	36.1	41.0
8	35.2	28.7	21.9	74.5	37.1	74.0	38.3	29.7	26.8
9	43.6	44.9	48.9	36.4	45.8	72.1	51.1	132.5	129.5
10	42.1	146.3	40.7	36.9	35.6	42.7	40.8	40.8	38.5
11	36.3	41.1	26.1	30.2	27.8	25.5	26.2	27.5	27.5
12	15.0	15.6	21.4	21.7	21.3	21.5	21.4	22.0	21.3
13	183.0	180.7	15.2	22.1	15.7	15.0	15.9	17.0	16.7
14	19.6	19.9	20.5	173.1	28.7	28.2	26.2	19.1	62.7
15	23.7	24.4	172.4	19.5	16.0	14.1	15.1	22.5	25.6

15-8-19   15-8-20   15-8-21   15-8-22

15-8-23   15-8-24   15-8-25   15-8-26

表 15-8-3 化合物 **15-8-19~15-8-26** 的 ^{13}C NMR 化学位移数据

C	15-8-19[11]	15-8-20[12]	15-8-21[12]	15-8-22[13]	15-8-23[13]	15-8-24[13]	15-8-25[13]	15-8-26[13]
1	124.1	75.0	74.8	71.7	72.0	72.1	71.2	71.9
2	32.3	30.3	34.9	34.6	34.7	42.3	34.1	35.0
3	21.2	19.2	21.0	20.5	24.1	27.1	19.3	21.4
4	45.4	43.0	45.0	44.4	50.1	53.0	45.4	45.9
5	124.6	151.0	146.2	153.2	124.9	124.7	151.8	83.5
6	133.9	134.7	135.3	135.7	136.1	134.3	137.3	50.5

续表

C	15-8-19[11]	15-8-20[12]	15-8-21[12]	15-8-22[13]	15-8-23[13]	15-8-24[13]	15-8-25[13]	15-8-26[13]
7	31.9	199.6	200.4	201.7	30.9	30.6	200.0	210.7
8	26.7	36.9	38.3	37.9	20.4	22.7	35.4	39.7
9	129.9	42.6	47.8	46.9	46.7	49.8	43.1	44.3
10	39.5	35.4	40.5	36.9	34.1	40.8	37.2	41.0
11	26.7	27.8	26.2	29.1	76.6	74.2	27.8	82.1
12	21.7	15.7	15.2	16.1	24.7	32.1	15.7	24.1
13	15.6	21.4	21.5	21.7	29.9	24.1	21.3	30.0
14	18.4	21.5	17.9	28.6	29.0	20.7	28.8	28.7
15	23.5	16.0	15.9	16.0	23.5	24.1	62.2	11.4
OMe		48.9	48.2					

15-8-27   15-8-28   15-8-29   15-8-30

15-8-31   15-8-32   15-8-33

表 15-8-4 化合物 15-8-27~15-8-33 的 ¹³C NMR 化学位移数据

C	15-8-27[14]	15-8-28[14]	15-8-29[14]	15-8-30[14]	15-8-31[15]	15-8-32[16]	15-8-33[16]
1	37.9	35.4	36.4	37.4	126.5	103.6	181.1
2	41.9	40.2	42.3	42.9	113.2	162.8	183.0
3	106.6	104.3	106.8	106.7	157.0	113.4	121.3
4	80.4	77.9	80.0	80.1	124.4	163.2	168.1
5	73.9	71.5	74.1	69.5	35.7	196.8	126.7
6	63.7	133.8	75.3	140.7	29.9	77.9	134.6
7	62.7	124.3	75.6	126.5	58.8	142.2	153.5
8	31.3	30.4	34.8	31.9	200.0	149.7	153.1
9	40.3	39.3	38.5	41.7	138.6	123.5	123.8
10	45.7	49.3	47.1	51.5	140.5	111.9	128.1
11	150.8	148.0	150.9	150.4	116.7	29.7	30.8
12	110.7	109.5	110.6	110.9	142.1	22.9	22.9
13	69.4	68.0	69.4	69.7	11.3	23.0	22.9
14	20.0	18.7	20.6	20.0	24.2	164.6	
15	20.3	18.8	24.4	64.4	21.5	26.5	17.1
OMe						60.5	62.1

参 考 文 献

[1] Chang R, Wu C. J Chinese Chem Soc, 1999, 46: 191.

[2] Cheng S, Huang Y, Wen Z, et al. Tetrahedron Lett, 2009, 50: 802.

[3] Silva G, Teles H, Zanardi L, et al. Phytochemistry, 2006, 67: 1964.

[4] Cutillo F, Abrosca B, DellaGreca M, et al. Phytochemistry, 2006, 67: 481.

[5] Wallaart T, van Uden W, Lubberink H, et al. J Nat Prod, 1999, 62: 430.

[6] Wallaart T, Pras N, Quax W. J Nat Prod, 1999, 62: 1160.

[7] Xie B, Yang S, Yue J. Phytochemistry, 2008, 69: 2993.

[8] Zhang Y, Guo D, Wang L, et al. Chinese J Nat Med, 2010, 8: 177.

[9] He K, Zeng L, Shi G, et al. J Nat Prod, 1997, 60:38.

[10] Narita H, Furihata K, Kuga S, et al. Phytochemistry, 2007, 68: 587.

[11] Liu D, Wang F, Yang L, et al. J Antibiot, 2007, 60:332.

[12] Sukpondma Y, Rukachaisirikul V, Phongpaichit S. J Nat Prod, 2005, 68: 1019.

[13] Wu, S, Fotso S, Li F, et al. J Nat Prod, 2007, 70:304.

[14] Hiramatsu F, Murayama T, Koseki T, et al. Phytochemistry, 2007, 68: 1267.

[15] Barreira E, Queiroz Monte F, Braz-filho R, et al. Nat Prod Lett, 1996, 8: 284.

[16] Zhang X, Zhu H, Zhang S, et al. J Nat Prod, 2007, 70:1526.

第九节　补身烷型倍半萜化合物的 ^{13}C NMR 化学位移

【结构特点】补身烷(drimane)型倍半萜二萜是双环倍半萜，是由 2 个并合的六元环和 5 个甲基构成的。补身烷型倍半萜化合物也与其他倍半萜化合物类似，在其基本骨架上存在羟基、双键、羰基、羧基、醛基、五元环内酯以及呋喃环等基团。

基本结构骨架

【化学位移特征】

1．2 位羟基碳，δ_{C-2} 64.4。3 位羟基碳，δ_{C-3} 76.7～79.0。6 位羟基碳，δ_{C-6} 65.7～77.1。9 位羟基碳，δ_{C-9} 61.4～77.0。11 位羟基碳，δ_{C-11} 60.6～62.1。12 位羟基碳，δ_{C-12} 60.6～69.0。

2．双键一般多出现在 7,8 位上，δ_{C-7} 116.9～125.1，δ_{C-8} 132.9～144.5。

3．6 位羰基与 7,8 位双键共轭时，δ_{C-6} 199.5～200.5，δ_{C-7} 128.1～128.8，δ_{C-8} 149.7～158.8。12 位羧基或内酯的羰基与 7,8 位双键共轭时，δ_{C-12} 166.6～169.2，δ_{C-7} 134.9～142.0，δ_{C-8} 126.3～132.2。

4．3 位出现独立羰基时，δ_{C-3} 214.1～216.7。11 位内酯羰基，δ_{C-11} 174.4～175.8。11 位醛基，δ_{C-11} 203.7。15 位羧基，δ_{C-15} 182.0。

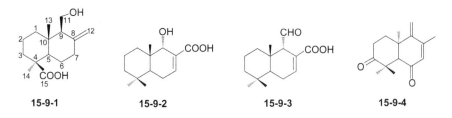

15-9-1　　　　　15-9-2　　　　　15-9-3　　　　　15-9-4

15-9-5 **15-9-6** **15-9-7** R¹=H; R²=R³=OH
15-9-8 R¹=R³=OH; R²=H

表 15-9-1 化合物 15-9-1~15-9-8 的 ¹³C NMR 化学位移数据

C	15-9-1[1]	15-9-2[2]	15-9-3[2]	15-9-4[3]	15-9-5[3]	15-9-6[4]	15-9-7[5]	15-9-8[5]
1	40.7	33.6	37.2	36.6	35.8	34.5	30.6	41.0
2	21.2	18.1	18.1	34.0	26.8	38.5	26.8	62.4
3	39.5	42.2	41.8	214.1	78.8	216.7	77.5	51.7
4	44.8	32.3	32.6	47.0	38.1	47.5	38.1	33.4
5	57.4	40.1	43.1	60.6	60.3	51.1	56.2	54.7
6	27.3	22.9	24.4	197.8	199.1	23.8	200.5	199.6
7	39.6	140.8	142.3	128.2	128.2	123.7	128.8	128.1
8	148.4	132.2	126.3	150.3	149.7	132.9	158.8	157.6
9	59.2	71.4	60.6	154.2	155.5	56.0	75.6	74.6
10	40.6	36.9	36.7	42.3	42.6	35.8	45.3	46.2
11	59.0		203.7	113.0	112.3	60.6	62.1	61.9
12	107.5	168.0	167.5	20.3	20.2	21.7	20.0	19.3
13	14.3	18.4	21.1	22.5	23.3	25.2	18.7	18.9
14	29.7	21.4	21.4	24.8	28.2	22.3	29.8	33.8
15	182.0	32.6	32.5	21.9	15.0	14.5	16.3	22.7

15-9-9 R¹=H; R²=OH
15-9-10 R¹=OH; R²=H

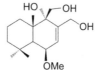

15-9-11

15-9-12

表 15-9-2 化合物 15-9-9~15-9-12 的 ¹³C NMR 化学位移数据

C	15-9-9[6]	15-9-10[6]	15-9-11[6]	15-9-12[7]	C	15-9-9[6]	15-9-10[6]	15-9-11[6]	15-9-12[7]
1	29.6	41.0	32.2	39.5	10	44.5	46.2	42.0	37.0
2	26.3	62.4	18.2	18.3	11	61.7	61.9	61.9	61.0
3	76.7	51.7	43.1	41.8	12	19.2	19.3	61.1	
4	37.1	33.4	32.8	33.2	13	28.9	33.8	17.5	13.0
5	55.3	54.7	45.7	55.3	14	15.5	22.7	36.2	21.7
6	199.5	199.6	77.1	17.3	15	18.1	18.9	23.3	33.6
7	128.2	128.1	125.1	31.5	OMe			53.8	
8	157.5	157.6	140.6	69.2	OAc				171.3/21.4
9	74.6	74.6	74.4	51.5					170.5/21.0

15-9-13 15-9-14 15-9-15 15-9-16

15-9-17 15-9-18 15-9-19

表 15-9-3 化合物 15-9-13~15-9-19 的 ^{13}C NMR 化学位移数据

C	15-9-13[7]	15-9-14[7]	15-9-15[7]	15-9-16[7]	15-9-17[7]	15-9-18[8]	15-9-19[9]
1	34.5	38.7	37.2	41.9	41.3	37.6	33.1
2	18.2	18.1	18.2	18.3	18.4	27.1	19.1
3	41.4	42.0	42.3	41.9	41.7	79.0	45.9
4	33.3	32.9	33.1	33.0	32.9	38.8	34.7
5	50.9	49.3	55.5	52.4	52.2	49.2	46.7
6	18.0	25.0	21.2	17.9	18.7	23.5	67.7
7	21.4	137.6	28.7	23.9	30.9	116.9	134.9
8	128.4	126.3	38.3	34.1	76.9	136.3	135.3
9	165.6	56.1	57.4	58.8	65.1	61.4	77.0
10	37.3	33.9	35.7	34.3	35.0	37.6	40.2
11	90.7	93.5	175.8	107.2	105.4	99.2	100.5
12	170.9	166.6	71.2	72.2	102.2	68.8	169.2
13	21.7	14.2	15.5	16.0	15.3	14.1	19.9
14	21.4	21.2	21.2	22.0	21.9	27.7	25.1
15	33.3	33.0	33.5	33.5	33.5	14.9	33.5
OMe				54.3	54.3		
OAc	169.1/20.9	169.1/20.9					

15-9-20 R=

15-9-21 R=
15-9-22 R=
15-9-23 R=
15-9-24 R=

表 15-9-4 化合物 **15-9-20~15-9-24** 的 ^{13}C NMR 化学位移数据[6]

C	15-9-20	15-9-21	15-9-22	15-9-23	15-9-24	C	15-9-20	15-9-21	15-9-22	15-9-23	15-9-24
1	31.8	29.6	29.6	30.3	30.3	14	24.5	24.3	24.3	24.8	24.9
2	18.2	17.4	17.5	17.8	17.7	15	18.3	18.3	18.3	18.5	18.5
3	44.1	44.4	44.5	44.8	44.8	1'	165.7	165.4	165.5	165.8	164.6
4	33.3	33.3	33.3	33.9	33.9	2'	120.4	119.7	119.1	123.0	129.5
5	44.7	44.2	44.2	44.8	44.8	3'	144.8	145.7	145.8	143.9	141.3
6	66.2	65.7	65.8	66.6	67.4	4'	127.6	127.8	129.7	130.9	146.7
7	120.0	121.4	121.4	123.5	123.1	5'	141.4	142.1	142.9	138.2	137.5
8	144.5	136.6	136.6	135.2	135.6	6'	131.4	131.3	42.6	101.3	192.8
9	74.1	73.1	73.2	74.6	74.6	7'	135.3	138.1	65.5		
10	40.1	37.3	37.3	37.9	37.9	8'	18.7	42.5	23.3		
11	61.7	174.4	174.4	174.9	174.7	9'		65.7			
12	60.6	68.2	68.3	69.0	69.0	10'		23.2			
13	32.6	32.2	32.2	32.5	32.5	OMe				52.8(×2)	

参 考 文 献

[1] Gan X, Ma L, Chen Q. Planta Med, 2009, 75: 1344.

[2] Liu M, Liu C, Zhang X, et al. Chem Pharm Bull, 2010, 58: 1224.

[3] Appendino G, Maxia L, Bascope M, et al. J Nat Prod, 2006, 69: 1101.

[4] Xu D, Sheng Y, Zhou Z, et al. Chem Pharm Bull, 2009, 57: 433.

[5] Liu H, Edrada-Ebel R, Ebel R, et al. J Nat Prod, 2009, 72: 1585.

[6] Lu Z, Wang Y, Miao C, et al. J Nat Prod, 2009, 72: 1761.

[7] Paul V, Seo Y, Cho K, et al. J Nat Prod, 1997, 60: 1115.

[8] Echeverri F, Luis J, Torres F, et al. Nat Prod Lett, 1997, 10: 295.

[9] Wang S, Duh C, et al. Chem Pharm Bull, 2007, 55:762.

第十节　桉叶烷型双环倍半萜化合物的 ^{13}C NMR 化学位移

【结构特点】桉叶烷型双环倍半萜化合物是由 2 个并合六元环、2 个甲基和 1 个异丙基构成的。与其他倍半萜化合物类似，在其基本骨架上具有羟基、双键、羰基、羧基以及形成新的五元内酯环等基团。

基本结构骨架

【化学位移特征】

1. 羟基有多位取代：1 位羟基碳，$\delta_{C\text{-}1}$ 72.1～80.3；2 位羟基碳，$\delta_{C\text{-}2}$ 67.8；3 位羟基碳，$\delta_{C\text{-}3}$ 68.7～70.0；4 位羟基碳，$\delta_{C\text{-}4}$ 69.8～81.9；6 位羟基碳，$\delta_{C\text{-}6}$ 67.4～81.0；7 位羟基碳，$\delta_{C\text{-}7}$ 78.9～82.9；8 位羟基碳，$\delta_{C\text{-}8}$ 68.5～78.4；9 位羟基碳，$\delta_{C\text{-}9}$ 81.4；12 位羟基碳，$\delta_{C\text{-}12}$ 65.3～66.8；13 位羟基碳，$\delta_{C\text{-}13}$ 65.2；15 位羟基碳，$\delta_{C\text{-}15}$ 62.9～73.4。

2. 双键位置：3,4 位双键，$\delta_{C\text{-}3}$ 121.0～121.8，$\delta_{C\text{-}4}$ 132.9～135.2；5,6 位双键，$\delta_{C\text{-}5}$ 147.7，$\delta_{C\text{-}6}$ 125.5～130.0；4,15 位双键，$\delta_{C\text{-}4}$ 142.3～146.0，$\delta_{C\text{-}15}$ 107.9～112.6；8,9 位双键，$\delta_{C\text{-}8}$ 124.0，

δ_{C-9} 142.0；11,12 位双键，δ_{C-11} 155.5，δ_{C-12} 107.9；11,13 位双键，δ_{C-11} 151.0～155.4，δ_{C-13} 107.9～113.0。4,5 位和 6,7 位两个双键共轭时，δ_{C-4} 138.5，δ_{C-5} 130.9，δ_{C-6} 116.6，δ_{C-7} 107.1。

3．6 位羰基与 4,5 位双键共轭时，δ_{C-6} 202.4～205.5，δ_{C-4} 135.8～141.8，δ_{C-5} 139.2～140.5。13 位羧基与 11,12 位双键共轭时，δ_{C-13} 170.0～172.0，δ_{C-11} 141.0～148.4，δ_{C-12} 120.1～125.0。12 位内酯羰基与 11,13 位双键共轭时，δ_{C-12} 168.3～170.8，δ_{C-11} 137.7～139.5，δ_{C-13} 117.0～118.4。13 位内酯羰基与 7,11 位双键共轭时，δ_{C-13} 174.8，δ_{C-7} 162.9，δ_{C-11} 120.6。3 位和 6 位为羰基、4,5 位和 7,8 位为双键的连续共轭，δ_{C-3} 199.5，δ_{C-4} 138.3，δ_{C-5} 151.1，δ_{C-6} 187.1，δ_{C-7} 120.5，δ_{C-8} 165.3。

4．6 位独立的酮羰基的化学位移出现在 δ 211.1～212.0。

表 15-10-1 化合物 15-10-1~15-10-6 的 ^{13}C NMR 化学位移数据

C	15-10-1[1]	15-10-2[1]	15-10-3[1]	15-10-4[2]	15-10-5[3]	15-10-6[4]
1	79.4	77.2	50.2	31.9	41.8	74.1
2	26.5	36.7	67.8	31.5	23.4	27.2
3	30.3	70.0	47.8	68.7	38.2	39.6
4	38.4	46.6	70.9	138.5	142.3	69.8
5	147.4	147.4	55.6	130.9	54.4	44.2
6	125.5	130.0	27.4	116.6	211.1	22.7
7	37.7	39.4	41.4	107.1	80.5	82.9
8	30.3	27.2	27.6	68.5	32.1	124.0
9	81.4	38.8	45.9	35.2	35.4	142.0
10	44.3	40.5	34.8	33.8	43.9	40.7
11	146.8	147.1	148.4	26.7	31.4	32.4
12	123.1	123.0	121.5	20.9	16.9	16.7
13	170.0	170.0	170.0	21.5	16.6	17.6
14	24.0	21.6	25.6	16.9	17.1	13.5
15	15.0	16.9	20.9	18.5	111.2	29.8

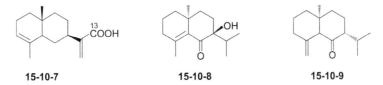

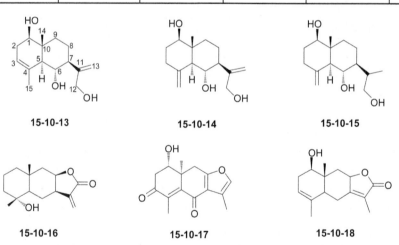

15-10-10   15-10-11   15-10-12

表 15-10-2 化合物 15-10-7~15-10-12 的 ^{13}C NMR 化学位移数据

C	15-10-7[5]	15-10-8[6]	15-10-9[6]	15-10-10[6]	15-10-11[7]	15-10-12[8]
1	27.3	38.8	40.8	39.1	80.3	40.5
2	22.8	18.9	23.9	19.1	29.4	28.9
3	121.0	33.7	38.8	33.2	41.9	80.5
4	134.6	141.8	142.5	135.8	72.3	76.5
5	46.7	139.2	60.0	140.4	54.2	54.3
6	40.0	202.4	212.0	205.5	27.6	27.6
7	40.1	78.9	57.8	59.1	43.0	43.2
8	37.7	26.7	26.5	22.6	28.3	28.5
9	29.3	35.8	42.3	40.8	42.1	45.8
10	32.3	37.5	44.1	38.4	40.3	35.6
11	145.1	32.8	26.7	26.5	155.5	155.4
12	125.0	16.5	19.1	18.9	107.9	65.3
13	172.0	18.6	21.8	21.4	65.2	107.9
14	21.0	25.4	17.9	25.5	13.8	19.3
15	15.5	22.1	112.6	21.4	22.6	16.5

15-10-13   15-10-14   15-10-15

15-10-16   15-10-17   15-10-18

表 15-10-3 化合物 15-10-13~15-10-18 的 ^{13}C NMR 化学位移数据

C	15-10-13[9]	15-10-14[9]	15-10-15[9]	15-10-16[10]	15-10-17[11]	15-10-18[12]
1	76.0	78.8	78.9	41.2	72.1	74.9
2	32.9	31.8	31.8	19.3	42.0	32.3
3	121.8	34.9	35.0	43.3	199.5	121.1
4	135.2	145.3	146.0	71.6	138.3	132.9
5	52.0	55.3	55.8	51.2	151.1	47.3
6	71.2	70.1	67.4	24.6	187.1	25.3
7	52.0	48.7	44.8	41.1	120.5	162.9

续表

C	15-10-13[9]	15-10-14[9]	15-10-15[9]	15-10-16[10]	15-10-17[11]	15-10-18[12]
8	26.9	26.6	20.6	76.8	165.3	78.4
9	34.7	36.4	36.1	44.2	36.1	42.0
10	39.7	41.8	41.5	33.1	47.9	38.9
11	151.0	151.3	36.4	141.0	119.1	120.6
12	65.7	66.5	66.8	120.1	8.5	8.3
13	113.0	112.5	12.9	170.7	140.2	174.8
14	10.8	11.6	11.5	19.6	17.4	10.0
15	24.4	108.3	107.9	22.5	13.0	20.8

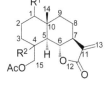

15-10-19 R¹=α-OH；R²=α-OH
15-10-20 R¹=α-OH；R²=β-OH
15-10-21 R¹=β-OH；R²=β-OH
15-10-22 R¹=β-OH；R²=β-OAc
15-10-23 R¹=α-OAc；R²=α-OH

15-10-24

表 15-10-4 化合物 15-10-19~15-10-24 的 ¹³C NMR 化学位移数据[13]

C	15-10-19	15-10-20	15-10-21	15-10-22[59]	15-10-23	15-10-24
1	73.5	74.4	78.6	77.7	74.6	74.4
2	24.4	24.5	26.4	26.4	23.5	29.0
3	20.2	28.8	34.1	29.2	29.2	20.0
4	32.5	72.8	72.8	81.9	72.4	121.1
5	43.2	45.9	52.2	50.4	51.3	45.0
6	80.4	80.1	79.6	79.0	81.0	79.5
7	50.5	50.4	51.0	50.8	50.6	49.4
8	21.4	21.3	21.7	21.4	21.2	21.3
9	35.8	35.7	38.1	38.6	36.3	33.0
10	40.0	41.2	42.6	42.3	40.6	42.7
11	139.5	139.1	139.0	138.7	137.7	139.2
12	170.8	170.3	170.0	170.0	169.3	170.3
13	117.0	117.0	117.5	117.4	118.4	117.0
14	20.8	20.1	13.5	13.8	19.9	18.3
15	62.9	73.3	73.4	66.5	67.6	130.1
15-OAc	171.4/20.9	171.7/20.8	171.9/21.0	169.9/20.9	171.0/21.2	168.1/20.8
4-OAc				169.2/22.1	170.3/20.9	

参 考 文 献

[1] Zhao Y, Yue J, He Y, et al. J Nat Prod, 1997, 60: 545.

[2] Gao K, Yang L, Jia Z. J Chinese Chem Soc, 1999, 46: 619.

[3] Yuan T, Zhang C, Yang S, et al. J Nat Prod, 2008, 71: 2021.

[4] Henchiri H, Bodo B, Deville A, et al. Phytochemistry, 2009, 70: 1435.

[5] Fontana, G, Rocca S, Passannanti S, et al. Nat Prod Res, 2007, 21: 824.

[6] Hackl T, König W, Muhle H, et al. Phytochemistry, 2006, 67: 778.

[7] Yang X, Wong M, Wang N, et al. Chem Pharm Bull, 2006, 54: 676.

[8] Zhang Y, Litaudon M, Borsseroue H, et al. J Nat Prod, 2007, 70: 1368.

[9] Lu T, Fischer N. Spectroscopy Lett, 1996, 29: 437.

[10] Vargas D, Fronczek F, Ober A, et al. Spectroscopy Lett, 1991, 24: 1353.

[11] Gan X, Ma L, Chen Q. Planta Med, 2009, 75: 1344.

[12] He X, Yin S, Ji Y, et al. J Nat Prod, 2010, 73: 45.

[13] Krautmann M, de Riscala E, Burgueñó-Tapia E, et al. J Nat Prod, 2007, 70: 1173.

第十一节　沉香呋喃型双环倍半萜化合物的 ^{13}C NMR 化学位移

【结构特点】沉香呋喃型双环倍半萜化合物是 2 个并合的六元环、4 个甲基和 5 位与 11 位通过氧的呋喃环形成的化合物。沉香呋喃型双环倍半萜化合物中少有双键出现，基本上是具有多个羟基或多个羟基的乙酸酯、丁酸酯、苯甲酸酯、苯丙烯酸酯、桂皮酸酯和呋喃甲酸酯等有机酸酯的衍生物。

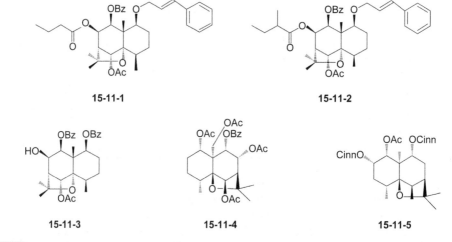

基本结构骨架

【化学位移特征】

1. 比较简单的化合物是从国产沉香中分离得到的，它的各碳的化学位移[1]如下：

2. 基本骨架上被羟基或羟基的各种有机酸酯取代的碳的化学位移：5 位和 11 位是沉香呋喃固有的连氧位，$\delta_{C\text{-}5}$ 86.0～91.5，$\delta_{C\text{-}11}$ 81.0～84.5；1、2、4、6、8、9、14、15 位都有可能连接连氧基团，连接位的化学位移 $\delta_{C\text{-}1}$ 67.8～79.6，$\delta_{C\text{-}2}$ 63.2～67.3，$\delta_{C\text{-}4}$ 69.8，$\delta_{C\text{-}6}$ 74.7～80.3；$\delta_{C\text{-}8}$ 70.1～76.5；$\delta_{C\text{-}9}$ 69.2～76.1；$\delta_{C\text{-}14}$ 65.6～66.0；$\delta_{C\text{-}15}$ 63.7～65.6。

15-11-1　**15-11-2**

15-11-3　**15-11-4**　**15-11-5**

表 15-11-1　化合物 15-11-1～15-11-5 的 ^{13}C NMR 化学位移数据

C	15-11-1[2]	15-11-2[2]	15-11-3[2]	15-11-4[3]	15-11-5[3]
1	78.9	78.9	79.6	79.3	71.1
2	22.2	22.3	22.3	23.0	71.1
3	26.6	26.6	26.7	26.3	31.1
4	33.8	33.9	33.8	33.3	39.4
5	91.0	91.1	91.0	90.7	87.2

续表

C	15-11-1[2]	15-11-2[2]	15-11-3[2]	15-11-4[3]	15-11-5[3]
6	75.1	75.0	75.1	74.7	36.0
7	52.5	52.6	52.5	53.0	43.7
8	71.2	70.9	74.1	70.1	31.0
9	74.3	74.6	73.2	72.2	73.5
10	48.9	48.9	49.0	50.9	47.1
11	81.7	81.7	81.3	81.0	82.1
12	24.1	24.2	24.1	24.4	24.1
13	30.6	30.7	30.7	30.3	30.2
14	16.9	16.9	16.8	15.1	19.3
15	12.1	12.2	11.3	60.3	20.6

15-11-6 R¹=Fu; R²=Bz
15-11-7 R¹=Bz; R²=Fu
15-11-8 R¹=Fu; R²=Fu

15-11-9 R¹=Ac; R²=Fu; R³=Bz
15-11-10 R¹=Fu; R²=Fu; R³=Bz
15-11-11 R¹=Bz; R²=Bz; R³=Bz

表 15-11-2 化合物 **15-11-6~15-11-11** 的 ^{13}C NMR 化学位移数据[4]

C	15-11-6	15-11-7	15-11-8	15-11-9	15-11-10	15-11-11
1	73.7	73.6	73.5	71.1	71.2	71.3
2	21.5	21.6	21.6	69.9	70.2	70.7
3	26.8	26.8	26.8	31.0	31.2	31.2
4	34.3	34.4	34.3	34.1	34.0	34.1
5	90.0	90.0	89.9	89.8	89.7	90.0
6	79.6	80.3	79.6	79.3	79.3	79.9
7	49.0	49.0	49.0	48.9	49.0	49.9
8	32.1	32.2	32.1	31.6	31.7	31.8
9	73.6	72.9	72.8	73.1	73.0	73.1
10	50.6	50.5	50.4	50.0	49.9	50.9
11	82.6	82.5	82.5	82.9	83.0	83.0
12	26.0	25.9	25.9	26.0	26.1	26.1
13	30.7	30.8	30.7	30.8	30.8	30.9
14	17.5	17.6	17.5	18.6	18.9	19.1
15	18.8	18.8	18.8	20.4	20.4	20.4
C=O	170.0	170.2	170.2	170.0	169.7	169.7
	165.5	165.7	162.2	169.6	165.5	166.1
	162.2	162.2	162.1	165.5	162.3	165.7
				162.1	162.1	165.5
CO$\underline{C}$H$_3$	20.8	21.0	21.0	20.4	20.6	20.8
				21.3		

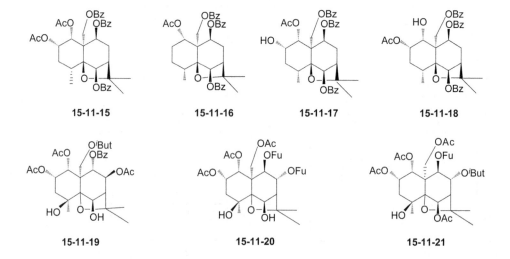

15-11-12   **15-11-13**   **15-11-14**

表 15-11-3 化合物 15-11-12~15-11-14 的 ^{13}C NMR 化学位移数据

C	15-11-12[5]	15-11-13[5]	15-11-14[6]	C	15-11-12[5]	15-11-13[5]	15-11-14[6]
1	77.4	77.0	67.8				170.0
2	69.3	72.2	70.5	COC̲H₃	21.1		20.0, 20.5, 21.1, 21.2
3	31.3	31.2	41.9		21.3(×2)	21.2(×3)	21.5
4	32.9	33.2	69.8	OBz	132.7	129.5(×2)	161.0 (1′)
5	90.3	89.9	91.5		132.6	128.3(×2)	149.0 (2′)
6	74.7	74.7	75.2		129.5(×2)	133.1	117.8 (3′)
7	53.4	53.3	53.3		129.2(×2)	129.9	109.7 (4′)
8	72.5	73.7	76.5		128.0(×2)	165.2	144.1 (5′)
9	71.6	73.5	72.9		127.7(×2)		
10	51.7	51.0	54.2		129.5		
11	81.2	81.3	83.2		128.9		
12	24.6	24.4	24.5		165.0		
13	30.3	30.3	29.4		164.8		
14	16.6	17.8	25.4	ONic	153.6	153.7	
15	61.1	63.7	65.6		151.0	151.1	
C̲OCH₃	169.4	170.5	169.5		137.1	137.1	
	169.6	169.8	169.6		123.2	123.3	
	170.7	169.6	169.7		126.1	125.9	
			169.9		164.8	164.6	

15-11-15   **15-11-16**   **15-11-17**   **15-11-18**

15-11-19   **15-11-20**   **15-11-21**

表 15-11-4 化合物 15-11-15~15-11-21 的 ^{13}C NMR 化学位移数据

C	15-11-15[7]	15-11-16[7]	15-11-17[7]	15-11-18[7]	15-11-19[8]	15-11-20[8]	15-11-21[8]
1	78.9	73.6	74.4	69.6	75.1	75.3	70.5
2	69.6	22.6	68.4	73.2	67.3	67.7	67.9
3	30.9	26.5	32.4	30.8	41.2	41.3	42.0
4	33.7	34.0	33.5	33.6	72.1	72.5	69.8
5	89.4	89.7	89.4	89.5	91.5	91.0	91.5
6	79.4	79.6	79.3	79.4	76.9	76.6	75.1
7	48.8	48.7	48.7	48.7	53.5	53.0	54.0
8	34.7	34.6	34.7	34.7	74.2	70.7	76.1
9	69.2	69.6	69.2	69.3	75.4	70.6	72.7
10	53.7	53.5	53.5	54.5	50.7	54.3	53.4
11	82.8	82.6	82.8	82.8	84.5	83.8	83.3
12	26.0	26.0	26.0	30.6	24.2	23.8	24.4
13	30.6	30.6	30.6	26.0	61.7	65.1	65.6
14	66.0	65.6	65.8	65.8	26.2	26.1	25.5
15	18.1	16.9	18.0	18.2	30.0	30.2	29.5
Ph	129.7	129.6	129.7	129.6	129.5	169.7	169.6
	129.6(×2)	129.5	129.6	129.5	129.3		
	128.8(×2)	128.8	128.8	128.7	128.6		
	133.4	133.4	133.4	133.4	133.4		
	165.4	165.4	165.4	165.5	165.6		
	129.9	129.8	129.9	129.8	169.5		
	130.1(×2)	130.2	130.2	130.1			
	128.3(×2)	128.3	128.3	128.3			
	133.5	133.5	133.5	133.5			
	165.2	165.3	165.3	165.3			
	129.1	129.2	129.1	129.2			
	130.0(×2)	129.9(×2)	130.0(×2)	129.7(×2)			
	128.7(×2)	128.7(×2)	128.7(×2)	128.5(×2)			
	133.4	133.3	133.4	133.3			
	166.8	166.7	166.8	166.7			
	169.5	169.7	169.4	171.1			
$\underline{C}OCH_3$	170.0				169.4	169.6	169.4
					169.9	170.3	170.4
					165.6		169.6
$CO\underline{C}H_3$	20.4	20.8	20.7	21.4	20.4	20.4	20.4
	21.4				21.0	21.0	21.0
					20.8	21.0	21.1
							21.4
^{i}But					19.0		18.8
					19.1		18.9
					34.3		33.9
					176.6		175.8
Fu					109.8/109.8	109.7	
					143.9/143.9	143.9	
					148.3/148.9	148.9	
					118.0/118.9	117.8	
					160.7/161.4	160.9	

参 考 文 献

[1] Yang J S, Wang Y L, Su Y L, et al. Chinese Chem Lett, 1992, 3: 983.

[2] Guo Y, Li X, Xu J. Chem Pharm Bull, 2004, 52: 1134.

[3] Wang M, Chen F. J Nat Prod, 1997, 60: 602.

[4] Kim S, Kim H, Hong Y, et al. J Nat Prod, 1999, 62: 697.

[5] Wang Y, Yang L, Tu Y, et al. J Nat Prod, 1997, 60: 178.

[6] Wu M, Zhao T, Shang Y, et al. Chinese Chem Lett, 2004, 15: 41.

[7] Chen J, Chou T, Peng C, et al. J Nat Prod, 2007, 70: 202.

[8] Ji Z, Wu W, Yang H, et al. Nat Prod Res, 2007, 21: 334.

第十二节　石竹烷型双环倍半萜化合物的 ^{13}C NMR 化学位移

【结构特点】石竹烷型双环倍半萜化合物是 1 个四元环和 1 个九元环并合，并在 4 位和 8 位上各连接 1 个甲基、在 11 位上连接 2 个甲基的化合物。其基本骨架上除连接羟基、双键、羰基等基团外，最多的是三元氧桥。

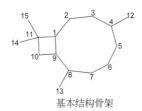

基本结构骨架

【化学位移特征】

1. 4 位连接羟基时，$\delta_{\text{C-4}}$ 84.8；5 位连接羟基时，$\delta_{\text{C-5}}$ 72.2～79.2；7 位连接羟基时，$\delta_{\text{C-7}}$ 78.0；8 位连接羟基时，$\delta_{\text{C-8}}$ 70.6～73.8；13 位连接羟基时，$\delta_{\text{C-13}}$ 66.4；14 位连接羟基时，$\delta_{\text{C-14}}$ 70.1；15 位连接羟基时，$\delta_{\text{C-15}}$ 71.5～72.7。

2. 4,5 位双键，$\delta_{\text{C-4}}$ 135.4，$\delta_{\text{C-5}}$ 124.4；8,13 位双键，$\delta_{\text{C-8}}$ 151.3～158.2，$\delta_{\text{C-13}}$ 102.9～113.4。

3. 4、5 位连有三元氧桥时，$\delta_{\text{C-4}}$ 58.3～60.1，$\delta_{\text{C-5}}$ 55.0～67.0。

4. 7 位为羰基时，$\delta_{\text{C-7}}$ 214.0。8 位为羰基时，$\delta_{\text{C-8}}$ 212.7～214.5。

5. 6 位羰基与 4,5 位双键共轭时，$\delta_{\text{C-6}}$ 194.9～201.6，$\delta_{\text{C-4}}$ 156.3～157.9，$\delta_{\text{C-5}}$ 130.3～130.6。

6. 13 位为羧基时，$\delta_{\text{C-13}}$ 178.6～180.4。

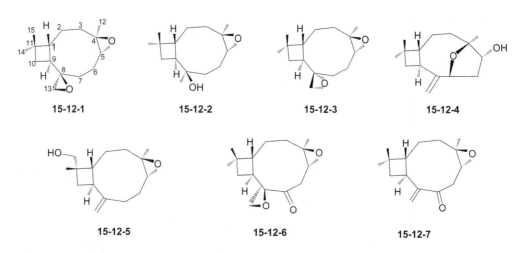

15-12-1　　　　15-12-2　　　　15-12-3　　　　15-12-4

15-12-5　　　　15-12-6　　　　15-12-7

表 15-12-1 化合物 **15-12-1~15-12-7** 的 ^{13}C NMR 化学位移数据[1]

C	15-12-1	15-12-2	15-12-3	15-12-4	15-12-5	15-12-6	15-12-7
1	47.9	45.9	49.3	57.3	51.6	48.4	57.7
2	27.5	28.5	27.3	23.4	26.3	26.1	26.3
3	40.3	40.9	39.5	40.3	39.3	39.5	39.1
4	58.4	58.5	58.9	84.8	59.5	59.3	59.3
5	61.8	60.7	62.6	79.2	63.5	55.0	57.8
6	25.5	25.4	24.8	43.5	30.3	40.8	42.8
7	30.4	36.1	31.1	78.0	29.8	214.0	214.0
8	57.9	71.7	59.8	158.2	151.7	64.2	156.2
9	46.8	52.6	47.1	40.6	48.3	39.7	40.8
10	35.1	38.6	35.5	35.4	35.2	33.4	37.5
11	33.3	32.1	33.4	34.7	38.6	33.6	33.5
12	16.4	16.4	16.2	22.1	16.9	16.2	16.2
13	56.0	31.8	50.1	102.9	112.9	50.1	112.1
14	29.4	29.5	29.9	29.9	24.8	29.0	29.7
15	21.6	22.6	21.9	21.8	67.0	21.7	22.1

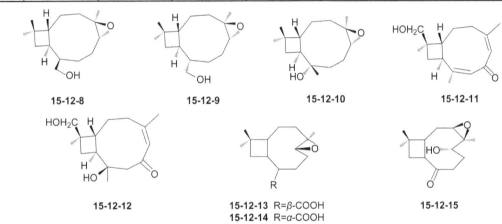

15-12-8   15-12-9   15-12-10   15-12-11

15-12-12   15-12-13 R=β-COOH
                  15-12-14 R=α-COOH   15-12-15

表 15-12-2 化合物 **15-12-8~15-12-15** 的 ^{13}C NMR 化学位移数据

C	15-12-8[1]	15-12-9[1]	15-12-10[1]	15-12-11[2]	15-12-12[2]	15-12-13[3]	15-12-14[3]	15-12-15[3]
1	46.1	42.4	47.2	42.0	40.9	45.7	45.6	45.7
2	27.8	21.1	25.0	21.6	27.4	27.2	27.2	29.0
3	40.1	38.4	40.5	28.9	31.1	38.3	38.3	64.3
4	59.3	60.3	58.4	156.3	157.9	60.1	60.0	64.7
5	61.6	65.7	60.1	130.3	130.6	64.7	64.7	72.2
6	28.0	27.2	29.0	194.9	201.6	28.1	28.1	37.5
7	29.9	29.0	35.5	128.8	56.7	21.1	21.2	30.1
8	53.1	49.9	74.1	158.5	73.8	45.9	45.7	212.7
9	45.5	42.0	52.5	34.1	45.0	42.5	42.6	49.0
10	39.5	34.2	40.7	31.3	29.7	35.3	35.4	33.2
11	34.1	35.1	31.8	38.3	35.6	34.5	34.5	34.8
12	16.3	17.5	16.5	25.2	26.7	17.1	17.1	16.4
13	66.4	66.4	20.7	22.4	22.9	180.4	178.6	
14	29.8	29.9	23.3	18.6	19.5	29.8	29.8	29.4
15	21.8	21.3	30.1	75.4	76.3	21.2	21.2	22.2

15-12-16　　　　15-12-17　　　　15-12-18　　　　15-12-19

15-12-20　　　　15-12-21　　　　15-12-22　　　　15-12-23

表 15-12-3 化合物 15-12-16~15-12-23 的 ^{13}C NMR 化学位移数据

C	15-12-16[3]	15-12-17[3]	15-12-18[4]	15-12-19[5]	15-12-20[5]	15-12-21[5]	15-12-22[6]	15-12-23[7]
1	51.6	45.3	48.9	48.3	48.6	48.2	43.9	39.6
2	26.4	27.1	26.0	29.9	29.7	27.6	28.1	34.9
3	39.0	38.8	41.3	39.7	39.7	38.8	40.3	79.0
4	58.5	59.0	76.1	135.4	135.4	59.6	58.3	81.9
5	67.0	61.6	83.9	124.4	124.4	63.7	61.2	69.8
6	69.0	24.6	26.3	28.1	28.1	30.0	25.1	24.2
7	46.9	37.9	32.6	34.5	34.8	29.8	30.8	21.7
8	213.1	214.5	109.5	154.5	154.2	151.3	71.4	70.6
9	52.6	51.6	47.9	47.9	47.8	45.7	47.4	43.0
10	35.1	30.0	35.6	34.5	35.5	34.7	36.9	35.0
11	34.6	38.9	48.9	37.6	35.7	36.7	32.9	36.4
12	17.2	16.3	28.9	16.3	16.3	17.0	16.5	23.0
13				112.0	112.1	113.4		
14	29.3	70.1	20.7	17.9	18.1	17.2	22.5	21.1
15	22.1	17.7	29.7	71.5	72.7	71.7	29.7	30.2

参 考 文 献

[1] Duran R, Corrales E, Hernández-Galán R, et al. J Nat Prod, 1999, 62: 41.

[2] Tian Y, Sun L, Li B, et al. Fitoterapia, 2011, 82: 251.

[3] Sung P, Chuang L, Kuo J, et al. Chem Pharm Bull, 2007, 55: 1296.

[4] Sung P, Chuang L, Kuo J, et al. Tetrahedron Lett, 2007, 48: 3987.

[5] Williams H, Moyn G, Vinson S, et al. Nat Prod Lett, 1997, 11: 25.

[6] Fattorusso C, Stendardo E, Appendino G, et al. Org Lett, 2007, 9: 2377.

[7] Sung P, Chuang L, Fan T, et al. Chem Lett, 2007, 36: 1322.

第十三节　艾里莫芬烷型双环倍半萜化合物的 ^{13}C NMR 化学位移

【结构特点】艾里莫芬烷(eremophilane)型双环倍半萜化合物是两个并合的六元环上 4 位和 5 位各有一个甲基，7 位有一个异丙基。与其他倍半萜化合物类似，在其骨架上也存在羟基、羰基、双键和形成新的呋喃环或五元内酯环等基团。

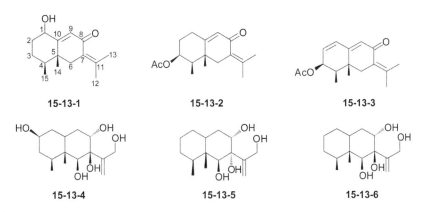

基本结构骨架

【化学位移特征】

1. 羟基取代：1 位羟基取代，$\delta_{C\text{-}1}$ 72.0～73.4；2 位羟基取代，$\delta_{C\text{-}2}$ 66.6～67.2；3 位羟基取代，$\delta_{C\text{-}3}$ 69.4～72.9；6 位羟基取代，$\delta_{C\text{-}6}$ 70.2～79.0；7 位羟基取代，$\delta_{C\text{-}7}$ 80.4～80.9；8 位羟基取代，$\delta_{C\text{-}8}$ 78.5～88.0；10 位羟基取代，$\delta_{C\text{-}10}$ 61.7～61.9；12 位羟基取代，$\delta_{C\text{-}12}$ 62.8～65.1；13 位羟基取代，$\delta_{C\text{-}13}$ 64.5～77.4。

2. 双键是该类化合物的又一特点：1,2 位双键，$\delta_{C\text{-}1}$ 130.8，$\delta_{C\text{-}2}$ 131.0；7,11 位双键，$\delta_{C\text{-}7}$ 127.9～128.4，$\delta_{C\text{-}11}$ 141.9～144.3；9,10 位双键，$\delta_{C\text{-}9}$ 121.9～126.0，$\delta_{C\text{-}10}$ 150.9～158.2。11,12 位双键，$\delta_{C\text{-}11}$ 150.3～154.7，$\delta_{C\text{-}12}$ 115.8～117.2；11,13 位双键，$\delta_{C\text{-}11}$ 151.3～151.7，$\delta_{C\text{-}12}$ 109.5～109.7。

3. 羰基与双键的共轭是又一特点：8 位羰基与 6,7 位双键共轭时，$\delta_{C\text{-}8}$ 197.6～197.9，$\delta_{C\text{-}6}$ 155.8～156.0，$\delta_{C\text{-}7}$ 136.8；8 位羰基与 7,11 位双键共轭时，$\delta_{C\text{-}8}$ 204.8，$\delta_{C\text{-}7}$ 133.5，$\delta_{C\text{-}11}$ 139.5；9 位羰基与 10,1 位双键共轭时，$\delta_{C\text{-}9}$ 202.7～203.7，$\delta_{C\text{-}10}$ 142.0～144.6，$\delta_{C\text{-}1}$ 133.9～135.5；8 位羰基与 7,11 位和 9,10 位双键共轭时，$\delta_{C\text{-}8}$ 189.8～190.9，$\delta_{C\text{-}7}$ 127.9～128.4，$\delta_{C\text{-}11}$ 141.9～144.3，$\delta_{C\text{-}9}$ 126.8～129.0，$\delta_{C\text{-}10}$ 157.2～164.9；12 位内酯羰基与 7,11 位双键共轭时，$\delta_{C\text{-}12}$ 169.4～174.8，$\delta_{C\text{-}7}$ 150.0～159.9，$\delta_{C\text{-}11}$ 121.3～129.0。

4. 1 位独立羰基的化学位移出现在 $\delta_{C\text{-}1}$ 211.0。

15-13-1　　　**15-13-2**　　　**15-13-3**

15-13-4　　　**15-13-5**　　　**15-13-6**

表 **15-13-1**　化合物 **15-13-1～15-13-6** 的 ^{13}C NMR 化学位移数据

C	15-13-1[1]	15-13-2[1]	15-13-3[1]	15-13-4[2]	15-13-5[3]	15-13-6[3]
1	72.1	26.8	130.8	37.4	29.3	28.5
2	32.7	30.4	131.0	67.2	22.0	22.2
3	24.9	72.9	69.4	41.0	31.7	32.2
4	42.2	43.9	39.9	33.2	33.3	30.7
5	40.9	40.9	37.5	42.3	42.5	42.1
6	42.2	41.8	39.7	77.3	74.7	79.0
7	128.4	127.9	128.2	80.4	80.5	80.9
8	190.9	190.1	189.8	75.8	76.2	70.2
9	129.0	126.8	128.7	35.4	33.8	32.5

续表

C	15-13-1[1]	15-13-2[1]	15-13-3[1]	15-13-4[2]	15-13-5[3]	15-13-6[3]
10	164.1	164.9	157.2	38.8	38.3	37.6
11	142.4	141.9	144.3	150.3	151.7	154.7
12	21.8	21.6	22.1	117.2	116.8	115.8
13	22.5	22.6	22.9	64.5	64.7	65.1
14	15.2	11.1	10.0	17.5	17.1	17.3
15	17.8	18.1	18.4	17.5	18.5	18.1

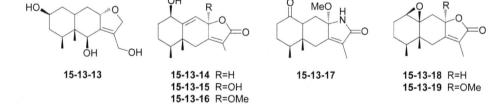

15-13-7　　**15-13-8**　　**15-13-9**　　**15-13-10**　　**15-13-11** R¹=Me; R²=H
15-13-12 R¹=H; R²=Me

表 15-13-2 化合物 15-13-7~15-13-12 的 ¹³C NMR 化学位移数据

C	15-13-7[4]	15-13-8[4]	15-13-9[4]	15-13-10[5]	15-13-11[5]	15-13-12[5]
1	133.9	135.6	135.5	27.3	27.0	27.3
2	25.7	25.5	22.7	20.5	20.5	20.7
3	26.1	26.5	25.2	30.3	30.2	30.5
4	39.3	38.6	38.9	30.1	35.6	36.0
5	38.3	35.9	35.9	36.9	39.4	39.2
6	42.1	41.9	41.3	40.3	156.0	155.8
7	33.5	34.7	35.6	133.5	136.8	136.8
8	45.8	43.4	44.1	204.8	197.9	197.6
9	202.7	203.7	203.3	44.4	39.4	39.6
10	144.6	144.2	142.0	41.5	39.4	39.7
11	151.7	151.4	151.3	139.5	38.8	38.9
12	65.0	64.9	65.1	62.8	179.1	178.7
13	109.5	109.7	109.5	17.7	16.3	16.6
14	20.3	24.9	33.2	21.4	20.3	20.7
15	15.8	15.9	15.0	15.8	15.8	16.1

15-13-13　　**15-13-14** R=H
15-13-15 R=OH
15-13-16 R=OMe　　**15-13-17**　　**15-13-18** R=H
15-13-19 R=OMe

表 15-13-3 化合物 15-13-13~15-13-19 的 ¹³C NMR 数据

C	15-13-13[2]	15-13-14[6]	15-13-15[6]	15-13-16[6]	15-13-17[6]	15-13-18[6]	15-13-19[6]
1	36.6	73.2	72.0	73.4	211.0	63.6	63.7
2	66.6	33.1	32.5	37.7	42.2	23.8	24.0
3	41.2	25.4	25.2	25.3	34.2	23.0	23.6

续表

C	15-13-13[2]	15-13-14[6]	15-13-15[6]	15-13-16[6]	15-13-17[6]	15-13-18[6]	15-13-19[6]
4	30.6	44.1	42.7	43.6	41.6	39.7	40.1
5	42.1	45.3	45.5	45.8	41.1	38.3	38.8
6	70.2	39.2	39.1	33.0	36.7	36.0	36.5
7	136.9	159.9	151.6	151.8	150.0	156.0	156.4
8	85.4	78.5	104.0	102.8	88.0	102.0	105.7
9	37.5	121.9	126.0	122.0	31.2	43.8	43.3
10	37.2	150.9	158.2	156.7	53.6	61.9	61.7
11	132.2	121.3	125.1	124.8	129.0	122.7	126.0
12	56.4	174.8	170.0	169.4	172.0	170.0	171.7
13	77.4	8.3	15.4	8.4	7.9	7.6	8.3
14	16.4	20.3	18.7	19.8	11.5	17.3	17.6
15	17.1	15.4	14.0	15.4	14.7	15.5	15.9
OMe				50.4	49.4		50.5

参 考 文 献

[1] Sørensen D, Raditsis A, Trimble L. J Nat Prod, 2007, 70: 121.

[2] Yamada T, Minoura K, Tanaka R, et al. J Antibiot, 2006, 59: 345.

[3] Yamada T, Doi M, Miura A, et al. J Antibiot, 2005, 58: 185.

[4] Fu J, Qin J, Zeng Q, et al. Chem Pharm Bull, 2010, 58: 1263.

[5] Tori M, Watanabe A, Matsuo S, et al. Tetrahedron, 2008, 64: 4486.

[6] Mohamed A, Ahmed A. J Nat Prod, 2005, 68: 439.

第十四节　甘松新烷型双环倍半萜化合物的 ^{13}C NMR 化学位移

【结构特点】甘松新烷(nardosinane)型倍半萜化合物是两个并合的六元环上 4、5 位各置一个甲基，6 位连接一个异丙基的化合物。

基本结构骨架

【化学位移特征】

1. 甘松新烷型倍半萜化合物的基本骨架上带有双键。1,10 位双键常见，δ_{C-1} 122.5～127.8，δ_{C-10} 137.4～149.6；1,2 位双键，δ_{C-1} 130.3，δ_{C-2} 128.3；11,12 位双键，δ_{C-11} 116.7～120.3，δ_{C-12} 134.0～134.5。

2. 2 位和 7 位常常连接有羟基，它们的化学位移出现在 δ_{C-2} 63.5～67.5，δ_{C-7} 69.8～78.7。1、6、10、11 和 12 位有时也会有羟基，δ_{C-1} 62.1，δ_{C-6} 69.4，δ_{C-10} 65.3～78.4，δ_{C-11} 78.3～80.5，δ_{C-12} 64.2～68.2。

3. 2 位羰基与 1,10 位双键共轭时，δ_{C-2} 196.9～198.9，δ_{C-1} 125.5～128.0，δ_{C-10} 165.1～173.4。

4. 甘松新烷型倍半萜化合物的 13 位常与环上的 7 位形成内酯或半缩醛的五元环，前者内酯羰基出现在 $\delta_{C=O}$ 176.9～179.8，后者出现在 δ 102.0～113.8。

5. 骨架上独立的羰基出现在 δ 206.3～213.6。

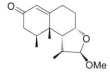

15-14-1 R=α-OH
15-14-2 R=α-OMe
15-14-3 R=β-OMe

15-14-4

15-14-5

15-14-6

表 15-14-1 化合物 15-14-1~15-14-6 的 ^{13}C NMR 化学位移数据[1]

C	15-14-1	15-14-2	15-14-3	15-14-4	15-14-5	15-14-6
1	123.3	124.5	123.2	123.1	125.6	128.0
2	63.5	63.6	63.8	63.9	196.9	197.8
3	38.0	37.6	37.8	38.1	43.7	41.6
4	26.3	26.1	26.4	26.1	32.9	35.6
5	40.3	40.6	40.2	41.0	42.3	42.3
6	59.9	56.7	59.6	54.8	54.8	49.4
7	76.3	75.4	76.4	78.7	78.1	75.0
8	29.8	29.3	29.6	32.0	31.2	27.2
9	27.4	26.6	27.5	27.9	29.0	27.9
10	147.8	146.6	148.5	149.6	173.4	165.1
11	44.1	38.7	42.8	40.6	40.8	36.9
12	18.6	16.2	16.6	13.6	13.3	18.0
13	107.0	179.4	113.8	108.9	108.8	179.8
14	18.9	18.9	19.0	18.3	18.2	15.5
15	19.9	19.3	20.0	19.3	19.0	19.0
OMe			55.6	54.9	54.8	

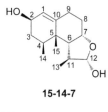

15-14-7

15-14-8

15-14-9

15-14-10

15-14-11

15-14-12

15-14-13

表 15-14-2 化合物 15-14-7~15-14-13 的 ^{13}C NMR 化学位移数据

C	15-14-7 [2]	15-14-8 [2]	15-14-9 [2]	15-14-10 [2]	15-14-11 [2]	15-14-12[3]	15-14-13[3]
1	127.8	122.6	130.3	125.8	125.5	123.9	123.4
2	67.5	64.1	128.3	67.2	198.9	25.6	25.9
3	36.9	35.7	31.6	39.1	43.5	26.7	26.9
4	33.3	27.5	30.8	31.8	33.2	32.9	33.1
5	40.9	39.6	38.2	40.1	40.9	42.8	42.6

续表

C	15-14-7[2]	15-14-8[2]	15-14-9[2]	15-14-10[2]	15-14-11[2]	15-14-12[3]	15-14-13[3]
6	54.9	51.1	46.4	59.9	59.4	62.0	58.5
7	78.6	75.0	77.2	76.7	75.8	212.9	213.6
8	31.1	30.5	31.1	30.1	29.4	40.6	41.2
9	29.7	28.9	25.4	27.3	28.5	30.7	30.7
10	141.9	145.9	78.4	148.8	172.6	137.7	138.1
11	41.9	78.3	39.0	44.0	44.0	31.4	31.1
12	19.2	23.2	15.6	18.5	18.1	66.2	68.2
13	107.5	108.7	102.0	176.9	106.7	17.7	14.0
14	21.2	21.4	14.4	21.2	19.6	15.2	15.2
15	16.1	16.8	13.1	18.7	18.7	21.7	22.0
Ac						170.8/20.8	170.9/20.9

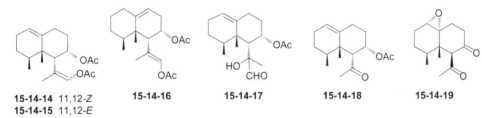

15-14-14 11,12-Z
15-14-15 11,12-E
15-14-16
15-14-17
15-14-18
15-14-19

表 15-14-3 化合物 15-14-14~15-14-19 的 ¹³C NMR 化学位移数据

C	15-14-14[3]	15-14-15[3]	15-14-16[3]	15-14-17[3]	15-14-18[3]	15-14-19[4]
1	122.5	122.6	32.7	124.9	122.7	62.1
2	25.8	25.7	26.4	25.5	25.3	22.5
3	26.7	26.6	30.5	26.9	26.6	25.7
4	35.5	35.2	35.6	35.7	35.6	34.3
5	40.8	40.8	41.7	43.2	42.1	45.3
6	43.4	49.5	49.4	50.2	58.1	69.4
7	71.3	71.7	69.8	71.9	72.0	206.3
8	28.6	28.3	29.2	27.8	26.5	38.7
9	30.2	30.3	117.0	30.8	29.9	30.2
10	139.8	139.7	144.4	140.3	137.4	65.3
11	120.3	120.3	116.7	80.5	210.2	207.6
12	134.2	134.0	134.5	203.5	34.9	34.2
13	17.8	13.2	12.5	23.7		
14	15.3	15.2	15.8	15.6	15.8	14.4
15	21.0	21.0	21.8	21.5	19.8	18.3
OAc	168.3/20.7 170.5/21.3	168.0/20.8 170.6/21.3	168.0/20.8 170.0/21.3	170.0/21.5	170.2/21.3	

参 考 文 献

[1] El-Gamal A, Wang S, Dai C, et al. J Nat Prod, 2004, 67:1455.

[2] Wang S, Duh C, et al. Chem Pharm Bull, 2007, 55:762.

[3] Wang G, Huang H, Su J, et al. Chem Pharm Bull, 2010, 58: 30.

[4] Cheng S, Lin E, Huang J, et al. Chem Pharm Bull, 2010, 58: 381.

第十五节　愈创木烷型双环倍半萜化合物的 ¹³C NMR 化学位移

【结构特点】愈创木烷型双环倍半萜化合物是指一个五元环和一个七元环并合，在其 4 位和 10 位上各有一个甲基，在 7 位上连接一个异丙基的化合物。其基本骨架上常常具有多个双键、羟基等基团。

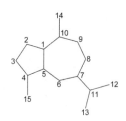

基本结构骨架

【化学位移特征】

1. 双键位置：1,10 位双键，δ_{C-1} 140.5，δ_{C-10} 124.5；3,4 位双键，δ_{C-3} 123.0～123.8，δ_{C-4} 141.5～143.2；10,14 位双键，δ_{C-10} 143.9～154.7，δ_{C-14} 102.9～114.0；11,13 位双键，δ_{C-11} 154.0～156.7，δ_{C-13} 108.0～108.5；4,15 位双键，δ_{C-4} 152.4～156.3，δ_{C-15} 105.6～116.4。

2. 如果 2 位羰基与 1,10 位和 3,4 位双键共轭，δ_{C-2} 192.8～195.8，δ_{C-1} 133.9～137.8，δ_{C-10} 141.7～157.0，δ_{C-3} 133.9～137.0，δ_{C-4} 167.5～173.6。如果异丙基与 5 位形成六元内酯，12 位的内酯羰基与 11,13 位双键共轭，δ_{C-12} 166.5～166.8，δ_{C-11} 138.3～138.5，δ_{C-13} 130.4～130.6。5 位连氧碳出现在 δ_{C-5} 90.2～90.4。如果异丙基与 6 位形成五元内酯，12 位的内酯羰基与 11,13 位双键共轭，δ_{C-12} 169.2～170.6，δ_{C-11} 138.3～140.5，δ_{C-13} 119.0～122.3。如果异丙基与 8 位形成五元内酯，12 位的内酯羰基与 11,7 位双键共轭，δ_{C-12} 172.6～172.9，δ_{C-11} 122.5～122.7，δ_{C-7} 158.5～164.6。

3. 有时五元环和七元环完全芳香化，其化学位移出现在 δ_{C-1} 139.3～141.7，δ_{C-2} 116.1～117.5，δ_{C-3} 137.0～141.3，δ_{C-4} 135.1～136.3，δ_{C-5} 116.4～117.4，δ_{C-6} 130.7～131.5，δ_{C-7} 126.3～126.6，δ_{C-9} 115.7～117.4，δ_{C-10} 141.1～141.5；8 位是连氧碳时，δ_{C-8} 159.0～159.4，在较低场。

4. 羟基是愈创木烷型双环倍半萜化合物的基本骨架上的常见基团：1 位连接羟基时，δ_{C-1} 76.3～80.5；3 位连接羟基时，δ_{C-3} 74.9～77.8；4 位连接羟基时，δ_{C-4} 69.8～80.2；6 位连接羟基时，δ_{C-6} 72.1～75.4；9 位连接羟基时，δ_{C-9} 73.6～78.6；10 位连接羟基时，δ_{C-10} 71.4～83.1；12 位连接羟基时，δ_{C-12} 64.8～68.0；15 位连接羟基时，δ_{C-15} 57.9～58.2，乙酰化后向低场位移到 δ_{C-15} 64.5。

5. 三元氧桥是常见的另一类基团：1、2 位碳连接三元氧桥，δ_{C-1} 73.0～75.7，δ_{C-2} 56.5～63.5；3、4 位碳连接三元氧桥，δ_{C-3} 57.2，δ_{C-4} 71.1；6、7 位碳连接三元氧桥，δ_{C-6} 56.1～72.1，δ_{C-7} 67.9～86.4；1、5 位碳连接三元氧桥，δ_{C-1} 76.3，δ_{C-5} 80.4；10、14 位碳连接三元氧桥，δ_{C-10} 60.4，δ_{C-14} 55.3。

6. 5、8 位由氧连接，并在 8 位上同时连接一个羟基时，δ_{C-5} 88.1～89.1，δ_{C-8} 104.5～105.7。

7. 3 位和 4 位上还可能连接氯元素，它们的化学位移出现在 δ_{C-3} 63.4～73.8，δ_{C-4} 86.7。

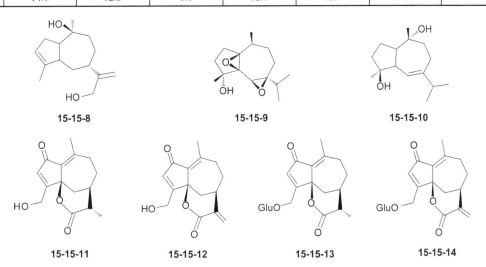

表 15-15-1 化合物 15-15-1~15-15-7 的 ¹³C NMR 化学位移数据

C	15-15-1[1]	15-15-2[2]	15-15-3[2]	15-15-4[2]	15-15-5[2]	15-15-6[3]	15-15-7[1]
1	50.7	54.5	52.7	55.9	80.5	50.5	46.4
2	34.3	28.2	41.0	29.2	33.9	23.8	33.7
3	123.3	30.9	74.9	32.0	29.8	40.0	123.0
4	142.0	39.4	44.6	40.6	37.3	79.3	141.5
5	49.8	88.1	88.5	89.0	89.1	54.5	51.3
6	36.6	34.7	34.6	35.0	30.1	72.1	36.2
7	40.0	56.5	56.2	50.7	56.6	86.4	37.1
8	29.8	104.5	105.1	105.7	105.1	29.1	40.4
9	37.6	38.8	38.9	39.8	40.8	31.8	76.2
10	152.6	144.7	143.9	146.5	60.4	83.1	154.7
11	154.0	28.7	28.8	37.7	30.8	32.5	154.8
12	65.1	21.5	21.3	68.0	21.6	17.1	64.8
13	108.5	23.1	23.2	16.3	23.7	18.6	108.3
14	106.6	112.9	114.0	113.3	55.3	23.1	102.9
15	14.9	12.3	6.6	12.7	12.5	25.2	14.6

表 15-15-2 化合物 **15-15-8~15-15-14** 的 ^{13}C NMR 化学位移数据

C	15-15-8[1]	15-15-9[4]	15-15-10[4]	15-15-11[5]	15-15-12[5]	15-15-13[5]	15-15-14[5]
1	55.6	76.3	50.7	137.8	136.5	137.7	136.3
2	34.0	28.8	21.5	194.8	194.7	195.4	194.9
3	123.8	35.8	40.4	133.3	133.0	134.8	134.8
4	143.2	69.8	80.2	173.6	173.2	169.4	169.0
5	47.0	80.4	50.3	90.2	90.3	90.4	90.2
6	37.9	56.1	121.3	35.6	35.1	35.3	34.1
7	42.3	67.9	149.6	38.9	38.0	38.9	38.6
8	27.7	26.3	25.1	26.2	33.5	25.8	33.8
9	46.8	25.1	42.6	33.0	32.9	33.0	33.1
10	75.3	37.5	75.2	156.0	156.9	156.2	157.0
11	156.7	36.3	37.3	36.3	138.3	35.9	138.5
12	65.0	17.7	21.4	176.5	166.5	176.8	166.8
13	108.0	18.0	21.3	14.1	130.4	13.8	130.6
14	22.2	18.9	21.2	21.5	21.5	21.3	21.7
15	14.9	22.4	22.5	58.2	57.9	64.5	64.5

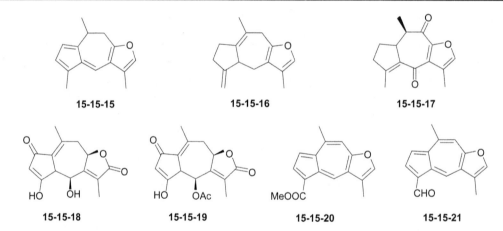

15-15-15　　　　15-15-16　　　　15-15-17

15-15-18　　　　15-15-19　　　　15-15-20　　　　15-15-21

表 15-15-3 化合物 **15-15-15~15-15-21** 的 ^{13}C NMR 化学位移数据

C	15-15-15[6]	15-15-16[6]	15-15-17[7]	15-15-18[8]	15-15-19[8]	15-15-20[9]	15-15-21[9]
1	138.1	140.5	27.3	135.4	133.9	139.3	141.7
2	125.6	29.9	45.0	195.8	194.8	116.1	117.5
3	125.6	30.2	40.0	135.3	137.0	137.0	141.3
4	144.1	156.3	163.4	173.1	167.5	136.3	135.1
5	133.2	46.0	133.5	53.3	50.5	116.4	117.4
6	122.4	32.8	185.5	75.1	75.4	130.7	131.5
7	119.5	119.3	130.4	164.6	158.5	126.3	126.6
8	158.1	149.2	148.4	77.6	77.0	159.0	159.4
9	34.1	33.7	192.1	41.7	42.0	115.7	117.4
10	31.5	124.5	49.6	141.7	143.3	141.1	141.5
11	120.6	121.1	124.1	122.7	122.5	120.3	120.4
12	137.3	135.7	144.5	172.6	172.9	141.1	141.8

续表

C	15-15-15[6]	15-15-16[6]	15-15-17[7]	15-15-18[8]	15-15-19[8]	15-15-20[9]	15-15-21[9]
13	7.4	8.8	9.9	10.5	9.6	25.2	25.2
14	19.8	21.3	12.2	21.0	20.7	8.0	8.0
15	12.2	105.6	17.8	20.1	19.9	166.3	187.1

15-15-22   15-15-23   15-15-24

15-15-25   15-15-26   15-15-27   15-15-28

表 15-15-4 化合物 **15-15-22~15-15-28** 的 ^{13}C NMR 化学位移数据

C	15-15-22[10]	15-15-23[11]	15-15-24[12]	15-15-25[12]	15-15-26[12]	15-15-27[12]	15-15-28[13]
1	48.3	51.9	75.7	73.0	74.2	74.4	135.1
2	39.0	40.9	56.5	63.5	62.9	62.2	192.8
3	217.2	73.8	57.2	64.0	63.4	77.8	135.9
4	50.0	152.4	71.1	80.0	78.2	86.7	169.8
5	47.1	46.4	42.3	50.0	49.2	58.0	78.4
6	81.3	85.8	82.1	78.5	79.6	79.4	82.8
7	44.0	45.7	40.7	43.5	41.0	41.1	50.7
8	24.4	32.3	31.0	22.5	30.8	28.0	71.2
9	33.0	36.4	73.8	33.5	73.6	78.6	42.3
10	74.0	148.0	72.4	72.0	71.4	71.7	148.1
11	140.0	139.6	138.5	140.5	139.1	140.1	40.5
12	169.9	170.6	169.5	170.5	169.5	169.2	176.6
13	119.6	122.3	119.1	119.0	119.6	120.6	15.0
14	32.0	113.2	24.6	28.0	22.8	23.0	15.5
15	11.6	116.4	19.4	24.0	23.9	24.7	21.9
OAc			170.0/21.2		169.9/21.0	170.9/21.1	

参 考 文 献

[1] He X, Yin S, Ji Y, et al. J Nat Prod, 2010, 73: 45.

[2] Zhang H, Kang N, Qiu F, et al. Chem Pharm Bull, 2007, 55: 451.

[3] Shen T, Wan W, Yuan H, et al. Phytochemistry, 2007, 68: 1331.

[4] Zhang G, Ma X, Su J, et al. Nat Prod Res, 2006, 20: 659.

[5] Zidorn C, Spitaler R, Grass S, et al. Biochem Syst Ecol, 2007, 35: 301.

[6] Manzo E, Ciavatta M, Gresa M, et al. Tetrahedron Lett, 2007, 48: 2569.

[7] Zhang S, Su Z, Yang S, et al. J Asian Nat Prod Res, 2010, 12: 522.

[8] Ali M, Ahmed W, Armstrong A, et al. Chem Pharm Bull, 2006, 54: 1235.

[9] Reddy N, Reed J, Longley R, et al. J Nat Prod, 2005, 68: 248.

[10] Zhang S, Zhao M, Bai L, et al.J Nat Prod, 2006, 69: 1425.

[11] Dall'acqua S, Viol G, Giorgetti M, et al. Chem Pharm Bull, 2006, 54: 1187.

[12] Trifunovicá S, Vajs V, Juranic Z, et al. Phytochemistry, 2006, 67: 887.

[13] Trendafilova A, Todorova M, Mikhova, et al. Phytochemistry, 2006, 67: 764.

第十六节　香橙烷型三环倍半萜化合物的 ^{13}C NMR 化学位移

【结构特点】香橙烷(aromadendrane)型三环倍半萜化合物是指 6、11 位环合的愈创木烷化合物。

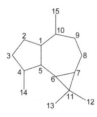

基本结构骨架

【化学位移特征】

1. 香橙烷倍半萜化合物的基本骨架上多个位置有羟基连接：3 位连接羟基时，δ_{C-3} 77.8；4 位连接羟基时，δ_{C-4} 79.7~82.9；10 位连接羟基时，δ_{C-10} 74.7~77.4；12 位连接羟基时，δ_{C-12} 62.8~73.6；14 位连接羟基时，δ_{C-14} 67.3~68.3；15 位连接羟基时，δ_{C-15} 62.6~79.8。

2. 双键位置：3,4 位双键，δ_{C-3} 120.0，δ_{C-4} 141.9；10,15 位双键，δ_{C-10} 150.9~152.7，δ_{C-15} 107.1~112.9；4,14 位双键，δ_{C-4} 157.6，δ_{C-14} 103.2。

3. 3 位羰基与 1,2 位和 4,14 位双键共轭时，δ_{C-3} 196.3，δ_{C-1} 184.2，δ_{C-2} 128.9，δ_{C-4} 149.3，δ_{C-14} 114.2。

4. 独立的羰基出现在 δ 211.2。

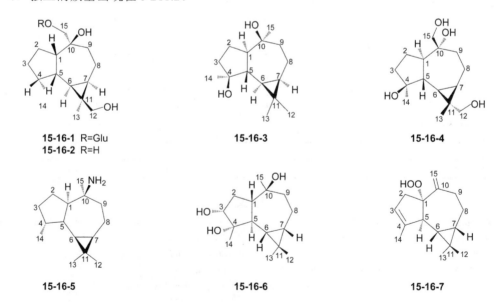

15-16-1 R=Glu
15-16-2 R=H

15-16-3

15-16-4

15-16-5

15-16-6

15-16-7

表 15-16-1 化合物 15-16-1~15-16-7 的 ^{13}C NMR 化学位移数据

C	15-16-1[1]	15-16-2[1]	15-16-3[2]	15-16-4[3]	15-16-5[4]	15-16-6[5]	15-16-7[5]
1	54.4	54.5	56.4	56.5	54.2	52.1	86.8
2	24.4	24.9	23.8	24.7	27.1	31.9	44.5
3	29.4	29.8	41.1	38.6	34.6	77.8	120.0
4	38.4	38.9	80.3	81.4	36.1	79.7	141.9
5	40.1	40.4	48.4	47.5	39.2	45.1	56.6
6	23.6	24.0	28.3	27.0	28.5	28.3	28.8
7	29.6	29.9	26.6	25.0	26.4	26.8	24.8
8	18.5	19.1	20.1	20.8	19.4	20.1	21.2
9	33.0	33.1	44.4	42.4	40.2	44.6	33.2
10	75.1	76.1	75.0	77.4	60.1	75.0	150.9
11	25.1	25.4	19.5	27.8	20.3	19.7	18.4
12	62.8	63.2	28.6	73.6	15.8	28.7	28.6
13	24.5	24.8	16.4	12.9	28.5	16.4	15.8
14	16.6	17.0	24.4	24.3	16.0	22.3	15.4
15	79.8	71.3	20.3	62.6	16.9	20.7	112.9

15-16-1 中 Glu 的碳谱信号为 106.0(C-1′)，75.1(C-2′)，78.4(C-3′)，71.4(C-4′)，78.3(C-5′)，62.4(C-6′)。

15-16-8

15-16-9

15-16-10

15-16-11

15-16-12

15-16-13

表 15-16-2 化合物 15-16-8~15-16-13 的 ^{13}C NMR 化学位移数据

C	15-16-8[6]	15-16-9[7]	15-16-10[8]	15-16-11[8]	15-16-12[9]	15-16-13[10]	C	15-16-13[10]
1	58.0	53.9	56.5	57.9	184.2	53.6	1′	47.4
2	24.4	27.2	26.0	21.0	128.9	26.8	2′	57.8
3	36.8	37.5	29.7	40.9	196.3	34.5	3′	146.2
4	82.6	82.9	157.6	80.1	149.3	36.6	4′	38.6
5	48.0	52.4	42.3	49.6	44.9	38.7	5′	24.3
6	28.0	28.5	28.3	26.6	31.6	28.7	6′	42.3
7	26.7	27.6	28.4	26.3	29.4	26.9	7′	29.7
8	19.9	24.4	19.2	20.2	24.4	20.2	8′	40.6
9	44.3	38.6	38.9	44.0	35.5	40.3	9′	18.8

续表

C	15-16-8[6]	15-16-9[7]	15-16-10[8]	15-16-11[8]	15-16-12[9]	15-16-13[10]	C	15-16-13[10]
10	74.7	152.7	74.7	211.2	40.5	58.1	10′	37.8
11	19.8	20.5	19.1	18.8	20.5	19.8	11′	26.4
12	16.2	16.1	29.2	28.7	28.5	16.2	12′	16.6
13	28.4	28.5	16.1	16.1	16.4	28.7	13′	21.8
14	67.3	68.3	103.2	27.3	114.2	15.9	14′	108.2
15	20.4	107.0	31.4		19.8	18.9	15′	17.3
							C=O	157.1

参 考 文 献

[1] Zhao W, Ye Q, Tan X, et al. J Nat Prod, 2001, 64: 1196.

[2] Wu T, Chan Y, Leu Y. Chem Pharm Bull, 2000, 48(3): 357.

[3] Miao C, Wu S, Luo B, et al. Fitoterapia, 2010, 81: 1088.

[4] Ishiyama H, Kozawa S, Aoyama K, et al. J Nat Prod, 2008, 71: 1301.

[5] Wang S, Huang M, Duh C. J Nat Prod, 2006, 69: 1411.

[6] Zhou Y, Fang Y, Gong Z, et al. Chin J Nat Med, 2009, 7(4): 270.

[7] Marques C, Simoes M, Rodriguez B. J Nat Prod, 2004, 67: 614.

[8] Iguchi K, Fukaya T, Yasumoto A, et al. J Nat Prod, 2004, 67: 577.

[9] Tazaki H, Okihara T, Koshino H, et al. Phytochemistry, 1998, 48(1): 147.

[10] Kozawa S, Ishiyama H, Fromont J, et al. J Nat Prod, 2008, 71: 44.

第十七节　原伊鲁烷型三环倍半萜化合物的 ^{13}C NMR 化学位移

【结构特点】 原伊鲁烷(protoilludane)型倍半萜是从真菌的子实体和菌丝体中分离得到的。它是四元环、六元环和五元环并合的，在 2、7 位上各置一个甲基，在 11 位上连接两个甲基。它与大多数倍半萜化合物一样，在其基本骨架上具有双键，连接有羟基，有的碳被氧化成醛基或酮羰基。

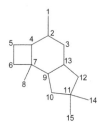

基本结构骨架

【化学位移特征】

1. 羟基碳的化学位移：1 位羟基碳，δ_{C-1} 62.9；3 位羟基碳，δ_{C-3} 69.6～78.8；4 位羟基碳，δ_{C-4} 72.0～82.2；5 位碳连接的羟基多与芳香酸成酯，δ_{C-5} 66.7～79.1；9 位羟基碳，δ_{C-9} 87.5；10 位羟基碳，δ_{C-10} 80.5～81.5；13 位羟基碳，δ_{C-13} 75.2～87.7；14 位羟基碳，δ_{C-14} 70.1～72.7。

2. 2,4 位双键，δ_{C-2} 122.8～129.0，δ_{C-4} 140.3～141.6。2,3 位双键，δ_{C-2} 135.4～136.3，δ_{C-3} 121.3～128.4。3,13 位双键，δ_{C-3} 110.3～111.0，δ_{C-13} 150.2～150.3。

3. 3 位独立酮羰基的化学位移出现在 δ 214.3。

4. 1 位往往被氧化为醛基，与 2,3 位双键共轭时，δ_{C-1} 194.1～196.3，δ_{C-2} 134.8～138.3，δ_{C-3} 151.4～158.8。如果 3,13 位有双键，1 位醛基与 2,4 位双键共轭时，δ_{C-1} 187.5～187.6，δ_{C-2} 129.4～129.8，δ_{C-4} 160.3～160.6。

5. 1 位被氧化为羧基，并与 2,3 位双键共轭时，δ_{C-1} 171.0，δ_{C-2} 128.5，δ_{C-3} 148.4。

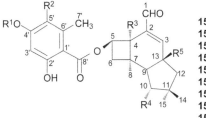

15-17-1 15-17-2 15-17-3 15-17-4

表 15-17-1 化合物 **15-17-1~15-17-4** 的 ^{13}C NMR 化学位移数据[1]

C	15-17-1	15-17-2	15-17-3	15-17-4	C	15-17-1	15-17-2	15-17-3	15-17-4
1	8.1	13.0	12.2	18.1	9	87.5	57.0	46.4	44.8
2	48.1	122.8	129.0	136.2	10	47.3	37.5	36.6	38.0
3	214.3	78.8	73.4	128.4	11	46.6	44.8	45.7	44.3
4	78.3	140.3	140.4	72.0	12	40.5	48.4	42.5	43.4
5	27.7	25.6	25.2	34.0	13	62.2	87.7	50.5	39.1
6	24.4	37.3	36.5	25.4	14	70.1	71.3	71.4	72.2
7	52.3	45.1	45.9	45.2	15	26.8	24.0	23.3	27.3
8	18.0	20.2	20.6	22.2	OAc		171.2/20.7		

15-17-5 R^1=CH$_3$; R^2=R^4=R^5=H; R^3=OH
15-17-6 R^1=CH$_3$; R^2=Cl; R^3=OH; R^4=R^5=H
15-17-7 R^1=R^2=R^4=R^5=H; R^3=OH
15-17-8 R^1=CH$_3$; R^2=R^5=H; R^3=R^4=OH
15-17-9 R^1=CH$_3$; R^2=Cl; R^3=R^4=OH; R^5=H
15-17-10 R^1=CH$_3$; R^2=R^4=H; R^3=R^5=OH
15-17-11 R^1=CH$_3$; R^2=Cl; R^3=R^5=OH; R^4=H
15-17-12 R^1=R^2=R^4=H; R^3=R^5=OH
15-17-13 R^1=CH$_3$; R^2=H; R^3=R^4=R^5=OH

表 15-17-2 化合物 **15-17-5~15-17-13** 的 ^{13}C NMR 化学位移数据[2]

C	15-17-5	15-17-6	15-17-7	15-17-8	15-17-9	15-17-10	15-17-11	15-17-12	15-17-13
1	195.6	195.6	196.0	195.6	195.7	196.2	196.3	196.1	195.8
2	137.8	137.4	137.7	135.6	135.4	136.8	136.7	137.0	134.8
3	157.8	157.8	158.2	158.4	158.8	153.0	153.1	152.7	152.5
4	75.3	74.9	75.6	74.4	74.3	77.8	77.8	77.9	77.4
5	77.6	77.8	77.6	75.6	76.1	74.6	75.2	74.7	73.7
6	33.4	33.1	33.1	32.8	32.8	31.6	31.6	31.7	32.1
7	38.1	37.8	38.2	35.3	35.5	37.5	37.5	37.5	35.6
8	21.4	21.0	21.3	20.8	20.8	21.4	21.4	21.4	20.8
9	44.4	44.1	44.5	47.4	47.4	50.3	50.2	50.4	54.9
10	41.8	41.6	41.5	80.5	80.5	43.2	43.2	43.3	81.5
11	37.6	37.6	37.9	42.7	42.7	34.6	34.6	34.6	41.2
12	46.6	466	46.8	43.2	43.1	58.1	58.1	8.2	55.2
13	40.4	40.2	40.8	36.1	36.1	75.4	75.2	75.4	77.2
14	31.6	31.4	31.6	28.3	28.3	30.8	30.9	30.9	28.2
15	31.1	30.9	31.2	23.3	23.3	30.8	30.8	30.3	23.2
1′	105.0	106.4	105.3	104.9	106.3	105.0	106.3	105.4	104.9
2′	165.7	162.8	165.8	165.8	163.0	165.7	162.9	165.5	165.8

续表

C	15-17-5	15-17-6	15-17-7	15-17-8	15-17-9	15-17-10	15-17-11	15-17-12	15-17-13
3	99.0	98.5	101.5	98.8	98.6	98.8	98.6	101.5	98.8
4'	163.9	159.3	160.5	164.0	159.7	164.0	159.5	160.2	164.1
5'	111.1	115.2	111.5	111.2	115.4	111.2	115.4	111.2	111.2
6'	142.5	138.7	144.1	142.5	139.1	142.7	139.1	143.5	142.6
7'	24.5	19.5	24.6	24.5	19.8	24.6	19.8	24.5	24.5
8'	170.8	170.1	170.1	170.7	170.2	170.9	170.2	170.0	170.7
OMe	55.2	56.0		55.3	56.3	55.3	56.3		55.3

15-17-14 R^1=CH$_3$; R^2=OH
15-17-15 R^1=R^2=H

15-17-16 R^1=CH$_3$; R^2=H
15-17-17 R^1=CH$_3$; R^2=Cl

15-17-18

15-17-19

15-17-20 R=CO(CH$_2$)$_{14}$CH$_3$
15-17-21 R=H

15-17-22

表 15-17-3 化合物 15-17-14~15-17-22 的 ^{13}C NMR 化学位移数据[2]

C	15-17-14	15-17-15	15-17-16	15-17-17	15-17-18	15-17-19	15-17-20	15-17-21	15-17-22[3]
1	194.1	194.4	187.5	187.6	62.9	171.0			17.4
2	138.3	138.0	129.4	129.8	46.5	128.5	136.3	135.4	123.0
3	151.4	157.1	110.3	111.0	69.6	148.4	121.3	124.3	34.0
4	40.3	39.6	160.6	160.3	82.2	76.5	78.7	73.6	141.6
5	66.7	69.7	72.3	72.0	76.4	78.0	75.7	79.1	25.7
6	37.0	39.5	39.4	39.2	34.6	33.8	35.4	32.3	36.7
7	32.1	32.2	36.3	36.5	39.3	38.8	38.0	38.0	45.9
8	26.9	26.5	27.4	27.0	22.3	22.2	22.2	21.7	20.5
9	50.2	45.4	45.7	45.5	48.6	45.0	43.7	44.0	46.3
10	43.3	42.0	40.9	40.8	44.8	42.8	41.8	41.7	35.9
11	33.7	37.8	37.4	37.3	37.1	38.9	37.3	37.7	44.6
12	58.2	47.0	48.6	48.5	43.9	47.8	47.6	47.4	42.2
13	78.3	40.7	150.3	150.2	47.7	40.9	38.4	38.7	39.9
14	31.5	31.7	29.4	30.0	32.8	32.1	31.8	31.8	22.9
15	31.2	31.5	29.3	29.6	32.4	31.6	31.5	31.6	72.7
1'	105.1	105.3	105.9	105.3	105.9	105.4	105.7	105.1	
2'	165.6	165.6	163.5	165.6	166.2	166.7	165.4	165.6	

续表

C	15-17-14	15-17-15	15-17-16	15-17-17	15-17-18	15-17-19	15-17-20	15-17-21	15-17-22[3]
3	98.8	101.4	98.6	98.8	101.8	101.7	101.2	101.4	
4'	163.8	160.4	160.1	163.9	163.8	163.8	160.4	160.7	
5'	111.1	111.1	115.2	111.2	112.5	112.5	111.1	111.5	
6'	142.7	143.4	139.5	142.5	144.4	144.9	144.5	144.4	
7'	24.6	24.4	20.1	24.5	24.4	24.6	24.5	24.4	
8'	170.6	170.6	170.2	170.1	172.6	172.2	169.9	172.1	
OMe	55.3		56.3	55.3					

参 考 文 献

[1] Yoshikawa K, Kaneko A, Matsumoto Y, et al. J Nat Prod, 2006, 69: 1267.

[2] 杨峻山,苏亚伦,于德泉,等. 波谱学杂志,1992,9(4):735.

[3] Hirota M, Shimizu Y, Kamo T, et al. Biosci Biotechnol Biochem, 2003, 67(7): 1597.

第十八节 广藿香醇型倍半萜化合物的 ¹³C NMR 化学位移

基本结构骨架

【化学位移特征】

1. 广藿香醇(patchouli alcohol)型倍半萜化合物主要取代基是羟基。多数化合物在其 1 位上具有羟基，δ_{C-1} 71.5～77.2。其次是 8 位和 9 位具有羟基取代，δ_{C-8} 66.1～74.5，δ_{C-9} 69.1～72.8。其他位置有羟基取代时，δ 71.2～76.4。

2. 其他位置的化学位移非常接近，规律性较强。羟基所在位置属于连氧碳，它们出现在较低场。邻近的碳，由于 β-效应，也向低场位移 δ 3～5。

15-18-1

15-18-2

15-18-3

15-18-4 R¹=H; R²=OH
15-18-5 R¹=H; R²=OAc
15-18-6 R¹=OH; R²=H

表 15-18-1 化合物 **15-18-1~15-18-6** 的 ¹³C NMR 化学位移数据[1]

C	15-18-1	15-18-2	15-18-3	15-18-4	15-18-5	15-18-6
1	75.6	75.6	75.9	74.4	74.1	77.2
2	32.7	31.7	32.8	32.8	32.8	32.5
3	28.6	22.8	28.3	28.6	28.6	28.5
4	28.1	34.6	27.9	28.0	28.0	27.7
5	43.7	76.4	43.3	42.8	42.3	42.8

续表

C	15-18-1	15-18-2	15-18-3	15-18-4	15-18-5	15-18-6
6	24.6	34.5	32.1	15.5	16.4	24.1
7	39.1	39.0	72.9	45.6	42.8	46.7
8	24.3	23.5	32.0	66.1	70.6	72.5
9	28.8	29.6	29.9	40.7	37.1	39.4
10	37.7	43.4	37.4	38.8	38.4	
11	40.1	39.4	44.7	40.0	40.6	40.4
12	18.5	14.0	18.5	18.4	18.2	18.8
13	20.6	14.8	20.4	20.2	20.0	20.1
14	26.8	27.0	18.3	26.1	26.1	28.1
15	24.3	24.3	21.7	24.6	24.3	25.4
OAc					170.9/21.5	

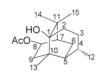

15-18-7

15-18-8 R=H
15-18-9 R=Ac

15-18-10

15-18-11

15-18-12

表 15-18-2 化合物 **15-18-7~15-18-12** 的 ^{13}C NMR 化学位移数据[1]

C	15-18-7	15-18-8	15-18-9	15-18-10	15-18-11	15-18-12
1		75.3	71.5	75.9		
2	32.6	33.4	33.1	42.6	32.8	72.3
3	28.5	28.1	28.0	72.4	28.6	35.8
4	27.8	27.5	27.4	37.2	27.5	24.5
5	42.4	39.2	39.0	43.7	41.1	42.3
6	25.0	24.4	24.2	25.0	22.9	24.6
7	43.3	35.3	33.8	38.6	38.9	36.8
8	74.5	36.0	36.4	25.9	23.6	23.2
9	35.9	69.1	72.8	28.9	24.4	30.1
10		43.4	42.8			
11		40.1	40.0			
12	18.7	18.6	18.2	15.0	18.4	18.2
13	20.0	15.9	15.7	20.3	68.5	18.9
14	27.6	27.2	27.1	26.3	26.8	71.2
15	23.5	24.3	24.2	24.1	24.1	21.5
OAc	170.8/21.6		170.9/21.3			

参 考 文 献

[1] Aleu J, Hanson J, Galan R, et al. J Nat Prod, 1999, 62: 437.

第十六章　二萜及二倍半萜化合物的 ¹³C NMR 化学位移

第一节　开链二萜化合物的 ¹³C NMR 化学位移

【结构特点】开链二萜化合物是指由 4 个异戊基 20 个碳原子组成的没有环状碳结构的化合物。

基本结构骨架

【化学位移特征】

1．开链二萜化合物与其他二萜化合物一样，其骨架上存在多个双键、羟基、羰基以及其他含氧环等，从而构成其特点。最简单的开链二萜化合物是植醇（phytol），它的化学位移数据[1]如下：

植醇

2．在开链二萜化合物的骨架上存在多个双键：1,2 位双键，$\delta_{C\text{-}1}$ 111.8～112.6，$\delta_{C\text{-}2}$ 143.8～144.0；2,3 位双键，$\delta_{C\text{-}2}$ 118.6～124.4，$\delta_{C\text{-}3}$ 137.0～141.4（如果 1 位连接芳环，$\delta_{C\text{-}2}$ 123.5～128.2，$\delta_{C\text{-}3}$ 131.4～134.8）；6,7 位双键，$\delta_{C\text{-}6}$ 123.4～130.9，$\delta_{C\text{-}7}$ 133.5～135.3。10,11 位双键，$\delta_{C\text{-}10}$ 123.2～128.5，$\delta_{C\text{-}11}$ 129.7～138.1。14，15 位双键，$\delta_{C\text{-}14}$ 115.9～130.3，$\delta_{C\text{-}15}$ 131.6～137.0。两个双键共轭时，它们各碳的化学移出现在：$\delta_{C\text{-}4}$ 136.1～136.4，$\delta_{C\text{-}5}$ 124.2～124.5，$\delta_{C\text{-}6}$ 124.0～124.2，$\delta_{C\text{-}7}$ 138.7～139.5；$\delta_{C\text{-}13}$ 154.7，$\delta_{C\text{-}14}$ 109.0～109.4，$\delta_{C\text{-}15}$ 120.9～121.1，$\delta_{C\text{-}16}$ 138.3～138.4。

3．有羟基取代时，如果为伯醇，其化学位移出现在 δ 58.5～67.3；如果为仲醇或叔醇，其化学位移出现在 δ 66.0～73.9。

4．5 位羰基与 6,7 位双键共轭时，$\delta_{C\text{-}5}$ 197.8～199.0，$\delta_{C\text{-}6}$ 123.2～124.0，$\delta_{C\text{-}7}$ 158.1～159.3。13 位羰基与 14,15 位双键共轭时，$\delta_{C\text{-}13}$ 199.2～199.9，$\delta_{C\text{-}14}$ 122.6～129.7，$\delta_{C\text{-}15}$ 155.5～155.8。

16-1-1

16-1-2 R=H
16-1-3 R=Ac

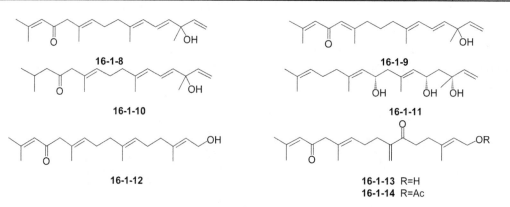

表 16-1-1 化合物 16-1-1~16-1-7 的 ^{13}C NMR 化学位移数据

C	16-1-1[2]	16-1-2[2]	16-1-3[2]	16-1-4[2]	16-1-5[3]	16-1-6[3]	16-1-7[3]
1	59.1	58.5	61.9	59.1	59.3	142.5	77.6
2	123.7	124.2	118.8	124.2	124.3	111.1	53.7
3	139.0	137.0	141.4	138.3	139.4	125.0	43.1
4	39.4	39.0	39.5	39.3	39.5	25.0	26.8
5	26.0	25.6	25.9	25.8	258	28.4	25.8
6	123.4	129.9	130.0	130.4	123.6	124.2	123.0
7	135.3	133.6	134.3	133.5	134.8	134.9	134.9
8	39.7	35.1	35.6	36.1	39.4	39.5	39.5
9	25.3	25.2	25.7	25.6	26.2	26.4	26.4
10	31.4	31.0	31.8	32.4	127.4	127.5	128.2
11	37.9	37.6	38.1	45.5	131.6	131.7	131.9
12	75.4	75.1	75.4	213.0	48.2	48.2	48.2
13	32.2	32.1	32.5	41.0	65.6	65.6	65.7
14	120.6	120.6	120.6	115.9	128.5	128.5	127.5
15	135.0	135.6	135.3	135.4	135.0	135.5	137.0
16	25.9	25.5	25.9	25.6	26.4	25.8	25.8
17	17.9	17.5	18.0	18.0	18.2	18.2	18.2
18	15.3	15.1	15.3	16.1	16.3	16.2	16.2
19	15.7	61.5	61.3	61.7	15.9	15.9	16.0
20	16.1	15.7	16.4	16.4	16.2	138.9	175.3
OAc		20.5/170.8	21.0/171.0 21.0/171.0	20.8/171.0			

表 16-1-2 化合物 16-1-8~16-1-14 的 ¹³C NMR 化学位移数据

C	16-1-8[4]	16-1-9[4]	16-1-10[4]	16-1-11[5]	16-1-12[6]	16-1-13[6]	16-1-14[6]
1	111.8	112.0	112.0	112.6	59.4	59.5	61.1
2	143.9	144.0	143.9	144.0	124.4	124.3	118.6
3	73.0	73.3	73.3	73.9	139.4	138.7	141.0
4	136.4	136.1	136.4	46.8	39.7	34.1	33.7
5	124.2	124.5	124.4	66.7	26.4	36.3	36.7
6	124.1	124.0	124.2	130.9	124.1	201.6	200.9
7	138.7	139.5	139.0	134.1	135.3	148.8	148.0
8	39.4	39.9	39.5	47.8	39.4	31.0	30.7
9	26.4	26.3	26.5	66.0	26.9	27.2	26.9
10	128.5	33.3	128.5	127.3	123.2	123.3	128.2
11	129.7	158.0	129.3	138.1	129.8	130.8	130.4
12	55.2	126.4	54.4	39.5	55.5	55.4	55.2
13	199.2	191.0	209.5	26.4	199.9	199.6	199.2
14	122.6	126.2	50.5	123.9	129.7	128.6	122.7
15	155.6	154.1	24.4	131.6	155.8	155.8	155.7
16	27.6	27.7	22.6	25.6	27.7	20.8	27.6
17	20.5	20.5	22.6	17.7	20.7	27.7	20.6
18	16.2	25.4	16.4	16.6	16.4	16.5	16.5
19	16.5	16.6	16.7	16.5	16.0	124.3	124.2
20	27.9	28.1	28.1	29.9	16.0	16.5	16.3
OAc							20.9/171.0

16-1-15

16-1-16

16-1-17

16-1-18

16-1-19

16-1-20

16-1-21

16-1-22

表 16-1-3 化合物 **16-1-15~16-1-22** 的 ^{13}C NMR 化学位移数据[7]

C	16-1-15	16-1-16	16-1-17	16-1-18	16-1-19	16-1-20	16-1-21	16-1-22
1	29.6	29.5	29.6	29.6	29.6	29.6	28.0	28.0
2	128.1	128.1	128.2	128.2	128.1	128.2	123.6	123.5
3	131.4	131.4	131.4	131.4	131.4	131.4	134.8	134.7
4	55.8	55.8	55.8	55.8	55.8	55.8	55.3	55.3
5	199.0	198.7	199.0	198.7	199.0	198.6	198.3	197.8
6	123.4	123.9	123.4	124.0	123.4	123.9	123.2	123.7
7	158.3	159.3	158.3	159.2	158.3	159.2	158.1	159.1
8	41.5	34.2	41.5	34.1	41.5	34.2	41.1	33.8
9	26.8	27.3	26.8	27.4	26.7	27.4	26.7	27.2
10	124.2	124.8	126.8	127.2	124.1	124.6	126.0	126.3
11	136.2	136.0	133.8	133.5	136.4	136.1	133.4	132.9
12	40.6	40.7	49.1	49.2	40.0	40.4	38.7	38.6
13	26.6	26.8	67.3	67.3	27.4	27.4	154.7	154.7
14	126.8	126.9	130.2	130.3	125.0	125.1	109.4	109.4
15	136.4	136.4	132.9	132.8	131.7	131.6	121.1	120.9
16	21.5	21.5	25.8	25.8	25.8	25.8	138.4	138.3
17	61.0	61.1	18.2	18.2	17.7	17.7	9.6	9.6
18	16.1	16.0	16.6	16.6	16.1	16.0	15.9	15.5
19	19.2	25.6	19.2	25.5	19.2	25.5	19.0	25.3
20	16.6	16.6	16.7	16.6	16.6	16.5	16.5	16.2
1′	146.4	146.4	146.4	146.4	146.4	146.4	188.1	188.0
2′	129.5	129.5	129.5	129.6	129.5	129.5	148.5	148.4
3′	114.4	114.5	114.3	114.5	114.5	114.5	132.7	133.3
4′	151.3	151.3	151.3	151.3	151.3	151.3	—	—
5′	115.7	115.7	115.7	115.7	115.7	115.7	133.5	134.0
6′	126.3	126.4	—	126.3	126.3	126.3	146.6	146.4
7′	16.8	16.8	16.8	16.8	16.8	16.8	15.6	15.4

参 考 文 献

[1] Singh B, Agrawal P K, Thakur R S. Planta Med, 1991, 57(1): 98.

[2] Gao X, Lin C J, Jia Z J, et al. J Nat Prod, 2007, 70: 830.

[3] Valls R, Piovetti L, Banaigs B, et al. Phytochemistry, 1995, 39: 145.

[4] Albrizio S, Faitorusso E, Magno S, et al. J Nat Prod, 1992, 55: 1287.

[5] Hussein A A, Rodriguez B. J Nat Prod, 2000, 63: 419.

[6] Culioli G, Daoudi M, Masguiche V, et al. Phytochemistry, 1999, 52: 1447.

[7] Katja M F, Anthony D W, Gabriele M K. J Nat Prod, 2003, 66: 968.

第二节 西松烷型二萜化合物的 ¹³C NMR 化学位移

【结构特点】西松烷型二萜是由 4 个异戊基 20 个碳原子组成的化合物，在其结构中有 1 个十四元环、3 个甲基和 1 个异丙基。

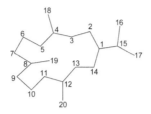

基本结构骨架

【化学位移特征】

1. 西松烷型二萜是大环二萜化合物，与其他萜类化合物类似，在其骨架上多有双键、羟基、羰基等基团，多数碳为脂肪族碳。比较简单的化合物为(−)-(1R,2E,4Z,7E,11E)-cembra-2, 4,7,11-tetrene[1]，是含有 4 个双键的化合物，各碳的化学位移如下：

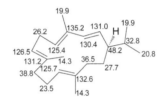

2. 上述化合物不难看出双键是该类化合物的重要基团。双键的位置如下：多为 7,8 位双键，δ_{C-7} 123.9～126.5，δ_{C-8} 131.2～136.0；8，9 位双键，δ_{C-8} 134.2～135.6，δ_{C-9} 123.5～125.3；11,12 位双键，δ_{C-11} 121.7～125.7，δ_{C-12} 132.3～135.8；12,13 位双键，δ_{C-12} 133.1～134.1，δ_{C-13} 120.9～121.7；15,16 位双键，δ_{C-15} 147.5～148.6，δ_{C-16} 110.7～111.5。

3. 羟基是西松烷二萜结构中另外的主要基团。1 位连有羟基时，δ_{C-1} 78.6～89.2。4 位连有羟基时，δ_{C-4} 73.9～84.5。5 位连有羟基时，δ_{C-5} 77.4～77.8。

4. 在 3,4 位上常常连接三元氧桥，δ_{C-3} 57.4～63.6，δ_{C-4} 58.6～62.1。12,13 位连接三元氧桥时，δ_{C-12} 59.0～59.3，δ_{C-4} 59.9～60.0。15,17 位连接三元氧桥时，δ_{C-15} 59.4，δ_{C-17} 55.1～59.9。

5. 6 位羰基与 7,8 位双键共轭时，δ_{C-6} 197.1～197.7，δ_{C-7} 123.7～126.7，δ_{C-8} 160.2～160.8。16 位内酯羰基与 15,17 位双键共轭时，δ_{C-16} 167.4～170.0，δ_{C-15} 136.8～144.6，δ_{C-17} 117.2～124.1。

6. 独立羰基的化学位移出现在 δ 208.0～211.6。

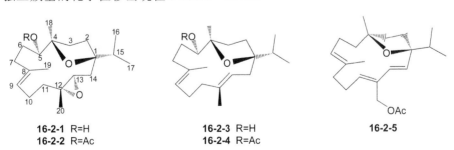

| 16-2-1 R=H | 16-2-3 R=H | 16-2-5 |
| 16-2-2 R=Ac | 16-2-4 R=Ac | |

表 16-2-1 化合物 16-2-1~16-2-5 的 ^{13}C NMR 化学位移数据[2,3]

C	16-2-1	16-2-2	16-2-3	16-2-4	16-2-5[2]
1	88.3	88.7	88.5	89.2	78.6
2	29.8	29.5	30.6	30.1	24.1
3	36.7	35.3	36.3	38.4	23.3
4	84.5	83.2	84.1	82.9	73.9
5	77.8	77.8	75.5	77.4	45.0
6	30.4	29.5	30.7	27.7	35.4
7	32.9	32.7	32.3	35.4	126.3
8	135.6	135.1	134.2	135.2	136.8
9	123.5	123.8	125.0	125.3	33.2
10	23.9	23.7	24.8	24.7	36.2
11	38.2	37.9	34.7	34.7	134.3
12	59.0	59.3	134.1	133.1	131.6
13	60.0	59.9	121.7	120.9	129.9
14	36.0	35.5	32.3	31.9	137.4
15	32.8	32.8	33.6	33.2	38.9
16	18.5	17.0	18.0	18.0	16.6
17	16.8	16.8	16.1	15.9	17.7
18	20.0	21.5	20.6	22.0	29.6
19	18.8	18.3	18.1	18.0	14.9
20	16.9	17.0	17.9	17.9	61.2
Oac		171.3/21.3		171.2/21.3	170.1/21.0

16-2-6

16-2-7 R=H
16-2-8 R=Ac

16-2-9

16-2-10

16-2-11

16-2-12

表 16-2-2 化合物 16-2-6~16-2-12 的 ^{13}C NMR 化学位移数据

C	16-2-6[4]	16-2-7[5]	16-2-8[5]	16-2-9[5]	16-2-10[5]	16-2-11[5]	16-2-12[4]
1	38.94	39.37	39.41	41.97	39.17	40.72	34.75
2	28.95	30.79	31.56	27.25	31.96	30.23	34.25
3	63.06	60.01	58.50	57.40	59.75	57.83	62.81
4	61.07	59.83	60.18	60.33	60.77	58.95	60.74
5	38.52	37.98	37.12	38.57	37.58	37.93	38.22
6	23.69	23.47	22.92	22.63	23.48	22.40	23.61

续表

C	16-2-6[4]	16-2-7[5]	16-2-8[5]	16-2-9[5]	16-2-10[5]	16-2-11[5]	16-2-12[4]
7	124.48	124.56	125.44	126.18	125.33	125.98	124.62
8	134.72	136.01	135.55	135.21	134.12	135.12	135.06
9	39.72	37.19	36.33	35.99	36.08	37.03	39.50
10	24.35	23.24	21.76	24.68	23.45	21.28	24.48
11	124.16	31.43	31.31	32.37	29.99	28.38	123.86
12	132.25	31.61	30.43	36.28	43.58	41.18	133.15
13	34.38	71.94	74.21	71.82	207.96	211.62	34.98
14	30.98	78.52	77.90	76.92	81.17	81.40	30.74
15	59.36	138.96	138.82	138.68	137.11	136.83	144.64
16	16.62	169.96	169.48	169.60	168.87	169.03	167.39
17	55.13	123.59	124.14	117.17	123.02	123.68	124.08
18	16.89	16.44	17.14	17.42	17.32	17.46	16.88
19	16.52	15.61	15.66	16.54	15.84	15.53	16.88
20	15.47	12.19	12.35	15.77	14.32	14.81	15.63
OAc			170.01/20.79	169.64/20.95			
OMe							51.69

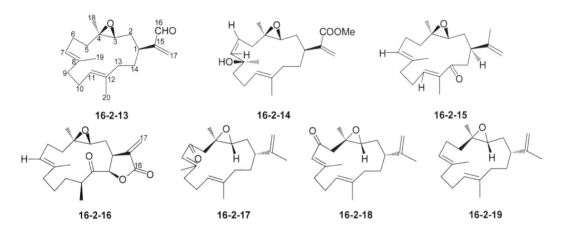

16-2-13　　**16-2-14**　　**16-2-15**

16-2-16　　**16-2-17**　　**16-2-18**　　**16-2-19**

表 16-2-3 化合物 **16-2-13~16-2-19** 的 ^{13}C NMR 化学位移数据

C	16-2-13[6]	16-2-14[6]	16-2-15[4]	16-2-16[4]	16-2-17[7]	16-2-18[7]	16-2-19[8]
1	31.2	37.7	38.4	40.9	42.6	41.6	40.3
2	33.7	34.9	31.1	26.4	32.8	33.6	33.6
3	62.5	61.3	60.4	58.7	60.6	62.4	63.3
4	60.7	60.3	59.5	62.1	58.8	58.6	60.8
5	38.3	40.9	38.2	36.4	53.7	54.6	23.7
6	23.6	126.6	23.5	23.6	197.7	197.1	38.3
7	124.9	137.9	124.1	126.5	126.2	123.7	123.9
8	135.1	73.0	135.4	131.3	160.2	160.8	135.2
9	39.4	37.8	39.0	35.8	31.4	40.9	39.6
10	24.5	23.0	29.2	25.4	25.0	24.3	24.4
11	123.9	122.5	134.5	20.0	121.7	123.3	124.3
12	133.1	135.3	137.3	42.2	135.6	135.8	133.3
13	35.2	39.8	186.7	208.6	34.9	34.9	34.7

续表

C	16-2-13[6]	16-2-14[6]	16-2-15[4]	16-2-16[4]	16-2-17[7]	16-2-18[7]	16-2-19[8]
14	30.3	27.4	44.9	79.2	30.0	30.4	29.8
15	154.5	142.8	147.3	137.2	148.1	147.5	148.6
16	194.2	167.4	21.7	169.2	110.9	111.5	110.7
17	133.5	124.4	110.5	119.3	19.1	18.3	18.5
18	16.9	16.4	16.7	13.9	19.1	17.2	17
19	16.9	27.2	16.7	13.9	24.3	19.4	15.8
20	15.7	17.7	20.5	13.9	17.5	17.5	17.2
OMe		51.8					

参 考 文 献

[1] 张文，郭跃伟，Ernesto Mollo, et al. 中国天然药物, 2005, 3: 280.

[2] 王峰，李占林，刘涛，等. 中国中药杂志, 2009, 34: 247.

[3] Yamada K, Ryu K, Miyamoto T, et al. J Nat Prod, 1997, 60: 798.

[4] Rodriguez A D, Li Y, Dhasmana H. J Nat Prod, 1993, 56: 1101.

[5] Rodrfguez A D, Dhasmana H. J Nat Prod, 1993, 56: 564.

[6] Rodriguez A D, Acosta A L. J Nat Prod, 1997, 60: 1134.

[7] Ortega M J, Zubia E, Sanchez C, et al. J Nat Prod, 2008, 71: 1637.

[8] 王长云，刘海燕，孙雪萍，等. 中国海洋大学学报, 2009, 39: 735.

第三节 半日花烷型二萜化合物的 ^{13}C NMR 化学位移

【结构特点】半日花烷(labdane)型二萜化合物是双环的二萜。

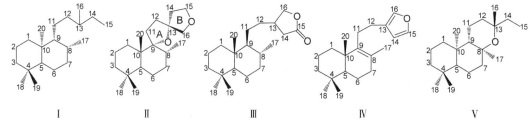

基本结构骨架

【化学位移特征】

1. 半日花烷型二萜化合物是双碳环型二萜，可以分成为多种类型，如Ⅰ为开链型、Ⅱ为螺环型、Ⅲ为内酯型、Ⅳ为呋喃型、Ⅴ为环氧型等。

2. Ⅰ型半日花烷型二萜化合物（**16-3-1～16-3-14** 和 **16-3-23**）的结构中，羟基多连接在2、3、6、8、9、13、15 和 18 位，它们的化学位移出现在 δ_{C-2} 65.8～68.0，δ_{C-3} 77.3～89.0，δ_{C-6} 68.7～69.1，δ_{C-8} 73.0～74.8，δ_{C-9} 76.8，δ_{C-13} 73.5～73.7，δ_{C-15} 60.9～61.1，δ_{C-18} 64.8。双键多在7,8 位，δ_{C-7} 121.6～136.7，δ_{C-8} 134.7～135.6,8,17位双键，δ_{C-8} 148.0，δ_{C-17} 106.4；13,14 位双键，δ_{C-13} 138.9～140.8，δ_{C-14} 123.2～125.4；14,15 位双键，δ_{C-14} 139.0～146.1，δ_{C-15} 111.2～115.5；13,16 位双键，δ_{C-13} 147.0，δ_{C-16} 113.1；6 位羰基与 7,8 位双键共轭时，δ_{C-6} 199.8，δ_{C-7} 131.6，δ_{C-8} 150.2；15 位羧基与 13,14 位双键共轭时，δ_{C-15} 167.3，δ_{C-13} 160.7，δ_{C-14} 115.1。有时 15 位和 17 位末端甲基被氧化为羧基，δ_{C-15} 173.3～175.2，δ_{C-17} 168.4～169.8。

3. Ⅱ型半日花烷型二萜化合物（**16-3-15～16-3-22**）的结构中，由于出现两个四氢呋喃的螺环结构，双键和羟基都比较少见，仅少数在 6 位连接羟基，δ_{C-6} 70.7～70.9。两个呋喃环中的 A 环连氧的两个碳，δ_{C-9} 91.7～93.2，δ_{C-13} 88.1～92.3。B 环的连氧的两个碳有时 15 位碳又连接一个羟基，δ_{C-15} 104.4～105.8，δ_{C-16} 74.7～78.0；有时 15、16 位碳又各连接一个羟基，δ_{C-15} 102.1～105.1，δ_{C-16} 105.3～108.3。

4．Ⅲ型半日花烷型二萜化合物（**16-3-24～16-3-27**）的结构中，15 位与 16 位通过氧连接，成为五元内酯结构，因此称为内酯型。在其基本骨架上还是有羟基或烷氧基取代，3 位有羟基时 δ_{C-3} 80.2，6 位有羟基时 δ_{C-6} 69.9～70.6，9 位有羟基时 δ_{C-9} 76.4～76.6，18 位有羟基时 δ_{C-18} 64.2。在其内酯中，由于 13,14 位为双键，15 位或 16 位都有可能为羰基，15 位为羰基时 δ_{C-13} 168.1～171.2，δ_{C-14} 114.9～117.8，δ_{C-15} 170.4～174.0，16 位为羰基时 δ_{C-13} 134.0～140.6，δ_{C-14} 137.1～145.5，δ_{C-16} 174.8～175.3。

5．Ⅳ型半日花烷型二萜化合物（**16-3-28～16-3-30**）的结构中，15 位与 16 位由氧连接，13、14、15、16 位形成呋喃环，δ_{C-13} 124.6～126.2，δ_{C-14} 110.8～111.5，δ_{C-15} 143.2～143.3，δ_{C-16} 138.8～139.2。

6．Ⅴ型半日花烷型二萜化合物（**16-3-31～16-3-38**）的结构中，8 位与 13 位由氧连接，形成六元氧环，而化合物 **16-3-31** 中 17 位甲基碳和 15 位碳又由氧连接成环，这些连氧碳（包括羟基和氧环）的化学位移出现在 δ_{C-3} 85.7～85.9，δ_{C-8} 75.9～78.1，δ_{C-12} 74.7～89.1，δ_{C-13} 73.3～77.9，δ_{C-14} 75.4～88.9，δ_{C-15} 64.0～72.6，δ_{C-17} 73.3。

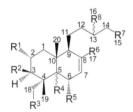

16-3-1 R¹=R²=OH; R³=R⁴=R⁵=H; R⁶=Me; R⁷=COOH; R⁸=β-Me
16-3-2 R¹=R²=OAc; R³=R⁴=R⁵=H; R⁶=Me; R⁷=COOMe; R⁸=β-Me
16-3-3 R¹=R²=R³=R⁵=H; R⁴=α-H; R⁶=R⁷=COOMe; R⁸=β-Me
16-3-4 R¹=R²=R³=R⁵=H; R⁴=α-H; R⁶=COOMe; R⁷=CH₂OH; R⁸=β-Me
16-3-5 R¹=R²=R³=H; R⁴=α-H; R⁵=OH; R⁶=COOMe; R⁷=CH₂OH; R⁸=β-Me
16-3-6 R¹=R²=R³=H; R⁴=α-H; R⁵= =O; R⁶=R⁷=COOMe; R⁸=β-Me
16-3-7 R¹=R²=R⁵=H; R³=OH; R⁴=α-H; R⁶=R⁸=Me; R⁷=COOMe
16-3-8 R¹=R³=R⁵=H; R²=OH; R⁴=α-H; R⁶=R⁸=Me; R⁷=COOMe

表 16-3-1 化合物 **16-3-1~16-3-8** 的 ¹³C NMR 化学位移数据

C	16-3-1[1]	16-3-2[1]	16-3-3[2]	16-3-4[2]	16-3-5[2]	16-3-6[2]	16-3-7[3]	16-3-8[3]
1	39.3	36.9	39.6	39.6	39.5	38.9	39.3	39.4
2	65.8	68.0	18.5	18.5	18.3	18.0	18.4	27.4
3	78.3	77.3	42.1	42.1	43.5	42.9	39.1	79.2
4	37.3	37.7	32.7	32.8	33.1	32.2	35.3	38.7
5	42.4	44.0	49.5	49.5	56.7	52.4	51.1	49.7
6	22.8	22.7	23.9	23.9	68.7	199.8	24.6	24.5
7	121.6	121.8	136.7	136.7	139.4	131.6	122.0	122.1
8	134.7	134.8	135.4	135.6	135.7	150.2	135.3	135.2
9	54.3	54.4	51.2	51.2	50.9	63.9	55.4	55.2
10	37.6	37.7	36.9	36.9	39.6	42.6	36.8	36.5
11	24.3	24.4	25.5	25.7	25.7	25.8	23.3	23.5
12	38.8	38.9	38.0	38.3	38.5	38.2	37.9	37.3
13	30.6	30.9	31.2	30.6	30.5	30.9	31.2	31.3
14	41.4	41.4	41.4	39.7	39.6	41.2	41.3	41.4
15	175.2	173.3	173.6	61.1	60.9	173.3	173.6	173.7
16	19.4	19.4	19.7	19.7	19.6	19.7	19.8	19.9
17	21.5	21.8	169.6	169.8	169.5	168.4	26.6	27.9
18	21.4	21.3	21.9	21.9	22.4	21.5	64.8	15.1
19	27.8	27.2	33.1	33.1	36.4	33.2	21.9	21.9
20	14.0	14.1	14.3	14.3	15.4	15.0	14.5	13.6

续表

C	16-3-1[1]	16-3-2[1]	16-3-3[2]	16-3-4[2]	16-3-5[2]	16-3-6[2]	16-3-7[3]	16-3-8[3]
OMe		51.1	51.1 51.0	51.3	51.4	51.2 52.4	51.3	51.4
OAc		170.2/20.7 170.3/20.9						

16-3-9

16-3-10

16-3-11

16-3-12

16-3-13

16-3-14

表 16-3-2 化合物 16-3-9~16-3-14 的 ^{13}C NMR 化学位移数据

C	16-3-9[4]	16-3-10[5]	16-3-11[4]	16-3-12[6]	16-3-13[7]	16-3-14[8]
1	32.4	39.7	36.6	39.2	40.2	38.3
2	18.8	18.4	18.6	18.4	18.3	26.6
3	41.8	42.0	42.3	42.8	43.5	89.0
4	33.4	33.2	33.0	33.3	33.8	39.7
5	46.4	56.1	46.3	56.1	60.9	55.8
6	21.7	20.5	21.0	20.6	69.1	20.5
7	31.5	44.4	38.0	44.5	54.3	45.1
8	36.8	74.8	74.2	74.0	73.7	73.0
9	76.8	61.7	61.2	61.1	61.6	61.9
10	43.6	39.3	39.0	39.2	39.4	38.9
11	28.0	19.1	20.8	23.9	23.6	24.6
12	37.5	45.0	45.1	42.8	43.8	43.7
13	73.5	73.6	73.7	140.8	160.7	138.9
14	145.4	145.9	146.1	123.2	115.1	125.4
15	111.7	111.2	111.2	59.2	167.3	59.0
16	27.9	27.4	27.6	16.5	19.0	16.7
17	16.6	24.3	32.1	16.4	25.7	24.5
18	22.0	21.5	21.4	21.4	22.1	16.8
19	33.8	33.4	33.2	33.2	36.1	28.3
20	16.3	15.4	24.8	15.4	16.5	15.9
OMe					50.7	

注：**16-3-14** 中 Glu 的碳谱信号为 106.9，75.8，78.8，71.9，78.3，63.0。

16-3-15 R^1=OCH$_3$; R^2=H
16-3-16 R^1=H; R^2=OCH$_3$

16-3-17 R^1=OCH$_3$; R^2=R^3=R^4=H
16-3-18 R^1=R^3=R^4=H; R^2=OCH$_3$
16-3-19 R^1=R^3=OCH$_3$; R^2=R^4=H

16-3-20 R^1=R^4=H; R^2=R^3=OCH$_3$
16-3-21 R^1=R^4=OCH$_3$; R^2=R^3=H
16-3-22 R^1=R^3=H; R^2=R^4=OCH$_3$

表 16-3-3 化合物 **16-3-15~16-3-22** 的 ^{13}C NMR 化学位移数据[9]

C	16-3-15	16-3-16	16-3-17	16-3-18	16-3-19	16-3-20	16-3-21	16-3-22
1	34.0	33.9	33.1	33.7	32.1	32.0	34.1	34.2
2	18.8	18.8	18.8	18.8	19.1	19.0	19.0	18.9
3	44.0	44.1	43.9	44.0	43.8	43.8	44.1	44.0
4	34.2	34.1	34.1	33.7	34.1	34.1	34.1	34.1
5	48.4	48.7	48.7	48.7	48.6	48.7	48.9	48.9
6	70.7	70.8	70.8	70.8	70.9	70.8	70.8	70.8
7	36.8	36.6	36.4	36.6	36.3	36.2	36.5	36.6
8	31.0	31.5	31.6	31.4	31.7	31.6	31.5	31.4
9	92.0	92.4	91.7	92.3	93.2	93.0	92.7	93.1
10	43.1	42.9	42.9	42.9	42.8	42.8	43.1	43.1
11	28.9	29.7	29.6	29.7	29.2	29.4	30.2	29.7
12	39.8	38.4	39.7	37.9	37.5	38.0	32.8	31.2
13	89.1	89.9	89.3	89.4	89.3	88.1	90.3	92.3
14	46.9	47.6	46.6	46.9	41.7	41.8	45.3	44.6
15	105.2	105.8	104.4	104.9	103.5	103.1	102.1	105.1
16	75.3	78.0	74.7	77.4	105.3	106.6	108.3	108.3
17	16.8	17.3	17.2	17.3	16.9	16.8	17.4	17.7
18	23.7	23.8	23.8	23.8	23.8	23.7	23.8	23.9
19	33.1	33.1	33.1	33.1	32.8	32.7	33.1	33.1
20	19.9	19.8	19.6	19.9	19.6	19.6	19.8	19.9
OAc	170.5/22.0	170.5/22.0	170.5/22.0	170.5/22.0	170.5/22.0	170.4/21.8	170.5/21.9	170.5/22.0
OMe	55.2	54.8	55.0	54.9	55.3	55.3	56.6	55.6
					54.5	54.6	54.9	55.1

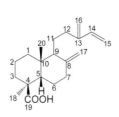

16-3-23

16-3-24 R^1=OAc; R^2=R^3=R^4=H
16-3-25 R^1=H; R^2=α-H; R^3=OAc; R^4=OMe

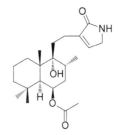

16-3-26

16-3-27 16-3-28

16-3-29 R¹=α-H,β-OH; R²=Me
16-3-30 R¹=H₂; R²=COOH

表 16-3-4 化合物 16-3-23~16-3-30 的 ^{13}C NMR 化学位移数据

C	16-3-23[10]	16-3-24[11]	16-3-25[12]	16-3-26[13]	16-3-27[14]	16-3-28[15]	16-3-29[16]	16-3-30[16]
1	39.10	29.8	33.7	33.7	37.3	35.5	35.5	37.6
2	19.86	23.2	18.6	18.8	19.2	17.6	29.2	20.3
3	37.78	80.2	43.6	43.8	35.9	35.5	78.1	38.4
4	44.11	37.7	34.0	33.9	39.3	44.5	39.1	44.0
5	56.33	45.9	47.7	47.5	52.9	50.0	51.4	53.6
6	26.02	20.9	69.9	70.6	19.6	36.3	19.5	21.6
7	38.87	31.0	36.1	36.3	34.3	206.9	34.1	34.6
8	147.95	36.8	31.9	32.1	127.1	88.3	126.6	127.3
9	55.78	76.4	76.6	76.4	139.8	81.7	140.1	139.5
10	40.07	42.9	43.8	44.0	39.3	44.4	39.5	40.2
11	22.23	31.7	31.2	32.3	26.5	32.2	29.2	29.4
12	28.96	23.5	24.5	21.7	26.8	21.3	26.1	26.1
13	146.99	171.2	168.1	140.6	134.0	124.6	126.1	126.2
14	139.02	114.9	117.8	137.1	145.5	110.8	111.4	111.5
15	115.48	174.0	170.4	46.6	70.8	143.2	143.3	143.3
16	113.13	73.2	104.4	175.3	174.8	138.8	139.1	139.2
17	106.41	16.1	16.0	16.4	19.7	26.8	19.2	19.9
18	28.06	16.6	23.7	23.7	64.2	17.1	16.5	29.1
19	184.23	28.3	33.6	33.6	27.8	65.9	28.7	180.1
20	12.75	16.9	19.0	18.9	20.9	15.1	20.3	18.4
OAc		170.7/21.2	170.4/21.9	170.5/21.9		169.1/21.4		
OMe			57.0					

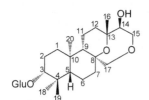

16-3-31

16-3-32 R¹=R²=H
16-3-33 R¹=Glu; R²=H
16-3-34 R¹=H; R²=Glu

16-3-35 R=12-α-OGlu
16-3-36 R=12-β-OGlu

16-3-37 R=CH₂OH
16-3-38 R=COOH

表 16-3-5 化合物 16-3-31~16-3-38 的 ^{13}C NMR 化学位移数据[17]

C	16-3-31	16-3-32	16-3-33	16-3-34	16-3-35	16-3-36	16-3-37[18]	16-3-38[18]
1	38.3	38.4	38.5	38.5	38.5	37.8	38.9	38.4
2	24.2	24.1	24.1	24.1	24.2	24.2	17.1	16.1

续表

C	16-3-31	16-3-32	16-3-33	16-3-34	16-3-35	16-3-36	16-3-37[18]	16-3-38[18]
3	85.7	85.8	85.8	85.9	85.9	85.9	35.4	36.9
4	39.3	39.3	39.3	39.3	39.3	39.3	36.8	47.2
5	57.4	57.5	57.4	57.3	57.2	56.8	49.8	50.6
6	20.8	20.9	20.9	20.9	20.7	20.7	19.7	22.5
7	39.2	45.0	44.9	45.0	43.6	43.4	42.8	42.5
8	77.4	76.6	76.4	76.7	77.7	78.1	75.9	76.2
9	58.3	56.7	58.0	57.4	59.1	49.6	58.5	58.5
10	37.6	38.0	37.9	37.9	37.8	37.3	37.6	36.1
11	17.8	15.7	16.0	15.8	25.7	20.2	16.2	15.8
12	35.9	32.8	34.6	33.4	89.1	74.7	34.9	34.7
13	77.0	76.1	76.9	76.3	77.2	77.9	73.3	73.5
14	75.4	77.8	88.9	75.5	143.4	148.6	147.7	147.5
15	71.7	64.3	64.0	72.6	116.2	111.3	109.5	109.6
16	28.4	24.6	25.2	24.9	29.8	28.2	32.7	32.6
17	73.3	25.7	25.6	25.8	26.0	25.0	23.9	23.9
18	16.8	17.0	16.9	16.9	16.8	16.8	17.9	17.6
19	28.7	28.8	28.7	28.8	28.7	28.7	72.1	184.2
20	15.7	14.7	16.2	16.1	16.7	16.5	15.9	15.8
1'	102.0	102.5	102.0	102.0	102.0	101.3		
2'	75.2	75.2	75.2	75.2	75.2	75.1		
3'	78.3	78.7	78.3	78.4	78.4	78.3		
4'	72.0	72.1	72.0	72.0	72.0	72.0		
5'	77.7	78.5	77.8	77.8	77.8	77.7		
6'	63.1	63.3	63.1	63.1	63.1	63.0		
1''			105.9	104.4	106.5	102.0		
2''			75.4	75.2	75.5	75.0		
3''			78.1	78.1	78.4	78.1		
4''			71.9	72.0	71.8	71.9		
5''			77.9	78.0	77.8	77.9		
6''			62.9	62.8	62.9	63.0		

参 考 文 献

[1] Gianello J C, Pestchanker M J, Tonn C E, et al. Phytochemistry, 1990, 29: 656.

[2] Jolad S D, Timmermann B N, Hoffmann J J, et al. Phytochemistry, 1987, 26: 483.

[3] Timmermann B N, Hoffmann J J, Jolad S D, et al. Phytochemistry, 1986, 25: 723.

[4] Ono M, Yamasaki T, Konoshita M, et al. Chem Pharm Bull, 2008, 56: 1621.

[5] Xue-Ting L, Yao S, Jing-Yu L, et al. Chinese J Nat Med, 2009, 7: 341.

[6] Rojatkar S R, Chiplunkar Y G, Nagasampagi B A. Phytochemistry, 1994, 37: 1213.

[7] de Teresa J P, Urones J G, Marcos I S, et al. Phytochemistry, 1986, 25: 1185

[8] Otsuka H, Shitamoto J, Matsunami K, et al. Chem Pharm Bull, 2007, 55: 1600.

[9] Ono M, Yamamoto M, Masuoka C, et al. J Nat Prod, 1999, 62: 1532.

[10] 陈红英，林南英，徐定学，等. 中草药, 2004, 35: 368.

[11] Zheng C, Huang B, Wu Y, et al. Biochem Syst Ecol, 2010, 38: 247.

[12] Ono M, Nagasawa Y, Ikeda T, et al. Chem Pharm Bull, 2009, 57: 1132.

[13] Li S H, Zhang H J, Qiu S X, et al. Tetrahedron Lett, 2002, 43: 5131.

[14] 王国才,胡永美,张晓琦，等. 中国药科大学学报, 2005, 36: 405.

[15] Papanov G, Malakov P, Tomova K. Phytochemistry, 1998, 47: 139.

[16] Katagiri M, Ohtani K, Kasai R, et al. Phytochemistry, 1994, 35: 439.

[17] Koyama Y, Matsunami K, Otsuka H, et al. Photochemistry, 2010, 71: 675.

[18] 刘雪婷，施瑶，张琼，等. 中国天然药物, 2006, 4: 87.

第四节　克罗烷型二萜化合物的 ^{13}C NMR 化学位移

【结构特点】克罗烷（clerodane）型二萜化合物是半日花烷型二萜的重排结构的双环二萜化合物。

基本结构骨架

【化学位移特征】

1. 克罗烷型二萜化合物也与半日花烷二萜类似，可以分成多个类型，如Ⅰ为开链型（**16-4-1～16-4-7**，**16-4-12** 和 **16-4-13**）、Ⅱ为内酯型（**16-4-8～16-4-11**）、Ⅲ为环氧型（**16-4-14～16-4-19**）、Ⅳ为呋喃型（**16-4-20～16-4-25**）等。

2. 对于Ⅰ型结构，羟基连接碳的化学位移出现在：δ_{C-3} 68.9～76.4，δ_{C-4} 75.9，δ_{C-11} 74.9，δ_{C-13} 73.4，δ_{C-15} 60.4～66.3，δ_{C-16} 58.1～61.1，δ_{C-18} 62.5。双键碳的化学位移出现在：3,4 位双键，δ_{C-3} 120.4～121.8，δ_{C-4} 143.4～147.6；13,14 位双键，δ_{C-13} 144.2，δ_{C-14} 125.8；14,15 位双键，δ_{C-14} 144.9，δ_{C-15} 112.4；4,18 位双键，δ_{C-4} 163.7，δ_{C-18} 100.1；12,13 位双键和 14,15 位双键共轭时，δ_{C-12} 132.6，δ_{C-13} 136.1，δ_{C-14} 141.6，δ_{C-15} 112.7；3,4 位双键与 18 位羧基共轭时，δ_{C-3} 140.0，δ_{C-4} 141.3，δ_{C-18} 172.0；13,14 位双键与 15 位醛基共轭时，δ_{C-13} 163.1～165.9，δ_{C-14} 127.6～128.0，δ_{C-15} 189.2～191.3；13,14 位双键与 15 位羧基共轭时，δ_{C-13} 159.5，δ_{C-14} 117.4，δ_{C-15} 169.2。3 位具有独立羰基时，δ_{C-3} 213.0；17 位为羧基时，δ_{C-17} 179.1；17 位为醛基时，δ_{C-17} 206.1。

3. 对于Ⅱ型结构，2 位连接羟基时 δ_{C-2} 74.1，6 位连接羟基时 δ_{C-6} 74.4，15 位连接羟基时 δ_{C-15} 66.4～71.0。3，4 位双键与 18 位羧基共轭时，δ_{C-3} 132.5～142.7，δ_{C-4} 140.8～147.0，δ_{C-18} 170.0～173.4。13，14 位双键与 16 位内酯羰基共轭时，δ_{C-13} 134.8～134.9，δ_{C-14} 143.9～145.4，δ_{C-16} 174.3～175.0。

4. 对于Ⅲ型结构，1 位连接羟基时 δ_{C-1} 70.3～72.6，6 位连接羟基或羟基与有机酸成酯时，δ_{C-6} 72.0～77.2,7 位连接羟基或羟基与有机酸成酯时 δ_{C-7} 73.9～74.6。8 位与 13 位由氧连接起来，形成新的六元氧环，δ_{C-8} 80.7～83.1，δ_{C-13} 76.3～77.4。15 位与 16 位由氧连接起来，形成新的五元内酯环，δ_{C-15} 173.4～174.5，δ_{C-16} 76.3～79.6。3,4 位往往为双键，δ_{C-3} 119.9～120.5，δ_{C-4} 143.1～143.4。4,18 位为双键时，δ_{C-4} 152.1，δ_{C-18} 107.5。

5. 对于Ⅳ型结构，1 位连接羟基时 δ_{C-1} 68.5～69.2，2 位连接羟基时 δ_{C-2} 66.2～76.1、3、4 位连接三元氧桥时 δ_{C-3} 62.0～62.1，12 位连接羟基时 δ_{C-12} 66.3～71.8。3，4 位双键与 18 位羧基的羰基形成共轭时，δ_{C-3} 135.3～139.3，δ_{C-4} 141.9～143.1，δ_{C-18} 166.5～165.3。2 位酮羰基与 3，4 位双键共轭时，δ_{C-2} 192.9，δ_{C-3} 127.9，δ_{C-4} 161.2。而组成呋喃环的 4 个碳原子的化学位移出现在 δ_{C-13} 123.4～126.4，δ_{C-14} 108.3～110.9，δ_{C-15} 142.7～143.9，δ_{C-16} 138.3～139.7。

16-4-1　　　　16-4-2　　　　16-4-3　　　　16-4-4

16-4-5　　　　16-4-6　　　　16-4-7

表 16-4-1　化合物 16-4-1~16-4-7 的 ^{13}C NMR 化学位移数据

C	16-4-1[1]	16-4-2[1]	16-4-3[2]	16-4-4[3]	16-4-5[4]	16-4-6[5]	16-4-7[6]
1	16.8	16.9	21.0	18.0	20.1	17.5	23.0
2	30.9	30.9	38.3	26.4	26.6	27.4	39.2
3	76.4	76.5	68.9	121.8	120.8	140.0	213.0
4	75.9	75.9	163.7	147.6	143.9	141.3	58.1
5	41.6	41.6	40.4	37.6	38.5	37.5	41.8
6	32.6	32.6	38.0	36.9	36.2	35.6	41.5
7	26.9	26.7	27.6	27.2	28.6	27.2	27.3
8	36.4	36.3	36.8	36.2	36.0	36.1	36.5
9	38.9	39.3	39.5	38.5	46.8	38.6	38.8
10	40.8	40.7	48.8	46.2	46.8	46.6	48.7
11	36.6	38.1	36.7	38.5	74.9	35.8	31.9
12	34.5	26.9	34.5	28.8	132.6	24.9	35.3
13	163.1	163.8	159.5	144.2	136.1	39.8	73.4
14	127.6	127.6	117.4	125.8	141.6	29.7	144.9
15	189.8	189.2	169.2	60.4	112.7	66.3	112.1
16	17.1	24.7	19.0	58.1	12.5	61.1	27.9
17	16.1	16.1	16.0	15.8	16.7	15.9	15.7
18	17.4	17.4	100.1	62.5	18.1	172.0	6.9
19	21.7	21.7	21.6	21.2	19.6	20.5	18.3
20	18.4	18.3	18.2	18.2	13.8	18.4	14.3

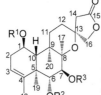

16-4-8 **16-4-9** **16-4-10** **16-4-11** **16-4-12** R=COOH
16-4-13 R=CHO

表 16-4-2 化合物 16-4-8~16-4-13 的 ^{13}C NMR 化学位移数据

C	16-4-8[5]	16-4-9[7]	16-4-10[7]	16-4-11[8]	16-4-12[9]	16-4-13[9]
1	17.4	23.9	18.5	17.2	18.0	17.4
2	27.4	74.1	27.5	27.2	26.5	26.6
3	140.5	132.5	137.0	142.7	120.4	120.7
4	141.1	147.0	143.4	140.8	143.5	143.4
5	37.5	38.9	38.3	44.7	37.7	37.7
6	35.7	36.3	36.0	74.4	35.3	35.0
7	27.2	27.8	27.7	35.7	21.3	19.0
8	36.1	36.8	38.1	33.9	48.8	54.7
9	38.7	39.0	41.4	38.4	38.9	39.2
10	46.5	42.6	49.1	45.6	46.2	46.4
11	36.0	36.4	39.4	36.1	39.1	39.1
12	22.6	19.2	138.2	18.8	26.5	26.4
13	39.6	134.8	127.3	134.9	165.9	164.6
14	29.6	145.4	33.3	143.9	127.9	128.0
15	66.4	71.0	103.2	70.2	191.3	190.5
16	172.8	175.0	170.0	174.3	25.1	25.2
17	15.9	16.3	16.6	15.6	179.1	206.1
18	171.0	170.5	170.0	173.4	19.76	19.5
19	20.5	19.5	20.9	16.6	17.8	17.9
20	18.3	18.6	17.9	17.4	19.8	19.9
OMe		56.9	56.7			

16-4-14 R¹=Bz; R²=R³=Ac
16-4-15 R¹=MePr; R²=R³=Ac
16-4-16 R¹=Nic; R²=R³=Ac
16-4-17 R¹=R³=Bz; R²=Nic

16-4-18 **16-4-19**

表 16-4-3 化合物 16-4-14~16-4-19 的 ^{13}C NMR 数据

C	16-4-14[10]	16-4-15[10]	16-4-16[10]	16-4-17[10]	16-4-18[11]	16-4-19[12]
1	70.8	70.3	71.6	70.9	71.1	72.6
2	33.0	32.8	33.0	33.1	32.7	25.5

C	16-4-14[10]	16-4-15[10]	16-4-16[10]	16-4-17[10]	16-4-18[11]	16-4-19[12]
3	120.2	120.1	119.9	120.5	120.4	26.9
4	143.1	143.4	143.2	143.1	143.4	152.1
5	44.2	44.1	44.2	44.7	43.8	44.0
6	73.2	73.1	73.0	74.6	77.2	72.0
7	74.1	74.0	73.9	74.5	74.6	74.5
8	80.8	80.7	80.7	81.2	82.1	83.1
9	38.7	38.6	38.6	38.9	38.3	43.9
10	43.1	43.1	43.0	43.5	43.5	44.8
11	28.5	28.3	28.5	28.6	28.3	71.9
12	29.3	29.3	29.2	29.3	29.4	34.5
13	76.5	76.3	76.4	77.0	76.2	77.4
14	44.3	44.2	44.2	44.5	42.2	42.6
15	173.7	173.7	173.4	173.7	174.5	174.1
16	76.5	76.4	76.3	76.6	79.6	79.1
17	19.6	19.6	19.5	19.8	20.4	20.2
18	20.0	20.0	20.0	20.2	20.3	107.5
19	16.6	16.4	16.6	16.8	16.3	18.2
20	21.1	21.1	21.0	21.2	21.4	17.8
1'	165.6	176.3	164.3	165.7	165.62	OAc
2'	130.3	34.3	125.8	128.9	126.4	170.9/20.5
3'	129.4	18.5	150.7	129.5	150.9	170.2/21.6
4'	128.7	19.2		128.3		
5'	133.4		153.8	133.3	153.5	
6'	128.7		123.5	128.3	123.4	
7'	129.4		136.7	129.5	137.2	
1"	OAc	OAc	OAc	163.5	165.66	
2"	169.9/21.5	169.8/21.4	169.7/21.4	125.9	133.4	
3"	170.9/20.8	170.9/20.8	170.8/20.7	150.7	129.4	
4"					128.6	
5"				153.3	130.0	
6"				123.1	128.6	
7"				136.7	129.4	
1'''				166.3		
2'''				130.0		
3'''/7'''				129.8		
4'''/6'''				128.7		
5'''				133.5		

16-4-20 R=H
16-4-21 R=O

16-4-22

16-4-23

16-4-24

16-4-25

表 16-4-4 化合物 16-4-20~16-4-25 的 ^{13}C NMR 化学位移数据

C	16-4-20[13]	16-4-21[13]	16-4-22[14]	16-4-23[15]	16-4-24[7]	16-4-25[16]
1	15.3	15.7	69.2	204.4	68.5	28.2
2	28.1	27.8	67.1	76.1	192.9	66.2
3	62.1	62.0	135.3	30.6	127.9	139.3
4	66.4	65.3	141.9	50.0	161.2	143.1
5	37.2	44.2	38.0	42.9	38.2	39.6
6	37.1	53.1	38.2	34.1	35.3	18.3
7	28.2	212.1	17.6	17.5	18.2	27.0
8	36.0	50.0	50.1	45.4	52.6	36.4
9	39.1	41.4	36.8	34.2	36.8	39.3
10	47.9	47.7	53.7	62.1	53.8	38.3
11	38.6	39.1	45.6	47.8	43.2	39.7
12	18.3	18.8	66.3	69.9	71.8	28.9
13	135.5	124.5	126.4	123.4	125.1	125.3
14	110.9	110.7	108.8	108.4	108.3	110.9
15	142.7	143.0	143.2	143.6	143.9	142.7
16	138.3	138.5	139.2	139.7	139.5	138.3
17	16.0	8.1	94.4	173.7	169.7	15.7
18	19.7	19.5	166.5	172.5	166.2	165.3
19	16.8	19.6	22.2	14.9	22.8	68.0
20	18.5	17.8	15.8	24.5	16.0	16.5
OMe			51.6	51.7	52.1	51.5
OAc			171.7/21.3	169.6/21.1	170.9/21.3	

参 考 文 献

[1] Nagashima F, Tanaka H, Huneck Y S, et al. Phytochemistry, 1995, 40: 209.

[2] Wijerathne E M K, De Silva L B, Tezuka Y, et al. Phytochemistry, 1995, 39: 443.

[3] San-Martin A, Givovich A, Castillo M. Phytochemistry, 1986, 25: 264.

[4] Hashimoto T, Nakamura I, Tori M, et al. Phytochemistry, 1995, 38: 119.

[5] Ahmad V U, Farooq U, Hussain J, et al. Chem Pharm Bull, 2004, 52: 441.

[6] Fazio C, Passannanti S, Paternostro M P, et al. Phytochemistroy, 1992, 31: 3147.

[7] Wang W, Ali Z, Li X, et al. Fitoterapia, 2009, 80: 404.

[8] Kiran I, Malik A, Mukhtar N, et al. Chem Pharm Bull, 2004, 52: 785.

[9] Toyota M, Nagashima F, Asakawa Y. Phytochemistry, 1989, 28: 3415.

[10] Zhu F, Di Y T, Liu L L, et al. J Nat Prod, 2010, 73: 233.

[11] Fei W, Ren F C, Li Y J, et al. Chem Pharm Bull, 2010, 58: 1267.

[12] Esquivel B, Calderon J, Flores E. Phytochemistry, 1998, 47: 135.

[13] Harinantenaina L, Takahara Y, Nishizawa T, et al. Chem Pharm Bull, 2006, 54: 1046.

[14] Kutrzeba L M, Ferreira D, Zjawiony J K. J Nat Prod, 2009, 72: 1361.

[15] Ma Z, Deng G, Lee D Y W. Tetrahedron Lett, 2001, 51: 5207.

[16] Hikawczuk V E J, Rossomando P C, Giordano O S, et al. Phytochemistry, 2002, 61: 389.

第五节　珊瑚烷型二萜化合物的 ^{13}C NMR 化学位移

【结构特点】珊瑚烷（briarane）型二萜化合物是一个六元环和一个十元环并合的化合物，在其 1、5、11 位上各连接一个甲基，在 8 位上连接一个异丙基。

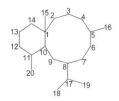

基本结构骨架

【化学位移特征】

1．珊瑚烷型二萜化合物也属于双环大环二萜化合物，在其骨架上多有羟基或乙酰氧基取代，连接羟基或乙酰氧基的碳的化学位移出现在 δ_{C-2} 71.3～81.0，δ_{C-3} 63.8～73.1，δ_{C-4} 66.8～78.8，δ_{C-6} 59.3～59.4，δ_{C-7} 77.3～82.7，δ_{C-8} 80.9～91.9，δ_{C-9} 65.0～83.4，δ_{C-11} 74.1～89.1，δ_{C-12} 70.3～74.2，δ_{C-14} 72.1～82.1，δ_{C-16} 62.8～67.4，δ_{C-17} 76.9。有时在连接羟基的碳上又连接一个氧与其他位置形成醚，这个碳的化学位移出现在 δ_{C-4} 97.2。

2．在珊瑚烷二萜的骨架上常有三元氧桥存在。3,4 位氧桥，δ_{C-3} 56.8，δ_{C-4} 63.5；5,16 位氧桥，δ_{C-5} 89.4，δ_{C-16} 66.2；8,17 位氧桥，δ_{C-8} 68.7～71.8，δ_{C-17} 58.8～60.1；11,20 位氧桥，δ_{C-11} 56.2～57.2，δ_{C-20} 49.9～51.2。

3．珊瑚烷二萜主要从海洋珊瑚中分离得到，因此常常在其骨架上有氯取代，而且多在 6 位上，其 6 位碳的化学位移出现在 δ_{C-6} 53.4～65.1。

4．珊瑚烷二萜骨架上存在的另一类功能团是双键。2,3 位双键，δ_{C-2} 131.1～133.2，δ_{C-3} 127.4～128.6；3,4 位双键，δ_{C-3} 129.2～133.0，δ_{C-4} 127.4～131.8；5,6 位双键，δ_{C-5} 133.9～145.9，δ_{C-6} 116.1～125.0；5,16 位双键，δ_{C-5} 133.9～146.7，δ_{C-16} 115.6～121.2；11,12 位双键，δ_{C-11} 133.6～135.2，δ_{C-12} 118.1～120.7；11,20 位双键，δ_{C-11} 147.0～150.0，δ_{C-20} 110.2～114.0；13,14 位双键，δ_{C-13} 121.4，δ_{C-14} 142.5。

5．珊瑚烷二萜的 19 位羧基往往与 7 位羟基脱水，形成五元内酯，其内酯的羰基的化学位移出现在 δ_{C-19} 170.1～178.9。

6．除在 17 位有连氧基团的化合物外，几乎每个化合物的 18 位甲基的化学位移都处于最高场，δ_{C-18} 6.4～10.9。

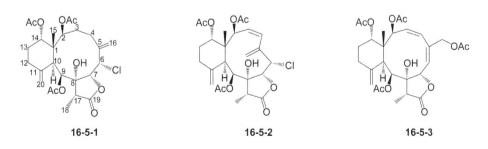

16-5-1　　　　　　　　　　16-5-2　　　　　　　　　　16-5-3

16-5-4

16-5-5

16-5-6

表 16-5-1 化合物 16-5-1~16-5-6 的 ^{13}C NMR 化学位移数据

C	16-5-1[1]	16-5-2[1]	16-5-3[1]	16-5-4[2]	16-5-5[2]	16-5-6[2]
1	48.4	47.9	47.5	47.6	47.5	46.8
2	73.4	71.3	74.7	72.8	72.8	72.8
3	28.9	131.1	133.2	38.1	63.9	63.8
4	33.4	128.6	127.4	72.0	78.8	78.8
5	146.7	138.1	140.0	144.8	134.3	134.3
6	53.4	63.2	122.8	123.8	53.9	53.9
7	81.6	78.8	79.0	77.3	79.1	79.0
8	81.5	83.8	83.0	82.9	82.7	82.9
9	80.2	75.4	69.0	71.4	77.5	70.8
10	44.0	42.9	42.5	42.5	44.0	41.0
11	150.0	148.8	150.6	151.2	147.2	56.2
12	33.0	27.9	27.2	26.0	32.6	29.7
13	27.5	27.1	28.1	27.6	27.5	24.6
14	74.9	73.8	74.0	73.8	74.5	73.9
15	14.5	15.1	15.1	15.1	15.0	15.8
16	121.2	117.6	63.6	26.2	119.5	119.5
17	51.4	46.0	43.4	42.4	49.9	49.4
18	6.7	7.7	6.6	6.4	7.1	7.3
19	175.0	175.4	175.9	175.8	174.1	174.2
20	110.2	113.0	114.0	112.9	111.8	51.2
OAc	171.3/21.6	170.4/21.6	170.9/22.0	169.3/20.8	169.7/20.3	169.5/20.3
	171.0/21.5	170.0/21.2	170.4/21.4	170.0/21.1	169.8/20.4	169.8/20.4
	170.2/21.5	169.8/21.1	170.1/21.2	170.2/21.1	170.0/20.9	169.9/20.9
			169.9/21.1	170.2/21.8	170.4/21.0	170.2/21.1

16-5-7

16-5-8

16-5-9 R=OH
16-5-10 R=H

16-5-11

16-5-12

表 16-5-2 化合物 **16-5-7~16-5-12** 的 ^{13}C NMR 化学位移数据

C	16-5-7[2]	16-5-8[2]	16-5-9[3]	16-5-10[3]	16-5-11[3]	16-5-12[4]
1	47.5	48.9	45.6	43.2	42.7	44.1
2	72.9	81.0	80.0	80.6	72.5	80.0
3	40.6	133.0	70.6	70.7	73.1	30.3
4	97.2	129.0	38.2	33.2	33.0	26.6
5	137.8	141.3	59.3	59.4	142.1	145.9
6	55.3	63.5	62.7	62.7	125.0	118.4
7	78.6	75.6	76.4	76.4	85.6	76.1
8	81.2	82.5	68.7	68.8	81.7	71.8
9	78.2	74.1	65.8	66.2	65.0	65.5
10	43.6	39.0	39.7	41.8	43.2	36.0
11	147.0	57.2	42.6	40.0	34.8	133.6
12	27.5	25.0	193.1[3]	200.7[3]	71.1	118.1
13	32.6	30.1	130.0	126.4	31.9	32.4
14	74.2	72.2	150.2	154.5	73.8	74.9
15	14.6	14.9	17.5	17.5	19.6	16.5
16	117.7	115.6	21.6	21.0	22.8	22.8
17	50.3	50.1	60.1	59.8	76.9	58.8
18	6.9	6.9	10.4	10.4	16.7	21.7
19	174.0	174.5	170.1	170.3	175.8	176.2
20	111.6	50.0	14.5	14.5	15.0	22.2
21					173.2	
22					35.8	
23					17.9	
24					13.6	
OAc	173.4/21.3	170.4/21.2	168.8/21.7	169.8/21.5	168.0/22.0	
	169.9/21.2	170.2/21.1	170.2/21.4	170.3/21.7	170.7/20.9	
	169.3/20.3	170.0/20.8	170.1/20.9	168.9/21.8	170.1/20.6	
	170.4/21.0				169.2/20.9	

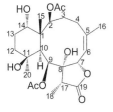

16-5-13

16-5-14

16-5-15

16-5-16

16-5-17

16-5-18 R=OH
16-5-19 R=H

表 16-5-3 化合物 16-5-13~16-5-19 的 ^{13}C NMR 化学位移数据

C	16-5-13[5]	16-5-14[2]	16-5-15[6]	16-5-16[7]	16-5-17[7]	16-5-18[7]	16-5-19[7]
1	51.6	48.0	48.1	45.8	45.9	44.6	44.4
2	77.4	80.9	71.0	77.7	77.3	73.9	74.7
3	32.6	131.0	56.8	129.3	129.2	40.3	31.7
4	28.9	130.8	63.5	131.8	128.9	66.8	25.1
5	146.2	141.5	85.0	89.4	137.1	144.0	143.7
6	119.0	63.5	65.1	64.1	61.9	123.6	117.3
7	77.6	76.0	82.7	81.3	78.9	79.2	78.0
8	80.9	83.3	91.9	91.7	83.0	81.8	81.9
9	68.3	75.8	69.9	74.5	69.1	69.5	69.9
10	49.9	42.1	40.2	50.2	39.2	39.7	40.1
11	89.1	147.5	57.2	74.1	75.4	135.2	134.3
12	29.2	27.6	29.9	201.1	72.8	119.9	120.7
13	27.9	30.0	25.4	122.4	121.4	26.4	26.6
14	82.1	74.1	80.1	155.7	142.5	73.3	73.2
15	15.4	14.5	16.0	16.4	14.8	14.3	14.2
16	26.5	116.5	62.8	66.2	116.8	67.0	67.4
17	42.0	49.5	45.6	45.2	45.5	43.8	43.1
18	6.6	6.8	8.9	10.4	6.9	6.7	7.0
19	176.2	174.2	175.4	175.7	175.0	178.9	176.0
20	23.2	112.6	49.9	24.2	23.5	24.4	24.3
21					172.4		
22					36.3		
23					18.4		
24					13.7		
OAc	169.4/21.1	170.4/21.4	169.4/21.2	169.5/21.2	170.1/22.0	170.9/21.2	170.7/21.1
	170.3/21.4	170.1/21.2	169.2/21.4	168.9/21.5	172.0/20.9	171.2/21.3	169.6/21.5
		170.0/20.9	171.1/21.1		175.0/23.4	172.2/21.3	171.3/21.3
						170.9/21.2	170.4/20.9

16-5-20 R^1=R^2=Ac
16-5-21 R^1=But; R^2=Ac
16-5-22 R^1=But; R^2=H

16-5-23 R^1=R^2=Ac
16-5-24 R^1=Ac; R^2=H
16-5-25 R^1=But; R^2=Ac

表 16-5-4 化合物 **16-5-20~16-5-25** 的 ^{13}C NMR 化学位移数据[8]

C	16-5-20	16-5-21	16-5-22	16-5-23	16-5-24	16-5-25
1	46.1	46.0	45.8	45.1	44.6	45.2
2	71.8	71.5	72.9	71.0	72.7	71.1
3	130.6	130.6	130.0	60.3	60.6	60.2
4	127.8	127.7	128.2	61.2	59.1	61.2
5	137.0	137.0	136.7	134.1	133.9	134.2
6	64.8	64.8	62.9	63.3	61.6	63.3
7	79.4	79.4	78.9	78.3	77.7	78.3
8	84.3	84.3	81.2	83.9	81.5	84.0
9	83.4	83.3	75.5	82.4	75.7	82.4
10	38.5	38.4	38.9	38.4	38.8	38.4
11	79.4	79.3	74.7	79.5	74.7	79.5
12	70.7	70.4	74.0	70.5	74.2	70.3
13	25.8	25.9	26.5	26.0	26.1	26.1
14	72.2	72.2	73.0	72.0	72.5	72.1
15	16.0	16.0	14.6	16.9	15.0	16.9
16	116.2	116.1	116.4	116.2	118.0	116.1
17	49.1	49.1	47.6	48.3	47.7	48.3
18	10.7	10.6	8.1	10.9	8.4	10.8
19	176.5	176.5	175.7	176.0	175.2	176.0
20	19.7	19.6	24.5	19.5	25.0	19.5
But		171.4	174.0			171.3
		36.3	36.6			36.4
		18.2	18.3			18.2
		13.7	13.7			13.7
OAc	168.7/20.8	168.3/20.8	170.2/21.2	168.3/22.0	169.2/20.9	168.3/20.9
	168.9/20.9	170.2/21.3	169.4/21.3	168.7/21.3	169.4/21.2	170.2/20.9
	170.3/21.3	168.5/21.4	169.8/21.4	170.2/20.9	171.7/21.4	168.9/21.3
	168.5/21.4	169.8/22.0		168.9/20.9	170.4/21.4	169.4/22.0
	168.5/21.4			169.4/20.8		

参 考 文 献

[1] Sung P J, Tsai W T, Chiang M Y, et al. Tetrahedron, 2007, 63: 7582.

[2] 温燕梅, 漆淑华, 张偲. 天然产物研究与开发, 2006, 18: 234.

[3] Sung P J, Hu W P, Wu S L, et al. Tetrahedron, 2004, 60: 8975.

[4] Sung P J, Fan T, Fang L S, et al. Chem Pharm Bull, 2003, 51: 1429.

[5] Sung P J, Lin M R, Fang L S. Chem Pharm Bull, 2004,

52: 1504.

[6] Lin Y C, Huang Y L, Khalil A T, et al. Chem Pharm Bull, 2005, 53: 128.

[7] Ito H, Iwasaki J, Sato Y, et al. Chem Pharm Bull, 2007, 55: 1671

[8] Rodriguez A D, Ramirez C, Cobar O M. J Nat Prod, 1996, 59: 15.

第六节 尤尼斯烷型二萜化合物的 ^{13}C NMR 化学位移

【结构特点】尤尼斯烷（eunicellane）型二萜化合物也是双环二萜化合物。

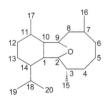

基本结构骨架

【化学位移特征】

1. 尤尼斯烷型二萜化合物是一个六元环和一个 2,9 位由氧连接的十元碳环并合而成的化合物，3、7、11 位上各连接一个甲基，14 位上连接一个异丙基，在其基本骨架上多个位置连接羟基或含氧基团。2,9 位连氧碳，δ_{C-2} 83.5～93.3，δ_{C-9} 75.0～82.8；3 位连氧碳，δ_{C-3} 72.7～86.9；6 位连氧碳，δ_{C-6} 70.9～88.4；7 位连氧碳，δ_{C-7} 75.6～79.8；8 位连氧碳，δ_{C-8} 79.5～79.7；11 位连氧碳，δ_{C-11} 72.6～83.6；12 位连氧碳，δ_{C-12} 72.6～79.0；13 位连氧碳，δ_{C-13} 66.4～70.5；19 位连氧碳，δ_{C-19} 66.3～67.8。

2. 双键的存在是尤尼斯烷型二萜化合物的另一个特点。6,7 位双键，δ_{C-6} 123.4，δ_{C-7} 131.5；7,16 位双键，δ_{C-7} 141.9～150.6，δ_{C-16} 115.1～120.1；11,12 位双键，δ_{C-11} 131.1～132.7，δ_{C-12} 121.2～122.9；11,17 位双键，δ_{C-11} 143.0～148.8，δ_{C-17} 109.2～115.3。

3. 尤尼斯烷二萜在 6 位常见酮羰基。其化学位移出现在 δ_{C-6} 205.4～213.3。

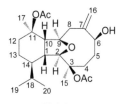

16-6-1

16-6-2 R^1=R^4=R^5=H; R^2=O; R^3=Ac
16-6-3 R^1=But; R^2=OH; R^3=Ac; R^4=R^5=H
16-6-4 R^1=But; R^2=R^4=OAc; R^3=H; R^5=OBut
16-6-5 R^1=But; R^2=R^5=OBut; R^3=H; R^4=OAc
16-6-6 R^1=But; R^2=OCOCH=CH$_2$; R^3=H; R^4=OAc; R^5=OBut

表 16-6-1 化合物 16-6-1~16-6-6 的 ^{13}C NMR 化学位移数据

C	16-6-1[1]	16-6-2[2]	16-6-3[3]	16-6-4[3]	16-6-5[3]	16-6-6[3]
1	41.5	42.8	42.2	42.9	43.0	43.0
2	90.4	90.0	92.1	92.9	93.0	93.0
3	84.8	72.7	86.0	85.8	85.9	85.9
4	29.7	37.7	36.3	35.8	35.9	35.8
5	32.5	29.8	30.5	29.1	29.1	29.1
6	73.7	213.3	80.6	84.6	84.5	85.0
7	150.2	78.0	77.1	75.6	75.7	75.8
8	41.3	47.8	47.6	47.5	47.5	47.5
9	78.8	75.0	75.6	75.5	75.5	75.5
10	45.8	52.8	53.1	56.5	56.5	56.5

续表

C	16-6-1[1]	16-6-2[2]	16-6-3[3]	16-6-4[3]	16-6-5[3]	16-6-6[3]
11	82.2	82.1	82.2	72.6	72.7	72.7
12	35.5	31.0	31.9	76.6	76.7	76.7
13	18.1	17.7	17.6	70.2	70.2	70.2
14	43.0	41.5	42.6	47.3	47.3	47.9
15	22.5	29.0	23.1	23.0	23.1	23.1
16	116.8	25.7	22.8	23.7	23.8	23.9
17	25.5	24.7	24.7	25.6	25.7	25.8
18	22.5	28.6	29.0	30.1	30.2	30.2
19	16.2	15.0	15.3	16.0	16.1	16.1
20	21.7	21.5	21.8	23.3	23.3	23.4
OAc	170.2/22.5 170.0/22.5	170.2/22.6	170.1/22.5	171.9/21.4 169.9/20.7	169.9/20.7	169.9/20.7
3-*n*-丁酰基			13.6 18.6 37.3 172.6	13.8 18.2 37.2 172.2	13.7 18.5 37.3 172.2	13.8 18.3 37.3 172.2
6-*n*-丁酰基					13.8 18.3 36.6 174.5	
13-*n*-丁酰基				13.6 18.1 36.6 172.9	13.7 18.1 36.6 172.8	13.7 18.1 36.6 172.8
6-丙烯酰基						128.8 130.7 166.9

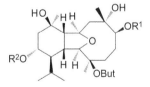

16-6-7 R¹=Ac; R²=H
16-6-8 R¹=H; R²=Ac

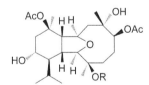

16-6-9 R=But
16-6-10 R=Ac

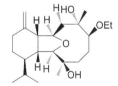

16-6-11

16-6-12

16-6-13 R=OAc
16-6-14 R=H

表 16-6-2 化合物 16-6-7~16-6-14 的 ^{13}C NMR 化学位移数据

C	16-6-7[3]	16-6-8[3]	16-6-9[3]	16-6-10[3]	16-6-11[4]	16-6-12[5]	16-6-13[6]	16-6-14[6]
1	43.1	44.9	44.2	44.2	45.3	45.0	40.6	41.7
2	92.8	93.3	93.2	93.1	91.1	92.3	89.8	91.1
3	85.9	85.8	85.7	86.0	74.4	86.3	84.8	84.7
4	35.9	36.4	36.0	35.8	40.9	36.2	29.5	30.2
5	29.7	30.4	29.1	29.1	27.2	30.5	29.5	30.2
6	84.7	80.5	85.0	84.9	88.4	80.3	70.9	71.4
7	75.7	77.0	75.8	75.8	76.1	76.9	141.9	143.9
8	47.7	47.5	47.6	47.5	45.1	45.7	42.6	43.1
9	75.6	75.7	75.9	76.0	78.6	78.4	78.8	79.4
10	56.8	56.8	52.0	51.3	53.8	53.7	43.8	43.8
11	72.7	72.6	83.6	83.6	148.4	147.0	80.8	82.1
12	79.0	76.7	42.0	42.3	31.9	31.2	73.2	32.1
13	69.4	70.5	66.4	66.4	25.2	25.2	22.6	18.4
14	50.0	47.4	50.2	50.1	44.0	38.8	36.5	43.8
15	23.1	23.3	23.2	23.1	29.9	23.3	22.2	22.1
16	23.7	22.7	23.8	23.8	24.8	22.7	120.1	119.6
17	25.9	25.7	24.7	24.6	109.2	109.8	21.6	22.4
18	30.8	30.2	30.4	30.4	29.3	34.1	26.9	27.7
19	24.5	23.4	23.8	24.5	22.1	67.8	15.0	15.4
20	15.9	16.0	16.1	16.2	15.7	10.8	21.5	21.9
OAc	172.0/21.4 171.3/20.9	170.0/20.6 170.2/13.7	172.0/21.4 169.9/22.4	169.8/22.2 172.0/22.5 170.1/22.5		171.2/21.1	169.8/22.6 169.7/22.5 169.5/21.2 169.4/19.6	169.4/25.5 169.1/22.4 169.0/19.3
But	13.7 18.3 37.3 172.2	13.7 18.3 37.2 172.1	13.6 18.6 37.2 172.5			172.2 37.3 18.4 13.7		
OEt					64.8/15.3			
NMe							43.8	46.5

注：But 代表丁酰基。

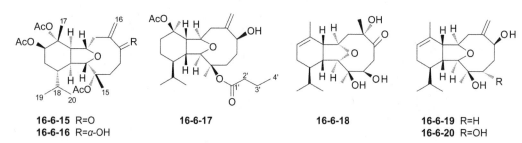

16-6-15 R=O
16-6-16 R=α-OH
16-6-17
16-6-18
16-6-19 R=H
16-6-20 R=OH

表 16-6-3 化合物 16-6-15~16-6-20 的 ^{13}C NMR 化学位移数据

C	16-6-15[6]	16-6-16[6]	16-6-17[3]	16-6-18[2]	16-6-19[2]	16-6-20[2]
1	42.2	41.0	41.5	43.4	41.0	40.0
2	89.5	89.4	90.5	83.5	89.2	87.9
3	84.3	84.7	84.6	75.3	74.1	75.0
4	33.5	29.9	29.7	76.3	33.4	69.3
5	35.2	29.9	35.4	33.7	33.0	39.7
6	205.4	87.4	73.7	212.2	73.6	72.7

续表

C	16-6-15[6]	16-6-16[6]	16-6-17[3]	16-6-18[2]	16-6-19[2]	16-6-20[2]
7	148.2	145.1	150.3	78.1	150.6	148.7
8	41.4	41.7	41.3	48.0	41.4	40.1
9	77.8	78.1	78.8	80.0	82.5	82.0
10	47.3	43.9	46.1	50.2	44.9	44.6
11	80.3	80.8	82.3	131.5	131.4	131.9
12	73.3	73.4	32.3	121.4	122.9	122.5
13	22.8	22.8	18.1	22.6	23.0	22.9
14	34.7	35.9	43.1	38.1	39.5	39.5
15	21.4	21.7	22.6	26.6	27.1	22.2
16	119.4	118.5	116.8	25.5	115.6	115.1
17	22.6	22.7	25.4	22.9	23.1	22.4
18	27.5	26.9	27.5	27.6	27.8	28.5
19	14.8	15.0	15.2	15.1	16.8	19.2
20	21.3	21.5	21.7	21.7	21.8	21.5
OAc	170.1/22.1 169.7/22.5 169.6/21.3	170.3/22.5 169.9/22.3 169.7/21.2	170.1/22.5			
1′			172.7			
2′			37.7			
3′			18.5			
4′			13.6			

16-6-21

16-6-22

16-6-23 R¹=H; R²=α-OH; R³=Me; R⁴=OH; R⁵=CH₂CH₂CH₃
16-6-24 R¹=α-H; R²=H; R³=OH; R⁴=Me; R⁵=CH₂CH₂CH₃
16-6-25 R¹=H; R²=α-OH; R³=Me; R⁴=OH; R⁵=Me
16-6-26 R¹=α-OAc; R²=H; R³=OH; R⁴=Me; R⁵=CH₂CH₂CH₃

表 16-6-4 化合物 16-6-21~16-6-26 的 ^{13}C NMR 化学位移数据

C	16-6-21[5]	16-6-22[5]	16-6-23[7]	16-6-24[7]	16-6-25[7]	16-6-26[7]
1	40.5	39.5	45.2	45.5	45.0	44.3
2	88.3	89.8	91.9	92.1	91.4	90.5
3	86.9	77.0	86.1	86.5	86.2	86.4
4	27.0	74.1	35.2	36.2	34.5	35.3
5	33.2	29.0	29.6	30.5	29.5	30.5
6	73.0	123.4	77.3	80.2	77.0	79.4
7	149.8	131.5	79.8	76.9	79.6	77.2

续表

C	16-6-21[5]	16-6-22[5]	16-6-23[7]	16-6-24[7]	16-6-25[7]	16-6-26[7]
8	41.4	44.4	79.7	45.9	79.5	45.9
9	82.8	81.2	81.2	78.3	81.1	78.9
10	44.5	46.8	52.9	53.7	52.5	51.5
11	131.1	132.7	148.8	147.6	148.6	143.0
12	122.3	121.2	31.7	31.5	31.6	72.6
13	23.4	22.1	24.9	24.6	24.8	28.9
14	34.8	32.6	43.9	44.0	43.7	37.0
15	21.9	22.3	23.1	23.2	23.0	23.3
16	116.3	19.1	17.6	22.7	17.7	22.7
17	23.1	21.9	110.3	109.4	109.9	115.3
18	32.6	36.4	29.1	29.1	29.0	28.8
19	67.8	66.3	16.1	15.7	16.2	16.0
20	12.2	15.7	22.0	22.0	21.9	21.8
1'			172.4	172.3		172.2
2'			37.4	37.4		37.4
3'			18.4	18.4		18.4
4'			13.7	13.7		13.7
OAc					169.5/21.7	170.3/21.5

参 考 文 献

[1] Ortega M J, Zubfa E, Salva J. J Nat Prod, 1994, 57: 1584.

[2] Chen Y H, Tai C Y, Kuo Y H, et al. Chem Pharm Bull, 2011, 59: 353.

[3] Wu S L, Su J H, Wen Z H, et al. J Nat Prod, 2009, 72: 994.

[4] Su J, Zheng Y, Zeng L. J Nat Prod, 1993, 56: 1601.

[5] Chen B W, Chang S M, Huang C Y, et al. J Nat Prod, 2010, 73: 1785.

[6] Roussis V, Fenical W, Vagias C, et al. Tetrahedron, 1996, 52: 2735.

[7] Miyamoto T, Yamada K, Ikeda N, et al. J Nat Prod, 1994, 57: 1212.

第七节　维替生烷型二萜化合物的 ^{13}C NMR 化学位移

【结构特点】维替生烷（verticillane）型二萜化合物是大环二萜化合物。

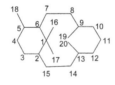

基本结构骨架

【化学位移特征】

1. 维替生烷型二萜化合物骨架上的羟基并不多，仅见 2、5 和 12 位有羟基取代，δ_{C-2} 75.7～76.8，δ_{C-5} 72.9～75.8，δ_{C-12} 80.4～81.4。

2. 维替生烷型二萜化合物骨架上存在的三元氧桥在 9,10 位和 13,14 位，它们的化学位移出现在 δ_{C-9} 61.5～62.1，δ_{C-10} 65.5～66.9，δ_{C-13} 63.0～63.7，δ_{C-14} 64.3～64.7。

3. 维替生烷型二萜化合物的另一类基团是双键。4,5 位双键，δ_{C-4} 120.4，δ_{C-5} 136.3；9,10 位双键，δ_{C-9} 132.9～137.7，δ_{C-10} 122.5～132.2；13,14 位双键，δ_{C-13} 130.0～134.8，δ_{C-14} 123.1～

131.6；5,18 位双键，δ_{C-5} 145.9～149.0，δ_{C-18} 105.6～108.1。

4．有时 18 位被氧化为醛基，δ_{C-18} 205.7。

 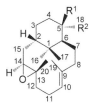 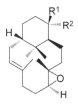 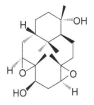

16-7-1 R^1=OH; R^2=H
16-7-2 R^1=H; R^2=OH
16-7-3 R^1=H; R^2=OAc

16-7-4

16-7-5 R^1=Me; R^2=OH
16-7-6 R^1=OH; R^2=Me

16-7-7 R^1=Me; R^2=OH
16-7-8 R^1=OH; R^2=Me

16-7-9

表 16-7-1 化合物 **16-7-1~16-7-9** 的 ^{13}C NMR 化学位移数据[1]

C	16-7-1[2]	16-7-2	16-7-3	16-7-4	16-7-5	16-7-6	16-7-7	16-7-8	16-7-9
1	42.1	37.7	37.7	40.7	36.8	36.1	37.4	37.1	36.9
2	76.8	45.0	45.0	75.7	42.9	43.3	43.9	44.2	42.5
3	38.9	29.9	29.8	40.4	28.2	26.3	28.1	26.6	27.5
4	34.5	36.1	36.0	120.4	41.1	38.7	41.4	39.2	41.4
5	147.3	149.0	148.9	136.3	75.4	73.2	75.5	73.4	75.1
6	42.8	42.5	42.6	40.5	46.1	43.5	45.2	43.6	46.6
7	19.8	20.0	20.0	21.6	21.7	21.3	21.1	20.4	21.3
8	37.7	37.4	37.5	39.2	40.4	39.8	39.9	40.5	39.1
9	133.9	135.6	136.5	132.9	133.9	133.6	62.1	62.0	61.7
10	128.1	123.5	122.5	129.7	129.6	129.8	66.3	66.9	65.5
11	26.3	34.7	31.9	26.7	24.4	24.4	26.3	26.1	24.0
12	40.7	80.4	81.4	40.4	40.5	40.7	38.7	38.8	37.9
13	134.3	134.8	130.9	133.7	63.5	63.4	133.1	133.4	63.2
14	124.3	129.5	131.6	123.1	64.3	64.3	128.0	127.8	64.7
15	42.0	32.9	32.8	42.7	34.9	34.9	33.6	33.9	34.3
16	19.2	27.6	27.6	21.1	28.9	28.7	29.4	29.3	30.6
17	22.1	24.3	24.2	18.3	25.6	26.0	24.8	25.6	24.4
18	106.7	105.6	105.7	23.0	24.5	32.1	24.9	33.0	25.4
19	15.6	15.8	15.9	15.8	16.4	16.7	16.6	16.4	16.9
20	15.1	9.6	10.4	15.3	15.8	15.8	15.2	15.3	15.8
OAc			170.2/21.4						

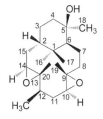 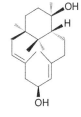 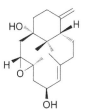

16-7-10　　　　　**16-7-11**　　　　　**16-7-12**　　　　　**16-7-13**

表 16-7-2 化合物 **16-7-10~16-7-13** 的 ^{13}C NMR 化学位移数据[3]

C	16-7-10[4]	16-7-11	16-7-12	16-7-13	C	16-7-10[4]	16-7-11	16-7-12	16-7-13
1	36.7	41.3	37.0	41.9	11	23.8	26.4	67.6	24.4
2	42.7	76.6	43.9	76.8	12	38.1	40.6	50.0	39.5
3	26.2	35.0	28.7	38.1	13	63.0	134.3	130.0	63.7
4	39.0	22.0	41.3	34.7	14	64.4	124.3	129.8	62.8
5	72.9	45.6	75.8	145.9	15	34.6	42.2	34.0	42.2
6	45.5	40.0	44.8	43.6	16	30.4	22.2	28.0	22.5
7	20.5	20.6	20.9	20.8	17	25.3	20.2	25.9	18.8
8	40.0	37.4	41.2	37.0	18	32.8	205.7	24.3	108.1
9	61.5	132.9	137.7	134.4	19	16.8	15.2	16.4	16.2
10	66.4	128.9	132.2	127.3	20	15.8	15.5	16.4	15.8

参 考 文 献

[1] Nagashima F, Kishi K, Hamada Y, et al. Phytochemistry, 2005, 66: 1662.

[2] Nagashima F, Tamada A, Fujii N, et al. Phytochemistry, 1997, 46: 1203.

[3] Nagashima F, Wakayama K, Ioka Y, et al. Chem Pharm Bull, 2008, 56: 1184.

[4] Toyota M, Nagashima F, Asakawa Y. Phytochemistry, 1989, 28: 2507.

第八节　朵蕾烷型二萜化合物的 ^{13}C NMR 化学位移

【结构特点】朵蕾烷（dolabellane）型二萜化合物也是大环双环二萜，它是由一个十一元环和一个五元环并合而成的化合物，在其 1、4、8 位上各连接一个甲基，在 12 位上连接一个异丙基。

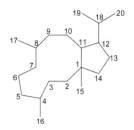

基本结构骨架

【化学位移特征】

1. 朵蕾烷型二萜化合物基本骨架上多位置存在羟基取代。2 位有羟基取代时，δ_{C-2} 73.2~74.6。3 位有羟基取代时，δ_{C-3} 70.9~76.8。6 位有羟基取代时，δ_{C-6} 66.3~70.2。7 位有羟基取代时，δ_{C-7} 73.0~74.2；苷化后向低场位移，δ_{C-7} 81.4~89.4。9 位有羟基取代时，δ_{C-9} 72.1。12 位有羟基取代时，δ_{C-12} 86.4~87.8。13 位有羟基取代时，δ_{C-13} 71.8。16 位有羟基取代时，δ_{C-16} 58.7~60.5。18 位有羟基取代时，δ_{C-18} 71.5~80.9。

2. 双键是朵蕾烷型二萜化合物基本骨架上另一类基团。3,4 位双键，δ_{C-3} 122.9~131.2，δ_{C-4} 130.0~140.8；7,8 位双键，δ_{C-7} 123.5~129.6，δ_{C-8} 132.2~142.1；8,9 位双键，δ_{C-8} 136.2~138.8，δ_{C-9} 129.3~134.0；10,11 位双键，δ_{C-10} 122.5，δ_{C-11} 154.2；4,16 位双键，δ_{C-4} 145.8~153.9，δ_{C-16} 110.7~118.7；8,17 位双键，δ_{C-8} 149.8~155.7，δ_{C-17} 108.7~110.3；12,13 位双键，δ_{C-12} 153.9，δ_{C-13} 118.9~122.6；12,18 位双键，δ_{C-12} 145.5~147.8，δ_{C-18} 129.1~129.9；18,19 位双键，δ_{C-18} 146.5，δ_{C-19} 111.2。

3．13 位羰基与 12,18 位双键共轭时，$\delta_{C\text{-}13}$ 205.5~206.9，$\delta_{C\text{-}12}$ 136.6~137.9，$\delta_{C\text{-}18}$ 145.9~150.4。14 位羰基与 12,13 位双键共轭时，$\delta_{C\text{-}14}$ 212.4，$\delta_{C\text{-}12}$ 123.6，$\delta_{C\text{-}13}$ 187.2。

4．7 位羰基碳化学位移为 $\delta_{C\text{-}7}$ 211.7~215.2。9 位羰基碳化学位移为 $\delta_{C\text{-}9}$ 207.5。16 位醛基碳化学位移为 $\delta_{C\text{-}16}$ 199.8。

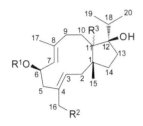 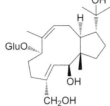 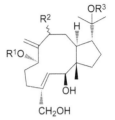

16-8-1 R¹=R²=R³=H
16-8-2 R¹=Ac; R²=OH; R³=H
16-8-3 R¹=Ac; R²=OAc; R³=H
16-8-4 R¹=Ac; R²=H; R³=α-H

16-8-5

16-8-6 R¹=Glu; R²=R³=H
16-8-7 R¹=R²=H; R³=Glu
16-8-8 R¹=R³=H; R²=α-OH

表 **16-8-1** 化合物 **16-8-1~16-8-8** 的 ^{13}C NMR 化学位移数据

C	16-8-1[1]	16-8-2[1]	16-8-3[1]	16-8-4[1]	16-8-5[2]	16-8-6[2]	16-8-7[2]	16-8-8[2]
1	44.3	44.2	43.8	44.2	51.6	51.6	51.9	51.7
2	40.8	40.9	40.7	40.8	74.6	73.5	74.2	73.2
3	129.6	131.1	133.7	127.4	131.2	129.6	129.3	129.2
4	132.7	135.4	130.0	131.7	138.6	140.2	140.3	140.8
5	49.0	40.9	40.7	45.5	32.4	32.5	30.0	31.8
6	66.3	70.2	69.8	69.5	34.8	32.2	34.0	34.9
7	126.3	125.5	125.2	125.4	89.4	81.7	74.2	73.0
8	137.1	140.3	140.3	139.9	136.2	149.8	153.2	155.7
9	35.7	36.1	36.0	36.0	131.9	34.1	35.6	72.1
10	25.9	25.7	25.4	25.9	26.9	29.0	29.5	38.6
11	46.0	46.3	46.0	46.2	46.9	42.1	42.7	40.8
12	87.5	87.8	87.4	87.3	59.6	59.9	59.6	59.8
13	30.4	30.6	30.2	30.4	26.8	27.5	26.7	27.9
14	43.3	42.8	42.7	44.4	42.3	40.9	41.9	40.9
15	23.6	23.5	23.1	23.7	16.8	16.4	15.9	16.7
16	16.7	59.8	62.0	16.6	58.7	59.8	60.5	60.3
17	17.9	17.9	17.6	17.9	12.1	110.5	108.7	110.3
18	34.9	35.0	34.6	35.0	72.6	72.6	80.9	73.0
19	18.8	18.9	18.4	18.9	26.6	25.5	22.9	25.0
20	19.5	19.6	19.3	19.8	30.6	32.1	26.5	32.7
OAc		170.8	170.3	170.4				
		21.3	20.7	21.3				
			170.7					
			20.7					

续表

C	16-8-1[1]	16-8-2[1]	16-8-3[1]	16-8-4[1]	16-8-5[2]	16-8-6[2]	16-8-7[2]	16-8-8[2]
Glu								
1′					103.2	103.1	98.5	
2′					75.6	75.3	75.5	
3′					78.8	78.6	78.8	
4′					72.0	71.9	72.4	
5′					78.1	78.2	77.7	
6′					63.1	63.0	63.5	

16-8-9

16-8-10

16-8-11

16-8-12

16-8-13 R=α-H,β-OH
16-8-14 R=α-OH,β-H

16-8-15

表 16-8-2 化合物 16-8-9~16-8-15 的 ^{13}C NMR 化学位移数据

C	16-8-9[3]	16-8-10[3]	16-8-11[4]	16-8-12[1]	16-8-13[4]	16-8-14[4]	16-8-15[5]
1	40.5	38.1	47.3	46.3	46.4	47.8	45.2
2	40.3	45.3	40.6	41.8	40.8	40.1	42.4
3	125.1	70.9	125.3	128.7	125.7	126.0	124.8
4	135.7	145.8	134.5	132.3	134.9	134.8	135.6
5	35.6	30.7	39.9	45.9	39.9	39.9	39.3
6	40.3	37.2	24.3	69.6	24.3	24.4	24.0
7	215.2	211.7	128.5	127.7	129.5	129.6	141.2
8	47.2	45.8	133.3	139.6	132.2	132.2	134.8
9	30.9	31.9	38.1	38.1	38.3	38.3	207.5
10	28.6	27.0	26.1	25.7	29.0	28.0	45.4
11	44.4	43.2	46.0	47.5	42.1	43.1	46.1
12	137.6	136.6	153.9	153.9	145.5	147.8	58.3
13	206.6	205.9	122.6	118.9	71.8	71.8	30.6
14	55.3	54.6	47.7	48.5	51.6	50.0	43.3
15	21.3	23.0	22.6	23.4	23.9	23.4	23.7
16	15.6	118.7	16.1	15.9	15.4	15.5	15.3
17	18.0	14.5	15.4	17.3	16.0	16.2	12.2
18	146.9	150.4	71.5	27.3	129.1	129.9	146.5
19	24.3	25.0	31.7	21.5	20.9	21.7	111.2
20	21.5	21.3	31.7	22.3	21.5	22.1	20.3

续表

C	16-8-9[3]	16-8-10[3]	16-8-11[4]	16-8-12[1]	16-8-13[4]	16-8-14[4]	16-8-15[5]
OAc		170.7		170.6			
		21.4		21.3			

16-8-16 **16-8-17** **16-8-18**

16-8-19 R=Ac
16-8-20 R=H

16-8-21 R=CHO
16-8-22 R=Me

16-8-23

表 16-8-3 化合物 16-8-16~16-8-23 的 ^{13}C NMR 化学位移数据

C	16-8-16[6]	16-8-17[3]	16-8-18[3]	16-8-19[3]	16-8-20[3]	16-8-21[1]	16-8-22[1]	16-8-23[1]
1	47.4	39.3	53.5	38.0	40.4	43.1	42.9	43.6
2	40.8	42.8	33.8	43.8	41.0	42.1	42.1	41.8
3	125.5	125.1	122.9	74.4	76.8	63.9	62.6	63.0
4	134.5	133.8	134.8	148.7	153.9	63.6	60.4	58.4
5	38.3	38.5	27.1	35.1	34.5	37.4	44.2	43.4
6	24.5	28.0	30.6	28.5	34.4	67.6	68.0	69.1
7	128.6	80.6	80.6	127.7	123.5	123.7	123.9	60.9
8	133.4	137.5	138.8	134.6	136.7	142.1	141.5	63.7
9	47.9	129.3	134.0	37.9	37.9	36.3	35.7	36.9
10	122.5	30.0	23.6	27.5	30.2	24.2	24.3	23.4
11	154.2	47.9	46.7	42.4	44.0	47.2	46.8	48.3
12	46.2	137.0	187.2	137.9	137.6	87.8	87.7	86.4
13	26.2	205.5	123.6	206.9	206.3	32.2	31.6	32.4
14	40.0	57.5	212.4	55.7	56.0	42.2	43.5	43.2
15	22.7	23.1	24.2	23.0	22.1	22.5	23.3	21.7
16	16.2	15.5	22.9	115.0	110.7	199.8	17.1	17.6
17	15.5	11.2	10.1	16.8	15.9	17.6	17.8	17.6
18	71.6	145.9	29.4	148.1	147.8	36.0	35.7	36.5
19	31.9	23.8	21.7	24.7	24.1	18.3	18.6	18.6
20	31.9	21.4	20.7	21.3	21.6	18.4	19.0	21.0
OAc				170.6		169.9/21.2	170.3/21.3	170.0/21.2
				21.4				

参 考 文 献

[1] Matsuo A, Kamio K, Uohama K, et al. Phytochemistry, 1988, 27: 1153.

[2] Mohamed K M, Ohtani K, Kasai R. Phytochemistry, 1994, 37: 495.

[3] Wei X, Rodriguez A D, Baran P, et al. J Nat Prod, 2010, 73: 925.

[4] Rodrfguez A D, Acosta A L, Dhasmana H. J Nat Prod, 1993, 56: 1843.

[5] Almeida M T R, Siless G E, Perez C D, et al. J Nat Prod, 2010, 73: 1714.

[6] Caceres J, Rivera M E, Rodriguez A D. Tetrahedron, 1990, 46: 341.

第九节　海松烷型三环二萜化合物的 ^{13}C NMR 化学位移

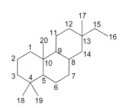

基本结构骨架

【化学位移特征】

1. 海松烷型三环二萜化合物的骨架上多个位置有羟基取代。1 位有羟基取代时，δ_{C-1} 69.9～83.8。2 位有羟基取代时，δ_{C-2} 65.4～70.9。3 位有羟基取代时，δ_{C-3} 77.1～80.9；如果羟基苷化，则向低场位移，δ_{C-3} 85.8。7 位有羟基取代时，δ_{C-7} 64.3～71.3。8 位有羟基取代时，δ_{C-8} 72.3～75.8。11 位有羟基取代时，δ_{C-11} 62.6～70.5。14 位有羟基取代时，δ_{C-14} 76.5～79.0。15 位有羟基取代时，δ_{C-15} 75.2～79.5。16 位有羟基取代时，δ_{C-16} 62.1～66.4。19 位有羟基取代时，δ_{C-19} 64.4～66.9。

2. 海松烷型三环二萜化合物的骨架上的双键，主要的位置是 8,9 位双键，δ_{C-8} 131.1～135.5，δ_{C-9} 148.8～149.2；8,14 位双键，δ_{C-8} 135.3～142.3，δ_{C-14} 123.2～131.9；15,16 位双键，δ_{C-15} 140.5～151.6，δ_{C-16} 108.6～115.1。

3. 3 位羰基与 1,2 位双键共轭时，δ_{C-3} 200.7，δ_{C-1} 124.4，δ_{C-2} 145.6；14 位羰基与 8,9 位双键共轭时，δ_{C-14} 199.6～199.7，δ_{C-8} 128.6～129.6，δ_{C-9} 164.9～165.4。

4. 14 位有独立羰基时，δ_{C-14} 208.5～208.6。15 位有独立羰基时，δ_{C-15} 214.3～214.7。

5. 18 位为羧基时，δ_{C-18} 177.5～178.5。19 位为羧基时，δ_{C-19} 183.5。

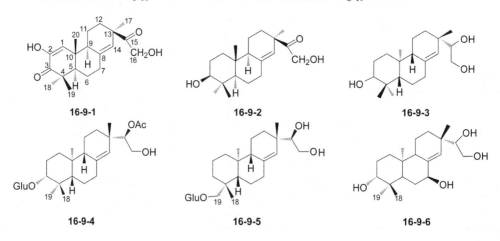

表 16-9-1 化合物 16-9-1~16-9-6 的 ¹³C NMR 化学位移数据

C	16-9-1[1]	16-9-2[1]	16-9-3[2]	16-9-4[3]	16-9-5[3]	16-9-6[4]
1	124.4	36.8	37.1	36.9	40.3	36.7
2	145.6	27.4	27.6	24.2	19.5	27.5
3	200.7	78.9	79.1	85.8	37.2	77.1
4	44.7	39.0	39.0	39.2	39.2	38.2
5	52.7	54.0	54.2	55.1	57.3	45.9
6	22.4	22.0	22.2	23.6	23.6	29.7
7	35.9	35.6	36.0	37.8	37.5	71.1
8	140.6	142.3	139.6	140.9	139.9	139.8
9	48.9	50.7	50.4	51.7	52.5	45.3
10	39.9	38.3	38.0	38.9	39.0	37.7
11	21.0	20.1	18.4	19.2	19.7	17.4
12	33.1	32.6	31.5	33.3	33.3	31.6
13	47.6	46.8	37.3	37.8	38.4	37.1
14	126.9	123.2	127.4	127.8	129.4	131.9
15	214.3	214.7	77.3	79.5	77.5	75.2
16	66.4	65.8	63.4	62.1	64.3	62.6
17	27.3	28.4	23.1	23.2	23.0	22.3
18	22.8	15.7	28.5	28.9	28.2	28.3
19	26.4	27.4	14.8	17.1	73.6	16.1
20	17.3	14.5	15.7	15.1	16.4	13.9
Glu-1'				101.7	105.0	
Glu-2'				74.9	75.2	
Glu-3'				78.0	78.2	
Glu-4'				71.7	71.6	
Glu-5'				77.4	77.7	
Glu-6'				62.8	62.7	
OAc				172.8/20.9	170.9/20.8	

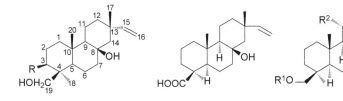

16-9-7 R=H
16-9-8 R=OH

16-9-9

16-9-10 R¹=R²=H
16-9-11 R¹=R²=Ac

16-9-12 R¹=Ac; R²=H
16-9-13 R¹=H; R²=Ac

表 16-9-2 化合物 16-9-7~16-9-13 的 ¹³C NMR 化学位移数据

C	16-9-7[5]	16-9-8[5]	16-9-9[6]	16-9-10[7]	16-9-11[7]	16-9-12[8]	16-9-13[8]
1	39.59	37.75	39.7	39.59	40.74	74.2	78.9
2	18.07	27.73	18.9	18.07	18.22	67.8	66.2
3	35.74	80.94	37.9	35.74	35.91	77.4	78.4
4	38.68	43.07	43.7	38.68	38.76	38.3	37.2
5	57.21	56.33	57.0	57.21	56.61	35.5	36.7
6	18.35	17.81	19.2	18.35	17.62	21.4	21.5
7	43.99	43.99	43.4	43.99	44.10	70.6	70.9

续表

C	16-9-7[5]	16-9-8[5]	16-9-9[6]	16-9-10[7]	16-9-11[7]	16-9-12[8]	16-9-13[8]
8	72.49	72.28	72.4	72.49	74.19	75.8	75.5
9	58.21	56.97	56.2	58.21	59.09	42.1	41.2
10	36.43	35.65	37.7	36.43	36.62	43.7	44.0
11	17.18	17.50	17.3	17.18	70.45	68.8	68.8
12	38.13	38.18	38.2	38.13	44.17	39.7	40.1
13	37.20	36.91	36.4	37.20	37.39	47.8	47.9
14	51.57	51.70	51.5	51.57	51.31	208.6	208.5
15	151.59	151.53	151.6	151.59	150.05	142.0	141.5
16	108.57	108.72	108.6	108.57	108.92	113.1	114.1
17	24.28	24.39	24.3	24.28	25.87	26.6	25.9
18	27.08	22.69	28.9	27.08	27.77	28.9	27.8
19	65.25	64.42	183.5	65.25	66.90	22.3	22.6
20	16.21	16.26	13.7	16.21	16.63	16.8	16.4
2-OAc						170.1/20.9	
3-OAc							170.6/20.3
7-OAc						168.9/21.0	168.6/21.0
11-OAc					169.86/20.91		
19-OAc					171.13/21.90		
1-OBz						164.0	167.7
						132.9	133.5
						130.8	130.3
						129.7	130.0
						128.2	128.1
11-OBz						166.2	166.2
						132.2	132.8
						130.2	130.1
						129.6	129.6
						127.8	128.1

16-9-14 R1=OAc; R2=Ac; R3=H,H; R4=O
16-9-15 R1=R2=H; R3=α-OH,β-H; R4=α-OAc,β-H
16-9-16 R1=H; R2=Ac; R3=α-OH,β-H; R4=O
16-9-17 R1=OH; R2=Ac; R3=R4=α-OH,β-H

16-9-18 R1=R2=OH
16-9-19 R1=H; R2=OH
16-9-20 R1=R2=OAc

表 16-9-3 化合物 16-9-14~16-9-20 的 ^{13}C NMR 化学位移数据

C	16-9-14[9]	16-9-15[9]	16-9-16[9]	16-9-17[10]	16-9-18[10]	16-9-19[10]	16-9-20[10]
1	72.4	34.8	34.2	69.9	83.8	48.6	80.5
2	21.7	18.1	17.9	24.1	69.5	65.4	70.9
3	29.9	36.3	36.3	29.6	47.4	51.1	44.5
4	46.4	47.2	46.5	46.8	34.3	35.0	34.2
5	34.8	40.2	40.0	34.2	54.3	54.1	54.1

续表

C	16-9-14[9]	16-9-15[9]	16-9-16[9]	16-9-17[10]	16-9-18[10]	16-9-19[10]	16-9-20[10]
6	26.6	29.7	27.3	27.3	22.3	22.3	22.1
7	64.3	67.6	64.3	71.3	36.2	35.8	36.1
8	129.6	131.1	128.6	135.5	136.2	136.4	135.3
9	164.9	149.5	165.4	148.8	51.8	50.6	50.7
10	42.8	38.5	39.2	43.4	44.1	39.9	44.0
11	21.7	63.0	63.3	62.6	22.3	18.9	20.1
12	35.2	41.6	44.4	39.9	34.7	34.5	34.6
13	47.5	40.8	47.2	42.1	37.1	37.4	36.8
14	199.7	79.0	199.6	76.5	130.4	129.3	131.0
15	140.5	143.6	145.6	145.0	149.2	149.0	149.1
16	114.6	114.1	115.1	113.4	109.9	110.1	110.0
17	23.6	26.1	25.0	26.6	25.5	26.0	25.3
18	177.5	178.5	178.0	178.0	33.4	33.8	33.2
19	16.4	16.5	16.6	16.1	22.8	23.1	22.5
20	18.5	18.6	19.2	18.4	9.9	15.9	10.7
OAc	170.4/21.3 170.1/21.0	171.1/21.5	169.8/21.0	170.9/21.4			170.5/21.1 170.8/21.1
OMe	52.0	52.0	51.9	51.9			

参　考　文　献

[1]　Ma G, Wang T, Yin L, et al. J Nat Prod, 1998, 61: 112.

[2]　欧志强, 赵朗, 王刊, 等. 中国中药杂志, 2009, 34: 2754.

[3]　Giang P M, Son P T, Otsuka H. Chem Pharm Bull, 2005, 53: 232.

[4]　Wang R, Chen W H, Shi Y P. J Nat Prod, 2010, 73: 17.

[5]　Piozzi F, Paternostro M, Passannanti S. Phytochemistry, 1985, 24: 1113.

[6]　Chen H D, Yang S P, Wu Y, et al. J Nat Prod, 2009, 72: 685.

[7]　Passannanti S, Paternostro M, Piozzi F N. J Nat Prod, 1984, 47: 885.

[8]　Masuda T, Masuda K, Shiragami S. Tetrahedron, 1992, 48: 6787.

[9]　Hussein A A, Rodriguez B. J Nat Prod, 2000, 63: 419.

[10]　Nagashima F, Murakami M, Takaoka S, et al. Phytochemistry, 2003, 64: 1319.

第十节　松香烷型二萜化合物 ^{13}C NMR 化学位移

【结构特点】松香烷型二萜化合物是二萜中最早分离得到的化合物。

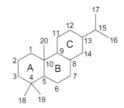

基本结构骨架

【化学位移特征】

1. 松香烷型二萜化合物也与其他二萜化合物类似, 多位有羟基或连氧基团取代。如在下列位置有连氧基团存在时, 其连氧碳的化学位移分别为: $\delta_{C\text{-}1}$ 72.2~77.8; $\delta_{C\text{-}3}$ 71.0~82.4（发生苷化时则向低场位移, $\delta_{C\text{-}3}$ 91.1）; $\delta_{C\text{-}6}$ 73.4~76.2; $\delta_{C\text{-}7}$ 68.0~70.2; $\delta_{C\text{-}11}$ 68.8; $\delta_{C\text{-}12}$ 75.3~77.0; $\delta_{C\text{-}15}$ 72.0~72.3; $\delta_{C\text{-}16}$ 68.5~69.4; $\delta_{C\text{-}19}$ 65.1~67.5。

2. 松香烷型二萜化合物也存在三元氧桥。8、9 位有氧桥时，$\delta_{\text{C-8}}$ 65.2，$\delta_{\text{C-9}}$ 62.5；8、14 位有氧桥时，$\delta_{\text{C-8}}$ 61.1～61.7，$\delta_{\text{C-14}}$ 54.4～54.8；13、14 位有氧桥时，$\delta_{\text{C-13}}$ 58.4，$\delta_{\text{C-14}}$ 57.4。

3. 松香烷型二萜化合物骨架上的碳被氧化为羰基：2 位羰基碳，$\delta_{\text{C-2}}$ 209.4。3 位羰基碳，$\delta_{\text{C-3}}$ 215.5。7 位羰基碳，$\delta_{\text{C-7}}$ 209.4～212.1。18 位或 19 位被氧化为羧基时，其化学位移出现在 δ 172.9～184.1。

4. 羰基与双键共轭：3 位羰基与 1,2 位双键共轭时，$\delta_{\text{C-3}}$ 197.6，$\delta_{\text{C-1}}$ 159.3，$\delta_{\text{C-2}}$ 125.6。7 位羰基与 5,6 位双键共轭时，$\delta_{\text{C-7}}$ 180.0～182.4，$\delta_{\text{C-5}}$ 143.3～143.6，$\delta_{\text{C-6}}$ 141.0～142.0（附近有给电子基团时可达 170.8）。17 位羰基与 15,16 位双键共轭时，$\delta_{\text{C-17}}$ 194.4～194.6，$\delta_{\text{C-15}}$ 154.8～154.9，$\delta_{\text{C-16}}$ 132.9～133.3。如果 16 位碳与 2 位碳之间形成一个五元内酯环，16 位内酯羰基与 13,15 位双键共轭时，$\delta_{\text{C-16}}$ 169.6～175.7，$\delta_{\text{C-13}}$ 145.0～160.4，$\delta_{\text{C-15}}$ 116.1～127.8。

5. 双键是松香烷型二萜化合物的另一类基团，它们有时与羰基共轭，有时独立存在。8,14 位双键，$\delta_{\text{C-8}}$ 149.4～152.3，$\delta_{\text{C-14}}$ 114.2～115.2；11,12 位双键中 12 位连氧时，$\delta_{\text{C-11}}$ 104.0～106.9，$\delta_{\text{C-12}}$ 147.0～147.8；15,16 位双键，$\delta_{\text{C-15}}$ 154.6，$\delta_{\text{C-16}}$ 107.9。

6. 松香烷二萜中有的化合物 C 环完全芳香化，它们各碳的化学位移遵循芳环的规律。

16-10-2 R^1=R^3=H; R^2=β-OH; R^4=CHO; R^5=OAc
16-10-3 R^1=OH; R^2=R^3=H; R^4=CHO; R^5=OAc
16-10-4 R^1=R^3=H; R^2=β-OAc; R^4=CHO; R^5=OAc
16-10-5 R^1=OH; R^2=β-OAc; R^3=H; R^4=CHO; R^5=OAc
16-10-6 R^1=R^2=R^5=H; R^3=OAc; R^4=CH$_2$OH

表 16-10-1 化合物 16-10-1～16-10-6 的 ^{13}C NMR 化学位移数据

C	16-10-1[1]	16-10-2[2]	16-10-3[2]	16-10-4[2]	16-10-5[2]	16-10-6[2]
1	32.7	32.2	76.8	32.1	72.2	40.1
2	17.5	26.2	30.0	22.5	34.6	18.5
3	36.1	71.0	33.8	74.5	74.1	43.7
4	46.9	43.2	38.3	41.3	42.1	34.5
5	37.5	55.3	58.8	55.7	55.8	59.5
6	21.0	75.3	74.9	74.2	74.4	76.2
7	25.8	211.4	211.2	210.9	210.8	212.1
8	65.2	47.8	47.8	47.5	47.7	43.6
9	62.5	55.2	56.6	55.1	56.2	56.4
10	36.8	37.6	44.0	37.4	43.8	38.1
11	19.4	26.2	29.3	25.8	29.3	68.8
12	23.0	31.4	31.8	30.6	31.7	36.7
13	58.4	34.7	34.8	34.2	34.7	33.6
14	57.4	31.6	31.9	31.0	31.8	32.5
15	33.4	154.8	154.9	153.9	154.9	154.6
16	16.7	133.0	133.0	133.3	132.9	107.9
17	16.3	194.5	194.6	194.4	194.5	64.5
18	173.3	36.5	30.0	25.2	24.5	37.0
19	17.5	67.5	67.0	66.0	66.4	22.1
20	18.0	16.2	11.4	16.0	11.3	17.6
OAc		171.1/20.8	171.1/20.9	171.2/21.2 170.3/21.0	170.9/21.0 170.3/20.7	169.9/21.4
OMe	51.4					

16-10-7 R=OH
16-10-8 R=OGlu

16-10-9

16-10-10

16-10-11 R^1=COOH; R^2=R^3=OH
16-10-12 R^1=CH$_2$OH; R^2=R^3=OH
16-10-13 R^1=COOH; R^2=R^3=H

表 16-10-2 化合物 16-10-7~16-10-13 的 ^{13}C NMR 化学位移数据

C	16-10-7[3]	16-10-8[3]	16-10-9[3]	16-10-10[4]	16-10-11[5]	16-10-12[5]	16-10-13[6]
1	36.2	36.2	37.5	74.6	38.7	38.5	39.5
2	29.1	39.3	21.1	22.1	19.7	18.8	20.1
3	79.9	91.1	39.1	31.3	37.1	35.2	37.6
4	40.8	41.0	45.8	47.6	43.3	38.1	44.1
5	54.7	54.9	57.4	37.3	45.4	45.0	53.1
6	20.4	20.2	22.6	75.2	29.5	28.5	21.2
7	34.3	34.2	35.0	70.2	68.4	68.0	32.2
8	135.4	135.4	135.8	136.2	135.6	135.5	135.2
9	134.8	134.8	133.7	127.5	146.5	148.1	145.6
10	40.8	40.5	41.5	42.5	38.3	37.8	38.7
11	149.4	149.4	149.6	153.3	124.7	124.4	125.6
12	143.4	143.3	143.5	114.6	125.3	124.6	124.3
13	136.7	136.7	136.8	148.3	146.7	146.6	145.6
14	118.5	118.5	118.3	121.8	125.8	125.8	127.1
15	35.1	35.1	35.1	33.1	72.3	72.0	33.7
16	69.4	69.4	69.4	23.4	31.5	31.3	24.2
17	18.6	18.6	18.7	23.8	31.5	31.5	24.2
18	17.0	17.7	29.8	178.1	28.4	26.5	28.9
19	29.5	29.3	178.5	18.2	182.7	65.1	184.1
20	20.1	20.1	18.1	21.7	21.9	24.5	23.4
COOMe				52.4			
OAc				171.4/21.2			
OMe				170.4/21.4			
Glu							
1'	108.0	107.9	108.0				
2'	75.9	75.8	75.9				
3'	79.2	79.2	79.2				
4'	7108	71.7	71.8				
5'	78.2	78.1	78.2				
6'	63.2	63.2	63.3				
1"		107.0	95.8				
2"		75.9	74.5				
3"		78.5	78.9				
4"		71.8	71.5				
5"		77.8	78.7				
6"		63.0	62.8				

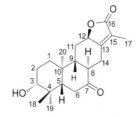

16-10-14

16-10-15 R^1=OH; R^2=R^3=H
16-10-16 R^1=OAc; R^2=OH; R^3=H
16-10-17 R^1=R^3=OAc; R^2=OH

表 16-10-3 化合物 16-10-14~16-10-17 的 ^{13}C NMR 化学位移数据

C	16-10-14[7]	16-10-15[8]	16-10-16[9]	16-10-17[9]
1	159.3	36.6	32.3	32.2
2	125.6	17.9	18.6	18.6
3	197.6	30.4	36.4	36.5
4	58.3	37.6	36.7	36.8
5	41.9	170.8	143.3	143.6
6	73.4	141.0	142.0	142.0
7	69.7	180.0	182.3	182.4
8	135.9	123.2	106.0	105.9
9	125.3	132.9	143.8	144.9
10	40.2	38.3	41.1	41.3
11	152.8	143.4	129.4	129.9
12	115.1	145.6	152.8	153.8
13	149.6	138.3	120.4	115.9
14	122.6	116.6	160.1	160.0
15	33.4	27.4	24.5	29.1
16	23.7	22.4	20.0	68.5
17	23.6	22.4	20.0	14.9
18	18.0	28.0	27.7	27.8
19	172.9	22.6	27.0	27.0
20	25.6	27.9	30.4	30.3
OMe	53.0			
OAc	170.2/21.4		169.7/21.3	170.9/21.2,169.2/20.9

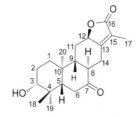

16-10-18

16-10-19 R^1=OH; R^2=R^3=R^4=R^5=R^6=H
16-10-20 R^1=R^2=R^3=R^5=H; R^4=OH; R^6=α-H
16-10-21 R^1=R^5=H; R^2,R^3=O; R^4=OH; R^6=α-H
16-10-22 R^1=R^2=R^3=H; R^4,R^5=O; R^6=α-H

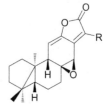

16-10-23 R=H
16-10-24 R=CH$_2$OH

表 16-10-4 化合物 16-10-18~16-10-24 的 ^{13}C NMR 化学位移数据

C	16-10-18[10]	16-10-19[11]	16-10-20[12]	16-10-21[12]	16-10-22[12]	16-10-23[13]	16-10-24[12]
1	28.2	77.8	37.4	51.2	37.3	39.8	40.3
2	26.8	30.3	27.5	209.4	34.3	18.4	18.8
3	78.1	39.4	78.5	82.4	215.5	41.5	41.9
4	37.2	33.4	39.0	45.0	47.5	33.5	33.9
5	43.8	54.7	54.3	53.4	54.6	53.4	54.0
6	35.7	23.8	23.4	23.0	24.5	20.8	21.2
7	209.4	37.1	36.8	36.3	36.5	34.1	34.3
8	49.4	152.3	151.4	149.4	150.2	61.1	61.7
9	53.0	52.7	51.5	51.3	50.5	51.8	52.2
10	39.1	47.2	41.2	46.9	40.8	41.4	41.9
11	23.8	30.7	27.5	27.6	27.7	104.0	106.9
12	77.0	76.4	75.9	75.3	75.6	147.0	147.8
13	160.4	157.0	156.0	155.0	155.5	145.0	147.0
14	38.5	114.2	114.2	115.2	114.6	54.4	54.8
15	122.0	116.1	116.4	117.5	116.9	125.0	127.8
16	174.8	175.7	175.3	174.9	175.0	170.0	169.6
17	8.4	8.2	8.2	8.3	8.3	8.7	56.8
18	27.6	33.4	28.6	29.5	26.4	33.4	33.9
19	14.9	21.3	15.6	16.4	21.7	21.9	22.3
20	13.1	11.1	16.7	17.3	37.3	39.8	40.3

参 考 文 献

[1] Delgado G, Hernandez J, Chavez M I, et al. Phytochemistry, 1994, 37: 1119.

[2] Xn L, Jx P, Du X, et al. J Nat Prod, 2010, 73: 1803.

[3] Liu S S, Zhu H L, Zhang S W, et al. J Nat Prod, 2008, 71: 755.

[4] Radulovic N, Denic M, Stojanovic-Radic Z. Bioorg Med Chem Lett, 2010, 20: 4988.

[5] Okasaka M, Takaishi Y, Kashiwada Y, et al. Phytochemistry, 2006, 67: 2635.

[6] Huang P, Gloria K, Peter G W. 天然产物研究与开发, 2005, 17: 309.

[7] Malakov P Y, Papanov G Y, Tomova K N, et al. Phytochemistry, 1998, 48: 557.

[8] Topcu G, Ulubelen A. J Nat Prad, 1996, 59: 734.

[9] Mei S, Jiang B, Niu X, et al. J Nat Prod, 2002, 65: 633.

[10] Appendino G, Jakupovic S, Tron G C, et al. J Nat Prod, 1998, 61: 749.

[11] 陈玉，田学军，李芸芳，等. 药学学报, 2009, 44: 1118.

[12] Wang H, Zhang X F, Ma Y B, et al. 中草药, 2004, 35: 611.

[13] 耿珠峰，欧阳捷，邓志威，等. 波谱学杂志, 2009, 26: 424

第十一节 卡山烷型二萜化合物的 ^{13}C NMR 化学位移

【结构特点】卡山烷（cassane）型二萜化合物也是由 20 个碳原子组成的化合物，但它不完全符合异戊二烯的规律。根据其结构特点可以分为 3 种类型：三碳环类（Ⅰ）、内酯类（Ⅱ）和并合呋喃类（Ⅲ）。

基本结构骨架

【化学位移特征】

1. 在卡山烷型二萜骨架上常常会出现乙酰氧基取代，其乙酰氧基的化学位移出现在 δ_{CO} 169.0～172.8，δ_{CH_3} 20.8～22.0。

2. 对于三碳环类（I）卡山烷型二萜，常常在 1、5、6 和 7 位上有羟基或乙酰氧基取代，它们的化学位移出现在 δ_{C-1} 75.0～77.6，δ_{C-5} 76.2～80.2，δ_{C-6} 72.3～76.6，δ_{C-7} 75.3～76.0。7,8 位双键的化学位移出现在 δ_{C-7} 127.0，δ_{C-8} 136.4。乙酰氧基取代较羟基取代的碳在较低场出现。12 位的酮羰基与 13,14 位双键共轭，各碳的化学位移 δ_{C-12} 196.3～201.5，δ_{C-13} 128.9～135.5，δ_{C-14} 149.9～166.1。16 位碳往往被氧化为羧酸，其化学位移出现在 δ_{C-16} 171.4～176.0。

3. 对于内酯类（II）卡山烷型二萜，常常在 1、2、5、7 和 12 位上有羟基或乙酰氧基取代，δ_{C-1} 72.1～75.1，δ_{C-2} 67.2～68.2，δ_{C-5} 76.7～78.9，δ_{C-7} 66.9～75.1。乙酰氧基取代较羟基取代的碳在较低场出现。而 12 位上有羟基或甲氧基取代时，因为还连接另一内酯氧，δ_{C-12} 104.1～107.9。内酯环中的 16 位羰基与 15,13 位双键形成共轭关系，δ_{C-16} 168.7～172.4，δ_{C-15} 113.6～118.0，δ_{C-13} 163.1～173.0。有时 17 位甲基被氧化为羧基，羧基又被甲酯化，δ_{C-17} 171.0～172.9。

4. 对于并合呋喃类卡山烷型二萜（III），羟基或乙酰氧基取代多出现在 5、6 和 7 位，δ_{C-5} 76.2～77.9，δ_{C-6} 67.6～73.4，δ_{C-7} 69.1～74.8。呋喃环上 4 个双键碳的化学位移出现在 δ_{C-12} 148.2～149.7，δ_{C-13} 121.9～122.3，δ_{C-15} 109.4～109.7，δ_{C-16} 140.3～140.5。

5. 卡山烷型二萜的 4 个角甲基分别为 17、18、19 和 20 位碳，其化学位移受结构类型影响，处于 δ_C 12.0～30.0。

16-11-1 $R^1=R^2=OAc$; $R^3=H$; $R^4=CH_3$; $R^5=OH$; $R^6=OCH_3$
16-11-2 $R^1=OAc$; $R^2=R^5=H$; $R^3=OH$; $R^4=CH_3$; $R^6=OCH_3$
16-11-3 $R^1=R^3=OAc$; $R^2=R^4=H$; $R^5=COOCH_3$; $R^6=OH$
16-11-4 $R^1=R^6=OH$; $R^2=R^4=H$; $R^3=OAc$; $R^5=COOCH_3$
16-11-5 $R^1=R^3=OAc$; $R^2=R^4=H$; $R^5=COOCH_3$; $R^6=OCH_3$
16-11-6 $R^1=R^2=OAc$; $R^3=R^5=H$; $R^4=CH_3$; $R^6=OCH_3$
16-11-7 $R^1=R^2=OAc$; $R^3=R^6=OH$; $R^4=CH_3$; $R^5=H$
16-11-8 $R^1=OAc$; $R^3=R^6=OH$; $R^2=R^4=H$; $R^5=COOCH_3$

表 16-11-1 化合物 16-11-1～16-11-8 的 ^{13}C NMR 化学位移数据

C	16-11-1[1]	16-11-2[1]	16-11-3[2]	16-11-4[2]	16-11-5[3]	16-11-6[4]	16-11-7[5]	16-11-8[6]
1	74.5	75.1	74.8	72.1	74.9	74.5	74.5	75.1
2	67.2	22.9	22.6	25.6	22.9	67.3	68.2	22.9
3	35.9	30.1	29.9	29.7	30.1	36.0	35.4	30.1
4	40.3	38.6	38.3	38.5	38.6	40.4	40.2	38.7
5	76.7	78.9	78.2	80.1	78.4	76.7	78.9	78.9
6	25.4	35.7	32.1	32.9	32.4	25.6	36.7	36.6

续表

C	16-11-1[1]	16-11-2[1]	16-11-3[2]	16-11-4[2]	16-11-5[3]	16-11-6[4]	16-11-7[5]	16-11-8[6]
7	19.2	66.9	74.7	75.1	74.8	23.5	66.8	71.8
8	47.6	47.1	44.0	43.7	44.1	39.7	47.8	48.2
9	34.4	31.7	36.0	35.9	36.0	32.3	32.8	36.2
10	45.0	43.5	43.4	43.4	43.6	45.1	45.9	43.6
11	37.1	37.4	36.1	36.1	36.1	37.5	37.6	37.6
12	107.3	107.8	104.1	104.1	106.8	107.9	104.6	104.8
13	173.0	170.9	164.8	164.2	163.1	171.2	171.1	165.9
14	75.0	33.0	48.4	48.2	48.9	36.0	33.4	49.1
15	115.5	116.4	115.4	115.4	118.0	115.9	113.6	114.7
16	169.1	170.1	169.3	169.3	168.7	170.5	172.4	170.4
17	20.3	11.6	171.1	171.2	171.0	11.9	12.8	172.9
18	28.3	28.2	27.9	27.7	28.1	28.4	28.5	28.1
19	25.8	25.0	24.5	24.6	24.7	25.8	25.4	24.8
20	17.0	17.3	17.5	17.5	17.7	17.0	17.2	17.7
1-OAc	169.0/21.0	169.2/21.3	169.7/21.3		169.9/21.4	169.1/21.1	170.2/20.8	170.3/21.5
2-OAc	170.5/21.1					170.1/20.9	170.3/21.2	
7-OAc			169.9 / 21.2	170.3 / 21.2	169.2 / 21.3			
12-OCH3	51.0	51.1			50.7	51.0		
17-OCH3			52.2	52.1	52.3			

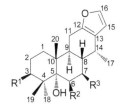

16-11-9　R1=R2=H; R3=OAc
16-11-10　R1=H; R2=OH; R3=OAc
16-11-11　R1=H; R2=OAc; R3=OH
16-11-14　R1=R3=H; R2=OAc
16-11-15　R1=R3=H; R2=OH

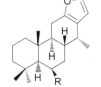

16-11-12　R=OAc
16-11-13　R=OH

表 16-11-2 化合物 16-11-9~16-11-15 的 13C NMR 化学位移数据

C	16-11-9[7]	16-11-10[7]	16-11-11[7]	16-11-12[8]	16-11-13[8]	16-11-14[9]	16-11-15[9]
1	32.3	35.2	35.0	42.2	42.5	34.6	35.1
2	18.1	18.1	18.0	18.7	18.8	18.6	18.1
3	35.8	37.5	37.8	43.6	43.7	38.1	38.1
4	38.5	39.3	39.1	33.8	34.0	38.9	38.9
5	77.9	77.7	77.2	55.3	56.3	76.2	76.6
6	31.5	71.3	73.4	69.6	67.6	72.3	71.3
7	72.3	74.8	69.1	36.3	40.3	31.4	35.4
8	39.8	35.0	37.7	31.0	30.4	30.4	30.4
9	36.8	37.2	37.1	45.6	45.9	37.9	38.2
10	40.9	40.6	41.2	37.9	37.6	41.4	40.9
11	22.4	21.7	21.6	21.7	21.8	21.7	21.7
12	149.3	149.4	149.2	149.5	149.7	149.5	149.5
13	121.8	121.6	121.9	122.0	122.1	122.3	122.3
14	27.6	27.8	27.3	31.0	31.2	31.1	31.1
15	109.6	109.5	109.7	109.4	109.5	109.4	109.4
16	140.5	140.5	140.5	140.3	140.3	140.3	140.3

续表

C	16-11-9[7]	16-11-10[7]	16-11-11[7]	16-11-12[8]	16-11-13[8]	16-11-14[9]	16-11-15[9]
17	17.1	17.3	17.1	17.5	17.7	17.6	17.6
18	28.0	27.6	27.7	33.6	33.8	27.6	27.6
19	24.7	25.5	25.3	23.4	24.3	25.7	26.1
20	17.4	17.2	17.0	17.1	17.7	16.5	16.5
6-OAc			171.4/21.7	170.6/21.7		169.9/21.8	
7-OAc	170.7/21.3	170.1/21.2					

16-11-16   16-11-17   16-11-18

16-11-19   16-11-20   16-11-21

表 16-11-3 化合物 16-11-16~16-11-21 的 ^{13}C NMR 化学位移数据

C	16-11-16[4]①	16-11-17[4]①	16-11-18[4]①	16-11-19[10]②	16-11-20[11]②	16-11-21[11]②
1	75.0	75.0	75.1	77.6	75.1	75.1
2	22.6	22.3	22.4	23.2	23.4	23.4
3	32.2	32.5	32.6	33.4	33.6	31.6
4	38.5	38.6	38.7	39.4	38.9	39.5
5	76.2	79.2	79.2	79.8	79.3	80.2
6	72.3	75.6	75.5	76.6	75.4	75.8
7	127.0	75.3	75.6	75.6	75.9	76.0
8	136.4	43.4	43.6	45.3	43.9	44.0
9	36.9	37.9	38.1	39.2	40.5	39.8
10	44.9	44.2	44.1	44.6	44.0	43.9
11	35.5	37.6	38.1	38.6	37.4	38.9
12	197.2	196.3	197.4	199.4	201.5	197.0
13	130.4	130.7	132.3	131.9	128.9	135.5
14	149.9	158.6	158.0	161.0	166.1	162.2
15	31.8	31.3	30.4	32.0		170.3
16	171.4	171.6	104.7	176.0		
17	16.5	18.6	18.4	18.6	23.1	20.0
18	30.2	29.9	30.6	31.0	30.6	31.1
19	26.0	24.6	24.6	24.7	24.9	24.9
20	18.0	17.5	17.6	17.8	18.0	18.0
1-OAc	169.2	169.0	169.0	171.5	169.1	169.1

续表

C	16-11-16[4]①	16-11-17[4]①	16-11-18[4]①	16-11-19[10]②	16-11-20[11]②	16-11-21[11]②
1-OAc	21.5	21.9	21.9	21.7	22.0	22.0
6-OAc	170.6	170.6	170.6	172.3	171.7	171.4
	21.9	21.4	21.3	21.0	21.2	21.2
7-OAc		170.9	170.9	172.3	172.5	172.8
		21.7	21.8	21.8	21.8	21.8
16-OCH₃	52.2	52.2	54.5			172.5
			53.9			52.9

① 在 CDCl₃ 中测定。② 在 CH₃OH-d_4 中测定。

参 考 文 献

[1] Ma G X, Xu X D, Cao L, et al. Planta Med, 2012, 78: 1363.

[2] Wu H H, Huang J, Li W D, et al. J Asian Nat Prod Res, 2010,12(9): 781.

[3] Liu H, Ma G, Yuan J, et al. Bull Korean Chem Soc, 2013, 5: 1541.

[4] Ma G, Yuan J, Wu H, et al. J Nat Prod, 2013, 76: 1025.

[5] Kinoshita, T. Chem Pharm Bull, 2000, 48: 1375.

[6] Li D M, Ma L, Liu G M, Hu L H. Chem Biodivers, 2006, 3: 1260.

[7] Yodsaoue O, Karalai C, Ponglimanont C, et al. Tetrahedron,

2011, 67: 6838.

[8] Mario A G H, Fany E A E, Gabriela R G, et al. Phytochemistry, 2013, 96: 397.

[9] Kitagawa I, Simanjuntak P, Watano T, et al. Chem Pharm Bull, 1994, 42: 1798.

[10] Zheng Y, Zhang S W, Cong H J, et al. J Nat Prod, 2013, 76: 2210.

[11] Sun Z H, Ma G X, Yuan J Q, et al. J Asian Nat Prod Res, 2014, 16(2): 187.

第十二节　海绵烷型二萜化合物的 ¹³C NMR 化学位移

【结构特点】海绵烷（isocopalane）型二萜化合物是由 4 个异戊二烯 20 个碳原子构成的二萜化合物。

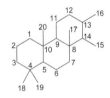

基本结构骨架

【化学位移特征】

1. 海绵烷型二萜化合物多从海洋软体动物中分离得到，它的基本骨架上也存在羟基、乙酰氧基、羰基、双键等基团。其羟基或乙酰氧基多出现在 3、9、13、15、16、17 和 19 位上，δ_{C-3} 78.3～80.8，δ_{C-9} 67.7，δ_{C-13} 73.1，δ_{C-15} 60.2～61.6，δ_{C-16} 63.4～67.3，δ_{C-17} 63.0，δ_{C-19} 65.4～67.2。

2. 海绵烷型二萜化合物的另一类基团是双键。11,12 位双键，δ_{C-11} 125.2～125.5，δ_{C-12} 132.2。13,16 位双键 δ_{C-13} 143.1～143.4，δ_{C-16} 108.2。13、14、15 和 16 位形成呋喃结构，δ_{C-13} 119.4～119.8，δ_{C-16} 135.0～135.2。14、15 位双键，δ_{C-14} 136.6～137.6，δ_{C-15} 136.8～136.9。

3. 11 位酮羰基与 12,13 位双键共轭，δ_{C-11} 199.4，δ_{C-12} 127.5，δ_{C-13} 151.2。16 位醛羰基与 12,13 位双键共轭，δ_{C-16} 193.5～197.6，δ_{C-12} 152.7～158.1，δ_{C-13} 139.7～140.0。

4. 15 位羧酸酯羰基的化学位移出现在 δ_{C-15} 171.6～174.4。

5. 3 位独立的酮羰基的化学位移出现在 δ_{C-3} 213.1。

16-12-1

16-12-2

16-12-3

16-12-4 R[1]=H; R[2]=CH₂OH
16-12-5 R[1]=OAc; R[2]=CH₂OAc

16-12-6 R[1]=H; R[2]=Ac
16-12-7 R[1]=Ac; R[2]=H

表 16-12-1 化合物 16-12-1~16-12-7 的 ¹³C NMR 化学位移数据

C	16-12-1[1]	16-12-2[2]	16-12-3[2]	16-12-4[2]	16-12-5[2]	16-12-6[3]	16-12-7[3]
1	39.9	39.8	39.7	39.8	39.8	39.19	39.16
2	18.1	18.3	18.4	18.4	18.4	18.40	18.44
3	42.0	41.9	41.9	41.7	41.6	42.13	42.10
4	33.3	33.2	33.3	—	33.1	33.23	33.23
5	56.4	55.6	56.7	56.0	56.5	56.20	56.19
6	18.5	18.1	18.1	18.6	18.6	18.24	18.25
7	41.2	40.6	42.7	40.2	35.6	39.11	39.10
8	38.4	42.5	34.7	35.6	38.5	37.39	37.39
9	60.3	67.7	49.6	53.7	53.8	58.59	58.56
10	37.5	37.2	37.0	37.3	37.4	37.16	37.16
11	18.8	199.4	26.9	24.9	23.6	125.49	125.17
12	38.1	127.5	65.1	158.1	152.7	132.17	132.20
13	73.1	151.2	48.9	140.0	139.7	32.14	32.13
14	59.8	53.0	57.1	55.2	48.5	61.96	61.91
15	61.6	61.2	100.0	60.8	60.2	174.36	174.36
16	67.3	63.4	101.3	197.6	193.5	19.83	19.82
17	17.2	16.6	17.2	15.6	63.0	14.78	14.79
18	21.4	33.5	33.3	33.4	33.3	21.15	21.16
19	33.3	21.7	21.4	21.6	21.6	33.16	33.16
20	16.2	16.2	16.1	14.8	16.0	16.46	16.47
1′						64.75	61.77
2′						68.41	72.42
3′						65.27	61.61
OAc	171.4/21.0	170.6/21.0	170.6/21.3		170.9/20.8	170.97/20.74	170.97/20.99
	171.0/21.4	170.2/20.8	169.8/21.3		170.7/20.9		
OMe							

16-12-8 R^1=H$_2$; R^2=R^3=R^4=H
16-12-9 R^1=O; R^2=OAc; R^3=R^4=α-H
16-12-10 R^1=α-H,β-OAc; R^2=OAc; R^3=R^4=α-H
16-12-11 R^1=α-H,β-OAc; R^2=H; R^2=R^4=α-H
16-12-12 R^1=α-OAc,β-H; R^2=H; R^3=R^4=α-H

16-12-13 R^1=H; R^2=Ac
16-12-14 R^1=Ac; R^2=H

表 16-12-2 化合物 16-12-8~16-12-14 的 ^{13}C NMR 化学位移数据

C	16-12-8[4]	16-12-9[5]	16-12-10[5]	16-12-11[5]	16-12-12[5]	16-12-13[1]	16-12-14[1]
1	36.5	39.8	38.3	38.0	33.7	40.0	40.0
2	18.3	34.6	23.5	23.5	22.7	18.5	18.5
3	41.5	213.1	80.1	80.8	78.3	42.0	42.0
4	37.5	52.0	41.2	37.9	36.9	33.3	33.3
5	56.5	27.4	56.2	55.6	50.4	56.7	56.7
6	18.2	19.8	19.6	18.4	18.3	18.6	18.7
7	40.0	40.8	41.4	41.0	41.1	40.5	40.5
8	34.5	34.1	34.2	34.2	34.3	39.8	39.8
9	57.4	55.5	56.2	56.0	55.9	59.2	59.2
10	38.8	37.1	37.1	37.2	37.3	37.8	37.8
11	19.1	18.7	18.5	18.3	18.0	22.1	22.1
12	20.8	20.6	20.7	20.6	20.6	36.1	36.1
13	119.8	119.4	119.6	119.7	119.7	143.4	143.1
14	137.5	136.6	137.0	137.3	137.6	63.2	63.2
15	136.9	136.9	136.9	136.8	136.8	171.6	171.6
16	135.2	135.1	135.1	135.1	135.0	108.2	108.2
17	26.2	26.0	26.0	26.2	26.2	15.0	15.0
18	27.5	20.7	22.5	16.4	21.6	21.5	21.5
19	67.2	65.9	65.4	28.0	27.9	33.4	33.4
20	16.8	16.3	16.1	16.4	16.1	16.2	16.2
1'						64.6	61.6
2'						68.3	72.4
3'						65.3	61.4
OAc	167.9/21.1	170.9/20.8	171.0/21.1 170.5/21.2	170.1/21.3	170.1/21.3	171.0/20.8	171.0/20.8

参 考 文 献

[1] Gavagnin M, Ungur N, Castelluccio F, et al. J Nat Prod, 1999, 62: 269.

[2] Zubia E, Gavagnin M, Scognamiglio G, et al. J Nat Prod, 1994, 57: 725.

[3] Ponomarenko L P, Kalinovsky A I, Afiyatullov S S, et al. J Nat Prod, 2007, 70: 1110.

[4] Chaturvedula V S P, Gao Z J, Thomas S H, et al. Tetrahedron, 2004, 60: 9991.

[5] Gavagnin M, Ungur N, Castelluccio F, et al. Tetrahedron, 1997, 53: 1491.

第十三节 紫杉烷型二萜化合物的 ^{13}C NMR 化学位移

【结构特点】紫杉烷型二萜化合物是三环二萜化合物,也是由 4 个异戊烯基 20 个碳原子构成的。大致可分为两种类型。

基本结构骨架

【化学位移特征】

1. Ⅰ 型紫杉烷型二萜化合物在多个位置上连接羟基或羟基的乙酸酯或其他有机酸酯,1 位上连接羟基或羟基的乙酸酯或其他有机酸酯时 δ_{C-1} 63.7~78.0,2 位上连接时 δ_{C-2} 68.4~71.4,5 位上连接时 δ_{C-5} 73.3~78.8,7 位上连接时 δ_{C-7} 69.5~69.7,9 位上连接时 δ_{C-9} 74.4~79.2,10 位上连接时 δ_{C-10} 67.3~76.7,13 位上连接时 δ_{C-13} 70.0~70.3,14 位上连接时 δ_{C-14} 67.8~71.4。骨架上的双键主要出现在 11,12 位和 4,20 位,δ_{C-11} 134.0~140.4,δ_{C-12} 132.8~138.3,δ_{C-4} 141.6~153.4,δ_{C-20} 111.2~118.3。有时还会出现 14 位羰基与 11,12 位双键共轭,δ_{C-13} 199.0~200.2,δ_{C-11} 149.8~156.8,δ_{C-12} 135.7~139.1。

2. Ⅱ 型紫杉烷型二萜化合物也与 Ⅰ 型类似,1 位上连接羟基或有机酸酯时 δ_{C-1} 66.6~68.9,2 位上连接时 δ_{C-2} 68.1~70.2,4 位上连接时 δ_{C-4} 79.3~81.7,5 位上连接时或者与 20 位形成四元氧环时 δ_{C-5} 84.5~86.3,7 位上连接时 δ_{C-7} 70.2~72.9,9 位上连接时 δ_{C-9} 76.5~80.9,10 位上连接时 δ_{C-10} 68.2~71.5,13 位上连接时 δ_{C-13} 77.4~79.0,15 位上连接时 δ_{C-15} 75.6~76.6,20 位上连接时 δ_{C-20} 74.5~75.6。双键主要出现在 11,12 位上,δ_{C-11} 135.1~138.3,δ_{C-12} 144.8~150.0。

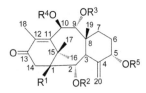

16-13-1 R^1=H; R^2=R^3=R^4=Ac; R^5=Cinn
16-13-2 R^1=R^4=H; R^2=R^3=Ac; R^5=Cinn
16-13-3 R^1=R^3=H; R^2=R^4=Ac; R^5=Cinn
16-13-4 R^1=OH; R^2=R^4=H; R^3=Ac; R^5=Cinn
16-13-5 R^1=OH; R^2=R^3=H; R^4=Ac; R^5=Cinn
16-13-6 R^1=H; R^2=R^3=R^4=Ac; R^5=B
16-13-7 R^1=R^2=R^5=H; R^3=R^4=Ac

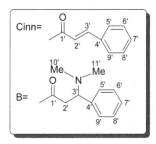

表 16-13-1 化合物 16-13-1~16-13-7 的 ^{13}C NMR 化学位移数据

C	16-13-1[1]	16-13-2[2]	16-13-3[2]	16-13-4[3]	16-13-5[3]	16-13-6[4]	16-13-7[5]
1	48.5	48.7	48.6	78.0	77.8	48.47	51.52
2	69.6	69.5	69.6	71.4	71.4	69.47	68.44
3	43.1	43.0	43.0	46.6	46.7	42.99	43.03
4	141.9	142.2	142.5	143.6	144.2	141.61	148.60
5	78.2	78.4	78.4	78.0	78.0	77.77	76.22
6	28.3	28.3	28.3	28.7	29.0	28.25	31.22
7	27.5	27.2	26.0	27.5	26.3	27.42	26.70
8	44.4	44.2	45.0	44.8	45.4	44.43	45.02
9	75.8	79.2	75.4	78.5	75.2	75.77	75.60

续表

C	16-13-1[1]	16-13-2[2]	16-13-3[2]	16-13-4[3]	16-13-5[3]	16-13-6[4]	16-13-7[5]
10	73.4	72.1	76.7	71.8	76.6	73.30	73.44
11	150.6	154.8	151.9	156.8	153.4	151.80	149.78
12	137.9	135.7	137.8	137.1	139.1	137.83	138.21
13	199.4	200.1	199.9	199.9	199.9	199.00	200.21
14	36.0	35.9	35.9	44.4	44.4	35.94	35.82
15	37.6	37.9	37.9	42.5	42.2	37.60	37.78
16	25.2	37.4	36.9	20.0	20.4	37.31	25.49
17	37.4	25.3	25.5	34.5	34.1	25.12	37.73
18	13.9	13.9	13.9	13.8	13.8	14.05	14.39
19	17.4	17.7	17.7	17.8	17.8	17.41	17.43
20	117.8	117.2	116.7	118.3	117.6	117.55	114.70
1′	166.4	166.6	166.6	166.4	166.4	170.85	
2′	117.6	118.2	118.2	117.6	117.6	38.33	
3′	145.9	146.0	146.0	145.9	145.9	66.31	
4′	134.4	134.4	134.4	134.4	134.4	128.34	
5′	128.9	128.7	128.8	128.9	128.9	128.56	
6′	128.5	128.5	128.3	128.5	128.5	128.02	
7′	130.4	130.3	130.5	130.4	130.4	127.40	
8′	128.5	128.5	128.3	128.5	128.5	128.02	
9′	128.9	128.7	128.8	128.9	128.9	128.56	
10′, 11′						42.22	
OAc	169.3/20.6 170.9/21.2 170.5/20.8	172.0/20.9 170.9/21.2	170.5/20.8 170.1/21.0	170.1/21.0	170.2/21.2	169.3/20.6 169.6/20.8 169.8/21.3	170.2/20.9 169.6/20.6

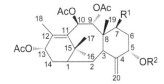

16-13-8 R¹=H; R²=H
16-13-9 R¹=OAc; R²=H

16-13-11 R¹=OAc; R²=R³=R⁴=Ac
16-13-12 R¹=OAc; R²=Ac; R³=R⁴=H
16-13-13 R¹=OAc; R²=R³=H; R⁴=OCOCH₂CH₃
16-13-14 R¹=OAc; R²=R³=H; R⁴=OCOCH(CH₃)(CH₃)
16-13-15 R¹=R³=R⁴=H; R²=Ac

16-13-10

表 16-13-2　化合物 16-13-8~16-13-15 的 ^{13}C NMR 化学位移数据

C	16-13-8[1]	16-13-9[1]	16-13-10[3]	16-13-11[1]	16-13-12[6]	16-13-13[6]	16-13-14[6]	16-13-15[6]
1	39.6	39.6	40.6	58.9	63.7	59.4	59.6	55.9
2	32.3	26.9	69.5	70.6	71.4	71.2	71.2	26.6

续表

C	16-13-8[1]	16-13-9[1]	16-13-10[3]	16-13-11[1]	16-13-12[6]	16-13-13[6]	16-13-14[6]	16-13-15[6]
3	36.1	35.4	47.8	42.1	41.9	39.8	39.9	37.0
4	153.4	151.4	144.8	142.3	142.9	148.0	147.9	149.7
5	77.4	73.3	75.8	78.2	78.8	76.4	76.5	76.5
6	26.5	36.0	37.1	28.9	28.9	30.9	31.0	28.1
7	29.1	69.7	69.5	33.8	33.8	33.2	33.3	34.0
8	43.5	46.7	48.1	39.5	39.7	40.0	40.1	38.4
9	74.4	77.0	75.4	43.9	47.2	47.1	47.2	47.7
10	72.9	72.1	71.9	70.1	67.3	67.6	67.6	67.8
11	136.1	135.9	134.0	135.3	138.8	138.0	138.1	140.4
12	137.4	137.7	138.3	134.7	132.9	133.6	133.6	132.8
13	70.2	70.0	70.3	39.7	42.3	39.5	39.5	42.7
14	26.1	32.3	32.0	70.6	67.8	70.7	70.6	71.4
15	38.7	38.8	37.2	37.3	37.9	37.6	37.6	39.5
16	27.5	26.2	26.1	25.4	31.8	32.1	32.2	31.8
17	32.6	32.1	28.6	31.8	25.7	25.4	25.5	26.2
18	15.8	15.9	16.0	20.9	21.1	21.0	21.0	21.2
19	17.2	12.5	13.0	22.4	22.4	22.3	22.3	21.7
20	111.2	112.5	116.6	116.9	116.7	113.4	113.5	112.6
1′						173.6	176.3	
2′						28.1	34.1	
3′						9.2	18.9	
4′							18.9	
OAc	169.7/21.7 169.6/21.9 169.6/21.9	170.1/21.0 172.0/20.9 169.6/21.9 169.6/21.5	169.9/21.4 169.6/21.5 169.9/21.9 169.6/21.9 169.7/21.7	169.7/20.7 169.6/21.6 169.9/21.9 169.7/21.5	169.6/21.5 169.6/21.9	169.9/21.4	169.8/21.4	169.6/21.5

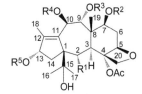

16-13-16 R1=OAc; R2=R3=R5=H; R4=Bz
16-13-17 R1=OAc; R2=R3=Ac; R4=Bz; R5=H
16-13-18 R1=OBz; R2=Bz; R3=R4=R5=H
16-13-19 R1=OAc; R2=Bz; R3=R4=R5=H
16-13-20 R1=OBz; R2=R3=R5=Ac; R4=Bz
16-13-21 R1=OBz; R2=R5=Ac; R3=R4=Bz

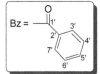

表16-13-3 化合物 16-13-16~16-13-21 的 13C NMR 化学位移数据

C	16-13-16[7]	16-13-17[8]	16-13-18[9]	16-13-19[9]	16-13-20[9]	16-13-21[9]
1	66.7	68.0	67.5	68.6	68.3	68.0
2	68.1	68.9	68.5	68.3	68.6	68.9
3	44.1	44.4	43.8	45.0	44.6	44.4
4	80.3	80.1	80.0	79.5	79.3	80.1
5	85.0	85.2	85.4	84.5	84.9	85.2
6	37.9	34.9	34.7	34.8	34.9	34.9
7	72.6	72.0	71.6	70.6	70.7	72.0
8	43.0	43.5	43.4	43.7	44.1	43.5

续表

C	16-13-16[7]	16-13-17[8]	16-13-18[9]	16-13-19[9]	16-13-20[9]	16-13-21[9]
9	78.3	78.8	78.6	76.5	77.6	78.8
10	71.5	68.3	68.2	68.6	68.7	68.3
11	135.1	137.1	136.6	136.1	136.4	137.1
12	150.0	147.5	147.6	148.0	147.8	147.5
13	77.6	77.9	77.7	78.7	78.9	77.9
14	39.7	39.9	39.7	36.7	36.9	39.9
15	76.0	76.0	75.9	75.6	75.8	76.0
16	25.9	24.5	24.2	25.6	25.1	24.5
17	27.7	27.6	27.4	27.8	27.9	27.6
18	11.8	11.3	11.2	11.8	11.9	11.3
19	11.8	13.5	13.5	12.5	13.2	13.5
20	74.9	75.0	75.1	74.5	74.6	75.0
	10-OBz	10-OBz	2-OBz	7-OBz	2-OBz	2-OBz
1′	165.2	164.0	166.1	165.8	165.8	165.8
2′	129.6	129.2	130.1	130.9	130.0	130.2
3′, 7′	129.5	129.5	129.6	129.7	129.6	129.7
4′, 6′	128.7	128.7	128.6	128.2	128.6	128.6
5′	133.4	133.3	133.5	132.7	133.4	133.4
			7-OBz		10-OBz	9-OBz
1′			165.8		164.1	166.5
2′			130.9		129.2	130.2
3′, 7′			129.6		129.5	129.3
4′, 6′			128.3		128.7	128.0
5′			132.7		133.3	132.8
						10-O-Bz
1′						164.4
2′						130.2
3′, 7′						129.7
4′, 6′						128.3
5′						132.9
OAc	170.7/21.6	169.6/20.6	171.1/22.4	171.3/22.0	170.5/21.9	170.5/21.9
	171.2/22.0	169.6/21.3		170.6/21.5	169.7/21.3	169.9/21.6
		170.1/21.3			169.6/21.0	168.9/21.0
		171.0/22.3			168.9/20.5	

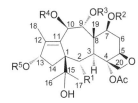

16-13-22　R^1=OAc; R^2=Ac; R^3=R^4=R^5=H
16-13-23　R^1=OBz; R^2=R^3=Ac; R^4=R^5=H
16-13-24　R^1=OBz; R^2=R^3=R^4=H; R^5=Ac
16-13-25　R^1=OBz; R^2=R^3=R^4=R^5=H
16-13-26　R^1=OAc; R^2=R^4=R^5=H; R^3=Bz

表 16-13-4 化合物 **16-13-22~16-13-26** 的 ^{13}C NMR 数据

C	16-13-22[10]	16-13-23[11]	16-13-24[12]	16-13-25[12]	16-13-26[13]
1	68.3	68.4	68.9	67.7	66.6
2	69.2	70.1	68.2	68.8	70.2
3	45.5	46.3	44.8	44.5	43.7
4	80.2	80.1	81.7	80.4	79.7
5	85.6	86.3	84.6	85.1	85.4
6	37.1	35.8	35.7	37.2	34.7
7	70.5	72.9	71.7	72.4	70.2
8	43.0	44.5	39.7	42.6	43.4
9	78.8	80.9	80.8	80.7	80.8
10	69.5	67.7	69.7	68.7	68.7
11	138.3	138.1	137.5	137.2	137.9
12	147.4	148.0	144.8	146.8	146.2
13	77.4	77.5	79.0	77.6	77.6
14	38.5	40.2	36.7	39.4	39.5
15	76.3	76.5	75.8	76.4	76.6
16	25.0	25.6	27.6	24.7	25.6
17	28.4	28.3	24.3	27.7	27.5
18	11.5	11.4	11.3	11.4	11.3
19	12.5	13.0	12.0	12.2	14.0
20	75.0	75.6	74.5	74.7	75.1
		2-OBz	2-OBz	2-OBz	9-OBz
1′		167.7	165.8	166.2	167.7
2′		130.7	130.9	129.9	130.4
3′, 7′		129.8	129.6	129.6	129.8
4′, 6′		128.5	128.3	128.6	128.3
5′		134.2	132.7	133.9	133.0
OAc	170.0/21.9 170.5/22.0 171.6/22.7	172.7/21.4 172.1/21.8 171.8/22.3	170.5/21.0 169.2/21.9	171.1/22.4	170.4/21.7 171.3/22.4

参 考 文 献

[1] 李亚男, 王文泽, 吴立军, 等. 沈阳药科大学学报, 2009, 26: 785.

[2] 李力更, 张嫒丽, 赵永明, 等. 中草药, 2009, 40: 18.

[3] 张娜, 路金才, 王晶, 等. 沈阳药科大学学报, 2009, 26: 789.

[4] Appendino G, Tagliapietra I, Ozen H C. J Nat Prod, 1993, 56: 514.

[5] Tong X J, Fang W S, Zhou J Y, et al. J Nat Prod, 1995, 58: 233.

[6] Zhang H J, Sun H D. J Nat Prod, 1995, 58: 1153.

[7] 钟世舟, 花振新, 樊劲松. 分析测试学报, 1996, 15: 61.

[8] 饶畅, 周金云, 陈未名, 等. 药学学报, 1994, 29: 355.

[9] 陈未名, 张佩玲, 周金云, 等. 药学学报, 1997, 32: 363.

[10] Shen Y C, Pan Y L, Lo K L, et al. Chem Pharm Bull, 2003, 51: 867.

[11] 李作平, 霍长虹, 张丽, 等. 中草药, 2006, 37: 175.

[12] Chen R, Kingston D G I. J Nat Prod, 1994, 57: 1017.

[13] Shen Y C, Chen C Y, Kuo Y H. J Nat Prod, 1998, 61: 838.

第十四节　瑞香烷型二萜化合物的 ^{13}C NMR 化学位移

【结构特点】瑞香烷型二萜化合物主要是从瑞香科和大戟科植物中分离得到的, 是由五、七、六元 3 个碳环并合而成二萜化合物, 在其 2、6 和 11 位上各连接 1 个甲基, 13 位上连接 1 个异丙基。

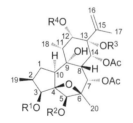

基本结构骨架

【化学位移特征】

1．与其他二萜化合物类似，在其骨架上出现羟基、有机酸酯氧基或连氧环或醚键或羰基或羧基或双键等基团。羟基或有机酸的酯氧基连接在 3 位上时 $\delta_{C\text{-}3}$ 72.1～74.5，连接在 4 位上时 $\delta_{C\text{-}4}$ 72.4～72.7，连接在 5 位上时 $\delta_{C\text{-}5}$ 70.2～74.7，连接在 7 位上时 $\delta_{C\text{-}7}$ 78.9～79.5，连接在 9 位上时 $\delta_{C\text{-}9}$ 76.0～76.8，连接在 12 位上时 $\delta_{C\text{-}12}$ 70.9～78.3，连接在 13 位上时 $\delta_{C\text{-}13}$ 71.1～81.7，连接在 14 位上时 $\delta_{C\text{-}14}$ 75.1～75.2，连接在 15 位上时 $\delta_{C\text{-}15}$ 76.0～78.0，连接在 20 位上时 $\delta_{C\text{-}20}$ 63.0～65.9。

2．有的化合物 4、6 位由氧连接成四元氧环，$\delta_{C\text{-}4}$ 91.0～93.6，$\delta_{C\text{-}6}$ 83.5～84.8。有的化合物 6、7 位由氧连接成三元氧桥，$\delta_{C\text{-}6}$ 59.6～61.5，$\delta_{C\text{-}7}$ 63.8～69.4。

3．有的化合物 9、13、14 位连氧与同一个碳形成醚键，$\delta_{C\text{-}9}$ 80.7，$\delta_{C\text{-}13}$ 86.8～87.1，$\delta_{C\text{-}14}$ 82.0～82.2。有的化合物 12、13、14 位连氧与同一个碳形成醚键，$\delta_{C\text{-}12}$ 78.1～81.1，$\delta_{C\text{-}13}$ 83.6～86.2，$\delta_{C\text{-}14}$ 80.1～80.7。有的化合物 9、12、14 位连氧与同一个碳形成醚键，$\delta_{C\text{-}9}$ 77.0～81.3，$\delta_{C\text{-}12}$ 82.7～86.1，$\delta_{C\text{-}14}$ 80.0～81.3。而同一个碳可能是苄基碳，也有可能是烷基碳，其化学位移出现在 δ 108.4～118.8。

4．3 位羰基与 1,2 位双键形成共轭时，$\delta_{C\text{-}3}$ 208.9～209.7，$\delta_{C\text{-}1}$ 159.4～160.7，$\delta_{C\text{-}2}$ 136.9～137.1。

5．3 位羟基与 16 位碳衍生的长链酸形成大环内酯时，$\delta_{C\text{-}3}$ 80.7～84.0。如果 3、4、5 位同时都有连氧基团，中间的 4 位碳的化学位移向低场位移，$\delta_{C\text{-}4}$ 81.2～82.9。

6．瑞香烷型二萜化合物的双键主要出现在 15,16 位，$\delta_{C\text{-}15}$ 136.7～143.3，$\delta_{C\text{-}16}$ 113.1～119.7。

16-14-1 R^1=H; R^2=R^4=Bz; R^3=Ac
16-14-2 R^1=R^3=Ac; R^2=R^4=Bz
16-14-3 R^1=R^2=R^4=Ac; R^3=Bz

16-14-4 R=COCH$_2$CH(CH$_3$)$_2$
16-14-5 R=COC$_6$H$_4$(4-OH)
16-14-6 R=COC$_6$H$_3$(3-OMe)(4-OH)

表 16-14-1 化合物 16-14-1~16-14-6 的 ^{13}C NMR 化学位移数据

C	16-14-1[1]	16-14-2[1]	16-14-3[1]	16-14-4[1]	16-14-5[1]	16-14-6[1]
1	35.0	34.7	34.7	160.0	160.4	160.0
2	32.7	31.0	30.9	137.0	137.1	137.1
3	72.1	73.8	72.6	209.5	209.6	209.6
4	92.7	91.0	91.0	72.4	72.4	72.4
5	73.6	73.9	73.1	72.6	72.6	72.6
6	84.8	84.0	83.7	59.6	59.8	59.7
7	78.9	79.3	79.2	67.3	67.4	67.3
8	39.2	39.2	39.1	35.2	35.3	35.3

续表

C	16-14-1[1]	16-14-2[1]	16-14-3[1]	16-14-4[1]	16-14-5[1]	16-14-6[1]
9	76.7	76.8	76.7	80.7	80.7	80.7
10	49.5	49.6	49.6	47.9	48.0	48.0
11	40.0	40.0	40.3	38.9	39.2	39.2
12	73.5	73.5	72.6	70.9	71.5	71.7
13	80.7	80.6	81.7	86.8	87.1	87.1
14	75.1	75.1	75.2	82.2	82.0	82.0
15	140.1	140.1	139.1	142.1	142.1	142.2
16	119.2	119.2	119.7	113.2	113.2	113.1
17	20.1	20.1	19.6	19.5	19.5	19.5
18	11.8	11.8	11.6	11.2	11.2	11.2
19	15.4	15.8	15.8	9.9	9.9	9.9
20	19.6	19.8	20.0	21.4	21.4	21.4
3-OAc		170.3/20.7	170.1/20.5			
5-OAc			170.2/20.8			
7-OAc	170.0/21.3	170.0/21.4	170.0/21.2			
12-OAc			169.3/20.8			
13-OAc	167.9/21.3	167.9/21.3				
14-OAc	168.7/21.4	168.7/21.4	169.0/21.5			
	5-OBz	5-OBz	13-OBz	C-Ph	C-Ph	C-Ph
1′	166.0	165.9	164.0	118.2	118.2	118.2
2′	129.8	129.9	129.9	135.2	135.3	135.3
3′	129.8	129.6	129.5	128.0	128.0	128.0
4′	128.6	128.6	128.5	126.2	126.2	126.2
5′	133.3	133.3	133.2	129.6	129.6	129.6
6′	128.6	128.6	128.5	126.2	126.2	126.2
7′	129.8	129.6	129.5	128.0	128.0	128.0
	12-OBz	12-OBz		12-OR^1	12-OR^1	12-OR^1
1″	165.7	165.7		172.4	165.5	165.6
2″	129.4	129.5		43.1	121.7	121.5
3″	129.5	129.5		25.5	132.2	111.8
4″	128.5	128.5		22.4	115.3	146.2
5″	133.3	133.3		22.4	160.0	150.4
6″	128.5	128.5			115.3	114.2
7″	129.5	129.5			132.2	124.6
OMe						56.0

16-14-7

16-14-8 R=H
16-14-9 R=Ac

16-14-10 R=CH₂CH₃
16-14-11 R=CH₂CH₂CH₃

表 16-14-2 化合物 16-14-7~16-14-11 的 ^{13}C NMR 化学位移数据

C	16-14-7[2]	16-14-8[2]	16-14-9[2]	16-14-10[3]	16-14-11[3]
1	34.0	34.1	33.6	160.7	159.4
2	31.1	32.8	30.8	137.1	136.9
3	73.5	72.4	74.5	209.7	208.9
4	92.1	93.6	91.9	72.7	72.7
5	73.9	74.4	74.7	72.4	70.2
6	83.5	84.4	83.5	60.7	61.5
7	79.4	79.2	79.5	64.3	63.8
8	40.7	40.8	40.7	35.6	35.2
9	76.1	76.0	76.0	78.3	78.3
10	48.7	48.8	48.7	47.7	47.3
11	37.1	37.1	37.0	44.3	43.8
12	81.1	81.1	81.1	78.3	78.1
13	86.2	86.2	86.2	83.9	83.6
14	80.2	80.1	80.1	80.7	80.3
15	136.8	136.8	136.7	143.3	143.0
16	117.4	117.4	117.4	113.6	113.2
17	19.3	19.4	19.4	18.9	18.4
18	13.1	13.1	13.1	18.5	18.0
19	16.5	15.8	16.3	10.1	9.6
20	19.4	19.4	19.6	65.2	64.7
1′	118.9	118.8	118.8	117.2	116.9
2′	15.6	15.6	15.6	122.5	122.2
3′				135.3	135.0
4′				128.8	128.4
5′				139.6	139.3
6′				32.9	32.5
7′				28.9	28.5
8′				31.5	31.2
9′				22.7	22.3
10′				14.2	13.7
1″	166.5	166.6	166.6	173.4	172.9
2″	130.3	130.3	130.3	28.0	36.2
3″	129.9	129.9	129.9	9.2	18.0
4″	128.2	128.3	128.3		13.3
5″	132.9	132.9	132.9		
6″	128.2	128.3	128.3		
7″	129.9	129.9	129.9		
1‴	165.7	165.8	165.7		
2‴	130.3	130.3	130.3		
3‴	129.7	129.9	129.5		
4‴	128.5	128.4	128.4		
5‴	133.1	133.2	133.2		
6‴	128.5	128.4	128.4		
7‴	129.7	129.9	129.5		
OAc	170.0/20.4		170.3/20.5		

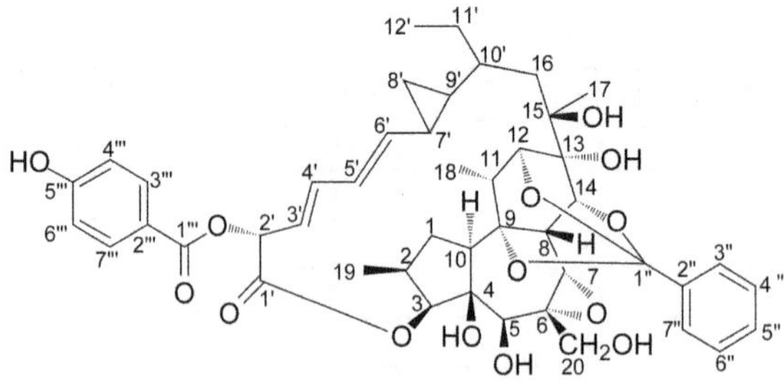

16-14-12

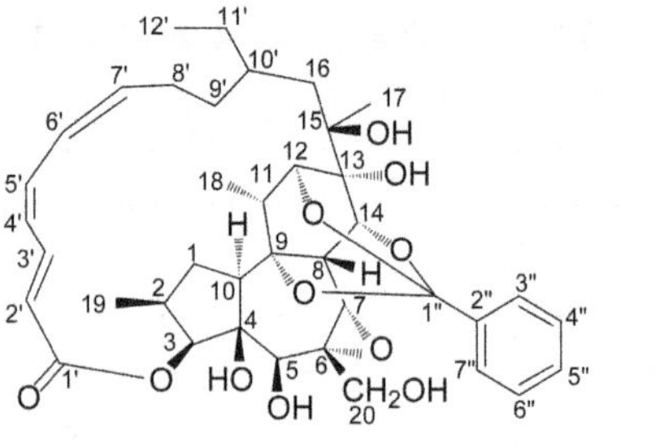

16-14-13

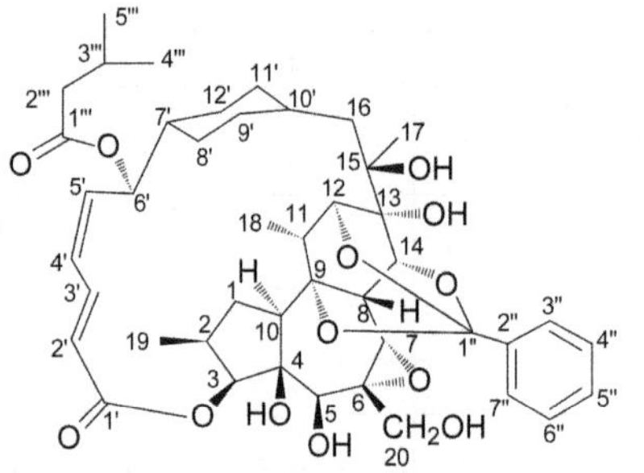

16-14-14

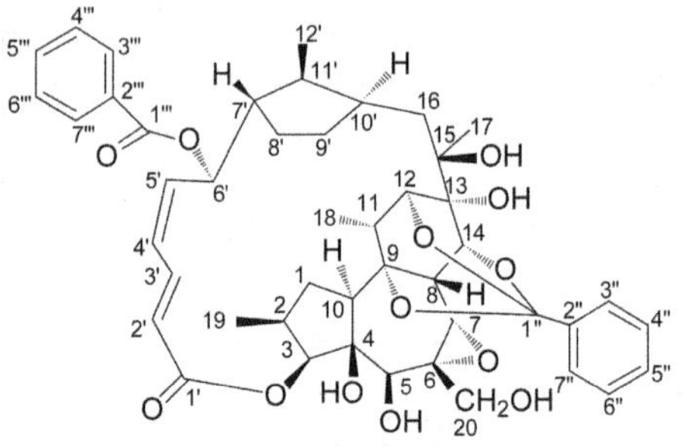

16-14-15

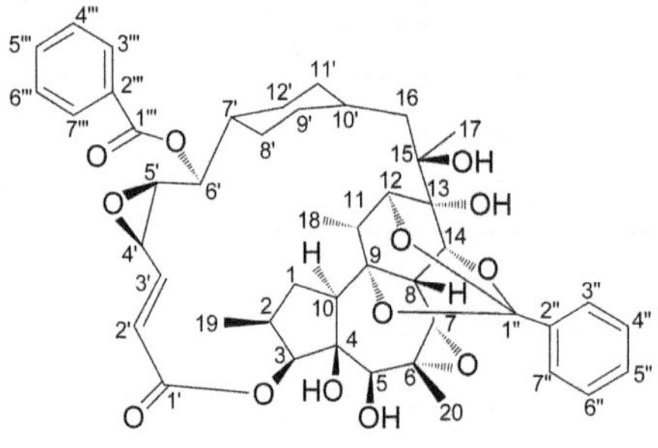

16-14-16

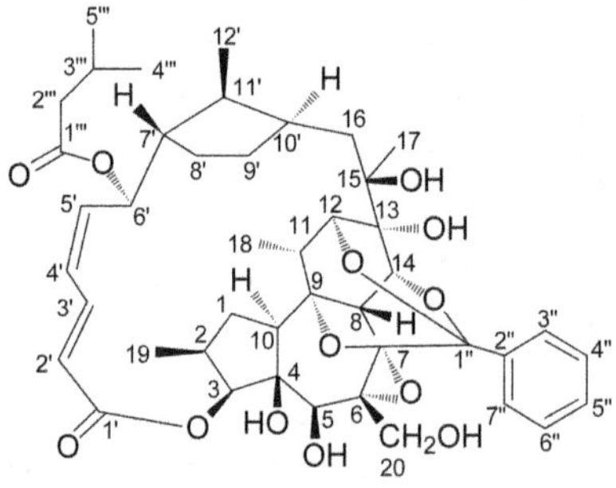

16-14-17

表 16-14-3　化合物 16-14-12~16-14-17 的 ^{13}C NMR 化学位移数据

C	16-14-12[4]	16-14-13[4]	16-14-14[5]	16-14-15[5]	16-14-16[5]	16-14-17[5]
1	34.8	35.6	35.7	36.4	37.7	29.3
2	35.3	35.6	35.7	35.4	36.4	29.0
3	84.0	81.1	81.6	82.2	83.7	80.7
4	81.2	82.9	81.3	82.6	82.4	82.1
5	72.3	72.6	73.2	73.2	74.5	73.1
6	60.7	60.3	61.0	60.4	60.8	60.4
7	65.1	64.3	65.2	64.7	69.4	64.1
8	34.6	35.3	35.7	35.7	36.4	37.6
9	77.0	77.6	81.3	78.1	78.4	78.0
10	46.8	47.6	47.4	48.5	47.4	48.7
11	37.0	37.2	38.1	36.9	38.4	37.6
12	82.7	83.1	84.4	84.4	86.1	84.5
13	71.1	71.4	72.3	71.7	73.4	71.6
14	80.0	81.1	80.4	80.6	81.3	80.7

续表

C	16-14-12[4]	16-14-13[4]	16-14-14[5]	16-14-15[5]	16-14-16[5]	16-14-17[5]
15	76.0	76.0	77.7	76.3	77.9	78.0
16	41.4	37.7	42.9	36.9	43.8	36.4
17	20.8	22.2	29.9	28.3	28.9	28.3
18	18.4	18.8	19.8	18.6	20.0	18.5
19	13.0	13.3	13.2	13.4	13.6	
20	65.9	63.0	65.5	64.7	23.2	64.6
1'	171.1	169.1	166.9	169.0	166.7	168.8
2'	69.3	119.1	123.3	124.8	128.8	124.5
3'	122.3	148.0	138.4	38.9	141.1	139.1
4'	133.4	128.3	129.3	130.3	58.2	130.3
5'	129.8	137.6	136.9	136.6	60.4	136.7
6'	138.9	128.1	73.2	73.8	80.1	72.9
7'	17.6	138.8	36.3	51.4	37.7	51.1
8'	16.8	23.0	30.6	27.3	30.8	27.1
9'	28.3	33.7	32.0	31.7	31.9	31.6
10'	34.8	33.1	36.3	40.6	37.0	40.5
11'	30.8	29.1	34.7	37.7	34.6	37.6
12'	11.7	11.8	32.7	17.0	33.5	16.8
1''	108.4	108.4	108.7	108.8	108.9	108.8
2''	138.6	138.8	138.6	138.7	139.8	138.7
3''	125.1	125.1	125.1	125.1	126.3	125.1
4''	128.1	128.1	128.1	128.2	129.7	128.1
5''	129.4	129.3	129.3	129.3	129.1	129.3
6''	128.1	128.1	128.2	128.2	129.7	128.1
7''	125.1	125.1	125.1	125.1	126.3	125.1
1'''	165.2		172.6	165.7	166.7	172.4
2'''	121.1		43.8	133.0	129.6	43.8
3'''	132.3		25.8	128.4	130.4	25.9
4'''	115.7		22.4	129.6	130.1	22.3
5'''	160.9		22.5	130.6	134.3	22.4
6'''	115.7			129.6	130.1	
7''	132.3			128.4	130.4	

参 考 文 献

[1] Chen H, Yang S, He X, et al. Tetrahedron, 2010, 66: 5065.
[2] Zhang L, Luo R H, Liu J K, et al. Org Lett, 2010, 12: 152.
[3] Hong J Y, Nam J W, Lee S K, et al. Chem Pharm Bull, 2010, 58: 234.
[4] Chen H D, He X F, Yue J M. et al. Org Lett, 2009, 11: 080.
[5] Jayasuiya H, Zink D L,Borris R P, et al. J Nat Prod, 2004, 67: 228

第十五节 对映贝壳杉烷型四环二萜化合物的 ^{13}C NMR 化学位移

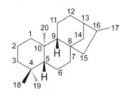

基本结构骨架

【化学位移特征】

1．对映贝壳杉烷型四环二萜化合物也是高度氧化的二萜类化合物，在多个位置存在羟基或乙酰氧基或其他有机酰氧基。1 位有连氧基团时，δ_{C-1} 73.2～78.8，如果与糖形成苷则向低场位移至 δ_{C-1} 92.5～92.6。2 位有连氧基团时，δ_{C-2} 67.3～67.9。3 位有连氧基团时，δ_{C-3} 75.2～78.8。6 位有连氧基团时，δ_{C-6} 65.8～76.1。7 位有连氧基团时，δ_{C-7} 72.8～83.3，如果 6 位同时也连接连氧基团或邻近尚有吸电子基团则 δ_{C-7} 92.0～97.8。8 位有连氧基团时，δ_{C-8} 70.2～70.9。11 位有连氧基团时，δ_{C-11} 63.3～70.1。12 位有连氧基团时，δ_{C-12} 66.6～73.9。13 位有连氧基团时，δ_{C-13} 74.9～75.1。14 位有连氧基团时，δ_{C-14} 71.5～79.0。15 位有连氧基团时，δ_{C-15} 75.3～86.7。16 位有连氧基团时，δ_{C-16} 81.6～82.7，如果成苷则向低场位移至 δ_{C-16} 87.5～87.7。17 位有连氧基团时，δ_{C-17} 63.2～74.4。18 位有连氧基团时，δ_{C-18} 71.2～78.6。19 位有连氧基团时，δ_{C-19} 64.2～77.1。20 位有连氧基团时，δ_{C-20} 63.3～68.6。

2．9,11 位为双键时，δ_{C-9} 153.1～153.2，δ_{C-11} 116.7～117.6。16,17 位为双键时，δ_{C-16} 151.9～156.3，δ_{C-17} 102.6～114.3。15,16 位为双键时，δ_{C-15} 132.7，δ_{C-16} 144.2。

3．对映贝壳杉烷型四环二萜化合物的一些位置被氧化为醛基、酮羰基或羧基。1 位羰基，δ_{C-1} 205.4～206.2。6 位羰基，δ_{C-6} 201.0～210.3。7 位羰基，δ_{C-7} 199.3～211.3。15 位羰基，δ_{C-15} 220.5～224.6。18 位醛羰基，δ_{C-18} 206.2。20 位醛羰基，δ_{C-20} 204.9～206.1。18 位或 19 位羧基，δ_{C-18} 177.7 或 δ_{C-19} 180.1～185.5。20 位内酯羰基，δ_{C-20} 174.8～175.2。

4．有的化合物羰基与双键共轭。7 位羰基与 5,6 位双键共轭时，δ_{C-7} 192.9～194.4，δ_{C-5} 133.1～133.4，δ_{C-6} 146.1～147.0。12 位羰基与 9,11 位双键共轭时，δ_{C-12} 198.4，δ_{C-9} 178.2，δ_{C-11} 122.6。15 位羰基与 16,17 位双键共轭时，δ_{C-15} 201.7～236.5，δ_{C-16} 148.6～154.6，δ_{C-17} 111.4～118.6。

16-15-1

16-15-2 R^1=OH; R^2=H
16-15-3 R^1=OAc; R^2=OAc

16-15-4 R^1=R^2=OAc
16-15-5 R^1=OH; R^2=OAc
16-15-6 R^1=R^2=OH
16-15-7 R^1=OAc; R^2=OH

表 16-15-1 化合物 16-15-1~16-15-7 的 ¹³C NMR 化学位移数据

C	16-15-1[1]	16-15-2[2]	16-15-3[2]	16-15-4[3]	16-15-5[3]	16-15-6[3]	16-15-7[3]
1	76.7	35.9	36.2	40.9	40.8	40.8	40.9
2	33.4	18.3	18.1	67.5	67.6	67.9	67.3
3	78.8	33.9	36.8	77.6	77.6	77.8	77.7
4	36.7	39.1	39.1	38.4	38.3	38.3	37.4
5	42.1	55.9	52.6	43.3	42.0	42.1	13.3
6	70.7	19.0	29.2	69.7	71.2	71.5	70.1
7	71.2	39.7	69.8	71.2	73.1	73.7	71.6
8	48.5	53.5	59.7	48.5	50.0	49.9	48.5
9	55.7	59.3	58.9	55.4	55.0	59.1	59.1
10	43.8	39.0	38.6	39.7	39.8	39.4	38.3
11	70.1	69.7	69.6	68.1	68.3	65.0	64.9
12	37.9	46.5	47.1	38.1	38.3	40.8	40.9
13	36.6	74.9	75.1	36.7	37.4	38.1	36.5
14	35.4	45.0	39.2	35.1	34.5	35.2	35.5
15	204.9	207.3	206.8	204.4	212.7	213.6	204.7
16	150.5	154.1	154.6	150.2	150.2	151.0	151.1
17	112.0	112.7	112.2	113.3	114.6	112.9	111.4
18	27.7	27.9	27.3	28.0	28.0	28.0	28.0
19	23.1	64.2	66.8	23.0	23.2	23.3	22.9
20	14.7	18.2	18.1	20.4	20.6	20.7	20.5
OAc	169.9/20.9 169.5/21.0 169.4/20.9 169.2/20.5	169.0/21.2	170.6/21.1 168.9/20.5	170.4/21.2 170.3/21.1 169.5/21.1 169.3/20.9 169.0/20.5	170.6/21.2 170.3/20.9 169.7/20.6 169.0/20.6	170.5/21.3 170.3/21.3 169.8/21.0	170.3/21.7 170.3/21.3 169.6/21.1 169.4/20.5

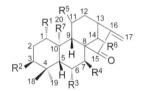

16-15-8	R¹=R⁶=H; R²=R⁴=OAc; R³=O; R⁵=OH; R⁷=CH₃
16-15-9	R¹=R²=H; R³=O; R⁴=R⁵=R⁶=OH; R⁷=CH₂OH
16-15-10	R¹=R⁵=OAc; R²=OH; R³=O; R⁴=R⁶=H; R⁷=CH₃
16-15-11	R¹=R⁶=OH; R²=R⁵=H; R³=OAc; R⁴=O; R⁷=CH₃
16-15-12	R¹=R²=H; R³=O; R⁴=R⁵=R⁶=OH; R⁷=CHO
16-15-13	R¹=R²=H; R³=R⁵=R⁶=OH; R⁴=O; R⁷=CHO

表 16-15-2 化合物 16-15-8~16-15-13 的 ¹³C NMR 化学位移数据

C	16-15-8[4]	16-15-9[5]	16-15-10[6]	16-15-11[7]	16-15-12[8]	16-15-13[8]
1	25.5	23.6	78.5	78.8	34.3	36.3
2	22.6	19.5	31.5	30.1	19.2	19.6
3	77.2	41.3	75.2	39.7	41.7	43.1
4	35.8	33.6	36.1	34.2	32.4	35.8
5	54.8	64.0	50.5	53.7	54.9	59.2
6	202.2	204.5	201.3	76.1	210.3	75.3
7	80.4	90.1	79.7	199.3	76.3	211.3
8	53.4	47.5	52.6	70.9	60.4	70.2
9	59.1	62.5	54.3	57.0	59.8	62.2
10	44.8	60.2	49.1	47.0	58.7	57.5

续表

C	16-15-8[4]	16-15-9[5]	16-15-10[6]	16-15-11[7]	16-15-12[8]	16-15-13[8]
11	64.7	65.1	68.3	19.5	63.8	65.8
12	40.7	43.4	37.7	32.3	38.3	41.9
13	36.8	43.8	35.7	47.1	46.6	44.7
14	24.4	73.2	33.6	74.7	75.4	79.0
15	236.5	211.7	205.7	202.1	208.3	201.7
16	151.1	152.5	149.3	149.0	149.9	148.6
17	112.6	117.1	113.9	116.9	115.1	118.6
18	27.0	33.6	26.1	35.0	30.9	35.4
19	22.0	23.6	22.2	22.3	21.0	21.6
20	18.5	80.8	15.0	15.1	204.9	206.1
OAc	169.7/20.9 169.6/20.8		170.4/21.6 169.7/21.1 169.2/21.0	171.0/21.0		

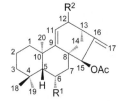

16-15-14 R^1=OH; R^2=H
16-15-15 R^1=OAc; R^2=H

16-15-16 R^1=OAc; R^2=O

16-15-17 R=CH$_2$OH
16-15-18 R=CHO

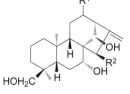

16-15-19 R^1=H; R^2=OAc
16-15-20 R^1=OH; R^2=H

表 16-15-3 化合物 16-15-14~16-15-20 的 ^{13}C NMR 化学位移数据[9,10]

C	16-15-14	16-15-15	16-15-16	16-15-17	16-15-18	16-15-19	16-15-20
1	41.0	41.5	40.3	40.5	39.5	40.5	40.4
2	19.0	19.4	19.6	18.6	17.2	18.7	18.5
3	45.1	45.3	44.9	35.8	32.2	35.7	35.8
4	34.1	34.2	34.4	38.0	49.7	37.9	38.7
5	49.1	48.1	46.9	46.6	45.3	46.8	46.8
6	65.8	69.2	68.2	30.6	33.2	30.4	30.8
7	40.9	38.0	37.4	75.7	74.9	75.4	78.4
8	42.9	42.6	45.7	54.4	54.5	54.6	52.6
9	153.2	153.1	178.2	51.8	51.4	50.2	60.2
10	38.5	37.8	39.4	38.5	37.3	39.4	38.1
11	116.7	117.6	122.6	26.4	26.1	17.8	26.2
12	37.8	38.9	198.4	73.9	73.6	33.0	73.6
13	37.8	38.0	55.1	59.3	59.3	50.6	62.0
14	41.4	41.8	46.2	72.8	72.7	76.9	74.2
15	86.0	86.7	82.4	76.2	76.1	75.3	41.5
16	155.0	155.6	145.4	152.3	151.9	154.7	153.2
17	108.0	108.8	114.3	109.6	109.8	108.9	106.6
18	32.2	32.6	32.6	71.4	206.2	71.2	71.4

续表

C	16-15-14	16-15-15	16-15-16	16-15-17	16-15-18	16-15-19	16-15-20
19	24.0	24.3	24.3	18.2	14.4	18.3	18.2
20	27.0	24.3	26.1	17.4	17.0	18.9	17.3
OAc	171.1/21.3	170.4/21.7	170.1/21.7	171.2/21.0	171.3/21.1	171.3/21.1	
		170.3/21.8	170.0/21.5				

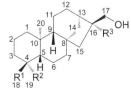

16-15-21 R^1=COOGlu; R^2=CH$_3$; R^3=OH
16-15-24 R^1=CH$_3$; R^2=COOCH$_3$; R^3=OGlu
16-15-25 R^1=CH$_3$; R^2=COOH; R^3=OGlu

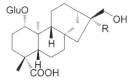

16-15-22 R=H
16-15-23 R=OH

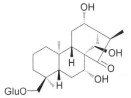

16-15-26

表 **16-15-4**　化合物 **16-15-21~16-15-26** 的 ^{13}C NMR 化学位移数据

C	16-15-21[11]	16-15-22[12]	16-15-23[12]	16-15-24[13]	16-15-25[13]	16-15-26[14]
1	37.7	92.6	92.5	41.8	42.0	38.3
2	17.9	28.3	28.4	19.0	18.8	18.0
3	36.8	36.7	36.6	41.0	41.5	35.9
4	48.0	43.6	43.6	45.6	45.8	38.7
5	50.3	56.2	56.0	52.0	52.9	45.9
6	23.6	23.2	21.9	72.2	73.5	29.9
7	41.8	43.6	37.6	83.3	82.6	74.9
8	44.9	46.1	49.1	49.7	49.6	60.7
9	56.9	55.2	54.8	50.7	51.8	56.4
10	38.9	45.8	45.9	42.0	42.4	37.6
11	18.4	21.7	21.4	20.2	20.6	36.5
12	26.7	32.5	26.9	27.7	27.8	66.6
13	46.0	44.9	43.3	41.5	41.6	51.0
14	39.5	38.5	37.4	37.5	38.5	71.5
15	53.8	45.7	82.3	46.0	46.1	222.1
16	81.6	38.7	81.9	87.5	87.7	43.4
17	66.4	67.2	66.1	66.9	66.9	9.8
18	177.7	29.4	29.3	32.7	35.0	78.6
19	18.3	180.8	180.1	180.4	185.5	18.0
20	16.8	12.9	13.0	17.2	17.1	17.1
OMe				52.8		
Glu-1'	96.1	104.6	104.5	100.0	100.0	105.5
Glu-2'	74.3	75.8	75.7	75.7	75.8	74.8
Glu-3'	79.5	79.1	78.9	78.5	78.5	78.5
Glu-4'	71.0	71.7	71.7	71.6	71.6	71.5
Glu-5'	78.9	78.4	78.3	78.1	78.1	78.6
Glu-6'	62.1	62.9	62.8	62.9	63.0	62.9

16-15-27 R¹=R³=H; R²=α-OAc; R⁴=OEt
16-15-28 R¹=R³=H; R²=α-OAc; R⁴=OMe
16-15-29 R¹=OH; R²=β-OH; R³=H; R⁴=OH
16-15-30 R¹=OH; R²=β-OH; R³=R⁴=OH

16-15-31　**16-15-32**　**16-15-33**

表 16-15-5 化合物 16-15-27~16-15-33 的 ¹³C NMR 化学位移数据

C	16-15-27[15]	16-15-28[15]	16-15-29[16]	16-15-30[16]	16-15-31[17]	16-15-32[17]	16-15-33[8]
1	30.2	30.1	73.2	73.4	75.5	75.7	29.2
2	18.8	18.5	28.3	28.5	25.5	25.4	18.9
3	41.6	41.3	39.8	39.9	38.4	38.4	41.3
4	34.1	33.8	34.2	34.4	33.8	32.9	34.1
5	61.6	61.2	61.5	61.2	61.4	60.1	60.4
6	74.8	74.5	74.3	74.7	74.3	74.3	73.7
7	96.0	95.7	95.5	95.8	97.8	97.8	92.0
8	60.4	60.1	61.1	61.2	62.2	63.2	62.4
9	53.4	53.0	58.3	58.3	52.6	51.9	54.1
10	37.1	37.0	42.5	42.7	39.8	39.9	37.8
11	68.9	68.6	63.3	63.5	17.5	18.2	65.0
12	28.5	28.3	30.4	32.3	20.4	30.7	38.1
13	29.1	28.9	29.8	37.8	38.0	38.7	39.3
14	29.7	29.4	29.2	26.5	73.8	75.3	76.2
15	223.5	222.9	224.3	223.3	224.6	222.3	220.5
16	57.6	57.1	58.4	82.7	50.6	60.7	56.7
17	67.0	68.9	68.9	63.7	20.0	63.2	74.4
18	34.2	34.0	32.9	33.1	32.7	33.6	33.3
19	22.5	22.6	22.3	22.5	21.3	21.9	22.4
20	68.6	68.3	64.6	64.7	63.5	63.3	66.7
21					41.4		
22					207.4		
23					29.6		
OAc	170.0/21.7	169.6/21.5			169.9/21.3	169.8/21.2	169.9/21.3
OMe			58.6	58.6			58.3
OEt	66.7/15.4						

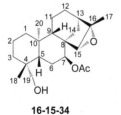

16-15-34

16-15-35

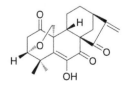

16-15-36

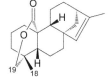

16-15-37

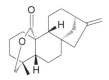

16-15-38　　　　　　　16-15-39

表 16-15-6 化合物 16-15-34~16-15-39 的 ¹³C NMR 化学位移数据

C	16-15-34[18]	16-15-35[19]	16-15-36[19]	16-15-37[20]	16-15-38[21]	16-15-39[21]
1	39.8	206.2	205.4	30.4	39.6	39.4
2	17.6	42.0	41.9	35.1	20.9	20.9
3	35.1	77.9	78.0	98.0	41.1	40.9
4	36.9	40.8	40.9	40.7	33.2	33.2
5	39.4	133.1	133.4	48.7	50.1	50.2
6	23.1	146.1	147.0	31.0	21.6	22.7
7	75.4	194.4	192.9	72.8	37.4	31.1
8	46.6	54.4	59.7	61.2	49.1	44.1
9	46.5	28.0	32.6	48.5	45.8	53.2
10	38.8	53.9	54.9	37.2	48.4	48.1
11	17.8	19.7	19.6	18.4	19.9	19.3
12	27.2	32.1	30.8	30.9	22.5	20.9
13	38.9	41.6	38.0	46.4	45.5	44.9
14	30.9	38.1	38.1	76.5	41.6	37.5
15	63.5	76.4	203.4	207.5	132.7	48.4
16	78.4	152.5	149.0	149.7	144.2	156.3
17	17.4	108.5	116.0	116.5	15.3	102.6
18	17.5	23.6	23.4	27.3	23.9	23.9
19	71.1	21.9	22.0	19.5	77.1	77.1
20	14.4	67.4	66.9	68.1	175.2	174.8
OAc	170.8/21.4	170.5/20.7				

参 考 文 献

[1] 王建忠, 王锋鹏. 天然产物研究与开发, 1998, 10: 15.

[2] Xu Y L, Yu Y B. Phytochemistry, 1989, 28: 3235.

[3] 赵勤实, 林中文, 孙汉董. 云南植物研究, 1996, 18: 234.

[4] 赵清治, 王桂红, 郑治安, 等. 云南植物研究, 1991, 13: 205.

[5] 张焜, 王艳红, 陈耀祖, 等. 中山大学学报(自然科学版), 1998, 37: 49.

[6] 王艳红, 陈耀祖, 孙汉董. 中山大学学报(自然科学版), 1998, 37: 122.

[7] Huang H, Chen T P, Zhang H J, et al. Phytochemistry, 1997, 45: 559.

[8] Li L M, Weng Z Y, Huang S X, et al. J Nat Prod, 2007, 70: 1295.

[9] Huang S X, Zhao Q S, Xu G, et al. J Nat Prod, 2005, 68: 1758.

[10] Qu J B, Zhu R L, Zhang Y L, et al. J Nat Prod, 2008, 71: 1418.

[11] Harinantenaina LRR, Kasai R, Yamasaki K. Chem Pharm Bull, 2002, 50: 268.

[12] Otsuka H, Shitamoto J, Matsunami K, et al. Chem Pharm Bull, 2007, 55: 1600.

[13] Kim K H, Choi S U, Lee K R. J Nat Prod, 2009, 72: 1121.

[14] Ge X, Ye G, Li P, et al. J Nat Prod, 2008, 71: 227.

[15] Li W W, Li B G, Chen Y Z. Phytochemistry, 1998, 49: 2433.

[16] Han Q B, Li M L, Li S H, et al. Chem Pharm Bull, 2003, 51: 790.

[17] Wang Y X, Zhu L L, Zhi H A. Chinese Chem Lett, 2010, 21: 610.

[18] Baser K H C, Bondi M L, Bruno M, et al. Phytochemistry, 1996, 43: 1293.

[19] 王佳, 林中文, 孙汉董. 云南植物研究, 1997, 19: 438.

[20] Sun H D, Lin Z W, Di Niu F, et al. Phytochemistry, 1995, 38: 437.

[21] Tanaka N, Ooba N, Duan H Q, et al. Phytochemistry, 2004, 65: 2071.

第十六节　阿替生烷型四环二萜化合物的 ^{13}C NMR 化学位移

基本结构骨架

【化学位移特征】

1．多羟基取代特征：3 位连接羟基时，$\delta_{C\text{-}3}$ 78.2～78.8。13 位连接羟基时，$\delta_{C\text{-}13}$ 75.0～76.8。14 位连接羟基时，$\delta_{C\text{-}14}$ 66.0～75.7。15 位连接羟基时，$\delta_{C\text{-}15}$ 66.8。16 位连接羟基时，$\delta_{C\text{-}16}$ 73.7～74.2。17 位连接羟基时，$\delta_{C\text{-}17}$ 68.9～69.3。18 位连接羟基时，$\delta_{C\text{-}18}$ 71.3。19 位连接羟基时，$\delta_{C\text{-}19}$ 66.7。

2．阿替生烷（atisane）型四环二萜化合物的双键主要在 16,17 位上，$\delta_{C\text{-}16}$ 142.7～155.6，$\delta_{C\text{-}17}$ 107.6～110.7。

3．阿替生烷型四环二萜化合物多个位置被氧化为羰基，如 $\delta_{C\text{-}3}$ 217.5，$\delta_{C\text{-}7}$ 211.5，$\delta_{C\text{-}14}$ 216.4～218.4。18 位被氧化为醛基时，$\delta_{C\text{-}18}$ 206.0。

4．有的阿替生烷型四环二萜化合物的 3 位羰基与 1,2 位双键共轭，$\delta_{C\text{-}3}$ 200.7，$\delta_{C\text{-}1}$ 124.9，$\delta_{C\text{-}2}$ 144.1。15 位羰基与 16,17 位双键共轭，$\delta_{C\text{-}15}$ 200.3～200.8，$\delta_{C\text{-}16}$ 145.5～145.6，$\delta_{C\text{-}17}$ 118.0～118.3。

16-16-1　　　　　16-16-2　　　　　16-16-3　　　　　16-16-4

16-16-5　　　　　16-16-6　　　　　16-16-7

表 16-16-1　化合物 16-16-1~16-16-7 的 ^{13}C NMR 化学位移数据

C	16-16-1[1]	16-16-2[1]	16-16-3[1]	16-16-4[1]	16-16-5[2]	16-16-6[3]	16-16-7[3]
1	38.0	37.9	36.3	124.9	39.1	39.0	38.2
2	27.9	34.0	26.8	144.1	17.9	18.2	17.0
3	78.2	217.5	78.8	200.7	36.5	35.7	32.4
4	39.2	47.6	38.6	43.8	36.8	37.8	49.4
5	55.7	55.6	54.5	53.2	53.0	46.0	44.8
6	18.9	19.6	18.8	19.1	38.4	29.0	31.5
7	40.1	38.7	30.7	31.0	211.5	71.9	71.2
8	37.7	32.8	47.4	48.0	60.3	56.6	56.8
9	52.1	50.8	51.9	48.8	44.6	28.0	47.7
10	33.0	37.2	37.8	39.1	37.1	39.0	37.9
11	23.6	23.2	25.2	28.0	28.7	20.7	20.6

续表

C	16-16-1[1]	16-16-2[1]	16-16-3[1]	16-16-4[1]	16-16-5[2]	16-16-6[3]	16-16-7[3]
12	32.8	32.1	44.8	38.0	37.3	43.9	43.9
13	23.8	23.4	75.0	44.5	38.2	76.8	76.7
14	27.7	27.4	218.4	216.4	66.0	75.7	75.7
15	53.5	52.4	43.8	42.5	66.8	200.8	200.3
16	73.7	74.2	142.7	146.5	155.6	145.6	145.5
17	69.3	68.9	110.7	107.6	108.8	118.0	118.3
18	28.6	26.1	28.4	26.9	26.5	71.3	206.0
19	16.3	21.6	15.6	21.9	66.7	18.1	16.3
20	14.2	13.4	14.0	17.2	14.8	16.6	14.4
OAc					170.8,20.7		

参 考 文 献

[1] 王环, 张晓峰, 马云宝, 等. 中草药, 2004, 35(6): 611.

[2] Li X N, Pu J X, Du X, et al. J Nat Prod, 2010, 73: 1803.

[3] Huang S X, Zhou Y, Yang L B, et al. J Nat Prod, 2007, 70: 1053.

第十七节　木藜芦烷型四环二萜化合物的 ¹³C NMR 化学位移

【结构特点】木藜芦烷型四环二萜化合物是由五、七、六、五元环并合而成的化合物。

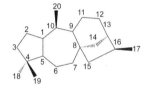

基本结构骨架

【化学位移特征】

1. 木藜芦烷型四环二萜化合物也是高度氧化的二萜化合物。3 位连接连氧基团时，$\delta_{C\text{-}3}$ 81.7～91.1，如果成苷则在低场出现。5 位连接连氧基团时，$\delta_{C\text{-}5}$ 79.8～83.4。如果 5 位和 9 位以氧连接形成一个新的五元环，$\delta_{C\text{-}5}$ 85.7～95.9，$\delta_{C\text{-}9}$ 88.9～89.0。6 位连接连氧基团时，$\delta_{C\text{-}6}$ 69.6～80.5。7 位连接连氧基团时，$\delta_{C\text{-}7}$ 77.6～80.3。10 位连接连氧基团时，$\delta_{C\text{-}10}$ 77.3～77.6。13 位连接连氧基团时，$\delta_{C\text{-}13}$ 82.2。14 位连接连氧基团时，$\delta_{C\text{-}14}$ 80.1～83.2。16 位连接连氧基团时，$\delta_{C\text{-}16}$ 76.7～80.1。

2. 木藜芦烷型四环二萜化合物在 2,3 位连接三元氧桥时，$\delta_{C\text{-}2}$ 60.3～60.7，$\delta_{C\text{-}3}$ 64.2～64.4。

3. 在木藜芦烷型四环二萜化合物中 10,20 位出现双键时，$\delta_{C\text{-}10}$ 153.1，$\delta_{C\text{-}20}$ 112.4。

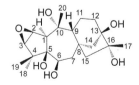

16-17-1

R¹=R⁴=H; R²=Glu; R³=CH₃

16-17-2 R¹=R⁴=H; R²=Glu; R³=CH₃
16-17-3 R¹=Glu; R²=R³=H; R⁴=CH₃

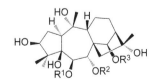

16-17-4 R¹=H; R²=CH₃CO; R³=CH₃CH₂CO
16-17-5 R¹=CH₃CO; R²=H; R³=CH₃CH₂CO
16-17-6 R¹=CH₃CO; R²=CH₃CH₂CO; R³=H

表 16-17-1 化合物 16-17-1~16-17-6 的 ^{13}C NMR 化学位移数据

C	16-17-1[1]	16-17-2[2]	16-17-3[2]	16-17-4[2]	16-17-5[2]	16-17-6[2]
1	54.4	49.5	48.0	50.2	51.9	51.5
2	60.3	32.4	31.7	35.7	35.6	35.5
3	64.4	85.7	91.1	82.7	82.7	82.7
4	47.9	48.8	47.8	52.3	51.8	52.0
5	80.1	95.9	93.4	83.6	82.9	83.1
6	74.4	72.6	69.6	77.2	80.5	78.8
7	50.3	33.7	31.7	80.3	74.9	77.6
8	42.1	46.7	46.7	56.2	56.2	56.6
9	52.2	88.9	89.0	54.5	55.2	54.6
10	77.5	37.5	36.4	77.6	77.5	77.6
11	24.3	26.0	25.8	22.3	22.7	22.6
12	33.6	25.9	25.8	27.1	27.3	27.0
13	82.2	46.6	46.2	55.1	55.3	56.5
14	41.5	40.8	40.6	82.0	83.2	80.1
15	58.4	51.1	51.9	53.5	52.1	51.8
16	76.7	79.8	79.9	78.7	78.5	79.5
17	21.3	24.2	24.3	23.3	24.0	24.0
18	21.3	22.9	24.8	23.0	23.0	23.1
19	20.6	19.8	19.8	20.3	19.7	19.7
20	31.0	15.5	14.3	28.2	28.6	28.5
OAc				171.3/21.7	171.2/21.7	169.8/21.6
丙酰基				9.4	9.1	9.2
				28.6	28.2	28.3
				173.5	173.8	174.3
Glu-1′		100.8	105.8			
2′		75.4	75.8			
3′		78.9	78.1			
4′		72.6	71.9			
5′		78.4	78.1			
6′		63.6	63.0			

16-17-7

16-17-8

表 16-17-2 化合物 16-17-7 和 16-17-8 的 ^{13}C NMR 化学位移数据[3]

C	16-17-7	16-17-8	C	16-17-7	16-17-8	C	16-17-7	16-17-8
1	54.2	44.2	9	55.4	53.6	17	23.7	24.0
2	60.7	39.3	10	77.3	153.1	18	20.5	19.0
3	64.2	81.7	11	22.2	24.1	19	21.2	25.3

续表

C	16-17-7	16-17-8	C	16-17-7	16-17-8	C	16-17-7	16-17-8
4	47.9	46.3	12	27.1	26.0	20	30.6	112.4
5	79.8	83.4	13	55.3	47.9	1′	174.9	
6	73.2	71.0	14	82.0	36.0	2′	68.2	
7	43.9	44.6	15	60.1	62.7	3′	21.5	
8	50.8	50.8	16	78.7	80.1			

参 考 文 献

[1] Zhang W D, Jin H Z, Chen G, et al. Fitoterapia, 2008, 79: 602.

[2] Wang L, Chen S, Qin G, et al. J Nat Prod, 1998, 61: 1473.

[3] 李蓉涛，李晋玉，王京昆，等. 云南植物研究, 2005, 27: 565.

第十八节　五环二萜化合物的 ^{13}C NMR 化学位移

五环二萜化合物是近几年发现的化合物，它们的数量还很少，^{13}C NMR 的数据还不能进一步总结，这里将几个化合物列出，供同行参考。

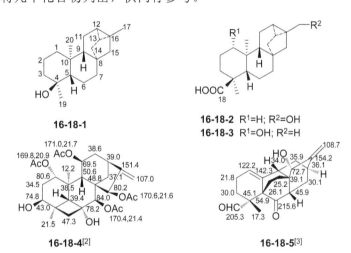

表 16-18-1　化合物 16-18-1~16-18-3 的 ^{13}C NMR 化学位移数据[1]

C	16-18-1	16-18-2	16-18-3	C	16-18-1	16-18-2	16-18-3
1	28.6	39.9	82.3	11	20.0	20.7	23.7
2	19.7	18.5	28.9	12	20.8	20.1	22.2
3	43.2	38.4	36.6	13	24.5	23.3	25.7
4	72.4	48.6	48.5	14	33.7	34.2	35.1
5	57.8	51.9	51.3	15	50.7	47.1	51.9
6	19.4	24.1	23.9	16	22.7	30.7	23.9
7	38.6	38.9	40.6	17	20.8	67.9	20.9
8	40.9	42.1	42.9	18	—	183.1	183.0
9	53.3	55.0	55.6	19	23.2	17.2	17.2
10	39.2	39.0	44.5	20	14.4	15.7	12.1

参 考 文 献

[1] Leverrier A, Martin M T, Servy C, et al. J Nat Prod, 2010, 73: 1121.

[2] Li M L, Li G Y, Ding L S, et al. J Nat Prod, 2008, 71: 684.

[3] Tang P, Chen Q H, Wang F P. Tetrahedron Lett, 2009, 50: 460.

第十九节　双二萜化合物的 ^{13}C NMR 化学位移

　　双二萜化合物是指两个二萜化合物通过氧或直接碳碳连接在一起的化合物，通常是由 40 个碳原子组成的。它们的两个二萜化合物有时是相同骨架的二萜，有时是不同的两种骨架的二萜。它们的 ^{13}C NMR 化学位移谱的特征随单个二萜化合物 ^{13}C NMR 化学位移谱的特征变化。

16-19-1 R¹=CH₃; R²=H
16-19-2 R¹=H; R²=CH₂CH₂OCH₂CH₂CH₃
16-19-3 R¹=Ac; R²=CH₂CH₂OCH₂CH₂CH₂CH₃

16-19-4

16-19-5　　　　16-19-6　　　　16-19-7

表 **16-19-1**　化合物 16-19-1~16-19-7 的 ^{13}C NMR 化学位移数据

C	16-19-1[1]	16-19-2[1]	16-19-3[1]	16-19-4[2]	16-19-5[3]	16-19-6[4]	16-19-7[5]
1	39.1	39.6	39.5	42.3	42.8	38.1	37.9
2	18.8	19.1	19.1	18.6	18.9	28	27.9
3	42.9	42.8	42.7	36.7	42.3	72.1	71.8
4	34.0	34.3	34.3	33.5	24.4	42.3	42.4
5	56.0	55.9	55.5	62.1	58.3	43.2	42.8
6	79.4	78.2	78.1	181.1	24.0	23.2	23.5

续表

C	16-19-1[1]	16-19-2[1]	16-19-3[1]	16-19-4[2]	16-19-5[3]	16-19-6[4]	16-19-7[5]
7	73.5	80.5	80.6	141.0	35.8	119.7	130.1
8	128.9	125.0	130.4	126.7	140.8	138.6	134.4
9	149.2	150.8	150.6	145.5	159.7	53.7	50.4
10	38.5	38.1	38.1	41.7	40.0	35.3	35
11	105.1	110.4	117.2	136.8	71.0	26.1	23.8
12	156.7	153.1	148.4	200.4	186.2	26.7	29.1
13	133.8	130.7	136.7	144.8	191.5	42.2	45.6
14	127.7	129.5	129.4	133.1	86.3	36.1	83.6
15	26.1	26.6	27.0	27.0	78.1	75.3	154.1
16	22.1	22.7	22.9	21.4	30.6	64.9	69.4
17	22.2	22.9	23.1	21.2	16.1	64.9	103.7
18	34.9	34.9	35.0	32.8	16.8	71.9	71.9
19	22.4	22.5	22.8	21.5	32.2	13.2	12.8
20	25.0	24.7	24.6	21.0	21.6	16	15.2
1′	36.0	36.2	36.2	42.3	42.6	75.4	75.5
2′	18.8	19.1	19.2	18.6	18.3	31	31.1
3′	40.9	41.1	41.1	36.7	42.3	39.4	39.5
4′	32.6	32.9	32.9	33.5	34.4	34.1	34.1
5′	51.1	51.1	51.0	62.1	58.1	59.8	59.8
6′	126.7	127.4	127.4	181.1	24.0	74.6	74.6
7′	127.4	127.3	127.2	141.0	36.0	99.7	99.7
8′	125.5	125.6	125.6	126.7	136.9	62.1	2
9′	147.0	147.0	146.9	145.5	121.5	53.3	53.6
10′	38.1	38.2	38.1	41.7	40.3	43.9	43.8
11′	106.9	106.6	106.5	136.8	70.8	23.2	23.5
12′	153.5	153.1	152.9	200.4	141.1	31.3	31.4
13′	134.2	135.0	135.0	144.8	137.8	44.3	44.2
14′	124.5	124.7	124.7	133.1	134.8	73.6	73.8
15′	25.3	25.7	25.5	27.0	119.4	210.2	210.2
16′	22.9	23.1	23.2	21.4	27.7	153.2	153.4
17′	22.4	23.1	23.2	21.2	21.9	119	119
18′	32.1	32.6	32.6	32.8	22.5	33.5	33.6
19′	22.0	22.6	22.6	21.5	32.1	22.3	22.3
20′	19.7	20.4	20.4	21.0	21.6	102.3	102
OMe	54.9						
OAc			169.7/21.0				
1″		70.0	69.9				
2″		66.4	66.7				
3″		71.0	71.0				
4″		31.7	31.7				
5″		19.2	19.2				
6″		13.9	13.9				

16-19-8   16-19-9   16-19-10

表 16-19-2 化合物 16-19-8~16-19-10 的 ¹³C NMR 化学位移数据

C	16-19-8[6]	16-19-9[4]	16-19-10[7]	C	16-19-8[6]	16-19-9[4]	16-19-10[7]
1	75.1	39.8	72.8	1'	40.1	39.7	72.3
2	66.7	18.3	30.5	2'	18.3	18.3	30.2
3	38.6	34.2	39.4	3'	41.4	34.1	40.0
4	33.3	48.4	34.1	4'	33.3	48.4	33.5
5	45.6	56.5	61.5	5'	54.9	56.5	63.5
6	95.1	19.6	74.6	6'	18.4	20.4	73.2
7	93.3	41.7	98.1	7'	33.7	40.9	102.0
8	61.4	44.9	62.7	8'	50.7	43.6	57.5
9	65.4	54.5	53.9	9'	61.8	55.5	45.6
10	46.6	39.4	41.5	10'	38.3	39.3	48.5
11	50.9	18.7	19.4	11'	70.9	18.5	20.3
12	22.9	30.9	20.2	12'	39.7	26.6	21.4
13	31.9	41.1	38.0	13'	36.8	41.3	43.0
14	29.4	38.3	74.1	14'	36.8	38.4	70.5
15	217.2	44.7	224.7	15'	209.5	52.4	211.1
16	47.2	45.4	52.2	16'	149.8	78.8	81.6
17	10.7	177.6	20.2	17'	112.8	71.0	29.6
18	32.7	24.3	33.1	18'	33.4	24.3	31.0
19	25.0	205.9	21.9	19'	21.8	205.8	23.2
20	15.7	16.2	64.1	20'	18.0	16.3	97.5
				OAc	169.1/20.9 170.4/20.9		

参 考 文 献

[1] Hsieh C L, Tseng M H, Kuo Y H. Chem Pharm Bull, 2005, 53: 1463.

[2] Topcu G, Ulubelen A. J Nat Prod, 1996, 59: 734.

[3] Galli B, Gasparrini F, Lanzotti V, et al. Tetrahedron, 1999, 55: 11385.

[4] Yang Y L, Chang F R, Wu C C. J Nat Prod, 2002, 65: 1462.

[5] Huang S X, Pu J X, Xiao W L, et al. Phytochemistry, 2007, 68: 616.

[6] Nagashima F, Tanka H, Takaoka S, et al. Phytochemistry, 1996, 41: 1129.

[7] 卢海英，梁敬钰，陈荣，等. 林场化学与工业, 2008, 28: 7.

第二十节 二倍半萜化合物的 ¹³C NMR 化学位移

二倍半萜化合物是由 5 个异戊烯基缩合而成的化合物，它们是从真菌、植物、海绵等多种生物中发现的，有无环链状、单环、双环、三环、四环和多环，其类型也是多种多样的，这里将其 ¹³C NMR 化学位移数据列出，供同行参考。

16-20-1 R¹=CH₂OH; R²=Me; R³=H
16-20-2 R¹=COOMe; R²=Me; R³=H
16-20-3 R¹=R²=Me; R³=H

16-20-4 R¹=CH₂OH; R²=Me; R³=H
16-20-5 R¹=COOMe; R²=Me; R³=H

表 16-20-1 化合物 16-20-1~16-20-5 的 ¹³C NMR 化学位移数据[1]

C	16-20-1	16-20-2	16-20-3	16-20-4	16-20-5	C	16-20-1	16-20-2	16-20-3	16-20-4	16-20-5
1	30.6	30.7	30.5	29.6	29.8	14	44.3	43.4	44.6	46.4	49.9
2	127.4	141.9	125.1	127.6	142.4	15	152.5	151.9	153.0	136.8	136.4
3	137.8	131.3	134.1	137.6	131.3	16	33.5	33.8	33.7	123.5	123.4
4	27.3	26.8	31.1	27.2	26.9	17	26.4	25.8	26.6	26.9	26.9
5	24.5	26.4	24.6	24.6	26.0	18	124.7	124.2	124.6	124.8	124.6
6	125.2	125.3	125.1	124.7	125.3	19	131.5	131.1	131.3	131.2	131.1
7	133.3	133.6	133.0	133.3	133.7	20	25.7	25.5	25.7	25.6	25.7
8	36.1	36.2	36.2	35.8	36.0	21	17.7	17.6	17.8	17.7	17.7
9	30.7	31.8	31.4	29.9	31.2	22	109.2	109.5	108.9	12.1	12.3
10	124.8	124.3	125.0	125.0	125.4	23	66.6	168.2	22.5	66.6	168.4
11	132.9	132.6	132.9	133.1	132.9	24	15.5	15.3	15.6	15.4	15.6
12	40.2	40.1	40.3	40.2	40.3	25	15.5	15.1	15.5	15.6	15.3
13	24.6	24.3	24.6	24.5	24.5						

16-20-6[2]

16-20-7[2]

16-20-8[3]

16-20-9[3]

16-20-10[3]

16-20-11[3]

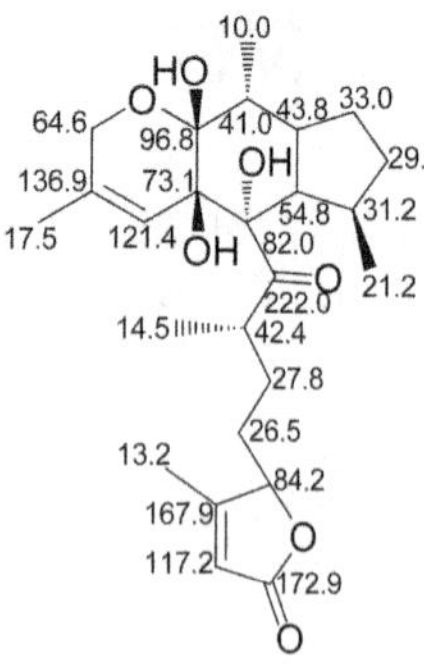

16-20-12[4]

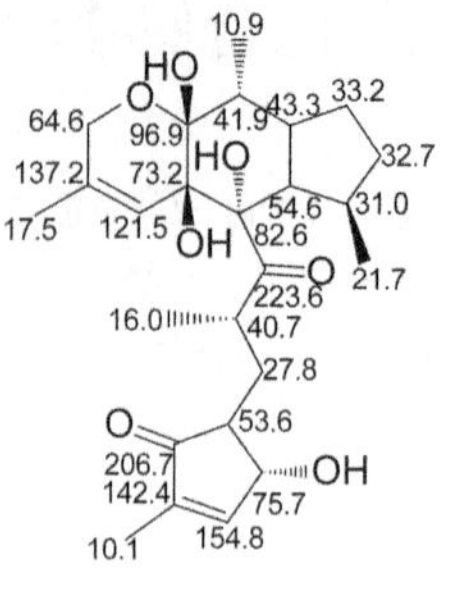

16-20-13[4]

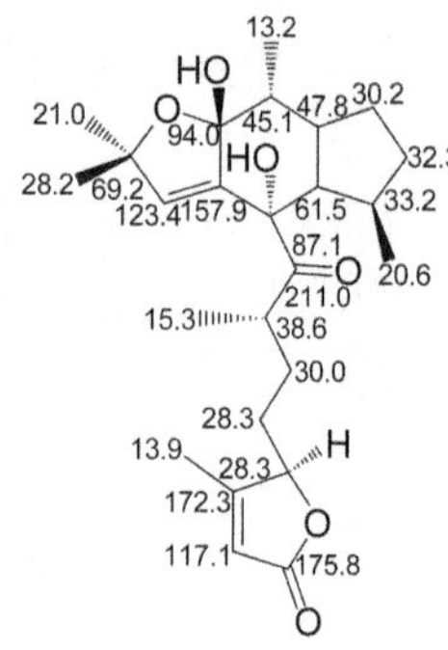

16-20-14[4]

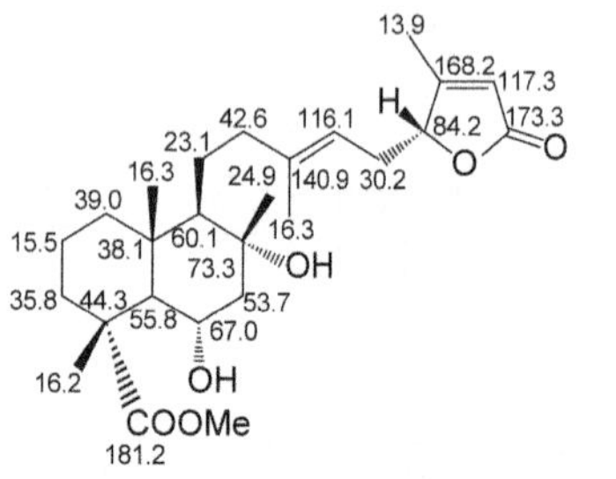

16-20-15[5]

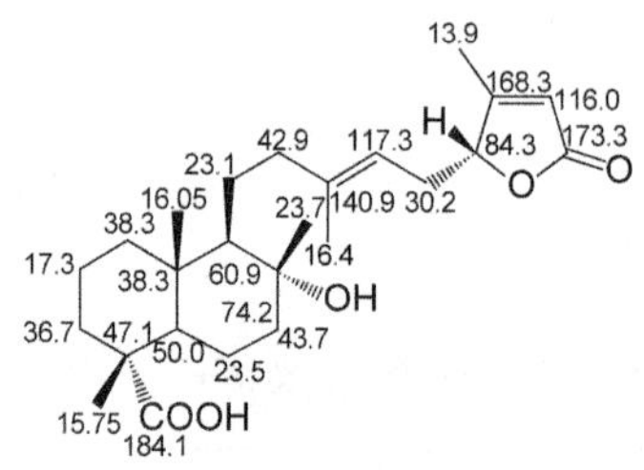

16-20-16[5]

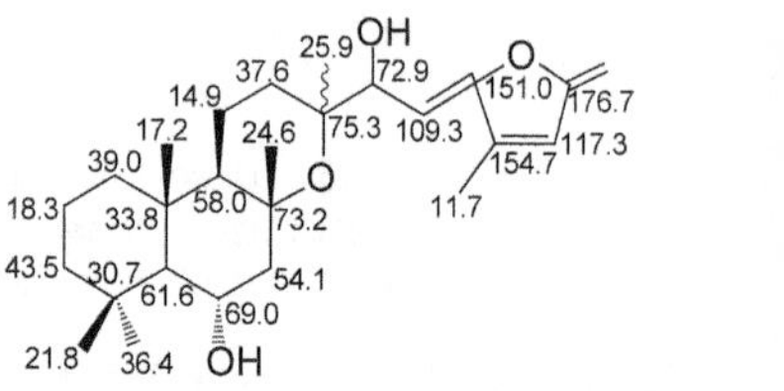

16-20-17[6]

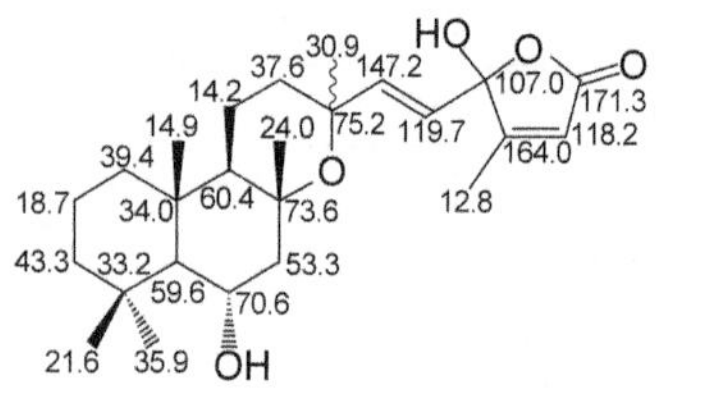

16-20-18[6]

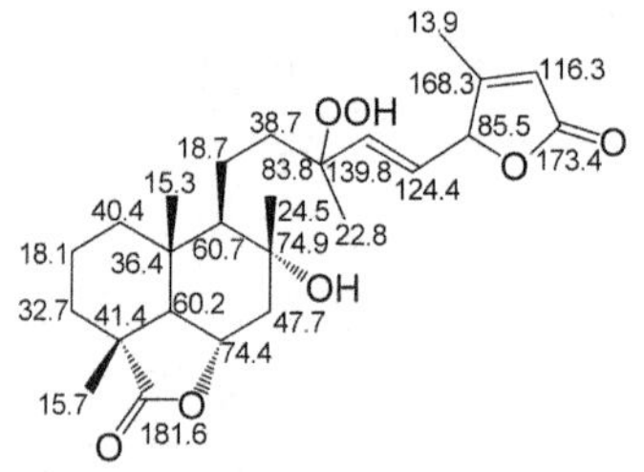

16-20-19[7]

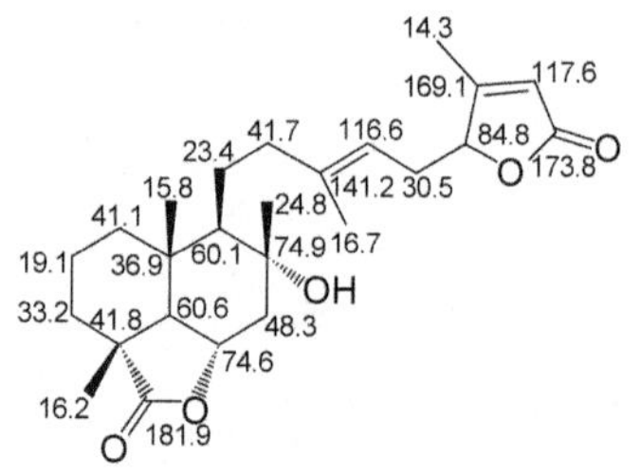

16-20-20[7]

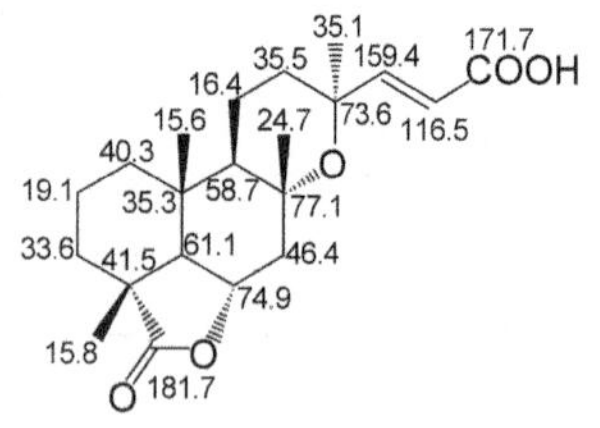

16-20-21[7]

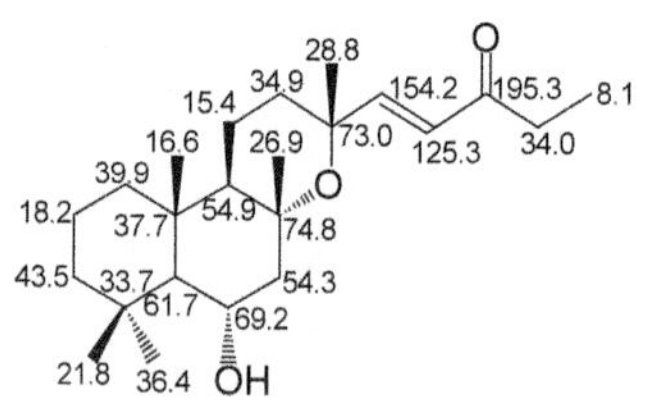

16-20-22[8]

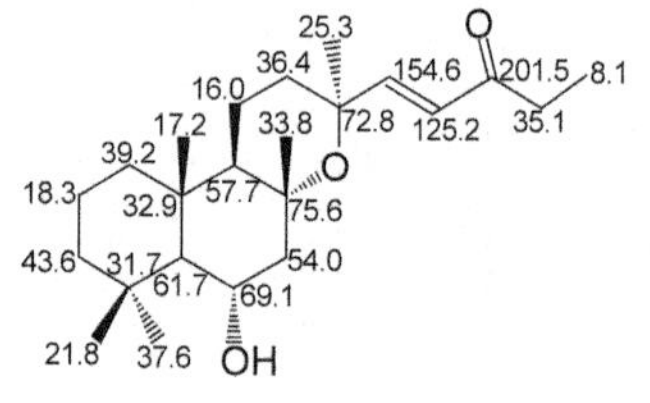

16-20-23[8]

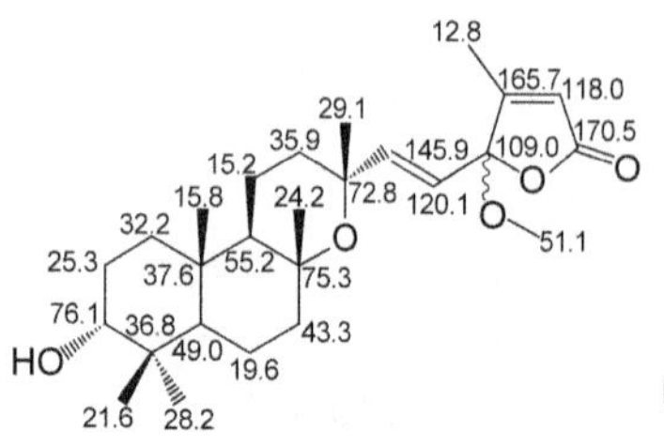

16-20-24[9]

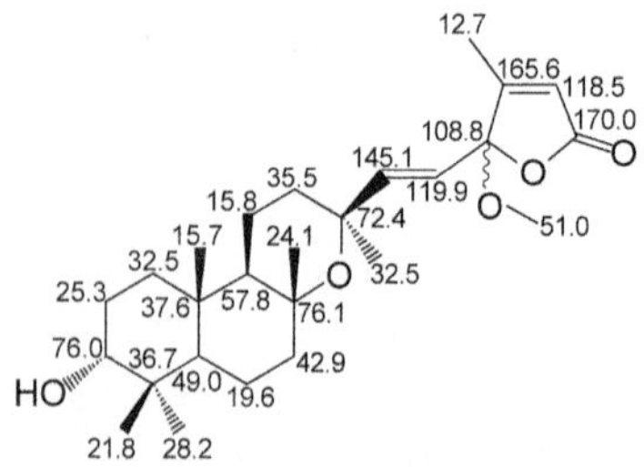

16-20-25[9]

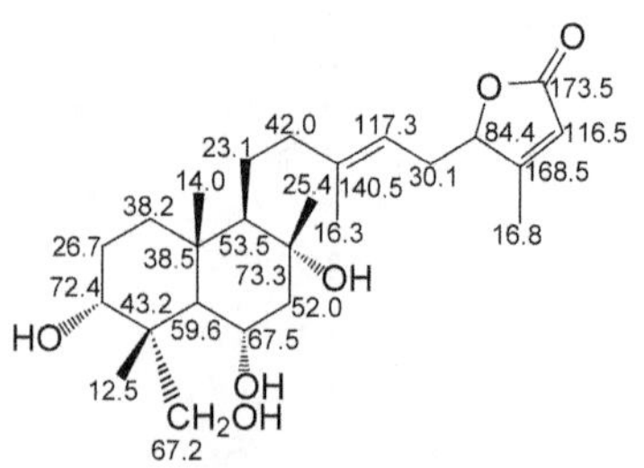

16-20-26[10]

16-20-27[11]　　　　**16-20-28**[11]　　　　**16-20-29**[12]

16-20-30[13]　　　　**16-20-31**[13]　　　　**16-20-32**[13]

16-20-33[13]　　　　**16-20-34**[13]　　　　**16-20-35**[14]

16-20-36[14]　　　　**16-20-37**[14]

16-20-38[15]　　　　**16-20-39**[11]　　　　**16-20-40**[11]

表 16-20-2　化合物 16-20-6~16-20-11 的 ^{13}C NMR 化学位移数据

C	16-20-6	16-20-7	16-20-8	16-20-9	16-20-10	16-20-11
1	25.3	24.8	24.7	88.3	86.4	26.0
2	35.9	39.0	39.0	31.4	31.6	36.2
3	132.9	132.7	134.2	133.3	133.3	133.2
4	124.2	125.6	126.0	121.4	121.5	124.4
5	25.7	24.0	24.4	24.0	23.9	25.6
6	35.2	39.8	35.1	36.3	36.3	35.5

续表

C	16-20-6	16-20-7	16-20-8	16-20-9	16-20-10	16-20-11
7	133.6	137.8	134.2	132.7	133.3	133.9
8	125.4	127.5	126.4	125.5	125.4	125.7
9	30.6	28.9	30.3	31.4	31.3	30.4
10	30.4	26.6	29.1	30.8	30.8	30.8
11	129.9	133.7	136.5	134.9	134.7	130.2
12	141.4	125.6	129.2	129.3	128.5	141.6
13	30.1	26.4	28.3	31.0	30.9	30.7
14	44.2	46.8	47.2	44.1	44.1	44.7
15	152.2	75.3	75.7	153.2	153.2	152.5
16	33.8	39.9	39.9	34.1	34.1	33.5
17	22.3	22.0	22.2	26.7	26.7	26.5
18	43.6	124.6	124.7	124.6	124.5	124.4
19	70.3	131.2	131.5	131.4	131.5	131.2
20	28.9	125.5	25.7	25.7	25.6	25.6
21	28.9	17.5	17.7	17.8	17.7	17.6
22	108.7	15.3	15.5	108.9	108.8	109.0
23	15.1	15.2	23.6	9.8	10.0	15.3
24	22.1	65.9	22.2	22.5	22.5	22.4
25	168.3	168.3	59.8	15.4	15.4	168.5
OOMe	50.8					51.0
OMe				55.4		
OCH$_2$CH$_3$					62.7/15.4	

参 考 文 献

[1] Pawlak J K, Tempesta M S, Iwashita T, et al. Chem Lett, 1983, (7): 1069.

[2] Miyamoto F, Naoki H, Naya Y, et al. Tetrahedron, 1980, 36: 3481.

[3] Miyamoto F, Naoki H, Takemoto T, et al. Tetrahedron, 1979, 35: 1913.

[4] Choudhary M I, Ranjit R, Atta-ur-Rahman, et al. J Org Chem, 2004, 69: 2906.

[5] Moghaddam F M, Amiri R, Alam M, et al. J Nat Prod, 1998, 61: 279.

[6] Topcu G, Ulubelen A, Tam T C M, et al. Phytochemistry, 1996, 42: 1089.

[7] Moghaddam F M, Farimani M M, Seirafi M, et al. J Nat Prod, 2010, 73: 1601.

[8] Topcu G, Ulubelen A, Tam T C M, et al. J Nat Prod, 1996, 59: 113.

[9] Gonzalez M S, San Segundo J M, Garnde M C, et al. Tetrahedron, 1989, 45: 3575.

[10] Rustaiyan A, Sadjadi A. Phytochemistry, 1987, 26: 3078.

[11] Kamaya R, Masuda K, Suzuki K, et al. Chem Pharm Bull, 1996, 44: 690.

[12] Kamaya R, Ageta H. Chem Pharm Bull, 1990, 38: 342.

[13] Kamaya R, Masuda K, Ageta H, et al. Chem Pharm Bull, 1996, 44: 695.

[14] De Tommasi N, De Simone F, Pizza C, et al. J Nat Prod, 1996, 59: 267.

[15] Polonsky J, Varon Z, Prange T, et al. Tetrahedron Lett, 1981, 22: 3605.

第十七章　三萜及多萜化合物的 ^{13}C NMR 化学位移

三萜化合物是由 6 个异戊烯组成的化合物，通常是 30 个碳原子。有时少于 30 个碳原子，称作降三萜；有时多于 30 个碳原子。它们的结构类型也是多种多样，由于篇幅所限，只能就常见的和同类数量较多的化合物进行较为粗浅的碳谱特征规律的探讨，供同道们参考。

第一节　开链三萜化合物的 ^{13}C NMR 化学位移

【结构特点】开链三萜化合物是由 6 个异戊烯(或烷)、30 个碳原子组成的链状化合物，大部分碳为脂肪族碳。

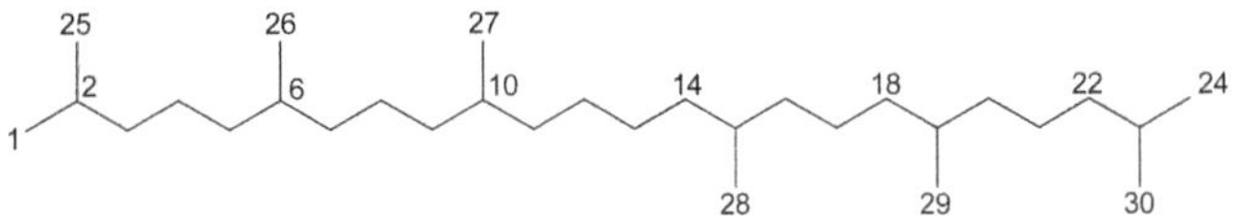

基本结构骨架

【化学位移特征】

1．这些碳都是脂肪族碳，它们出现在高场区，化学位移为 δ 15.0～40.0。

2．在相关的分子中还存在双键，这些双键的化学位移出现在 δ 123.9～135.2，季碳出现在低场。

3．在分子中常常有羟基取代，这些羟基取代的碳的化学位移出现在 δ 69.0～80.5。

4．在分子中有时两个羟基脱水形成四氢呋喃环，氧桥连接的碳的化学位移出现在 δ 84.5～87.7。

17-1-1

17-1-2

17-1-3

17-1-4

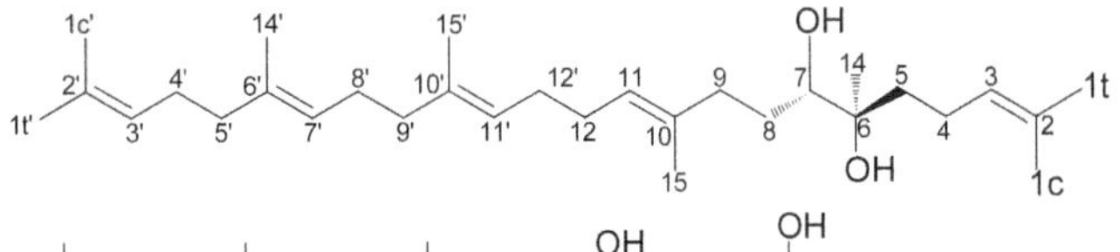

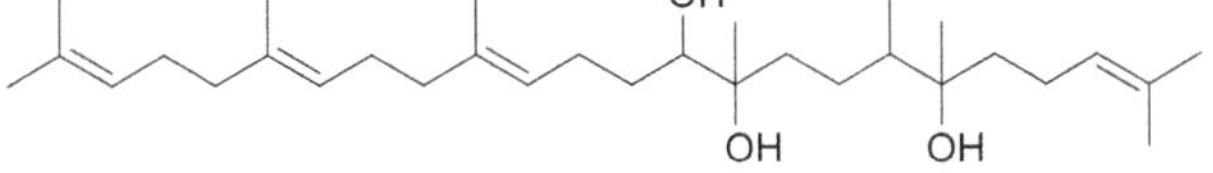

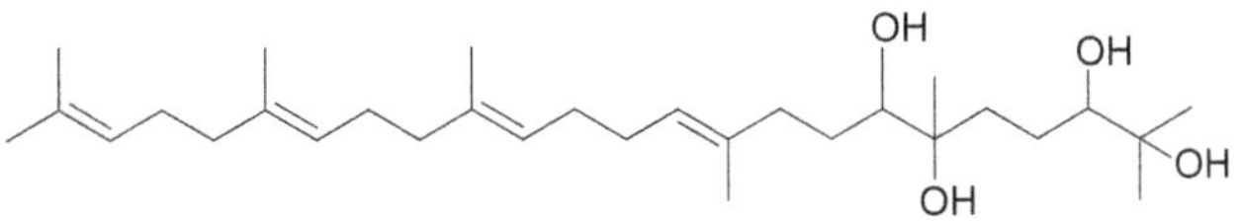

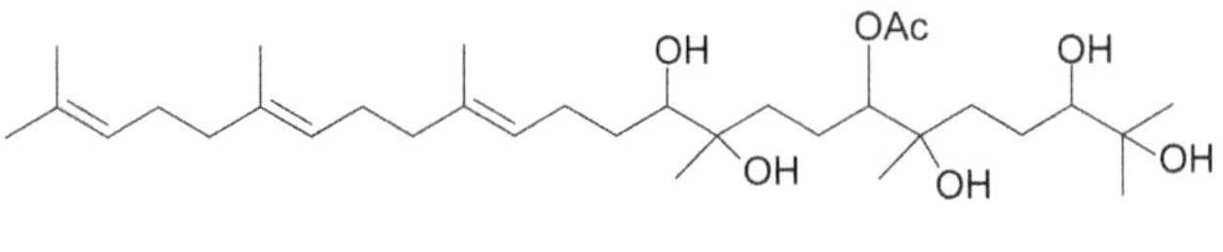

17-1-5[2]

17-1-6[2]

17-1-7[2]

17-1-8[2]

17-1-9[2]

表 17-1-1 化合物 17-1-1~17-1-4 的 ^{13}C NMR 化学位移数据[1]

C	17-1-1	17-1-2	17-1-3	17-1-4	C	17-1-1	17-1-2	17-1-3	17-1-4
1t′	25.6	25.6	26.6	25.8	1c	15.9	16.0	23.3	23.5
1c′	17.6	17.6	17.8	17.8	2	131.1	131.1	74.5	73.0
2′	131.1	131.4	131.1	131.4	3	124.2	124.3	78.7	78.7
3′	124.2	124.3	124.3	124.5	4	22.0	22.0	25.2	23.0
4′	26.7	26.6	26.6	26.9	5	38.7	38.8	32.8	35.3
5′	39.7	39.5	38.6	39.9	6	74.8	74.4	73.2	73.7
6′	135.2	135.1	135.1	135.1	7	76.8	77.4	78.6	80.5
7′	124.0	124.0	124.0	123.9	8	29.5	24.8	28.4	24.8
8′	26.6	26.7	26.5	26.8	9	36.8	35.7	36.8	39.6
9′	39.7	39.5	38.6	39.8	10	134.6	75.0	134.8	74.6
10′	135.1	136.2	135.1	136.2	11	124.8	77.7	124.8	78.6
11′	124.0	123.8	124.1	124.3	12	28.1	31.5	28.2	31.9
12′	28.2	25.1	28.1	25.4	14	21.0	20.09	23.2	24.8
14′	15.9	16.0	15.8	16.1	15	15.9	20.09	15.8	21.6
15′	15.9	16.0	15.8	16.3	OAc				171.1/21.1
1t	25.6	25.6	26.4	26.2					

参 考 文 献

[1] Ngnokama D, Nuzillard J M, Bliard C, et al. Bull Chem Soc Ethiop, 2005, 19: 227.

[2] Murata T, Miyase T, Muregi F W, et al. J Nat Prod, 2008, 71: 167.

第二节 单环三萜化合物的 ^{13}C NMR 化学位移

【结构特点】单环三萜化合物是指链状三萜中部分碳形成六元碳环，可能在分子的一端，也可能在分子的中间。在它们的分子中还存在多个双键，双键可以是末端双键，也可能是环中双键，还可能是链上双键；在分子中还可能带有多个羟基、羧基或醛基等，它们都还没有形成系列化合物，因此它们的 ^{13}C NMR 谱规律性不强。这里仅就化合物 **17-2-5～17-2-13** 来初步探讨其规律。

【化学位移特征】

1. 该类型化合物的 1 位或 25 位为醛基，δ 189.9～190.8，在低场。另一个碳为甲基，δ 10.2～11.8，在高场。2 位和 7 位是环外双键，δ_{C-2} 131.8～133.6，δ_{C-7} 161.9～163.4。3 位是一侧链的羟甲基，δ_{C-3} 62.0～63.6。

2. 该类型三萜唯一一个六元环是多取代的，δ_{C-6} 43.3～47.0，δ_{C-8} 19.7～37.8，δ_{C-9} 30.5～38.4，δ_{C-10} 35.7，δ_{C-11} 40.1～59.9。如果 10 位上还有羟基，δ_{C-10} 73.7～75.1。

3. 在化合物 **17-2-10～17-2-13** 中另一部分侧链上还有三元氧桥，氧桥连接的碳的化学位移出现在 δ 58.3～66.0。

17-2-1

17-2-2 R=H   **17-2-3** R=OH

17-2-4

17-2-5

表 17-2-1 化合物 17-2-1~17-2-5 的 ^{13}C NMR 化学位移数据

C	17-2-1[1]	17-2-2[2]	17-2-3[2]	17-2-4[3]	17-2-5[4]	C	17-2-1[1]	17-2-2[2]	17-2-3[2]	17-2-4[3]	17-2-5[4]
1	172.1	118.3	117.6	33.2	190.1	17	145.6	124.3	124.3	124.4	127.2
2	114.8	31.8	28.8	32.3	132.0	18	130.6	135.4	135.4	135.0	134.8
3	164.1	75.1	76.7	77.4	63.6	19	34.5	39.8	29.8	39.9	146.9
4	40.2	38.1	36.8	40.6	38.2	20	27.9	26.8	26.8	26.8	27.7
5	23.0	49.0	48.9	51.0	23.4	21	123.4	124.4	124.4	124.4	24.5
6	53.3	27.2	27.4	23.8	44.0	22	132.4	131.3	131.3	131.4	126.2
7	148.5	42.0	41.8	38.7	162.4	23	25.6	25.4	25.6	26.0	133.9
8	37.5	135.2	135.2	135.5	37.8	24	19.2	16.2	18.2	25.8	26.5
9	30.2	124.7	124.7	124.5	33.4	25	106.5	22.6	22.7	108.5	11.8
10	48.6	137.1	130.7	147.3	75.1	26	15.0	16.0	16.0	15.6	18.6
11	39.7	28.3	28.3	28.4	45.5	27	26.6	16.1	16.1	16.2	26.7
12	29.1	28.3	28.3	28.3	28.0	28	16.0	16.1	16.1	16.1	16.9
13	125.3	124.3	124.3	124.5	33.6	29	173.4	17.7	17.7	16.1	114.8
14	134.5	134.9	134.9	135.2	125.5	30	17.7	25.7	25.7	17.8	18.4
15	39.2	39.8	39.8	39.8	135.1	OAc			170.8		
16	28.1	26.7	26.7	26.9	44.1				21.3		

表 17-2-2 化合物 17-2-6~17-2-13 的 ^{13}C NMR 化学位移数据

C	17-2-6[5]	17-2-7[6]	17-2-8[6]	17-2-9[6]	17-2-10[7]	17-2-11[8]	17-2-12[8]	17-2-13[8]
1	190.0	11.6	11.5	190.8	189.9	190.1	190.0	190.1
2	133.3	132.7	131.8	132.7	133.3	133.1	133.6	133.3
3	63.0	62.9	62.0	62.1	62.9	63.0	63.1	63.0
4	31.5	31.7	30.8	31.0	31.5	32.7	32.7	31.5
5	24.0	26.8	28.5	28.6	24.0	26.6	26.6	23.9
6	43.3	47.0	46.6	42.8	43.3	43.4	43.3	43.3
7	163.3	163.1	162.0	161.9	163.3	163.0	163.3	163.4
8	27.4	19.7	19.7	23.9	27.4	23.9	23.8	27.4
9	30.5	37.7	39.2	38.4	30.5	37.0	36.3.	30.5
10	35.7	74.8	73.7	73.9	35.7	75.1	75.1	35.7
11	40.1	44.9	59.9	59.9	40.1	44.7	44.7	40.1
12	31.8	36.6	41.7	42.7	31.7	37.1	37.0	31.7
13	21.1	22.6	73.3	73.6	21.1	22.1	22.1	21.1
14	124.4	125.4	129.5	129.9	124.9	124.6	123.9	125.0
15	135.2	136.6	137.0	137.2	134.3	135.1	135.4	134.7
16	39.7	76.4	133.7	134.0	36.3	39.4	37.2	39.4
17	26.6	33.9	125.0	125.4	27.2	26.2	26.5	26.3
18	124.2	119.6	124.6	125.0	63.4	129.2	124.8	129.3
19	134.9	138.5	139.6	139.9	60.8	130.9	134.1	130.8
20	39.7	39.5	39.8	40.1	38.8	45.6	27.4	45.6
21	26.8	26.2	26.3	26.6	23.8	66.7	39.6	66.7
22	124.4	123.8	123.6	123.9	123.7	66.0	64.2	66.0
23	131.2	131.3	131.5	131.8	131.8	59.0	58.3	59.0
24	25.7	25.4	25.4	25.7	25.7	24.8	24.9	24.8
25	10.2	190.4	190.7	11.1	10.8	10.9	10.9	10.8
26	24.2	17.5	99.7	99.3	24.2	17.9	17.9	24.2
27	15.2	26.0	27.4	27.9	15.2	26.3	26.3	15.2
28	15.9	11.6	12.9	13.3	15.9	15.7	15.9	15.7
29	16.0	16.0	16.6	16.9	16.5	16.0	16.0	15.9
30	17.7	17.4	17.4	17.7	17.7	18.8	18.7	18.8

参 考 文 献

[1] Sun D A, Deng J Z, Starck S R, et al. J Am Chem Soc, 1999, 121: 6120.

[2] Toshihiro Akihisa, Koichi Arai, Yumiko Kimura, et al. J Nat Prod, 1999, 62: 265.

[3] Barrero A F, Cuerva J M, Alvarez-Manzaneda E J. Tetrahedron Lett, 2002, 43: 2793.

[4] Warner F J, Simic K, Scholz B, et al. J Nat Prod, 1995, 58(2): 299.

[5] Ritzdorf I, Bartels M, Kerp B, et al. Phytochemistry, 1999, 50: 995.

[6] Takahashia K, Hoshinoa Y, Suzukib S, et al. Phytochemistry, 2000, 53: 925.

[7] Bonfils J P, Marner F J, Sauvaire Y. Phytochemiistry, 1998, 48(4) : 751.

[8] Taillet L, Bonfils J P, Marner F J, et al. Phytochemistry, 1999, 52: 1597.

第三节　双环三萜化合物的 ^{13}C NMR 化学位移

【结构特点】双环三萜化合物有 30 个碳原子，有两个碳环出现在分子中。它们的类型也有很多种，有的化合物较少，规律性不强。下面以闹米林(nomillin)类化合物 **17-3-8～17-3-18** 为例探讨它们的 ^{13}C NMR 化学位移谱的特征。

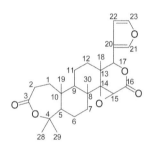

闹米林基本结构骨架

【化学位移特征】

1. 闹米林型三萜是一种降三萜，是由 26 个碳原子组成的，3、4 位碳及 16、17 位碳之间由内酯连接，侧链降为呋喃环。1 位有时连有羟基或乙酰氧基，$\delta_{\text{C-1}}$ 70.7～72.8；有时 1,2 位为双键，则 $\delta_{\text{C-1}}$ 151.4～157.2，$\delta_{\text{C-2}}$ 118.5～120.6。3 位是内酯羰基，出现在 $\delta_{\text{C-3}}$ 166.3～175.4。4 位是内酯的另一个接点，它的化学位移出现在 $\delta_{\text{C-4}}$ 81.0～86.7。

2. 此类型化合物往往 14,15 位具有三元氧桥，$\delta_{\text{C-14}}$ 63.7～69.2，$\delta_{\text{C-15}}$ 52.5～56.5。16,17 位为内酯，$\delta_{\text{C-16}}$ 166.0～167.8，$\delta_{\text{C-17}}$ 75.3～78.4。如果 16,17 位内酯环打开，16 位为羧基，17 位连羟基，则 $\delta_{\text{C-16}}$ 171.5，$\delta_{\text{C-17}}$ 73.5。14,15 位向低场位移。

3. 侧链为呋喃环，各碳的化学位移出现在 $\delta_{\text{C-20}}$ 119.2～127.9，$\delta_{\text{C-21}}$ 141.1～142.8，$\delta_{\text{C-22}}$ 109.2～112.1，$\delta_{\text{C-23}}$ 142.9～143.7。

4. 侧链为内酯的化合物，各碳的化学位移出现在 $\delta_{\text{C-20}}$ 131.8～133.8，$\delta_{\text{C-21}}$ 169.6～170.8，$\delta_{\text{C-22}}$ 151.0～153.9，$\delta_{\text{C-23}}$ 98.2～102.3。

17-3-1 R^1=OAc; R^2=Ac　　**17-3-2** R^1=OAc; R^2=H　　**17-3-3** R^1=H; R^2=Ac

表 17-3-1 化合物 17-3-1~17-3-3 的 ^{13}C NMR 化学位移数据[1]

C	17-3-1	17-3-2	17-3-3	C	17-3-1	17-3-2	17-3-3	C	17-3-1	17-3-2	17-3-3
1	50.5	50.0	50.5	14	142.2	141.0	141.7	27	18.5	18.3	18.8
2	218.1	218.0	218.0	15	45.5	45.5	45.5	28	30.2	30.1	30.1
3	40.6	40.5	40.7	16	28.0	28.0	28.2	29	18.5	18.3	18.3
4	121.2	121.0	121.3	17	56.1	56.1	56.0	30	22.3	22.7	22.8
5	140.9	140.8	143.0	18	43.9	43.6	43.6	OAc	173.2/23.0	173.4/22.1	173.6/22.0
6	52.5	52.5	55.7	19	90.5	90.4	90.4		173.3/24.9	173.6/24.5	173.8/24.5
7	37.2	37.5	31.6	20	29.8	29.7	29.8	1'	108.7	108.7	108.7
8	80.0	79.8	37.8	21	38.0	38.0	38.4	2'	74.6	74.6	74.6
9	140.9	138.0	141.7	22	89.9	89.7	89.7	3'	76.6	76.6	76.8
10	129.1	133.0	126.11	23	28.3	28.0	28.7	4'	71.7	71.8	71.8
11	73.6	70.3	74.2	24	23.5	23.2	24.5	5'	77.8	78.0	78.0
12	35.8	32.3	36.0	25	25.8	25.7	25.1	6'	63.9	64.0	64.0
13	121.1	122.0	121.1	26	14.9	14.8	18.2				

17-3-4   17-3-5   17-3-6

表 17-3-2 化合物 17-3-4~17-3-6 的 ^{13}C NMR 化学位移数据[2]

C	17-3-4	17-3-5	17-3-6	C	17-3-4	17-3-5	17-3-6	C	17-3-4	17-3-5	17-3-6
1	42.9	43.0	43.0	12	26.6	26.7	26.5	22	124.9	90.2	135.7
2	34.5	34.5	34.6	13	32.5	32.2	32.6	23	131.4	143.5	82.1
3	25.3	25.3	25.3	14	135.7	135.4	135.6	24	17.8	114.6	24.6
4	77.1	77.1	77.1	15	128.6	129.0	129.0	25	25.8	17.3	24.6
5	77.8	77.9	77.9	16	30.5	30.5	30.6	26	13.1	13.2	13.2
7	76.5	76.5	76.4	17	26.7	26.8	26.9	27	29.2	29.2	29.2
8	26.7	26.9	26.7	18	71.6	71.6	72.8	28	21.4	21.4	21.4
9	39.4	39.4	39.5	19	43.4	43.1	44.0	29	31.1	31.0	31.1
10	72.3	72.3	72.4	20	37.9	33.2	41.5	30	20.7	20.7	20.7
11	56.0	55.9	56.0	21	22.9	25.2	128.9	31	21.5	21.6	20.4

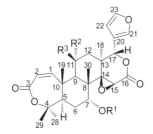

17-3-7　　　　　　　**17-3-8**

表 17-3-3 化合物 **17-3-7** 和 **17-3-8** 的 ^{13}C NMR 化学位移数据[3]

C	17-3-7	17-3-8	C	17-3-7	17-3-8	C	17-3-7	17-3-8
1	79.6	72.5	10	47.2	45.1	19	65.6	14.1
2	36.9	36.4	11	19.0	17.2	20	127.9	127.9
3	175.7	175.4	12	31.8	31.7	21	142.8	142.8
4	82.1	86.7	13	45.6	44.5	22	112.2	112.1
5	62.3	48.9	14	72.9	73.0	23	142.9	142.9
6	38.0	41.8	15	56.1	62.5	28	30.6	32.7
7	211.1	213.7	16	173.7	171.5	29	23.2	23.1
8	53.2	53.5	17	72.5	72.5	30	22.3	20.9
9	47.2	44.2	18	20.3	20.7	OAc		173.2/22.2

17-3-9 R¹=Ac; R²=H; R³=OH

17-3-10 R¹=Ac; R²,R³=O

17-3-11 R¹=H; R²,R³=O

17-3-12 R¹=H; R²=OH

17-3-13 R¹,R²=O

表 17-3-4 化合物 **17-3-9**～**17-3-13** 的 ^{13}C NMR 化学位移数据[4]

C	17-3-9	17-3-10	17-3-11	17-3-12	17-3-13	C	17-3-9	17-3-10	17-3-11	17-3-12	17-3-13
1	151.4	156.0	157.2	71.8	70.7	13	38.0	38.6	38.5	38.0	39.1
2	118.5	120.4	120.3	34.9	35.3	14	69.1	68.2	68.8	69.2	68.1
3	167.2	167.0	167.7	169.7	169.8	15	55.6	55.5	56.5	55.8	55.0
4	84.3	83.5	84.2	85.1	84.6	16	167.1	166.0	167.3	167.2	166.2
5	49.4	48.5	47.5	44.7	42.9	17	78.1	76.8	77.4	78.1	77.0
6	26.9	26.7	30.8	26.1	25.8	18	16.6	18.3	18.3	16.2	18.5
7	74.3	72.3	69.4	74.3	72.9	19	20.2	18.0	18.3	17.9	16.9
8	42.2	42.8	44.2	41.8	43.9	20	120.1	119.2	119.6	120.2	119.3
9	46.4	57.2	56.4	40.8	51.7	21	141.2	141.1	141.3	141.2	141.1
10	46.3	42.5	42.7	45.7	43.4	22	109.9	109.2	109.5	109.9	109.2
11	65.6	205.2	206.8	64.7	205.3	23	143.2	143.5	143.6	143.3	143.7
12	39.5	45.6	46.1	39.7	46.2	28	31.7	32.1	32.3	34.6	34.3

续表

C	17-3-9	17-3-10	17-3-11	17-3-12	17-3-13	C	17-3-9	17-3-10	17-3-11	17-3-12	17-3-13
29	25.2	26.6	27.1	23.6	23.8					21.1	21.0
30	20.3	19.9	20.1	20.3	19.9	7-OAc	169.9	169.4		170.1	169.1
1-OAc				170.1	169.3		21.2	20.9		21.0	21.0

17-3-14

17-3-15

17-3-16 R=H
17-3-17 R=Et

17-3-18

表 17-3-5 化合物 17-3-14~17-3-18 的 ^{13}C NMR 化学位移数据[5]

C	17-3-14	17-3-15	17-3-16	17-3-17	17-3-18	C	17-3-14	17-3-15	17-3-16	17-3-17	17-3-18
1	156.2	156.3	72.8	72.7	36.4	15	52.5	53.0	54.5	54.4	54.0
2	120.6	120.5	35.8	35.7	42.4	16	166.5	166.6	167.8	167.8	167.7
3	166.3	166.5	170.2	169.6	174.2	17	78.4	75.3	76.6	76.5	76.8
4	83.9	83.8	85.0	84.6	73.9	18	19.6	19.2	20.1	20.0	20.1
5	55.2	55.1	51.8	52.4	55.9	19	18.1	18.0	17.8	16.6	18.5
6	39.4	39.5	39.7	39.5	39.7	20	163.9	131.8	133.1	133.8	133.3
7	207.6	207.8	208.3	207.8	210.4	21	98.3	170.1	169.9	169.6	170.8
8	51.1	50.9	52.6	51.5	52.2	22	122.6	153.5	153.8	151.0	153.9
9	49.2	49.3	47.2	48.8	47.0	23	169.0	98.2	99.0	102.3	99.6
10	43.5	43.6	45.7	47.0	48.0	28	31.5	31.5	33.7	31.3	33.4
11	65.2	65.1	65.3	65.1	67.0	29	26.5	26.1	23.2	23.0	29.4
12	42.2	41.4	43.4	43.5	43.5	30	19.4	18.9	20.7	19.9	19.6
13	36.1	36.3	37.6	37.4	37.1	Et				66.1	
14	64.4	64.3	65.4	65.2	63.7					13.7	

17-3-19 R=H
17-3-20 R=OAc

表 17-3-6 化合物 **17-3-19** 和 **17-3-20** 的 ¹³C NMR 化学位移数据[6]

C	17-3-19	17-3-20	C	17-3-19	17-3-20	C	17-3-19	17-3-20
1	153.9	153.0	11	15.2	26.0	21	141.1	141.2
2	123.1	123.4	12	26.3	72.5	22	109.9	109.0
3	166.7	166.6	13	39.5	42.4	23	143.0	143.6
4	80.9	81.0	14	68.5	66.7	28	24.1	23.9
5	216.9	216.5	15	57.3	55.6	29	27.4	27.3
6	88.6	88.3	16	167.8	167.1	30	14.7	14.2
7	108.2	108.2	17	78.4	75.1	OAc		169.9/21.3
8	49.9	49.3	18	18.3	16.9	OMe	52.0	52.0
9	46.8	45.9	19	17.3	17.1			
10	49.7	49.6	20	121.0	119.9			

参 考 文 献

[1] Ksebati M B, Schmitz F J, Gunasekera S P. J Org Chem, 1988, 53: 3917.

[2] Jain S, Abraham I, Carvalho P, et al. J Nat Prod, 2009, 72: 1291.

[3] Zukas A A, Breksa Ⅲ A P, Manners G D. Phytochemistry, 2004, 65: 2705.

[4] Mitsui K, Maejima M, Fukaya H, et al. Phytochemistry, 2004, 65: 3075.

[5] He H P, Zhang J X, Shen Y M, et al. Helv Chim Acta, 2002, 85: 671.

[6] Rajab M S, Rugutt J K, Fronczek F R. J Nat Prod, 1997, 60: 822.

第四节 三环三萜化合物的 ¹³C NMR 化学位移

【结构特点】三环三萜化合物的类型也是比较多的，这里仅就萨玛德林（samaderine）型降三萜进行初步探讨。

I   II

萨玛德林型降三萜基本结构骨架

【化学位移特征】

1. 结构Ⅰ是由21个碳原子、3个碳环和1个内酯环组成的，其中A环是五元环。有一些化合物1位是羰基，2,4位为双键，$\delta_{C\text{-}1}$ 203.5～212.3，$\delta_{C\text{-}2}$ 127.1～134.1，$\delta_{C\text{-}4}$ 163.3～177.5。在结构Ⅰ的B环中，5,6位为双键，7位为羰基时，$\delta_{C\text{-}5}$ 164.8～175.7，$\delta_{C\text{-}6}$ 115.3～118.8，$\delta_{C\text{-}7}$ 192.5～198.3。

2. 结构Ⅱ比结构Ⅰ多1个碳原子，是由22个碳原子、3个碳环和1个内酯环组成的，其中A环是六元环。一些化合物1位是羟基、2位是羰基，3,4位为双键时，各碳的化学位移出现在 $\delta_{C\text{-}1}$ 76.7～82.8，$\delta_{C\text{-}2}$ 197.6～198.2，$\delta_{C\text{-}3}$ 124.1～125.3，$\delta_{C\text{-}4}$ 160.6～164.8。如果1,2位都连接羟基或连氧基团，$\delta_{C\text{-}1}$ 79.1～82.5，$\delta_{C\text{-}2}$ 66.7～84.0。在B环中，如果5,6位为双键，7位是羰基时，$\delta_{C\text{-}5}$ 158.4～164.5，$\delta_{C\text{-}6}$ 127.7～128.7，$\delta_{C\text{-}7}$ 197.8～200.9。如果仅有7位连接羰羟基，$\delta_{C\text{-}7}$ 204.9～207.9。

3. 无论是结构Ⅰ还是结构Ⅱ，它们的C环和D环大体一致。C环中如果11、12、13位都连接羟基或连氧基团，则 $\delta_{C\text{-}11}$ 68.9～71.2，$\delta_{C\text{-}12}$ 81.0～85.1，$\delta_{C\text{-}13}$ 87.5～89.3。如果仅有11和12位连氧，$\delta_{C\text{-}11}$ 67.2～70.3，$\delta_{C\text{-}12}$ 83.3～85.9。D环是五元内酯环，内酯羰基化学位移出现在 $\delta_{C\text{-}15}$ 170.9～179.1。

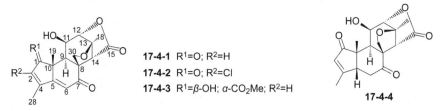

17-4-1 R^1=O; R^2=H
17-4-2 R^1=O; R^2=Cl
17-4-3 R^1=β-OH; α-CO$_2$Me; R^2=H

17-4-4

表 17-4-1 化合物 17-4-1~17-4-4 的 ^{13}C NMR 化学位移数据[1]

C	17-4-1	17-4-2	17-4-3	17-4-4	C	17-4-1	17-4-2	17-4-3	17-4-4
1	203.5	195.6	88.6	209.2	12	81.8	81.6	81.0	83.1
2	134.1	138.3	142.0	127.9	13	89.2	89.2	89.3	89.1
4	163.3	156.6	142.4	175.9	14	58.1	58.0	58.2	59.6
5	168.8	165.1	175.7	53.1	15	171.1	170.9	171.2	171.4
6	116.8	116.8	115.3	41.1	18	20.9	20.9	21.0	20.7
7	193.8	193.1	192.5	206.3	19	21.4	21.3	23.0	21.2
8	57.4	57.7	56.7	56.4	28	13.7	11.8	12.4	17.0
9	40.2	40.1	41.1	39.3	30	76.1	76.1	75.9	74.7
10	48.2	47.5	54.9	48.9	COOCH$_3$			53.9	
11	69.0	68.9	70.0	69.1	COOCH$_3$			174.6	

17-4-5   17-4-6   17-4-7   17-4-8

表 17-4-2 化合物 **17-4-5~17-4-8** 的 ¹³C NMR 化学位移数据[2]

C	17-4-5	17-4-6	17-4-7	17-4-8	C	17-4-5	17-4-6	17-4-7	17-4-8
1	76.7	76.7	80.3	82.5	12	83.3	83.4	85.1	84.1
2	204.9	198.2	66.7	72.6	13	31.8	32.5	32.7	32.7
3	61.8	124.9	40.7	43.6	14	52.8	52.9	56.1	53.7
4	63.9	161.1	133.8	145.2	15	176.1	176.6	177.8	176.8
5	158.4	77.9	139.5	50.7	18	20.5	19.8	20.2	108.7
6	128.7	44.1	206.1	37.4	19	17.2	16.4	20.5	23.6
7	197.8	206.0	81.8	207.9	20	23.0	22.7	20.4	12.8
8	47.6	51.1	45.1	43.6	21	16.5	16.7	16.8	16.8
9	46.7	39.2	48.9	50.9	20	23.0	22.7	20.4	12.8
10	50.0	49.2	47.9	51.8	21	16.5	16.7	16.8	16.8
11	69.3	70.3	69.6	70.1					

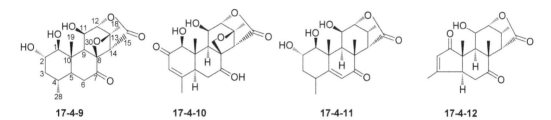

17-4-9   **17-4-10**   **17-4-11**   **17-4-12**

表 17-4-3 化合物 **17-4-9~17-4-12** 的 ¹³C NMR 化学位移数据

C	17-4-9[1]	17-4-10[1]	17-4-11[2]	17-4-12[3]	C	17-4-9[1]	17-4-10[1]	17-4-11[2]	17-4-12[3]
1	81.8	82.8	79.1	212.3	11	70.4	70.2	70.0	67.5
2	70.9	197.6	71.9	127.1	12	83.5	85.0	85.9	85.1
3	41.5	124.1	64.3		13	87.8	87.5	32.9	31.9
4	29.8	164.8	59.3	177.5	14	56.7	59.7	53.5	54.5
5	50.8	42.5	164.5	52.1	15	172.1	174.2	179.1	177.2
6	40.2	29.1	127.7	42.5	18	20.6	21.0	21.6	17.2
7	205.2	71.3	200.9	210.1	19	12.0	11.4	15.1	24.6
8	60.2	54.4	48.7	48.5	28	18.9	22.7	23.3	21.3
9	50.3	44.1	46.7	37.7	30	75.8	74.9	16.9	16.7
10	42.4	48.0	46.3	49.4					

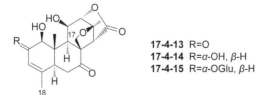

17-4-13 R=O
17-4-14 R=α-OH, β-H
17-4-15 R=α-OGlu, β-H

表 17-4-4 化合物 **17-4-13~17-4-15** 的 ¹³C NMR 化学位移数据[4]

C	17-4-13	17-4-14	17-4-15	C	17-4-13	17-4-14	17-4-15
1	82.1	81.5	79.9	3	125.3	127	124.6
2	197.8	72.8	84	4	160.6	133	133.8

续表

C	17-4-13	17-4-14	17-4-15	C	17-4-13	17-4-14	17-4-15
5	47.7	47.9	47.3	17	75.6	76.3	76
6	39.1	39.6	39.1	18	21.5	20.7	19.9
7	204.9	206.1	205.9	19	10.4	11.1	10.7
8	61.5	61.6	61.4	20	20.7	20.2	20.5
9	50.2	50.5	50	Glu-1'			106.4
10	47.6	43.9	43.5	Glu-2'			75.6
11	70.8	71.2	70.8	Glu-3'			78.2
12	84.9	85.1	84.8	Glu-4'			71.2
13	87.9	87.8	87.6	Glu-5'			78.4
14	56.7	57.1	56.7	Glu-6'			62.4
15	172.8	172.8	172.9				

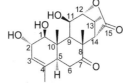

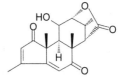

17-4-16　　　　　17-4-17　　　　　17-4-18

表 17-4-5 化合物 17-4-16~17-4-18 的 ^{13}C NMR 化学位移数据

C	17-4-16[5]	17-4-17[5]	17-4-18[3]	C	17-4-16[5]	17-4-17[5]	17-4-18[3]
1	214.2	82.4	205.2	11	67.2	70.2	67.9
2	45.1	74.2	132.9	12	84.7	84.2	83.5
3		126.8		13	32.3	32.8	32.1
4	32.6	133.7	166.3	14	52.9	53.8	40.7
5	173.2	49.2	164.8	15	177.1	176.9	176.3
6	118.8	37.0	116.2	4-Me	15.3	20.4	21.5
7	198.3	207.5	198.0	8-Me	22.4	24.1	13.8
8	47.5	51.8	47.6	10-Me	19.0	11.6	23.1
9	41.7	49.9	53.1	13-Me	16.9	16.8	16.8
10	52.7	44.2	48.6				

参 考 文 献

[1] Coombes P H, Naidoo D, Mulholland D A, et al. Phytochemistry, 2005, 66: 2734.

[2] Miyake K, Tezuka Y, Awale S, et al. J Nat Prod, 2009, 72: 2135.

[3] Itokawa H, Qin X, Morita H, et al. J Nat Prod, 1993, 56: 1766.

[4] Kitagawa I, Mahmud T, Yokota K, et al. Chem Pharm Bull, 1996, 44: 2009.

[5] Ang H H, Hitotsuyanagi Y, Fukaya H, et al. Phytochemistry, 2002, 59: 833.

第五节　苦木素型三萜化合物的 ^{13}C NMR 化学位移

【结构特点】多数苦木素类化合物虽然是由 20 个碳原子组成的，但是从生源考量它却属于三萜化合物。

基本结构骨架

【化学位移特征】

1. 苦木素型三萜也与其他三萜化合物类似，在其骨架碳上多个位置都有羟基或连氧基团存在。1 位连有羟基时，δ_{C-1} 82.6～88.4；2 位连有羟基时，δ_{C-2} 68.3～84.1；3 位连有羟基时，δ_{C-3} 73.5～74.8；6 位连有羟基时，δ_{C-6} 66.4～69.7；7 位与 16 位羰基形成内酯，δ_{C-7} 65.6～86.3，δ_{C-16} 166.6～176.6；11 位连有羟基时，δ_{C-11} 72.9～76.7；12 位连有羟基或连氧基团时，δ_{C-12} 75.7～83.0；13 位连有羟基时，δ_{C-13} 74.2～85.4；14 位连有羟基时，δ_{C-14} 76.6～83.7；15 位连有羟基时，δ_{C-15} 65.4～76.5。

2. 11 位与 20 位由氧连接形成新的呋喃环，并且 11 位又连接一个羟基时，δ_{C-11} 108.9～111.0，δ_{C-20} 67.7～72.3。13 位与 20 位由氧连接形成新的呋喃环，则 δ_{C-13} 82.3～85.4，δ_{C-20} 61.1～74.4。

3. 羰基与双键的共轭是苦木素结构中的又一个特点。特别是 2 位羰基与 3,4 位双键是该类化合物常见基团，δ_{C-2} 195.9～200.8，δ_{C-3} 124.7～128.7，δ_{C-4} 161.5～169.3。双键没有共轭时，δ_{C-3} 124.7～129.8，δ_{C-4} 134.6～136.0。

17-5-1　R^1=α-OGlu；R^4=H；R^2=α-CH$_3$；R^3=β-OH
17-5-2　R^1=α-OGlu；R^4=H；R^2=α-CH$_3$；R^3=α-OH
17-5-3　R^1=α-OGlu；R^2=α-CH$_3$；R^3=α-OH；R^4=OH
17-5-4　R^1=α-OH；R^2=α-CH$_3$；R^3=α-OH；R^4=OH
17-5-5　R^1=O；R^2=α-CH$_3$；R^3=α-OH；R^4=OH
17-5-6　R^1=O；R^2=β-OH,α-CH$_3$；R^3=R^4=H
17-5-7　R^1=O；R^2=CH$_2$；R^3=R^4=H

表 17-5-1　化合物 17-5-1~17-5-7 的 ^{13}C NMR 化学位移数据

C	17-5-1[1]	17-5-2[1]	17-5-3[1]	17-5-4[1]	17-5-5[1]	17-5-6[2]	17-5-7[2]
1	82.6	82.8	82.8	84.1	84.8	84.6	84.4
2	84.1	83.7	83.8	72.6	197.4	197.6	197.3
3	124.6	124.9	124.8	127.1	126.2	126.3	126.2
4	136.0	135.7	135.5	135	162.2	162.3	162.1
5	41.3	41.6	41.2	41.4	42.5	42.6	44.8
6	26.0	26.0	25.7	25.9	25.9	26.1	26.2
7	78.6	79.3	71.5	70.8	70.9	78.2	78.5
8	47.4	44.8	50.0	50.1	49.0	46.5	45.7
9	45.5	45.9	44.8	45	45.3	44.8	48
10	42.0	42.3	42.3	42.3	45.7	45.3	45.5

续表

C	17-5-1[1]	17-5-2[1]	17-5-3[1]	17-5-4[1]	17-5-5[1]	17-5-6[2]	17-5-7[2]
11	111.0	110.9	110.3	110.5	110.1	110.7	110.3
12	80.5	78.3	78.8	79.1	78.7	83	80.6
13	33.1	31.9	41.4	41.9	41.1	74.2	147.4
14	49.6	48.5	76.6	76.7	76.6	49	42.5
15	68.7	65.4	76.1	76.5	75.9	31.8	35.3
16	174.3	171.2	172.0	172.1	171.9	170.2	169.4
18	21.0	21.1	21.1	21.3	22.4	22.4	22.5
19	10.3	10.7	10.9	11.1	10.6	10.7	10.3
20	71.8	72.3	67.9	67.9	67.7	71.0	72.3
21	16.3	13.0	10.1	10.2	10.1	26.2	118.2
1'	106.4	106.3	106.2				
2'	76.1	76.2	76.3				
3'	78.6	78.6	78.5				
4'	71.6	71.6	70.7				
5'	78.5	78.5	78.5				
6'	62.7	62.7	62.7				

17-5-8

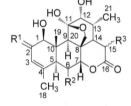

17-5-9 R¹=O; R²=OTig; R³=H
17-5-10 R¹=α-OH; R²=OTig; R³=H

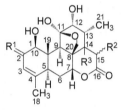

17-5-12 R¹=O; R²=β-OH; R³=α-OH
17-5-14 R¹=α-OH; R²=R³=H

17-5-11 R¹=O; R²=OH; R³=H

17-5-13 R¹=O; R²=H; R³=(β)

表 17-5-2 化合物 17-5-8~17-5-14 的 ¹³C NMR 化学位移数据

C	17-5-8[3]	17-5-9[4]	17-5-10[4]	17-5-11[4]	17-5-12[5]	17-5-13[6]	17-5-14[7]
1	83.2	84.6	83.9	84.7	84.3	82.6	83.8
2	196.8	197.2	73	197.5	197.4	196.8	72.8
3	125.4	128.7	129.8	128.1	125.9	124.8	127.0
4	162.3	162	134.6	165.5	161.5	162.5	134.9
5	45	45.6	45.1	48.7	42.7	43.9	41.9
6	25.3	68.3	68.3	65.9	25.2	24.7	26.2
7	78.4	79.3	79.9	83.2	72.9	77.4	79.2
8	47.1	47.1	47.2	47.2	50.8	46.8	46.3
9	41.8	43.4	43.1	43.5	46.4	41.1	42.9
10	45.1	48.2	49.7	48.2	45.6	44.5	41.8
11	109.1	110.8	111	110.9	110.4	108.9	110.7
12	79.4	79.8	79.9	79.8	81.3	78.4	79.7
13	141.4	31.6	31.6	31.6	32.7	31.4	31.8
14	51.4	42.7	42.6	42.9	78.3	44.5	44.6

续表

C	17-5-8[3]	17-5-9[4]	17-5-10[4]	17-5-11[4]	17-5-12[5]	17-5-13[6]	17-5-14[7]
15	69.3	30.6	30.5	30.8	73.8	69.8	30.6
16	166.6	169.9	169.9	170.3	172.3	166.8	170.5
18	121.7	13.2	13.1	13.2	22.5	14.8	21.2
19	9.8	11.8	11.7	11.7	9.4	9.9	10.7
20	71.6	70.7	71.0	71.0	71.4	70.0	71.8
21					10.3		13.3
4-Me	26.7	25.3	24.6	27		22.1	
2'-Me		12.3	12.2				
3'-Me		14.5	14.3				
1'	175.8	167	167.2			174.4	
2'	75	128.8	129.0			73.9	
3'	33.1	139.8	139.1			32.5	
4'	7.9					7.6	
5'	25.8					24.7	

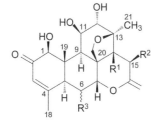

17-5-15 R¹=R³=H; R²=OAc
17-5-16 R¹=R²=R³=H
17-5-17 R¹=R³=H; R²=OH;
17-5-18 R¹=β-OH; R²=R³=H
17-5-19 R¹=R²=β-OH; R³=α-OH
17-5-20 R¹=β-OH; R²=H; R³=α-OH

表 17-5-3 化合物 17-5-15~17-5-20 的 ^{13}C NMR 化学位移数据[8]

C	17-5-15	17-5-16	17-5-17	17-5-18	17-5-19	17-5-20
1	83.8	83.9	83.9	83.7	83.9	83.8
2	200.8	200.7	200.7	200.6	200.3	200.3
3	126.0	126.0	126.0	125.9	127.9	127.9
4	166.3	166.3	166.3	166.3	168.8	168.7
5	45.5	44.5	45.6	45.4	50.6	50.4
6	29.8	29.6	30.0	29.8	69.4	69.7
7	86.2	86.3	85.7	82.4	85.8	86.1
8	47.9	45.8	43.8	45.9	51.8	65.1
9	44.2	43.2	44.5	47.5	45.7	46.2
10	49.7	48.1	47.5	47.5	52.3	52.3
11	76.4	76.7	76.7	76.3	76.1	76.2
12	81.0	81.6	81.8	82.2	82.5	82.6
13	82.6	82.3	83.1	84.9	85.4	84.6
14	53.9	51.3	57.3	83.7	83.1	82.1
15	70.2	30.3	68.0	38.0	71.6	38.4
16	171	173.9	176.2	174	176.1	172.9
18	23.4	23.4	23.4	23.3	27.9	27.9
19	12.3	12.3	12.3	12.3	13.3	13.1
20	73.7	74.4	73.7	71.7	70.5	71.0
21	24.2	22.9	24.8	17.9	19.1	17.8
OAc	172.2/21.5					

17-5-21

17-5-22

17-5-23

17-5-24

17-5-25

17-5-26

表 17-5-4 化合物 17-5-21~17-5-26 的 ^{13}C NMR 化学位移数据

C	17-5-21[5]	17-5-22[9]	17-5-23[10]	17-5-24[11]	17-5-25[11]	17-5-26[12]
1	86.1	84.3	88.4	41.1	37.8	83.1
2	200.8	198.7	195.9	68.3	77.6	199.4
3	127.3	124.7	127.2	74.8	73.5	127.5
4	169.3	164.8	167.5	34.2	33.7	162.1
5	51.7	43.6	52.2	38.5	38.4	47.2
6	66.4	31.3	31.4	29.6	29.4	68.5
7	85.9	72.8	65.6	84.4	84.3	82.4
8	44.9	50.3	49.5	46.5	46.5	43.5
9	43.4	44.6	54.1	43.7	43.6	41.7
10	49.6	48.7	55.6	39	38.8	50.2
11	73.8	72.9	211.2	73.5	73.2	73.2
12	77.9	87	94.5	76	76.1	75.7
13	36	76.9	55.1	82.7	82.7	27.6
14	78.1	58.1	40.9	50.4	49.9	56
15	71.1	66.5	33.1	68.3	68.7	
16	176.6	173.7	174.8	168.3	168.2	176.3
18	26.2	22.5	22.6	16.6	16.5	23.4
19	13	11.9	13.8	16	15.8	12.5
20	17.5	74.7	61.1	74.1	74.1	21.1
21	13.2	22.8	14.1	171.5	171.5	15.2
OCH₃			51.5			
OMe				52.3	52.3	
1′				165.3	165.3	
2′				116	116	
3′				158.2	158.2	
4′				27.0	26.9	
5′				20.1	20.1	
Glu-1″					103.8	
Glu-2″					75.2	
Glu-3″					78.3	

续表

C	17-5-21[5]	17-5-22[9]	17-5-23[10]	17-5-24[11]	17-5-25[11]	17-5-26[12]
Glu-4″					71.6	
Glu-5″					78.4	
Glu-6″					62.7	
6-OAc						170.3/21.2

参 考 文 献

[1] Kanchanapoom T, Kasai R, Chumsri P, et al. Phytochemistry, 2001, 57: 1205.

[2] Kubota K, Fukamiya N, Hamada T, et al. J Nat Prod, 1996, 59: 683.

[3] Polonsky J, Varon Z, Jacquemin H, et al. Separatum Experientia, 1978, 34: 1122.

[4] Carter C A G, Tinto W F, Reynolds W F, et al. J Nat Prod, 1993, 56: 130.

[5] Miyake K, Tezuka Y, Awale S, et al. J Nat Prod, 2009, 72: 2135.

[6] Peter G W, Stephen A A. Planta Medica, 1984, 50: 261.

[7] Yoshimura S, Ishibashi M, Tsuyuki T, et al. Bull Chem Soc Jpn, 1984, 57: 2496.

[8] Kitagawa I, Mahmud T, Yokota K, et al. Chem Pharm Bull, 1996, 44: 2009.

[9] Ozeki A, Hitotsuyanagi Y, Hashimoto E, et al. J Nat Prod, 1998, 61: 776.

[10] Tamura S, Fukamiya N, Okano M, et al. Chem Pharm Bull, 2003, 51: 385.

[11] Kim I H, Hitotsuyanagi Y, Takeya K, et al. Phytochemistry, 2004, 65: 3167.

[12] Ang H H, Hitotsuyanagi Y, Fukaya H, et al. Phytochemistry, 2002, 59: 833.

第六节　达玛烷型三萜化合物的 ^{13}C NMR 化学位移

【结构特点】达玛烷(dammarane)型三萜是由 30 个碳原子、4 个碳环组成的一类三萜化合物。

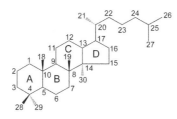

基本结构骨架

【化学位移特征】

1．达玛烷型三萜的 A 环中，3 位上往往有羟基连接，可能为独立羟基。有时羟基与有机酸形成酯，它们的化学位移为 δ 74.2～80.9。有时和糖形成苷，其化学位移向低场位移，δ 83.8～90.8。如果 2、3 位都有羟基取代，它们的化学位移出现在 δ_{C-2} 70.0～70.1，δ_{C-3} 80.2。如果 1 位有羟基取代，它的化学位移出现在 δ 78.5～78.7。如果 3 位变为羰基，它们的化学位移出现在 δ 214.3～218.7。

2．在 B、C、D 环上常有羟基取代。6 位有羟基取代时，其化学位移为 δ 68.9 左右。连羟基的 11 位碳出现在 δ 70.6～71.7。连羟基的 12 位碳出现在 δ 70.7～76.4。连羟基的 15 位碳出现在 δ 74.0～79.1。连羟基的 16 位碳出现在 δ 73.2～77.6。

3．侧链上也常常连有羟基。连羟基的 20 位碳出现在 δ 74.4～81.3。连羟基的 23 位碳出现在 δ 67.6～69.9。如果 24 位同时连接羟基，连羟基的 23 位碳出现在 δ 77.4～77.6。连羟基的 24 位碳出现在 δ 79.6～89.8。连羟基的 25 位碳出现在 δ 70.7～82.6。连羟基的 27(或 26) 位碳出现在 δ 61.4。

4. 在三萜化合物中，双键也是常见的基团，特别是侧链上双键更常见。12,13位双键，δ_{C-12} 123.2～123.7，δ_{C-13} 145.0；20,21位双键，δ_{C-20} 149.8～152.2，δ_{C-21} 107.8～111.8；20,22位双键，δ_{C-20} 142.4～144.2，δ_{C-22} 122.5～123.3；23,24位双键，δ_{C-23} 125.3～127.6，δ_{C-24} 136.4～139.5；24,25位双键，$\delta C-24$ 124.2～125.0，$\delta C-25$ 131.0～132.0；25、26位双键，$\delta C-25$ 141.7～149.9，δ_{C-26} 109.6～115.4。

5. 侧链上的21位甲基被氧化为羧基，其化学位移为δ 178.6～179.2。

17-6-1
17-6-2
17-6-3 R=β-CH₃
17-6-4 R=α-CH₃
17-6-5
17-6-6 R=H
17-6-7 R=OAc

表 17-6-1 化合物 17-6-1～17-6-7 的 ¹³C NMR 化学位移数据

C	17-6-1[1]	17-6-2[2]	17-6-3[3]	17-6-4[3]	17-6-5[4]	17-6-6[5]	17-6-7[5]
1	39.7	39.3	39.9	39.9	42.0	40.0	38.6
2	34.0	34.1	34.1	34.1	34.2	34.1	35.1
3	217.9	218.3	218.4	218.3	218.7	218.0	215.0
4	47.4	47.5	47.3	47.3	47.7	47.5	50.3
5	55.2	55.3	55.2	55.2	55.3	55.3	48.7
6	19.6	19.7	19.7	19.7	19.6	19.6	19.6
7	34.0	34.7	35.7	35.6	35.1	35.7	35.5
8	39.6	40.4	41.3	41.3	40.6	40.4	40.3
9	49.3	50.3	50.9	50.9	54.7	50.5	50.3
10	36.8	36.9	37.1	37.2	38.2	37.1	36.8
11	31.4	21.9	22.5	22.5	71.2	22.3	22.2
12	70.7	24.9	23.1	23.0	39.8	24.4	24.3
13	48.3	45.5			40.9	46.2	46.2
14	51.6	49.4	56.4	56.4	49.7	58.7	58.7
15	30.8	31.3	30.7	30.7	30.7	79.1	79.0
16	26.4	28.4	29.1	29.1	25.5	133.9	133.9
17	52.3	47.4	135.1	135.1	49.0	134.6	134.6
18	15.3	16.0	22.9	22.9	16.1	17.9	18.0
19	15.9	15.3	16.4	16.4	16.8	16.1	15.9
20	74.4	151.6	31.6	31.6	75.7		
21	27.7	111.8	20.1	23.8	23.4		
22	39.0	33.7	35.7	35.7	41.9		
23	125.3	28.9	26.4	26.4	22.3		

C	17-6-1[1]	17-6-2[2]	17-6-3[3]	17-6-4[3]	17-6-5[4]	17-6-6[5]	17-6-7[5]
24	136.8	146.2	125.0	125.0	124.5		
25	141.7	137.8	131.0	131.0	131.9		
26	115.4	20.5	25.7	25.8	25.8		
27	18.7	172.2	17.6	17.6	17.8		
28	26.7	26.7	26.4	26.2	27.5	26.8	67.7
29	21.0	21.0	21.1	21.3	20.8	21	17.3
30	16.7	15.8	16.6	16.6	16.3	9.7	9.7
OAc							170.8/21.0

17-6-8

17-6-9

17-6-10

17-6-11

17-6-12

17-6-13

表 17-6-2 化合物 17-6-8~17-6-13 的 ¹³C NMR 化学位移数据

C	17-6-8[6]	17-6-9[7]	17-6-10[4]	17-6-11[8]	17-6-12[8]	17-6-13[8]
1	39.8	40.0	42.0	35.2	41.9	41.9
2	34.0	34.1	34.2	36.5	34.1	34.1
3	217.8	218.1	218.7	214.3	218.6	218.6
4	47.3	47.5	47.7	48.9	47.6	47.6
5	55.3	55.4	55.3	55.5	55.2	55.2
6	19.6	19.7	19.6	18.6	19.5	19.5
7	34.6	34.9	35.1	35.0	35.2	35.2
8	40.1	40.4	40.6	40.7	40.7	40.7
9	49.8	50.3	54.7	57.9	54.8	54.8
10	36.9	36.9	38.2	54.5	38.2	38.3
11	21.7	21.9	71.2	70.6	71.1	71.7
12	26.7	25.0	39.8	35.9	37.1	37.1
13	45.0	47.5	40.9	42.8	43.0	43.1
14	48.2	49.4	49.7	48.8	49.0	49.0
15	34.2	31.4	30.7	31.3	31.0	31.0
16	77.6	28.9	25.5	27.6	27.5	27.7
17	58.3	45.4	49.0	49.0	49.3	49.2
18	15.9	15.8	16.1	18.4	16.3	16.3
19	15.7	15.4	16.8	206.7	16.7	16.8

续表

C	17-6-8[6]	17-6-9[7]	17-6-10[4]	17-6-11[8]	17-6-12[8]	17-6-13[8]
20	149.8	151.3	75.7	142.1	142.4	144.2
21	109.6	109.3	23.4	14.5	14.1	14.4
22	41.7	37.2	41.9	122.5	122.6	123.3
23	24.4	125.6	22.3	67.6	67.6	69.9
24	124.2	139.5	124.5	67.3	67.3	79.0
25	131.7	70.7	131.9	59.8	59.8	142.8
26	25.7	29.9	25.8	24.8	24.8	113.4
27	17.7	29.9	17.8	19.5	19.5	18.6
28	26.8	26.8	27.5	24.3	27.4	27.5
29	30.0	21.0	20.8	21.6	20.6	20.6
30	17.5	16.1	16.3	15.8	15.6	15.6

17-6-14 R¹=R²=H
17-6-15 R¹=H; R²=Glu
17-6-16 R¹=H; R²=Glu(1→2)-Glu
17-6-17 R¹=R²=Glu

17-6-18

17-6-19

表 17-6-3 化合物 **17-6-14~17-6-19** 的 ^{13}C NMR 化学位移数据[9]

C	17-6-14	17-6-15	17-6-16	17-6-17	17-6-18[10]	17-6-19[10]
1	39.4	39.6	39.2	39.5	47.6	47.6
2	28.1	27.0	26.9	28.5	70.0	70.1
3	80.4	89.0	90.8	83.8	80.2	80.2
4	43.4	44.6	43.9	42.9	44.0	44.0
5	56.9	56.0	56.7	57.2	47.9	47.9
6	19.1	18.8	18.6	18.8	19.6	19.7
7	36.2	36.0	35.8	35.9	34.2	34.2
8	40.7	39.3	40.6	40.6	39.7	39.4
9	51.4	51.2	51.0	51.2	42.6	42.6
10	37.3	36.8	36.7	37.2	40.4	40.3
11	30.0	28.1	28.1	28.5	24.2	24.6
12	22.1	22.1	22.1	21.9	123.7	123.2
13	44.8	44.8	44.8	44.7	145.0	145.0
14	50.2	50.2	50.2	50.0	40.1	40.1
15	31.7	31.7	31.8	31.6	34.6	34.6
16	26.0	26.0	26.0	25.9	28.2	28.3
17	45.7	45.8	45.8	45.7	41.3	40.5
18	15.6	15.5	15.5	15.5	17.5	17.5

C	17-6-14	17-6-15	17-6-16	17-6-17	17-6-18[10]	17-6-19[10]
19	16.9	16.2	16.4	16.7	17.7	17.7
20	81.1	81.1	81.3	81.0	81.2	79.9
21	178.7	178.6	178.7	179.2	26.3	23.5
22	33.2	33.2	33.2	33.1	38.3	34.1
23	77.6	77.4	77.5	77.4	25.5	21.3
24	79.7	79.6	79.7	79.7	84.3	146.0
25	71.8	72.0	71.9	72.7	72.1	99.2
26	27.8	27.7	27.8	27.8	23.2	19.3
27	27.2	27.2	27.2	27.2	24.1	16.2
28	22.2	22.1	22.7	23.4	23.7	23.7
29	64.5	63.4	63.5	71.8	65.6	65.7
30	16.3	18.0	16.3	16.3	24.1	24.1
Glu-1′		106.3	104.6	102.3		
Glu-2′		75.7	82.4	72.3		
Glu-3′		78.8	78.7	78.9		
Glu-4′		71.9	71.3	70.0		
Glu-5′		78.7	78.4	77.4		
Glu-6′		63.1	61.7	61.9		
Glu-1″			105.1	105.4		
Glu-2″			75.9	76.1		
Glu-3″			79.0	78.5		
Glu-4″			70.1	70.9		
Glu-5″			78.4	78.3		
Glu-6″			62.8	62.4		

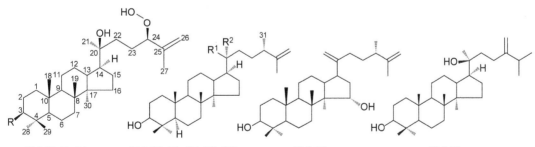

17-6-20 R=OAc　　**17-6-22** R¹=OH; R²=CH₃
17-6-21 R=OH　　**17-6-23** R¹=CH₃; R²=OH　　**17-6-24**　　**17-6-25**

表 17-6-4 化合物 **17-6-20~17-6-25** 的 ^{13}C NMR 化学位移数据

C	17-6-20[11]	17-6-21[11]	17-6-22[12]	17-6-23[12]	17-6-24[12]	17-6-25[12]
1	38.7	39.0	39.1	39.1	39.2	39.1
2	23.7	24.9	27.4	27.4	27.4	27.4
3	80.9	78.9	79.0	79.0	78.9	79.0
4	37.9	39.0	39.0	39.0	39.0	39.0
5	55.9	55.9	55.9	55.9	55.7	55.9
6	18.1	18.3	18.3	18.3	18.2	18.3
7	35.2	35.2	35.2	35.3	36.3	35.2

续表

C	17-6-20[11]	17-6-21[11]	17-6-22[12]	17-6-23[12]	17-6-24[12]	17-6-25[12]
8	40.4	40.4	40.4	40.4	40.9	40.4
9	50.6	50.6	50.7	50.6	51.4	50.7
10	37.1	37.1	37.1	37.1	37.3	37.1
11	21.5	21.5	21.6	21.5	21.3	21.6
12	27.4	27.4	24.7	25.4	24.9	24.8
13	42.4	42.4	42.3	42.2	43.5	42.4
14	50.3	50.3	50.4	50.0	50.5	50.4
15	31.2	31.2	31.2	31.1	74.0	31.2
16	25.2	25.3	27.6	27.6	38.7	27.5
17	49.7	49.7	49.5	49.3	45.3	49.8
18	15.4	15.3	16.5	16.4	9.1	16.5
19	16.4	16.4	16.2	16.2	16.4	16.2
20	75.1	75.1	75.3	75.7	152.2	75.4
21	24.7	24.8	25.5	23.8	107.8	25.4
22	36.3	36.3	39.1	40.2	32.3	39.4
23	24.9	24.9	28.9	28.4	33.6	28.4
24	89.7	89.8	41.7	41.7	41.0	156.5
25	143.7	143.6	149.9	149.9	149.8	34.0
26	114.1	114.2	109.6	109.6	109.6	21.9
27	17.5	17.5	18.8	18.8	18.9	22.0
28	16.2	28.0	28.0	28.0	28.0	28.0
29	27.9	15.5	15.4	15.4	15.4	15.4
30	16.4	16.2	15.5	15.5	15.7	15.5
31			20.0	20.0	19.8	106.2
OAc	171.0/21.2					

17-6-26 R¹=OH; R²=H
17-6-27 R¹=H; R²=OH

17-6-28

17-6-29 R=OH
17-6-30 R=H

17-6-31

表 17-6-5 化合物 17-6-26~17-6-31 的 ^{13}C NMR 化学位移数据

C	17-6-26[13]	17-6-27[13]	17-6-28[13]	17-6-29[14]	17-6-30[14]	17-6-31[14]
1	78.5	40.5	78.7	39.0	38.7	38.7
2	34.5	24.1	34.7	27.4	27.0	27.0
3	77.1	80.4	77.3	78.8	76.6	76.6
4	38.1	39.1	38.3	38.9	42.0	42.0
5	53.8	56.4	54.0	55.8	50.6	50.6
6	18.1	18.2	18.3	18.2	18.4	18.4
7	35.1	36.1	35.3	35.2	35.0	35.0
8	41.2	41.0	41.4	40.3	40.4	40.4
9	51.7	55.9	51.8	50.6	50.4	50.4
10	43.7	38.6	43.8	37.0	37.0	37.0
11	22.8	71.4	25.1	21.5	21.5	21.5
12	25.3	40.3	28.0	24.8	24.9	24.8
13	41.9	40.9	42.3	42.3	42.3	42.4
14	50.5	50.3	50.7	50.3	50.3	50.3
15	31.6	31.0	32.3	31.1	31.2	31.1
16	27.8	25.2	25.5	27.0	27.5	27.5
17	50.1	49.9	50.7	49.6	50.1	49.9
18	15.9	17.0	16.1	15.3	15.1	15.5
19	12.3	16.9	12.5	16.1	16.5	16.6
20	75.6	75.3	75.5	75.1	75.1	75.1
21	25.5	26.0	26.0	24.6	25.4	25.8
22	41.0	40.8	44.0	36.5	36.6	43.4
23	22.9	22.8	127.6	24.6	29.3	22.4
24	124.9	124.8	137.7	89.5	76.5	42.1
25	131.8	132.0	82.4	144.1	147.6	70.8
26	25.9	25.8	24.5	113.7	110.9	30.0
27	17.9	17.9	24.9	17.1	17.8	29.9
28	28.0	28.5	28.2	27.8	71.9	71.9
29	16.3	16.5	16.5	15.3	11.3	11.3
30	16.6	16.8	16.8	16.4	16.5	16.5
1′	173.7	173.9	173.9			
2′	34.9	35.1	35.1			
3′~17′	29.8~29.9	29.8~29.9	30.0~30.1			
18′	14.3	14.3	14.5			

参 考 文 献

[1] Tu L, Zhao Y, Yu Z-Y, et al. Helv Chim Acta, 2008, 91: 1578.

[2] Torpocco V, Chávez H, Estévez-Braun A, et al. Chem Pharm Bull, 2007, 55: 812.

[3] Iijima K T, Yaoita Y, Machida K, Kikuchi M, Phytochemistry, 2002, 59: 791.

[4] Ziegler H L, Stærk D, Christensen J, et al. J Nat Prod, 2002, 65: 1764.

[5] Dekebo A, Dagne E, Hansen L K, et al. Phytochemistry, 2002, 59: 399.

[6] Kubo I, Fukuhara K. J Nat Prod, 1990, 53: 968.

[7] Zhang F, Wang J-S, Gu Y-C, et al. J Nat Prod, 2010, 73: 2042.

[8] Kuroyanagi M, Kawahara N, Sekita S, et al. J Nat Prod, 2003, 66: 1307.

[9] Xu M, Wang D, Zhang Y-J, et al. J Nat Prod, 2007, 70: 880.

[10] Ahmad Z, Fatima I, Mehmood S, et al. Helv Chim Acta, 2008, 91: 73.

[11] Xu X-H, Yang N-Y, Qian S-H, et al. J Asian Nat Prod Res, 2008, 10: 33.

[12] Yoshikawa M, Zhang Y, Wang T, et al. Chem Pharm Bull, 2008, 56: 915.

[13] Homhual S, Bunyapraphatsar N, Kondratyuk T, et al. J Nat Prod, 2006, 69: 421.

[14] Pakhathirathien C, Karalai C, Ponglimanont C, et al. J Nat Prod, 2005, 68: 1787.

第七节　大戟烷型三萜的 ^{13}C NMR 化学位移

【结构特点】大戟烷型三萜也是四环三萜，它是由 30 个碳原子组成的。

基本结构骨架

【化学位移特征】

1. 大戟烷也与其他三萜一样，它们的骨架碳上也会有羟基取代。3 位连有羟基时，δ_{C-3} 75.6~79.2；如果羟基苷化，则向低场位移，δ_{C-3} 89.3~89.4。2 位连有羟基时，δ_{C-2} 69.6。16 位连有羟基时，δ_{C-16} 76.4~78.1。23 位连有羟基时，δ_{C-23} 67.3~76.6。24 位连有羟基时，δ_{C-24} 75.4~77.3。25 位连有羟基时，δ_{C-25} 70.6~81.8。

2. 大戟烷型三萜的 3 位碳是羰基时，其化学位移出现在 δ 214.7~216.8。21 位甲基氧化成为羧基时，它的化学位移出现在 δ 175.2~178.1。6 位羰基与 7,8 位双键共轭时，其化学位移为 δ_{C-6} 198.5，δ_{C-7} 124.9，δ_{C-8} 170.9。

3. 双键是三萜的主要基团。通常 7,8 位为双键时，δ_{C-7} 117.9~118.9，δ_{C-8} 144.5~150.1；8,9 位为双键时，δ_{C-8} 132.9~133.2，δ_{C-9} 134.3~134.4；9,11 位为双键时，δ_{C-9} 143.2~150.4，δ_{C-11} 116.9~127.0。侧链的双键，22,23 位为双键时，δ_{C-22} 139.0，δ_{C-23} 128.3；23,24 位为双键时，δ_{C-23} 123.0~127.7，δ_{C-24} 136.4~140.8；24,25 位为双键时，δ_{C-24} 127.9~129.4，δ_{C-25} 133.3~135.9；25,26 位为双键时，δ_{C-25} 141.6~147.6，δ_{C-26} 111.3~124.5。

4. 在大戟烷型三萜的侧链上常有 21 位和 23 位碳通过氧形成一个呋喃环，并在 21 位上还连接另一个羟基，此时 δ_{C-21} 104.8~108.9，δ_{C-23} 75.6~78.7。在 24 位和 25 位常有三元氧桥，δ_{C-24} 68.3~69.1，δ_{C-25} 58.8~60.2。

17-7-1　R^1=OH; R^2=CH$_3$
17-7-2　R^1=OH; R^2=COOMe
17-7-3　R^1=OOH; R^2=COOMe

17-7-4　R=COOMe
17-7-5　R=CH$_3$

表 17-7-1 化合物 **17-7-1~17-7-5** 的 ^{13}C NMR 化学位移数据[1]

C	17-7-1	17-7-2	17-7-3	17-7-4	17-7-5
1	38.5	38.5	38.5	38.5	38.5
2	35.1	34.9	34.9	34.9	34.9
3	216.8	216.7	216.7	216.7	216.8

续表

C	17-7-1	17-7-2	17-7-3	17-7-4	17-7-5
4	47.9	47.9	47.9	47.9	47.9
5	52.4	52.4	52.4	52.4	52.4
6	24.4	24.4	24.4	24.4	24.4
7	118.2	118.6	118.7	118.6	118.1
8	145.0	144.6	144.5	144.6	145.2
9	47.9	47.9	47.9	47.9	47.9
10	34.9	35.1	35.1	35.1	35.6
11	18.2	18.0	18.0	18.0	18.2
12	33.2	33.1	33.0	33.0	33.2
13	45.4	45.5	45.5	45.5	45.4
14	49.9	49.9	49.9	49.8	49.9
15	45.7	44.5	44.6	44.7	45.7
16	77.9	76.4	77.2	77.1	78.1
17	62.1	58.2	57.9	58.9	62.6
18	23.6	23.7	23.6	23.5	23.5
19	12.8	12.8	12.8	12.8	12.8
20	34.3	47.9	48.1	47.5	34.2
21	18.7	176.8	177.0	177.5	18.6
22	38.0	34.0	34.2	27.3	30.9
23	125.4	123.0	127.7	32.2	32.0
24	139.7	140.8	136.4	75.8	76.4
25	70.7	70.6	81.8	147.1	147.6
26	29.9	29.8	24.4	111.6	111.3
27	30.0	29.9	24.2	17.3	17.4
28	24.5	24.5	24.5	24.5	24.5
29	21.6	21.6	21.6	21.6	21.6
30	27.9	27.8	27.8	27.9	27.8
OMe		51.6	51.8	51.8	

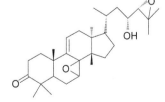

17-7-6

17-7-7 7,8=β-环氧
17-7-8 7,8=α-环氧

17-7-9

17-7-10 R¹=OH; R²=H
17-7-11 R¹=H; R²=OCH₃

17-7-12

表 **17-7-2** 化合物 17-7-6~17-7-12 的 ¹³C NMR 化学位移数据[2]

C	17-7-6	17-7-7	17-7-8	17-7-9	17-7-10	17-7-11	17-7-12
1	37.6	40.4	38.8	37.5	48.8	36.3	38.8
2	34.0	34.1	34.9	35.1	69.6	34.6	35.1
3	214.8	216.0	214.7	214.6	216.2	215.8	215.0
4	47.1	48.0	47.2	47.1	47.7	47.7	48.1
5	65.3	52.0	47.3	42.6	53.5	55.6	52.9
6	198.5	24.0	24.1	23.8	24.8	77.4	24.9
7	124.9	57.5	55.2	53.3	118.4	118.9	118.6
8	170.9	67.1	63.5	61.6	146.4	150.1	146.6
9	49.7	48.4	49.4	143.2	49.3	47.9	49.0
10	43.2	36.7	35.2	36.9	36.1	33.6	35.6
11	17.7	18.4	18.6	127.0	18.9	18.8	18.7
12	32.5	35.4	33.6	39.4	34.2	34.1	34.1
13	43.1	44.3	45.6	44.8	44.2	44.0	44.1
14	52.4	50.3	49.9	48.6	51.8	51.8	51.9
15	33.0	31.5	28.3	26.7	34.6	34.4	34.6
16	29.7	28.6	28.2	28.3	29.2	29.1	29.1
17	52.3	54.4	54.1	52.5	54.1	53.9	53.4
18	21.9	23.9	20.6	23.1	22.0	22.0	22.3
19	13.9	15.5	14.5	16.8	13.9	13.9	12.8
20	36.4	33.5	34.0	34.0	34.3	34.3	41.0
21	19.0	20.0	20.3	20.3	20.5	20.5	20.5
22	43.2	40.5	41.7	41.8	41.9	41.9	139.0
23	67.3	69.3	69.9	69.9	69.9	69.9	128.3
24	127.9	68.3	69.1	69.1	69.1	69.1	79.8
25	135.9	60.2	58.8	58.8	58.8	58.8	72.7
26	25.9	19.8	20.0	20.0	20.0	20.0	24.6
27	18.3	24.9	25.0	25.0	25.0	25.0	26.2
28	25.2	24.2	25.2	25.6	24.7	29.4	24.9
29	21.7	20.4	22.9	22.8	21.6	22.4	21.6
30	24.9	21.3	22.9	21.4	27.6	27.1	27.7
OMe						52.9	

17-7-13 R¹=Ara; R²= Ara; R³=CH₂CH₃
17-7-14 R¹=Xyl; R²= Ara; R³=CH₂CH₃
17-7-15 R¹=Xyl; R²= Ara; R³=Me
17-7-16 R¹=Ara; R²=Rha; R³=CH₂CH₃
17-7-17 R¹=Ara; R²=Rha; R³=Me

表 17-7-3 化合物 17-7-13~17-7-17 的 ¹³C NMR 化学位移数据[3]

C	17-7-13	17-7-14	17-7-15	17-7-16	17-7-17
1	37.5	37.7	37.4	37.6	37.7
2	27.4	27.3	27.4	27.3	27.3
3	89.4	89.4	89.4	89.3	89.3
4	39.8	39.7	39.7	39.7	39.7
5	51.9	51.9	51.9	51.9	51.8
6	24.4	24.3	24.3	24.3	24.3
7	118.5	118.5	118.7	118.5	118.5
8	146.0	145.8	145.8	145.9	145.9
9	49.0	49.0	48.9	49.0	48.8
10	35.0	34.9	35.0	34.9	34.9
11	18.1	18.1	18.1	18.1	18.1
12	32.8	32.8	32.7	32.8	32.8
13	44.2	44.2	44.2	44.2	44.2
14	51.6	51.5	51.9	51.5	51.5
15	34.3	34.3	34.3	34.3	34.3
16	28.1	28.1	28.1	28.1	28.1
17	49.2	49.2	49.2	49.2	49.2
18	23.1	23.5	23.0	23.1	23.0
19	13.5	13.4	13.4	13.4	13.4
20	48.9	48.9	48.9	48.9	48.9
21	107.3	107.3	108.7	107.3	107.2
22	37.7	37.7	37.7	37.5	37.4
23	75.8	75.7	75.7	75.6	75.7
24	129.4	129.4	129.3	129.4	129.2
25	133.4	133.3	133.5	133.3	133.5
26	25.9	25.8	25.8	25.8	25.8
27	18.0	17.9	18.0	18.0	17.9
28	27.9	27.8	27.8	27.9	27.8
29	16.4	16.4	16.4	16.3	16.3
30	27.4	27.3	27.4	27.4	27.3
1′	15.8	15.8	54.9	15.8	54.9
2′	63.1	63.1		63.1	

续表

C	17-7-13	17-7-14	17-7-15	17-7-16	17-7-17
Glu					
1	105.1	105.2	105.2	104.9	104.9
2	76.3	76.2	76.2	76.8	76.8
3	88.6	88.6	88.6	88.4	88.4
4	70.0	69.9	70.0	70.4	70.4
5	78.1	76.2	78.1	78.0	78.0
6	62.7	62.7	62.7	62.6	62.0
Rha					
1	101.4	101.4	101.4	101.7	101.7
2	72.2	72.3	72.2	71.7	71.7
3	82.3	82.5	82.4	82.8	82.8
4	72.4	72.4	72.4	73.1	73.1
5	69.6	69.6	69.6	69.6	69.7
6	18.6	18.5	18.6	18.6	18.6
Ara					
1	105.0	105.0	105.0		
2	73.1	73.0	73.0		
3	74.6	74.5	74.5		
4	69.5	69.4	69.4		
5	67.8	67.8	67.8		
Ara′					
1	107.2			107.2	107.2
2	73.2			73.3	73.3
3	74.5			74.6	74.6
4	69.5			69.6	69.7
5	67.1			67.3	67.3
Rha′					
1				103.8	103.9
2				72.5	72.5
3				70.9	70.9
4				73.6	73.6
5				69.6	69.7
6				18.5	18.5
Xyl					
1		107.5	107.5		
2		75.7	75.7		
3		78.5	78.5		
4		71.2	71.2		
5		67.4	67.4		

17-7-18 R=α-OH,H
17-7-19 R=O

17-7-20 R¹=α-OH; R²=H
17-7-21 R¹=β-OH; R²=H
17-7-22 R¹=R²=H
17-7-23 R¹=H; R²=CH₃

表 17-7-4 化合物 **17-7-18~17-7-23** 的 ¹³C NMR 化学位移数据[4]

C	17-7-18	17-7-19	17-7-20	17-7-21	17-7-22	17-7-23
1	30.9	30.4	30.6	30.7	30.7	30.9
2	25.8	23.4	26.0	26.0	26.1	26.8
3	75.9	78.0	75.8	75.9	75.9	75.9
4	37.7	36.8	37.6	37.6	37.6	37.6
5	44.8	45.8	44.5	44.7	44.7	44.8
6	18.8	18.6	18.7	18.7	18.8	18.7
7	26.5	25.8	25.7	25.8	25.8	26.0
8	132.9	133.1	133.1	133.1	133.2	133.1
9	134.4	134.4	134.3	134.3	134.3	134.4
10	37.2	37.1	37.1	37.2	37.7	37.2
11	21.3	21.3	21.3	21.4	21.3	21.4
12	30.9	30.8	30.0	30.0	30.0	29.8
13	44.8	44.4	44.1	44.5	44.4	44.3
14	49.9	49.9	49.7	49.7	49.8	49.9
15	28.3	27.1	27.1	29.8	29.8	27.2
16	28.7	29.8	29.8	27.2	27.1	29.8
17	46.5	46.3	44.7	46.3	46.3	46.5
18	19.9	20.0	19.8	19.9	19.9	20.0
19	15.9	16.0	15.5	15.6	15.6	16.0
20	49.1	48.5	43.2	49.6	43.4	48.5
21	176.8	176.4	175.2	175.2	175.2	176.7
22	34.8	27.6	30.0	30.0	30.0	29.7
23	32.4	35.0	29.7	28.0	32.4	29.0
24	75.9	201.1	83.0	85.7	39.2	44.3
25	147.1	144.4	71.0	71.6	71.0	73.1
26	17.1	17.6	24.2	23.9	23.9	23.2
27	111.7	124.5	26.0	26.1	26.2	26.5
28	28.1	27.6	28.0	28.0	28.1	28.1
29	22.2	21.9	21.7	22.2	22.2	22.2
30	24.4	24.5	24.2	24.3	24.2	24.3
COOCH₃	51.2	51.2				51.2

17-7-24 R=β-H
17-7-25 R=α-H

17-7-26 R=β-OCH₃
17-7-27 R=α-OCH₃

17-7-28

17-7-29

17-7-30

表 17-7-5 化合物 **17-7-24~17-7-30** 的 ¹³C NMR 化学位移数据

C	17-7-24[1]	17-7-25[1]	17-7-26[5]	17-7-27[5]	17-7-28[6]	17-7-29[2]	17-7-30[7]
1	38.5	38.5	31.1	31.6	37.2	31.9	39.3
2	34.9	34.9	25.3	25.3	27.6	26.4	28.1
3	216.7	216.7	76.1	76.1	79.2	75.6	79.1
4	47.9	47.9	37.3	37.3	38.9	37.9	39.2
5	52.4	52.4	44.5	44.5	50.6	45.0	44.5
6	24.3	24.4	23.8	23.8	23.9	24.5	19.0
7	118.8	118.7	118.1	118.1	117.9	118.9	19.5
8	144.6	144.5	145.7	145.6	145.7	146.6	40.5
9	48.1	48.1	48.4	48.3	48.9	49.5	150.4
10	35.0	35.1	34.7	34.7	34.9	35.3	37.5
11	18.3	18.2	17.4	17.4	18.1	18.6	116.9
12	33.8	33.5	31.1	31.1	33.8	34.5	37.8
13	46.2	45.9	43.4	43.5	43.5	44.2	44.0
14	49.4	49.9	50.7	50.9	51.1	51.9	46.6
15	44.1	43.9	34.1	34.3	34.0	34.6	33.3
16	77.6	77.6	27.2	27.3	28.4	29.2	36.7
17	58.8	58.2	44.9	50.2	53.7	54.1	50.8
18	23.0	23.2	23.1	22.5	21.8	22.0	25.2
19	12.8	12.8	12.9	12.9	13.1	13.3	17.0
20	44.4	41.9	46.2	47.7	34.5	34.4	36
21	176.3	178.1	104.8	108.9	19.5	20.5	18.4
22	25.3	22.9	31.5	33.7	39.6	41.9	27.9
23	27.4	26.1	78.7	76.6	70.8	69.9	26.5
24	83.8	80.0	76.5	75.4	77.3	69.1	25.2
25	142.7	141.6	72.9	73.0	145.1	58.8	28.1
26	113.0	113.6	26.3	26.4	112.9	20.0	20.0

续表

C	17-7-24[1]	17-7-25[1]	17-7-26[5]	17-7-27[5]	17-7-28[6]	17-7-29[2]	17-7-30[7]
27	18.0	18.1	26.2	26.3	18.7	25.0	27.7
28	24.5	24.5	27.7	27.7	27.6	28.4	27.4
29	21.6	21.6	21.7	21.7	14.7	22.1	15.0
30	28.0	27.4	27.2	27.1	27.2	27.6	14.9
31							19.6
OCH$_3$			55.1	55.6			

参 考 文 献

[1] Pettit G R, Numata A, Iwamoto C, et al. J Nat Prod, 2002, 65: 1886.

[2] Liu H, Heilmann J, Rali T, et al. J Nat Prod, 2001, 64: 159.

[3] Ni W, Hua Y, Liu H-Y, et al. Chem Pharm Bull, 2006, 54: 1443.

[4] Liu Y, Abreu P. Phytochemistry, 2006, 67: 1309.

[5] Xie B-J, Yang S-P, Chen H-D, et al. J Nat Prod, 2007, 70: 1532.

[6] Wang X-N, Fan C-Q, Yin S, et al. Helv Chim Acta, 2008, 91: 510.

[7] Lin Y-L, Wang W-Y, Kuo Y-H, et al. Chem Pharm Bull, 2001, 49: 1098.

第八节　羊毛甾烷型三萜化合物的 ^{13}C NMR 化学位移

【结构特点】羊毛甾烷（lanostane）型三萜是大戟烷型三萜的异构体，它也是由 30 个碳原子组成的四环三萜类。

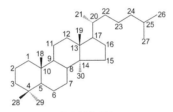

基本结构骨架

【化学位移特征】

1．羊毛甾烷型三萜也与其他四环三萜相类似，在环上或侧链上都会有羟基与之连接。其中 3 位常常连接羟基，$\delta_{C\text{-}3}$ 73.8～80.6；如果羟基与甲基成醚，则其化学位移移向低场，$\delta_{C\text{-}3}$ 85.9～88.8。1、2、16、21、24、25、26、28 位都可能连接羟基，连羟基碳的化学位移分别为：$\delta_{C\text{-}1}$ 73.8，$\delta_{C\text{-}2}$ 69.4，$\delta_{C\text{-}16}$ 75.0～76.7，$\delta_{C\text{-}21}$ 62.8，$\delta_{C\text{-}24}$ 75.8～78.7，$\delta_{C\text{-}25}$ 70.9～74.5，$\delta_{C\text{-}26}$ 66.5，$\delta_{C\text{-}28}$ 66.7。

2．双键是三萜化合物的另一常见基团。羊毛甾烷型三萜常见 7,8 位和 9,11 位共轭双键存在，它们的化学位移出现在 $\delta_{C\text{-}7}$ 119.8～121.1，$\delta_{C\text{-}8}$ 141.0～142.9，$\delta_{C\text{-}9}$ 144.2～146.7，$\delta_{C\text{-}11}$ 115.1～117.7。8,9 位双键，$\delta_{C\text{-}8}$ 134.1～134.8，$\delta_{C\text{-}9}$ 134.4～137.0。9,11 位双键出现在 $\delta_{C\text{-}9}$ 147.1～149.2，$\delta_{C\text{-}11}$ 114.2～116.3。23,24 位双键，$\delta_{C\text{-}23}$ 125.7，$\delta_{C\text{-}24}$ 139.5。24,25 位双键，$\delta_{C\text{-}24}$ 123.1～126.6，$\delta_{C\text{-}25}$ 131.2～135.7。25,26 位双键，$\delta_{C\text{-}25}$ 147.9～150.6，$\delta_{C\text{-}26}$ 109.8～111.0。羊毛甾烷往往在 24 位上增加连接一个甲基，并且 24,31 位成为双键，它们的化学位移出现在 $\delta_{C\text{-}24}$ 156.0～158.8，$\delta_{C\text{-}31}$ 105.9～107.1。

3．有一些化合物的 3 位碳是羰基，它的化学位移出现在 $\delta_{C\text{-}3}$ 215.1～217.2。21 位甲基有时被氧化成为羧基，它的化学位移出现在 $\delta_{C\text{-}21}$ 177.2～178.9。

4．有的化合物 24,25 位双键与 26 位醛基形成共轭，$\delta_{C\text{-}24}$ 155.4，$\delta_{C\text{-}25}$ 139.1，$\delta_{C\text{-}26}$ 195.3。

17-8-1

17-8-2 R¹=OCH₃; R²=H; R³=OH
17-8-3 R¹=OCH₃; R²=OH; R³=H
17-8-4 R¹=OH; R²=R³=H
17-8-5 R¹=O; R²=R³=H

17-8-6

17-8-7

表 17-8-1 化合物 17-8-1~17-8-7 的 ¹³C NMR 化学位移数据

C	17-8-1[1]	17-8-2[1]	17-8-3[1]	17-8-4[2]	17-8-5[2]	17-8-6[3]	17-8-7[3]
1	36.2	36.2	36.2	36.1	36.7	36.2	36.3
2	22.8	22.8	22.7	27.8	35.0	22.8	28.0
3	88.8	88.8	88.8	78.9	217.1	88.8	79.1
4	39.2	39.3	39.3	39.3	47.0	39.2	39.3
5	53.2	53.2	53.2	52.5	53.5	53.2	52.7
6	21.5	21.5	21.5	21.3	22.6	21.5	21.5
7	28.4	28.4	28.4	28.1	27.7	28.5	28.2
8	42.3	42.0	42.1	41.8	41.9	42.0	42.0
9	148.9	148.9	149.2	148.5	147.1	148.9	148.7
10	36.9	39.7	39.7	39.0	39.0	39.6	39.6
11	115.0	115.0	114.7	114.9	116.3	115.0	115.5
12	37.3	37.3	36.7	37.2	37.2	37.3	37.3
13	44.5	44.6	44.3	44.3	44.3	44.5	44.5
14	47.3	47.3	47.3	47.0	47.6	47.2	47.2
15	34.1	34.1	34.0	33.9	33.9	34.2	34.1
16	28.3	28.3	27.8	27.9	27.9	28.2	28.3
17	51.0	51.1	45.0	50.9	50.9	51.0	51.0
18	14.6	14.6	14.9	14.3	14.4	14.6	18.6
19	22.5	22.5	22.5	22.2	22.0	22.5	22.4
20	37.2	36.6	43.3	36.1	36.1	36.3	36.1
21	18.7	18.7	62.8	18.4	18.4	18.7	18.5
22	36.7	36.1	30.1	35.1	34.8	30.2	31.8
23	27.5	28.2	28.4	31.2	31.3	37.0	32.1
24	52.3	157.1	158.8	156.7	156.7	75.8	76.5
25	74.5	73.8	36.5	33.8	33.8	150.6	147.9
26	27.6	29.5	29.6	21.9	21.7	109.8	111.0

续表

C	17-8-1[1]	17-8-2[1]	17-8-3[1]	17-8-4[2]	17-8-5[2]	17-8-6[3]	17-8-7[3]
27	27.7	29.5	29.6	21.8	21.8	19.7	17.8
28	16.7	16.7	16.7	15.5	22.0	16.7	15.8
29	28.5	28.5	28.5	28.2	25.7	28.5	14.6
30	18.7	18.7	18.7	18.3	18.3	18.7	28.4
31	24.0	106.9	106.3	105.9	106.0	28.1	
32	14.0						
OMe	57.8	57.8	57.8			57.8	

17-8-8

17-8-9

17-8-10

17-8-11 R=α-OH
17-8-12 R=α-OCH₃
17-8-13 R=β-OCH₃
17-8-14 R=O

表 17-8-2 化合物 17-8-8~17-8-14 的 ^{13}C NMR 化学位移数据

C	17-8-8[4]	17-8-9[5]	17-8-10[6]	17-8-11[7]	17-8-12[7]	17-8-13[7]	17-8-14[7]
1	44.3	36.3	36.1	30.5	30.8	36.0	36.7
2	69.4	28.0	27.8	25.7	20.4	22.5	34.9
3	83.7	79.1	78.9	76.3	85.9	88.6	217.2
4	39.3	39.3	39.1	37.9	38.1	39.0	47.7
5	52.8	52.7	52.5	46.7	47.3	53.0	53.4
6	21.4	21.5	21.4	27.9	27.9	27.9	22.6
7	28.1	28.2	28.1	28.0	27.9	28.1	27.7
8	41.4	42.0	41.8	41.9	41.9	41.8	41.9
9	147.6	148.7	148.5	148.5	148.6	148.7	147.1
10	40.6	39.6	39.4	39.4	39.4	39.4	39.1
11	115.4	115.5	115.0	114.6	114.2	114.7	116.2
12	37.1	37.3	37.1	37.1	37.1	37.1	37.2
13	44.3	44.5	44.3	44.3	44.3	44.4	44.3
14	47.0	47.2	47.0	47.2	47.2	47.1	47.0
15	33.8	34.1	33.9	33.9	33.9	33.9	33.9
16	27.9	28.3	27.8	21.3	21.2	21.2	27.9
17	51.1	50.9	51.0	50.7	50.7	50.8	50.8

续表

C	17-8-8[4]	17-8-9[5]	17-8-10[6]	17-8-11[7]	17-8-12[7]	17-8-13[7]	17-8-14[7]
18	14.5	18.6	14.4	14.4	14.4	14.4	14.5
19	23.2	22.4	22.3	22.1	22.2	22.3	21.8
20	25.9	36.6	36.6	35.7	35.7	35.7	35.7
21	18.3	18.5	18.5	18.0	18.0	18.0	18.0
22	33.2	39.3	33.5	31.1	31.1	31.1	31.1
23	28.2	125.7	33.6	30.9	30.9	30.9	30.9
24	78.7	139.5	23.6	178.6	178.6	178.4	178.6
25	73.2	70.9	19.8				
26	23.3	30.2	22.8				
27	26.6	30.1	22.4				
28	28.4	15.8	28.2	22.5	22.9	16.4	22.0
29	16.7	14.6	15.7	28.4	28.4	28.3	25.6
30	18.5	28.4	18.5	18.5	18.5	18.5	18.4
31			19.6				
32			27.1				
OMe					57.0	57.5	

17-8-15 R^1=O; R^2=R^4=H; R^3=CH_3
17-8-16 R^1=O; R^2=α-OH; R^3=α-COOH; R^4=OH
17-8-17 R^1=β-OAc; R^2=α-OH; R^3=α-COOH; R^4=H
17-8-18 R^1=α-OAc; R^2=α-OH; R^3=α-COOH; R^4=H
17-8-19 R^1=R^2=α-OH; R^3=α-COOH; R^4=H
17-8-20 R^1=β-OH; R^2=α-OH; R^3=α-COOH; R^4=H

表 17-8-3 化合物 **17-8-15~17-8-20** 的 ^{13}C NMR 化学位移数据

C	17-8-15[8]	17-8-16[9]	17-8-17[10]	17-8-18[10]	17-8-19[10]	17-8-20[10]
1	37.8	36.1	35.6	31.1	30.7	36.2
2	37.2	35.2	24.5	23.5	26.7	28.6
3	216.9	215.5	80.6	78.0	75.2	78.0
4	47.5	52.7	37.8	36.9	38.0^b	39.1
5	50.7	43.0	49.6	45.0	43.8	49.7
6	23.7	23.7	23.1	23.4	23.5	23.5
7	119.8	120.7	120.7	121.2	121.3	121.2
8	142.9	142.8	142.7	142.7	142.8	142.6
9	144.5	144.2	145.7	146.4	146.7	146.4
10	37.2	37.1	37.6	37.7	37.9^b	37.6
11	117.3	117.7	117.0	116.5	116.2	116.4
12	37.9	36.2	36.2	36.2	36.3	36.2
13	43.7	45.1	45.0	45.2	45.2	45.1
14	50.3	49.3	49.4	49.6	49.5	49.2
15	27.9	44.4	44.4	44.6	44.5	44.3
16	31.5	76.4	76.4	76.7	76.5	76.3
17	50.9	57.7	57.6	57.6	57.6	57.5
18	15.7	17.6	17.6	17.6	17.7	17.6
19	22.0	22.4	20.8	22.9	23.0	23.0
20	36.2	48.5	48.5	48.6	48.6	48.4
21	18.5	178.8	178.7	178.8	178.7	178.6
22	34.9	31.7	31.4	31.6	31.5	31.5

续表

C	17-8-15[8]	17-8-16[9]	17-8-17[10]	17-8-18[10]	17-8-19[10]	17-8-20[10]
23	31.3	33.3	33.2	33.5	33.2	33.1
24	156.8	156.1	156.0	156.1	156.1	156.1
25	33.8	34.1	34.1	34.2	34.2	34.1
26	21.9	22.0	22.0 a	22.1 a	22.1 a	22.0 a
27	22.0	21.8	21.8 a	22.0 a	21.9 a	21.8 a
28	22.5	66.7	28.1	27.9	29.2	28.4
29	25.4	18.6	17.1	22.5	23.2	16.7
30	25.3	26.1	26.5	26.8	26.7	26.6
31	106.0	106.9	107.0	107.0	107.1	107.0
OAc			21.1/170.7	21.2/170.6		

注：同列中标记 a 或 b 对应的数据有可能会发生互换。

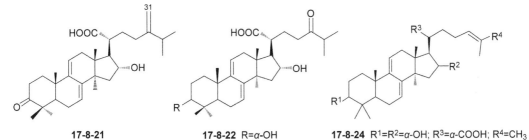

17-8-21

17-8-22 R=α-OH
17-8-23 R=β-OH

17-8-24 R¹=R²=α-OH; R³=α-COOH; R⁴=CH₃
17-8-25 R¹=R²=α-OH; R³=α-COOH; R⁴=CH₂OH
17-8-26 R¹=β-OH; R²=H; R³=α-CH₃; R⁴=CHO

表 17-8-4 化合物 **17-8-21~17-8-26** 的 ¹³C NMR 化学位移数据

C	17-8-21[10]	17-8-22[11]	17-8-23[11]	17-8-24[12]	17-8-25[12]	17-8-26[13]
1	36.8	30.5	36.3	29.8	29.7	35.7
2	34.9	26.6	28.6	25.7	25.6	28.0
3	215.2	75.0	78.0	73.8	73.8	78.9
4	47.5	37.7	39.3	37.2	37.0	38.7
5	51.0	43.6	49.8	42.8	42.8	49.1
6	23.8	23.3	23.5	22.6	22.6	23.0
7	120.7	121.1	121.3	120.6	120.6	120.4
8	142.8	142.7	142.7	142.0	141.9	142.5
9	144.7	146.5	146.4	146.0	145.9	146.0
10	37.5	37.8	37.8	37.1	37.1	37.4
11	117.6	116.0	116.5	115.1	115.1	116.1
12	36.2	36.1	36.3	35.3	35.3	37.8
13	45.0	45.0	45.0	43.9	43.9	43.8
14	49.3	49.5	49.4	48.5	48.4	50.3
15	44.3	44.3	44.4	43.4	43.3	31.5
16	76.4	76.1	76.2	75.1	75.0	27.8
17	57.6	57.1	57.3	56.2	56.2	50.9
18	17.6	17.6	17.7	16.9	16.9	15.7
19	22.3	23.0	23.0	22.7	22.7	22.7
20	48.5	47.8	47.7	46.9	46.9	36.2
21	178.6	178.9	178.4	177.2	177.2	18.3
22	31.4	26.5	26.0	31.9	31.7	34.7

续表

C	17-8-21[10]	17-8-22[11]	17-8-23[11]	17-8-24[12]	17-8-25[12]	17-8-26[13]
23	33.2	38.5	38.6	26.0	25.4	26.1
24	156.0	213.7	213.7	124.3	123.1	155.4
25	34.1	40.8	40.9	131.2	135.7	139.1
26	22.0 [a]	18.2	18.3	25.7	66.5	195.4
27	21.8 [a]	18.3	18.4	17.7	13.6	9.2
28	22.0	22.8	16.6	22.8	22.8	15.8
29	26.3	29.1	28.8	28.7	28.7	28.1
30	25.6	26.5	26.6	26.2	26.1	25.6
31	107.0					

注：标记 a 的两个数据可能发生互换。

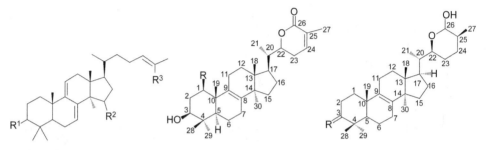

17-8-27 R¹=β-OH; R²=H; R³=CHO
17-8-28 R¹=O; R²=α-OH; R³=CH₂OH

17-8-29 R=H
17-8-30 R=β-OH

17-8-31 R=O
17-8-32 R=β-OH

表 17-8-5 化合物 17-8-27~17-8-32 的 ¹³C NMR 化学位移数据

C	17-8-27[14]	17-8-28[14]	17-8-29[15]	17-8-30[15]	17-8-31[16]	17-8-32[16]
1	35.6	35.8	35.4	73.8	36.5	36.5
2	27.8	34.8	27.7	39.8	34.9	28.2
3	78.8	216.6	78.8	75.5	215.1	78.5
4	38.6	47.3	38.8	40.2	47.7	39.9
5	49.0	50.4	50.2	49.1	51.8	51.3
6	22.9	23.6	18.2	17.6	20.0	19.1
7	120.3	121.0	26.4	26.0	28.3	29.1
8	142.4	141.0	134.1	134.1	134.2	134.8
9	145.9	144.7	134.4	137.0	135.7	135.5
10	37.3	37.2	36.9	44.1	37.4	37.7
11	116.0	117.0	20.9	25.1	21.7	21.7
12	37.7	38.5	30.7	32.0	27.0	27.2
13	43.7	44.3	44.4	44.3	45.0	44.9
14	50.2	51.9	49.8	50.4	50.7	50.4
15	31.4	74.6	30.7	31.6	31.9	31.8
16	27.7	40.1	27.7	28.7	31.8	31.5
17	50.7	48.8	45.7	46.6	47.3	47.3
18	15.7	15.9	15.5	16.2	16.4	16.3
19	22.6	22.1	19.1	15.5	19.0	19.8
20	36.0	35.8	40.4	40.7	41.9	42.0
21	18.2	18.3	13.3	13.8	13.8	13.8

续表

C	17-8-27[14]	17-8-28[14]	17-8-29[15]	17-8-30[15]	17-8-31[16]	17-8-32[16]
22	34.2	36.6	80.2	80.5	70.3	69.8
23	25.9	25.4	27.7	28.7	23.8	24.0
24	155.4	126.6	139.7	140.5	24.7	25.1
25	139.1	134.6	128.1	127.8	32.4	33.1
26	195.3	69.0	166.6	166.2	97.0	96.6
27	9.1	13.5	17.1	18.7	16.9	17.1
28	25.4	16.9	15.4	15.4	21.7	16.7
29	28.0	25.4	27.9	28.2	26.7	29.0
30	15.5	22.1	24.3	24.9	25.2	24.9

参 考 文 献

[1] Chen C R, Cheng C W, Pan M H, et al. Chem Pharm Bull, 2007, 55: 908.

[2] Majumder P L, Majumder S, Sen S. Phytochemistry, 2003, 62: 591.

[3] Wang X-X, Lin C-J, Jia Z-J. Planta Med, 2006, 72: 764.

[4] Shiono Y, Wara H S, Nazarova M, et al. J Nat Prod, 2007, 70: 948.

[5] Xu L J, Huang F, Chen S-B, et al. Chem Pharm Bull, 2006, 54: 542.

[6] Inada A, Ikeda Y, Murata H, et al. Phytochemistry, 2005, 66: 2729.

[7] Wada S, Tanaka R. J Nat Prod, 2000, 63: 1055.

[8] Lan Y H, Wang H Y, Wu C C, et al. Chem Pharm Bull, 2007, 55: 1597.

[9] Zheng Y, Yang X W. J Asian Nat Prod Res, 2008, 10: 289.

[10] Zhou L, Zhang Y, Gapter L A, et al. Chem Pharm Bull, 2008, 56: 1459.

[11] Zheng Y, Yang X W J Asian Nat Prod Res, 2008, 10: 640.

[12] de Silva E D, van der Sar S A, Santha R G L, et al. J Nat Prod, 2006, 69: 1245.

[13] Gao J J, Min B S, Ahn E M, et al, Chem Pharm Bull, 2002, 50: 837.

[14] Gonz'alez A G, Le'on F, Rivera A, et al, J Nat Prod, 2002, 65, 417.

[15] El Dine R S, El Halawany A M, Nakamura N, et al. Chem Pharm Bull, 2008, 56: 642.

[16] Stanikunaite R, Radwan M M, Trappe J M, et al. J Nat Prod, 2008, 71: 2077.

第九节　葫芦烷型三萜化合物的 ¹³C NMR 化学位移

【结构特点】葫芦烷(cucurbitane)型三萜也是四环三萜，由 30 个碳原子组成。

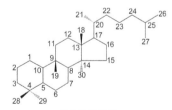

基本结构骨架

【化学位移特征】

1. 葫芦烷型三萜化合物也与其他四环三萜类似，多位与羟基连接。其中 3 位有羟基连接时， δ_{C-3} 75.5～78.6；如果发生苷化，则向低场位移至 δ_{C-3} 84.1～87.8。7 位有羟基连接时， δ_{C-7} 68.2～77.3。25 位有羟基连接时， δ_{C-25} 70.5～74.9。如果 24、25 位同时连有羟基， δ_{C-24} 75.8～79.1, δ_{C-25} 72.7～80.6；如果发生苷化，苷化的碳向低场位移，出现在 δ_{C-24} 90.5～91.1, δ_{C-25} 81.6。26 位和 27 位都连接有羟基时， δ_{C-26} 64.6～72.8, δ_{C-27} 57.9～58.3。

2. 双键的存在是葫芦烷型三萜化合物的另一个特点。5,6 位双键碳出现在 δ_{C-5} 140.0～147.7,

$\delta_{\text{C-6}}$118.3~122.6。23,24 位双键碳出现在 $\delta_{\text{C-23}}$ 124.9~128.5，$\delta_{\text{C-24}}$136.7~139.8。24,25 位双键碳出现在 $\delta_{\text{C-24}}$ 127.1~131.9，$\delta_{\text{C-25}}$133.6~140.3。有时在同一个化合物中出现两个双键共轭，多出现在 23,24 位双键和 25,26 位双键的共轭，它们的化学位移出现在 $\delta_{\text{C-23}}$ 129.0~129.4，$\delta_{\text{C-24}}$134.1~134.8，$\delta_{\text{C-25}}$ 142.1~142.5，$\delta_{\text{C-26}}$114.0~114.7。

3．在葫芦烷型三萜化合物的结构中还存在羰基，3 位羰基碳出现在 $\delta_{\text{C-3}}$ 211.5~211.6，11 位羰基碳出现在 $\delta_{\text{C-11}}$213.6~214.0，19 位醛基碳出现在 $\delta_{\text{C-19}}$203.4~207.2，23 位羰基碳出现在 $\delta_{\text{C-23}}$201.2~209.1，24 位羰基碳出现在 $\delta_{\text{C-24}}$216.0~216.4。

4．一些化合物还存在 5、6、7 位双键与羰基的共轭系统，$\delta_{\text{C-5}}$ 167.6~169.0，$\delta_{\text{C-6}}$ 125.4~127.1，$\delta_{\text{C-7}}$ 199.4~202.8。

17-9-1 R^1=R^2=β-OH；R^3=OH
17-9-2 R^1=β-OAc；R^2=β-OMe；R^3=OH
17-9-3 R^1=β-OH；R^2=β-OMe；R^3=OMe
17-9-4 R^1=β-OH；R^2=β-OMe；R^3=OH

表 17-9-1 化合物 17-9-1~17-9-6 的 ^{13}C NMR 化学位移数据

C	17-9-1[1]	17-9-2[1]	17-9-3[2]	17-9-4[2]	17-9-5[3]	17-9-6[3]
1	20.9	21.6	21.0	21.0	31.8	25.9
2	28.7	26.4	28.4	28.5	72.4	38.8
3	76.7	78.6	76.8	76.5	213.3	215.3
4	41.5	39.9	41.6	41.6	51.1	49.1
5	146.8	146.8	146.7	146.8	141.0	142.7
6	122.5	119.2	120.7	120.6	121.4	120.5
7	68.2	77.3	77.1	77.1	24.5	24.7
8	53.1	47.7	47.8	47.7	48.9	47.4
9	33.9	33.9	33.9	33.8	48.9	46.7
10	38.5	38.6	38.5	38.6	34.5	38.7
11	32.5	32.3	32.5	32.6	214.0	32.3
12	30.0	30.0	29.9	29.9	49.6	30.5
13	45.8	46.0	46.0	46.1	50.9	35.1
14	48.2	47.8	47.7	47.7	54.7	51.1
15	34.6	34.6	34.6	34.6	34.6	26.3
16	27.7	27.6	27.5	27.5	21.6	34.9
17	49.9	49.9	49.8	49.8	43.2	43.4
18	15.4	15.4	15.3	15.3	18.7	15.7
19	29.5	28.5	28.5	28.8	20.4	18.1
20	36.2	36.2	36.1	36.1	79.5	38.7
21	18.7	18.6	18.0	18.6	24.6	13.4
22	39.1	39.0	39.5	39.0	202.5	72.4
23	125.3	125.2	128.4	125.0	119.7	26.6

续表

C	17-9-1[1]	17-9-2[1]	17-9-3[2]	17-9-4[2]	17-9-5[3]	17-9-6[3]
24	139.4	139.4	136.6	139.4	154.1	75.9
25	70.7	70.6	74.7	70.5	79.7	72.5
26	29.8	29.8	26.0	29.8	27.1	28.8
27	29.9	29.9	25.7	29.7	30.0	25.3
28	25.4	24.8	25.3	25.3	21.8	27.3
29	27.8	27.9	27.7	27.6	19.6	27.4
30	17.8	17.9	17.8	17.9	19.6	22.8
7-OMe		56.3	56.1	56.1		
25-OMe			50.1			
OAc		21.2/170.9			23.4/170.4	21.5/171.0 21.1/170.9

17-9-7 R^1=β-OH; R^2=O; R^3=OH; R^4=CHO
17-9-8 R^1=β-OH; R^2=O; R^3=OH; R^4=CH$_3$
17-9-9 R^1=β-OH; R^2=β-OMe; R^3=OMe; R^4=CHO
17-9-10 R^1=β-OH; R^2=β-OH; R^3=OMe; R^4=CH$_3$
17-9-11 R^1=R^2=O; R^3=OH; R^4=CH$_3$

17-9-12

表 17-9-2 化合物 17-9-7~17-9-12 的 ^{13}C NMR 化学位移数据

C	17-9-7[4]	17-9-8[4]	17-9-9[5]	17-9-10[6]	17-9-11[6]	17-9-12[2]
1	21.6	20.8	21.6	20.9	23.6	21.0
2	28.7	29.7	29.8	28.6	38.1	28.9
3	76.1	76.6	75.6	76.7	211.6	76.6
4	43.6	42.8	42.0	41.5	51.4	41.6
5	168.1	169.0	147.7	146.8	167.6	146.7
6	127.1	125.9	121.1	122.6	125.4	120.8
7	199.4	202.8	75.7	68.2	202.4	77.1
8	51.2	59.8	45.8	53.2	59.2	47.8
9	51.2	35.8	50.3	33.9	36.8	33.9
10	37.9	40.3	36.8	38.5	41.2	38.6
11	22.3	31.3	22.6	32.4	31.3	32.6
12	28.4	28.6	29.4	30.0	29.7	30.1
13	45.3	45.7	45.9	45.9	48.5	46.1
14	48.2	48.5	47.9	48.2	45.7	47.8
15	34.5	34.5	35.1	34.6	34.5	34.5
16	27.4	27.8	27.7	27.7	27.7	27.8
17	49.5	49.5	50.3	49.9	49.4	50.7
18	14.9	15.4	15.0	15.4	15.4	15.3
19	203.4	27.8	207.2	29.5	27.2	28.8
20	36.2	36.2	36.4	36.1	36.2	32.6
21	18.8	18.7	19.0	18.7	18.7	18.7

续表

C	17-9-7[4]	17-9-8[4]	17-9-9[5]	17-9-10[6]	17-9-11[6]	17-9-12[2]
22	39.0	39.0	39.7	39.4	39.0	44.4
23	124.9	125.1	128.4	128.5	125.0	65.8
24	139.8	139.6	137.8	136.7	139.6	129.0
25	70.7	70.7	74.9	74.8	70.7	133.6
26	29.9	29.9	26.1	25.8	30.0	18.0
27	30.0	29.9	26.5	26.1	29.9	25.6
28	24.9	24.8	27.3	25.4	23.0	25.3
29	27.2	27.8	26.2	27.7	28.4	27.7
30	18.3	18.0	18.2	17.7	17.9	17.9
7-OMe			55.9			56.2
19-OMe			55.9			
25-OMe			50.2	50.2		

17-9-13 **17-9-14** R=β-OH,H **17-5-16** **17-9-17**
17-9-15 R=O

表 17-9-3 化合物 **17-9-13~17-9-17** 的 ^{13}C NMR 化学位移数据

C	17-9-13[5]	17-9-14[6]	17-9-15[6]	17-9-16[1]	17-9-17[4]
1	21.6	21.0	23.6	23.5	20.8
2	29.8	28.7	38.1	38.1	28.6
3	75.6	76.7	211.6	211.5	76.7
4	42.0	41.5	51.4	51.4	42.8
5	147.7	146.7	167.6	167.7	169.0
6	121.1	122.5	125.4	125.4	125.9
7	75.7	68.2	202.3	202.6	202.7
8	45.8	53.1	59.2	59.1	59.7
9	50.3	33.9	36.8	36.7	35.8
10	36.7	38.6	41.2	41.2	40.2
11	22.6	32.5	31.3	31.2	31.2
12	29.3	30.0	29.7	29.7	29.8
13	45.9	45.9	48.5	48.6	45.8
14	48.0	48.2	45.8	45.9	48.5
15	35.1	34.6	34.5	34.5	34.5
16	27.8	27.8	27.8	27.7	28.0
17	50.5	50.1	49.6	50.0	49.8
18	15.0	15.4	15.4	15.4	15.4
19	207.2	29.6	27.2	27.2	27.8
20	36.8	36.6	36.6	33.2	32.8
21	18.9	18.8	18.9	19.8	19.8

续表

C	17-9-13[5]	17-9-14[6]	17-9-15[6]	17-9-16[1]	17-9-17[4]
22	40.1	39.7	39.6	51.6	51.1
23	129.1	129.4	129.0	201.2	209.1
24	134.8	134.1	134.3	124.2	30.5
25	142.5	142.2	142.1	155.0	
26	114.7	18.7	18.7	27.7	
27	19.0	114.0	114.2	20.7	
28	27.3	27.7	28.4	23.1	24.8
29	26.2	25.4	23.0	28.4	27.8
30	18.3	17.8	18.0	18.0	18.0
7-OMe	55.9				
19-OMe	55.9				
25-OMe	55.9				

17-9-18 R^1=H; R^2=Glu
17-9-19 R^1=Rha(1→2)Glu; R^2=H
17-9-20 R^1=4-O-Ac^2-Rha(1→2)Glu; R^2=H

17-9-21

17-9-22 R=Glu
17-9-23 R=Rha(1→2)Glu

表 17-9-4 化合物 **17-9-18~17-9-23** 的 ^{13}C NMR 化学位移数据[7]

C	17-9-18	17-9-19	17-9-20	17-9-21	17-9-22	17-9-23
1	21.3	22.4	22.3	20.5	22.1	22.4
2	29.8	28.9	28.8	29.7	28.5	28.8
3	75.6	86.1	86.5	86.4	87.2	86.1
4	41.9	42.1	42.0	41.0	42.0	42.1
5	141.5	140.0	140.9	64.8	141.2	140.0
6	119.0	120.0	118.6	51.5	118.5	120.0
7	24.2	24.3	24.6	23.1	24.1	24.3
8	44.1	44.2	44.0	42.7	43.9	44.1
9	49.2	49.0	48.8	48.6	49.0	49.0
10	36.0	35.9	35.9	33.7	35.9	35.9
11	213.9	214	213.6	213.8	213.6	213.9
12	48.8	48.8	48.7	48.7	48.7	48.7
13	49.7	49.2	49.0	49.1	49.1	49.1
14	49.7	49.6	49.5	49.1	49.6	49.5
15	34.4	34.6	34.4	34.5	34.5	34.5
16	28.2	28.7	28.8	28.7	27.9	28.0
17	50.0	49.9	49.9	50.2	49.7	49.6
18	17.0	17.0	16.9	16.7	16.9	16.9
19	20.2	20.5	20.3	19.4	20.3	20.5
20	36.3	36.0	36.0	36.0	35.8	35.8

续表

C	17-9-18	17-9-19	17-9-20	17-9-21	17-9-22	17-9-23
21	18.6	18.6	18.6	18.6	18.4	18.4
22	34.6	34.0	33.9	34.0	30.4	30.3
23	28.9	28.1	28.1	27.7	33.3	33.2
24	75.8	79.1	79.0	79.1	216.4	216.0
25	80.6	72.7	72.7	72.2	76.8	76.8
26	22.6	25.5	25.3	26.0	27.3	27.3
27	23.0	25.9	26.0	26.2	27.3	27.3
28	26.3	28.3	28.4	20.8	28.3	28.2
29	28.0	26.2	26.1	25.4	25.9	25.5
30	18.2	18.4	18.3	19.8	18.2	18.3
3-Glu						
1		105.0	105.2	106.8	107.4	105.0
2		80.4	80.3	75.6	75.5	80.4
3		76.4	76.5	78.6	78.8	76.3
4		72.1	71.8	71.7	71.8	72.0
5		78.1	78.2	78.5	78.3	78.2
6		62.8	62.6	62.9	63.0	62.7
Rha						
1		101	100.9			101
2		72.4	72.5			72.3
3		72.6	69.8			72.6
4		74.2	76.2			74.1
5		69.6	67.1			69.6
		19.3	19.0			19.4
OAc		21.4/170.8				
25-Glu						
1	97.6					
2	75.6					
3	79.0					
4	71.8					
5	78.5					
6	62.8					

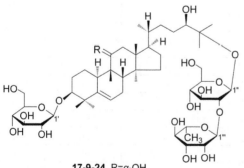

17-9-24 R=α-OH
17-9-25 R=O

17-9-26 R¹=Glu; R²=H
17-9-27 R¹=R²=Glu
17-9-28 R¹=H; R²=Glu(1→6)Glu

17-9-29 R¹=H; R²=OH
17-9-30 R¹=Glu; R²=H

表 17-9-5 化合物 17-9-24~17-9-30 的 ¹³C NMR 化学位移数据

C	17-9-24[8]	17-9-25[8]	17-9-26[9]	17-9-27[9]	17-9-28[9]	17-9-29[10]	17-9-30[10]
1	26.7	22.1	22.0	22.1	21.3	22.4	22.1
2	29.5	28.4	28.0	28.0	29.8	29.8	29.4
3	87.8	84.1	86.9	87.3	75.6	75.6	87.1
4	42.3	41.9	42.0	42.0	41.9	41.9	42.0
5	144.2	141.2	141.2	141.2	141.4	141.4	141.3
6	118.4	118.5	118.3	118.5	119.0	119.1	118.5
7	24.5	24.1	24.1	24.1	24.2	24.2	24.1
8	43.5	43.9	43.9	43.9	44.0	43.5	44.0
9	40.1	49.0	49.0	49.5	49.1	49.0	49.0
10	36.8	35.9	35.8	35.9	35.9	36.0	36.0
11	77.8	213.8	214.1	213.8	213.9	214.2	213.7
12	41.6	48.7	48.8	48.7	48.7	49.4	48.7
13	47.4	49.6	48.8	48.9	49.1	49.3	49.0
14	49.7	48.9	49.5	49.0	49.5	50.4	49.7
15	34.5	34.5	34.5	34.5	34.5	34.2	34.6
16	28.3	28.1	28.2	28.4	28.0	21.2	28.4
17	51.2	50.1	49.6	49.5	49.6	52.7	49.9
18	17.0	17.0	17.0	16.9	16.9	19.2	16.9
19	26.3	20.3	20.3	20.3	20.2	20.2	20.2
20	36.1	35.9	35.6	35.8	35.9	74.4	36.2
21	18.9	18.7	18.3	18.2	18.2	26.3	18.2
22	33.9	33.7	36.7	36.5	36.5	41.4	33.3
23	28.9	32.8	24.3	24.6	24.6	27.2	28.0
24	77.3	77.3	127.1	131.6	131.9	91.1	90.5
25	81.6	81.6	140.3	137.1	136.9	72.2	72.0
26	23.8	23.8	64.6	72.8	71.6	25.4	25.4
27	21.8	21.9	57.9	58.2	58.3	27.0	26.9
28	27.6	28.3	18.6	18.4	18.4	28.0	28.3
29	26.2	25.8	28.4	28.3	27.9	26.1	25.8
30	19.2	18.2	25.9	25.9	26.3	18.5	18.5
			3-Glu	3-Glu		3-Glu	3-Glu
1'	107.2	107.2	106.6	107.4		105.8	107.2
2'	75.4	75.5	75.1	75.5		75.4	75.3
3'	78.0	78.0	78.3	78.7		78.6	78.6
4'	71.7	71.7	71.3	71.7		71.8	71.8
5'	78.6	78.7	77.8	78.5		78.4	78.2
6'	32.7	62.7	62.5	63.0		62.7	63.0

续表

C	17-9-24[8]	17-9-25[8]	17-9-26[9]	17-9-27[9]	17-9-28[9]	17-9-29[10]	17-9-30[10]
				26-Glu	26-Glu		24-Glu
1″	97.1	97.2		103.4	103.5		105.8
2″	79.8	79.8		75.2	75.0		75.5
3″	77.5	77.5		78.7	78.5		78.7
4″	72.1	72.1		71.7	71.6		72.0
5″	78.0	78.2		78.2	77.2		78.4
6″	63.0	62.9		62.8	70.0		62.8
1‴	101.7	101.7			105.4		
2‴	72.3	72.3			75.3		
3‴	72.6	72.6			78.6		
4‴	74.2	74.2			71.7		
5‴	69.5	69.5			78.4		
6‴	18.6	18.6			62.7		

参 考 文 献

[1] Chang C I, Chen C R, Liao Y W, et al. J Nat Prod, 2008, 71: 1327.

[2] Nakamura S, Murakami T, Nakamura J, et al. Chem Pharm Bull, 2006, 54: 1545.

[3] Marco C, Silvia T, Maria A B, et al , J Nat Prod, 2006, 69:1796

[4] Chen J, Tian R, Qiu M, et al, Phytochemistry, 2008, 69: 1043.

[5] Kimura Y, Akihisa T, Yuasa N, et al, J Nat Prod, 2005, 68: 807.

[6] Chang C I, Chen C R, Liao Y W, et al. J Nat Prod, 2006, 69: 1168.

[7] Ukiya M, Akihisa T, Yasukawa K, et al. J Nat Prod, 2002, 65: 179.

[8] Kanchanapoom T, Kasai R, Yamasaki K. Phytochemistry, 2002, 59: 215.

[9] Chen J C, Niu X M, Li Z R, et al. Planta Med, 2005, 71: 983.

[10] Lim D, Ikeda T, Matsuoka N, et al. Chem Pharm Bull, 2006, 54: 1425.

第十节 原萜烷型三萜化合物的 ^{13}C NMR 化学位移

【结构特点】原萜烷(protostane)型三萜也是四环三萜，基本上是由 6 个异戊烯、30 个碳原子组成的。

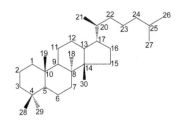

基本结构骨架

【化学位移特征】

1．原萜烷型三萜的取代羟基多出现在 3 位和 11 位，δ_{C-3} 79.4，δ_{C-11} 70.0～76.7。侧链上也可见到羟基，20、23、24、25 位连接羟基时，δ_{C-20} 75.1～75.2，δ_{C-23} 69.9～74.7，δ_{C-24} 77.3～77.4，δ_{C-25} 72.8～74.4。有的化合物 16 位和侧链的 23 位形成环氧结构，此时 δ_{C-16} 80.6～81.0，δ_{C-23} 72.8～74.0。

2．3 位多有羰基，其化学位移为 δ_{C-3} 218.9～220.7。11 位羰基与 12,13 位双键形成共轭时，δ_{C-11} 199.0，δ_{C-12} 124.2，δ_{C-13} 163.3。

3. 原萜烷型三萜的双键多出现在 13、17 位间，它们的化学位移出现在 δ_{C-13} 136.3～138.6，δ_{C-17} 133.8～139.2。有的化合物 11，12 位双键与 13，17 位双键形成共轭，δ_{C-11} 120.9～130.2，δ_{C-12} 121.2～130.2，δ_{C-13} 139.0～139.1，δ_{C-17} 134.3～135.1。25,26 位双键的化学位移出现在 δ_{C-25} 143.8～149.9，δ_{C-26} 109.6～114.9。

17-10-1

17-10-2

17-10-3

17-10-4

17-10-5

17-10-6

表 17-10-1 化合物 17-10-1~17-10-6 的 ¹³C NMR 化学位移数据

C	17-10-1[1]	17-10-2[1]	17-10-3[1]	17-10-4[2]	17-10-5[2]	17-10-6[3]
1	32.4	31.0	42.9	30.9	31.3	31.2
2	33.7	33.7	173.9	33.8	33.8	33.5
3	218.9	220.2	183.5	220.7	220.7	219.5
4	46.9	47.0	45.2	47.2	46.6	47.2
5	48.3	48.4	44.8	48.4	47.4	46.4
6	20.2	20.0	18.8	20.1	19.5	19.3
7	33.3	34.2	28.7	34.1	32.4	32.3
8	44.4	40.5	38.7	40.8	38.3	38.1
9	55.3	49.3	52.3	49.8	47.4	47.4
10	37.2	37.0	38.3	37.2	36.1	35.9
11	199.0	70.0	76.7	70.7	130.2	120.9
12	124.2	33.8	30.1	34.0	121.2	130.2
13	166.3	138.6	136.3	136.7	139.0	139.1
14	51.3	57.0	56.6	55.5	55.2	55.1
15	30.1	30.5	30.2	39.6	37.4	37.0
16	35.9	28.9	29.0	80.6	80.6	81.0

续表

C	17-10-1[1]	17-10-2[1]	17-10-3[1]	17-10-4[2]	17-10-5[2]	17-10-6[3]
17	93.8	134.9	139.2	133.8	135.1	134.3
18	24.4	24.2	20.3	24.6	25.0	22.6
19	25.1	25.6	29.2	25.7	25.0	24.7
20	37.8	28.4	28.3	26.8	27.3	27.3
21	15.8	20.3	20.3	18.5	18.0	17.3
22	36.9	36.3	39.9	34.8	36.4	35.8
23	174.7	74.7	69.9	74.0	73.3	72.8
24		46.9	77.4	79.5	77.3	77.3
25		181.5	74.4	143.8	73.6	72.8
26		22.9	27.2	114.9	26.8	26.6
27		18.2	26.2	17.7	27.6	27.9
28	29.4	29.6	29.7	29.8	29.5	29.3
29	19.4	20.1	20.9	20.2	19.5	19.2
30	22.4	23.1	21.2	23.9	22.8	24.6
OAc						171.1/20.7

17-10-7 R=CH₃
17-10-8 R=OH

表 17-10-2 化合物 17-10-7 和 17-10-8 的 ^{13}C NMR 化学位移数据

C	17-10-7[1]	17-10-8[4]	C	17-10-7[1]	17-10-8[4]
1	32.9	32.9	17	48.3	48.8
2	29.2	29.2	18	22.1	22.1
3	79.4	79.4	19	22.5	22.5
4	39.2	39.2	20	75.2	75.1
5	47.7	47.7	21	27.4	27.1
6	18.5	18.5	22	40.2	37.2
7	35.1	35.1	23	29.5	29.4
8	40.0	40.0	24	41.8	76.0
9	45.5	45.5	25	149.9	147.6
10	36.8	36.8	26	109.6	110.9
11	23.9	23.9	27	18.9	17.9
12	26.3	26.2	28	29.1	29.1
13	43.5	43.4	29	16.1	16.1
14	50.0	50.0	30	17.4	17.5
15	32.5	32.4	Me	19.9	
16	25.9	26.0			

参 考 文 献

[1] Zhao M, Xu L J, Che C T. Phytochemistry, 2008, 69: 527.

[2] Hu X Y, Guo Y Q, Gao W Y, et al. J Asian Nat Prod Res, 2008, 10: 487.

[3] Jiang Z Y, Zhang X M, Zhang F X, et al. J Chem Planta Med, 2006, 72: 951.

[4] Miyaichi Y, Segawa A, Tomimori T. Chem Pharm Bull, 2006, 54: 1370.

第十一节 甘遂烷型三萜化合物的 ¹³C NMR 化学位移

【结构特点】甘遂烷（apotirucallane）型三萜化合物也是四环三萜。

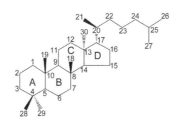

基本结构骨架

【化学位移特征】

1. 甘遂烷型三萜也与其他四环三萜相类似，多有羟基取代，主要为 7 位、11 位和侧链上。其中 7 位有羟基取代时，δ_{C-7} 71.1～77.1。11 位有羟基取代时，δ_{C-11} 66.1～72.3。侧链上有羟基取代的主要是 23、24 和 25 位，δ_{C-23} 64.3～67.8，δ_{C-24} 75.2～76.6，δ_{C-25} 74.0～76.2。

2. 还有的化合物侧链形成新的环系，例如 21 位与 23 位形成五元内酯环。如化合物 **17-11-1** 中，δ_{C-20} 170.0，δ_{C-21} 99.9，δ_{C-22} 119.6，δ_{C-23} 171.2；**17-11-2** 和 **17-11-3** 中，δ_{C-20} 136.2～136.5，δ_{C-21} 171.8～172.1，δ_{C-22} 148.9～149.1，δ_{C-23} 98.3。

3. 21 位与 23 位形成呋喃环时(如 **17-11-4**～**17-11-6**)，δ_{C-20} 122.7～124.2，δ_{C-21} 139.5～140.0，δ_{C-22} 110.5～111.4，δ_{C-23} 143.1～143.5。

4. 21 位与 23 位形成四氢呋喃环时，δ_{C-20} 40.2～40.7，δ_{C-21} 71.9～72.4，δ_{C-22} 38.1～38.4，δ_{C-23} 74.4～74.7。如果在 21 位上还有连氧基团，δ_{C-21} 96.5～108.8。

5. 有的化合物 21 位与 24 位碳形成吡喃环，并在 23、25 位还连接羟基时，δ_{C-21} 69.9～70.0，δ_{C-23} 64.3，δ_{C-24} 86.4～86.6，δ_{C-25} 74.0～74.7。

6. 甘遂烷型三萜结构中还有一个特点，即有的化合物 1,2 位双键和 3 位羰基形成共轭，5,6 位双键与 7 位羰基形成共轭。前者出现在 δ_{C-1} 151.5～158.6，δ_{C-2} 123.1～127.6，δ_{C-3} 203.2～204.6；后者出现在 δ_{C-5} 133.3～139.6，δ_{C-6} 140.1～143.9，δ_{C-7} 197.2～199.1。如果仅有 3 位为羰基，δ_{C-3} 213.6～214.4。

7. 甘遂烷类化合物还有一个特点是有的化合物 14,15 位有一个三元氧桥，δ_{C-14} 68.5～70.2，δ_{C-15} 55.1～58.8。14、15 位还容易形成双键，δ_{C-14} 158.1～161.6，δ_{C-15} 118.1～119.9。24、25 位也易于形成双键，δ_{C-24} 124.4～126.8，δ_{C-25} 135.3～137.4。

8. 甘遂烷类化合物的 A 环打开后，3 位变为羧基，4 位变为连接羟基（如化合物 **17-11-7**～**17-11-14**），它们的化学位移为 δ_{C-3} 175.4～177.2，δ_{C-4} 74.7～75.8。

9. 甘遂烷类化合物的 A 环还易于形成扩环，成为七元内酯环（如化合物 **17-11-15**～**17-11-21**），它们的化学位移为 δ_{C-3} 167.8～175.0，δ_{C-4} 84.9～86.0。

17-11-1 R¹=R⁵=H; R²,R³=O; R⁴=OH
17-11-2 R¹=R³=H; R²=OH; R⁴,R⁵=O
17-11-3 R¹=OAc; R²=OH; R³=H; R⁴,R⁵=O
17-11-4 R¹=OH; R²=R³=R⁴=R⁵=H

17-11-5 R=OH
17-11-6 R=OAc

表 17-11-1 化合物 17-11-1~17-11-6 的 ^{13}C NMR 化学位移数据[1]

C	17-11-1	17-11-2	17-11-3	17-11-4	17-11-5	17-11-6
1	153.4	153.4	152.1	151.5	35.8	35.6
2	127.3	127.2	127.6	127.6	33.2	32.4
3	203.8	203.7	203.5	203.2	214.4	213.6
4	49.1	49.1	49.1	48.6	48.4	47.8
5	133.7	133.6	133.3	134.6	139.6	138.9
6	143.9	143.8	143.7	140.8	142.4	140.1
7	198.2	198.3	197.8	197.2	199.1	198.0
8	47.8	47.9	47.1	45.9	46.7	45.6
9	44.7	45.9	44.1	45.5	48.6	46.5
10	40.5	40.5	40.8	40.9	39.8	39.2
11	19.6	19.8	68.7	67.3	66.1	67.7
12	35.2	35.6	43.2	46.5	46.7	42.5
13	42.9	42.7	42.9	41.2	41.2	40.4
14	70.0	70.2	68.9	69.5	69.6	68.5
15	55.1	55.1	55.9	58.8	57.0	55.9
16	31.3	32.0	31.4	31.3	31.8	31.4
17	43.7	43.6	43.1	42.6	42.7	42.0
18	24.0	23.4	23.0	22.1	23.5	23.1
19	19.9	20.1	21.1	25.5	17.5	16.3
20	170.0	136.5	136.2	122.7	124.2	122.8
21	99.9	172.1	171.8	139.5	140.0	139.5
22	119.6	148.9	149.1	110.5	111.4	110.6
23	171.2	98.3	98.3	143.2	143.5	143.1
28	27.2	27.1	27.2	26.9	24.7	24.4
29	21.7	21.6	21.6	21.2	21.1	21.4
30	24.5	24.0	24.9	22.6	22.6	22.2
OAc			170.2/22.3			170.4/20.4

表 17-11-2 化合物 17-11-7~17-11-14 的 ^{13}C NMR 化学位移数据[2]

C	17-11-7	17-11-8	17-11-9	17-11-10	17-11-11	17-11-12	17-11-13	17-11-14
1	34.2	34.2	34.1	36.8	36.7	36.7	36.7	35.8
2	28.9	29.0	28.7	29.8	29.7	29.8	29.7	29.3
3	175.4		175.5	177.0	177.1	176.9	176.9	177.2
4			75.2	75.5	74.7	75.3	75.3	75.3
5	44.4	44.5	44.2	43.4	43.4	43.1	42.3	43.2
6	26.7	26.8	26.7	26.2	26.2	26.1	26.2	26.3
7	76.9	76.8	77.1	76.2	76.1	75.7	75.8	76.2
8	41.6	41.6	41.5	41.0	40.5	41.0	40.2	40.9
9	35.0	35.1	34.7	39.7	39.7	39.9	39.8	39.3
10	41.6	41.6	41.4	42.4	42.4	42.4	42.3	42.2
11	16.2	16.3	16.2	71.6	71.4	71.3	71.3	72.3
12	33.4	33.3	33.3	43.5	43.5	43.4	43.3	43.3
13	46.9	46.9	46.8	45.7	45.7	45.5	45.6	45.5
14	159.1	159.1	159.2	158.4	158.4	158.3	158.1	158.2
15	118.5	118.6	118.1	118.2	118.1	118.3	118.4	118.1
16	35.5	35.5	35.6	35.4	35.5	35.1	35.2	35.4
17	58.6	58.5	58.5	58.5	58.5	58.2	58.3	58.4
18	18.6	18.6	18.5	18.8	18.8	18.8	18.8	18.9
19	19.8	19.9	19.8	21.2	21.1	21.1	21.1	20.9
20	40.6	40.6	40.7	40.5	40.5	40.2	40.2	40.4
21	72.4	72.4	72.4	72.2	72.1	71.9	72.0	72.2
22	38.4	38.4	38.4	38.3	38.3	38.1	38.1	38.2
23	74.6	74.6	74.6	74.7	74.6	74.4	74.5	74.7
24	126.8	126.8	126.8	126.5	126.5	126.3	126.4	126.6
25	135.4	135.3	135.4	135.6	135.6	135.5	135.3	135.5
26	25.9	25.9	25.9	25.9	25.9	25.7	25.7	25.9
27	18.2	18.2	18.2	18.2	18.2	18.0	18.0	18.2
28	27.4	27.4	27.5	27.8	27.8	27.6	27.6	27.4
29	34.1	34.1	34.0	34.5	34.4	34.2	34.3	34.3
30	27.7	27.8	27.5	29.3	29.3	29.4	29.3	29.0
Me	52.0	52.0	51.9	52.3	52.3	52.1	52.1	52.3

续表

C	17-11-7	17-11-8	17-11-9	17-11-10	17-11-11	17-11-12	17-11-13	17-11-14
	a	b	c	a	b	a	a	c
1'	174.6	174.2	173.4	174.4	173.3	174.5	174.5	172.8
2'	73.3	75.4	77.5	73.8	77.5	73.6	73.0	77.5
3'	38.4	31.7	132.9	38.9	132.9	31.6	38.3	132.6
4'	26.4	19.5	125.9	26.4	126.1	26.0	26.0	125.1
5'	12.1	15.2	13.7	11.9	13.7	11.6	11.7	13.4
5''	13.0		11.3	14.1		14.0	12.9	12.3
				c	c		a	c
1'				173.3	173.7	174.1	174.1	173.3
2'				77.5	76.2	75.1	73.7	77.5
3'				132.7	32.3	31.6	38.7	133
4'				126.2	19.4	19.3	26.2	126.2
5'				13.6	17.0	15.3	11.9	13.7
5''				11.3	11.3		14.0	11.3

17-11-15 R=H
17-11-17 R=OAc

17-11-16

17-11-18

17-11-19

17-11-20

17-11-21

表 17-11-3 化合物 17-11-15~17-11-21 的 ^{13}C NMR 化学位移数据[3]

C	17-11-15	17-11-16	17-11-17	17-11-18	17-11-19	17-11-20	17-11-21
1	37.5	71.1	71.0	37.6	70.9	156.3	156.1
2	31.9	34.9	34.8	31.9	34.9	120.1	119.7
3	174.8	170.5	170.5	175.0	170.4	167.8	167.8
4	85.8	86.0	85.9	86.0	85.6	84.9	85.0
5	46.1	42.7	42.7	46.0	44.0	49.2	49.2
6	27.9	26.9	26.9	27.9	26.3	27.5	27.4

续表

C	17-11-15	17-11-16	17-11-17	17-11-18	17-11-19	17-11-20	17-11-21
7	71.6	71.1	71.1	71.6	74.5	74.7	74.5
8	43.8	44.0	43.9	43.8	41.8	42.1	42.1
9	41.1	34.0	33.8	41.4	35.8	41.1	40.9
10	40.2	44.4	44.3	40.1	44.1	43.9	44.0
11	16.5	16.2	16.1	16.5	16.5	18.6	18.4
12	32.4	32.4	32.1	32.7	34.7	35.4	34.4
13	46.3	46.8	46.4	46.7	46.1	46.2	46.1
14	161.2	161.6	161.4	161.5	158.9	158.5	158.7
15	119.7	119.7	119.9	119.5	119.5	120	119.5
16	35.1	34.7	35.0	34.7	34.8	34.9	35.0
17	52.6	57.8	52.4	57.9	52.0	52.4	54.1
18	19.7	18.7	18.9	19.5	19.2	20.8	20.3
19	16.3	15.0	14.9	16.4	15.2	15.9	15.9
20	44.2	47.1	44.0	46.0	35.7	35.8	36.3
21	96.6	108.8	96.5	102.0	69.9	70.0	64.1
22	31.3	38.7	31.3	39.1	36.1	36.2	37.9
23	79.7	73.8	79.7	74.2	64.3	64.3	67.8
24	66.7	124.4	66.6	124.5	86.4	86.6	80.6
25	57.2	137.4	57.2	137.2	74.0	74.2	76.2
26	19.3	25.9	19.3	25.8	28.4	28.6	22.4
27	24.9	18.4	24.9	18.3	23.8	24.0	26.2
28	31.9	34.4	33.4	31.8	34.3	32.0	31.9
29	26.0	23.7	23.6	26.1	23.5	26.2	26.2
30	26.9	27.7	27.8	26.7	27.1	26.9	26.9
OAc	170.0/21.5	170.3/21.0	169.9/21.4 169.8/20.8		170.0/21.1 169.8/20.8	170.2/21.1	170.2/21.2
OCH₃		55.5					

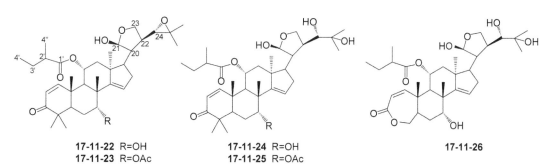

17-11-22 R=OH
17-11-23 R=OAc

17-11-24 R=OH
17-11-25 R=OAc

17-11-26

表 17-11-4 化合物 17-11-22~17-11-26 的 ¹³C NMR 化学位移数据[4]

C	17-11-22	17-11-23	17-11-24	17-11-25	17-11-26
1	158.6	158.5	158.2	157.6	153.2
2	124.0	126.9	123.6	123.1	116.9
3	204.7	204.2	204.4	203.4	167.8
4	44.8	44.5	44.3	43.8	84.8
5	44.4	45.7	44.5	45.4	47.3

C	17-11-22	17-11-23	17-11-24	17-11-25	17-11-26
6	24.4	23.9	24.1	23.1	27.7
7	71.6	74.1	71.2	73.5	71.4
8	44.6	44.5	44.3	45.2	44.3
9	43.8	45.2	43.9	44.5	46.1
10	41.2	42.0	40.9	40.2	45.4
11	70.6	70.6	70.3	69.8	70.1
12	42.0	42.1	42.1	42.1	42.6
13	46.0	45.6	45.6	45.9	45.8
14	161.3	159.5	160.9	158.1	160.6
15	120.4	119.1	120.2	118.5	120.8
16	35.3	35.9	34.9	34.5	35.2
17	52.9	52.7	52.4	51.9	52.8
18	20.3	20.1	20.0	19.4	20.5
19	20.5	20.5	20.1	19.9	18.9
20	45.6	46.1	43.6	44.2	44.8
21	97.6	97.6	96.2	95.9	96.5
22	31.8	31.7	30.2	29.8	30.5
23	78.0	78.9	79.0	78.3	79.1
24	68.0	68.0	75.4	76.6	75.2
25	58.3	57.6	74.0	76.2	74.4
26	25.3	25.3	26.6	26.0	27.0
27	19.6	19.8	26.6	26.0	27.0
28	26.4	26.3	26.0	25.6	25.6
29	21.9	21.5	21.5	21.0	32.2
30	30.4	30.3	30.4	29.6	30.0
1′	176.6	176.6	176.2	175.4	176.3
2′	42.5	42.0	42.1	41.8	42.0
3′	26.8	26.8	26.4	25.9	26.4
4′	12.4	12.4	12.1	11.7	12.4
4″	17.1	17.2	16.8	16.5	17.3
OAc		170.4/20.1		169.2/20.8	

参 考 文 献

[1] Luo X-D, Wu S-H, Wu D-G. J Nat Prod, 2000, 63: 947.
[2] Mohamad K, Martin M-T, Najar H, et al. J Nat Prod, 1999, 62: 868.
[3] Lien T P, Kamperdick C, Schmidt J, et al. Phytochemistry, 2002, 60: 747.
[4] Omubuwajo O R, Martin M-T, Perromat G, et al. J Nat Prod, 1996, 59: 614.

第十二节　环菠萝烷型三萜化合物的 ^{13}C NMR 化学位移

【结构特点】环菠萝烷（cyctoartane）型三萜化合物是由 6 个异戊烯、30 个碳原子组成的五环三萜化合物。

基本结构骨架

【化学位移特征】

1. 环菠萝烷型三萜也与其他三萜类似，在骨架的各位置上都有可能连结羟基或其他连氧基团。1 位连接羟基时，$\delta_{C\text{-}1}$ 75.3～77.8。2 位连接羟基时，$\delta_{C\text{-}2}$ 71.6～72.5。3 位连接羟基时，$\delta_{C\text{-}3}$ 77.0～83.9；如果 3 位羟基发生苷化，则 $\delta_{C\text{-}3}$ 88.0～88.8。6 位连接羟基时，$\delta_{C\text{-}6}$ 67.4。7 位连接羟基时，$\delta_{C\text{-}7}$ 70.6。11 位连接羟基时，$\delta_{C\text{-}11}$ 63.4。12 位连接羟基时，$\delta_{C\text{-}12}$ 74.4～77.1。15 位连接羟基时，$\delta_{C\text{-}15}$ 80.1～90.0。16 位连接羟基时，$\delta_{C\text{-}16}$ 72.7～80.9。18 位连接羟基时，$\delta_{C\text{-}18}$ 64.9～65.7。22 位连接羟基时，$\delta_{C\text{-}22}$ 76.5。23 位连接羟基时，$\delta_{C\text{-}23}$ 68.8。24 位连接羟基时，$\delta_{C\text{-}24}$ 79.8～81.9。25 位连接羟基时，$\delta_{C\text{-}25}$ 68.6～72.8。26 位连接羟基时，$\delta_{C\text{-}26}$ 61.1。29 位连接羟基时，$\delta_{C\text{-}29}$ 71.1。

2. 环菠萝烷型三萜的双键比较少，主要是 7,8 位和 24,25 位双键。前者化学位移出现在 $\delta_{C\text{-}7}$ 113.5～114.9，$\delta_{C\text{-}8}$ 146.1～149.5；后者出现在 $\delta_{C\text{-}24}$ 125.2～127.7，$\delta_{C\text{-}25}$ 130.9～149.6。

3. 环菠萝烷型三萜的另一个特点是在侧链上形成环氧结构。其中 16 位和 23 位形成环氧结构时（如化合物 **17-12-7～17-12-11**），$\delta_{C\text{-}16}$ 84.2～84.4，$\delta_{C\text{-}23}$ 78.9～80.1；如果在 16 位上同时连接一个羟基，$\delta_{C\text{-}16}$ 103.0～103.6，$\delta_{C\text{-}23}$ 74.1～74.3。16 位同时与 23 和 24 位形成两个环氧结构时（如化合物 **17-12-12～17-12-16**），$\delta_{C\text{-}16}$ 112.3～115.0，$\delta_{C\text{-}23}$ 71.9～73.7，$\delta_{C\text{-}24}$ 84.1～90.6。16 位与 23 位、23 位与 26 位同时形成两个环氧结构（如化合物 **17-12-17～17-12-22**），同时在 24 位和 25 位还有一个三元氧桥时，$\delta_{C\text{-}16}$ 74.5～74.9，$\delta_{C\text{-}23}$ 105.9～106.4，$\delta_{C\text{-}26}$ 67.1～68.1，$\delta_{C\text{-}24}$ 62.4～62.6，$\delta_{C\text{-}25}$ 62.1～63.7。20 位与 24 位形成环氧结构时（如化合物 **17-12-23～17-12-27**），$\delta_{C\text{-}20}$ 84.3～86.5，$\delta_{C\text{-}24}$ 83.5～85.3。

4. 15 位羟基变为羰基时，$\delta_{C\text{-}15}$ 213.9～214.0。

17-12-1 R^1=R^2=H; R^3=β-OH; R^4=R^7=CH$_3$; R^5=R^6=α-CH$_3$
17-12-2 R^1=R^2=R^5=R^6=H; R^3=β-OH; R^4=CH$_2$OH; R^7=CH$_3$
17-12-3 R^1=R^5=R^6=H; R^2=α-CH$_3$; R^3=β-OH; R^4=CH$_3$; R^7=CH$_2$OH
17-12-4 R^1=R^2=α-OH; R^3=β-OH; R^4=R^7=CH$_3$; R^5=R^6=H
17-12-5 R^1=R^2=α-OH; R^3=β-OAc; R^4=R^7=CH$_3$; R^5=R^6=H
17-12-6 R^1=α-OAc; R^2=α-OH; R^3=β-OH; R^4=R^7=CH$_3$; R^5=R^6=H

表 17-12-1 化合物 **17-12-1～17-12-6** 的 ^{13}C NMR 化学位移数据

C	17-12-1[1]	17-12-2[2]	17-12-3[3]	17-12-4[4]	17-12-5[5]	17-12-6[5]
1	32.3	31.7	41.5	75.3	75.8	77.8
2	30.4	30.2	71.6	72.5	71.6	71.9
3	79.1	77.0	83.8	78.1	80.5	77.8
4	40.8	43.7	41.4	40.1	40.0	40.8
5	47.4	42.5	47.8	39.3	38.9	41.5
6	21.4	21.0	21.7	20.6	20.6	21.4

续表

C	17-12-1[1]	17-12-2[2]	17-12-3[3]	17-12-4[4]	17-12-5[5]	17-12-6[5]
7	26.3	25.7		25.6	25.5	25.9
8	48.1	47.9	48.2	47.9	47.9	47.5
9	20.2	20.0	26.0	20.3	20.4	21.2
10	26.3	25.4	19.6	29.0	29.4	30.3
11	26.7	26.4	27.1	26.1	26.1	27.3
12	33.2	32.9	33.4	32.7	32.7	33.7
13	45.9	45.2	45.8	48.1	45.2	45.9
14	48.8	48.8	49.4	48.8	48.8	49.8
15	36.0	35.6	36.0	35.7	35.7	36.2
16	28.1	28.1	28.7	28.1	28.1	28.7
17	41.3	52.3	52.8	52.2	52.3	53.0
18	17.8	18.0	18.5	18.1	18.1	18.3
19	30.1	30.0	30.2	29.4	29.7	28.5
20	48.7	35.9	36.4	35.9	35.9	36.7
21	13.6	18.2	18.7	18.2	18.2	18.6
22	76.5	36.3	37.3	36.3	36.3	37.1
23	68.8	24.9	25.1	24.9	24.9	25.5
24	125.2	125.3	127.7	125.2	125.2	126.0
25	136.3	130.9	149.6	131.0	130.9	131.3
26	25.2	17.6	61.1	17.7	17.7	17.7
27	18.8	25.7	22.1	25.7	25.7	25.9
28	25.7	10.1	19.8	14.2	15.3	14.9
29	14.3	71.1	26.9	25.6	25.6	26.3
30	19.4	19.3	16.3	19.4	19.4	19.4
OAc					172.8/21.2	170.2/21.3

17-12-7 R[1]=O; R[2]=H,(24S)
17-12-8 Δ[7],R[1]=α-OH; R[2]=α-OH,(24R)
17-12-9 R[1]=α-OH; R[2]=α-OH,(24R)

17-12-10

17-12-11

表 17-12-2 化合物 17-12-7~17-12-11 的 ^{13}C NMR 化学位移数据

C	17-12-7[6]	17-12-8[7]	17-12-9[7]	17-12-10[8]	17-12-11[9]
1	32.4	30.4	32.3	31.4	32.8
2	30.0	29.5	30.0	31.4	30.4
3	88.5	88.3	88.6	88.8	88.7
4	41.2	40.4	41.3	41.6	41.6
5	47.3	42.8	47.5	47.1	47.8

续表

C	17-12-7[6]	17-12-8[7]	17-12-9[7]	17-12-10[8]	17-12-11[9]
6	20.9	21.9	21.2	34.4	21.2
7	25.9	113.5	26.5	70.6	26.2
8	43.6	149.5	48.9	56.8	44.0
9	20.2	21.2	20.0	19.6	20.3
10	27.0	28.5	27.4	27.6	27.3
11	26.0	25.4	26.6	26.8	26.4
12	31.2	33.9	34.0	32.9	31.5
13	39.9	41.6	42.2	43.4	40.3
14	55.0	50.1	46.8	47.6	55.4
15	213.9	80.1	82.1	82.4	214.0
16	84.2	103.2	103.0	103.6	84.4
17	52.2	60.8	60.9	61.7	52.8
18	19.8	22.6	20.4	21.0	20.6
19	31.1	28.4	30.7	30.5	31.7
20	33.2	27.1	27.1	27.5	33.4
21	20.0	21.6	21.5	21.9	20.3
22	38.6	32.8	33.0	33.4	38.2
23	78.9	74.3	74.1	74.3	80.1
24	79.8	81.4	81.2	81.9	80.5
25	72.0	72.2	72.8	72.7	72.0
26	26.8	27.1	26.8	27.6	27.3
27	27.0	27.4	27.1	27.6	27.4
28	15.4	14.3	15.4	15.9	15.7
29	25.7	25.9	25.8	26.2	26.0
30	17.6	18.1	11.8	12.2	17.6
OAc	171.1/20.7	170.4/21.1	170.3/21.1	171.4/21.8	170.6/21.2
1'	107.5	107.4	107.4	108.0	107.8
2'	73.2	73.3	73.2	75.9	75.9
3'	75.5	75.5	75.5	78.8	78.9
4'	70.3	70.3	70.3	71.6	71.6
5'	76.8	76.8	76.8	67.5	67.4
6'	62.4	62.5	62.5		

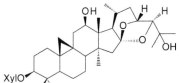

17-12-12

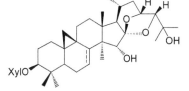

17-12-13 R^1=β-OH; R^2=R^3=H; R^4=α-H
17-12-14 R^1=H; R^2=β-OH; R^3=α-OH; R^4=β-H
17-12-15 R^1=H; R^2=β-OAc; R^3=α-OH; R^4=β-H

17-12-16

表 17-12-3 化合物 17-12-12~17-12-16 的 ^{13}C NMR 化学位移数据[10]

C	17-12-12	17-12-13	17-12-14	17-12-15	17-12-16
1	32.3	27.5	30.6	30.1	32.5
2	30.2	29.5	29.7	29.6	30.2
3	88.4	88.4	88.3	88.0	88.6
4	41.5	40.8	40.5	40.5	41.4
5	47.4	43.9	42.8	42.5	47.7
6	20.9	22.1	21.9	21.8	21.2
7	26.2	114.2	114.4	114.9	26.4
8	45.8	148.8	147.5	146.1	48.7
9	20.8	27.7	22.0	21.4	20.1
10	27.0	29.2	28.1	28.4	26.7
11	41.0	63.4	40.3	37.2	26.6
12	72.4	48.4	72.4	76.8	34.0
13	45.9	45.6	47.0	47.0	41.8
14	52.3	48.2	51.5	51.4	47.5
15	47.0	45.4	78.6	77.9	80.8
16	115.0	114.6	112.6	112.3	112.3
17	61.5	61.1	61.1	60.7	60.8
18	12.0	19.8	13.2	13.9	19.6
19	30.0	18.8	28.7	28.7	30.2
20	24.0	23.9	23.4	23.3	23.5
21	22.0	20.8	20.8	19.8	19.6
22	38.8	38.1	30.3	30.3	29.7
23	72.0	71.9	73.7	73.5	73.7
24	90.3	90.6	84.1	84.1	84.1
25	71.2	71.0	68.7	68.6	68.6
26	28.1	27.9	30.8	30.9	30.8
27	25.1	24.7	26.1	26.1	26.0
28	19.7	27.6	18.4	18.4	11.7
29	26.0	25.9	25.9	25.3	25.8
30	15.6	14.6	14.4	14.4	15.5
OAc				170.5/21.8	
1'	107.6	107.5	107.5	107.5	107.6
2'	75.7	75.5	75.6	75.7	75.6
3'	78.7	78.6	78.6	78.7	78.6
4'	71.4	71.2	71.3	71.3	71.3
5'	67.3	67.1	67.2	67.2	67.1

17-12-17

17-12-18 R^1=H; R^2=Xyl,Δ^7,(23S)
17-12-19 R^1=OAc; R^2=Ara,(23S)

17-12-20 R=OH
17-12-21 R=H

17-12-22

表 17-12-4 化合物 **17-12-17~17-12-22** 的 ^{13}C NMR 化学位移数据

C	17-12-17[11]	17-12-18[12]	17-12-19[12]	17-12-20[9]	17-12-21[9]	17-12-22[13]
1	32.0	30.9	31.9	32.5	32.1	32.4
2	30.0	29.6	29.8	30.2	30.0	30.3
3	88.1	88.1	88.1	88.5	88.4	88.3
4	41.2	40.4	41.2	41.4	41.3	42.6
5	47.0	42.7	47.0	47.5	47.5	53.7
6	20.4	21.8	20.3	21.1	20.8	67.4
7	25.7	113.5	25.6	26.2	26.2	38.2
8	45.6	149.2	45.6	48.9	47.3	46.1
9	20.2	21.0	20.1	20.7	19.8	21.1
10	26.8	23.7	26.7	26.6	26.6	29.2
11	36.7	25.3	36.6	26.3	26.4	26.1
12	77.1	32.9	77.1	34.1	33.3	33.2
13	48.8	44.1	48.8	44.6	46.4	46.2
14	47.9	49.8	47.8	48.0	44.8	44.7
15	44.2	43.0	44.1	84.2	44.4	43.7
16	74.5	74.9	74.7	83.9	74.8	74.5
17	56.2	56.9	56.2	54.9	56.7	56.4
18	13.5	22.9	13.5	20.9	20.7	19.5
19	29.5	28.3	29.5	30.6	30.0	29.7
20	23.3	23.7	23.3	23.5	23.7	26.2
21	21.7	20.8	21.3	20.3	20.6	20.6
22	37.6	37.5	37.5	37.7	37.7	42.5
23	105.9	106.2	105.9	106.4	106.2	105.9
24	62.5	62.6	62.5	62.4	62.5	64.1
25	62.3	62.1	62.2	62.1	62.1	63.7

续表

C	17-12-17[11]	17-12-18[12]	17-12-19[12]	17-12-20[9]	17-12-21[9]	17-12-22[13]
26	67.1	68.0	68.1	68.0	68.0	97.7
27	14.3	14.3	14.3	14.2	14.3	13.2
28	19.7	26.9	19.6	12.7	19.7	20.2
29	25.7	25.8	25.7	25.7	25.7	16.6
30	15.3	14.3	15.3	15.4	15.4	28.7
12-OAc	170.7/21.4					
1′	107.5	107.6	107.5	107.5	107.5	107.6
2′	75.6	75.6	72.9	75.6	75.6	75.6
3′	78.7	78.7	74.5	78.6	78.6	78.5
4′	71.3	71.3	69.6	71.3	71.3	71.3
5′	67.2	67.2	66.8	67.1	67.1	67.0

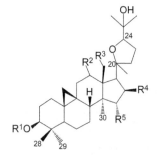

17-12-23 R¹=Glu; R²=R⁵=α-H; R³=R⁴=OH
17-12-24 R¹=Glu(1→6)Glu; R²=R⁵=α-H; R³=R⁴=OH
17-12-25 R¹=Xyl; R²=α-H; R³=α-OH; R⁴=R⁵=OH
17-12-26 R¹=Xyl; R²=α-H; R³=H; R⁴=OH; R⁵=OAc
17-12-27 R¹=Xyl; R²=α-OH; R³=H; R⁴=R⁵=OH

表 17-12-5 化合物 **17-12-23~17-12-27** 的 ¹³C NMR 化学位移数据[14]

C	17-12-23	17-12-24	17-12-25	17-12-26	17-12-27
1	32.2	32.2	32.2	32.4	32.6
2	29.9	30.0	30.3	30.1	30.2
3	88.7	88.6	88.3	88.5	88.6
4	41.3	41.3	41.2	41.3	41.4
5	47.9	47.8	46.8	47.5	47.8
6	20.9	20.9	20.5	21.1	21.5
7	26.5	26.4	26.6	26.1	26.1
8	47.5	47.6	47.4	48.0	49.5
9	20.1	20.1	19.8	19.6	20.2
10	26.7	26.5	26.2	26.8	27.0
11	26.6	26.7	26.0	26.0	37.3
12	29.1	29.1	29.6	37.5	73.7
13	51.8	51.7	52.7	48.0	48.9
14	46.9	46.9	48.6	47.6	51.7
15	49.1	49.0	84.8	90.0	89.3
16	72.7	72.7	79.2	79.2	80.9
17	55.7	55.6	53.5	54.3	48.5
18	65.7	65.7	64.9	21.7	20.7

续表

C	17-12-23	17-12-24	17-12-25	17-12-26	17-12-27
19	30.4	30.4	29.9	30.5	29.7
20	86.4	86.4	84.3	86.1	86.5
21	26.0	26.0	27.2	28.3	28.6
22	36.8	36.8	36.6	34.1	35.8
23	24.6	24.5	25.4	24.3	26.1
24	85.3	85.2	84.2	84.8	83.5
25	70.8	70.8	70.0	70.1	70.2
26	28.2	28.2	27.6	26.5	27.7
27	26.5	26.4	28.0	26.4	27.6
28	25.8	25.7	25.7	25.7	13.8
29	15.4	15.4	15.3	15.4	25.8
30	22.6	22.6	14.3	13.5	15.6
OAc			21.7/171.5 21.4/170.8	21.5/171.2	
1′	106.8	106.7	107.3	107.7	107.6
2′	75.8	75.6	75.3	75.6	75.8
3′	78.2	78.3	78.4	78.6	78.6
4′	71.9	71.7	71.1	71.2	71.3
5′	78.8	77.1	66.9	67.1	67.2
6′	63.1	70.3			
1″		105.3			
2″		75.2			
3″		78.5			
4″		71.7			
5″		78.3			
6″		62.8			

参 考 文 献

[1] Mohamad K, Martin M-T, Leroy E. J Nat Prod, 1997, 60: 81.

[2] Weber S, Puripattanavong J, Brecht V, et al. J Nat Prod, 2000, 63: 636.

[3] Hossain C F, Jacob M R, Clark A M, et al. J Nat Prod, 2003, 66: 398.

[4] Shen T, Wan W Z, Yuan H Q, et al. Phytochemistry, 2007, 68: 1331.

[5] Shen T, Yuan H Q, Wan W Z, et al. J Nat Prod, 2008, 71: 81.

[6] Pan R L, Chen D H, Si J Y, et al. J Asian Nat Prod Res, 2007, 9: 97.

[7] Kusanno A, Shibano M, Kusano G, et al. Chem Pharm Bull, 1996, 44: 2078.

[8] Kusanno A, Shibano M, Kusano G. Chem Pharm Bull, 1996, 44: 167.

[9] Zhou L, Yang J S, Tu G Z, et al. Chem Pharm Bull, 2006, 54: 823.

[10] Yoshimitsu H, Nishida M, Sakaguchi M, et al. Chem Pharm Bull, 2006, 54: 1322.

[11] Chen S N, Li W, Fabricant D S, et al. J Nat Prod, 2002, 65: 601.

[12] Chen S N, Fabricant D S, Lu Z Z, et al. J Nat Prod, 2002, 65: 1391.

[13] Choudhary M I, Jan S, Abbaskhan A, et al. J Nat Prod, 2008, 71: 1557.

[14] Ju J H, Liu D, Lin G, et al. J Nat Prod, 2002, 65: 147.

第十三节　羽扇豆烷型三萜化合物的 ^{13}C NMR 化学位移

【结构特点】羽扇豆烷型三萜化合物是由 30 个碳原子组成的五环三萜化合物。

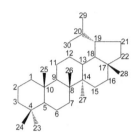

基本结构骨架

【化学位移特征】

1. 羽扇豆烷型三萜的最大特点是在其结构中有一个 20,29 位末端双键，这个双键的化学位移几乎是定值，它们的化学位移为　$\delta_{C\text{-}20}\,150\pm1,\delta_{C\text{-}29}\,109\pm1$。非常有诊断意义。

2. 在羽扇豆烷型三萜骨架碳上多个位置有羟基。2 位上连有羟基时，$\delta_{C\text{-}2}\,66.6\sim69.3$。3 位上连有羟基时，$\delta_{C\text{-}3}\,72.8\sim84.4$。6 位上连有羟基时，$\delta_{C\text{-}6}\,67.8\sim73.1$。7 位上连有羟基时，$\delta_{C\text{-}7}\,74.3\sim74.7$。11 位上连有羟基时，$\delta_{C\text{-}11}\,69.8\sim70.5$。15 位上连有羟基时，$\delta_{C\text{-}15}\,69.7$。16 位上连有羟基时，$\delta_{C\text{-}16}\,76.3\sim76.9$。23 位上连有羟基时，$\delta_{C\text{-}23}\,68.2$。27 位上连有羟基时，$\delta_{C\text{-}27}\,59.9$。30 位上连有羟基时，$\delta_{C\text{-}30}\,67.8$。

3. 28 位为羧基或羧甲基时，$\delta_{C\text{-}28}\,176.3\sim181.1$；为羟甲基时，$\delta_{C\text{-}28}\,58.9\sim64.4$；为醛基时，$\delta_{C\text{-}28}\,205.6$。

4. 23 位有时也被氧化成羧基或醛基，前者出现在 $\delta_{C\text{-}23}\,179.7$，后者出现在 $\delta_{C\text{-}23}\,209.9$。

17-13-1 R^1=H; R^2=CH$_3$
17-13-2 R^1=β-OH; R^2=CH$_3$
17-13-3 R^1=H; R^2=COOMe
17-13-4 R^1=β-OH; R^2=CH$_2$OH
17-13-5 R^1=α-OH; R^2=COOH
17-13-6 R^1=β-OH; R^2=COOH
17-13-7 R^1=α-OH; R^2=CHO

表 17-13-1　化合物 17-13-1~17-13-7 的 ^{13}C NMR 化学位移数据

C	17-13-1[1]	17-13-2[2]	17-13-3[3]	17-13-4[2]	17-13-5[1]	17-13-6[2]	17-13-7[1]
1	40.3	38.7	40.2	38.8	38.7	34.0	38.7
2	18.7	27.4	18.6	27.2	27.4	23.2	27.3
3	42.1	78.9	42.0	78.9	78.9	75.5	78.9
4	33.2	38.8	33.2	38.9	38.8	39.0	38.8
5	56.3	55.3	56.3	55.3	55.3	49.3	55.5
6	18.7	18.3	18.6	18.3	18.3	18.6	18.2
7	34.3	34.2	34.2	34.3	34.3	34.8	34.3
8	41.0	40.8	40.8	40.9	40.7	41.2	40.8
9	50.5	50.4	50.6	50.4	50.5	50.7	50.4
10	37.5	37.1	37.4	37.2	37.2	37.7	37.1
11	20.8	20.9	20.7	20.9	20.8	21.0	20.7

续表

C	17-13-1[1]	17-13-2[2]	17-13-3[3]	17-13-4[2]	17-13-5[1]	17-13-6[2]	17-13-7[1]
12	25.2	25.1	25.5	25.3	25.5	26.1	25.5
13	38.0	38.0	38.2	37.3	38.4	38.5	38.7
14	42.8	42.8	42.3	42.7	42.4	42.9	42.5
15	27.4	27.4	29.6	27.0	30.5	31.2	29.2
16	35.6	35.5	32.1	29.2	32.1	32.8	28.8
17	43.0	43.0	56.5	47.8	56.3	56.6	59.3
18	48.3	48.2	48.4	48.8	46.8	47.7	48.0
19	47.9	47.9	46.9	47.8	49.2	49.7	47.5
20	150.6	150.9	150.3	150.6	150.3	151.2	149.7
21	29.9	29.8	30.6	29.8	29.7	29.9	29.8
22	40.0	40.0	36.9	34.0	37.0	37.5	33.2
23	33.4	28.0	33.3	28.0	27.9	29.2	27.9
24	21.6	15.4	21.5	15.4	15.3	22.5	15.4
25	16.1	16.1	16.0	16.1	16.0	16.4	15.9
26	16.1	15.9	16.0	16.0	16.1	16.4	16.1
27	14.6	14.5	14.7	14.8	14.7	14.9	14.2
28	18.0	18.0	176.3	60.2	180.5	178.7	205.6
29	109.2	109.3	109.4	109.6	109.6	109.8	110.1
30	19.3	19.3	19.3	19.1	19.4	19.4	19.0

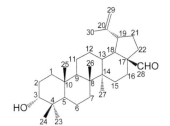

17-13-8

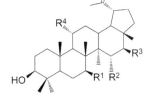

17-13-9　R^1=OH; R^2=R^3=R^4=H
17-13-10　R^1=R^2=R^3=H; R^4=OH
17-13-11　R^1=R^3=R^4=H; R^2=OH
17-13-12　R^1=R^2=R^4=H; R^3=OH

表 17-13-2 化合物 17-13-8~17-13-12 的 ^{13}C NMR 化学位移数据

C	17-13-8[1]	17-13-9[1]	17-13-10[1]	17-13-11[1]	17-13-12[1]
1	33.6	38.7	39.0	38.9	38.9
2	25.9	27.5	27.5	27.4	27.4
3	76.4	78.9	78.6	78.9	78.8
4	37.5	37.3	39.4	38.8	38.9
5	49.9	52.5	55.6	54.9	55.4
6	18.4	27.5	18.1	18.5	18.3
7	24.4	74.7	35.3	37.8	34.3
8	41.0	46.9	41.1	42.5	41.0
9	50.5	50.5	55.7	51.0	50.0
10	37.3	37.3	37.7	37.4	37.1
11	20.8	20.9	70.5	21.0	20.9
12	25.6	25.3	27.7	25.2	24.9
13	38.7	38.7	37.7	37.6	37.3
14	42.6	42.8	42.6	47.9	44.1

续表

C	17-13-8[1]	17-13-9[1]	17-13-10[1]	17-13-11[1]	17-13-12[1]
15	29.5	29.4	27.5	69.7	36.9
16	28.8	36.1	35.5	46.5	76.9
17	59.3	42.8	43.0	43.0	48.6
18	48.0	48.3	47.7	48.1	47.7
19	47.5	48.2	47.7	47.4	47.6
20	149.8	151.0	150.2	150.4	149.8
21	30.0	30.0	29.9	30.1	30.0
22	33.2	40.2	39.9	39.7	37.8
23	28.2	28.0	28.3	27.9	28.0
24	22.2	15.4	15.6	15.4	15.4
25	15.9	15.1	16.1	16.1	16.1
26	16.1	10.2	17.3	16.6	16.1
27	14.2	15.8	14.5	8.0	16.1
28	205.6	17.9	18.1	19.2	11.8
29	110.1	109.3	109.8	109.7	109.6
30	19.0	19.4	19.4	19.4	19.4

17-13-13 $R^1=R^2=R^3=R^5=R^9=H$; $R^4=R^6=OH$; $R^7=R^8=CH_3$
17-13-14 $R^1=R^9=OH$; $R^2=R^3=R^4=R^5=R^6=H$; $R^7=CH_3$; $R^8=CH_2OH$
17-13-15 $R^1=R^2=R^3=R^6=R^9=H$; $R^4=R^5=OH$; $R^7=R^8=CH_3$
17-13-16 $R^1=R^2=R^4=R^5=R^6=R^9=H$; $R^3=OH$; $R^7=CH_2OH$; $R^8=CH_3$
17-13-17 $R^1=R^3=R^4=R^5=R^6=R^9=H$; $R^2=OH$; $R^7=CH_2OH$; $R^8=CH_3$
17-13-18 $R^1=OH$; $R^2=R^3=R^4=R^5=R^6=H$; $R^7=CH_3$; $R^8=CH_2OH$; $R^9=OH$

表 17-13-3 化合物 17-13-13~17-13-18 的 ^{13}C NMR 化学位移数据

C	17-13-13[1]	17-13-14[1]	17-13-15[4]	17-13-16[1]	17-13-17[5]	17-13-18[1]
1	41.5	38.2	41.6	39.1	46.2	38.2
2	28.9	30.6	28.6	28.7	68.2	30.6
3	78.7	82.3	78.6	80.2	82.8	82.3
4	40.6	40.9	40.4	43.3	40.4	40.9
5	56.7	59.5	55.4	56.5	54.9	59.5
6	67.8	22.0	73.1	19.1	17.8	22.0
7	42.6	37.5	74.3	34.9	33.6	37.5
8	40.7	42.7	46.6	41.3	38.8	42.7
9	51.4	54.5	51.5	50.9	49.9	54.5
10	37.3	32.2	37.4	37.3	37.8	32.2
11	21.6	24.7	21.4	21.4	20.4	24.7
12	25.7	30.8	26.1	25.8	24.7	30.8
13	37.1	41.3	38.4	37.7	36.8	41.3
14	44.5	44.8	44.7	43.0	40.4	44.8
15	37.7	33.0	31.6	27.6	26.4	33.0
16	76.3	38.0	36.5	30.1	29.2	38.0
17	49.4	46.4	43.1	48.4	42.2	46.4
18	48.4	53.3	48.8	49.2	48.3	53.3

续表

C	17-13-13[1]	17-13-14[1]	17-13-15[4]	17-13-16[1]	17-13-17[5]	17-13-18[1]
19	48.3	47.4	48.5	48.6	47.5	47.4
20	150.9	150.7	151.3	151.3	150.0	150.7
21	30.5	35.4	30.3	30.5	28.7	35.4
22	38.5	33.1	40.4	35.1	33.4	33.1
23	27.9	31.2	28.1	23.6	27.7	31.2
24	17.3	19.3	18.2	64.5	16.5	19.3
25	17.9	18.6	17.9	16.8	15.8	18.6
26	16.8	19.2	11.1	16.1	15.2	19.2
27	16.7	17.8	15.5	15.0	14.0	17.8
28	12.0	62.9	18.2	59.5	58.9	62.9
29	109.9	109.8	109.8	109.9	108.8	109.8
30	19.4	67.8	19.6	19.3	18.2	67.8

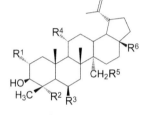

17-13-19 R¹=OH; R²=R⁶=COOH; R³=R⁴=R⁵=H
17-13-20 R¹=R³=R⁵=H; R²=CH₃; R⁴=OH; R⁶=COOH
17-13-21 R¹=R²=H; R³=R⁴=R⁵=OH; R⁶=COOH
17-13-22 R¹=R³=OH; R²=CH₂OH; R⁴=R⁵=H; R⁶=COOH
17-13-23 R¹=R³=OH; R²=CH₃; R⁴=R⁵=H; R⁶=COOH
17-13-24 R¹=R²=R³=R⁴=H; R⁵=OH; R⁶=COOCH₃

表 17-13-4 化合物 17-13-19~17-13-24 的 ¹³C NMR 化学位移数据

C	17-13-19[6]	17-13-20[7]	17-13-21[7]	17-13-22[8]	17-13-23[8]	17-13-24[1]
1	39.1	38.7	38.7	50.1	50.4	33.8
2	29.4	27.5	27.3	69.0	69.3	25.7
3	84.4	78.8	78.9	84.2	78.4	76.5
4	43.0	38.9	38.9	40.6	38.5	37.9
5	44.2	54.6	57.1	56.6	49.2	49.6
6	18.3	18.5	69.6	67.8	67.8	18.5
7	33.9	34.5	42.6	42.6	42.4	36.1
8	41.5	40.7	40.7	43.1	43.1	42.0
9	49.6	52.4	50.4	51.8	51.9	52.2
10	37.0	37.2	37.2	38.7	40.7	27.9
11	23.4	69.8	21.2	21.5	21.6	21.3
12	25.3	27.2	25.6	26.3	26.3	25.4
13	38.5	38.5	38.5	37.8	37.8	39.3
14	42.8	42.5	42.3	40.7	44.5	46.6
15	30.5	30.6	30.6	30.4	30.4	23.5
16	32.2	29.4	29.3	32.9	32.8	33.4
17	56.1	48.0	48.0	56.6	56.6	56.7
18	46.8	48.0	48.0	49.9	49.9	50.1
19	49.8	48.8	48.8	47.8	47.8	47.2
20	150.0	150.6	150.7	151.3	151.3	150.8
21	29.7	30.0	30.0	31.2	31.2	30.8
22	37.0	34.2	34.0	37.6	37.5	37.1

续表

C	17-13-19[6]	17-13-20[7]	17-13-21[7]	17-13-22[8]	17-13-23[8]	17-13-24[1]
23	178.7	28.0	28.0	28.8	66.2	28.5
24	18.1	15.0	16.2	19.1	19.8	22.4
25	18.4	15.8	16.8	19.3	15.8	16.8
26	16.1	16.2	18.7	17.1	17.2	16.6
27	14.4	14.8	14.9	15.2	15.2	61.4
28	177.3	181.0	181.1	178.8	178.8	177.0
29	109.4	109.7	109.8	110.0	110.0	110.0
30	19.0	19.6	19.4	19.5	19.5	19.8
OMe						51.6

17-13-25 R^1=OH; R^2=R^3=R^5=CH$_3$; R^4=H; R^6=COOCH$_3$
17-13-26 R^1=H; R^2=CH$_2$OH; R^3=R^5=CH$_3$; R^4=OH; R^6=COOH
17-13-27 R^1=R^4=H; R^2=R^3=CH$_3$; R^5=CH$_2$OH; R^6=COOH
17-13-28 R^1=R^4=H; R^2=R^6=COOH; R^3=R^5=CH$_3$
17-13-29 R^1=H; R^2=R^5=CH$_3$; R^3=CHO; R^4=OH; R^6=COOH
17-13-30 R^1=R^2=R^3=R^4=H; R^5=COOH; R^6=CH$_2$OH

表 17-13-5 化合物 17-13-25~17-13-30 的 ^{13}C NMR 化学位移数据[1]

C	17-13-25	17-13-26	17-13-27	17-13-28	17-13-29	17-13-30
1	42.1	39.2	39.2	35.4	35.4	41.6
2	66.6	27.9	25.5	26.6	27.1	28.6
3	78.9	73.6	77.9	72.8	73.1	79.5
4	38.3	42.9	39.2	52.8	53.0	40.4
5	51.2	48.9	55.9	45.2	44.2	55.4
6	17.9	18.6	18.6	22.1	21.3	18.3
7	34.0	34.6	35.8	35.9	35.5	34.2
8	40.8	41.2	41.8	42.9	42.8	40.9
9	49.4	49.8	50.2	56.6	56.0	50.6
10	38.5	37.6	37.6	39.6	39.0	37.2
11	20.8	21.3	21.3	69.9	69.8	20.8
12	25.8	26.2	27.7	38.5	38.3	25.4
13	38.1	38.7	39.4	37.7	37.6	34.7
14	42.4	42.9	46.6	43.4	43.3	43.2
15	29.6	30.3	28.0	30.2	30.1	27.5
16	32.1	32.9	33.7	32.9	32.8	37.8
17	56.6	56.7	56.3	56.6	56.5	43.4
18	48.1	47.8	50.0	49.5	49.5	50.8
19	46.9	49.7	47.5	47.6	47.5	54.9
20	150.5	151.4	151.1	150.9	150.8	151.8
21	30.5	31.8	31.0	31.3	31.3	37.8
22	36.9	37.6	37.6	37.5	37.4	40.5
23	28.4	68.2	28.3	179.7	209.9	28.0
24	21.6	12.9	15.4	18.1	17.8	15.3
25	17.1	16.5	16.6	18.3	15.0	16.1

续表

C	17-13-25	17-13-26	17-13-27	17-13-28	17-13-29	17-13-30
26	15.9	19.5	17.0	17.2	16.8	16.0
27	14.7	14.9	59.9	14.8	14.8	180.0
28	176.6	178.9	178.8	178.8	178.8	64.4
29	109.6	109.9	109.5	110.1	110.0	110.4
30	19.3	19.5	19.3	19.6	19.5	25.4

参 考 文 献

[1] Mahato S, Kundu A. Phytochemistry, 1994, 37: 1517.

[2] Sholichin M, Yamaski K, Ruoji K, et al. Chem Pham Bull, 1980, 26: 1006.

[3] Nishimura K, Fukuda T, Miyase T, et al. J Nat Prod, 1999, 62: 1061.

[4] Jiang Z H, Tanaka T, Kouno I. Phytochemistry, 1995, 40: 1223.

[5] Schmidt J, Himmelericm U, Adam G. Phytochemistry, 1995, 40: 527.

[6] Jahan N, Ahmed W, Malik A. Phytochemistry, 1995, 39: 225.

[7] Bilia A R, Morelli I, Mendez J. J Nat Prod, 1996, 59: 297.

[8] Adnyana K, Tezuka Y, Banskota A H, et al. J Nat Prod, 2001, 64: 360.

第十四节　何帕烷型三萜化合物的 ¹³C NMR 化学位移

【结构特点】何帕烷(hopane)型三萜化合物是由 6 个异戊烯、30 个碳原子组成的五环三萜类。

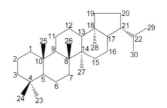

基本结构骨架

【化学位移特征】

1. 何帕烷型三萜化合物比较简单，最简单的化合物如 **17-14-6**，它的各碳的化学位移如下：

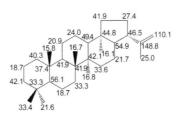

2. 何帕烷型三萜也与其他类型三萜类似，在其骨架碳上会有羟基连接。2 位连有羟基时，δ_{C-2} 66.7。3 位连有羟基时，δ_{C-3} 78.5～80.9。6 位连有羟基时，δ_{C-6} 65.9～69.3。11 位连有羟基时，δ_{C-11} 69.2。12 位连有羟基时，δ_{C-12} 70.8～71.0。16 位连有羟基时，δ_{C-16} 77.8。17 位连有羟基时，δ_{C-17} 75.6～75.8。21 位连有羟基时，δ_{C-21} 73.4～74.2。22 位连有羟基时，δ_{C-22} 71.7～76.1。27 位连有羟基时，δ_{C-27} 60.4。28 位连有羟基时，δ_{C-28} 62.1～65.6。30 位连有羟基时，δ_{C-30} 69.3～70.0。

3. 23 位和 24 位甲基氧化为羧酸时，其化学位移出现在 δ 182.3～183.1。27 位和 28 位被氧化为醛基时，其化学位移出现在 δ 208.2～210.7。

4. 27 位和 29 位形成双键时，δ_{C-27} 146.0～152.4，δ_{C-29} 109.0～112.6。17 位和 21 位形成双键时，δ_{C-17} 136.1～139.8，δ_{C-21} 136.3～139.0。

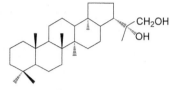

17-14-1 R¹=CH₃; R²=COOH
17-14-2 R¹=COOH; R²=CH₃

17-14-3 R¹=CH₃; R²=CH₂OH
17-14-4 R¹=CH₂OH; R²=CH₃

17-14-5

表 17-14-1 化合物 17-14-1~17-14-5 的 ¹³C NMR 化学位移数据

C	17-14-1[1]	17-14-2[1]	17-14-3[2]	17-14-4[2]	17-14-5[2]
1	47.4	47.4	40.3	40.3	40.3
2	66.7	66.7	18.7	18.7	18.7
3	43.4	43.4	42.1	42.1	42.1
4	44.4	47.2	33.3	33.3	33.2
5	56.4	49.4	56.1	56.1	56.1
6	19.8	19.7	18.7	18.7	18.7
7	33.5	33.1	33.3	33.5	33.2
8	42.1	42.4	41.9	42.1	41.9
9	50.7	51.5	50.4	50.6	50.3
10	37.9	37.5	37.4	37.4	37.4
11	22.0	21.9	20.9	21.4	20.9
12	24.3	24.3	24.0	25.7	24.2
13	49.7	49.8	49.4	50.4	49.8
14	42.4	42.4	42.0	42.1	41.8
15	33.7	33.8	33.5	33.8	34.3
16	21.7	21.6	21.6	21.7	22.2
17	54.9	54.9	54.7	54.8	52.6
18	44.9	44.9	44.9	49.2	44.1
19	41.9	42.1	42.0	36.4	41.2
20	27.8	27.6	28.0	27.6	25.3
21	46.7	46.7	42.0	46.3	47.0
22	148.7	148.3	152.4	150.1	75.6
23	29.7	182.3	33.4	33.4	33.4
24	183.1	20.1	21.6	21.6	21.6
25	16.3	19.2	15.9	15.9	15.8
26	16.8	16.8	16.7	16.8	16.7
27	16.7	16.9	16.8	16.7	17.0
28	16.4	16.3	16.1	62.1	15.8
29	110.7	110.6	109.0	109.3	24.1
30	25.2	25.1	67.4	25.3	69.3

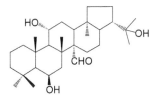

17-14-6 R=CH$_3$
17-14-7 R=CHO

17-14-8 R^1=R^2=OH
17-14-9 R^1=H; R^2=OH
17-14-10 R^1=OH; R^2=H

17-14-11

表 17-14-2 化合物 **17-14-6~17-14-11** 的 ^{13}C NMR 化学位移数据

C	17-14-6[3]	17-14-7[3]	17-14-8[4]	17-14-9[4]	17-14-10[4]	17-14-11[5]
1	40.3	40.2	40.4	40.3	40.5	44.5
2	18.7	18.7	18.5	18.6	18.5	19.1
3	42.1	42.0	43.7	42.1	43.8	44.3
4	33.3	33.2	33.7	33.2	33.7	34.7
5	56.1	56.1	61.4	56.5	61.2	56.6
6	18.7	18.6	69.3	18.7	69.3	65.9
7	33.3	33.9	45.5	33.2	45.7	42.6
8	41.9	41.6	42.4	42.9	41.5	43.9
9	50.4	50.4	49.1	49.6	50.4	57.7
10	37.4	37.4	39.2	37.4	39.4	39.9
11	20.9	20.9	32.0	32.3	21.4	69.4
12	24.0	23.9	70.8	71.0	23.9	35.6
13	49.4	51.9	54.5	54.9	48.9	49.2
14	42.1	42.1	43.0	42.0	43.1	55.9
15	33.6	32.8	32.4	32.0	31.8	27.4
16	21.7	21.4	19.8	19.8	19.8	22.1
17	54.9	53.1	139.3	139.0	139.8	54.0
18	44.8	59.6	48.7	48.8	49.7	44.2
19	41.9	35.8	45.4	45.4	41.6	39.7
20	27.4	27.4	28.1	27.5	28.1	26.6
21	46.5	46.7	137.4	137.0	136.3	50.5
22	148.8	146.0	26.4	26.4	26.4	71.7
23	33.4	33.4	36.7	33.4	36.7	34.0
24	21.6	21.6	22.1	21.5	22.1	24.1
25	15.8	15.9	17.5	16.1	17.5	18.3
26	16.7	16.6	17.9	16.4	17.8	19.3
27	16.8	17.9	15.9	15.9	15.0	210.7
28	16.1	208.2	19.3	19.3	19.0	14.8
29	110.1	112.6	21.8	21.8	21.9	31.3
30	25.0	25.0	21.3	21.2	21.3	29.7

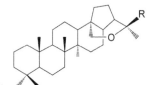

17-14-12 R¹=OH; R²=H; R³=CH₂OH
17-14-13 R¹=H; R²=OH; R³=CH₃

17-14-14

表 17-14-3 化合物 **17-14-12~17-14-14** 的 ^{13}C NMR 化学位移数据

C	17-14-12[5]	17-14-13[5]	17-14-14[6]	C	17-14-12[5]	17-14-13[5]	17-14-14[6]
1	45.0	42.8	38.5	16	23.5	22.3	19.8
2	19.2	18.9	23.8	17	54.6	54.1	136.1
3	44.5	44.0	80.9	18	44.2	44.3	49.8
4	34.8	34.2	37.8	19	41.3	41.9	41.6
5	56.8	55.4	55.3	20	26.6	26.4	27.5
6	66.4	72.1	18.3	21	51.1	51.0	139.0
7	42.1	72.1	33.4	22	72.1	72.0	26.4
8	43.6	46.8	42.0	23	34.2	33.3	28.0
9	56.6	50.9	50.9	24	24.3	24.3	16.5
10	39.2	37.2	37.1	25	18.2	17.4	16.3
11	69.2	20.9	21.4	26	19.4	11.6	16.3
12	36.7	24.6	24.0	27	60.4	17.7	15.0
13	48.4	49.5	49.3	28	15.3	16.7	19.0
14	45.1	43.5	41.6	29	31.1	31.2	21.3
15	28.7	38.4	31.8	30	29.6	29.6	21.9

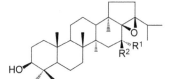

17-14-15 R=CH₃
17-14-16 R=CH₂OH

17-14-17 R¹=OEt; R²=H
17-14-18 R¹= R²=H

17-14-19

表 17-14-4 化合物 **17-14-15~17-14-19** 的 ^{13}C NMR 化学位移数据

C	17-14-15[2]	17-14-16[2]	17-14-17[6]	17-14-18[6]	17-14-19[7]
1	40.3	40.3	38.9	38.7	40.4
2	18.7	18.7	27.9	27.4	18.8
3	42.1	42.1	78.5	79.0	42.2
4	33.3	33.3	39.0	38.6	33.3
5	56.2	56.2	55.6	55.1	56.3
6	18.7	18.7	18.7	18.3	18.8
7	33.5	33.5	32.8	33.2	33.3
8	41.9	42.0	42.2	41.8	42.7
9	50.6	50.5	49.8	50.4	50.8
10	37.4	37.4	37.3	37.1	37.5
11	21.1	21.0	21.4	21.0	21.6
12	23.5	23.5	23.5	23.2	24.0
13	47.8	47.9	43.9	43.2	46.5

续表

C	17-14-15[2]	17-14-16[2]	17-14-17[6]	17-14-18[6]	17-14-19[7]
14	41.9	41.8	42.5	42.1	41.2
15	32.7	32.6	32.4	29.2	38.2
16	23.4	23.3	77.8	20.1	22.0
17	49.6	49.4	75.6	75.8	98.4
18	43.0	43.5	42.8	43.3	49.4
19	35.9	36.0	36.0	34.5	40.4
20	26.4	25.4	23.3	23.3	28.1
21	47.7	44.6	73.4	74.2	40.4
22	74.7	76.1	28.5	28.5	56.3
23	33.4	33.4	28.3	28.0	33.4
24	21.6	21.6	15.7	15.3	21.6
25	16.0	16.0	16.5	15.9	15.6
26	16.6	16.6	16.9	16.6	16.3
27	17.1	17.0	16.1	15.9	17.5
28	65.4	65.6	17.5	17.9	16.2
29	26.0	21.1	19.1	19.3	10.1
30	30.1	70.0	19.0	18.4	105.6
OCH$_2$CH$_3$			64.2/15.7		
OMe					54.9

参 考 文 献

[1] Lee J S, Miyashiro H, Nakamura N, et al. Chem Pharm Bull, 2008, 56: 711.

[2] Masuda K, Yamashita H, Shiojima K,et al. Chem Pharm Bull, 1997, 45: 590.

[3] Yamashita H, Masuda K, Ageta H, et al. Chem Pharm Bull, 1998, 46: 730.

[4] Isaka M, Yangchum A, Rachtawee P, et al. J Nat Prod, 2010, 73: 688.

[5] Isaka M, Palasarn S, Supothina S, et al. J Nat Prod, 2011, 74: 782.

[6] Oksuz S, Serin S. Phytochemistry, 1997, 46: 545.

[7] Hiroyuki A, Yoko A. J Nat Prod, 1990, 53: 325.

第十五节　齐墩果烷型三萜化合物的 ^{13}C NMR 化学位移

【结构特点】齐墩果烷（oleanane）型三萜是自然界存在的最常见的三萜化合物，它是由 6 个异戊烯、30 个碳原子组成的五环三萜。

基本结构骨架

【化学位移特征】

1. 齐墩果烷型三萜也与其他三萜类似，在其骨架碳上会有羟基连接。2 位连接羟基时，δ_{C-2} 66.5～70.0。3 位连接羟基或羟基被酯化时，δ_{C-3} 72.7～85.4。6 位连接羟基时，δ_{C-6} 67.5～69.1。12 位连接羟基时，δ_{C-12} 64.8～76.4。13 位连接羟基时，δ_{C-13} 91.5。16 位连接羟基时，δ_{C-16} 69.4～78.4。22 位连接羟基时，δ_{C-22} 75.1～76.2。24 位连接羟基时，δ_{C-24} 64.7～68.3。25 位连接羟基时，δ_{C-25} 65.7～67.8。27 位连接羟基时，δ_{C-27} 63.6～66.8。28 位连接羟基时，δ_{C-28} 69.6～77.1。29

位连接羟基时，δ_{C-29} 65.0。30 位连接羟基时，δ_{C-30} 74.5。

2．齐墩果烷型三萜的 3 位为羰基时，δ_{C-3} 215.3～217.1。16 位也有变为羰基的，δ_{C-16} 212.7～213.1。28 位往往被氧化为羧基，δ_{C-28} 179.1～183.6。

3．双键往往也是具有一定的诊断意义。特别是 12,13 位为双键时，δ_{C-12} 121.6～128.2，δ_{C-13} 137.2～145.9；11,12 位为双键时，δ_{C-11} 132.3～135.2，δ_{C-12} 127.4～131.3。

4．11 位羰基与 12,13 位双键共轭时，δ_{C-11} 198.1～201.8，δ_{C-12} 127.8～131.8，δ_{C-13} 163.1～169.4。

5．有的齐墩果烷型三萜的 3 位碳与 25 位角甲基通过氧连接起来，并且 3 位还连接羟基，δ_{C-3} 98.5～100.4，δ_{C-25} 65.7～67.8。

6．有的齐墩果烷型三萜的 13 位与 28 位通过氧形成呋喃环，δ_{C-13} 84.9～86.4，δ_{C-28} 76.1～78.2。

7．13 位羟基与 28 位羧基形成内酯时，δ_{C-13} 87.2～96.4，δ_{C-28} 179.0～180.1。

8．13 位与 28 位也可以成为半缩醛，δ_{C-13} 86.3～87.2，δ_{C-28} 99.6～100.4。

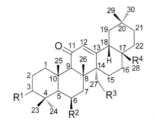

17-15-1 R¹=β-OH；R²=OH；R³=H；R⁴=COOH
17-15-2 R¹=α-OH；R²=R³=H；R⁴=COOH
17-15-3 R¹=β-OH；R²=H；R³=OH；R⁴=COOH
17-15-4 R¹=O；R²=H；R³=OH；R⁴=COOH
17-15-5 R¹=O；R²=R³=H；R⁴=CH₂OH
17-15-6 R¹=O；R²=OH；R³=H；R⁴=CH₂OH

表 17-15-1 化合物 17-15-1~17-15-6 的 ¹³C NMR 化学位移数据

C	17-15-1[1]	17-15-2[1]	17-15-3[2]	17-15-4[2]	17-15-5[3]	17-15-6[3]
1	41.8	33.4	39.9	40.3	39.8	39.8
2	28.3	25.4	28.2	32.9	34.2	34.2
3	78.5	75.8	77.9	216.2	217.1	217.1
4	40.9	37.5	39.7	47.4	47.8	47.8
5	56.0	48.4	55.5	55.2	55.5	55.5
6	66.6	17.3	18.0	19.2	18.8	18.9
7	41.1	32.8	33.8	34.4	32.1	32.2
8	44.8	45.2	45.9	45.6	45.3	45.0
9	62.8	61.6	62.4	61.7	61.1	60.8
10	37.8	37.4	38.1	37.4	36.7	37.0
11	200.1	200.6	201.8	201.3	199.3	198.9
12	128.6	128.1	131.8	131.6	128.2	130.5
13	169.2	168.3	163.1	163.6	169.0	164.2
14	44.5	43.5	49.5	49.6	43.6	43.7
15	28.5	27.7	25.0	25.0	25.9	26.7
16	23.4	22.7	23.5	23.5	30.6	22.7
17	46.2	45.9	46.2	46.2	37.0	38.4
18	42.4	41.4	42.4	42.4	42.7	54.0
19	44.7	44.1	43.5	43.5	45.0	39.0
20	30.9	30.7	30.7	30.7	31.1	39.2
21	32.3	33.6	33.9	33.9	33.9	30.3
22	34.0	31.6	32.3	32.3	21.6	34.8
23	28.5	28.5	28.7	26.8	21.4	21.5
24	18..0	22.3	16.5	20.8	26.5	26.4

续表

C	17-15-1[1]	17-15-2[1]	17-15-3[2]	17-15-4[2]	17-15-5[3]	17-15-6[3]
25	18.3	16.1	17.1	16.4	15.7	15.8
26	20.1	19.2	21.2	21.3	18.5	18.3
27	23.8	23.8	63.6	63.7	23.4	20.5
28	179.7	181.7	179.8	179.8	69.6	69.7
29	32.9	32.8	32.9	32.9	23.3	17.4
30	23.4	23.4	23.6	23.6	32.9	21.1

17-15-7　　**17-15-8**　　**17-15-9**　　**17-15-10** R¹=H; R²=Me
　　　　　　　　　　　　　　　　　　　　　　　　　17-15-11 R¹=Me; R²=H

表 17-15-2 化合物 **17-15-7~17-15-11** 的 ^{13}C NMR 化学位移数据

C	17-15-7[4]	17-15-8[5]	17-15-9[5]	17-15-10[6]	17-15-11[6]
1	37.9	34.6	34.7	34.6	34.9
2	23.4	29.3	29.3	27.9	27.7
3	80.3	98.7	98.5	100.2	100.4
4	37.7	40.7	40.7	38.5	38.7
5	55.3	51.1	51.1	50.7	50.8
6	18.0	19.1	19.1	19.6	19.7
7	34.6	30.8	31.0	31.0	31.2
8	41.3	43.6	43.5	40.7	40.5
9	49.8	55.4	55.3	42.0	41.9
10	37.3	35.1	35.0	35.0	34.8
11	39.3	198.4	198.1	23.8	23.2
12	205.2	127.8	130.6	122.8	126.1
13	145.1	169.4	163.5	143.4	137.2
14	45.1	43.8	43.8	42.0	42.2
15	24.8	28.1	28.7	29.5	29.6
16	36.6	22.9	23.9	24.3	24.7
17	40.1	45.9	47.4	50.8	51.5
18	148.0	41.8	52.9	39.2	49.3
19	211.4	44.3	38.8	45.9	39.2
20	46.3	30.8	38.6	30.2	38.7
21	36.3	33.6	30.3	37.8	34.8
22	33.7	31.4	35.8	75.1	75.6
23	27.9	27.4	27.4	27.3	27.1
24	16.5	18.4	18.5	17.2	16.9
25	15.9	65.7	65.8	67.6	67.8
26	16.9	19.1	19.1	18.2	18.3
27	20.6	23.1	21.0	26.3	23.2
28	23.1	180.7	180.6	179.7	180.2

续表

C	17-15-7[4]	17-15-8[5]	17-15-9[5]	17-15-10[6]	17-15-11[6]
29	24.7	32.8	17.0	33.7	17.6
30	24.5	23.3	20.7	25.4	21.2
OAc	170.9/21.2				
OMe				49.5	49.4
1'				166.5	166.4
2'				127.8	127.9
3'				138.4	138.2
4'				14.7	14.8
5'				20.5	20.4

17-15-12 R¹=OH; R²=C; R³=R⁴=H; R⁵=COOH; R⁶=CH₃
17-15-13 R¹=R³=R⁴=H; R²=B; R⁵=R⁶=CH₃
17-15-14 R¹=R³=R⁴=H; R²=A; R⁵=R⁶=CH₃
17-15-15 R¹=R³=H; R²=OH; R⁴=D; R⁵=COOH; R⁶=CH₃
17-15-16 R¹=R⁴=H; R²=OH; R³=C; R⁵=CH₂OH; R⁶=CH₃
17-15-17 R¹=R⁴=H; R²=C; R³=OH; R⁵=CH₂OH; R⁶=CH₃
17-15-18 R¹=R⁴=H; R²=OH; R³=B; R⁵=COOH; R⁶=CH₃

表 17-15-3 化合物 17-15-12~17-15-18 的 ¹³CNMR 化学位移数据

C	17-15-12[7]	17-15-13[8]	17-15-14[8]	17-15-15[2]	17-15-16[9]	17-15-17[9]	17-15-18[10]
1	48.5	38.2	38.2	39.9	39.8	39.2	37.9
2	67.5	23.5	23.8	27.9	27.4	24.2	25.7
3	85.4	81.1	81.1	79.6	72.7	75.8	73.6
4	40.6	36.8	38.6	39.8	43.2	43.0	41.9
5	56.4	55.3	55.6	56.7	49.0	47.8	48.4
6	19.4	18.2	18.5	19.5	19.2	18.8	18.2
7	33.7	32.5	32.9	34.5	33.4	33.1	32.2
8	40.5	39.8	40.1	41.3	41.0	41.0	39.2
9	48.9	47.5	47.8	50.0	49.4	49.0	47.6
10	39.2	37.7	37.4	38.4	37.8	38.1	36.9
11	24.5	23.5	23.8	24.0	24.6	24.7	23.3
12	123.0	121.6	121.9	128.2	123.4	123.4	122.5
13	145.5	145.2	145.5	139.1	145.7	145.8	143.6
14	42.8	41.7	42.0	46.8	42.8	43.0	40.9
15	28.8	26.1	26.4	25.1	26.5	26.6	27.6
16	24.0	26.9	27.2	24.7	22.8	22.9	22.8
17	47.8	32.5	32.7	47.5	38.1	38.1	45.8
18	42.9	47.2	47.5	42.6	43.8	43.8	41.4

续表

C	17-15-12[7]	17-15-13[8]	17-15-14[8]	17-15-15[2]	17-15-16[9]	17-15-17[9]	17-15-18[10]
19	47.3	46.8	47.1	46.3	47.7	47.9	46.5
20	31.6	31.1	31.3	31.6	31.8	31.8	30.7
21	34.9	34.7	34.1	34.8	35.2	35.3	33.7
22	33.8	37.1	37.4	33.8	32.2	32.3	32.4
23	29.1	28.0	28.6	28.7	12.7	13.9	12.1
24	18.2	15.5	15.8	16.4	66.5	64.7	68.3
25	17.0	16.7	17.1	16.2	16.4	16.5	15.8
26	17.7	16.8	17.1	18.9	17.3	17.4	17.3
27	26.3	25.6	26.1	66.7	26.4	26.6	25.9
28	182.5	28.4	28.4	181.8	69.7	69.8	183.6
29	33.5	33.3	33.6	33.5	33.7	33.8	33.1
30	23.9	23.7	23.9	24.1	24.0	24.0	23.6
1′	127.8	127.3	127.8	127.6	127.6	127.7	127.1
2′	115.0	132.2	130.1	111.5	115.0	115.1	132.0
3′	146.7	115.1	116.1	150.8	146.8	146.9	115.2
4′	149.4	156.8	157.7	149.5	149.7	149.6	157.3
5′	116.4	115.1	116.1	116.6	116.5	116.5	115.2
6′	122.7	132.2	130.1	124.2	123.0	122.9	132.0
7′	146.5	143.5	144.1	146.8	146.9	146.9	144.0
8′	115.7	117.5	116.7	115.8	115.0	115.6	116.7
9′	169.5	166.8	167.4	168.9	169.0	169.2	167.2
OMe				56.5			

17-15-19 R¹=β-OAc; R²=H; R³=H₂; R⁴=α-OAc
17-15-20 R¹=β-OAc; R²=H; R³=H₂; R⁴=O
17-15-21 R¹=β-OAc; R²=H; R³=H₂; R⁴=α-OH
17-15-22 R¹=β-OAc; R²=H; R³=O; R⁴=α-OH
17-15-23 R¹=β-OAc; R²=H; R³= R⁴=α-OH
17-15-24 R¹=H₂; R²=H; R³=α-OH; R⁴=O

表 17-15-4 化合物 **17-15-19~17-15-24** 的 ^{13}C NMR 化学位移数据[11]

C	17-15-19	17-15-20	17-15-21	17-15-22	17-15-23	17-15-24
1	39.5	39.6	38.9	38.9	38.7	39.5
2	28.9	26.6	27.4	28.4	27.5	27.6
3	80.3	81.0	80.4	80.0	80.0	74.4
4	40.5	42.3	39.3	39.4	39.1	39.0
5	55.4	57.8	56.6	56.0	54.9	55.7
6	18.1	18.4	18.2	18.6	18.0	18.2
7	32.2	33.2	32.7	33.4	33.8	32.9
8	42.4	41.6	42.0	42.6	43.1	42.0
9	50.2	40.4	51.4	49.9	50.3	50.3
10	37.1	36.5	37.0	37.0	32.9	36.9
11	19.4	19.5	20.1	20.1	19.3	18.6
12	33.0	32.6	34.7	34.2	33.4	33.6

续表

C	17-15-19	17-15-20	17-15-21	17-15-22	17-15-23	17-15-24
13	86.0	85.9	86.4	96.4	87.2	86.3
14	49.4	47.0	44.0	44.1	44.1	44.0
15	44.8	44.4	35.9	36.2	35.9	35.4
16	78.4	213.1	76.8	73.4	69.4	212.7
17	57.0	55.0	43.6	46.5	53.0	53.3
18	52.6	53.4	51.2	51.3	46.6	46.0
19	40.0	39.6	39.1	40.0	37.9	38.8
20	32.2	32.0	31.7	32.1	36.9	30.9
21	35.6	36.0	36.8	37.3	37.2	37.4
22	34.8	33.8	32.7	33.1	33.6	34.0
23	27.4	27.2	28.4	28.4	28.2	27.6
24	16.7	20.1	16.6	16.6	16.2	15.9
25	15.8	16.2	16.0	15.8	16.5	15.7
26	19.0	18.9	18.5	18.6	18.7	17.7
27	22.4	22.1	19.5	19.9	19.1	18.8
28	76.1	77.5	78.2	180.1	99.6	100.4
29	33.2	34.0	33.6	33.4	32.8	31.3
30	23.7	24.2	23.6	25.0	24.5	25.3
OAc	171.0/25.6 170.4/24.7	169.9/23.5	170.4/24.3		170.2/23.6	

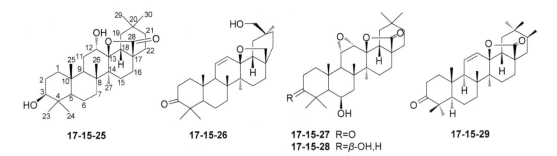

17-15-25   **17-15-26**   **17-15-27** R=O
                                    17-15-28 R=β-OH,H   **17-15-29**

表 **17-15-5** 化合物 **17-15-25~17-15-29** 的 ^{13}C NMR 化学位移数据

C	17-15-25[12]	17-15-26[13]	17-15-27[14]	17-15-28[4]	17-15-29[15]
1	38.8	39.0	41.3	39.8	39.0
2	27.5	34.2	34.3	28.0	34.3
3	78.8	215.9	215.3	78.6	216.8
4	38.9	47.6	49.1	40.6	47.6
5	55.2	54.5	56.3	56.1	54.6
6	17.7	19.2	69.1	67.5	18.8
7	34.0	30.9	39.5	40.8	33.8
8	42.1	41.7	40.8	41.2	41.4
9	44.6	52.8	50.9	52.0	52.5
10	36.4	36.3	35.9	36.6	36.1
11	28.8	132.3	52.5	53.1	135.2
12	76.4	131.3	57.0	57.5	127.4
13	90.5	84.9	87.2	87.7	89.5

续表

C	17-15-25[12]	17-15-26[13]	17-15-27[14]	17-15-28[4]	17-15-29[15]
14	42.3	44.2	40.8	41.3	41.5
15	28.0	25.7	26.9	27.1	27.1
16	21.2	26.0	21.2	21.7	21.3
17	44.7	41.9	43.8	44.1	44.0
18	51.1	51.1	49.6	49.9	50.5
19	39.4	32.4	37.8	38.2	37.3
20	31.6	36.7	31.5	31.5	31.4
21	34.1	30.9	33.9	34.5	30.4
22	27.2	30.6	26.7	27.7	25.4
23	28.0	26.2	23.5	28.0	26
24	15.4	21.0	24.5	17.6	20.8
25	15.9	17.3	17.8	19.0	17.3
26	18.5	19.4	20.9	21.3	18.6
27	18.6	19.6	19.1	19.1	18.1
28	179.9	77.1	179.2	179.0	179.9
29	33.3	65.0	33.2	33.1	33.3
30	23.9	28.9	23.5	23.5	23.5

17-15-30

17-15-31

17-15-32

17-15-33

17-15-34 R^1=R^2=R^3=OH; R^4=H
17-15-35 R^1=OH; R^2=R^3=R^4=H

表 17-15-6 化合物 17-15-30~17-15-35 的 ^{13}C NMR 化学位移数据

C	17-15-30[16]	17-15-31[17]	17-15-32[18]	17-15-33[19]	17-15-34[20]	17-15-35[16]
1	43.8	38.7	47.2	39.5	46.4	45.8
2	70.0	26.7	66.5	27.4	69.0	69.4
3	78.9	78.5	82.2	74.1	83.7	84.5
4	144.0	38.7	48.9	42.9	39.4	40.0
5	46.0	55.5	55.2	49.6	55.3	56.0
6	21.0	18.3	19.8	19.1	17.7	20.2
7	34.0	32.6	32.5	33.5	34.3	34.1

续表

C	17-15-30[16]	17-15-31[17]	17-15-32[18]	17-15-33[19]	17-15-34[20]	17-15-35[16]
8	40.0	39.9	38.9	40.6	42.6	43.0
9	46.5	47.8	46.7	45.9	44.8	49.0
10	38.9	36.9	38.0	36.7	37.8	37.5
11	25.3	23.4	23.3	24.5	29.5	21.6
12	123.0	122.9	122.1	123.6	64.8	27.6
13	145.9	143.8	143.4	144.0	91.5	38.6
14	41.0	42.1	41.2	41.5	43.2	42.2
15	27.3	25.6	27.8	27.4	29.0	26.7
16	26.2	19.6	27.2	24.1	21.3	29.8
17	21.0	37.5	44.7	47.5	45.7	48.0
18	47.8	48.1	43.1	40.5	51.9	50.0
19	46.8	42.4	80.0	41.5	39.8	48.0
20	31.5	43.4	34.8	36.6	31.8	31.5
21	34.8	38.6	28.5	29.3	33.9	30.2
22	37.2	76.2	32.2	33.1	27.5	36.0
23	110.0	27.5	24.1	12.6	28.4	28.0
24		14.8	17.5	67.6	16.5	16.8
25	14.0	15.1	14.3	16.2	18.0	16.0
26	18.0	16.2	16.7	17.8	18.9	16.7
27	26.0	25.4	23.9	26.4	20.2	15.4
28	27.5	24.1	179.0	178.0	179.1	182.5
29	33.0	27.9	28.0	19.5	33.2	33.4
30	24.0	179.9	24.5	74.5	23.6	23.8
OMe				52.0		

参 考 文 献

[1] Fukuda Y, Yamada T, Wada S, et al. J Nat Prod, 2006, 69: 142.

[2] Jiang Z H, Inutsuka C, Tanka T, et al. Chem Pharm Bull, 1998, 46: 512.

[3] Shitota O, Tamemura T, Morita H, et al. J Nat Prod, 1996, 59:1072.

[4] Chiang Y M, Chang J Y, Kuo C C, et al. Phytochemistry, 2005, 66:495.

[5] Begum S, Zehra S Q, Siddiqui B S, Chem Pharm Bull, 2008,56:1317.

[6] Begum S, Raza S M, Siddiqui B S,et al. J Nat Prod, 1995, 58:1570.

[7] Rudiyansyah T, Garson M J, J Nat Prod, 2006, 69: 1218, 1530.

[8] Ali M, Heaton A, Leach D. J Nat Prod, 1997, 60:1150.

[9] Yun B S, Ryoo I J, Lee I K, et al. J Nat Prod, 1999, 62: 764.

[10] Chang C I, Kuo C C, Chang J Y, et al. J Nat Prod, 2004, 67: 91.

[11] Manguro L O A, Okwiri S O, Lemmen P, Phytochemistry, 2006, 67: 2641.

[12] Fu L, Zhang S, Li N, et al. J Nat Prod, 2005, 68: 198.

[13] Chen I H, Chang F R, Wu C C, et al. J Nat Prod, 2006, 69: 1543.

[14] Wang F, Hua H, Pei Y, et al. J Nat Prod, 2006, 69: 807.

[15] Ito J, Chang F R, Wang H K, et al. J Nat Prod, 2001, 64: 1278.

[16] De Felice A, Bader A, Leone A, et al. Planta Med, 2006, 72:643.

[17] Liu C M, Wang H X, Wei S L, et al. J Nat Prod, 2008, 71: 789.

[18] Mills C, Carroll A R, Quinn R J. J Nat Prod, 2005, 68:312.

[19] Siddiqui B S, Karzhaubekova Z Z, Burasheva G S, et al. Chem Pharm Bull, 2007, 55: 1356.

[20] Song Y L, Wang Y H, Lu Q, et al. Helv Chim Acta, 2008, 91:665.

第十六节　乌斯烷型三萜化合物的 ¹³C NMR 化学位移

【结构特点】乌斯烷（ursane）型三萜化合物是五环三萜化合物，也是由 30 个碳原子组成的。

基本结构骨架

【化学位移特征】

1．乌斯烷型三萜也与其他类型三萜类似，在其骨架碳上多个位置连接有羟基。1 位上连接羟基时，$\delta_{\text{C-1}}$ 77.3～79.9。2 位上连接羟基时，$\delta_{\text{C-2}}$ 65.7～73.6。3 位上连接羟基时，$\delta_{\text{C-3}}$ 70.0～84.8，苷化后则向低场位移。7 位上连接羟基时，$\delta_{\text{C-7}}$ 75.0。9 位上连接羟基时，$\delta_{\text{C-9}}$ 62.2。11 位上连接羟基时，$\delta_{\text{C-11}}$ 76.5～81.0。13 位上连接羟基时，$\delta_{\text{C-13}}$ 88.1～89.5。17 位上连接羟基时，$\delta_{\text{C-17}}$ 72.4～87.5。19 位上连接羟基时，$\delta_{\text{C-19}}$ 72.6～73.9。21 位上连接羟基时，$\delta_{\text{C-21}}$ 74.5。23 位上连接羟基时，$\delta_{\text{C-23}}$ 64.3～66.5。27 位上连接羟基时，$\delta_{\text{C-27}}$ 62.5。28 位上连接羟基时，$\delta_{\text{C-28}}$ 69.6～83.2。

2．双键是三萜化合物结构的特点之一。9,11 位为双键时，$\delta_{\text{C-9}}$ 152.1，$\delta_{\text{C-11}}$ 120.2。11,12 位为双键时，$\delta_{\text{C-11}}$ 133.2～133.4，$\delta_{\text{C-12}}$ 129.2。12,13 位双键在乌斯烷型三萜中出现得比较多，它的化学位移是 $\delta_{\text{C-12}}$ 117.7～129.7，$\delta_{\text{C-13}}$ 137.0～143.2。17,18 位为双键时，$\delta_{\text{C-17}}$ 128.9，$\delta_{\text{C-18}}$ 133.6。18,19 位为双键时，$\delta_{\text{C-18}}$ 123.9，$\delta_{\text{C-19}}$ 134.7。

3．有的化合物 11 位为羰基，12,13 位双键与之共轭，$\delta_{\text{C-11}}$ 198.8～200.2，$\delta_{\text{C-12}}$ 127.9～131.1，$\delta_{\text{C-13}}$ 163.6～170.6。

4．有的化合物 3 位羟基被进一步氧化为羰基，$\delta_{\text{C-3}}$ 214.6～217.2。6 位为羰基时，$\delta_{\text{C-6}}$ 218.5。

5．28 位常常为羧基，其化学位移出现在 $\delta_{\text{C-28}}$ 178.1～180.6。

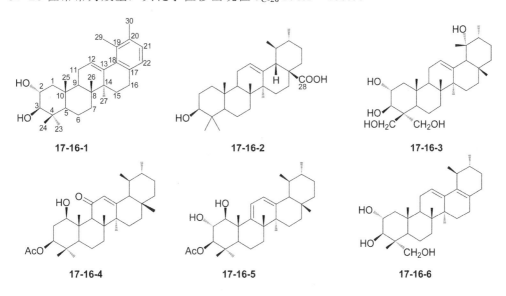

17-16-1　　　　　　17-16-2　　　　　　17-16-3

17-16-4　　　　　　17-16-5　　　　　　17-16-6

表 17-16-1 化合物 17-16-1~17-16-6 的 ^{13}C NMR 化学位移数据

C	17-16-1[1]	17-16-2[2]	17-16-3[3]	17-16-4[4]	17-16-5[4]	17-16-6[5]
1	46.8	38.6	48.0	77.3	79.9	48.3
2	69.1	27.2	69.1	73.6	71.7	69.0
3	84.0	79.0	79.8	81.1	81.2	78.3
4	39.2	38.8	47.8	37.9	38.6	43.8
5	55.6	55.3	48.3	55.4	45.4	48.3
6	18.2	18.3	19.4	17.9	18.2	18.6
7	33.8	33.2	33.5	34.2	31.1	34.1
8	40.1	39.8	40.6	43.8	40.9	39.3
9	47.2	47.6	48.0	62.2	152.1	47.9
10	38.3	37.0	38.0	38.0	43.1	38.8
11	23.5	23.3	24.0	200.2	120.2	24.4
12	125.1	126.0	128.4	128.5	121.0	117.5
13	138.9	137.7	139.0	169.8	149.0	137.7
14	44.2	41.7	42.1	45.2	45.2	41.3
15	32.1	26.3	29.3	28.3	27.4	27.5
16	31.0	25.4	25.2	26.4	26.1	28.5
17	138.4	87.5	31.9	32.2	31.2	128.9
18	138.6	56.8	53.0	56.3	48.2	133.6
19	135.1	38.7	73.0	39.2	39.3	33.1
20	133.8	41.3	41.0	39.3	39.4	32.5
21	127.3	32.1	25.3	32.7	31.9	25.0
22	122.9	36.2	37.5	42.4	41.8	32.4
23	28.6	28.1	64.3	28.0	28.1	66.5
24	16.8	15.6	62.9	16.6	17.6	14.5
25	17.3	20.5	16.7	15.7	16.1	18.2
26	16.9	15.4	16.9	18.4	18.4	17.4
27	27.3	23.3	24.5	23.0	21.8	21.0
28		160.5	27.3	28.9	28.5	13.5
29	16.9	17.3	27.0	16.4	16.6	20.0
30	20.8	17.0	16.9	21.9	21.6	
Ac				21.9/171.9	21.2/171.5	

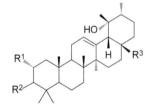

17-16-7 R^1=R^2=α-OH; R^3=H
17-16-8 R^1=α-OH; R^2=β-OH; R^3=H
17-16-9 R^1=H; R^2=α-OAc; R^3=COOH

17-16-10

17-16-11

表 17-16-2 化合物 17-16-7~17-16-11 的 ¹³C NMR 化学位移数据

C	17-16-7[6]	17-16-8[6]	17-16-9[7]	17-16-10[8]	17-16-11[6]
1	42.8	48.4	33.4	35.0	39.3
2	67.5	69.8	22.6	22.9	27.1
3	80.4	84.8	78.2	78.2	88.7
4	39.8	40.8	39.9	36.6	39.6
5	49.9	57.0	49.9	49.9	56.1
6	19.6	20.0	18.1	18.1	218.5
7	34.1	34.3	32.4	33.0	35.6
8	41.6	41.4	36.4	43.1	39.4
9	49.0	48.7	46.9	52.7	48.2
10	39.7	39.5	36.8	38.0	36.9
11	25.0	25.0	23.5	76.7	23.4
12	129.7	129.6	129.4	124.6	125.9
13	140.4	140.5	137.7	142.9	139.5
14	43.1	43.0	41.1	42.0	45.0
15	29.9	29.9	28.1	26.6	29.2
16	27.4	27.3	25.3	28.8	26.8
17	39.7	39.3	47.6	35.0	49.8
18	55.4	55.4	52.8	57.7	123.9
19	73.9	73.9	73.0	38.2	134.7
20	43.4	43.4	41.0	43.9	34.8
21	27.6	27.6	25.9	74.5	31.9
22	27.0	26.9	37.3	46.1	35.1
23	29.6	29.6	27.4	22.0	28.3
24	22.8	17.3	21.8	28.2	17.0
25	17.3	16.9	15.0	17.0	16.3
26	17.8	17.8	16.9	18.1	18.3
27	25.2	25.0	24.6	22.7	22.1
28			183.2	28.1	178.7
29	31.0	31.1	27.4	15.9	19.6
30	19.6	20.0	16.1	17.3	18.9
OMe				54.9	
OAc				170.9/21.5	
				171.0/21.4	
Ara-1					107.5
Ara-2					72.9
Ara-3					74.6
Ara-4					69.5
Ara-5					66.7

17-16-12 R¹=H; R²=CH₂OH
17-16-13 R¹=OH; R²=CH₂OH
17-16-14 R¹=H; R²=OH

17-16-15 R¹=α-OH; R²,R³=O
17-16-16 R¹=β-OH; R²,R³=O
17-16-17 R¹=α-OH; R²=H; R³=OCH₃

表 17-16-3 化合物 17-16-12~17-16-17 的 ^{13}C NMR 化学位移数据

C	17-16-12[9]	17-16-13[9]	17-16-14[9]	17-16-15[4]	17-16-16[4]	17-16-17[4]
1	39.8	41.8	39.8	43.2	48.5	43.8
2	34.2	34.4	34.3	65.7	68.3	66.2
3	217.2	216.5	217.2	78.9	83.5	79.3
4	47.8	49.2	47.8	38.7	40.0	39.7
5	55.5	56.7	55.5	48.2	55.1	48.8
6	18.9	68.3	18.9	17.5	17.9	18.5
7	32.2	40.3	32.8	33.4	33.3	33.8
8	45.0	44.2	44.6	44.3	44.1	38.7
9	60.8	61.0	61.0	61.8	62.1	52.8
10	36.6	36.5	36.9	38.6	38.8	43.1
11	198.9	198.8	198.9	199.7	200.0	76.5
12	130.5	130.6	131.1	130.8	127.9	125.2
13	164.2	163.6	165.0	163.9	170.6	143.2
14	43.7	44.1	43.8	45.2	45.3	42.6
15	26.7	26.7	27.1	28.9	28.5	28.8
16	22.7	22.7	28.0	24.5	24.7	24.8
17	38.4	38.4	72.4	47.6	48.6	47.6
18	54.0	54.0	60.3	53.4	53.7	53.8
19	39.0	39.0	41.4	38.9	39.1	39.3
20	39.2	39.2	39.1	38.7	39.0	39.1
21	30.3	30.3	32.4	30.6	30.0	30.9
22	34.8	34.8	41.6	36.6	36.7	37.3
23	21.5	23.9	21.5	29.6	29.3	29.7
24	26.4	25.7	26.6	22.3	17.9	22.4
25	15.8	17.0	15.5	17.8	17.6	18.5
26	18.3	19.6	19.5	19.3	19.5	19.1
27	20.5	20.6	20.7	21.0	21.2	23.1
28	69.7	69.6		179.4	180.3	179.8
29	17.4	17.3	17.4	17.1	17.9	17.3
30	21.1	21.1	20.5	21.0	21.2	21.5
OCH₃						54.7

17-16-18

17-16-19 R[1]=OH; R[2]=CH$_2$OH
17-16-20 R[1]=OAc; R[2]=CH$_3$

17-16-21

17-16-22

表 17-16-4 化合物 **17-16-18~17-16-22** 的 ^{13}C NMR 化学位移数据

C	17-16-18[10]	17-16-19[11]	17-16-20[7]	17-16-21[12]	17-16-22[9]
1	43.58	34.0	33.4	40.3	44.5
2	73.05	26.5	22.6	35.6	69.9
3	80.68	70.0	78.2	214.6	77.0
4	39.75	43.9	39.9	55.2	153.7
5	54.85	50.2	49.9	58.1	45.8
6	18.33	19.2	18.1	20.1	21.4
7	32.92	34.2	32.4	33.7	32.7
8	38.81	40.4	36.4	40.4	41.0
9	49.74	47.8	46.9	47.3	45.7
10	44.43	37.5	36.8	37.2	38.9
11	80.99	24.2	23.5	24.3	25.4
12	128.25	128.3	129.4	127.6	128.6
13	144.97	139.6	137.7	140.1	140.7
14	41.59	42.2	41.1	42.1	42.8
15	28.50	29.2	28.1	29.3	29.6
16	25.24	26.8	25.3	26.3	26.9
17	47.49	48.4	47.6	48.3	48.8
18	52.70	55.4	52.8	54.6	55.2
19	73.09	73.0	73.0	72.6	73.1
20	41.05	156.7	41.0	42.4	42.9
21	25.86	29.0	25.9	26.9	27.4
22	37.22	39.5	37.3	38.5	38.7
23	28.51	23.6	27.4	20.8	109.9
24	16.53	65.7	21.8	65.1	
25	17.62	16.1	15.0	15.6	14.8
26	18.35	17.3	16.9	17.1	17.8
27	22.97	24.0	24.6	24.6	25.1

续表

C	17-16-18[10]	17-16-19[11]	17-16-20[7]	17-16-21[12]	17-16-22[9]
28	178.13	180.3	83.2	180.6	181.2
29	27.46	27.6	27.4	27.1	27.6
30	16.07	105.3	16.1	16.8	17.3
OAc	51.73/172.10 21.50/171.03				

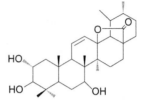

17-16-23 R¹=OH; R²=OH; R³=H
17-16-24 R¹=H; R²=OAc; R³=OH

17-16-25

17-16-26

17-16-27

表 **17-16-5** 化合物 17-16-23~17-16-27 的 ¹³C NMR 化学位移数据

C	17-16-23[10]	17-16-24[10]	17-16-25[13]	17-16-26[14]	17-16-27[8]
1	46.34	43.67	46.9	37.7	42.5
2	68.47	73.28	68.6	27.3	65.6
3	83.25	80.87	83.9	78.9	79.1
4	39.14	39.92	39.3	38.8	38.6
5	55.05	55.00	55.5	55.2	47.8
6	18.28	18.36	28.3	18.2	17.6
7	32.44	32.56	75.0	33.1	31.7
8	39.72	39.72	48.1	38.1	42.0
9	46.95	47.10	53.1	47.6	53.1
10	37.94	38.19	36.4	36.4	37.6
11	23.54	23.73	133.2	23.8	133.4
12	128.59	128.79	129.2	28.1	129.2
13	137.99	138.10	89.5	88.1	89.1
14	40.99	41.15	42.6	46.8	42.0
15	27.99	28.11	25.6	26.7	25.5
16	25.23	25.41	22.7	25.7	22.9
17	47.68	47.82	45.2	48.2	44.9
18	53.02	53.10	60.7	136.7	60.2
19	72.83	73.13	38.2		37.8

续表

C	17-16-23[10]	17-16-24[10]	17-16-25[13]	17-16-26[14]	17-16-27[8]
20	40.99	41.06	40.3	37.1	40.0
21	25.83	25.96	30.6	30.7	30.7
22	37.24	37.33	31.4	31.4	31.3
23	28.55	28.49	27.9	28.1	29.7
24	16.72	16.61	16.1	15.5	21.3
25	16.36	16.23	19.4	16.1	19.0
26	16.42	16.58	19.1	17.1	19.2
27	24.37	24.49	16.1	62.5	15.8
28	178.26	178.28	179.1	178.9	179.2
29	27.18	27.36	17.8	19.5	17.6
30	15.97	16.10	17.9	20.7	18.7
COOMe	51.46	51.60			
OAc		171.61/21.36 171.61/20.91			

参 考 文 献

[1] Jang D S, Su B-N, Pawlus A D, et al. Phytochemistry, 2006, 67: 1832.

[2] Benyahia S, Benayache S, Benayache F, et al. Phytochemistry, 2005, 66: 627.

[3] Young M C M, Araujo A R, Silva C A da, et al. J Nat Prod, 1998, 61: 936.

[4] Topcu G, Turkmen Z, Ulubelen A, et al. J Nat Prod, 2004, 67: 118.

[5] Zeng Na, Shen Y, Li L-Y, et al. J Nat Prod, 2011, 74: 732.

[6] Han Y F, Pan J, Gao K, et al. Chem Pharm Bull, 2005, 53: 1338.

[7] Fraga B M, Diaz C E, Quintana N. J Nat Prod, 2006, 69: 1092.

[8] Ikuta A, Tomiyasu H, Morita A, et al. J Nat Prod, 2003, 66: 1051.

[9] Jang D S, Kim J M, Kim J H, et al. Chem Pharm Bull, 2005, 53: 1594.

[10] Lonrsi D, Sondengam B L, Martin M T, et al. Phytochemistry, 1998, 41: 174.

[11] Sua B-N, Kanga Y-H, Pinos R-E, et al. Phytochemistry, 2003, 64: 293.

[12] Takahashi H, Hirata S, Minami H, et al. Phytochemistry, 2001, 56: 875.

[13] Siddiqui B S, Sultana I, Begum S. Phytochemistry, 2000,54: 861.

[14] Begum S, Sultana R, Siddiqu B S. Phytochemistry, 1997,44: 329.

第十七节　木栓烷型三萜化合物的 ^{13}C NMR 化学位移

【结构特点】木栓烷（friedelane）型三萜也是五环三萜。

基本结构骨架

【化学位移特征】

1. 木栓烷型三萜的结构特点是多个骨架碳被氧化为羰基。1 位羰基，$\delta_{\text{C-1}}$ 202.7；3 位羰基，$\delta_{\text{C-3}}$ 204.1～216.6；21 位羰基，$\delta_{\text{C-21}}$ 213.9～214.4；23 位羰基，δ_{23} 196.1。2 位羰基与

1,10 位及 3,4 位双键共轭时，δ_{C-2} 178.1～181.3，δ_{C-1} 116.9～119.7，δ_{C-3} 145.7～146.7，δ_{C-4} 117.3～118.0，δ_{C-10} 161.8～164.8；2 位羰基仅与 3,4 位双键共轭时，δ_{C-2} 201.0，δ_{C-3} 125.6，δ_{C-4} 172.5；6 位羰基仅与 5,10 位双键共轭时，δ_{C-6} 200.6，δ_{C-5} 125.0，δ_{C-10} 152.7；6 位羰基与 5,10 位和 7,8 位双键共轭时，δ_{C-6} 187.7，δ_{C-5} 122.6，δ_{C-7} 108.8，δ_{C-8} 172.1，δ_{C-10} 151.9。

2．木栓烷型三萜也类似于其他三萜，骨架上易于带有羟基。2 位带羟基碳出现在 δ_{C-2} 73.6。3 位带羟基碳出现在 δ_{C-3} 72.5～75.6。6 位带羟基碳出现在 δ_{C-6} 69.6～86.3。7 位带羟基碳出现在 δ_{C-7} 63.8～72.5。18 位带羟基碳出现在 δ_{C-18} 76.7～80.7。20 位带羟基碳出现在 δ_{C-20} 74.2。22 位带羟基碳出现在 δ_{C-22} 70.0～70.9。24 位带羟基碳出现在 δ_{C-24} 63.5～69.4。28 位带羟基碳出现在 δ_{C-28} 67.3～68.0。29 位带羟基碳出现在 δ_{C-29} 69.6。

3．有的木栓烷型三萜的 A 环完全芳香化后，它们各碳的化学位移遵循芳环的规律。

4．有的木栓烷型三萜失去 30 位碳，29 位和 20 位之间形成双键，δ_{C-29} 106.5～114.6，δ_{C-20} 138.6～148.2。

5．有的木栓烷型三萜 16 位与 27 位形成内酯环，δ_{C-16} 83.5，δ_{C-27} 176～177。

6．有的木栓烷型三萜的 A 环打开后 3 位与 24 位形成七元内酯环，δ_{C-3} 168.9，δ_{C-24} 63.5。

7．有的木栓烷型三萜的 A 环打开后 3 位与 4 位形成七元内酯环，δ_{C-3} 168.5～168.7，δ_{C-4} 76.3～77.7。

17-17-1

17-17-2

17-17-3 R¹=OH; R²=H
17-17-4 R¹=H; R²=OH

17-17-5 R¹,R²=O
17-17-6 R¹=OH; R²=H

表 17-17-1 化合物 17-17-1~17-17-6 的 ^{13}C NMR 化学位移数据

C	17-17-1[1]	17-17-2[2]	17-17-3[3]	17-17-4[3]	17-17-5[4]	17-17-6[4]
1	202.7	21.7	22.1	22.1	119.7	116.9
2	60.6	37.1	41.4	41.4	181.1	181.3
3	204.1	216.6	213.5	213.5	146.6	145.7
4	59.1	58.7	58.1	58.1	117.3	117.6
5	37.2	39.9	41.7	41.7	141.1	131.2
6	40.6	37.4	41.0	41.0	131.7	143.7
7	18.0	17.7	18.0	18.0	200.5	69.5
8	51.5	53.5	50.5	50.5	57.6	53.3
9	37.8	37.0	37.4	37.4	41.7	40.5

续表

C	17-17-1[1]	17-17-2[2]	17-17-3[3]	17-17-4[3]	17-17-5[4]	17-17-6[4]
10	71.9	49.4	59.3	59.5	161.8	162.2
11	33.4	35.7	34.8	34.8	28.7	31.6
12	29.7	30.5	28.3	27.8	27.1	30.9
13	39.2	39.7	39.4	39.4	39.5	39.4
14	39.1	38.3	8.4	38.4	38.2	41.6
15	31.2	32.4	28.0	27.3	31.7	29.3
16	29.0	36.0	31.5	32.3	35.2	35.6
17	35.1	30.0	38.9	38.9	40.0	38.0
18	39.3	42.7	32.5	38.9	43.0	44.0
19	34.5	35.3	37.6	33.2	31.7	31.9
20	28.1	28.1	34.3	35.7	42.2	42.2
21	31.4	32.7	31.0	34.2	213.9	214.2
22	34.4	39.2	31.5	25.2	53.5	53.2
23	7.3	13.5	6.8	6.8	10.4	10.4
24	16.0	23.1	14.5	14.5		
25	18.1	18.0	18.9	18.9	30.0	27.4
26	19.1	20.4	14.6	15.2	14.9	16.2
27	19.2	18.7	15.1	15.1	18.2	18.5
28	68.0	32.1	103.5	104.4	15.2	32.8
29	34.2	35.0	28.6	28.6		
30	32.8	31.7	72.9	72.9	32.6	15.2

17-17-7

17-17-8

17-17-9

17-17-10

17-17-11

17-17-12

表 17-17-2 化合物 17-17-7~17-17-12 的 ^{13}C NMR 化学位移数据

C	17-17-7[4]	17-17-8[4]	17-17-9[5]	17-17-10[6]	17-17-11[7]	17-17-12[5]
1	107.0	118.2	119.5	37.8	30.0	125.6
2	148.0	143.8	178.1	201.0	73.6	147.7
3	140.2	148.2	145.9	125.6	214.9	140.3
4	126.7	114.2	118.0	172.5	52.7	125.1
5	125.0	140.8	127.3	29.1	43.2	122.6
6	200.6	143.0	134.0	34.4	41.0	187.7
7	37.3	115.6	118.0	18.1	18.2	108.8
8	42.3	44.0	170.1	50.1	52.4	172.1

续表

C	17-17-7[4]	17-17-8[4]	17-17-9[5]	17-17-10[6]	17-17-11[7]	17-17-12[5]
9	37.1	129.3	43.0	37.2	36.8	44.4
10	152.7	126.8	164.8	56.0	52.1	151.9
11	33.0	124.7	33.0	34.5	35.1	34.4
12	31.8	32.4	30.0	30.3	30.2	29.9
13	39.9	40.0	40.7	39.4	39.4	40.8
14	39.4	40.8	45.0	40.2	38.1	40.1
15	27.9	24.0	28.6	30.1	31.3	28.2
16	35.3	35.7	36.5	36.3	29.0	36.8
17	38.3	39.1	31.6	30.5	35.1	31.6
18	43.9	42.3	43.2	44.7	39.5	44.8
19	32.2	37.1	24.8	29.4	34.4	30.5
20	42.0	45.7	35.7	40.7	28.0	148.2
21	214.4	214.4	24.7	29.8	31.1	30.3
22	53.6	51.1	36.2	36.6	33.2	36.0
23	13.6	196.1	10.4	18.4	6.3	13.6
24			38.9	19.2	13.9	
25	26.3	22.7		17.5	17.9	38.4
26	15.2	20.4	21.6	19.0	18.9	20.4
27	18.1	19.5	21.4	16.1	19.2	19.6
28	32.7	31.4	31.4	32.0	67.3	31.1
29			69.6	179.3	32.7	106.5
30	15.0	15.3		32.1	34.1	
OMe				51.7		

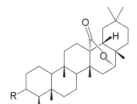

17-17-13 R=O
17-17-14 R=α-OBz
17-17-15 R=β-OH

表 17-17-3 化合物 17-17-13~17-17-15 的 ¹³C NMR 化学位移数据[8]

C	17-17-13	17-17-14	17-17-15	C	17-17-13	17-17-14	17-17-15
1	22.2	21.6	21.6	16	83.5	83.5	83.5
2	41.3	32.4	34.9	17	35.9	35.9	35.9
3	212	75.6	72.5	19	31.4	31.5	31.5
4	57.8	49.8	48.7	18	39	39	39
5	38	38.5	38.1	20	27.9	27.9	27.9
6	40.4	40.5	40.8	21	36.5	36.5	36.5
7	21.5	18.5	15.7	22	30	30	30
8	57.5	57.5	57.6	23	6.8	10	11.6
9	42.1	37.2	37.2	24	14.5	14.3	16.2
10	58.4	58.8	60.1	25	17.8	18	18.1
11	36.1	36.1	36.1	26	20.4	20.4	20.3
12	18.9	19.3	18.1	27	177	177	176
13	51.4	51.4	51.4	28	23.3	23.3	23.3
14	37.6	38	37.8	29	34.6	34.6	34.6
15	39.5	39.4	39.4	30	30.5	30.5	30.5

续表

C	17-17-13	17-17-14	17-17-15	C	17-17-13	17-17-14	17-17-15
1′		130.9		5′		128.3	
2′		129.5		6′		129.5	
3′		128.3		7′		166.4	
4′		132.6					

17-17-16

17-17-17 R^1=H; R^2=H
17-17-18 R^1=H; R^2=OAc
17-17-19 R^1=R^2=OAc

17-17-20

表 17-17-4 化合物 17-17-16~17-17-20 的 ^{13}C NMR 化学位移数据

C	17-17-16[9]	17-17-17[10]	17-17-18[10]	17-17-19[10]	17-17-20[10]
1	144.1	52.7	52.7	53.9	16.2
2	122.7	56.4	56.4	57.6	31.5
3	168.9	168.6	168.5	169.7	74.7
4	69.0	76.3	76.4	77.7	49.1
5	51.0	41.1	41.5	42.5	45.4
6	69.6	31.8	31.8	32.9	86.3
7	63.8	69.0	68.7	70.0	72.5
8	50.8	50.4	51.3	52.4	50.0
9	40.6	37.9	37.8	38.9	37.5
10	20.0	53.8	54.2	55.8	59.3
11	31.4	27.1	26.9	35.2	30.4
12	22.6	33.9	26.8	76.3	29.6
13	53.7	57.1	57.9	59.5	79.9
14	36.9	42.1	41.9	49.2	43.8
15	29.1	40.4	40.4	41.4	39.8
16	38.4	23.4	23.9	25.6	25.3
17	37.0	38.2	43.1	43.9	41.5
18	79.6	77.0	76.7	80.7	79.5
19	37.8	42.6	41.9	42.8	45.0
20	74.2	144.2	138.6	139.0	144.1
21	32.5	29.1	34.9	37.0	33.2
22	34.3	36.1	70.9	70.0	52.7
23	17.6	13.0	13.0	14.3	16.7
24	63.5	68.2	68.2	69.4	65.1
25	20.0	22.7	20.9	23.1	23.0
26	19.8	20.5	23.1	25.1	19.5
27	175.2	174.6	173.7	174.3	174.8

续表

C	17-17-16[9]	17-17-17[10]	17-17-18[10]	17-17-19[10]	17-17-20[10]
28	26.7	25.7	18.3	16.0	22.8
29	22.8	109.7	113.2	114.6	110.4
OMe	50.0	51.3	51.3	52.7	51.4
OAc	169.5/20.5	170.2/21.0	170.2/21.0	171.8/22.3	170.6/21.4
		170.9/21.6	170.9/21.6	170.7/22.6	170.0/21.2
			170.2/21.2	171.4/22.6	
				171.5/23.0	

参 考 文 献

[1] Chávez H, Estévez-Braun A, Ravelo A G, et al. J Nat Prod, 1998, 61: 82.

[2] Chang C W, Wu T S, Hsieh Y S, et al. J Nat Prod, 1999, 62: 327.

[3] Bates R B, Haber W A, Setzer W N, et al. J Nat Prod, 1999, 62: 340.

[4] Chávez H, Estévez-Braun A, Ravelo A G, et al. J Nat Prod, 1999, 62:434.

[5] Thiem D A, Sneden A T, Khan S I,et al. J Nat Prod, 2005, 68: 251.

[6] Gonzalez A.G, Luis J G, San Andres L, et al. J Nat Prod, 1991, 54: 585.

[7] Ngouamegne E T, Fongang R S, Ngouela S, et al. Chem Pharm Bull, 2008, 56: 374.

[8] Sutthivaiyakit S, Thongtan J, Pisutjaroenpong S, et al, J Nat Prod, 2001, 64: 569.

[9] Gonzalez-Cortazar M, Tortoriello J, Alvarez L, Planta Med, 2005, 71: 711.

[10] del Rayo Camacho M, Phillipson J D, Croft S L, et al. J Nat Prod, 2002, 65: 1457.

第十八节　多萜类化合物的 ^{13}C NMR 化学位移

【结构特点】多萜类化合物多数为四萜或五萜化合物，它们分别为 8 个异戊烯基和 10 个异戊烯基构成的化合物，两边是六元环或五元环，中间是长链多烯类，有时结构中还会有炔键，有的化合物就是长链多烯类化合物。

【化学位移特征】

1. 双键的化学位移一般出现在 $\delta 120\sim145$。炔键的化学位移一般出现在 $\delta 87\sim110$。

2. 双键上的甲基通常出现在 $\delta 11\sim13$。两端环上的甲基一般处于 $\delta 20\sim32$。

17-18-5 R¹=

17-18-6 R¹=

R²=

R³=CH₂(CH₂)₁₄COOCH₃

17-18-7 R¹=

R²=

17-18-8 R¹=

R²=

表 17-18-1 化合物 17-18-1~17-18-8 的 ^{13}C NMR 化学位移数据

C	17-18-1[1]	17-18-2[2]	17-18-3[1]	17-18-4[1]	17-18-5[1]	17-18-6[2]	17-18-7[3]	17-18-8[3]
1	34.3	37.1	37.1	44.0	35.4	36.8	37.1	35.7
2	39.7	48.5	48.2	50.8	47.2	48.4	48.4	37.7
3	19.3	65.1	65.1	70.3	64.1	64.3	65.1	34.3
4	33.2	42.6	42.4	45.3	40.9	42.6	42.5	198.7
5	129.3	126.3	126.1	59.0	67.3	126.7	126.2	129.9
6	138.0	137.8	137.6	203.0	70.4	137.3	137.6	160.9
7	126.7	125.9	125.5	121.1	123.9	125.8	125.6	124.2
8	137.8	138.5	138.5	146.8	137.2	137.9	138.5	141.1
9	136.0	135.9	135.7	134.0	134.2	135.5	135.6	134.8
10	130.8	131.7	131.3	140.6	132.4	131.0	131.3	134.3
11	125.0	125.5	124.9	124.7	124.6	124.9	124.9	124.7
12	137.3	137.4	137.6	141.8	138.2	137.3	137.6	139.3
13	136.4	137.6	136.5	136.9	136.4	136.0	136.5	136.6
14	132.4	132.4	132.6	134.9	132.9	132.4	132.6	136.6
15	130.0	129.7	130.0	131.2	130.2	130.0	130.0	130.5
16	30.2	28.8	30.2	25.1	24.7	28.6	28.7	27.7
17	28.7	30.3	28.7	25.1	29.7	30.3	30.2	27.7
18	21.6	21.6	21.6	25.9	20.0	21.6	21.6	13.7
19	12.8	12.8	12.8	12.8	12.8	12.6	12.7	12.5
20	12.8	12.9	12.8	12.8	13.1	12.7	12.7	12.7
1′	34.3	44.0	37.1	44.0	35.4	34.0	34.0	35.7
2′	39.7	51.0	48.2	50.8	47.2	44.9	44.7	37.7
3′	19.3	70.4	65.1	70.3	64.1	63.5	65.9	34.3
4′	33.2	45.4	42.4	45.3	40.9	125.9	125.6	198.7
5′	129.3	59.0	126.1	59.0	67.3	137.4	137.8	129.9
6′	138.0	202.9	137.6	203.0	70.4	54.8	55.0	160.9
7′	126.7	121.0	125.5	121.1	123.9	129.1	128.6	124.2
8′	137.8	146.9	138.5	146.8	137.2	137.4	137.8	141.1
9′	136.0	133.7	135.7	134.0	134.2	134.9	135.0	134.8
10′	130.8	140.7	131.3	140.6	132.4	130.5	130.8	134.3

续表

C	17-18-1[1]	17-18-2[2]	17-18-3[1]	17-18-4[1]	17-18-5[1]	17-18-6[2]	17-18-7[3]	17-18-8[3]
11′	125.0	124.1	124.9	124.7	124.6	124.8	124.5	124.7
12′	137.3	142.0	137.6	141.8	138.2	137.3	138.0	139.0
13′	136.4	136.1	136.5	136.9	136.4	136.1	137.0	137.0
14′	132.4	135.3	132.6	134.9	132.9	132.4	132.6	136.6
15′	130.0	131.3	130.0	131.2	130.2	130.0	130.0	130.5
16′	30.2	25.1	30.2	25.1	24.7	23.8	24.3	27.7
17′	28.7	25.9	28.7	25.1	29.7	29.6	29.5	27.7
18′	21.6	21.4	21.6	25.9	20.0	22.7	22.8	13.7
19′	12.8	12.7	12.8	12.8	12.8	13.0	13.2	12.5
20′	12.8	12.8	12.8	12.8	13.1	12.9	12.7	12.7

表 17-18-2 化合物 17-18-9~17-18-16 的 ^{13}C NMR 化学位移数据

C	17-18-9[4]	17-18-10[5]	17-18-11[6]	17-18-12[6]	17-18-13[7]	17-18-14[8]	17-18-15[9]	17-18-16[10]
1	44.0	44.0	44.0		36.3	36.8	36.6	35.5
2	48.5	48.5	48.5	48.9	40.0	45.4	44.2	50.4
3	75.7	75.4	70.4		19.3	69.2	69.2	65.6
4	47.7	47.8	47.7	48.2	33.1	200.4	199.3	128.8
5	82.5	82.5	82.5		129.5	126.7	131.3	134.8
6	91.6	91.7	91.6		137.9	162.3	147.7	144.1
7	123.1	122.8	122.8	123.1	127.0	123.1	88.0	121.9
8	134.8	134.8	134.8	135.0	137.7	142.3	111.0	131.6
9	135.2	134.9	134.9		136.5	134.3	117.4	136.1

续表

C	17-18-9[4]	17-18-10[5]	17-18-11[6]	17-18-12[6]	17-18-13[7]	17-18-14[8]	17-18-15[9]	17-18-16[10]
10	131.6	131.6	131.6	132.2	130.8	135.3	136.3	138.8
11	125.4	124.8	124.8	124.8	125.7	124.3	123.8	125.0
12	137.6	137.8	137.6	138.3	137.1	139.9	139.0	132.6
13	135.9	136.4	135.4		137.7	136.1	135.0	135.4
14	132.4	132.7	132.6	132.8	132.2	134.0	133.7	137.4
15	130	130.1	130.1	130.1	129.6	130.9	126.9	126.1
16	25.7	25.9	25.7	25.9	28.9	26.1	26.2	27.3
17	32.2	25.7	32.1	32.3	28.9	30.7	31.0	31.7
18	31.6	31.6	31.6	31.8	21.8	14.0	14.3	21.4
19	12.9	12.9	12.8	12.9	12.7	12.6	17.6	12.8
20	12.8	12.8	12.8	12.9	12.8	12.8	12.7	12.2
1′	44.0	44.0	37.1		44.0	37.1	36.8	33.5
2′	58.9	48.5	48.4	47.9	51.0	48.4	45.5	50.4
3′	70.4	75.4	65.1	65.1	70.2	65.0	69.3	65.6
4′	45.3	47.8	42.3	41.3	45.3	42.5		128.8
5′	58.9	82.5	126.2		59.0	126.2	133.6	134.8
6′	202.9	91.7	137.8		202.9	137.7	162.2	144.1
7′	120.9	122.8	125.6	123.9	120.9	125.7	142.3	121.9
8′	146.9	134.8	138.5	137.6	146.9	138.4	140.6	131.6
9′	133.6	134.9	136.4		133.6	135.9	123.4	136.1
10′	140.7	131.6	131.3	132.2	140.8	131.2	137.1	136.1
11′	124.1	124.8	124.9	124.7	124.0	125.3	124.9	138.8
12′	142.0	137.8	137.6	138.3	142.1	137.4	139.7	125.0
13′	137.5	136.4	136.5		135.8	137.1	135.1	132.6
14′	135.2	132.7	132.7	132.8	135.4	132.4	134.7	135.4
15′	131.5	130.1	130.1	130.1	131.7	130.9	130.5	137.4
16′	25.9	25.9,32.2	25.7	25.1	25.1	28.7	26.1	129.1
17′	25.1	25.7	30.3	29.7	25.9	30.3	30.7	27.3
18′	21.3	31.6	21.6	20.1	21.4	21.6	14.0	31.7
19′	12.9	12.9	12.8	12.9	12.8	12.8	12.6	21.4
20′	12.7	12.8	12.8	12.9	12.9	12.9	12.9	12.8

17-18-17

17-18-18 R¹=   R²=

17-18-19 R¹=   R²=

17-18-20 R¹=   R²=

17-18-21 R¹=   R²=

17-18-22 R¹=   R²=

17-18-23 R¹=   R²=   R³=   R⁴=

表 17-18-3 化合物 17-18-17~17-18-23 的 ^{13}C NMR 化学位移数据

C	17-18-17[11]	17-18-18[9]	17-18-19[12]	17-18-20[12]	17-18-21[13]	17-18-22[12]	17-18-23[14]
1	35.8	36.7	36.9	36.6	42.0	36.6	
2	47.1	44.4	46.7	46.7	49.8	45.4	
3	64.4	69.4	64.8	64.8	203.4	69.2	
4	41.7	199.3	41.5	41.4	126.0	200.4	
5	66.2	133.8	137.2	137.3	167.9	126.8	
6	67.1	147.6	124.3	124.2	78.5	162.3	
7	40.8	88.1	89.1	89.0	38.7	123.2	
8	197.9	110.9	98.8	98.6	197.6	142.4	166.0
9	134.6	117.8	119.1	118.9	135.0	134.4	125.2
10	139.1	138.9	138.0	135.2	142.2	135.1	139.8
11	123.4	124.0	124.3	124.1	123.1	124.4	123.8
12	145.0	140.6	135.2	138.1	147.1	139.8	144.5
13	135.6	136.8	136.4	136.8	135.4	136.7	136.8
14	136.6	134.8	133.4	133.5	137.7	133.9	135.9
15	129.4	131.1	130.3	130.5	133.2	130.8	131.9
16	25.1	26.3	24.8	28.7	23.3	26.2	
17	28.2	31.1	30.5	30.3	24.8	30.8	

续表

C	17-18-17[11]	17-18-18[9]	17-18-19[12]	17-18-20[12]	17-18-21[13]	17-18-22[12]	17-18-23[14]
18	31.2	14.3	22.4	22.5	20.7	14.0	
19	11.8	17.6	18.0	18.1	11.6	12.6	12.6
20	12.8	12.8	12.7	12.8	12.9	12.8	12.7
1'	36.2	36.7	36.9	37.1		36.8	
2'	45.5	44.4	46.7	48.4		46.7	
3'	68.0	69.4	64.8	65.2		64.9	
4'	45.3	199.3	41.5	42.5		41.5	
5'	72.1	133.8	137.2			137.4	
6'	117.5	147.6	124.3	137.7		124.2	
7'	202.4	88.1	89.1	125.6	89.5	89.2	
8'	103.4	110.9	98.8	138.5	98.6	98.6	166.0
9'	132.5	117.8	119.1	135.8	120.0	119.2	125.2
10'	128.6	138.9	138.0	131.3	138.0	138.0	139.8
11'	125.7	124.0	124.3	125.1	125.3	124.2	123.8
12'	137.2	140.6	135.2	137.5	135.0	135.3	144.5
13'	138.1	136.8	136.4	136.1	137.6	136.4	136.8
14'	132.2	134.8	133.4	126.2	132.9	133.3	135.9
15'	132.5	131.1	130.3	129.9	129.6	130.2	131.9
16'	29.2	26.3	24.8	28.7		28.8	
17'	32.1	31.1	30.5	30.3		30.5	
18'	31.3	14.3	22.4	21.7		22.5	
19'	14.0	17.6	18.0	12.8	18.1	18.1	12.6
20'	12.9	12.8	12.7	12.8	12.7	12.8	12.7

17-18-24

17-18-25

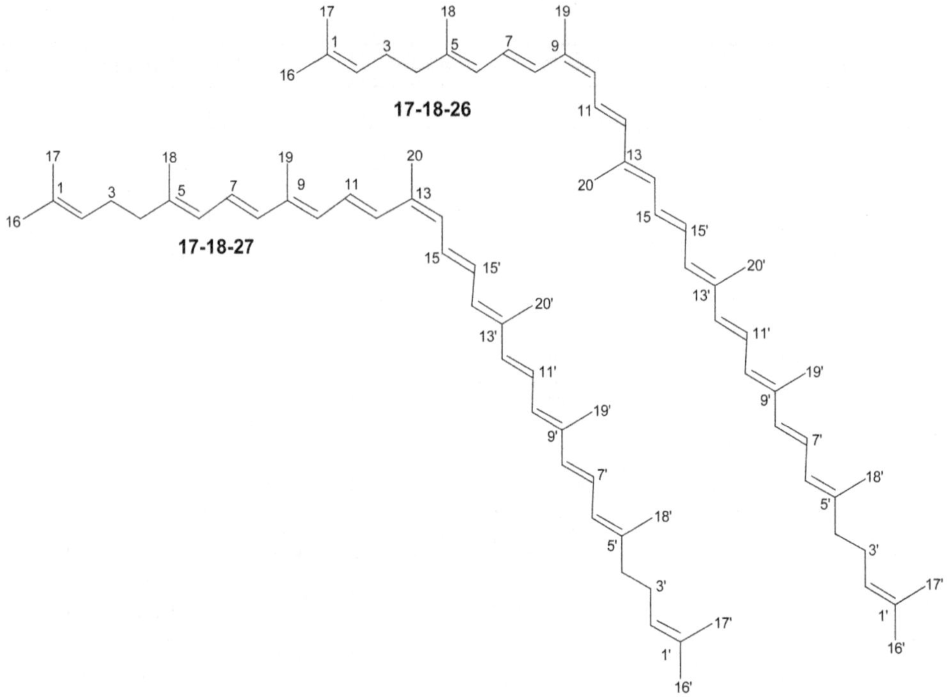

17-18-26

17-18-27

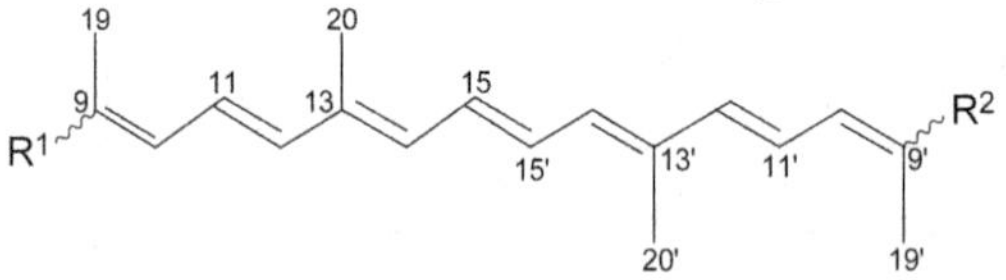

R^1— ... —R^2

17-18-28 R^1=　　　　　R^2=

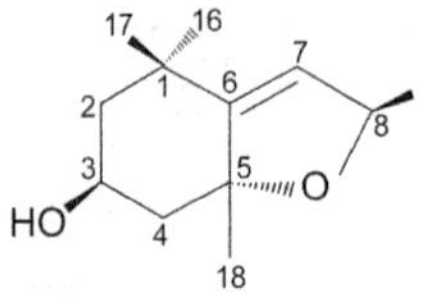

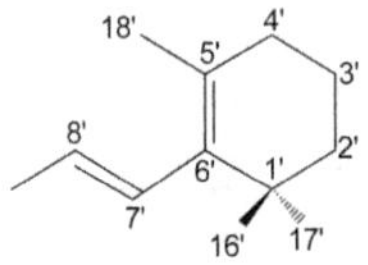

17-18-29 R^1=　　　　　R^2=

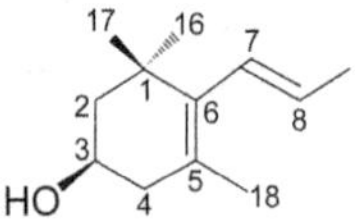

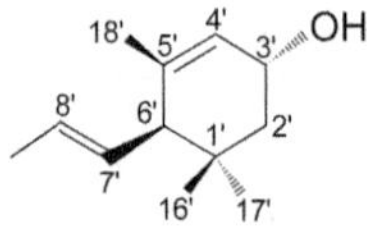

17-18-30 R^1=　　　　　R^2=

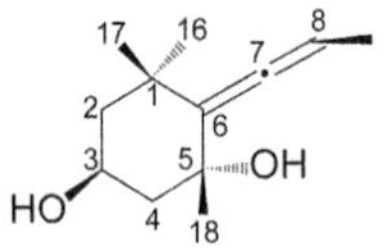

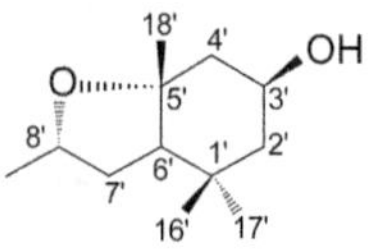

表 17-18-4 化合物 17-18-24~17-18-30 的 ^{13}C NMR 化学位移数据

C	17-18-24[15]	17-18-25[15]	17-18-26[16]	17-18-27[16]	17-18-28[16]	17-18-29[16]	17-18-30[16]
1	35.8	40.3		131.2			
2	45.4	45.7	123.9	123.9	39.5	48.4	49.5
3	68.0	64.4	26.6	26.7	19.0	64.9	70.5
4	45.2	45.2	40.3	40.2	32.8	42.4	48.7
5	72.7	77.5		139.8			
6	117.5	79.1		125.7			
7	202.4	138.3	126.1	125.1	126.5	125.3	

续表

C	17-18-24[15]	17-18-25[15]	17-18-26[16]	17-18-27[16]	17-18-28[16]	17-18-29[16]	17-18-30[16]
8	103.3	119.9		135.3	137.5	138.4	103.1
9	132.9	125.3		136.4			
10	128.3	135.7		131.5	126.4	131.2	128.5
11	126.0	147.0		125.1		124.6	124.5
12	138.1	119.0	135.4	129.2	136.8	137.5	137.6
13	138.7	134.4		135.3			
14	132.0	137.8	132.6	130.9	132.1	132.4	132.5
15	133.3	129.8	130.0	128.8	129.8	129.9	130.0
16	29.2	25.6	25.8	25.7	28.7	28.4	29.2
17	32.1	26.7	17.6	17.1	28.7	30.1	32.1
18	31.3	27.4	16.9	17.0	21.2	21.5	31.2
19	14.0	169.0	20.8	12.9	12.5	12.6	13.7
20	12.9	15.4	12.8	20.7	12.5	12.6	12.8
1′	42.0	36.1		131.2			
2′	49.7	42.4	123.9	123.9		44.6	46.4
3′	197.7	67.6	26.6	26.7	67.6	65.8	67.8
4′	126.0	37.6	40.3	40.2		124.3	47.3
5′	168.0	137.3		139.8			
6′	78.5	124.3	125.7	125.7		54.9	
7′	38.6	90.1	124.8	124.7	118.6	128.4	120.0
8′	203.4	98.5	135.5	135.4	88.2	137.5	87.5
9′	134.8	121.0		136.4			
10′	147.1	134.6	131.5	131.5	125.7	130.6	127.2
11′	123.0	130.7	125.0	125.0		124.3	124.1
12′	142.3		137.4	137.4	136.7	137.5	137.6
13′	135.1			136.6			
14′	136.9	133.7	132.6	132.6	132.1	132.4	132.3
15′	129.2	136.9	130.0	129.4	129.8	129.9	130.0
16′	24.8	28.7	25.8	25.7	31.1	24.1	31.2
17′	23.2	30.2	17.6	17.7	27.8	29.4	29.1
18′	20.8	22.4	17.0	17.0	30.4	22.7	29.0
19′	11.6	18.1	12.8	12.9	131.1	12.9	12.3
20′	12.7		12.8	12.8	12.5	12.6	12.8
CH_2COO	173.5	173.5					
—$\underline{C}H{=}\underline{C}H$—	130.0	130.0					
CH_2COO	34.3	34.3					
—CH_2—	25.3	25.3					
CH_3	14.1	14.1					

参 考 文 献

[1] Moss G P. Pure Appl Chem, 1976, 47: 97.

[2] Baranyai M, Molnar P, Szabolcs J. Terahedron, 1996, 37: 203.

[3] Landrum J T, Bone R A. Lutein, et al. Arch Biochem Biophys, 2001, 385: 28.

[4] Parkes K E B, Pattenden G. Tetrahedron Lett, 1986, 27: 2535.

[5] Deli J, Molnar P, Matus Z, et al. Helv Chim Acta, 1996, 79:1435.

[6] Matsumo T, Tani Y, Maoka T, et al. Phytochemistry, 1986, 25: 2837.

[7] Deli J, Matus Z, Toth G. J Agric Food Chem, 1996, 44: 711.

[8] Tsubokura A, Yoneda H, Takaki M, et al. US 5858761, 1999-01-12.

[9] Bernhard K, Englert G, Meister W, et al. Helv Chim Acta, 1982, 65: 2224.

[10] Andrew A G, Englert G, Bbrch G, et al. Phytochemistry, 1979, 18: 303.

[11] Haugan J A, Liaaen-Jensen. Phytochemistry, 1989, 28: 2797.

[12] Matsuno T, Maoka T. Bull Jpn. Soc Sci. Fish, 1981, 47: 495.

[13] Tsushima M, Maoka T, Katusyama M, et al. Biol Pharm Bull, 1995, 18(2): 227.

[14] Speranza G, Dada G. Gazzetta Chimica Italiana, 1984, 114:189.

[15] Maoka T, Akinoto N, Yim M J. J Agric Food Chem, 2008, 56: 12069.

[16] Mercadante A N, Pfander S A H. J Agric Food Chem, 1999, 47: 145.

第十八章 糖类和多元醇类以及氨基酸类化合物的 ^{13}C NMR 化学位移

第一节 单糖类化合物的 ^{13}C NMR 化学位移

单糖类化合物的碳谱数据是糖类碳谱的最基础的数据。这里收集整理了大多数单糖（包括四碳糖、五碳糖、六碳糖，它们的 α 构型糖和 β 构型糖、呋喃糖、吡喃糖以及 1 位甲基化的糖等）的 ^{13}C NMR 化学位移数据，供从事天然产物工作者比较参考。

【化学位移特征】

1. 在单糖分子中，由于各碳的化学环境不同，各碳的化学位移也不同。

2. 除果糖、阿洛酮糖外，绝大多数糖 1 位端基碳处于最低场，δ_{C-1} 90.1～109.7。而五碳糖的 5 位及六碳糖的 6 位碳都处于最高场。

3. 在 β-D-六碳糖的吡喃环中，4 位碳在最高场，这是因为它离端基碳最远，而 2、3、5 位碳在 α-异构体中比在 β-异构体中处于高场。

4. 单糖分子的 1 位碳甲基化后形成甲基苷，1 位碳的化学位移移向低场，而对于 2、3、4 位碳影响不大。除 1 位碳甲基化外，如果其他位置的羟基被甲基化，该位置的碳的化学位移也移向低场。

5. 呋喃糖和吡喃糖中，由于其五碳环和六碳环的结构不同，它们各碳的化学位移也不相同。

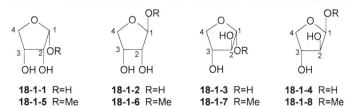

18-1-1 R=H **18-1-2** R=H **18-1-3** R=H **18-1-4** R=H
18-1-5 R=Me **18-1-6** R=Me **18-1-7** R=Me **18-1-8** R=Me

表 18-1-1　化合物 **18-1-1~18-1-8** 的 ^{13}C NMR 化学位移数据

C	18-1-1[1]	18-1-2[1]	18-1-3[1]	18-1-4[1]	18-1-5[2]	18-1-6[2]	18-1-7[2]	18-1-8[2]
1	96.8	102.4	103.4	97.9	103.6	109.6	109.4	103.8
2	72.4	77.7	82.0	77.5	72.8	76.4	80.5	77.4
3	70.6	71.7	76.4	76.2	69.9	71.4	76.4	75.8
4	72.9	72.4	74.3	71.8	73.6	72.6	73.7	72.0
OMe					56.7	56.6	55.5	56.2

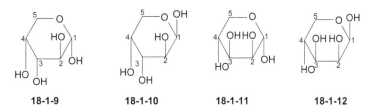

18-1-9　　　**18-1-10**　　　**18-1-11**　　　**18-1-12**

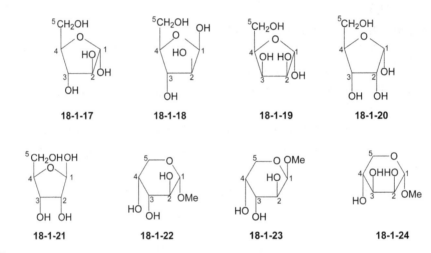

表 18-1-2 化合物 **18-1-9~18-1-16** 的 ^{13}C NMR 化学位移数据

C	18-1-9[3]	18-1-10[3]	18-1-11[4]	18-1-12[4]	18-1-13[4]	18-1-14[5]	18-1-15[3]	18-1-16[3]
1	97.6	93.4	94.9	95.0	94.3	94.7	93.1	97.5
2	72.9	69.5	71.0	70.9	70.8	71.8	72.5	75.1
3	73.5	69.5	71.4	73.5	70.1	69.7	73.9	76.8
4	69.6	69.5	68.4	67.4	68.1	68.2	70.4	70.2
5	67.2	63.4	63.9	65.0	63.8	63.8	61.9	66.1

表 18-1-3 化合物 **18-1-17~18-1-24** 的 ^{13}C NMR 化学位移数据[4]

C	18-1-17	18-1-18	18-1-19	18-1-20	18-1-21	18-1-22[3]	18-1-23[3]	18-1-24[5]
1	101.9	96.0	101.5	97.1	101.7	105.1	101.0	102.0
2	82.3	77.1	77.8	71.7	76.0	71.8	69.4	70.4
3	76.5	75.1	71.9	70.8	71.2	73.4	69.9	71.6
4	83.8	82.2	80.7	83.8	83.3	69.4	70.0	67.7
5	62.0	62.0	61.9	62.1	63.3	67.3	63.8	63.3
OMe						58.1	56.3	55.9

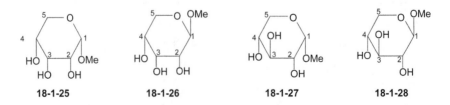

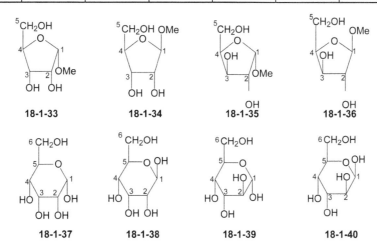

表 18-1-4 化合物 18-1-25~18-1-32 的 ^{13}C NMR 化学位移数据[2]

C	18-1-25[5]	18-1-26[5]	18-1-27[6]	18-1-28[6]	18-1-29	18-1-30	18-1-31	18-1-32
1	100.4	103.1	100.6	105.1	109.2	103.1	109.2	103.3
2	69.2	71.0	72.3	74.0	81.8	77.4	77.0	73.2
3	70.4	68.6	74.3	76.9	77.5	75.7	72.2	71.0
4	67.4	68.6	70.4	70.4	84.9	82.9	81.4	82.1
5	60.8	63.9	62.0	66.3	62.4	62.4	61.5	62.7
OMe	56.7	57.0	56.0	58.3	56.0	56.3	56.9	56.7

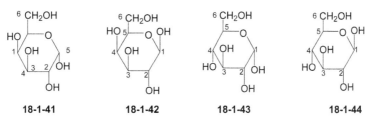

表 18-1-5 化合物 18-1-33~18-1-40 的 ^{13}C NMR 化学位移数据[2]

C	18-1-33	18-1-34	18-1-35	18-1-36	18-1-37[4]	18-1-38[5]	18-1-39[7]	18-1-40[7]
1	103.1	108.0	103.0	109.7	93.7	94.3	94.7	92.6
2	71.1	74.3	77.8	81.0	67.9	72.2	71.2	71.6
3	69.8	70.9	76.2	76.0	72.0	72.0	71.1	71.3
4	84.6	83.0	79.3	83.6	66.9	67.7	66.0	65.2
5	61.9	62.9	61.6	62.2	67.7	74.4	72.0	75.0
6					61.6	62.1	61.6	62.5
OMe	55.5	55.3	56.7	56.4				

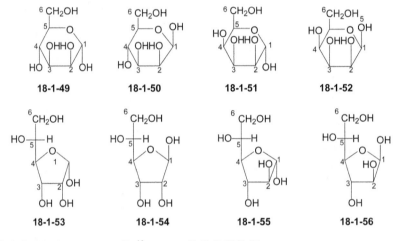

表 18-1-6 化合物 **18-1-41~18-1-48** 的 ^{13}C NMR 化学位移数据[3,4]

C	18-1-41	18-1-42	18-1-43	18-1-44	18-1-45	18-1-46	18-1-47	18-1-48
1	93.2	97.3	92.9	96.7	93.6	94.6	93.2	93.9
2	69.4	72.9	72.5	75.1	65.5	69.9	73.6	71.1
3	70.2	73.8	73.8	76.7	71.6	72.0	72.7	68.8
4	70.3	69.7	70.6	70.6	70.2	70.2	70.6	70.6
5	71.4	76.0	72.3	76.8	67.2	74.6	73.6	75.6
6	62.2	62.0	61.6	61.7	61.7	61.8	59.4	62.1

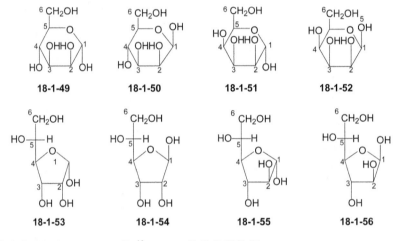

表 18-1-7 化合物 **18-1-49~18-1-56** 的 ^{13}C NMR 化学位移数据

C	18-1-49	18-1-50	18-1-51	18-1-52	18-1-53	18-1-54	18-1-55	18-1-56
1	95.0	94.6	95.5	95.0	96.8	101.6	102.2	96.2
2	71.7	72.3	71.7	72.5	72.4	76.1	82.4	77.5
3	71.3	74.1	70.6	69.6		73.3	76.9	76.0
4	68.0	67.8	66.0	69.4	84.3	83.0	84.3	82.1
5	73.4	77.2	72.0	76.5	70.2	71.7	72.5	73.4
6	62.1	62.1	62.4	62.2	63.1	63.3	63.3	63.3

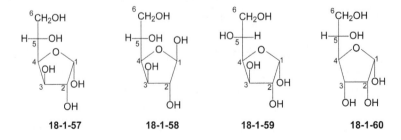

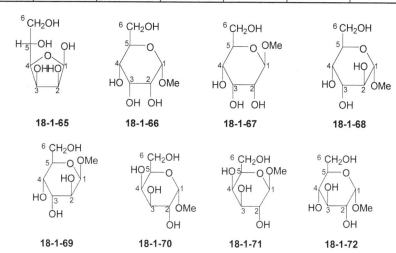

表 18-1-8 化合物 **18-1-57~18-1-64** 的 ^{13}C NMR 化学位移数据[4]

C	18-1-57	18-1-58	18-1-59[8]	18-1-60	18-1-61	18-1-62	18-1-63	18-1-64[3]
1	95.8	101.8	103.8	97.3	101.4	102.5	96.3	101.8
2	77.1	82.2	81.8		78.1	78.6	77.0	76.1
3	75.1	76.6				75.6	75.9	72.7
4	81.6	82.8	82.1	80.4	80.3	82.2	81.6	82.7
5		71.5				70.3	71.7	71.6
6	63.3	63.6		62.6	63.2	63.4	63.4	63.7

表 18-1-9 化合物 **18-1-65~18-1-72** 的 ^{13}C NMR 化学位移数据

C	18-1-65[3]	18-1-66[4]	18-1-67[4]	18-1-68[9]	18-1-69[4]	18-1-70[3]	18-1-71[3]	18-1-72[3]
1	97.3	100.0	101.9	101.1	100.4	100.1	104.5	100.0
2	71.6	68.3	72.2	70.0	70.7	69.2	71.7	72.2
3	72.0	72.1	71.4	70.0	70.2	70.5	73.8	74.1
4	83.3	68.0	68.0	64.8	65.6	70.2	69.7	70.6
5		67.3	74.8	70.0	75.6	71.6	76.0	72.5
6	63.8	61.7	62.2	61.3	61.7	62.2	62.0	61.6
OMe		56.3	58.0	55.4	57.7	56.0	58.1	55.9

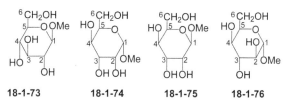

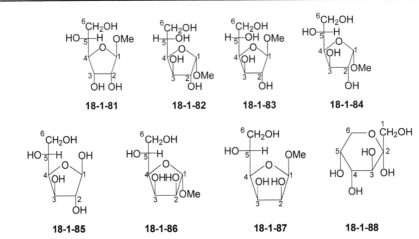

表 18-1-10 化合物 **18-1-73~18-1-80** 的 ^{13}C NMR 化学位移数据

C	18-1-73[3]	18-1-74[10]	18-1-75[11]	18-1-76[9]	18-1-77[6]	18-1-78[9]	18-1-79[4]	18-1-80[2]
1	104.0	100.4	102.6	101.5	101.9	101.3	102.2	103.8
2	74.1	65.5	69.1	70.9	71.2	70.6	70.7	72.3
3	76.8	71.4	72.3	71.8	71.8	73.3	66.2	69.9
4	70.6	70.4	70.5	70.3	68.0	67.1	70.3	85.9
5	76.8	67.3	74.9	70.8	73.7	76.6	72.1	72.7
6	61.8	62.0	62.1	60.2	62.1	61.4	62.3	63.5
OMe	58.1	56.3	58.1	55.8	55.9	56.9	55.6	56.6

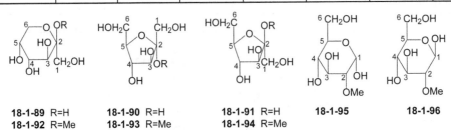

表 18-1-11 化合物 **18-1-81~18-1-88** 的 ^{13}C NMR 化学位移数据[2]

C	18-1-81	18-1-82	18-1-83	18-1-84	18-1-85	18-1-86	18-1-87	18-1-88[12]
1	109.0	103.8	109.9	104.0	110.0	109.7	103.6	65.9
2	75.6	78.2	81.3	77.7	80.6	77.9	73.1	
3	72.7	76.2	78.4	76.6	75.8	72.5	71.2	70.9
4	83.4	83.1	84.7	78.8	82.3	80.5	80.7	71.3
5	73.8	74.5	71.7	70.7	70.7	70.6	71.0	
6	63.9	64.1	63.6	64.2	64.7	64.5	64.4	
OMe	56.4	57.2	55.6	57.0	56.2	57.2	56.8	

表 18-1-12 化合物 18-1-89~18-1-96 的 ¹³C NMR 化学位移数据[12]

C	18-1-89	18-1-90	18-1-91	18-1-92	18-1-93	18-1-94	18-1-95[13]	18-1-96[13]
1	64.7	63.8	63.8	61.8	58.7	60.0	90.1	96.5
2	99.1	105.5	102.6	101.4	109.1	104.7	81.3	84.4
3	68.4	82.9	76.4	69.3	81.0	77.7	72.8	76.6
4	70.5	77.0	75.4	70.5	78.2	75.9	70.5	70.5
5	70.0	82.2	81.6	70.0	84.0	82.1	72.0	76.1
6	64.1	61.9	63.2	64.7	62.1	63.6	61.4	61.5
OMe				49.3	49.1	49.8	58.4	60.9

18-1-97 R¹=R³=R⁴=H; R²=Me   18-1-98 R¹=R³=R⁴=H; R²=Me   18-1-103 R=OMe   18-1-104 R=OMe
18-1-99 R¹=R²=R⁴=H; R³=Me   18-1-100 R¹=R²=R⁴=H; R³=Me
18-1-101 R¹=R²=R³=H; R⁴=Me   18-1-102 R¹=R²=R³=H; R⁴=Me

表 18-1-13 化合物 18-1-97~18-1-104 的 ¹³C NMR 化学位移数据[14]

C	18-1-97	18-1-98	18-1-99	18-1-100	18-1-101	18-1-102	18-1-103[15]	18-1-104[15]
1	93.4	97.2	93.2	97.1	93.3	97.3	91.8	95.0
2	72.6	75.1	73.0	75.8	73.0	75.8	81.6	82.6
3	84.1	86.7	73.9	76.7	74.3	77.2	71.0	74.5
4	70.6	70.4	80.5	80.5	71.4	71.4	68.3	68.0
5	72.8	77.3	71.7	76.1	71.4	75.8	73.3	77.5
6	62.3	62.3	62.1	62.1	72.6	72.6	62.1	62.1
OMe	61.3	61.3	61.6	61.6	60.3	60.3		

18-1-105 R¹=R³=R⁴=H; R²=Me   18-1-106 R¹=R³=R⁴=H; R²=Me   18-1-110 R=H   18-1-111
18-1-107 R¹=R²=R⁴=H; R³=Me   18-1-108 R¹=R²=R⁴=H; R³=Me   18-1-112 R=Me
                         18-1-109 R¹=R²=R³=H; R⁴=Me

表 18-1-14 化合物 18-1-105~18-1-112 的 ¹³C NMR 化学位移数据

C	18-1-105[15]	18-1-106[15]	18-1-107[15]	18-1-108[15]	18-1-109[15]	18-1-110[6]	18-1-111[6]	18-1-112[6]
1	95.0	94.7	94.9	94.6	94.7	95.0	94.6	101.9
2	67.3	68.1	71.9	72.1	73.2	71.9	72.4	71.0
3	80.8	83.2	71.1	73.9	74.1	71.1	73.8	71.3
4	66.8	66.6	77.9	77.7	67.8	73.3	72.9	73.1
5	73.4	77.3	72.4	76.3	75.8	69.4	73.1	69.4
6	62.0	62.0	61.8	61.9	72.0	18.0	18.0	17.7
OMe								55.8

18-1-113 R=H
18-1-115 R=Me

18-1-114 R=H
18-1-116 R=Me

18-1-117

18-1-118 R=H
18-1-119 R=Me

18-1-120

表 18-1-15 化合物 18-1-113~18-1-120 的 ^{13}C NMR 化学位移数据[6,16]

C	18-1-113	18-1-114	18-1-115	18-1-116	18-1-117	18-1-118	18-1-119	18-1-120
1	93.3	97.3	100.5	104.8	65.0	65.0	66.1	64.2
2	69.2	72.8	69.0	71.5	99.1	98.4	103.3	104.0
3	70.4	74.0	70.6	74.1	66.4	71.2	70.5	71.2
4	73.0	72.5	72.9	72.4	65.9	71.2	70.8	72.6
5	67.4	71.9	67.5	71.9	69.8	66.7	66.5	84.3
6	16.7	16.7	16.5	16.5	62.2	58.9	58.7	64.2
OMe			56.3	58.3				

18-1-122 R¹=Me; R²=H
18-1-124 R¹=R²=Me

18-1-121 R¹=R²=H
18-1-123 R¹=Me; R²=H
18-1-125 R¹=R²=Me

表 18-1-16 化合物 18-1-121~18-1-125 的 ^{13}C NMR 化学位移数据[16]

C	18-1-121	18-1-122	18-1-123	18-1-124	18-1-125
1	63.3	61.4	58.2	61.6	60.1
2	106.3	106.2	110.2	106.2	110.8
3	75.6	73.4	75.6	73.3	75.4
4	71.9	71.7	72.8	71.9	73.4
5	84.3	85.7	84.6	83.6	82.9
6	63.6	63.1	64.4	73.7	75.4
OMe		50.2	52.6	20.2(1) 60.2(1)	50.5(1) 58.5(6)

参 考 文 献

[1] Serianni A S, Clark E L, Barker R. Carbohydr Res, 1979, 72: 79.

[2] Ritchie R G S, Cyr N, Korsch B, et al. Can J Chem, 1975, 53: 1424.

[3] Pfeffer P E, Valentine K M, Parrish F W. J Am Chem Soc, 1979, 101: 1265.

[4] Bock K, Pedersen C. Adv Carbohyd Chem, 1983, 41, 27.

[5] Bock K, Pedersen C. Acta Chem Scand, Ser B, 1975, 29: 258.

[6] Gorin P A J, Mazurek M. Can J Chem, 1975, 53: 1212.

[7] Bock K, Beck Sommer M. Acta Chem Scand, Ser B, 1980, 34: 389.

[8] Williams C, Allerhand A. Carbohydr Res, 1977, 56: 173.

[9] Perlin A S, Casu B, Koch H J. Can J Chem, 1970, 48: 2596.

[10] Naganawa H, Muraoka Y, Takita T, et al. J Antibiot, Ser A, 1977, 30: 388.

[11] Jacobsen S, Mols O. Acta Chem Scand, Ser B, 1981, 35: 163.

[12] Angyal S J, Bethell G S. Aust J Chem, 1976, 29: 1249.

[13] Bock K, Pedersen C. J Chem Soc, Perkin Trans 2, 1974: 293.

[14] Usui R, Yamaoka N, Matsuda K, et al. J Chem Soc, Perkin Trans 1, 1973: 2425.

[15] Gorin P A J, et al. Carbohydr Res, 1975, 39: 3.

[16] Du Peuhoat P C M H, et al. Carbohydr Res, 1974, 36: 111.

第二节　双糖类化合物的 ¹³C NMR 化学位移

双糖类化合物是由两个单糖分子连接而成的。不管是哪种双糖，两个单糖相连接的位置的碳均向低场发生位移，与原来没有连接时的化学位移相比向低场位移 3～8。

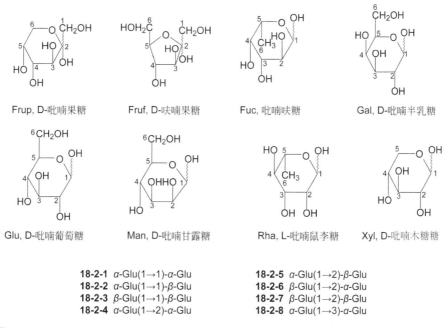

Frup, D-吡喃果糖　　Fruf, D-呋喃果糖　　Fuc, 吡喃呋糖　　Gal, D-吡喃半乳糖

Glu, D-吡喃葡萄糖　　Man, D-吡喃甘露糖　　Rha, L-吡喃鼠李糖　　Xyl, D-吡喃木糖糖

18-2-1 *α*-Glu(1→1)-*α*-Glu		**18-2-5** *α*-Glu(1→2)-*β*-Glu
18-2-2 *α*-Glu(1→1)-*β*-Glu		**18-2-6** *β*-Glu(1→2)-*α*-Glu
18-2-3 *β*-Glu(1→1)-*β*-Glu		**18-2-7** *β*-Glu(1→2)-*β*-Glu
18-2-4 *α*-Glu(1→2)-*α*-Glu		**18-2-8** *α*-Glu(1→3)-*α*-Glu

表 18-2-1　化合物 **18-2-1~18-2-8** 的 ¹³C NMR 化学位移数据

C	18-2-1[1]	18-2-2[1]	18-2-3[1]	18-2-4[2]	18-2-5[2]	18-2-6[2]	18-2-7[2]	18-2-8[2]
	α-Glu(1→1)-	*α*-Glu(1→1)-	*β*-Glu(1→1)-	*α*-Glu(1→2)-	*α*-Glu(1→2)-	*β*-Glu(1→2)-	*β*-Glu(1→2)-	*α*-Glu(1→3)-
1	94.0	101.9	100.7	97.1	98.6	104.4	103.2	99.8
2	72.0	72.4	74.2	72.7	72.7	74.2	74.2	72.8
3	73.5	73.8	77.3	74.0	74.0	76.5	76.5	74.1
4	70.6	70.4	71.1	70.7	70.7	70.4	70.4	71.3
5	73.0	73.6	77.3	72.7	72.7	76.5	76.5	72.8
6	61.5	61.6	62.5	61.6	61.6	61.7	61.7	61.8
	α-Glu	*β*-Glu	*β*-Glu	*α*-Glu	*β*-Glu	*α*-Glu	*β*-Glu	*α*-Glu
1	94.0	104.0	100.7	90.4	97.1	92.4	95.1	93.1
2	72.0	70.3	74.2	76.7	79.5	81.4	82.1	71.3
3	73.5	77.4	77.3	72.7	75.4	72.5	76.5	80.8
4	70.6	70.9	71.1	70.7	70.7	70.4	70.4	70.6
5	73.0	76.8	77.3	72.7	76.7	71.8	76.5	72.2
6	61.5	62.3	62.5	61.6	61.6	61.7	61.7	61.8

18-2-9 *α*-Glu(1→3)-*β*-Glu		**18-2-13** *α*-Glu(1→4)-*β*-Glu
18-2-10 *β*-Glu(1→3)-*α*-Glu		**18-2-14** *β*-Glu(1→4)-*α*-Glu
18-2-11 *β*-Glu(1→3)-*β*-Glu		**18-2-15** *β*-Glu(1→4)-*β*-Glu
18-2-12 *α*-Glu(1→4)-*α*-Glu		**18-2-16** *α*-Glu(1→6)-*α*-Glu

表 18-2-2　化合物 18-2-9~18-2-16 的 ^{13}C NMR 化学位移数据[2,3]

C	18-2-9	18-2-10	18-2-11	18-2-12	18-2-13	18-2-14	18-2-15	18-2-16
	α-Glu(1→3)-	β-Glu(1→3)-	β-Glu(1→3)-	α-Glu(1→4)-	α-Glu(1→4)-	β-Glu(1→4)-	β-Glu(1→4)-	α-Glu(1→6)-
1	99.8	103.2	103.2	100.7	100.7	103.6	103.6	98.5
2	72.8	74.1	74.1	72.8	72.8	74.3	74.3	72.4
3	74.1	76.4	76.4	73.9	73.9	76.6	76.6	74.1
4	71.3	70.5	70.8	70.4	70.4	70.6	70.6	70.4
5	72.8	76.4	76.4	73.6	73.6	77.0	77.0	72.9
6	61.8	61.7	61.7	61.6	61.6	61.7	61.7	61.6
	β-Glu	α-Glu	β-Glu	α-Glu	β-Glu	α-Glu	β-Glu	α-Glu
1	97.0	92.7	96.5	92.8	96.8	92.9	96.8	92.9
2	74.1	71.4	74.1	72.3	75.0	72.3	75.0	72.4
3	83.2	83.5	86.0	74.1	77.1	72.4	75.4	74.1
4	70.6	68.9	68.9	78.5	78.2	79.9	79.8	70.4
5	76.6	71.7	76.4	71.0	75.6	71.2	75.8	70.4
6	61.8	61.7	61.7	61.6	61.8	61.0	61.2	66.5

18-2-17　α-Glu(1→6)-β-Glu　　　　　18-2-21　β-Gal(1→4)-β-Glu
18-2-18　β-Glu(1→6)-α-Glu　　　　　18-2-22　α-Gal(1→6)-α-Glu
18-2-19　β-Glu(1→6)-β-Glu　　　　　18-2-23　α-Gal(1→6)-β-Glu
18-2-20　β-Gal(1→4)-α-Glu　　　　　18-2-24　α-Glu(1→3)-β-Gal

表 18-2-3　化合物 18-2-17~18-2-24 的 ^{13}C NMR 化学位移数据

C	18-2-17[2]	18-2-18[2]	18-2-19[2]	18-2-20[4]	18-2-21[4]	18-2-22[5]	18-2-23[5]	18-2-24[6]
	α-Glu(1→6)-	β-Glu(1→6)-	β-Glu(1→6)-	β-Gal(1→4)-	β-Gal(1→4)-	α-Gal(1→6)-	α-Gal(1→6)-	α-Glu(1→3)-
1	98.5	103.0	103.0	103.0	103.0	99.0	99.0	96.6
2	72.4	73.7	73.7	71.1	71.1	69.3	79.3	73.0
3	74.1	76.3	76.3	72.6	72.6	70.3	70.3	74.1
4	70.4	70.3	70.3	68.6	68.6	70.0	70.0	70.7
5	72.9	76.3	76.3	75.4	75.4	71.8	71.8	72.6
6	61.6	61.7	61.7	61.1	61.1	61.9	61.9	61.7
	β-Glu	α-Glu	β-Glu	α-Glu	β-Glu	α-Glu	β-Glu	β-Gal
1	96.8	92.5	96.4	91.9	95.8	93.0	96.9	97.7
2	75.0	72.1	74.7	70.2	73.9	72.3	74.9	71.5
3	76.2	73.7	76.3	71.2	74.5	73.8	76.7	78.8
4	70.4	70.3	70.3	78.4	78.4	70.4	70.3	66.3
5	75.0	71.0	75.3	71.5	74.9	70.9	75.2	76.1
6	66.5	69.4	69.4	60.2	60.2	66.8	66.7	62.2

18-2-25　α-Glu(1→4)-β-Gal　　　　　18-2-29　β-Man(1→4)-β-Glu
18-2-26　β-Glu(1→4)-α-Man　　　　　18-2-30　α-Man(1→2)-α-Man
18-2-27　β-Glu(1→4)-β-Man　　　　　18-2-31　β-Man(1→4)-α-Man
18-2-28　β-Man(1→4)-α-Glu　　　　　18-2-32　β-Man(1→4)-β-Man

表 18-2-4　化合物 18-2-25~18-2-32 的 ^{13}C NMR 化学位移数据[7]

C	18-2-25[6]	18-2-26	18-2-27	18-2-28	18-2-29	18-2-30	18-2-31[8]	18-2-32[8]
	α-Glu(1→4)-	β-Glu(1→4)-	β-Glu(1→4)-	β-Man(1→4)-	β-Man(1→4)-	α-Man(1→2)-	β-Man(1→4)-	β-Man(1→4)-
1	101.4	104.2	104.2	101.7	101.7	102.5	101.0	101.0
2	73.6	74.7	74.7	75.6	75.6	70.6	71.4	71.4

C	18-2-25[6]	18-2-26	18-2-27	18-2-28	18-2-29	18-2-30	18-2-31[8]	18-2-32[8]
3	74.0	77.6	77.6	74.6	74.6	70.3	73.7	73.7
4	70.6	71.2	71.2	68.4	68.4	67.2	67.5	67.5
5	73.1	77.1	77.1	78.1	78.1	72.8	77.2	77.2
6	61.4	62.0	62.0	62.2	62.2	61.3	61.9	61.9
	β-Gal	α-Man	β-Man	α-Glu	β-Glu	α-Man	α-Man	β-Man
1	97.9	95.3	95.3	93.5	97.5	92.9	94.6	94.5
2	73.1	71.9	71.9	72.3	72.3	79.4	71.0	71.4
3	73.1	70.6	73.4	73.0	76.2	70.3	69.8	72.5
4	78.6	78.5	78.5	80.5	80.5	67.3	77.6	77.3
5	76.3	72.6	76.5	71.7	75.9	73.6	71.7	75.6
6	61.4	62.2	62.2	62.4	62.4	61.4	61.3	61.3

18-2-33　α-Glu(1→2)-β-Fruf　　　　18-2-37　β-Gal(1→4)-α-Fruf
18-2-34　β-Fruf(2→1)-β-Frup　　　　18-2-38　β-Gal(1→4)-β-Fruf
18-2-35　β-Fruf(2→6)-α-Glu　　　　18-2-39　β-Gal(1→4)-β-Frup
18-2-36　β-Fruf(2→6)-β-Glu　　　　18-2-40　α-Glu(1→1)-β-Frup

表 18-2-5 化合物 **18-2-33~18-2-40** 的 ¹³C NMR 化学位移数据

C	18-2-33[1]	18-2-34[9]	18-2-35[9]	18-2-36[9]	18-2-37[10]	18-2-38[10]	18-2-39[10]	18-2-40[9]
	α-Glu(1→2)-	β-Fruf(2→1)-	β-Fruf(2→6)-	β-Fruf(2→6)-	β-Gal(1→4)-	β-Gal(1→4)-	β-Gal(1→4)-	α-Glu(1→1)-
1	92.9	61.0	61.1	61.1	103.9	103.4	101.5	99.2
2	71.9	104.3	104.6	104.6	71.7	71.7	71.7	72.2
3	73.4	77.2	77.8	77.9	73.7	73.7	73.7	73.7
4	70.0	75.0	75.4	75.5	69.7	69.7	69.7	70.3
5	73.2	81.9	82.0	82.0	76.0	76.0	76.0	72.6
6	61.0	62.7	63.2	63.3	62.1	62.1	62.1	61.3
	β-Fruf	β-Frup	α-Glu	β-Glu	α-Fruf	β-Fruf	β-Frup	β-Frup
1	62.2	64.2	93.0	96.8	63.9	65.1	65.1	69.9
2	104.5	100.0	72.3	74.9	105.6	103.1	98.8	98.6
3	77.3	68.8	73.5	76.5	81.8	76.1	67.2	68.6
4	74.8	70.2	70.6	70.5	86.0	84.9	78.3	70.3
5	82.2	69.8	71.5	75.8	81.4	80.8	67.7	69.8
6	63.2	64.5	61.7	61.7	63.6	63.6	63.9	64.3

18-2-41　α-Glu(1→3)-α-Fruf　　　　18-2-45　α-Glu(1→4)-β-Fruf
18-2-42　α-Glu(1→3)-β-Fruf　　　　18-2-46　α-Glu(1→4)-β-Frup
18-2-43　α-Glu(1→3)-β-Frup　　　　18-2-47　β-Glu(1→4)-α-Fruf
18-2-44　α-Glu(1→4)-α-Fruf　　　　18-2-48　β-Glu(1→4)-β-Fruf

表 18-2-6 化合物 **18-2-41~18-2-48** 的 ¹³C NMR 化学位移数据

C	18-2-41[9]	18-2-42[9]	18-2-43[9]	18-2-44[10]	18-2-45[10]	18-2-46[10]	18-2-47[10]	18-2-48[10]
	α-Glu(1→3)-	α-Glu(1→3)-	α-Glu(1→3)-	α-Glu(1→4)-	α-Glu(1→4)-	α-Glu(1→4)-	β-Glu(1→4)-	β-Glu(1→4)-
1	97.6	99.2	101.7	98.9	99.4	101.5	103.5	103.1
2	72.0	72.2	72.8	72.4	72.4	73.0	74.0	74.0
3	73.7	73.5	73.7	74.0	73.4	74.1	76.7	76.7
4	70.1	70.1	70.1	70.7	70.7	70.9	70.6	70.9
5	75.3	75.1	73.5	73.5	73.5	73.4	76.9	76.9
6	61.1	61.1	61.3	61.7	61.7	61.8	61.8	61.8

续表

C	18-2-41[9]	18-2-42[9]	18-2-43[9]	18-2-44[10]	18-2-45[10]	18-2-46[10]	18-2-47[10]	18-2-48[10]
	α-Fruf	β-Fruf	β-Frup	α-Fruf	β-Fruf	β-Frup	α-Fruf	β-Fruf
1	61.8	63.1	64.8	63.8	63.8	65.1	63.6	63.6
2	105.0	102.4	98.5	106.3	103.1	99.4	105.9	103.2
3	85.5	81.2	77.4	81.3	76.5	68.2	81.7	76.7
4	73.0	73.1	71.0	83.3	82.4	79.2	86.2	84.9
5	82.3	81.6	69.8	82.2	81.1	70.3	81.7	80.9
6	63.5	63.7	64.1	62.6	63.8	64.5	63.6	63.6

18-2-49　β-Glu(1→4)-β-Frup　　　　　18-2-53　β-Gal(1→2)-α-Rha
18-2-50　α-Glu(1→5)-β-Frup　　　　　18-2-54　β-Gal(1→2)-β-Rha
18-2-51　α-Glu(1→6)-α-Fruf　　　　　18-2-55　β-Gal(1→3)-α-Rha
18-2-52　α-Glu(1→6)-β-Fruf　　　　　18-2-56　β-Gal(1→3)-β-Rha

表 18-2-7　化合物 18-2-49~18-2-56 的 ^{13}C NMR 化学位移数据

C	18-2-49[10]	18-2-50[11]	18-2-51[12]	18-2-52[12]	18-2-53[11]	18-2-54[11]	18-2-55[11]	18-2-56[11]
	β-Glu(1→4)-	α-Glu(1→5)-	α-Glu(1→6)-	α-Glu(1→6)-	β-Gal(1→2)-	β-Gal(1→2)-	β-Gal(1→3)-	β-Gal(1→3)-
1	101.1	101.5	99.7	99.4	105.9	105.1	105.5	105.5
2	74.0	73.2	72.6	72.6	72.2	72.2	72.4	72.4
3	76.7	74.2	74.2	74.2	73.7	73.7	73.8	73.8
4	70.6	70.9	70.8	70.8	69.7	69.7	69.9	69.9
5	76.9	73.3	73.1	73.1	76.2	76.2	76.3	76.3
6	61.8	61.9	61.8	61.8	62.2	62.2	62.6	62.6
	β-Frup	β-Frup	α-Fruf	β-Fruf	α-Rha	β-Rha	α-Rha	β-Rha
1	65.0	65.1	63.9	63.9	94.1	93.9	95.0	94.5
2	99.1	99.2	105.9	102.9	81.7	82.4	71.9	72.4
3	67.1	69.2	82.9	76.5	71.1	74.2	81.0	83.4
4	78.4	71.2	77.3	75.8	73.6	73.3	72.4	72.4
5	67.7	80.2	81.2	80.1	69.3	73.6	69.5	73.0
6	63.9	63.4	68.0	69.0	18.1	17.9	18.1	18.1

18-2-57　α-Gal(1→4)-α-Rha　　　　　18-2-61　β-Glu(1→2)-α-Rha
18-2-58　α-Gal(1→4)-β-Rha　　　　　18-2-62　β-Glu(1→2)-β-Rha
18-2-59　β-Gal(1→4)-α-Rha　　　　　18-2-63　β-Glu(1→3)-α-Rha
18-2-60　β-Gal(1→4)-β-Rha　　　　　18-2-64　β-Glu(1→3)-β-Rha

表 18-2-8　化合物 18-2-57~18-2-64 的 ^{13}C NMR 化学位移数据

C	18-2-57[13]	18-2-58[13]	18-2-59[11]	18-2-60[11]	18-2-61[11]	18-2-62[11]	18-2-63[11]	18-2-64[11]
	α-Gal(1→4)-	α-Gal(1→4)-	β-Gal(1→4)-	β-Gal(1→4)-	β-Glu(1→2)-	β-Glu(1→2)-	β-Glu(1→3)-	β-Glu(1→3)-
1	100.5	100.5	104.9	104.9	105.3	104.6	105.0	105.0
2	69.2	69.2	72.9	72.9	74.5	74.5	74.7	74.7
3	69.6	69.5	74.0	74.0	77.0	77.0	76.9	76.9
4	69.9	69.9	69.8	69.8	70.5	70.5	70.8	70.8
5	70.0	70.0	76.4	76.4	76.7	76.7	76.9	76.9
6	61.6	61.6	62.1	62.1	61.7	61.7	61.9	61.9
	α-Rha	β-Rha	α-Rha	β-Rha	α-Rha	β-Rha	α-Rha	β-Rha
1	94.3	94.1	95.0	94.6	94.0	93.9	95.0	94.6
2	71.8	72.0	72.0	72.5	82.1	82.4	71.8	72.3

C	18-2-57[13]	18-2-58[13]	18-2-59[11]	18-2-60[11]	18-2-61[11]	18-2-62[11]	18-2-63[11]	18-2-64[11]
3	69.6	72.4	71.2	74.0	70.9	74.3	81.0	83.5
4	82.1	81.6	82.3	81.9	73.5	73.2	72.5	72.3
5	68.1	72.3	68.1	71.8	69.3	73.8	69.5	73.0
6	17.9	17.9	18.2	18.2	17.9	17.9	18.1	18.1

18-2-65 β-Glu(1→4)-α-Rha   **18-2-69** β-Man(1→4)-α-Rha
18-2-66 β-Glu(1→4)-β-Rha   **18-2-70** β-Man(1→4)-β-Rha
18-2-67 α-Man(1→4)-α-Rha   **18-2-71** α-Rha(1→3)-α-Gal
18-2-68 α-Man(1→4)-β-Rha   **18-2-72** α-Rha(1→3)-β-Gal

表 18-2-9 化合物 **18-2-65~18-2-72** 的 ^{13}C NMR 化学位移数据

C	18-2-65[11]	18-2-66[11]	18-2-67[14]	18-2-68[14]	18-2-69[15]	18-2-70[15]	18-2-71[14]	18-2-72[14]
	β-Glu(1→4)-	β-Glu(1→4)-	α-Man(1→4)-	α-Man(1→4)-	β-Man(1→4)-	β-Man(1→4)-	α-Rha(1→3)-	α-Rha(1→3)-
1	104.4	104.4	102.5	102.5	101.8	101.8	103.6	103.6
2	75.1	75.1	71.5	71.5	71.8	71.8	71.3	71.3
3	77.2	77.2	71.6	71.6	74.3	74.3	71.3	71.3
4	76.8	70.8	67.7	67.7	68.0	68.0	73.2	73.2
5	77.0	77.0	74.1	74.1	77.5	77.5	70.4	70.4
6	61.9	61.9	61.9	61.9	62.2	62.2	17.8	17.8
	α-Rha	β-Rha	α-Rha	β-Rha	α-Rha	β-Rha	α-Gal	β-Gal
1	95.0	94.6	94.8	94.6	95.1	94.5	93.6	97.5
2	72.0	72.5	72.2	72.7	72.2	71.8	70.4	72.5
3	71.2	74.0	70.1	72.8	71.2	74.0	78.4	81.8
4	82.5	82.0	82.7	82.3	80.8	80.4	69.8	68.9
5	68.0	71.6	69.0	72.2	68.2	72.8	71.7	76.3
6	18.2	18.2	18.2	18.2	18.3	18.3	62.3	62.1

18-2-73 β-Rha(1→3)-α-Gal   **18-2-77** α-Rha(1→6)-α-Gal
18-2-74 β-Rha(1→3)-β-Gal   **18-2-78** α-Rha(1→6)-β-Gal
18-2-75 α-Rha(1→4)-α-Gal   **18-2-79** α-Rha(1→6)-α-Glu
18-2-76 α-Rha(1→4)-β-Gal   **18-2-80** α-Rha(1→6)-β-Glu

表 18-2-10 化合物 **18-2-73~18-2-80** 的 ^{13}C NMR 化学位移数据

C	18-2-73[14]	18-2-74[14]	18-2-75[16]	18-2-76[16]	18-2-77[17]	18-2-78[17]	18-2-79[17]	18-2-80[17]
	β-Rha(1→3)-	β-Rha(1→3)-	α-Rha(1→4)-	α-Rha(1→4)-	α-Rha(1→6)-	α-Rha(1→6)-	α-Rha(1→6)-	α-Rha(1→6)-
1	98.1	98.1	103.7	103.7	101.7	101.7	101.9	102.1
2	73.2	73.2	71.7	71.7	71.3	71.3	71.4	71.4
3	73.9	73.9	71.7	71.7	71.5	71.5	71.7	71.7
4	73.2	73.2	73.6	73.6	73.3	73.3	73.5	73.5
5	73.5	73.5	70.4	70.4	69.9	69.9	69.9	69.9
6	17.9	17.9	18.0	18.0	17.9	17.9	17.9	17.9
	α-Gal	β-Gal	α-Gal	β-Gal	α-Gal	β-Gal	α-Glu	β-Glu
1	93.3	97.5	93.9	98.0	93.6	97.8	93.4	97.4
2	68.1	72.3	70.6	71.7	70.2	73.2	72.9	75.5
3	77.1	80.4	78.5	81.9	69.6	74.1	74.1	77.2
4	67.5	66.9	70.0	69.3	70.7	70.0	71.2	71.2
5	71.6	76.1	72.9	76.4	70.3	74.7	71.8	76.1
6	62.3	62.2	62.4	62.2	68.7	68.2	68.5	68.3

18-2-81 α-Rha(1→2)-α-Rha   **18-2-85** α-Xyl(1→2)-α-Xyl
18-2-82 α-Rha(1→3)-α-Rha   **18-2-86** α-Xyl(1→2)-β-Xyl
18-2-83 α-Rha(1→3)-β-Rha   **18-2-87** β-Xyl(1→2)-α-Xyl
18-2-84 α-Rha(1→4)-α-Rha   **18-2-88** β-Xyl(1→2)-β-Xyl

表 18-2-11 化合物 18-2-81~18-2-88 的 ^{13}C NMR 化学位移数据

C	18-2-81[18]	18-2-82[18]	18-2-83[18]	18-2-84[19]	18-2-85[20]	18-2-86[20]	18-2-87[20]	18-2-88[20]
	α-Rha(1→2)-	α-Rha(1→3)-	α-Rha(1→3)-	α-Rha(1→4)-	α-Xyl(1→2)-	α-Xyl(1→2)-	β-Xyl(1→2)-	β-Xyl(1→2)-
1	102.8	103.1	103.1	102.1	97.8	99.0	105.9	104.9
2	70.9	71.0	71.0	71.2	72.7	72.7	74.3	74.3
3	70.6	71.0	71.0	71.2	74.2	74.2	76.7	76.7
4	72.8	72.9	72.9	72.8	70.7	70.7	70.4	70.4
5	69.8	69.9	69.9	70.0	62.7	62.7	66.2	66.2
6	17.6	17.4	17.4	17.3				
	α-Rha	α-Rha	β-Rha	α-Rha	α-Xyl	β-Xyl	α-Xyl	β-Xyl
1	93.4	94.8	94.2	94.5	90.9	98.2	93.1	96.5
2	79.9	71.5	72.1	71.3	77.1	79.4	81.9	82.9
3	70.9	78.6	81.2	71.5	72.5	75.6	73.0	74.5
4	73.2	72.5	72.1	80.7	70.7	70.0	70.4	70.4
5	69.1	69.3	72.7	67.3	62.1	66.2	61.7	66.2
6	17.4	17.4	17.6	18.3				

18-2-89 α-Xyl(1→3)-α-Xyl   **18-2-93** α-Xyl(1→4)-α-Xyl
18-2-90 α-Xyl(1→3)-β-Xyl   **18-2-94** α-Xyl(1→4)-β-Xyl
18-2-91 β-Xyl(1→3)-α-Xyl   **18-2-95** β-Xyl(1→4)-α-Xyl
18-2-92 β-Xyl(1→3)-β-Xyl   **18-2-96** β-Xyl(1→4)-β-Xyl

表 18-2-12 化合物 18-2-89~18-2-96 的 ^{13}C NMR 化学位移数据

C	18-2-89[20]	18-2-90[20]	18-2-91[20]	18-2-92[20]	18-2-93[20]	18-2-94[20]	18-2-95[21]	18-2-96[21]
	α-Xyl(1→3)-	α-Xyl(1→3)-	β-Xyl(1→3)-	β-Xyl(1→3)-	α-Xyl(1→4)-	α-Xyl(1→4)-	β-Xyl(1→4)-	β-Xyl(1→4)-
1	100.0	100.0	104.7	104.7	101.4	101.4	102.7	102.7
2	72.8	72.8	74.6	74.6	72.9	72.9	73.7	73.7
3	74.3	74.3	76.8	76.8	74.2	74.2	76.5	76.5
4	71.1	71.1	70.4	70.4	70.6	70.6	70.1	70.1
5	62.7	62.7	66.3	66.3	62.8	62.8	66.1	66.1
	α-Xyl	β-Xyl	α-Xyl	β-Xyl	α-Xyl	β-Xyl	α-Xyl	β-Xyl
1	93.6	97.9	93.3	97.6	93.2	97.7	92.8	97.3
2	70.8	73.8	72.1	74.9	72.4	75.1	72.3	74.9
3	80.1	82.7	82.9	85.3	72.9	76.1	71.9	74.9
4	70.6	70.6	68.9	68.9	79.3	79.3	77.5	77.3
5	62.4	66.2	62.1	65.5	61.3	65.5	59.8	63.9

18-2-97 β-Gal(1→2)-β-GalOMe   **18-2-101** α-Glu(1→2)-β-GluOMe
18-2-98 α-Gal(1→4)-α-GalOMe   **18-2-102** β-Glu(1→2)-α-GluOMe
18-2-99 β-Gal(1→4)-β-GluOMe   **18-2-103** α-Glu(1→4)-β-GluOMe
18-2-100 β-Glu(1→3)-α-GalOMe   **18-2-104** β-Glu(1→4)-β-GluOMe

表 18-2-13 化合物 18-2-97~18-2-104 的 ^{13}C NMR 化学位移数据

C	18-2-97[22]	18-2-98[24]	18-2-99[24]	18-2-100[25]	18-2-101[2]	18-2-102[2]	18-2-103[2]	18-2-104[26]
	β-Gal(1→2)-	α-Gal(1→4)-	β-Gal(1→4)-	β-Glu(1→3)-	α-Glu(1→2)-	β-Glu(1→2)-	α-Glu(1→4)-	β-Glu(1→4)-
1	104.1	101.4	103.1	104.5	99.0	105.0	101.1	103.9

续表

C	18-2-97[22]	18-2-98[24]	18-2-99[24]	18-2-100[25]	18-2-101[2]	18-2-102[2]	18-2-103[2]	18-2-104[26]
2	73.8	69.3	71.2	74.1	73.0	74.4	74.3	74.6
3	73.6	70.0	73.0	76.4	74.2	77.1	74.6	77.2
4	69.5	69.9	68.9	70.1	71.3	71.3	70.9	71.2
5	76.1	71.9	75.5	76.2	73.0	77.1	73.4	77.5
6	61.7	61.5	61.2	61.6	61.9	62.2	62.3	62.4
	β-GalOMe	α-GalOMe	β-GluOMe	α-GalOMe	β-GluOMe	α-GluOMe	β-GluOMe	β-GluOMe
1	103.2	100.4	103.2	100.0	105.0	100.0	104.4	104.5
2	79.3	69.5	73.0	69.6	79.0	81.7	74.6	74.2
3	73.6	71.9	74.9	80.4	75.8	73.3	77.8	75.9
4	69.6	79.8	78.9	67.9	70.8	71.3	78.7	80.3
5	75.9	70.1	74.7	71.1	77.1	72.5	76.1	76.4
6	61.7	61.5	60.5	61.9	62.5	62.2	62.3	61.8
OMe	57.7	56.1	57.3		58.9	56.2	58.7	58.9

18-2-105	β-Glu(1→6)-β-GluOMe	**18-2-109**	α-Man(1→6)-α-ManOMe
18-2-106	α-Man(1→2)-α-ManOMe	**18-2-110**	β-Glu(1→4)-α-RhaOMe
18-2-107	α-Man(1→3)-α-ManOMe	**18-2-111**	α-Rha(1→6)-α-GluOMe
18-2-108	α-Man(1→4)-α-ManOMe	**18-2-112**	α-Rha(1→2)-α-RhaOMe

表 18-2-14　化合物 **18-2-105~18-2-112** 的 ^{13}C NMR 化学位移数据

C	18-2-105[2]	18-2-106[27]	18-2-107[27]	18-2-108[27]	18-2-109[27]	18-2-110[16]	18-2-111[28]	18-2-112[29]
	β-Glu(1→6)-	α-Man(1→2)-	α-Man(1→3)-	α-Man(1→4)-	α-Man(1→6)-	β-Glu(1→4)-	α-Rha(1→6)-	α-Rha(1→2)-
1	104.0	103.0	102.6	101.0	100.3	104.7	101.3	102.9
2	74.0	71.7	70.3	70.7	70.8	75.2	71.1	71.1
3	77.2	71.7	70.6	71.4	71.5b	77.3	71.1	70.9
4	71.0	67.8	67.0	70.7	67.7	71.0	72.8	72.9
5	77.2	74.1	73.6	74.0	73.6	77.3	69.5	69.7
6	62.5	61.8	61.1	61.3	61.8	62.1	17.4	17.8
	β-GluOMe	α-ManOMe	α-ManOMe	α-ManOMe	α-ManOMe	α-RhaOMe	α-GluOMe	α-RhaOMe
1	104.5	100.1	101.0	101.8	101.8	102.1	100.1	100.5
2	74.0	79.3	69.8	71.4	70.8	71.4	72.8	79.0
3	71.0	70.8	78.5	70.7	71.5	71.8	73.9	70.9
4	71.2	67.8	66.4	74.5	67.4	82.5	70.4	73.1
5	76.1	73.4	73.0	71.4	71.6	68.3	71.1	69.2
6	70.0	61.9	61.1	61.3	66.5	18.1	68.8	17.7
OMe	58.8	55.7	55.0	55.0	55.7	55.9		

18-2-113	β-Rha(1→2)-α-RhaOMe	**18-2-117**	β-Rha(1→4)-α-RhaOMe
18-2-114	α-Rha(1→3)-α-RhaOMe	**18-2-118**	α-Xyl(1→2)-β-XylOMe
18-2-115	β-Rha(1→3)-α-RhaOMe	**18-2-119**	β-Xyl(1→2)-β-XylOMe
18-2-116	α-Rha(1→4)-α-RhaOMe	**18-2-120**	α-Xyl(1→3)-β-XylOMe

表 18-2-15　化合物 **18-2-113~18-2-120** 的 ^{13}C NMR 化学位移数据[30,31]

C	18-2-113	18-2-114[30]	18-2-115	18-2-116[18]	18-2-117	18-2-118	18-2-119	18-2-120
	β-Rha(1→2)-	α-Rha(1→3)-	β-Rha(1→3)-	α-Rha(1→4)-	β-Rha(1→4)-	α-Xyl(1→2)-	β-Xyl(1→2)-	α-Xyl(1→3)-
1	99.7	102.9	98.4	103.0	101.6	99.1	103.7	100.1
2	70.8	71.0	69.3	71.7	70.5	72.7	74.7	72.9
3	73.7	71.1	73.8	71.8	73.8	74.2	76.8	74.3

续表

C	18-2-113	18-2-114[30]	18-2-115	18-2-116[18]	18-2-117	18-2-118	18-2-119	18-2-120
4	73.1	73.0	73.4	73.2	73.4	70.7	70.4	71.0
5	73.5	69.6	73.1	70.6	73.0	62.6	66.3	62.7
6	17.9	17.8	18.0	18.0	17.5			
	α-RhaOMe	α-RhaOMe	α-RhaOMe	α-RhaOMe	α-RhaOMe	β-XylOMe	β-XylOMe	β-XylOMe
1	99.7	101.6	101.8	102.1	101.8	105.4	104.9	105.3
2	78.6	70.8	71.6	71.9	71.7	78.5	81.8	72.7
3	73.7	78.8	78.7	72.4	70.3	75.5	76.4	82.9
4	72.1	72.2	72.1	81.1	83.7	70.7	70.2	70.6
5	69.7	69.4	68.5	68.2	68.0	66.1	65.9	66.2
6	17.7	17.8	17.9	18.7	17.7	58.5	58.1	58.4
OMe	56.0		55.9	55.9	56.0			

18-2-121 β-Xyl(1→3)-β-XylOMe
18-2-122 α-Xyl(1→4)-β-XylOMe
18-2-123 β-Xyl(1→4)-β-XylOMe

表 18-2-16 化合物 **18-2-121~18-2-123** 的 ^{13}C NMR 化学位移数据[31]

C	18-2-121	18-2-122	18-2-123
	β-Xyl(1→3)-	α-Xyl(1→4)-	β-Xyl(1→4)-
1	104.8	101.5	103.1
2	74.6	73.0	74.0
3	76.9	74.4	76.9
4	70.4	70.7	70.4
5	66.4	62.9	66.5
	β-XylOMe	β-XylOMe	β-XylOMe
1	104.9	105.2	105.1
2	73.7	74.1	74.0
3	85.3	76.0	75.0
4	69.0	79.4	77.7
5	66.0	65.4	64.1
OMe	58.4	58.4	58.4

<h1 align="center">参 考 文 献</h1>

[1] Coxon B. Dev Food Carbohydr, 1980, 2: 351.

[2] Usui T, Yamaoka N, Matsuda K, et al. J Chem Soc, Perkin Trans 1, 1973: 2425.

[3] Heyraud A, Rinaudo M, Vignon M (R), et al. Biopolymers, 1979, 18: 167.

[4] Voelter W, Bilik V, Breitmaier E. Collect Czech Chem Commun, 1973, 38: 2054.

[5] Morris G A, Hall L D. J Am Chem Soc, 1981, 103: 4703.

[6] Kochetkov K N, Torgov V I, Malysheva N N, et al. Tetrahedron, 1980, 36: 1227.

[7] Usui T, Mizuno T, Kato K, et al. Agric Biol Chem, 1979, 43: 863.

[8] Mccleary B V, Taravel F R, Cheetham N W H. Carbohydr Res, 1982, 104: 285.

[9] Munksgaard V. Oligosaccharider I honing. Ph D Thesis. Danmarks Farmaceutiske Hojskole, 1981.

[10] Pfeffer P E, Hicks K B. Carbohydr Res, 1982, 102: 11.

[11] Colson P, King R R. Carbohydr Res, 1976, 47: 1.

[12] Jarrell H C, Conway T F, Moyna P, et al. Carbohydr Res, 1979, 76: 45.

[13] Fugedi P, Liptak A, Nanasi P, et al. Carbohydr Res, 1980, 80: 233.

[14] Torgov V I, Shibeav V N, Shashikov A S, et al. Bioorg Khim, 1980, 6: 1860.

[15] Dmitriev B A, Nikolaev A V, Shashkov A S, et al. Carbohydr Res, 1982, 100: 195.

[16] Kochetkov K N, Dmitriew B A, Nikolaev A V, et al. Bioorg Khim, 1979, 5: 64.

[17] Backinowsky L V, Balan N F, Shashkov A S, et al. Carbohydr Res, 1980, 84: 225.

[18] Pozsgay V, Nanasi P, Neszmelyi A. Chem Commun, 1979: 828.

[19] Liptak A, Nanasi P, Neszmelyi A, et al. Tetrahedron, 1980, 36: 1261.

[20] Petrakova E, Kovac P. Chem Zvesti, 1981, 35: 551.

[21] Gast J C, Atalla R H, Mckelvey R D. Carbohydr Res, 1980, 84: 137.

[22] Eby R, Schuerch C. Carbohydr Res, 1981, 92: 149.

[23] Cox D D, Metzner E K, Cary L W, et al. Carbohydr Res, 1978, 67: 23.

[24] DorMan D E, Roerts J D. J Am Chem Soc, 1971, 93: 4463.

[25] Wozney Y V, Backinowsky L V, Kochetkov N K, et al. Carbohydr Res, 1979, 73: 282.

[26] Balza F, Cyr N, Hamer G K, et al. Carbohydr Res, 1977, 59: c7.

[27] Ogawa T, Sasajima K. Carbohydr Res, 1981, 97: 205.

[28] Laffite C, Nguyen Phouc Du A M, Winternitz F, et al. Carbohydr Res, 1978, 67: 91.

[29] Liptak A, Neszmelyi A, Wagner H. Tetrahedron Lett, 1979: 741.

[30] Iversen T, Bundle D R. J Org Chem, 1981, 46: 5389.

[31] Kovac P, Hirsch J, Shashkov A S, et al. Carbohydr Res, 1980, 85: 177.

第三节　三糖类化合物的 ^{13}C NMR 化学位移

三糖类化合物是 3 个单糖分子相互连接在一起形成的，这里仅选择 3 个单糖分子顺序连接的三糖类，被连接的位置的碳的化学位移向低场位移 3～8。

18-3-1 α-Glu(1→2)-α-Glu(1→6)-α-Glu
18-3-2 α-Glu(1→2)-α-Glu(1→6)-β-Glu
18-3-3 α-Glu(1→4)-α-Glu(1→4)-α-Glu
18-3-4 α-Glu(1→4)-α-Glu(1→4)-β-Glu
18-3-5 β-Glu(1→4)-β-Glu(1→4)-α-Glu
18-3-6 β-Glu(1→4)-β-Glu(1→4)-β-Glu
18-3-7 α-Glu(1→4)-α-Glu(1→6)-α-Glu

表 18-3-1　化合物 **18-3-1~18-3-7** 的 ^{13}C NMR 化学位移数据

C	18-3-1[1]	18-3-2[1]	18-3-3[2]	18-3-4[2]	18-3-5[2]	18-3-6[2]	18-3-7[3]
	α-Glu(1→2)-	α-Glu(1→2)-	α-Glu(1→4)-	α-Glu(1→4)-	β-Glu(1→4)-	β-Glu(1→4)-	α-Glu(1→4)-
1	96.3	96.3	100.9	100.9	103.6	103.6	100.4
2	72.5	72.5	72.8	72.8	74.2	74.2	73.4
3	73.8	73.8	74.0	74.0	76.6	76.6	74.3
4	70.6	70.6	70.5	70.5	70.5	70.5	70.3
5	72.3	72.3	73.7	73.7	77.0	77.0	72.3
6	61.5	61.5	61.6	61.6	61.7	61.7	61.6
	α-Glu(1→6)-	α-Glu(1→6)-	α-Glu(1→4)-	α-Glu(1→4)-	β-Glu(1→4)-	β-Glu(1→4)-	α-Glu(1→6)-
1	97.0	97.0	100.6	100.5	103.4	103.4	98.6
2	76.5	76.5	72.6	72.5	74.0	74.0	72.6
3	72.7	72.7	74.3	74.3	75.1	75.1	73.9
4	70.4	70.4	78.3	78.3	79.5	79.5	78.1
5	73.2	73.2	72.3	72.3	75.9	75.9	70.9
6	61.5	61.5	61.6	61.6	61.0	61.0	61.6
	α-Glu	β-Glu	α-Glu	β-Glu	α-Glu	β-Glu	α-Glu
1	92.9	96.9	92.9	96.8	92.9	96.8	93.1
2	72.7	75.0	72.3	75.1	72.3	75.0	72.6
3	73.7	76.7	74.1	77.1	72.4	75.3	73.9
4	70.4	70.4	78.6	78.4	79.8	79.6	70.3
5	70.8	75.1	71.1	75.6	71.2	75.9	70.6
6	67.1	67.1	61.6	61.8	61.0	61.1	66.8

18-3-8 α-Glu(1→4)-α-Glu(1→6)-β-Glu
18-3-9 α-Glu(1→6)-α-Glu(1→4)-α-Glu
18-3-10 α-Glu(1→6)-α-Glu(1→4)-β-Glu
18-3-11 α-Glu(1→6)-α-Glu(1→6)-α-Glu
18-3-12 α-Glu(1→6)-α-Glu(1→6)-β-Glu
18-3-13 β-Glu(1→6)-β-Glu(1→6)-α-Glu
18-3-14 β-Glu(1→6)-β-Glu(1→6)-β-Glu

表 18-3-2 化合物 **18-3-8~18-3-14** 的 ^{13}C NMR 化学位移数据

C	**18-3-8**[3]	**18-3-9**[3]	**18-3-10**[3]	**18-3-11**[4]	**18-3-12**[4]	**18-3-13**[5]	**18-3-14**[5]
	α-Glu(1→4)-	α-Glu(1→6)-	α-Glu(1→6)-	α-Glu(1→6)-	α-Glu(1→6)-	β-Glu(1→6)-	β-Glu(1→6)-
1	100.4	98.5	98.5	98.4	98.4	102.8	102.8
2	73.4	72.3	72.3	72.1	72.1	73.0	73.0
3	74.3	73.8	73.8	73.7	73.7	75.5	75.5
4	70.3	70.4	70.4	70.1	70.1	69.4	69.4
5	72.3	72.3	72.3	72.5	72.5	74.9	74.9
6	61.6	61.6	61.6	61.1	61.1	60.7	60.7
	α-Glu(1→6)-	α-Glu(1→4)-	α-Glu(1→4)-	α-Glu(1→6)-	α-Glu(1→6)-	β-Glu(1→6)-	β-Glu(1→6)-
1	98.6	100.3	100.3	98.6	98.6	102.8	102.8
2	72.6	73.5	73.5	72.1	72.1	73.0	73.0
3	73.9	73.8	73.8	74.0	74.0	75.6	75.6
4	78.1	70.4	70.4	70.9	70.9	69.6	69.6
5	70.9	70.4	70.4	72.1	72.1	74.9	74.9
6	61.6	66.6	66.6	66.1	66.1	68.5	68.5
	β-Glu	α-Glu	β-Glu	α-Glu	β-Glu	α-Glu	β-Glu
1	97.0	92.5	96.4	92.9	96.8	92.1	95.9
2	75.1	72.3	74.6	72.1	74.7	71.4	74.0
3	77.0	73.8	76.9	73.7	76.7	72.7	75.9
4	70.3	77.7	77.7	70.6	70.2	69.6	69.6
5	75.1	70.8	75.0	72.5	74.9	70.4	70.8
6	66.8	61.6	61.6	66.4	66.4	68.8	68.9

18-3-15 β-Gal(1→3)-β-Gal(1→4)-α-Glu
18-3-16 β-Gal(1→3)-β-Gal(1→4)-β-Glu
18-3-17 α-Gal(1→6)-β-Man(1→4)-α-Man
18-3-18 α-Gal(1→6)-β-Man(1→4)-β-Man
18-3-19 β-Man(1→4)-β-Glu(1→4)-α-Man

表 18-3-3 化合物 **18-3-15~18-3-19** 的 ^{13}C NMR 化学位移数据

C	**18-3-15**[6]	**18-3-16**[6]	**18-3-17**[7]	**18-3-18**[7]	**18-3-19**[8]
	β-Gal(1→3)-	β-Gal(1→3)-	α-Gal(1→6)-	α-Gal(1→6)-	β-Man(1→4)-
1	105.2	105.2	99.2	99.2	101.6
2	71.9	71.9	69.3	69.3	72.0
3	73.4	73.4	70.2	70.2	74.2
4	69.4	69.4	70.1	70.1	68.1
5	75.9	75.9	71.8	71.8	77.0
6	61.8	61.8	61.9	61.9	62.4
	β-Gal(1→4)-	β-Gal(1→4)-	β-Man(1→4)-	β-Man(1→4)-	β-Glu(1→4)-
1	103.4	103.4	101.2	101.2	104.2
2	71.0	71.0	71.3	71.3	74.2
3	82.7	82.7	73.7	73.7	77.0
4	69.3	69.3	67.4	67.4	86.6
5	75.9	75.9	75.3	75.3	76.0
6	61.8	61.8	67.1	67.1	62.0

C	18-3-15[6]	18-3-16[6]	18-3-17[7]	18-3-18[7]	18-3-19[8]
	α-Glu	β-Glu	α-Man	β-Man	α-Man
1	92.7	96.6	94.6	94.5	95.3
2	72.0	74.7	70.9	71.3	71.6
3	72.2	75.2	69.8	72.5	70.7
4	79.2	79.0	78.1	77.9	78.4
5	70.9	75.6	71.6	75.5	72.4
6	69.9	61.1	61.4	61.4	62.0

18-3-20　β-Man(1→4)-β-Glu(1→4)-β-Man
18-3-21　β-Man(1→4)-β-Man(1→4)-α-Glu
18-3-22　β-Man(1→4)-β-Man(1→4)-β-Glu
18-3-23　α-Man(1→2)-α-Man(1→2)-α-Man
18-3-24　β-Man(1→4)-β-Man(1→4)-α-Man
18-3-25　β-Man(1→4)-β-Man(1→4)-β-Man
18-3-26　α-Glu(1→4)-α-Glu(1→2)-α-Fru*f*

表 18-3-4　化合物 **18-3-20~18-3-26** 的 ^{13}C NMR 化学位移数据

C	18-3-20[8]	18-3-21[8]	18-3-22[8]	18-3-23[9]	18-3-24[8]	18-3-25[8]	18-3-26[4]
	β-Man(1→4)-	β-Man(1→4)-	β-Man(1→4)-	α-Man(1→2)-	β-Man(1→4)-	β-Man(1→4)-	α-Glu(1→4)-
1	101.6	101.5	101.5	102.5	101.6	101.6	100.6
2	72.0	72.0	72.0	70.6	71.9	71.9	72.6
3	74.2	74.3	74.3	70.2	74.3	74.3	73.8
4	68.1	68.4	68.4	67.1	68.2	68.2	70.2
5	77.0	77.9	77.9	72.7	77.9	77.9	73.5
6	62.4	62.4	62.4	61.3	62.0	62.0	61.4
	β-Glu(1→4)-	β-Man(1→4)-	β-Man(1→4)-	α-Man(1→2)-	β-Man(1→4)-	β-Man(1→4)-	α-Glu(1→2)-
1	104.2	101.7	101.7	100.8	101.6	101.6	92.8
2	74.2	71.5	71.5	78.8	71.4	71.4	71.7
3	77.0	73.0	73.0	70.2	73.0	73.0	73.8
4	86.6	77.9	77.9	67.3	77.9	77.9	77.7
5	76.0	76.5	76.5	73.5	76.5	76.5	71.9
6	62.0	62.0	62.0	61.3	62.0	62.0	61.0
	β-Man	α-Glu	β-Glu	α-Man	α-Man	β-Man	α-Fru*f*
1	95.3	93.4	97.3	92.7	95.2	95.2	62.3
2	72.0	72.0	75.3	79.6	71.9	71.9	104.5
3	73.6	73.0	76.1	70.2	70.4	73.0	77.4
4	78.4	80.6	80.6	67.3	77.9	77.9	74.9
5	76.0	71.5	75.7	73.5	72.4	76.5	82.2
6	62.4	62.0	62.4	61.3	62.4	62.4	63.2

18-3-27　α-Glu(1→2)-β-Fru*f*(2→1)-β-Fru*f*
18-3-28　α-Glu(1→2)-[α-Glu(1→3)]-β-Fru*f*
18-3-29　α-Gal(1→6)-α-Glu(1→2)-β-Fru*f*
18-3-30　α-Glu(1→6)-α-Glu(1→2)-β-Fru*f*
18-3-31　α-Glu(1→4)-α-Glu(1→4)-β-Fru*f*
18-3-32　α-Glu(1→4)-α-Glu(1→4)-β-Fru*p*
18-3-33　α-Gal(1→4)-β-Glu(1→2)- α-Rha

表 18-3-5　化合物 **18-3-27~18-3-33** 的 ^{13}C NMR 化学位移数据

C	18-3-27[10]	18-3-28[4]	18-3-29[11]	18-3-30[4]	18-3-31[4]	18-3-32[4]	18-3-33[12]
	α-Glu(1→2)-	α-Glu(1→2)-	α-Gal(1→6)-	α-Glu(1→6)-	α-Glu(1→4)-	α-Glu(1→4)-	α-Gal(1→4)-
1	93.7	92.5	99.3	99.0	100.5	100.4	100.5
2	72.4	71.8	69.3	72.3	72.5	72.5	69.3

C	18-3-27[10]	18-3-28[4]	18-3-29[11]	18-3-30[4]	18-3-31[4]	18-3-32[4]	18-3-33[12]
3	73.8	73.6	70.3	73.8	73.7	73.7	70.1
4	70.5	70.3	70.0	70.3	70.1	70.1	69.9
5	73.6	73.1	71.8	72.6	73.5	73.5	71.4
6	61.4	61.2	61.9	61.3	61.3	61.3	61.5
	β-Fruf(2→1)-	α-Glu(1→3)-	α-Glu(1→2)-	α-Glu(1→2)-	α-Glu(1→4)-	α-Glu(1→4)-	β-Glu(1→2)-
	61.7	101.0	92.9	92.9	98.9	101.1	104.9
2	104.5	72.2	71.8	71.7	71.8	72.4	74.3
3	77.9	73.9	73.5	73.7	73.9	74.1	76.7
4	75.7	70.4	70.3	70.1	77.6	77.6	70.3
5	82.4	73.0	72.2	72.1	71.6	71.4	76.5
6	63.4	61.4	66.7	66.4	61.3	61.3	61.5
	β-Fruf	β-Fruf	β-Fruf	β-Fruf	β-Fruf	β-Frup	α-Rha
1	62.2	62.8	62.2	62.2	63.2	64.6	93.4
2	104.9	104.5	104.6	104.6	102.7	99.1	81.9
3	77.9	84.0	77.9	77.1	76.0	67.7	69.4
4	75.7	74.0	74.8	74.8	82.2	78.9	81.8
5	82.4	82.0	82.2	82.1	80.8	69.9	68.2
6	63.5	63.0	63.3	63.2	63.5	64.2	17.9

18-3-34 α-Gal(1→4)-β-Glu(1→2)-α-Rha
18-3-35 α-Rha(1→3)-α-Rha(1→6)-α-Gal
18-3-36 α-Rha(1→3)-α-Rha(1→2)-α-Rha
18-3-37 α-Rha(1→3)-α-Rha(1→3)-α-Rha

18-3-38 α-Rha(1→3)-α-Rha(1→3)-β-Rha
18-3-39 β-Xyl(1→4)-β-Xyl(1→4)-α-Xyl

表 18-3-6 化合物 18-3-34~18-3-39 的 ^{13}C NMR 化学位移数据

C	18-3-34[12]	18-3-35[13]	18-3-36[14]	18-3-37[15]	18-3-38[15]	18-3-39[16]
	α-Gal(1→4)-	α-Rha(1→3)-	α-Rha(1→3)-	α-Rha(1→3)-	α-Rha(1→3)-	β-Xyl(1→4)-
1	100.5	103.2	102.7	102.8	102.8	102.7
2	69.3	71.0	71.0	71.0	71.0	73.6
3	70.1	71.0	71.2	71.1	71.1	76.5
4	69.9	72.9	73.0	73.0	73.0	70.0
5	71.4	69.9	69.7	69.9	69.9	66.1
6	61.5	17.4	17.8	16.7	16.7	
	β-Glu(1→2)-	α-Rha(1→6)-	α-Rha(1→2)-	α-Rha(1→3)-	α-Rha(1→3)-	β-Xyl(1→4)-
1	104.4	101.2	102.4	102.5	102.5	102.5
2	74.1	70.6	70.0	70.8	70.9	73.6
3	76.9	79.0	78.4	79.0	79.0	74.5
4	70.2	72.2	72.2	72.2	72.2	77.2
5	76.4	69.6	69.7	69.7	69.7	63.8
6	61.4	17.4	17.6	17.5	17.5	
	α-Rha	α-Gal	α-Rha	α-Rha	β-Rha	α-Xyl
1	93.3	93.2	93.4	94.6	94.1	92.8
2	82.5	69.9	79.6	72.0	71.6	72.2
3	72.4	69.1	70.8	78.5	81.8	71.8
4	81.4	70.2	73.4	72.4	72.6	77.2
5	72.4	69.9	69.1	69.2	73.0	59.7
6	17.9	69.3	17.6	17.5	17.5	

18-3-40 β-Xyl(1→4)-β-Xyl(1→4)-β-Xyl
18-3-41 β-Gal(1→2)-β-Gal(1→2)-β-GalOMe
18-3-42 α-Gal(1→4)-β-Gal(1→4)-β-GluOMe
18-3-43 β-Glu(1→3)-[β-Gal(1→6)]-α-GluOMe
18-3-44 β-Xyl(1→2)-β-Xyl(1→4)-β-XylOMe
18-3-45 α-Xyl(1→3)-β-Xyl(1→4)-β-XylOMe

表 18-3-7 化合物 **18-3-40~18-3-45** 的 ^{13}C NMR 化学位移数据

C	18-3-40[16]	18-3-41[17]	18-3-42[18]	18-3-43[19]	18-3-44[20]	18-3-45[20]
	β-Xyl(1→4)-	β-Gal(1→2)-	α-Gal(1→4)-	β-Glu(1→3)-	β-Xyl(1→2)-	α-Xyl(1→3)-
1	102.7	104.9	101.3	103.2	105.5	100.1
2	73.6	72.5	69.5	73.5	75.1	72.8
3	76.5	73.8	70.1	76.3	76.8	74.3
4	70.0	69.3	69.9	69.9	70.6	70.9
5	66.1	76.5	71.9	75.9	66.5	62.7
6		61.9	61.5	61.1		
	β-Xyl(1→4)-	β-Gal(1→2)-	β-Gal(1→4)-	[β-Gal(1→6)]-	β-Xyl(1→4)-	β-Xyl(1→4)-
1	102.5	103.3	103.9	103.2	101.8	103.3
2	73.6	81.0	71.8	73.8	82.0	72.6
3	74.5	73.4	76.3	76.3	76.5	82.6
4	77.2	69.5	78.3	69.9	70.3	70.6
5	63.8	75.9	73.8	75.9	66.2	66.1
6		61.7	61.2	61.1		
	β-Xyl	β-GalOMe	β-GluOMe	α-GluOMe	β-XylOMe	β-XylOMe
1	97.3	103.4	104.2	99.6	105.2	105.1
2	74.8	81.1	73.1	70.8	74.2	74.1
3	74.8	73.4	75.4	82.5	75.1	75.1
4	77.2	69.5	79.7	68.1	78.0	77.8
5	63.8	75.9	75.7	71.1	64.1	64.2
6		61.6	61.0	68.9	58.4	58.4
OMe		57.9	58.0	55.6		

参 考 文 献

[1] Pozsgay V, Nanasi P, Neszmelyi A. Carbohydr Res, 1979, 75: 310.

[2] Heyraud A, Rinaudo M, Vignon M (R), et al. Biopolymers, 1979, 18: 167.

[3] Usui T, Yamaoka N, Matsuda K, et al. J Chem Soc, Perkin Trans1, 1973: 2425.

[4] Munksgaard V. Oligosaccharider I honing. Ph D Thesis. Danmarks Farmaceutiske Hojskole, 1981.

[5] Bassieux D, Gagnaire D. Y, Vignon M (R).Carbohydr Res, 1977, 56: 19.

[6] Collins J G, Bradbury J H, Trifonoff E, et al. Carbohydr Res, 1981, 92: 136.

[7] Mccleary B V, Taravel F R, Cheetham N W H. Carbohydr Res, 1982, 104: 285.

[8] Usui T, Mizuno T，Kato K, et al. Agric Biol Chem, 1979, 43: 863.

[9] Ogawa T, Yamamoto H. Carbohydr Res, 1982, 104: 271.

[10] Jarrell H C, Conway T F, Moyna P, et al. Carbohydr Res, 1979, 76: 45.

[11] Morris G A, Hall L D, J Am Chem Soc, 1981, 103: 4703.

[12] Fugedi P, Liptak A, Nanasi P, et al. Carbohydr Res, 1980, 80: 233.

[13] Laffite C, Nguyen Phouc Du A M, Winternitz F, et al. Carbohydr Res, 1978, 67: 91.

[14] Pozsgay V, Nanasi P, Neszmelyi A. Chem Commun, 1979: 828.

[15] Pozsgay V, Nanasi P, Neszmelyi A. Carbohydr Res, 1981, 90: 215.

[16] Gast J C, Atalla R H, Mckelvey R D. Carbohydr Res, 1980, 84: 137.

[17] Eby R, Schuerch C. Carbohydr Res, 1981, 92: 149.

[18] Cox D D, Metzner E K, Cary L W, et al. Carbohydr Res, 1978, 67: 23.

[19] Ogawa T, Kaburagi T. Carbohydr Res, 1982, 103: 53.

[20] Kovac P, Hirsch J, Shashkov A S, et al. Carbohydr Res, 1980, 85: 177.

第四节　四糖类化合物的 ^{13}C NMR 化学位移

四糖类化合物是 4 个单糖分子相互连接在一起形成的，这里仅选择 4 个单糖分子顺序连接的四糖类，被连接的位置的碳的化学位移向低场位移 3～8。

18-4-1　β-Glu(1→4)-β-Glu(1→3)-β-Glu(1→4)-α-Glu
18-4-2　β-Glu(1→4)-β-Glu(1→3)-β-Glu(1→4)-β-Glu
18-4-3　β-Glu(1→4)-β-Glu(1→4)-β-Glu(1→3)-α-Glu
18-4-4　β-Glu(1→4)-β-Glu(1→4)-β-Glu(1→3)-β-Glu
18-4-5　β-Glu(1→4)-β-Glu(1→4)-β-Glu(1→4)-α-Glu
18-4-6　β-Glu(1→4)-β-Glu(1→4)-β-Glu(1→4)-β-Glu

表 18-4-1　化合物 18-4-1~18-4-6 的 ^{13}C NMR 化学位移数据

C	18-4-1[1]	18-4-2[1]	18-4-3[1]	18-4-4[1]	18-4-5[2]	18-4-6[2]
	β-Glu(1→4)-	β-Glu(1→4)-	β-Glu(1→4)-	β-Glu(1→4)-	β-Glu(1→4)-	β-Glu(1→4)-
1	102.8	102.8	103.5	103.5	103.6	103.6
2	—	—	72.1	72.1	74.2	74.2
3	76.3	76.3	76.4	76.4	76.6	76.6
4	70.3	70.3	70.2	70.2	70.5	70.5
5	77.1	77.1	77.0	77.0	77.1	77.1
6	61.0	61.0	61.0	61.0	61.7	61.7
	β-Glu(1→3)-	β-Glu(1→3)-	β-Glu(1→4)-	β-Glu(1→4)-	β-Glu(1→4)-	β-Glu(1→4)-
1	104.2	104.2	103.0	103.0	103.4	103.4
2	73.9	73.9	73.2	73.2	74.0	74.0
3	75.1	75.1	75.0	75.0	75.1	75.1
4	80.8	80.8	80.7	80.7	79.4	79.4
5	74.9	74.9	74.6	74.6	75.9	75.9
6	60.8	60.8	60.7	60.7	61.0	61.0
	β-Glu(1→4)-	β-Glu(1→4)-	β-Glu(1→3)-	β-Glu(1→3)-	β-Glu(1→4)-	β-Glu(1→4)-
1	102.8	102.8	103.9	103.9	103.4	103.4
2	72.2	72.2	73.8	73.8	74.0	74.0
3	87.8	87.8	75.0	75.0	75.1	75.1
4	68.6	68.6	80.7	80.7	79.4	79.4
5	76.6	76.6	74.6	74.6	75.9	75.9
6	61.2	61.2	60.5	60.5	61.0	61.0
	α-Glu	β-Glu	α-Glu	β-Glu	α-Glu	β-Glu
1	92.2	96.8	92.0	96.6	92.2	96.8
2	71.5	73.2	71.2	73.5	72.3	75.0
3	75.1	75.1	85.2	88.2	72.4	75.3
4	80.8	80.8	68.8	68.8	79.8	79.6
5	74.9	74.9	76.7	76.7	71.2	75.9
6	60.6	60.6	61.8	61.8	61.0	61.1

18-4-7　β-Glu(1→6)-β-Glu(1→6)-β-Glu(1→6)-α-Glu
18-4-8　β-Glu(1→6)-β-Glu(1→6)-β-Glu(1→6)-β-Glu
18-4-9　β-Gal(1→3)-β-Gal(1→3)-β-Gal(1→4)-α-Glu
18-4-10　β-Gal(1→3)-β-Gal(1→3)-β-Gal(1→4)-β-Glu
18-4-11　α-Man(1→2)-α-Man(1→2)-α-Man(1→2)-α-Man
18-4-12　α-Gal(1→6)-α-Gal(1→6)-α-Glu(1→2)-β-Fru*f*

表 18-4-2　化合物 18-4-7~18-4-12 的 ^{13}C NMR 化学位移数据

C	18-4-7[3]	18-4-8[3]	18-4-9[4]	18-4-10[4]	18-4-11[5]	18-4-12[6]
	β-Glu(1→6)-	β-Glu(1→6)-	β-Gal(1→3)-	β-Gal(1→3)-	α-Man(1→2)-	α-Gal(1→6)-
1	—	102.6	105.1	105.1	102.5	98.2

续表

C	18-4-7[3]	18-4-8[3]	18-4-9[4]	18-4-10[4]	18-4-11[5]	18-4-12[6]
2	73.0	73.0	72.1	72.1	70.6	69.8
3	75.6	75.6	73.5	73.5	70.3	68.5
4	69.6	69.6	69.4	69.4	67.2	69.8
5	74.9	74.9	75.9	75.9	72.7	71.1
6	60.9	60.9	61.9	61.9	61.3	61.3
	β-Glu(1→6)-	β-Glu(1→6)-	β-Gal(1→3)-	β-Gal(1→3)-	α-Man(1→2)-	α-Gal(1→6)-
1	102.6	102.7	104.9	104.9	100.9	98.5
2	73.0	73.0	71.1	71.1	78.8	69.7
3	75.6	75.8	82.9	82.9	70.3	68.9
4	69.6	69.6	69.4	69.4	67.3	68.6
5	74.9	74.9	75.9	75.9	73.5	69.5
6	68.8	68.8	61.9	61.9	61.3	66.6
	β-Glu(1→6)-	β-Glu(1→6)-	β-Gal(1→4)-	β-Gal(1→4)-	α-Man(1→2)-	α-Glu(1→2)-
1	102.7	102.7	104.9	104.9	100.9	92.2
2	73.0	73.0	103.5	103.5	79.1	71.4
3	75.6	75.8	71.1	71.1	70.3	73.0
4	69.6	69.6	72.0	72.0	67.3	69.5
5	74.9	74.9	79.2	79.2	73.5	71.2
6	68.8	68.8	71.0	71.0	61.3	66.2
OMe			60.9	60.9		
	α-Glu	β-Glu	α-Glu	β-Glu	α-Man	β-Fruf
1	92.0	95.9	92.7	96.7	92.7	62.6
2	71.4	74.1	72.0	74.7	79.7	103.9
3	72.7	75.8	72.2	75.4	70.3	77.0
4	69.7	69.7	79.2	79.1	67.3	81.4
5	70.4	74.8	71.0	75.6	73.5	74.4
6	68.9	68.9	60.9	60.9	61.3	62.0

18-4-13 α-Glu(1→2)-β-Fruf(2→1)-β-Fruf(2→1)-β-Fruf 18-4-16 β-Xyl(1→4)-β-Xyl (1→4)-β-Xyl (1→4)-β-Xyl

18-4-14 α-Glu(1→6)-α-Glu(1→4)-α-Glu(1→2)-β-Fruf 18-4-17 β-Xyl(1→3)-β-Xyl(1→4)-β-Xyl(1→4)-β-XylOMe

18-4-15 β-Xyl(1→4)-β-Xyl (1→4)-β-Xyl (1→4)-α-Xyl 18-4-18 β-Xyl(1→4)-β-Xyl(1→4)-β-Xyl(1→4)-β-XylOMe

表 18-4-3 化合物 18-4-13~18-4-18 的 ^{13}C NMR 化学位移数据

C	18-4-13[7]	18-4-14[8]	18-4-15[9]	18-4-16[9]	18-4-17[10]	18-4-18[11]
	α-Glu(1→2)-	α-Glu(1→6)-	β-Xyl(1→4)-	β-Xyl(1→4)-	β-Xyl(1→3)-	β-Xyl(1→4)-
1	93.7	98.9	102.7	102.7	104.0	103.1
2	72.4	72.2	73.5	73.5	74.1	74.1
3	73.8	73.9	76.4	76.4	76.6	76.9
4	70.4	70.3	70.0	70.0	70.4	70.4
5	76.7	72.6	66.1	66.1	66.3	66.5
6	61.3	61.3				
	β-Fruf(2→1)-	α-Glu(1→4)-	β-Xyl(1→4)-	β-Xyl (1→4)-	β-Xyl(1→4)-	β-Xyl(1→4)-
1	61.5	100.7	102.5	102.5	102.5	103.0
2	104.4	72.5	73.5	73.5	73.6	74.1
3	77.9	73.9	74.5	74.5	76.6	75.0
4	75.8	70.2	77.2	77.2	70.4	77.6

续表

C	18-4-13[7]	18-4-14[8]	18-4-15[9]	18-4-16[9]	18-4-17[10]	18-4-18[11]
5	82.3	72.1	63.8	63.8	66.3	64.2
6	63.5	66.7				
	β-Fruf(2→1)-	α-Glu(1→2)-	β-Xyl(1→4)-	β-Xyl(1→4)-	β-Xyl(1→4)-	β-Xyl(1→4)-
1	62.2	92.7	102.5	102.5	102.4	103.0
2	104.3	71.6	73.5	73.5	73.6	74.1
3	78.7	73.7	74.5	74.5	80.6	75.0
4	75.5	78.0	77.2	77.2	74.3	77.6
5	82.3	71.7	63.8	63.8	63.7	64.2
6	63.5	61.0				
	β-Fruf	β-Fruf	α-Xyl	β-Xyl	β-XylOMe	β-XylOMe
1	62.1	62.1	92.8	97.3	105.1	105.1
2	104.9	104.4	72.2	74.7	74.1	74.1
3	77.9	77.3	71.8	74.7	75.0	75.0
4	75.1	74.8	77.2	77.2	77.5	77.6
5	82.4	82.1	63.8	63.8	64.0	64.2
6	63.5	63.1				
OMe					58.4	58.5

参 考 文 献

[1] Dais P, Perlin A S. Carbohydr Res, 1982, 100: 103.

[2] Heyraud A, Rinaudo M, Vignon M R, et al. Biopolymers, 1979, 18: 167.

[3] Bassieux D, Gagnaire D Y, Vignon M R. Carbohydr Res., 1977, 56: 19.

[4] Collins J G, Bradbury J H, Trifonoff E, et al. Carbohydr Res, 1981, 92: 136.

[5] Ogawa T, Yamamoto H. Carbohydr Res, 1982, 104: 271.

[6] Doddrell D, Allerhand A. J Am Chem Soc, 1971, 93: 2779.

[7] Jarrell H C, Conway T F, Moyna P, et al. Carbohydr Res, 1979, 76: 45.

[8] Munksgaard V. Oligosaccharider I honing. Ph D Thesis. Danmarks Farmaceutiske Hojskole, 1981.

[9] Gast J C, Atalla R H, Mckelvey R D. Carbohydr Res, 1980, 84: 137.

[10] Kovac P, Hirsch J, Shashkov A S, et al. Carbohydr Res, 1980, 85: 177.

[11] Kovac P, Hirsch J. Carbohydr Res, 1982, 100: 177.

第五节　五糖类化合物的 ^{13}C NMR 化学位移

五糖类化合物是 5 个单糖分子相互连接在一起形成的，这里仅选择 5 个单糖分子顺序连接的五糖类，被连接位置碳的化学位移向低场位移 3～8。

18-5-1 α-Glu(1→4)-α-Glu(1→4)-α-Glu(1→4)-α-Glu(1→4)-α-Glu
18-5-2 α-Glu(1→4)-α-Glu(1→4)-α-Glu(1→4)-α-Glu(1→4)-β-Glu
18-5-3 β-Glu(1→4)-β-Glu(1→4)-β-Glu(1→4)-β-Glu(1→4)-α-Glu
18-5-4 β-Glu(1→4)-β-Glu(1→4)-β-Glu(1→4)-β-Glu(1→4)-β-Glu
18-5-5 β-Xyl(1→4)-β-Xyl(1→4)-β-Xyl(1→4)-β-Xyl (1→4)-α-Xyl
18-5-6 β-Xyl(1→4)-β-Xyl(1→4)-β-Xyl(1→4)-β-Xyl (1→4)-β-Xyl
18-5-7 β-Xyl(1→4)-β-Xyl(1→4)-β-Xyl(1→4)-β-Xyl(1→4)-β-XylOMe

表 18-5-1　化合物 18-5-1～18-5-7 的 ^{13}C NMR 化学位移数据

C	18-5-1[1]	18-5-2[1]	18-5-3[1]	18-5-4[1]	18-5-5[2]	18-5-6[2]	18-5-7[3]
	α-Glu(1→4)-	α-Glu(1→4)-	β-Glu(1→4)-	β-Glu(1→4)-	β-Xyl(1→4)-	β-Xyl(1→4)-	β-Xyl(1→4)-
1	100.8	100.8	103.5	103.5	102.7	102.7	102.9
2	72.8	72.8	74.3	74.3	73.5	73.5	74.0

续表

C	18-5-1[1]	18-5-2[1]	18-5-3[1]	18-5-4[1]	18-5-5[2]	18-5-6[2]	18-5-7[3]
3	73.9	73.9	76.7	76.7	76.4	76.4	76.8
4	70.5	70.5	70.7	70.7	70.0	70.0	70.4
5	73.7	73.7	77.0	77.0	66.1	66.1	66.5
6	61.6	61.6	61.7	61.7			
	α-Glu(1→4)-	α-Glu(1→4)-	β-Glu(1→4)-	β-Glu(1→4)-	β-Xyl(1→4)-	β-Xyl(1→4)-	β-Xyl(1→4)-
1	100.6	100.6	103.3	103.3	102.5	102.5	102.9
2	72.6	72.6	74.1	74.1	73.5	73.5	74.0
3	74.2	74.2	75.2	75.2	74.5	74.5	74.9
4	78.3	78.3	79.6	79.6	77.2	77.2	77.6
5	72.3	72.3	75.9	75.9	63.8	63.8	64.2
6	61.6	61.6	61.2	61.2			
	α-Glu(1→4)-	α-Glu(1→4)-	β-Glu(1→4)-	β-Glu(1→4)-	β-Xyl(1→4)-	β-Xyl(1→4)-	β-Xyl(1→4)-
1	100.6	100.6	103.3	103.3	102.5	102.5	102.9
2	72.6	72.6	74.1	74.1	73.5	73.5	74.0
3	74.2	74.2	75.2	75.2	74.5	74.5	74.9
4	78.4	78.3	79.6	79.6	77.2	77.2	77.6
5	72.3	72.3	75.9	75.9	63.8	63.8	64.2
6	61.6	61.6	61.2	61.2			
	α-Glu(1→4)-	α-Glu(1→4)-	β-Glu(1→4)-	β-Glu(1→4)-	β-Xyl(1→4)-	β-Xyl(1→4)-	β-Xyl(1→4)-
1	100.6	100.5	103.3	103.3	102.5	102.5	102.9
2	72.6	72.6	74.1	74.1	73.5	73.5	74.0
3	74.2	74.2	75.2	75.2	74.5	74.5	74.9
4	78.4	78.3	79.6	79.6	77.2	77.2	77.6
5	72.3	72.3	75.9	75.9	63.8	63.8	64.2
6	61.6	61.6	61.2	61.2			
	α-Glu	β-Glu	α-Glu	β-Glu	α-Xyl	β-Xyl	β-XylOMe
1	92.9	96.8	92.9	96.8	92.8	97.3	105.0
2	72.3	75.0	72.4	75.0	72.2	74.7	74.0
3	74.1	77.1	72.4	75.4	71.8	74.7	74.9
4	78.6	78.4	80.1	79.9	77.2	77.2	77.6
5	71.0	75.6	71.4	75.9	59.7	63.8	64.2
6	61.6	61.8	61.2	61.4			
OMe							58.4

参 考 文 献

[1] Heyraud A, Rinaudo M, Vignon M (R), et al. Biopolymers, 1979, 18: 167.

[2] Gast J C, Atalla R H, Mckelvey R D. Carbohydr Res, 1980,

84: 137.

[3] Kovac P, Hirsch J. Carbohydr. Res., 1982, 100: 177.

第六节　多糖类化合物的 ^{13}C NMR 化学位移

多糖类化合物大多数情况下是多个同种类糖的连接，它们的连接位置的碳也向低场位移，如果连接位置也单一，它们的 ^{13}C NMR 谱的信号较少。

18-6-1	α-(1→4)葡聚糖(直链淀粉)	18-6-5	α-(1→3)葡聚糖
18-6-2	α-(1→4)葡聚糖(直链淀粉)	18-6-6	α-(1→6)葡聚糖
18-6-3	AG-2[α-1-葡聚糖(直链淀粉)]	18-6-7	α-(1→6)葡聚糖
18-6-4	α-(1→4)葡聚糖(支链淀粉)	18-6-8	α-(1→4)-(1→6)葡聚糖

表 18-6-1 化合物 18-6-1~18-6-8 的 ^{13}C NMR 化学位移数据

C	18-6-1[1]	18-6-2[1]	18-6-3[2]	18-6-4[3]	18-6-5[1]	18-6-6[1]	18-6-7[1]		18-6-8[4]		
1	102.9	100.9	103.7	102.0	101.3	99.4	99.0		99.5		100.6
2	73.8	72.7	74.7	73.7	72.2	73.1	72.5		72.6		72.6
3	75.4	74.5	76.2	75.2	83.2	75.4	74.5	Glu1	4.3	Glu2	74.3
4	80.6	78.4	80.9	79.8	71.7	71.8	71.3		71.0		78.5
5	72.6	72.4	73.9	73.1	73.7	71.1	70.7		71.0		72.6
6	62.0	61.8	63.2	62.4	62.2	66.8	66.7		67.2		62.1

18-6-9	β-(1→2)-葡聚糖	18-6-14	β-D-(1→2)-甘露聚糖
18-6-10	β-(1→3)-葡聚糖	18-6-15	β-D-(1→4)-甘露聚糖
18-6-11	β-(1→3)-葡聚糖	18-6-16	β-D-(1→6)-甘露聚糖
18-6-12	β-(1→4)-葡聚糖(纤维素)	18-6-17	β-(1→4)木聚糖
18-6-13	β-(1→6)-葡聚糖(纤维素)	18-6-18	β-(1→6)甘露聚糖

表 18-6-2 化合物 18-6-9~18-6-18 的 ^{13}C NMR 化学位移数据

C	18-6-9[5]	18-6-10[1]	18-6-11[1]	18-6-12[3]	18-6-13[6]	18-6-14[7]	18-6-15[3]	18-6-16[8]	18-6-17[9]	18-6-18[9]
1	102.7	103.8	104.7	103.4	104.2	103.0	101.7	101.1	102.6	104.8
2	83.1	74.4	74.9	74.3	74.2	81.1	72.2	72.6	72.8	72.9
3	76.1	85.5	88.0	76.1	76.1	73.7	73.8	72.6	74.1	73.8
4	69.3	69.3	69.9	79.9	70.7	69.3	78.8	68.6	75.7	77.6
5	77.0	76.8	77.8	75.4	76.1	77.8	78.8	71.7	64.1	77.6
6	61.4	61.9	62.5	61.5	70.0	62.6	62.1	67.6		66.6

参 考 文 献

[1] Colson P, Jennings H J, Smith I C P J. J Am Chem Soc, 1974, 96: 8081.

[2] Huang Q S, Lv G B, Li Y C, et al. Acta Pharm Sin, 1982, 17: 200.

[3] Philips A J G. Adv Carbohyd Chem Biochem, 1981, 38: 13.

[4] Usui T, Yamaoka N, Matsuda K, et al. J Chem Soc, Perkin Trans 1, 1973: 2425.

[5] Gorin P A J, Mazurek M. Can J Chem, 1973, 51: 3277.

[6] Saito H, Ohki T, Takasuka N, et al. Carbohydr Res, 1977, 58: 293.

[7] Previato J O, Mendonca-Previato L, Gorin P A J. Carbohydr Res, 1979, 70: 172.

[8] Gorin P A J. J Chem Soc, Chem Commun, 1975: 509.

[9] Carbonero E R, Sassaki G L, Gorin P A J, et al. FEMS Microbiol Lett, 2002, 206: 175.

第七节 多元醇类化合物的 ^{13}C NMR 化学位移

多元醇类是一类无论是直链还是成环状的几乎每个碳上都有羟基相连的化合物，它们各碳的化学位移出现在 δ 60~80。

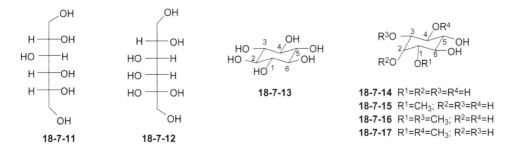

表 18-7-1 化合物 **18-7-1~18-7-10** 的 ^{13}C NMR 化学位移数据[1]

C	18-7-1	18-7-2	18-7-3	18-7-4	18-7-5	18-7-6	18-7-7	18-7-8	18-7-9	18-7-10
1	67.3	71.6	63.2	65.5	66.9	66.2	65.5	65.9	66.2	76.3
2	67.3	72.7	44.8	31.7	76.4	75.3	75.4	75.2	74.5	75.3
3		22.9	69.3	31.7	66.9	75.3	75.6	73.9	71.0	73.6
4			26.9	65.5		66.2	75.4	75.2	73.6	73.6
5							65.5	65.9	66.5	75.3
6										76.3

表 18-7-2 化合物 **18-7-11~18-7-17** 的 ^{13}C NMR 化学位移数据[2]

C	18-7-11[1]	18-7-12[1]	18-7-13	18-7-14	18-7-15	18-7-16	18-7-17
1	66.1	62.9	73.7	72.4	80.5	80.4	80.3
2	76.1	69.3	73.7	72.2	68.0	63.3	67.8
3	74.6	70.2	73.7	72.4	72.3	80.4	71.7
4	72.9	70.1	73.7	71.1	71.1	71.4	82.2
5	74.5	69.3	73.7	74.3	74.4	74.4	73.7
6	65.8	63.3	73.7	71.1	71.6	71.4	70.5
OMe					56.9	57.4, 59.6	59.7, 56.7

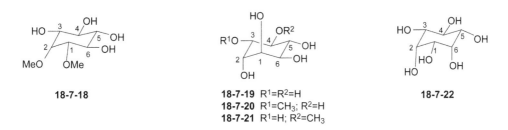

表 18-7-3 化合物 **18-7-18~18-7-22** 的 ^{13}C NMR 化学位移数据[2]

C	18-7-18	18-7-19	18-7-20	18-7-21	18-7-22	C	18-7-18	18-7-19	18-7-20	18-7-21	18-7-22
1	81.0	71.6	67.2	71.7	71.7	5	74.4	70.5	70.4	70.6	71.7
2	78.1	70.5	80.1	69.8	74.5	6	71.8	71.6	71.3	71.7	66.8
3	72.6	72.8	71.9	82.5	70.1	OMe	61.5, 57.4		56.8	59.4	
4	71.4	72.8	72.8	72.1	74.5						

参 考 文 献

[1] Voelter W, Breitmaier E, Jung G, et al. Angew Chem, 1970, 82: 812.

[2] Dorman D E, Angyal S J, Roberts J D. J Am Chem Soc, 1970, 92: 1351.

第八节 氨基酸类化合物的 ^{13}C NMR 化学位移

【结构特点】氨基酸类化合物是指氨基和羧基同时连接在同一个碳原子上的化合物，大多数是 α-氨基酸可用下式表示。其中的 R 可以是链状、环状、芳环，也可以是杂环等；氨基可以是伯氨基、仲氨基、叔氨基，也可以是酰胺基等；羧基可以是游离的羧酸基、羧酸酯等。

$$\text{H}_2\text{N} \overset{\text{COOH}}{\underset{\text{R}}{\rule{2cm}{0.4pt}}} \text{H}$$

【化学位移特征】

1. 氨基酸中羧基和氨基连接同一个碳的化学位移，通常出现在 $\delta\,39.8\sim61.6$。

2. 氨基酸中羧基或酯基的化学位移出现在 $\delta\,167.7\sim179.5$。

18-8-1[1]　18-8-2[2]　18-8-3[2]　18-8-4[2]　18-8-5[2]　18-8-6[2]

18-8-7[1]　18-8-8[2]　18-8-9[2]　18-8-10[1]　18-8-11[2]

18-8-12[2]　18-8-13[1]　18-8-14[2]　18-8-15[1]　18-8-16[2]

18-8-17[1]　**18-8-18**[1]　**18-8-19**[2]　**18-8-20**[2]　**18-8-21**[2]

18-8-22[2]　**18-8-23**[2]　**18-8-24**[2]　**18-8-25**[2]

18-8-26[2]　**18-8-27**[2]　**18-8-28**[1]　**18-8-29**[2]

18-8-30[2]　**18-8-31**[2]　**18-8-32**[1]　**18-8-33**[1]

18-8-34[2]　**18-8-35**[2]　**18-8-36**[2]　**18-8-37**[1]　**18-8-38**[2]

18-8-39[3]　**18-8-40**[2]　**18-8-41**[2]　**18-8-42**[1]　**18-8-43**[2]

18-8-44[2]　**18-8-45**[1]　**18-8-46**[2]　**18-8-47**[2]

18-8-48[2]   18-8-49[1]   18-8-50[2]   18-8-51[2]   18-8-52[2]

参 考 文 献

[1] Horsley W J, Sternlicht H, Cohen J S. J Am Chem Soc, 1970, 92: 680.

[2] Voelter W, Jung G, Breitmaier E, et al. Z Naturforsch, 1971, 26b: 213.

[3] Dorman D E, Bovey F A. J Org Chem, 1973, 38: 2379.

主题词索引

（按汉语拼音排序）